内 容 简 介

本书是作者在清华大学数学科学系(1987—2003)及北京大学数学科学学院(2003—2009)给本科生讲授数学分析课的讲稿的基础上编成的. 一方面, 作者力求以近代数学(集合论, 拓扑, 测度论, 微分流形和微分形式)的语言来介绍数学分析的基本知识, 以使同学尽早熟悉近代数学文献中的表述方式. 另一方面在篇幅允许的范围内, 作者尽可能地介绍数学分析与其他学科(特别是物理学)的联系, 以使同学理解自然现象一直是数学发展的重要源泉. 全书分为三册. 第一册包括: 集合与映射, 实数与复数, 极限, 连续函数类, 一元微分学和一元函数的 Riemann 积分; 第二册包括: 点集拓扑初步, 多元微分学, 测度和积分; 第三册包括: 调和分析初步和相关课题, 复分析初步, 欧氏空间中的微分流形, 重线性代数, 微分形式和欧氏空间中的流形上的积分. 每章都配有丰富的习题, 它除了提供同学训练和熟悉正文中的内容外, 也介绍了许多补充知识.

本书可作为高等院校数学系攻读数学、应用数学、计算数学的本科生数学分析课程的教材或教学参考书, 也可作为需要把数学当做重要工具的同学(例如攻读物理的同学)的教学参考书.

本书在 2012 年第 2 次重印时, 对书中的练习题按小节进行了调整, 并在书末增加了习题的提示, 以减轻读者在做题时的难度. 如果读者在阅读本书时遇到困难, 可与作者联系. 电子邮件: tchen@math.tsinghua.edu.cn

作 者 简 介

陈天权 1959年毕业于北京大学数学力学系. 曾讲授过数学分析, 高等代数, 实变函数, 复变函数, 概率论, 泛函分析等课程. 主要的研究方向是非平衡态统计力学.

数学分析讲义

(第三册)

陈天权　编著

北京大学出版社
PEKING UNIVERSITY PRESS

图书在版编目(CIP)数据

数学分析讲义·第三册/陈天权编著. —北京：北京大学出版社，2010.9

ISBN 978-7-301-17747-1

Ⅰ. 数… Ⅱ. 陈… Ⅲ. 数学分析-高等学校-教材 Ⅳ. O.17

中国版本图书馆 CIP 数据核字（2010）第 174161 号

书　　名：数学分析讲义(第三册)
著名责任者：陈天权　编著
责 任 编 辑：刘　勇
标 准 书 号：ISBN 978-7-301-17747-1/O.0828
出 版 发 行：北京大学出版社
地　　址：北京市海淀区成府路 205 号　100871
网　　址：http://www.pup.cn　电子邮箱：zpup@pup.pku.edu.cn
电　　话：邮购部 62752015　发行部 62750672　编辑部 62752021
出版部 62754962
印 刷 者：河北滦县鑫华书刊印刷厂
经 销 者：新华书店
890 毫米×1240 毫米　A5　16.625 印张　477 千字
2010 年 9 月第 1 版　2024 年10月第 5 次印刷
定　　价：36.00 元

目　录

第 11 章　调和分析初步和相关课题

在例 10.7.1 中已经说明, 对于任何 $L \in (0,\infty)$ 和 $a \in \mathbf{R}$, 函数列

$$\mathrm{d}_n(x) = L^{-1/2} \exp\left(\frac{2\pi \mathrm{i} n(x-a)}{L}\right), \quad n \in \mathbf{Z}$$

在 $L^2([a,a+L),m;\mathbf{C})$ 中构成一组正交规范基, 其中 m 表示区间 $[a,a+L)$ 上的 Lebesgue 测度. 换言之, 对于任何 $f \in L^2(m,[a,a+L);\mathbf{C})$, f 在 Hilbert 空间 $L^2([a,a+L),m;\mathbf{C})$ 范数的意义下可以写成

$$f(x) \sim \sum_{n=-\infty}^{\infty} c_n \mathrm{d}_n(x),$$

其中

$$c_n = \int_a^{a+L} f(x)\overline{\mathrm{d}_n(x)}dx, \quad n \in \mathbf{Z}.$$

以上 f 的展式中的记号 $\sim$ 表示右端级数在 Hilbert 空间 $L^2([a,a+L),m;\mathbf{C})$ 范数的意义下收敛于 f:

$$\lim_{N\to\infty} \left| f(x) - \sum_{n=-N}^{N} c_n \mathrm{d}_n(x) \right|_{L^2([a,a+L),m;\mathbf{C})} = 0.$$

级数 $\sum\limits_{n=-\infty}^{\infty} c_n \mathrm{d}_n(x)$ 称为 f 的 **Fourier 级数**. 卓越的法国应用数学家 **Joseph Fourier** 在他 1807 年递交给法兰西科学院 (未发表) 的报告 *Théorie de la propagation de la Chaleur dans les solides*(固体中热传播的理论) 中为了求解热方程的边值问题引进了 Fourier 级数和 Fourier 积分的概念, 他用冗长的计算逻辑上不严格地得到了函数展成 Fourier 级数时的展开系数 c_n 的公式 (现在称它为 Fourier 系数公式). 应该指出,**D.Bernoulli, d'Alembert, Euler** 和 **Lagrange** 在 Fourier 之前已经研究过周期函数按三角函数展开的问题, 而且 Euler 和 Lagrange 已经在自己的工作中接触过如今推导 Fourier 系数 c_n 公式过程中起到关键作用的三角函数正交性的概念, 但 Fourier 是第一个

系统地利用 Fourier 系数公式研究函数的 Fourier 级数的应用数学家. 对于大量具体的函数 f, Fourier 发现: f 的 Fourier 级数的部分和在除去个别点外的所有点处的确非常接近 f. 鉴于 Fourier 级数及 Fourier 积分的研究对数学分析理论的发展与数学应用范围的开拓有着重大影响, 这应该说是 Fouier 对数学 (特别是分析学) 发展作出的伟大贡献. Fourier 的工作发表后, **Poisson,Cauchy** 和 **Harnack** 等做了不少工作试图建立 f 的 Fourier 级数收敛于 f 的一般理论, 但只对于较狭窄的一个函数类中的 f 取得了部分成功. 直到 1829 年 (Fourier 提出报告 22 年后), 德国数学家 **Dirichlet** 才对限制条件很少的一个函数类中的 f 严格地证明了 f 的 Fourier 级数收敛于 f 的一个一般定理. 后来 **Riemann** 和 **Cantor** 等建立了比较一般的 Fourier 级数理论. 法国数学家 **Poisson** 和匈牙利数学家 **Fejér** 等还发展了发散的 Fourier 级数在某种求和法的意义下有广义和 f 的理论. 到了 20 世纪 30 年代, 苏联数学家 **Kolmogorov** 给出了一个可积函数 f, 它的 Fourier 级数处处不收敛于 f. 20 世纪 60 年代, 瑞典数学家 **Carleson** 证明了: 当 $p>1$ 时, L^p 中任何函数 f 的 Fourier 级数几乎处处收敛于 f. 这些 20 世纪的成果属于技巧性很高的近代调和分析的内容本讲义就不涉及了. 本章的正文将简述每个攻读数学的本科生应该知道的 Fourier 级数和 Fourier 积分理论的常识. 本章的两个补充教材将分别介绍局部紧度量空间上的积分理论和广义函数理论的梗概以及它们与 Fourier 变换之间的联系. Fourier 级数及 Fourier 积分的理论常称为调和分析, 故本章的题目取为**调和分析初步和相关课题**.

§11.1 Fourier 级数

本章开始时给出的函数列 $\{\mathrm{d}_n(x)\}$ $(n\in\mathbf{Z})$ 的正交规范性的证明只不过是简单的定积分计算. 它在 $L^2([a,a+L),m;\mathbf{C})$ 中构成一组正交规范基的证明可参看 §10.7 的练习 10.7.2. 这个证明主要分成两个部分:

(1) 空间 $C([a,a+L];\mathbf{C})$ 中的以 L 为周期的周期函数构成的子空间在空间 $L^2([a,a+L),m;\mathbf{C})$ 中稠密 (相当于 §10.7 的练习 10.7.2 的

(i),(ii),(iii) 和 (vi));

(2) 上述函数列的 (有限) 线性组合全体在以 L 为周期的连续周期函数构成的空间中关于一致收敛拓扑, 因而关于 $L^2([a,a+L),m;\mathbf{C})$ 拓扑稠密. 这就是 Weierstrass 关于周期连续函数能用三角多项式一致逼近的定理, 它是 (在第 7 章中的)Stone-Weierstrass 逼近定理的推论.

下面我们用另外的办法证明上述第 (2) 部分. 为了书写方便, 在本小节中除非作出相反的申明, 我们总是假设 $a=0$, $L=1$. 一般情形的证明方法可以相似地获得.

定理 11.1.1 对于 $m\in\mathbf{Z}$ 和 $0\leqslant x\leqslant 1$, 记

$$\mathbf{e}_m(x)=\exp(2\pi\mathrm{i}mx),\qquad m\in\mathbf{Z}.$$

设 ψ 是 $[0,1]$ 上的以 1 为周期 (即满足条件: $\psi(0)=\psi(1)$) 的连续周期函数. 对于 $0\leqslant r<1, 0\leqslant x\leqslant 1$, 记

$$\psi_r(x)=\sum_{m=-\infty}^{\infty}r^{|m|}(\psi,\mathbf{e}_m)_{L^2_{[0,1]}}\mathbf{e}_m(x),\tag{11.1.1}$$

则对于一切 $r\in[0,1)$, 上式右端的级数在 $x\in[0,1]$ 上一致收敛, 因而 $\psi_r(x)$ 是连续周期函数, 而且当 $r\to 1-0$ 时, ψ_r 关于 $x\in[0,1]$ 一致收敛于 ψ:

$$\lim_{r\to 1-0}|\psi-\psi_r|_{C([0,1],\mathbf{C})}=\lim_{r\to 1-0}\sup_{0\leqslant x\leqslant 1}|\psi(x)-\psi_r(x)|=0.\tag{11.1.1$'$}$$

注 易见, $\forall m\in\mathbf{Z}(\lim\limits_{r\to 1-0}r^{|m|}=1)$, 故 (11.1.1)$'$ 似乎可以写成

$$\psi(x)=\sum_{m=-\infty}^{\infty}(\psi,\mathbf{e}_m)_{L^2_{[0,1]}}\mathbf{e}_m(x).\tag{11.1.1$''$}$$

在一般情形, 我们只能得到 (11.1.1)$'$, 而 (11.1.1)$''$ 未必成立. 但若 (11.1.1)$''$ 右端的级数收敛, 则由 §3.3 练习 3.3.7 的 (iii), (11.1.1)$'$ 便是 (11.1.1)$''$ 的推论了. 故 (11.1.1)$'$ 比 (11.1.1)$''$ 弱. 当 (11.1.1)$'$ 成立时, 我们说, Fourier 级数 $\sum\limits_{m=-\infty}^{\infty}(\psi,\mathbf{e}_m)_{L^2_{[0,1]}}\mathbf{e}_m(x)$ 在 **Poisson 求和**的意义下有 (广义) 和 $\psi(x)$. 在练习 11.1.1 和练习 11.1.2 中, 我们讨论了函数的 Fourier 级数收敛于函数 (即 (11.1.1)$''$ 成立) 的一些充分条件.

证 因 $|\mathbf{e}_m(x)|_{L^2_{[0,1]}}=1$, 又由 Cauchy-Schwarz 不等式,

$$|(\psi,\mathbf{e}_m)_{L^2_{[0,1]}}|\leqslant|\psi|_{L^2_{[0,1]}}|\mathbf{e}_m(x)|_{L^2_{[0,1]}}=|\psi|_{L^2_{[0,1]}},$$

又因 $\forall x\in[0,1](|\mathbf{e}_m(x)|=1)$, 我们有

$$|r^{|m|}(\psi,\mathbf{e}_m)_{L^2_{[0,1]}}\mathbf{e}_m(x)|\leqslant|\psi|_{L^2_{[0,1]}}|r^{|m|}|.$$

由 Weierstrass 优势级数判别法, 对于给定的 $r\in[0,1)$, (11.1.1) 的右端的级数对于 $x\in[0,1]$ 是一致收敛的. 所以, 对于给定的 $r\in[0,1)$, (11.1.1) 的右端的级数代表一个 $[0,1]$ 上的以 1 为周期的连续函数. 为了证明当 $r\to1-0$ 时, $\psi_r(x)$ 关于 $x\in[0,1]$ 一致收敛于 ψ, 我们作如下计算:

$$\begin{aligned}\psi_r(x)&=\sum_{m=-\infty}^{\infty}r^{|m|}(\psi,\mathbf{e}_m)_{L^2_{[0,1]}}\mathbf{e}_m(x)\\&=\sum_{m=-\infty}^{\infty}r^{|m|}\int_0^1\psi(y)\exp(-2\pi\mathrm{i}my)dy\exp(2\pi\mathrm{i}mx)\\&=\int_0^1\psi(y)\left[\sum_{m=0}^{\infty}r^m\exp(2\pi\mathrm{i}m(x-y))\right]dy\\&\quad+\int_0^1\psi(y)\left[\sum_{m=1}^{\infty}r^m\exp(-2\pi\mathrm{i}m(x-y))\right]dy\\&=\int_0^1\psi(y)\left[\frac{1}{1-r\exp(2\pi\mathrm{i}(x-y))}+\frac{r\exp(-2\pi\mathrm{i}(x-y)}{1-r\exp(-2\pi\mathrm{i}(x-y))}\right]dy\\&=\int_0^1\psi(y)\frac{1-r^2}{1-2r\cos(2\pi(x-y))+r^2}dy\\&=\int_0^1\psi(y)P_r(x-y)dy=\int_0^1\psi(x-y)P_r(y)dy,\end{aligned}\tag{11.1.2}$$

其中

$$P_r(u)=\frac{1-r^2}{1-2r\cos(2\pi u)+r^2}.\tag{11.1.3}$$

(在 (11.1.2) 的第四个等式的推导时, 我们用了第四个等式左边的两个方括弧中的级数相对于 $y\in[0,1]$ 是一致收敛的事实. 而最后一个等式的推导中, 我们用了 ψ 和 P_r 皆为以 1 为周期的周期函数这个事实.)

函数 $P_r(u)$ 常称为 **Poisson 核**(有时, 也将 $P_r(x-y)$ 称为 **Poisson 核**). 易见

$$P_r(u)=\frac{1-r^2}{(1-r)^2+2r(1-\cos(2\pi u))}. \tag{11.1.4}$$

Poisson 核有以下三条重要性质:

(1) 当 $0\leqslant r<1, u\in\mathbf{R}$ 时, $P_r(u)>0$, 且 $P_r(u)$ 是个以 1 为周期的周期函数;

(2) $\int_0^1 P_r(u)du=1$;

(3) 对于任何 $\delta\in(0,1/2)$, 有

$$\lim_{r\to1-0}\sup_{\delta\leqslant u\leqslant1-\delta}P_r(u)=0.$$

性质 (1) 可由方程 (11.1.3) 看出. 让 $\psi=\mathbf{e}_0\equiv1$ 代入方程 (11.1.2), 便得性质 (2). 性质 (3) 可由 $P_r(u)$ 的定义 (11.1.4) 直接获得.

因 ψ 是 $\mathbf{R}$ 上的以 1 为周期的连续周期函数, 换言之, ψ 可以看成是商空间 $\mathbf{R}/\mathbf{Z}$ 上的连续函数. 常常把 $\mathbf{R}/\mathbf{Z}$ 看成 $[0,1]$, 但约定 $[0,1]$ 的两个端点 0 和 1 是粘在一起的, 换言之, $\mathbf{R}/\mathbf{Z}$ 与圆周同胚. ψ 在 $\mathbf{R}/\mathbf{Z}$ 上是一致连续的: 对于任何给定的 $\varepsilon>0$, 有 $\delta=\delta(\varepsilon)\in(0,1/2)$, 使得任何 $x\in[0,1]$, 都有

$$y\in A(\varepsilon)\equiv[0,\delta]\cup[1-\delta,1]\Longrightarrow|\psi(x-y)-\psi(x)|<\varepsilon. \tag{11.1.5}$$

因此

$$\begin{aligned}0&\leqslant\limsup_{r\to1-0}\sup_{0\leqslant x\leqslant1}|\psi_r(x)-\psi(x)|\\&=\limsup_{r\to1-0}\sup_{0\leqslant x\leqslant1}\int_0^1[\psi(x-y)-\psi(x)]P_r(y)dy\\&\leqslant\limsup_{r\to1-0}\sup_{0\leqslant x\leqslant1}\int_0^1|\psi(x-y)-\psi(x)|P_r(y)dy\\&\leqslant\limsup_{r\to1-0}\sup_{0\leqslant x\leqslant1}\left[\int_{A(\varepsilon)}|\psi(x-y)-\psi(x)|P_r(y)dy\right.\\&\qquad\left.+\int_{[0,1]\setminus A(\varepsilon)}|\psi(x-y)-\psi(x)|P_r(y)dy\right]\\&\leqslant\limsup_{r\to1-0}\sup_{0\leqslant x\leqslant1}\int_{A(\varepsilon)}|\psi(x-y)-\psi(x)|P_r(y)dy\end{aligned}$$

$$
\begin{aligned}
&+\limsup_{r\to 1-0}\sup_{0\leqslant x\leqslant 1}\int_{[0,1]\setminus A(\varepsilon)}|\psi(x-y)-\psi(x)|P_r(y)dy\\
&\leqslant \varepsilon\int_0^1 P_r(y)dy+2\sup_{0\leqslant x\leqslant 1}|\psi(x)|\cdot\lim_{r\to 1-0}\sup_{\delta\leqslant u\leqslant 1-\delta}P_r(u)\\
&\leqslant \varepsilon+0=\varepsilon.
\end{aligned}
\tag{11.1.6}
$$

这里我们用了 Poisson 核的性质 (1), (2) 和 (3) 以及 (11.1.5). 由 (11.1.6) 的右端的 ε 的任意性, 我们得到

$$\lim_{r\to 1-0}\sup_{0\leqslant x\leqslant 1}|\psi_r(x)-\psi(x)|=0.$$

定理最后的结论得证. □

注 1　我们看到 Poisson 核的三条性质 (1), (2) 和 (3) 在上面的证明中扮演了重要的角色. 以后我们还会遇到也有类似三条性质的其他的核, 它们将扮演 Poisson 核在上面证明中所扮演的相仿角色.

注 2　我们也可以用 $L^2([a,a+L),m;\mathbf{R})$ 中下面这一组正交规范基

$$\mathrm{g}_0(x)=L^{-1/2}, \mathrm{g}_n(x)=\left(\frac{L}{2}\right)^{-1/2}\cos\left(\frac{2\pi\mathrm{i}n(x-a)}{L}\right)\quad (n\in\mathbf{N}),$$

$$\mathrm{h}_n(x)=\left(\frac{L}{2}\right)^{-1/2}\sin\left(\frac{2\pi\mathrm{i}n(x-a)}{L}\right)\quad (n\in\mathbf{N})$$

替代上面用的 $L^2([a,a+L),m;\mathbf{R})$ 中的正交规范基

$$\mathrm{d}_n(x)=L^{-1/2}\exp\left(\frac{2\pi\mathrm{i}n(x-a)}{L}\right)\quad (n\in\mathbf{Z})$$

去建立 Fourier 级数理论. 细节留给同学自行思考了.

练　　习

我们已经在第 10 章的例 10.7.1 中证明了函数 f 的 Fourier 级数在 Hilbert 空间 L^2 中收敛于 f, 但这并不意味着函数 f 的 Fourier 级数逐点收敛于 f, 甚至不意味着函数 f 的 Fourier 级数几乎处处收敛于 f(请同学构造一串 $[0,1]$ 上的函数, 它在 $L^2([0,1])$ 中收敛于零函数, 但它在 $[0,1]$ 上处处不收敛于零). 定理 11.1.1 告诉我们, 连续周期函数 f 的 Fourier 级数在 Poisson 求和的意义下广义

和等于 f. 但这也不意味着连续周期函数 f 的 Fourier 级数逐点收敛于或几乎处处收敛于 f. 下面的练习 1.1.1 和练习 1.1.2 将介绍早在 19 世纪 Dirichlet, Dini 和 Jordan 等数学家给出的函数 f 的 Fourier 级数在某点收敛于 f 在该点值的充分条件的研究. 虽然这些结果属于 Fourier 级数理论比较早期的工作, 但这些工作的思路清晰而朴素, 而且结果仍然很有用.

11.1.1 设 ψ 是 $\mathbf{R}$ 上的以 1 为周期的周期函数, 且 $\psi \in L^1([0,1);\mathbf{C})$.

(i) 试证: 对于任何 $j \in \mathbf{N}$, 有

$$\sum_{m=-j}^{j} \int_0^1 \psi(y) e^{-2\pi i m y} dy e^{2\pi i m x} = \int_0^1 D_j(y)\psi(x-y)dy, \tag{11.1.7}$$

其中

$$D_j(z) = \frac{\sin(\pi(2j+1)z)}{\sin(\pi z)}$$

称为 **Dirichlet 核**.

(ii) 试证: Dirichlet 核是以 1 为周期的周期偶函数, $D_j \in L^1([0,1];\mathbf{C})$. 我们还有

$$2\int_0^{1/2} D_j(z)dz = \int_0^1 D_j(z)dz = 1, \tag{11.1.8}$$

且

$$\begin{aligned}\sum_{m=-j}^{j} \int_0^1 \psi(y) e^{-2\pi i m y} dy e^{2\pi i m x} &= \int_{-1/2}^{1/2} D_j(y)\psi(x-y)dy \\ &= 2\int_0^{1/2} D_j(y)\frac{\psi(x-y)+\psi(x+y)}{2}dy. \end{aligned}\tag{11.1.9}$$

(iii) 给定 $x \in [0,1]$, 假设 $\psi(x-0) = \lim\limits_{y\to x-0} \psi(y)$ 和 $\psi(x+0) = \lim\limits_{y\to x+0} \psi(y)$ 均存在. 试证:

$$\begin{aligned}&\sum_{m=-j}^{j} \int_0^1 \psi(y) e^{-2\pi i m y} dy e^{2\pi i m x} - \frac{\psi(x-0)+\psi(x+0)}{2} \\ &= \int_0^{1/2} \varphi_x(y)\frac{2\sin(\pi(2j+1)y)}{\sin(\pi y)}dy,\end{aligned}$$

其中

$$\varphi_x(y) = \frac{\psi(x+y)+\psi(x-y)}{2} - \frac{\psi(x-0)+\psi(x+0)}{2}.$$

11.1.2 设 ψ 是 $\mathbf{R}$ 上的以 1 为周期的周期函数, 且 $\psi \in L^1([0,1);\mathbf{C})$. 给定 $x \in [0,1]$, 假设 $\psi(x-0)$ 和 $\psi(x+0)$ 均存在.

(i) 若 ψ 在点 x 处满足 **Dini 条件**: 有某个 $\delta \in (0,1/2)$, 使得

$$\int_0^{\delta} \frac{|\varphi_x(y)|}{y}dy < \infty,$$

其中 $\varphi_x(y)$ 如练习 1.1.1 的 (iii) 中所定义. 试证:

$$\frac{\psi(x-0)+\psi(x+0)}{2}=\lim_{j\to\infty}\sum_{m=-j}^{j}\int_0^1\psi(y)\mathrm{e}^{-2\pi\mathrm{i}my}dy\mathrm{e}^{2\pi\mathrm{i}mx}.$$

注　结论 (i) 称为 Fourier 级数收敛性的 **Dini 判别法**.

(ii) 假设 ψ 在点 $x\in\mathbf{R}$ 处满足以下的 **Hölder 条件**:

$$\exists\alpha\in(0,1]\exists K>0\exists\varepsilon>0\forall y\in(x-\varepsilon,x+\varepsilon)(|\psi(y)-\psi(x)|\leqslant K|x-y|^{\alpha}),$$

(特别, 若 ψ 在点 $x\in\mathbf{R}$ 处可微, 则上述条件满足.) 试证:

$$\lim_{j\to\infty}\sum_{m=-j}^{j}\int_0^1\psi(y)\mathrm{e}^{-2\pi\mathrm{i}my}dy\mathrm{e}^{2\pi\mathrm{i}mx}=\psi(x).$$

(iii) 假若 $g(t)$ 在区间 $[0,h](h>0)$ 上有界且单调不减, 试证:

$$\lim_{p\to\infty}\int_0^h g(t)\frac{\sin pt}{t}dt=\frac{\pi}{2}g(0+)\equiv\frac{\pi}{2}\lim_{x\to0+}g(x).$$

(iv) 我们先引进一个概念:

定义 11.1.1　定义在闭区间 $[a,b]$ 上的函数 ψ 称为 (闭区间 $[a,b]$ 上的) **有界变差函数**, 假若有 M, 使得 $[a,b]$ 上的任何分划 $a=x_0<x_1<\cdots<x_{n-1}<x_n=b$ 都有不等式:

$$\sum_{j=1}^{n}|\psi(x_j)-\psi(x_{j-1})|\leqslant M.$$

有界变差函数 ψ 在闭区间 $[a,b]$ 上的变差定义为

$$V(\psi;[a,b])=\sup\sum_{j=1}^{n}|\psi(x_j)-\psi(x_{j-1})|,$$

右端的上确界 sup 是对 $[a,b]$ 上的所有的分划 $a=x_0<x_1<\cdots<x_{n-1}<x_n=b$ 取的.

以下是有界变差函数的一些常用的性质.

(1) 试证: 闭区间 $[a,b]$ 上的有界单调函数必是有界变差的.

(2) 试证: 闭区间 $[a,b]$ 上的两个有界变差函数之和, 差及积均为有界变差的.

(3) 若 $[a,b]\supset[c,d]$, 试证: 区间 $[a,b]$ 上的有界变差函数在 $[c,d]$ 上也是有界变差函数.

(4) 若 ψ 是闭区间 $[a,b]$ 上的有界变差函数, 试证: $\varphi(x)=V(\psi;[a,x])$ 是闭区间 $[a,b]$ 上的单调不减函数, 且 $\forall x,y\in[a,b](x<y\Longrightarrow\psi(y)-\psi(x)\leqslant\varphi(y)-\varphi(x))$.

(5) 若 ψ 是闭区间 $[a,b]$ 上的有界变差函数, 试证: ψ 在闭区间 $[a,b]$ 上是两个单调不减函数之差.

注　上述结论 (5) 称为有界变差函数的 **Jordan 分解**.

(v) 若 ψ 在闭区间 $[x-h,x+h](h>0)$ 是有界变差函数, 试证:

$$\frac{\psi(x-0)+\psi(x+0)}{2}=\lim_{j\to\infty}\sum_{m=-j}^{j}\int_0^1\psi(y)\mathrm{e}^{-2\pi imy}dy\mathrm{e}^{2\pi imx}.$$

注 结论 (v) 称为 Fourier 级数收敛的 **Jordan 判别法**.

(vi) 若 ψ 在两个闭区间 $[x-h,x]$ 及 $[x,x+h](h>0)$ 是单调函数, 试证:

$$\frac{\psi(x-0)+\psi(x+0)}{2}=\lim_{j\to\infty}\sum_{m=-j}^{j}\int_0^1\psi(y)\mathrm{e}^{-2\pi imy}dy\mathrm{e}^{2\pi imx}.$$

注 结论 (vi) 称为 Fourier 级数收敛的 **Dirichlet 判别法**. 历史上是先有 Dirichlet 判别法, 后来 Jordan 研究了有界变差函数并得到了有界变差函数的 Jordan 分解, 才把它推广为 **Jordan 判别法**. 有人也称后者为 **Dirichlet-Jordan 判别法**.

11.1.3 试证:

(i) $\forall x\in(0,2\pi)\left(\frac{\pi-x}{2}=\sum\limits_{j=1}^{\infty}\frac{\sin jx}{j}\right)$.

(ii) $\forall x\in(0,\pi)\left(\frac{\pi}{4}-\frac{x}{2}=\sum\limits_{j=1}^{\infty}\frac{\sin 2jx}{2j}\right)$.

(iii) $\forall x\in(0,\pi)\left(\frac{\pi}{4}=\sum\limits_{j=1}^{\infty}\frac{\sin(2j-1)x}{2j-1}\right)$.

(iv) $\frac{\pi}{4}=1-\frac{1}{3}+\frac{1}{5}-\frac{1}{7}+\cdots$.

(v) $\frac{\pi}{3}=1+\frac{1}{5}-\frac{1}{7}-\frac{1}{11}+\frac{1}{13}+\frac{1}{17}-\cdots$.

(vi) $\frac{\pi}{2\sqrt{3}}=1-\frac{1}{5}+\frac{1}{7}-\frac{1}{11}+\frac{1}{13}-\frac{1}{17}+\cdots$.

(vii) $\forall x\in(-\pi,\pi)\left(x=2\sum\limits_{j=1}^{\infty}(-1)^{j-1}\frac{\sin jx}{j}\right)$.

(viii) $\forall x\in\mathbf{R}\left(\frac{1}{2}-\frac{1}{\pi}\sum\limits_{j=1}^{\infty}\frac{\sin 2j\pi x}{j}=\begin{cases}x-[x], & \text{若 } x\notin\mathbf{Z}\\ 1/2, & \text{若 } x\in\mathbf{Z}\end{cases}\right)$.

(ix) $\forall x\in[-\pi,\pi]\left(x^2=\frac{\pi^2}{3}+4\sum\limits_{j=1}^{\infty}(-1)^j\frac{\cos jx}{j^2}\right)$.

(x) $\frac{\pi^2}{6}=\sum\limits_{j=1}^{\infty}\frac{1}{j^2}$.

注 请参看第一册 §5.8 的练习 5.8.4 的 (vi).

(xi) $\frac{\pi^2}{12}=\sum\limits_{j=1}^{\infty}\frac{(-1)^{j-1}}{j^2}$.

(xii) $\forall x \in [-\pi, \pi] \forall a \notin \mathbf{Z} \left(\frac{\pi}{2} \frac{\cos ax}{\sin a\pi} = \frac{1}{2a} + \sum_{j=1}^{\infty} (-1)^j \frac{a \cos jx}{a^2 - j^2} \right)$.

(xiii) $\forall x \in (-\pi, \pi)] \forall a \notin \mathbf{Z} \left(\frac{\pi}{2} \frac{\sin ax}{\sin a\pi} = \sum_{j=1}^{\infty} (-1)^j \frac{j \sin jx}{a^2 - j^2} \right)$.

(xiv) $\forall z \notin (\pi \mathbf{Z}) \left(\frac{1}{\sin z} = \frac{1}{z} + \sum_{j=1}^{\infty} (-1)^j \frac{2z}{z^2 - (j\pi)^2} = \frac{1}{z} + \sum_{j=1}^{\infty} (-1)^j \left[\frac{1}{z - j\pi} + \frac{1}{z + j\pi} \right] \right)$.

注　请参看第一册 §5.8 的练习 5.8.5 的 (vi).

(xv) Bernoulli 多项式 (参看第一册 §5.8 的练习 5.8.3) 有以下的 Fourier 级数表示:

$$\forall x \in \mathbf{R} \setminus \mathbf{Z} \forall n \in \mathbf{N} \left(\frac{B_n(x - [x])}{n!} = \sum_{k \in \mathbf{Z} \setminus \{0\}} \frac{e^{2k\pi i x}}{(2k\pi i)^n} \right).$$

(xvi) 偶数次的 Bernoulli 多项式有以下的 Fourier 级数表示:

$$\forall x \in \mathbf{R} \setminus \mathbf{Z} \forall n \in \mathbf{N} \left(\frac{B_{2n}(x - [x])}{(2n)!} = 2(-1)^{n-1} \sum_{k \in \mathbf{N}} \frac{\cos(2k\pi x)}{(2k\pi)^{2n}} \right).$$

11.1.4　设 ψ 是 $\mathbf{R}$ 上的以 1 为周期的周期函数, 且 $\psi \in L^1([0,1); \mathbf{C})$.

(i) 试证: 对于任何非负整数 J, 我们有

$$\begin{aligned} &\frac{1}{J+1} \sum_{j=0}^{J} \sum_{m=-j}^{j} \int_0^1 \psi(y) e^{-2\pi i m y} dy e^{2\pi i m x} \\ &= \int_0^1 \frac{1}{J+1} \left(\frac{\sin \pi (J+1)(x-y)}{\sin \pi (x-y)} \right)^2 \psi(y) dy. \end{aligned}$$

注　函数

$$F_J(z) = \begin{cases} \frac{1}{J+1} \left(\frac{\sin \pi (J+1) z}{\sin \pi z} \right)^2, & 若\ z \notin \mathbf{Z} \\ J+1, & 若\ z \in \mathbf{Z} \end{cases}$$

称为 **Fejér 核**.

下面的 (ii), (iii) 和 (iv) 是 Fejér 核的基本性质:

(ii) 试证: 对于任何 $J \in \mathbf{N} \cup \{0\}$, F_J 是 $\mathbf{R}$ 上以 1 为周期的连续周期函数, $F_J \in L^1([0,1]; \mathbf{R})$, 且

$$\int_0^1 F_J(z) dz = 1.$$

(iii) 试证: 对于任何 $J \in \mathbf{N} \cup \{0\}$, $F_J \geqslant 0$.

(iv) 试证: 对于任何 $\varepsilon \in (0, 1/2)$, 当 $J \to \infty$ 时, F_J 在 $[\varepsilon, 1-\varepsilon]$ 上一致地收敛于零.

注 请把 (ii), (iii) 和 (iv) 中述及的 Fejér 核的性质与公式 (11.1.4) 后所述及的 Poisson 核的性质 (1), (2) 和 (3) 相比较.

(v) 设 ψ 在 $[0,1]$ 上连续, 且 $\psi(0)=\psi(1)$. 试证:

$$\lim_{J\to\infty}\sup_{0\leqslant x\leqslant 1}\left|\psi(x)-\int_0^1\frac{1}{J+1}\left(\frac{\sin\pi(J+1)(x-y)}{\sin\pi(x-y)}\right)^2\psi(y)dy\right|=0.$$

(vi) 设 $\psi\in L^p([0,1];\mathbf{C})$, 其中 $1\leqslant p<\infty$. 试证:

$$\lim_{J\to\infty}\left|\psi(x)-\int_0^1\frac{1}{J+1}\left(\frac{\sin\pi(J+1)(x-y)}{\sin\pi(x-y)}\right)^2\psi(y)dy\right|_{L^p([0,1];\mathbf{C})}=0.$$

(vii) 试叙述并证明将 (vi) 中的 Fejér 核换成 Poisson 核后的命题.

11.1.5 假设 g 是闭区间 $[0,1]$ 上的连续函数, 且 $g(0)=g(1)$. 又假设除了区间 $[0,1]$ 上的有限个点外, $g'(x)$ 存在, 而在这有限个点处 $g'(x)$ 的左右极限存在且相等 (这包括 $g'(1-0)=g'(0+)$), 并且 $g'\in L^2[0,1]$.

(i) 在以上假设下, 我们有

$$\int_0^1 \mathrm{e}^{-2\mathrm{i}\pi nx}g'(x)dx=2\pi\mathrm{i}n\int_0^1 \mathrm{e}^{-2\mathrm{i}\pi nx}g(x)dx.$$

(ii) 在以上假设下, 我们有

$$\int_0^1 g(x)dx=0\Longrightarrow 4\pi^2|g|_{L^2}^2\leqslant|g'|_{L^2}^2,$$

而且右端的 $\leqslant$ 成为等号: $4\pi^2|g|_{L^2}^2=|g'|_{L^2}^2$ 的充分必要条件是

$$\forall|k|>1\left(\int_0^1 \mathrm{e}^{2\pi\mathrm{i}kt}g(t)dt=0\right).$$

11.1.6 假设平面简单封闭曲线 Γ 由以下参数方程确定:

$$\begin{cases}x=f(t),\\ y=g(t).\end{cases}\quad 0\leqslant t\leqslant 1,$$

其中 f 和 g 是周期为 1 的一次连续可微函数, 而且还满足条件:

$$f'(t)^2+g'(t)^2=v^2=\text{const.}.$$

这样的参数表示是存在的, 细节请参看第一册 §6.9 的练习 6.9.16 开始那一段的解释. 试证:

(i) 平面简单封闭曲线 Γ 的周长是

$$L=\sqrt{|f'|_{L^2}^2+|g'|_{L^2}^2}.$$

(ii) 平面简单封闭曲线 Γ 所围的面积是

$$S=-\int_0^1 g(t)f'(t)dt=(g,f'),$$

其中 (g, f') 表示 g 和 f' 在 L^2 中的内积.

(iii) $L^2 - 2\lambda S = |f' + \lambda g|_{L^2}^2 + |g'|_{L^2}^2 - \lambda^2 |g|_{L^2}^2$.

(iv) 记

$$c_0 = \int_0^1 g(t)dt \text{ 和 } g_0 = g - c_0,$$

则

$$L^2 - 2\lambda S = |f' + \lambda g_0|_{L^2} + |g_0'|_{L^2}^2 - \lambda^2 |g_0|_{L^2}^2.$$

(v) $L^2 \geqslant 4\pi S$.

(vi) (v) 中的 $\geqslant$ 成为等号, 即 $L^2 = 4\pi S$ 的充分必要条件是

$$g(t) = c_{-1}\mathrm{e}^{-2\pi \mathrm{i} t} + c_1 \mathrm{e}^{2\pi \mathrm{i} t} = a\cos 2\pi t + b \sin 2\pi t.$$

(vii) $L^2 = 4\pi S$ 的充分必要条件是: Γ 是圆周.

注 (v) 中的不等式称为**等周不等式**. 这个等周不等式的证明属于 **A. Hurwitz**.

§11.2 Fourier 变换的 L^1-理论

在第二册的第 10 章中, 我们得到了以下关于 Fourier 级数的公式:

$$f(x) = (2L)^{-1/2} \sum_{n=-\infty}^{\infty} a_n \exp\left(\frac{2\pi \mathrm{i} n x}{2L}\right),$$

其中右端的级数是在 $L^2[0, 2L]$ 的范数意义下收敛的, 而

$$a_n = (2L)^{-1/2} \int_{-L}^{L} f(y) \exp\left(\frac{-2\pi \mathrm{i} n y}{2L}\right) dy.$$

把后一公式代入前一公式, 得到

$$f(x) = (2L)^{-1} \sum_{n=-\infty}^{\infty} \exp\left(\frac{2\pi \mathrm{i} n x}{2L}\right) \int_{-L}^{L} f(y) \exp\left(\frac{-2\pi \mathrm{i} n y}{2L}\right) dy.$$

对于任何函数 F, 表达式 $(2L)^{-1} \sum\limits_{n=-\infty}^{\infty} F(n/(2L))$ 可以看做积分 $\displaystyle\int_{-\infty}^{\infty} F(\xi)d\xi$ 的 Riemann 和 (把变量 $n/(2L)$ 看做离散变量 ξ_n, 小区间长度为 $1/(2L)$), 让 $L \to \infty$(即小区间长度 $\to 0$), 则上式 (形式地) 趋于下式:

$$f(x) = \int_{-\infty}^{\infty} \left[\exp(2\pi \mathrm{i} \xi x) \int_{-\infty}^{\infty} f(y) \exp(-2\pi \mathrm{i} \xi y) dy \right] d\xi.$$

这个形式的推演并非以上等式的严格的数学证明. 但这个形式的推演告诉我们, 在一定条件下, 以上等式在某个意义下似乎应该是成立的. 本章的剩下部分将对以上论断在 n 维情形的推广进行严格的数学讨论. 设 f 是定义在 $\mathbf{R}^n$ 上的函数. 以下等式所定义的函数 $\hat{f}$ 称为函数 f 的 **Fourier 变换**(假若下式右端的积分在某种意义下收敛):

$$\hat{f}(\boldsymbol{\xi}) = \int_{\mathbf{R}^n} f(\mathbf{y}) \exp(-2\pi \mathrm{i} \boldsymbol{\xi} \cdot \mathbf{y}) m(d\mathbf{y}).$$

我们又把用以下等式所定义的函数 $\check{f}$ 称为函数 f 的 **Fourier 逆变换**, 其中 (假若下式右端的积分在某种意义下收敛)

$$\check{f}(\boldsymbol{\xi}) = \int_{\mathbf{R}^n} f(\mathbf{y}) \exp(2\pi \mathrm{i} \boldsymbol{\xi} \cdot \mathbf{y}) m(d\mathbf{y}).$$

显然 $\check{f}(\boldsymbol{\xi}) = \hat{f}(-\boldsymbol{\xi})$. 由上面直观地得到的公式, 似乎应该有 $\check{\hat{f}} = f$, 换言之, Fourier 逆变换似乎应该是 Fourier 变换的逆变换. 在本章中, 我们将阐明这个公式的确切涵义, 换言之, 我们将阐明: 在 f 满足什么条件时 Fourier 逆变换的确是 Fourier 变换的逆变换? 依赖于 Fourier 变换和 Fourier 逆变换中的积分收敛涵义的不同, 这个问题的解答有很多种. 在本章正文中, 我们只给出形式最简单的两种解答. 本节先给出第一种解答. 后两节将给出第二种解答. 在练习 11.2.8 中将给出另外的解答. 在本章的两个补充教材中还要给出两个解答.

注 1 不同的数学群体给函数 f 的 Fourier 变换下的定义会略有差异, 例如, 不少的文献把 f 的 Fourier 变换定义为

$$\hat{f}(\boldsymbol{\xi}) = \frac{1}{(2\pi)^n} \int_{\mathbf{R}^n} f(\mathbf{y}) \exp(-\mathrm{i} \boldsymbol{\xi} \cdot \mathbf{y}) m(d\mathbf{y}).$$

有些文献则把 f 的 Fourier 变换定义为

$$\hat{f}(\boldsymbol{\xi}) = \int_{\mathbf{R}^n} f(\mathbf{y}) \exp(\mathrm{i} \boldsymbol{\xi} \cdot \mathbf{y}) m(d\mathbf{y}).$$

概率论的文献中通常用后一定义, 且把 Fourier 变换改称为**特征函数**. 这样的差异并不带来数学理论的重大改变, 当然, 关于 Fourier 变换及 Fourier 逆变换的公式的形式将作相应的修改.

注 2 如下形状的积分

$$\int_{\mathbf{R}^n} f(\mathbf{y}) \exp(-2\pi \mathrm{i}\boldsymbol{\xi} \cdot \mathbf{y}) m(d\mathbf{y})$$

常称为 f 的 **Fourier 积分**. 由这个 Fourier 积分所代表的函数称为 f 的 Fourier 变换. 事实上, 这个意义下的 Fourier 积分与 Fourier 变换常交替使用. 有时, Fourier 变换是指映射：$f \mapsto \hat{f}$.

现在, 我们先引进以下引理.

引理 11.2.1 设 $f \in L^1(\mathbf{R}^n; \mathbf{C})$, 则 $\hat{f} \in C_b(\mathbf{R}^n, \mathbf{C})$, 其中右下角加了 b 的符号 $C_b(\mathbf{R}^n, \mathbf{C})$ 表示 $C(\mathbf{R}^n, \mathbf{C})$ 中全体有界连续函数组成的线性子空间, 空间 $C_b(\mathbf{R}^n, \mathbf{C})$ 上的范数是函数绝对值在 $\mathbf{R}^n$ 上的上确界:

$$|f|_{C_b(\mathbf{R}^n, \mathbf{C})} = \sup_{\mathbf{x} \in \mathbf{R}^n} |f(\mathbf{x})|.$$

另外我们还有

$$\lim_{|\mathbf{x}| \to \infty} \hat{f}(\mathbf{x}) = 0. \tag{11.2.1}$$

又, 映射 $L^1(\mathbf{R}^n; \mathbf{C}) \ni f \mapsto \hat{f} \in C_b(\mathbf{R}^n, \mathbf{C})$ 是线性且连续的, 换言之,

$$\forall a, b \in \mathbf{C} \forall f, g \in L^1(\mathbf{R}^n; \mathbf{C})(\widehat{af + bg} = a\hat{f} + b\hat{g}),$$

且

$$|f_j - f|_{L^1(\mathbf{R}^n; \mathbf{C})} \to 0 \Longrightarrow |\hat{f}_j - \hat{f}|_{C_b(\mathbf{R}^n; \mathbf{C})} \to 0.$$

最后, 若 $f, g \in L^1(\mathbf{R}^n; \mathbf{C})$, 则

$$\int_{\mathbf{R}^n} f(\mathbf{x}) \overline{\check{g}(\mathbf{x})} m(d\mathbf{x}) = \int_{\mathbf{R}^n} \hat{f}(\boldsymbol{\xi}) \overline{g(\boldsymbol{\xi})} m(d\boldsymbol{\xi}). \tag{11.2.2}$$

注 由等式 (11.2.1) 表示的结论常称为 **Riemann-Lebesgue 引理**.

证 易见, 映射 $f \mapsto \hat{f}$ 是线性的, 且

$$|\hat{f}|_{C_b(\mathbf{R}^n; \mathbf{C})} \equiv \sup_{\boldsymbol{\xi} \in \mathbf{R}^n} |\hat{f}(\boldsymbol{\xi})| \leqslant |f|_{L^1(\mathbf{R}^n; \mathbf{C})}. \tag{11.2.3}$$

因而映射 $L^1(\mathbf{R}^n; \mathbf{C}) \ni f \mapsto \hat{f} \in C_b(\mathbf{R}^n, \mathbf{C})$ 是连续的. 剩下要证明的是 (11.2.1) 和 (11.2.2).

先证 (11.2.1): 因对于一切 $p \in [1, \infty)$, $C_0{}^\infty(\mathbf{R}^n)$ 在 $L^p(\mathbf{R}^n, m)$ 中稠密 (参看第二册 §10.7 练习 10.7.2 的 (iii) 或练习 10.7.9 的 (v)), 考虑到 (11.2.3), 只需证明 (11.2.1) 对于一切 $f \in C_0{}^\infty(\mathbf{R}^n)$ 成立就够了 (同学应

补出这个论断的证明细节). 由 Green 公式 (参看 §10.9 的练习 10.9.5), 注意到 f 是紧支集的, 有

$$\begin{aligned}-|2\pi\boldsymbol{\xi}|^2\hat{f}(\boldsymbol{\xi}) &= \int_{\mathbf{R}^n} f(\mathbf{x})\Delta_{\mathbf{x}}\exp(-2\pi\mathrm{i}\boldsymbol{\xi}\cdot\mathbf{x})m(d\mathbf{x})\\ &= \int_{\mathbf{R}^n} \Delta f(\mathbf{x})\exp(-2\pi\mathrm{i}\boldsymbol{\xi}\cdot\mathbf{x})m(d\mathbf{x})\\ &= \widehat{\Delta f}(\boldsymbol{\xi}).\end{aligned}$$

因 $\Delta f \in L^1$, 由 (11.2.3), $|\widehat{\Delta f}|_{C_b(\mathbf{R}^n;\mathbf{C})} < \infty$. 故

$$\limsup_{|\boldsymbol{\xi}|\to\infty}|\hat{f}(\boldsymbol{\xi})| \leqslant \limsup_{|\boldsymbol{\xi}|\to\infty}|2\pi\boldsymbol{\xi}|^{-2}|\widehat{\Delta f}(\boldsymbol{\xi})| = 0.$$

Riemann-Lebesgue 引理 (11.2.1) 证毕.

下面证明 (11.2.2): 注意到定义在 $\mathbf{R}^n_{\mathbf{x}} \times \mathbf{R}^n_{\boldsymbol{\xi}}$ 上的函数

$$f(\mathbf{x})\overline{g(\boldsymbol{\xi})}\exp(-2\pi\mathrm{i}\boldsymbol{\xi}\cdot\mathbf{x})$$

是 Lebesgue 可积的, 利用 Fubini-Tonelli 定理, 我们有

$$\begin{aligned}\int_{\mathbf{R}^n}\hat{f}(\boldsymbol{\xi})\overline{g(\boldsymbol{\xi})}m(d\boldsymbol{\xi}) &= \int_{\mathbf{R}^n}\left[\int_{\mathbf{R}^n} f(\mathbf{x})\exp(-2\pi\mathrm{i}\boldsymbol{\xi}\cdot\mathbf{x})m(d\mathbf{x})\right]\overline{g(\boldsymbol{\xi})}m(d\boldsymbol{\xi})\\ &= \int_{\mathbf{R}^n} f(\mathbf{x})\overline{\int_{\mathbf{R}^n}\exp(2\pi\mathrm{i}\boldsymbol{\xi}\cdot\mathbf{x})g(\boldsymbol{\xi})m(d\boldsymbol{\xi})}m(d\mathbf{x}) = \int_{\mathbf{R}^n} f(\mathbf{x})\overline{\check{g}(\mathbf{x})}m(d\mathbf{x}).\end{aligned}$$

引理 11.2.1 证毕. □

引理 11.2.2 对于任何 $t \in (0,\infty)$, 带参数 t 的映射 $\gamma_t : \mathbf{R}^n \to (0,\infty)$ 定义为

$$\forall \mathbf{x} \in \mathbf{R}^n\left(\gamma_t(\mathbf{x}) = t^{-n/2}\exp\left[-\frac{\pi|\mathbf{x}|^2}{t}\right]\right),$$

则对于一切 $t > 0$ 和一切 $\boldsymbol{\zeta} \in \mathbf{C}^n$, 我们有

$$\int_{\mathbf{R}^n}\mathrm{e}^{2\pi(\boldsymbol{\zeta},\mathbf{x})_{\mathbf{C}^n}}\gamma_t(\mathbf{x})m(d\mathbf{x}) = \exp\left(t\pi\sum_{j=1}^n\zeta_j^2\right). \tag{11.2.4}$$

特别, 对于一切 $t > 0$, 有

$$\int_{\mathbf{R}^n}\gamma_t(\mathbf{x})m(d\mathbf{x}) = 1. \tag{11.2.5}$$

又对于一切 $t>0$ 和 $\boldsymbol{\xi}\in\mathbf{R}^n$, 有

$$\hat{\gamma}_t(\boldsymbol{\xi})=g_t(\boldsymbol{\xi})\equiv \mathrm{e}^{-t\pi|\boldsymbol{\xi}|^2},\ 而\ \check{g}_t=\gamma_t, \tag{11.2.6}$$

换言之, $\gamma_t(\boldsymbol{\xi})$ 的 Fourier 变换的 Fourier 逆变换就是 $\gamma_t(\boldsymbol{\xi})$.

证　由 Fubini-Tonelli 定理, 只要能证明 (11.2.4) 在 n=1 时成立, (11.2.4) 便对任何 $n\in\mathbf{N}$ 成立. 下面证明: (11.2.4) 在 $n=1$ 时成立, 换言之, 下式成立:

$$t^{-1/2}\int_{\mathbf{R}}\exp\left(-\frac{\pi x^2}{t}+2\pi\zeta x\right)m(dx)=\mathrm{e}^{t\pi\zeta^2}.$$

以上积分的被积函数可展成如下的级数:

$$\exp\left(-\frac{\pi x^2}{t}+2\pi\zeta x\right)=\sum_{j=0}^{\infty}\frac{(2\pi\zeta)^j}{j!}x^j\exp\left(-\frac{\pi x^2}{t}\right).$$

我们要把这个级数代入前边等式左端的积分, 并实施积分号与求和号交换. 为了证明这个交换的合法性, 我们进行以下讨论.

当 $|x|\geqslant 4t|\zeta|$ 时. 对于任何 $n\in\mathbf{N}$,

$$\begin{aligned}\left|\sum_{j=0}^{n}\frac{(2\pi\zeta)^j}{j!}x^j\exp\left(-\frac{\pi x^2}{t}\right)\right|&\leqslant\left[\sum_{j=0}^{n}\frac{(2\pi|\zeta|)^j}{j!}|x|^j\right]\exp\left(-\frac{\pi x^2}{t}\right)\\&\leqslant\left[\sum_{j=0}^{\infty}\frac{(2\pi|\zeta|)^j}{j!}|x|^j\right]\exp\left(-\frac{\pi x^2}{t}\right)\leqslant\exp(2\pi|\zeta||x|)\exp\left(-\frac{\pi x^2}{t}\right)\\&=\exp\left(-\frac{\pi}{t}\left[x^2-2t|\zeta||x|+(t|\zeta|)^2\right]\right)\exp(t\pi|\zeta|^2)\\&=\exp\left(-\frac{\pi}{t}\left[x-t|\zeta|\right]^2\right)\exp(t\pi|\zeta|^2).\end{aligned}\tag{11.2.7}$$

因 (11.2.7) 的右端作为 x 的函数在 $\mathbf{R}$ 上 Lebesgue 可积, 由 Lebesgue 控制收敛定理, 我们有

$$\begin{aligned}&t^{-1/2}\int_{\mathbf{R}}\exp\left(-\frac{\pi x^2}{t}+2\pi\zeta x\right)m(dx)\\&\quad=t^{-1/2}\sum_{j=0}^{\infty}\frac{(2\pi\zeta)^j}{j!}\int_{\mathbf{R}}x^j\exp\left(-\frac{\pi x^2}{t}\right)m(dx)\\&\quad=t^{-1/2}\sum_{j=0}^{\infty}\frac{(2\pi\zeta)^{2j}}{(2j)!}\int_{\mathbf{R}}x^{2j}\exp\left(-\frac{\pi x^2}{t}\right)m(dx).\end{aligned}\tag{11.2.8}$$

这里用了以下事实: 第二行中的积分的被积函数 $x^j \exp\left(-\frac{\pi x^2}{t}\right)$ 在 j 为奇数时为奇函数, 它的积分等于零. 又

$$\begin{aligned}\int_{\mathbf{R}} x^{2j} \exp\left(-\frac{\pi x^2}{t}\right)dx &= \int_0^{\infty} u^{j-\frac{1}{2}} \exp\left(-\frac{\pi u}{t}\right)du \\ &= \left(\frac{t}{\pi}\right)^{j+\frac{1}{2}} \Gamma\left(j+\frac{1}{2}\right) = \left(\frac{t}{\pi}\right)^{j+\frac{1}{2}} \sqrt{\pi} \prod_{k=0}^{j-1}\left(k+\frac{1}{2}\right) \\ &= t^{1/2}\left(\frac{t}{2\pi}\right)^j (2j-1)!!.\end{aligned}$$

把所得结果代入 (11.2.8), 有

$$\begin{aligned}& t^{-1/2}\int_{\mathbf{R}} \exp\left(-\frac{\pi x^2}{t}+2\pi\zeta x\right)m(dx) \\ &= t^{-1/2}\sum_{j=0}^{\infty}\frac{(2\pi\zeta)^{2j}}{(2j)!}t^{1/2}\left(\frac{t}{2\pi}\right)^j(2j-1)!! \\ &= \sum_{j=0}^{\infty}\frac{(t\pi\zeta^2)^j}{j!} = \mathrm{e}^{t\pi\zeta^2}.\end{aligned}$$

这就证明了公式 (11.2.4) 在 $n=1$ 时成立, 正如以前说过的那样, 由此公式 (11.2.4) 对任何 $n\in\mathbf{N}$ 也成立. (11.2.5) 和 (11.2.6) 的第一个等式是 (11.2.4) 分别当 $\boldsymbol{\zeta}=\mathbf{0}$ 和 $\boldsymbol{\zeta}=-\mathrm{i}\boldsymbol{\xi}$ 时的特例. 在 (11.2.6) 的第一个等式中将 t 换成 $1/t$, 便得 (11.2.6) 的第二个等式. □

注 这里的证明未用到复分析中关于留数的知识. 利用复分析中的留数定理, 证明会简单些.

引理 11.2.3 设 $f\in L^1(\mathbf{R}^n;\mathbf{C})$, 记 $f_{\mathbf{x}}(\mathbf{y})=f(\mathbf{y}-\mathbf{x})$, 则

$$\widehat{f_{\mathbf{x}}}(\boldsymbol{\xi}) = \hat{f}(\boldsymbol{\xi})\exp(-2\pi\mathrm{i}\boldsymbol{\xi}\cdot\mathbf{x}). \tag{11.2.9}$$

证 易见

$$\begin{aligned}\widehat{f_{\mathbf{x}}}(\boldsymbol{\xi}) &= \int_{\mathbf{R}^n} f_{\mathbf{x}}(\mathbf{y})\exp(-2\pi\mathrm{i}\boldsymbol{\xi}\cdot\mathbf{y})m(d\mathbf{y}) \\ &= \int_{\mathbf{R}^n} f(\mathbf{y}-\mathbf{x})\exp(-2\pi\mathrm{i}\boldsymbol{\xi}\cdot(\mathbf{y}-\mathbf{x}))m(d\mathbf{y})\exp(-2\pi\mathrm{i}\boldsymbol{\xi}\cdot\mathbf{x}) \\ &= \hat{f}(\boldsymbol{\xi})\exp(-2\pi\mathrm{i}\boldsymbol{\xi}\cdot\mathbf{x}).\end{aligned}$$

□

引理 11.2.4 设 $f \in L^1(\mathbf{R}^n;\mathbf{C})$ 且 $x_j f \in L^1(\mathbf{R}^n;\mathbf{C})$, 则

$$\frac{\partial \widehat{f}}{\partial \xi_j}(\boldsymbol{\xi}) = -\widehat{2\pi \mathrm{i} x_j f}(\boldsymbol{\xi}). \tag{11.2.10}$$

证 这实际上是个积分号下求导数的问题, 也就是积分号下求极限的问题. 根据 Fourier 变换的定义, 有

$$\hat{f}(\boldsymbol{\xi}) = \int_{\mathbf{R}^n} f(\mathbf{x}) \exp(-2\pi \mathrm{i} \boldsymbol{\xi} \cdot \mathbf{x}) m(d\mathbf{x})$$

和

$$\hat{f}(\boldsymbol{\xi} + \boldsymbol{\varepsilon}_j) = \int_{\mathbf{R}^n} f(\mathbf{x}) \exp(-2\pi \mathrm{i} (\boldsymbol{\xi} + \boldsymbol{\varepsilon}_j) \cdot \mathbf{x}) m(d\mathbf{x}),$$

其中 $\boldsymbol{\varepsilon}_j = (0, \cdots, 0, \varepsilon, 0, \cdots, 0)$, 唯一的非零分量 ε 处于第 j 个分量处. 只要下式右端的极限存在, 便有

$$\frac{\partial \widehat{f}}{\partial \xi_j}(\boldsymbol{\xi}) = \lim_{\varepsilon \to 0} \int_{\mathbf{R}^n} f(\mathbf{x}) \exp(-2\pi \mathrm{i} \boldsymbol{\xi} \cdot \mathbf{x}) \frac{\exp(-2\pi \mathrm{i}(\varepsilon x_j)) - 1}{\varepsilon} m(d\mathbf{x}). \tag{11.2.11}$$

因

$$\begin{aligned}
&\left| f(\mathbf{x}) \exp(-2\pi \mathrm{i} \boldsymbol{\xi} \cdot \mathbf{x}) \frac{\exp(-2\pi \mathrm{i}(\varepsilon x_j)) - 1}{\varepsilon} \right| \\
&\quad = \left| f(\mathbf{x}) \exp(-2\pi \mathrm{i} \boldsymbol{\xi} \cdot \mathbf{x}) \frac{(-2\pi \mathrm{i})}{\varepsilon} \int_0^{\varepsilon x_j} \exp(-2\pi \mathrm{i} t) dt \right| \\
&\quad \leqslant 2\pi |x_j| |f(\mathbf{x})| \in L^1(\mathbf{R}^n; \mathbf{R}),
\end{aligned}$$

且

$$\begin{aligned}
&\lim_{\varepsilon \to 0} f(\mathbf{x}) \exp(-2\pi \mathrm{i} \boldsymbol{\xi} \cdot \mathbf{x}) \frac{\exp(-2\pi \mathrm{i}(\varepsilon x_j)) - 1}{\varepsilon} \\
&\qquad = -2\pi \mathrm{i} x_j f(\mathbf{x}) \exp(-2\pi \mathrm{i} \boldsymbol{\xi} \cdot \mathbf{x}).
\end{aligned}$$

由 Lebesgue 控制收敛定理和 (11.2.11), 有

$$\frac{\partial \widehat{f}}{\partial \xi_j}(\boldsymbol{\xi}) = -2\pi \mathrm{i} x_j f(\mathbf{x}) \exp(-2\pi \mathrm{i} \boldsymbol{\xi} \cdot \mathbf{x}).$$ □

定理 11.2.1 设 $f \in L^1(\mathbf{R}^n;\mathbf{C})$, 对于 $t > 0$, 像引理 11.2.2 中那样, 记

$$\gamma_t(\mathbf{x}) = t^{-n/2} \exp\left(-\frac{\pi |\mathbf{x}|^2}{t} \right),$$

则我们有:

(i) 对于 $t>0$,

$$f*\gamma_t(\mathbf{x})=\int_{\mathbf{R}^n} g_t(\boldsymbol{\xi})\mathrm{e}^{2\pi\mathrm{i}(\boldsymbol{\xi},\mathbf{x})_{\mathbf{R}^n}}\hat{f}(\boldsymbol{\xi})m(d\boldsymbol{\xi}), \tag{11.2.12}$$

其中 $g_t(\boldsymbol{\xi})$ 就是 (11.2.6) 中定义的函数:

$$g_t(\boldsymbol{\xi})=\mathrm{e}^{-t\pi|\boldsymbol{\xi}|^2}. \tag*{(11.2.6)$'$}$$

(ii) 以下的极限等式成立:

$$\lim_{t\to 0+}\left|\int_{\mathbf{R}^n} g_t(\boldsymbol{\xi})\mathrm{e}^{2\pi\mathrm{i}(\boldsymbol{\xi},\mathbf{x})_{\mathbf{R}^n}}\hat{f}(\boldsymbol{\xi})m(d\boldsymbol{\xi})-f(\mathbf{x})\right|_{L^1(\mathbf{R}^n;\mathbf{C})}=0. \tag{11.2.13}$$

特别,

$$\forall f\in L^1(\mathbf{R}^n;\mathbf{C})(\hat{f}=0, a.e.(m)\Longrightarrow f=0, a.e.(m)). \tag{11.2.14}$$

证 公式 (11.2.12) 证明如下: 利用 Fourier 变换的定义及 Fubini-Tonelli 定理,

$$\begin{aligned}
&\int_{\mathbf{R}^n} g_t(\boldsymbol{\xi})\mathrm{e}^{2\pi\mathrm{i}(\boldsymbol{\xi},\mathbf{x})_{\mathbf{R}^n}}\hat{f}(\boldsymbol{\xi})m(d\boldsymbol{\xi})\\
&=\int_{\mathbf{R}^n} g_t(\boldsymbol{\xi})\mathrm{e}^{2\pi\mathrm{i}(\boldsymbol{\xi},\mathbf{x})_{\mathbf{R}^n}}\left(\int_{\mathbf{R}^n} f(\mathbf{y})\mathrm{e}^{-2\pi\mathrm{i}(\boldsymbol{\xi},\mathbf{y})_{\mathbf{R}^n}}m(d\mathbf{y})\right)m(d\boldsymbol{\xi})\\
&=\int_{\mathbf{R}^n} f(\mathbf{y})\left(\int_{\mathbf{R}^n} g_t(\boldsymbol{\xi})\mathrm{e}^{2\pi\mathrm{i}(\boldsymbol{\xi},\mathbf{x}-\mathbf{y})_{\mathbf{R}^n}}m(d\boldsymbol{\xi})\right)m(d\mathbf{y})\\
&=\int_{\mathbf{R}^n} f(\mathbf{y})\gamma_t(\mathbf{x}-\mathbf{y})m(d\mathbf{y})=f*\gamma_t(\mathbf{x}).
\end{aligned}$$

公式 (11.2.12) 证毕. (事实上, 这个 (11.2.12) 是 (11.2.2) 的特例.)

由公式 (11.2.12) 及 §10.7 的练习 10.7.9 的 (iii), 便得公式 (11.2.13). 由此易得 (11.2.14). □

注 1 易见, $\forall\boldsymbol{\xi}\in\mathbf{R}^n(\lim\limits_{t\to 0+} g_t(\boldsymbol{\xi})=1)$. 故 (11.2.13) 似乎可以写成

$$\int_{\mathbf{R}^n}\mathrm{e}^{2\pi\mathrm{i}(\boldsymbol{\xi},\mathbf{x})_{\mathbf{R}^n}}\hat{f}(\boldsymbol{\xi})m(d\boldsymbol{\xi})=f(\mathbf{x}). \tag*{(11.2.13)$'$}$$

在一般情形, 我们只能得到 (11.2.13), (11.2.13)$'$ 未必成立. 但若 $\hat{f}$ 在 $\mathbf{R}^n$ 上可积, 由 Lebesgue 控制收敛定理, (11.2.13)$'$ 便是 (11.2.13) 的推

论了. 若等式 (11.2.13) 成立, 便称在 **Gauss 求和意义下公式** (11.2.13)′ 成立.

注 2　结论 (11.2.14) 告诉我们：若两个 $L^1(\mathbf{R}^n;\mathbf{C})$ 中函数的 Fourier 变换几乎处处相等, 则这两个函数必几乎处处相等. 所以结论 (11.2.14) 也称为 **Fourier 变换的唯一性定理**.

为了以后讨论的需要, 我们引进以下的命题.

命题 11.2.1　设 $f,g\in L^1(\mathbf{R}^n;\mathbf{C})$, 则卷积 (参看 §10.7 的练习 10.7.3 和练习 10.7.9.)

$$f*g(\mathbf{x})\equiv\int_{\mathbf{R}^n}f(\mathbf{x}-\mathbf{y})g(\mathbf{y})m(d\mathbf{y})\in L^1(\mathbf{R}^n;\mathbf{C}),$$

且它的 Fourier 变换具有以下形式：

$$\widehat{f*g}=\hat{f}\hat{g}.\tag{11.2.15}$$

证　第一个结论在第二册 §10.7 的练习 10.7.3 和练习 10.7.9 中已获得 (它是 Fubini-Tonelli 定理的推论). 第二个结论也只是 Fubini-Tonelli 定理的推论：显然,

$$\mathrm{e}^{-2\pi\mathrm{i}(\boldsymbol{\xi},\mathbf{x})_{\mathbf{R}^n}}f(\mathbf{x}-\mathbf{y})g(\mathbf{y})\in L^1(\mathbf{R}^n_{\mathbf{x}}\times\mathbf{R}^n_{\mathbf{y}};\mathbf{C}),$$

而

$$\begin{aligned}&\int_{\mathbf{R}^n_{\mathbf{x}}}\left[\mathrm{e}^{-2\pi\mathrm{i}(\boldsymbol{\xi},\mathbf{x})_{\mathbf{R}^n}}\int_{\mathbf{R}^n_{\mathbf{y}}}f(\mathbf{x}-\mathbf{y})g(\mathbf{y})m(d\mathbf{y})\right]m(d\mathbf{x})\\&=\int_{\mathbf{R}^n_{\mathbf{y}}}g(\mathbf{y})\mathrm{e}^{-2\pi\mathrm{i}(\boldsymbol{\xi},\mathbf{y})_{\mathbf{R}^n}}\left[\int_{\mathbf{R}^n_{\mathbf{x}}}\mathrm{e}^{-2\pi\mathrm{i}(\boldsymbol{\xi},\mathbf{x}-\mathbf{y})_{\mathbf{R}^n}}f(\mathbf{x}-\mathbf{y})m(d\mathbf{x})\right]m(d\mathbf{y})\\&=\hat{f}(\boldsymbol{\xi})\hat{g}(\boldsymbol{\xi}).\end{aligned}$$

□

练　　习

11.2.1　设 $f\in L^1(\mathbf{R};\mathbf{C})$.

(i) 记

$$u(x)=\sum_{j=-\infty}^{\infty}f(x+j),$$

试证：上式右端在 $L^1([0,1])$ 中收敛, 且在 $[0,1]$ 上几乎处处绝对收敛.

(ii) 试证：(i) 中的 u 是以 1 为周期的周期函数, 它的 Fourier 级数的第 n 项的系数恰是 f 的 Fourier 变换在点 n 处的值：

$$\int_0^1 u(x)\mathrm{e}^{-2\pi \mathrm{i} nx}dx = \int_{-\infty}^{\infty} f(x)\mathrm{e}^{-2\pi \mathrm{i} nx}dx = \hat{f}(n).$$

(iii) 若 (i) 中级数在 $x=0$ 处收敛, 且 u 的 Fourier 级数在 0 处收敛于 $u(0)$, 试证:

$$\sum_{j=-\infty}^{\infty} f(j) = \sum_{n=-\infty}^{\infty} \hat{f}(n).$$

注 (iii) 中的公式称为 **Poisson 求和公式**.

(iv) 假设 $a, b \in \mathbf{N} \cup \{0\}, a < b$, f 是 $[a, b]$ 上的连续可微函数. 又设

$$g(x) = \begin{cases} f(x), & 若\ a < x < b, \\ f(a)/2, & 若\ x = a, \\ f(b)/2, & 若\ x = b, \\ 0, & 其他. \end{cases}$$

试将 Poisson 求和公式用到 g 上以证明 Euler-Maclaurin 求和公式 (参看第一册 §6.9 的练习 6.9.11 的 (ii)).

11.2.2 (i) 设

$$f(x) = \begin{cases} 1-x, & 若\ 0 \leqslant x \leqslant 1, \\ 0, & 若\ x > 1, \\ 1+x, & 若\ -1 \leqslant x \leqslant 0, \\ 0, & 若\ x < -1, \end{cases}$$

试求: $\hat{f} =$?

(ii) 试证:

$$\frac{2}{\pi}\int_0^{\infty} \frac{\sin^2 z}{z^2}\cos 2zx dz = \begin{cases} 1-x, & 若\ 0 \leqslant x \leqslant 1, \\ 0, & 若\ x > 1. \end{cases}$$

11.2.3 (i) 设

$$f(x) = \begin{cases} \sin x, & 若\ |x| \leqslant \pi, \\ 0, & 若\ |x| > \pi, \end{cases}$$

试求: $\hat{f} =$?

(ii) 试证:

$$\int_0^{\infty} \frac{\sin \pi x}{1-x^2}\sin zx dz = \begin{cases} \dfrac{\pi}{2}\sin x, & 若\ 0 \leqslant x \leqslant \pi, \\ 0, & 若\ x \geqslant \pi. \end{cases}$$

11.2.4 (i) 设

$$f(x) = \begin{cases} \cos x, & 若\ 0 < x < \pi, \\ -1/2, & 若\ x = \pi, \\ -\cos x, & 若\ 0 > x > -\pi \\ 1/2, & 若\ x = -\pi, \\ 0, & 若\ |x| > \pi\ 或\ x = 0. \end{cases}$$

试求: $\hat{f}=?$

(ii) 试证:

$$\int_0^\infty \frac{x\cos\dfrac{\pi x}{2}}{1-x^2}\sin x\xi dx=\begin{cases}-\dfrac{\pi}{4}\cos\xi, & 若\ 0\leqslant x\leqslant\pi,\\ \dfrac{\pi}{8}, & 若\ x=\pi,\\ 0, & 若\ x>\pi.\end{cases}$$

11.2.5 设

$$f(x)=\begin{cases}1, & 若\ |x|\leqslant 1,\\ 0, & 若\ |x|>1,\end{cases}$$

问: $\hat{f}=?$

11.2.6 设 $f(x)=\exp(-|x|)$, $\hat{f}(\xi)=?$

11.2.7 我们用 $J_\mu(z)$ 表示 μ 阶的**第一类Bessel 函数**, 简称 **Bessel 函数**: 当 $\Re(\mu+1/2)>0$ 时,

$$J_\mu(z)=\frac{(z/2)^\mu}{\Gamma(\mu+1/2)\Gamma(1/2)}\int_0^\pi \mathrm{e}^{-\mathrm{i}z\cos\phi}\sin^{2\mu}\phi d\phi.$$

注 关于第一类型 Bessel 函数的定义和初等性质可以参看第十二章的补充教材 §12.9.

试证以下结果:

(i) $J_{\frac{1}{2}}(z)=\sqrt{2/(\pi z)}\sin z$.

(ii) 对于任何 $n\in\mathbf{N}$, 有

$$J_{n+\frac{1}{2}}(z)=(-1)^n z^{n+\frac{1}{2}}\left(\frac{1}{z}\frac{d}{dz}\right)^n\sqrt{\frac{2}{\pi}}\frac{\sin z}{z}.$$

(iii) 设 $f(\mathbf{x})=f(x_1,\cdots,x_n)\in L^1(\mathbf{R}^n)$ 是个只依赖于 $|\mathbf{x}|=\sqrt{\sum\limits_{j=1}^n x_j^2}$ 的可积函数: $f(\mathbf{x})=g(|\mathbf{x}|)$, 则 f 的 Fourier 变换

$$\hat{f}(\boldsymbol{\xi})=\int_{\mathbf{R}^n} f(\mathbf{x})\mathrm{e}^{-2\pi\mathrm{i}\mathbf{x}\cdot\boldsymbol{\xi}}m(d\mathbf{x})$$

只依赖于 $|\boldsymbol{\xi}|=\sqrt{\sum\limits_{j=1}^n \xi_j^2}$. 确切些说,

$$\hat{f}(\boldsymbol{\xi})=\frac{2\pi}{|\boldsymbol{\xi}|^{\frac{1}{2}(n-2)}}\int_0^\infty g(r)r^{n/2}J_{\frac{n-2}{2}}(2\pi|\boldsymbol{\xi}|r)dr.$$

注 这个结果常称为 **Bochner 公式**.

(iv) 设 $f\in L^2(\mathbf{R}^n)$, U 是 $\mathbf{R}^n$ 中的一个酉变换, $g(\mathbf{x})=f(U\mathbf{x})$, 则

$$\hat{g}(\boldsymbol{\xi})=\hat{f}(U\boldsymbol{\xi}).$$

11.2.8 设 $\phi \in L^1(\mathbf{R})$. (i) 试证:

$$\int_{-R}^{R} \exp(2\pi \mathrm{i} y\xi)\left(\int_{-\infty}^{\infty} \phi(x)\exp(-2\pi \mathrm{i} x\xi)dx\right)d\xi$$
$$= \frac{2}{\pi}\int_0^{\infty} \frac{\phi(y+u)+\phi(y-u)}{2}\frac{\sin 2\pi uR}{u}du.$$

(ii) 试建立 Fourier 变换的反演公式:

$$\lim_{R\to\infty}\int_{-R}^{R} \exp(2\pi \mathrm{i} y\xi)\left(\int_{-\infty}^{\infty} \phi(x)\exp(-2\pi \mathrm{i} x\xi)dx\right)d\xi = \frac{\phi(y+0)+\phi(y-0)}{2}$$

成立的 Dini 条件及 Dirichlet-Jordan 条件.

(iii) 试将以下表示式

$$\frac{1}{R}\int_0^R\left[\int_{-r}^{r} \exp(2\pi \mathrm{i} y\xi)\left(\int_{-\infty}^{\infty} \phi(x)\exp(-2\pi \mathrm{i} x\xi)dx\right)d\xi\right]dr$$

化简成通过类似于练习 11.1.4 的 Fejér 核表示的那样的表达式.

§11.3 Hermite 函数

Fourier 变换是个线性变换. 在高等代数课程中我们知道, 假若我们能求出某线性变换的所有的特征值及特征向量, 那么我们就可以了解这个线性变换的许多性质了. 非常巧的是, Fourier 变换的所有 (无限维的) 特征向量 (应称为特征函数) 都可以用熟知的初等函数表示出来. 本节就要完成这个寻找 Fourier 变换的所有特征函数的工作.

在第一册 §6.9 的练习 6.9.14 中我们引进了 **Hermite 多项式**:

$$H_n(x) = (-1)^n \mathrm{e}^{x^2}\frac{d^n \mathrm{e}^{-x^2}}{dx^n}, \quad n = 0, 1, \cdots. \tag{11.3.1}$$

由于我们的 Fourier 变换的定义中的指数函数 $\exp(-2\pi \mathrm{i}\boldsymbol{\xi}\cdot\mathbf{x})$ 有 $2\pi \mathrm{i}$ 的因子, 为了便于以后的计算, 我们引进以下的多项式:

$$G_n(x) = (2\pi)^{n/2}H_n(\sqrt{2\pi}x) = (-1)^n \mathrm{e}^{2\pi x^2}\frac{d^n \mathrm{e}^{-2\pi x^2}}{dx^n}, \quad n = 0, 1, \cdots. \tag{11.3.2}$$

我们把以下这一串函数称为 **Hermite 函数**:

$$h_n(x) = \frac{2^{1/4}}{\beta_n}\mathrm{e}^{-\pi x^2}G_n(x), \quad 其中\ \beta_n = ((4\pi)^n n!)^{1/2}, \quad n = 0, 1, \cdots. \tag{11.3.3}$$

不少书上说的 Hermite 函数是如下形状的:

$$\widetilde{h}_n(x) = (-1)^n e^{x^2/2} \frac{d^n e^{-x^2}}{dx^n}, \quad n = 0, 1, \cdots. \tag{11.3.4}$$

为了配合本讲义所定义的 Fourier 变换的形式, 本章所说的 Hermite 函数是具有形式 (11.3.3) 的函数.

利用 (11.3.2) 和第一册 §6.9 的练习 6.9.14 的结果, 我们可以得到许多关于 $G_n(x)$ 的性质. 对我们以后的讨论有用的是以下三条:

(1) 对应于第一册 §6.9 的练习 6.9.14 的结果 (i) 和 (vi) 的是: G_n 是 n 次多项式, 它的 x^n 项的系数是 $(4\pi)^n$.$\{G_m : 0 \leqslant m \leqslant n\}$ 张成的线性子空间和 $\{x^m : 0 \leqslant m \leqslant n\}$ 张成的线性子空间相同, 且

$$\forall n \in \mathbf{N}\left(\frac{d^n G_n}{dx^n} = (4\pi)^n n! = \beta_n^2\right),$$

其中 (在本章中将永远这样理解)$\beta_n = \sqrt{(4\pi)^n n!}$.

(2) 对应于第一册 §6.9 的练习 6.9.14 的结果 (xii) 的是

$$\forall n \in \mathbf{N}(G_n = AG_{n-1}), \tag{11.3.5}$$

其中 $A \equiv -\frac{d}{dx} + 4\pi x$. A 常称为**上升算子**.

(3) 在 $\mathbf{R}$ 上定义概率测度

$$\Gamma(dx) = \sqrt{2} e^{-2\pi x^2} dx,$$

对应于第一册 §6.9 的练习 6.9.14 的结果 (iii) 和 (vii) 的是

$$\forall n, m \in \mathbf{N}((G_m, G_n)_{L^2(\Gamma;\mathbf{C})} = \delta_{m,n}\beta_n^2).$$

应该指出, 性质 (1) 和 (2) 很容易直接验证, 而最后一条性质 (3) 在以下引理的论证中顺便证得. 因此, 本章的讨论基本上不依赖于第一册 §6.9 的练习 6.9.14 的结果.

引理 11.3.1　我们用 $C^\infty_\nearrow(\mathbf{R};\mathbf{C})$ 表示具有以下性质的函数 $f \in C^\infty(\mathbf{R};\mathbf{C})$ 的全体:

$$\forall n \in \mathbf{N} \exists C_n \in [0, \infty) \exists \nu_n \in [0, \infty)\left(\left|\frac{d^n f}{dx^n}(x)\right| \leqslant C_n(1 + |x|^2)^{\nu_n}\right),$$

则我们有以下结论:

(i) $C^{\infty}_{\nearrow}(\mathbf{R};\mathbf{C})$ 是个**代数**, 换言之, $C^{\infty}_{\nearrow}(\mathbf{R};\mathbf{C})$ 是个关于函数乘法封闭的线性空间, $C^{\infty}_{\nearrow}(\mathbf{R};\mathbf{C}) \subset L^2(\Gamma;\mathbf{C})$(后者是 $\mathbf{R}$ 上关于测度 Γ 平方可积函数的全体组成的空间), 且对于求导运算封闭, 换言之, $f \in C^{\infty}_{\nearrow}(\mathbf{R};\mathbf{C}) \Longrightarrow f' \in C^{\infty}_{\nearrow}(\mathbf{R};\mathbf{C})$.

(ii) 对一切 $f, g \in C^{\infty}_{\nearrow}(\mathbf{R};\mathbf{C})$,

$$(Af, g)_{L^2(\Gamma;\mathbf{C})} = (f, Dg)_{L^2(\Gamma;\mathbf{C})}, \tag{11.3.6}$$

其中 $A \equiv -\dfrac{d}{dx} + 4\pi x$ 称为**上升算子**, 而 $D \equiv \dfrac{d}{dx}$.

(iii)

$$\forall n, m \in \mathbf{N}((G_m, G_n)_{L^2(\Gamma;\mathbf{C})} = \delta_{m,n}\beta_n^2). \tag{11.3.7}$$

(iv)

$$\forall n \in \mathbf{N}\left(\frac{1}{4\pi n} DG_n = G_{n-1}\right). \tag{11.3.8}$$

注 1 $C^{\infty}_{\nearrow}(\mathbf{R};\mathbf{C})$ 中的函数称为**缓增光滑函数**. $C^{\infty}_{\nearrow}(\mathbf{R};\mathbf{C})$ 称为**缓增光滑函数空间**. $C^{\infty}_{\nearrow}(\mathbf{R};\mathbf{C})$ 在有的文献 (例如, [35]) 中也记做 $\mathcal{O}_M$.

注 2 由于 (11.3.8), $\dfrac{1}{4\pi n} D = \dfrac{1}{4\pi n}\dfrac{d}{dx}$ 称为**下降算子**. 易见, $DG_0 = 0$. 上升算子与下降算子在量子物理中很有用.

证 引理的结论 (i) 很易检验.

下面利用分部积分运算证明结论 (ii): 对一切 $f, g \in C^{\infty}_{\nearrow}(\mathbf{R};\mathbf{C})$,

$$\begin{aligned}(f, Dg)_{L^2(\Gamma;\mathbf{C})} &= \int_{-\infty}^{\infty} f(x)\frac{d\overline{g}}{dx}(x)\mathrm{e}^{-2\pi x^2}dx \\ &= \left[f(x)\overline{g}(x)\mathrm{e}^{-2\pi x^2}\right]_{-\infty}^{\infty} - \int_{-\infty}^{\infty} \overline{g}(x)\frac{d}{dx}(f(x)\mathrm{e}^{-2\pi x^2})dx \\ &= (Af, g)_{L^2(\Gamma;\mathbf{C})}.\end{aligned}$$

最后的等号用了下面两条容易检验的事实:

$$f, g \in C^{\infty}_{\nearrow}(\mathbf{R};\mathbf{C}) \Longrightarrow \left[f(x)\overline{g}(x)\mathrm{e}^{-2\pi x^2}\right]_{-\infty}^{\infty} = 0$$

和

$$\frac{d}{dx}(f(x)e^{-2\pi x^2}) = \left(\frac{d}{dx}f(x)\right)e^{-2\pi x^2} + f(x)\frac{d}{dx}e^{-2\pi x^2}$$
$$= e^{-2\pi x^2}\left(-4\pi x + \frac{d}{dx}\right)f(x).$$

有了结论 (ii), 证明结论 (iii) 如下：不妨设 $m \geqslant n$, 由 (11.3.5), 我们有 $G_m = A^m G_0$, 因此,

$$(G_m, G_n)_{L^2(\Gamma;\mathbf{C})} = (A^m G_0, G_n)_{L^2(\Gamma;\mathbf{C})}$$
$$= (G_0, D^m G_n)_{L^2(\Gamma;\mathbf{C})} = \begin{cases} 0, & 若\ m > n, \\ \beta_n^2, & 若\ m = n. \end{cases}$$

这里用了以下的两条事实：$m > n \Longrightarrow D^m G_n = 0$ 和 $m = n \Longrightarrow D^m G_n = \beta_n^2$.

最后证明结论 (iv) 如下：因 DG_n 可被 $\{G_m : 0 \leqslant m \leqslant n-1\}$ 线性表示, 故

$$DG_n = \sum_{m=0}^{n-1} \beta_m^{-2}(DG_n, G_m)_{L^2(\Gamma;\mathbf{C})} G_m$$
$$= \sum_{m=0}^{n-1} \beta_m^{-2}(G_n, AG_m)_{L^2(\Gamma;\mathbf{C})} G_m$$
$$= \sum_{m=0}^{n-1} \beta_m^{-2}(G_n, G_{m+1})_{L^2(\Gamma;\mathbf{C})} G_m$$
$$= \beta_{n-1}^{-2}\beta_n^2 G_{n-1} = 4\pi n G_{n-1}.$$ □

由上述引理, $\{\beta_m^{-1}G_m : 0 \leqslant m \leqslant n\}$ 是 $L^2(\Gamma;\mathbf{C})$ 中由 $\{x^m : 0 \leqslant m \leqslant n\}$ 张成的线性子空间中的一组正交规范基. 在例 10.7.3 中曾不加证明地指出过：$\{\beta_m^{-1}G_m : 0 \leqslant m \leqslant \infty\}$ 是 $L^2(\Gamma;\mathbf{C})$ 的一组正交规范基. 下面的引理将给出这个论断的一个证明. 为了以后讨论的方便, 我们把这个命题改述成以下的等价形式：

引理 11.3.2　$\{h_n : 0 \leqslant n \leqslant \infty\}$ 是 $L^2(\mathbf{R};\mathbf{C})$ 的一组正交规范基. 另外, 对于任何 $n \in \{0\} \cup \mathbf{N}$, 有

$$h_n' = \sqrt{\pi}(-\sqrt{n+1}h_{n+1} + \sqrt{n}h_{n-1}), \tag{11.3.9}$$
$$2\pi x h_n = \sqrt{\pi}(\sqrt{n+1}h_{n+1} + \sqrt{n}h_{n-1}), \tag{11.3.10}$$

$$-\frac{d^2h_n}{dx^2}(x)+(2\pi x)^2h_n=4\pi\left(n+\frac{1}{2}\right)h_n. \tag{11.3.11}$$

在前两个公式中, 我们约定: $h_{-1}\equiv 0$. 特别, 有

$$\forall n\in\mathbf{N}\cup\{0\}\left(|h_n'|^2_{L^2(\mathbf{R};\mathbf{C})}=|2\pi xh_n|^2_{L^2(\mathbf{R};\mathbf{C})}=2\pi(n+(1/2))\right). \tag{11.3.12}$$

证 由 (11.3.7)(并注意 (11.3.3) 所示的 G_n 与 h_n 之间的联系), $\{h_n:n=0,1,2,\cdots\}$ 是正交规范函数列. 下面我们将证明它是一组正交规范基, 换言之, 由 $\{h_n:n=0,1,2,\cdots\}$ 中的函数的 (有限) 线性组合组成的集合在 $L^2(\mathbf{R};\mathbf{C})$ 中稠密. 由 Hilbert 空间的正交分解定理, 这个命题的等价叙述是: 设 $f\in L^2(\mathbf{R};\mathbf{C})$, 且 $(f,h_n)_{L^2(\mathbf{R};\mathbf{C})}=0(n=0,1,2,\cdots)$, 则 $f=0,a.e.(m)$. 为证明这后一命题, 记 $\varphi(x)=\mathrm{e}^{\pi x^2}f(x)$. 显然, $\varphi\in L^2(\Gamma;\mathbf{C})$, 且 $(\varphi,G_n)_{L^2(\Gamma;\mathbf{C})}=0(n=0,1,2,\cdots)$. 我们要证明的是: 在 $\mathbf{R}$ 上 $\psi(x)\equiv\varphi(x)\mathrm{e}^{-2\pi x^2}=\mathrm{e}^{-\pi x^2}f(x)=0,a.e.(m)$. 首先, 由 Cauchy-Schwarz 不等式,

$$|\psi|_{L^1(\mathbf{R};\mathbf{C})}=\int_{\mathbf{R}}|f(x)|\mathrm{e}^{-\pi x^2}dx\leqslant\frac{1}{\sqrt{2}}|f|_{L^2(\mathbf{R};\mathbf{C})}<\infty,$$

换言之, $\psi\in L^1(\mathbf{R};\mathbf{C})$. 由定理 11.2.1 的最后的论断 (Fourier 变换的唯一性定理), 为了证明 $\psi(x)=0,a.e.(m)$, 只需证明 $\hat{\psi}=0,a.e.(m)$. 因 $(\varphi,G_n)_{L^2(\Gamma;\mathbf{C})}=0(n=0,1,2,\cdots)$, 对于任何 $n\in\mathbf{N}$, 有 $(\varphi,x^n)_{L^2(\Gamma;\mathbf{C})}=0n=0,1,2,\cdots$, 所以

$$\int_{\mathbf{R}}\psi(x)\sum_{m=0}^{n-1}\frac{(2\pi\mathrm{i}\xi x)^m}{m!}dx=\sum_{m=0}^{n-1}\frac{(2\pi\mathrm{i}\xi)^m}{m!}\int_{\mathbf{R}}\varphi(x)x^m\mathrm{e}^{-2\pi x^2}dx=0.$$

根据带积分余项的 Taylor 公式 (参看 §6.4 的练习 6.4.3, 由于它是由 Darboux 推广了的分部积分公式推得的, 对于复值的光滑函数, 它也成立), 对于任何实数 x 和 ξ, 我们有

$$\begin{aligned}&\left|\mathrm{e}^{2\pi\mathrm{i}\xi x}-\sum_{m=0}^{n-1}\frac{(2\pi\mathrm{i}\xi x)^m}{m!}\right|\\&\quad=\frac{1}{(n-1)!}\left|\int_0^{\xi x}(2\pi\mathrm{i})^n\mathrm{e}^{2\pi\mathrm{i}t}(\xi x-t)^{n-1}dt\right|\leqslant\frac{(2\pi|\xi x|)^n}{n!}.\end{aligned}$$

由此可得以下不等式:

$$
\begin{aligned}
|\hat{\psi}(-\xi)| &= \left|\hat{\psi}(-\xi) - \int_{\mathbf{R}} \psi(x) \sum_{m=0}^{n-1} \frac{(2\pi \mathrm{i}\xi x)^m}{m!} dx\right| \\
&= \left|\int_{\mathbf{R}} \psi(x) \left[\mathrm{e}^{2\pi \mathrm{i}\xi x} - \sum_{m=0}^{n-1} \frac{(2\pi \mathrm{i}\xi x)^m}{m!}\right] dx\right| \\
&\leqslant \int_{\mathbf{R}} |\psi(x)| \frac{(2\pi|\xi x|)^n}{n!} dx.
\end{aligned}
$$

所以对于任何 $N \in \mathbf{N}$, 我们有: (注意: 这里是技巧!)

$$
\begin{aligned}
(N+1)|\hat{\psi}(-\xi)| &\leqslant \int_{\mathbf{R}} |\psi(x)| \sum_{n=0}^{N} \frac{(2\pi|\xi x|)^n}{n!} dx \\
&\leqslant \int_{\mathbf{R}} |\psi(x)| \mathrm{e}^{(2\pi|\xi x|)} dx \\
&= \int_{\mathbf{R}} |f(x)| \mathrm{e}^{(2\pi|\xi x| - \pi x^2)} dx < \infty.
\end{aligned}
$$

因此 $\hat{\psi}(-\xi) = 0$. 这就完成了 $\{h_n : n = 0, 1, 2, \cdots\}$ 是正交规范基的证明.

下面证明 (11.3.9). 记 $g_n(x) = \mathrm{e}^{-\pi x^2} G_n(x)$, 并约定 $g_{-1} \equiv 0$. 利用上升算子和下降算子的性质, 有

$$
\begin{aligned}
g_n'(x) &= -\mathrm{e}^{-\pi x^2} 2\pi x G_n(x) + \mathrm{e}^{-\pi x^2} G_n'(x) \\
&= -\frac{1}{2} \mathrm{e}^{-\pi x^2} G_{n+1}(x) + \mathrm{e}^{-\pi x^2} 2\pi n G_{n-1}(x) \\
&= -\frac{1}{2} g_{n+1}(x) + 2\pi n g_{n-1}(x),
\end{aligned}
$$

由此

$$
h_n' = -\frac{\beta_{n+1}}{2\beta_n} h_{n+1} + \frac{2\pi n \beta_{n-1}}{\beta_n} h_{n-1} = \sqrt{\pi}(-\sqrt{n+1} h_{n+1} + \sqrt{n} h_{n-1}),
$$

其中约定 $h_{-1} \equiv 0$. (11.3.9) 证得. 可相似地证明 (11.3.10):

$$
\begin{aligned}
2\pi x g_n = \mathrm{e}^{-\pi x^2} 2\pi x G_n(x) &= \frac{1}{2} \mathrm{e}^{-\pi x^2} G_{n+1}(x) + \mathrm{e}^{-\pi x^2} 2\pi n G_{n-1}(x) \\
&= \frac{1}{2} g_{n+1}(x) + 2\pi n g_{n-1}(x).
\end{aligned}
$$

和以前一样, 由此立即得到 (11.3.10).

两次使用 (11.3.9) 和两次使用 (11.3.10), 然后把所得结果相减便得 (11.3.11).(11.3.12) 只是 (11.3.9) 和 (11.3.10) 以及 $\{h_n : n = 0, 1, \cdots\}$ 的正交规范性的结果. □

注 在量子力学中, 微分算子 $-\dfrac{d^2}{dx^2} + (2\pi x)^2$ 是一维谐振子的 **Hamilton 算子**(英语为 **Hamiltonian**, 也称**能量算子**). 上述引理告诉了我们 Hermite 函数是量子一维谐振子的 Hamilton 算子的全部特征函数. 同时也得到了量子一维谐振子的能量算子的特征值. 量子力学大胆地假设: 可观察到的一维谐振子的能量的值恰是一维谐振子的能量算子的特征值. 1900 年德国物理学家 **Max Planck** 把量子概念引进到经典物理中, 他假设能量是一个一个离散地辐射出来的. 这是和经典物理的逻辑体系格格不入的假设. 这样他把经典物理和他那个大胆的假设揉在一起, 构筑了一个逻辑上自相矛盾的体系. 这个逻辑上不相容的体系却十分准确地解释了由实验观察到的黑体辐射现象中的一条曲线, 一条前人多次解释失败的曲线. 经过了四分之一世纪的努力, 人类终于找到了一个逻辑上相容的漂亮的体系, 为了强调 Planck 的贡献, 后人称它为量子力学. 它出人意外地揭示了 Planck 的量子概念的假设在新的体系中的位置 —— 谐振子的能量算子的特征值构成一个等差数列, 量子就是这个等差数列的公差. 人类成功地进入了原子的外层电子运动的微观世界. 量子力学的诞生也许是人类以数学为工具成功地探索大自然奥秘的历史上最激动人心的篇章之一.

对于我们来说, 以下的不等式是下面的讨论中马上要用的:

引理 11.3.3 对于一切非负整数 n, 我们有

$$|h_n|_{L^1(\mathbf{R}^n;\mathbf{C})} \leqslant \sqrt{n} + 2. \tag{11.3.13}$$

证 由 (11.3.12), 有

$$\begin{aligned}
|h_n|^2_{L^1(\mathbf{R}^n;\mathbf{C})} &= \left(\int_{\mathbf{R}} (1+x^2)^{-1/2}(1+x^2)^{1/2}|h_n(x)|dx\right)^2 \\
&\leqslant \int_{\mathbf{R}} \frac{1}{1+x^2}dx \int_{\mathbf{R}} (1+x^2)|h_n(x)|^2 dx \\
&\leqslant \pi\left(1 + (2\pi)^{-1}\left(n + \frac{1}{2}\right)\right)
\end{aligned}$$

$$= \frac{n}{2} + \pi + \frac{1}{4} \leqslant n + 4\sqrt{n} + 4 = (\sqrt{n} + 2)^2.$$ □

引理 11.3.4　对于 $\mathbf{x} = (x_1, \cdots, x_k) \in \mathbf{R}^k$ 和非负整数 k-重指标 $\mathbf{n} = (n_1, \cdots, n_k)$, 令

$$h_{\mathbf{n}}(\mathbf{x}) = \prod_{j=1}^{k} h_{n_j}(x_j), \tag{11.3.14}$$

则 $\{h_{\mathbf{n}} : \mathbf{n}$ 跑遍所有非负整数 k-重指标 $\}$ 是 $L^2(\mathbf{R}^k; \mathbf{C})$ 的一组正交规范基. $h_{\mathbf{n}}$ 称为多元 Hermite 函数.

证　由 Fubini-Tonelli 定理和 Stone-Weierstrass 定理直接得到. 细节留给同学了. □

注　为了避免与指标 n 混淆, 这里我们用 k 表示维数.

定理 11.3.1　设 h_n 和 $h_{\mathbf{n}}$ 分别如 (11.3.3) 和 (11.3.14) 所定义, 则对所有非负整数 k-重指标 $\mathbf{n} = (n_1, \cdots, n_k)$, 有

$$\max(|h_{\mathbf{n}}|_{L^1(\mathbf{R}^k;\mathbf{C})}, \sup_{\mathbf{x} \in \mathbf{R}^k} |h_{\mathbf{n}}(\mathbf{x})|) \leqslant \prod_{j=1}^{k} (\sqrt{n_j} + 2), \tag{11.3.15}$$

且

$$\hat{h}_{\mathbf{n}} = (-\mathrm{i})^{|\mathbf{n}|} h_{\mathbf{n}}, \tag{11.3.16}$$

其中 $|\mathbf{n}| = \sum_{j=1}^{k} n_j$.

注　(11.3.16) 告诉我们, Hermite 函数是 Fourier 变换的特征函数. 因全体 Hermite 函数构成 $L^2(\mathbf{R}^k, \mathbf{C})$ 的一组正交规范基, 它恰是由 Fourier 变换的特征函数构成的一组正交规范基, 而且 Fourier 变换的谱就是特征值全体, 换言之, 它是由四个孤立点构成的集合: $\{1, -1, \mathrm{i}, -\mathrm{i}\}$. 因为这四个特征值的绝对值都等于 1. 高等代数中讨论过的有限维情形的结果启发我们应有以下结论: Fourier 变换似乎应该是 $L^2(\mathbf{R}^k; \mathbf{C})$ 上的一个保范数的双射, 或称**酉映射** (也称 **U 映射**). 这个结论是正确的, 细节将在下面讨论.

证　估计式

$$|h_{\mathbf{n}}|_{L^1(\mathbf{R}^k;\mathbf{C})} \leqslant \prod_{j=1}^{k} (\sqrt{n_j} + 2)$$

是 (11.3.13) 和 Fubini-Tonelli 定理的推论. 假若 (11.3.16) 成立, 注意到 (11.2.3), 便有

$$\sup_{\mathbf{x}\in\mathbf{R}^k}|h_{\mathbf{n}}(\mathbf{x})|\leqslant\prod_{j=1}^{k}(\sqrt{n_j}+2).$$

现在只剩下证明 (11.3.16) 了. 由 Fubini-Tonelli 定理, 只须证明一元 ($k=1$) 情形. 易见, 当 $n=-1,0$ 时, 一元的 (11.3.16) 是成立的 (注意公式 (11.3.11) 后的约定: $h_{-1}\equiv 0$). 假设 (11.3.16) 在 $-1\leqslant j\leqslant n$ 时成立, 由 (11.3.10),

$$\widehat{2\pi x h_n}=\sqrt{\pi}(\sqrt{n+1}\hat{h}_{n+1}+\sqrt{n}\hat{h}_{n-1}).$$

由引理 11.2.4 和归纳法的假设, 上式可写成

$$(-\mathrm{i})^{n-1}h_n'=\mathrm{i}\hat{h}_n'=\sqrt{\pi}(\sqrt{n+1}\hat{h}_{n+1}+\sqrt{n}(-\mathrm{i})^{n-1}h_{n-1}),$$

也可写成

$$h_n'=\sqrt{\pi}(\sqrt{n+1}\mathrm{i}^{n-1}\hat{h}_{n+1}+\sqrt{n}h_{n-1}).$$

和 (11.3.9) 相比较, 便得

$$\hat{h}_{n+1}=(-\mathrm{i})^{n+1}h_{n+1}.$$

□

推论 11.3.1 设 $f\in C_0^\infty(\mathbf{R}^k;\mathbf{C})$, 则

$$\forall N\in\mathbf{N}\left(\sup_{\mathbf{n}\in\{\mathbf{N}\cup\{0\}\}^k}(1+|\mathbf{n}|)^N|(f,h_{\mathbf{n}})_{L^2(\mathbf{R}^k;\mathbf{C})}|<\infty\right).\tag{11.3.17}$$

由此, 在 $L^2(\mathbf{R}^k;\mathbf{C})$ 中或在任何紧集上一致收敛的意义下, 以下的极限等式成立:

$$\lim_{M\to\infty}\sum_{|\mathbf{m}|<M}(f,h_{\mathbf{m}})_{L^2(\mathbf{R}^k;\mathbf{C})}h_{\mathbf{m}}=f.$$

证 只须证明 (11.3, 17). 由 (11.3.11),

$$-\Delta h_{\mathbf{n}}+|2\pi\mathbf{x}|^2h_{\mathbf{n}}=4\pi(|\mathbf{n}|+k/2)h_{\mathbf{n}}.$$

对于 $f\in C_0^\infty(\mathbf{R}^k;\mathbf{C})$, 由 Green 公式 (参看 §10.9 练习 10.9.5) 得到

$$4\pi(|\mathbf{n}|+k/2)(f,h_{\mathbf{n}})_{L^2(\mathbf{R}^k;\mathbf{C})}=(-\Delta f+|2\pi\mathbf{x}|^2f,h_{\mathbf{n}})_{L^2(\mathbf{R}^k;\mathbf{C})}.$$

反复使用这公式并利用 Cauchy-Schwarz 不等式及 $h_{\mathbf{n}}$ 是 $L^2(\mathbf{R}^k;\mathbf{C})$ 中的正交规范基的事实, 我们有：对于任何 $N\in\mathbf{N}$,

$$\begin{aligned}|(4\pi(|\mathbf{n}|+k/2))^N(f,h_{\mathbf{n}})_{L^2(\mathbf{R}^k;\mathbf{C})}| &= |((-\Delta+|2\pi\mathbf{x}|^2)^N f,h_{\mathbf{n}})_{L^2(\mathbf{R}^k;\mathbf{C})}|\\ &\leqslant |(-\Delta+|2\pi\mathbf{x}|^2)^N f|_{L^2(\mathbf{R}^k;\mathbf{C})}|h_{\mathbf{n}}|_{L^2(\mathbf{R}^k;\mathbf{C})}|\\ &\leqslant |(-\Delta+|2\pi\mathbf{x}|^2)^N f|_{L^2(\mathbf{R}^k;\mathbf{C})}.\end{aligned}$$

(11.3, 17) 是它的直接推论. 由 (11.3.17), f 按正交规范基 $\{h_{\mathbf{n}}\}$ 展开时的系数 $(f,h_{\mathbf{n}})_{L^2(\mathbf{R}^k;\mathbf{C})}$ 被 $(1+|\mathbf{n}|)^{-N}$ 的一个倍数所控制, 由此, 在 $L^2(\mathbf{R}^k;\mathbf{C})$ 中, 或在任何紧集上一致收敛的意义下, 以下的极限等式成立：

$$\lim_{M\to\infty}\sum_{|\mathbf{m}|<M}(f,h_{\mathbf{m}})_{L^2(\mathbf{R}^k;\mathbf{C})}h_{\mathbf{m}}=f. \qquad \square$$

我们曾经说过, Fourier 变换似乎应该是 $L^2(\mathbf{R}^k;\mathbf{C})$ 上的一个保范数的双射或称酉映射 (也称 U 映射). 对于任意的 $f\in L^2(\mathbf{R}^k;\mathbf{C})$ 积分

$$\int_{\mathbf{R}^k} f(\mathbf{y})\exp(-2\pi\mathrm{i}\boldsymbol{\xi}\cdot\mathbf{y})m(d\mathbf{y})$$

未必有意义, 我们必须给 $L^2(\mathbf{R}^k;\mathbf{C})$ 上的 Fourier 变换以新的定义, 当然这个新的定义与由上述积分给出的原有定义之间应有合乎情理的联系. 这就是下一节的任务.

§11.4　Fourier 变换的 L^2-理论

已知全体 Hermite 函数 $\{h_{\mathbf{n}}:\mathbf{n}\in(\mathbf{N}\cup\{0\})^k\}$ 构成 $L^2(\mathbf{R}^k;\mathbf{C})$ 的一组正交基. 以下式定义的映射 $\mathcal{F}:L^2(\mathbf{R}^k;\mathbf{C})\to L^2(\mathbf{R}^k;\mathbf{C})$ 是保范数的双射 (常称为 **U映射或酉映射**)：

$$\mathcal{F}f=\sum_{\mathbf{n}\in(\mathbf{N}\cup\{0\})^k}(-\mathrm{i})^{|\mathbf{n}|}(f,h_{\mathbf{n}})_{L^2(\mathbf{R}^k;\mathbf{C})}h_{\mathbf{n}}, \tag{11.4.1}$$

右端的级数是在 $L^2(\mathbf{R}^k;\mathbf{C})$ 中收敛的级数. 事实上, $|\mathcal{F}f|^2_{L^2(\mathbf{R}^k;\mathbf{C})}=\sum\limits_{\mathbf{n}\in(\mathbf{N}\cup\{0\})^k}|(f,h_{\mathbf{n}})_{L^2(\mathbf{R}^k;\mathbf{C})}|^2=|f|^2_{L^2(\mathbf{R}^k;\mathbf{C})}$. 另一方面,

$$\overline{\mathcal{F}\overline{f}} = \overline{\sum_{\mathbf{n}\in(\mathbf{N}\cup\{0\})^k} (-\mathrm{i})^{|\mathbf{n}|}(\overline{f}, h_{\mathbf{n}})_{L^2(\mathbf{R}^k;\mathbf{C})} h_{\mathbf{n}}}$$
$$= \sum_{\mathbf{n}\in(\mathbf{N}\cup\{0\})^k} \mathrm{i}^{|\mathbf{n}|}(f, h_{\mathbf{n}})_{L^2(\mathbf{R}^k;\mathbf{C})} h_{\mathbf{n}},$$

所以

$$\mathcal{F}\overline{\mathcal{F}\overline{f}} = \sum_{\mathbf{n}\in(\mathbf{N}\cup\{0\})^k} (-\mathrm{i})^{|\mathbf{n}|}\mathrm{i}^{|\mathbf{n}|}(f, h_{\mathbf{n}})_{L^2(\mathbf{R}^k;\mathbf{C})} h_{\mathbf{n}} = f.$$

因而

$$\mathcal{F}^{-1} f = \overline{\mathcal{F}\overline{f}}. \tag{11.4.2}$$

定理 11.4.1 对于任何 $f \in L^1(\mathbf{R}^k;\mathbf{C}) \cap L^2(\mathbf{R}^k;\mathbf{C})$, 有 $\hat{f} \in C(\mathbf{R}^k;\mathbf{C}) \cap L^2(\mathbf{R}^k;\mathbf{C})$, 且

$$\lim_{|\xi|\to\infty} \hat{f}(\xi) = 0.$$

又, (11.4.1) 所定义的映射 $\mathcal{F}$ 是唯一的由映射

$$L^1(\mathbf{R}^k;\mathbf{C}) \cap L^2(\mathbf{R}^k;\mathbf{C}) \ni f \mapsto \hat{f} \in L^2(\mathbf{R}^k;\mathbf{C})$$

延拓成 $L^2(\mathbf{R}^k;\mathbf{C}) \to L^2(\mathbf{R}^k;\mathbf{C})$ 的连续映射, 后者是保 (持) 范数 (不变) 的双射, 即酉映射. 另外, 对于每个 $f \in L^2(\mathbf{R}^k;\mathbf{C})$, 有

$$\lim_{R\to\infty} \left| \mathcal{F}f - \int_{|\mathbf{x}|\leqslant R} f(\mathbf{x}) \mathrm{e}^{-2\pi \mathrm{i}(\xi,\mathbf{x})_{\mathbf{R}^k}} m(d\mathbf{x}) \right|_{L^2(\mathbf{R}^k;\mathbf{C})} = 0 \tag{11.4.3}$$

和

$$\lim_{R\to\infty} \left| \mathcal{F}^{-1}f - \int_{|\mathbf{x}|\leqslant R} f(\mathbf{x}) \mathrm{e}^{2\pi \mathrm{i}(\xi,\mathbf{x})_{\mathbf{R}^k}} m(d\mathbf{x}) \right|_{L^2(\mathbf{R}^k;\mathbf{C})} = 0. \tag{11.4.4}$$

证 设 $f \in L^1(\mathbf{R}^k;\mathbf{C}) \cap L^2(\mathbf{R}^k;\mathbf{C})$. 用第二册 §10.7 的练习 10.7.9 的结果, 有一串函数 $\{f_j\}_{j=1}^\infty \subset C_0^\infty(\mathbf{R}^k;\mathbf{C})$, 使得

$$\lim_{j\to\infty} \max(|f - f_j|_{L^1(\mathbf{R}^k;\mathbf{C})}, |f - f_j|_{L^2(\mathbf{R}^k;\mathbf{C})}) = 0.$$

由 (11.3.17) 并注意到推论 11.3.1, 对于任何 $j \in \mathbf{N}$, 有

$$\lim_{M\to\infty} \sum_{|\mathbf{m}|<M} (-\mathrm{i})^{|\mathbf{m}|}(f_j, h_{\mathbf{m}})_{L^2(\mathbf{R}^k;\mathbf{C})} h_{\mathbf{m}} = \hat{f}_j.$$

以上的极限在 $L^2(\mathbf{R}^k;\mathbf{C})$ 中, 或在紧集上一致收敛的意义下均成立. 另一方面,

$$\lim_{M\to\infty}\left|\sum_{|\mathbf{m}|<M}(-\mathrm{i})^{|\mathbf{m}|}(f_j,h_{\mathbf{m}})_{L^2(\mathbf{R}^k;\mathbf{C})}h_{\mathbf{m}}-\mathcal{F}f_j\right|_{L^2(\mathbf{R}^k;\mathbf{C})}=0.$$

因为由 $L^2(\mathbf{R}^k;\mathbf{C})$ 中收敛便推得按测度收敛, 再由 F.Riesz 定理 (定理 10.3.6), 我们得到: $L^2(\mathbf{R}^k;\mathbf{C})$ 中收敛的函数列必有几乎处处收敛的子列. 因此, $\hat{f}_j=\mathcal{F}f_j$. 又因 $j\to\infty$ 时, $|f_j-f|_{L^1(\mathbf{R}^k;\mathbf{C})}\to 0$, 故 $\hat{f}_j\to\hat{f}$ 在一致收敛意义下成立. 而 $\mathcal{F}f_j$ 在 $L^2(\mathbf{R}^k;\mathbf{C})$ 中收敛于 $\mathcal{F}f$. 利用和上面的推理一样的方法, $\hat{f}=\mathcal{F}f, a.e.$, 因而, $\hat{f}\in L^2(\mathbf{R}^k;\mathbf{C})$.

由于 $L^1(\mathbf{R}^k;\mathbf{C})\cap L^2(\mathbf{R}^k;\mathbf{C})$ 在 $L^2(\mathbf{R}^k;\mathbf{C})$ 中稠密, 映射 $f\mapsto\mathcal{F}f$ 是映射 $f\mapsto\hat{f}$ 唯一的 $L^2(\mathbf{R}^k;\mathbf{C})\to L^2(\mathbf{R}^k;\mathbf{C})$ 的连续延拓. 记 $f_R=\mathbf{1}_{B_{\mathbf{R}^k}(\mathbf{0},R)}f\in L^1(\mathbf{R}^k;\mathbf{C})\cap L^2(\mathbf{R}^k;\mathbf{C})$, 注意到当 $R\to\infty$ 时在 $L^2(\mathbf{R}^k;\mathbf{C})$ 中 $f_R\to f$, (11.4.3) 得证. 注意到 $\hat{f}_R(-\xi)=\overline{\hat{\hat{f}}_R(\xi)}$ 和 (11.4.2), (11.4.4) 也得证. □

注 1　$\mathcal{F}f$ 可以用 (11.4.3) 定义. 但是, 对于一般的 $f\in L^2(\mathbf{R}^k;\mathbf{C})$, $\mathcal{F}f$ 不能直接用公式 $\mathcal{F}f=\int_{\mathbf{R}^n}f(\mathbf{x})\exp(-2\pi\mathrm{i}\mathbf{x}\cdot\xi)m(d\mathbf{x})$ 表示, 因为右端的积分可能发散.

注 2　映射 $f\mapsto\mathcal{F}f$ 是酉映射, 和高等代数中一样, 利用极化公式, 我们立即得到以下的 **Parseval 关系**: 对于一切 $f,g\in L^2(\mathbf{R}^k;\mathbf{C})$,

$$(f,g)_{L^2(\mathbf{R}^k;\mathbf{C})}=(\mathcal{F}f,\mathcal{F}g)_{L^2(\mathbf{R}^k;\mathbf{C})}.$$

当 $f=g$ 时, Parseval 关系变成以下的 **Plancherel 等式**:

$$|f|_{L^2(\mathbf{R}^k;\mathbf{C})}=|\mathcal{F}f|_{L^2(\mathbf{R}^k;\mathbf{C})},$$

后者就是说: Fourier 变换 $\mathcal{F}:f\mapsto\mathcal{F}f$ 是保范数的映射, 或者说, 映射 $\mathcal{F}$ 是酉映射. 这使得 $L^2(\mathbf{R}^k;\mathbf{C})$ 成为 Fourier 变换 $\mathcal{F}$ 的一个非常自然的活动场地.

Fourier 变换是一个十分有用的分析学的工具, 为了让同学对 Fourier 变换的应用有一些感性认识, 我们作以下的讨论.

引理 11.4.1　Fourier 变换有以下两条性质:

(i) 若 $f \in L^2(\mathbf{R}^k;\mathbf{C})$ 和 $g \in L^1(\mathbf{R}^k;\mathbf{C})$, 则 $\mathcal{F}(f*g)=\hat{g}\mathcal{F}f$;

(ii) 假若函数 f 满足以下条件: $f \in C^1(\mathbf{R}^k;\mathbf{C}) \cap L^2(\mathbf{R}^k;\mathbf{C})$ 且 $\dfrac{\partial f}{\partial x_j} \in L^2(\mathbf{R}^k;\mathbf{C})(j=1,\cdots,k)$, 则 $\xi_j\mathcal{F}f \in L^2(\mathbf{R}^k;\mathbf{C})$, 且

$$\mathcal{F}\left(\frac{\partial f}{\partial x_j}(\boldsymbol{\xi})\right)=2\pi\mathrm{i}\xi_j\mathcal{F}f(\boldsymbol{\xi}).$$

证 由推论 8.6.1, 有 $\eta \in C^\infty(\mathbf{R}^k;[0,1])$ 使得 $\forall \mathbf{x} \in \mathbf{B}_{\mathbf{R}^k}(\mathbf{0};1)(\eta(\mathbf{x})=1)$ 且 $\forall \mathbf{x} \notin B_{\mathbf{R}^k}(\mathbf{0};2)(\eta(\mathbf{x})=0)$. 记 $\eta_R(\mathbf{x})=\eta(R^{-1}\mathbf{x})$, 其中 $\mathbf{x}\in\mathbf{R}^k, R>0$.

设 $f \in L^2(\mathbf{R}^k;\mathbf{C})$, 记 $f_R=\eta_R f$. 显然 $f_R \in L^1(\mathbf{R}^k;\mathbf{C})\cap L^2(\mathbf{R}^k;\mathbf{C})$, 且当 $R\to\infty$ 时, 在 $L^2(\mathbf{R}^k;\mathbf{C})$ 中 $f_R \to f$. 又若 $g \in L^1(\mathbf{R}^k;\mathbf{C})$, 由第二册 §10.7 的练习 10.7.3 和练习 10.7.9, 在 $L^2(\mathbf{R}^k;\mathbf{C})$ 中,

$$L^1(\mathbf{R}^k;\mathbf{C})\cap L^2(\mathbf{R}^k;\mathbf{C}) \ni f_R*g \to f*g.$$

因此, 在 $L^2(\mathbf{R}^k;\mathbf{C})$ 中,

$$\widehat{f_R*g} \to \mathcal{F}(f*g).$$

另一方面, 由命题 11.2.1 和定理 11.4.1, 在 $L^2(\mathbf{R}^k;\mathbf{C})$ 中, 有

$$\widehat{f_R*g}=\hat{f}_R\hat{g}\to\hat{g}\mathcal{F}f.$$

故 $\mathcal{F}(f*g)=\hat{g}\mathcal{F}f$, (i) 得证.

f 如 (ii) 中所设, 又记 $f_R=\eta_R f$. 显然,

$$f_R, \frac{\partial f_R}{\partial x_j} \in L^1(\mathbf{R}^k;\mathbf{C})\cap L^2(\mathbf{R}^k;\mathbf{C}).$$

又, 当 $R\to\infty$ 时, 在 $L^2(\mathbf{R}^k;\mathbf{C})$ 中有以下极限:

$$\frac{\partial f_R}{\partial x_j}(\mathbf{x})=R^{-1}\eta'(R^{-1}\mathbf{x})f(\mathbf{x})+\eta_R(\mathbf{x})\frac{\partial f}{\partial x_j}(\mathbf{x})\to\frac{\partial f}{\partial x_j}(\mathbf{x}).$$

(注意: 上式中的 $R^{-1}\eta'(R^{-1}\mathbf{x})f(\mathbf{x})$ 在 $L^2(\mathbf{R}^k;\mathbf{C})$ 中趋于零.) 当 $R\to\infty$ 时, 在 $L^2(\mathbf{R}^k;\mathbf{C})$ 中有以下极限:

$$\widehat{\frac{\partial f_R}{\partial x_j}} \to \mathcal{F}\left(\frac{\partial f}{\partial x_j}\right)(\boldsymbol{\xi}). \tag{11.4.5}$$

由 Newton-Leibniz 公式和 Fubini-Tonelli 定理, 有

$$\int_{\mathbf{R}^k} \frac{\partial}{\partial x_j}(\mathrm{e}^{-2\pi\mathrm{i}(\boldsymbol{\xi},\mathbf{x})} f_R(\mathbf{x}))d\mathbf{x} = 0,$$

因此

$$\begin{aligned}\widehat{\frac{\partial f_R}{\partial x_j}}(\boldsymbol{\xi}) &= \int_{\mathbf{R}^k} \mathrm{e}^{-2\pi\mathrm{i}(\boldsymbol{\xi},\mathbf{x})} \frac{\partial f_R}{\partial x_j}(\mathbf{x})d\mathbf{x} \\ &= \int_{\mathbf{R}^k} \left[\mathrm{e}^{-2\pi\mathrm{i}(\boldsymbol{\xi},\mathbf{x})} \frac{\partial f_R}{\partial x_j}(\mathbf{x}) - \frac{\partial}{\partial x_j}(\mathrm{e}^{-2\pi\mathrm{i}(\boldsymbol{\xi},\mathbf{x})} f_R(\mathbf{x}))\right] d\mathbf{x} \\ &= 2\pi\mathrm{i}\xi_j \int_{\mathbf{R}^k} \mathrm{e}^{-2\pi\mathrm{i}(\boldsymbol{\xi},\mathbf{x})} f_R(\mathbf{x})d\mathbf{x} = 2\pi\mathrm{i}\xi_j \widehat{f_R}(\boldsymbol{\xi}).\end{aligned}$$

当 $R \to \infty$ 时, 在 $L^2(\mathbf{R}^k; \mathbf{C})$ 中有以下极限: $\widehat{f_R} \to \mathcal{F}f$, 故当 $R \to \infty$ 时, $2\pi\mathrm{i}\xi_j \widehat{f_R}(\boldsymbol{\xi}) \to 2\pi\mathrm{i}\xi_j \mathcal{F}f(\boldsymbol{\xi})$ 按 (Lebesgue) 测度收敛意义下成立. 与 (11.4.5) 相比较, (ii) 得证. □

为了举例说明 Fourier 变换的用途, 我们愿意讨论如何用 Fourier 变换去求解以下的偏微分方程 (称为**波方程**) 的初值问题 (也称 Cauchy 问题). 为了不使讨论卷入太复杂的细节而篇幅过大, 我们的讨论是形式的 (即非严格的). 这种形式的讨论更能突出应用 Fourier 变换的主要思路, 而这正是 Fourier 原始思想的精髓.

波方程的 Cauchy 问题是求解以下问题:

$$\begin{cases} \dfrac{\partial^2 u}{\partial t^2}(t, \mathbf{x}) = \Delta u(t, \mathbf{x}), \\ \lim\limits_{t \to 0+} u(t, \mathbf{x}) = f_0(\mathbf{x}), \\ \lim\limits_{t \to 0+} \dfrac{\partial u}{\partial t}(t, \mathbf{x}) = f_1(\mathbf{x}), \end{cases}$$

其中 $f_0, f_1 \in L^2(\mathbf{R}^k; \mathbf{C})$. 附加要求的两个在 $t \to 0+$ 时 u 和 $\dfrac{\partial u}{\partial t}$ 的条件称为初条件, 也称 Cauchy 条件. 初条件中的两个极限可以有许多理解方式 (例如, 逐点收敛, L^2 中的收敛等), 波方程中的偏导数也可以有多种理解方式. 这些在我们的形式讨论中就不细究了.

假设 u 是**波方程的 Cauchy 问题**的解, $v(t, \cdot) = \mathcal{F}u(t, \cdot) = \hat{u}(t, \cdot)$. 由引理 11.4.1 的 (ii), 有

$$\begin{aligned}\frac{\partial^2 v}{\partial t^2}(\boldsymbol{\xi}) &= \frac{\partial^2 \hat{u}}{\partial t^2}(\boldsymbol{\xi}) = \widehat{\frac{\partial^2 u}{\partial t^2}}(\boldsymbol{\xi}) \\ &= \widehat{\Delta u(t,\cdot)}(\boldsymbol{\xi}) = -(2\pi)^2|\boldsymbol{\xi}|^2 v(t,\boldsymbol{\xi}),\end{aligned}$$

而且对应于 Cauchy 条件有

$$\lim_{t\to 0+} v(t,\cdot) = \mathcal{F}f_0 \text{ 和 } \lim_{t\to 0+}\frac{\partial v}{\partial t}(t,\cdot) = \mathcal{F}f_1.$$

当 $\boldsymbol{\xi}$ 固定时, 这是个关于 t 的二阶常系数线性常微分方程的初值问题, 它在 5.10.1 小节中的谐振子研究中遇到过 (参看等式 (5.10.1) 和初条件 (5.10.2)). 根据等式 (5.10.8), 有

$$v(t,\boldsymbol{\xi}) = \cos(2\pi|\boldsymbol{\xi}|t)\mathcal{F}f_0(\boldsymbol{\xi}) + \frac{\sin(2\pi|\boldsymbol{\xi}|t)}{2\pi|\boldsymbol{\xi}|}\mathcal{F}f_1(\boldsymbol{\xi}),$$

注意到 $\left|\dfrac{\sin(2\pi|\boldsymbol{\xi}|t)}{2\pi|\boldsymbol{\xi}|}\right| \leqslant |t|$, 上式右端当 t 固定时作为 $\boldsymbol{\xi}$ 的函数, 是平方可积的. 很自然的, 我们得到解的以下表达式:

$$\begin{aligned}u(t,\mathbf{x}) &= [\mathcal{F}^{-1}v(t,\cdot)](\mathbf{x}) \\ &= \int_{\mathbf{R}^k} \mathrm{e}^{2\pi\mathrm{i}(\boldsymbol{\xi},\mathbf{x})_{\mathbf{R}^k}}\left(\cos(2\pi|\boldsymbol{\xi}|t)\mathcal{F}f_0(\boldsymbol{\xi}) + \frac{\sin(2\pi|\boldsymbol{\xi}|t)}{2\pi|\boldsymbol{\xi}|}\mathcal{F}f_1(\boldsymbol{\xi})\right)d\boldsymbol{\xi}.\end{aligned}$$

虽然我们得到了波方程的 Cauchy 问题的解的明显表达式, 但要从这个明显表达式得到有物理意义的结果仍有一段路要走. 不过我们还有关于解的其他表达式, 利用它可以得到有物理意义的解释. 这将在本讲义的第 16 章的补充教材中轻微地触及.

练　　习

11.4.1　本题的目的是给出 $L^2(\mathbf{R})$ 上的积分算子是酉变换的一个充分必要条件, 由此重新得到 Plancherel 定理.

(i) $L^2(\mathbf{R})$ 上任何酉变换 $U: f\mapsto g$ 都对应于 $\mathbf{R}^2$ 上的两个函数 $K(\xi,x)$ 和 $H(\xi,x)$, 对于任何固定的 $\xi\in\mathbf{R}$, $K(\xi,x)$ 和 $H(\xi,x)$ 均属于 $L^2(\mathbf{R})$, 且使得 $g=Uf$ 由下式表示出来:

$$\int_0^\xi g(x)dx = \int_{-\infty}^\infty \overline{K(\xi,x)}f(x)dx \text{ 和 } \int_0^\xi f(x)dx = \int_{-\infty}^\infty \overline{H(\xi,x)}g(x)dx; \quad (11.4.6)$$

又这两个函数还满足以下三个条件:

(a) $\displaystyle\int_{-\infty}^{\infty}\overline{K(\xi,x)}K(\eta,x)dx=\begin{cases}\min(|\xi|,|\eta|), & 若\ \xi\eta\geqslant 0,\\ 0, & 若\ \xi\eta<0;\end{cases}$

(b) $\displaystyle\int_{-\infty}^{\infty}\overline{H(\xi,x)}H(\eta,x)dx=\begin{cases}\min(|\xi|,|\eta|), & 若\ \xi\eta\geqslant 0,\\ 0, & 若\ \xi\eta<0;\end{cases}$

(c) $\displaystyle\int_0^{\eta}K(\xi,x)dx=\int_0^{\xi}\overline{H(\eta,x)}dx.$

反之, 任何满足上述三条件的函数 $K(\xi,x)$ 和 $H(\xi,x)$ 通过公式 (11.4.6) 确定了一个酉变换及其逆变换.

注 这个结果属于 **S.Bochner**.

(ii) 假设 χ 是 $\mathbf{R}$ 上的满足以下两个条件的函数:

(a) $\chi(x)/x\in L^2(\mathbf{R})$;

(b) $\displaystyle\int_{-\infty}^{\infty}\frac{\overline{\chi(\xi x)}\xi(\eta x)}{x^2}dx=\begin{cases}\min(|\xi|,|\eta|), & 若\ \xi\eta\geqslant 0,\\ 0, & 若\ \xi\eta<0,\end{cases}$

则通过以下公式确定了酉变换 $U:f\mapsto g$ 及其逆变换:

$$g(x)=\frac{d}{dx}\int_{-\infty}^{\infty}\frac{\chi(xy)}{y}f(y)dy\ 和\ f(x)=\frac{d}{dx}\int_{-\infty}^{\infty}\frac{\overline{\chi(xy)}}{y}g(y)dy.$$

注 这个结果属于 **G.N.Watson**. 上述变换称为 **Watson 变换**.

(iii) 通过公式

$$g(x)=\frac{d}{dx}\int_{-\infty}^{\infty}\frac{\mathrm{e}^{-2\pi\mathrm{i}xy}}{-2\pi\mathrm{i}y}f(y)dy\ 和\ f(x)=\frac{d}{dx}\int_{-\infty}^{\infty}\frac{\mathrm{e}^{2\pi\mathrm{i}xy}}{2\pi\mathrm{i}y}g(y)dy$$

定义了酉映射 $U:f\mapsto g$ 及其逆映射. 我们还可以证明这个酉映射及其逆映射的如下表示:

$$\lim_{\omega\to\infty}\left|g(x)-\int_{-\omega}^{\omega}\mathrm{e}^{-2\pi\mathrm{i}xy}f(y)dy\right|_2=0\ 和\ \lim_{\omega\to\infty}\left|f(x)-\int_{-\omega}^{\omega}\mathrm{e}^{2\pi\mathrm{i}xy}g(y)dy\right|_2=0.$$

(iv) 试将上述 (i), (ii), (iii) 的结论推广到多元情形.

注 这个结果属于 **M. Plancherel**. 它可以简述为: Fourier 变换能延拓成 $L^2(\mathbf{R})$ 上的一个酉映射, 即保持 L^2 范数不变的映射. 应该指出, 高等代数只处理有限维线性空间, 在有限维线性空间中, 保持酉空间范数不变的映射必是双射. 但在无限维 L^2 线性空间中, 保持 L^2 范数不变的映射未必是满射. 因此, 在无限维 L^2 线性空间中, 酉映射应定义为保持 L^2 范数不变的满射. 高等代数告诉我们, 线性映射 A 是酉映射的充分必要条件是: $A^{-1}=A^T$. 因 Fourier 变换 (形式地) 是

$$\mathcal{F}f(\boldsymbol{\xi})=\int_{\mathbf{R}^n}f(\mathbf{x})\mathrm{e}^{-2\pi\mathrm{i}(\boldsymbol{\xi},\mathbf{x})}m(d\mathbf{x}),$$

由此,

$$(g(\boldsymbol{\xi}),\mathcal{F}f(\boldsymbol{\xi}))=\left(g(\boldsymbol{\xi}),\int_{\mathbf{R}^n}f(\mathbf{x})\mathrm{e}^{-2\pi\mathrm{i}(\boldsymbol{\xi},\mathbf{x})}m(d\mathbf{x})\right)$$

$$= \int_{\mathbf{R}^n} g(\boldsymbol{\xi}) \int_{\mathbf{R}^n} f(\mathbf{x}) \mathrm{e}^{-2\pi \mathrm{i}(\boldsymbol{\xi}, \mathbf{x})} m(d\mathbf{x}) m(d\boldsymbol{\xi}).$$

当 f 和 g 满足一定条件时, 我们可以使用 Fubini-Tonelli 定理. 因此,

$$(g(\boldsymbol{\xi}), \mathcal{F}f(\boldsymbol{\xi})) = \int_{\mathbf{R}^n} f(\mathbf{x}) \int_{\mathbf{R}^n} g(\boldsymbol{\xi}) \mathrm{e}^{-2\pi \mathrm{i}(\boldsymbol{\xi}, \mathbf{x})} m(d\boldsymbol{\xi}) m(d\mathbf{x}).$$

这样我们 (形式地) 得到了以下 $\mathcal{F}^T g(\mathbf{x})$ 的表达式:

$$\mathcal{F}^T g(\mathbf{x}) = \int_{\mathbf{R}^n} g(\boldsymbol{\xi}) \mathrm{e}^{2\pi \mathrm{i}(\boldsymbol{\xi}, \mathbf{x})} m(d\boldsymbol{\xi}).$$

根据已经证明了的 Fourier 变换的反演公式, 我们 (形式地) 证明了: $\mathcal{F}^T = \mathcal{F}^{-1}$. 换言之, 由反演公式可形式地证明 Plancherel 定理. 同样的推演可以 (形式地) 由 Plancherel 定理得到反演公式. 因此, 反演公式与 Plancherel 定理几乎是等价的. 这里的推演之所以被称为形式的, 常是因为某个极限过程的收敛性 (或某个函数的可积性) 必须对函数做某种限制之后才能得到保证. 为了把这个形式推演变为数学上严格的逻辑推演, 必须先将函数限制在 L^2(或 L^1) 的某个稠密的线性子空间上进行讨论. 然后, 作为定义, 将所得结果延拓到全空间. 这个稠密的线性子空间将随情形而变, 可能是全体 Hermite 函数张成的线性子空间, 也可能是全体阶梯函数张成的线性子空间, 或者是满足某种条件 (它将保证所要的收敛性或可积性) 的函数全体, 等等. 这是近代分析常用的方法. 所以, Fourier 分析常被称为近代分析发展的源泉之一.

*§11.5 补充教材一: 球调和函数初步介绍

11.5.1 球调和函数

本补充教材想从另外的角度看 Fourier 级数的理论, 由此引进球调和函数的概念. 我们知道, $\mathbf{C}$ 平面与 $\mathbf{R}^2$ 平面在以下映射下建立起了保持线性运算不变的同胚: $x+\mathrm{i}y \mapsto (x,y)$. 我们在本节中, 和往常一样, 将 $\mathbf{C}$ 与 $\mathbf{R}^2$, 通过上述同胚, 看成是同一个东西. 又因 $\mathbf{C}$ 中的元素可以表示为 $x+\mathrm{i}y = r\mathrm{e}^{2\pi\mathrm{i}\theta}$, 所以, $\mathbf{R}^2$ 中元素 (x,y) 也可写成 $r\mathrm{e}^{2\pi\mathrm{i}\theta}$, 其中 $r=\sqrt{x^2+y^2}, 2\pi\theta = \arctan(y/x)$. 应注意的是, θ 常常是多值的, 不同的值之间差一个整数. 假设 $f \in L^2(\mathbf{R}^2)$, 记 $f_r(\mathrm{e}^{2\pi\mathrm{i}\theta}) = f(r\mathrm{e}^{2\pi\mathrm{i}\theta})$. 根据 Fubini-Tonelli 定理, 几乎对于一切 $r \geqslant 0$, $f_r \in L^2([0,1])$, 且几乎对于一切 $r \geqslant 0$,

$$f(r\mathrm{e}^{2\pi\mathrm{i}\theta}) = f_r(\mathrm{e}^{2\pi\mathrm{i}\theta}) = \sum_{j=-\infty}^{\infty} f_{r,j} \mathrm{e}^{2j\pi\mathrm{i}\theta},$$

其中 $f_{r,j}$ 是函数 f_r 的第 j 个 Fourier 系数, 而最后一个等式右端的级数, 几乎对于一切 $r \geqslant 0$, 在 Hilbert 空间 $L^2([0,1])$ 的范数意义下是收敛的. 由 Parseval 关系, 几乎对于一切 $r \geqslant 0$, 我们有

$$\sum_{j=-\infty}^{\infty} |f_{j,r}|^2 = \int_0^1 |f_r(\mathrm{e}^{2\pi\mathrm{i}\theta})|^2 d\theta = \int_0^1 |f(r\mathrm{e}^{2\pi\mathrm{i}\theta})|^2 d\theta.$$

根据 Beppo Levi 单调收敛定理,

$$\lim_{M\to\infty}\int_0^\infty \sum_{j=-M}^{M} |f_{j,r}|^2 r dr = \int_0^\infty \left[\int_0^1 |f(r\mathrm{e}^{2\pi\mathrm{i}\theta})|^2 d\theta\right] r dr = |f|_2^2.$$

记 $g_j(r\mathrm{e}^{2\pi\mathrm{i}\theta}) = f_{r,j}\mathrm{e}^{2\pi\mathrm{i}j\theta}, j \in \mathbf{Z}, z = x+\mathrm{i}y = r\mathrm{e}^{2\pi\mathrm{i}\theta}$, 我们有

$$\begin{aligned}&\lim_{M\to\infty}\int_{\mathbf{R}^2}\left|f(z) - \sum_{j=-M}^{M} g_j(z)\right|^2 dxdy\\ &\quad= \lim_{M\to\infty}\int_0^\infty \left[\int_0^1 |f(r\mathrm{e}^{2\pi\mathrm{i}k\theta})|^2 d\theta - \sum_{j=-M}^{M} |f_{j,r}|^2\right] r dr = 0.\end{aligned}$$

因当 $k \neq l$ 时,

$$\int_0^\infty \int_0^1 f(r)h(r)\mathrm{e}^{2\pi\mathrm{i}k\theta}\,\mathrm{e}^{2\pi\mathrm{i}l\theta}\,d\theta r dr = 0,$$

由此 $L^2(\mathbf{R}^2)$ 有如下的直接和表示:

$$L^2(\mathbf{R}^2) = \bigoplus_{k=-\infty}^{\infty} \mathfrak{H}_k, \tag{11.5.1}$$

其中

$$\mathfrak{H}_k = \left\{ g \in L^2(\mathbf{R}^2) : g(r\mathrm{e}^{2\pi\mathrm{i}\theta}) = f(r)\mathrm{e}^{2\pi\mathrm{i}k\theta}, \right.$$
$$\left. \text{可测函数 } f \text{ 满足条件 } \int_0^\infty f(r) r dr < \infty \right\}. \tag{11.5.2}$$

(11.5.2) 中定义的 $\mathfrak{H}_k$ 是 Hilbert 空间. 公式 (11.5.1) 的涵义是: 对于不相等的 k 和 l, $\mathfrak{H}_k$ 与 $\mathfrak{H}_l$ 是互相正交的, 而 $L^2(\mathbf{R}^2)$ 是包含所有的 $\{\mathfrak{H}_k\}_{k=-\infty}^{\infty}$ 最小的闭线性子空间. 由此, 任何 $\Phi(x,y) \in L^2(\mathbf{R}^2)$ 均可唯一地表示成如下形式:

$$\Phi = \sum_{k=-\infty}^{\infty} g_k, \text{ 其中 } g_k \in \mathfrak{H}_k.$$

由 §11.2 的练习 11.2.7 的 (iv), Fourier 变换与旋转是交换的: $g(\mathbf{x}) = f(U\mathbf{x}) \Longrightarrow \hat{g}(\boldsymbol{\xi}) = \hat{f}(U\boldsymbol{\xi})$. 我们不难证明: $\mathfrak{H}_k$ 在 Fourier 变换下是不变的, 换言之, $f \in \mathfrak{H}_k \Longrightarrow \hat{f} \in \mathfrak{H}_k$.

将以上 $\mathbf{R}^2$ 上的讨论推广到 $\mathbf{R}^n$ 上, 就自然地引导出球调和函数的概念了. 球调和函数的概念首先是由英国物理学家 Thomson 和 Tait 于 1867 年在他们合写的《自然哲学》一书的一个附录中提出来的, 球调和函数在物理与工程技术中十分有用, 本讲义愿意花些篇幅对它作个简单介绍.

设 $\mathcal{P}_k$ 表示 $\mathbf{R}^n$ 上的 k 次齐次多项式全体构成的复线性空间. $\{\mathbf{x}^{\boldsymbol{\alpha}}\}_{|\boldsymbol{\alpha}|=k}$ 构成 $\mathcal{P}_k$ 的一组基 (注意: 我们这里及下文中将使用第二册 §8.4 中引进的重指标). 基中向量的个数, 即 $\mathcal{P}_k$ 的维数, 应是

$$d_k = \begin{pmatrix} n+k-1 \\ n-1 \end{pmatrix} = \begin{pmatrix} n+k-1 \\ k \end{pmatrix} = \frac{(n+k-1)!}{(n-1)!k!}.$$

它的证明路线图请参看练习 11.5.1.

我们将用以下的方法在这个 d_k 维线性空间 $\mathcal{P}_k$ 上引进内积, 使之成为 d_k 维 Hilbert 空间 (即高等代数中的酉空间): 设 $P(\mathbf{x}) = \sum\limits_{|\boldsymbol{\alpha}|=k} c_{\boldsymbol{\alpha}}\mathbf{x}^{\boldsymbol{\alpha}} \in \mathcal{P}_k$, 对应地有如下的微分算子:

$$P(D) = \sum_{|\boldsymbol{\alpha}|=k} c_{\boldsymbol{\alpha}} D^{\boldsymbol{\alpha}}.$$

假设 $P, Q \in \mathcal{P}_k$, 它们的内积定义为:

$$(P, Q) = P(D)[\overline{Q}].$$

假若 $P(\mathbf{x}) = \sum\limits_{|\boldsymbol{\alpha}|=k} p_{\boldsymbol{\alpha}}\mathbf{x}^{\boldsymbol{\alpha}}$ 和 $Q(\mathbf{x}) = \sum\limits_{|\boldsymbol{\alpha}|=k} q_{\boldsymbol{\alpha}}\mathbf{x}^{\boldsymbol{\alpha}}$, 则

$$(P, Q) = P(D)[\overline{Q}] = \sum_{|\boldsymbol{\alpha}|=k} p_{\boldsymbol{\alpha}} D^{\boldsymbol{\alpha}}\left(\sum_{|\boldsymbol{\beta}|=k} \overline{q_{\boldsymbol{\beta}}}\mathbf{x}^{\boldsymbol{\beta}}\right) = \sum_{|\boldsymbol{\alpha}|=k} p_{\boldsymbol{\alpha}}\overline{q_{\boldsymbol{\alpha}}}\boldsymbol{\alpha}!.$$

特别,

$$(P, P) = \sum_{|\boldsymbol{\alpha}|=k} |p_{\boldsymbol{\alpha}}|^2 \alpha!.$$

因此

$$(P, P) \geqslant 0, \text{ 且 } (P, P) = 0 \Longleftrightarrow P \equiv 0.$$

这就证明了: 在 d_k 维线性空间 $\mathcal{P}_k$ 上引进以上内积后便成为 d_k 维 Hilbert 空间了.

引理 11.5.1 假设 $k \geqslant 2$, ϕ_k 表示如下定义的线性映射:

$$\phi_k : \mathcal{P}_k \to \mathcal{P}_{k-2}, \phi_k(P) = \Delta P = \sum_{j=1}^n \frac{\partial^2 P}{\partial x_j^2},$$

则相对于如上定义的线性空间 $\mathcal{P}_k$ 上的内积, ϕ_k 的伴随映射 $\phi_k^* : \mathcal{P}_{k-2} \to \mathcal{P}_k$ 的表示式是:

$$\phi_k^*(Q)(\mathbf{x}) = R(\mathbf{x}) = |\mathbf{x}|^2 Q(\mathbf{x}).$$

ϕ_k 的伴随映射 ϕ_k^* 是单射, 而 $\phi_k : \mathcal{P}_k \to \mathcal{P}_{k-2}$ 是满射. 另一方面, $\ker\phi_k$ 与 $\mathrm{im}\phi_k^*$ 是 $\mathcal{P}_k$ 中的互为正交补的两个子空间, 即

$$\mathcal{P}_k = \ker\phi_k \oplus \mathrm{im}\phi_k^*.$$

证 因为

$$(Q, \Delta P) = Q(D)[\overline{\Delta P}] = \Delta Q(D)\overline{P} = (R, P),$$

其中 $R(\mathbf{x}) = |\mathbf{x}|^2 Q(\mathbf{x})$. ϕ_k 的伴随映射 $\phi_k^* : \mathcal{P}_{k-2} \to \mathcal{P}_k$ 的表示式证得. 由此得到: ϕ_k^* 是单射, 而 $\phi_k : \mathcal{P}_k \to \mathcal{P}_{k-2}$ 是满射. 而 $\ker\phi_k$ 与 $\mathrm{im}\phi_k^*$ 是 $\mathcal{P}_k$ 中的互为正交补的两个子空间可由以下等式立即得到:

$$\forall Q \in \mathcal{P}_{k-2} \forall P \in \mathcal{P}_k ((Q, \phi_k(P)) = (\phi_k^* Q, P)).$$ □

命题 11.5.1　设 $P \in \mathcal{P}_k$, 则

$$P(\mathbf{x}) = P_0(\mathbf{x}) + |\mathbf{x}|^2 P_1(\mathbf{x}) + \cdots + |\mathbf{x}^{2l}| P_l(\mathbf{x}),$$

其中 P_j 是个 $k-2j$ 次齐次调和多项式, $l = [k/2] (0 \leqslant j \leqslant l)$.

证　零次及一次多项式都是调和多项式, 结论自然成立. 只讨论 $k \geqslant 2$ 的情形. 由引理 11.5.1 得到; $\ker\phi_k$ 与 $\mathrm{im}\phi_k^*$ 是 $\mathcal{P}_k$ 中的互为正交补的两个子空间, 即

$$\mathcal{P}_k = \ker\phi_k \oplus \mathrm{im}\phi_k^*.$$

换言之, 对于一切 $P \in \mathcal{P}_k$, 有唯一的一个调和函数 P_0 和唯一的一个 $Q \in \mathcal{P}_{k-2}$, 使得

$$P(\mathbf{x}) = P_0(\mathbf{x}) + |\mathbf{x}|^2 Q(\mathbf{x}).$$

再通过归纳法, 可得命题的结论. □

推论 11.5.1　n 变量的任何多项式在单位球面 $\mathbf{S}^{n-1} = \{\mathbf{x} \in \mathbf{R}^n : |\mathbf{x}| = 1\}$ 上的限制必等于几个调和多项式之和在单位球面 $\mathbf{S}^{n-1}$ 上的限制.

证　注意到在单位球面 $\mathbf{S}^{n-1}$ 上 $|\mathbf{x}|^{2j} = 1$, 这是命题 11.5.1 的直接推论. □

定义 11.5.1　k 次齐次调和多项式的全体记做 $\mathcal{A}_k$. $\mathcal{A}_k$ 中的元素在单位球面 $\mathbf{S}^{n-1}$ 上的限制称为 k **次球调和函数**. k 次球调和函数全体记做 $\mathcal{H}_k$. $\mathcal{A}_k$ 中的元素称为**球体调和函数**. $\mathcal{H}_k$ 中的元素称为**表面球调和函数**.

若 $Y = P|_{\mathbf{S}^{n-1}}$, 其中 $P \in \mathcal{A}_k$, 则

$$P(\mathbf{x}) = Y(\mathbf{x}/|\mathbf{x}|) \cdot |\mathbf{x}|^k.$$

因此, 到单位球面上的限制是 $\mathcal{A}_k$ 与 $\mathcal{H}_k$ 之间的一个同构. 根据引理 11.5.1, 当 $k \geqslant 2$ 时, $\mathcal{P}_k = \ker\phi_k \oplus \mathrm{im}\phi_k^*$. 注意到 $\dim\mathrm{im}\phi_k^* = \dim\mathcal{P}_{k-2}$ 和 $\dim\ker\phi_k = \dim\mathcal{H}_k$, 我们有

$$\begin{aligned}\dim\mathcal{H}_k = \dim\mathcal{A}_k &= \dim\mathcal{P}_k - \dim\mathcal{P}_{k-2} = d_k - d_{k-2} \\ &= \begin{pmatrix} n+k-1 \\ k \end{pmatrix} - \begin{pmatrix} n+k-3 \\ k-2 \end{pmatrix}.\end{aligned}$$

易见, $\dim\mathcal{H}_0 = 1$, $\dim\mathcal{H}_1 = n$.

又当 $n=2$ 时, 有 $\mathcal{H}_k = \{a\mathrm{e}^{-2\pi \mathrm{i} k\theta} + b\mathrm{e}^{2\pi \mathrm{i} k\theta} : a, b \in \mathbf{C}\}$.

命题 11.5.2　包含所有 $\mathcal{H}_k (k = 0, 1, \cdots)$ 的 $C(\mathbf{S}^{n-1})$ 中的最小闭线性子空间是 $C(\mathbf{S}^{n-1})$, 而包含所有 $\mathcal{H}_k (k = 0, 1, \cdots)$ 的 $L^2(\mathbf{S}^{n-1})$ 中的最小闭线性子空间是 $L^2(\mathbf{S}^{n-1})$.

注　单位球面 $\mathbf{S}^{n-1}$ 上的测度是超曲面 $\mathbf{S}^{n-1}$ 上的面积测度. $L^2(\mathbf{S}^{n-1})$ 是相对于这个面积测度的平方可积函数全体.

证　第一个结论是 Stone-Weierstrass 定理的推论. 第二个结论是第一个结论的推论. □

命题 11.5.3 设 $Y^{(k)}\in\mathcal{H}_k$, $Y^{(l)}\in\mathcal{H}_l$, $k\neq l$, 则

$$\int_{\mathbf{S}^{n-1}} Y^{(k)}(\mathbf{x}')\overline{Y^{(l)}(\mathbf{x}')}d\sigma(\mathbf{x}')=0,$$

其中 $d\sigma$ 表示 $\mathbf{S}^{n-1}$ 上的面积微元: $d\sigma(\mathbf{x}')=m_{\mathbf{S}^{n-1}}(d\mathbf{x}')$.

证 证明过程中我们要用到第二册 §10.9 的练习 10.9.5 中得到的以下的 Green 恒等式:

$$\int_G u\Delta\overline{v}m(d\mathbf{x})-\int_G \overline{v}\Delta u m(d\mathbf{x})=\int_{\partial G} u\frac{\partial\overline{v}}{\partial\mathbf{n}}m_{\partial G}(d\mathbf{x})-\int_{\partial G}\overline{v}\frac{\partial u}{\partial\mathbf{n}}m_{\partial G}(d\mathbf{x}).$$

对于 $\mathbf{x}\in\mathbf{R}^n$, 记 $\mathbf{x}=r\mathbf{x}'$, 其中 $r=|\mathbf{x}|$, $|\mathbf{x}'|=1$, 则

$$u(\mathbf{x})=|\mathbf{x}|^kY^{(k)}(\mathbf{x}') \text{ 和 } \overline{v}(\mathbf{x})=|\mathbf{x}|^l\overline{Y^{(l)}(\mathbf{x}')}$$

是调和函数. 将它们代入上述 Green 恒等式 (让 $\partial G=\mathbf{S}^{n-1}$), 便有

$$\begin{aligned}0&=\int_{\mathbf{B}^n} u\Delta\overline{v}m(d\mathbf{x})-\int_{\mathbf{B}^n}\overline{v}\Delta u m(d\mathbf{x})\\&=\int_{\mathbf{S}^{n-1}} u\frac{\partial\overline{v}}{\partial\mathbf{n}}m_{\mathbf{S}^{n-1}}(d\mathbf{x})-\int_{\mathbf{S}^{n-1}}\overline{v}\frac{\partial u}{\partial\mathbf{n}}m_{\mathbf{S}^{n-1}}(d\mathbf{x}).\end{aligned}$$

注意到以下事实:

$$\frac{\partial u}{\partial\mathbf{n}}(\mathbf{x}')=\frac{\partial}{\partial\mathbf{n}}(|\mathbf{x}|^kY^{(k)}(\mathbf{x}'))=kr^{k-1}Y^{(k)}(\mathbf{x}')=kY^{(k)}(\mathbf{x}')$$

和

$$\frac{\partial\overline{v}}{\partial\mathbf{n}}(\mathbf{x}')=\overline{lY^{(l)}(\mathbf{x}')},$$

我们有

$$(l-k)\int_{\mathbf{S}^{n-1}} Y^{(k)}(\mathbf{x}')\overline{Y^{(l)}(\mathbf{x}')}d\sigma(\mathbf{x}')=0.$$

□

11.5.2 带调和函数

定义 11.5.2 设 $n\geqslant 2$, $\mathbf{x}'\in\mathbf{S}^{n-1}$. 映射

$$e_{\mathbf{x}'}:\mathcal{H}_k\to\mathbf{C},\quad e_{\mathbf{x}'}:Y\mapsto Y(\mathbf{x}')$$

是 $\mathcal{H}_k$ 上的线性泛函. 由 F.Riesz 的表示定理, 有唯一的一个 $Z^{(k)}_{\mathbf{x}'}\in\mathcal{H}_k$, 使得

$$Y(\mathbf{x}')=e_{\mathbf{x}'}(Y)=\int_{\mathbf{S}^{n-1}} Y(\mathbf{t}')Z^{(k)}_{\mathbf{x}'}(\mathbf{t}')d\sigma(\mathbf{t}').$$

这个 $Z^{(k)}_{\mathbf{x}'}$ 称为极点在 $\mathbf{x}'$ 的 k**次带调和函数**.

引理 11.5.2 假设 $\{Y_1,\cdots,Y_{a_k}\}$ 是 $\mathcal{H}_k$ 的一组正交规范基, 则对于任何 $\mathbf{x}',\mathbf{t}'\in\mathbf{S}^{n-1}$ 和任何 $\mathbf{R}^n$ 上的旋转 ρ, 我们有

(i) $\sum\limits_{m=1}^{a_k}\overline{Y_m(\mathbf{x}')}Y_m(\mathbf{t}')=Z^{(k)}_{\mathbf{x}'}(\mathbf{t}')$;

(ii) $Z^{(k)}_{\mathbf{x}'}$ 是实值的, 且 $Z^{(k)}_{\mathbf{x}'}(\mathbf{t}')=Z^{(k)}_{\mathbf{t}'}(\mathbf{x}')$;

(iii) $Z^{(k)}_{\rho\mathbf{x}'}(\rho\mathbf{t}') = Z^{(k)}_{\mathbf{x}'}(\mathbf{t}')$.

证　因 $\{Y_1, \cdots, Y_{a_k}\}$ 是 $\mathcal{H}_k$ 的一组正交规范基,

$$Z^{(k)}_{\mathbf{x}'} = \sum_{m=1}^{a_k} (Z^{(k)}_{\mathbf{x}'}, Y_m) Y_m, \tag{11.5.3}$$

其中

$$(Z^{(k)}_{\mathbf{x}'}, Y_m) = \int_{\mathbf{S}^{n-1}} \overline{Y_m(\mathbf{t}')} Z^{(k)}_{\mathbf{x}'}(\mathbf{t}') d\sigma(\mathbf{t}') = \overline{Y_m(\mathbf{x}')}. \tag{11.5.4}$$

这里我们用了带调和函数 $Z^{(k)}_{\mathbf{x}'}$ 的定义, 并注意到了 $\overline{Y_m}$ 是调和函数这个事实. 将 (11.5.4) 代入 (11.5.3), (i) 得证.

(ii) 的证明如下：设 $f \in \mathcal{H}_k$, 我们有

$$\overline{f(\mathbf{x}')} = \int_{\mathbf{S}^{n-1}} \overline{f(\mathbf{t}')} Z^{(k)}_{\mathbf{x}'}(\mathbf{t}') d\sigma(\mathbf{t}') = \overline{\int_{\mathbf{S}^{n-1}} f(\mathbf{t}') \overline{Z^{(k)}_{\mathbf{x}'}(\mathbf{t}')} d\sigma(\mathbf{t}')}.$$

因此, 我们有

$$f(\mathbf{x}') = \int_{\mathbf{S}^{n-1}} f(\mathbf{t}') \overline{Z^{(k)}_{\mathbf{x}'}(\mathbf{t}')} d\sigma(\mathbf{t}').$$

由带调和函数的定义, $Z^{(k)}_{\mathbf{x}'}(\mathbf{t}') = \overline{Z^{(k)}_{\mathbf{x}'}}(\mathbf{t}')$, 换言之, $Z^{(k)}_{\mathbf{x}'}(\mathbf{t}')$ 取实值. 根据 (i),

$$\begin{aligned} Z^{(k)}_{\mathbf{x}'}(\mathbf{t}') &= \sum_{m=1}^{a_k} \overline{Y_m(\mathbf{x}')} Y_m(\mathbf{t}') \\ &= \overline{\sum_{m=1}^{a_k} \overline{Y_m(\mathbf{x}')} Y_m(\mathbf{t}')} = \overline{Z^{(k)}_{\mathbf{t}'}(\mathbf{x}')} = Z^{(k)}_{\mathbf{t}'}(\mathbf{x}'). \end{aligned}$$

(ii) 证毕.

(iii) 只是带调和函数的定义的直接推论. 细节留给同学了.　□

引理 11.5.3　假设 $\{Y_1, \cdots, Y_{a_k}\}$ 是 $\mathcal{H}_k$ 的一组正交规范基, 则对于任何 $\mathbf{x}', \mathbf{t}' \in \mathbf{S}^{n-1}$, 我们有

(i) $Z^{(k)}_{\mathbf{x}'}(\mathbf{t}') = a_k/\omega_{n-1}$, 其中 ω_{n-1} 表示 $n-1$ 维单位球面的面积：$\omega_{n-1} = 2\pi^{n/2}/\Gamma(n/2)$, 而 $a_k = \dim\mathcal{A}_k = \dim\mathcal{H}_k$;

(ii) $\sum\limits_{m=1}^{a_k} |Y_m(\mathbf{x}')|^2 = a_k/\omega_{n-1}$;

(iii) $|Z^{(k)}_{\mathbf{x}'}(\mathbf{t}')| \leqslant a_k/\omega_{n-1}$;

(iv) $|Z^{(k)}_{\mathbf{x}'}|_2^2 = a_k/\omega_{n-1}$, 其中 $|Z^{(k)}_{\mathbf{x}'}|_2 = |Z^{(k)}_{\mathbf{x}'}|_{L^2(\mathbf{S}^{n-1})}$.

证　设 $\mathbf{x}'_1, \mathbf{x}'_2 \in \mathbf{S}^{n-1}$, 旋转 ρ 使得 $\rho\mathbf{x}'_1 = \mathbf{x}'_2$. 由引理 11.5.2 的 (i) 和 (iii), 我们有

$$\sum_{m=1}^{a_k} |Y_m(\mathbf{x}'_1)|^2 = Z^{(k)}_{\mathbf{x}'_1}(\mathbf{x}'_1) = Z^{(k)}_{\mathbf{x}'_2}(\mathbf{x}'_2) = \sum_{m=1}^{a_k} |Y_m(\mathbf{x}'_2)|^2 \equiv c.$$

因 $\{Y_1, \cdots, Y_{a_k}\}$ 是 $\mathcal{H}_k$ 的一组正交规范基,

$$a_k = \sum_{m=1}^{a_k} \int_{\mathbf{S}^{n-1}} |Y_m(\mathbf{x}')|^2 d\sigma(\mathbf{x}') = \int_{\mathbf{S}^{n-1}} \sum_{m=1}^{a_k} |Y_m(\mathbf{x}')|^2 d\sigma(\mathbf{x}') = c\omega_{n-1}.$$

由此得到 (i) 和 (ii).

(iv) 的证明如下：利用引理 11.5.2 的 (i) 和已经证明了的本引理的 (ii), 我们有

$$\begin{aligned}
|Z_{\mathbf{x}'}^{(k)}|_2^2 &= \int_{\mathbf{S}^{n-1}} |Z_{\mathbf{x}'}(\mathbf{t}')|^2 d\sigma(\mathbf{t}') \\
&= \int_{\mathbf{S}^{n-1}} \left(\sum_{m=1}^{a_k} \overline{Y_m(\mathbf{x}')} Y_m(\mathbf{t}')\right)\left(\sum_{l=1}^{a_k} \overline{Y_l(\mathbf{x}')} Y_l(\mathbf{t}')\right) d\sigma(\mathbf{t}') \\
&= \sum_{m=1}^{a_k} |Y_m(\mathbf{x}')|^2 = \frac{a_k}{\omega_{n-1}}.
\end{aligned}$$

(iii) 的证明如下：利用带调和函数的定义, 刚刚证明的本引理的 (iv) 和 Cauchy-Schwarz 不等式, 我们有

$$\begin{aligned}
Z_{\mathbf{t}'}^{(k)}(\mathbf{x}') &= \left| \int_{\mathbf{S}^{n-1}} Z_{\mathbf{t}'}^{(k)}(\mathbf{w}') Z_{\mathbf{x}'}^{(k)}(\mathbf{w}') d\sigma(\mathbf{w}') \right| \\
&\leqslant |Z_{\mathbf{t}'}^{(k)}|_2 |Z_{\mathbf{x}'}^{(k)}|_2 = \frac{a_k}{\omega_{n-1}}.
\end{aligned}$$

□

我们愿意回忆一下, 在第二册 §10.9 的练习 10.9.8 中引进的 $\mathbf{R}^n$ 中单位球 $\mathbf{B}^n(\mathbf{0}, 1)$ 上的 **Poisson 核**:

$$P(\mathbf{x}, \mathbf{t}') = \frac{1}{\omega_{n-1}} \frac{1 - |\mathbf{x}|^2}{|\mathbf{x} - \mathbf{t}'|^n}.$$

又设 $f \in C(\mathbf{B}^n(\mathbf{0}, 1)$, 在开单位球 $\mathbf{B}^n(\mathbf{0}, 1)$ 内定义函数

$$u(\mathbf{x}) = \int_{\mathbf{S}^{n-1}} P(\mathbf{x}, \mathbf{t}') f(\mathbf{t}') m_{\mathbf{S}^{n-1}}(d\mathbf{t}').$$

练习 10.9.8 中还介绍了 $P(\mathbf{x}, \mathbf{t}')$ 及 $u(\mathbf{x})$ 的性质.

定理 11.5.1 假设 $|\mathbf{x}| < 1$, $\mathbf{x} = |\mathbf{x}|\mathbf{x}'$, 则 $\mathbf{R}^n$ 中单位球 $\mathbf{B}^n(\mathbf{0}, 1)$ 上的 Poisson 核是

$$P(\mathbf{x}, \mathbf{t}') = \sum_{k=0}^{\infty} |\mathbf{x}|^k Z_{\mathbf{x}'}^{(k)}(\mathbf{t}') = \sum_{k=0}^{\infty} |\mathbf{x}|^k Z_{\mathbf{t}'}^{(k)}(\mathbf{x}').$$

证　给定了 n, 对于一切 $k \geqslant 2$, 我们有

$$
\begin{aligned}
a_k = d_k - d_{k-2} &= \binom{n+k-1}{k} - \binom{n+k-3}{k-2} \\
&= \frac{(n+k-3)!}{(k-1)!(n-2)!}\left[\frac{(n+k-1)(n+k-2)}{k(n-1)} - \frac{k-1}{n-1}\right] \\
&= \binom{n+k-3}{k-1}\left[\frac{n+2k-2}{k}\right] \leqslant C_n \binom{n+k-3}{k-1} \\
&\leqslant C_n k^{n-2},
\end{aligned}
$$

其中 C_n 只依赖于 n, 不依赖于 k. 根据这个估计及引理 11.5.3 的 (iii), 级数

$$\sum_{k=0}^{\infty} |\mathbf{x}|^k Z_{\mathbf{t}'}^{(k)}(\mathbf{x}')$$

在开单位球 $\mathbf{B}^n(\mathbf{0},1)$ 的任何紧子集上一致收敛. 事实上, 我们可以证明: 对于任何紧集 $K \subset \mathbf{B}^n(\mathbf{0},1)$, 上述级数在集合 $\{(\mathbf{x},\mathbf{t}') : (\mathbf{x},\mathbf{t}') \in K \times \mathbf{S}^{n-1}\}$ 上一致收敛. 理由如下: 当 $|\mathbf{x}| \leqslant s < 1, \mathbf{t}' \in \mathbf{S}^{n-1}$ 时, 便有

$$\sum_{k=0}^{\infty} |\mathbf{x}|^k |Z_{\mathbf{t}'}^{(k)}(\mathbf{x}')| \leqslant \sum_{k=0}^{\infty} s^k \frac{a_k}{\omega_{n-1}} \leqslant \sum_{k=0}^{\infty} s^k \frac{C \cdot k^{n-2}}{\omega_{n-1}} < \infty.$$

给定了 k. $X = \sum_{m=0}^{p} X_m$, 其中 $X_m \in \mathcal{H}_k$, 根据第二册 §10 的练习 10.9.8 的 (ii) 和 (v), 函数

$$\sum_{m=0}^{p} |\mathbf{x}|^k X_m\left(\frac{\mathbf{x}'}{|\mathbf{x}|}\right) \equiv u(\mathbf{x}) = \int_{\mathbf{S}^{n-1}} X(\mathbf{t}')P(\mathbf{x},\mathbf{t}')d\sigma(\mathbf{t}')$$

在开单位球 $\mathbf{B}^n(\mathbf{0},1)$ 内调和, 且在 $\mathbf{S}^{n-1}$ 上等于 X. 另一方面,

$$
\begin{aligned}
&\int_{\mathbf{S}^{n-1}} X(\mathbf{t}') \sum_{k=0}^{\infty} |\mathbf{x}|^k Z_{\mathbf{t}'}^{(k)}(\mathbf{x}') d\sigma(\mathbf{t}') \\
&\quad = \sum_{m=0}^{p} \int_{\mathbf{S}^{n-1}} X_m(\mathbf{t}') \sum_{k=0}^{\infty} |\mathbf{x}|^k Z_{\mathbf{t}'}^{(k)}(\mathbf{x}') d\sigma(\mathbf{t}') \\
&\quad = \sum_{m=0}^{p} \sum_{k=0}^{\infty} |\mathbf{x}|^k \int_{\mathbf{S}^{n-1}} X_m(\mathbf{t}') Z_{\mathbf{t}'}^{(k)}(\mathbf{x}') d\sigma(\mathbf{t}') \\
&\quad = \sum_{m=0}^{p} |\mathbf{x}|^m X_m(\mathbf{x}') = u(\mathbf{x}).
\end{aligned}
$$

因此, 对于一切 $\mathbf{x} \in \mathbf{B}^n(\mathbf{0},1)$ 及一切 $\mathcal{H}_k$ 中函数之有限和 X, 我们有

$$\int_{\mathbf{S}^{n-1}} X(\mathbf{t}') \left[P(\mathbf{x},\mathbf{t}') - \sum_{k=0}^{\infty} |\mathbf{x}|^k Z_{\mathbf{t}'}^{(k)}(\mathbf{x}')\right] d\sigma(\mathbf{t}') = 0.$$

因 $\mathcal{H}_k$ 中函数之有限和的有限线性组合在 $L^2(\mathbf{S}^{n-1})$ 内稠密, 所以

$$P(\mathbf{x},\mathbf{t}')=\sum_{k=0}^{\infty}|\mathbf{x}|^k Z_{\mathbf{t}'}^{(k)}(\mathbf{x}'). \qquad \square$$

为了得到带调和函数 $Z_{\mathbf{x}'}^{(k)}$ 的具体表达式, 我们先引进一条关于多项式的引理.

引理 11.5.4 假设 P 是 $\mathbf{R}^n$ 上的一个多项式, 且对于 $\mathbf{R}^n$ 上的任何旋转 ρ, 有

$$\forall \mathbf{x}\in\mathbf{R}^n(P(\rho\mathbf{x})=P(\mathbf{x})),$$

则有常数 $c_0,c_1,\cdots,c_p$, 使得

$$\forall \mathbf{x}\in\mathbf{R}^n\left(P(\mathbf{x})=\sum_{m=0}^{p}c_m|\mathbf{x}|^{2m}\right).$$

证 设

$$P(\mathbf{x})=\sum_{l=0}^{q}P_l(\mathbf{x}),$$

其中 P_l 是 l 次齐次多项式. 对于任何 $\varepsilon>0$ 和任何旋转 ρ, 有

$$\begin{aligned}\sum_{l=0}^{q}\varepsilon^l P_l(\mathbf{x})&=\sum_{l=0}^{q}P_l(\varepsilon\mathbf{x})=P(\varepsilon\mathbf{x})=P(\varepsilon\rho\mathbf{x})\\&=\sum_{l=0}^{q}P_l(\varepsilon\rho\mathbf{x})=\sum_{l=0}^{q}\varepsilon^l P_l(\rho\mathbf{x}).\end{aligned}$$

由此得到 $P_l(\mathbf{x})=P_l(\rho\mathbf{x})$. 函数 $|\mathbf{x}|^{-l}P_l(\mathbf{x})$ 是零次齐次函数, 且是旋转不变的. 故

$$|\mathbf{x}|^{-l}P_l(\mathbf{x})=c_l,$$

其中 c_l 是常数. 因 P_l 是多项式, l 必须是偶数. 引理证毕. $\square$

定义 11.5.3 设 $\boldsymbol{\eta}\in\mathbf{S}^{n-1}$. 正交于 $\boldsymbol{\eta}$ 的 $\mathbf{S}^{n-1}$ 上的平行带指 $\mathbf{S}^{n-1}$ 与某个正交于 $\boldsymbol{\eta}$ 的 (未必通过原点的) 超平面之交.

正交于 $\boldsymbol{\eta}$ 的 $\mathbf{S}^{n-1}$ 上的平行带是如下的集合:

$$\{\mathbf{x}'\in\mathbf{S}^{n-1}:\mathbf{x}'\cdot\boldsymbol{\eta}=c\},$$

其中 c 是区间 $[-1,1]$ 中的一个常数. 易见, 函数 F 在 $\mathbf{S}^{n-1}$ 的每个正交于 $\boldsymbol{\eta}$ 的平行带上等于常数, 当且仅当对于任何保持 η 不变的旋转 ρ, 必有 $F(\mathbf{x}')=F(\rho\mathbf{x}')$.

引理 11.5.5 假设 $\boldsymbol{\eta}\in\mathbf{S}^{n-1}$, $Y\in\mathcal{H}_k$, 则 Y 在 $\mathbf{S}^{n-1}$ 的每个正交于 $\boldsymbol{\eta}$ 的平行带上等于常数, 当且仅当有一个常数 c, 使得

$$Y=cZ_{\boldsymbol{\eta}}^{(k)}.$$

证 请注意: 这里假设 $n\geqslant 3$. 设 ρ 是个保持 $\boldsymbol{\eta}$ 不动的一个旋转, 则

$$\forall \mathbf{x}'\in\mathbf{S}^{n-1}(Z_{\boldsymbol{\eta}}^{(k)}(\mathbf{x}')=Z_{\rho\boldsymbol{\eta}}^{(k)}(\rho\mathbf{x}')=Z_{\boldsymbol{\eta}}^{(k)}(\rho\mathbf{x}').$$

所以, $Z_{\boldsymbol{\eta}}^{(k)}$ 在 $\mathbf{S}^{n-1}$ 的每个正交于 $\boldsymbol{\eta}$ 的平行带上等于常数.

反之, 假设 $Y \in \mathcal{H}_k$ 在 $\mathbf{S}^{n-1}$ 的每个正交于 $\boldsymbol{\eta}$ 的平行带上等于常数. 又设 $e_1 = (1, 0, \cdots, 0) \in \mathbf{S}^{n-1}$, τ 是一个使得 $\tau e_1 = \boldsymbol{\eta}$ 的旋转. 令

$$W(\mathbf{x}') = Y(\tau \mathbf{x}'),$$

则 $W \in \mathcal{H}_k$, 且 W 在 $\mathbf{S}^{n-1}$ 的每个正交于 e_1 的平行带上等于常数. 理由如下: 设 ρ 是保持 e_1 不变的旋转, $\rho e_1 = e_1$. 因 $\tau e_1 = \boldsymbol{\eta}$, 所以 $\tau\rho e_1 = \tau e_1 = \boldsymbol{\eta}$. 由此, $\tau\rho^{-1}\tau^{-1}\boldsymbol{\eta} = \tau\rho^{-1}\tau^{-1}\tau\rho e_1 = \tau e_1 = \boldsymbol{\eta}$. 故 $\tau\rho^{-1}\tau^{-1}$ 是保持 $\boldsymbol{\eta}$ 不变的旋转. 按照关于 Y 的假设, 我们有

$$Y(\tau \mathbf{x}') = Y(\tau\rho^{-1}\tau^{-1}\tau\rho\mathbf{x}') = Y(\tau\rho\mathbf{x}').$$

换言之,

$$W(\mathbf{x}') = W(\rho\mathbf{x}').$$

所以, W 在 $\mathbf{S}^{n-1}$ 的每个正交于 e_1 的平行带上等于常数. 假若我们能证明: 有个常数 c, 使得 $W = cZ_{e_1}^{(k)}$, 则引理的结论成立:

$$Y(\mathbf{x}') = W(\tau^{-1}\mathbf{x}') = cZ_{e_1}^{(k)}(\tau^{-1}\mathbf{x}') = cZ_{\tau e_1}^{(k)}(\mathbf{x}') = cZ_{\boldsymbol{\eta}}^{(k)}(\mathbf{x}').$$

下面我们设法证明: 有个常数 c 使得 $W = cZ_{e_1}^{(k)}$. 令

$$P(\mathbf{x}) = \begin{cases} |\mathbf{x}|^k W(\mathbf{x}/|\mathbf{x}|), & \text{若 } \mathbf{x} \neq \mathbf{0}, \\ 0, & \text{若 } \mathbf{x} = \mathbf{0}, \end{cases}$$

又设 ρ 是保持 e_1 不动的旋转. 多项式 $P(\mathbf{x})$ 可写成

$$P(\mathbf{x}) = \sum_{j=0}^{k} x_1^k P_j(x_2, \cdots, x_n).$$

因 ρ 是保持 e_1 不动, ρ 是保持 P_j 不变. 故 P_j 是 $(x_2, \cdots, x_n) \in \mathbf{R}^{n-1}$ 的关于 $\mathbf{R}^{n-1}$ 中的旋转不变的多项式, 所以 (参看引理 11.5.4 的证明)

$$P_j(x_2, \cdots, x_n) = \begin{cases} c_j(x_2^2 + \cdots + x_n^2)^{j/2}, & \text{若 } j \text{ 是偶数}, \\ 0, & \text{若 } j \text{ 是奇数}, \end{cases}$$

其中 c_j 是常数. 因此

$$P(\mathbf{x}) = c_0 x_1^k + c_2 x_1^{k-2}(x_2^2 + \cdots + x_n^2) + \cdots + c_{2l} x_1^{k-2l}(x_2^2 + \cdots + x_n^2)^l,$$

其中 $l = [k/2]$. 因 $\Delta P(\mathbf{x}) = 0$ 对于任何 $\mathbf{x} \neq \mathbf{0}$ 成立. 直接计算得到:

$$\Delta P = \sum_p [c_{2p}\alpha_p + c_{2(p+1)}\beta_p] x_1^{k-2(p+1)}(x_2^2 + \cdots + x_n^2)^p = 0,$$

其中

$$\alpha_p = (k-2p)(k-2p-1)$$

和

$$\beta_p = 2(p+1)(n+2p-1).$$

因此, 我们得到以下递推公式:

$$c_{2(p+1)} = -\frac{\alpha_p c_{2p}}{\beta_p}, \quad p = 0, 1, 2, \cdots, l-1.$$

特别, c_0 一旦确定, 所有的 c_p 均确定了. 由此, 所有在 $\mathbf{S}^{n-1}$ 的每个正交于 e_1 的平行带上等于常数的 $\mathcal{H}_k$ 中的函数只相差个常数倍. 因 $Z_{e_1}^{(k)}$ 是这样一个函数, 引理证毕. □

引理 11.5.6 给定了 k, 对于 $\mathbf{S}^{n-1}$ 上的任何两个 (可能相同) 点 $\mathbf{x}'$ 和 $\mathbf{y}'$ 有数 $F_{\mathbf{y}'}(\mathbf{x}')$ 与之对应, 且满足以下两个条件:

(i) 对于每个 $\mathbf{y}' \in \mathbf{S}^{n-1}$, 函数 $F_{\mathbf{y}'}(\cdot)$ 是个 k 次球调和函数;

(ii) 对于每个旋转 ρ 和任何 $\mathbf{x}', \mathbf{y}' \in \mathbf{S}^{n-1}$, 我们有 $F_{\mathbf{y}'}(\mathbf{x}') = F_{\rho\mathbf{y}'}(\rho\mathbf{x}')$.

在以上假设下, 必有常数 c, 使得

$$\forall \mathbf{x}'\mathbf{y}' \in \mathbf{S}^{n-1}(F_{\mathbf{y}'}(\mathbf{x}') = cZ_{\mathbf{y}'}^{(k)}(\mathbf{x}').$$

证 给定了 $\mathbf{y}' \in \mathbf{S}^{n-1}$, 而 ρ 是个使得 $\rho\mathbf{y}' = \mathbf{y}'$ 的一个旋转, 则

$$F_{\mathbf{y}'}(\mathbf{x}') = F_{\rho\mathbf{y}'}(\rho\mathbf{x}') = F_{\mathbf{y}'}(\rho\mathbf{x}').$$

根据引理 11.5.5, 有 (一般来说, 依赖于 $\mathbf{y}'$ 的) 常数 $c_{\mathbf{y}'}$, 使得

$$\forall \mathbf{x}' \in \mathbf{S}^{n-1}(F_{\mathbf{y}'}(\mathbf{x}') = c_{\mathbf{y}'} Z_{\mathbf{y}'}(\mathbf{x}')).$$

下面我们将证明: 常数 $c_{\mathbf{y}'}$ 不依赖于 $\mathbf{y}'$. 设 $\mathbf{y}'_1, \mathbf{y}'_2 \in \mathbf{S}^{n-1}$, 有设 σ 是一个使得 $\sigma(\mathbf{y}'_1) = \mathbf{y}'_2$ 的旋转. 根据于引理假设中的条件 (ii), 有

$$\begin{aligned} c_{\mathbf{y}'_2} Z_{\mathbf{y}'_2}^{(k)}(\sigma\mathbf{x}') &= F_{\mathbf{y}'_2}(\sigma\mathbf{x}') = F_{\sigma\mathbf{y}'_1}(\sigma\mathbf{x}') = F_{\mathbf{y}'_1}(\mathbf{x}') \\ &= c_{\mathbf{y}'_1} Z_{\mathbf{y}'_1}^{(k)}(\mathbf{x}') = c_{\mathbf{y}'_1} Z_{\sigma\mathbf{y}'_1}^{(k)}(\sigma\mathbf{x}') = c_{\mathbf{y}'_1} Z_{\mathbf{y}'_2}^{(k)}(\sigma\mathbf{x}'). \end{aligned}$$

由此得到 $c_{\mathbf{y}'_1} = c_{\mathbf{y}'_2}$. 引理证毕. □

定义 11.5.4 设 $0 \leqslant |z| < 1, |t| \leqslant 1, \lambda > 0$. 方程 $z^2 - 2tz + 1 = 0$ 的解是一对共轭复数: $z = t \pm \mathrm{i}\sqrt{1-t^2}$(当 $t = \pm 1$ 时, 这对共轭根退化为重根 1). 易见, $|z| = 1$. 故开圆盘 $\{z \in \mathbf{C} : |z| < 1\}$ 中没有多项式 $z^2 - 2tz + 1$ 的零点. 函数 $z \mapsto (1-2tz+z^2)^{-\lambda}$ 在这个开圆盘上有定义, 当 $|z|$ 充分小时, 有以下的幂级数展开:

$$(1-2tz+z^2)^{-\lambda} = \sum_{k=0}^{\infty} P_k^{\lambda}(t) z^k. \tag{11.5.5}$$

展式右端的 $P_k^{\lambda}(t)$ 称为**与参数 λ 相关的 k 次Gegenbauer 多项式**(或称**超球多项式**).

注 当 $\lambda = 1/2$ 时, Gegenbauer 多项式就是 Legendre 多项式 (参看第一册 §6.4 的练习 6.4.6 的 (xiii)).

命题 11.5.4　Gegenbauer 多项式有以下性质:

(i) $P_0^\lambda(t)\equiv 1$;

(ii) $\forall k\geqslant 1\left(\dfrac{d}{dt}P_k^\lambda(t)=2\lambda P_{k-1}^{\lambda+1}(t)\right)$;

(iii) $\dfrac{d}{dt}P_1^\lambda(t)=2\lambda P_0^{\lambda+1}(t)=2\lambda$;

(iv) $P_k^\lambda(t)$ 作为 t 的函数是 k 次多项式;

(v) $P_k^\lambda(t)(k=0,1,2,\cdots)$ 与单项式 $1,t,t^2,\cdots$ 之间可以互相 (有限) 线性表示;

(vi) 由 $P_k^\lambda(t)(k=0,1,2,\cdots)$ 张成的线性空间在 $C([-1,1])$ 中稠密;

(vii) $\forall k\geqslant 0(P_k^\lambda(-t)=(-1)^kP_k^\lambda(t))$.

证　这七条性质的证明分别简述如下:

(i) 在方程 (11.5.5) 中以 $z=0$ 代入便得所要的结论.

(ii) 对方程 (11.5.5) 两端作用 $\dfrac{d}{dt}$, 有

$$2z\lambda(1-2zt+z^2)^{-(\lambda+1)}=\sum_{k=0}^{\infty}\frac{d}{dt}P_k^\lambda(t)z^k.$$

另一方面, 根据 (11.5.5),

$$2z\lambda(1-2zt+z^2)^{-(\lambda+1)}=2z\lambda\sum_{k=0}^{\infty}P_k^{\lambda+1}(t)z^k.$$

比较两个等式, 便得 (ii) 的结论.

(iii) 是 (i) 与 (ii) 的推论.

(iv) 由 (i), $k=0$ 时结论成立. 由 (ii), 可归纳地证明所要的结论.

(v) 由 (iv), $P_k^\lambda(t)$ 可以被单项式 $1,t,t^2,\cdots,t^k$ 线性表示. 由此, t^k 可以被多项式 $P_0^\lambda(t),P_1^\lambda(t),\cdots,P_k^\lambda(t)$ 线性表示 (这可归纳地证明).

(vi) 由 (v) 及 Weierstrass 多项式逼近定理得到.

(vii) 由以下一串等式得到所要的结论:

$$\begin{aligned}\sum_{k=0}^{\infty}P_k^\lambda(-t)z^k&=(1-2z(-t)+z^2)^{-\lambda}\\&=(1-2t(-z)+(-z)^2)^{-\lambda}\\&=\sum_{k=0}^{\infty}P_k^\lambda(t)(-z)^k=\sum_{k=0}^{\infty}(-1)^kP_k^\lambda(t)z^k.\end{aligned}$$ □

定理 11.5.2　设 $n>2,\lambda=(n-2)/2,k\in\{0,1,2,\cdots\}$, 则有常数 $c_{k,n}$, 使得

$$\forall \mathbf{x}',\mathbf{y}'\in\mathbf{S}^{n-1}(Z_{\mathbf{y}'}^{(ki)}(\mathbf{x}')=c_{k,n}P_k^\lambda(\mathbf{x}'\cdot\mathbf{y}')).$$

证　设 $z\in[0,1)$. 对公式

$$(1-2tz+z^2)^{-\lambda}=\sum_{k=0}^{\infty}P_k^\lambda(t)z^k \tag{11.5.5$'$}$$

两端作用微分算子 $(z/\lambda)(d/dz)+1$, 有

$$\frac{1-z^2}{(1-2zt+z^2)^{\lambda+1}}=\sum_{k=0}^{\infty}\left(\frac{k}{\lambda}+1\right)P_k^{\lambda}(t)z^k. \tag{11.5.6}$$

另一方面, 对于一切 $\mathbf{x}',\mathbf{y}'\in\mathbf{S}^{n-1}$,

$$P(z\mathbf{x}',\mathbf{y}')=\frac{1}{\omega_{n-1}}\frac{1-z^2}{(1-2z\mathbf{x}'\cdot\mathbf{y}'+z^2)^{n/2}}.$$

在方程 (11.5.6) 中让 $t=\mathbf{x}'\cdot\mathbf{y}',\lambda=(n-2)/2$, 我们有

$$\sum_{k=0}^{\infty}z^kZ_{\mathbf{y}'}^{(k)}(\mathbf{x}')=P(z\mathbf{x}',\mathbf{y}')=\sum_{k=0}^{\infty}\frac{2k+n-2}{(n-2)\omega_{n-1}}z^kP_k^{(n-2)/2}(\mathbf{x}'\cdot\mathbf{y}').$$

比较 z^k 的系数, 便有

$$Z_{\mathbf{y}'}^{(k)}(\mathbf{x}')=\frac{2k+n-2}{(n-2)\omega_{n-1}}P_k^{(n-2)/2}(\mathbf{x}'\cdot\mathbf{y}').$$ □

我们关于球调和函数的介绍就到此为止. 欲了解这方面更多的知识, 特别是如何利用 Gegenbauer 多项式构造 $\mathcal{H}_k$ 的一组正交规范基的方法, 同学可参考 [42].

练 习

11.5.1 设 $n\in\mathbf{N}$, $k\in\mathbf{N}\cup\{0\}$, 我们要计算以下集合的元素个数:

$$S=\left\{(\alpha_1,\cdots,\alpha_n):\forall j\in\{1,\cdots,n\}\Big(\alpha_j\in\mathbf{N}\cup\{0\}\Big)\ \text{且}\ \sum_{j=1}^{n}\alpha_j=k\right\}.$$

(i) 将 $n+k-1$ 个盒子从左到右排成一排, 对于任何 $(\alpha_1,\cdots,\alpha_n)\in S$, 我们将 $n-1$ 个球按如下方法放到上述 $n+k-1$ 个盒子中: 在第 α_1+1 个盒子中放入一个球, 在第 $\alpha_1+\alpha_2+2$ 个盒子中放入第二个球, 如此下去, 在第 $\alpha_1+\alpha_2+\cdots+\alpha_{n-1}+n-1$ 个盒子中放入第 $n-1$ 个球. 试证: S 中的每一个元素对应于一个如上的排法. 而如上的排法有唯一的一个 S 的元素按上法与之对应.

(ii) S 中的元素个数是

$$d_k=\begin{pmatrix}n+k-1\\n-1\end{pmatrix}=\begin{pmatrix}n+k-1\\k\end{pmatrix}=\frac{(n+k-1)!}{(n-1)!k!}.$$

*§11.6 补充教材二: 局部紧度量空间上的积分理论

建立在第 9 章测度理论基础上的第 10 章的积分理论与第 6 章的 Riemann 积分和 Riemann-Stieltjes 积分理论最主要的区别在于: [0, 1] 上 Riemann 可积函数全体未能在范数

$$|f|=\int_0^1|f(x)|dx$$

的意义下构成个完备的赋范线性空间 (参看第二册 §10.7 的练习 10.7.10), 而第 10 章的积分理论中的可积函数类较之 Riemann 可积函数类大为扩大, 使得新的积分理论中的全体可积函数在类似的范数意义下构成了一个完备的赋范线性空间 (参看定理 10.7.4), 新的积分理论的这个特点大大方便了它在微分方程、概率论及函数论的研究中的使用, 也因为如此, 新的积分理论将 Riemann 积分和 Riemann-Stieltjes 积分理论送进了历史博物馆. 在第 9 章中先将具有某种可加性质的非负集合函数扩张成某个 σ-代数上的可数可加的非负集合函数 (也称测度), 然后在这个测度理论的基础上建立起具有我们所需要的完备性的积分理论. 一个为建立我们所需要的完备性的积分理论的更为直接的途径似乎应该是将相对于没有我们所需要的完备性的积分理论中的全体可积函数组成的空间完备化. 这种绕过了测度理论而直接建立起具有我们所需要的完备性的积分理论正是本节的补充教材所要介绍的. 在建立这种积分理论的过程中, 我们顺便还得到连续函数空间上的连续线性泛函的 Riesz-Kakutani 表示定理. 它也为补充教材三中即将介绍的广义函数理论提供了重要的背景材料.

11.6.1 $C_0(M)$ 上的正线性泛函

例 11.6.1 闭区间 $[0,1]$ 上的连续函数的 Lebesgue 积分可以看做一个映射:

$$I: C([0,1]) \to \mathbf{R}, I: C([0,1]) \ni f \mapsto I(f) = \int_0^1 f(x)dx \in \mathbf{R}.$$

这个映射 I 是线性的:

$$\forall a, b \in \mathbf{R} \forall f, g \in C([0,1])(I(af+bg) = aI(f) + bI(g)),$$

且满足以下的正性条件:

$$C([0,1]) \ni f \geqslant 0 \Longrightarrow I(f) = \int_0^1 f(x)dx \geqslant 0.$$

闭区间 $[0,1]$ 上的 Lebesgue 积分是正线性泛函这个性质是刻画第 10 章中的积分 (闭区间 $[0,1]$ 上的 Lebesgue 积分只是它的特例) 概念的最根本的性质. 本节想从正线性泛函的角度介绍局部紧度量空间上的积分理论.

定义 11.6.1 拓扑空间 M 称为**局部紧拓扑空间**, 若对于任何点 $x \in M$, 有 x 的邻域 U, 使得 U 的闭包 $\overline{U}$ 是 M 中的紧集.

注 本节的全部理论几乎都可以建立在局部紧的拓扑空间 M 上. 为了方便, 我们的讨论将限制在 M 是个**局部紧度量空间**的情形. 应该指出, 我们这样做并未做出太多的限制, 因为满足第二可数公理的局部紧拓扑空间都与某个局部紧的度量空间同胚 (参看, 例如, [8]). 从现在开始, 除非作相反的申明, 本节 (§11.6) 中的 M 将永远表示一个局部紧的度量空间.

定义 11.6.2 设 M 是局部紧度量空间, $C_0(M)$ 表示 M 上具有紧支集的实值连续函数全体. 映射 $l: C_0(M) \to \mathbf{R}$ 称为 $C_0(M)$ 上的一个**正线性泛函**, 假若它满足以下两个条件:

(i) $\forall f,g\in C_0(M)\forall\lambda,\mu\in\mathbf{R}(l(\lambda f+\mu g)=\lambda l(f)+\mu l(g))$;

(ii) $\forall f\geqslant 0(l(f)\geqslant 0)$.

例 11.6.2 设 $X=\{0,1\}$ 是由 0 和 1 两点构成的集合, 在 X 上赋予离散度量后, 它就成为紧度量空间. 又设 $p\in[0,1]$, 对于任何 $f\in C_0(X)$, 构筑泛函 $l:C(X)\to\mathbf{R}$ 如下:

$$l(f)=(1-p)f(0)+pf(1).$$

不难检验, 如此定义的 l 是 $C(X)$ 上的一个正线性泛函. 概率论称这个赋予点 1 概率 p 后的空间 $X=\{0,1\}$ 为 **Bernoulli 概 (率模) 型**. 在概率论中, $f\in C(X)$ 称为概率空间 $X=\{0,1\}$ 上的一个随机变量, 还称 $l(f)$ 为**随机变量**f **的(数学)期望**, 常记做 $E(f)=l(f)$. Bernoulli 概型的涵义是这样的: 作一个只有两种试验结果的随机试验, 这两种试验结果分别称为成功与失败, 设成功的概率为 p, 失败的概率为 $(1-p)$. 成功后记分 $f(1)$, 失败后记分 $f(0)$. 则随机试验后得分的 (数学) 期望值应是 $E(f)=l(f)$. 直观地 (即并不严谨地) 说, 当进行很多很多次试验后, 得分的平均值很可能 (在某种意义下) 相当好地接近于期望值 $E(f)=l(f)$.

例 11.6.3 设 $X=\{0,1\}^n$ 是 n 个由 0 和 1 两点构成的集合的笛卡儿积, 在 X 上赋予离散度量后, 它就成为紧度量空间. $X=\{0,1\}^n$ 中的点可以写成 $(x_1,\cdots,x_n)$, 对于任何 $j\in\{1,\cdots,n\}$, x_j 或为 0, 或为 1. 又设 $p\in[0,1]$, 对于任何 $f\in C(X)$, 构筑泛函 $l:C(X)\to\mathbf{R}$ 如下:

$$l(f)=\sum_{(x_1,\cdots,x_n)\in X}f(x_1,\cdots,x_n)p^{\sum\limits_{j=1}^n x_j}(1-p)^{(n-\sum\limits_{j=1}^n x_j)}.$$

不难检验, 如此定义的 l 是 $C(X)$ 上的一个正线性泛函. 本例中空间的概率的涵义是这样的: 作 n 次互相独立且只有两种试验结果 (称为成功与失败) 的随机试验, 每次试验成功的概率为 p, 失败的概率为 $(1-p)$. 点 $(x_1,\cdots,x_n)$ 表示第 j 次试验结果为 x_j ($j=1,\cdots,n$;1 表示成功, 0 表示失败). $f(x_1,\cdots,x_n)$ 表示试验结果为 $(x_1,\cdots,x_n)$ 时所记的分数, 则 $l(f)$ 表示 n 次试验后得分的期望值. 假若试验结果为 $(x_1,\cdots,x_n)$ 所记的分数只依赖于成功的次数 $\sum\limits_{j=1}^n x_j$, 即有一个一元函数 g, 使得

$$f(x_1,\cdots,x_n)=g\left(\sum_{j=1}^n x_j\right),$$

则上述 n 次试验后得分的期望值应为

$$l(f)=\sum_{k=0}^n g(k)\binom{n}{k}p^k(1-p)^{n-k}.$$

描述这个只依赖于成功的次数的得分期望值的更为简单的概率模型是: $Y=\{0,1,2,\cdots,n\}$, Y 上赋予离散度量使之成为离散度量空间. Y 上的任何函数 g 都是随机变量, g 的期望值是

$$E(g) = \sum_{k=0}^{n} g(k) \binom{n}{k} p^k (1-p)^{n-k}.$$

映射 $g \mapsto E(g)$ 也是 $C(Y)$ 上的正线性泛函, 它刻画的概率称为**二项概率**. 我们愿意指出二项概率在离散度量空间 $Y = \{0, 1, 2, \cdots, n\}$ 上的概率测度由下式确定:

$$p(k) = \binom{n}{k} p^k (1-p)^{n-k}, \quad k = 0, 1, \cdots, n.$$

例 11.6.4　设 $X = \mathbf{R}$, X 上的距离定义为 $\rho(x, y) = |x - y|$. 显然, $(\mathbf{R}, \rho)$ 是个局部紧度量空间. $C_0(\mathbf{R})$ 上的线性泛函 l 定义如下: 对于任何 $f \in C_0(\mathbf{R})$,

$$l(f) = \frac{1}{\sqrt{\pi}} \int_{-\infty}^{\infty} f(x) \mathrm{e}^{-x^2} dx.$$

易见, l 是 $C_0(\mathbf{R})$ 上的正线性泛函. 这个正线性泛函相当于概率论中**正态分布**的概率空间上的随机变量 f 的数学期望.

11.6.2　可积列空间 $\mathcal{L}^1$

为了以后讨论方便, 我们引进半赋范线性空间的概念如下:

定义 11.6.3　设 E 是实数域 $\mathbf{R}$(或复数域 $\mathbf{C}$) 上的线性空间 (可能有限维, 也可能无限维), 映射

$$|\cdot|_E : E \to \mathbf{R}$$

称为 E 上的一个**半范数**, 假若它满足以下三个条件:

(a) $\forall x \in E(|x|_E \geqslant 0)$;

(b) $\forall x \in E \forall \lambda \in \mathbf{R}$(或 $\mathbf{C}$)$(|\lambda x|_E = |\lambda||x|_E)$;

(c) $\forall x, y \in E(|x + y|_E \leqslant |x|_E + |y|_E)$.

$(E, |\cdot|_E)$ 称为**半赋范线性空间**. 有时, 当半范数 $|\cdot|_E$ 已在上下文中不言自明时, 半赋范线性空间 $(E, |\cdot|_E)$ 也简记做 E.

若条件 (a), (b) 和 (c) 中的 (a) 换成以下更强的条件:

(a') $\forall x \in E(|x|_E \geqslant 0)$, 且 $|x|_E = 0 \Longleftrightarrow x = 0$,

$(E, |\cdot|_E)$ 便是已经在第二册 §7.3 的练习 7.3.1 中研究过的**赋范线性空间**. 这时, $|\cdot|_E$ 称为 E 上的一个**范数**.

在第二册 §7.5 的练习 7.5.1 中讨论过度量空间的完备化的概念, 它完全可以搬到半赋范线性空间上. 下面只是叙述结果, 证明留给同学了.

命题 11.6.1　设 $(X, |\cdot|_X)$ 是个半赋范线性空间, X 中的点列 $\{x_n\}$ 称为 **Cauchy 列**, 假若

$$\lim_{\substack{m \to \infty \\ n \to \infty}} |x_m - x_n|_X = 0.$$

在 X 中的 Cauchy 列全体构成的集合上引进关系 "$\sim$": $\{x_n\} \sim \{y_n\}$, 当且仅当

$$\lim_{n \to \infty} |x_n - y_n|_X = 0.$$

易见, $\sim$ 是等价关系. 由全体 Cauchy 列 (关于以上等价关系) 的等价类为元素构成的集合记做 $\mathcal{X}$. $[\{x_n\}] \in \mathcal{X}$ 表示以 $(X, |\cdot|_X)$ 中的元素构成的 Cauchy 列 $\{x_n\}$ 为代表的等价类. 在 $\mathcal{X}$ 上可引进线性运算

$$a[\{x_n\}] + b[\{y_n\}] = [\{ax_n + by_n\}] \quad \text{和} \quad \text{范数}\ |[\{x_n\}]|_{\mathcal{X}} = \lim_{n\to\infty} |x_n|_X$$

(请同学们自行检验如下的命题: 以上定义的线性运算和范数不依赖于等价类中代表的选择), 使得 $(\mathcal{X}, |\cdot|_{\mathcal{X}})$ 成为一个 Banach 空间, 它称为半赋范线性空间 $(X, |\cdot|_X)$ 的**完备化**. 构造映射 $i: X \to \mathcal{X}$ 如下:

$$\forall x \in X(i(x) = [\{x_n\}], \quad \text{其中}\ \forall n \in \mathbf{N}(x_n = x)),$$

则映射 i 是保范映射: $\forall x \in X(|x|_X = |i(x)|_{\mathcal{X}})$, 且 $i(X)$ 在 $\mathcal{X}$ 中稠密.

为了方便, $i(x)$ 常简记做 x. 不难证明, 对于一切 $y = [\{x_n\}] \in \mathcal{X}$, 我们有

$$\lim_{n\to\infty} |y - i(x_n)|_{\mathcal{X}} = 0.$$

应注意的是, 因为 X 是半赋范线性空间, 虽然 i 是保范映射, 但一般来说 i 未必是单射.

设 M 是个局部紧的度量空间, $C_0(M)$ 表示 M 上具有紧支集的实值连续函数所构成的 (实) 线性空间, l 是 $C_0(M)$ 上的一个正线性泛函. 对于任何 $c \in C_0(M)$, 定义 c 的 l-半范数如下:

$$|c|_l = l(|c|), \tag{11.6.1}$$

等式右端的 $|c| \in C_0(M)$ 是这样定义的: $\forall x \in M(|c|(x) = |c(x)|)$. 不难检验, 相对于以上定义的半范数 $|\cdot|_l$, $(C_0(M), |\cdot|_l)$ 是个半赋范线性空间.

定义 11.6.4 半赋范线性空间 $(C_0(M), |\cdot|_l)$ 的完备化称为**可积列空间**, 记做 $\mathcal{L}^1$. $\mathcal{L}^1$ 中的元素称为**可积列**. 正线性泛函 l 可以用以下方法连续地延拓成 $\mathcal{L}^1 \to \mathbf{R}$ 的线性泛函: 记 $f = [\{c_n\}] \in \mathcal{L}^1$, 其中 $[\{c_n\}]$ 表示以半赋范线性空间 $(C_0(M), |\cdot|_l)$ 中的元素构成的 Cauchy 列 $\{c_n\}$ 为代表的等价类, 延拓后的线性泛函 (仍记做 l) 在 $f = [\{c_n\}] \in \mathcal{L}^1$ 处的值定义为

$$l(f) = \lim_{n\to\infty} l(c_n).$$

显然, 上式右端的值不依赖于代表 $\{c_n\}$ 的选择, 且

$$|l(f)| \leqslant |f|_l, \tag{11.6.2}$$

其中 $|f|_l$ 表示 f 在半赋范线性空间 $(C_0(M), |\cdot|_l)$ 的完备化 $\mathcal{L}^1$ 中的范数.

注 1 因为 $\mathcal{L}^1$ 中的元素是 $(C_0(M), |\cdot|_l)$ 中的 Cauchy 列的等价类, 因此 $\mathcal{L}^1$ 称为可积列空间, 而不称为可积函数空间. 将来可以证明: $(C_0(M), |\cdot|_l)$ 中的每个 Cauchy 列的等价类在某种意义下与一个 M 上定义的函数的等价类相对应. 到那个时候我们就可以引进可积函数及可积函数空间的概念了.

注 2　设 $f = [\{c_n\}] \in \mathcal{L}^1$, 易见 $|f - c_n|_l \to 0$. 我们愿意提醒同学注意 §7.5 的练习 7.5.1 中的结果: $c_n \in C_0(M) \subset \mathcal{L}^1$. 事实上是把 $c_n \in C_0(M)$ 与 $[\{c_n, c_n, c_n, \cdots\}] \in \mathcal{L}^1$ 相对应了.

注 3　为了简化记号, $\mathcal{L}^1$ 中的范数和 $(C_0(M), |\cdot|_l)$ 中的范数用同一个记号 $|\cdot|_l$ 表示. 在具体的问题中, 通过上下文应该弄清楚所遇到的记号 $|\cdot|_l$ 究竟表示哪一个空间中的范数.

定理 11.6.1　设 ϕ 是个 $\mathbf{R} \to \mathbf{R}$ 的 **Lipschitz 连续函数**, 换言之, 有 $k \in \mathbf{R}$ 使得

$$\forall x, y \in \mathbf{R}(|\phi(x) - \phi(y)| \leqslant k|x - y|). \tag{11.6.3}$$

又设 $\phi(0) = 0$. 我们有以下两条结论:

(i) 若 $\{c_n\}$ 是 Cauchy 列, $\{\phi(c_n)\}$ 是在 l-范数的意义下的 Cauchy 列.

(ii) 若 $\{c_n\}$ 与 $\{d_n\}$ 是等价的 Cauchy 列, 则 $\{\phi(c_n)\}$ 与 $\{\phi(d_n)\}$ 等价.

对于任何 $f = [\{c_n\}] \in \mathcal{L}^1$, 今定义 $\phi(f) \in \mathcal{L}^1$ 如下:

$$\phi(f) = [\{\phi(c_n)\}], \tag{11.6.4}$$

根据前述两条结论, 如上定义的 $\phi(f)$ 的确是 $\mathcal{L}^1$ 中的元素. 对于这个 $\mathcal{L}^1$ 到自身的映射 $\phi: \mathcal{L}^1 \to \mathcal{L}^1$, 我们还有以下的性质:

$$\forall f, g \in \mathcal{L}^1(|\phi(f) - \phi(g)|_l \leqslant k|f - g|_l). \tag{11.6.5}$$

证　设 $c_n \in C_0(M)(n = 1, 2, \cdots)$, 且具有紧支集连续函数列 $\{c_n\}$ 在 l-范数的意义下是 Cauchy 列, f 是 $\{c_n\}$ 在 ($\mathcal{L}^1$ 中的)l-范数下的极限. 根据定义 11.6.4 的注 2, $f = [\{c_n\}]$. 由于 $\phi(0) = 0$, $\phi(c_n) \in C_0(M)$. 另一方面, 对于任何 $x \in M$, 我们有

$$|\phi(c_n(x)) - \phi(c_m(x))| \leqslant k|c_n(x) - c_m(x)|.$$

因此

$$\begin{aligned} |\phi(c_n) - \phi(c_m)|_l &= l(|\phi(c_n) - \phi(c_m)|) \\ &\leqslant k \cdot l(|c_n - c_m|) = k|c_n - c_m|_l. \end{aligned} \tag{11.6.6}$$

故 $\{\phi(c_n)\}$ 在 $C_0(M)$ 中也是在 l-范数的意义下的 Cauchy 列, 结论 (i) 证得. 为了证明结论 (ii), 也即证明 (11.6.4) 的右端的值不依赖于代表 $\{c_n\}$ 的选取, 换言之, 我们要证明

$$\lim_{n\to\infty} |c_n - d_n|_l = 0 \Longrightarrow \lim_{n\to\infty} |\phi(c_n) - \phi(d_n)|_l = 0. \tag{11.6.7}$$

利用 (11.6.3) 便得到 $|\phi(c_n) - \phi(d_n)| \leqslant k|c_n - d_n|$, 因此

$$|\phi(c_n) - \phi(d_n)|_l \leqslant k|c_n - d_n|_l. \tag{11.6.8}$$

(11.6.7) 是 (11.6.8) 的直接推论.

最后我们还要证明 (11.6.5). 设 $f=[\{c_n\}], g=[\{d_n\}]$, 只要在不等式 (11.6.8) 两端取 $n\to\infty$ 时的极限, (11.6.5) 便证得了. □

注 1 使得 (11.6.3) 成立的常数 k 称为 Lipschitz 连续函数 ϕ 的 **Lipschitz 常数**. Lipschitz 连续函数 ϕ 的 Lipschitz 常数可以有很多, ϕ 的这些 Lipschitz 常数的下确界也是 ϕ 的 Lipschitz 常数. 它是 ϕ 的最小的 Lipschitz 常数.

注 2 由定理 11.6.1 我们有以下命题: 设 $f_n(n=1,2,\cdots)$ 是 $\mathcal{L}^1$ 中的 Cauchy 列, $\phi:\mathbf{R}\to\mathbf{R}$ 是 Lipschitz 连续函数, 则 $\phi(f_n)(n=1,2,\cdots)$ 也是 $\mathcal{L}^1$ 中的 Cauchy 列, 且

$$l\text{-}\lim_{n\to\infty}\phi(f_n)=\phi(l\text{-}\lim_{n\to\infty}f_n),$$

其中 l-lim 表示在范数 $|\cdot|_l$ 意义下的极限.

让定理 11.6.1 的 Lipschitz 连续函数 ϕ 取一些特殊的函数, 我们将得到关于 $C_0(M)$ 中的元素构成的 Cauchy 列的等价类的一些重要概念. 以下几个例所引出的概念是常用的.

例 11.6.5 令

$$\phi^+(x)=\begin{cases}0, & 若\ x\leqslant 0,\\ x, & 若\ x>0.\end{cases}$$

显然, ϕ^+ 是 Lipschitz 连续的, 且 $\phi^+(0)=0$. $\phi^+(x)$ 称为 x 的正部. 在 §10.1 中, 对于函数 f, 我们已经引进了以下记法: $f^+=\phi^+(f)$, 并把 $\phi^+(f)$ 称为函数 f 的正部. 根据定理 11.6.1, 我们已把这个记法推广到 f 是 $C_0(M)$ 中的元素构成的 Cauchy 列的等价类的情形, 换言之, 对于任何 $f=[\{c_n\}]\in\mathcal{L}^1$ 有 $f^+=[\{c_n^+\}]$, 并把 f^+ 称为 $C_0(M)$ 中的元素构成的 Cauchy 列的等价类 $f=[\{c_n\}]\in\mathcal{L}^1$ 的正部.

有了 $\mathcal{L}^1$ 中元素的正部概念, 便可在 $\mathcal{L}^1$ 的元素之间引进大小比较的概念.

定义 11.6.5 对于任何可积列 $f\in\mathcal{L}^1$, 若 $f^+=f$, 则可积列 f 称为**非负的**, 记做 $f\geqslant 0$. 对于任何 $f,g\in\mathcal{L}^1$, 若 $f-g\geqslant 0$, 则称 $f\geqslant g$.

以下三个注解中结论的证明留给同学了.

注 1 若 $f=[\{c_n\}]$ 非负, 则 $f=\phi^+(f)=[\{\phi^+(c_n)\}]$. 故 f 非负的充分必要条件是: f 是一列非负紧支集连续函数在 l-范数意义下的极限. 由此, 我们有 $f\geqslant 0\Longrightarrow l(f)\geqslant 0$.

注 2 若 $f\geqslant 0$, 则 $|f|_l=l(f)$.

注 3 若 $f\geqslant 0, g\geqslant 0$, 则 $f+g\geqslant 0$.

例 11.6.6 设 $b\geqslant 0$, 记

$$\phi^b(x)=\begin{cases}x, & 若\ x\leqslant b,\\ b, & 若\ x>b.\end{cases}$$

易见, ϕ^b 是 Lipschitz 连续函数, 且 $\phi^b(0)=0$. 我们常用以下记法: $f^b=\phi^b(f)$.

例 11.6.7 设 $a\leqslant 0$, 记

$$\phi_a(x)=\begin{cases}a, & 若\ x<a,\\ x, & 若\ x\geqslant a.\end{cases}$$

易见, ϕ_a 是 Lipschitz 连续函数, 且 $\phi_a(0)=0$. 我们常用以下记法: $f_a=\phi_a(f)$.

例 11.6.8　设 $a\leqslant 0\leqslant b$, 记

$$\phi_a^b(x)=\begin{cases}a, & 若\ x<a,\\ x, & 若\ a\leqslant x\leqslant b,\\ b, & 若\ x>b.\end{cases}$$

易见, ϕ_a^b 是 Lipschitz 连续函数, 且 $\phi_a^b(0)=0$. 我们常用以下记法: $f_a^b=\phi_a^b(f)$.

利用 $f^b=\phi^b(f)$, $f_a=\phi_a(f)$ 和 $f_a^b=\phi_a^b(f)$ 的概念, 可以在 $\mathcal{L}^1$ 的元素中引进有上界, 有下界和有界的概念.

定义 11.6.6　若 $\exists b\geqslant 0(f^b=f)$, 可积列 f 称为**有上界的**; 若 $\exists a\leqslant 0(f_a=f)$, 可积列 f 称为**有下界的**; 若 $\exists a\leqslant 0\exists b\geqslant 0(f_a^b=f)$, 可积列 f 称为**有界的**.

以下两个注解中结论的证明也留给同学了.

注 1　f 有界当且仅当 f 既有上界又有下界.

注 2　若 $f=[\{c_n\}]\in\mathcal{L}^1$ 有界, 则 $\exists a\leqslant 0\exists b\geqslant 0(f=\phi_a^b(f)=[\{\phi_a^b(c_n)\}]$. 故 f 有界的充分必要条件是: f 是一个一致有界的紧支集连续函数列在 l-范数意义下的极限, 换言之, 有 $c_n\in C_0(M)$ 和 $a,b\in\mathbf{R}$, 使得 $f=[\{c_n\}]$, 且

$$\forall n\in\mathbf{N}\forall x\in M(a\leqslant c_n(x)\leqslant b).$$

下面的定理是第 10 章中关于可积函数的 Beppo Levi 单调收敛定理在 (由 Cauchy 列等价类组成的) 空间 $\mathcal{L}^1$ 上的翻版: 假设 l 是 $C_0(M)$ 上给定的正线性泛函.

定理 11.6.2(Beppo Levi 关于列的单调收敛定理)　设 $\{f_n\}$ 是 $\mathcal{L}^1$ 中的元素构成的单调列. 又设数列 $(l(f_n))$ 有界, 则 $\{f_n\}$ 在 l-范数意义下收敛于 $\mathcal{L}^1$ 中的一个元素 f, 且 $l(f)=\lim\limits_{n\to\infty}l(f_n)$.

证　不妨设 $\{f_n\}$ 是单调递增的: $f_n\leqslant f_{n+1}$. 因 l 是正线性泛函, 数列 $\{l(f_n)\}$ 也是单调递增的. 按假设, 数列 $\{l(f_n)\}$ 是有界的, 故 $\lim l(f_n)$ 存在且有限. 当 $n>m$ 时, 有

$$|f_n-f_m|_l=l(f_n-f_m)=l(f_n)-l(f_m).$$

因收敛数列 $(l(f_n))$ 是 Cauchy 列, 故 $\{f_n\}$ 相对于 l-范数是 Cauchy 列. 作为 $(C_0(M),|\cdot|_l)$ 的完备化的 $\mathcal{L}^1$ 当然完备, f_n 在 l-范数意义下收敛于 $\mathcal{L}^1$ 中的一个元素 f. 因

$$|l(f)-l(f_n)|=|l(f-f_n)|\leqslant|f-f_n|_l,$$

故 $l(f)=\lim\limits_{n\to\infty}l(f_n)$.　□

定理 11.6.3

$$\forall f\in\mathcal{L}^1\left(l\text{-}\lim_{\substack{b\to\infty\\ a\to-\infty}}f_a^b=f\right).$$

证 设 $f=[\{c_n\}]$, 其中 $\{c_n\}$ 是由 M 上的紧支集的连续函数构成的 Cauchy 列. 因为 $f=l\text{-}\lim\limits_{n\to\infty}c_n$, 对于任何 $\varepsilon>0$, 有 $N\in\mathbf{N}$, 使得

$$|f-c_N|_l<\varepsilon. \tag{11.6.9}$$

因 c_N 在 M 上有界, 故

$$\exists c<0\exists d>0\forall x\in M(c\leqslant c_N(x)\leqslant d).$$

例 11.6.8 中的函数 ϕ_a^b 是 Lipschitz 常数为 1 的 Lipschitz 连续函数, 由不等式 (11.6.5), 有

$$\forall a\leqslant c\forall b\geqslant d(|f_a^b-c_N|_l=|\phi_a^b(f)-\phi_a^b(c_N)|\leqslant|f-c_N|_l<\varepsilon). \tag{11.6.10}$$

再由三角形不等式, (11.6.9) 和 (11.6.10), 当 $a\leqslant c$ 且 $b\geqslant d$ 时, 我们有 $(c_N)_a^b=c_N$, 因而

$$\begin{aligned}|f-f_a^b|_l&=|f-c_N+c_N-f_a^b|_l\leqslant|f-c_N|_l+|c_N-f_a^b|_l\\&=|f-c_N|_l+|(c_N)_a^b-f_a^b|_l<2\varepsilon.\end{aligned}$$

□

11.6.3 局部紧度量空间上的外测度

到现在为止, 我们只把正线性泛函 l 的定义域扩张到了 $\mathcal{L}^1$ 上, 而后者是半赋范线性空间 $(C_0(M),|\cdot|_l)$ 的完备化, 它的每个元素都是由 $(C_0(M),|\cdot|_l)$ 中的元素构成的 Cauchy 列的等价类. 我们想把每个由 $(C_0(M),|\cdot|_l)$ 中的元素构成的 Cauchy 列的等价类与 M 上相对于某个与正线性泛函 l 有关的测度几乎处处有定义的函数建立一个对应关系. "相对于某个测度几乎处处" 这个副词的确切涵义将来再说明. 正线性泛函 l 的定义域 $\mathcal{L}^1$ 通过这个对应关系便可转变成一个在 M 上相对于某个测度几乎处处有定义的函数构成的一个集合. 只有这样做之后, 正线性泛函 l 才有可能被看成为函数的积分, 而不只是关于由 $(C_0(M),|\cdot|_l)$ 中的元素构成的 Cauchy 列的等价类的泛函. 为了给出 "几乎处处" 的确切定义, 应在 M 上引进一个与泛函 l 有关的测度. 为此我们先引进与泛函 l 有关的任何开集的体积的概念. 利用它再通过 Carathéodory 的方法引进外测度、可测集及测度等概念.

定义 11.6.7 设 M 是个局部紧的度量空间, G 是 M 中的一个开集. M 上具有紧支集的实值连续函数 c 称为 G 的一个**容许函数**, 假若它满足以下两个条件:

(i) $\operatorname{supp}c\subset G$;

(ii) $\forall x\in M(c(x)\leqslant1)$.

G 的全体容许函数组成的集合记做 $\mathcal{A}(G)$. 对应于正线性泛函 l 的**开集 G 的体积** $V(G)$ 定义为

$$V(G)=\sup_{c\in\mathcal{A}(G)}l(c).$$

定理 11.6.4 开集的体积 $V(G)$ 具有以下性质:

(i) 空集的体积为零: $V(\emptyset)=0$.

(ii) 体积 V 是单调集函数: 若 G 和 H 是开集, 且 $G\subset H$, 则 $V(G)\leqslant V(H)$.

(iii) 体积 V 是次可数可加的: 若 G_n 是可数个开集, 则

$$V\left(\bigcup_{n=1}^{\infty} G_n\right)\leqslant\sum_{n=1}^{\infty} V(G_n).$$

(iv) 体积 V 是可数可加的: 若 G_n 是可数个两两不相交的开集, 则

$$V\left(\bigcup_{n=1}^{\infty} G_n\right)=\sum_{n=1}^{\infty} V(G_n).$$

(v) 假若开集 G 的体积有限: $V(G)<\infty$, 则对于任何 $\varepsilon>0$, 必有紧集 $K\subset G$, 使得 K 在 G 中的余集的体积 $V(G\setminus K)<\varepsilon$.

为了证明这个定理, 我们需要如下的引理:

引理 11.6.1 设 $c\in C_0(M)$ 是 $\bigcup\limits_{n=1}^{N} G_n$ 的容许函数, 其中 $\{G_1,\cdots,G_N\}$ 是有限个开集, 则函数 c 有以下表示:

$$c=\sum_{n=1}^{N} c_n, \tag{11.6.11}$$

其中 $c_n\in\mathcal{A}(G_n), n=1,\cdots,N$.

证 对于任何 $x\in\text{supp}c$, 有一个 $n\in\{1,\cdots,N\}$, 使得 $x\in G_n$. 因 G_n 是开集, 有 $\varepsilon_x>0$, 使得以 x 为球心, ε_x 为半径的开球 $\mathbf{B}(x,\varepsilon_x)\subset G_n$. 对于每个 $x\in\text{supp}c$ 构造 M 上的函数 b_x 如下: 对于一切 $y\in M$, 令

$$b_x(y)=[\varepsilon_x/2-\rho(y,x)]^+=\begin{cases}\varepsilon_x/2-\rho(y,x), & \text{若 } \rho(y,x)<\varepsilon_x/2,\\ 0, & \text{若 } \rho(y,x)\geqslant\varepsilon_x/2.\end{cases}$$

易见, 如上定义的函数 b_x 具有以下三条性质:

(i) b_x 在 M 上非负连续;

(ii) $\forall x\in\text{supp}c(b_x(x)>0)$;

(iii) $\forall x\in\text{supp}c\exists n\in\{1,\cdots,N\}(\text{supp}b_x\subset G_n)$.

记 $O_x=\{y\in M: b_x(y)>0\}$, O_x 是开集, 且

$$\text{supp}c\subset\bigcup_{x\in\text{supp}c} O_x.$$

因 $\text{supp}c$ 紧, 有有限个点 $x_j(j=1,\cdots,K)$, 使得

$$\text{supp}c\subset\bigcup_{j=1}^{K} O_{x_j}.$$

因而

$$\forall y \in \mathrm{supp}c\left(\sum_{j=1}^{K} b_{x_j}(y) > 0\right).$$

把所有支集包含在 G_n 内的 b_{x_j} 之和记为 b_n. 显然, 在 c 的支集上我们有 $\sum_{n=1}^{N} b_n > 0$. 令

$$c_n(x) = \begin{cases} \dfrac{b_n(x)c(x)}{\sum\limits_{n=1}^{N} b_n(x)}, & \text{若 } x \in \mathrm{supp}c, \\ 0, & \text{若 } x \notin \mathrm{supp}c. \end{cases}$$

易见 c_n 在 M 上连续, $0 \leqslant c_n \leqslant 1$, 且 $\mathrm{supp}c_n \subset G_n$, 换言之, c_n 是 G_n 的容许函数. 另一方面, 易见 $\sum_{n=1}^{N} c_n = c$. 引理证毕. □

注 请将以上的引理与 §8.6 的单位分解定理相比较: §8.6 中的讨论是在 $\mathbf{R}^n$ 上进行的, 而我们这里是在局部紧度量空间 M 上进行的. §8.6 中研究的是可微函数的分解, 而我们这里研究的是连续函数的分解.

定理 11.6.4 的证明 (i) 和 (ii) 是显然的. 今证明 (iii) 如下: 设 c 是 $\bigcup_{n=1}^{\infty} G_n$ 的容许函数, 因 c 是紧支集的, 必有 $N \in \mathbf{N}$ 使得 c 是 $\bigcup_{n=1}^{N} G_n$ 的容许函数. 由引理 11.6.1, 有 G_n 的容许函数 $c_n (n = 1, \cdots, N)$, 使得方程 (11.6.11) 成立. 故有

$$l(c) = \sum_{n=1}^{N} l(c_n) \leqslant \sum_{n=1}^{N} V(G_n).$$

因而

$$V(G) = \sup_{c \in \mathcal{A}(G)} l(c) \leqslant \sum_{n=1}^{N} V(G_n).$$

再证明 (iv): 给定了任何自然数 N, 对于任何自然数 $n \leqslant N$, 有 G_n 的容许函数 c_n, 使得

$$V(G_n) - \frac{1}{N^2} \leqslant l(c_n). \tag{11.6.12}$$

因 G_n 两两不相交, $\sum_{n=1}^{N} c_n$ 是 $\bigcup_{n=1}^{N} G_n$ 的容许函数, 故

$$\sum_{n=1}^{N} l(c_n) = l\left(\sum_{n=1}^{N} c_n\right) \leqslant V\left(\bigcup_{n=1}^{N} G_n\right).$$

注意到不等式 (11.6.12), 有

$$\sum_{n=1}^{N} V(G_n) - \frac{1}{N} \leqslant V\left(\bigcup_{n=1}^{N} G_n\right).$$

让 $N\to\infty$, 便有

$$\sum_{n=1}^{\infty}V(G_n)\leqslant V\left(\bigcup_{n=1}^{\infty}G_n\right).$$

注意到 V 的次可数可加性, (iv) 证毕.

最后证明 (v): 既然 $V(G)<\infty$, 则对于给定的 $\varepsilon>0$, 有 $c\in\mathcal{A}(G)$, 使得

$$V(G)-\frac{\varepsilon}{2}\leqslant l(c)\leqslant V(G).$$

记 $K=\mathrm{supp}c$, 显然, K 是紧集而 $G\setminus K$ 是开集. 假设 $c_1\in\mathcal{A}(G\setminus K)$, 则 $c+c_1\in\mathcal{A}(G)$. 故有 $l(c+c_1)\leqslant V(G)$, 换言之, $l(c_1)\leqslant V(G)-l(c)<\varepsilon/2$. 所以, 我们有

$$V(G\setminus K)=\sup_{c_1\in\mathcal{A}(G\setminus K)}l(c_1)\leqslant\frac{\varepsilon}{2}<\varepsilon.$$ □

定理 11.6.5(关于开集体积的 Chebyshev 不等式)　设 h 是个 M 上的非负连续函数, a 是个非负实数. 记 $G_a=\{x\in M:h(x)>a\}$, 则

$$V(G_a)\leqslant\frac{1}{a}l(h).$$

证　我们先证明以下不等式: 对于任何 G_a 的容许函数 c_a, 有

$$\forall x\in M\left(c_a(x)\leqslant\frac{1}{a}h(x)\right). \tag{11.6.13}$$

理由是: 当 $x\notin G_a$ 时, $c_a(x)=0$ 而 $h(x)/a\geqslant 0$, 以上不等式当然成立. 当 $x\in G_a$ 时, $h(x)/a>1$ 而 $c_a(x)\leqslant 1$, 以上不等式也成立. (11.6.13) 证得. 因 l 是正线性泛函, 故

$$l(c_a)\leqslant\frac{1}{a}l(h).$$

由此

$$V(G_a)=\sup_{c_a\in\mathcal{A}(G_a)}l(c_a)\leqslant\frac{1}{a}l(h).$$ □

下面我们引进一个与正线性泛函 l 有关的外测度.

定义 11.6.8　设 $S\subset M$, 则 S(相对于正线性泛函 l) 的 **l-外测度**定义为

$$\mu^*(S)=\inf_{\text{开集 }G\supset S}V(G).$$

若集合 $N\subset M$ 的 l-外测度 μ^* 为零: $\mu^*(N)=0$, 则称 N 为 **μ-零集**(当 μ 由上下文已不言自明时, 简称**零集**).

注　这里引进外测度的方法就是引理 9.3.1 引进外测度的方法: 这是因为开集之并仍是开集, 而开集之体积有次可加性, 故

$$\inf_{\text{开集 }G\supset S}V(G)=\inf_{\substack{\bigcup_{n=1}^{\infty}G_n\supset S\\ G_n\text{ 是开集}}}\sum_{n=1}^{\infty}V(G_n).$$

由定义 11.6.8 及体积 V 的单调性: 开集 $G_1 \subset$ 开集 $G_2 \Longrightarrow V(G_1) \leqslant V(G_2)$, 对于开集 G, 我们有 $\mu^*(G) = V(G)$.

由引理 9.3.1, 以上定义的 l-外测度 μ^* 是定义 9.3.1 意义下的外测度. 由这个外测度出发, 可以用定义 9.4.1(Carathéodory 的) 方法构筑 μ^*-可测集构成的 σ-代数及在这个 σ-代数上的测度 μ. 换言之, 第 9 章的测度理论中的定理 9.4.1(Carathéodory 定理) 可以用到这里来. 应注意的是: M 的全体开集并不构成代数, 故定理 9.4.2 并不能直接用上. 不过, 我们有以下定理:

定理 11.6.6 如上定义的 (相对于正线性泛函 l) 的 l-外测度是度量外测度.

证 设 S_1 和 S_2 是 M 中的两个完全分离的集合, 记

$$\varepsilon = \inf_{\substack{x \in S_1 \\ y \in S_2}} \rho(x, y) > 0.$$

令

$$G_i = \{x \in M : \inf_{y \in S_i} \rho(x, y) < \varepsilon/2\}, \quad i = 1, 2.$$

易见, G_1 和 G_2 是互不相交的两个开集. 由外测度的定义, 对于任何 $\varepsilon > 0$, 有 M 中的开集 $O \supset S_1 \cup S_2$, 使得

$$\mu^*(S_1 \cup S_2) \geqslant V(O) - \varepsilon.$$

由此,

$$\mu^*(S_1 \cup S_2) \geqslant V(O \cap (G_1 \cup G_2)) - \varepsilon, \quad i = 1, 2.$$

由开集体积的可加性, 我们有

$$\begin{aligned}\mu^*(S_1) + \mu^*(S_2) &\leqslant V(O \cap G_1) + V(O \cap G_2) \\ &= V(O \cap (G_1 \cup G_2)) \leqslant \mu^*(S_1 \cup S_2) + \varepsilon.\end{aligned}$$

由 ε 的任意性, 定理证毕. □

这样, 第 9 章中关于度量外测度的结果, 特别是定理 9.5.1, 可以搬到这里来. 所以我们有以下的推论:

推论 11.6.1 假设局部紧度量空间 M 上给了一个正线性泛函 l, 相对于正线性泛函 l 用定义 11.6.8 的方法产生了 l-外测度 μ^*, 再用测度理论中的定理 9.4.1(Carathéodory 定理) 的方法产生测度 μ 及相应的可测集类, 则 M 中的 Borel 集皆 μ 可测.

第 9 章中用开集和紧集夹住可测集的方法刻画可测集的定理 9.5.2 是只对 $\mathbf{R}^n$ 上的 Lebesgue-Stieltjes 测度表述的, 现在我们可以将它推广为以下形式:

定理 11.6.7 局部紧度量空间 M 上给了一个正线性泛函 l. 假设 $S \subset M$ 相对于 l-外测度 μ^* 是可测的, 且集合 S 的闭包 $\overline{S}$ 的 μ 测度是有限的, 则对于任何 $\varepsilon > 0$, 有开集 U 和紧集 K, 使得 $K \subset S \subset U$, 且 $\mu(U \setminus K) < \varepsilon$. 特别, 假若 μ^* 可测集 $E \subset M$ 的闭包 $\overline{E}$ 是紧集, 则对于任何 $\varepsilon > 0$, 有开集 U 和紧集 K, 使得 $K \subset E \subset U$, 且 $\mu(U \setminus K) < \varepsilon$.

证 先证明定理的前半部分. 由外测度的定义, 给定了 $\varepsilon > 0$, 有开集 $U \supset S$ 使得 $V(U) < \mu(S) + \varepsilon/3 < \infty$. 根据假设, $\overline{S}$ 的 μ 测度是有限的, 故有开集 $G \supset \overline{S}$, 且 G 的 μ 测度是有限的. 因 $G \setminus S$ 可测, 有开集 O 使得 $G \supset O \supset G \setminus S \supset G \setminus \overline{S}$, 且 $\mu(O) = V(O) < \mu(G \setminus S) + \varepsilon/3$. 因 S 可测, 故

$$\mu(G \setminus O) = \mu(G) - \mu(O) > \mu(G) - \mu(G \setminus S) - \varepsilon/3 = \mu(S) - \varepsilon/3.$$

记 $K = G \setminus O$. 易见 $K = G \setminus O \subset G \setminus (G \setminus S) = S$, 由此可得

$$\mu(S \setminus K) = \mu(S) - \mu(K) = \mu(S) - \mu(G \setminus O) < \varepsilon/3.$$

另外我们还有

$$\begin{aligned} K = G \setminus O &= G \setminus (O \cup (G \setminus \overline{S})) = G \cap (O \cup (G \setminus \overline{S}))^C \\ &= G \cap O^C \cap (G \cap \overline{S}^C)^C = G \cap O^C \cap (G^C \cup \overline{S}) \\ &= O^C \cap [(G \cap G^C) \cup (G \cap \overline{S})] = O^C \cap \overline{S}, \end{aligned}$$

最后一个等式用到了 $G \supset \overline{S}$ 的事实. 由上述等式便知 K 是闭集. 易见 $K = G \setminus O \subset G \setminus (G \setminus S) = S$. 这样, 我们有 $K \subset S \subset U$, 且 $\mu(U \setminus K) = \mu(U \setminus S) + \mu(S \setminus K) < (2\varepsilon)/3$. 由定理 11.6.4 的 (v), 有紧集 $K_1 \subset U$, 使得 $V(U \setminus K_1) < \varepsilon/3$. 记 $K_2 = K \cap K_1$, 显然 K_2 紧, $K_2 \subset S$ 且

$$\mu(U \setminus K_2) = \mu(U \setminus (K \cap K_1)) = \mu((U \setminus K) \cup (U \setminus K_1)) < \frac{2\varepsilon}{3} + \frac{\varepsilon}{3} = \varepsilon.$$

定理的前半部分证得. 定理的后半部分由定理的前半部分与练习 11.6.7 及练习 11.6.9 的结论相结合便得. □

推论 11.6.2 局部紧度量空间 M 上给了一个正线性泛函 l. 假设 S 相对于 l-外测度 μ^* 是可测的, 且集合 $S = \bigcup_{n=1}^{\infty} S_n$, 其中每个 S_n 是 μ^*-可测集, 且它的闭包的测度是有限的, 则有两个 Borel 集 B_1 和 B_2, 使得 $B_1 \subset S \subset B_2$, 且 $\mu(B_2 \setminus B_1) = 0$. 特别, 以上结论对于满足条件 $S = \bigcup_{n=1}^{\infty} S_n$, 其中每个 S_n 是 μ^*-可测集, 且它的闭包是紧集的集合 S 成立.

证 先假设 S 的闭包的测度是有限的, 由定理 11.6.7, 有开集 U_m 和闭集 K_m, 使得 $K_m \subset S \subset U_m$, 且 $\mu(U_m \setminus K_m) < 1/m$. 令

$$B_1 = \bigcup_{m=1}^{\infty} K_m \text{ 和 } B_2 = \bigcap_{m=1}^{\infty} U_m.$$

显然 B_1 和 B_2 满足推论 11.6.2 的结论的要求. 再考虑一般的的情形: $S = \bigcup_{n=1}^{\infty} S_n$, 其中每个 S_n 的闭包的测度是有限的, 则有 Borel 集 $B_1^{(n)}$ 和 $B_2^{(n)}$, 使得 $B_1^{(n)} \subset$

$S_n \subset B_2^{(n)}$, 且 $\mu(B_2^{(n)} \setminus B_1^{(n)}) = 0$. 令 $B_1 = \bigcup\limits_{n=1}^{\infty} B_1^{(n)}$ 和 $B_2 = \bigcup\limits_{n=1}^{\infty} B_2^{(n)}$, 则我们有

$$\begin{aligned} B_2 \setminus B_1 &= \left(\bigcup_{n=1}^{\infty} B_2^{(n)}\right) \setminus \left(\bigcup_{n=1}^{\infty} B_1^{(n)}\right) \\ &= \bigcup_{n=1}^{\infty}\left(B_2^{(n)} \setminus \bigcup_{m=1}^{\infty} B_1^{(m)}\right) \subset \bigcup_{n=1}^{\infty}(B_2^{(n)} \setminus B_1^{(n)}). \end{aligned}$$

由此可见, $\mu(B_2 \setminus B_1) = 0$, 换言之, B_1 和 B_2 满足推论 11.6.2 的要求. 最后假设 $S = \bigcup\limits_{n=1}^{\infty} S_n$, 其中每个 S_n 的闭包是紧集, 由练习 11.6.7 及练习 11.6.9 和以上已证得的结果, 便得定理最后部分的结论. □

注 假若局部紧的度量空间 M 满足如下条件: $M = \bigcup\limits_{n=1}^{\infty} M_n$, 其中每个 M_n 是 μ^*-可测集, 且它的闭包的测度 μ 是有限的 (不难看出, n 维 Euclid 空间 $\mathbf{R}^n$ 满足这个条件), 这时, M 上的测度 μ 称为 **$\boldsymbol{\sigma}$-有限的**, 则 M 的任何可测子集 S 均可表示成 $S = \bigcup\limits_{n=1}^{\infty} S_n$, 其中每个 S_n 是可测集, 且它们的闭包的测度都是有限的. 因此, 对于 M 的任何可测集 S, 有两个 Borel 集 B_1 和 B_2, 使得 $B_1 \subset S \subset B_2$, 且 $\mu(B_2 \setminus B_1) = 0$.

11.6.4 列空间 $\mathcal{L}^1$ 中的元素的实现

在 §11.6 剩下的部分我们总是假定: 在局部紧的度量空间 M 上给定了一个正线性泛函 l, μ 是由这个正线性泛函 l 产生的测度, 除非作出相反的申明, 所有的测度都是指的由这个正线性泛函 l 产生的 μ, 特别, 当我们说到 "几乎处处" 时便是指相对于测度 μ 的 "几乎处处". 现在我们可以着手建立列空间 $\mathcal{L}^1$ 中的元素 (Cauchy 列的等价类) 与 M 上某些几乎处处有定义的函数之间的对应关系了.

定义 11.6.9 $\mathcal{L}^1$ 中的元素构成的 Cauchy 列 $\{c_n\}$ 称为**速敛的**, 若有 (不依赖于 n 的) 常数 $k > 0$, 使得

$$\forall n \in \mathbf{N}\left(|c_n - c_{n+1}|_l \leqslant \frac{k}{n^4}\right). \tag{11.6.14}$$

设 $\{c_p\}$ 是 $\mathcal{L}^1$ 中的元素构成的 Cauchy 列, 故

$$\forall n \in \mathbf{N} \exists p_n \in \mathbf{N}(\forall m > p_n \Rightarrow |c_m - c_{p_n}|_l \leqslant n^{-4}).$$

我们还可要求所得的 p_n 满足条件: $p_n > p_{n-1}$. 这样得到的序列 $\{c_{p_n}\}$ 是序列 $\{c_p\}$ 的速敛子列. 我们证明了: 任何 Cauchy 列都有速敛子列.

定理 11.6.8 设 $\{c_n\}$ 是 M 上具有紧支集的连续函数构成的 l-范数意义下的速敛 Cauchy 列, 则我们有以下两条结论:

(i) 对于任何 $\varepsilon > 0$, 有开集 O, 使得 $\mu(O) < \varepsilon$ 且 $\{c_n\}$ 在 O^C 上一致收敛.

(ii) $\{c_n\}$ 在 M 上几乎处处收敛.

证　记

$$G_n = \left\{ x \in M : |c_n(x) - c_{n+1}(x)| > \frac{1}{n^2} \right\}, \tag{11.6.15}$$

则 G_n 是开集. 由关于开集体积的 Chebyshev 不等式 (定理 11.6.5) 及速敛列的定义, 我们有

$$V(G_n) \leqslant n^2 l(|c_n - c_{n+1}|) \leqslant \frac{k}{n^2}. \tag{11.6.16}$$

由 (11.6.15), 当 $x \notin G_n$ 时有 $|c_n(x) - c_{n+1}(x)| \leqslant 1/n^2$. 序列 $\{c_n\}$ 中的函数 c_n 可写成

$$c_n = c_1 + \sum_{m=2}^{n} (c_m - c_{m-1}).$$

由 Weierstrass 优势级数判别定理, 对于任何 $N \in \mathbf{N}$, 在 $\bigcap\limits_{n=N}^{\infty} G_n^C$ 上, 函数序列 $\{c_n\}$ 一致收敛. 选一个 $N \in \mathbf{N}$, 使得 $\sum\limits_{n=N}^{\infty} kn^{-2} < \varepsilon$. 注意到

$$\mu\left(\left[\bigcap_{n=N}^{\infty} G_n^C\right]^C\right) = \mu\left(\bigcup_{n=N}^{\infty} G_n\right) \leqslant \sum_{n=N}^{\infty} \frac{k}{n^2} < \varepsilon,$$

让 $O = \bigcup\limits_{n=N}^{\infty} G_n$, 定理的结论 (i) 证得.

易见, 函数序列 $\{c_n\}$ 在 $\bigcup\limits_{N=1}^{\infty} \bigcap\limits_{n=N}^{\infty} G_n^C$ 上收敛, 而对于任何自然数 K, 我们有

$$\mu\left(\left[\bigcup_{N=1}^{\infty} \bigcap_{n=N}^{\infty} G_n^C\right]^C\right) = \mu\left(\left[\bigcap_{N=1}^{\infty} \bigcup_{n=N}^{\infty} G_n\right]\right) \leqslant \sum_{n=K}^{\infty} \frac{k}{n^2}.$$

所以

$$\mu\left(\left[\bigcup_{N=1}^{\infty} \bigcap_{n=N}^{\infty} G_n^C\right]^C\right) = 0.$$

□

注　这个定理的证明思路与 F.Riesz 关于按测度收敛的函数列必有几乎处处收敛子列的定理 (定理 10.3.6) 及 Egorov 定理 (定理 10.3.7) 的证明思路有许多共同点. 请同学自行对比以熟悉这类证明方法.

定义 11.6.10　对于任何 $f = [\{c_n\}] \in \mathcal{L}^1$, 选 Cauchy 列 $\{c_n\}$ 的一个速敛子列 $\{c_{n_k}\}$, 记 $f(x) = \lim\limits_{k\to\infty} c_{n_k}(x), a.e.$. 我们称这个在 M 上几乎处处有定义的函数 $f(x)$ 为 $f \in \mathcal{L}^1$ 的一个**实现**.

练习 11.6.10 告诉我们, 若 $f \in \mathcal{L}^1$ 有两个实现 $f_1(x)$ 和 $f_2(x)$, 则 $f_1(x)$ 和 $f_2(x)$ 在 M 上是几乎处处相等的. 在把几乎处处相等的函数看成是同一个函数的约定下, 任何 $f \in \mathcal{L}^1$ 的实现是唯一确定的.

注　(作为 Cauchy 列的等价类的)$\mathcal{L}^1$ 中的元素 f 的实现常记做 $f(x)$, 后者是个在 M 上几乎处处有定义的函数.

定理 11.6.9 给定了局部紧的度量空间 M 和 $C_0(M)$ 上的正线性泛函 l, μ 是由 l 产生的 M 上的测度, 则 $f \in \mathcal{L}^1$ 与它的实现 $f(x)$ 之间有以下关系:

(i) 设 ϕ 是 Lipschitz 连续函数, 则 $\phi(f)$ 的实现 $\phi(f)(x) = \phi(f(x))$;

(ii) 和与差的实现等于实现的和与差: $(f \pm g)(x) = f(x) \pm g(x)$;

(iii) 若 f 和 g 是 $\mathcal{L}^1$ 中的两个有界元, 则 f 和 g 乘积的实现等于 f 和 g 实现的乘积: $(fg)(x) = f(x)g(x)$;

(iv) 设 M 是局部紧度量空间, $\mathcal{L}^1$ 中的元素的实现在以下的意义下是**忠实的**: 若 $f(x) = g(x), a.e.$, 则在 $\mathcal{L}^1$ 中 $f = g$;

(v) 设 M 是局部紧度量空间, 假若 $\lim f_n(x)$ 在 M 中几乎处处存在, 还假设在 $\mathcal{L}^1$ 中我们有 $l\text{-}\lim f_n = f$, 则 $\lim f_n(x)$ 几乎处处等于 $l\text{-}\lim f_n = f$ 的实现.

证 (i), (ii) 和 (iii) 是显然的. 为了证明 (iv), 只须证明: 若 $f(x) = 0, a.e.$, 则在 $\mathcal{L}^1$ 中 $f = 0$. 下面用反证法来证明这一点. 假设在 $\mathcal{L}^1$ 中 $f \neq 0$. 可以假设 $f = [\{c_n\}]$ 非负. 不然, 可将 $f = [\{c_n\}]$ 换成 $|f| = [\{|c_n|\}]$(请同学自行补证: 在 $\mathcal{L}^1$ 中 $f \neq 0 \Longrightarrow$ 在 $\mathcal{L}^1$ 中 $|f| \neq 0$). 由练习 11.6.5, 当 b 充分大时, 在 $\mathcal{L}^1$ 中 $f^b \neq 0$. 因而可以假设 $f = [\{c_n\}]$, 其中 $c_n (n = 1, 2, \cdots)$ 是 M 上的一列一致有界的非负的紧支集的连续函数:

$$\exists b > 0 \forall n \in \mathbf{N} \forall x \in M (0 \leqslant c_n(x) \leqslant b). \tag{11.6.17}$$

条件 $f(x)= 0, a.e.$ 意味着 Cauchy 列 $\{c_n\}$ 有速敛的子列, 它在 M 上几乎处处收敛于零. 不妨设 $\{c_n\}$ 本身就是速敛列, 且 $\{c_n\}$ 在 M 上几乎处处收敛于零. 因它速敛, 故

$$|c_n - c_{n+1}|_l \leqslant \frac{k}{n^4}, \tag{11.6.18}$$

其中 k 是个不依赖于 n 的常数. 由定理 11.6.8 的 (i), 对于任何 $\varepsilon > 0$, 有开集 $O_\varepsilon \subset M$, 使得以下两条命题成立:

(1) $V(O_\varepsilon) < \varepsilon$;

(2) 函数列 $\{c_n(x)\}$ 在 O_ε^C 上一致收敛于零.

另一方面, 因在 $\mathcal{L}^1$ 中 $\{c_n\}$ 速敛于 $f \neq 0$, 所以有一个 $\delta > 0$, 当 n 充分大时, $l(c_n) \geqslant \delta > 0$, 不妨设

$$\forall n \in \mathbf{N}(l(c_n) \geqslant \delta > 0). \tag{11.6.19}$$

由练习 11.6.12 的 (ii), 有一串 M 的开子集 $O_n \supset \bigcup\limits_{j=1}^{n} \mathrm{supp} c_n (n = 1, 2, \cdots)$, 使得 $\overline{O}_n \subset O_{n+1}$, 且每个 $\overline{O}_n$ 是紧集. 由练习 11.6.6, 对于每个 $n \in \mathbf{N}$, 有 M 上的连续实值函数 g_n 满足以下三个条件:

(a) $\forall x \in O_n (g_n(x) = 1)$;

(b) $\forall x \in M (0 \leqslant g_n(x) \leqslant 1)$;

(c) $\mathrm{supp} g_n \subset O_{n+1}$.

由 (a), (b) 和 (c) 这三个条件, 我们不难得到以下结果:

(α) $\forall n \in \mathbf{N} \forall x \in M(g_n(x) \leqslant g_{n+1}(x))$;

(β) $\forall m, n \in \mathbf{N} \forall x \in M(n \geqslant m \Longrightarrow g_n(x)c_m(x) = c_m(x))$, 由此我们有

$$n \geqslant m \Longrightarrow l(g_n(x)c_m(x)) = l(c_m(x)).$$

由 (β) 和 (11.6.19), 我们得到以下结果:

(γ) $\forall m, n \in \mathbf{N}(n \geqslant m \Longrightarrow l(g_n c_m) \geqslant \delta)$.

另一方面, 对任何两个自然数 n 和 m, $g_n(x)c_m(x) \leqslant g_{n+1}(x)c_m(x)$. 由 (11.6.18) 及 g_n 所满足的条件 (γ), 我们有: 对一切 $p > m$,

$$\begin{aligned} l(g_m c_p) &= l(g_m c_m) - \sum_{j=m}^{p-1} [l(g_m(c_j - c_{j+1}))] \\ &\geqslant \delta - \sum_{j=m}^{p-1} |g_m(c_j - c_{j+1})|_l \\ &\geqslant \delta - \sum_{j=m}^{p-1} |c_j - c_{j+1}|_l \geqslant \delta - \sum_{j=m}^{p-1} \frac{k}{j^4}. \end{aligned} \tag{11.6.20}$$

由 (11.6.20), 因级数 $\sum\limits_{j=1}^{\infty} k/(j^4)$ 收敛, 只要 m 足够大, 不论 $p > m$ 取任何自然数, 我们有

$$l(g_m c_p) \geqslant \frac{\delta}{2} > 0. \tag{11.6.21}$$

现在我们可以把以上所得的结果总结如下: 有 $m \in \mathbf{N}$, 使得

(a) $\forall p \in \mathbf{N}(\mathrm{supp}(g_m c_p) \subset O_{m+1})$;

(b) 对于任何 $\varepsilon > 0$, 有开集 $O_\varepsilon \subset M$, 使得 $V(O_\varepsilon) < \varepsilon$, 且函数列

$$\{c_p(x)\}_{p=1}^{\infty}$$

在 O_ε^C 上一致收敛于零;

(c) $\exists b > 0 \forall x \in M \forall p \in \mathbf{N}(0 \leqslant g_m(x)c_p(x) \leqslant b)$;

(d) $\exists m \in \mathbf{N} \forall p > m(l(g_m c_p) \geqslant \delta/2 > 0)$.

又我们有

$$g_m c_p = g_m c_p - \varepsilon g_m + \varepsilon g_m \leqslant (g_m c_p - \varepsilon g_m)^+ + \varepsilon g_m, \tag{11.6.22}$$

因而

$$l(g_m c_p) \leqslant l((g_m c_p - \varepsilon g_m)^+) + \varepsilon l(g_m). \tag{11.6.23}$$

由 (b) 和 (c), 当 p 充分大时, $(g_m c_p - \varepsilon g_m)^+/b$ 是 O_ε 的容许函数, 故

$$l((g_m c_p - \varepsilon g_m)^+) \leqslant bV(O_\varepsilon).$$

将它代入 (11.6.2 3) 后便得到: 当 p 充分大时, 有

$$l(g_m c_p) \leqslant bV(O_\varepsilon) + \varepsilon l(g_m) \leqslant \varepsilon(b + l(g_m)). \tag{11.6.24}$$

由 ε 的任意性, 这与 (d) 相矛盾. (iv) 证毕.

(v) 的证明如下: 因 $l\text{-}\lim f_n = f$, $\{f_n\}$ 有速敛子列, 不妨假设 $\{f_n\}$ 就是速敛的:

$$|f_n - f_{n+1}|_l \leqslant \frac{k}{n^4}, \tag{11.6.25}$$

其中 k 是个不依赖于 n 的常数. 对于任何 $n \in \mathbf{N}$, 由于 $f_n \in \mathcal{L}^1$, 一定有一个 $c_n \in C_0(M)$, 使得以下两个条件得以满足:

(a) $|f_n - c_n|_l \leqslant 1/n^4$;

(b) 有一个体积不大于 $1/n^2$ 的开集 G_n, 使当 $x \notin G_n$ 时, 必有

$$|f_n(x) - c_n(x)| \leqslant 1/n^2,$$

其中 (a) 是由 $f_n \in \mathcal{L}^1$ 的定义保证的. 而 (b) 是由定理 11.6.8 保证的. 再由 (11.6.25) 和 (a), $\{c_n\}$ 是 l 范数意义下的速敛列, 且 $l\text{-}\lim c_n = f$. 因而 $\lim c_n(x) = f(x), a.e.$. 又由 (b),

$$\forall N \in \mathbf{N} \forall x \in \left(\bigcup_{n=N}^{\infty} G_n\right)^C \left(\lim_{n\to\infty} |f_n(x) - c_n(x)| = 0\right).$$

因此, 对于任何 $N \in \mathbf{N}$, 有

$$\left\{x \in M : \limsup_{n\to\infty} |f_n(x) - c_n(x)| > 0\right\} \subset \bigcup_{n=N}^{\infty} G_n,$$

因而

$$\left\{x \in M : \limsup_{n\to\infty} |f_n(x) - c_n(x)| > 0\right\} \subset \bigcap_{N=1}^{\infty} \bigcup_{n=N}^{\infty} G_n.$$

因 $V\left(\bigcup\limits_{n=N}^{\infty} G_n\right) \leqslant \sum\limits_{n=N}^{\infty} n^{-2}$, 故

$$\mu\left(\bigcap_{N=1}^{\infty} \bigcup_{n=N}^{\infty} G_n\right) \leqslant \lim_{N\to\infty} \sum_{n=N}^{\infty} n^{-2} = 0.$$

由此得到 $f(x) = \lim c_n(x) = \lim f_n(x), a.e.$. □

注 定义在 M 上的可以成为 $\mathcal{L}^1$ 中某元素的实现的函数的全体记做 $\widetilde{L}^1$, 由定理 11.6.9 的 (ii) 和 (iii), $\widetilde{L}^1$ 是个线性空间. 把 $\widetilde{L}^1$ 中几乎处处等于零的函数全体记做 N^1. 还是由定理 11.6.9 的 (ii) 和 (iii), N^1 是 $\widetilde{L}^1$ 的一个线性子空间. 定理 11.6.9 的 (iv) 告诉我们, $\mathcal{L}^1$ 与 $\widetilde{L}^1/N^1$ 之间有线性同构. 以后我们把 $\mathcal{L}^1$ 与 $\widetilde{L}^1/N^1$ 看成同一个线性空间, $\mathcal{L}^1$ 与 $\widetilde{L}^1/N^1$ 中在上述线性同构下对应的元素看成是同一个东西, 换言之, 不再区分 $\mathcal{L}^1$ 中的元素与它在 $\widetilde{L}^1/N^1$ 中的实现.

定义 11.6.11 我们记 $L^1 = \widetilde{L}^1/N^1$. L^1 中的函数称为 l-**可积函数**, 或称为对应于正线性泛函 l 的可积函数.

注 1 为了方便, 我们把 L^1 看成是由 $\widetilde{L}^1$ 中的函数构成的空间, 只不过作如下的约定: 几乎处处相等的函数看成是同一个函数.

注 2 以前定义在 $\mathcal{L}^1$ 上的正线性泛函 l, 以后也可看成是定义在 $L^1 = \widetilde{L}^1/N^1$ 上的. 这个正线性泛函 l 也可看成是定义在 $\widetilde{L}^1$ 上, 并在 N^1 上恒等于零的正线性泛函.

注 3 在第 10 章中, 当 M 上有了某个测度后我们也引进过 L^1 这样的记号: L^1 表示相对于这个测度可积的函数的全体, 且约定两个几乎处处相等的函数将看成同一个东西. 现在 M 上已经有了 l-测度 μ, 我们自然要问: 相对于这个 l-测度 μ 可积的函数的全体的 L^1 与定义 11.6.11 中的 L^1 会不会造成混乱? 在下面的定理 11.6.13 和定理 11.6.14 中我们将证明: 相对于这个 l-测度 μ 可积的函数的全体的 L^1 与定义 11.6.11 中的 L^1 是同一个东西. 因此, 混乱是不会发生的.

命题 11.6.2 $f, g \in \mathcal{L}^1$ 与它们的实现 $f(x), g(x)$ 之间有以下关系:

$$f \geqslant g \Longleftrightarrow f(x) \geqslant g(x), \ \ a.e..$$

证 只须证明以下命题: $f \in \mathcal{L}^1$ 与它的实现 $f(x)$ 之间有以下关系: $f \geqslant 0 \Longleftrightarrow f(x) \geqslant 0, a.e..$ 由定理 11.6.9 的 (i), $f^+(x) = f(x)^+$. 而 $f(x) \geqslant 0, a.e.$, 当且仅当 $f^+(x) = f(x)^+ = f(x), a.e..$ 由定理 11.6.9 的 (iv), 这恰相当于 $f^+ = f$. 后者是 $f \geqslant 0$ 的定义. □

11.6.5 l-可积集

定义 11.6.12 给定了局部紧的度量空间 M 及 $C_0(M)$ 上的正线性泛函 l. 集合 $S \subset M$ 称为 l-**可积集**(当正线性泛函 l 根据上下文已不言自明时, l-可积集简称为可积集), 假若 S 的指示函数 $\mathbf{1}_S \in \widetilde{L}^1$, 其中 S 的指示函数定义为

$$\mathbf{1}_S(x) = \begin{cases} 1, & 若\ x \in S, \\ 0, & 若\ x \notin S. \end{cases}$$

推论 11.6.3 M 上的 μ^*-零集 N(也称 μ-零集 N) 是 l-可积的, 且 $l(\mathbf{1}_N) = 0$, 其中 μ^* 是 M 上的 l-外测度.

证 $\mathbf{1}_N$ 是列 $\{c_n\}$ 的一个实现, 其中每个 $c_n \equiv 0$. □

定理 11.6.10 给定了局部紧的度量空间 M 及 $C_0(M)$ 上的正线性泛函 l. 设 G 是 M 上的一个开集, 且 $V(G) < \infty$, 则 G 是 l-可积的, 且 $V(G) = \mu(G) = l(\mathbf{1}_G)$.

证 因 $V(G) < \infty$, 有 G 的非负容许函数 $\psi_n \in \mathcal{A}(G)(n = 1, 2, \cdots)$, 使得

$$0 \leqslant V(G) - l(\psi_n) < 2^{-n}, \quad n = 1, 2, \cdots.$$

不妨设 $\psi_n \leqslant \psi_{n+1}(n = 1, 2, \cdots)$, 不然可以用 $\max\limits_{1 \leqslant j \leqslant n} \psi_j$ 代替 ψ_n. 由 Beppo Levi 关于列的单调收敛定理 (定理 11.6.2), $f_G = l\text{-}\lim\limits_{n \to \infty} \psi_n \in \mathcal{L}^1$ 存在. 我们还有

$$V(G) = \lim_{n \to \infty} l(\psi_n) = l\Big(l\text{-}\lim_{n \to \infty} \psi_n\Big) = l(f_G).$$

下面我们要证明: $\mathbf{1}_G(x) = \lim\limits_{n \to \infty} \psi_n(x), a.e..$ 对于任何 $\varepsilon > 0$, 令

$$S_{n,\varepsilon} = \{x \in G : 1 - \psi_n(x) > \varepsilon\},$$

则 $S_{n,\varepsilon}$ 是开集, 且

$$\forall n \in \mathbf{N} \forall x \in S_{n,\varepsilon}(\psi_n(x) + \varepsilon \leqslant 1).$$

对于任何 $g \in \mathcal{A}(S_{n,\varepsilon})$, 我们有

$$\psi_n(x) + \varepsilon g(x) \in \mathcal{A}(G),$$

因此

$$l(\psi_n) + \varepsilon l(g) \leqslant V(G).$$

故我们有

$$V(S_{n,\varepsilon}) = \sup_{g \in \mathcal{A}(S_{n,\varepsilon})} l(g) \leqslant \frac{1}{\varepsilon}(V(G) - l(\psi_n)).$$

注意到, 对于任何 $n \in \mathbf{N}$, 我们有

$$\left\{x \in G : \lim_{n\to\infty} \psi_n(x) < \mathbf{1}_G(x)\right\} = \bigcup_{k=1}^{\infty} \left\{x \in G : \lim_{n\to\infty} \psi_n(x) < \mathbf{1}_G(x) - \frac{1}{k}\right\},$$

而对于任何 $\nu \in \mathbf{N}$,

$$\left\{x \in G : \lim_{n\to\infty} \psi_n(x) < \mathbf{1}_G(x) - \frac{1}{k}\right\} \subset \left\{x \in G : \psi_\nu(x) < \mathbf{1}_G(x) - \frac{1}{k}\right\} = S_{\nu,1/k},$$

故

$$\mu^*\left(\left\{x \in G : \lim_{n\to\infty} \psi_n(x) < \mathbf{1}_G(x) - \frac{1}{k}\right\}\right) \leqslant V(S_{\nu,1/k}) \leqslant k(V(G) - l(\psi_\nu)).$$

让 $\nu \to \infty$, 我们得到

$$\mu^*\left(\left\{x \in G : \lim_{n\to\infty} \psi_n(x) < \mathbf{1}_G(x) - \frac{1}{k}\right\}\right) = 0.$$

由此, 我们有

$$\begin{aligned}
&\mu^*\left(\left\{x \in G : \lim_{n\to\infty} \psi_n(x) < \mathbf{1}_G(x)\right\}\right) \\
&= \lim_{k\to\infty} \mu^*\left(\left\{x \in G : \lim_{n\to\infty} \psi_n(x) < \mathbf{1}_G(x) - \frac{1}{k}\right\}\right) = 0.
\end{aligned}$$

这就是说, 在 G 上我们有

$$\lim_{n\to\infty} \psi_n(x) = \mathbf{1}_G(x), \ \ a.e..$$

当 $x \in G^C$ 时, 我们自然有

$$\lim_{n\to\infty} \psi_n(x) = \mathbf{1}_G(x).$$

这就证明了 $\mathbf{1}_G(x)$ 是 $f_G = l\text{-}\lim\limits_{n\to\infty} \psi_n$ 的实现, 故 G 可积且

$$V(G) = \lim_{n\to\infty} l(\psi_n) = l(f_G) = l(1_G).$$

因 μ^* 是度量外测度, G 可测, 且 $\mu(G)=V(G)$, 故 $\mu(G)=V(G)=l(1_G)$. □

下面这个定理介绍 l-可积集全体构成的集合类所具有的常用的初等性质:

定理 11.6.11 给定了局部紧的度量空间 M 及 $C_0(M)$ 上的正线性泛函 l, 由 l 产生了任何开集 G 的体积 $V(G)$. 假设 O 是 M 的一个体积有限的开集, 我们有

(i) 若 $S\subset O$ 是 l-可积集, 则 $O\setminus S$ 也是 l-可积集;

(ii) 若 $S_1\subset M$ 和 $S_2\subset M$ 是 l-可积集, 则 $S_1\cap S_2$ 和 $S_1\cup S_2$ 也是 l-可积集;

(iii) 若 $\forall n\in\mathbf{N}(S_n\subset O)$, 且 $\{S_n\}$ 是一串 l-可积集, 则以下四个集合 $\bigcup\limits_{n=1}^{\infty}S_n$, $\bigcap\limits_{n=1}^{\infty}S_n$, $\limsup\limits_{n\to\infty}S_n$ 和 $\liminf\limits_{n\to\infty}S_n$ 都是 l-可积集;

(iv) 若 $\forall n\in\mathbf{N}(S_n\subset O)$, 且 $\{S_n\}$ 是一串两两不相交的 l-可积集, 则

$$l\Big(\mathbf{1}_{\bigcup_{n=1}^{\infty}S_n}\Big)=\sum_{n=1}^{\infty}l(\mathbf{1}_{S_n});$$

(v) 若 $\forall n\in\mathbf{N}(S_n\subset O)$, 每个 S_n 是 l-可积集, 且 $\forall n\in\mathbf{N}(S_n\subset S_{n+1})$, 则

$$l\Big(\mathbf{1}_{\bigcup_{n=1}^{\infty}S_n}\Big)=\lim_{n\to\infty}l(\mathbf{1}_{S_n});$$

(vi) 若 $\forall n\in\mathbf{N}(S_n\subset O)$, 每个 S_n 是 l-可积集, 且 $\forall n\in\mathbf{N}(S_n\supset S_{n+1})$, 则

$$l\Big(\mathbf{1}_{\bigcap_{n=1}^{\infty}S_n}\Big)=\lim_{n\to\infty}l(\mathbf{1}_{S_n}).$$

证 定理中的六个小命题逐步证明如下:

(i) S 可积意味着 $\mathbf{1}_S$ 是 $\mathcal{L}^1$ 中某元素 f_S 的实现. 由定理 11.6.10, 体积有限的开集 O 必可积, 即 $\mathbf{1}_O$ 是 $\mathcal{L}^1$ 中某元素 f_O 的实现. 因 $S\subset O$, 注意到定理 11.6.9 的 (ii), $\mathbf{1}_{O\setminus S}=\mathbf{1}_O-\mathbf{1}_S$ 是 $\mathcal{L}^1$ 中元素 f_O-f_S 的实现, 故 $O\setminus S$ 可积.

(ii) $S_1\subset M$ 和 $S_2\subset M$ 是可积集意味着, 对于 $i\in\{1,2\}$, $\mathbf{1}_{S_i}$ 是 $\mathcal{L}^1$ 中某元素 f_{S_i} 的实现. 因 $\mathbf{1}_{S_1}$ 和 $\mathbf{1}_{\mathbf{S}_2}$ 是两个有界函数, 元素 f_{S_1} 和 f_{S_2} 是有界的. 由定理 11.6.9 的 (iii), $\mathbf{1}_{S_1\cap S_2}=\mathbf{1}_{S_1}\cdot\mathbf{1}_{S_2}$ 是 $\mathcal{L}^1$ 中两个有界元素 f_{S_1} 和 f_{S_2} 的乘积 $f_{S_1}f_{S_2}$ 的实现, 故 $S_1\cap S_2$ 可积. 又 $\mathbf{1}_{S_1\cup S_2}=\mathbf{1}_{S_1}+\mathbf{1}_{S_2}-\mathbf{1}_{S_1\cap S_2}$ 是 $\mathcal{L}^1$ 中元素 $f_{S_1}+f_{S_2}-f_{S_1}f_{S_2}$ 的实现, 故 $S_1\cup S_2$ 可积.

(iii) 设 $\forall n\in\mathbf{N}(S_n\subset O)$, 且每个 S_n 是可积集. 由 (ii), $S_1\cup S_2$ 可积. 利用归纳原理, 对于任何自然数 N, $\bigcup\limits_{n=1}^{N}S_n$ 是可积集. 显然我们有

$$\forall x\in M\Big(\mathbf{1}_{\bigcup_{n=1}^{N}S_n}(x)\leqslant\mathbf{1}_O(x)\Big),$$

以 $f_{\bigcup_{n=1}^{N}S_n}$ 和 f_O 分别表示 $\mathbf{1}_{\bigcup_{n=1}^{N}S_n}(x)$ 和 $\mathbf{1}_O(x)$ 的实现. 由命题 11.6.2 便有 $f_{\bigcup_{n=1}^{N}S_n}\leqslant f_O$, 故

$$l\Big(f_{\bigcup_{n=1}^{N}S_n}\Big)\leqslant l(f_O).$$

再由命题 11.6.2, $\mathbf{1}_{\bigcup_{n=1}^{N} S_n} \leqslant \mathbf{1}_{\bigcup_{n=1}^{N+1} S_n}$. 由 Beppo Levi 关于列的单调收敛定理我们便得到极限 $l\text{-}\lim\limits_{N\to\infty} \mathbf{1}_{\bigcup_{n=1}^{N} S_n}$ 的存在性. 另一方面,

$$\lim_{N\to\infty} \mathbf{1}_{\bigcup_{n=1}^{N} S_n}(x) = \mathbf{1}_{\bigcup_{n=1}^{\infty} S_n}(x).$$

由定理 11.6.9 的 (v), $\mathbf{1}_{\bigcup_{n=1}^{\infty} S_n}(x)$ 是 $l\text{-}\lim\limits_{N\to\infty} \mathbf{1}_{\bigcup_{n=1}^{N} S_n}$ 的实现. 因此, $\bigcup\limits_{n=1}^{\infty} S_n$ 可积. 根据 de Morgan 对偶原理,

$$\bigcap_{n=1}^{\infty} S_n = O \setminus \left(\bigcup_{n=1}^{\infty} (O \setminus S_n) \right),$$

注意到 (i) 的结论, $\bigcap\limits_{n=1}^{\infty} S_n$ 可积. 又因

$$\limsup_{n\to\infty} S_n = \bigcap_{N=1}^{\infty} \left(\bigcup_{n=N}^{\infty} S_n \right) \text{ 和 } \liminf_{n\to\infty} S_n = \bigcup_{N=1}^{\infty} \left(\bigcap_{n=N}^{\infty} S_n \right),$$

故 $\limsup\limits_{n\to\infty} S_n$ 和 $\liminf\limits_{n\to\infty} S_n$ 可积.

(iv) 若 $\{S_n\}$ 是两两不相交的 l-可积集, 则我们有

$$\lim_{N\to\infty} \mathbf{1}_{\bigcup_{n=1}^{N} S_n}(x) = \lim_{N\to\infty} \sum_{n=1}^{N} \mathbf{1}_{S_n}(x) = \sum_{n=1}^{\infty} \mathbf{1}_{S_n}(x) = \mathbf{1}_{\bigcup_{n=1}^{\infty} S_n}(x)$$

和

$$\sum_{n=1}^{N} \mathbf{1}_{S_n}(x) \leqslant \sum_{n=1}^{N+1} \mathbf{1}_{S_n}(x).$$

记 $f_{\bigcup_{n=1}^{N} S_n}(x)$ 为 $\mathbf{1}_{\bigcup_{n=1}^{N} S_n}$ 的实现和 $f_{\bigcup_{n=1}^{\infty} S_n}(x)$ 为 $\mathbf{1}_{\bigcup_{n=1}^{\infty} S_n}$ 的实现. 由命题 11.6.2, 我们有不等式 $\mathbf{1}_{\bigcup_{n=1}^{N} S_n} \leqslant \mathbf{1}_{\bigcup_{n=1}^{N+1} S_n}$. 再由定理 1.6.9 的 (v),

$$\mathbf{1}_{\bigcup_{n=1}^{\infty} S_n} = l\text{-}\lim_{N\to\infty} \mathbf{1}_{\bigcup_{n=1}^{N} S_n}.$$

根据 Beppo Levi 关于列的单调收敛定理, 有

$$\begin{aligned} l(\mathbf{1}_{\bigcup_{n=1}^{\infty} S_n}) &= \lim_{N\to\infty} l(\mathbf{1}_{\bigcup_{n=1}^{N} S_n}) = \lim_{N\to\infty} l\left(\sum_{n=1}^{N} \mathbf{1}_{S_n} \right) \\ &= \lim_{N\to\infty} \sum_{n=1}^{N} l(\mathbf{1}_{S_n}) = \sum_{n=1}^{\infty} l(\mathbf{1}_{S_n}). \end{aligned}$$

(v) 只要让 $T_n = S_{n+1} \setminus S_n, S_0 = \emptyset$. 因 $T_n = S_{n+1} \cap (O \setminus S_n)$, T_n 可积. 把 (iv) 的结论用到 $\{T_n\}_{n=1}^{\infty}$ 上便得 (v) 的结论.

(vi) 只要让 $T_n = O \setminus S_n$, 把 (v) 的结论用到 $\{T_n\}_{n=1}^{\infty}$ 上便得 (vi) 的结论. □

推论 11.6.4 包含在一个体积有限的开集 O 内的 Borel 可测集 B 是 l-可积的, 且 $\mu(B) = l(\mathbf{1}_B)$.

证　由定理 11.6.11, 所有包含在一个闭包为紧集的开集 O 内的, 满足等式 $\mu(S)=l(\mathbf{1}_S)$ 的可积集 S 构成一个 O 上的 σ-代数, 又 O 内的开集 G 可积且满足等式 $\mu(G)=l(\mathbf{1}_G)$, 故包含在一个闭包为紧集的开集 O 内的 Borel 可测集 B 是可积的, 且 $\mu(B)=l(\mathbf{1}_B)$. □

推论 11.6.5　包含在一个体积有限的开集 O 内的 μ-可测集 S 是 l-可积的, 且 $\mu(S)=l(\mathbf{1}_S)$.

证　它是推论 11.6.2, 推论 11.6.3, 推论 11.6.4 和定理 11.6.11 的 (i) 的直接推论. □

11.6.6　积分与正线性泛函的关系

定义 11.6.13　给定了局部紧的度量空间 M 及 $C_0(M)$ 上的正线性泛函 l. 若拓扑空间 $M=\bigcup\limits_{n=1}^{\infty}G_n$, 其中每个 G_n 都是体积有限的开集, 则称 M 为 **$\boldsymbol{\sigma}$-有限测度空间**.

定义 11.6.14　给定了局部紧的度量空间 M 及 $C_0(M)$ 上的正线性泛函 l. M 上的函数 $f(x)$ 称为 **l-可积函数**, 假若 $f(x)\in\widetilde{L}^1$, 换言之, 它是 $\mathcal{L}^1$ 中某元素的实现.

设 l 是 $C_0(M)$ 上的正线性泛函, 测度 μ 是 l-测度. 按第 10 章的理论, 相对于这个测度 μ 有可积函数的概念. 这个可积函数与定义 11.6.14 中的 l-可积函数之间的关系是怎样的? 本小节将证明: $f(x)$ 是相对于 l-测度 μ 的可积函数, 当且仅当 $f(x)$ 是 l-可积函数. 在第 10 章中, 相对于 l-测度 μ 可积的函数 $f(x)$ 有相对于 l-测度 μ 的积分. 我们还将证明: 这个积分恰等于正线性泛函 l 在以 $f(x)$ 为实现的元素 $f\in\mathcal{L}^1$ 处的值.

定理 11.6.12　假设 M 是个局部紧的度量空间, 给定了 $C_0(M)$ 上的正线性泛函 l, μ 是 l-测度, 则 M 上的 l-可积函数 $f(x)$ 必是 μ-可测的.

证　M 上的支集为紧集的连续函数当然可测. 而 M 上的 l-可积函数 $f(x)$ 必是一串支集为紧集的连续函数相对于 μ 几乎处处收敛的极限. 作为一串相对于 μ 几乎处处收敛的可测函数的极限, $f(x)$ 也 μ^*-可测. □

推论 11.6.6　假设 M 是个局部紧度量空间, 给定了 $C_0(M)$ 上的正线性泛函 l, μ 是 l-测度, 则 M 上的 l-可积集 S 必是 μ-可测集.

证　只要把定理 11.6.12 用到 S 的指示函数 $\mathbf{1}_S$ 上就得到这个推论了. □

定理 11.6.13　假设 M 是个局部紧的度量空间, 给定了局部紧的度量空间 M 上全体紧支集的连续函数空间 $C_0(M)$ 上的正线性泛函 l, μ^* 是由 l 产生的外测度, 假若 M 上的函数 $f(x)$ 关于测度 μ 是可积的, 则它必是 l-可积的, 换言之, 它是 $\mathcal{L}^1$ 中某元素 f 之实现. 这时, 我们有

$$l(f)=\int f(x)d\mu.$$

证 记 $\mathcal{L}$ 表示 M 上几乎处处非负的关于测度 μ 可积的函数全体. 显然, $\mathcal{L}$ 是半格. 令

$$\mathcal{K}=\left\{f(x)\in\mathcal{L}: f(x) \text{ 是 } l\text{-可积的, 且 } l(f)=\int f(x)d\mu\right\}.$$

记 $\mathcal{P}=\{E\subset M: E \text{ 是 } \mu\text{-可测集}\}$. 显然, $\mathcal{P}$ 是 σ-代数, 当然是 π-系. 当 $\mu(M)<\infty$ 时, 不难证明 $\mathcal{K}$ 是 $\mathcal{L}$-系. 由引理 10.5.2, $\mathcal{K}=\mathcal{L}$. 当 $\mu(M)=\infty$ 时, 记 $S_n=\{x\in M: f(x)>1/n\}$. 因函数 $f(x)$ 关于测度 μ 是可积的, 由 Chebyshev 不等式, $\mu(S_n)<\infty$. 一定有开集 $M_n\supset S_n$ 使得 $\mu(M_n)<\infty$. 我们还可要求这串开集 $\{M_n\}_{n=1}^{\infty}$ 满足条件: $\forall n\in\mathbf{N}(M_n\subset M_{n+1})$. 作为 M 的度量子空间的开集 M_n 是局部紧的度量空间. 在 M_n 上对 f 在 M_n 上的限制 f_{M_n} 可以应用刚刚得到的结果, 换言之, 对于任何 $f(x)\in\mathcal{L}$, $f(x)\mathbf{1}_{M_n}(x)$ 可以被支集是 M_n 内的紧集的连续函数列 $\{c_k(x)\}$ 在范数 $|\cdot|_l$ 意义下逼近, 且

$$l(f(x)\mathbf{1}_{M_n}(x))=\int_{M_n}f(x)d\mu=\int f(x)\mathbf{1}_{M_n}(x)d\mu.$$

再注意到 $f\mathbf{1}_{M_n}$ 单调不减地收敛于 f, 用 Beppo Levi 单调收敛定理和 Beppo Levi 关于列的单调收敛定理便得到定理的结论对于非负的 μ-可积函数是成立的, 换言之, 对于任何 $f(x)\in\mathcal{L}$, $f(x)$ 是 l 可积的, 且

$$l(f(x))=\int f(x)d\mu.$$

一般的 μ-可积函数可以通过分解成正部与负部之差而得到定理的结论. □

定理 11.6.14 假设 M 是个局部紧的度量空间, 给定了 $C_0(M)$ 上的正线性泛函 l, μ 是 l-测度, 则 M 上的 l-可积函数 $f(x)$ 必是关于测度 μ 可积的, 且

$$l(f)=\int f(x)d\mu.$$

证 不妨设 $f\geqslant 0$, 一般情形可以通过分解成正部与负部之差来解决. 定理 11.6.12 告诉我们: f 是 μ-可测的. 我们只须证明 $f(x)$ 关于测度 μ 可积, 因为定理 11.6.14 中最后的等式可由定理 11.6.13 得到. 假若 $f(x)$ 关于测度 μ 不可积, 则有一串单调不减的非负简单可积函数 $\{f_n(x)\}$, 使得

$$f_n(x)\leqslant f(x), \text{ 且 } \lim_{n\to\infty}\int f_n(x)d\mu=\infty.$$

由定理 11.6.13,

$$\infty>l(f)\geqslant\lim_{n\to\infty}l(f_n)=\lim_{n\to\infty}\int f_n(x)d\mu=\infty.$$

这个矛盾证明了 $f(x)$ 关于测度 μ 的可积性. □

注 由以上的几个定理我们有: 对于任何 $f\in\mathcal{L}^1$ 或 $f\in L^1$,

$$|f|_l=l(|f|)=\int|f(x)|d\mu.$$

定理 11.6.13 和定理 11.6.14 告诉我们, 当集合的外测度用包含该集合的开集的体积的下确界定义时, §11.6 中用泛函建立的在局部紧度量空间 M 上的积分概念与第 9 和第 10 章中用测度建立的积分概念是一样的. 还可以用泛函建立一般的 (无拓扑概念的) 空间上的积分概念, 这就是所谓的 **Daniell 积分**的概念, 它是利用序的概念建立积分概念的. 我们利用半赋范线性空间的完备化的方法建立积分概念有一个好处: 它可以直接推广到取 Banach 空间中的向量为值的函数积分上去, 即所谓的 Bochner 积分, 后者是相当有用的. 本讲义不想进入这个领域了.

11.6.7　Radon 泛函与 Jordan 分解定理

定义 11.6.15　设 M 是局部紧的度量空间, $C_0(M)$ 表示 M 上具有紧支集的连续实值函数的全体. 一个定义在 $C_0(M)$ 上的实值线性泛函 l 称为 **Radon 泛函**, 假若对于任何支集包含在一个不依赖于 n 的紧集 K 内的连续实值函数列 $\{f_n(x)\}$, 只要 $\{f_n(x)\}$ 在 M 上一致收敛于零, 必有 $l(f_n) \to 0$.

不难证明：正线性泛函是 Radon 泛函. 这只要证明以下事实就可以了：对于任何紧集 $K \subset M$, 可以构造一个函数 $f \in C_0(M)$, 使得

$$\forall x \in K(f(x) = 1) \text{ 且 } \forall x \in M(0 \leqslant f(x) \leqslant 1).$$

证明的细节作为习题留给同学自行完成 (参看练习 11.6.7).

定义 11.6.16　设 M 是局部紧的度量空间, $C_0(M)$ 表示 M 上具有紧支集的连续实值函数的全体. 两个定义在 $C_0(M)$ 上的 Radon 泛函 l_1 和 l_2 称为 $l_1 \leqslant l_2$ 的, 假若 $l_2 - l_1$ 是正线性泛函, 换言之, 以下关系式成立:

$$\forall f \in C_0(M)(f \geqslant 0 \Longrightarrow (l_2 - l_1)(f) \geqslant 0).$$

定理 11.6.15(Jordan 分解定理)　局部紧的度量空间 M 上的任何 Radon 泛函 l 均可表示成: $l = l^+ - l^-$, 其中 l^+ 和 l^- 均为正线性泛函. 而且, 对于任何分解 $l = l_1 - l_2$, 其中 l_1 和 l_2 均为正线性泛函, 必有 $l_1 \geqslant l^+$ 和 $l_2 \geqslant l^-$. 具有这样的性质的 l^+ 和 l^- 称为 Radon 泛函 l 写成两个正线性泛函之差的最小分解形式, 它是由 Radon 泛函 l 唯一确定的.

证　为了构造一个线性泛函 l, 只须对非负的 $f \in C_0(M)$ 给出泛函 l 的值 $l(f)$ 就可以了. 因为对于一般的 $f \in C_0(M)$ 都有分解 $f = f^+ - f^-$, 其中 f^+ 和 f^- 是 f 的正部和负部, 它们都是非负的 $C_0(M)$ 中的函数, 而 $l(f) = l(f^+) - l(f^-)$.

给了一个 Radon 泛函 l, 若 $0 \leqslant f \in C_0(M)$, 令

$$l^+(f) = \sup_{\substack{0 \leqslant g \leqslant f \\ g \in C_0(M)}} l(g).$$

首先我们愿意指出：$0 \leqslant l^+(f) < \infty$. 理由如下：$0 \leqslant l^+(f)$ 是由于 $l^+(f) =$

$\sup\limits_{\substack{0\leqslant g\leqslant f\\ g\in C_0(M)}} l(g)\geqslant l(0)=0$. 我们用反证法证明 $l^+(f)<\infty$. 若 $l^+(f)=\infty$, 则

$$\forall n\in\mathbf{N}\exists g_n\in C_0(M)(0\leqslant g_n\leqslant f\text{ 且 }l(g_n)\geqslant n).$$

由此, $\text{supp}(g_n/n)\subset\text{supp}f$ 且 g_n/n 一致地收敛于零. 而另一方面,

$$\forall n\in\mathbf{N}(l(g_n/n)\geqslant 1).$$

这与 l 是 Radon 泛函的假设矛盾.

下面我们要证明: l^+ 是正线性泛函. 为此, 我们先证明 l^+ 具有以下三条性质:

(1) $\forall f\in C_0(M)(f\geqslant 0\Longrightarrow l^+(f)\geqslant 0)$;

(2) $\forall f_1,f_2\in C_0(M)(\min(f_1(x),f_2(x))\geqslant 0\Longrightarrow l^+(f_1)+l^+(f_2)\leqslant l^+(f_1+f_2))$;

(3) $\forall f_1,f_2\in C_0(M)(\min(f_1(x),f_2(x))\geqslant 0\Longrightarrow l^+(f_1)+l^+(f_2)\geqslant l^+(f_1+f_2))$.

性质 (1) 和 (2) 是显然的. 性质 (3) 证明如下: 设 $f_1+f_2\geqslant g\in C_0(M)$. 令 $g_1=\min(g,f_1), g_2=g-g_1$. 显然, $0\leqslant g_1\in C_0, g_2\in C_0(M)$, 而且 $g_1\leqslant f_1$. 另一方面, 我们有

$$g_2=g-\min(g,f_1)=g+\max(-g,-f_1)=\max(0,g-f_1),$$

故 $g_2\geqslant 0$. 注意到 $f_2\geqslant 0$, 有 $g_2=\max(0,g-f_1)\leqslant\max(0,f_2)=f_2$. 由此, 对于任何满足条件 $f_1+f_2\geqslant g\in C_0(M)$ 的 g, 应有

$$l(g)=l(g_1)+l(g_2)\leqslant l^+(f_1)+l^+(f_2).$$

所以, 我们有

$$l^+(f_1+f_2)=\sup_{\substack{g\in C_0(M)\\ g\leqslant f_1+f_2}} l(g)\leqslant l^+(f_1)+l^+(f_2).$$

(3) 证毕.

把 (2) 和 (3) 结合起来, 我们有

$$\forall f_1,f_2\in C_0(M)(\min(f_1,f_2)\geqslant 0\Longrightarrow l^+(f_1)+l^+(f_2)=l^+(f_1+f_2)).$$

另一方面, 对于任意 $c>0$, 显然有 $l^+(cf)=cl^+(f)$.

设 $f_1\in C_0(M), f_2\in C_0(M)$, 有 $f_1=f_1^+-f_1^-, f_2=f_2^+-f_2^-$, 其中 f_1^+ 和 f_2^+ 分别是 f_1 和 f_2 的正部, 而 f_1^- 和 f_2^- 分别是 f_1 和 f_2 的负部. 我们有

$$l^+(f_1)=l^+(f_1^+)-l^+(f_1^-),\quad l^+(f_2)=l^+(f_2^+)-l^+(f_2^-),$$

而

$$l^+(f_1+f_2)=l^+((f_1+f_2)^+)-l^+((f_1+f_2)^-)$$

注意到

$$f_1^+-f_1^-+f_2^+-f_2^-=f_1+f_2=(f_1+f_2)^+-(f_1+f_2)^-,$$

所以

$$f_1^+ + f_2^+ + (f_1+f_2)^- = f_1^- + f_2^- + (f_1+f_2)^+.$$

因为 $f_1^+, f_2^+, (f_1+f_2)^-, f_1^-, f_2^-$ 和 $(f_1+f_2)^+$ 都是非负函数, 我们有

$$l^+(f_1^+) + l^+(f_2^+) + l^+((f_1+f_2)^-) = l^+(f_1^-) + l^+(f_2^-) + l^+((f_1+f_2)^+),$$

因而

$$\begin{aligned} l^+(f_1+f_2) &= l^+((f_1+f_2)^+) - l^-((f_1+f_2)^-) \\ &= l^+(f_1^+) - l^+(f_1^-) + l^+(f_2^+) - l^+(f_2^-) = l^+(f_1) + l^+(f_2). \end{aligned}$$

所以 l^+ 是正线性泛函. 令

$$l^-(f) = l^+(f) - l(f) = \sup_{\substack{0\leqslant g\leqslant f \\ g\in C_0(M)}} l(g-f) = \sup_{\substack{0\leqslant h\leqslant f \\ h\in C_0(M)}} [-l(h)].$$

换言之, $l^- = (-l)^+$, 故 l^- 也是正线性泛函, 且 $l = l^+ - l^-$. 这样的分解是最小的这个论断的证明留作练习了 (参看练习 11.6.14). □

注 具有上述性质的被 Radon 泛函 l 唯一确定的分解 $l = l^+ - l^-$ 称为 Radon 泛函 l 的 **Jordan 分解**.

11.6.8 Riesz-Kakutani 表示定理

定义 11.6.17 设 X 是非空集合, $\mathcal{A} \subset 2^X$ 是个 σ-代数. 映射 $\mu : \mathcal{A} \to \mathbf{R} \cup \{\infty, -\infty\}$ 称为 $\mathcal{A}$ 上的一个**带符号的测度**, 假若它满足以下条件:

(i) $\mu(\emptyset) = 0$;

(ii) 一旦 μ 在某个 $E \in \mathcal{A}$ 处取值 ∞, μ 在整个 $\mathcal{A}$ 上不取值 $-\infty$;

(iii) μ 是可数可加的: 设 $E_n \in \mathcal{A}(n = 1, 2, \cdots)$, 且 $n \neq m \Longrightarrow E_n \cap E_m = \emptyset$, 则

$$\mu\left(\bigcup_{n=1}^{\infty} E_n\right) = \sum_{n=1}^{\infty} \mu(E_n).$$

注 1 假若我们把条件 (iii) 理解为条件 (iii) 中等式的 右端 $\sum\limits_{n=1}^{\infty} \mu(E_n)$ 总是有意义的, 换言之, $\sum\limits_{n=1}^{\infty} \mu(E_n)$ 中无两项取异号的无穷大. 则条件 (ii) 是条件 (iii) 的推论: 设 $E_j \in \mathcal{A}(j = 1, 2)$, 而 $\mu(E_1) = \infty, \mu(E_2) = -\infty$. 若 $\mu(E_1 \cap E_2) = \infty$, 则 $\mu(E_2 \setminus E_1)$ 取 $\infty, -\infty$ 或有限实数都将导致矛盾. 同理, 若 $\mu(E_1 \cap E_2) = -\infty$ 也将导致矛盾. 若 $\mu(E_1 \cap E_2)$ 取有限实数为值, 则 $\mu(E_1 \setminus E_2) = \infty$, 因此, $\mu(E_1 \cup E_2) = \mu(E_1 \setminus E_2) + \mu(E_2)$ 将不可能成立. 为了以后讨论方便, 我们还是把 (ii) 作为一个假设的条件列出来. 只要至少有一个 $E \in \mathcal{A}$, 使得 $|\mu(E)| < \infty$, 则 (i) 也是 (iii) 的推论, 请同学自行推导.

注 2 若 X 是个局部紧的度量空间 M, $\mathcal{A}$ 是 M 上的 Borel 代数, 则 M 上的带符号的测度 μ 称为 M 上的带符号的 Borel 测度.

注 3 设 X 是非空集合, $\mathcal{A}\subset 2^X$ 是个 σ-代数. 映射 $\mu_i:\mathcal{A}\to\mathbf{R}\cup\{\infty,-\infty\}(i=1,2)$ 是 $\mathcal{A}$ 上的两个 (正) 测度, 且

$$\min(\mu_1(X),\mu_2(X))<\infty,$$

则 $\mu_1-\mu_2$ 是带符号的测度, 其中 $\mu_1-\mu_2$ 的定义如下: $(\mu_1-\mu_2)(E)\equiv\mu_1(E)-\mu_2(E)$.

引理 11.6.2 设 X 是非空集合, $\mathcal{A}\subset 2^X$ 是个 σ-代数, μ 是 X 上的一个带符号的测度. 又设 $E\in\mathcal{A}$, 且 $|\mu(E)|<\infty$, 则任何 $\mathcal{A}$-可测的 $A\subset E$, 必有 $|\mu(A)|<\infty$.

证 不妨假设 μ 不取 ∞ 为值. 设 A 是 E 的 $\mathcal{A}$-可测的子集. 若 $\mu(A)>0$, 显然, $|\mu(A)|<\infty$. 若 $\mu(A)<0$, 由 μ 的可加性, 我们有

$$\mu(E)=\mu(A)+\mu(E\setminus A).$$

由此可见

$$0<-\mu(A)=\mu(E\setminus A)-\mu(E)<\infty.$$ □

定义 11.6.18 设 X 是非空集合, $\mathcal{A}\subset 2^X$ 是个 σ-代数, μ 是 X 上的一个带符号的测度. 集合 $E\in\mathcal{A}$ 称为**正集**, 假若以下条件满足:

$$\forall A\in\mathcal{A}(A\subset E\Longrightarrow\mu(A)\geqslant 0).$$

集合 $E\in\mathcal{A}$ 称为**负集**, 假若以下条件满足:

$$\forall A\in\mathcal{A}(A\subset E\Longrightarrow\mu(A)\leqslant 0).$$

引理 11.6.3 设 X 是非空集合, $\mathcal{A}\subset 2^X$ 是个 σ-代数, μ 是 X 上的一个带符号的测度. 又设 $E\in\mathcal{A}$, 且 $0<\mu(E)<\infty$. 则有 $\mathcal{A}$-可测的 $A\subset E$, 它是正测度的正集.

证 若 E 是正集, 则取 $A=E$. 不然, E 有一个测度为负数的子集. 记 n_1 是具有以下两条性质的自然数:

(1) $\exists B_1\subset E\left(B_1\in\mathcal{A}\text{ 且 }\mu(B_1)\leqslant-\dfrac{1}{n_1}\right)$;

(2) $\forall n<n_1\forall B\subset E\left(B\in\mathcal{A}\Longrightarrow\mu(B)>-\dfrac{1}{n}\right)$.

记 $A_1=E\setminus B_1$, 其中 B_1 是上面性质 (1) 中说到的 B_1(它并不唯一确定). 若 A_1 是正集, 则取 $A=A_1$. 不然, A_1 有一个测度为负数的子集. 记 n_2 是具有以下两条性质的自然数:

(1) $\exists B_2\subset A_1\left(B_2\in\mathcal{A}\text{ 且 }\mu(B_2)\leqslant-\dfrac{1}{n_2}\right)$;

(2) $\forall n<n_2\forall B\subset A_1\left(B\in\mathcal{A}\Longrightarrow\mu(B)>-\dfrac{1}{n}\right)$.

如此进行下去, 若有某个自然数 m, 使得集合

$$A_m = A_{m-1} \setminus B_m = (A_{m-2} \setminus B_{m-1}) \setminus B_m = \cdots = E \setminus \bigcup_{j=1}^{m} B_j$$

是正集, 则取 $A = A_m$. 不然我们将获得两串集合 $\{B_j\}_{j=1}^{\infty}$ 和 $\{A_j\}_{j=1}^{\infty}$ 以及一串单调不减的自然数

$$n_1 \leqslant n_2 \leqslant \cdots,$$

使得

(1) $\exists B_j \subset A_{j-1}\left(B_j \in \mathcal{A} \text{ 且 } \mu(B_j) \leqslant -\dfrac{1}{n_j}\right)$;

(2) $\forall n < n_j \forall B \subset A_{j-1}\left(B \in \mathcal{A} \Longrightarrow \mu(B) > -\dfrac{1}{n}\right)$;

(3) $A_j = A_{j-1} \setminus B_j (j = 1, 2, \cdots)$, 其中为了方便, 我们约定 $A_0 = E$.

我们要证明: 以下式定义的集合 A:

$$A = \bigcap_{j=1}^{\infty} A_j = E \setminus \bigcup_{j=1}^{\infty} B_j$$

是正测度的正集. 假设 $C \in \mathcal{A}$ 且 $C \subset A$, 为了证明 A 是正集, 我们要证明: $\mu(C) \geqslant 0$. 由引理 11.6.2, $|\mu(A)| < \infty$. 由 $\{B_j\}$ 的构造方法, 集合串 $\{A, B_1, B_2, B_3, \cdots\}$ 是由两两不相交的可数个 $\mathcal{A}$-可测集合构成的, 所以我们有

$$0 < \mu(E) = \mu(A) + \sum_{j=1}^{\infty} \mu(B_j) \leqslant \mu(A) - \sum_{j=1}^{\infty} \frac{1}{n_j}.$$

故级数 $\sum\limits_{j=1}^{\infty} (1/n_j)$ 收敛. 这就证明了 $\lim\limits_{j\to\infty} n_j = \infty$, 且 $\mu(A) > 0$. 这就顺便证明了 A 是正测度的. 因 $C \subset A \subset A_{j-1}, j = 1, 2, 3, \cdots$, 故

$$\mu(C) \geqslant -\frac{1}{n_j - 1}.$$

让 $j \to \infty$, 我们得到

$$\mu(C) \geqslant 0. \qquad \square$$

定理 11.6.16(Hahn 分解定理)　设 X 是非空集合, $\mathcal{A} \subset 2^X$ 是个 σ-代数, μ 是 X 上的一个带符号的测度, 则 $X = X^+ \cup X^-$, 其中 X^+ 是正集而 X^- 是负集, 且 $X^+ \cap X^- = \emptyset$.

证　不妨设 μ 不取 ∞ 为值. 令

$$S = \sup_{\text{正集 } A \in \mathcal{A}} \mu(A).$$

设 $\{A_n\}$ 是一串正集, 且 $\lim\limits_{n\to\infty} \mu(A_n) = S$. 记 $A = \bigcup\limits_{n=1}^{\infty} A_n$, 则 A 是正集, 当然有

$\mu(A) \leqslant S$. 另一方面, 对于任何自然数 n, 我们有

$$\mu(A) = \mu(A \setminus A_n) + \mu(A_n) \geqslant \mu(A_n).$$

故 $\mu(A) = S < \infty$.

A 的余集 $X \setminus A$ 是负集, 不然 $X \setminus A$ 将有一个正测度的子集 E, 而 E 又将有一个子集 A_0, 它是正测度的正集. 而 $A \cap A_0 = \emptyset$ 且 $A \cup A_0$ 是正集. 因此

$$\mu(A \cup A_0) = \mu(A) + \mu(A_0) > S.$$

这个不等式与 S 的定义矛盾. 只要让 $X^+ = A$, $X^- = X \setminus A$, Hahn 分解便得到了. □

定义 11.6.19 相对于带符号的测度 μ 的**零集**是指满足如下条件的集合 $E \in \mathcal{A}$:

$$\forall F \subset E (F \in \mathcal{A} \Longrightarrow \mu(F) = 0).$$

零集必是它的 μ-测度为零的集合, 反之则不然 (请同学自行构造一例).

注 1 我们先引进两个集合的对称差的概念. 设 A 和 B 是两个集合, A 与 B 的对称差定义为

$$A \Delta B = (A \setminus B) \cup (B \setminus A) = (A \cup B) \setminus (A \cap B).$$

对称差表示 A 与 B 的全部差异.

注 2 设 $\mathcal{E} \subset A^+$ 是一个零集, 则

$$X = (X^+ \setminus \mathcal{E}) \cup (X^- \cup \mathcal{E})$$

也是带符号的测度 μ 的 Hahn 分解. 所以, Hahn 分解并非唯一确定的. 但若带符号的测度 μ 的有两个 Hahn 分解:

$$X = X^+ \cup X^- = Y^+ \cup Y^-,$$

则 $(X^+ \setminus Y^+) \cup (Y^+ \setminus X^+)$ 及 $(X^- \setminus Y^-) \cup (Y^- \setminus X^-)$ 均为零集, 换言之, 同一个集合的两个 Hahn 分解的两个正部的对称差是个零集, 两个负部的对称差也是个零集. 请同学自行补出这个论断的证明细节.

注 3 设 f 是 X 上的 $\mathcal{A}$-可测函数, 在 $\mathcal{A}$ 上给了一个带符号的测度 μ, 它的 Hahn 分解是 $X = X^+ \cup X^-$, 则 μ 在 X^+ 上是个 (正) 测度, 记做 μ^+; 而 $-\mu$ 在 X^- 上是个 (正) 测度, 记做 μ^-. 若

$$\min\left(\int_{X^+} |f| d\mu^+, \int_{X^-} |f| d\mu^- \right) < \infty,$$

则 f 在 X 上相对于带符号的测度 μ 的积分定义为

$$\int_X f d\mu = \int_{X^+} f d\mu^+ - \int_{X^-} f d\mu^-.$$

注 4　在注 3 中的条件 $\min\left(\int_{X^+}|f|d\mu^+,\int_{X^-}|f|d\mu^-\right)<\infty$ 满足时, 对于任何 $f\in C_0(M)$, 记

$$l(f)=\int_X fd\mu, l^+(f)=\int_{X^+}fd\mu^+, l^-(f)=\int_{X^-}fd\mu^-,$$

则 l 是 Radon 泛函, l^+ 和 l^- 是正线性泛函, 它们之间存在等式 $l=l^+-l^-$. 这个等式恰是 Radon 泛函 l 的 Jordan 分解. 请同学自行补出注 4 的论断的证明细节.

定理 11.6.17(Riesz-Kakutani 表示定理)　假设 M 是个局部紧度量空间, M 上的全体紧支集的连续函数空间 $C_0(M)$ 上的任何 Radon 泛函 l 可以表成 Jordan 分解的形式: $l=l^+-l^-$. 若

$$\min\left(\sup_{\substack{f\in C_0(M)\\ |f|\leqslant 1}} l^+(f),\ \sup_{\substack{f\in C_0(M)\\ |f|\leqslant 1}} l^-(f)\right)<\infty, \tag{11.6.26}$$

则在 M 的 Borel 代数上有一个带符号的测度 μ, 使得

$$l(f)=\int f(x)d\mu. \tag{11.6.27}$$

反之, 通过任何在 M 的 Borel 代数上有一个带符号的测度 μ 由 (11.6.27) 表示的 l 是 $C_0(M)$ 上的 Radon 泛函, 且它的正部 l^+ 和负部 l^- 满足 (11.6.26).

注　记 μ^+ 和 μ^- 分别是 l^+-测度和 l^--测度, 则条件 (11.6.26) 可改写成

$$\min(\mu^+(M),\mu^-(M))<\infty. \tag{11.6.26$'$}$$

这是因为

$$\mu^+(M)=V^+(M)=\sup_{\substack{f\in C_0(M)\\ |f|\leqslant 1}} l^+(f),\quad \mu^-(M)=V^-(M)=\sup_{\substack{f\in C_0(M)\\ |f|\leqslant 1}} l^-(f),$$

其中 V^+ 与 V^- 分别表示由 l^+ 与 l^- 产生的开集的体积.

证　由定理 11.6.15(Jordan 分解定理), 空间 $C_0(M)$ 上的每个 Radon 泛函 l 均可写成 $l=l^+-l^-$, 其中 l^+ 和 l^- 都是正线性泛函. 由定理 11.6.13 和定理 11.6.14, l^+ 和 l^- 生成测度 μ^+ 和 μ^-, 且

$$l^+(f)=\int f(x)d\mu^+,\quad l^-(f)=\int f(x)d\mu^-.$$

由条件 (11.6.26)(参看定理 11.6.17 后的注中的 (11.6.26)$'$), $\min(\mu^+(M),\mu^-(M))<\infty$. 由定义 11.6.17 后的注 3, $\mu^+-\mu^-$ 是个带符号的测度. 记 $\mu=\mu^+-\mu^-$. 根据定义 11.6.19 后的注 2, 便有

$$l(f)=\int f(x)d\mu,$$

其中 $\mu = \mu^+ - \mu^-$ 是个由 Radon 泛函 $l = l^+ - l^-$ 产生的带符号的测度. 反之, 由 (11.6.27) 表示的 l 是 $C_0(M)$ 上的 Radon 泛函且它的正部 l^+ 和负部 l^- 满足 (11.6.26) 这一点是显然的. □

作为 Riesz-Kakutani 表示定理的特例, 我们有以下推论 (文献常把这个推论称为 Riesz-Kakutani 表示定理).

推论 11.6.7(Riesz-Kakutani) 设 M 是紧的度量空间, $C(M)$ 表示 M 上连续实值函数的全体. $C(M)$ 上的范数定义为

$$|f| = \max_{x\in M}|f(x)|,$$

在赋予上述范数后, $C(M)$ 便成为一个 Banach 空间. Banach 空间 $C(M)$ 上的每个连续线性泛函 l 均可表示为

$$l(f) = \int f(x)d\mu, \tag{11.6.28}$$

其中 μ 是个由 Radon 泛函 l 产生的带符号的测度. 反之, 由 (11.6.28) 通过某个带符号的测度 μ 表示的 l 是 $C(M)$ 上的连续线性泛函.

11.6.9 概率分布的特征函数

概率论的研究对像是这样一个测度空间 $(\Omega, \mathcal{A}, \mathrm{P})$, 其中 Ω 是个非空集合, $\mathcal{A}$ 是由 Ω 的子集构成的 σ-代数, 而 P 是定义在 $\mathcal{A}$ 上的 (正) 测度, 且满足条件: $\mathrm{P}(\Omega) = 1$. 设 f 是定义在 Ω 上的实值 $\mathcal{A}$-可测函数, 概率论中常称它为实值随机变量. 实值随机变量 f 的**分布函数**定义为:

$$F(x) = \mathrm{P}(\{\omega \in \Omega : f(\omega) \leqslant x\}).$$

易见, F 是 $\mathbf{R}$ 上的单调不减的右连续函数, 且满足以下条件:

$$\lim_{x\to-\infty} F(x) = 0, \quad \lim_{x\to\infty} F(x) = 1.$$

通过分布函数 F, 在 $\mathbf{R}$ 上可以引进唯一的一个 Borel 测度 μ, 使得任何满足条件 $a \leqslant b$ 的实数对 a 和 b, 都有以下等式:

$$\mu((a, b]) = F(b) - F(a).$$

Borel 测度 μ 常记做 $\mu = dF$, 它也对应于一个 $C_0(\mathbf{R})$ 上的正线性泛函 l. 概率论对随机变量 f 的兴趣全部集中在 Borel 测度 μ 上, 也即集中在分布函数 F 上. 为了研究分布函数 F, 引进由下式定义的分布函数 F 的**特征函数**(切勿与线性算子的特征函数及集合的特征函数 (即, 集合的指示函数) 混淆!) 常常是有用的:

$$\varphi(t) = \int_{-\infty}^{\infty} \mathrm{e}^{\mathrm{i}tx} dF(x) = \int_{-\infty}^{\infty} \mathrm{e}^{\mathrm{i}tx} \mu(dx) = l(\mathrm{e}^{\mathrm{i}tx}).$$

特征函数 φ 在数学处理上比分布函数 F 通常要方便些, 至少在讨论独立随机变量和的中心极限定理时是如此.

注　分布函数 F 的特征函数 φ 可以称为测度 μ 的 Fourier 变换 (但是, 特征函数的自变量与通常的 Fourier 变换的自变量差一个适当的常数倍). 事实上, 当测度 μ 有密度 g 时: $\mu(dx)=gdx$, F 的特征函数就是

$$\varphi(t)=\int_{-\infty}^{\infty}\mathrm{e}^{\mathrm{i}tx}g(x)dx.$$

它恰是 μ 的密度 g 的 Fourier 变换. 应注意的是, 本讲义中 g 的 Fourier 变换定义为

$$\hat{g}(t)=\int_{-\infty}^{\infty}\mathrm{e}^{-2\pi\mathrm{i}tx}g(x)dx=\varphi(-2\pi t).$$

它和 F 的特征函数只在自变量上差个 -2π 倍, 这对讨论无大影响. 我们遵从概率论的习惯, F 的特征函数 φ 的定义中不用这 -2π 倍.

一个自然要问的问题是, 用 F 的特征函数 φ 来描述 F, 会不会丢失信息? 答案是否定的. 这由以下定理保证:

定理 11.6.18(概率测度分布函数的特征函数的反演公式)　设 $F=F(x)$ 是个 (概率) 分布函数, 它的特征函数是

$$\varphi(t)=\int_{-\infty}^{\infty}\mathrm{e}^{\mathrm{i}tx}dF(x).$$

我们有以下两点结论:

(i) 设 a 和 b 是两个实数, 其中 $a<b$, 且 F 在这两点处连续, 则

$$F(b)-F(a)=\lim_{c\to\infty}\frac{1}{2\pi}\int_{-c}^{c}\frac{\mathrm{e}^{-\mathrm{i}ta}-\mathrm{e}^{-\mathrm{i}tb}}{\mathrm{i}t}\varphi(t)dt;$$

(ii) 若 $\displaystyle\int_{-\infty}^{\infty}|\varphi(t)|dt<\infty$, 则概率测度分布函数 $F(x)$ 有概率密度 $f(x)$, 换言之, 有非负 Lebesgue 可积函数 f, 使得概率测度分布函数 $F(x)$ 可以写成

$$F(x)=\int_{-\infty}^{x}f(y)dy,$$

而且, 概率密度 $f(x)$ 可通过特征函数 φ 由如下的反演公式表示:

$$f(x)=\frac{1}{2\pi}\int_{-\infty}^{\infty}\mathrm{e}^{-\mathrm{i}tx}\varphi(t)dt.$$

证　(i) 记

$$\Phi_c\equiv\frac{1}{2\pi}\int_{-c}^{c}\frac{\mathrm{e}^{-\mathrm{i}ta}-\mathrm{e}^{-\mathrm{i}tb}}{\mathrm{i}t}\varphi(t)dt.$$

注意到 $\dfrac{\mathrm{e}^{-\mathrm{i}ta}-\mathrm{e}^{-\mathrm{i}tb}}{\mathrm{i}t}\mathrm{e}^{\mathrm{i}tx}$ 在 $[-c,c]\times\mathbf{R}$ 上连续有界, 且 $[-c,c]$ 上的 Lebesgue 测度与 $\mathbf{R}$ 上的概率测度 dF 的张量积在 $[-c,c]\times\mathbf{R}$ 上的测度有限: $(m\otimes dF)([-c,c]\times\mathbf{R})=$

$2c < \infty$, 用一次 Fubini-Tonelli 定理, 我们有

$$\begin{aligned}
\Phi_c &= \frac{1}{2\pi}\int_{-c}^{c}\frac{\mathrm{e}^{-\mathrm{i}ta}-\mathrm{e}^{-\mathrm{i}tb}}{\mathrm{i}t}\left[\int_{-\infty}^{\infty}\mathrm{e}^{\mathrm{i}tx}dF(x)\right]dt\\
&= \frac{1}{2\pi}\int_{-c}^{c}\left[\int_{-\infty}^{\infty}\frac{\mathrm{e}^{-\mathrm{i}ta}-\mathrm{e}^{-\mathrm{i}tb}}{\mathrm{i}t}\mathrm{e}^{\mathrm{i}tx}dF(x)\right]dt\\
&= \frac{1}{2\pi}\int_{-\infty}^{\infty}\left[\int_{-c}^{c}\frac{\mathrm{e}^{-\mathrm{i}ta}-\mathrm{e}^{-\mathrm{i}tb}}{\mathrm{i}t}\mathrm{e}^{\mathrm{i}tx}dt\right]dF(x)\\
&= \int_{-\infty}^{\infty}\Psi_c(x)dF(x),
\end{aligned}$$

其中

$$\Psi_c(x) = \frac{1}{2\pi}\int_{-c}^{c}\frac{\mathrm{e}^{-\mathrm{i}ta}-\mathrm{e}^{-\mathrm{i}tb}}{\mathrm{i}t}\mathrm{e}^{\mathrm{i}tx}dt. \tag{11.6.29}$$

不难看出,

$$\begin{aligned}
\Psi_c(x) &= \frac{1}{2\pi}\int_{-c}^{c}\frac{\sin t(x-a)-\sin t(x-b)}{t}dt\\
&= \frac{1}{2\pi}\int_{-c(x-a)}^{c(x-a)}\frac{\sin v}{v}dv - \frac{1}{2\pi}\int_{-c(x-b)}^{c(x-b)}\frac{\sin u}{u}du.
\end{aligned} \tag{11.6.30}$$

因 $\left|\dfrac{\sin v}{v}\right| \leqslant 1$, 函数

$$g(s,t) = \int_s^t \frac{\sin v}{v}dv$$

是 s 和 t 的一致连续的函数, 根据 §6.9 的练习 6.9.8, 我们有

$$\lim_{\substack{s\to-\infty\\ t\to\infty}} g(s,t) = \pi. \tag{11.6.31}$$

因此,

$$\exists C\in\mathbf{R}\forall c\in\mathbf{R}\forall x\in\mathbf{R}(|\Psi_c(x)| < C < \infty).$$

由此, 我们得到

$$\lim_{c\to\infty}\Psi_c(x) = \Psi(x),$$

其中

$$\Psi(x) = \begin{cases} 0, & \text{若 } x < a \text{ 或 } x > b,\\ \dfrac{1}{2}, & \text{若 } x = a \text{ 或 } x = b,\\ 1, & \text{若 } a < x < b.\end{cases}$$

利用 Lebesgue 控制收敛定理便得到

$$\begin{aligned}\lim_{c\to\infty}\Phi_c &= \lim_{c\to\infty}\int_{-\infty}^{\infty}\Psi_c(x)dF(x) = \int_{-\infty}^{\infty}\Psi(x)dF(x)\\ &= \mu((a,b)) + \frac{1}{2}\mu(\{a\}) + \frac{1}{2}\mu(\{b\})\\ &= F(b-0) - F(a) + \frac{1}{2}[F(a) - F(a-0) + F(b) - F(b-0)]\\ &= \frac{F(b)+F(b-0)}{2} - \frac{F(a)+F(a-0)}{2}.\end{aligned}$$

若 a 和 b 是函数 $F(x)$ 的连续点, 我们得到

$$F(b) - F(a) = \lim_{c\to\infty}\frac{1}{2\pi}\int_{-c}^{c}\frac{\mathrm{e}^{-\mathrm{i}ta} - \mathrm{e}^{-\mathrm{i}tb}}{\mathrm{i}t}\varphi(t)dt.$$

(ii) 设 $\int_{-\infty}^{\infty}|\varphi(t)|dt < \infty$. 记

$$f(x) = \frac{1}{2\pi}\int_{-\infty}^{\infty}\mathrm{e}^{-\mathrm{i}tx}\varphi(t)dt.$$

根据 Lebesgue 控制收敛定理, f 在 $[a,b]$ 上是连续函数, 因而 f 在 $[a,b]$ 上可积. 再利用 Fubini-Tonelli 定理, 当 a 和 b 是 F 的连续点时, 我们有

$$\begin{aligned}\int_a^b f(x)dx &= \int_a^b \frac{1}{2\pi}\left(\int_{-\infty}^{\infty}\mathrm{e}^{-\mathrm{i}tx}\varphi(t)dt\right)dx\\ &= \frac{1}{2\pi}\int_{-\infty}^{\infty}\varphi(t)\left[\int_a^b \mathrm{e}^{-\mathrm{i}tx}dx\right]dt\\ &= \lim_{c\to\infty}\frac{1}{2\pi}\int_{-c}^{c}\varphi(t)\left[\int_a^b \mathrm{e}^{-\mathrm{i}tx}dx\right]dt\\ &= \lim_{c\to\infty}\frac{1}{2\pi}\int_{-c}^{c}\frac{\mathrm{e}^{-\mathrm{i}ta} - \mathrm{e}^{-\mathrm{i}tb}}{\mathrm{i}t}\varphi(t)dt\\ &= F(b) - F(a),\end{aligned}$$

最后一个等式是 (i) 中得到的结论. 特别, 我们有

$$\int_{-\infty}^{x} f(y)dy = F(x).$$

□

由概率测度分布函数的 Fourier 变换的反演公式立即得到以下推论.

推论 11.6.8　概率测度分布函数 F 被它的特征函数 φ 唯一确定.

这就在理论上保证了: 为了刻画随机变量, 用概率测度分布函数的特征函数替代概率测度分布函数是不会丢失信息的.

练　　习

11.6.1　试问: 以下几个度量空间中哪些是局部紧的? 哪些不是局部紧的?

(i) $(\mathbf{R}^n, \rho)$: 对于 $\mathbf{R}^n$ 中的任何两个点 $\mathbf{x} = (x_1, \cdots, x_n), \mathbf{y} = (y_1, \cdots, y_n)$, 它

们之间的距离是 $\rho(\mathbf{x},\mathbf{y})=\sqrt{\sum_{j=1}^{n}(x_j-y_j)^2}$.

(ii) $(C_0(M),\rho)$: 其中 M 是局部紧空间, $C_0(M)$ 表示 M 上具有紧支集的实值连续函数全体. 而对于任何两个 $f,g\in C(X)$, 它们之间的距离是

$$\rho(f,g)=\max_{x\in X}|f(x)-g(x)|.$$

(iii) 离散度量空间.

11.6.2 设 M 是局部紧空间. l 是 $C_0(M)$ 上的一个正线性泛函. $\mathcal{L}^1$ 表示 M 上具有紧支集的连续函数构成的相对于范数 $|\cdot|_l$ 的 Cauchy 列全体. 证明: 若 $f=[\{c_n\}]\in\mathcal{L}^1$ 和 $g=[\{d_n\}]\in\mathcal{L}^1$ 均一致有界:

$$\exists L\in\mathbf{R}\forall x\in M\forall n\in\mathbf{N}(\max(|c_n(x)|,|d_n(x)|)\leqslant L),$$

则 $\{c_nd_n\}$ 在 l-范数意义下是 Cauchy 列.

11.6.3 记号同练习 11.6.2. 若 $f=[\{c_n\}]\in\mathcal{L}^1$ 和 $g=[\{d_n\}]\in\mathcal{L}^1$ 均一致有界, 则 $\{c_nd_n\}$ 在 l-范数意义下是 Cauchy 列. 定义 $fg=[\{c_nd_n\}]$. 证明: $fg=[\{c_nd_n\}]$ 不依赖于代表 (有界 Cauchy 列)$\{c_n\}$ 和 $\{d_n\}$ 的选择.

11.6.4 记号同练习 11.6.2. 证明: $f=[\{c_n\}]\geqslant 0, g=[\{d_n\}]\geqslant 0$ 且 $[\{c_n\}]$ 和 $[\{d_n\}]$ 均一致有界 $\Longrightarrow fg\geqslant 0$.

11.6.5 记号同练习 11.6.2. 证明:

$$\forall f\in\mathcal{L}^1\Big(l\text{-}\lim_{b\to\infty}f^b=f\Big).$$

11.6.6 设 (M,ρ) 是局部紧的度量空间, O_1 和 O_2 是 M 的开集, $\overline{O_1}\subset O_2$, 且 $\overline{O_1}$ 是紧集, 试证: 有 M 上的连续实值函数 g 满足以下三个条件:

(i) $\forall x\in O_1(g(x)=1)$;

(ii) $\forall x\in M(0\leqslant g(x)\leqslant 1)$;

(iii) $\mathrm{supp}g\subset O_2$.

11.6.7 设 M 是局部紧的度量空间.

(i) 又设 $K\subset M$ 是个紧集. 试证: 有函数 $f\in C_0(M)$, 使得 $\forall x\in M(0\leqslant f(x)\leqslant 1)$, 且 $\forall x\in K(f(x)=1)$.

(ii) $G\subset M$ 是个开集, 它的闭包 $\overline{G}$ 是紧集. 给了 $C_0(M)$ 上的一个正线性泛函 l. 试证: $V(G)<\infty$, 其中 $V(G)$ 表示对应于正线性泛函 l 的 G 的体积.

11.6.8 试把 $\mathcal{L}^1$ 中速敛列的概念推广到一般的度量空间上, 并证明: 度量空间中的任何 Cauchy 列都有速敛子列.

11.6.9 设 M 是局部紧度量空间.

(i) 又设 l 是 $C_0(M)$ 上的一个正线性泛函, μ 是由 l 产生的测度, S 是个闭包为紧集的 M 的子集. 试证: $\mu^*(S)<\infty$.

(ii) 又设 l 是 $C_0(M)$ 上的一个正线性泛函, μ 是由 l 产生的测度, $K\subset M$ 是个紧集. 试证: $\mu(K)<\infty$.

11.6.10　设 M 是局部紧度量空间, l 是 $C_0(M)$ 上的一个正线性泛函. 设 $\{c_{n_k}\}$ 和 $\{c_{m_k}\}$ 是 $C_0(M)$ 关于 l-范数的 Cauchy 列 $\{c_n\}$ 的两个速敛子列, 试证: $\lim\limits_{k\to\infty} c_{n_k}(x) = \lim\limits_{k\to\infty} c_{m_k}(x), a.e.$.

11.6.11　我们愿意先引进一个 (以前也曾提及过的) 概念:

定义 11.6.20　局部紧度量空间 M 称为 **σ-紧空间**, 若 $M = \bigcup\limits_{n=1}^{\infty} K_n$, 其中 $K_n(n=1,2.\cdots)$ 是有限个或可数个紧集.

试问:

(a) 欧氏空间 $\mathbf{R}^n$ 是 σ-紧空间吗?

(b) 赋予离散度量后的 $\mathbf{R}$ 是 σ-紧空间吗? 所谓离散度量是指如下定义的度量:

$$\rho(x,y) = \begin{cases} 0, & 若\ x = y, \\ 1, & 若\ x \neq y. \end{cases}$$

11.6.12　试证:

(i) 局部紧度量空间 M 为 σ-紧空间的充分必要条件是: $M = \bigcup\limits_{n=1}^{\infty} O_n$, 其中 O_n 是开集, 且 $\overline{O_n}$ 是紧集.

(ii) 设 M 是局部紧度量空间, $K_1 \subset K_2 \subset \cdots \subset K_n \subset \cdots$ 是 M 的一串单调递增的紧子集, 则有 M 的一串单调递增的开子集 $G_1 \subset G_2 \subset \cdots \subset G_n \subset \cdots$, 使得

(a) 每个 $\overline{G}_n$ 是紧的;

(b) 对于每个自然数 n, 有 $\overline{G}_n \subset G_{n+1}$;

(c) 对于每个自然数 n, 有 $K_n \subset G_n$.

11.6.13　设 $f, g \in \mathcal{L}^1$, 试证: $f \leqslant g \Longleftrightarrow f(x) \leqslant g(x), a.e.$.

11.6.14　证明: Jordan 分解定理 (定理 11.6.15) 的证明中构造的分解是最小的.

11.6.15　用 Jordan 分解定理中的记号. 记 $|l| = l^+ + l^-$. 试证:

(i) $\forall f \in C_0(f \geqslant 0 \Longrightarrow |l|(f) = \sup\limits_{\substack{|h|\leqslant f \\ h\in C_0}} l(h))$;

(ii) $|l_1 + l_2| \leqslant |l_1| + |l_2|$.

*§11.7　补充教材三: 广义函数的初步介绍

英国物理学家 **Dirac** 在他著名的《量子力学原理》一书中引进了以下的 "反常函数"(improper function)$\delta(x)$: 它是定义在 $\mathbf{R}$ 上的, 并具有以下两条性质:

(i) $\forall x \neq 0(\delta(x) = 0)$, 但 $\delta(0) = \infty$;

(ii) $\displaystyle\int_{-\infty}^{\infty} \delta(x)dx = 1$.

现在人们称这个"反常函数"为 **Dirac δ函数**. 当然, 它不属于我们在第一册中所定义的传统函数概念的范畴. Dirac 利用这个"反常函数"讨论量子力学中的问题, 特别是连续谱问题时, 感到非常方便. **John von Neumann** 在他的《量子力学的数学基础》一书中警告说, 把理论建立在这样一个虚构的数学概念 (指 Dirac δ 函数) 上是危险的. 他摒弃了这个"虚构的数学概念", 而把量子力学严格地建立在他自己刚刚建立起来的 Hilbert 空间上无界自伴算子的谱理论上. John von Neumann 成功地实现了量子力学逻辑基础的严格化, 但是他没有认识到 Dirac 这个十分有用的"虚构的数学概念"恰是重要的而且完全可以建立在严格逻辑基础上的数学概念的一颗种子, 这个数学概念就是广义函数.

远在 19 世纪, 英国工程师 **Heaviside** 在创建他的**运算微积**时就已大胆地突破传统的函数概念, 进行未经严格逻辑验证但却非常方便的数学运算. 在研究偏微分方程时, 人们常常突破传统的函数概念引进**广义解**的概念. 这里有 **Leray** 关于 Navier-Stokes 方程组的**湍流解**, **Bochner** 的**弱解**, **Sobolev, Friedrichs** 和 **Krylov** 等人的**广义导数**的概念, 以及 **Hadamard** 关于**发散积分的有限部分**的概念等. 在 Fourier 变换的研究中, **Bochner, Carleman** 和 **de Beurling** 互相独立地, 但十分相似地突破了传统的函数概念, 引进了"广义 Fourier 变换"的概念. 还有 **L.C.Young** 的**广义曲面**, **Fantappié** 的**解析泛函**和 **Mikusinski** 的**运算微积**等都是从不同的角度出发, 进行了突破传统函数概念的相当成功的尝试.

从以上 (极不完全) 的介绍中已可看出, 严格地或不严格地突破传统的函数概念在 20 世纪的上半叶已形成汹涌澎湃的浪潮. 将所有这些突破传统的函数概念的努力统一起来, 建立新的"广义函数"的理论的要求已迫在眉睫了. 1946 年法国数学家 **L.Schwartz** 总结了前人突破传统函数概念的工作, 以他和 **J.Dieudonné** 刚刚合作完成 (尚未发表) 的线性拓扑空间理论为工具建立了广义函数理论, 出色地完成了统一并提炼前人工作的使命. 现在广义函数已成为纯粹数学与应用数学不可缺少的工具, 在数学界及物理学界被广泛使用. 本节的目的是扼要地介绍 L.Schwartz 漂亮的广义函数理论的轮廓.

11.7.1 广义函数的定义和例

受 Riesz-Kakutani 表示定理 (定理 11.6.17 和推论 11.6.7) 和 L^p 空间上的连续线性泛函表示定理 (F.Riesz 表示定理 (定理 10.7.8)) 的启发, 我们用以下的方式引进广义函数的概念:

定义 11.7.1 设 C_0^∞ 表示 $\mathbf{R}^m$ 上所有无穷次连续可微的具有紧支集的复值函数组成的线性空间. C_0^∞ 中的函数列 $\{u_n\}$ 称为在 C_0^∞ 中收敛于 u, 假若以下两个条件得以满足:

(i) 有 $\mathbf{R}^m$ 中的紧集 K, 使得

$$\forall n \in \mathbf{N}(\text{supp}u_n \subset K);$$

(ii) 对于任何重指标 $\boldsymbol{\alpha}$, 以下的极限在 $\mathbf{R}^m$ 上是一致收敛的:

$$\lim_{n\to\infty} D^{\boldsymbol{\alpha}} u_n = D^{\boldsymbol{\alpha}} u.$$

条件 (ii) 可以改述为:

(ii') 对于任何重指标 $\boldsymbol{\alpha}$, 有

$$\lim_{n\to\infty} \sup_{\mathbf{x}\in\mathbf{R}^m} |D^{\boldsymbol{\alpha}} u_n(\mathbf{x}) - D^{\boldsymbol{\alpha}} u(\mathbf{x})| = 0.$$

函数列 $\{u_n\}$ 在 C_0^∞ 中 (按以上意义) 收敛于 u 常记做

$$C_0^\infty\text{-}\lim_{n\to\infty} u_n = u.$$

定义 11.7.2　$\mathbf{R}^m$ 上的**广义函数**是 C_0^∞ 上的复值连续线性泛函 l. 换言之, l 是满足以下条件的映射 $l: C_0^\infty \to \mathbf{C}$:

(i) $\forall u, v \in C_0^\infty \forall a, b \in \mathbf{C}(l(au+bv) = al(u) + bl(v))$;

(ii) $C_0^\infty\text{-}\lim\limits_{n\to\infty} u_n = u \Longrightarrow \lim\limits_{n\to\infty} l(u_n) = l(u)$.

$\mathbf{R}^m$ 上的全体广义函数构成的线性空间记做 $(C_0^\infty)'$.

以上关于线性泛函 l 连续的条件 (ii) 可以用以下更确切的形式表述:

定理 11.7.1　给了广义函数 l 和紧集 $K \subset \mathbf{R}^m$, 则有一个 $N(K) \in \mathbf{N}$ 和 $c(K) > 0$, 使得任何 C_0^∞ 中的函数 u, 只要 $\text{supp}u \subset K$, 便有

$$|l(u)| \leqslant c(K)|u|_{N(K)}, \tag{11.7.1$_1$}$$

其中

$$|u|_{N(K)} = \max_{|\boldsymbol{\alpha}|\leqslant N(K)} \sup_{\mathbf{x}\in\mathbf{R}^m} |D^{\boldsymbol{\alpha}} u(\mathbf{x})|. \tag{11.7.1$_2$}$$

证　给定了广义函数 l 和紧集 $K \subset \mathbf{R}^m$, 假若没有 $c(K)$ 和 $N(K)$ 使得不等式 $(11.7.1)_1$ 成立, 换言之, 对于任何自然数 n, 有一个 C_0^∞ 中的函数 u_n 使得以下三个命题同时成立:

$$\text{supp}u_n \subset K, \quad l(u_n) = 1, \quad |u_n|_n \equiv \max_{|\boldsymbol{\alpha}|\leqslant n} \sup_{\mathbf{x}\in\mathbf{R}^m} |D^{\boldsymbol{\alpha}} u(\mathbf{x})| < 1/n.$$

注意到以下不难检验的事实:

$$\forall u \in C_0^\infty (n \geqslant m \Longrightarrow |u|_n \geqslant |u|_m),$$

由关于 u_n 的三个同时成立的命题中的第一个命题及最后一个不等式, 便有

$$C_0^\infty\text{-}\lim_{n\to\infty} u_n = 0.$$

广义函数 l 应满足定义 11.7.2 中的 (ii), 因而

$$\lim_{n\to\infty} l(u_n) = 0.$$

但这与关于 u_n 的三个同时成立的命题中的第二个命题 $l(u_n) = 1$ 矛盾.　□

注 定理 11.7.1 的逆定理也成立, 换言之, 假若 C_0^∞ 上的线性泛函 l 满足以下条件: 对于任何紧集 $K\subset\mathbf{R}^n$, 有一个 $N(K)\in\mathbf{N}$ 和 $c(K)>0$, 使得任何 C_0^∞ 中的函数 u, 只要 $\mathrm{supp}u\subset K$, 便有

$$|l(u)|\leqslant c(K)|u|_{N(K)}, \tag{11.7.1$'_1$}$$

其中

$$|u|_{N(K)}=\max_{|\boldsymbol{\alpha}|\leqslant N(K)}\sup_{\mathbf{x}\in\mathbf{R}^n}|D^{\boldsymbol{\alpha}}u(\mathbf{x})|, \tag{11.7.1$'_2$}$$

则 l 便是广义函数. 请同学自行证明这个逆定理.

作为线性泛函的广义函数 l 有时也用以下记法表示:

$$l(u)=(u,l). \tag{11.7.1$'_3$}$$

定义 11.7.3 设 f 是定义在 $\mathbf{R}^m$ 上的函数. 若对于任何 $r>0$, 函数 $\mathbf{1}_{\mathbf{B}(\mathbf{0},r)}\cdot f\in L^1(\mathbf{R}^m,m)$($\mathbf{1}_{\mathbf{B}(\mathbf{0},r)}$ 表示 $\mathbf{B}(\mathbf{0},r)$ 的指示函数), f 便称为在 $\mathbf{R}^m$ 上是局部可积的, 记做 $f\in L^1_{\mathrm{loc}}$.

例 11.7.1 设 $f\in L^1_{\mathrm{loc}}$, 定义 C_0^∞ 上的线性泛函 l_f 如下: 对于任何 $u\in C_0^\infty$,

$$l_f(u)=\int ufm(d\mathbf{x})=(u,l_f).$$

线性泛函 l_f 的连续性留作练习请同学自行证明 (参看练习 11.7.1). 不难看出, 映射

$$i:L^1_{\mathrm{loc}}\to(C_0^\infty)',\quad i(f)=l_f$$

是单射. 为了方便, 我们常常把 f 和 l_f 看成同一个东西, 换言之, 我们把 i 看成是 L^1_{loc} 到 $(C_0^\infty)'$ 的嵌入映射: $i(L^1_{\mathrm{loc}})=L^1_{\mathrm{loc}}$. 作了这样的约定后, 作为线性泛函的广义函数 l_f 可以写做 $l_f(u)=(u,l_f)=(u,f)$. 在这样的约定下, 我们有 $L^1_{\mathrm{loc}}\subset(C_0^\infty)'$. 特别, $C(\mathbf{R}^m)\subset(C_0^\infty)'$.

例 11.7.2 **Dirac δ函数** (简称 **δ函数**) 定义为如下的广义函数: 对于任何 $u\in C_0^\infty$,

$$\delta(u)=(u,\delta)=u(\mathbf{0}).$$

线性泛函 δ 的连续性留作练习请同学自行证明 (参看练习 11.7.2).

例 11.7.3 函数 $1/x$ 在 $\mathbf{R}$ 上并非局部可积的函数, 因而它不属于例 11.7.1 讨论的范畴. 但它仍以下述形式对应于一个广义函数, 这个广义函数称为 $1/x$ 的 **Cauchy 主值**(简称**主值**), 记做 $\mathrm{PV}\dfrac{1}{x}$: 对于任何 $u\in C_0^\infty$,

$$\begin{aligned}\left(\mathrm{PV}\frac{1}{x}\right)(u)&=\left(u,\mathrm{PV}\frac{1}{x}\right)=\mathrm{PV}\int\frac{u(x)}{x}m(dx)\\&\equiv\lim_{\varepsilon\to0+}\left[\int_{-\infty}^{-\varepsilon}\frac{u(x)}{x}m(dx)+\int_{\varepsilon}^{\infty}\frac{u(x)}{x}m(dx)\right].\end{aligned}$$

我们要证明等式右端定义的泛函确是广义函数, 换言之, 应证明以下三点: (i) 右端的极限存在且有限, (ii) 它关于 u 是线性的和 (iii) 它关于 u 在 C_0^∞ 中是连续的. 通过换元我们得到以下的等式:

$$\begin{aligned}&\lim_{\varepsilon\to 0+}\left[\int_{-\infty}^{-\varepsilon}\frac{u(x)}{x}m(dx)+\int_{\varepsilon}^{\infty}\frac{u(x)}{x}m(dx)\right]\\&=\lim_{\varepsilon\to 0+}\int_{\varepsilon}^{A}\left[\frac{u(x)-u(-x)}{x}\right]m(dx),\end{aligned}\tag{11.7.2}$$

其中 A 是个这样的常数, 使得 $\text{supp}u\subset[-A,A]$. 利用 Lagrange 中值定理, 右端积分的被积函数服从以下的估计:

$$\left|\frac{u(x)-u(-x)}{x}\right|\leqslant 2\sup_{|\xi|\leqslant A}|u'(\xi)|,$$

由此, 所要证明的 (i), (ii) 和 (iii) 这三条结论全得到了 (请同学补出证明的细节).

例 11.7.4 定义泛函 l 如下: 对于任何 $u\in C_0^\infty$,

$$l(u)=\lim_{\varepsilon\to 0+}\left[\int_{\varepsilon}^{\infty}u(x)x^{-3/2}dx-2u(0)\varepsilon^{-1/2}\right].\tag{11.7.3}$$

我们来证明 l 是 C_0^∞ 上的连续线性泛函: 对于任何 $u\in C_0^\infty$, 我们有

$$\begin{aligned}&\int_{\varepsilon}^{\infty}u(x)x^{-3/2}dx-2u(0)\varepsilon^{-1/2}\\&=\int_{\varepsilon}^{1}u(x)x^{-3/2}dx-2u(0)\varepsilon^{-1/2}+\int_{1}^{\infty}u(x)x^{-3/2}dx\\&=\int_{\varepsilon}^{1}[u(0)+(u(x)-u(0))]x^{-3/2}dx-2u(0)\varepsilon^{-1/2}+\int_{1}^{\infty}u(x)x^{-3/2}dx\\&=u(0)\frac{x^{-1/2}}{-1/2}\bigg|_{\varepsilon}^{1}+\int_{\varepsilon}^{1}(u(x)-u(0))x^{-3/2}dx-2u(0)\varepsilon^{-1/2}+\int_{1}^{\infty}u(x)x^{-3/2}dx\\&=-2u(0)+\int_{\varepsilon}^{1}(u(x)-u(0))x^{-3/2}dx+\int_{1}^{\infty}u(x)x^{-3/2}dx,\end{aligned}$$

右端的第一和第三项与 ε 无关. 利用 Newton-Leibniz 公式, 我们有

$$\left|(u(x)-u(0))x^{-3/2}\right|=\left|\int_0^x u'(t)dt\cdot x^{-3/2}\right|\leqslant\sup_{t\in\mathbf{R}}|u'(t)|\cdot|x^{-1/2}|.$$

因 $|\sup\limits_{t\in\mathbf{R}}|u'(t)|<\infty$ 有界而 $|x^{-1/2}|$ 在 $[0,1]$ 上可积, 故 $\lim\limits_{\varepsilon\to 0+}\int_{\varepsilon}^{1}(u(x)-u(0))x^{-3/2}dx$ 存在且有限. 利用刚才得到的不等式不难看出, 这个极限是 C_0^∞ 上的连续泛函 (请同学补出证明的细节). 因此, (11.7.3) 中定义的 l 是 C_0^∞ 上的连续线性泛函.

注 如上定义的 $l(u)$ 称为发散积分 $\int_0^\infty u(x)x^{-3/2}dx$ 的有限部分 (这个概

念属于法国数学家 Hadamard, 他用法语 **parties finies** 的缩写 Pf. 表示有限部分), 记做

$$(u, \mathrm{Pf}.x^{-3/2}) = \mathrm{Pf}.\int_0^\infty u(x)x^{-3/2}dx = \lim_{\varepsilon\to 0+}\left[\int_\varepsilon^\infty u(x)x^{-3/2}dx - 2u(0)\varepsilon^{-1/2}\right],$$

这里泛函 l 也记做 $l = \mathrm{Pf}.x^{-3/2}$. 法国数学家 **Hadamard** 在研究双曲型偏微分方程的 Cauchy 问题时提出了发散积分有限部分的概念. 他关于一般的发散积分有限部分的概念是这样定义的:

定义 11.7.4 假设 g 在任何区间 $(a+\varepsilon, b), \varepsilon > 0$ 上可积, 但在区间 (a, b) 上不可积, 且假设 g 具有以下形式;

$$g(x) = \sum_\nu \frac{A_\nu}{(x-a)^{\lambda_\nu}} + h(x), \quad \Re\lambda_\nu \geqslant 1,$$

其中 $h(x)$ 在区间 (a, b) 上可积. 这时我们有

$$\int_{a+\varepsilon}^b g(x)m(dx) = \sum_\nu \frac{A_\nu}{\lambda_\nu - 1}\left(\frac{1}{\varepsilon}\right)^{\lambda_\nu - 1} + F(\varepsilon),$$

其中

$$F(\varepsilon) = \int_{a+\varepsilon}^b h(x)m(dx) - \sum_\nu \frac{A_\nu}{\lambda_\nu - 1}\left(\frac{1}{b-a}\right)^{\lambda_\nu - 1}.$$

易见, $F(\varepsilon)$ 在 $\varepsilon \to 0+$ 时是收敛于一个有限数 F 的. Hadamard 定义**发散积分** $\int_a^b g(x)m(dx)$ 的**有限部分为**

$$F = \mathrm{Pf}.\int_a^b g(x)m(dx) = \int_a^b h(x)m(dx) - \sum_\nu \frac{A_\nu}{\lambda_\nu - 1}\left(\frac{1}{b-a}\right)^{\lambda_\nu - 1}.$$

根据上面的讨论, 发散积分 $\int_a^b g(x)m(dx)$ 的有限部分也可写成

$$F = \mathrm{Pf}.\int_a^b g(x)m(dx) = \lim_{\varepsilon\to 0+}\left[\int_{a+\varepsilon}^b g(x)m(dx) - \sum_\nu \frac{A_\nu}{\lambda_\nu - 1}\left(\frac{1}{\varepsilon}\right)^{\lambda_\nu - 1}\right].$$

在以上讨论中, 我们假设 $\lambda_\nu - 1 \neq 0$(不然, 分母上出现 $\lambda_\nu - 1$ 就无意义了). 当 $\lambda_\nu - 1 = 0$ 时, 我们常作这样的约定: $\dfrac{\varepsilon^0}{0}$ 应换成 $\ln\varepsilon$. 在这个约定下, 以上得到的 Hadamard 发散积分有限部分的公式便有意义了.

在练习 11.7.5 到练习 11.7.13 中有关于 Hadamard 有限部分的具体的例.

我们愿意将定义 11.7.2 中的 $\mathbf{R}^m$ 上的广义函数概念推广为 $\mathbf{R}^m$ 的任何开集 D 上的广义函数概念.

定义 11.7.5　设 D 是 $\mathbf{R}^m$ 的一个开集. C_D^∞ 表示 D 上所有的无穷次连续可微的具有紧支集的复值函数组成的线性空间. C_D^∞ 中的函数列 $\{u_n\}$ 称为在 C_D^∞ 中是收敛于 u 的, 假若有 D 中的紧集 K, 使得

$$\forall n \in \mathbf{N}(\mathrm{supp} u_n \subset K),$$

且对于任何重指标 $\boldsymbol{\alpha}$, 以下的极限在 D 上是一致收敛的:

$$\lim_{n\to\infty} D^{\boldsymbol{\alpha}} u_n = D^{\boldsymbol{\alpha}} u.$$

函数列 $\{u_n\}$ 在 C_D^∞ 中收敛于 u 常记做

$$C_D^\infty\text{-}\lim_{n\to\infty} u_n = u.$$

D 上的**广义函数**是 C_D^∞ 上的复值连续线性泛函 l. 换言之, l 是满足以下条件的映射 $l: C_D^\infty \to \mathbf{C}$:

(i) $\forall u, v \in C_D^\infty \forall a, b \in \mathbf{C}(l(au+bv) = al(u) + bl(v))$;

(ii) $C_D^\infty\text{-}\lim\limits_{n\to\infty} u_n = u \Longrightarrow \lim\limits_{n\to\infty} l(u_n) = l(u)$.

为了方便, 我们以后只讨论 $D = \mathbf{R}^m$ 的情形. 极大多数在 $\mathbf{R}^m$ 上的讨论都可以搬到开集 $D \subset \mathbf{R}^m$ 上来.

11.7.2　广义函数的运算

广义函数之所以在 L.Schwartz 给出它的确切定义之前就被物理学家和工程师们广泛使用, 原因是它在一定的条件下能像普通函数那样方便地进行运算, 有时甚至比普通函数更为方便地进行运算并由此得到限制在普通函数的范畴内进行运算时难于得到的结果. 本小节将介绍在广义函数上可进行的最常用的几种运算.

定义 11.7.6　给了线性算子 $\mathbf{S}: C_0^\infty \to C_0^\infty$, $\mathbf{S}$ 的**转置** $\mathbf{S}'$ 是 $C_0^\infty \to C_0^\infty$ 满足以下方程的线性算子: 对于任何 $u, v \in C_0^\infty$, 有

$$(\mathbf{S}'u, v) = (u, \mathbf{S}v),$$

这里的 $(\cdot,\cdot)$ 表示 $C_0^\infty \times C_0^\infty$ 上的对称双线性泛函:

$$(u, v) = \int u(\mathbf{x}) v(\mathbf{x}) m(d\mathbf{x}).$$

因此, $\mathbf{S}$ 的转置 $\mathbf{S}'$ 应满足的方程是

$$\int (\mathbf{S}'u)(\mathbf{x}) v(\mathbf{x}) m(d\mathbf{x}) = \int u(\mathbf{x}) (\mathbf{S}v)(\mathbf{x}) m(d\mathbf{x}).$$

注　假若把嵌入关系 $C_0^\infty \subset (C_0^\infty)'$ 考虑进去, 则以上定义的 $C_0^\infty \times C_0^\infty$ 上的对称双线性泛函 $(\cdot,\cdot)$ 可以理解成 $C_0^\infty \times (C_0^\infty)'$ 上的双线性泛函 $(\cdot,\cdot)$(参看定义 11.7.3 之前的表示式) 在 $C_0^\infty \times C_0^\infty$ 上的限制.

不难证明以下性质：

(i) 假若 $\mathbf{S}'$ 存在，$\mathbf{S}'$ 是唯一确定的；

(ii) 假若 $\mathbf{S}'$ 存在，则 $\mathbf{S}''$ 存在，且 $\mathbf{S}''=\mathbf{S}$；

(iii) 假若 $\mathbf{S}_1'$ 和 $\mathbf{S}_2'$ 存在，则对于任何复数 a 和 b, $(a\mathbf{S}_1+b\mathbf{S}_2)'$ 也存在，且

$$(a\mathbf{S}_1+b\mathbf{S}_2)'=a\mathbf{S}_1'+b\mathbf{S}_2';$$

(iv) 假若 $\mathbf{S}_1'$ 和 $\mathbf{S}_2'$ 存在，则 $(\mathbf{S}_1\circ\mathbf{S}_2)'$ 也存在，且 $(\mathbf{S}_1\circ\mathbf{S}_2)'=\mathbf{S}_2'\circ\mathbf{S}_1'$.

这四条性质的证明和线性代数中转置矩阵对应性质的证明一样，请同学自行完成.

定理 11.7.2(扩张定理) 假设算子 $\mathbf{S}:C_0^\infty\to C_0^\infty$ 具有以下两条性质：

(i) $\mathbf{S}:C_0^\infty\to C_0^\infty$ 是连续线性算子；

(ii) $\mathbf{S}$ 的转置 $\mathbf{S}'$ 存在且是 $C_0^\infty\to C_0^\infty$ 的连续线性算子，

则对于任何 $l\in(C_0^\infty)'$, 有唯一的一个满足以下等式的广义函数 $\mathbf{S}l$：

$$\forall v\in C_0^\infty((\mathbf{S}'v,l)=(v,\mathbf{S}l)). \tag{11.7.4}$$

这样，我们定义了一个线性映射 $\mathbf{S}:(C_0^\infty)'\to(C_0^\infty)'$, 它是线性映射 $\mathbf{S}:C_0^\infty\to C_0^\infty$ 把定义域和目标域都由 C_0^∞ 换成 $(C_0^\infty)'$ 后的扩张.

证 按假设，$\mathbf{S}'$ 是 $C_0^\infty\to C_0^\infty$ 的连续线性算子. 由此，作为两个连续映射的复合，(11.7.4) 的左端是 C_0^∞ 上的连续线性泛函：$C_0^\infty\ni v\mapsto(\mathbf{S}'v,l)\in\mathbf{C}$, 因而满足 (11.7.4) 的广义函数 $\mathbf{S}l$ 是存在的. 唯一性显然. □

这个非常简单的定理却包括了许多在函数论和微分方程中十分有用的算子的定义域和目标域由 C_0^∞ 到 $(C_0^\infty)'$ 的扩张的例：

例 11.7.5 设 $f\in C^\infty$, 则映射 $C_0^\infty\ni u\mapsto fu\in C_0^\infty$ 是线性连续的. 这个映射的转置就是它自己. 利用扩张定理，我们得到映射 $(C_0^\infty)'\ni l\mapsto fl\in(C_0^\infty)'$. 换言之，**无穷次连续可微函数可以与广义函数相乘**. 乘积当然是广义函数，它由下式确定：

$$(u,fl)=(fu,l).$$

例 11.7.6 求导运算 $\mathbf{S}=D_i=\partial/\partial x_i$ 将 C_0^∞ 连续线性地映入自身，利用分部积分公式，它的转置 $\mathbf{S}'=-\mathbf{S}$. 利用扩张定理，我们得到了求导算子在广义函数空间 $(C_0^\infty)'$ 上的扩张，换言之，任何**广义函数的导数**都是存在的，当然广义函数的导数也是广义函数，它由公式

$$(u,D_il)=-(D_iu,l)$$

确定. 广义函数永远可以求导也许是广义函数最重要的优点之一. 由于广义函数求导运算的重要性，我们举一个最简单的例来说明它.

以下定义的函数 Y 是 $\mathbf{R}$ 上的局部可积函数：

$$Y(x)=\begin{cases}1, & 若\ x>0,\\ 0, & 若\ x\leqslant 0.\end{cases}$$

函数 Y 常被称为 Heaviside 函数, 它是英国工程师 **Heaviside** 在研究他的运算微积时引进的. 作为 $\mathbf{R}$ 上的局部可积函数, Y 可以看成一个广义函数. 为了方便, 我们仍以 Y 表示这个广义函数: 对于任何 $c \in C_0^\infty$,

$$Y(c) = (c, Y) = \int_{-\infty}^{\infty} Y(x)c(x)dx = \int_0^{\infty} c(x)dx.$$

现在我们求一下广义函数 Y 的导数 Y'. Y' 是广义函数, 我们要寻找的是: , 对于任何 $c \in C_0^\infty$,

$$(c, Y') = ?$$

按照广义函数的导数的公式, 我们有

$$(c, Y') = -(c', Y) = -\int_0^{\infty} c'(x)dx = c(0) = (c, \delta).$$

换言之, 我们有

$$Y' = \delta.$$

例 11.7.7 平移算子 $(\mathbf{T_a}u)(\mathbf{x}) = u(\mathbf{x} - \mathbf{a})$ 将 C_0^∞ 连续线性地映入自身, 不难看出, $\mathbf{T}'_\mathbf{a} = \mathbf{T}_{-\mathbf{a}}$. 利用扩张定理, **广义函数也可平移**, 它由下式确定:

$$(u, \mathbf{T_a}l) = (\mathbf{T}_{-\mathbf{a}}u, l).$$

光滑函数 f 的平移算子与求导算子之间有以下的关系: 设 $\mathbf{e}_i = (\delta_{i1}, \delta_{i2}, \cdots, \delta_{in})$, 则我们有

$$D_i f = \lim_{\lambda \to 0} \frac{\mathbf{T}_{-\lambda \mathbf{e}_i} f - f}{\lambda}.$$

广义函数的平移算子与广义函数的求导算子之间也有着相应的关系:

$$\forall u \in C_0^\infty \forall l \in (C_0^\infty)' \left((u, D_i l) = \lim_{\lambda \to 0} \left(u, \frac{\mathbf{T}_{-\lambda \mathbf{e}_i} l - l}{\lambda} \right) \right).$$

这个公式的证明留作练习了 (参看练习 11.7.6).

注 设 $\{l_n\}_{n=1}^\infty$ 是一列广义函数而 l 是一个广义函数, 若以下条件满足:

$$\forall u \in C_0^\infty \Big(\lim_{n \to \infty} (u, l_n) = (u, l) \Big),$$

则我们说: 当 $n \to \infty$ 时, 广义函数 l_n w^*-**收敛**于广义函数 l, 或称**弱 * 收敛**于广义函数 l. 依赖于某连续参数的广义函数的弱收敛概念可相仿地定义. 例 11.7.7 最后的极限等式告诉我们: 当 $\lambda \to 0$ 时, $\dfrac{\mathbf{T}_{-\lambda \mathbf{e}_i} l - l}{\lambda}$ 弱 * 收敛于 $D_i l = \dfrac{\partial l}{\partial x_i}$. 这使得广义函数的 (偏) 导数与差商的关系和光滑函数的 (偏) 导数与差商的关系几乎一样.

例 11.7.8 中心反射算子 $(\mathbf{S}u)(\mathbf{x}) = u(-\mathbf{x})$ 的转置是 $\mathbf{S}' = \mathbf{S}$. 对于**广义函数 l 的中心反射**应由下式确定:

$$(u, \mathbf{S}l) = (\mathbf{S}u, l).$$

例 11.7.9 设 v 是具有紧支集的 $\mathbf{R}^n$ 上的 Lebesgue 可积函数, 则对于任何 $u \in C_0^\infty$, v 与 u 的卷积 (参看第二册 §10.9 的练习 11.7.3) 定义为

$$(\mathbf{T}u)(\mathbf{x}) = (v * u)(\mathbf{x}) = \int_{\mathbf{R}^n} v(\mathbf{y})u(\mathbf{x}-\mathbf{y})m(d\mathbf{y}).$$

不难检验, $\mathbf{T}$ 是 $C_0^\infty \to C_0^\infty$ 的连续线性映射, 且它的转置是

$$\mathbf{T}'u = \int_{\mathbf{R}^n} w(\mathbf{y})u(\mathbf{x}-\mathbf{y})m(d\mathbf{y}),$$

其中 $w(\mathbf{y}) = v(-\mathbf{y})$(请同学自行完成这些命题的检验). 由扩张定理, **广义函数 l 与具有紧支集的 $\mathbf{R}^n$ 上 Lebesgue 可积函数 v 的卷积**$v * l \in (C_0^\infty)'$ 是如下定义的: 对于任何 $u \in C_0^\infty$,

$$(u, v * l) = (w * u, l),$$

其中 $w(\mathbf{y}) = v(-\mathbf{y})$. 稍后, 我们还要给出广义函数与具有紧支集的广义函数之间的卷积的定义.

例 11.7.10 假设 ϕ 是 $\mathbf{R}^n$ 到自身的无穷次连续可微的微分同胚. 当然, 它和它的逆映射 $\psi = \phi^{-1}$ 把紧集映成紧集. 引进如下定义的映射 $\mathbf{T}: C_0^\infty \to C^\infty$:

$$(\mathbf{T}u)(\mathbf{x}) = u(\phi(\mathbf{x})) = u \circ \phi(\mathbf{x}),$$

不妨称这个映射为**换元映射**. 不难检验, 这个映射 $\mathbf{T}$ 将 C_0^∞ 连续线性地映入自身, 而且映射 $\mathbf{T}$ 的转置是映射 $(\mathbf{T}'v)(\mathbf{y}) = v(\psi(\mathbf{y}))J_\psi(\mathbf{y})$, 其中 J_ψ 是映射 ψ 的 Jacobi 行列式. 易见, $\mathbf{T}'$ 将 C_0^∞ 连续线性地映入自身. 由扩张定理, **换元映射 $\mathbf{T}$ 的定义域可扩张成广义函数空间**$(C_0^\infty)'$, 它作用在广义函数 $l \in (C_0^\infty)'$ 上的值是如下确定的: 对于任何 $u \in C_0^\infty$,

$$(u, \mathbf{T}l) = (\mathbf{T}'u, l) = (u(\psi(\mathbf{x}))J_\psi(\mathbf{x}), l).$$

应注意的是: 并非任何两个广义函数的乘积都有意义, 例如, $\delta^2(\mathbf{x})$(在 L. Schwartz 的广义函数的框架中) 是无意义的. 广义函数与不可逆的无限多次连续可微的映射的复合也可能是无意义的, 例如, $\delta(\mathbf{x}^2)$(在 L.Schwartz 的广义函数理论的框架中) 是无意义的. 并非任何两个广义函数的卷积都有意义, 事实上任何两个普通函数的卷积也可能无意义, 例如, $1 * 1$ 就无意义.

分别在 $\mathbf{R}^m$ 和 $\mathbf{R}^p$ 上定义的两个可积函数 $f(\mathbf{x})$ 和 $g(\mathbf{y})$ 的**张量积**是 $\mathbf{R}^m \times \mathbf{R}^p$ 上如下定义的函数:

$$f \otimes g(\mathbf{x}, \mathbf{y}) = f(\mathbf{x}) \cdot g(\mathbf{y}).$$

可以把上述两个可积函数的张量积概念推广成两个广义函数的张量积的概念. **广义函数的张量积**的涵义是这样的: 设 l_1 和 l_2 分别是 $\mathbf{R}^m$ 和 $\mathbf{R}^p$ 上的广义函数, 它们的张量积是如下定义的 $C_0^\infty(\mathbf{R}^{m+p}))'$ 中的元素: 对于任何 $u(\mathbf{x}, \mathbf{y}) \in C_0^\infty(\mathbf{R}^{m+p})$,

$$l_1 \otimes l_2(u(\mathbf{x}, \mathbf{y})) = l_1(l_2(u(\mathbf{x}, \mathbf{y}))),$$

其中 $l_2(u(\mathbf{x},\mathbf{y}))$ 表示线性泛函 l_2 作用于 $\mathbf{y}$ 的函数 ($\mathbf{x}$ 看做参数)$u(\mathbf{x},\mathbf{y})$ 的值, $l_2(u(\mathbf{x},\mathbf{y}))$ 又是 $\mathbf{x}$ 的 C_0^∞ 函数 (请同学自行补证).

同学可以利用 Stone-Weierstrass 逼近定理去 证明以下的逼近定理:

辅助用的逼近定理　$\mathbf{R}^m$ 和 $\mathbf{R}^p$ 中一般的点分别记做 $\mathbf{x}$ 和 $\mathbf{y}$, $\mathbf{R}^{m+p}$ 中的点 $\mathbf{z}=(\mathbf{x},\mathbf{y})$. 对于任何有限个 $u_j(\mathbf{x})\in C_0^\infty(\mathbf{R}^m)$ 和有限个 $v_j(\mathbf{y})\in C_0^\infty(\mathbf{R}^p)$, 则

$$\sum_j u_j\otimes v_j(\mathbf{x},\mathbf{y})=\sum_j u_j(\mathbf{x})v_j(\mathbf{y})\in C_0^\infty(\mathbf{R}^{m+p}),$$

其中 $\sum\limits_j$ 表示有限项求和. 另一方面, 形如 $\sum\limits_j u_j\otimes v_j$ 的 $C_0^\infty(\mathbf{R}^{m+p})$ 中的元素全体构成一个 $C_0^\infty(\mathbf{R}^{m+p})$ 的稠密线性子空间.

我们可以利用这个辅助用的逼近定理去证明以下关于**广义函数的 Fubini 定理**:

设 l_1 和 l_2 分别是 $\mathbf{R}^m$ 和 $\mathbf{R}^p$ 上的广义函数, 则

$$l_1\otimes l_2=l_2\otimes l_1.$$

换言之, 对于任何 $u(\mathbf{x},\mathbf{y})\in C_0^\infty(\mathbf{R}^{m+p})$, 我们有

$$l_1\otimes l_2(u(\mathbf{x},\mathbf{y}))=l_1(l_2(u(\mathbf{x},\mathbf{y})))=l_2(l_1(u(\mathbf{x},\mathbf{y})))=l_2\otimes l_1(u(\mathbf{x},\mathbf{y})).$$

证明的细节留给同学自己去完成了.

例 11.7.11　$\mathbf{R}^m$ 上的 $\delta(\mathbf{x})$ 定义为: $(u,\delta)=u(\mathbf{0})$. 不难证明:

$$\delta(\mathbf{x})\otimes\delta(\mathbf{y})=\delta(\mathbf{x},\mathbf{y}).$$

定义 11.7.7　广义函数 l 称为在开集 G 上等于零, 假若对于任何支集包含于 G 内的 C_0^∞ 函数 u, 都有 $(u,l)=0$.

命题 11.7.1　若广义函数 l 在开集族 $\{G_\alpha,\alpha\in A\}$ 的每个开集上是等于零的, 则广义函数 l 在这族开集之并 $\bigcup\limits_{\alpha\in A}G_\alpha$ 上也是等于零的.

证　利用单位分解定理 (定理 8.6.1), 有定义在 $\mathbf{R}^n$ 上的实值 $C_0^\infty(\mathbf{R}^n)$ 函数构成的一个 (有限或无限的) 序列 $\{\phi_j\}_{j\in I\subset\mathbf{N}}$, 它具有如下性质:

(i) 对于每个 $j\in I$, 有某个 $\alpha(j)\in A$, 使得 $\mathrm{supp}\phi_j\subset G_{\alpha(j)}$;

(ii)

$$\sum_{j=1}^\infty\phi_j(\mathbf{x})=\mathbf{1}_G(\mathbf{x})=\begin{cases}1, & 当\ \mathbf{x}\in G,\\ 0, & 当\ \mathbf{x}\notin G,\end{cases}$$

其中 $G=\bigcup\limits_{\alpha\in A}G_\alpha$. 设 $u\in C_0^\infty$ 且 $\mathrm{supp}u\subset G=\bigcup\limits_{\alpha\in A}G_\alpha$. 注意到

$$C_0^\infty\text{-}\lim_{n\to\infty}\sum_{j=1}^n\phi_ju=\sum_{j=1}^\infty\phi_ju,$$

故

$$(u.l)=\left(\sum_{j=1}^{\infty}\phi_j u,l\right)=\sum_{j=1}^{\infty}(\phi_j u,l)=0. \qquad \square$$

定义 11.7.8 广义函数 l 的支集supp$l$ 定义为这样一个闭集, 它的余集是使得 l 在其上等于零的最大的开集.

根据命题 11.7.1, 如上定义的广义函数 l 的支集 supp$l$ 由下式确定:

$$\text{supp}l=\{\mathbf{x}\in\mathbf{R}^n:\exists\varepsilon>0(l\text{ 在以 }\mathbf{x}\text{ 为球心 }\varepsilon\text{ 为半径的开球 }\mathbf{B}(\mathbf{x},\varepsilon)\text{ 上恒等于零})\}.$$

由此, 广义函数 l 的支集是存在唯一的.

命题 11.7.2 设 $u\in C_0^\infty$, $l\in(C_0^\infty)'$, 且 $\text{supp}u\cap\text{supp}l=\emptyset$, 则 $(u,l)=0$.

证 这只是广义函数的支集定义的推论. $\square$

定义 11.7.9 设 $l\in(C_0^\infty)'$, 且它的支集 supp$l$ 是紧集, 利用单位分解定理便不难证明 (请同学补出证明的细节), 有 $v\in C_0^\infty$ 和开集 $G\supset\text{supp}l$, 使得

$$\forall\mathbf{x}\in G(v(\mathbf{x})=1),$$

设 $u\in C^\infty$, 我们定义泛函 l 在 u 处的值为

$$(u,l)=(uv,l).$$

由命题 11.7.2, 如上定义的 (u,l) 的值不依赖于满足定义 11.7.9 中所述条件的 v 的选择. 这样, 具有紧支集的广义函数 $l\in(C_0^\infty)'$ 的定义域可以扩张到 C^∞ 上. 假若在 C^∞ 上引进如下的收敛概念: C^∞ 中的函数列 $\{u_j\}$ 称为在 C^∞ 中收敛于零的, 记做

$$C^\infty\text{-}\lim_{j\to\infty}u_j=0,$$

当且仅当对于任何紧集 $K\subset\mathbf{R}^n$ 和任何重指标 $\boldsymbol{\alpha}$, 有

$$\lim_{j\to\infty}D^{\boldsymbol{\alpha}}u_j(\mathbf{x})=0\text{ 在 }K\text{ 上是一致的}.$$

不难看出, 相对于如上定义的 C^∞ 上的收敛概念, 定义 11.7.9 中的 l 是 C^∞ 上的连续线性泛函. 反之, 任何 C^∞ 上相对于如上定义的 C^∞ 上的收敛概念的连续线性泛函都可由某个紧支集的广义函数 l 通过上述途径得到 (同学自行补出证明的细节). 所以, 我们用 $(C^\infty)'$ 来表示全体具有紧支集的广义函数构成的线性空间.

例 11.7.12 在例 11.7.9 中已讨论了广义函数与 $\mathbf{R}^m$ 上具有紧支集的 Lebesgue 可积函数 v 之间的卷积. 特别, 对于任何 $u\in C_0^\infty$, $v\in C_0^\infty$ 与任何 $l\in(C_0^\infty)'$, 我们根据扩张定理得到卷积 $v*l$(作为广义函数) 的涵义是这样的:

$$(u,v*l)=(w*u,l),$$

其中 $w(\mathbf{y})=v(-\mathbf{y})$. 下面我们假设 $v\in C_0^\infty$, 上式可写成

$$(u,v*l)=\left(\int_{\mathbf{R}^m}v(-\mathbf{y})u(\mathbf{x}-\mathbf{y})m(d\mathbf{y}),l\right)_{\mathbf{x}}$$
$$=\left(\int_{\mathbf{R}^m}v(\mathbf{z})u(\mathbf{x}+\mathbf{z})m(d\mathbf{z}),l\right)_{\mathbf{x}}$$
$$=\left(\int_{\mathbf{R}^m}v(\mathbf{y}-\mathbf{x})u(\mathbf{y})m(d\mathbf{y}),l\right)_{\mathbf{x}},$$

其中 $(\cdot,\cdot)_{\mathbf{x}}$ 表示在 $\mathbf{R}^m_{\mathbf{x}}$ 上的广义函数的值. 不难看出, 以下的极限等式成立:

$$\lim_{\max\Delta_j\to 0}\sup_{\mathbf{x}}\left|\sum_j v(\mathbf{y}_j-\mathbf{x})u(\mathbf{y}_j)\Delta_j-\int_{\mathbf{R}^m}v(\mathbf{y}-\mathbf{x})u(\mathbf{y})m(d\mathbf{y})\right|=0,$$

其中 $\sum\limits_j v(\mathbf{y}_j-\mathbf{x})u(\mathbf{y}_j)\Delta_j$ 表示重积分 $\int_{\mathbf{R}^m}v(\mathbf{y}-\mathbf{x})u(\mathbf{y})m(d\mathbf{y})$ 的 Riemann 和, 而左端的极限 $\lim\limits_{\max\Delta_j\to 0}$ 表示小长方块的直径趋于零时的极限. 同理, 以下的极限等式也成立: 对于任何重指标 $\boldsymbol{\alpha}$, 我们有

$$\lim_{\max\Delta_j\to 0}\sup_{\mathbf{x}}\left|D^{\boldsymbol{\alpha}}_{\mathbf{x}}\left(\sum_j v(\mathbf{y}_j-\mathbf{x})u(\mathbf{y}_j)\Delta_j\right)-D^{\boldsymbol{\alpha}}_{\mathbf{x}}\left(\int_{\mathbf{R}^m}v(\mathbf{y}-\mathbf{x})u(\mathbf{y})m(d\mathbf{y})\right)\right|=0.$$

换言之, 我们有

$$C_0^\infty\text{-}\lim_{\max\Delta_j\to 0}\sum_j v(\mathbf{y}_j-\mathbf{x})u(\mathbf{y}_j)\Delta_j=\int_{\mathbf{R}^m}v(\mathbf{y}-\mathbf{x})u(\mathbf{y})m(d\mathbf{y}).$$

因此

$$\left(\int_{\mathbf{R}^m}v(\mathbf{y}-\mathbf{x})u(\mathbf{y})m(d\mathbf{y}),l\right)_{\mathbf{x}}=\lim\left(\sum_j v(\mathbf{y}_j-\mathbf{x})u(\mathbf{y}_j)\Delta_j,l\right)_{\mathbf{x}}$$
$$=\lim\sum_j(v(\mathbf{y}_j-\mathbf{x}),l)_{\mathbf{x}}u(\mathbf{y}_j)\Delta_j$$
$$=\int_{\mathbf{R}^m}(v(\mathbf{y}-\mathbf{x}),l)_{\mathbf{x}}u(\mathbf{y})m(d\mathbf{y}).$$

同理我们有

$$\left(\int_{\mathbf{R}^m}v(\mathbf{z})u(\mathbf{x}+\mathbf{z})m(d\mathbf{z}),l\right)_{\mathbf{x}}=\int_{\mathbf{R}^m}v(\mathbf{z})(u(\mathbf{x}+\mathbf{z}),l)_{\mathbf{x}}m(d\mathbf{z}).$$

所以

$$\int_{\mathbf{R}^m}(v(\mathbf{y}-\mathbf{x}),l)_{\mathbf{x}}u(\mathbf{y})m(d\mathbf{y})=\int_{\mathbf{R}^m}v(\mathbf{z})(u(\mathbf{x}+\mathbf{z}),l)_{\mathbf{x}}m(d\mathbf{z}).$$

在本小节下面的讨论中我们假设 $l\in(C^\infty)'$, 换言之, l 是个支集为紧集的广义函数. 这时 $(v(\mathbf{y}-\mathbf{x}),l)_{\mathbf{x}}$ 表示泛函 l 在 $\mathbf{x}$ 的函数 $v(\mathbf{y}-\mathbf{x})$(把 $\mathbf{y}$ 看做参数) 处的

值. 这个值又是 $\mathbf{y}$ 的函数. 同学可以自行证明: 作为 $\mathbf{y}$ 的函数, $(v(\mathbf{y}-\mathbf{x}),l)_{\mathbf{x}}\in C_0^\infty$, 且映射

$$C_0^\infty\ni v\mapsto (v(\mathbf{y}-\mathbf{x}),l)_{\mathbf{x}}\in C_0^\infty(\mathbf{R}^m_{\mathbf{y}})$$

是连续线性的. 它的转置, 看做映射

$$C_0^\infty\ni u\mapsto (u(\mathbf{z}+\mathbf{x}),l)_{\mathbf{z}}\in C_0^\infty(\mathbf{R}^m_{\mathbf{x}})$$

也是连续线性的. 由扩张定理, 我们得到如下的连续映射:

$$(C_0^\infty)'\ni k\mapsto (k(\mathbf{y}-\mathbf{x}),l)_{\mathbf{x}}\in (C_0^\infty)'.$$

应注意的是, $(k(\mathbf{y}-\mathbf{x}),l)_{\mathbf{x}}$ 只是一种形式的记法, 它不能被理解成泛函 l 在 $k(\mathbf{y}-\mathbf{x})$ 处的值. 这是因为 $k(\mathbf{y}-\mathbf{x})$ 是广义函数, l 在 $k(\mathbf{y}-\mathbf{x})$ 处的值是无意义的. $(k(\mathbf{y}-\mathbf{x}),l)_{\mathbf{x}}$ 必须理解为映射 $C_0^\infty\ni v\mapsto (v(\mathbf{y}-\mathbf{x}),l)_{\mathbf{x}}\in C_0^\infty$ 由扩张定理得到的扩张后映射在 $k(\mathbf{y}-\mathbf{x})$ 处的值 (这个值是广义函数). 它的确切涵义是这样的: 对于任何 $u\in C_0^\infty$,

$$\begin{aligned}(u(\mathbf{y}),(k(\mathbf{y}-\mathbf{x}),l)_{\mathbf{x}})_{\mathbf{y}}&=((u(\mathbf{y}),k(\mathbf{y}-\mathbf{x}))_{\mathbf{y}},l)_{\mathbf{x}}\\&=((u(\mathbf{z}+\mathbf{x}),k(\mathbf{z}))_{\mathbf{z}},l)_{\mathbf{x}}=(u(\mathbf{z}+\mathbf{x}),k(\mathbf{z})\otimes l(\mathbf{x})).\end{aligned}$$

最后一个等式涉及一些概念需要澄清, 这就留给同学在做练习 11.7.14(i), (ii) 和 (iii) 的过程中去完成了.

这样我们给出了**两个广义函数的卷积**的定义, 但是我们**要求两个广义函数中至少有一个是紧支集的**. 两个任意的广义函数是无法卷积的. (注意: 两个任意的函数也是无法卷积的!) 假若两个 (支集均非紧集的) 广义函数在无穷远的增长速度受到某种限制, 我们还是可以定义这两个 (支集均非紧集的) 广义函数之卷积的. 本讲义不去讨论这个问题的细节了. 有兴趣的同学可参考 [35].

11.7.3 广义函数的局部性质

在练习 11.7.16 中证明了: δ 函数的各阶偏导数的支集皆是 $\{\mathbf{0}\}$, 因而, δ 函数的各阶偏导数的线性组合的支集也是 $\{\mathbf{0}\}$. 现在我们证明它的逆命题:

定理 11.7.3 设 $l\in(C_0^\infty)'$ 的支集是由原点一个点构成的点集: $\{\mathbf{0}\}$, 则 l 具有以下形式:

$$l=\sum_{|\boldsymbol{\alpha}|\leqslant N}c_{\boldsymbol{\alpha}}D^{\boldsymbol{\alpha}}\delta,$$

其中 $N\in\mathbf{N}$, 而 $c_{\boldsymbol{\alpha}}$ 是复数.

为了证明这个定理, 我们需要如下的引理:

引理 11.7.1 设 $l\in(C_0^\infty)'$ 的支集是由原点一个点构成的点集: $\{\mathbf{0}\}$, 则有 $N\in\mathbf{N}$, 使得任何 $u\in C_0^\infty$, 只要满足条件: $\forall\boldsymbol{\alpha}(|\boldsymbol{\alpha}|\leqslant N\Longrightarrow D^{\boldsymbol{\alpha}}u(\mathbf{0})=0)$, 必有

$$(u,l)=0.$$

证　假设 $u \in C_0^\infty$ 满足引理所述条件, 其中 $N \in \mathbf{N}$ 待定. 由推论 8.6.1, 有函数 $f \in C_0^\infty$, 使得

$$f(\mathbf{x}) = \begin{cases} 1, & 若\ |\mathbf{x}| \leqslant 1, \\ 0, & 若\ |\mathbf{x}| \geqslant 2. \end{cases}$$

令 $v = fu$. 因 $|\mathbf{x}| < 1 \Longrightarrow (1 - f(\mathbf{x}))u(\mathbf{x}) = 0$, 由命题 11.7.2, 有

$$l((1-f)u) = 0.$$

所以

$$l(v) = l(fu) = l(u - (1-f)u) = l(u) - l((1-f)u) = l(u).$$

另一方面, $D^{\boldsymbol{\alpha}} v(\mathbf{0}) = D^{\boldsymbol{\alpha}} u(\mathbf{0}) = 0$. 因此可以做出如下假设而不失去一般性: $\mathrm{supp} u \subset \{\mathbf{x} \in \mathbf{R}^n: |\mathbf{x}| < 3\}$(若 u 不满足这个条件, 可以将 u 换成如上获得的 v). 由定理 11.7.1, 对于任何满足上述条件 ($\mathrm{supp} u \subset \{\mathbf{x} \in \mathbf{R}^n: |\mathbf{x}| < 3\}$) 的函数 u, 有一个 $N \in \mathbf{N}$ 和 $c > 0$, 使得

$$|l(u)| \leqslant c|u|_N, \tag{11.7.1$'$}$$

其中

$$|u|_N = \max_{|\boldsymbol{\alpha}| \leqslant N} \sup_{\mathbf{x} \in \mathbf{R}^n} |D^{\boldsymbol{\alpha}} u(\mathbf{x})|.$$

这里的 $N \in \mathbf{N}$ 便是证明开始时说的待定的 $N \in \mathbf{N}$.

对于任何 $k > 0$, 记 g_k 为如下的函数: $g_k(\mathbf{x}) = 1 - f(k\mathbf{x})$(其中 f 是证明开始时定义的函数 f). 令 $u_k = g_k u$. 我们可以断言: $k \to \infty$ 时, 有 $|u_k - u|_N \to 0$.

这个断言证明如下: 由 g_k 的定义得知, $|\mathbf{x}| \geqslant 2/k \Longrightarrow g_k(\mathbf{x}) = 1$. 所以我们有以下命题: $|\mathbf{x}| \geqslant 2/k \Longrightarrow u_k(\mathbf{x}) = u(\mathbf{x})$. 下面我们将对 u_k 及其阶数不超过 N 的导数在开球 $\{\mathbf{x} : |\mathbf{x}| < 2/k\}$ 上的值进行估计. 按照引理的假设 u 及其阶数不超过 N 的导数在 $\mathbf{x} = \mathbf{0}$ 处皆为零, 又设 $|\boldsymbol{\beta}| \leqslant N$, 利用关于 $D^{\boldsymbol{\beta}} u(\mathbf{x})$ 的带有 Peano 余项的 Taylor 公式, 我们有

$$当\ |\mathbf{x}| \to 0\ 时,\ |D^{\boldsymbol{\beta}} u(\mathbf{x})| = o(|\mathbf{x}|^{N - |\boldsymbol{\beta}|}).$$

因而, 当 $|\mathbf{x}| < 2/k$ 而 $k \to \infty$ 时,

$$|D^{\boldsymbol{\beta}} u(\mathbf{x})| = o(k^{|\boldsymbol{\beta}| - N}). \tag{11.7.5}$$

由多元的 Leibniz 公式 (请同学模仿一元 Leibniz 公式归纳地证明它), 有

$$D^{\boldsymbol{\alpha}} u_k = D^{\boldsymbol{\alpha}}(g_k u) = \sum_{\boldsymbol{\beta} \leqslant \boldsymbol{\alpha}} \binom{\boldsymbol{\alpha}}{\boldsymbol{\beta}} D^{\boldsymbol{\alpha} - \boldsymbol{\beta}} g_k D^{\boldsymbol{\beta}} u, \tag{11.7.6}$$

其中 $\boldsymbol{\beta} \leqslant \boldsymbol{\alpha}$ 表示 $\boldsymbol{\beta}$ 的每个分量都不大于 $\boldsymbol{\alpha}$ 的对应分量. 又根据 $g_k(\mathbf{x})$ 的定义, 不难看出以下的估计成立:

$$当\ |\mathbf{x}| < 2/k\ 而\ k \to \infty\ 时,\ |D^{\gamma} g_k(\mathbf{x})| = O(k^{|\gamma|}),$$

再把这个估计和 (11.7.5) 代入 (11.7.6), 便得到以下估计: 若 $|\boldsymbol{\alpha}| \leqslant N$, 我们有:

$$\text{当 } |\mathbf{x}| < 2/k \text{ 而 } k \to \infty \text{ 时, } |D^{\boldsymbol{\alpha}} u_k(\mathbf{x})| = o(k^{|\boldsymbol{\alpha}|-N}).$$

注意到 $|\mathbf{x}| \geqslant 2/k \Longrightarrow u_k(\mathbf{x}) = u(\mathbf{x})$, 我们得到以下结论:

$$\lim_{k\to\infty} |u_k - u|_N \to 0.$$

由不等式 $(11.7.1)'$, $l(u_k) \to l(u)$. 再由命题 11.7.2, $l(u_k) = 0$, 故 $l(u) = 0$. □

定理 11.7.3 的证明 设 $u_i (i = 1, 2)$ 是两个 C_0^∞ 函数, 它们及它们的阶数不超过 N 的导数在 $\mathbf{x} = \mathbf{0}$ 处的值皆相等. 引理 11.7.1 告诉我们, $l(u_1) = l(u_2)$. 换言之, $l(u)$ 只依赖于 u 及其阶数不超过 N 的导数在 $\mathbf{x} = \mathbf{0}$ 处的值: $l(u) = L(\cdots, D^{\boldsymbol{\alpha}} u(\mathbf{0}) \cdots)$, 其中 $|\boldsymbol{\alpha}| \leqslant N$. 又因 $l(u)$ 对 u 的依赖关系是线性的, L 是线性函数, 故 l 应具有以下形式:

$$l(u) = \sum_{|\boldsymbol{\alpha}| \leqslant N} a_{\boldsymbol{\alpha}} D^{\boldsymbol{\alpha}} u(\mathbf{0}),$$

其中 $a_{\boldsymbol{\alpha}}$ 是一些 (复) 常数. 故

$$l = \sum_{|\boldsymbol{\alpha}| \leqslant N} c_{\boldsymbol{\alpha}} D^{\boldsymbol{\alpha}} \delta, \quad c_{\boldsymbol{\alpha}} = (-1)^{|\boldsymbol{\alpha}|} a_{\boldsymbol{\alpha}}.$$ □

定理 11.7.4(紧支集广义函数的构造定理) 每个紧支集的广义函数 l 具有以下形式:

$$l = \sum_{|\boldsymbol{\alpha}| \leqslant L} D^{\boldsymbol{\alpha}} g_{\boldsymbol{\alpha}},$$

其中 $g_{\boldsymbol{\alpha}}$ 是连续函数, 而 L 是某个非负整数.

证 设 $h \in C_0^\infty$, 且 $\forall \mathbf{x} \in G (h(\mathbf{x}) = 1)$, 其中 $G \supset \mathrm{supp} l$ 是一个有界开集. 由命题 11.7.2, $\forall u \in C_0^\infty (l(u) = l(hu))$.

因 hu 在 $\mathrm{supp} h$ 之外等于零, 由定理 11.7.1, 有某个正的常数 K 和非负整数 N 使得 $|l(hu)| \leqslant K|hu|_N$. 显然, $|hu|_N \leqslant K_1 |u|_N$, 常数 K_1 只依赖于 h. 由此, 我们有

$$|l(u)| \leqslant K_2 |u|_N, \tag{11.7.7}$$

其中 K_2 是一个不依赖于 u 的常数. 换言之, l 是 C_0^N 上的连续线性泛函, 其中 C_0^N 表示 $\mathbf{R}^m$ 上具有紧支集的有直到 N 阶连续偏导数的函数全体, 它上面赋予范数

$$|u|_N = \sum_{|\boldsymbol{\alpha}| \leqslant N} \sup_{\mathbf{x} \in \mathbf{R}^m} |D^{\boldsymbol{\alpha}} u(\mathbf{x})|.$$

在 C_0^∞ 上引进新的范数

$$|u|_{H_M} = \left[\sum_{|\boldsymbol{\alpha}| \leqslant M} \int |D^{\boldsymbol{\alpha}} u|^2 m(d\mathbf{x}) \right]^{1/2}, \tag{11.7.8}$$

C_0^∞ 在这个范数意义下的完备化记为 H_M. H_M 是个 Hilbert 空间, 它的元素是 $L^2(\mathbf{R}^m)$ 中的函数, 且这个函数直到 M 阶 (广义函数意义下的) 偏导数均是 $L^2(\mathbf{R}^m)$ 中的函数. H_M 中两个元素 u 和 v 的内积由下式确定:

$$(u,v)_M = \sum_{|\boldsymbol{\alpha}|\leqslant M} \int D^{\boldsymbol{\alpha}} u \overline{D^{\boldsymbol{\alpha}} v} m(d\mathbf{x}), \tag{11.7.9}$$

其中 $D^{\boldsymbol{\alpha}} u$ 和 $D^{\boldsymbol{\alpha}} v$ 分别表示 u 和 v 的 $\boldsymbol{\alpha}$ 阶的广义函数意义下的导数, 这个广义函数意义下的导数是 $L^2(\mathbf{R}^m)$ 中的元素 (请同学补出证明的细节). 由 Hilbert 空间的连续线性泛函的 F.Riesz 表示定理, H_M 上的连续线性泛函都具有以下形式:

$$H_M \ni u \mapsto (u,g)_M, \quad g \in H_M. \tag{11.7.10}$$

假设 $\mathrm{supp} u \subset (a,b)^m$, 则当 $x_j \in (a,b)(j=1,\cdots,m)$ 时,

$$\begin{aligned}
|u(\mathbf{x})| = |u(x_1,\cdots,x_m)| &= \left| \int_a^{x_1} \cdots \int_a^{x_m} \frac{\partial^m u}{\partial x_1 \cdots \partial x_m} m(d\mathbf{x}) \right| \\
&\leqslant \int_a^b \cdots \int_a^b \left| \frac{\partial^m u}{\partial x_1 \cdots \partial x_m} \right| m(d\mathbf{x}) \\
&\leqslant (b-a)^{m/2} \left[\int_a^b \cdots \int_a^b \left| \frac{\partial^m u}{\partial x_1 \cdots \partial x_m} \right|^2 m(d\mathbf{x}) \right]^{1/2} \\
&\leqslant (b-a)^{m/2} |u|_{H_m}.
\end{aligned}$$

由此,

$$|u|_N \leqslant (b-a)^{m/2} |u|_{H_{m+N}}. \tag{11.7.11}$$

故 H_{m+N} 中的由 C_0^∞ 函数组成的 Cauchy 列必是 C^N 中的 Cauchy 列, 所以 $H_{m+N} \subset C^N$.

由 (11.7.7) 和 (11.7.11), l 是 H_{m+N} 上的连续线性泛函. 再由 H_{m+N} 上的连续线性泛函的表示式 (11.7.10), 有 $g \in H_{m+N} \subset C^N$, 对于一切 $u \in C_0^\infty$,

$$l(u) = (u,g)_{m+N} = \sum_{|\boldsymbol{\alpha}|\leqslant m+N} (D^{\boldsymbol{\alpha}} u, D^{\boldsymbol{\alpha}} g)_{L^2} = \sum_{|\boldsymbol{\alpha}|\leqslant m+N} (-1)^{|\boldsymbol{\alpha}|} (u, D^{2\boldsymbol{\alpha}} g)_{L^2}.$$

所以, 我们有

$$l = \sum_{|\boldsymbol{\alpha}|\leqslant m+N} (-1)^{|\boldsymbol{\alpha}|} D^{2\boldsymbol{\alpha}} \overline{g}.$$ □

定理 11.7.5　设 $G \subset \mathbf{R}^m$ 是个连通开集, $l \in (C_0^\infty)'$ 的 m 个一阶偏导数 $D_j l(j=1,\cdots,m)$ 在 G 内恒等于零, 则 l 在 G 内等于一个常数.

注　$\mathbf{R}^m$ 上的常数是个局部可积函数, 因而是个广义函数.

证　我们要证明的是: 对于任何支集包含于 G 内的 C_0^∞ 函数 u, 必有

$$l(u) = c \int u m(d\mathbf{x}),$$

其中 c 是一个 (不依赖于 u 的) 常数. 为了证明这一点, 我们需要以下三个引理:

引理 11.7.2 设 $b(\mathbf{x})\in C_0^\infty$, 且 $\mathrm{supp} b\subset\{\mathbf{x}\in\mathbf{R}^m:|\mathbf{x}|<1\}$, 而 $\int bm(d\mathbf{x})=1$. 对于任何 $k>0$, 记 $b_k(\mathbf{x})=k^m b(k\mathbf{x})$, 则我们有

$$\forall u\in C_0^\infty\forall l\in(C_0^\infty)'\Big(\lim_{k\to\infty}(l_k(u)=l(u)\Big),$$

其中 $l_k=b_k*l$.

注 1 由引理 8.6.3, 满足引理 11.7.2 中假设的函数 $b(\mathbf{x})$ 是存在的.

注 2 引理 11.7.2 的结论常叙述为 $l_k w^*$-**收敛**于 l, 或叙述为**弱*收敛**于 l.

证 由例 11.7.9, 卷积 b_k*l 有意义, 它是由下式定义的:

$$\forall u\in C_0^\infty(l_k(u)\equiv(b_k*l)(u)=(u,b_k*l)=(\tilde{b}_k*u,l)),\tag{11.7.12}$$

其中 $\tilde{b}_k(\mathbf{y})=b_k(-\mathbf{y})$. 由第二册 §10.7 练习 10.7.9 的 (vi), C_0^∞-$\lim\limits_{k\to\infty}\tilde{b}_k*u=u$, 由 (11.7.12),

$$\lim_{k\to\infty}l_k(u)=l(u).$$

□

以下两个引理的证明比较简单, 把它们作为习题留给同学了 (练习 11.7.18 和练习 11.7.19).

引理 11.7.3 设 $b(\mathbf{x})\in C_0^\infty$, $m\in(C_0^\infty)'$, 则

$$D_j(b*m)=(D_jb)*m=b*D_jm.$$

引理 11.7.4 设 $b(\mathbf{x})\in C_0^\infty$, 且 $\mathrm{supp} b\subset\{\mathbf{x}\in\mathbf{R}^m:|\mathbf{x}|<r\}$, 而 $m\in(C_0^\infty)'$, 则

$$\mathrm{supp}(b*m)\subset\{\mathbf{x}\in\mathbf{R}^m:\mathrm{dist}(\mathbf{x},\mathrm{supp} m)\leqslant r\},$$

其中 $\mathrm{dist}(\mathbf{x},\mathrm{supp} m)=\inf\limits_{\mathbf{y}\in\mathrm{supp} m}|\mathbf{x}-\mathbf{y}|$.

定理 11.7.5 的证明 b_k 如引理 11.7.2 所述. 由引理 11.7.3,

$$D_jl_k\equiv D_j(b_k*l)=b_k*D_jl.$$

由 b_k 的定义, $\mathrm{supp} b_k\subset\{\mathbf{x}\in\mathbf{R}^m:|\mathbf{x}|<1/k\}$. 由定理 11.7.5 的假设, $\mathrm{supp} D_jl\subset G^C$. 由引理 11.7.4, $\forall\mathbf{x}\in G_k(D_jl_k(\mathbf{x})=0)$, 其中 $G_k=\{\mathbf{x}\in G:\mathrm{dist}(\mathbf{x},\partial G)>1/k\}$.

设 $u\in C_0^\infty$, 它的支集 $S\equiv\mathrm{supp} u\subset G$. 因 G 是连通开集, 不难证明 (请同学补出证明的细节) , 有 $d>0$, 使得 S 的任何两点可以被一条由有限个直线段组成的折线 P 连起来, 且折线与 ∂G 的距离 $\geqslant d$. 当 $k>1/d$ 时, 折线 $P\subset G_k$. 因而, 当 $\mathbf{x}\in P$ 时, $D_jl_k(\mathbf{x})=0$. 由此, l_k 在 P 上等于一个常数, 故 l_k 在 S 上等于一个常数:

$$l_k(u)=\int l_k(\mathbf{x})u(\mathbf{x})m(d\mathbf{x})=c_k\int um(d\mathbf{x}),$$

其中 c_k 是一个不依赖于 u 的常数. 由引理 11.7.2, 上式左端当 $k\to\infty$ 是趋于 $l(u)$, 因而右端也趋于一个极限. 选 u 使得 $\int um(d\mathbf{x})\neq0$, 便知 c_k 趋于一个极限

c, 显然 c 不依赖于 u. □

定理 11.7.6 设 g 是个连续函数, 它的广义函数意义下的导数 D_jg 也是连续函数. 则 D_jg 不仅是广义函数意义下 g 的导数, 也是经典意义下 g 的导数.

证 由引理 11.7.2,

$$\forall u\in C_0^\infty\Big(\lim_{k\to\infty}(u,g_k)=(u,g)\Big),$$

其中 $g_k=b_k*g$, b_k 是引理 11.7.2 中所说的那个 b_k. 又因卷积与求导运算交换, $D_jg_k=b_k*D_jg$. 由第二册 §10.7 练习 10.7.9 的 (vi), 在任何紧集 $K\subset\mathbf{R}^n$ 上, g_k 和 D_jg_k 分别一致地收敛于 g 和 D_jg. 由 Newton-Leibniz 公式,

$$g_k(\mathbf{b})-g_k(\mathbf{a})=\int_a^b D_jg_k(\mathbf{x})dx_j,$$

其中

$$\begin{aligned}\mathbf{x}&=(x_1,\cdots,x_{j-1},x_j,x_{j+1},\cdots,x_m),\\ \mathbf{a}&=(x_1,\cdots,x_{j-1},a,x_{j+1},\cdots,x_m),\\ \mathbf{b}&=(x_1,\cdots,x_{j-1},b,x_{j+1},\cdots,x_m).\end{aligned}$$

让 $k\to\infty$, 得到

$$g(\mathbf{b})-g(\mathbf{a})=\int_a^b D_jg(\mathbf{x})dx_j.$$

故 D_jg 是 g 在经典意义下的导数. □

定义 11.7.10 广义函数 l 称为**正的广义函数**, 若对于任何非负的 $u\in C_0^\infty$, 必有 $l(u)\geqslant 0$.

例 11.7.13 对应于一个非负 L^1 函数 f 的广义函数 l:

$$l(u)=\int_{\mathbf{R}^m}fum(d\mathbf{x})$$

是正的广义函数.

例 11.7.14 $\delta(\mathbf{x}-\mathbf{a})$ 是正的广义函数.

例 11.7.15 设 μ 是 $\mathbf{R}^m$ 上的 Borel 测度, 则如下定义的广义函数 l:

$$l(u)=\int_{\mathbf{R}^m}u\mu(d\mathbf{x})$$

是正的广义函数.

引理 11.7.5 设广义函数 l 是正的广义函数, K 是 $\mathbf{R}^m$ 的一个紧子集, 则有一个常数 c, 使得

$$\forall u\in C_0^\infty\Big(\mathrm{supp}u\subset K\Longrightarrow|l(u)|\leqslant c\max_{\mathbf{x}\in\mathbf{R}^m}|u(\mathbf{x})|\Big).$$

证 由推论 8.6.1, 有 $p\in C_0^\infty$, 使得以下两个条件满足:

(i) $\forall\mathbf{x}\in K(p(\mathbf{x})=1)$;

(ii) $\forall\mathbf{x}\in\mathbf{R}^m(0\leqslant p(\mathbf{x})\leqslant 1)$.

设 $u \in C_0^\infty$ 且 $\mathrm{supp} u \subset K$, 则

$$u(\mathbf{x}) \leqslant p(\mathbf{x}) \max_{\mathbf{y}\in\mathbf{R}^m} |u(\mathbf{y})|.$$

因 l 是正的广义函数, $l(u) \leqslant \max_{\mathbf{y}\in\mathbf{R}^m} |u(\mathbf{y})| l(p)$. 同理, $-l(u) \leqslant \max_{\mathbf{y}\in\mathbf{R}^m} |u(\mathbf{y})| l(p)$. 让 $c = l(p)$, 引理 11.7.5 的结论中的不等式得证. □

下面的定理给出了测度在广义函数中的刻画:

定理 11.7.7 任何正的广义函数 l 都可表示成如下形式:

$$\forall u \in C_0^\infty \left(l(u) = \int u d\mu \right),$$

其中 μ 是 $\mathbf{R}^m$ 上的测度.

注 正的广义函数 l 与 $\mathbf{R}^m$ 上的测度 μ 之间的对应是全体正的广义函数和全体 $\mathbf{R}^m$ 上的测度之间的双射. 我们常把正的广义函数 l 与测度 μ 等同起来, 换言之, 把测度 μ 看成正的广义函数 l.

证 因 $C_0^\infty \subset C_0$, 且 C_0^∞ 在 C_0 中稠密, 确切些说, 对于任何 $f \in C_0$, 有 $f_j \in C_0^\infty$, 使得

$$\mathrm{supp} f_j \subset \{\mathbf{x} \in \mathbf{R}^m : \mathrm{dist}(\mathbf{x}, \mathrm{supp} f) \leqslant 1\},$$

且以下极限等式是一致收敛:

$$\lim_{j\to\infty} f_j = f,$$

而且对于任何非负的 f, 还可要求 f_j 也非负. 注意到引理 11.7.5 的结论中的不等式, C_0^∞ 上的正线性泛函 l 可唯一地扩张成 C_0 上正线性泛函. 由 Riesz-Kakutani 表示定理, 这个线性泛函可表示成关于 $\mathbf{R}^m$ 上某测度的积分. □

11.7.4 广义函数的 Fourier 变换

因为函数的 Fourier 变换应用颇丰富, 我们自然要问: 能否引进广义函数的 Fourier 变换概念? 答案是肯定的. 为了引进广义函数的 Fourier 变换的概念, 先要引进缓增的广义函数的概念. 为了引进缓增的广义函数的概念, 我们需要将紧支集的无限次连续可微函数空间 C_0^∞ 换成速降的无限次连续可微函数空间, 后者定义如下:

定义 11.7.11 函数 $u \in C^\infty(\mathbf{R}^m)$ 称为**速降**的, 假若 u 及其各阶导数在 $|\mathbf{x}| \to \infty$ 时比 $|\mathbf{x}|^{-1}$ 的任何次幂都要快地趋于零, 换言之, 对于任何重指标 $\boldsymbol{\alpha} \in J$($J$ 表示重指标全体构成的集合) 和任何自然数 b, 有

$$\lim_{|\mathbf{x}|\to\infty} |\mathbf{x}|^b D^{\boldsymbol{\alpha}} u(\mathbf{x}) = 0.$$

全体速降的属于 C^∞ 的函数构成的集合记做 $\mathcal{S}$. 在 $\mathcal{S}$ 中引进如下的一组范数: 对于任何重指标 $\boldsymbol{\alpha}$ 和任何自然数 b,

$$|u|_{b,\boldsymbol{\alpha}} = \max_{\mathbf{x}\in\mathbf{R}^n} |\mathbf{x}|^b |D^{\boldsymbol{\alpha}} u(\mathbf{x})|.$$

易见, $u \in \mathcal{S}$ 当且仅当每个 $|u|_{b,\boldsymbol{\alpha}} < \infty$. 函数列 $u_n \in \mathcal{S}$ 称为在 $\mathcal{S}$ 中趋于 $u \in \mathcal{S}$ 的, 假若

$$\forall b \in \mathbf{N} \cup \{0\} \forall \boldsymbol{\alpha} \in J\Big(\lim_{n\to\infty} |u - u_n|_{b,\boldsymbol{\alpha}} = 0\Big).$$

函数列 $u_n \in \mathcal{S}$ 在 $\mathcal{S}$ 中趋于 $u \in \mathcal{S}$ 时, 我们用以下记法表示:

$$\mathcal{S}\text{-}\lim_{n\to\infty} u_n = u.$$

赋予如上极限概念后的 $\mathcal{S}$ 称为**速降光滑函数空间**

易见, $\mathcal{S}$ 相对于函数加法及数乘函数的运算构成一个线性空间.

定义 11.7.12 速降光滑函数空间 $\mathcal{S}$ 上的连续线性泛函 l 称为**缓增的广义函数**. 换言之, l 是映射 $l : \mathcal{S} \to \mathbf{C}$, 且满足以下两个条件:

(i) $\forall a, b \in \mathbf{C} \forall u, v \in \mathcal{S}(l(au + bv) = al(u) + bl(v))$.;

(ii) $\mathcal{S}\text{-}\lim\limits_{n\to\infty} u_n = u \Longrightarrow \lim\limits_{n\to\infty} l(u_n) = l(u)$.

全体缓增广义函数构成一个线性空间, 记做 $\mathcal{S}'$.

不难看出: $C_0^\infty \subset \mathcal{S}$, 且对一切 $u_n, u \in C_0^\infty$, 我们有

$$\mathcal{C}_0^\infty\text{-}\lim_{n\to\infty} u_n = u \Longrightarrow \mathcal{S}\text{-}\lim_{n\to\infty} u_n = u.$$

由此我们得到: $\mathcal{S}' \subset (C_0^\infty)'$, 换言之, 缓增广义函数是广义函数.

在引理 11.3.1 中我们引进了缓增光滑函数空间 $C^\infty_\nearrow(\mathbf{R}; \mathbf{C})$. 不难证明: $C^\infty_\nearrow(\mathbf{R}; \mathbf{C}) \subset \mathcal{S}'$. 特别, $l \in \mathcal{S}'$, 其中 l 表示在 $\mathbf{R}^n$ 上恒等于 1 的函数: $l \equiv 1$.

显然, $\mathcal{S} \subset L^1$. 故 L^1 中函数的 Fourier 变换的性质可以搬到 $\mathcal{S}$ 中的函数上来. 我们愿意将 $\mathcal{S}$ 中的函数的 Fourier 变换的性质总结成如下的定理, 它们的证明留给同学了.

定理 11.7.8 设 $u \in \mathcal{S}$, u 的 Fourier 变换有以下性质:

(i) 以 $\mathbf{T_a}$ 表示平移算子: $\mathbf{T_a}u(\mathbf{x}) = u(\mathbf{x} - \mathbf{a})$, 则

$$\mathcal{F}\mathbf{T_a}u = \exp(-2\pi\mathrm{i}\boldsymbol{\xi} \cdot \mathbf{a})\mathcal{F}u \text{ 而 } \mathbf{T_a}\mathcal{F}u = \mathcal{F}\exp(2\pi\mathrm{i}\mathbf{a} \cdot \mathbf{x})u;$$

(ii) $\mathcal{F}D_j u = 2\pi\mathrm{i}\xi_j \mathcal{F}u$ 而 $D_j\mathcal{F}u = -\mathcal{F}2\pi\mathrm{i}x_j u$;

(iii) Fourier 变换 $\mathcal{F}$ 与绕原点的旋转交换, 也与反射交换;

(iv) 设 A 是 $\mathbf{R}^n$ 上的一个可逆线性变换, 记 $u_A(\mathbf{x}) = u(A\mathbf{x})$, 则

$$\mathcal{F}u_A = \frac{1}{|\det A|}(\mathcal{F}u)_B,$$

其中 $B = (A^{-1})^T (= A^{-1}$ 的转置);

(v) 设 $u \in \mathcal{S}$ 和 $v \in \mathcal{S}$, 则 $u * v \in \mathcal{S}$, 且

$$\mathcal{F}(u * v) = \mathcal{F}u\mathcal{F}v.$$

以下这个定理的证明作为习题留给同学了.

定理 11.7.9 设 $u\in\mathcal{S}$, 则它的 Fourier 变换 $\mathcal{F}u\in\mathcal{S}$, 其中

$$\mathcal{F}u(\boldsymbol{\xi})\equiv\hat{u}(\boldsymbol{\xi})=\int_{\mathbf{R}^n}u(\mathbf{x})\exp(-2\pi\mathrm{i}\mathbf{x}\cdot\boldsymbol{\xi})m(d\mathbf{x}),$$

而且 Fourier 变换 $\mathcal{F}$ 是 $\mathcal{S}\to\mathcal{S}$ 的线性同构. 另一方面,

$$\mathcal{S}\text{-}\lim_{n\to\infty}u_n=u\Longleftrightarrow\mathcal{S}\text{-}\lim_{n\to\infty}\mathcal{F}u_n=\mathcal{F}u.$$

现在我们可以定义**缓增广义函数的Fourier 变换**了.

定义 11.7.13 设 $l\in\mathcal{S}'$, 则 l 的 Fourier 变换 $\mathcal{F}l$ 定义如下:

$$\forall v\in\mathcal{S}((v,\mathcal{F}l)=(\mathcal{F}v,l)),$$

换言之, l 的 Fourier 变换 $\mathcal{F}l$ 是由下式确定的缓增广义函数:

$$\forall v\in\mathcal{S}(\mathcal{F}l(v)=l(\mathcal{F}v)).$$

下面的定理包含了如上定义的缓增广义函数的 Fourier 变换所具有的简单性质, 它的证明留作习题 (参看练习 11.7.26) 由同学自行完成.

定理 11.7.10 设 $l\in(\mathcal{S})'$, 则我们有

(i) 满足定义 11.7.13 中等式的 $\mathcal{F}l$ 是存在且唯一确定的, Fourier 变换 $\mathcal{F}$ 是 $(\mathcal{S})'$ 到 $(\mathcal{S})'$ 的线性同构;

(ii) $\mathcal{F}\mathbf{T_a}l=\exp(-2\pi\mathrm{i}\boldsymbol{\xi}\cdot\mathbf{a})\mathcal{F}l$ 而 $\mathbf{T_a}\mathcal{F}l=\mathcal{F}\exp(2\pi\mathrm{i}\mathbf{a}\cdot\mathbf{x})l$;

(iii) $\mathcal{F}D_jl=2\pi\mathrm{i}\xi_j\mathcal{F}l$ 而 $D_j\mathcal{F}l=-\mathcal{F}2\pi\mathrm{i}x_jl$;

(iv) Fourier 变换 $\mathcal{F}$ 与绕原点的旋转交换, 也与反射交换;

(v) 设 A 是 $\mathbf{R}^n$ 上的一个可逆的线性变换, 广义函数 $l_A(\mathbf{x})=l(A\mathbf{x})$ 定义为

$$\forall v\in\mathcal{S}\left((v,l_A)=\frac{1}{|\det A|}(v_{A^{-1}},l)\right),$$

则

$$\mathcal{F}l_A=\frac{1}{|\det A|}(\mathcal{F}l)_B,$$

其中 $B=(A^{-1})^T$.

定理 11.7.11 在 $\mathbf{R}^m$ 上恒等于 1 的缓增广义函数记为 1, 它的 Fourier 变换恰是 Dirac 的 δ 函数:

$$\mathcal{F}(1)=\delta.$$

为了证明这条定理, 我们先引进两条引理.

引理 11.7.6 设广义函数 $l\in(C_0^\infty)'$ 和无穷次连续可微函数 $f\in C^\infty$ 满足关系式: $fl=0$, 则在开集 $G=\{\mathbf{x}\in\mathbf{R}^n:f(\mathbf{x})\neq0\}$ 上广义函数 $l=0$.

证 设 $u\in C^\infty$ 的支集包含在 G 内. 令

$$v(\mathbf{x})=\begin{cases}u(\mathbf{x})/f(\mathbf{x}), & 若\ \mathbf{x}\in G,\\ 0, & 若\ \mathbf{x}\neq G.\end{cases}$$

可以证明：$v\in C^\infty$ 且 $\forall\mathbf{x}\in\mathbf{R}^n(u(\mathbf{x})=v(\mathbf{x})f(\mathbf{x}))$(请同学补出证明的细节：关键是在任何点 $\mathbf{x}\in\partial G$ 处的无限多次连续可微性). 因此, 我们有

$$(u,l)=(vf,l)=(v,fl)=0.$$ □

引理 11.7.7 我们有

$$\mathbf{x}^{\boldsymbol\beta}D^{\boldsymbol\alpha}\delta=\begin{cases}0, & 若\ |\boldsymbol\alpha|<|\boldsymbol\beta|,\\ 0, & 若\ |\boldsymbol\alpha|=|\boldsymbol\beta|,\boldsymbol\alpha\neq\boldsymbol\beta,\\ (-1)^{|\boldsymbol\alpha|}\boldsymbol\alpha!\delta, & 若\ \boldsymbol\alpha=\boldsymbol\beta.\end{cases}$$

证 设 $u\in C_0^\infty$, 我们有

$$(u,\mathbf{x}^{\boldsymbol\beta}D^{\boldsymbol\alpha}\delta)=(\mathbf{x}^{\boldsymbol\beta}u,D^{\boldsymbol\alpha}\delta)=(-1)^{|\boldsymbol\alpha|}(D^{\boldsymbol\alpha}(\mathbf{x}^{\boldsymbol\beta}u),\delta).$$

当 $|\boldsymbol\alpha|<|\boldsymbol\beta|$ 或 $|\boldsymbol\alpha|=|\boldsymbol\beta|,\boldsymbol\alpha\neq\boldsymbol\beta$ 时, $(D^{\boldsymbol\alpha}(\mathbf{x}^{\boldsymbol\beta}u),\delta)=D^{\boldsymbol\alpha}(\mathbf{x}^{\boldsymbol\beta}u)(\mathbf{0})=0$. 当 $\boldsymbol\alpha=\boldsymbol\beta$ 时, $(D^{\boldsymbol\alpha}(\mathbf{x}^{\boldsymbol\beta}u),\delta)=\boldsymbol\alpha!u(\mathbf{0})$. 这正好是引理要证的公式. □

定理 11.7.11 的证明 记 $d=\mathcal{F}l$, 其中 l 表示恒等于 1 的函数所代表的广义函数. 根据定理 11.7.10 的 (ii), 对一切 $j=1,\cdots,m$, 我们有

$$\xi_j d=\xi_j\mathcal{F}l=-\frac{\mathrm{i}}{2\pi}\mathcal{F}D_jl=0.$$

由引理 11.7.6, 我们得到 $\mathrm{supp}d\subset\{\mathbf{0}\}$. 根据定理 11.7.3, d 应具有以下形式:

$$d=\sum_{|\boldsymbol\alpha|\leqslant N}c_{\boldsymbol\alpha}D^{\boldsymbol\alpha}\delta.$$

因 $\xi_jd=0$ 对一切 $j=1,\cdots,m$ 成立, 所以, 对一切重指标 $\boldsymbol\beta$, 只要 $|\boldsymbol\beta|>0$, 便有

$$\mathbf{x}^{\boldsymbol\beta}d=\sum_{|\boldsymbol\alpha|\leqslant N}c_{\boldsymbol\alpha}\mathbf{x}^{\boldsymbol\beta}D^{\boldsymbol\alpha}\delta=0.$$

另一方面, 根据引理 11.7.7,

$$\mathbf{x}^{\boldsymbol\beta}d=\sum_{|\boldsymbol\alpha|\leqslant N}c_{\boldsymbol\alpha}\mathbf{x}^{\boldsymbol\beta}D^{\boldsymbol\alpha}\delta=c_{\boldsymbol\beta}(-1)^{|\boldsymbol\beta|}\boldsymbol\beta!\delta+\sum_{\substack{|\boldsymbol\alpha|\leqslant N\\ \boldsymbol\alpha>\boldsymbol\beta}}c_{\boldsymbol\alpha}(-1)^{|\boldsymbol\beta|}\boldsymbol\beta!D^{\boldsymbol\alpha-\boldsymbol\beta}\delta.$$

由此可见：对一切 $|\boldsymbol\beta|>0$ 的 $\boldsymbol\beta$, 都有 $c_{\boldsymbol\beta}=0$, 换言之, $d=c_0\delta$. 剩下要证明的是 $c_0=1$. 由引理 11.2.2 中的公式 (11.2.6), 我们有 $\mathcal{F}\mathrm{e}^{-\pi|\mathbf{x}|^2}=\mathrm{e}^{-\pi|\boldsymbol\xi|^2}$. 按缓增广义函数的 Fourier 变换的定义, 我们有

$$(\mathrm{e}^{-\pi|\mathbf{x}|^2},1)=(\mathrm{e}^{-\pi|\boldsymbol\xi|^2},c_0\delta)=c_0.$$

由引理 11.2.2 中的公式 (11.2.5), 我们知道：$(\mathrm{e}^{-\pi|\mathbf{x}|^2},1)=\int\mathrm{e}^{-\pi|\mathbf{x}|^2}m(d\mathbf{x})=1$. 故 $c_0=1$. □

定理 11.7.12 我们有 Fourier 变换 $\mathcal{F}$ 在速降函数空间 $\mathcal{S}$ 和缓增广义函数空间 $\mathcal{S}'$ 上的反演公式如下:

(i) Fourier 变换 $\mathcal{F}$ 是速降函数空间 $\mathcal{S}$ 到自身的双射, 它的逆映射由以下公式表示: 对一切 $v \in \mathcal{S}$, 有

$$v(\mathbf{x}) = \int \mathcal{F}v(\boldsymbol{\xi})\mathrm{e}^{2\pi\mathrm{i}\mathbf{x}\cdot\boldsymbol{\xi}}m(d\boldsymbol{\xi}).$$

(ii) Fourier 变换 $\mathcal{F}$ 是缓增广义函数空间 $\mathcal{S}'$ 到自身的双射, 它的逆映射由以下公式表示: $\mathcal{F}^{-1} = \mathcal{F} \circ \mathbf{S}$, 其中 $\mathbf{S}$ 表示例 11.7.8 中的中心反射算子.

证 (i) 根据定理 11.7.10 的 (ii), 对于任何 $l \in \mathcal{S}'$, 有

$$\mathbf{T}_{\mathbf{a}}\mathcal{F}l = \mathcal{F}\exp(2\pi\mathrm{i}\mathbf{a}\cdot\mathbf{x})l.$$

以 $l \equiv 1$ 代入上式, 由定理 11.7.11, 有

$$\mathcal{F}\exp(2\pi\mathrm{i}\mathbf{a}\cdot\mathbf{x}) = \delta(\mathbf{x}-\mathbf{a}).$$

根据 $l \in \mathcal{S}'$ 的 Fourier 变换的定义 (定义 11.7.13):

$$\forall v \in \mathcal{S}((v, \mathcal{F}l) = (\mathcal{F}v, l)),$$

我们有

$$\forall v \in \mathcal{S}((v, \delta(\mathbf{x}-\mathbf{a})) = (v, \mathcal{F}\exp(2\pi\mathrm{i}\mathbf{a}\cdot\mathbf{x})) = (\mathcal{F}v, \exp(2\pi\mathrm{i}\mathbf{a}\cdot\mathbf{x}))),$$

换言之,

$$v(\mathbf{a}) = \int \mathcal{F}v(\mathbf{x})\exp(2\pi\mathrm{i}\mathbf{a}\cdot\mathbf{x})m(d\mathbf{x}).$$

(i) 证毕.

(ii) 由 (i), 我们得到在 $\mathcal{S}$ 上的算子恒等式 $\mathcal{F}^{-1} = \mathcal{F} \circ \mathbf{S}$, 等价地, 在 $\mathcal{S}$ 上有算子恒等式 $\mathcal{F} \circ \mathbf{S} \circ \mathcal{F} = \mathrm{id}_{\mathcal{S}}$, 右端表示 $\mathcal{S}$ 上的恒等映射. 因而, 对于任何 $u \in \mathcal{S}$ 和任何 $l \in \mathcal{S}'$,

$$(u, l) = (\mathcal{F} \circ \mathbf{S} \circ \mathcal{F}u, l) = (\mathbf{S} \circ \mathcal{F}u, \mathcal{F}l) = (\mathcal{F}u, \mathbf{S} \circ \mathcal{F}l) = (u, \mathcal{F} \circ \mathbf{S} \circ \mathcal{F}l).$$

这就证明了 $l = \mathcal{F} \circ \mathbf{S} \circ \mathcal{F}l$ 对一切 $l \in \mathcal{S}'$ 成立, 换言之, 在 $\mathcal{S}'$ 上, $\mathcal{F} \circ \mathbf{S}$ 和 $\mathbf{S} \circ \mathcal{F}$ 分别是 $\mathcal{F}$ 的左逆和右逆. 因 $\mathbf{S}$ 与 $\mathcal{F}$ 交换, (ii) 证毕. □

注 本定理的证明只用了广义函数的简单性质. 在 §11.2 的练习 11.2.8 中的方法基本上是属于 19 世纪的, 它们用到了 Dirichlet 核及其估计. 这个方法的思路比较朴素. 广义函数理论属于 20 世纪, 它用到了连续线性泛函这个较抽象的概念. 对两个世纪的两种方法进行比较是颇有趣味的.

11.7.5 广义函数在偏微分方程理论中的应用

作为广义函数的一个应用, 我们来讨论它在 **Poisson 方程**的求解问题和 **Laplace 方程**的解的光滑性的证明上的应用. 所得结果对一般的常系数椭圆型偏微分方程也适用. 为了简单起见, 我们只限制在 Laplace 方程和 Poisson 方程

上讨论. 先引进 Laplace 算子 Δ 的基本解. **Laplace 算子 Δ 的基本解**是 $\mathbf{R}^m \to \mathbf{R}$ 的如下定义的映射:

$$G(\mathbf{x}) = \begin{cases} -\omega_1^{-1} \ln(|\mathbf{x}|), & \text{若 } m = 2, \\ [(m-2)\omega_{m-1}]^{-1}|\mathbf{x}|^{2-m}, & \text{若 } m > 2, \end{cases}$$

其中 ω_k 表示 k 维单位球面的面积 (参看 §10.6 的练习 10.6.7 的 (iii)). 不难看出, 这里的 G 和第二册 §10.9 的练习 10.9.6 的 g 只差个常数倍, 作为局部可积函数, 它是广义函数. 易见, $|\mathbf{x}| = |\mathbf{y}| \Longrightarrow G(\mathbf{x}) = G(\mathbf{y})$.

定理 11.7.13　在广义函数的求导的意义下, 我们有

$$-\Delta G = \delta(\mathbf{x}).$$

证　为了讨论方便, 在下面的讨论中我们假定 $n \geqslant 3$, $n = 2$ 时的证明请同学自行补出. 设 $\phi \in C_0^\infty$, 根据广义函数求导的定义 (参看例 11.7.6):

$$(\phi, D_i G) = -(D_i\phi, G),$$

我们有

$$(\phi, \Delta G) = \sum_{i=1}^m (\phi, D_i^2 G) = -\sum_{i=1}^m (D_i\phi, D_i G) = \sum_{i=1}^m (D_i^2\phi, G) = (\Delta\phi, G).$$

定理的结论就是以下的等式:

$$\int_{\mathbf{R}^m} (\Delta\phi)(\mathbf{x}) G(\mathbf{x}) m(d\mathbf{x}) = -\phi(\mathbf{0}). \tag{11.7.13}$$

现在我们来证明这个等式. 因 $G \in L^1_{\text{loc}}(\mathbf{R}^m)$, 我们有 $G\Delta\phi \in L^1_{\text{loc}}(\mathbf{R}^m)$, 故

$$\int_{\mathbf{R}^m} (\Delta\phi)(\mathbf{x}) G(\mathbf{x}) m(d\mathbf{x}) = \lim_{r\to 0+} \int_{|\mathbf{x}|>r} (\Delta\phi)(\mathbf{x}) G(\mathbf{x}) m(d\mathbf{x}).$$

通过简单计算, 我们有

$$\forall \mathbf{x} \neq \mathbf{0} (\Delta G(\mathbf{x}) = 0).$$

因 ϕ 是紧支集的, 故有 $R > 0$ 使得 ϕ 的支集包含在集合 $\{\mathbf{x} \in \mathbf{R}^m : |\mathbf{x}| \leqslant R\}$ 中. 再由第二册 §10.9 的练习 10.9.5 中的 Green 公式, 我们有

$$\begin{aligned} \int_{|\mathbf{x}|>r} (\Delta\phi)(\mathbf{x}) G(\mathbf{x}) m(d\mathbf{x}) &= \int_{r\leqslant|\mathbf{x}|\leqslant R} (\Delta\phi)(\mathbf{x}) G(\mathbf{x}) m(d\mathbf{x}) \\ &= \int_{|\mathbf{x}|=r} (\nabla\phi)(\mathbf{x}) \cdot \mathbf{n} G(\mathbf{x}) m(d\boldsymbol{\sigma}) - \int_{|\mathbf{x}|=r} (\nabla G)(\mathbf{x}) \cdot \mathbf{n}\phi(\mathbf{x}) m(d\boldsymbol{\sigma}), \end{aligned}$$

其中 $\mathbf{n}$ 和 $d\boldsymbol{\sigma}$ 分别表示区域 $\{\mathbf{x}\in\mathbf{R}^m : r\leqslant|\mathbf{x}|\leqslant R\}$ 在球面 $\{\mathbf{x}\in\mathbf{R}^m : |\mathbf{x}|=r\}$ 上的单位外法向量 (也就是向着原点的单位向量) 和面积微元. 易见 $\nabla G)(\mathbf{x})|_{|\mathbf{x}|=r} \cdot \mathbf{n} = \omega_{m-1}^{-1} r^{1-m}$. 故

$$-\int_{|\mathbf{x}|=r} (\nabla G)(\mathbf{x}) \cdot \mathbf{n}\phi(\mathbf{x}) m(d\sigma) = -\omega_{m-1}^{-1} \int_{\mathbf{S}^{m-1}} \phi(r\boldsymbol{\omega}) d\boldsymbol{\omega},$$

其中 $d\boldsymbol{\omega}$ 表示 $(m-1)$ 维单位球面 $\mathbf{S}^{m-1}=\{\mathbf{x}\in\mathbf{R}^m:|\mathbf{x}|=1\}$ 的面积微元. 因为

$$\begin{aligned}&\left|-\int_{|\mathbf{x}|=r}(\nabla G)(\mathbf{x})\cdot\mathbf{n}\phi(\mathbf{x})m(d\sigma)+\phi(\mathbf{0})\right|\\&\quad=\left|-\int_{|\mathbf{x}|=r}(\nabla G)(\mathbf{x})\cdot\mathbf{n}(\phi(\mathbf{x})-\phi(\mathbf{0}))m(d\sigma)\right|\\&\quad\leqslant\int_{|\mathbf{x}|=r}(\nabla G)(\mathbf{x})\cdot\mathbf{n}|\phi(\mathbf{x})-\phi(\mathbf{0})|m(d\sigma),\end{aligned}$$

故

$$\lim_{r\to 0}\left[-\int_{|\mathbf{x}|=r}(\nabla G)(\mathbf{x})\cdot\mathbf{n}\phi(\mathbf{x})m(d\sigma)\right]=-\phi(\mathbf{0}).\tag{11.7.14}$$

另一方面,

$$\begin{aligned}\left|\int_{|\mathbf{x}|=r}(\nabla\phi)(\mathbf{x})\cdot\mathbf{n}G(\mathbf{x})m(d\boldsymbol{\sigma})\right|&\leqslant[(m-2)\omega_{m-1}]^{-1}r^{2-m}\left|\int_{|\mathbf{x}|=r}(\nabla\phi)(\mathbf{x})\cdot\mathbf{n}m(d\boldsymbol{\sigma})\right|\\&\leqslant[(m-2)\omega_{m-1}]^{-1}r\left|\int_{\mathbf{S}^{m-1}}(\nabla\phi)(r\boldsymbol{\omega})\cdot\boldsymbol{\omega}m(d\boldsymbol{\omega})\right|,\end{aligned}$$

因此

$$\lim_{r\to 0}\int_{|\mathbf{x}|=r}(\nabla\phi)(\mathbf{x})\cdot\mathbf{n}G(\mathbf{x})m(d\boldsymbol{\sigma})=0.\tag{11.7.15}$$

将 (11.7.14) 与 (11.7.15) 结合起来便得 (11.7.13). □

定理 11.7.14 设 $f\in L^1(\mathbf{R}^m), m\geqslant 2$, 且 f 是紧支集的. 函数 $u:\mathbf{R}^m\to\mathbf{C}$ 定义如下:

$$u(\mathbf{x})=\int_{\mathbf{R}^m}G(\mathbf{x}-\mathbf{y})f(\mathbf{y})m(d\mathbf{y}),$$

则我们有

$$u\in L^1_{\text{loc}}(\mathbf{R}^m),$$

且

$$-\Delta u=f\quad(\text{在广义函数的意义下}).$$

证 记 $\mathbf{B}_R=\{\mathbf{x}\in\mathbf{R}^m:|\mathbf{x}|<R\}$. 选取 R 充分大, 使得函数 f 的支集包含在 $\mathbf{B}_R$ 中. 按 u 的定义,

$$u(\mathbf{x})\equiv\int_{\mathbf{R}^m}G(\mathbf{x}-\mathbf{y})f(\mathbf{y})m(d\mathbf{y})=(G*f)(\mathbf{x}).$$

对于任何 $r>0$, 我们有

$$\begin{aligned}\int_{\mathbf{B}_r}|u(\mathbf{x})|m(d\mathbf{x})&\leqslant\int_{\mathbf{B}_r}\left[\int_{\mathbf{B}_R}|G(\mathbf{x}-\mathbf{y})f(\mathbf{y})|m(d\mathbf{y})\right]m(d\mathbf{x})\\&=\int_{\mathbf{B}_R}\left[\int_{\mathbf{B}_r}|G(\mathbf{x}-\mathbf{y})|m(d\mathbf{x})\right]|f(\mathbf{y})|m(d\mathbf{y})\\&\leqslant\int_{\mathbf{B}_R}\left[\int_{\mathbf{B}_{r+R}}|G(\mathbf{x})|m(d\mathbf{x})\right]|f(\mathbf{y})|m(d\mathbf{y})<\infty.\end{aligned}$$

这就证明了 $u\in L^1_{\mathrm{loc}}(\mathbf{R}^n)$. 再利用卷积与求导运算的交换性和定理 11.7.13, 在广义函数的意义下我们有

$$-\Delta u=-[(\Delta G)*f](\mathbf{x})=(\delta*f)(\mathbf{x})=f(\mathbf{x}).\qquad\square$$

注　事实上, 定理 11.7.13 和定理 11.7.14 的叙述和证明只是 §10.9 的练习 10.9.6 的叙述和证明用广义函数语言的复述. 为了方便同学, 我们还是把证明用广义函数的语言叙述了出来. 从这里我们看到这样一个事实：Laurent Schwartz 的广义函数理论的确 (只) 是对广义函数诞生前一些零散的广义函数数学知识的综合和提炼. 这个综合和提炼使得广义函数诞生前的数学变得更为清晰, 它也帮助我们容易看出用广义函数前的数学较难看出的一些结果.

推论 11.7.1　设 f 是 $\mathbf{R}^m(m>2)$ 上的一个具有紧支集的 C^∞ 函数, 则定理 11.7.14 中的

$$u(\mathbf{x})=\int_{\mathbf{R}^n}G(\mathbf{x}-\mathbf{y})f(\mathbf{y})m(d\mathbf{y})$$

是一个 C^∞ 函数.

证　易见 $u(\mathbf{x})$ 有以下表达式

$$u(\mathbf{x})=\int_{\mathbf{R}^m}G(\mathbf{y})f(\mathbf{x}-\mathbf{y})m(d\mathbf{y}).$$

因此,

$$\frac{u(\mathbf{x}+\lambda\mathbf{h})-u(\mathbf{x})}{\lambda}=\int_{\mathbf{R}^m}G(\mathbf{y})\frac{f(\mathbf{x}+\lambda\mathbf{h}-\mathbf{y})-f(\mathbf{x}-\mathbf{y})}{\lambda}m(d\mathbf{y}).$$

不难看出, 当 λ 充分小时, $\dfrac{f(\mathbf{x}+\lambda\mathbf{h}-\mathbf{y})-f(\mathbf{x}-\mathbf{y})}{\lambda}$ 的支集包含在一个固定的紧集 K 内, 且在 K 上一致有界. 因 $G(\mathbf{y})$ 在 K 上可积, 由 Lebesgue 控制收敛定理得到, 当 $\lambda\to 0$ 时 $\dfrac{u(\mathbf{x}+\lambda\mathbf{h})-u(\mathbf{x})}{\lambda}$ 有极限:

$$D_{\mathbf{h}}u(\mathbf{x})=\lim_{\lambda\to 0}\frac{u(\mathbf{x}+\lambda\mathbf{h})-u(\mathbf{x})}{\lambda}=\int_{\mathbf{R}^m}G(\mathbf{y})D_{\mathbf{h}}f(\mathbf{x})m(d\mathbf{y}).$$

这就证明了 u 在 $\mathbf{R}^m$ 上是处处可微的, 特别, u 在 $\mathbf{R}^m$ 上是处处连续的. 用归纳原理, u 在 $\mathbf{R}^m$ 上是处处无穷多次连续可微的: $u\in C^\infty$.　$\square$

推论 11.7.2　设 f 是 $\mathbf{R}^m(m>2)$ 上的一个具有紧支集的球对称的 C^∞ 函数, 换言之, $f(\mathbf{x})=g(|\mathbf{x}|)$, g 是一个支集包含在某有界闭区间内的一元 C^∞ 函数, 则定理 11.7.14 中的

$$u(\mathbf{x})=\int_{\mathbf{R}^m}G(\mathbf{x}-\mathbf{y})f(\mathbf{y})m(d\mathbf{y}).$$

是一个球对称的 C^∞ 函数.

证　推论 11.7.1 已证明了 u 在 $\mathbf{R}^m$ 上是处处无穷多次连续可微的. 下面证明 u 的球对称性.

设 $\mathcal{R}$ 表示 $\mathbf{R}^m$ 上的一个 (绕原点的) 一个旋转, 因 G 和 f 都是旋转不变的, 我们有

$$\begin{aligned} u(\mathbf{x}) &= \int_{\mathbf{R}^m} G(\mathbf{y})f(\mathbf{x}-\mathbf{y})m(d\mathbf{y}) \\ &= \int_{\mathbf{R}^m} G(\mathcal{R}\mathbf{y})f(\mathcal{R}(\mathbf{x}-\mathbf{y}))m(d\mathbf{y}) \\ &= \int_{\mathbf{R}^m} G(\mathcal{R}\mathbf{z})f(\mathcal{R}\mathbf{x}-\mathbf{z})m(d\mathbf{z}) = u(\mathcal{R}\mathbf{x}). \end{aligned}$$

这就证明了 u 是一个球对称的 C^∞ 函数. □

下面的定理告诉我们: 满足 Laplace 方程的广义函数必是无穷次连续可微的函数.

定理 11.7.15 设 $D \subset \mathbf{R}^m$ 是开集, l 是 D 上的一个满足 Laplace 方程 $\Delta l = 0$ 的广义函数, 则 l 是 D 中的一个 C^∞ 调和函数.

为了证明这个定理, 我们需要下面的引理:

引理 11.7.8 设 f 是 $\mathbf{R}^m(m>2)$ 上的一个支集在 $\overline{\mathbf{B}}_R = \{\mathbf{x} \in \mathbf{R}^m : |\mathbf{x}| \leqslant R\}$ 内的球对称的 C^∞ 函数, 换言之, $f(\mathbf{x}) = g(|\mathbf{x}|)$, g 是一元 C^∞ 函数, 且 $|\mathbf{x}| \geqslant R \Longrightarrow f(\mathbf{x}) = 0$, 我们还假设

$$\int f(\mathbf{x})m(d\mathbf{x}) = 0, \quad \int |\mathbf{x}|^{2-n} f(\mathbf{x})m(d\mathbf{x}) = 0. \tag{11.7.16}$$

记

$$h(\mathbf{x}) = -u(\mathbf{x}) = -\int_{\mathbf{R}^m} G(\mathbf{x}-\mathbf{y})f(\mathbf{y})m(d\mathbf{y}), \tag{11.7.17}$$

其中

$$G(\mathbf{x}) = [(m-2)\omega_{m-1}]^{-1}|\mathbf{x}|^{2-m},$$

则我们有

$$\mathrm{supp} h \subset \{\mathbf{x} \in \mathbf{R}^m : |\mathbf{x}| \leqslant R\} \text{ 且 } \Delta h = f.$$

证 由定理 11.7.14, $\Delta h = f$. 剩下要证明的是以下的命题:

$$\mathrm{supp} h \subset \{\mathbf{x} \in \mathbf{R}^m : |\mathbf{x}| \leqslant R\}.$$

利用球坐标, Poisson 方程 $\Delta h = f$ 可以写成 (请同学自行验证):

$$\Delta h \equiv p'' + \frac{n-1}{r}p' = g(r),$$

其中 p 的自变量是 r, p' 和 p'' 是相对于 r 求的导数. 对上式两端乘以 r^{m-1}, 我们得到

$$(r^{m-1}p')' = g(r)r^{m-1}. \tag{11.7.18}$$

由 (11.7.16) 中的第二个条件和 h 的定义 (11.7.17), 我们有 $h(\mathbf{0}) = p(0) = 0$, 对方程 (11.7.18) 两端求积分, 有

$$r^{m-1}p'(r) = \int_0^r s^{m-1}g(s)ds. \tag{11.7.19}$$

因 f 的支集在 $\overline{\mathbf{B}}_R$ 内, 上式的右端的积分在 $r \geqslant R$ 时,

$$\int_0^r s^{m-1}g(s)ds = \frac{1}{\omega_{m-1}}\int_{|\mathbf{x}|\leqslant r} f(\mathbf{x})m(d\mathbf{x}) = \frac{1}{\omega_{m-1}}\int f(\mathbf{x})m(d\mathbf{x}) = 0,$$

最后的等号用到了 (11.7.16) 中的第一个条件. 由上式便得到 $\forall r \geqslant R(p'(r)=0)$. 方程 (11.7.19) 还告诉我们 $p'(0)=0$. 由方程 (11.7.19), 我们得到 (注意: $p(0)=0$)

$$p(r) = \int_0^r \left(t^{1-m}\int_0^t s^{m-1}g(s)ds \right) dt. \tag{11.7.20}$$

对右端的积分作分部积分, 注意到 $\forall r \geqslant R(p'(r)=0)$ 及 $p'(0)=0$, 当 $r \geqslant R$ 时, 我们有

$$p(r) = \frac{1}{m-2}\int_0^r tg(t)dt = \frac{1}{(m-2)\omega_{n-1}}\int_{|\mathbf{x}|\leqslant R} |\mathbf{x}|^{2-m}f(\mathbf{x})m(d\mathbf{x}) = 0,$$

最后的等号用到了 (11.7.16) 中的第二个条件. 这样就证明了

$$\mathrm{supp} h \subset \{\mathbf{x} \in \mathbf{R}^m : |\mathbf{x}| \leqslant R\}. \qquad \square$$

定理 11.7.15 的证明　我们将用引理 11.7.2 的方法让一串 C^∞ 函数去逼近开集 D 中定义的满足 Laplace 方程的广义函数 l. 为了方便, 下面的讨论限制在 $m>2$ 的情形. 设 b 是个球对称的 C^∞ 函数, $\mathrm{supp} b \subset \{\mathbf{x} \in \mathbf{R}^m : |\mathbf{x}| \leqslant 1\}$, 并满足以下三个条件:

$$\mathrm{supp} b \subset \{\mathbf{x} \in \mathbf{R}^m : |\mathbf{x}| \leqslant 1\}, \int b(\mathbf{x})m(d\mathbf{x}) = 1, \int |\mathbf{x}|^{2-m}b(\mathbf{x})m(d\mathbf{x}) = 0. \tag{11.7.21}$$

令 $b_k(\mathbf{x}) = k^m b(k\mathbf{x})$. 显然, b_k 满足以下三个条件:

$$\mathrm{supp} b_k \subset \{\mathbf{x} \in \mathbf{R}^m : |\mathbf{x}| \leqslant 1/k\}, \int b_k(\mathbf{x})m(d\mathbf{x}) = 1, \int |\mathbf{x}|^{2-m}b_k(\mathbf{x})m(d\mathbf{x}) = 0. \tag{11.7.21$'$}$$

记 $D_k = \{\mathbf{x} \in D : \inf\limits_{\mathbf{y}\in\partial D} |\mathbf{x}-\mathbf{y}| > 1/k\}$, 其中 ∂D 表示 D 的 (拓扑) 边界. 对于任何 $\mathbf{x} \in D_k$, 定义

$$l_k(\mathbf{x}) = (b_k(\mathbf{x}-\mathbf{y}), l_{\mathbf{y}}).$$

这里, $l_{\mathbf{y}}$ 表示以 $\mathbf{y}$ 为自变量的 D 上的广义函数. 作为 $\mathbf{y}$ 的函数 $b_k(\mathbf{x}-\mathbf{y})$ 的支集是完全包含在 D 内的. 作为 $\mathbf{y}$ 的函数 $b_k(\mathbf{x}-\mathbf{y}) - b_p(\mathbf{x}-\mathbf{y})$ 的支集是包含在以 $\mathbf{x}$ 为球心半径为 R 的球内的, 其中 $R = \max(1/k, 1/p)$. 由 (11.7.21)$'$, 函数 $b_k(\mathbf{x}-\mathbf{y}) - b_p(\mathbf{x}-\mathbf{y})$ 满足引理 11.7.8 中的条件 (11.7.16). 根据推论 11.7.1, 推论 11.7.2 和引理 11.7.8, 我们有一个以 $\mathbf{x}$ 为球心的球对称的 C^∞ 函数 h, 使得

$$\mathrm{supp} h \subset \{\mathbf{x} \in \mathbf{R}^m : |\mathbf{x}| \leqslant R\} \text{ 而 } \Delta_{\mathbf{y}} h(\mathbf{y}) = b_k(\mathbf{x}-\mathbf{y}) - b_p(\mathbf{x}-\mathbf{y}).$$

所以

$$\begin{aligned} l_k(\mathbf{x}) - l_p(\mathbf{x}) &= (b_k(\mathbf{x}-\mathbf{y}) - b_p(\mathbf{x}-\mathbf{y}), l_{\mathbf{y}}) \\ &= (\Delta h, l) = (h, \Delta l) = 0, \end{aligned}$$

其中最后一个等号用到了广义函数 l 满足 Laplace 方程的假设. 由此我们得到以下结果：

$$\forall \mathbf{x} \in D\Big(\max(1/k, 1/p) < \inf_{\mathbf{y}\in\partial D} |\mathbf{x}-\mathbf{y}| \Longrightarrow l_k(\mathbf{x}) = l_p(\mathbf{x})\Big).$$

因此, 在 D 的任何紧子集中, 当 k 充分大时, l_k 不再依赖于 k. 由引理 11.7.2, C^∞ 函数 l_k 是收敛于 l 的. 这就证明了：$l \in C^\infty(D)$. □

注 这个对于 Laplace 方程的解适用的结论对于具有 C^∞ 系数的椭圆型方程也适用. 我们不去讨论这个推广了. 应该指出的是, 对于其他的偏微分方程的解未必适用. 以下的**波方程**

$$\frac{\partial^2 f}{\partial x^2} - \frac{\partial^2 f}{\partial y^2} = 0$$

有下述形式的解

$$f(x,y) = u(x-y) + v(x+y),$$

其中 u 和 v 是两个任意的二次可微的函数 (请同学自行补出证明的细节). 只要让 u 和 v 不是三次可微的, f 将不是无穷次可微的了.

练　习

11.7.1 试证：例 11.7.1 中定义的线性泛函 l_f 满足广义函数定义 11.7.2 中的条件 (ii).

11.7.2 试证：例 11.7.2 中定义的线性泛函 δ 有意义且满足广义函数定义 11.7.2 中的条件 (ii).

11.7.3 假设函数 θ 是 $\mathbf{R}$ 上的逐段光滑函数, 换言之, 有 $\mathbf{R}$ 上的可数 (或有限) 个点：

$$\cdots < x_{\nu-1} < x_\nu < \cdots, \quad \lim_{\nu\to\pm\infty} x_\nu = \pm\infty.$$

在每个开区间 $(x_{\nu-1}, x_\nu)$ 上函数 θ 是无穷次连续可微的, 在每点 x_ν 处, 函数 θ 的各阶导数有第一类型间断点, 换言之, 函数 θ 的各阶导数在间断点 x_ν 处有左右极限. 以 $\theta_\nu^{(p)}$ 表示函数 θ 的 p 阶导数在间断点 x_ν 处的跳跃：$\theta_\nu^{(p)} = \theta^{(p)}(x_\nu+0) - \theta^{(p)}(x_\nu-0)$. $\theta', \theta'', \cdots, \theta^{(n)}$ 表示 θ 的广义函数意义下的导数, 而 $[\theta'], [\theta''], \cdots, [\theta^{(n)}]$ 表示 θ 在开区间 $(x_{\nu-1}, x_\nu)$ 上的寻常函数意义下的一阶到 n 阶的导数, 它们在间断点 x_ν 处无定义. 它们是局部可积函数, 因而是广义函数. 试证：

$$\theta' = [\theta'] + \sum_\nu \theta_\nu \delta_\nu,$$

其中 $\delta_\nu(x) = \delta(x - x_\nu)$. 试求出 $\theta^{(p)}$ 的表达式.

11.7.4 设 V 是平面 $\mathbf{R}^2$ 中的一个闭区域, 并设 V 的边界 ∂V 是个平面 $\mathbf{R}^2$ 中的一个无限次连续可微的曲线. 假设 f 是个在 V 的内部 V° 无穷次连续可微的函数, 但 f 在 V^C 上恒等于零. f 的通常意义下的导数 $[D^p f]$ 在 ∂V 上有第一类型的间断, 换言之, $[D^p f]$ 有从 V 内趋向于 ∂V 上的极限和从 V 外趋向于 ∂V 上的极限, 但两者未必相等.

(i) 试证: 对于任何 $c\in C_0^\infty(\mathbf{R}^2)$, 我们有

$$\left(c, \frac{\partial f}{\partial x_1}\right) = -\int_{\partial V} f(\mathbf{x})c(\mathbf{x})dx_2 + \iint_V \frac{\partial f}{\partial x_1} c(\mathbf{x})dx_1 dx_2,$$

上式右端的曲线积分也可写成

$$-\int_{\partial V} f(\mathbf{x})c(\mathbf{x})dx_2 = -\int_{\partial V} f(\mathbf{x})c(\mathbf{x})\cos\theta_1 d\lambda,$$

其中 θ_1 表示 ∂V 的外法向量与 Ox_1 轴之间的夹角.

(ii) 试证: 对于任何 $c\in C_0^\infty(\mathbf{R}^2)$, 我们有

$$(c, \Delta f) = \int_{\partial V} f(\mathbf{x})\frac{dc}{d\nu}d\lambda - \int_{\partial V} c\left[\frac{df}{d\nu}\right]d\lambda + \iint_V [\Delta f]c(\mathbf{x})dx_1 dx_2,$$

式中的 $\dfrac{d}{d\nu}$ 表示在 ∂V 的点处关于 ∂V 的外法向导数, 例如:

$$\frac{dc}{d\nu} = \sum_{i=1}^{2} \frac{\partial c}{\partial x_i}\cos\theta_i,$$

其中 θ_i 表示外法向量与 Ox_i 轴之间的夹角.

(iii) 试将 (i) 和 (ii) 的结果推广到三维空间 $\mathbf{R}^3$ 上去.

11.7.5　设 z 是个复数. 试证:

(i) 以下式定义的泛函 $\mathrm{Pf}.x^z 1_{(0,\infty)}$ 是个广义函数: 对于任何 $u\in C_0^\infty$,

$$\begin{aligned}(u, \mathrm{Pf}.x^z 1_{(0,\infty)}) &= \mathrm{Pf}.\int_0^\infty x^z u(x)m(dx)\\ &= \lim_{\varepsilon\to 0+}\left[\int_\varepsilon^\infty x^z u(x)m(dx) + u(0)\frac{\varepsilon^{z+1}}{z+1} + u'(0)\frac{\varepsilon^{z+2}}{z+2} + \cdots + \frac{u^{(k)}(0)}{k!}\frac{\varepsilon^{z+k+1}}{z+k+1}\right],\end{aligned}$$

其中 k 是满足不等式 $k > -2 - \Re z$ 的最小的非负整数. 当 $\Re z > -1$ 时, $\mathrm{Pf}.x^z 1_{(0,\infty)} = x^z 1_{(0,\infty)}$. 当 z 等于某个负整数时, 以上公式在作了如下约定后仍然有效: $\varepsilon^0/0 = \ln\varepsilon$.

注　$\mathrm{Pf}.\int_0^\infty x^z u(x)m(dx)$ 称为发散积分 $\int_0^\infty x^z u(x)m(dx)$ 的 Hadamard 有限部分. 广义函数 $\mathrm{Pf}.x^z 1_{(0,\infty)}$ 称为对应于 (在点 0 处不可积的) 函数 $x^z 1_{(0,\infty)}$ 的拟函数 (pseudo function).

(ii) 对于任何大于 k 的整数 l, 我们有

$$\begin{aligned}&\lim_{\varepsilon\to 0+}\left[\int_\varepsilon^\infty x^z u(x)m(dx) + u(0)\frac{\varepsilon^{z+1}}{z+1} + u'(0)\frac{\varepsilon^{z+2}}{z+2} + \cdots + \frac{u^{(k)}(0)}{k!}\frac{\varepsilon^{z+k+1}}{z+k+1}\right]\\ &= \lim_{\varepsilon\to 0+}\left[\int_\varepsilon^\infty x^z u(x)m(dx) + u(0)\frac{\varepsilon^{z+1}}{z+1} + u'(0)\frac{\varepsilon^{z+2}}{z+2} + \cdots + \frac{u^{(l)}(0)}{l!}\frac{\varepsilon^{z+l+1}}{z+l+1}\right].\end{aligned}$$

11.7.6 设 $\mathbf{e}_i=(\delta_{i1},\delta_{i2},\cdots,\delta_{in})$, 试证:

$$\forall u\in C_0^\infty\forall l\in(C_0^\infty)'\left((u,D_il)=\lim_{\lambda\to 0}\left(u,\frac{\mathbf{T}_{-\lambda\mathbf{e}_i}l-l}{\lambda}\right)\right).$$

(平移算子 $\mathbf{T}_{-\lambda\mathbf{e}_i}$ 的涵义参看例 11.7.7.)

11.7.7 我们知道 $\ln|x|\in L^1_{\text{loc}}(\mathbf{R})$, $\ln|x|$ 可看成广义函数:

$$\forall u\in C_0^\infty\left((u,\ln|x|)=\int_{-\infty}^{\infty}u(x)\ln|x|m(dx)\right).$$

问: $\dfrac{d\ln|x|}{dx}=?$

11.7.8 对于 $l\in\mathbf{N}$, 试求 $\delta^{(l)}=?$

11.7.9 若 $z\notin\{0,-1,-2,\cdots,-n,\cdots\}$, 试证:

$$\frac{d}{dx}[\text{Pf.}(x^z\mathbf{1}_{(0,\infty)})]=\text{Pf.}(zx^{z-1}\mathbf{1}_{(0,\infty)}).$$

11.7.10 (i) 若 $l\in\{0,1,2,\cdots,n,\cdots\}$, 试证:

$$\frac{d}{dx}\left[\text{Pf.}\left(\frac{1}{x^l}\mathbf{1}_{(0,\infty)}\right)\right]=\text{Pf.}\left(\frac{-l}{x^{l+1}}\mathbf{1}_{(0,\infty)}\right)+(-1)^l\frac{\delta^{(l)}}{l!}.$$

(ii) 当 $l\in\{0,1,2,\cdots,n,\cdots\}$ 时, $\text{Pf.}\dfrac{1}{x^l}\mathbf{1}_{(-\infty,0)}$ 定义如下: 对一切 $u\in C_0^\infty(\mathbf{R})$,

$$\begin{aligned}\left(u,\text{Pf.}\frac{1}{x^l}\mathbf{1}_{(-\infty,0)}\right)=&(-1)^l\lim_{\varepsilon\to 0+}\left[\int_{-\infty}^{-\varepsilon}u(x)\frac{1}{x^l}m(dx)+u(0)\frac{\varepsilon^{-l+1}}{-l+1}\right.\\&\left.-u'(0)\frac{\varepsilon^{-l+2}}{-l+2}+\cdots+(-1)^k\frac{u^{(k)}(0)}{k!}\frac{\varepsilon^{-l+k+1}}{-l+k+1}\right].\end{aligned}$$

问: 当 $l\in\{0,1,2,\cdots,n,\cdots\}$ 时,

$$\frac{d}{dx}\left[\text{Pf.}\left(\frac{1}{x^l}\mathbf{1}_{(-\infty,0)}\right)\right]=?$$

(iii) 问: 当 $l\in\{0,1,2,\cdots,n,\cdots\}$ 时,

$$\frac{d}{dx}\left[\text{Pf.}\left(\frac{1}{x^l}\right)\right]=?$$

其中

$$\text{Pf.}\left(\frac{1}{x^l}\right)=\text{Pf.}\left(\frac{1}{x^l}\mathbf{1}_{(0,\infty)}\right)+\text{Pf.}\left(\frac{1}{x^l}\mathbf{1}_{(-\infty,0)}\right).$$

11.7.11 (i) 在 $\mathbf{R}^3$ 上, 设

$$v(r)=\frac{C}{4\pi r}+w(r),\quad r=\sqrt{x_1^2+x_2^2+x_3^2},$$

其中 $w(r)$ 在 $[0,R]$ 上是二次连续可微函数, C 是个常数, 并且 v 在球面 $\mathbf{S}^2(\mathbf{p},R)$ 上满足条件:

$$v=\frac{\partial v}{\partial r}=0,$$

其中 $\frac{\partial v}{\partial r}$ 恰是 v 在球面 $\mathbf{S}^2(\mathbf{p},R)$ 上的法向导数. 又设 u 在 $\overline{\mathbf{B}^3(\mathbf{p},R)}$ 上二次连续可微. 试证:

$$Cu(\mathbf{p})=\int_{\mathbf{B}^3(\mathbf{p},R)}(u\Delta v-v\Delta u)m(d\mathbf{x}).$$

(ii) 在 (i) 中所述的条件下, 又若 u 在 $\overline{\mathbf{B}^2(\mathbf{p},R)}$ 上 $2m+2$ 次连续可微. 试证: 对于任何 $\nu\leqslant m$, 有

$$C\Delta^\nu u(\mathbf{p})=\int_{\mathbf{B}^3(\mathbf{p},R)}(\Delta^\nu u\delta v-v\Delta^{\nu+1}u)m(d\mathbf{x}).$$

(iii) 对于任何二次连续可微的一元函数 $v(r)$, 试证:

$$\Delta v=v''+\frac{2}{r}v'.$$

(iv) 设

$$v_\nu(r,R)=\frac{1}{4\pi(2\nu+1)!}\frac{(R-r)^{2\nu+1}}{Rr},\quad \nu=0,1,2,\cdots.$$

试证: $v_\nu(r,R)$ 具有以下形式:

$$v_\nu(r,R)=\frac{R^{2\nu}}{(2\nu+1)!4\pi r}+w_\nu(r),$$

其中 $r=\sqrt{x_1^2+x_2^2+x_3^2}$, R 是个参数, 而 w_ν 在 $[0,R]$ 上二次连续可微, 且

$$v_\nu(R,R)=\frac{\partial v_\nu}{\partial r}(R)=0.$$

当 $v_\nu(r,R)$ 简记做 v_ν, 我们常把它理解成 $r=\sqrt{x_1^2+x_2^2+x_3^2}$ 的函数.

(v) 试证:

$$\frac{R^{2\nu}}{(2\nu+1)!}\Delta^\nu u(\mathbf{p})=\int_{\mathbf{B}^3(\mathbf{p},R)}(v_{\nu-1}\Delta^\nu u-v_\nu\Delta^{\nu+1}u)m(d\mathbf{x}).$$

(vi) 试证:

$$\sum_{\nu=1}^{m}\frac{R^{2\nu}}{(2\nu+1)!}\Delta^\nu u(\mathbf{p})=\int_{\mathbf{B}^3(\mathbf{p},R)}(v_0\Delta u-v_m\Delta^{m+1}u)m(d\mathbf{x}).$$

(vii) 试证以下 (三维的)**Pizetti 公式:**

$$\begin{aligned}&\frac{1}{4\pi R^2}\int_{\mathbf{S}^2(\mathbf{p},R)}ud\sigma\\&\quad=\sum_{\nu=0}^{m}\frac{R^{2\nu}}{(2\nu+1)!}\Delta^\nu u(\mathbf{p})+\frac{1}{4\pi(2m+1)!}\int_{\mathbf{B}^3(\mathbf{p},R)}\frac{(R-r)^{2m+1}}{Rr}\Delta^{m+1}u(\mathbf{x})m(d\mathbf{x}),\end{aligned}$$

其中 (及以后) 我们约定: $\Delta^0 u(\mathbf{p}) = u(\mathbf{p})$.

(viii) 试证以下 (二维的)**Pizetti 公式**:

$$\frac{1}{2\pi R}\int_{\mathbf{S}^1(\mathbf{p},R)} u d\sigma$$
$$= \sum_{\nu=0}^{m} \frac{R^{2\nu}}{2^{2\nu}(\nu!)^2}\Delta^\nu u(\mathbf{p}) + \int_{\mathbf{B}^2(\mathbf{p},R)} v_m(|\mathbf{x}|, R)\Delta^{m+1}u(\mathbf{x})m(d\mathbf{x}),$$

且

$$v_\nu(R,R) = \frac{\partial v_\nu}{\partial r}(R,R) = 0,$$

其中

$$v_{\nu+1}(r,R) = \int_r^R \rho v_\nu(\rho, R)\ln\frac{\rho}{r}d\rho, v_0(r,R) = \frac{1}{2\pi}\ln\frac{R}{r}.$$

(ix) 试证以下 (n 维的)**Pizetti 公式**:

$$\frac{1}{\omega_{n-1}R^{n-1}}\int_{\mathbf{S}^{n-1}(\mathbf{p},R)} u d\sigma$$
$$=\Gamma(n/2)\sum_{\nu=0}^{m}\left(\frac{R}{2}\right)^{2\nu}\frac{\Delta^\nu u(\mathbf{p})}{\nu!\Gamma(\nu+(n/2))} + \int_{\mathbf{B}^n(\mathbf{p},R)} v_m(|\mathbf{x}|, R)\Delta^{m+1}u(\mathbf{x})m(d\mathbf{x}),$$

且

$$v_\nu(R,R) = \frac{\partial v_\nu}{\partial r}(R,R) = 0,$$

其中

$$v_{\nu+1}(r,R) = \frac{1}{(n-2)r^{n-2}}\int_r^R \rho v_\nu(\rho,R)(\rho^{n-2} - r^{n-2})d\rho,$$
$$v_0(r,R) = \frac{1}{(n-2)\omega_{n-1}}\left(\frac{1}{r^{n-2}} - \frac{1}{R^{n-2}}\right).$$

注 在第二册 §10.9 的练习 10.9.5 的 (i) 的注中曾指出, Green 恒等式颇像一元定积分的分部积分公式. 现在可以看出, Pizetti 公式有点像 Euler-Maclaurin 求和公式. 这里的函数 v_ν 扮演了 Euler-Maclaurin 求和公式的证明中 Bernoulli 多项式所扮演的角色.

(x) 试证: $|v_m(r,R)| \leqslant C_m R^{2m}/r^{n-2}$, 其中 C_m 是一个只依赖于 m 的常数.

(xi) 设 $n \geqslant 3$. 试证: 如下定义的发散积分的有限部分是个广义函数: 对于一切 $u \in C_0^\infty(\mathbf{R}^n)$,

$$(u, \mathrm{Pf}.r^m) = \mathrm{Pf}.\int_{\mathbf{R}^n} r^m u(\mathbf{x})m(d\mathbf{x})$$
$$= \lim_{\varepsilon\to 0+}\left[\int_{r\geqslant\varepsilon} r^m u(\mathbf{x})m(d\mathbf{x}) + \sum_{k=0}^{[-(m+n)/2]} H_k\Delta^k u(\mathbf{0})\frac{\varepsilon^{m+n+2k}}{m+n+2k}\right],$$

其中

$$H_k = \frac{\pi^{n/2}}{2^{2k-1}k!\Gamma\left(\frac{n}{2}+k\right)}; \quad r = \sqrt{x_1^2 + x_2^2 + \cdots + x_n^2};$$

$$\Delta = \frac{\partial^2}{\partial x_1^2} + \frac{\partial^2}{\partial x_2^2} + \cdots + \frac{\partial^2}{\partial x_n^2}.$$

和以前一样, 当 $m+n$ 是非正偶数时, $\frac{\varepsilon^0}{0}$ 应换为 $\ln \varepsilon$.

(xii) 将 (xi) 的结果搬到 $n=2$ 的情形上去.

11.7.12 试证: 当 $m+n$ 是非正偶数的复数时, 我们有

$$\Delta(\mathrm{Pf}.r^m) = m(m+n-2)\mathrm{Pf}.r^{m-2}.$$

11.7.13 试证: 当 $m+n=-2h+2$, 而 h 是正偶数时, 我们有

$$\Delta(\mathrm{Pf}.r^m) = -2hm\mathrm{Pf}.r^{m-2} + \frac{(2-n-4h)\pi^{n/2}}{2^{2h-1}h!\Gamma\left(\frac{n}{2}+h\right)}\Delta^h\delta.$$

特别, 当 $n>2$ 时, 我们有

$$\Delta\left(\frac{1}{r^{n-2}}\right) = -K_n\delta,$$

其中

$$K_n = \frac{(n-2)2(\sqrt{\pi})^n}{\Gamma(n/2)};$$

当 $n=2$ 时, 我们有

$$\Delta\left(\ln\frac{1}{r}\right) = -2\pi\delta.$$

11.7.14 我们可以将定义 11.7.9 作如下推广:

定义 11.7.9′ 设 $l \in (C_0^\infty)'$, $u \in C^\infty$. 又设 l 的支集 $\mathrm{supp}l$ 与 u 的支集 $\mathrm{supp}u$ 之交 $\mathrm{supp}l \cap \mathrm{supp}u$ 是紧集, 利用单位分解定理便不难证明, 有 $v \in C_0^\infty$ 和开集 $G \supset \mathrm{supp}l \cap \mathrm{supp}u$, 使得

$$\forall \mathbf{x} \in G(v(\mathbf{x}) = 1).$$

我们定义泛函 l 在 u 处的值为

$$(u, l) = (uv, l).$$

(i) 试证: 如上定义的 (u,l) 的值不依赖于满足上述定义中所述条件的 v 的选择.

(ii) 设 $l_1 \in (C^\infty)'(\mathbf{R}^n), l_2 \in (C_0^\infty)'(\mathbf{R}^n)$, 试证: 对于任何 $u \in C_0^\infty(\mathbf{R}^n)$, 作为 $(\mathbf{x}_1, \mathbf{x}_2) \in \mathbf{R}^{2n}$ 的函数 $u(\mathbf{x}_1+\mathbf{x}_2) \in C^\infty(\mathbf{R}^{2n})$, 且 $\mathrm{supp}l_1 \otimes \mathrm{supp}l_2 \cap \mathrm{supp}(u(\mathbf{x}_1+\mathbf{x}_2))$ 是紧集.

(iii) 试证:

$$(u, l_1 * l_2)_{\mathbf{R}^n} = (u(\mathbf{x}_1+\mathbf{x}_2), l_1 \otimes l_2)_{\mathbf{R}^{2n}}.$$

11.7.15 假设 $f \in C^\infty$, 而广义函数 l 使得 $fl=0$. 试证: l 在开集 $\{\mathbf{x} \in \mathbf{R}^n : f(\mathbf{x}) \neq 0\}$ 上等于零.

11.7.16 设 $l \in (C_0^\infty(\mathbf{R}^n))'$. 试证:

(i) $\text{supp} D_j l \subset \text{supp} l$.

(ii) δ 函数的各阶导数的支集皆是 $\{\mathbf{0}\}$.

(iii) 存在这样的广义函数 l 和这样的 $f \in C_0^\infty$, 使得

$$\forall \mathbf{x} \in \text{supp} l (f(\mathbf{x}) = 0), \text{ 且 } l(f) \neq 0.$$

11.7.17 设 $l \in (C_0^\infty(\mathbf{R}^n))'$. 试求以下卷积:

(i) $\delta * l = ?$

(ii) $D^{\boldsymbol{\alpha}} \delta * l = ?$

(iii) 设 l 的支集是紧的, $\text{PV}\dfrac{1}{x} * l = ?$

11.7.18 设 $b(\mathbf{x}) \in (C^\infty)'$, $m \in (C_0^\infty)'$, 则

$$D_j(b * m) = (D_j b) * m = b * D_j m.$$

特别, 引理 11.7.13 的结论成立.

11.7.19 设 $b(\mathbf{x}) \in (C^\infty)'$, 且 $\text{supp} b \subset \{\mathbf{x} \in \mathbf{R}^m : |\mathbf{x}| < r\}$, 而 $m \in (C_0^\infty)'$, 则

$$\text{supp}(b * m) \subset \{\mathbf{x} \in \mathbf{R}^m : \text{dist}(\mathbf{x}, \text{supp} m) \leqslant r\},$$

其中 $\text{dist}(\mathbf{x}, \text{supp} m) = \inf\limits_{\mathbf{y} \in \text{supp} m} |\mathbf{x} - \mathbf{y}|$. 特别, 引理 11.7.14 的结论成立.

11.7.20 对于任何两个速降的函数 $u, v \in \mathcal{S}$, 定义它们的距离

$$d(u,v) = \sum_{b \in \mathbf{N} \cup \{0\}, \boldsymbol{\alpha} \in J} \frac{1}{2^{b+|\boldsymbol{\alpha}|}} \frac{|u-v|_{b,\boldsymbol{\alpha}}}{1 + |u-v|_{b,\boldsymbol{\alpha}}},$$

其中 J 表示 (由 n 个非负整数构成的) 重指标全体, 而对于任何重指标 $\boldsymbol{\alpha}$ 和任何自然数 b,

$$|u|_{b,\boldsymbol{\alpha}} = \max_{\mathbf{x} \in \mathbf{R}^n} |\mathbf{x}|^b |D^{\boldsymbol{\alpha}} u(\mathbf{x})|.$$

试证:

(i) 定义距离 $d(u,v)$ 的级数是收敛级数, 且距离 $d(u,v)$ 满足度量空间的三角形不等式;

(ii) 函数列 $u_n \in \mathcal{S}$ 在 $\mathcal{S}$ 中按定义 11.7.11 的意义下趋于 $u \in \mathcal{S}$ 的充分必要条件是:

$$\lim_{n \to \infty} d(u_n, u) = 0;$$

(iii) $(\mathcal{S}, d)$ 是完备度量空间;

(iv) C_0^∞ 在 $\mathcal{S}$ 中稠密.

注 根据本题的结果, 速降 (光滑) 函数的空间 $\mathcal{S}$ 中的收敛概念可以用一个度量空间的收敛概念刻画, 因而, $\mathcal{S}'$ 中的元素恰是 $\mathcal{S}$ 上相对于 $\mathcal{S}$ 上的这个度量连续的线性泛函. 应注意的是紧支集 (光滑) 函数的空间 C_0^∞ 中的收敛概念是无

法用一个度量空间的收敛概念刻画的, 但 C_0^∞ 上可以引进一个拓扑, 使得 $(C_0^\infty)'$ 中的元素恰是相对于这个拓扑连续的 C_0^∞ 上的线性泛函. 本讲义不去讨论它的细节了.

11.7.21　试证: 缓增广义函数 $l \in \mathcal{S}'$ 在 C_0^∞ 上的限制是 C_0^∞ 上的连续线性泛函. 不同的缓增广义函数 $l \in \mathcal{S}'$ 在 C_0^∞ 上的限制是 C_0^∞ 上不同的连续线性泛函. 因而这个限制看成和未限制时的泛函是同一个东西, 通常也记做 l. 故 $\mathcal{S}' \subset (C_0^\infty)'$.

11.7.22　试证: 紧支集的广义函数是缓增广义函数.

11.7.23　设 $v \in L^1_{\mathrm{loc}}(\mathbf{R}^n)$(即 v 在 $\mathbf{R}^n$ 的任何紧子集上可积), 且有 $m \in \mathbf{N}$ 使得 $\lim\limits_{|\mathbf{x}|\to\infty} \dfrac{|v(\mathbf{x})|}{|\mathbf{x}|^m} = 0$, 试证: v 是缓增广义函数.

11.7.24　证明定理 11.7.8.

11.7.25　证明定理 11.7.9.

11.7.26　给了线性算子 $\mathbf{S} : \mathcal{S} \to \mathcal{S}$, $\mathbf{S}$ 的**转置**$\mathbf{S}'$ 是指 $\mathcal{S} \to \mathcal{S}$ 满足以下方程的线性算子: 对于任何 $u, v \in C_0^\infty$, 有

$$\int (\mathbf{S}'u)(\mathbf{x})v(\mathbf{x})m(d\mathbf{x}) = \int u(\mathbf{x})(\mathbf{S}v)(\mathbf{x})m(d\mathbf{x}).$$

(i) 试证:

(a) 假若 $\mathbf{S}'$ 存在, $\mathbf{S}'$ 是唯一确定的;

(b) 假若 $\mathbf{S}'$ 存在, 则 $\mathbf{S}''$ 存在, 且 $\mathbf{S}'' = \mathbf{S}$;

(c) 假若 $\mathbf{S}_1'$ 和 $\mathbf{S}_2'$ 存在, 则对于任何复数 a 和 b, $(a\mathbf{S}_1 + b\mathbf{S}_2)'$ 也存在, 且

$$(a\mathbf{S}_1 + b\mathbf{S}_2)' = a\mathbf{S}_1' + b\mathbf{S}_2';$$

(d) 假若 $\mathbf{S}_1'$ 和 $\mathbf{S}_2'$ 存在, 则 $(\mathbf{S}_1 \circ \mathbf{S}_2)'$ 也存在, 且 $(\mathbf{S}_1 \circ \mathbf{S}_2)' = \mathbf{S}_2' \circ \mathbf{S}_1'$.

(ii) 试证以下的**扩张定理**成立: 假设算子 $\mathbf{S} : \mathcal{S} \to \mathcal{S}$ 具有以下性质:

(a) $\mathbf{S} : \mathcal{S} \to \mathcal{S}$ 是连续线性算子;

(b) $\mathbf{S}$ 的转置 $\mathbf{S}'$ 存在且是 $\mathcal{S} \to \mathcal{S}$ 的连续线性算子,

则对于任何 $l \in \mathcal{S}'$, 有唯一的一个满足以下等式的广义函数 $\mathbf{S}l$:

$$\forall v \in \mathcal{S}((\mathbf{S}'v, l) = (v, \mathbf{S}l)).$$

(iii) 证明定理 11.7.10.

11.7.27　(i) 若 $\mathrm{supp}l$ 是紧集, 换言之, $l \in (C^\infty)'$. 试证:

$$\mathcal{F}l = (\exp(-2\pi \mathrm{i}(\boldsymbol{\xi}, \mathbf{x})), l)_{\mathbf{x}} = \sum_{n=0}^{\infty} \frac{(-2\pi\mathrm{i})^n}{n!}((\boldsymbol{\xi}, \mathbf{x})^n, l)_{\mathbf{x}},$$

其中中间项和右端项中的泛函 $(\cdot, l)_{\mathbf{x}}$ 是作为 $\mathbf{x}$ 的函数构成的 C^∞ 空间上的泛函. 右端的级数对一切 $\boldsymbol{\xi} \in \mathbf{C}^n$ 收敛. 由一个在整个 $\mathbf{C}^n$ 上收敛的幂级数表示的函数称为 $\mathbf{C}^n$ 上的整函数. 本题的结论也可改述为: 紧支集的广义函数 l 的 Fourier

变换 $\mathcal{F}l$ 是 $\mathbf{C}^n$ 上的整函数. 应注意的是: 左端的 $\mathcal{F}l$ 是广义函数, 而右端的级数是 $\mathbf{C}^n$ 上的整函数, 当然是 $\mathbf{R}^n$ 上局部可积的函数. 两端相等意味着左端的 $\mathcal{F}l$ 是一个由 $\mathbf{R}^n$ 上局部可积的函数所代表的广义函数. 试求:

(ii) 试求: $\mathcal{F}\delta=?$ 其中 δ 是多元的 Dirac δ 函数:

$$(c,\delta)=c(\mathbf{0}).$$

(iii) 试求: $\mathcal{F}\dfrac{\partial\delta}{\partial x_k}=?$

(iv) 试求: $\mathcal{F}\delta_{(\mathbf{h})}=?$ 其中 $\delta_{(\mathbf{h})}$ 是 δ 的平移: $\delta_{(\mathbf{h})}=\mathbf{T_h}\delta$, 换言之, 对于任何 $c\in C_0^\infty$, 我们有

$$(c,\delta_{(\mathbf{h})})=c(\mathbf{h}).$$

11.7.28 设 $a>0$, 在 $\mathbf{R}^m$ 上定义广义函数 $\delta(|\mathbf{x}|-a)$ 如下: 对于任何 $u\in C_0^\infty(\mathbf{R}^m)$,

$$(u,\delta(|\mathbf{x}|-a))=\int_{|\mathbf{x}|=a}u(\mathbf{x})d\sigma,$$

其中 $d\sigma$ 表示球面 $\{\mathbf{x}:|\mathbf{x}|=a\}$ 上的面积微元. 试求广义函数 $\delta(|\mathbf{x}|-a)$ 的 Fourier 变换.

11.7.29 试证: 定理 11.7.3 中支集由原点一个点构成的广义函数的表达形式

$$l=\sum_{|\boldsymbol{\alpha}|\leqslant N}c_{\boldsymbol{\alpha}}D^{\boldsymbol{\alpha}}\delta$$

是唯一确定的. 换言之, 若

$$\sum_{|\boldsymbol{\alpha}|\leqslant N}c_{\boldsymbol{\alpha}}D^{\boldsymbol{\alpha}}\delta=0,$$

则

$$\forall\alpha(|\boldsymbol{\alpha}|\leqslant N\Longrightarrow c_{\boldsymbol{\alpha}}=0).$$

进一步阅读的参考文献

以下文献中的有关章节可以作为 Fourier 级数和 Fourier 积分理论的进一步学习的参考:

[2] 的第十章第 **9** 节中以不大的篇幅介绍了 Fourier 变换的基础理论.

[20] 的第十七章以不大的篇幅介绍了 Fourier 级数的基础理论.

[21] 相当浓缩地介绍了调和分析理论, 涉及部分较前沿的课题.

[24] 的第五章以不大的篇幅介绍了 Fourier 变换的基础理论. 第六章以不大的篇幅介绍了广义函数的基础理论. 可读性很高.

[28] 的第十九章介绍了广义函数与调和分析理论. 可读性很高.

[33] 的第九章非常简略地介绍了 Fourier 变换的基础理论.

[38] 这是本很好的介绍调和分析的本科生教材.

[40] 的第七章以不大的篇幅介绍了 Fourier 分析的基础理论, 本讲义的第十一章参考了该书的第七章.

[42] 的第九章中有关于 n 维空间中的球调和函数及 Gegenbauer 多项式的较详细的介绍. 在第三章中有三维空间中的球调和函数的介绍.

[45] 的第十八章以不大的篇幅介绍了 Fourier 级数和 Fourier 积分的基础理论, 顺便对广义函数做了简单介绍.

第 12 章　复分析初步

复分析即复数域 $\mathbf{C}$ 上的微积分，它是一门内容极为丰富的数学分支. 本章只对它作初步介绍，换言之，只介绍一个攻读数学的本科生所应有的关于复分析的常识.

复数域 $\mathbf{C}$ 和二维实线性空间 $\mathbf{R}^2$ 之间有一个自然的一一对应：$\mathbf{C} \ni z = x + \mathrm{i}y \mapsto (x, y) \in \mathbf{R}^2$. 这个自然的一一对应是复数域 $\mathbf{C}$ 和二维实线性空间 $\mathbf{R}^2$ 之间的同胚映射. 把 $\mathbf{C}$ 和 $\mathbf{R}^2$ 看成实数域，这个自然的一一对应是个同构. 从拓扑的角度看和从实线性空间的角度看，，复数域 $\mathbf{C}$ 和二维实线性空间 $\mathbf{R}^2$ 可以看成同一个东西. 我们常常用等式 $\mathbf{C} = \mathbf{R}^2$ 表示在这个实线性同胚映射意义下的同一个东西. 以后我们常利用这个 (实) 线性同胚来考虑问题. 例如，一个定义在复数域 $\mathbf{C}$ 的某开集 U 上的复自变量的一元函数，当把 U 看成 $\mathbf{R}^2$ 的子集时，也可看成 U 上的实变量的二元函数.

除非作出相反的申明，本章中提到的符号 D 都是指复平面 $\mathbf{C} = \mathbf{R}^2$ 上的一个连通开集，简称**区域**.

§12.1　两个微分算子和两个复值的一次微分形式

设 f 是定义在 $\mathbf{C} = \mathbf{R}^2$ 的某开集 U 上的复值函数，

$$f(z) = f(x, y) = u(x, y) + \mathrm{i}v(x, y),$$

其中 u 和 v 是 U 上的两个二元实值函数.f 是 U 到 $f(U) \subset \mathbf{C} = \mathbf{R}^2$ 的映射. 这个函数 f 称为可微的，假若这个 U 到 $f(U)$ 的映射 f 是 (二元实变量) 可微的函数，换言之，u 和 v 均是 (二元实变量) 可微的. 这时，

$$\frac{\partial f}{\partial x} = \frac{\partial u}{\partial x} + \mathrm{i}\frac{\partial v}{\partial x}, \quad \frac{\partial f}{\partial y} = \frac{\partial u}{\partial y} + \mathrm{i}\frac{\partial v}{\partial y}.$$

因为 $z = x + \mathrm{i}y,\ \overline{z} = x - \mathrm{i}y$, 故 $x = (z + \overline{z})/2,\ y = (z - \overline{z})/(2\mathrm{i})$.

把 z 和 $\overline{z}$ 看成自变量后 (按复合函数求导的锁链法则形式地) 作求导运算, 我们有

$$\frac{\partial}{\partial z}=\frac{\partial x}{\partial z}\frac{\partial}{\partial x}+\frac{\partial y}{\partial z}\frac{\partial}{\partial y}=\frac{1}{2}\left(\frac{\partial}{\partial x}-\mathrm{i}\frac{\partial}{\partial y}\right)$$

和

$$\frac{\partial}{\partial \overline{z}}=\frac{\partial x}{\partial \overline{z}}\frac{\partial}{\partial x}+\frac{\partial y}{\partial \overline{z}}\frac{\partial}{\partial y}=\frac{1}{2}\left(\frac{\partial}{\partial x}+\mathrm{i}\frac{\partial}{\partial y}\right).$$

因此, 我们愿意 (形式地) 引进以下两个微分算子

定义 12.1.1 形式微分算子 $\dfrac{\partial}{\partial z}$ 和 $\dfrac{\partial}{\partial \overline{z}}$ 定义如下:

$$\frac{\partial}{\partial z}\equiv f'(z)=\frac{1}{2}\left(\frac{\partial}{\partial x}-\mathrm{i}\frac{\partial}{\partial y}\right)$$

和

$$\frac{\partial}{\partial \overline{z}}=\frac{1}{2}\left(\frac{\partial}{\partial x}+\mathrm{i}\frac{\partial}{\partial y}\right).$$

设 $f=u+\mathrm{i}v$, 则

$$\begin{aligned}\frac{\partial f}{\partial z}=&\frac{\partial u}{\partial z}+\mathrm{i}\frac{\partial v}{\partial z}=\frac{1}{2}\left(\frac{\partial u}{\partial x}-\mathrm{i}\frac{\partial u}{\partial y}\right)+\frac{\mathrm{i}}{2}\left(\frac{\partial v}{\partial x}-\mathrm{i}\frac{\partial v}{\partial y}\right)\\=&\frac{1}{2}\left(\frac{\partial u}{\partial x}+\frac{\partial v}{\partial y}\right)-\frac{\mathrm{i}}{2}\left(\frac{\partial u}{\partial y}-\frac{\partial v}{\partial x}\right).\end{aligned}$$

类似地,

$$\begin{aligned}\frac{\partial f}{\partial \overline{z}}=&\frac{\partial u}{\partial \overline{z}}+\mathrm{i}\frac{\partial v}{\partial \overline{z}}=\frac{1}{2}\left(\frac{\partial u}{\partial x}+\mathrm{i}\frac{\partial u}{\partial y}\right)+\frac{\mathrm{i}}{2}\left(\frac{\partial v}{\partial x}+\mathrm{i}\frac{\partial v}{\partial y}\right)\\=&\frac{1}{2}\left(\frac{\partial u}{\partial x}-\frac{\partial v}{\partial y}\right)+\frac{\mathrm{i}}{2}\left(\frac{\partial u}{\partial y}+\frac{\partial v}{\partial x}\right).\end{aligned}$$

若 f 和 g 是两个 (实变量) 可微函数, 则不难看出

$$\frac{\partial}{\partial z}(f+g)=\frac{\partial f}{\partial z}+\frac{\partial g}{\partial z}\quad 和\quad \frac{\partial}{\partial \overline{z}}(f+g)=\frac{\partial f}{\partial \overline{z}}+\frac{\partial g}{\partial \overline{z}},$$

$$\frac{\partial}{\partial z}(fg)=\frac{\partial f}{\partial z}g+f\frac{\partial g}{\partial z}\quad 和\quad \frac{\partial}{\partial \overline{z}}(fg)=\frac{\partial f}{\partial \overline{z}}g+f\frac{\partial g}{\partial \overline{z}}.$$

根据定义 12.1.1, 不难检验以下的结果:

$$\frac{\partial z}{\partial z}=\frac{\partial \overline{z}}{\partial \overline{z}}=1 \quad \text{和} \quad \frac{\partial z}{\partial \overline{z}}=\frac{\partial \overline{z}}{\partial z}=0.$$

设 $P(z)=a_0+a_1z+\cdots+a_nz^n$, 利用以上公式, 我们有

$$\frac{\partial P}{\partial z}=a_1+2a_2z+\cdots+na_nz^{n-1}\equiv P'(z),$$

右端的 $P'(z)$ 表示我们按熟悉的实数域上多项式的导数公式 (形式地) 计算得的 $P'(z)$. 又,

$$\frac{\partial P}{\partial \overline{z}}=0.$$

以上的结论当多项式 P 换成有正收敛半径的幂级数时也是成立的:

命题 12.1.1 设幂级数 $f(z)=a_0+a_1z+\cdots+a_nz^n+\cdots$ 的收敛半径大于零, 则在收敛圆内, 我们有

$$\frac{\partial f(z)}{\partial z}=f'(z)=a_1+2a_2z+\cdots+na_nz^{n-1}+\cdots,$$

右端的幂级数是我们按熟悉的实自变量幂级数的求导公式形式地计算得到的. 另一方面, 我们还有

$$\frac{\partial f(z)}{\partial \overline{z}}=0.$$

它的证明留给同学作为练习 (参看练习 12.1.1) 自行完成.

由命题 12.1.1, 我们有

$$\frac{\partial \exp z}{\partial z}=\exp z, \quad \frac{\partial \sin z}{\partial z}=\cos z, \quad \frac{\partial \cos z}{\partial z}=-\sin z.$$

二维 (实) 线性空间 $\mathbf{C}=\mathbf{R}^2$ 上的复值一次微分形式的一般形式是

$$adx+bdy,$$

其中 a 和 b 是两个复值二元实变量函数. 因 $z=x+\mathrm{i}y, \overline{z}=x-\mathrm{i}y$, 假若我们把 z 和 $\overline{z}$ 看作 x 和 y 的 (带复系数的) 线性组合, 可形式地得到: $dz=dx+\mathrm{i}dy$, $\quad d\overline{z}=dx-\mathrm{i}dy$. 我们愿意以定义的形式引进以下两个一次微分形式:

定义 12.1.2 引进两个 (形式的) 一次微分形式 dz 和 $d\overline{z}$ 如下:

$$dz = dx + \mathrm{i}dy \quad 和 \quad d\overline{z} = dx - \mathrm{i}dy.$$

易见,

$$dx = \frac{1}{2}(dz + d\overline{z}) \quad 和 \quad dy = \frac{1}{2\mathrm{i}}(dz - d\overline{z}).$$

由此立即得到

命题 12.1.2 一次微分形式 $adx + bdy$ 可写成以下形式:

$$adx + bdy = Adz + Bd\overline{z},$$

其中

$$A = \frac{1}{2}(a - \mathrm{i}b) \quad 和 \quad B = \frac{1}{2}(a + \mathrm{i}b).$$

特别, 若二元实变量的复值函数 f 是可微的, 则复值函数 f(看成二元实变量的函数) 的微分应是

$$df = \frac{\partial f}{\partial x}dx + \frac{\partial f}{\partial y}dy = \frac{\partial f}{\partial z}dz + \frac{\partial f}{\partial \overline{z}}d\overline{z}.$$

上式右端似乎是把 f 看成为自变量 z 和 $\overline{z}$ 的函数后形式地求微分的结果. 它的证明留给同学自行完成了 (参看练习 12.1.2).

设幂级数 $f(z) = a_0 + a_1 z + \cdots + a_n z^n + \cdots$ 的收敛半径大于零, 根据命题 12.1.1, 在收敛圆内我们有

$$df(z) = f'(z)dz,$$

其中 $f'(z) = a_1 + 2a_2 z + \cdots + na_n z^{n-1} + \cdots$ 是对 $f(z)$(按实自变量幂级数的求导公式) 形式地求导的结果. 作为这个结果的特例, 我们有以下熟悉的公式:

$$d\exp z = \exp z dz, \quad d\sin z = \cos z dz, \quad d\cos z = -\sin z dz.$$

$\mathbf{C} = \mathbf{R}^2$ 上的复值的 2- 形式具有如下形式:

$$cdx \wedge dy,$$

其中 c 是复值函数.

命题 12.1.3 我们有

$$dz \wedge d\overline{z} = -2\mathrm{i}dx \wedge dy.$$

它的等价形式是

$$dx \wedge dy = \frac{\mathrm{i}}{2} dz \wedge d\overline{z}.$$

特别, 我们有

$$d(Adz) \equiv 0 \Longleftrightarrow \frac{\partial A}{\partial \overline{z}} \equiv 0.$$

它的证明留给同学自行完成了 (参看练习 12.1.3).

根据微分形式外积的性质, 我们有

$$dz \wedge dz = 0, \quad d\overline{z} \wedge d\overline{z} = 0.$$

按平面上的 Green 公式 (第二册 §10.8 的公式 (10.8.26)), 我们得到以下对复分析十分重要的结果:

定理 12.1.1 (Cauchy 积分定理) 设边界连续且逐段光滑的开区域 D 满足条件: $\overline{D} \subset U$, 其中 U 是 $\mathbf{C}$ 的开集, 又设 A 在 U 上连续可微, 且 1- 形式 Adz 在 U 上是闭的 1- 形式, 换言之, $d(Adz) \equiv 0$ 在 U 上成立, 则

$$\int_{\partial D} Adz = 0.$$

注 1 通常, 回路积分 $\displaystyle\int_{\partial D}$ 是指沿着 ∂D 的正向求积的.∂D 的正向是这样定义的: 当某人沿着 ∂D 的正向行进时, D 应在他的左手边.

注 2 根据命题 12.1.3, 定理中的条件 $d(Adz) \equiv 0$ 可以换成 $\dfrac{\partial A}{\partial \overline{z}} \equiv 0$.

注 3 Cauchy 积分定理也称为 **Cauchy定理**.

练 习

12.1.1 证明命题 12.1.1.

12.1.2 证明命题 12.1.2.

12.1.3 证明命题 12.1.3.

为了以后讨论的方便, 我们引进以下的概念:

定义 12.1.3 设 D 是个拓扑空间, 例如 $D \subset \mathbf{C}$ 是复平面的一个区域. 又设 $\phi_1 : [T_0, T_1] \to D$ 和 $\phi_2 : [S_0, S_1] \to D$ 是两个连续映射 (也称 D 中两条连续曲线), 假设这两条连续曲线有着同样的起点与终点: $\phi_1(T_0) = \phi_2(S_0), \phi_1(T_1) = \phi_2(S_1)$.$\phi_1$ 和 ϕ_2 在 D 内称为**同伦**的 (或称在 D 内 ϕ_1 同伦于 ϕ_2), 假若对于映射

$$\Phi_1(t) = \phi_1(T_0 + t(T_1 - T_0)) \quad \text{和} \quad \Phi_2(t) = \phi_2(S_0 + t(S_1 - S_0)),$$

有一个连续映射 $\Phi : [0,1] \times [0,1] \to D$ 满足以下两个条件:

(i) $\forall s \in [0,1](\Phi(0,s) = \Phi_1(0) = \Phi_2(0)), \forall s \in [0,1](\Phi(1,s) = \Phi_1(1) = \Phi_2(1))$;

(ii) $\forall t \in [0,1](\Phi(t,0) = \Phi_1(t)), \forall t \in [0,1](\Phi(t,1) = \Phi_2(t))$.

这时, 连续映射 Φ 称为联系映射 Φ_1 和 Φ_2 的一个同伦. 易见, 同伦关系是个等价关系. 含有映射 ϕ 的关于同伦关系的等价类记做 $[\phi]$.

注 同伦的概念在第二册 §8.5 的练习 8.5.8Hadamard-Levy 反函数整体存在定理的证明中曾遇到过, 虽然当时未引进同伦这个词.

12.1.4 假设 $\phi_1 : [T_0, T_1] \to D$ 和 $\phi_2 : [S_0, S_1] \to D$ 是两个连续映射, 它们所代表的连续曲线具有同样的起点与终点. 试证: 假若它们可以通过一个自变量的同胚变换而互相转变, 换言之, 有一个同胚映射 $\psi : [T_0, T_1] \to [S_0, S_1]$, 使得 $\phi_1 = \phi_2 \circ \psi$, 则它们是同伦的.

注 由练习 12.1.4, 我们把连续映射看成曲线或把连续映射的像看成曲线从同伦的角度看并不会造成混乱, 因为两个连续映射的像相同, 则这两个连续映射必同伦.

定义 12.1.4 设 D 是个道路连通的拓扑空间, 例如 $D \subset \mathbf{C}$ 是复平面的一个区域. 又设 $\phi : [T_0, T_1] \to D$ 是一个连续映射, 且 $\phi(T_0) = \phi(T_1)$(这时, ϕ 代表的连续曲线称为 (封) 闭曲线). 假若 ϕ 同伦于常映射 $f(t) \equiv \phi(T_0)$, 映射 ϕ 所代表的曲线称为同伦于一个点. 假若 D 中任何封闭曲线都同伦于一个点, D 称为**单连通**的.

12.1.5 区域 $D \subset \mathbf{C}$ 称为星形区域, 假若有一点 $z_0 \in D$, 使得

$$\forall z \in D\Big([z_0, z] \subset D\Big), \quad [z_0, z] = \{\lambda z_0 + (1-\lambda)z : \lambda \in [0,1]\}.$$

试证: 星形区域必单连通. 特别, 凸区域与 $\mathbf{C} \setminus [0, \infty)$ 是单连通的.

定义 12.1.5 设 D 是个拓扑空间, 例如 $D \subset \mathbf{C}$ 是复平面的一个区域. 又设 ϕ_1 是 $[T_0, T_1] \to D$ 和 ϕ_2 是 $[S_0, S_1] \to D$ 是两个连续映射, 且 $\phi_1(T_1) = \phi_2(S_0)$. 记 ϕ_3 为 $[T_0, T_1 + (S_1 - S_0)] \to D$ 是如下定义的映射:

$$\phi_3(t) = \begin{cases} \phi_1(t), & \text{若} T_0 \leqslant t \leqslant T_1, \\ \phi_2(t + (S_0 - T_1)), & \text{若} T_1 \leqslant t \leqslant T_1 + (S_1 - S_0). \end{cases}$$

易见, $\phi_3 : [T_0, T_1 + (S_1 - S_0)] \to D$ 是连续映射. 常把 ϕ_3 记做 $\phi_3 = \phi_1 + \phi_2$.

12.1.6 设 D 是个拓扑空间, ϕ_1 和 ϕ_2 和 ϕ_3 如定义 12.1.5 中所述. 又设 $\phi_1':[T_0',T_1']\to D$ 和 $\phi_2':[S_0',S_1']\to D$ 是两个连续映射, 且 $\phi_1'(T_1')=\phi_2'(S_0')$. 令 $\phi_3':[T_0',T_1'+(S_1'-S_0')]\to D$ 是如下定义的曲线:

$$\phi_3'(t)=\begin{cases}\phi_1'(t), & 若T_0'\leqslant t\leqslant T_1',\\ \phi_2'(t+(S_0'-T_1')), & 若T_1'\leqslant t\leqslant T_1'+(S_1'-S_0').\end{cases}$$

最后设 ϕ_1 与 ϕ_1' 同伦, 且 ϕ_2 与 ϕ_2' 同伦. 试证: ϕ_3 与 ϕ_3' 同伦.

注 定义 12.1.5 中的含有 ϕ_3 的等价类 $[\phi_3]$ 称为 $[\phi_1]$ 与 $[\phi_2]$ 相加的结果, 记做

$$[\phi_3]=[\phi_1]+[\phi_2].$$

设 $\phi:[T_0,T_1]\to D$, 定义 $-\phi:[-T_1,-T_0]\to D$ 如下:

$$-\phi(t)=\phi(-t).$$

易见, 若 $\phi_1:[T_0,T_1]\to D$ 和 $\phi_2:[S_0,S_1]\to D$ 是两个连续映射, 且 $\phi_1(T_0)=\phi_2(S_0)$, $\phi_1(T_1)=\phi_2(S_1)$. 且 ϕ_1 和 ϕ_2 同伦, 则 $-\phi_1$ 与 $-\phi_2$ 同伦. 记 $-[\phi]=[-\phi]$, 而 $[\phi_1]-[\phi_2]=[\phi_1]+[-\phi_2]=[\phi_1]+(-[\phi_2])$.

12.1.7 设 $\phi:[T_0,T_1]\to D$ 是连续映射. 试证: $[\phi]-[\phi]$ 同伦于一个常映射 $[c]$, 其中 $c=\phi(T_0)$..

12.1.8 设 D 是 $\mathbf{C}$ 的一个区域, 给了一个连续映射 $\phi:[T_0,T_1]\to D$. 试证: 存在区间 $[T_0,T_1]$ 的一个分划 $T_0=t_0<t_1<\cdots<t_n=T_1$ 和 n 个圆盘 $\mathbf{B}^2(\zeta_j,r_j)\subset D\ \ (j=1,2,\cdots,n)$, 使得

$$\phi([t_{j-1},t_j])\subset\mathbf{B}^2(\zeta_j,r_j),\quad j=1,2,\cdots,n.$$

12.1.9 设 D 是 $\mathbf{C}$ 的一个区域, 试证: 任何连续映射 $\phi:[T_0,T_1]\to D$ 同伦于一个逐段线性连续映射.

12.1.10 设 D 是 $\mathbf{C}$ 的一个区域, 给了一个连续映射 $\Phi:[0,1]\times[0,1]\to D$. 试证: 存在一个 $\delta>0$, 区间 $[0,1]$ 的一个分划 $0=t_0<t_1<\cdots<t_n=1$ 和 n 个圆盘 $\mathbf{B}^2(\zeta_j,r_j)\subset D\ \ (j=1,2,\cdots,n)$, 使得 $\Phi([t_{j-1},t_j]\times[0,\delta])\subset\mathbf{B}^2(\zeta_j,r_j)$.

12.1.11 设 D 是 $\mathbf{C}$ 的一个区域, $a,b\in D$. 试证: 任何连接 a 和 b 的曲线必同伦于某个连接有限个有理复数点的折线.

12.1.12 设 D 是 $\mathbf{C}$ 的一个区域, $a,b\in D$. 试证: 连接 a 和 b 的曲线的同伦类至多只有可数个.

§12.2 全纯函数

定义 12.2.1 定义在开区域 $U\subset\mathbf{C}=\mathbf{R}^2$ 上的复值函数 $f=u+\mathrm{i}v$ 称为 U 的**全纯函数**, 假若作为在 U 上的二元实变量复值函数的

f 是连续可微的且在 U 上以下的恒等式成立:

$$\frac{\partial f}{\partial \bar{z}} \equiv 0.$$

注　U 上的全纯函数也称为 U 上的**解析函数**.

根据以下容易检验的等式

$$\frac{\partial}{\partial \bar{z}}(f \pm g) = \frac{\partial f}{\partial \bar{z}} \pm \frac{\partial g}{\partial \bar{z}}, \quad \frac{\partial}{\partial \bar{z}}(fg) = g\frac{\partial f}{\partial \bar{z}} + f\frac{\partial g}{\partial \bar{z}},$$

$$\frac{\partial}{\partial \bar{z}}\left(\frac{f}{g}\right) = \frac{1}{g^2}\left(\frac{\partial f}{\partial \bar{z}}g - f\frac{\partial g}{\partial \bar{z}}\right), \quad g \neq 0,$$

我们得到以下结论: 开集 U 上两个全纯函数的和, 差与积仍是全纯的; 开集 U 上两个全纯函数的商, 当分母在开集 U 中处处非零时, 在 U 上也是全纯的.

由命题 12.1.2 和命题 12.1.3, 我们得到

命题 12.2.1　设 U 是 $\mathbf{C}$ 上的开集. 以下三个命题是等价的:

(i) f 在 U 上是全纯的;

(ii) 在 U 上 f 作为二元实变函数连续可微, 且 $df = hdz$ 成立, 换言之, 当 df 写成 dz 及 $d\bar{z}$ 的线性组合时, $d\bar{z}$ 的系数为零. 当然, 等式 $df = hdz$ 中的 $h = \dfrac{\partial f}{\partial z}$;

(iii) 在 U 上 f 作为二元实变函数连续可微, 且 $d(fdz) = 0$ 成立, 换言之, fdz 是闭形式.

注　由命题 12.2.1 的 (iii) 和 Cauchy 定理 (定理 12.1.1), 若 f 在 U 上全纯, 则

$$\int_{\partial D} fdz = 0,$$

其中 $D \subset U$ 是个有光滑边界的 (或是个有连续而逐段光滑边界的) 区域.

由此我们得到以下重要的结果:

定理 12.2.1(Cauchy-Riemann 方程)　$f = u + \mathrm{i}v$ 在 U 上全纯的充分必要条件是: u 和 v 在 U 上是两个一次连续可微的二元实变函数, 且满足下述偏微分方程组:

$$\frac{\partial u}{\partial x} = \frac{\partial v}{\partial y}, \quad \frac{\partial u}{\partial y} = -\frac{\partial v}{\partial x}.$$

证 只须将全纯条件 $\dfrac{\partial f}{\partial \bar{z}}=0$ 用实部和虚部的分量形式写出便得. □

映射 $(x,y)\mapsto\big(u(x,y),v(x,y)\big)$ 的 Jacobi 矩阵是

$$\begin{bmatrix} \dfrac{\partial u}{\partial x} & \dfrac{\partial u}{\partial y} \\ \dfrac{\partial v}{\partial x} & \dfrac{\partial v}{\partial y} \end{bmatrix}.$$

Cauchy-Riemann 方程 (定理 12.2.1) 告诉我们: 这个 Jacobi 矩阵是个具有如下形式的实矩阵:

$$\begin{bmatrix} a & -b \\ b & a \end{bmatrix},$$

其中

$$a=\frac{\partial u}{\partial x}=\frac{\partial v}{\partial y},\quad b=\frac{\partial v}{\partial x}=-\frac{\partial u}{\partial y}. \tag{12.2.1$_1$}$$

若 $a^2+b^2\neq 0$, 则上述矩阵等于一个行列式等于 1 的正交矩阵 (相当于平面上的旋转) 的正数倍:

$$\begin{bmatrix} a & -b \\ b & a \end{bmatrix}=\sqrt{a^2+b^2}\begin{bmatrix} \dfrac{a}{\sqrt{a^2+b^2}} & \dfrac{-b}{\sqrt{a^2+b^2}} \\ \dfrac{b}{\sqrt{a^2+b^2}} & \dfrac{a}{\sqrt{a^2+b^2}} \end{bmatrix},$$

上式右端的矩阵是个行列式等于 1 的正交矩阵. 一次连续可微的映射 $(x,y)\mapsto\big(u(x,y),v(x,y)\big)$ 的 (到一次项的带 Peano 余项的) Taylor 展开是

$$\begin{aligned}&\begin{bmatrix} u(x+h,y+k) \\ v(x+h,y+k) \end{bmatrix}\\ &\quad=\begin{bmatrix} u(x,y) \\ v(x,y) \end{bmatrix}+\sqrt{a^2+b^2}\begin{bmatrix} \dfrac{a}{\sqrt{a^2+b^2}} & \dfrac{-b}{\sqrt{a^2+b^2}} \\ \dfrac{b}{\sqrt{a^2+b^2}} & \dfrac{a}{\sqrt{a^2+b^2}} \end{bmatrix}\begin{bmatrix} h \\ k \end{bmatrix}\\ &\qquad+\mathbf{o}(\sqrt{h^2+k^2}),\end{aligned} \tag{12.2.1$_2$}$$

其中 a 和 b 如方程 $(12.2.1)_1$ 所示. 由此得到全纯映射的如下的刻画:

命题 12.2.2　在 U 上的一次连续可微的二元实变量的复值函数 $f=u+\mathrm{i}v$ 是全纯函数的充分必要条件是:

(i) 假若点 $(x,y)\in U$ 满足条件 $\left(\dfrac{\partial u}{\partial x}\right)^2+\left(\dfrac{\partial v}{\partial x}\right)^2\neq 0$, 映射 $(x+h,y+k)\mapsto\big(u(x+h,y+k),v(x+h,y+k)\big)$ 在点 $(x,y)\in U$ 附近 (相对于两个无穷小量 h 和 k) 的一阶近似是一个以点 (x,y) 的像 $\big(u(x,y),v(x,y)\big)$ 为中心的旋转和一个以点 (x,y) 的像 $\big(u(x,y),v(x,y)\big)$ 为相似中心的相似映射 (即放大缩小) 和一个平移 $(h,k)\mapsto\big(h+u(x,y)-x,k+v(x,y)-y\big)$ 的复合. 为了将以上这段话用数学的语言确切地表述出来, 我们需要引进以下的记号:

$$a=\frac{\partial u}{\partial x}=\frac{\partial v}{\partial y},\quad b=\frac{\partial v}{\partial x}=-\frac{\partial u}{\partial y}\tag{12.2.1$'_1$}$$

和四个分别以 A,B,C 和 D 表示的 $\mathbf{R}^2\to\mathbf{R}^2$ 的仿射映射 (其中 A 和 D 是平移, B 是旋转, D 是相似映射):

$$A:\begin{bmatrix}\xi\\ \eta\end{bmatrix}\mapsto\begin{bmatrix}\xi\\ \eta\end{bmatrix}+\begin{bmatrix}u(x,y)\\ v(x,y)\end{bmatrix}-\begin{bmatrix}x\\ y\end{bmatrix},\tag{12.2.2$_1$}$$

$$B:\begin{bmatrix}\xi\\ \eta\end{bmatrix}\mapsto\frac{1}{\sqrt{a^2+b^2}}\begin{bmatrix}a&-b\\ b&a\end{bmatrix}\begin{bmatrix}\xi\\ \eta\end{bmatrix},\tag{12.2.2$_2$}$$

$$C:\begin{bmatrix}\xi\\ \eta\end{bmatrix}\mapsto\sqrt{a^2+b^2}\begin{bmatrix}\xi\\ \eta\end{bmatrix}\tag{12.2.2$_3$}$$

和

$$D:\begin{bmatrix}\xi\\ \eta\end{bmatrix}\mapsto\begin{bmatrix}\xi\\ \eta\end{bmatrix}-\begin{bmatrix}x\\ y\end{bmatrix}.\tag{12.2.2$_4$}$$

我们要研究的对应于一次连续可微的二元实变量的复值函数 $f=u+\mathrm{i}v$ 的 $\mathbf{R}^2\to\mathbf{R}^2$ 的映射 (为了减少记号, 这个映射仍以 f 表示)

$$f:\begin{bmatrix}\xi\\ \eta\end{bmatrix}\mapsto\begin{bmatrix}u(\xi,\eta)\\ v(x,y)\end{bmatrix}\tag{12.2.2$_5$}$$

可以表示成如下形式：对于任何 $\begin{bmatrix}\xi\\ \eta\end{bmatrix}\in\mathbf{R}^2$, 我们有

$$f\begin{bmatrix}\xi\\ \eta\end{bmatrix}=A\circ B\circ C\circ D\begin{bmatrix}\xi\\ \eta\end{bmatrix}+\mathbf{o}\left(D\begin{bmatrix}\xi\\ \eta\end{bmatrix}\right),\tag{12.2.3}$$

右端的最后一项 $\mathbf{o}\left(D\begin{bmatrix}\xi\\ \eta\end{bmatrix}\right)$ 表示一个比无穷小向量 $D\begin{bmatrix}\xi\\ \eta\end{bmatrix}$ 更高阶的无穷小向量.

(ii) 假若点 $(x,y)\in U$ 满足条件

$$\left(\frac{\partial u}{\partial x}\right)^2+\left(\frac{\partial v}{\partial x}\right)^2=0,$$

则

$$\frac{\partial u}{\partial x}(x,y)=\frac{\partial u}{\partial y}(x,y)=\frac{\partial v}{\partial x}(x,y)=\frac{\partial v}{\partial y}(x,y)=0.$$

我们引进以下关于共形映射的概念.

定义 12.2.2 定义在开区域 $U\subset\mathbf{C}=\mathbf{R}^2$ 上的复值可微函数 $f=u+\mathrm{i}v$ 称为**在 U 上的共形映射**, 假若以下条件满足:

(i) 假若点 $(x,y)\in U$ 满足条件 $\left(\frac{\partial u}{\partial x}\right)^2+\left(\frac{\partial v}{\partial x}\right)^2\neq 0$, 映射 $(x+h,y+k)\mapsto(u(x+h,y+k),v(x+h,y+k))$ 在点 $(x,y)\in U$ 附近 (相对于两个无穷小量 h 和 k) 的一阶近似是一个以点 (x,y) 的像 $\big(u(x,y),v(x,y)\big)$ 为中心的旋转和一个以点 (x,y) 的像 $\big(u(x,y),v(x,y)\big)$ 为相似中心的相似映射 (即放大缩小) 和一个平移 $(h,k)\mapsto\big(h+u(x,y)-x,k+v(x,y)-y\big)$ 的复合. 换言之, 方程

$$f\begin{bmatrix}\xi\\ \eta\end{bmatrix}=A\circ B\circ C\circ D\begin{bmatrix}\xi\\ \eta\end{bmatrix}+\mathbf{o}\left(D\begin{bmatrix}\xi\\ \eta\end{bmatrix}\right)\tag{12.2.3$'$}$$

成立, 其中 A,B,C,D 和 f 如方程 $(12.2.2)_{(1-5)}$ 所示.

(ii) 假若点 $(x,y)\in U$ 满足条件

$$\left(\frac{\partial u}{\partial x}\right)^2+\left(\frac{\partial v}{\partial x}\right)^2=0,$$

则

$$\frac{\partial u}{\partial x}(x,y)=\frac{\partial u}{\partial y}(x,y)=\frac{\partial v}{\partial x}(x,y)=\frac{\partial v}{\partial y}(x,y)=0.$$

利用共形映射的概念, 命题 12.2.2 可改述如下：

命题 12.2.2′　在 U 上的一次连续可微的二元实变量的复值函数 $f=u+\mathrm{i}v$ 是 U 上全纯函数的充分必要条件是：映射 $f:(x,y)\mapsto\big(u(x,y),v(x,y)\big)$ 在 U 上是共形映射.

由于复合映射的导数是映射导数的复合, 因而共形映射的复合仍共形. 我们有以下的推论：

推论 12.2.1　假设 f 和 g 分别是定义在开集 U 和 V 上的两个全纯函数, 且 $g(V)\subset U$. 则复合函数 $f\circ g$ 在 V 上全纯.

假若共形映射的逆映射存在, 则这个逆映射也共形. 由反函数定理, 我们得到以下的推论：

推论 12.2.2　假设 $f=u+\mathrm{i}v$ 是定义在开集 U 上的全纯函数, 且在点 $z=x+\mathrm{i}y\in U$ 处映射 $f:(x,y)\mapsto\big(u(x,y),v(x,y)\big)$ 的 Jacobi 行列式

$$\det\begin{bmatrix}\dfrac{\partial u}{\partial x} & \dfrac{\partial u}{\partial y}\\ \dfrac{\partial v}{\partial x} & \dfrac{\partial v}{\partial y}\end{bmatrix}=\left(\frac{\partial u}{\partial x}\right)^2+\left(\frac{\partial v}{\partial x}\right)^2\neq 0,$$

则 $f=u+\mathrm{i}v$ 在点 $z=x+\mathrm{i}y$ 的一个小邻域内的 (局部) 反函数在点 $f(z)$ 的某邻域内存在, 且这个反函数在该邻域内也是全纯的.

共形映射有时也称为**保角映射**, 因为在共形映射下, 如以下命题所示, 任何两条光滑曲线的夹角是不变的：

命题 12.2.3　假设共形映射 $(x,y)\mapsto\big(u(x,y),v(x,y)\big)$ 的 Jacobi 行列式在点 (x,y) 处非零, 则任两条相交于点 (x,y) 处的光滑曲线在交点 (x,y) 处的切线的夹角在映射下是不变的.

注　在映射下不变的切线的夹角是有定向的夹角, 即顺时针与反时针在映射下也不变.

证　设 $\big(x_i(t),y_i(t)\big)$ $(i=1,2)$ 是平面 $\mathbf{R}^2$ 上的两条一次连续可微的曲线, 且 $x_1(0)=x_2(0)$, $y_1(0)=y_2(0)$ 和 $(x_1'(0))^2+(y_1'(0))^2\neq 0\neq(x_2'(0))^2+(y_2'(0))^2$. 这两条曲线在点 $\big(x_1(0),y_1(0)\big)=\big(x_2(0),y_2(0)\big)$ 处

的切向量分别是

$$\begin{bmatrix} x_1'(0) \\ y_1'(0) \end{bmatrix} \quad 和 \quad \begin{bmatrix} x_2'(0) \\ y_2'(0) \end{bmatrix}. \tag{12.2.4}$$

在映射 $(x,y) \mapsto \big(u(x,y), v(x,y)\big)$ 下, 上述两条曲线被映成以下两条曲线:

$$\big(u(x_i(t), y_i(t)), v(x_i(t), y_i(t))\big), \quad i = 1, 2.$$

不难看出, 它们在交点

$$\big(u(x_1(0), y_1(0)), v(x_1(0), y_1(0))\big) = \big(u(x_2(0), y_2(0)), v(x_2(0), y_2(0))\big)$$

处的切向量应分别为

$$\begin{bmatrix} \dfrac{\partial u}{\partial x} & \dfrac{\partial u}{\partial y} \\ \dfrac{\partial v}{\partial x} & \dfrac{\partial v}{\partial y} \end{bmatrix}_{t=0} \begin{bmatrix} x_1'(0) \\ y_1'(0) \end{bmatrix} \quad 和 \quad \begin{bmatrix} \dfrac{\partial u}{\partial x} & \dfrac{\partial u}{\partial y} \\ \dfrac{\partial v}{\partial x} & \dfrac{\partial v}{\partial y} \end{bmatrix}_{t=0} \begin{bmatrix} x_2'(0) \\ y_2'(0) \end{bmatrix}. \tag{12.2.5}$$

因为

$$\begin{bmatrix} \dfrac{\partial u}{\partial x} & \dfrac{\partial u}{\partial y} \\ \dfrac{\partial v}{\partial x} & \dfrac{\partial v}{\partial y} \end{bmatrix}_{t=0} = \sqrt{a^2+b^2} \begin{bmatrix} \dfrac{a}{\sqrt{a^2+b^2}} & \dfrac{-b}{\sqrt{a^2+b^2}} \\ \dfrac{b}{\sqrt{a^2+b^2}} & \dfrac{a}{\sqrt{a^2+b^2}} \end{bmatrix},$$

其中

$$a = \frac{\partial u}{\partial x}\big(x_1(0), y_1(0)\big), \quad b = \frac{\partial v}{\partial x}\big(x_1(0), y_1(0)\big).$$

因矩阵 $\begin{bmatrix} \dfrac{a}{\sqrt{a^2+b^2}} & \dfrac{-b}{\sqrt{a^2+b^2}} \\ \dfrac{b}{\sqrt{a^2+b^2}} & \dfrac{a}{\sqrt{a^2+b^2}} \end{bmatrix}$ 代表平面上的一个旋转, 故 (12.2.4) 中两个向量的夹角与 (12.2.5) 中两个向量的夹角相等. □

不难看出, Cauchy-Riemann 方程的一个等价的表述是: 映射 $(x,y) \mapsto \big(u(x,y), v(x,y)\big)$ 的 Jacobi 矩阵

$$\begin{bmatrix} \dfrac{\partial u}{\partial x} & \dfrac{\partial u}{\partial y} \\ \dfrac{\partial v}{\partial x} & \dfrac{\partial v}{\partial y} \end{bmatrix}$$

具有如下形式:

$$\begin{bmatrix} a & -b \\ b & a \end{bmatrix}.$$

这个命题又可 (等价地) 表述为: Jacobi 矩阵满足以下的矩阵方程

$$\begin{bmatrix} \dfrac{\partial u}{\partial x} & \dfrac{\partial u}{\partial y} \\ \dfrac{\partial v}{\partial x} & \dfrac{\partial v}{\partial y} \end{bmatrix} \begin{bmatrix} 0 & -1 \\ 1 & 0 \end{bmatrix} = \begin{bmatrix} 0 & -1 \\ 1 & 0 \end{bmatrix} \begin{bmatrix} \dfrac{\partial u}{\partial x} & \dfrac{\partial u}{\partial y} \\ \dfrac{\partial v}{\partial x} & \dfrac{\partial v}{\partial y} \end{bmatrix}. \tag{12.2.6}$$

上述矩阵方程中的矩阵

$$J = \begin{bmatrix} 0 & -1 \\ 1 & 0 \end{bmatrix}$$

作为 $\mathbf{R}^2$ 到自身的线性映射的涵义是这样的: 我们知道, $\mathbf{R}^2$ 和 $\mathbf{C}$ 之间有一个自然的一一对应: $(x, y) \mapsto x + \mathrm{i}y$. 利用这个一一对应, 我们常把 $\mathbf{R}^2$ 和 $\mathbf{C}$ 看成同一个东西. 作为一维复线性空间 $\mathbf{C}$ 到自身的 (复) 线性映射必是二维实线性空间 $\mathbf{R}^2$ 到自身的 (实) 线性映射, 而二维实线性空间 $\mathbf{R}^2$ 到自身的 (实) 线性映射未必是一维复线性空间 $\mathbf{C}$ 到自身的 (复) 线性映射. 欲使一个二维实线性空间 $\mathbf{R}^2$ 到自身的 (实) 线性映射是一维复线性空间 $\mathbf{C}$ 到自身的 (复) 线性映射的充分必要条件当然是: 它必须与乘以虚单位 $\mathbf{i}$ 这个映射交换. 不难看出, 乘以虚单位 $\mathbf{i}$ 的映射在一维复线性空间 $\mathbf{C}$ 上是

$$(x + \mathbf{i}y) \mapsto (\mathbf{i}x - y),$$

它对应于二维实线性空间 $\mathbf{R}^2$ 上如下的映射:

$$\begin{bmatrix} x \\ y \end{bmatrix} \mapsto \begin{bmatrix} -y \\ x \end{bmatrix} = \begin{bmatrix} 0 & -1 \\ 1 & 0 \end{bmatrix} \begin{bmatrix} x \\ y \end{bmatrix} = J \begin{bmatrix} x \\ y \end{bmatrix}.$$

因此, 二维实向量左乘以矩阵 J 相当于对应的一维复向量乘以虚单位 i. 故一个 2×2 的实矩阵和 J 交换的充分必要条件是: 这个 2×2 的实矩阵所代表的 $\mathbf{R}^2$ 到自身的实线性映射恰对应于一个一维复线性空间 $\mathbf{C}$ 上的线性变换. 由此我们得到以下重要的结论: 满足矩阵方程 (12.2.6)

的映射 $(x,y)\mapsto(u(x,y),v(x,y))$ 的 Jacobi 矩阵, 也就是 $\mathbf{R}^2\to\mathbf{R}^2$ 的映射 $\begin{pmatrix}x\\y\end{pmatrix}\mapsto\begin{pmatrix}u(x,y)\\v(x,y)\end{pmatrix}$ 的导数

$$\begin{bmatrix}\dfrac{\partial u}{\partial x} & \dfrac{\partial u}{\partial y}\\ \dfrac{\partial v}{\partial x} & \dfrac{\partial v}{\partial y}\end{bmatrix}$$

恰对应于一个一维复线性空间 $\mathbf{C}$ 上的 (复) 线性变换. 这就是 Cauchy-Riemann 方程的由来.

现在我们想从另外的角度来考察一个 (二元实自变量的复值的或一元复自变量的复值的)连续可微函数 $F(z)=F(x+\mathrm{i}y)=f\left(\begin{pmatrix}x\\y\end{pmatrix}\right)$ 是全纯函数的充分必要条件 (这里我们把映射看成一个复自变量的函数时用 F 表示, 而当看成两个实自变量的函数时用 f 表示. 之所以作此区分, 是因为担心造成误会. 以后为了方便, 我们常用同一个符号表示这两个函数). 设 $\begin{pmatrix}h\\k\end{pmatrix}\in\mathbf{R}^2$, 我们有: 当 $\sqrt{h^2+k^2}\to 0$ 时,

$$f\left(\begin{pmatrix}x+h\\y+k\end{pmatrix}\right)-f\left(\begin{pmatrix}x\\y\end{pmatrix}\right)=\frac{\partial f}{\partial x}h+\frac{\partial f}{\partial y}k+o(\sqrt{h^2+k^2}).$$

将上式用复数域 $\mathbf{C}$ 的语言表达时, 我们有: 当 $\mathbf{C}\ni l=h+\mathrm{i}k\to 0$ 时,

$$F(z+l)-F(z)=\frac{\partial f}{\partial x}h+\frac{\partial f}{\partial y}k+o(\sqrt{h^2+k^2}).$$

由命题 12.1.2, 上式可改写成

$$F(z+l)-F(z)=\frac{\partial f}{\partial z}l+\frac{\partial f}{\partial \bar{z}}\bar{l}+o(|l|).$$

由此, 当 $l\neq 0$ 时, 我们有

$$\frac{F(z+l)-F(z)}{l}=\frac{\partial f}{\partial z}+\frac{\partial f}{\partial \bar{z}}\frac{\bar{l}}{l}+o(1).$$

当 $\mathbf{C}\ni l\to 0$ 时, $\bar{l}/l$ 是无极限的 (显然 $|\bar{l}/l|=1$, 而当 $\mathbf{C}\ni l\to 0$ 时, $\bar{l}/l$ 可以取任意的绝对值等于 1 的值, 换言之, 它可以在复平面的单位

圆周上任意跳动). 因此, 我们得到以下定理 (为了方便, 从今以后, 以前用 f 和 F 分别表示的二元实变函数和一元复变函数的做法, 一律改用同一个 F(或同一个 f) 表示):

定理 12.2.2　$U \subset \mathbf{C} = \mathbf{R}^2$ 是开集. 给了 (取复值的二元实自变量的) 连续可微映射 $F : U \to \mathbf{C}$, 则极限

$$\lim_{\mathbf{C} \ni l \to 0} \frac{F(z+l) - F(z)}{l}$$

存在的充分必要条件是 $\dfrac{\partial F}{\partial \overline{z}} = 0$. 由此得到: 上述极限对一切 $z \in U$ 存在的充分必要条件是 F 在 U 上全纯. 这时,

$$\lim_{\mathbf{C} \ni l \to 0} \frac{F(z+l) - F(z)}{l} = \frac{\partial F}{\partial z}.$$

我们常把这个极限 (当它存在时) 记做 $F'(z) = \dfrac{\partial F}{\partial z}$.

在复平面的开集U上定义了函数f, 若极限 $f'(z) = \lim\limits_{\mathbf{C} \ni l \to 0} \frac{f(z+l) - f(z)}{l}$ 对一切 $z \in U$ 存在, 则称 f 在 U 上是**复可微函数**. 又若 $f'(z)$ 在 U 上连续, 则称 f 在 U 上是**复连续可微函数**. 定理 12.2.2 告诉我们: f 在 U 上是全纯的当且仅当 f 在 U 上是复连续可微的. 许多复分析的书把开集 U 上的全纯函数 f 定义为在 U 上复连续可微函数. 在补充教材一中, 我们将证明函数全纯的形式上更弱的条件: f 在 U 上是全纯的当且仅当 f 在 U 上是复可微的.

练　习

12.2.1　(i) 试问: 以下四个函数是否是全纯函数?

(a) $f_1(z) = \overline{z}$;　(b) $f_2(z) = |z|$;　(c) $f_3(z) = \Re z$;　(d) $f_4(z) = \Im z$.

我们愿意重述一下辐角函数这个概念. 假设 $z = re^{\mathrm{i}\theta} = re^{\mathrm{i}(\theta+2n\pi)} (n \in \mathbf{Z})$, $z \neq 0$ 的辐角定义为

$$\mathrm{Arg} z = \theta + 2n\pi, \quad n \in \mathbf{Z}.$$

应注意的是, $\mathrm{Arg} z$ 是个多值函数, 换言之, $\mathrm{Arg} z$ 是个数集. $z = 0$ 时, $\mathrm{Arg} z$ 或称无定义, 或称可取任何实数值. 我们还愿意重述一下对数函数这个概念. 假设 $z = re^{\mathrm{i}\theta} = re^{\mathrm{i}(\theta+2n\pi)} (n \in \mathbf{Z})$, $z \neq 0$ 的对数定义为

$$\mathrm{Ln} z = \ln r + \mathrm{i}(\theta + 2n\pi), \quad n \in \mathbf{Z}.$$

其中 $\ln r$ 表示正数 r 的对数, 它是实数. 应注意的是, $\mathrm{Ln}\, z$ 是个多值函数, 换言之, $\mathrm{Ln}\, z$ 是个数集. $z=0$ 时, $\mathrm{Arg}\, z$ 与 $\mathrm{Ln}\, z$ 均无定义.

(ii) 问: 在 $S=\{z\in\mathbf{C}:|z|=1, z\neq 1\}$ 上有没有一个连续函数 $f(z)$, 使得 $\forall z\in S(f(z)\in \mathrm{Arg}\ z)$?

(iii) 问: 在 $\mathbf{S}^1(0,1)=\{z\in\mathbf{C}:|z|=1\}$ 上有没有一个连续函数 $f(z)$, 使得 $\forall z\in\mathbf{S}^1(0,1)(f(z)\in\mathrm{Arg}\, z)$? 请阐述理由.

(iv) 问: 在 $\mathbf{C}\setminus\{0\}$ 上有没有一个连续函数 $f(z)$, 使得 $\forall z\in\mathbf{C}\setminus\{0\}(f(z)\in \mathrm{Arg}\ z)$? 请阐述理由.

(v) 问: 在 $S=\{z\in\mathbf{C}:|z|=1, z\neq 1\}$ 上有没有一个连续函数 $f(z)$, 使得 $\forall z\in S(f(z)\in\mathrm{Ln}\, z)$? 请阐述理由.

(vi) 问: 在 $\mathbf{S}^1(0,1)=\{z\in\mathbf{C}:|z|=1\}$ 上有没有一个连续函数 $f(z)$, 使得 $\forall z\in\mathbf{S}^1(0,1)(f(z)\in\mathrm{Ln}\, z)$? 请阐述理由.

(vii) 问: 在 $\mathbf{C}\setminus\{0\}$ 上有没有一个连续函数 $f(z)$, 使得 $\forall z\in\mathbf{C}\setminus\{0\}(f(z)\in \mathrm{Ln}z)$? 请阐述理由.

(viii) 设 $\alpha\in\mathbf{R}$, 记

$$L_\alpha=\{t\mathrm{e}^{\mathrm{i}\alpha}\}.$$

试证: 若 $z\in\mathbf{C}\setminus L_\alpha$, 则 $\mathrm{Arg}z\cap(\alpha,\alpha+2\pi)$ 是单点集. 记这个单点集的唯一的点为 $\mathrm{Arg}_\alpha z$, 又记 $\mathrm{Ln}_\alpha z=\ln|z|+\mathrm{Arg}_\alpha z$. 试证: Arg_α 与 Ln_α 在 $\mathbf{C}\setminus L_\alpha$ 上连续.

(ix) 试证: 对于任何复数 $w\neq 0$, 在 $\mathbf{B}^2(w,|w|)$ 上有连续函数 $\theta(z)\in\mathrm{Arg}z$.

12.2.2 (i) 试证: $f(z)=\exp z$ 对于任何 $\zeta\neq 0$, 有无穷多个 $z\in\mathbf{C}$, 使得 $f(z)=\zeta$. 若 $f(z_1)=f(z_2)$, 则 $(z_1-z_2)/(2\pi\mathrm{i})\in\mathbf{Z}$.

(ii) 试证: 对于任何 $\zeta\neq 0$, ζ 有一个小邻域 V, 在 V 上有光滑的 (单值) 函数 $\ln\zeta$, 使得 $\exp\circ\ln=\mathrm{id}_V$.

(iii) 试证: 在 $\mathbf{C}\setminus\{0\}$ 上不存在一个光滑的单值函数 g, 使得 $\exp\circ g=\mathrm{id}_{\mathbf{C}/\{0\}}$.

(iv) 讨论函数 $f(\zeta)=\zeta^n$ 的反函数 $\zeta=z^{1/n}$, 其中 $n\in\mathbf{N}, n\geqslant 2$. 应注意的是 $f(\zeta)=\zeta^n$ 的反函数 $\zeta=z^{1/n}$ 对于一般的 z 是多值的, 到底是几个值? (请参看第一册第 2 章 §2.4 的最后一段讨论.)

(v) 对于任何 $z,\alpha\in\mathbf{C}$, 其中 $z\neq 0$. 我们定义:

$$z^\alpha=\mathrm{e}^{\alpha\ \mathrm{Ln}z}.$$

试问: (a) 作为 $z\in\mathbf{C}$ 的函数 z^α, 何时是单值函数? 何时是多值函数? 是多值函数时, 何时是有限多个值的多值函数? 何时是无限多个值的多值函数?

(b) 当 $\alpha=1/n$ 时, 现在定义的 $z^{1/n}$ 与 (iv) 中作为函数 $z=\zeta^n$ 的反函数定义的 $\zeta=z^{1/n}$ 是否是同一个函数?

12.2.3 设 f 是区域 $U\subset\mathbf{C}$ 上的复可微函数, 而 $\Delta\subset U$ 是个三角形的三条边构成的封闭的定向道路, 为明确起见, 不妨假设是反时针定向. Δ 所围住的实心 (闭) 三角形记为 K, 而且假设 $K\subset U$.

(i) 将 Δ 的三条边的三个中点用三条直线段连起来, K 便分解成四个全等的实心三角形: $K=\bigcup\limits_{j=1}^{4}K_j$. 每个 K_j 的周边也构成一个封闭的反时针定向的道路, 记做 Δ_j. 试证: 在四个 Δ_j $(j=1,\cdots,4)$ 中必有一个, 记做 Δ^1, 使得

$$\left|\int_{\Delta}f(z)dz\right|\leqslant 4\left|\int_{\Delta^1}f(z)dz\right|.$$

(ii) 试证: 有一串相似的三角形 Δ^j $(j=1,2,\cdots)$, Δ^j 围住的实心 (闭) 三角形记做 K^j, 使得以下命题成立:

(a) $K\supset K^1\supset K^2\supset\cdots\supset K^n\supset\cdots$.

(b) $\left|\int_{\Delta}f(z)dz\right|\leqslant 4^n\left|\int_{\Delta^n}f(z)dz\right|$ $(n=1,2,\cdots)$.

(c) Δ^n 周边长度 $L(\Delta^n)=l/2^n$, 其中 $l=L(\Delta)$ 表示 Δ 的周边长度.

(d) K^n 的直径 $\operatorname{diam} K^n=d/2^n$, 其中 $d=\operatorname{diam}(K)$ 表示 K 的直径.

(iii) 试证: 记 $\{z_0\}=\bigcap\limits_{n=1}^{\infty}K^n$. 试证: 给了任意的 $\varepsilon>0$, 有 $\delta>0$, 使得 $\mathbf{B}(z_0,\delta)\subset U$, 且

$$\forall z\in\mathbf{B}(z_0,\delta)\left(|f(z)-f(z_0)-f'(z_0)(z-z_0)|\leqslant\frac{\varepsilon}{dl}|z-z_0|\right).$$

(iv) 试证: $\int_{\Delta}f(z)dz=0$.

注 结论 (iv) 称为 **Goursat定理**. 法国数学家 Goursat 首先得到这个结果, 并利用它获得在比定理 12.1.1 中的条件更弱的条件下 Cauchy 积分定理的结论 (参看 §12.3 的练习 12.3.3).

12.2.4 设 (T_1,T_2,T_3) 表示 $\mathbf{R}^3$ 中的一般点的坐标表示. $\mathbf{R}^3$ 中的以原点为球心的单位球面是

$$\mathbf{S}^2=\{(T_1,T_2,T_3)\in\mathbf{R}^3:T_1^2+T_2^2+T_3^2=1\}.$$

我们可以通过映射 $(T_1,T_2,0)\mapsto T_1+\mathrm{i}T_2$ 把 $\{(T_1,T_2,T_3)\in\mathbf{R}^3:T_3=0\}$ 看成复平面 $\mathbf{C}$ 上的以零点为圆心的单位圆周. 本练习中将永远这样看. 点 $N=(0,0,1)$ 和 $S=(0,0,-1)$ 分别称为 $\mathbf{S}^2$ 的北极和南极. 设 $P=(T_1,T_2,T_3)\in\mathbf{S}^2, P\neq N$, 将 N 与 P 的连线与复平面 $\mathbf{C}$ 的交点记做 $z(P)=x+\mathrm{i}y$. 映射 $P\mapsto z=z(P)$ 称为 (从北极出发的)**球极平面投影**, 它是 $\mathbf{S}^2\setminus\{N\}\to\mathbf{C}$ 的双射.

(i) 试证:

$$z=z(P)=\frac{T_1}{1-T_3}+\mathrm{i}\frac{T_1}{1-T_3}.$$

(ii) 试证:

$$T_1=\frac{z+\overline{z}}{1+|z|^2},\quad T_2=\frac{z-\overline{z}}{\mathrm{i}(1+|z|^2)},\quad T_3=\frac{|z|^2-1}{|z|^2+1}.$$

(iii) 球极平面投影是 $\mathbf{S}^2\setminus\{N\}$ 与 $\mathbf{C}$ 之间的同胚.

在复分析中常作如下的

约定 记 $\overline{\mathbf{C}}=\mathbf{C}\cup\{\infty\}$. 以下的映射:

$$\mathbf{S}^2\ni P\mapsto \overline{z}(P)\in\overline{\mathbf{C}},\quad z(P)=\begin{cases} z(P), & 若 P\neq N,\\ \infty, & 若 P=N\end{cases}$$

是 $\mathbf{S}^2$ 与 $\mathbf{C}\cup\{\infty\}$ 之间的双射. 通过这个双射, 我们可以将 $\mathbf{S}^2$ 与 $\mathbf{C}\cup\{\infty\}$ 看成同一个东西. 不仅如此, 我们还可以把 $\mathbf{S}^2$ 上的拓扑通过上述双射移植到 $\mathbf{C}\cup\{\infty\}$ 上. 以后, 我们永远把 $\overline{\mathbf{C}}=\mathbf{C}\cup\{\infty\}$ 看成是这样一个拓扑空间. 如此理解后, $\overline{\mathbf{C}}=\mathbf{C}\cup\{\infty\}$ 是个紧度量空间. 不难证明: $\mathbf{C}$ 上的拓扑恰是由 $\overline{\mathbf{C}}=\mathbf{C}\cup\{\infty\}$ 上的拓扑遗传得到的相对拓扑. 以后我们将永远这样理解 $\overline{\mathbf{C}}=\mathbf{C}\cup\{\infty\}$, 并称 $\overline{\mathbf{C}}=\mathbf{C}\cup\{\infty\}$ 为 **Riemann球面**. $\overline{\mathbf{C}}=\mathbf{C}\cup\{\infty\}$ 在 ∞ 的一个邻域基是 $\{\{z\in\overline{C}: |z|>k\}: k>0\}$(我们约定: $|\infty|=\infty>0$). 定义在 ∞ 的一个邻域上的函数 f 称为在 ∞ 附近是全纯的, 假若函数 $\phi(z)=f(1/z)$ 在 $z=0$ 附近全纯.

(iv) 试证: 若 $z\in\mathbf{C}$, 且 $\lim\limits_{n\to\infty}z_n=z$ 在 $\overline{\mathbf{C}}$ 中成立, 则当 n 充分大时, $z_n\in\mathbf{C}$, 且 $\lim\limits_{n\to\infty}z_n=z$ 在 $\mathbf{C}$ 中成立. 反之也真.

(v) 试证: 若 $z_n\in\mathbf{C}$, 且 $\lim\limits_{n\to\infty}z_n=\infty$ 在 $\overline{\mathbf{C}}$ 中成立, 则 $\lim\limits_{n\to\infty}|z_n|=\infty$. 反之也真.

(vi) 设 $P=(T_1,T_2,T_3)\in\mathbf{S}^2$, $P\neq S$, 将 S 与 P 的连线和复平面 $\mathbf{C}$ 的交点记做 $z'(P)=x'+\mathrm{i}y'$. 易见, 映射 $P\mapsto z'=z'(P)$ 是 $\mathbf{S}^2\setminus\{S\}\to\mathbf{C}$ 的双射. 为了确保映射的定向与从北极出发的球极平面投影的定向一致, 我们愿意引进如下映射:

$$\mathbf{S}^2\ni P\mapsto\tilde{z}(P)=\tilde{x}(P)+\mathrm{i}\tilde{y}(P),$$

其中

$$\tilde{x}=x',\quad \tilde{y}=-y'.$$

试证: 若 $P=(T_1,T_2,T_3)$, 则

$$\tilde{z}(P)=\frac{T_1}{1+T_3}-\mathrm{i}\frac{T_2}{1+T_3}.$$

(vii) 试证:

$$\forall P\in\mathbf{S}^2\setminus\{N,S\}\Big(z(P)\cdot\tilde{z}(P)=1\Big).$$

因此, 若 $f:\mathbf{C}\setminus\{0\}\to\mathbf{C}$, $f:z\mapsto f(z)$ 是全纯的, 则 $\phi:z\mapsto f(\tilde{z})$ 也是全纯的.

(viii) 设 l 是复平面 $\mathbf{C}$ 上的一根直线, 我们称 $l\cup\{\infty\}$ 是 $\overline{C}=\mathbf{C}\cup\{\infty\}$ 上的一根直线. 试证: $\overline{C}=\mathbf{C}\cup\{\infty\}$ 上的一根直线关于从北极出发的球极平面投影的原像是 $\mathbf{S}^2$ 上的过北极的一个圆周, 而 $\mathbf{S}^2$ 上的过北极的一个圆周在从北极出发的球极平面投影下的像是 $\overline{C}=\mathbf{C}\cup\{\infty\}$ 上的一根直线.

12.2.5 假设 $ad-bc\neq 0$. $\overline{\mathbf{C}}$ 到自身的如下映射:

$$f: z\mapsto f(z)=\begin{cases}\dfrac{az+b}{cz+d}, & \text{若 } cz+d\neq 0,\ z\neq\infty,\\ \infty, & \text{若 } cz+d=0,\\ \infty, & \text{若 } c=0,\ z=\infty,\\ \dfrac{a}{c}, & \text{若 } c\neq 0,\ z=\infty\end{cases}$$

称为**线性分式映射**, 或称 **Möbius映射**. 这个映射记做

$$f(z)=\frac{az+b}{cz+d}.$$

(i) 试证: 两个线性分式映射

$$f(z)=\frac{az+b}{cz+d} \quad 和 \quad \phi(z)=\frac{\alpha z+\beta}{\gamma z+\delta}$$

表示同一个映射, 当且仅当

$$a:\alpha=c:\gamma=b:\beta=d:\delta.$$

(ii) 试证: 线性分式映射

$$f(z)=\frac{az+b}{cz+d}$$

有逆映射 f^{-1}, 它是如下的线性分式映射:

$$f^{-1}(w)=\frac{dw-b}{-cw+a}.$$

故线性分式映射是 $\overline{\mathbf{C}}$ 到自身的同胚.

(iii) 试证: 两个线性分式映射

$$f(z)=\frac{az+b}{cz+d} \quad 和 \quad \phi(z)=\frac{\alpha z+\beta}{\gamma z+\delta}$$

的乘积 (复合)$f\circ\phi$ 是如下的线性分式映射:

$$f\circ\phi(z)=\frac{kz+l}{pz+q},$$

其中

$$\begin{pmatrix} k & l\\ p & q\end{pmatrix}=\begin{pmatrix} a & b\\ c & d\end{pmatrix}\begin{pmatrix} \alpha & \beta\\ \gamma & \delta\end{pmatrix}.$$

注 线性分式映射 (相对于映射的乘积) 构成一个群, 称为**线性分式映射群**, 记做 $\mathrm{Aut}(\overline{\mathbf{C}})$. 由全体行列式等于 1 的 2×2 的 (复) 矩阵构成的群称为**特殊线性群**, 记做 $SL(2,\mathbf{C})$. 由以下两个 2×2 的矩阵

$$\begin{pmatrix} 1 & 0\\ 0 & 1\end{pmatrix} \quad 和 \quad \begin{pmatrix} -1 & 0\\ 0 & -1\end{pmatrix}$$

组成的集合构成 $SL(2,\mathbf{C})$ 的一个不变子群.

(iv) 试证：$\mathrm{Aut}(\overline{\mathbf{C}})$ 与 $SL(2,\mathbf{C})$ 相对于 $\left\{\pm\begin{pmatrix}1&0\\0&1\end{pmatrix}\right\}$ 的商群同构：

$$\mathrm{Aut}(\overline{\mathrm{C}}) = SL(2,\mathrm{C})\Big/\left\{\pm\begin{pmatrix}1&0\\0&1\end{pmatrix}\right\}.$$

(v) 设 (z_1,z_2,z_3) 和 (w_1,w_2,w_3) 是 $\mathbf{C}$ 上的两个'三点组'，每个'三点组'由互不相同的三个点构成. 试证：有唯一的一个线性分式映射 f, 使得

$$\forall i\in\{1,2,3\}\Big(f(z_i)=w_i\Big).$$

(vi) 试证：任何线性分式映射都是以下三类映射的复合 (乘积)：

(a) $f(z)=z+b,\quad b\in\mathbf{C}$ (平移);

(b) $f(z)=az,\quad a\in\mathbf{C}\setminus\{0\}$ (非零乘积);

(c) $f(z)=1/z$ (倒数).

(vii) 试证：$\overline{\mathbf{C}}$ 上的圆周 ($\mathbf{C}$ 上的直线与 $\{\infty\}$ 之并也看成 $\overline{\mathbf{C}}$ 上的圆周) 就是可写成如下形式之集：

$$\left\{z\in\overline{\mathbf{C}}:\left|\frac{z-z_1}{z-z_2}\right|=k\right\},$$

其中 $z_1,z_2\in\mathbf{C}$, 而 $k>0$.

注 1 与两个固定的点的距离的比例为某个正的常数的点的轨迹是个圆周，这个结论称为 **Appollonius定理**(这个定理也可以通过初等几何的方法证明，同学可参考平面几何的书). 作为如上轨迹的圆周称为 (由点 z_1 和 z_2 及比值 $k>0$ 确定的)**Appollonius圆周**.

注 2 $\mathbf{C}$ 上的直线与 $\{\infty\}$ 之并永远看成是 $\overline{\mathbf{C}}$ 上的圆周. 当 $k=1$ 时，(由点 z_1 和 z_2 及比 $k>0$ 确定的)Appollonius 圆周恰是过点 $(z_1+z_2)/2$ 并与 z_1 与 z_2 的联线相垂直的直线.

注 3 当 $k\neq 1$ 时，(由点 z_1 和 z_2 及比 $k>0$ 确定的)Appollonius 圆周恰是圆心在 $(z_1-k^2z_2)/(1-k^2)$、半径为 $|(z_1-z_2)k/(1-k^2)|$ 的圆周.

(viii) 试证：线性分式映射将 $\overline{\mathbf{C}}$ 上的圆周映成圆周. 这常称为圆周到圆周的对应.

为了以后讨论的方便，我们引进以下的

定义 12.2.3 $\mathbf{C}$ 中两个点 z_1 和 z_2 称为相对于圆周 $\mathbf{S}^1(a,r)$**互为镜面反射的**, 假若

$$(z_1-a)(\overline{z}_2-\overline{a})=r^2.$$

我们还作以下约定：a 和 ∞ 是相对于圆周 $\mathbf{S}^1(a,r)$ 互为镜面反射的.

注 若 $z\in\mathbf{S}^1(a,r)$, 则 z 与它自己是相对于圆周 $\mathbf{S}^1(a,r)$ 互为镜面反射的. 又易见，点 z_1 与点 z_2 相对于由方程

$$\left|\frac{z-z_1}{z-z_2}\right|=k$$

确定的 (Appollonius) 圆周互为镜面反射.

(ix) 假设 z_1 和 z_2 相对于圆周 $\mathbf{S}^1(a,r)$ 互为镜面反射. 试证：圆周 $\mathbf{S}^1(a,r)$ 恰是由点 z_1 和 z_2 及某个适当的比 $k>0$ 确定的 Appollonius 圆周. 试把圆周 $\mathbf{S}^1(a,r)$ 换成 $\mathbf{C}$ 上的直线与 $\{\infty\}$ 之并后, 写出以上命题的表述.

(x) 假设 f 是个线性分式映射, $\mathbf{S}^1$ 是 $\overline{\mathbf{C}}$ 上的一个圆周, z_1 和 z_2 相对于圆周 $\mathbf{S}^1$ 互为镜面反射. 试证：$f(z_1)$ 与 $f(z_2)$ 相对于圆周 $f(\mathbf{S}^1)$ 互为镜面反射.

(xi) 一个线性分式映射 f 称为保持圆盘 $\mathbf{B}^2(0,1)$ 不变的, 假若 $f(\mathbf{B}^2(0,1))=\mathbf{B}^2(0,1)$. 保持 $\mathbf{B}^2(0,1)$ 不变的线性分式映射的全体记做 $\mathrm{Aut}(\mathbf{B}^2(0,1))$, 它是 $\mathrm{Aut}(\overline{\mathbf{C}})$ 的一个子群. 设 $a\in\mathbf{B}^2(0,1)$. 试证：线性分式映射

$$\phi_a(z)=\frac{z-a}{-\overline{a}+1}\in\mathrm{Aut}(\mathbf{B}^2(0,1)),$$

且 $\phi_a(a)=0$, $\phi_a(1/\overline{a})=\infty$, $\phi_a^{-1}=\phi_{-a}$.

(xii) 试证：线性分式映射 $f\in\mathrm{Aut}(\mathbf{B}^2(0,1))$ 当且仅当它具有以下形式：

$$f(z)=\mathrm{e}^{\mathrm{i}\theta}\frac{z-a}{-\overline{a}z+1},\quad 其中\ a\in\mathrm{B}^2(0,1),\ \theta\in\mathbf{R}.$$

(xiii) 试证：对于任何 $\alpha,\ \beta\in\mathbf{B}^2(0,1)$, 有 $f\in\mathrm{Aut}(\mathbf{B}^2(0,1))$ 使得 $f(\alpha)=\beta$.

注　性质 (xiii) 长被称为 $\mathrm{Aut}(\mathbf{B}^2(0,1))$ 作用在 $\mathbf{B}^2(0,1)$ 上是**可迁的**.

(xiv) 复平面的上半平面定义为

$$\mathbf{H}=\{z\in\mathbf{C}:\Im z>0\}.$$

试证：映射

$$\psi(z)=\frac{z-\mathrm{i}}{z+\mathrm{i}}$$

具有以下四条性质：(a)$\psi(\mathbf{H})=\mathbf{B}^2(0,1)$; (b)$\psi(\mathrm{i})=0$; (c)$\psi(-\mathrm{i})=\infty$; (d)$\psi(\mathbf{R}\cup\{\infty\})=\mathbf{S}^1(0,1)$.

(xv) 记

$$\mathrm{Aut}(\mathbf{H})=\{f\in\mathrm{Aut}(\overline{\mathbf{C}}):f(\mathbf{H})=\mathbf{H}\}.$$

试证：$\mathrm{Aut}(\mathbf{H})$ 是 $\mathrm{Aut}(\overline{\mathbf{C}})$ 的一个子群, 且对于任何 $f\in\mathrm{Aut}(\mathbf{H})$, 有一个 $g\in\mathrm{Aut}(\mathbf{B}^2(0,1))$, 使得 $f=\psi^{-1}\circ g\circ\psi$, 其中 ψ 是 (xiv) 中定义的 ψ.

(xvi) 记

$$SL(2,\mathbf{R})=\left\{\begin{pmatrix} a & b\\ c & d\end{pmatrix}\in SL(2,\mathbf{C}):a,b,c,d\in\mathbf{R}\right\}.$$

试证：(a) $SL(2,\mathbf{R})$ 是 $SL(2,\mathbf{C})$ 的子群;

(b) 映射

$$SL(2,\mathbf{R})\ni\begin{pmatrix} a & b\\ c & d\end{pmatrix}\mapsto f(z)=\frac{az+b}{cz+d}\in\mathrm{Aut}(\mathbf{H})$$

是满射, 且是以 $\left\{\pm\begin{pmatrix}1&0\\0&1\end{pmatrix}\right\}$ 为核的同态, 换言之,

$$\mathrm{Aut}(\mathbf{H}) = SL(2,\mathbf{R})\Big/\left\{\pm\begin{pmatrix}1&0\\0&1\end{pmatrix}\right\}.$$

上式右端的商群常记做

$$PSL(2,\mathbf{R}) = SL(2,\mathbf{R})\Big/\left\{\pm\begin{pmatrix}1&0\\0&1\end{pmatrix}\right\}.$$

(c) $\mathrm{Aut}(\mathbf{H})$ 作用在 $\mathbf{H}$ 上是可迁的, 换言之,

$$\forall\alpha,\beta\in\mathbf{H}\exists f\in\mathrm{Aut}(\mathbf{H})\Big(f(\alpha)=\beta\Big).$$

12.2.6 设 D 是 $\mathbf{C}$ 上的一个区域, f 是 D 上的全纯函数. 又设 $\mathbf{B}^2(a,r)\subset D$. 试证: f 在 $\mathbf{B}^2(a,r)$ 上有原函数 $F(z)$, 即满足以下条件的函数: 对于一切 $z\in\mathbf{B}^2(a,r)$, 有 $F'(z)=f(z)$.

12.2.7 (i) 设 D 是 $\mathbf{C}$ 的一个区域, f 是 D 上的全纯函数. 给了一个连续映射 $\phi:[T_0,T_1]\to D$. 在区间 $[T_0,T_1]$ 上给了两个分划 $T_0=t_0^{(i)}<t_1^{(i)}<\cdots<t_{n^{(i)}}^{(i)}=T_1$ 和对于每个 $i\in\{1,2\}$ 有 $n^{(i)}$ 个圆盘 $\mathbf{B}^2(\zeta_j^{(i)},r_j^{(i)})\subset D, j=1,2,\cdots,n^{(i)}$, 使得

$$\phi\left([t_{j-1}^{(i)},t_j^{(i)}]\right)\subset\mathbf{B}^2(\zeta_j^{(i)},r_j^{(i)}),\quad j=1,2,\cdots,n^{(i)}.$$

记 $C^{(i)}$ 为连接点列 $\phi(t_1^{(i)}),\cdots,\phi(t_{n^{(i)}}^{(i)})$ 构成的折线. 试证:

$$\int_{C^{(1)}}f(z)dz=\int_{C^{(2)}}f(z)dz.$$

(ii) 设 D 是 $\mathbf{C}$ 的一个区域, f 是 D 上的全纯函数. 给了一个连续映射 $\phi:[T_0,T_1]\to D$, C_ϕ 表示由 ϕ 的像构成的曲线. 在区间 $[T_0,T_1]$ 上给了分划 $T_0=t_0<t_1<\cdots<t_n=T_1$, 并假设有 n 个圆盘 $\mathbf{B}^2(\zeta_j,r_j)\subset D,\ j=1,2,\cdots,n$, 使得

$$\phi([t_{j-1},t_j])\subset\mathbf{B}^2(\zeta_j,r_j),\quad j=1,2,\cdots,n.$$

记 C 为连接点列 $\phi(t_1),\cdots,\phi(t_n)$ 构成的折线. 试证:

$$\int_{C_\phi}f(z)dz=\int_C f(z)dz.$$

12.2.8 设 D 是 $\mathbf{C}$ 的一个区域, f 是 D 上的全纯函数. 给了两个连续映射 $\phi^{(i)}:[T_0^{(i)},T_1^{(i)}]\to D\ (i=1,2)$, 且 $\phi^{(1)}(T_0^{(1)})=\phi^{(2)}(T_0^{(2)})$, $\phi^{(1)}(T_1^{(1)})=\phi^{(2)}(T_1^{(2)})$. 在每个区间 $[T_0^{(i)},T_1^{(i)}]$ 上给了两个分划 $T_0^{(i)}=t_0^{(i)}<t_1^{(i)}<\cdots<t_{n^{(i)}}^{(i)}=T_1^{(i)}$ 记 $C^{(i)}$ 为连接点列 $\phi(t_1^{(i)}),\cdots,\phi(t_{n^{(i)}}^{(i)})$ 构成的折线. 假设 $C^{(1)}$ 和 $C^{(2)}$ 在 D 内同伦, 试证:

$$\int_{C^{(1)}}f(z)dz=\int_{C^{(2)}}f(z)dz.$$

12.2.9 设 D 是 $\mathbf{C}$ 的一个区域, f 是 D 上的全纯函数. 给了两条 D 中逐段连续可微的曲线 $C^{(1)}$ 和 $C^{(2)}$. 假设 $C^{(1)}$ 和 $C^{(2)}$ 在 D 内同伦, 试证:

$$\int_{C^{(1)}} f(z)dz = \int_{C^{(2)}} f(z)dz.$$

特别, 假若 D 中逐段连续可微的曲线 C 在 D 中同伦于一个点, 则

$$\int_C f(z)dz = 0.$$

注 12.2.9 中的结论是 Cauchy 积分定理 (定理 12.1.1) 的另一表述, 称为**Cauchy积分定理的同伦表述**.

12.2.10 设 D 是 $\mathbf{C}$ 的一个单连通区域, f 是 D 上的全纯函数. 试证: f 在 D 上有原函数. 而且, 对于任何给定的点 $z_0 \in D$, 以下公式给出了 f 的任何原函数 F 的表示式:

$$F(z) = F(z_0) + \int_{z_0}^{z} f(\zeta)d\zeta,$$

其中右端的积分表示沿着任何 D 中连接 z_0 到 z 的连线的积分.

§12.3 留数与 Cauchy 积分公式

假设 $\gamma = \{z \in \mathbf{C} : |z| = r\}$, 其中 $r > 0$ 是个常数, 又设 $n \in \mathbf{Z}$. 我们不难得到以下公式:

$$\int_\gamma z^n dz = \mathrm{i}r^{n+1} \int_0^{2\pi} \mathrm{e}^{\mathrm{i}(n+1)\theta} d\theta = \begin{cases} 0, & \text{若 } n \neq -1, \\ 2\pi \mathrm{i} r^{n+1}, & \text{若 } n = -1, \end{cases}$$

其中 γ 的正向是这样确定的: 当某人沿着 γ 的正向行进时, γ 围住的圆盘应在他的左侧, 换言之, γ 的正向是反时针方向.

假设 D 是一个有光滑边界的 (或连续而逐段光滑边界的) 区域, $0 \in D \subset \mathbf{C}$, f 是一个在 $U \setminus \{0\}$ 上全纯的函数, 其中开集 $U \supset \overline{D}$. 又假设在原点的一个如下的去心邻域内

$$\{z \in \mathbf{C} : 0 < |z| < \varepsilon\}, \quad \text{其中} \varepsilon > 0,$$

函数 f 具有以下表式:

$$f(z) = a_{-n}z^{-n} + a_{-n+1}z^{-n+1} + \cdots + a_{-1}z^{-1} + g, \tag{12.3.1}$$

其中 g 在原点的一个小邻域内是全纯的. 为了计算 $\int_{\partial D} f(z)dz$, 画一

个以原点为圆心半径足够小的圆周 γ, 使得以 γ 为圆周的闭圆盘 C 完全包含在 D 内, 且展式 (12.3.1) 在包含圆盘 C 的一个开集内成立 (见图 12.3.1), 则 f 在 $D\setminus C$ 内全纯, 由 Cauchy 定理, 我们有

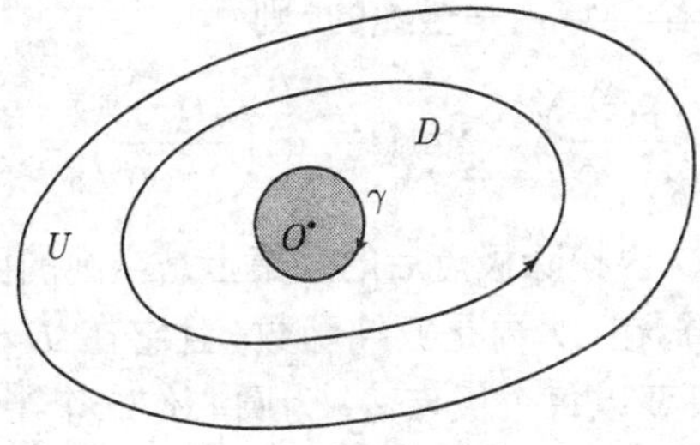

图 12.3.1

$$0=\int_{\partial(D\setminus C)}fdz=\int_{\partial D}fdz-\int_{\partial C}fdz=\int_{\partial D}fdz-\int_{\gamma}fdz,$$

换言之,

$$\int_{\partial D}fdz=\int_{\gamma}fdz=\sum_{j=-n}^{-1}a_j\int_{\gamma}z^jdz+\int_{\gamma}gdz=2\pi\mathrm{i}a_{-1}.$$

点 α 称为函数 f 的一个 n**阶极点**, 假若 f 在 $U\setminus\{\alpha\}$ 内全纯, U 是 α 的一个邻域, 且在 α 的一个邻域内 f 有如下表示式:

$$f(z)=a_{-n}(z-\alpha)^{-n}+a_{-n+1}(z-\alpha)^{-n+1}+\cdots+a_{-1}(z-\alpha)^{-1}+g, \tag{12.3.1$'$}$$

其中 g 在 α 的这个邻域内是全纯的, $a_{-n}\neq 0$. 一阶极点称为**单极点**. 和以前一样的讨论使我们得到公式:

$$\int_{\partial D}fdz=2\pi\mathrm{i}a_{-1},$$

其中 D 是个满足条件 $\alpha\in D\subset\overline{D}\subset U$ 的有光滑边界的 (或连续而逐段光滑边界的) 开集.

我们愿意把 a_{-1} 称为 f 在极点 α 处的**留数**, 记做 $\mathrm{res}_\alpha(f)$. 若 $z=\alpha$ 是 $f(z)$ 的一个单极点:

$$f(z)=\frac{a_{-1}}{z-\alpha}+g(z),$$

其中 g 在 α 的一个邻域内是全纯的, 则我们有

$$\lim_{z\to\alpha}(z-\alpha)f(z)=a_{-1}=\mathrm{res}_\alpha(f).$$

若 $f(z)$ 在 α 的一个邻域内是全纯的, 则

$$\mathrm{res}_\alpha\left(\frac{f(z)}{z-\alpha}\right)=\lim_{z\to\alpha}(z-\alpha)\left(\frac{f(z)}{z-\alpha}\right)=f(\alpha).$$

一个在区域 D 内挖除极点后的余集上是全纯的函数称为在 D 内是亚纯的. 假设 f 在 D 内是亚纯函数, 且它在 D 内只有有限个极点: $\alpha_1,\cdots,\alpha_n$. 只要以每个极点 α_j 为圆心作一个半径足够小的闭圆盘 C_j, 使得每个 $C_j\subset D$, 且 $C_j(j=1,\cdots,n)$ 两两不相交, 我们得到

$$\begin{aligned}0&=\int_{\partial(D\setminus\bigcup_{j=1}^n C_j)}f(z)dz\\&=\int_{\partial D}f(z)dz-\sum_{j=1}^n\int_{\partial C_j}f(z)dz\\&=\int_{\partial D}f(z)dz-2\pi\mathrm{i}\sum_{j=1}^n\mathrm{res}_{\alpha_j}(f).\end{aligned}$$

这样我们得到了以下定理:

定理 12.3.1(Cauchy 留数定理)　假设 f 在开集 U 内是亚纯函数, f 在 D 内只有有限个极点: $\alpha_1,\cdots,\alpha_n$, 其中 D 是个满足条件 $\overline{D}\subset U$ 的有光滑边界 (或连续而逐段光滑边界) 的开集, 则我们有

$$\int_{\partial D}f(z)dz=2\pi\mathrm{i}\sum_{j=1}^n\mathrm{res}_{\alpha_j}(f).$$

为了以后讨论的需要, 我们愿意引进一个简单却很有用的引理:

引理 12.3.1　假设 g 在开集 U 内是亚纯函数, D 是个满足条件 $\overline{D}\subset U$ 的有光滑边界 (或连续而逐段光滑边界) 的开集, 又设 $\{\alpha_1,\cdots,\alpha_k\}\subset D$, g 在 $U\setminus\{\alpha_1,\cdots,\alpha_k\}$ 上全纯, 且 g 在每个点 α_j $(j=1,\cdots,k)$ 处满足以下条件:

$$\lim_{z\to\alpha_j}|z-\alpha_j||g(z)|=0,$$

则我们有

$$\int_{\partial D} gdz = 0.$$

证 设 γ_j 是以 α_j 为圆心, 充分小的正数 r_j 为半径的圆周, 使得以 γ_j 为边界的闭圆盘两两不相交且完全包含在 D 内. 我们有

$$\int_{\partial D} gdz = \sum_{j=1}^{k} \int_{\gamma_j} gdz.$$

根据引理给出的条件我们得到: 任给 $\varepsilon>0$, 有 $\delta>0$ 使得当 $r_j<\delta$ 时, 有 $r_j \sup\limits_{|z-\alpha_j|=r_j} |g(z)|<\varepsilon$. 所以我们有

$$\lim_{r_j\to 0}\left|\int_{\gamma_j} gdz\right| \leqslant \lim_{r_j\to 0} 2\pi r_j \sup_{|z-\alpha_j|=r_j} |g(z)| = 0.$$

由此, 我们得到

$$\int_{\partial D} gdz = 0.$$ □

定理 12.3.2 (Cauchy 积分公式) 假设 f 在开集 U 内是全纯函数, D 是个满足条件 $\overline{D}\subset U$ 的有光滑边界 (或连续而逐段光滑边界) 的开集, 而 $z\in D$, 则我们有

$$f(z) = \frac{1}{2\pi \mathrm{i}}\int_{\partial D} \frac{f(\xi)}{\xi - z} d\xi.$$

证 因

$$\lim_{\xi\to z} |\xi - z|\left|\frac{f(\xi)-f(z)}{\xi - z}\right| = 0,$$

引理 12.3.1 可以用到函数

$$g(\xi) = \frac{f(\xi)-f(z)}{\xi - z}$$

上去. 我们有

$$\begin{aligned} 0 &= \int_{\partial D} \frac{f(\xi)-f(z)}{\xi - z} d\xi = \int_{\partial D} \frac{f(\xi)}{\xi - z} d\xi - f(z)\int_{\partial D} \frac{1}{\xi - z} d\xi \\ &= \int_{\partial D} \frac{f(\xi)}{\xi - z} d\xi - f(z)\int_{\gamma} \frac{1}{\xi - z} d\xi = \int_{\partial D} \frac{f(\xi)}{\xi - z} d\xi - 2\pi \mathrm{i} f(z), \end{aligned}$$

其中 γ 是一个以 z 为圆心的半径充分小的圆周, 使得以 γ 为边界的闭圆盘完全包含在 D 内. 由上述等式立即得到 Cauchy 积分公式. □

有了 Cauchy 积分公式, 我们可以得到许多有用的结果. 在这个意义下, Cauchy 积分公式可以称为复分析的基石.

推论 12.3.1(最大模原理)　假设 f 在开集 U 内是全纯函数, D 是个满足条件 $\overline{D} \subset U$ 的连通开集, 而 $a \in D$, 则 $|f|$ 在点 $a \in D$ 处是不可能达到 $|f|$ 在 $\overline{D}$ 上的最大值的, 除非 f 在 $\overline{D}$ 上等于常数.

证　设 γ 表示以 a 为圆心, 充分小的 $r>0$ 为半径的圆周. 根据定理 12.3.2(Cauchy 积分公式)

$$f(a) = \frac{1}{2\pi \mathrm{i}} \int_\gamma \frac{f(\xi)}{\xi - a} d\xi,$$

我们得到

$$\begin{aligned} f(a) =& \frac{1}{2\pi \mathrm{i}} \int_\gamma \frac{f(\xi)}{\xi - a} d\xi = \frac{1}{2\pi \mathrm{i}} \int_0^{2\pi} \frac{f(a + r\mathrm{e}^{\mathrm{i}\theta})}{r\mathrm{e}^{\mathrm{i}\theta}} \mathrm{i} r\mathrm{e}^{\mathrm{i}\theta} d\theta \\ =& \frac{1}{2\pi} \int_0^{2\pi} f(a + r\mathrm{e}^{\mathrm{i}\theta}) d\theta. \end{aligned}$$

由此,

$$|f(a)| \leqslant \sup_{0 \leqslant \theta \leqslant 2\pi} |f(a + r\mathrm{e}^{\mathrm{i}\theta})|.$$

因最后的不等式成为等式的充分必要条件是 $f(a + r\mathrm{e}^{\mathrm{i}\theta}) = \mathrm{const.}$, 且这个常数的模应与 $f(a)$ 的模相等, 换言之, 有某个不依赖于 θ 的常数 ϕ, 使得

$$f(a + r\mathrm{e}^{\mathrm{i}\theta}) = \mathrm{e}^{\mathrm{i}\phi} f(a).$$

由这个不等式前的等式 (事实上, 就是 Cauchy 积分公式) 又告诉我们: $\phi = 2n\pi,\ n \in \mathbf{Z},$. 换言之, f 在 γ 上恒等于 $f(a)$. 由此, 假若 $|f|$ 在点 $a \in D$ 处达到 $|f|$ 在 $\overline{D}$ 上的最大值, 则 f 在点 $a \in D$ 的一个邻域内等于 $f(a)$. 所以, 集合

$$\{z \in D : f(z) = f(a)\}$$

是 D 内的一个开集. 另一方面, 以上集合是单点集 $\{f(a)\}$ 关于连续映射 $D \ni z \mapsto f(z)$ 的原像, 它应是 D 的一个闭集. 根据假设 D 是连通

集. 作为连通集 D 的既闭又开的非空子集, $\{z \in D : f(z) = f(a)\}$ 必须等于 D. 换言之, f 在 D 上恒等于常数 $f(a)$ □

为了进一步讨论的需要, 我们再引进一个引理:

引理 12.3.2 假设 D 是个具有光滑边界 (或连续而逐段光滑边界) 的区域, ϕ 是在区域 D 的边界 ∂D 上的连续函数, 则对于任何 $n \in \mathbf{N}$, 函数

$$F_n(z) = \int_{\partial D} \frac{\phi(\xi)}{(\xi - z)^n} d\xi$$

在 D 内全纯, 且在 D 内满足以下方程

$$F_n'(z) = nF_{n+1}(z).$$

由此, 全纯函数是无穷次 (复) 可微的. 特别, 全纯函数的各阶 (复) 导数全纯.

证 当 $z \in D$ 时, $F_n(z)$ 定义中的积分存在是显然的. 易见, 作为二元实变函数, $F_n(z)$ 在 D 内连续可微. 为了证明 $F_n(z)$ 全纯, 我们只须证明: 作为复变函数的 $F_n(z)$ 在 D 内 (复) 可微. 今设 $z_0 \in D$, 当 $|z - z_0|$ 充分小时, 我们有

$$\begin{aligned}
\frac{F_n(z) - F_n(z_0)}{z - z_0} &= \frac{1}{z - z_0} \int_{\partial D} \phi(\xi) \left[\frac{1}{(\xi - z)^n} - \frac{1}{(\xi - z_0)^n} \right] d\xi \\
&= \frac{1}{z - z_0} \int_{\partial D} \phi(\xi) \frac{(\xi - z_0)^n - (\xi - z)^n}{(\xi - z)^n (\xi - z_0)^n} d\xi \\
&= \int_{\partial D} \phi(\xi) \frac{1}{(\xi - z)^n (\xi - z_0)^n} \sum_{j=0}^{n-1} (\xi - z)^j (\xi - z_0)^{n-j-1} d\xi.
\end{aligned}$$

因此, 我们有

$$\begin{aligned}
&\left| \frac{F_n(z) - F_n(z_0)}{z - z_0} - nF_{n+1}(z_0) \right| \\
&= \left| \int_{\partial D} \phi(\xi) \left[\frac{\sum_{j=0}^{n-1} (\xi - z)^j (\xi - z_0)^{n-j-1}}{(\xi - z)^n (\xi - z_0)^n} - \frac{n}{(\xi - z)^{n+1}} \right] d\xi \right|
\end{aligned}$$

$$
=\left|\int_{\partial D}\phi(\xi)\left[\frac{\sum_{j=0}^{n-1}(\xi-z)^{j+1}(\xi-z_0)^{n-j-1}-n(\xi-z_0)^n}{(\xi-z)^{n+1}(\xi-z_0)^n}\right]d\xi\right|
$$

$$
=\left|\int_{\partial D}\phi(\xi)\left[\frac{\sum_{j=0}^{n-1}[(\xi-z)^{j+1}-(\xi-z_0)^{j+1}](\xi-z_0)^{n-j-1}}{(\xi-z)^{n+1}(\xi-z_0)^n}\right]d\xi\right|
$$

$$
=|z-z_0|\left|\int_{\partial D}\phi(\xi)\left[\frac{\sum_{j=0}^{n-1}\sum_{l=0}^{j}(\xi-z)^{l}(\xi-z_0)^{n-l-1}}{(\xi-z)^{n+1}(\xi-z_0)^n}\right]d\xi\right|
$$

$$
=|z-z_0|\left|\int_{\partial D}\phi(\xi)\left[\sum_{j=0}^{n-1}\sum_{l=0}^{j}(\xi-z)^{l-n-1}(\xi-z_0)^{-l-1}\right]d\xi\right|.
$$

不难看出, 当 $z\to z_0$ 时, 右端的积分有界. 故右端趋于零. 这样, 我们证明了: 作为复变量函数的 $F_n(z)$ 在 D 内 (复) 可微, 且它的导数就是由引理 12.3.2 结论中的公式给出的. □

定理 12.3.3　假设 f 在开集 U 内是全纯函数, D 是个满足条件 $\overline{D}\subset U$ 的连通开集, D 的边界 ∂D 是光滑 (或连续而逐段光滑) 的, 而 $z\in D$, 则对于一切 $n\in\mathbf{N}\cup\{0\}$, 我们有

$$
f^{(n)}(z)=\frac{n!}{2\pi\mathrm{i}}\int_{\partial D}\frac{f(\xi)}{(\xi-z)^{n+1}}d\xi.
$$

证　把引理 12.3.2 用到 Cauchy 积分公式

$$
f(z)=\frac{1}{2\pi\mathrm{i}}\int_{\partial D}\frac{f(\xi)}{\xi-z}d\xi
$$

上, 我们有

$$
f'(z)=\frac{1}{2\pi\mathrm{i}}\int_{\partial D}\frac{f(\xi)}{(\xi-z)^2}d\xi.
$$

利用数学归纳原理, 我们便得到定理 12.3.3 中关于全纯函数各阶 (复) 导数的公式. □

注 定理 12.3.2 中的 Cauchy 积分公式可以看成定理 12.3.3 中的公式在 $n=0$ 时的特例.

推论 12.3.2 假设 f 在开集 U 内是全纯函数, D 是个满足条件 $\overline{D}\subset U$ 的连通开集, 而 $a\in D$, 又 $r>0$ 使得 $\{z\in\mathbf{C}:|z-a|\leqslant r\}\subset D$, 记 $\gamma=\{z\in\mathbf{C}:|z-a|=r\}$, 则我们有

$$|f^{(n)}(a)|\leqslant n!r^{-n}\sup_{\xi\in\gamma}|f(\xi)|.$$

证 由定理 12.3.3, 记 $|d\xi|$ 为 γ 上的弧长微元, 有

$$\begin{aligned}|f^{(n)}(a)|\leqslant&\frac{n!}{2\pi}\int_\gamma\frac{|f(\xi)|}{r^{n+1}}|d\xi|=\frac{n!}{2\pi}\int_0^{2\pi}\frac{|f(a+re^{i\theta})|}{r^{n+1}}rd\theta\\ \leqslant&n!r^{-n}\sup_{\xi\in\gamma}|f(\xi)|.\end{aligned}$$

□

推论 12.3.3(Liouville 定理) 在整个复平面 $\mathbf{C}$ 上全纯且有界的函数必是常数.

证 由推论 12.3.2,

$$|f'(a)|\leqslant r^{-1}\sup_{\xi\in\gamma}|f(\xi)|.$$

让 $r\to\infty$, 得到 $f'\equiv 0$. 故 f 的两个偏导数皆恒等于零, $f=\text{const.}$. □

推论 12.3.4(代数基本定理) 次数大于零的复系数多项式 $P(z)$ 在复平面 $\mathbf{C}$ 上至少有一个根.

证 若 $P(z)=a_nz^n+a_{n-1}z^{n-1}+\cdots+a_0$ 在复平面 $\mathbf{C}$ 上无根, 其中 $a_n\neq 0$, 则 $1/P(z)$ 在复平面 $\mathbf{C}$ 上是全纯函数, 且

$$\lim_{z\to\infty}\frac{1}{P(z)}=\lim_{z\to\infty}\frac{1}{z^n}\frac{1}{a_n+a_{n-1}z^{-1}+\cdots+a_0z^{-n}}=0,$$

故 $1/P(z)$ 在复平面 $\mathbf{C}$ 上有界. 由推论 12.3.3, $1/P(z)=\text{const.}$. 这与多项式 $P(z)$ 的次数大于零相矛盾. □

注 代数基本定理有许多证明 (参看第一册第 4 章 §4.2 的练习 4.2.12 和第二册第 8 章 §8.5 的练习 8.5.7), 较早给出代数基本定理证

明的是 d'Alembert 和 Gauss, 后者一生中给了四个证明. 这里给出的也许是最干净利落的代数基本定理的证明, 当然那是因为用了在 19 世纪由 Cauchy, Riemann 和 Weierstrass 建立起来的复分析这个强大的数学武器.

下面两个推论也很有用, 其中第一个属于 Weierstrass.

推论 12.3.5(Weierstrass)　假设 $\{f_k\}$ 是开集 U 内的一串全纯函数, D 是个满足条件 $\overline{D}\subset U$ 的有界开集, D 的边界 ∂D 是光滑的 (或连续而逐段光滑的), 而全纯函数列 $\{f_k\}$ 在 ∂D 上一致收敛于函数 f; 则 f 可延拓成 D 上的解析函数 (仍记做 f), 且 $\{f_k\}$ 及其 n 阶导数列 $\{f_k^{(n)}\}$ 在 $\overline{D}$ 上分别一致收敛于 f 和 $f^{(n)}$.

证　设 $z\in D$, 则对于一切 $n\in\mathbf{N}\cup\{0\}$, 我们有

$$f_k^{(n)}(z)=\frac{n!}{2\pi\mathrm{i}}\int_{\partial D}\frac{f_k(\xi)}{(\xi-z)^{n+1}}d\xi.$$

因全纯函数列 $\{f_k\}$ 在 ∂D 上一致收敛于函数 f, 对于一切 $n\in\mathbf{N}\cup\{0\}$, 有以下极限等式:

$$\lim_{k\to\infty}f_k^{(n)}(z)=\frac{n!}{2\pi\mathrm{i}}\int_{\partial D}\frac{\lim\limits_{k\to\infty}f_k(\xi)}{(\xi-z)^{n+1}}d\xi.$$

由定理 12.3.3 和引理 12.3.2 便得推论 12.3.5 的结论. □

推论 12.3.6　设 I 是个 (开, 闭或半开半闭) 区间, μ 是 I 上的一个 (正) 测度, $U\subset\mathbf{C}$ 是开集, 而映射 $f:I\times U\to\mathbf{C}$ 满足以下三个条件:

(i) f 在 $I\times U$ 上连续;

(ii) 对于任何 $t\in I$, 映射 $z\mapsto f(t,z)$ 在 U 上全纯;

(iii) 对于任何紧集 $H\subset U$, 在 I 上有一个相对于测度 μ 可积的非负函数 $p_H(t)$, 使得

$$\forall t\in I\forall z\in H\big(|f(t,z)|\leqslant p_H(t)\big).$$

对于任何非负整数 r, $f^{(r)}(t,z)$ 表示映射 $z\mapsto f(t,z)$ 的 r 阶导数, 则对于任何非负整数 r, $f^{(r)}(t,z)$ 也满足上述三个条件 (i), (ii) 和 (iii),

且函数

$$g(z) = \int_I f(t,z)d\mu(t)$$

在 U 上全纯, 函数 $f^{(r)}(t,z)$ 相对于测度 μ 可积, 且对于任何非负整数 r, 我们有

$$g^{(r)}(z) = \int_I f^{(r)}(t,z)d\mu(t).$$

证 先考虑 I 是紧区间的情形. 设 $H \subset U$ 是紧集. 记 $f_t(z) = f(t,z)$, 因 $I \times H$ 紧, $f(t,z)$ 在 $I \times H$ 上一致连续, 故

$$\forall r > 0 \exists r' > 0 \big(|s-t| < r' \Longrightarrow \sup_{z\in H} |f_s(z) - f_t(z)| < r\big).$$

将 I 分划成许多小区间 I_k, 并选 $t_k \in I_k$, 构筑 Riemann 和 $\sum f(t_k,z)\mu(I_k)$, 因对于任何 $t \in I_k$ 和任何 $z \in H$, 我们有 $|f(t,z) - f(t_k,z)| < r$, 故对于任何 $z \in H$, 有

$$\left| g(z) - \sum f(t_k,z)\mu(I_k) \right| \leqslant \mu(I)\cdot r,$$

因 Riemann 和 $\sum f(t_k,z)\mu(I_k)$ 在 U 上全纯, 根据推论 12.3.5, $g(z)$ 在 U 的任何紧子集 H 的内核上全纯, 因而 $g(z)$ 在 U 上全纯, 且 $g^{(p)}$ 是 $\sum f^{(p)}(t_k,z)\mu(I_k)$ 的极限, 而 $\sum f^{(p)}(t_k,z)\mu(I_k)$ 是积分 $\displaystyle\int_I f^{(p)}(t,z)d\mu(t)$ 的 Riemann 和. 定理在 I 紧时已证得.

当 I 非紧时, 定理的结论对于 I 的任何紧子区间 K 都成立. 利用定理中的假设 (iii), 当 K 趋于 I 时, 积分 $\displaystyle\int_K f^{(p)}(t,z)d\mu(t)$ 趋于积分 $\displaystyle\int_I f^{(p)}(t,z)d\mu(t)$ 关于 $z \in H$ 是一致的. 再利用推论 12.3.5, 定理的结论对于 I 也成立. □

下面这个推论 (又称 Morera 定理) 是 Cauchy 积分定理 (定理 12.1.1) 的逆定理:

推论 12.3.7(Morera 定理) 设 f 是单连通区域 U 上定义的 (二元实变量) 连续的复值函数, 则 f 在 U 上全纯的充分必要条件是: 对于任何满足条件 $\overline{\Delta} \subset U$ 的开三角形 Δ, 必有

$$\int_{\partial\Delta} f(z)dz = 0.$$

证 由条件, f 在 U 中任何闭多边形的周界上的积分必等于零. 所以, 以下式定义的函数是有意义的:

$$F(z)=\int_{z_0}^{z}f(w)dw,$$

其中 $z_0\in U$ 是某选定的点, $z\in U$, $\int_{z_0}^{z}$ 表示沿着 U 中连接 z_0 与 z 的任何由有限条直线段连接起来的折线. 上式右端的积分不依赖于连接 z_0 与 z 的折线的选择. 易见 (参看练习 12.2.10)

$$F'(z)=f(z).$$

$F(z)$ 在 U 中全纯, 因而它的导数 $f(z)$ 在 U 中也全纯. □

练 习

12.3.1 试证 Liouville 定理如下形式的推广: 设 f 是个整函数 (即在 $\mathbf{C}$ 上全纯的函数), 且满足以下条件:

$$当|z|\to\infty时,\quad f(z)=O(z^p),$$

其中 $p\in\mathbf{N}$, 则 f 是个次数不大于 p 的多项式.

12.3.2 本题想要讨论以下形式的积分的渐近展开:

$$I(x)=\int_a^b g(t)\mathrm{e}^{\mathrm{i}xf(t)}dt, \tag{12.3.2}$$

其中 $f(t)$ 和 $g(t)$ 满足以下两个条件:

(a) $\forall t\in(a,b)\Big(f'(t)>0\Big)$, 且 $f(t)$ 具有以下形式:

$$f(t)=f(a)+(t-a)^{\rho}f_1(t),\qquad f_1(a)\neq 0,$$

其中 $\rho\geqslant 1$, 而 $f_1(t)$ 在 $[a,b]$ 上是无穷次连续可微的;

(b) $g(t)$ 具有如下形式:

$$g(t)=(t-a)^{\lambda-1}g_1(t),$$

其中 $0<\lambda\leqslant 1$, 而 $g_1(t)$ 在 $[a,b]$ 上是无穷次连续可微的.

为了以后讨论方便, 作如下换元

$$u^{\rho}=f(t)-f(a)=(t-a)^{\rho}f_1(t). \tag{12.3.3}$$

试证:

(i) 记 $B=[f(b)-f(a)]^{1/\rho}$, 则由方程 (12.3.3) 确定的映射 $u\mapsto t$ 是无穷次连续可微的 $[0,B]\to[a,b]$ 的双射.

(ii) 在 $[0,B]$ 上定义函数

$$h(u)=u^{1-\lambda}g(t)\frac{dt}{du}=\left(\frac{t-a}{u}\right)^{\lambda-1}g_1(t)\frac{dt}{du}, \tag{12.3.4}$$

则它在 $[0,B]$ 上是无穷次连续可微的, 且

$$I(x)=\mathrm{e}^{\mathrm{i}xf(a)}\int_0^B u^{\lambda-1}h(u)\mathrm{e}^{\mathrm{i}xu^{\rho}}du. \tag{12.3.5}$$

(iii) 将 (12.3.4) 中定义在 $[0,B]$ 上的 $h(u)$ 延拓成 $[0,\infty)$ 上具有紧支集的无穷次连续可微的函数, 则

$$I(x)=\mathrm{e}^{\mathrm{i}xf(a)}\Big(I_1(x)-I_2(x)\Big), \tag{12.3.6}$$

其中

$$I_1(x)=\int_0^{\infty}u^{\lambda-1}h(u)\mathrm{e}^{\mathrm{i}xu^{\rho}}du, \tag{12.3.7}$$

$$I_2(x)=\int_B^{\infty}u^{\lambda-1}h(u)\mathrm{e}^{\mathrm{i}xu^{\rho}}du. \tag{12.3.8}$$

下面我们对 $I_1(x)$ 和 $I_2(x)$ 分别进行讨论. 先讨论 $I_1(x)$:

(iv) 归纳地定义 $k_0(u)=u^{\lambda-1}\mathrm{e}^{\mathrm{i}xu^{\rho}}$ 和

$$k_{n+1}(u)=-\int_u^{u+\infty\ \mathrm{e}^{\mathrm{i}\pi/2\rho}}k_n(z)dz,\quad n=0,1,2,\cdots,$$

其中积分道路是半直线 $\{z=u+r\mathrm{e}^{\mathrm{i}\pi/2\rho}: r\in[0,\infty)\}$, 则我们有

$$k_{n+1}(u)=\frac{(-1)^{n+1}}{n!}\int_u^{u+\infty\ \mathrm{e}^{\mathrm{i}\pi/2\rho}}(z-u)^n z^{\lambda-1}\mathrm{e}^{\mathrm{i}xz^{\rho}}dz. \tag{12.3.9}$$

(v) 我们有

$$\frac{dk_{n+1}}{du}(u)=k_n(u).$$

(vi) 我们有

$$|k_{n+1}(u)|\leqslant\frac{1}{n!\rho}\Gamma\left(\frac{n+1}{\rho}\right)u^{\lambda-1}x^{-(n+1)/\rho} \tag*{(12.3.10)$_1$}$$

和

$$k_{n+1}(0)=\frac{(-1)^{n+1}}{n!\rho}\Gamma\left(\frac{n+\lambda}{\rho}\right)\mathrm{e}^{\mathrm{i}\pi(n+\lambda)/2\rho}x^{-(n+\lambda)/\rho}. \tag*{(12.3.10)$_2$}$$

(vii) 我们有

$$I_1(x)=\sum_{n=0}^{N}\frac{1}{n!\rho}\Gamma\left(\frac{n+\lambda}{\rho}\right)h^{(n)}(0)\mathrm{e}^{\mathrm{i}\pi(n+\lambda)/2\rho}x^{-(n+\lambda)/\rho}+R_N^{(1)}(x), \tag{12.3.11}$$

其中

$$R_N^{(1)}(x)=(-1)^N\int_0^{\infty}h^{(N)}(u)k_N(u)du. \tag{12.3.12}$$

(viii) 我们有

$$h(0+) = g_1(a) f_1(a)^{-\lambda/\rho}. \tag{12.3.13}$$

(ix) 我们有

$$R_N^{(1)}(x) = (-1)^{N+1}\left[h^{(N)}(0)k_{N+1}(0) + \int_0^\infty h^{(N+1)}(u)k_{N+1}(u)du\right]. \tag{12.3.14}$$

(x) 我们有

$$\begin{aligned}|R_N^{(1)}(x)| \leqslant & \frac{1}{N!\rho}\Gamma\left(\frac{N+\lambda}{\rho}\right)|h^{(N)}(0)|x^{-(N+\lambda)/\rho} \\ & + \int_0^\infty |h^{(N+1)}(u)||k_{N+1}(u)|du.\end{aligned} \tag{12.3.15}$$

(xi) 当 $x \to \infty$ 时, 我们有

$$|R_N^{(1)}(x)| = O\left(x^{-(N+\lambda)/\rho}\right). \tag{12.3.16}$$

$I_1(x)$ 已讨论完毕. 下面我们讨论 $I_2(x)$:

(xii) 我们有

$$I_2(x) = \frac{1}{\rho}\int_{B^\rho}^\infty v^{\lambda-1}h(v^{1/\rho})\mathrm{e}^{\mathrm{i}xv}dv.$$

(xiii) 我们有

$$I_2(x) = \frac{1}{\rho}\mathrm{e}^{\mathrm{i}xB^\rho}\sum_{n=0}^{M-1} h_1^{(n)}(B^\rho)\left(\frac{\mathrm{i}}{x}\right)^{n+1} + R_M^{(2)}(x), \tag{12.3.17}$$

其中 $M \in \mathbf{N}$,

$$h_1(v) = v^{\lambda/\rho-1}h(v^{1/\rho}), \tag{12.3.18}$$

而

$$R_M^{(2)}(x) = \frac{1}{\rho}\left(\frac{\mathrm{i}}{x}\right)^M \int_{B^\rho}^\infty h_1^{(M)}(v)\mathrm{e}^{\mathrm{i}xv}dv. \tag{12.3.19}$$

(xiv) 当 $x \to \infty$ 时, 我们有

$$R_M^{(2)}(x) = o(x^{-M}).$$

(xv) 当 $x \to \infty$ 时, 我们有

$$\begin{aligned}I(x) \sim & \mathrm{e}^{\mathrm{i}xf(a)}\sum_{n=0}^\infty \frac{1}{n!\rho}\Gamma\left(\frac{n+\lambda}{\rho}\right)h^{(n)}(0)\mathrm{e}^{\mathrm{i}\pi(n+\lambda)/2\rho}x^{-(n+\lambda)/\rho} \\ & -\mathrm{e}^{\mathrm{i}xf(b)}\sum_{n=0}^\infty \frac{1}{\rho}h_1^{(n)}(B^\rho)\left(\frac{\mathrm{i}}{x}\right)^{n+1},\end{aligned}$$

其中

$$\frac{1}{\rho}h_1^{(n)}(B^\rho) = \left[\left(\frac{1}{f'(t)}\frac{d}{dt}\right)^n \frac{g(t)}{f'(t)}\right]_{t=b}.$$

(xvi) 若 x 是负的, 或 $f'(t)$ 是负的, 则我们有 $I(x)$ 如下的渐近展开:

$$I(x) \sim \mathrm{e}^{-\mathrm{i}xf(a)} \sum_{n=0}^{\infty} \frac{1}{n!\rho} \Gamma\left(\frac{n+\lambda}{\rho}\right) h^{(n)}(0) \mathrm{e}^{-\mathrm{i}\pi(n+\lambda)/2\rho} x^{-(n+\lambda)/\rho}$$
$$-\mathrm{e}^{-\mathrm{i}xf(b)} \sum_{n=0}^{\infty} \frac{1}{\rho} h_1^{(n)}(B^\rho) \left(\frac{-\mathrm{i}}{x}\right)^{n+1},$$

其中 $\frac{1}{\rho} h_1^{(n)}(B^\rho)$ 仍如 (xv) 中所示.

注 关于渐近展开 "$\sim$" 的定义请参看定义 6.9.1 和定义 6.9.2.

(xvii) 假设在 $[a,b]$ 上光滑的函数 $f(t)$ 在 $[a,b]$ 上只有一个临界点 $c \in (a,b)$, 且 $f''(c) > 0$, 则当 $x \to \infty$ 时, 我们有

$$I(x) \equiv \int_a^b g(t) \mathrm{e}^{\mathrm{i}xf(t)} dt \approx g(c) \sqrt{\frac{2\pi}{xf''(c)}} \mathrm{e}^{\mathrm{i}[xf(c)+\pi/4]}.$$

注 (xv) 和 (xvi) 的结果称为**平稳位相法的渐近展开**. (xvii) 的结果称为**平稳位相法的渐近公式**.

(xviii) 当 $x \to \infty$ 时, 我们有

$$\int_0^1 \mathrm{e}^{\mathrm{i}xu^2} du \sim \frac{1}{2}\sqrt{\frac{\pi}{x}} \mathrm{e}^{\mathrm{i}\pi/4} - \frac{\mathrm{i}}{2} \mathrm{e}^{\mathrm{i}x} \sum_{n=0}^{\infty} (-\mathrm{i})^n \frac{\Gamma(n+\frac{1}{2})}{\Gamma(\frac{1}{2})} \frac{1}{x^{n+1}}.$$

12.3.3 设 $U \subset \mathbf{C}$ 是个区域, 试证: U 上任何 (复) 可微函数是全纯的.

注 这个结果称为 **Goursat形式的Cauchy积分定理**.

12.3.4 给了微分方程组

$$u' = a(z)u + b(z)v, \quad v' = c(z)u + d(z)v, \tag{12.3.20}$$

其中 $a(z), b(z), c(z), d(z)$ 在圆 $|z - z_0| < R$ 内是解析函数. 我们要讨论这个方程组满足初条件

$$u(z_0) = \alpha, \quad v(z_0) = \beta \tag{12.3.21}$$

的解的存在性、唯一性及解析性的问题. 在讲义第二册的第 7 章 §7.5 定理 7.5.4 中讨论过这个初值问题解的局部存在与唯一的问题. 现在我们要讨论这个初值问题在圆 $|z - z_0| < R$ 内的整体存在与唯一的问题, 并讨论解在圆 $|z - z_0| < R$ 内的解析性. 应该指出, 所用方法的思路仍然是以前用的 Picard 的迭代逼近. 不过, 现在我们面临的问题有两个特点: 一、微分方程组是线性的, 这比 Lipschitz 条件强很多; 二、方程中的系数是解析的. 在迭代过程中考虑到了这两个特点便可得到比定理 7.5.4 更强的结论.

(i) 初值问题 (12.3.20) 和 (12.3.21) 等价于以下的积分方程组:

$$\begin{cases} u(z) = \alpha + \displaystyle\int_{z_0}^{z} [a(\zeta)u(\zeta) + b(\zeta)v(\zeta)]d\zeta, \\ v(z) = \beta + \displaystyle\int_{z_0}^{z} [c(\zeta)u(\zeta) + d(\zeta)v(\zeta)]d\zeta, \end{cases} \tag{12.3.22}$$

上式右端的两个积分 $\int_{z_0}^{z}$ 的路线是 z_0 到 z 的直线 (事实上, 选择任何在圆盘 $|z-z_0|<R$ 内的连接 z_0 与 z 的路线都不会影响积分的值).

(ii) 设 $0<R_1<R$. 一定有 $M>0$ 是满足以下条件:

$$\forall\zeta\in\{z\in\mathbf{C}:|z-z_0|\leqslant R_1\}\Big(\max[|a(\zeta)|,|b(\zeta)|,|c(\zeta)|,|d(\zeta)|]\leqslant M\Big).$$

令

$$u_n(z)=\begin{cases}\alpha, & 若\ n=0,\\ \alpha+\displaystyle\int_{z_0}^{z}[a(\zeta)u_{n-1}(\zeta)+b(\zeta)v_{n-1}(\zeta)]d\zeta, & 若\ n\geqslant 1;\end{cases}$$

$$v_n(z)=\begin{cases}\beta, & 若\ n=0,\\ \beta+\displaystyle\int_{z_0}^{z}[c(\zeta)u_{n-1}(\zeta)+d(\zeta)v_{n-1}(\zeta)]d\zeta, & 若\ n\geqslant 1.\end{cases}$$

记 $\rho=|z-z_0|$, $m=\max[|\alpha|,|\beta|]$. 试证: 只要 $|z-z_0|=\rho\leqslant R_1$, 对于任何自然数 n, 必有

$$|u_n(z)-u_{n-1}(z)|<m\frac{(2M\rho)^n}{n!},\quad |v_n(z)-v_{n-1}(z)|<m\frac{(2M\rho)^n}{n!}.$$

(iii) $\{u_n(z)\}$ 和 $\{v_n(z)\}$ 是在圆盘 $|z-z_0|\leqslant R_1$ 上一致收敛的两个解析函数列. 记 $u(z)=\lim\limits_{n\to\infty}u_n(z)$ 和 $u(z)=\lim\limits_{n\to\infty}u_n(z)$, $u(z)$ 和 $v(z)$ 在圆盘 $|z-z_0|<R_1$ 内都是解析函数. $u(z)$ 和 $v(z)$ 在圆盘 $|z-z_0|<R_1$ 内满足积分方程组 (12.3.22), 因而 $u(z)$ 和 $v(z)$ 是初值问题 (12.3.20) 与 (12.3.21) 的解.

(iv) 初值问题 (12.3.20) 与 (12.3.21) 在圆盘 $|z-z_0|<R$ 内存在唯一的一个解, 且这个解在圆盘 $|z-z_0|<R$ 内是解析函数. 假若 $a(z),b(z),c(z),d(z)$ 在 $\mathbf{C}$ 上是整函数, 则初值问题 (12.3.20) 与 (12.3.21) 在 $\mathbf{C}$ 上有整函数解.

(v) 微分方程 (12.3.20) 在圆盘 $|z-z_0|<R$ 内存在两个线性无关的解. 微分方程 (12.3.20) 在圆盘 $|z-z_0|<R$ 内的任何两个线性无关的解 $u(z)$ 和 $v(z)$ 都有如下性质: 微分方程 (12.3.20) 在圆盘 $|z-z_0|<R$ 内的任何解 $w(z)$ 均可写成 $u(z)$ 和 $v(z)$ 的线性组合: $w(z)=au(z)+bv(z)$, 其中 a, b 是两个常数.

(vi) 二阶线性常微分方程

$$u''(z)+a(z)u'(z)+b(z)u(z)=0 \tag{12.3.23}$$

与以下的一阶线性常微分方程组等价:

$$\begin{cases}u'(z)-v(z)=0,\\ v'(z)=-a(z)v(z)-b(z)u(z).\end{cases} \tag{12.3.24}$$

确切些说, (12.3.23) 的解 $u(z)$ 对应于 (12.3.24) 的解 $(u(z),u'(z))$, 而 (12.3.24) 的解 $(u(z),v(z))$ 对应于 (12.3.24) 的解 $u(z)$.

(vii) 微分方程 (12.3.23) 在圆盘 $|z-z_0|<R$ 内存在两个线性无关的解. 微分方程 (12.3.23) 在圆盘 $|z-z_0|<R$ 内的任何两个线性无关的解 $u(z)$ 和 $v(z)$ 都

有如下性质: 微分方程 (12.3.20) 在圆盘 $|z-z_0|<R$ 内的任何解 $w(z)$ 均可写成 $u(z)$ 和 $v(z)$ 的线性组合: $w(z)=au(z)+bv(z)$, 其中 a, b 是两个常数.

(viii) 若 $a(z)$, $b(z)$ 在圆盘 $|z-z_0|<R$ 内解析, 则 (12.3.23) 的解 $u(z)$ 在圆盘 $|z-z_0|<R$ 内解析.

注 虽然以上证明中的 Picard 迭代法也可以用来求微分方程的近似解. 但因为已知解是解析的, 解可用幂级数展开. 常用的方法还是: 将解用待定系数的幂级数展开, 然后代入微分方程比较方程两端幂级数的系数以确定待定的系数. 下题便是一例.

12.3.5 以下的常微分方程称为**Legendre 常微分方程**:

$$(1-x^2)y''-2xy'+\nu(\nu+1)y=0, \tag{12.3.25}$$

其中 ν 和 x 可取任何复数. 在讲义的第一册第 6 章 §6.4 的练习 6.4.6 的第 (iv) 小题中我们曾经遇到过它, 不过当时限定 x 取实值, ν 取非负整数. 我们当时讨论的是 Legendre 多项式. 方程 (12.3.25) 的解通常称为 **Legendre函数**. 方程 (12.3.25) 可以写成

$$y''-\frac{2x}{1-x^2}y'+\frac{\nu(\nu+1)}{1-x^2}y=0.$$

这个方程的系数在开圆 $\{x\in\mathbf{C}:|x|<1\}$ 上解析, 因而它的解在这个开圆上可写成待定系数的幂级数:

$$\varphi(x)=\sum_{j=0}^{\infty}a_jx^j. \tag{12.3.26}$$

(i) 设幂级数 (12.3.26) 满足 Legendre 方程 (12.3.25). 试证: 对于任何自然数 μ, 我们有

$$a_{2\mu}=\frac{a_0}{(2\mu)!}\prod_{k=0}^{\mu-1}(2k-\nu)(2k+1+\nu),$$

$$a_{2\mu+1}=\frac{a_1}{(2\mu+1)!}\prod_{k=0}^{\mu-1}(2k+1-\nu)(2k+2+\nu).$$

(ii) 设幂级数 (12.3.26) 满足 Legendre 方程 (12.3.25), 又设 $a_0=1$, $a_1=0$. 试证: 幂级数 (12.3.26) 具有以下形式:

$$\varphi_1(x)=\sum_{\mu=0}^{\infty}\frac{1}{(2\mu)!}\left(\prod_{k=0}^{\mu-1}(2k-\nu)(2k+1+\nu)\right)x^{2\mu}. \tag{12.3.27}$$

(iii) 设幂级数 (12.3.26) 满足 Legendre 方程 (12.3.25), 又设 $a_0=0$, $a_1=1$. 试证: 幂级数 (12.3.26) 具有以下形式:

$$\varphi_2(x)=\sum_{\mu=0}^{\infty}\frac{1}{(2\mu+1)!}\left(\prod_{k=0}^{\mu-1}(2k+1-\nu)(2k+2+\nu)\right)x^{2\mu+1}. \tag{12.3.28}$$

(iv) 幂级数 (12.3.27) 和 (12.3.28) 的收敛半径大于等于 1.

(v) 当 ν 是非负偶数时, (ii) 中的 $\varphi_1(x)$ 是 ν 次多项式, 而 (iii) 中的 φ_2 非多项式.

(vi) 当 ν 是非负奇数时, (iii) 中的 $\varphi_2(x)$ 是 ν 次多项式, 而 (ii) 中的 φ_1 非多项式.

(vii) 当 ν 是非负偶数时, (ii) 中的 $\varphi_1(x)$ 是以下 Legendre ν 次多项式的常数倍:

$$\frac{1}{2^\nu \cdot \nu!}\frac{d^\nu(x^2-1)^\nu}{dx^\nu}.$$

(viii) 当 ν 是非负奇数时, (iii) 中的 $\varphi_2(x)$ 是以下 Legendre ν 次多项式的常数倍:

$$\frac{1}{2^\nu \cdot \nu!}\frac{d^\nu(x^2-1)^\nu}{dx^\nu}.$$

§12.4 Taylor 公式, 奇点的性质和单值定理

定理 12.4.1(可去奇点原理) 假设 $U \subset \mathbf{C}$ 是个非空开集, f 是 $U \setminus \{a\}$ 上的一个全纯函数, 其中 $a \in U$. 又设 D 是个有光滑边界 ∂D 的开集, 且 $a \in D \subset \overline{D} \subset U$, 则 f 可以延拓成 D 上的一个全纯函数的充分必要条件是:

$$\lim_{z\to a}(z-a)f(z)=0.$$

当条件满足时, 这个延拓后的 D 上的全纯函数是唯一确定的, 它可由下式表示:

$$f(z)=\frac{1}{2\pi\mathrm{i}}\int_{\partial D}\frac{f(\xi)}{\xi-z}d\xi.$$

注 1 f 可以延拓成 D 上的一个全纯函数的涵义是: 有一个在 D 上的全纯函数 f_1, 使得 $\forall z \in D \setminus \{a\}(f(z)=f_1(z))$.

注 2 满足定理 12.4.1 的条件的点 a 称为函数 f 的一个**可去奇点**.

证 条件的必要性是显然的. 充分性证明如下: 设 γ 是个以 a 为圆心的半径充分小的圆周, 使得以 γ 为圆周的圆盘完全包含在 D 中. 令

$$g(z)=\frac{1}{2\pi\mathrm{i}}\int_{\partial D}\frac{f(\xi)}{\xi-z}d\xi,$$

由引理 12.3.2, g 在以 γ 为边界的开圆盘内是全纯的. 又设以 γ 为边界的闭圆盘 C 完全包含在 D 中. 因 f 在 $D \setminus C$ 中全纯, 而 $\partial(D \setminus C) =$

$\partial D\cup\gamma_-$, 其中 γ_- 表示顺时针方向的圆周 γ. 由 Cauchy 积分公式, 我们有: 当 $z\in D\setminus C$ 时,

$$f(z)=\frac{1}{2\pi\mathrm{i}}\int_{\partial D}\frac{f(\xi)}{\xi-z}d\xi-\frac{1}{2\pi\mathrm{i}}\int_{\gamma}\frac{f(\xi)}{\xi-z}d\xi.$$

因

$$\begin{aligned}\left|\frac{1}{2\pi\mathrm{i}}\int_{\gamma}\frac{f(\xi)}{\xi-z}d\xi\right|=&\left|\frac{1}{2\pi\mathrm{i}}\int_{0}^{2\pi}\frac{f(a+r\mathrm{e}^{\mathrm{i}\theta})r\mathrm{e}^{\mathrm{i}\theta}\mathrm{i}}{a+r\mathrm{e}^{\mathrm{i}\theta}-z}d\theta\right|\\ \leqslant&\frac{1}{2\pi}\int_{0}^{2\pi}\frac{|f(a+r\mathrm{e}^{\mathrm{i}\theta})r|}{|a+r\mathrm{e}^{\mathrm{i}\theta}-z|}d\theta,\end{aligned}$$

让 γ 的半径 r 趋于零, 根据定理的条件并利用 Lebesgue 控制收敛定理, 我们知道上式右端趋于零. 所以我们有

$$\forall z\in D\setminus\{a\}\left(f(z)=\frac{1}{2\pi\mathrm{i}}\int_{\partial D}\frac{f(\xi)d\xi}{\xi-z}=g(z)\right).$$

因此, 全纯函数 g 便是 f 在 D 上的全纯延拓. 这个延拓的唯一性由 Cauchy 积分公式可见. □

注 1 除非作相反的申明, 这个唯一确定的 f 在 D 上的全纯延拓仍记做 f.

注 2 可去奇点原理也可由引理 12.3.1 和定理 12.1.1′ 推得, 请同学自行补出细节.

今假设 $D\subset\mathbf{C}$ 是连通开集, f 在 D 中全纯, $a\in D$. 又设 γ 是个以 a 为圆心的半径充分小的圆周, 使得以 γ 为圆周的闭圆盘 $\overline{C}$ 完全包含在 D 中 (C 表示以 γ 为圆周的开圆盘). 将可去奇点原理用到下面的函数上:

$$f_1(z)=\frac{f(z)-f(a)}{z-a},$$

这个等式的等价形式是

$$f(z)=f(a)+(z-a)f_1(z).$$

f_1 可延拓成 D 上的全纯函数, 用 Cauchy 积分公式 (定理 12.3.2) 将这个全纯函数表示出来便得到以下结论: 对一切 $z\in C$,

$$f_1(z)=\frac{1}{2\pi\mathrm{i}}\int_{\gamma}\frac{f(\xi)-f(a)}{(\xi-a)(\xi-z)}d\xi.$$

根据留数定理, 当 $a, z \in C$ 时,

$$\frac{1}{2\pi \mathrm{i}}\int_\gamma \frac{f(a)}{(\xi-a)(\xi-z)}d\xi = \frac{f(a)}{z-a}+\frac{f(a)}{a-z}=0,$$

故我们有

$$f_1(z)=\frac{f(a)-f(z)}{a-z}=\frac{1}{2\pi \mathrm{i}}\int_\gamma \frac{f(\xi)}{(\xi-a)(\xi-z)}d\xi, \tag{12.4.1}$$

让 $z \to a$ 便得到

$$f_1(a)=f'(a)=\frac{1}{2\pi \mathrm{i}}\int_\gamma \frac{f(\xi)}{(\xi-a)^2}d\xi.$$

对 f_1 再用上法可得 f_2, 反复使用这样的方法, 我们可得到一串函数 $f, f_1, f_2, \cdots$, 使得

$$\begin{aligned} f(z) &= f(a)+(z-a)f_1(z), \\ f_1(z) &= f_1(a)+(z-a)f_2(z), \\ &\cdots\cdots\cdots\cdots \\ f_{n-1}(z) &= f_{n-1}(a)+(z-a)f_n(z). \end{aligned}$$

由以上这串方程, 我们得到

$$f(z)=f(a)+(z-a)f_1(a)+\cdots+(z-a)^{n-1}f_{n-1}(a)+(z-a)^n f_n(z).$$

对上式两端求导, 然后以 $z=a$ 代入, 我们有

$$f_k(a)=(1/k!)f^{(k)}(a)\quad (k=0,1,2,\cdots,n-1).$$

这样我们得到以下形式的复数域 $\mathbf{C}$ 上的 Taylor 公式:

$$\begin{aligned} f(z)=&f(a)+(z-a)f'(a)+\frac{(z-a)^2}{2!}f''(a)+\cdots \\ &+\frac{(z-a)^{n-1}}{(n-1)!}f^{(n-1)}(a)+(z-a)^n f_n(z). \end{aligned} \tag{12.4.2}$$

为了得到 Taylor 公式 (12.4.2) 中余项 (即最后一项) 的一个具体表达式, 换言之, 我们需要将 $f_n(z)$ 用 f 表示出来. 为此我们引进下述引理.

引理 12.4.1 公式 (12.4.2) 中的最后一项 (也称余项) 中的 f_n 具有以下表达式:

$$f_n(z) = \frac{1}{2\pi \mathrm{i}} \int_\gamma \frac{f(\xi)}{(\xi - a)^n (\xi - z)} d\xi. \tag{12.4.3}$$

证 用数学归纳法证明. 当 $n = 1$ 时的公式 (12.4.3) 就是已经证明了的 (12.4.1). 假设 (12.4.3) 在指标 n 换成 $n - 1$ 时是成立的:

$$f_{n-1}(z) = \frac{1}{2\pi \mathrm{i}} \int_\gamma \frac{f(\xi)}{(\xi - a)^{n-1} (\xi - z)} d\xi.$$

以 $z = a$ 代入上式便得到以下的特殊情形:

$$f_{n-1}(a) = \frac{1}{2\pi \mathrm{i}} \int_\gamma \frac{f(\xi)}{(\xi - a)^n} d\xi.$$

因

$$f_{n-1}(z) = f_{n-1}(a) + (z - a) f_n(z),$$

注意到归纳法假设中的等式及以 $z = a$ 代入后的特殊情形, 我们有

$$\begin{aligned} f_n(z) =& \frac{f_{n-1}(z) - f_{n-1}(a)}{z - a} \\ =& \frac{1}{2\pi \mathrm{i}(z - a)} \left[\int_\gamma \frac{f(\xi)}{(\xi - a)^{n-1}(\xi - z)} d\xi - \int_\gamma \frac{f(\xi)}{(\xi - a)^n} d\xi \right] \\ =& \frac{1}{2\pi \mathrm{i}(z - a)} \left[\int_\gamma \frac{f(\xi)}{(\xi - a)^{n-1}} \left[\frac{1}{\xi - z} - \frac{1}{\xi - a} \right] d\xi \right. \\ =& \frac{1}{2\pi \mathrm{i}} \int_\gamma \frac{f(\xi)}{(\xi - a)^n (\xi - z)} d\xi. \end{aligned}$$

□

把 (12.4.2) 和 (12.4.3) 结合起来, 便得到复平面上全纯函数以下形式的 Taylor 展开的定理:

定理 12.4.2(复平面上全纯函数带余项的 Taylor 展开) 假设 f 是 D 上的一个全纯函数, $a \in D$. 又设 γ 是一个以 a 为圆心的圆周, γ 围住的闭圆盘完全包含于 D 内, 则当 z 是该圆盘的内点时, 我们有

$$\begin{aligned} f(z) =& f(a) + (z - a) f'(a) + \frac{(z - a)^2}{2!} f''(a) + \cdots + \frac{(z - a)^{n-1}}{(n - 1)!} f^{(n-1)}(a) \\ &+ (z - a)^n \frac{1}{2\pi \mathrm{i}} \int_\gamma \frac{f(\xi)}{(\xi - a)^n (\xi - z)} d\xi. \end{aligned} \tag{12.4.4}$$

注　值得指出的是, 从 f 在 $\mathbf{R}^2$ 的某区域上的一次连续可微性且满足 Cauchy-Riemann 方程的假设出发 (或等价地, 从 f 在 $\mathbf{C}$ 的某区域上的复可微性的假设出发), 我们得到了 f 在 $\mathbf{R}^2$ 的该区域上有各阶偏导数的存在性, 并在 $\mathbf{C}$ 的该区域上有复的各阶导数的结论. 这个结果与定理 11.7.15 相近似. 将来我们要揭示 Cauchy-Riemann 方程与 Laplace 方程之间的关系.

推论 12.4.1　假设 f 是连通开集 D 上的一个全纯函数, $a \in D$. 又设 $\forall n \in \mathbf{N} \cup \{0\}\big(f^{(n)}(a) = 0\big)$, 则 $\forall z \in D\big(f(z) = 0\big)$.

证　符号同定理 12.4.2 及置于其前的推导中的符号. 由复平面上全纯函数的带余项的 Taylor 展开及所作假设, 当 z 是 γ 围住的圆盘的内点时 (γ 是以点 a 为圆心半径为 r 的圆周, 且它所围住的圆盘是 D 的子集),

$$f(z) = (z-a)^n \frac{1}{2\pi \mathrm{i}} \int_\gamma \frac{f(\xi)}{(\xi - a)^n (\xi - z)} d\xi.$$

因此我们有

$$|f(z)| \leqslant \frac{|z-a|^n}{r^{n-1}} \frac{1}{(r - |z-a|)} \sup_{\xi \in \gamma} |f(\xi)|.$$

因 $|z-a| < r$, 只要让上式右端的 $n \to \infty$, 便有 $f(z) = 0$. 记

$$E = \{z \in D : \forall n \in \mathbf{N} \cup \{0\}\big(f^{(n)}(z) = 0\big)\},$$

根据以上讨论, E 是 D 中开集. 另一方面, 因 $f^{(n)}$ 是连续函数, E 是 D 中闭集. 故非空集合 E 在 D 中是既开又闭集. 因 D 连通, $E = D$.□

推论 12.4.2　假设 f 和 g 是区域 D 上的两个全纯函数, a, a_1, a_2, $\cdots$, a_n, $\cdots \in D$,$\forall n \in \mathbf{N}(a_n \neq a)$, 且 $a = \lim\limits_{n \to \infty} a_n$. 又设 $\forall n \in \mathbf{N} \cup \{0\}\big(f(a_n) = g(a_n)\big)$, 则 $\forall z \in D\big(f(z) = g(z)\big)$.

证　符号同定理 12.4.2 及置于其前的推导. 首先, 我们有

$$f'(a) = \lim_{n \to \infty} \frac{f(a_n) - f(a)}{a_n - a} = \lim_{n \to \infty} \frac{g(a_n) - g(a)}{a_n - a} = g'(a).$$

我们要证明: $\forall n \in \mathbf{N}\big(f^{(n)}(a) = g^{(n)}(a)\big)$. 假设 k 是这样的自然数, 使得

$$(f-g)(a) = (f-g)'(a) = \cdots = (f-g)^{(k-1)}(a) = 0, 但\ (f-g)^{(k)}(a) \neq 0.$$

由 (12.4.2), 我们有

$$f(z)-g(z)=(z-a)^k[f_k(z)-g_k(z)],$$

且 $f_k(a)=(1/k!)f^{(k)}(a)\neq(1/k!)g^{(k)}(a)=g_k(a)$. 当 z 充分接近于 a 时, $f_k(z)\neq g_k(z)$. 因此, 当 n 充分大时, 有

$$0=f(a_n)-g(a_n)=(a_n-a)^k[f_k(a_n)-g_k(a_n)]\neq 0.$$

这个矛盾证明了 $\forall k\in\mathbf{N}\cup\{0\}\big(f^{(k)}(a)=g^{(k)}(a)\big)$. 这就证明了 $f-g$ 满足推论 12.4.1 中的条件, 故 $f\equiv g$. □

推论 12.4.3 假设 f 和 g 是区域 D 上的两个亚纯函数, $a, a_1, a_2, \cdots, a_n, \cdots\in D$, $\forall n\in\mathbf{N}$ $(a_n\neq a)$, 且 $a=\lim\limits_{n\to\infty}a_n$. 又设 $\forall n\in\mathbf{N}\cup\{0\}\big(f(a_n)=g(a_n)\big)$, 则 $\forall z\in D\big(f(z)=g(z)\big)$.

证 不妨设 $g\equiv 0$. 若不然, 可以把 f, g 换成 $f-g, 0$. 记 $E=\{z\in D: f\text{以}z\text{为极点}\}$. 由推论 12.4.2, 在 $D\setminus E$ 上 $f=0$. 在 $z\in E$ 处, 考虑 $1/f$, 便得所要的结论. □

注 推论 12.4.1, 推论 12.4.2 和推论 12.4.3 告诉了我们, $\mathbf{C}$ 的某区域上的全纯函数与 $\mathbf{R}^2$ 的某区域上的 C^∞ 函数之间是有重大区别的. 由引理 8.6.3, $\mathbf{R}^2$ 上存在这样的 C^∞ 函数, 它在某点的值及在该点的各阶导数的值都等于零, 但它在整个 $\mathbf{R}^2$ 上并不恒等于零.$\mathbf{R}^2$ 上还有这样的 C^∞ 函数, 它在某非空开集上恒等于零, 却在整个 $\mathbf{R}^2$ 上不恒等于零. 而 $\mathbf{C}$ 的某区域上的全纯函数只要在某点的值及其各阶导数在该点的值都等于零, 它在整个区域上必恒等于零. 某区域上的全纯函数只要在某非空开集上恒等于零, 则它在整个区域上必恒等于零. 由此我们得知, 全纯函数的结构十分紧致, 它的局部状态对整体行为的影响相当强, 而 $\mathbf{R}^2$ 上的 C^∞ 函数的结构则较松散, C^∞ 函数的局部状态对整体行为的影响较之全纯函数为弱. 这告诉我们: 全纯函数理论的研究是不可能用 C^∞ 函数理论的研究替代的, 或者说, 复分析是无法用实分析替代的.

假设区域 $D\subset\mathbf{C}$, g 是 D 内的非恒等于零的全纯函数, 而 $\alpha\in D$ 是 g 的一个零点, 有 $k\in\mathbf{N}$, 使得 $g(\alpha)=\cdots=g^{(k-1)}(\alpha)=0$, 但 $g^{(k)}(\alpha)\neq 0$. 根据 g 在 α 处的 Taylor 展开 (12.4.2), 当 z 充分接近 α

时, 有

$$g(z)=(z-\alpha)^k g_k(z),$$

其中 g_k 在 D 中是全纯函数, 且 $g_k(\alpha)\neq 0$. 又设 f 在 D 中也全纯, 则 $h(z)=(f/g)(z)$ 对于充分接近 α 而不等于 α 的 z 有定义. 利用 f 在 α 处的 Taylor 展开 (12.4.2):

$$\begin{aligned}f(z)=&f(a)+(z-a)f'(a)+\frac{(z-a)^2}{2!}f''(a)+\cdots\\&+\frac{(z-a)^{k-1}}{(k-1)!}f^{(k-1)}(a)+(z-a)^k f_k(z),\end{aligned}$$

对于充分接近 α 而不等于 α 的 z, 我们得到

$$\begin{aligned}h(z)=&\frac{f(z)}{g(z)}\\=&\frac{f(\alpha)}{(z-\alpha)^k}\frac{1}{g_k(z)}+\frac{f'(\alpha)}{(z-\alpha)^{k-1}}\frac{1}{g_k(z)}+\cdots\\&+\frac{f^{(k-1)}(\alpha)}{(z-\alpha)(k-1)!}\frac{1}{g_k(z)}+\frac{f_k(z)}{g_k(z)}.\end{aligned}$$

因 g_k 在 D 中是全纯函数且 $g_k(\alpha)\neq 0$, 故 $1/g_k$ 在 α 附近是全纯函数,

$$\frac{1}{g_k(z)}=b_0+b_1(z-\alpha)+\cdots+b_{k-1}(z-\alpha)^{k-1}+(z-\alpha)^k b_k(z),$$

其中 $b_k(z)$ 在 α 附近是全纯函数, 而 $b_0,\cdots,b_{k-1}$ 是常数, 且

$$b_0=\frac{1}{g_k(\alpha)}=\frac{1}{g^{(k)}(\alpha)},\cdots.$$

由此

$$h(z)=a_{-k}(z-\alpha)^{-k}+a_{-k+1}(z-\alpha)^{-k+1}+\cdots+a_{-1}(z-\alpha)^{-1}+h_0(z),$$

其中

$$a_{-k}=f(\alpha)b_0=f(\alpha)/g_k(\alpha),\quad a_{-k+1}=f(\alpha)b_1+f'(\alpha)b_0,\cdots,$$

而 h_0 在 α 附近全纯. 我们得到了以下两个命题:

命题 12.4.1 两个全纯函数之商, 当分母不恒等于零时, 是亚纯函数.

命题 12.4.2 设 f 和 g 在 α 的一个邻域中全纯, 若 $f(\alpha) \neq 0$, $g(\alpha) = 0$ 而 $g'(\alpha) \neq 0$, 则 α 是 f/g 的一个**单极点**(一阶的极点), α 处的留数是 $f(\alpha)/g'(\alpha)$, 换言之, 在 α 附近有

$$f(z)/g(z) = a_{-1}(z-\alpha)^{-1} + h_0(z)$$

其中 $a_{-1} = f(\alpha)/g'(\alpha)$, 而 $h_0(z)$ 在 α 附近全纯.

下面我们还要引进如下的命题:

命题 12.4.3 假设 f 和 g 在开集 U 中全纯, D 是满足条件 $\overline{D} \subset U$ 的具有光滑边界 (或连续而逐段光滑边界) 的有界区域. 又设 f 在 D 中只有有限个零点 $\alpha_1, \cdots, \alpha_r$, 零点 α_j 是 k_j 阶的 $(j = 1, \cdots, r)$, 且 $\forall z \in \partial D\big(f(z) \neq 0\big)$, 则我们有

$$\frac{1}{2\pi \mathrm{i}} \int_{\partial D} g(\xi) \frac{f'(\xi)}{f(\xi)} d\xi = \sum_{j=1}^{r} k_j g(\alpha_j).$$

特别, 让 $g \equiv 1$, 我们有

$$\frac{1}{2\pi \mathrm{i}} \int_{\partial D} \frac{f'(\xi)}{f(\xi)} d\xi = f\text{在 } D \text{ 中的零点的个数},$$

其中重零点的个数按重数算.

证 由假设, $f(z) = (z-\alpha_1)^{k_1} f_1(z)$, 其中 f_1 在有界区域 D 中只有零点 $\alpha_2, \cdots, \alpha_r$, 且 f_1 和 f 在零点 $\alpha_2, \cdots, \alpha_r$ 的阶数相同. 反复使用这样的推理, 我们有

$$f(z) = (z-\alpha_1)^{k_1}(z-\alpha_2)^{k_2} \cdots (z-\alpha_r)^{k_r} F(z),$$

其中 F 在 D 中全纯且无零点. 由此,

$$\frac{f'(z)}{f(z)} = \frac{k_1}{z-\alpha_1} + \cdots + \frac{k_r}{z-\alpha_r} + \frac{F'(z)}{F(z)},$$

其中 F'/F 在 D 中全纯. 因此, gf'/f 在 D 中只有单极点 $\alpha_1, \cdots, \alpha_r$, 在极点 α_j 的留数是 $k_j g(\alpha_j)$, 命题的第一个结论只是留数定理的推论. 第二个结论是第一个结论的特殊情形. □

命题 12.4.3 还可作如下推广. 设函数 f 在开集 U 上亚纯, D 是满足条件 $\overline{D}\subset U$ 的具有光滑边界 (或连续而逐段光滑边界) 的有界区域, 且 f 在 ∂D 上无零点也无极点, 则 f 在 D 内只有有限个零点和有限个极点. 对每个零点和极点进行命题 12.4.3 的证明中的处理, 我们有

$$f(z)=\frac{(z-\alpha_1)^{k_1}\cdots(z-\alpha_r)^{k_r}}{(z-\beta_1)^{j_1}\cdots(z-\beta_p)^{j_p}}F(z), \tag{12.4.5}$$

其中 F 在 D 内是无零点的全纯函数. 和命题 12.4.3 的证明相仿 (希望同学补出证明细节), 利用等式 (12.4.5), 我们可以证明以下定理:

定理 12.4.3(辐角原理)　设函数 f 在开集 U 上亚纯, D 是满足条件 $\overline{D}\subset U$ 的具有光滑边界 (或连续而逐段光滑边界) 的有界区域, 且 f 在 ∂D 上无零点也无极点, 它在 $\overline{D}$ 上的表达式是

$$f(z)=\frac{(z-\alpha_1)^{k_1}\cdots(z-\alpha_r)^{k_r}}{(z-\beta_1)^{j_1}\cdots(z-\beta_p)^{j_p}}F(z), \tag{12.4.5$'$}$$

其中 F 是一个在 D 内无零点的全纯函数. 又设函数 g 在 U 内全纯, 则

$$\frac{1}{2\pi\mathrm{i}}\int_{\partial D} g(\xi)\frac{f'(\xi)}{f(\xi)}d\xi=\sum_{n=1}^{r}k_n g(\alpha_n)-\sum_{m=1}^{p}j_m g(\beta_m).$$

特别,

$$\frac{1}{2\pi\mathrm{i}}\int_{\partial D}\frac{f'(\xi)}{f(\xi)}d\xi=f\text{在 } D \text{ 内零点的个数}-f\text{在 } D \text{ 内极点的个数},$$

其中重零点与重极点的个数按重数计.

定理 12.4.4(Rouché 定理)　设 f 和 h 是在复平面的开集 U 上的全纯函数, D 是满足条件 $\overline{D}\subset U$ 的具有光滑边界 (或连续而逐段光滑边界) 的有界区域, 又设

$$\forall z\in\partial D\big(|f(z)-h(z)|<|f(z)|\big),$$

则 f 和 h 在 D 内的零点个数相同, 其中重零点的个数按重数算.

证　由定理中所设条件, f 在 ∂D 上无零点. 由推论 12.4.2, f 在 D 内只有有限个零点. 我们将证明: h 和 f 在 D 内零点的个数相等.

为此, 令

$$h_t(z) = f(z) + t\big(h(z) - f(z)\big), \quad 0 \leqslant t \leqslant 1.$$

易见, h_t 在 D 内全纯, 在 ∂D 上无零点, 由推论 12.4.2, 在 D 内只有有限个零点.h_t 在 D 内零点个数等于以下的积分的值:

$$h_t\text{在 } D \text{ 中的零点的个数} = \frac{1}{2\pi\mathrm{i}} \int_{\partial D} \frac{h_t'(\xi)}{h_t(\xi)} d\xi.$$

上式右端的积分是 t 的连续函数, 左端只取整数值, 因而它 (关于 t) 必须是常数. 但 $h_0 = f$, $h_1 = h$, 故 f 和 h 在 D 内的零点个数相同. □

形如 $U \setminus \{\beta\}$ 的集合称为点 $\beta \in \mathbf{C}$ 的一个去心邻域, 其中 $U \subset \mathbf{C}$ 是含有 β 的一个开集. 设函数 f 在 β 的一个去心邻域内全纯, 且 $z \to \beta$ 时, $|f(z)| \to \infty$, 则当 z 充分接近 β 而不等于 β 时, $1/f(z)$ 全纯. 又因 $z \to \beta$ 时 $1/f(z) \to 0$, β 是 $1/f$ 的一个可去奇点. 只要让 $(1/f)(\beta) = 0$, $1/f$ 在 β 的一个充分小的邻域内全纯. 因 $1/f$ 在 β 的一个充分小的邻域不恒等于零, 故 $1/f(z) = (z-\beta)^j g_j(z)$, 其中 $j \in \mathbf{N}$, g_j 在 β 附近全纯且 $g_j(\beta) \neq 0$. 这时, $f(z) = (z-\beta)^{-j} h_j(z)$, 其中 $h_j = 1/g_j$ 在 β 附近全纯. 利用 h_j 在 β 附近的 Taylor 展开便知, β 是 f 的 j 阶极点. 将上述结果总结起来便得到以下命题:

命题 12.4.4 若函数 f 在 β 的一个去心邻域内全纯, 且 $z \to \beta$ 时, $|f(z)| \to \infty$, 则 β 是 f 的 j 阶极点, 其中 $j \in \mathbf{N}$.

假若函数 f 在 $\gamma \in \mathbf{C}$ 的一个去心邻域中全纯. 又设 γ 不是 f 的可去奇点, 也不是 f 的极点 (因而, $z \to \gamma$ 时不可能有 $|f(z)| \to \infty$). 这时, γ 称为 f 的一个**本质奇点**. 极点, 可去奇点和本质奇点统称为**奇点**. 在本质奇点附近, f 的状态由以下的定理描述:

定理 12.4.5(Casorati-Weierstrass 定理) 假若函数 f 在 $\gamma \in \mathbf{C}$ 的一个去心邻域中全纯, 又设 γ 是 f 的一个本质奇点, 则对于任何 $c \in \mathbf{C}$, 在 γ 的去心邻域中必有一个点列 $\{a_i\}$, 使得 $\lim\limits_{i\to\infty} a_i = \gamma$ 且 $\lim\limits_{i\to\infty} f(a_i) = c$.

证 假若有一个 $c \in \mathbf{C}$, 满足定理要求的点列 $\{a_i\}$ 不存在. 换言之, 有一个 γ 的去心邻域 U, 使得

$$\exists M > 0 \forall z \in U \big(|f(z) - c| > 1/M\big).$$

记 $g(z)=1/\big(f(z)-c\big)$, 则 g 在 U 中全纯, 且 $\forall z\in U\big(|g(z)|<M\big)$. 故 γ 是 g 的可去奇点. 因而 γ 是函数 $f=(1/g)+c$ 的极点. 这与假设矛盾. □

注　Casorati-Weierstrass 定理还有如下推论: 假若函数 f 在 ∞ 的一个去心邻域中全纯 (即 $f(1/z)$ 在 $z=0$ 的一个去心邻域中全纯), 又设 ∞ 是 f 的一个本质奇点, 则对于任何 $c\in\mathbf{C}$, 在 ∞ 的去心邻域中必有一个点列 $\{a_i\}$, 使得 $\lim\limits_{i\to\infty}a_i=\infty$ 且 $\lim\limits_{i\to\infty}f(a_i)=c$. 这只需对函数 $f(1/z)$ 用定理 12.4.5 就得到了.

下面的定理比定理 12.4.5 更为深刻, 它的证明比较麻烦, 因而我们只给出它的叙述而不予证明了.

定理 12.4.6(Picard 大定理)　假若函数 f 在 $\gamma\in\mathbf{C}$ 的一个去心邻域中全纯, 又设 γ 是 f 的一个本质奇点, 则有一个 $c_0\in\mathbf{C}$, 使得对于任何 $c\in\mathbf{C}\setminus\{c_0\}$, 方程 $f(z)=c$ 都有解.

设 $D\subset\overline{\mathbf{C}}$ 是个区域, f 是 D 上的一个亚纯函数. 又设 $D'\subset\overline{\mathbf{C}}$ 是另一个区域, 且 $D\cap D'\neq\emptyset$. 若 D' 上有一个亚纯函数 g, 且 $D\cap D'$ 有一个连通成分 U, 使得

$$\forall z\in U\big(f(z)=g(z)\big).$$

在 $D\cup D'$ 上定义函数

$$\tilde{f}(z)=\begin{cases}f(z), & 若\ z\in D,\\ g(z), & 若\ z\in D'.\end{cases}$$

应注意的是, 一般来说, 如此定义的 $\tilde{f}$ 是多值的, 因为 f 和 g 在 $D\cap D'$ 的另外的连通成分上可能不相等. 我们称 $\tilde{f}$ 是 f 从 D 到 $D\cup D'$ 上的**解析延拓**. 为了对解析延拓概念更深入的讨论做准备, 我们愿意引进以下一些概念.

设 $a\in\overline{\mathbf{C}}$, a 点处的一个亚 (全) 纯函数元是指这样一个二元对 (F_a,U_a), 其中 $U_a=\mathbf{B}^2(a,r_a), r_a>0$, F_a 是 U_a 上的一个亚 (全) 纯函数. U_a 称为亚 (全) 纯函数元的**定义圆盘**. 有时, (F_a,U_a) 也简记做 F_a. 设 $Q\in D$. 在点 Q 处的两个亚纯函数元 (F_Q,U_Q) 与亚纯函数元 (G_Q,V_Q) 被认为是等价的, 假若在 Q 的一个邻域 $W_Q\subset U_Q\cap V_Q$ 上 F_Q

与 G_Q 恒等. 设 $\phi:[0,1]\to\overline{\mathbf{C}}$ 是连续映射, 且对于每个 $t\in[0,1]$, 有一个在 $\phi(t)$ 处的亚 (全) 纯函数元 $(F_{\phi(t)},U_t)$. 为了方便, 用以下简化记法: $F_t=F_{\phi(t)}$. 我们称亚 (全) 纯函数元族 $\{(F_t,U_t)\}_{t\in[0,1]}$ 为 (F_0,U_0) 沿曲线 $\phi:[0,1]\to\overline{\mathbf{C}}$ 的一个**解析延拓**, 假若对于任何 $t_0\in[0,1]$, 有

$$\forall t\in(t_1,t_2)\forall z\in U_{t_0}\cap U_t\big(F_{t_0}(z)=F_t(z)\big),$$

其中

$$t_1=\inf_{\substack{t\in[0,t_0]\\ \phi([t,t_0])\subset U_{t_0}}} t,\quad t_2=\sup_{\substack{t\in[t_0,1]\\ \phi([t_0,t])\subset U_{t_0}}} t.$$

这时 F_t 的定义圆盘 U_t 是

$$U_t=\begin{cases}\mathbf{B}^2(\phi(t),r_t), & 若\phi(t)\neq\infty,\\ \{\tilde z\in\mathbf{C}:|\tilde z|<r_t\}, & 若\phi(t)=\infty,\end{cases}$$

其中 $\tilde z=z^{-1}$. 不妨设 (不然, 利用 $[0,1]$ 的紧性, 可以适当调大 r_t 得到)

$$\inf_{t\in[0,1]} r_t>0.$$

定理 12.4.7 假设 $\{(F_t,U_t)\}$ 和 $\{(G_t,V_t)\}$ 是沿着曲线 $\phi:[0,1]\to\overline{\mathbf{C}}$ 的两个解析延拓. 若在 $\phi(0)$ 的某邻域中 $F_0=G_0$, 则在 $\phi(1)$ 的某邻域中 $F_1=G_1$.

证 记 $E=\{t\in[0,1]:在\phi(t)的某邻域中F_t=G_t\}$. 因 $0\in E$, $E\neq\emptyset$. 不难看出, E 在 $[0,1]$ 中开. 下面证明: E 是闭集. 设 $t_0\in\overline{E}$. 取一个 $\phi(t_0)$ 的连通邻域 $W_{t_0}\subset U_{t_0}\cap V_{t_0}$, 当 $t'\in E$ 充分接近 t_0 时, $\phi(t')\in W_{t_0}$. 因 F_{t_0} 与 G_{t_0} 在 $\phi(t')$ 的某邻域上相等, 由推论 12.4.2, F_{t_0} 与 G_{t_0} 在 W_{t_0} 上相等, 故 $t_0\in E$. E 闭. 所以 $E=[0,1]$. □

现在我们可以介绍以下这个重要的**单值定理**(**monodromy theorem**) 了:

定理 12.4.8 假设 $\phi_j:[0,1]\to\overline{\mathbf{C}}(j=0,1)$ 是两条互相同伦的 (有同样的起点与终点的) 曲线, 即存在连续映射 $\Phi:[0,1]\times[0,1]\to\overline{\mathbf{C}}$, 使得以下条件成立:

$$\forall s\in[0,1]\big(\Phi(0,s)=\phi_0(0)=\phi_1(0),\quad \Phi(1,s)=\phi_0(1)=\phi_1(1)\big)$$

和

$$\forall t \in [0,1]\big(\Phi(t,0) = \phi_0(t), \quad \Phi(t,1) = \phi_1(t)\big).$$

又设对于每个 $(t,s) \in [0,1] \times [0,1]$, 存在 $\Phi(t,s)$ 处的一个亚纯函数元 $F_{(t,s)}$, 且对于每个固定的 $s \in [0,1]$, $\{F_{(t,s)}\}_t$ 是一个沿着曲线 $\phi_s = \Phi(\cdot, s)$ 的解析延拓. 假若对于任何 $s \in [0,1]$, 在 $\phi_0(0) = \phi_1(0)$ 的某邻域中有 $F_{(0,0)} = F_{(0,s)}$, 则我们有: 在 $\phi_0(1) = \phi_1(1)$ 的某邻域中有

$$F_{(1,0)} = F_{(1,1)}.$$

证　记

$$S = \{s \in [0,1] : \text{在}\phi_0(1)\text{的某邻域}N_s\text{中, 有}F_{(1,s)} = F_{(1,0)}\}.$$

因 $0 \in S$, $S \neq \emptyset$.$F_{(t,s)}$ 的定义圆盘记为 $U_{(t,s)} = \mathbf{B}^2(\Phi(t,s), r_{(t,s)})$. 圆盘是连通的. 对于任何 $s_0 \in S$, 我们可以假设

$$\inf_{t \in [0,1]} r_{(t,s_0)} > 0.$$

因 Φ 在 $[0,1] \times [0,1]$ 上一致连续, 故

$$\exists \delta > 0 \forall s \in (s_0 - \delta, s_0 + \delta) \cap [0,1] \forall t \in [0,1]\big(\Phi(t,s) \in U_{(t,s_0)}\big).$$

对于任何 $s \in (s_0 - \delta, s_0 + \delta) \cap [0,1]$, 记

$$T_s = \{t \in [0,1] : \forall z \in U_{(t,s)} \cap U_{(t,s_0)}\big(F_{(t,s)}(z) = F_{(t,s_0)}(z)\big)\}.$$

因 $0 \in T_s$, $T_s \neq \emptyset$. 和定理 12.4.7 的证明一样, 可以证明: T_s 是 $[0,1]$ 的既开又闭的非空集合, 故 $T_s = [0,1]$. 所以, 在 $\phi_0(1)$ 的某邻域中 $F_{(1,s)} = F_{(1,s_0)} = F_{(1,0)}$. 故 S 开. 今设 $s_0 \in [0,1]$, 若有 $s \in S$, 且

$$\forall t \in [0,1]\big(\Phi(t,s) \in U_{(t,s_0)}\big).$$

重复上面的证明便得 $s_0 \in S$. 故 S 既开又闭, $S = [0,1]$.　□

推论 12.4.4　设 E 是个单连通拓扑空间, $f : E \to \mathbf{C} \setminus \{0\}$ 是连续映射, 则在 E 上存在 $\operatorname{Arg} f$ 的一个分支.

证　设 a, $b \in E$, ϕ_0 和 ϕ_1 是连接 a 和 b 的两条道路:

$$\phi_0 : [0,1] \to E, \quad \phi_1 : [0,1] \to E, \quad \phi_0(0) = \phi_1(0) = a, \quad \phi_0(1) = \phi_1(1) = b.$$

因 E 单连通, 有连续映射 $\Phi : [0,1] \times [0,1] \to E$, 使得

$$\Phi(t,0) = \phi_0(t), \quad \Phi(t,1) = \phi_1(t), \quad \Phi(0,s) = a, \quad \Phi(1,s) = b.$$

易见,

$$f \circ \phi_0 : [0,1] \to \mathbf{C} \setminus \{0\}, \quad f \circ \phi_1 : [0,1] \to \mathbf{C} \setminus \{0\},$$

$$f \circ \phi_0(0) = f \circ \phi_1(0) = f(a), \quad f \circ \phi_0(1) = f \circ \phi_1(1) = f(b).$$

又 $f \circ \Phi : [0,1] \times [0,1] \to \mathbf{C} \setminus \{0\}$, 且

$$f \circ \Phi(t,0) = f \circ \phi_0(t), \quad f \circ \Phi(t,1) = f \circ \phi_1(t),$$

$$f \circ \Phi(0,s) = f(a), \quad f \circ \Phi(1,s) = f(b).$$

故 $f \circ \phi_j : [0,1] \to \overline{\mathbf{C}} \quad (j = 0, 1)$ 是两条互相同伦的 (有同样的起点与终点的) 曲线. 我们可以在 $f(a) = f \circ \Phi(0,s)$ 处选定一个亚 (全) 纯函数元 $\ln_{f\circ\Phi(0,s)}$, 使得 $\ln_{f\circ\Phi(0,s)}(a) \in \mathrm{Ln}\big(f(a)\big)$, 这样, $\ln_{f\circ\Phi(0,s)}$ 对于不同的 s 是等价的. 对于每个 $(t,s) \in [0,1] \times [0,1]$, 存在 $f \circ \Phi(t,s)$ 处的一个亚 (全) 纯函数元 $\ln_{f\circ\Phi(1,0)}$, 且对于每个固定的 $s \in [0,1]$, $\{\ln_{f\circ\Phi(s,t)}\}_t$ 是一个沿着曲线 $f \circ \phi_s = f \circ \Phi(\cdot, s)$ 的解析延拓. 根据单值定理, 在 $f \circ \phi_0(1) = f \circ \phi_1(1) = f(b)$ 的某邻域中有 $\ln_{f\circ\Phi(1,0)}$ 与 $\ln_{f\circ\Phi(1,1)}$ 等价. 换言之, 在 E 上存在 $\mathrm{Arg}\, f$ 的一个分支. □

注 在 §12.9 中有个定理 12.9.6, 它将告诉我们: 设 $E \subset \mathbf{C}$, 若任何连续映射 $f : E \to \mathbf{C} \setminus \{0\}$ 在 E 上存在 $\mathrm{Ln}\, f$ 的一个分支, 则 E 单连通.

设 f 是一个定义在区域 $D \subset \overline{\mathbf{C}}$ 上的亚纯函数, $P \in D$. 考虑以 P 为圆心的一个圆盘 $\mathbf{B}^2(P,r) \subset D$ 以及 f 在圆盘 $\mathbf{B}^2(P,r)$ 上的限制构成的亚纯函数元 $\big(f|_{\mathbf{B}^2(P,r)}, \mathbf{B}^2(P,r)\big)$, 有时, 简记做 $\big(f, \mathbf{B}^2(P,r)\big)$. 考虑 f 在圆盘 $\mathbf{B}^2(P,r)$ 上的限制沿着 $\overline{\mathbf{C}}$ 中所有可能曲线的解析延拓得到的亚纯函数元 (F_Q, U_Q). 记 $\tilde{D} = \bigcup U_Q$, 则区域 $\tilde{D} \supset D$, 我们得到一个亚纯函数 $\tilde{f}(Q) = F_Q(Q)$. 一般来说, $\tilde{f}$ 是多值函数, 因为沿不同曲线解析延拓所得的值可能不同. 根据定理 12.4.8 及练习 12.1.12 的结果, 我们立即得到以下的定理:

定理 12.4.9 设 $\tilde{f}$ 和 $\tilde{D}$ 如上所述, 则我们有

(i) 在 Q 附近的 $\tilde{f}$ 的亚纯函数元等价类至多可数个.

(ii) 假设 $D_0 \subset \tilde{D}$ 是单连通区域, 且 $Q \in D_0$. 又设 Q 处的亚纯函数元 (F_Q, U_Q) 可以沿着任何 D_0 中的曲线解析延拓. 则 $\tilde{f}$ 在 D_0 上定义了一个单值的亚纯函数 f_0, 即在 D_0 的任何一点, $\tilde{f}$ 只有一个等价类.

注 1　(ii) 中的 f_0 称为 $\tilde{f}$ 的一个**分支**, 或称 $\tilde{f}$ 在 D_0 上有一个分支 f_0.

注 2　在 (i) 中的等价关系下, 含有亚纯函数元 (F_Q, U_Q) 的等价类记做 $[F_Q, U_Q]$. 所有这样的等价类全体记做 X. 在 X 上引进拓扑如下：设 $[F_Q, U_Q] \in X$, 对于每个 $P \in U_Q$, 取 P 的一个圆盘邻域 $U_P \subset U_Q$ 和 F_Q 在圆盘邻域 U_P 上的限制 $F_P = F_Q|_{U_P}$. 我们定义 $[F_Q, U_Q]$ 的一组邻域基为以下形状的集合的全体：

$$G(V) = \{[F_P, U_P] : P \in V\},$$

其中 V跑遍包含在U_Q中的Q的一切邻域. 由此构成的拓扑空间 X 称为由 f 定义的 **Riemann曲面**. 在这个 Riemann 曲面 X 上定义函数 $\tilde{f}$ 如下：

$$\tilde{f}([F_Q, U_Q]) = F_Q(Q).$$

前面我们曾在区域 $\tilde{D}$ 定义过一个多值函数 $\tilde{f}(Q) = F_Q(Q)$. 我们之所以用同一个符号 $\tilde{f}$ 表示这两个 (定义域不同的) 函数, 是因为它们有着如下联系：

$$\tilde{f}([F_Q, U_Q]) = F_Q(Q) \in \tilde{f}(Q).$$

上式左端的 $\tilde{f}$ 定义在 X 上, 它是单值函数; 而上式右端的 $\tilde{f}$ 定义在 $\tilde{D}$ 上, 它是多值函数, 右端的 $\tilde{f}(Q)$ 也可看成这个多值函数 $\tilde{f}$ 在 Q 处值的全体构成的集合.

在下一节中我们将举例说明 Riemann 曲面这个重要的概念.

练　习

12.4.1　假设 $f(z)$ 是开圆盘 $D = \{z \in \mathbf{C} : |z| < R\}$ 上的全纯函数, 且 $f(0) = 0$. 又设

$$\forall z \in D\Big(|f(z)| \leqslant M\Big), \quad \text{其中} \ M < \infty.$$

对于 $z \in D$, 记

$$\varphi(z) = \begin{cases} f(z)/z, & 若 z \neq 0, \\ f'(0), & 若 z = 0. \end{cases}$$

(i) 试证: φ 在 D 上全纯;

(ii) 记 $\gamma = \{z \in \mathbf{C} : |z| = r\}$, 其中 $0 < r < R$, 试证:

$$\forall \zeta \in \gamma \left(|\varphi(\zeta)| \leqslant \frac{M}{r} \right);$$

(iii) 试证:

$$\forall \zeta \in \mathbf{C} \left(|\zeta| \leqslant r \Longrightarrow |\varphi(\zeta)| \leqslant \frac{M}{r} \right);$$

(iv) 试证:

$$\forall \zeta \in \mathbf{C} \left(|\zeta| < R \Longrightarrow |\varphi(\zeta)| \leqslant \frac{M}{R} \right);$$

(v) 试证:

$$\forall z \in \mathbf{C} \left(|z| < R \Longrightarrow |f(z)| \leqslant \frac{M}{R}|z| \right);$$

(vi) 试证:

$$|f'(0)| \leqslant \frac{M}{R};$$

(vii) 若有一点 $z \in \mathbf{C}$, 使得 $|z| < R$ 且 $|f(z)| = \dfrac{M}{R}|z|$, 试证: 有不依赖于 z 的 $\theta \in [0, 2\pi)$, 使得

$$\forall z \in D \left(f(z) = \frac{M}{R} e^{i\theta} z \right);$$

(viii) 若 $|f'(0)| = \dfrac{M}{R}$, 试证: 有不依赖于 z 的 $\theta \in [0, 2\pi)$, 使得

$$\forall z \in D \left(f(z) = \frac{M}{R} e^{i\theta} z \right).$$

注 结论 (v), (vi), (vii) 和 (viii) 称为 **Schwarz引理**.

12.4.2 设 f 是整函数 (即在 $\mathbf{C}$ 上全纯的函数), 且 f 非常数. 试证: $\overline{f(\mathbf{C})} = \overline{\mathbf{C}}$, 其中 $\overline{f(\mathbf{C})}$ 表示 $f(\mathbf{C})$ 在 $\overline{\mathbf{C}}$ 中的闭包.

12.4.3 设 $\gamma : [a, b] \to \mathbf{C}$ 是个连续映射, $[\gamma] = \{\gamma(t) \in \mathbf{C} : t \in [a, b]\}$ 表示映射 γ 的像.

(i) 试证: 假若 $0 \notin [\gamma]$, 则有 $\varepsilon > 0$, 使得

$$\forall t \in [a, b] \Big(|\gamma(t)| \geqslant \varepsilon \Big).$$

(ii) 试证: [a, b] 有分割

$$a = t_0 < t_1 < \cdots < t_n = b,$$

使得

$$\gamma([t_j,t_{j+1}])\subset \mathbf{B}^2(\gamma(t_j),\varepsilon)\quad (j=0,1,\cdots,n-1),$$

其中 ε 是 (i) 中的 ε.

(iii) 试证：假若 $0\notin[\gamma]$, 则存在一个连续函数 $\theta:[a,b]\to\mathbf{R}$, 使得

$$\forall t\in[a,b]\Big(\theta(t)\in \operatorname{Arg}\,\gamma(t)\Big).$$

注 1 满足以下条件的连续映射 $\theta:[a,b]\to\mathbf{R}$ 称为 $\operatorname{Arg}\gamma$ 在 $[a,b]$ 上的一个分支：

$$\forall t\in[a,b]\Big(\theta(t)\in \operatorname{Arg}\gamma(t)\Big).$$

(iii) 可以改述为：假若 $0\notin[\gamma]$, 则存在一个 $\operatorname{Arg}\gamma$ 在 $[a,b]$ 上的一个分支.

注 2 以上关于分支的概念可做以下推广：设 E 是个拓扑空间, $f:E\to\mathbf{C}\setminus\{0\}$ 是个映射. 映射 $\theta:E\to\mathbf{R}$ 称为 $\operatorname{Arg}f$ 在 E 上的一个分支, 假若 θ 在 E 上连续, 且对于一切 $z\in E$, $\theta(z)\in\operatorname{Arg}f(z)$. 相似地, 映射 $L:E\to\mathbf{R}$ 称为 $\operatorname{Ln}f$ 在 E 上的一个分支, 假若 L 在 E 上连续, 且对于一切 $z\in E$, $L(z)\in\operatorname{Ln}f(z)$.

(iv) 假若 $0\notin[\gamma]$, 且 γ 是封闭曲线：$\gamma(a)=\gamma(b)$, 而 $\theta:[a,b]\to\mathbf{R}$ 是 $\operatorname{Arg}\gamma$ 在 $[a,b]$ 上的一个分支. 试证：

$$\frac{\theta(b)-\theta(a)}{2\pi}\in\mathbf{Z}.$$

而且, 整数 $\dfrac{\theta(b)-\theta(a)}{2\pi}$ 不依赖于 $\operatorname{Arg}\gamma$ 在 $[a,b]$ 上的一个分支 θ 的选取. 由此得到：$\operatorname{Arg}z$ 在 $\mathbf{S}^1(0,r)$ 上无分支, 当然在 $\mathbf{C}\setminus\{0\}$ 上无分支.

为了以后讨论的需要, 我们引进以下

定义 12.4.1 设 $\gamma:[a,b]\to\mathbf{C}$ 是个连续映射, 且 $w\notin[\gamma]\equiv\gamma([a,b])$, 则 γ 关于 w 的**旋转数**(或称**卷绕数**, 或称**指标**) 定义为

$$n(w,\gamma)=\frac{\theta(b)-\theta(a)}{2\pi},$$

其中 θ 是 $\operatorname{Arg}(\gamma-w)$ 在 $[a,b]$ 上的一个分支.

(v) 设 $\gamma:[a,b]\to\mathbf{C}$ 是一条退化为一个点的曲线：即 $\exists c\in\mathbf{C}\forall t\in[a,b]\Big(\gamma(t)=c\Big)$. 又设 $w\neq c$. 试证：$n(w,\gamma)=0$.

(vi) 设 $\gamma:[a,b]\to\mathbf{C}$ 是个连续映射, $w\notin[\gamma]$. 又设 $g(z)=\alpha z+\beta$, 其中 α 与 β 是常数. 试证：$n(w,\gamma)=n(g(w),g\circ\gamma)$.

(vii) 设 $\gamma:[a,b]\to\mathbf{C}$ 是个连续映射, 且 $w\notin[\gamma]$. 又设 $g(z)=\alpha z+\beta$, $\alpha\neq0$, 且 $g([c,d])=[a,b]$. 试证：

$$n(w,\gamma\circ g)=\frac{\alpha}{|\alpha|}n(w,\gamma).$$

(viii) 设 $\gamma(t)=w+\gamma_1(t)\gamma_2(t)\cdots\gamma_s(t)$, 且 $0\notin\bigcup\limits_{j=1}^{s}[\gamma_j]$. 试证：

$$n(w,\gamma)=\sum_{j=1}^{s}n(0,\gamma_j).$$

(ix) 设 D 是个区域, $w \notin D$ 且在 D 上有连续函数 $\theta(z) \in \mathrm{Arg}(z-w)$, 又设 $[\gamma] \subset D$. 试证:

$$n(w,\gamma) = \frac{\theta\Big(\gamma(b)\Big) - \theta\Big(\gamma(a)\Big)}{2\pi}.$$

(x) 设 $\gamma : [a,b] \to \mathbf{C}$ 和 $\sigma : [a,b] \to \mathbf{C}$ 是两条连续封闭曲线, w 是个固定的复数, 且满足以下条件:

$$\forall t \in [a,b]\Big(|\gamma(t) - \sigma(t)| < |\gamma(t) - w|\Big).$$

试证: $n(w,\gamma) = n(w,\sigma)$.

(xi) 试证: 若曲线 C_1 和 C_2 在 $\mathbf{C} \setminus \{a\}$ 中互相同伦, 则 $n(a,C_1) = n(a,C_2)$. 特别, 当曲线 C 在 $\mathbf{C} \setminus \{a\}$ 中同伦于一个点时, $n(a,C) = 0$.

注 设 $P(z)$ 是 n 次多项式

$$\begin{aligned} P(z) =& a_n z^n + a_{n-1} z^{n-1} + \cdots + a_0 \\ =& z^n \left(a_n + a_{n-1}\frac{1}{z} + \cdots + a_0 \frac{1}{z^n} \right). \end{aligned}$$

故 $P(z)$ 的辐角是

$$\arg P(z) = n \arg z + \arg\left(a_n + a_{n-1}\frac{1}{z} + \cdots + a_0 \frac{1}{z^n} \right).$$

当 z 在一个以原点为圆心充分大的 R 为半径的圆周上以逆时针方向转一圈时, 上式右端第二项中的

$$a_n + a_{n-1}\frac{1}{z} + \cdots + a_0 \frac{1}{z^n}$$

非常接近非零常数 a_n, 因此, 它的辐角

$$\arg\left(a_n + a_{n-1}\frac{1}{z} + \cdots + a_0 \frac{1}{z^n} \right)$$

的增值 (旋转数) 应为零. 而当 z 在一个以原点为圆心充分大的 R 为半径的圆周上以逆时针方向转一圈时, 上式右端第一项 $n \arg z$ 的增值 (旋转数) 应为 $2n\pi$. 由此, $P(z)$ 的辐角当 z 在一个以原点为圆心充分大的 R 为半径的圆周上以逆时针方向转一圈时的增值 (旋转数) 应为 $2n\pi$. 假设 $P(z)$ 在 $\mathbf{C}$ 上无根. 记

$$C(t,s) = P(R\, s\, \mathrm{e}^{\mathrm{i}2\pi t}), \quad 0 \leqslant s \leqslant 1, 0 \leqslant t \leqslant 1.$$

易见, $C(t,0)$ 与 $C(t,1)$ 在 $\mathbf{C} \setminus \{0\}$ 上同伦. 这将导致矛盾. 这个矛盾又一次证明了代数基本定理.

(xii) 设 $\gamma : [a,b] \to \mathbf{C}$ 是一条连续封闭曲线, 且 z 和 w 属于 $\mathbf{C} \setminus [\gamma]$ 的同一个连通成分. 试证: $n(w,\gamma) = n(z,\gamma)$.

(xiii) 设 $\gamma : [a,b] \to \mathbf{C}$ 是一条连续封闭曲线, 且 w 属于 $\mathbf{C} \setminus [\gamma]$ 的无界连通成分. 试证: $n(w,\gamma) = 0$.

(xiv) 设 $a\in\mathbf{C}$, C 是 $\mathbf{C}$ 上的一条逐段光滑的连续曲线, 且 $a\notin C$. 试证:

$$n(a,C)=\frac{1}{2\pi\mathrm{i}}\int_C\frac{d\zeta}{\zeta-a}=\frac{\ln(\beta-a)-\ln(\alpha-a)}{2\pi\mathrm{i}},$$

其中 α 和 β 分别是曲线 C 的起点和终点, 而 ln 表示对数函数在任何单连通区域 $K\supset C$ 内的一个分支.

(xv) 设 D 是 $\mathbf{C}$ 上的一个区域, f 是 D 上的一个全纯函数, C 是 D 中的一条曲线, 且 $z\notin C$. 试证:

$$n(z,C)f(z)=\frac{1}{2\pi\mathrm{i}}\int_C\frac{f(\zeta)}{\zeta-z}d\zeta.$$

12.4.4　设区域 $D\subset\overline{\mathbf{C}}$, 而 $\{f_n\}_{n=0}^{\infty}$ 是 D 上的一个全纯函数列, 它在 D 的任何紧子集上一致收敛于 f. 若每个 f_n $(n=0,1,2,\cdots)$ 都在 D 上无零点, 试证: f 或在 D 上无零点, 或在 D 上恒等于零.

定义 12.4.2　设区域 $D\subset\overline{\mathbf{C}}$. D 上的亚纯函数 f 称为**单叶函数**, 假若映射 $f:D\to\overline{\mathbf{C}}$ 是单射.

12.4.5　设区域 $D\subset\overline{\mathbf{C}}$, 而 $\{f_n\}_{n=0}^{\infty}$ 是 D 上的一个全纯函数列, 它在 D 的任何紧子集上一致收敛于 f. 若每个 f_n $(n=0,1,2,\cdots)$ 都是单叶函数, 试证: f 或是单叶函数, 或在 D 上恒等于一个常数.

§12.5　多值映射和用回路积分计算定积分

命题 12.5.1　若函数 f 在点 a 的附近全纯, $f(a)=b$, 又设对于任何一个含有 a 的开集 O, f 在这个开集 O 上不恒等于一个常数, 则对于任何一个含有 a 的开集 G, 有一个 $\varepsilon>0$, 使得任何 $w\in\mathbf{C}$, 只要 $|w-b|<\varepsilon$, 在 G 中必有一个 z, 使得 $f(z)=w$.

证　令 $g(z)=f(z)-b$. 由命题所给的假设, g 在 a 处有有限阶的零点, 且可选择充分小的 $r>0$, 使得满足条件 $0<|z-a|\leqslant r$ 的 z 都有 $g(z)\neq0$. D 表示包含在 G 内的以 a 为圆心 r 为半径的闭圆盘, 选 $\varepsilon>0$ 使得 $\forall z\in\partial D\big(|g(z)|>\varepsilon\big)$. 令设 w 满足条件 $|w-b|<\varepsilon$, 令

$$g_w(z)=f(z)-w=g(z)+(b-w).$$

由 Rouché 定理, 在 D 内 g 和 g_w 有同样多的零点 (重零点按重数算). 因 g 至少有一个零点, 故 g_w 至少也有一个零点. 所以至少有一个 z 使得 $f(z)=w$. □

命题 12.5.1 的另一种等价表述是

命题 12.5.1′ 全纯函数确定一个**开映射**(即开集的像必开的映射).

注 1 命题 12.5.1′ 又一次显示出全纯函数与 C^∞ 函数之间的重大差异: 映射

$$\mathbf{R} \ni x \mapsto x^2 \in \mathbf{R} \quad 和 \quad \mathbf{R}^2 \ni (x,y) \mapsto (x^2, y) \in \mathbf{R}^2$$

都是 C^∞ 映射, 但它们都不是开映射.

注 2 设 $f(z) = u(x,y) + \mathrm{i}v(x,y)$ 全纯. 当映射$\mathbf{R}^2 \supset U(a) \ni (x,y) \mapsto (u(x,y), v(x,y)) \in \mathbf{R}^2$ 的 Jacobi 行列式$\left(\dfrac{\partial u}{\partial x}\dfrac{\partial v}{\partial y} - \dfrac{\partial u}{\partial y}\dfrac{\partial v}{\partial x}\right)\Bigg|_{z=a} = |f'(a)|^2 \neq 0$ 时 ($U(a)$ 是 a 的邻域), 上述开映射定理可以通过实变量函数的反函数定理 (定理 8.5.1) 进行证明. 但当 $|f'(z)|^2 = 0$ 时, 全纯函数的开映射定理就不属于实变量函数的反函数定理所考虑的情形了. 这再次告诉我们, 复分析的方法并非都可以用实分析方法替代的.

下面的命题更确切地刻画了全纯函数的局部性质.

命题 12.5.2 若函数 f 在点 a 的一个邻域内全纯, 且 $f(a) = b$. 又设函数 $g(z) = f(z) - b$ 的零点 a 是 k 阶的, 则我们有 $r > 0$ 和 $\varepsilon > 0$, 使得任何满足条件 $0 < |w - b| < \varepsilon$ 的 w, 必有 k 个互不相等的 $z_1, \cdots, z_k$, 使得 $|z_i - a| < r$ 且 $f(z_i) = w$.

证 和命题 12.5.1 的证明一样, 本命题的证明仍然要用到 Rouché 定理. 函数 $g(z) = f(z) - b$ 有 k 阶零点 a. 选取充分小的 r, 使得函数 g 和它的导数 g' 在闭圆盘 $D = \{z \in \mathbf{C} : |z - a| \leqslant r\}$ 中无异于 a 的零点. 函数 $g_w(z) = f(z) - w = g(z) + (b - w)$ 与 g 只差一个常数. 故 g'_w 在 $D = \{z \in \mathbf{C} : |z - a| \leqslant r\}$ 中无异于 a 的零点. 令 $\varepsilon = \inf_{|z|=r} |g(z)|$, 只要 w 满足条件 $0 < |w - b| < \varepsilon$, 由 Rouché 定理, g_w 和 g 在 $\{z \in \mathbf{C} : |z - a| < r\}$ 内的零点个数相等. 因 $w \neq b$ 且 $g_w(a) \neq 0$, 又因 g'_w 在 $D = \{z \in \mathbf{C} : |z - a| \leqslant r\}$ 中无异于 a 的零点, g_w 的零点都是一阶的, 所以有 k 个互不相等的零点. □

由命题 12.5.2 可以看出, 若 a 是函数 $f(z) - b$ 的 k 阶零点, 设 $w : [0,1] \to \mathbf{C}$ 是 $[0,1]$ 到 $\mathbf{C}$ 的连续可微映射, 且 $w(0) = a$, 则当 t 充分小时, 函数 $f(z) - w(t)$ 有 k 个一阶零点 $z_1(w(t)), \cdots, z_k(w(t))$, 且当

$t \to 0$ 时, 这 k 个一阶零点 $z_1(w(t)), \cdots, z_k(w(t))$ 形成的 k 条曲线趋向共同的极限 a, 换言之, 这 k 条曲线将汇合于 a.

上述命题在 $k=1$ 的特殊情形尤为重要, 值得单独地予以叙述. 它是全纯函数范畴内的反函数定理:

命题 12.5.3(全纯函数的反函数定理) 若函数 f 在点 a 的一个邻域内全纯, $f(a)=b$ 且 $f'(a)\neq 0$, 则我们有 $r>0$ 和 $\varepsilon>0$, 使得任何满足条件 $|w-b|<\varepsilon$ 的 w 有唯一的一个 z 满足方程 $f(z)=w$ 且 $|z-a|<r$. 换言之, 有定义在 $\{w\in \mathbf{C}: |w-b|<\varepsilon\}$ 上的唯一的一个函数 g, 使得 $f\big(g(w)\big)=w$ 且 $|g(w)-a|<r$. 我们还可断言: 这个唯一确定的函数 g 是全纯的, 且 $g'(w)=1/f'\big(g(w)\big)$.

证 除了最后的断言外, 命题的前半部分的结论是命题 12.5.1 的特殊情形. 而最后的断言是实变量的反函数定理中关于逆映射的导数公式的推论. 推导的细节如下: 设 $z=x+\mathrm{i}y$, 而 $f(z)=u(x,y)+\mathrm{i}v(x,y)$. $\mathbf{R}^2$ 到自身的映射 $\begin{pmatrix} x \\ y \end{pmatrix} \mapsto \begin{pmatrix} u(x,y) \\ v(x,y) \end{pmatrix}$ 的导数是

$$\begin{bmatrix} \dfrac{\partial u}{\partial x} & \dfrac{\partial u}{\partial y} \\ \dfrac{\partial v}{\partial x} & \dfrac{\partial v}{\partial y} \end{bmatrix}.$$

映射 $\begin{pmatrix} x \\ y \end{pmatrix} \mapsto \begin{pmatrix} u(x,y) \\ v(x,y) \end{pmatrix}$ 的逆映射的导数应是上述矩阵的逆矩阵. 由此不难证明, 逆映射的偏导数也满足 Cauchy-Riemann 方程 (参看第二册 §8.5 的练习 8.5.12). 最后的断言便得到了. □

应该指出的是上述全纯函数的反函数定理只是个局部性的定理. 全纯函数的反函数的整体的研究是个比较复杂 (但十分有趣) 的课题. 本讲义不可能进入这个课题 (它就是 Riemann 曲面理论) 的讨论. 在上一节中我们给出了 Riemann 曲面的定义. 下面我们愿意以函数 $f(z)=z^2$ 的反函数为例来直观地说明这个复杂而有意义的问题.

例 12.5.1 我们已经知道, 当 $w\neq 0$ 时, 方程 $f(z)\equiv z^2=w$ 有两个根. 假设 $w=r\mathrm{e}^{\mathrm{i}\theta}$, $0\leqslant\theta<2\pi$, 则 w 的平方根共有两个:

$$z_1=\sqrt{w}=\sqrt{r}\mathrm{e}^{\mathrm{i}\theta/2}, \quad z_2=\sqrt{w}=\sqrt{r}\mathrm{e}^{\mathrm{i}((\theta/2)+\pi)}.$$

我们发现, 当 $0 < c_1 < r < c_2$ 时, 而 θ 由 0 递增至 2π 时, z_1 的绝对值在区间 $(\sqrt{c_1}, \sqrt{c_2})$ 上, 而 z_1 的辐角 $\theta/2$ 从 0 单调地增至 π. 换言之, 当 w 绕着原点逆时针地转一圈时, z_1 绕着原点逆时针地只转了半圈. 同理, 当 w 绕着原点逆时针地转一圈时, 即 θ 由 0 递增至 2π 时, z_2 也绕着原点逆时针地转了半圈, 只不过 z_2 的辐角是从 π 单调地增至 2π. 我们注意到, 当 w 的绝对值 r 固定在某个值时, z_2 的起点恰是 z_1 的终点. 换言之, w 绕着原点逆时针地转完第一圈时, 对应的 $z = \sqrt{w}$ 正好按 z_1 的方式转了半圈; 而 w 的绝对值 r 仍固定在这个值上而继续绕着原点逆时针地再转第二圈时, 为了保持 $z = \sqrt{w}$ 的连续性 (注意: z_2 的起点恰和 z_1 的终点重合), 对应的 $z = \sqrt{w}$ 应按 z_2 的方式继续转半圈. 也即, w 绕着原点逆时针地连转两圈相当于它的平方根 $\sqrt{w}$ 连续地绕着原点逆时针地转一圈, 因而回到 w 绕着原点逆时针地转第一圈出发时, 对应的 $z = \sqrt{w}$ 所取的值. (同学应注意: 上一节最后给出 Riemann 曲面 X 上的拓扑的方法就是为了保持继续绕着原点逆时针地再转第二圈时 $z = \sqrt{w}$ 的连续性. 也保证了 w 绕着原点逆时针地连转两圈, 它的平方根 $\sqrt{w}$ 连续地绕着原点逆时针地转一圈并回到 w 绕着原点逆时针地转第一圈出发时对应的 $z = \sqrt{w}$ 所取的值. 这里体现了怎样用抽象的拓扑概念描述直观的连续地连接的观念. 这种用抽象的数学语言描述直观对象的的能力是每个学数学的同学所必需学会的, 当然这需要多次反复的练习.) 这是方程 $z^2 = w$ 确定的双值解函数 ($w = 0$ 时是单值!) 给我们带来的 "麻烦 (应注意的是, 学术上的 "麻烦" 往往是提供我们获得重要学术发现的机遇!). 我们把 z 平面看成是 w 平面的**双层覆迭**, 以原点为这个覆迭的**分支点**($w = 0$ 时只有一个 $z = 0$ 以之对应). 总结起来说, $w(z) = z^2$ 的反函数 $z = \sqrt{w}$ 的 Riemann 曲面是由两个复平面沿着非负实半轴粘合起来得到的. 设 D_0 是 $\mathbf{C} \setminus \{0\}$ 中的一个单连通区域, 取 $\sqrt{w}$ 在 D_0 上的一个分支 $f_0(w)$. 另一分支应是 $f_1(w) = -f_0(w)$. 记 $G_j = f_j(D_0), j = 0, 1$, 则 G_j 是 $\mathbf{C} \setminus \{0\}$ 中的一个区域, 映射

$$f_j : D_0 \to G_j$$

是单射, 且 $G_0 \cap G_1 = \emptyset$(请同学补出理由). 当我们处理一个 w 的平方根的函数时, 例如 $\cos(w^{3/2} + 1)$, 我们愿意把它看成 z 的函数 $\cos(z^3 + 1)$.

z 平面称为与函数 $w^{1/2}$ 相关的 **Riemann曲面**, 换言之, 任何 $w^{1/2}$ 的函数将被看成与函数 $w^{1/2}$ 相关的 Riemann 曲面 z 平面上的函数. 这是 19 世纪伟大的德国数学家 Riemann 所开创的观点. 各种全纯函数的 Riemann 曲面的结构的研究直到今天仍对几何, 拓扑和代数的发展有着深刻的影响. 美丽的 Riemann 曲面理论的讨论牵涉到太多和太复杂的数学, 它已超出了这本作为本科生基础教材的数学分析讲义的范围, 我们只得割爱了.

在面临本讲义所要讨论的较简单的多值函数问题时, 我们愿意借用已有的简单工具用以下较易接受的方法去处理: 为了讨论多值函数 $w^{1/2}$, 在 w 平面上画一条由原点到无穷远的曲线, 在这条曲线上我们不定义函数 $w^{1/2}$ 的值. 例如, 我们在 w 平面上沿负实半轴 ($\{w = x + \mathrm{i}y : x \leqslant 0, y = 0\}$) 切一刀. 负实半轴去除后的 w 平面 $=\{w = r\mathrm{e}^{\mathrm{i}\theta} : r > 0, -\pi < \theta < \pi\}$. 然后, 我们定义: 当 $w = r\mathrm{e}^{\mathrm{i}\theta} : r > 0, -\pi < \theta < \pi$ 时,

$$w^{1/2} = r^{1/2}\mathrm{e}^{\mathrm{i}\theta/2}, \quad -\pi < \theta < \pi.$$

当然选择任何一条从原点出发到无穷远的曲线代替负实半轴也可起到同样的作用. 究竟选择怎样一条曲线来切一刀? 这依赖于所面临的问题的特点. 原则上总是选择这样一条曲线, 使得所遇问题中的计算最为方便. 选择负实半轴切一刀后得到的 $w^{1/2}$ 称为平方根的 "主支".

我们愿意借助平方根的 "主支" 的概念计算以下的积分:

$$\int_{-\infty}^{\infty} \mathrm{e}^{-\lambda x^2/2} dx.$$

当 $\Re\lambda > 0$ 时, 函数 $\mathrm{e}^{-\lambda x^2/2}$ 在 $x \to \pm\infty$ 时迅速地趋于零. 当 $\Re\lambda < 0$ 时, 函数 $\mathrm{e}^{-\lambda x^2/2}$ 在 $x \to \pm\infty$ 时迅速地趋于无穷大, 因而积分无意义. 当 $\Re\lambda = 0$ 时, 函数 $\mathrm{e}^{-\lambda x^2/2}$ 的绝对值 (相对于一切实数 x) 恒等于 1, 因而积分不可能绝对收敛. 总结起来, 我们有以下命题:

命题 12.5.4 假设 $\Re\lambda \geqslant 0$ 且 $|\lambda| \geqslant c > 0$, 其中 c 是某个正数, 则积分

$$\int_{-\infty}^{\infty} \mathrm{e}^{-\lambda x^2/2} dx$$

是一致收敛的. 因而, 作为 λ 的函数, 上述积分在 $\{\lambda \in \mathbf{C} : \Re\lambda \geqslant 0 且 \lambda \neq 0\}$ 内是连续函数.

证 设 $0<R<S$. 因

$$\frac{d}{dx}\mathrm{e}^{-\lambda x^2/2}=-\lambda x\mathrm{e}^{-\lambda x^2/2},$$

通过分部积分法, 我们有

$$\begin{aligned}\int_R^S \mathrm{e}^{-\lambda x^2/2}dx &= -\int_R^S \frac{1}{\lambda x}\frac{d}{dx}\mathrm{e}^{-\lambda x^2/2}dx\\ &=\frac{1}{\lambda R}\mathrm{e}^{-\lambda R^2/2}-\frac{1}{\lambda S}\mathrm{e}^{-\lambda S^2/2}-\frac{1}{\lambda}\int_R^S\frac{1}{x^2}\mathrm{e}^{-\lambda x^2/2}dx.\end{aligned}$$

当 $\Re\lambda\geqslant 0$, $|\lambda|\geqslant c>0$ 且 $R\leqslant x\leqslant S$ 时, $|\mathrm{e}^{-\lambda x^2/2}|\leqslant 1$. 再注意到 $\displaystyle\int_R^S\frac{1}{x^2}dx=\frac{1}{R}-\frac{1}{S}$, 我们有

$$\left|\int_R^S \mathrm{e}^{-\lambda x^2/2}dx\right|\leqslant\frac{4}{|\lambda|R}\leqslant\frac{4}{cR}.$$

同理可证

$$\left|\int_{-S}^{-R} \mathrm{e}^{-\lambda x^2/2}dx\right|\leqslant\frac{4}{|\lambda|R}\leqslant\frac{4}{cR}.$$

在 $\Re\lambda\geqslant 0$ 且 $|\lambda|\geqslant c>0$ 的范围内, 只要 R 充分大, 以上两个不等式的右端可以小于任何给定的正数. 这就证明了命题中的积分的一致收敛性. 因而, 积分在 $\{\lambda\in\mathbf{C}:\Re\lambda\geqslant 0且\lambda\neq 0\}$ 内是 λ 的连续函数. □

下面这个结果是 Euler-Poisson 积分的推广, 它的证明方法就是 Gauss 计算 Euler-Poisson 积分 (也称 Gauss 误差积分) 的方法 (参看第二册 §10.6 的练习 10.6.7). 为了方便同学, 我们还是把它写出来.

命题 12.5.5 假设 $\Re\lambda\geqslant 0$ 且 $\lambda\neq 0$, 则积分

$$\int_{-\infty}^{\infty}\mathrm{e}^{-\lambda x^2/2}dx=\left(\frac{2\pi}{\lambda}\right)^{1/2},$$

上式右端的平方根应是平方根的主支, 换言之, $\left|\arg\left[\left(\dfrac{2\pi}{\lambda}\right)^{1/2}\right]\right|\leqslant\dfrac{\pi}{4}$.

证 先考虑 $\Re\lambda>0$ 的情形. 利用 Fubini 定理和直角坐标与极坐标之间的变换, 我们有

$$\left[\int_{-\infty}^{\infty}\mathrm{e}^{-\lambda x^2/2}dx\right]^2=\int_{-\infty}^{\infty}\int_{-\infty}^{\infty}\mathrm{e}^{-\lambda x^2/2}\mathrm{e}^{-\lambda y^2/2}dxdy$$

$$
\begin{aligned}
&=\int_{-\infty}^{\infty}\int_{-\infty}^{\infty}\mathbf{e}^{-\lambda(x^2+y^2)/2}dxdy=\int_0^{2\pi}\int_0^{\infty}\mathbf{e}^{-\lambda r^2/2}rdrd\theta\\
&=2\pi\int_0^{\infty}\mathbf{e}^{-\lambda r^2/2}rdr=\frac{2\pi}{\lambda}.
\end{aligned}
$$

只要两边取平方根似乎就得到命题的结果了. 但应注意的是: 在所面临的问题中两个平方根中究竟应取哪一个? 当 $\lambda>0$ 时, 当然应取正根. 由于积分是 λ 的连续函数, 我们应该取平方根的主支:

$$
\int_{-\infty}^{\infty}\mathbf{e}^{-\lambda x^2/2}dx=\left(\frac{2\pi}{\lambda}\right)^{1/2},
$$

其中右端的平方根取主支. 当 $\Re\lambda\geqslant 0$ 而 $\lambda\neq 0$ 时, 因上式左右两端 (右端是平方根的主支) 都是 λ 的连续函数, 故上式依然成立. □

特别, 我们有

推论 12.5.1　对于 $t>0$, 有

$$
\int_{-\infty}^{\infty}\mathrm{e}^{\mathrm{i}tx^2/2}dx=\mathrm{e}^{\pi\mathrm{i}/4}(2\pi/t)^{1/2}\quad 和\quad \int_{-\infty}^{\infty}\mathrm{e}^{-\mathrm{i}tx^2/2}dx=\mathrm{e}^{-\pi\mathrm{i}/4}(2\pi/t)^{1/2},
$$

式中的 $(2\pi/t)^{1/2}$ 表示 $2\pi/t$ 的正平方根.

推论 12.5.1 中的两个积分称为 **Fresnel积分**, Fresnel 在研究光学的问题时遇到了这样的积分. 由推论 12.5.1 中的两个积分的公式, 我们有

$$
\int_{-\infty}^{\infty}\cos(tx^2/2)dx=(\pi/t)^{1/2},\quad \int_{-\infty}^{\infty}\sin(tx^2/2)dx=(\pi/t)^{1/2}.
$$

例 12.5.2　例 12.5.1 中关于平方根的讨论只要稍作改动便能搬到 n 次方根上去. 事实上, 这个讨论也不难搬到指数函数的反函数 (对数函数) 上去. 函数 $w=\mathrm{e}^z$ 把 z 平面无穷多次重复地映到挖掉了点零的 w 平面 $\{w\in\mathbf{C}:w\neq 0\}$ 上, 每个与 x 轴平行的宽度为 2π 的长条被映到挖掉了点零的复平面区域 $\{w\in\mathbf{C}:w\neq 0\}$ 上:

$$
\mathrm{e}^z=\mathrm{e}^{x+\mathrm{i}y}=\mathrm{e}^x\cdot\mathrm{e}^{\mathrm{i}y},\quad \theta_0\leqslant y<\theta_0+2\pi.
$$

e^z 的模是 $\mathrm{e}^x>0$. 当 y 由 θ_0 递增至 $\theta_0+2\pi$ 时, e^z 绕着原点逆时针地转了一圈. 当 y 再由 $\theta_0+2\pi$ 递增至 $\theta_0+4\pi$ 时, e^z 绕着原点逆时针地

再转一圈. e^z 的反函数 $\mathrm{Ln}w$ 并非唯一确定地定义的. 它是多值函数, 同一个自变量对应的不同的值之间可以有也只能有一个 $2\mathrm{i}\pi$ 的整数倍的差数. 像以前一样, 我们有两种途径来处理这个麻烦. 一个是把 z 平面看做 w 平面的无穷多层的覆迭. 而每个函数 $\mathrm{Ln}\,w$ 都被理解成 z 的函数. 这正是 Riemann 的观点. 多值亚纯函数

$$\tilde{f}(w) = \mathrm{Ln}w, \quad w \in \tilde{D} = \mathbf{C} \setminus \{0\}$$

的 Riemann 曲面可以描述如下: 取可数个复平面 $\mathbf{C}_j (j \in \mathbf{Z})$. L_j^+(相应地, L_j^-) 表示作为上 (相应地, 下) 半平面的聚点的 $\mathbf{C}_j \setminus \{0\}$ 的实正半轴, 这样的方法区分了 L_j^+ 和 L_j^-. 然后再把 L_j^+ 和 $\mathbf{C}_{j-1} \setminus \{0\}$ 的 L_{j-1}^- 等同起来 $(j \in \mathbf{Z})$. X 表示如此获得的拓扑空间. (同学应注意: 如此得到的拓扑空间 X 恰是上一节最后所引进的拓扑空间 X.) 记 $g(z) = e^z$, 利用以下的映射

$$g|_{G_j} : G_j \to (\mathbf{C}_j \setminus \{0\}) \cup L_j^+.$$

将 $G_j = \{w \in \mathbf{C} : 2j\pi \leqslant \Im w < (2j+1)\pi\}$ 与 $(\mathbf{C}_j \setminus \{0\}) \cup L_j^+$ 等同起来. 因 $\bigcup\limits_{j=-\infty}^{\infty} G_j = \mathbf{C}$, 并注意到 $g|_{G_j}(\{w : \Im w = 2j\pi\}) = L_j^+$, 作为对数函数的 Riemann 曲面的拓扑空间 X 与 $\mathbf{C}$ 同胚. 因对数函数是指数函数 $w(z) = e^z$ 的反函数, 所以 X 也称为指数函数 $w(z) = e^z$ 的反函数 $\mathrm{Ln}\,w$ 的 Riemann 曲面.

另一种较易理解的途径是把 w 平面用一条从原点到无穷远的曲线切开, 例如沿负实轴切开, 这样就有: 在 $w = re^{\mathrm{i}\theta}, r > 0, -\pi \leqslant \theta < \pi$ 上, 对数函数 $\mathrm{Ln}w$ 的主支定义为

$$\ln w = \ln r + \mathrm{i}\theta,$$

其中 $\ln r \in \mathbf{R}$. 对数函数 $\mathrm{Ln}\,w$ 的其他分支与对数函数 $\ln w$ 的主支相差 $2\pi\mathrm{i}$ 的一个整数倍. 除非作出相反的申明, 以后本讲义中的 $\ln w$ 总是表示对数函数的主支. 在除去负实轴后的 w 平面上它是全纯的, 且导数等于 $1/w$. 有了对数函数 $\mathrm{Ln}w$ 的定义后, 就可以定义任何复数的复数次幂如下:

$$w^c = e^{c\,\mathrm{Ln}\,w}.$$

和以前一样, 有两种 w^c 的解释: 一种是把它看成 w 的多值函数, 即把它看成是 z 的函数. 另一种是挑选这多值函数的一支, 如对数函数 $\mathrm{Ln}\,w$ 的主支, 它在非正实轴以外的复平面上有唯一确定的值.

Riemann 曲面的理论对数学的发展有着重要的影响. 本讲义不可能进入这个有趣而重要的领域, 因为它牵涉到太多的本讲义不介绍的数学了. 有兴趣的同学可以参考其他的书. 在数学分析的教材中对 Riemann 曲面作较详细介绍的有 [15] 和 [28], 一本介绍 Riemann 曲面而又比较浅显易懂的专著是 [37].

留数定理的一个用处是它能帮助我们计算一些定积分. 下面我们将举例说明它的用法.

例 12.5.3　设 $R(x) = P(x)/Q(x)$ 是有理函数, 其中 Q 无实根, 且 Q 的次数不小于 P 的次数加 2. 因而积分 $\int_{-\infty}^{\infty} R(x)dx = \lim\limits_{r\to\infty}\int_{-r}^{r} R(x)dx$ 收敛. 为了计算这个积分, 我们在上半平面画一个以原点为圆心、r 为半径的半圆周 C_r. 实轴上的由左到右的直线段 $[-r, r]$ 加上逆时针方向的半圆周 C_r 构成一个正定向的回路. 假若在 C_r 上 Q 无零点, 由留数定理, 有

$$\int_{-r}^{r} R(x)dx + \int_{C_r} R(z)dz = 2\pi\mathrm{i}\sum_{\substack{\Im z>0\\ |z|<r}} \operatorname{res} R(z).$$

因 Q 的次数不小于 P 的次数加 2, $\lim\limits_{r\to\infty} r \sup\limits_{z\in C_r} |R(z)| = 0$. 又因半圆周 C_r 的弧长等于 πr, 故

$$\lim_{r\to\infty}\int_{C_r} R(z)dz = 0.$$

所以, 我们有

$$\int_{-\infty}^{\infty} R(x)dx = 2\pi\mathrm{i}\sum_{\Im z>0} \operatorname{res} R(z).$$

例 12.5.4　设 $R(x) = P(x)/Q(x)$ 是有理函数, 其中 Q 无实根. 我们要考虑 (反常) 积分 $\int_{-\infty}^{\infty} \mathrm{e}^{\mathrm{i}x}R(x)dx = \lim\limits_{r\to\infty}\int_{-r}^{r} \mathrm{e}^{\mathrm{i}x}R(x)dx$. 若 Q 的次数不小于 P 的次数加 2, 上述积分的收敛性可由例 12.5.3 的办法证

得. 但即使 Q 的次数等于 P 的次数加 1, 上述积分也是收敛的. 这只要用一次分部积分法便可得到:

$$\int_{-r}^{r} \mathrm{e}^{\mathrm{i}x} R(x)dx = -\mathrm{i}\mathrm{e}^{\mathrm{i}r} R(r) + \mathrm{i}\mathrm{e}^{-\mathrm{i}r} R(-r) + \int_{-r}^{r} \mathrm{e}^{\mathrm{i}x} R'(x)dx,$$

右端最后一项的积分中的 $R'(z)$ 当 $z \to \infty$ 时将以 $1/z^2$ 的速度或更快的速度趋于零. 为了计算这个积分, 我们还用例 12.5.3 中用过的那条回路. 但在估计半圆周 C_r 上的积分时应作如下调整: 记 $z = r\mathrm{e}^{\mathrm{i}\theta} = r(\cos\theta + \mathrm{i}\sin\theta)$, 有

$$\mathrm{e}^{\mathrm{i}z} = \mathrm{e}^{\mathrm{i}r\cos\theta}\mathrm{e}^{-r\sin\theta},$$

故

$$\begin{aligned}\left|\int_{C_r} \mathrm{e}^{\mathrm{i}z} R(z)dz\right| &= \left|\int_0^{\pi} \mathrm{e}^{\mathrm{i}r\cos\theta}\mathrm{e}^{-r\sin\theta} R(r\mathrm{e}^{\mathrm{i}\theta}) r\mathrm{i}\mathrm{e}^{\mathrm{i}\theta} d\theta\right| \\ &\leqslant \int_0^{\pi} \mathrm{e}^{-r\sin\theta} |R(r\mathrm{e}^{\mathrm{i}\theta})| r d\theta.\end{aligned}$$

因为 $|R(r\mathrm{e}^{\mathrm{i}\theta})|r$ 有界, 故只需估计积分 $\int_0^{\pi} \mathrm{e}^{-r\sin\theta} d\theta = 2\int_0^{\pi/2} \mathrm{e}^{-r\sin\theta} d\theta$.
但当 $0 \leqslant \theta \leqslant \pi/2$ 时 $\sin\theta \geqslant 2\theta/\pi$(同学自行补证), 所以

$$\int_0^{\pi/2} \mathrm{e}^{-r\sin\theta} d\theta \leqslant \int_0^{\pi/2} \mathrm{e}^{-2r\theta/\pi} d\theta = (\pi/2r)(1 - \mathrm{e}^{-r}) \to 0 \quad (r \to \infty).$$

故半圆周上的积分趋于零, 我们得到

$$\int_{-\infty}^{\infty} \mathrm{e}^{\mathrm{i}x} R(x)dx = 2\pi\mathrm{i} \sum_{\Im z > 0} \mathrm{res}\,\left(\mathrm{e}^{\mathrm{i}z} R(z)\right).$$

例 12.5.5 设 $R(x) = P(x)/Q(x)$ 是有理函数, 其中 Q 可能有实根. 我们要考虑 (反常) 积分 $\int_{-\infty}^{\infty} \mathrm{e}^{\mathrm{i}x} R(x)dx = \lim_{r\to\infty} \int_{-r}^{r} \mathrm{e}^{\mathrm{i}x} R(x)dx$. 应注意的是, 这个反常积分有两类使积分反常的**奇点**: (1) 积分限 $\pm\infty$ 处是奇点; (2) $Q(x)$ 的实根处是奇点. 若 $R(x)$ 在 $\pm\infty$ 处和 $1/x$ 同阶, 作为实数轴上的 Lebesgue 积分可能无意义, 但这个积分的 Cauchy 主值 (参看例 11.7.3) 却可能有意义. 在 $Q(a) = 0$ 时, 若 $R(x)$ 在 $x = a$ 附近

有和 $1/(x-a)$ 相同阶或更高阶的奇点, 这样的积分作为 Lebesgue 积分也无意义, 但当它和 $1/(x-a)$ 相同阶时, 它的 Cauchy 主值 (参看例 11.7.3) 也可能有意义. 下面仅以一个简单的例说明计算这类积分的主要思路. 为了通过留数计算上述积分, 我们把函数 $R(x)=P(x)/Q(x)$ 和 $\mathrm{e}^{\mathrm{i}x}R(x)=\mathrm{e}^{\mathrm{i}x}P(x)/Q(x)$ 的定义域由实数轴搬到复平面上, 并将它们记做 $R(z)=P(z)/Q(z)$ 和 $\mathrm{e}^{\mathrm{i}z}R(z)=\mathrm{e}^{\mathrm{i}z}P(z)/Q(z)$. 设 $R(z)=A/z+R_0(z)$, 其中 $R_0(z)$ 在包含实轴的一个开集上全纯. 我们要用的回路和前两个例中的回路相比只作了如下修改: 考虑到 0 是被积函数的奇点, 我们把原回路中的 $[-r,r]$ 段换作如下三段之并: $[-r,-\varepsilon]\cup D_\varepsilon\cup[\varepsilon,r]$, 其中 D_ε 表示以原点为圆心、ε 为半径的在实轴以下的下半平面的半圆周. 整个回路上的积分等于回路包围的区域中的留数之和 (包括极点 0 处的留数) 的 $2\pi\mathrm{i}$ 倍. A/z 在 D_ε 上的那段积分应为 $\pi\mathrm{i}A$, 而 $R_0(z)$ 在 D_ε 上的那段积分应为 $O(\varepsilon)$. 故 $\mathrm{e}^{\mathrm{i}z}R(z)=\mathrm{e}^{\mathrm{i}z}(A/z+R_0(z))$ 在 D_ε 上的那段积分当 $\varepsilon\to0$ 时的极限恰等于 $\mathrm{e}^{\mathrm{i}z}R(z)=\mathrm{e}^{\mathrm{i}z}(A/z+R_0(z))$ 在极点 0 处的留数的 $\pi\mathrm{i}$ 倍. 所以我们有

$$\begin{aligned}\mathrm{PV}\left(\int_{-\infty}^{\infty}\mathrm{e}^{\mathrm{i}x}R(x)dx\right)&=\lim_{\substack{\varepsilon\to0\\K\to\infty}}\left[\left(\int_{-K}^{-\varepsilon}+\int_{\varepsilon}^{K}\right)\mathrm{e}^{\mathrm{i}z}R(z)dz\right]\\&=\lim_{\substack{\varepsilon\to0\\K\to\infty}}\left[\left(\int_{-K}^{-\varepsilon}+\int_{D_\varepsilon}+\int_{\varepsilon}^{K}\right)\mathrm{e}^{\mathrm{i}z}R(z)dz-\int_{D_\varepsilon}\mathrm{e}^{\mathrm{i}z}R(z)dz\right]\\&=2\pi\mathrm{i}A+2\pi\mathrm{i}\sum_{\Im z>0}\mathrm{res}\,\left(\mathrm{e}^{\mathrm{i}z}R(z)\right)-\pi\mathrm{i}A\\&=\pi\mathrm{i}A+2\pi\mathrm{i}\sum_{\Im z>0}\mathrm{res}\,\left(\mathrm{e}^{\mathrm{i}z}R(z)\right).\end{aligned}$$

作为特例, 有

$$\mathrm{PV}\left(\int_{-\infty}^{\infty}\frac{\mathrm{e}^{\mathrm{i}x}}{x}dx\right)=\pi\mathrm{i}.$$

因而

$$\mathrm{PV}\left(\int_{-\infty}^{\infty}\frac{\cos x}{x}dx\right)=0,\quad \mathrm{PV}\left(\int_{-\infty}^{\infty}\frac{\sin x}{x}dx\right)=\pi.$$

因为 $\dfrac{\cos x}{x}$ 是奇函数, 上面的第一个等式是显然的. 因为 $x=0$ 是函数 $\dfrac{\sin x}{x}$ 的可去奇点, 而在 $\pm\infty$ 处被积函数 $\dfrac{\sin x}{x}$ 的反常积分是收敛

的 (请同学用 Dirichlet 判别法自行检验). 因此, 上面的第二个等式中的 Cauchy 主值就是普通的反常积分的值, 我们得到

$$\int_0^\infty \frac{\sin x}{x}dx = \frac{\pi}{2}.$$

这是一个在调和分析中多次用到过的反常积分. 我们已经通过 (实变量) 微积分的方法得到了的结果 (参看第一册 §6.9 中附加习题 6.9.8 的 (v)).

例 12.5.6 设 $R(x) = P(x)/Q(x)$ 是有理函数, 其中 Q 只有一个一阶的实根 0, Q 的次数不小于 P 的次数加 2. 我们要考虑(反常)积分 $\displaystyle\int_0^\infty x^\alpha R(x)dx = \lim_{r\to\infty}\int_0^r x^\alpha R(x)dx$, 其中$0 < \alpha < 1$. 应该指出的是, $x^\alpha R(x)$ 在 $[0,\infty)$ 上是 Lebesgue 可积的, 故这个反常积分就是 Lebesgue 积分. 为了计算上述积分, 作换元 $x = t^2$, 有

$$\int_0^\infty x^\alpha R(x)dx = 2\int_0^\infty t^{2\alpha+1}R(t^2)dt.$$

为了用复平面上的某回路积分来计算上式右端的积分, 我们将上式中的实变量 t 换写成复变量 z. 又为了确定上式右端积分中的被积函数的多值的因子 $z^{2\alpha}$, 我们在 z 平面上沿着负虚半轴切一刀. 在去掉了负虚半轴后的复平面上, $z = r\mathrm{e}^{\mathrm{i}\theta}$, 其中 $-\pi/2 < \theta < 3\pi/2$. 因而 $z^{2\alpha} = r^{2\alpha}\mathrm{e}^{\mathrm{i}2\alpha\theta}$, 其中 $-\alpha\pi < 2\alpha\theta < 3\alpha\pi$. 我们用如下四条曲线构成一个回路: $L = [-r,-\varepsilon]\cup D_\varepsilon\cup[\varepsilon,r]\cup C_r$. 其中 D_ε 表示以原点为圆心、ε 为半径的上半平面中的半圆周, 并约定顺时针方向为正定向 (见图 12.5.1); C_r 表示以原点为圆心、r 为半径的上半平面中的半圆周, 并约定逆时针方向为正定向 (参看图 12.5.1). 我们要考虑的积分是

$$\begin{aligned}\int_L z^{2\alpha+1}R(z^2)dz =& \int_{-r}^{-\varepsilon} z^{2\alpha+1}R(z^2)dz + \int_{D_\varepsilon} z^{2\alpha+1}R(z^2)dz\\ &+ \int_\varepsilon^r z^{2\alpha+1}R(z^2)dz + \int_{C_r} z^{2\alpha+1}R(z^2)dz. \quad (12.5.1)\end{aligned}$$

当 $r\to\infty$ 时, 上式右端最后一个积分趋于零, 理由是:

$$\left|\int_{C_r} z^{2\alpha+1}R(z^2)dz\right| \leqslant K_1\frac{r^{2\alpha+1}\pi r}{r^4} = K_1\pi\frac{1}{r^{2(1-\alpha)}},$$

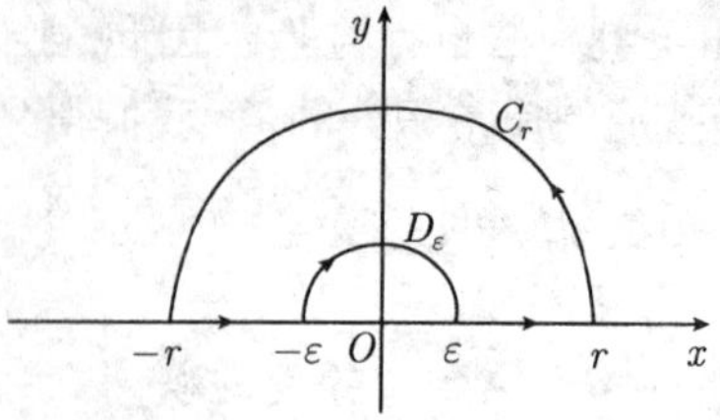

图　12.5.1

其中 K_1 是个常数. 相仿地, 当 $\varepsilon \to 0$ 时, (12.5.1) 式右端第二个积分趋于零, 理由是: 因为 Q 只有一个一阶的实根 0, 所以

$$\left|\int_{D_\varepsilon} z^{2\alpha+1}R(z^2)dz\right| \leqslant K_2\frac{\varepsilon^{2\alpha+1}\pi\varepsilon}{\varepsilon^2} = K_2\pi\varepsilon^{2\alpha},$$

其中 K_2 是个常数. 因此我们有

$$\begin{aligned}2\pi\mathrm{i}\sum_{\Im z>0}\mathrm{res}\,\left(z^{2\alpha+1}R(z^2)\right) &= \int_{-\infty}^{\infty} z^{2\alpha+1}R(z^2)dz \\ &= \int_0^{\infty}\left(z^{2\alpha+1}+(-z)^{2\alpha+1}\right)R(z^2)dz \\ &= (1-\mathrm{e}^{\mathrm{i}2\alpha\pi})\int_0^{\infty} t^{2\alpha+1}R(t^2)dt.\end{aligned}$$

所以

$$\int_0^{\infty} t^{2\alpha+1}R(t^2)dt = \frac{2\pi\mathrm{i}}{1-\mathrm{e}^{\mathrm{i}2\alpha\pi}}\sum_{\Im z>0}\mathrm{res}\,\left(z^{2\alpha+1}R(z^2)\right).$$

例 12.5.7　本例将用回路积分算出 $\sin z$ 的因式分解公式 (参看第一册 §4.5 的附加习题 4.5.1). 因

$$\sin z = \frac{\mathrm{e}^{\mathrm{i}z}-\mathrm{e}^{-\mathrm{i}z}}{2\mathrm{i}},$$

故对于任意复数 z, 我们有以下逻辑关系式:

$$\sin z = 0 \Longleftrightarrow \mathrm{e}^{\mathrm{i}z}-\mathrm{e}^{-\mathrm{i}z}=0 \Longleftrightarrow \mathrm{e}^{2\mathrm{i}z}-1=0 \Longleftrightarrow \exists n\in\mathbf{Z}(z=n\pi).$$

所以, 函数

$$\cot z = \frac{\cos z}{\sin z} = \mathrm{i}\frac{\mathrm{e}^{\mathrm{i}z}+\mathrm{e}^{-\mathrm{i}z}}{\mathrm{e}^{\mathrm{i}z}-\mathrm{e}^{-\mathrm{i}z}} = \mathrm{i}\left(1+\frac{2}{\mathrm{e}^{2\mathrm{i}z}-1}\right)$$

是个亚纯函数, 它的所有的极点都是单极点 (一阶极点), 构成了集合 $\{0, \pm\pi, \pm2\pi, \cdots, \pm n\pi, \cdots\}$, 且在这些极点处的留数都等于 1. 当 z 与这些极点距离不小于一个正的常数时, $\cot z$ 是有界的 (请同学利用以上关于 $\cot z$ 的最后一个表达式自行证明这一点). 特别, 在以原点为圆心、半径为 $(n+1/2)\pi$ 的圆周 $C_n = \{z \in \mathbf{C} : |z| = (n+1/2)\pi$ 之并 $\bigcup\limits_{n=0}^{\infty} C_n$ 上 $\cot z$ 是有界的. 当 $z \neq \pm n\pi (n = 0, 1, \cdots)$ 时,

$$\lim_{n\to\infty} \int_{C_n} \frac{\cot\zeta}{\zeta^2 - z^2} d\zeta = 0.$$

$\pm z$ 和 $0, \pm\pi, \pm2\pi, \cdots, \pm n\pi, \cdots$ 是左端的积分中的被积函数的极点. 被积函数在 $\pm z$ 处的留数是$\dfrac{\cot z}{2z}$, 而在 $n\pi$ 处的留数是 $(n^2\pi^2 - z^2)^{-1}$. 根据 Cauchy 留数定理 (定理 12.3.1), 我们有

$$\frac{\cot z}{z} + \sum_{n=-\infty}^{\infty} \frac{1}{n^2\pi^2 - z^2} = 0.$$

将上式稍加整理便得到

$$\cot z = \frac{1}{z} + 2z \sum_{n=1}^{\infty} \frac{1}{z^2 - n^2\pi^2}.$$

右端的级数在 z 与那些极点 $0, \pm\pi, \pm2\pi, \cdots, \pm n\pi, \cdots$ 保持正距离的区域上是一致收敛的. 在这样的区域上, 上式可写成

$$\frac{d}{dz} \ln \sin z = \frac{d}{dz} \ln z + \sum_{n=1}^{\infty} \frac{d}{dz} \ln(z^2 - n^2\pi^2).$$

等价地, 有

$$\frac{d}{dz} \ln \frac{\sin z}{z} = \sum_{n=1}^{\infty} \frac{d}{dz} \ln(z^2 - n^2\pi^2).$$

0 是 $\dfrac{\sin z}{z}$ 的可去奇点 (请同学补出证明的细节). 沿一条连接 0 和 z 并与 $0, \pm\pi, \pm2\pi, \cdots, \pm n\pi, \cdots$ 保持正距离的曲线 C 上求积分后得到

$$\ln \frac{\sin z}{z} - \ln 1 = \sum_{n=1}^{\infty} [\ln(z^2 - n^2\pi^2) - \ln(-n^2\pi^2)].$$

应该注意的是：这个公式中的对数函数 ln 是用公式$\ln g = \int_C \frac{g'}{g} dz$ 定义的，因此，对数函数的值依赖于所选的积分道路. 但不同的道路对应的对数函数的值只差 $2\pi \mathrm{i}$ 的一个整数倍，它是个常数，因此在求导数后得到的值并不依赖于积分道路. 所以，我们得到以下公式：

$$\sin z = z \prod_{n=1}^{\infty} \left(1 - \frac{z^2}{n^2\pi^2}\right).$$

这个 $\sin z$ 的因式分解公式在第一册 §4.5 的附加习题 4.5.1 中曾用 (实变量的) 微积分方法证明过. 当然，因为使用的是 (实变量的) 微积分方法，当时只证明了上式在 $z \in \mathbf{R}$ 时成立.

练　　习

12.5.1　利用留数证明以下定积分的等式：

(i) $\displaystyle\int_{-\infty}^{\infty} \frac{dx}{(x+b)^2 + a^2} = \frac{\pi}{a},\ a > 0$;

(ii) $\displaystyle\int_0^{\infty} \frac{x^2 dx}{x^6 + 1} = \frac{\pi}{6}$;

(iii) $\displaystyle\int_0^{\infty} \frac{dx}{x^4 + 4a^4} = \frac{\pi}{8a^3},\ a > 0$;

(iv) $\displaystyle\int_0^{\infty} \frac{\cos \mu x dx}{x^2 + a^2} = \frac{\pi \mathrm{e}^{-\mu a}}{2a},\ a > 0, \mu > 0$;

(v) $\displaystyle\int_0^{\infty} \frac{x \sin \mu x dx}{x^2 + a^2} = \frac{\pi \mathrm{e}^{-\mu a}}{2},\ a > 0, \mu > 0$;

(vi) $\displaystyle\int_0^{\pi} \sin^6 \theta d\theta = \frac{5\pi}{16}$;

(vii) $\displaystyle\int_0^{\pi} \frac{\cos \theta d\theta}{1 - 2a\cos\theta + a^2} = \frac{a\pi}{1-a^2},\ a^2 < 1.$

12.5.2　(i) 设 D 是复平面上的一个区域，$a \in D$. 又设 $f(z)$ 在 $D \setminus \{a\}$ 上全纯，a 是 f 的二阶极点. 试证：f 在极点 a 处的留数是

$$\mathrm{res}_a(f) = \lim_{z \to a} \frac{d}{dz}[(z-a)^2 f(z)];$$

(ii) 设 $\Re a \neq 0$，试计算积分

$$\int_{-\infty}^{\infty} \frac{dx}{(x^2 + a^2)^2};$$

(iii) 设 D 是复平面上的一个区域, $a \in D$. 又设 $f(z)$ 在 $D \setminus \{a\}$ 上全纯, a 是 f 的 k 阶极点, 其中 $k \in \mathbf{N}$. 试证: f 在极点 a 处的留数是

$$\mathrm{res}_a(f) = \frac{1}{(k-1)!} \lim_{z \to a} \frac{d^{k-1}}{dz^{k-1}}[(z-a)^k f(z)];$$

(iv) 设 $\Re a \neq 0$, 试计算积分

$$\int_{-\infty}^{\infty} \frac{dx}{(x^2+a^2)^k},$$

其中 k 是任何正整数.

12.5.3 (i) 设 $f(z)$ 表示函数 $z^{1/4}$ 在 $\mathbf{C} \setminus [0, \infty)$ 上满足以下条件的那个分支:

$$\forall x > 0 \left(\lim_{\varepsilon \to 0+} f(x + \mathrm{i}\varepsilon) = x^{1/4}\ (x\text{的正的实四次方根}) \right).$$

对于 $x > 0$, 试计算 $f(-x)$ 和 $\lim\limits_{\varepsilon \to 0+} f(x - \mathrm{i}\varepsilon)$.

(ii) 试计算以下的定积分

$$\int_0^{\infty} \frac{t^{1/4} dt}{(t+a)^2},$$

其中 $t^{1/4}$ 表示 t 的正的实四次方根.

12.5.4 试证以下的积分等式:

(i) $\displaystyle\int_0^{\infty} \frac{x^{\alpha-1}}{x+1} dx = \frac{\pi}{\sin \alpha\pi}$, $0 < \alpha < 1$;

(ii) $\displaystyle\int_0^{\infty} \frac{x^{\alpha-1}}{(x+1)^2} dx = \frac{(1-\alpha)\pi}{\sin \alpha\pi}$, $0 < \alpha < 2$.

12.5.5 对数函数在挖去正半实轴后的复平面上取如下分支:

$$\forall z = r\mathrm{e}^{\mathrm{i}\theta} (\ln z = \ln r + \mathrm{i}\theta), \quad 0 < \theta < 2\pi.$$

(i) 设 $f(z)$ 在 $\mathbf{C}$ 上只有孤立奇点, 而奇点不在正实半轴 $[0, \infty)$ 上, 还假设 $f(z)$ 满足条件: $\lim\limits_{z \to \infty} z f(z) \ln z = 0$, 试证:

$$\int_0^{\infty} f(x) dx = -\sum \mathrm{res}\Big(f(z) \ln z\Big).$$

(ii) 试证:

$$\int_0^{\infty} \frac{dx}{(x+a)(x^2+b^2)} = \frac{\pi a + 2b \ln(b/a)}{2b(a^2+b^2)}, \quad a, b > 0.$$

(iii) 设 $f(z)$ 在 $\mathbf{C}$ 上只有孤立奇点, 而奇点不在正实半轴 $[0, \infty)$ 上, 还假设 $f(z)$ 满足条件: $\lim\limits_{z \to \infty} z f(z) (\ln z)^2 = 0$, 试证:

$$\int_0^{\infty} f(x) (\ln x)^2 dx = -\sum \mathrm{res}\Big(f(z) \ln z\Big);$$

(iv) 试证:

$$\int_0^{\infty} \frac{\ln x}{x^2+a^2} dx = \frac{\pi \ln a}{2a}, \quad a > 0.$$

§12.6 复平面上的 Taylor 级数和 Laurent 级数

由 Cauchy 积分公式可立即得到以下定理.

定理 12.6.1 设 $\{f_n\}$ 是有界区域 D 上的一串全纯函数, 且在 D 的任何紧子集上函数列 $\{f_n\}$ 一致地收敛于函数 f; 则 f 在 D 上是全纯函数, 且对于任何 $l \in \mathbf{N}$, 在 D 的任何紧子集上函数列 $\{f_n^{(l)}\}$ 一致地收敛于函数 $f^{(l)}$.

证 对于任何 $z \in D$, 选一圆周 C, 使得 C 所围住的闭圆盘是 D 的紧子集, 且 z 属于 C 所围住的圆盘. 我们有

$$f_n(z) = \frac{1}{2\pi \mathrm{i}} \int_C \frac{f_n(\zeta)}{\zeta - z} d\zeta.$$

因在 D 的紧子集 C 上函数列 $\{f_n\}$ 一致地收敛于函数 f, 让上式两端的 $n \to \infty$, 有

$$f(z) = \frac{1}{2\pi \mathrm{i}} \int_C \frac{f(\zeta)}{\zeta - z} d\zeta.$$

由引理 12.3.2, f 在 D 内全纯. 由定理 12.3.3, 有

$$f_n'(z) = \frac{1}{2\pi \mathrm{i}} \int_C \frac{f_n(\zeta)}{(\zeta - z)^2} d\zeta$$

和

$$f'(z) = \frac{1}{2\pi \mathrm{i}} \int_C \frac{f(\zeta)}{(\zeta - z)^2} d\zeta.$$

我们有满足以下两个条件的一个开圆盘 D_1: (1) 让 $n \to \infty$ 时, 在闭圆盘 $\overline{D_1}$ 上 f_n' 一致地收敛于函数 f'; (2) 以 D_1 的圆心为圆心、半径等于 D_1 的半径两倍的闭圆盘是 D 的紧子集. 设 K 是 D 的紧子集, 则有有限个具有如上性质的开圆盘 $D_1^{(j)} (j = 1, \cdots, J)$ 覆盖 K, 故在 K 上 f_n' 一致地收敛于函数 f'. 利用数学归纳法, 对于任何 $l \in \mathbf{N}$, 在 K 上 $f_n^{(l)}$ 一致地收敛于函数 $f^{(l)}$. □

上述定理也可以用级数的形式表述如下:

定理 12.6.1′ 设 $\{f_n\}$ 是区域 D 上的一串全纯函数, 且在 D 的任何紧子集上函数级数 $f(z) = \sum\limits_{n=1}^{\infty} f_n(z)$ 是一致收敛的, 则 f 在 D 上

是全纯函数, 又对于任何 $l \in \mathbf{N}$, 在 D 上 $f^{(l)}(z) = \sum_{n=1}^{\infty} f_n^{(l)}(z)$, 且在任何 D 的紧子集上右端的级数是一致收敛的.

定理 12.6.2 设函数 f 在区域 D 中全纯, 又设 $a \in D$, 则 **Taylor级数**

$$f(a) + f'(a)(z-a) + \frac{f''(a)}{2!}(z-a)^2 + \cdots + \frac{f^{(n)}(a)}{n!}(z-a)^n + \cdots$$

在以 a 为圆心的完全包含于 D 内的闭圆盘上一致收敛于 $f(z)$, 而在以 a 为圆心的完全包含于 D 内的开圆盘上收敛于 $f(z)$.

证 让 γ 表示一个以 a 为圆心的完全包含于 D 内的闭圆盘的圆周. 作为紧集的 γ 与闭集 D^C 的距离必大于零. 因而有一个以 a 为圆心半径比 γ 的半径略大一些的圆周 γ_1 使得 γ_1 围住的闭圆完全包含在 D 内. 由定理 12.4.2 (全纯函数带余项的 Taylor 展开),

$$\begin{aligned} f(z) =& f(a)+(z-a)f'(a)+\frac{(z-a)^2}{2!}f''(a)+\cdots+\frac{(z-a)^{n-1}}{(n-1)!}f^{(n-1)}(a) \\ &+(z-a)^n\frac{1}{2\pi\mathrm{i}}\int_{\gamma_1}\frac{f(\xi)}{(\xi-a)^n(\xi-z)}d\xi. \end{aligned} \tag{12.4.4$'$}$$

上式右端的余项 (最后一项) 有以下估计：对于任何属于被 γ 围住的闭圆盘的 z, 有

$$\left|(z-a)^n\frac{1}{2\pi\mathrm{i}}\int_{\gamma_1}\frac{f(\xi)}{(\xi-a)^n(\xi-z)}d\xi\right| \leqslant \frac{|z-a|^n}{(r-|z-a|)r^{n-1}}\sup_{z\in\gamma}|f(z)|,$$

其中 r 表示圆周 γ_1 的半径. 因为 $|z-a|/r < \delta < 1$, 以上不等式的右端当 $n \to \infty$ 时在 γ_1 围住的闭圆盘上一致收敛于零. 故 Taylor 级数在被 γ_1 围住的开圆盘上一致收敛于 $f(z)$. 因而在以 a 为圆心的完全包含于 D 内的闭圆盘上一致收敛于 $f(z)$. 因为任何以 a 为圆心的完全包含于 D 内的开圆盘是可数个以 a 为圆心的完全包含于 D 内的闭圆盘之并, 因而在以 a 为圆心的完全包含于 D 内的开圆盘上 Taylor 级数收敛于 $f(z)$. □

定理 12.6.3 设函数 f 在区域 D 中全纯, 其中 D 表示如下的环

状区域: $D=\{z\in\mathbf{C}:R_1<|z-z_0|<R_2\}$. 今设 $z\in D$, 则我们有

$$f(z)=\sum_{n=-\infty}^{\infty}a_n(z-z_0)^n,$$

其中

$$a_n=\frac{1}{2\pi\mathrm{i}}\int_{|\zeta-z_0|=r}\frac{f(\zeta)}{(\zeta-z_0)^{n+1}}d\zeta,\quad R_1<r<R_2.$$

注　定理 12.6.3 中的级数称为 D 中全纯函数 f 的 **Laurent级数**.

证　为了表述方便, 在下面的讨论中我们不妨假设 $z_0=0$. 因 f 在环状区域 D 中全纯, 设 $R_1<r_1<|z|<r_2<R_2$, 由 Cauchy 积分公式我们得到

$$f(z)=\frac{1}{2\pi\mathrm{i}}\int_{|\zeta|=r_2}\frac{f(\zeta)}{\zeta-z}d\zeta-\frac{1}{2\pi\mathrm{i}}\int_{|\zeta|=r_1}\frac{f(\zeta)}{\zeta-z}d\zeta. \tag{12.6.1}$$

由于等比级数

$$\frac{f(\zeta)}{\zeta-z}=\frac{f(\zeta)}{\zeta}\sum_{n=0}^{\infty}\left(\frac{z}{\zeta}\right)^n$$

在圆周 $\{\zeta\in\mathbf{C}:|\zeta|=r_2\}$ 上是一致收敛的, 我们有

$$\begin{aligned}\frac{1}{2\pi\mathrm{i}}\int_{|\zeta|=r_2}\frac{f(\zeta)}{\zeta-z}d\zeta&=\frac{1}{2\pi\mathrm{i}}\int_{|\zeta|=r_2}\frac{f(\zeta)}{\zeta}\sum_{n=0}^{\infty}\left(\frac{z}{\zeta}\right)^n d\zeta\\&=\sum_{n=0}^{\infty}z^n\frac{1}{2\pi\mathrm{i}}\int_{|\zeta|=r_2}\frac{f(\zeta)}{\zeta^{n+1}}d\zeta;\end{aligned} \tag{12.6.2}$$

相仿地, 我们还有

$$\begin{aligned}-\frac{1}{2\pi\mathrm{i}}\int_{|\zeta|=r_1}\frac{f(\zeta)}{\zeta-z}d\zeta&=\frac{1}{2\pi\mathrm{i}}\int_{|\zeta|=r_1}\frac{f(\zeta)}{z}\sum_{j=0}^{\infty}\left(\frac{\zeta}{z}\right)^j d\zeta\\&=\sum_{j=0}^{\infty}z^{-j-1}\frac{1}{2\pi\mathrm{i}}\int_{|\zeta|=r_1}f(\zeta)\zeta^j d\zeta\\&=\sum_{n=-\infty}^{-1}z^n\frac{1}{2\pi\mathrm{i}}\int_{|\zeta|=r_1}\frac{f(\zeta)}{\zeta^{n+1}}d\zeta.\end{aligned} \tag{12.6.3}$$

将 (12.6.2) 和 (12.6.3) 代入 (12.6.1), 注意到 Cauchy 积分定理, 把积分回路 $|z| = r_1$ 和 $|z| = r_2$ 换成 $|z| = r$ 并不改变积分的值:

$$\frac{1}{2\pi \mathrm{i}} \int_{|\zeta|=r_1} \frac{f(\zeta)}{\zeta^{n+1}} d\zeta = \frac{1}{2\pi \mathrm{i}} \int_{|\zeta|=r} \frac{f(\zeta)}{\zeta^{n+1}} d\zeta, \tag{12.6.4}$$

$$\frac{1}{2\pi \mathrm{i}} \int_{|\zeta|=r_2} \frac{f(\zeta)}{\zeta^{n+1}} d\zeta = \frac{1}{2\pi \mathrm{i}} \int_{|\zeta|=r} \frac{f(\zeta)}{\zeta^{n+1}} d\zeta. \tag{12.6.5}$$

将 (12.6.1), (12.6.2), (12.6.3), (12.6.4) 和 (12.6.5) 结合起来, f 的 Laurent 级数表示式证得. □

练　　习

在下面的一系列练习中我们要介绍一个常用的积分变换: Laplace 变换. 它的重要性不亚于 Fourier 变换.

定义 12.6.1 设 $\alpha(t)$ 对于任何 $R \in \mathbf{R}_+$ 在区间 $[0, R]$ 上是有界变差函数 (参看练习 11.1.2 的 (iv) 中的定义 11.1.1). 积分

$$f(s) = \int_0^\infty \mathrm{e}^{-st} d\alpha(t) = \lim_{R\to\infty} \int_0^R \mathrm{e}^{-st} d\alpha(t)$$

称为 Laplace-Stieltjes 积分.

通常我们假定 $\alpha(t)$ 是个满足条件 $\alpha(0) = 0$ 的复值有界变差函数. 若 $\alpha(t)$ 是个绝对连续函数, 因而有个在任何区间 $[0, R]$ 上可积的函数 ϕ, 使得

$$\alpha(t) = \int_0^t \phi(u) du.$$

这时 Laplace-Stieltjes 积分称为 Laplace 积分, 它具有以下形式:

$$f(s) = \int_0^\infty \mathrm{e}^{-st} \phi(t) dt.$$

映射 $\phi \mapsto f$ 称为**Laplace 变换**.

定义 12.6.2 设 $\alpha(t)$ 对于任何 $R_1, R_2 \in \mathbf{R}_+$ 在区间 $[-R_1, R_2]$ 上是有界变差函数. 积分

$$\begin{aligned} f(s) = \int_{-\infty}^\infty \mathrm{e}^{-st} d\alpha(t) &= \lim_{\substack{R_1\to\infty \\ R_2\to\infty}} \int_{-R_1}^{R_2} \mathrm{e}^{-st} d\alpha(t) \\ &= \int_0^\infty \mathrm{e}^{-st} d\alpha(t) + \int_0^\infty \mathrm{e}^{st} d[-\alpha(-t)] \end{aligned}$$

称为双边 Laplace-Stieltjes 积分.

若 $\alpha(t)$ 在实轴上是个绝对连续函数, 因而有个在任何有界区间上可积的函数 ϕ, 使得

$$\forall t \in \mathbf{R} \left(\alpha(t) = \int_0^t \phi(u) du \right).$$

这时双边 Laplace-Stieltjes 积分称为双边 Laplace 积分, 它具有以下形式:

$$f(s) = \int_{-\infty}^{\infty} \mathrm{e}^{-st}\phi(t)dt.$$

以后永远记 $s = \sigma + \mathrm{i}\tau$ 和 $s_0 = \sigma_0 + \mathrm{i}\tau_0$, 其中 $\sigma, \tau, \sigma_0, \tau_0 \in \mathbf{R}$.

12.6.1　假设有界变差函数 α 满足以下条件: 存在 $M > 0$, 使得一切满足条件 $0 \leqslant b \leqslant t < \infty$ 的 b 和 t, 我们都有

$$\left| \int_b^t \exp(-s_0 u) d\alpha(u) \right| \leqslant M.$$

记

$$\beta(t) = \int_b^t \exp(-s_0 u) d\alpha(u).$$

(i) 试证: 当 $\sigma > \sigma_0$ 时, 我们有

$$\int_b^R \mathrm{e}^{-st} d\alpha(t) = \beta(R)\exp[-(s-s_0)R] + (s-s_0)\int_b^R \exp[-(s-s_0)t]\beta(t)dt.$$

(ii) 试证:

$$\left| \int_b^{\infty} \mathrm{e}^{-st} d\alpha(t) \right| \leqslant M \left| \frac{s-s_0}{\sigma-\sigma_0} \right| \exp[-b(\sigma-\sigma_0)].$$

注　积分 $\int_b^{\infty} \mathrm{e}^{-st} d\alpha(t)$ 有可能只是条件收敛的, 而经分部积分后得到的积分 $\int_b^{\infty} \exp[-(s-s_0)t]\beta(t)dt$ 是绝对收敛的.

12.6.2　试证:

(i) 假设有界变差函数 α 和复数 s_0 满足以下条件:

$$\int_0^{\infty} \exp(-s_0 t) d\alpha(t) \quad \text{收敛},$$

则当 $\sigma > \sigma_0$ 时,

$$\int_0^{\infty} \exp(-st) d\alpha(t) \quad \text{收敛}.$$

(ii) 假设有界变差函数 α 和复数 s_0 满足以下条件:

$$\int_0^{\infty} \exp(-s_0 t) d\alpha(t) \quad \text{绝对收敛},$$

则当 $\sigma > \sigma_0$ 时,

$$\int_0^{\infty} \exp(-st) d\alpha(t) \quad \text{绝对收敛}.$$

(iii) 存在 $\sigma_c \in \overline{\mathbf{R}}$, 使得当 $\sigma > \sigma_c$ 时,

$$\int_0^{\infty} \mathrm{e}^{-st} d\alpha(t) \quad \text{收敛};$$

当 $\sigma < \sigma_c$ 时,

$$\int_0^{\infty} \mathrm{e}^{-st} d\alpha(t) \quad \text{发散}.$$

(iv) 存在 $\sigma_a \in \overline{\mathbf{R}}$, 使得当 $\sigma > \sigma_a$ 时,

$$\int_0^{\infty} \mathrm{e}^{-st} d\alpha(t) \quad \text{绝对收敛;}$$

当 $\sigma < \sigma_a$ 时,

$$\int_0^{\infty} \mathrm{e}^{-st} d\alpha(t) \quad \text{不绝对收敛.}$$

注 σ_c 称为上述 Laplace-Stieltjes 积分的收敛横坐标, 而 σ_a 称为上述 Laplace-Stieltjes 积分的绝对收敛横坐标.

12.6.3 假设当 $s_0 = \sigma_0 + \mathrm{i}\tau_0$ 及 $s_1 = \sigma_1 + \mathrm{i}\tau_1$ 时,

$$\int_{-\infty}^{\infty} \mathrm{e}^{-st} d\alpha(t) \quad \text{收敛.}$$

试证: 上述双边 Laplace-Stieltjes 积分在长条 $\sigma_0 < \sigma < \sigma_1$ 内收敛.

12.6.4 (i) 假设 $\alpha(t) = O(\mathrm{e}^{\alpha t})$, 试证: 对于一切 $\sigma > \alpha$, 我们有

$$\int_0^{\infty} \mathrm{e}^{-st} d\alpha(t) \quad \text{收敛.}$$

(ii) 假设对于某个 $\alpha > 0$,

$$\int_0^{\infty} \mathrm{e}^{-st} d\alpha(t) \quad \text{收敛,}$$

试证: $t \to \infty$ 时, $\alpha(t) = O(\mathrm{e}^{\alpha t})$.

(iii) 假设 $\limsup\limits_{t\to\infty} \dfrac{\ln|\alpha(t)|}{t} = \alpha$, 其中 $\alpha \in (0, \infty]$, 试证: Laplace-Stieltjes 积分

$$\int_0^{\infty} \mathrm{e}^{-st} d\alpha(t)$$

的收敛横坐标 $\sigma_c = \alpha$.

(iv) 试证: 双边 Laplace-Stieltjes 积分的两个收敛横坐标将是

$$\sigma_c'' = \limsup_{t\to\infty} \frac{\ln|\alpha(t)|}{t}, \quad \sigma_c' = \liminf_{t\to-\infty} \frac{\ln|\alpha(t)|}{t},$$

假若 $0 \neq \sigma_c'' > \sigma_c' \neq 0$.

12.6.5 设 $\sigma > \sigma_c$, $f(s) = \displaystyle\int_0^{\infty} \mathrm{e}^{-st} d\alpha(t)$, 试证; 当 $\sigma > \sigma_c$, $\sigma > 0$ 时,

$$f(s) = s \int_0^{\infty} \mathrm{e}^{-st} \alpha(t) dt,$$

且右端的积分绝对收敛.

12.6.6 假设 $\sigma > \sigma_c$, $f(s) = \displaystyle\int_0^{\infty} \mathrm{e}^{-st} d\alpha(t)$, 又设 $a > 0, a > \sigma_c$, 则我们有

$$\frac{1}{2\pi\mathrm{i}} \int_{a-\mathrm{i}R}^{a+\mathrm{i}R} f(s) \frac{\mathrm{e}^{st}}{s} ds = \frac{1}{\pi} \int_0^{\infty} \mathrm{e}^{a(t-u)} \frac{\sin R(t-u)}{t-u} \alpha(u) du.$$

12.6.7　假设 $\alpha(t)$ 在区间 $[0,\infty)$ 上有界变差. 试证：对于任何 $A\in\mathbf{R}$, 我们有

$$\lim_{R\to\infty}\frac{1}{\pi}\int_0^A\alpha(t)\frac{\sin Rt}{t}dt=\frac{\alpha(0+)}{2}.$$

12.6.8　假设 $\alpha(t)\in L^1(\mathbf{R})$, 且 $\alpha(t)$ 在 $t=x_0$ 的一个邻域内有界变差. 试证：

$$\lim_{R\to\infty}\int_{-\infty}^{\infty}\alpha(t)\frac{\sin R(x_0-t)}{x_0-t}dt=\frac{\alpha(x_0+)+\alpha(x_0-)}{2}.$$

12.6.9　假设 $\sigma>\sigma_c$,

$$f(s)=\int_0^\infty \mathrm{e}^{-st}d\alpha(t),$$

又设 $a>0, a>\sigma_c$. 试证：我们有 Laplace-Stieltjes 变换如下的反演公式：

$$\lim_{R\to\infty}\frac{1}{2\pi\mathrm{i}}\int_{a-\mathrm{i}R}^{a+\mathrm{i}R}f(s)\frac{\mathrm{e}^{st}}{s}ds=\begin{cases}[\alpha(t+)+\alpha(t-)]/2, & 若\ t>0,\\ \alpha(0+)/2, & 若\ t=0,\\ 0, & 若\ t<0.\end{cases}$$

12.6.10　假设积分

$$f(s)=\int_0^\infty \mathrm{e}^{-st}d\alpha(t)$$

当 $s=s_0$ 时收敛. 试证：它在如下定义的 Stolz 区域 $St(s_0)$ 上一致收敛：

$$St(s_0)=\{s:|\arg(s-s_0)|\leqslant a,\sigma\geqslant\sigma_0\},$$

其中 a 是开区间 $(0,\pi/2)$ 中的一个常数.

12.6.11　假设积分

$$f(s)=\int_{-\infty}^\infty \mathrm{e}^{-st}\phi(t)dt$$

当 $\sigma=a$ 时绝对收敛, 且 $\phi(t)$ 在 $t=t_0$ 的一个邻域内是有界变差的, 则

$$\lim_{R\to\infty}\frac{1}{2\pi\mathrm{i}}\int_{a-\mathrm{i}R}^{a+\mathrm{i}R}f(s)\exp st_0ds=\frac{\phi(t_0+)+\phi(t_0-)}{2}.$$

12.6.12　试证以下几个 Laplace 变换的公式, 并利用练习 12.6.11 的反演公式写出对应的公式：

(i) 设 $a>0,\ s>0$, 则

$$\int_0^\infty \mathrm{e}^{-st}t^{a-1}dt=\Gamma(a)s^{-a}.$$

(ii) 设 $s>a$, 则

$$\int_0^\infty \mathrm{e}^{-st}\mathrm{e}^{at}dt=(s-a)^{-1}.$$

(iii) 设 $s>0$, 则

$$\int_0^\infty \mathrm{e}^{-st}\sin atdt=\frac{a}{s^2+a^2}.$$

(iv) 设 $s>0$, 则

$$\int_0^\infty \mathrm{e}^{-st}\cos atdt=\frac{s}{s^2+a^2}.$$

(v) 设 $s>|a|$, 则
$$\int_0^\infty e^{-st}\sinh at dt=\frac{a}{s^2-a^2}.$$
(vi) 设 $s>|a|$, 则
$$\int_0^\infty e^{-st}\cosh at dt=\frac{s}{s^2-a^2}.$$
(vii) 设 $s>0$, 则
$$\int_0^\infty e^{-st}t\sin at dt=\frac{2as}{(s^2+a^2)^2}.$$
(viii) 设 $s>0$, 则
$$\int_0^\infty e^{-st}(\sin at-at\cos at)dt=\frac{2a^3}{(s^2+a^2)^2}.$$

12.6.13 试证以下关于函数导数的 Laplace 变换公式:

(i) 假设函数 $y(t)$ 在 $[0,\infty)$ 上连续可微, 且有某个实数 c, 使得 $y(t)=O(e^{ct})$, 则对于任何 $s>c$, 我们有
$$\int_0^\infty e^{-st}y'(t)dt=-y(0)+s\int_0^\infty e^{-st}y(t)dt.$$

(ii) 假设函数 $y(t)$ 和 $y'(t)$ 在 $[0,\infty)$ 上连续可微, 且有某个实数 c, 使得 $y(t)=O(e^{ct})$ 和 $y'(t)=O(e^{ct})$, 则对于任何 $s>c$, 我们有
$$\int_0^\infty e^{-st}y''(t)dt=-y'(0)-sy(0)+s^2\int_0^\infty e^{-st}y(t)dt.$$

(iii) 假设函数 $y(t)$ 在 $[0,\infty)$ 上连续可微, 且有某个实数 c, 使得 $y(t)=O(e^{ct})$, $y'(t)=O(e^{ct})$ 和 $y''(t)=O(e^{ct})$, 则对于任何 $s>c$, 我们有
$$\int_0^\infty e^{-st}y'''(t)dt=-y''(0)-sy'(0)-s^2y(0)+s^3\int_0^\infty e^{-st}y(t)dt.$$

12.6.14 Laplace 变换可以用来求常系数常微分方程的初值问题或边值问题的解. 以下是几个例.

(i) 设 $y(t)$ 是以下常微分方程的初值问题的解:
$$y'-y=-2,\quad y(0)=1.$$
而 $Y(s)$ 是 $y(t)$ 的 Laplace 变换:
$$Y(s)=\int_0^\infty e^{-st}y(t)dt.$$
试证:
$$Y(s)=\frac{2}{s}-\frac{1}{s-1},$$
因而 $y(t)=2-e^t$.

(ii) 设 $y(t)$ 是以下常微分方程的初值问题的解:

$$y'' + y = \sin t, \quad y(0) = 0,\ y'(0) = 0.$$

而 $Y(s)$ 是 $y(t)$ 的 Laplace 变换:

$$Y(s) = \int_0^{\infty} \mathrm{e}^{-st} y(t) dt.$$

试证:

$$Y(s) = \frac{1}{(s^2+1)^2},$$

因而 $y(t) = \dfrac{1}{2}(\sin t - t\cos t)$.

(iii) 设 $y(t)$ 是以下常微分方程的初值问题的解:

$$y''' + y' = -2\sin t + 2\cos t, \quad y(0) = 1,\ y'(0) = 0, y''(0) = 2.$$

而 $Y(s)$ 是 $y(t)$ 的 Laplace 变换:

$$Y(s) = \int_0^{\infty} \mathrm{e}^{-st} y(t) dt.$$

试证:

$$Y(s) = \frac{2s}{(s^2+1)^2} + \frac{2}{(s^2+1)^2} + \frac{1}{s},$$

因而 $y(t) = t\sin t + \sin t - t\cos t + 1$.

(iv) 设 $y(t)$ 是以下常微分方程的边初值问题的解:

$$y'' + y' = -\sin t + \cos t, \quad y(0) = 0, y'(0) = A.$$

而 $Y(s)$ 是 $y(t)$ 的 Laplace 变换:

$$Y(s) = \int_0^{\infty} \mathrm{e}^{-st} y(t) dt.$$

试证:

$$Y(s) = \frac{1}{s^2+1} + \frac{A-1}{s} + \frac{1-A}{s+1},$$

因而 $y(t) = \sin t + A - 1 + (1-A)\mathrm{e}^{-t}$.

(v) 设 $y(t)$ 是以下常微分方程的边值问题的解:

$$y'' + y = -\sin t + \cos t, \quad y(0) = y(\pi) = 0.$$

试证: $y(t) = \sin t$.

§12.7 全纯函数与二元调和函数

设 $f(z) = u(x,y) + \mathrm{i}v(x,y)$ 是区域 $D \subset \mathbf{C}$ 中的全纯函数, 则它的实部 u 与虚部 v 满足 Cauchy-Riemann 方程

$$\frac{\partial u}{\partial x} = \frac{\partial v}{\partial y}, \quad \frac{\partial u}{\partial y} = -\frac{\partial v}{\partial x}.$$

由于$\dfrac{\partial f}{\partial z}$在 D 中也全纯, 它的实部与虚部也满足 Cauchy-Riemann 方程. 而

$$\frac{\partial f}{\partial z}=\frac{\partial u}{\partial x}-\mathrm{i}\frac{\partial u}{\partial y}=\frac{\partial v}{\partial y}+\mathrm{i}\frac{\partial v}{\partial x}.$$

故

$$\Delta u\equiv\frac{\partial^2 u}{\partial x^2}+\frac{\partial^2 u}{\partial y^2}=0,\quad \Delta v\equiv\frac{\partial^2 v}{\partial x^2}+\frac{\partial^2 v}{\partial y^2}=0,$$

其中 Δ 是二元 Laplace 算子. 我们愿意将 Laplace 算子的概念复述如下 (参看第二册第 8 章 §8.4 练习 8.4.3).

定义 12.7.1 在区域 $D\subset\mathbf{R}^2$ 内的二阶微分算子

$$\Delta\equiv\frac{\partial^2}{\partial x^2}+\frac{\partial^2}{\partial y^2}\equiv 4\frac{\partial^2}{\partial z\partial\overline{z}}$$

称为**Laplace 算子**. 在区域 $D\subset\mathbf{R}^2$ 上满足以下的 Laplace 方程

$$\Delta u\equiv\frac{\partial^2 u}{\partial x^2}+\frac{\partial^2 u}{\partial y^2}=0$$

的二次连续可微的 (实值或复值的) 函数 u 称为区域 D 上的**调和函数**. 区域 D 上的调和函数 v 称为调和函数 u 的**共轭调和函数**, 假若它们满足 Cauchy-Riemann 方程

$$\frac{\partial u}{\partial x}=\frac{\partial v}{\partial y},\quad \frac{\partial u}{\partial y}=-\frac{\partial v}{\partial x}.$$

注 若 $v(x,y)$ 是 $u(x,y)$ 的共轭调和函数, 则 $-u(x,y)$ 是 $v(x,y)$ 的共轭调和函数.

根据前面的讨论和定理 12.2.1, 我们有

定理 12.7.1 设 $f(z)=u(x,y)+\mathrm{i}v(x,y)$ 是区域 $D\subset\mathbf{R}^2$ 上的二次连续 (二元实变量的) 可微函数, 则它是全纯函数的充分必要条件是: f 的虚部 v 是实部 u 在 D 上的共轭调和函数.

例 12.7.1 $f(z)=\mathrm{e}^z=\mathrm{e}^x(\cos y+\mathrm{i}\sin y)$ 是整个复平面 $\mathbf{C}$ 上的全纯函数 (在整个复平面 $\mathbf{C}$ 上全纯的函数称为**整函数**), 故 $\mathrm{e}^x\sin y$ 在 $\mathbf{R}^2$ 上是 $\mathrm{e}^x\cos y$ 的共轭调和函数.

例 12.7.2 $f(z)=\ln z=\ln r+\mathrm{i}\theta$ 在去除了非负实半轴后的复平面上全纯, 其中 $r=\sqrt{x^2+y^2}$ 和 $\theta=\arctan(y/x)+2n\pi,\ n\in\mathbf{Z}$ 取常值. 故 $\arctan(y/x)+2n\pi$ 是 $\dfrac{1}{2}\ln(x^2+y^2)$的共轭调和函数.

例 12.7.3 考虑在圆盘 $\{z\in\mathbf{C}:|z-z_0|<\rho\}$ 上的全纯函数

$$f(z)=\frac{\rho\mathrm{e}^{\mathrm{i}\alpha}+(z-z_0)}{\rho\mathrm{e}^{\mathrm{i}\alpha}-(z-z_0)}=\frac{\rho^2-r^2+\mathrm{i}2r\rho\sin(\theta-\alpha)}{\rho^2+r^2-2r\rho\cos(\theta-\alpha)},$$

其中 $z=z_0+r\mathrm{e}^{\mathrm{i}\theta}$, ρ 和 α 是给定的常数. 以下的 $v(r,\theta)$ 是 $u(r,\theta)$(用 r 和 θ 表示的) 的共轭调和函数:

$$u(r,\theta)=\frac{\rho^2-r^2}{\rho^2+r^2-2r\rho\cos(\theta-\alpha)},\quad v(r,\theta)=\frac{2r\rho\sin(\theta-\alpha)}{\rho^2+r^2-2r\rho\cos(\theta-\alpha)}.$$

我们很自然地要提出这样一个问题: 区域 D 上给了一个调和函数 $u(x,y)$, 在 D 上是否存在一个 $u(x,y)$ 的共轭调和函数 $v(x,y)$? 这个问题的一个等价的提法是: 区域 D 上给了一个调和函数 $u(x,y)$, 在 D 上是否存在一个全纯函数 $f(z)$, 使得 $u(x,y)$ 恰是 $f(z)$ 的实部? 换言之, 给了 D 上的调和函数 $u(x,y)$, 能否在 D 上找到一个函数 $v(x,y)$ 满足 Cauchy-Riemann 方程:

$$\frac{\partial v}{\partial y}=\frac{\partial u}{\partial x},\quad \frac{\partial v}{\partial x}=-\frac{\partial u}{\partial y}.$$

这个问题的另一个等价表述是: 以下的方程组有解否?

$$\frac{\partial v}{\partial x}=P(x,y),\quad \frac{\partial v}{\partial y}=Q(x,y),\tag{12.7.1}$$

其中

$$P(x,y)=-\frac{\partial u}{\partial y},\quad Q(x,y)=\frac{\partial u}{\partial x}.\tag{12.7.2}$$

作为二元调和函数 u 的两个偏导数的 Q 和 $-P$ 在 D 上都是连续且满足以下的方程:

$$\frac{\partial Q}{\partial x}=\frac{\partial P}{\partial y}.\tag{12.7.3}$$

用微分形式的语言来表示, 方程 (12.7.3) 可改写成

$$d\big(Pdx+Qdy\big)=0,\tag{12.7.3$'$}$$

换言之, 一次微分形式 $Pdx+Qdy$ 是闭形式 (参看 §10.8 的公式 (10.8.10) 之后的一段讨论). 我们知道恰当形式必闭. 下面我们要研究: 在什么条件下闭形式必恰当? 为此我们先引进一个概念.

定义 12.7.2 假设 D 是复平面上的一个区域, 若有一点 $z_0 = x_0 + \mathrm{i}y_0 \in D$, 使得对于任何 $z = x + \mathrm{i}y \in D$ 和任何 $\lambda \in [0,1]$, 都有 $\lambda z_0 + (1-\lambda)z \in D$, 则区域 D 称为 (以 z_0 为中心的)**星形区域**.

特别, 复平面上的凸区域是星形区域. 因而圆盘, 椭圆盘, 长方形和平行四边形等都是星形区域.

记 $[z_0, z] = \{\zeta = \lambda z_0 + (1-\lambda)z : \lambda \in [0,1]\}$, 它是连接 z_0 和 z 的直线段, 从 z_0 到 z 的方向定义为 $[z_0, z]$ 的正定向.

定理 12.7.2 假设方程组 (12.7.1) 的系数满足条件 (12.7.3), 又设 D 是个星形区域, z_0 是星形区域 D 的一个中心, 则用以下的线积分的形式表示的函数是方程组 (12.7.1) 的一个解:

$$v(x,y) = \int_{[z_0,z]} P(x,y)dx + Q(x,y)dy.$$

证 记 $z = x + \mathrm{i}y$, $z + \varepsilon = (x+\varepsilon) + \mathrm{i}y$. 只要选 ε 为一个充分小的正数, 使得以 z 为圆心 ε 为半径的圆盘完全包含在 D 内, 则我们有

$$\begin{aligned}
&v(x+\varepsilon, y) - v(x,y) \\
&\quad = \int_{[z_0, z+\varepsilon]} P(x,y)dx + Q(x,y)dy - \int_{[z_0,z]} P(x,y)dx + Q(x,y)dy \\
&\quad = \int_T P(x,y)dx + Q(x,y)dy + \int_{[z,z+\varepsilon]} P(x,y)dx + Q(x,y)dy,
\end{aligned}$$

其中 T 是由 $z_0, z+\varepsilon, z$ 确定的三角形的周边: $T = [z_0, z+\varepsilon] \cup [z+\varepsilon, z] \cup [z, z_0]$, T 的定向恰如这三点 $z_0, z+\varepsilon, z$ 的顺序. 考虑到条件 (12.7.3), 利用 Green 公式 (参看方程 (10.8.26)), 我们有

$$\int_T P(x,y)dx + Q(x,y)dy = 0.$$

故

$$\begin{aligned}
\frac{\partial v}{\partial x} &= \lim_{\varepsilon\to 0} \frac{v(x+\varepsilon, y) - v(x,y)}{\varepsilon} \\
&= \lim_{\varepsilon\to 0} \frac{1}{\varepsilon} \int_{[z,z+\varepsilon]} P(x,y)dx + Q(x,y)dy = P(x,y).
\end{aligned}$$

同理,

$$\frac{\partial v}{\partial y}=Q(x,y).$$ □

注 1 定理 12.7.2 的结果是所谓 Poincaré 引理的特殊情形, 后者将在第 15 章中介绍. 我们在这里先介绍这个二维平面上的特殊情形是为以后用抽象语言表述的一般情形的证明提供个背景材料.

注 2 定理 12.7.2 的结论在一般的非星形区域上未必成立. 这可由下例说明: 在 $U=\mathbf{R}\setminus\{\mathbf{0}\}$ 上以下的微分形式是闭而不恰当的:

$$\omega=\frac{xdy-ydx}{x^2+y^2}.$$

它的闭性较易证明. 它的非恰当性可用如下的换元得到:

$$x=r\cos\theta,\quad y=r\sin\theta.\quad r>0,\quad \theta\in[0,2\pi).$$

经过上面的换元, 有 (请同学自行完成这个回拉运算)

$$\omega=d\theta.$$

记 γ 为以原点为圆心, 任何正数为半径, 逆时针方向为正定向的圆周, 则

$$\int_\gamma\omega=\int_\gamma d\theta=2\pi.$$

若 $\omega=df$, 其中 f 是 U 上的一个连续可微函数, 则由曲线积分的 Newton-Leibniz 公式, 我们有

$$\int_\gamma\omega=\int_\gamma df=0.$$

这个矛盾证明了 ω 的非恰当性.

但是利用定理 12.7.2 的结果我们有以下推论:

假设方程组 (12.7.1) 的系数满足条件 (12.7.3), 又设 $z_0\in D$, 则在 z_0 的任何星形邻域中方程组 (12.7.1) 有解. 而且在 z_0 的任何星形邻域中方程组 (12.7.1) 的任两个解只差一个常数. 应注意的是: z_0 总是有星形邻域的.

注 3 定理 12.7.2 的结论在单连通的区域 D 上也是成立的. 证明的方法基本上和定理 12.7.2 的证明一样, 请同学自行补出证明细节.

假设 $u(x,y)$ 是开圆盘 $D=\{z\in\mathbf{C}:|z-z_0|<R\}$ 中的一个调和函数, 根据定理 12.7.2, 在开圆盘 D 中有 $u(x,y)$ 的共轭调和函数 $v(x,y)$. 函数 $f(z)=u(x,y)+\mathrm{i}v(x,y)$ 是开圆盘 D 中的全纯函数, 它在开圆盘 D 中应该有收敛的 Taylor 级数表示:

$$f(z)=\sum_{n=0}^{\infty}(\alpha_n+\mathrm{i}\beta_n)(z-z_0)^n. \tag{12.7.4}$$

记 $z-z_0=r\mathrm{e}^{\mathrm{i}\theta}$, 函数 u 和 v 可以用 r 和 θ 表示: $u(x,y)=u(r,\theta), v(x,y)=v(r,\theta)$ (通常, 函数 u 表示一种对应关系, 因而 $u(x,y)=u(r,\theta)$ 这样的写法是不妥当的, 应改写成 $u(x,y)=\tilde{u}(r,\theta)$. 但为了不使符号太繁琐, 我们还是用 $u(x,y)=u(r,\theta)$ 这样的写法). 方程 (12.7.4) 用实部和虚部分开表示, 便得到在 $D=\{(r,\theta):r<R\}$ 上收敛的如下两个级数:

$$u(r,\theta)=\alpha_0+\sum_{n=1}^{\infty}(\alpha_n\cos n\theta-\beta_n\sin n\theta)r^n, \tag{12.7.5}$$

$$v(r,\theta)=\beta_0+\sum_{n=1}^{\infty}(\beta_n\cos n\theta+\alpha_n\sin n\theta)r^n. \tag{12.7.6}$$

把以上结果用到例 12.7.3 中在开圆盘 $\{z\in\mathbf{C}:|z-z_0|<\rho\}$ 内的全纯函数

$$\phi(z)=\frac{\rho\mathrm{e}^{\mathrm{i}\alpha}+(z-z_0)}{\rho\mathrm{e}^{\mathrm{i}\alpha}-(z-z_0)}=\frac{\rho^2-r^2+\mathrm{i}2r\rho\sin(\theta-\alpha)}{\rho^2+r^2-2r\rho\cos(\theta-\alpha)}$$

上 (应注意的是: 上式中的 $z-z_0=r\mathrm{e}^{\mathrm{i}\theta}$ 且 $0\leqslant r<\rho$), 我们有

$$\frac{\rho\mathrm{e}^{\mathrm{i}\alpha}+(z-z_0)}{\rho\mathrm{e}^{\mathrm{i}\alpha}-(z-z_0)}=-1+\frac{2\rho\mathrm{e}^{\mathrm{i}\alpha}}{\rho\mathrm{e}^{\mathrm{i}\alpha}-(z-z_0)}=1+2\sum_{n=1}^{\infty}\frac{(z-z_0)^n}{\rho^n}\mathrm{e}^{-in\alpha}.$$

由此得到在开圆盘 $\{z\in\mathbf{C}:|z-z_0|<\rho\}$ 内的任何紧子集上一致收敛的级数:

$$\Re[\phi(z)]=\frac{\rho^2-r^2}{\rho^2+r^2-2r\rho\cos(\theta-\alpha)}=1+2\sum_{n=1}^{\infty}\left(\frac{r}{\rho}\right)^n\cos n(\theta-\alpha), \tag{12.7.7}$$

$$\Im[\phi(z)] = \frac{2r\rho\sin(\theta-\alpha)}{\rho^2+r^2-2r\rho\cos(\theta-\alpha)} = 2\sum_{n=1}^{\infty}\left(\frac{r}{\rho}\right)^n \sin n(\theta-\alpha). \quad (12.7.8)$$

现在我们回来考虑一般的调和函数 $u(\rho,\alpha)$ 和它的共轭调和函数 $v(\rho,\alpha)$ 的展开 (12.7.5) 和 (12.7.6). 它们事实上是 $u(\rho,\alpha)$ 和 $v(\rho,\alpha)$(ρ 看成参数, α 看成自变量) 的 Fourier 级数展开, 由 Fourier 级数的系数公式得到

$$\alpha_0 = \frac{1}{2\pi}\int_0^{2\pi} u(\rho,\alpha)d\alpha, \quad \alpha_n = \frac{1}{\pi\rho^n}\int_0^{2\pi} u(\rho,\alpha)\cos n\alpha d\alpha \quad (n \geqslant 1), \quad (12.7.9)$$

$$\beta_n = -\frac{1}{\pi\rho^n}\int_0^{2\pi} u(\rho,\alpha)\sin n\alpha d\alpha \ (n \geqslant 1), \quad (12.7.10)$$

将 (12.7.9) 和 (12.7.10) 代入 (12.7.5) 和 (12.7.6) 并利用 (12.7.7) 和 (12.7.8) 便得到

$$\begin{aligned} u(r,\theta) =& \frac{1}{2\pi}\int_0^{2\pi} u(\rho,\alpha)d\alpha + \sum_{n=1}^{\infty} r^n\left(\frac{1}{\pi\rho^n}\int_0^{2\pi} u(\rho,\alpha)\cos n\alpha d\alpha \cos n\theta\right. \\ &\left. + \frac{1}{\pi\rho^n}\int_0^{2\pi} u(\rho,\alpha)\sin n\alpha d\alpha \sin n\theta\right) \\ =& \frac{1}{2\pi}\int_0^{2\pi} u(\rho,\alpha)\left[1 + 2\sum_{n=1}^{\infty}\left(\frac{r}{\rho}\right)^n \cos n(\theta-\alpha)\right]d\alpha \\ =& \frac{1}{2\pi}\int_0^{2\pi} u(\rho,\alpha)\frac{\rho^2-r^2}{\rho^2+r^2-2\rho r\cos(\theta-\alpha)}d\alpha \end{aligned} \quad (12.7.11)$$

和

$$\begin{aligned} v(r,\theta) =& \beta_0 + \sum_{n=1}^{\infty} r^n\left(-\frac{1}{\pi\rho^n}\int_0^{2\pi} u(\rho,\alpha)\sin n\alpha d\alpha \cos n\theta\right. \\ &\left. + \frac{1}{\pi\rho^n}\int_0^{2\pi} u(\rho,\alpha)\cos n\alpha d\alpha \sin n\theta\right) \\ =& \beta_0 + \frac{1}{2\pi}\int_0^{2\pi} u(\rho,\alpha)\left[2\sum_{n=1}^{\infty}\left(\frac{r}{\rho}\right)^n \sin n(\theta-\alpha)\right]d\alpha \\ =& \beta_0 + \frac{1}{2\pi}\int_0^{2\pi} u(\rho,\alpha)\frac{2\rho r\sin(\theta-\alpha)}{\rho^2+r^2-2\rho r\cos(\theta-\alpha)}d\alpha. \end{aligned} \quad (12.7.12)$$

应强调的是, 公式 (12.7.11) 是调和函数 u 在开圆盘 $\{z\in\mathbf{C}:|z-z_0|<\rho\}$ 内的值通过 u 在圆周 $\{z\in\mathbf{C}:|z-z_0|=\rho\}$ 上的值的积分表达式, 而公式 (12.7.12) 是 u 的共轭调和函数 v 在开圆盘 $\{z\in\mathbf{C}:|z-z_0|<\rho\}$ 内的值通过 u 在圆周 $\{z\in\mathbf{C}:|z-z_0|=\rho\}$ 上的值的积分表达式. 公式 (12.7.11) 右端的积分称为函数 $u(\rho,\alpha)$ 的 **Poisson积分**, 而调和函数

$$\Re\left[\frac{\rho e^{i\alpha}+(z-z_0)}{\rho e^{i\alpha}-(z-z_0)}\right]=\frac{\rho^2-r^2}{\rho^2+r^2-2\rho r\cos(\theta-\alpha)}$$

称为 **Poisson核**, 当 $\rho=1$(而 $\theta-\alpha$ 用 u 表示) 时, 这个 Poisson 核我们曾在研究 Fourier 级数的公式 (11.1.3) 中见过. 由此可见, 调和分析与复分析有着密切的联系. 历史上 Weierstrass 就是用调和分析的方法研究复分析的.

正像方程 (11.1.4) 后所讨论的那样, 我们有以下命题:

命题 12.7.1 Poisson 核有以下性质: 对于任何 $r\in[0,\rho)$ 和任何 $\theta\in\mathbf{R}$, 我们有恒等式:

$$1=\frac{1}{2\pi}\int_0^{2\pi}\frac{\rho^2-r^2}{\rho^2+r^2-2\rho r\cos(\theta-\alpha)}d\alpha.$$

证 只要在 (12.7.11) 中让 $u(r,\theta)\equiv 1$ 便得. □

注 参看方程 (11.1.4) 之后关于 Poisson 核的三条性质中的第二条.

若实值函数 $\varphi(\alpha)$ 在 $[0,2\pi]$ 上是一个连续函数, 且 $\varphi(0)=\varphi(2\pi)$. 这时以下的积分表达式称为**函数 φ 的Poisson积分**:

$$\psi(r,\theta)=\frac{1}{2\pi}\int_0^{2\pi}\varphi(\alpha)\frac{\rho^2-r^2}{\rho^2+r^2-2\rho r\cos(\theta-\alpha)}d\alpha,\tag{12.7.13}$$

其中 $0\leqslant r<\rho$ 而 $\theta\in\mathbf{R}$.

这里我们并未要求 $\varphi(\alpha)$ 等于某调和函数 $u(r,\alpha)$ 在 $r=\rho$ 时的值.

我们还有以下结论:

命题 12.7.2 由 (12.7.13) 定义的函数 φ 的 Poisson 积分 $\psi(r,\theta)$ 在开圆盘 $\{(r,\theta):0\leqslant r<\rho,\theta\in\mathbf{R}\}$ 内是个调和函数, 又当 $0\leqslant r<\rho$ 且 $(r,\theta)\to(\rho,\alpha)$ 时, 换言之, 在开圆盘 $\{(r,\theta):0\leqslant r<\rho,\theta\in\mathbf{R}\}$ 内趋向圆盘边界的点 (ρ,α) 时, $\psi(r,\theta)\to\varphi(\alpha)$.

证　$\psi(r,\theta)$ 在 $\{(r,\theta): 0 \leqslant r < \rho\}$ 上是个调和函数的论断可以通过积分号下求导数的法则 (它是 Lebesgue 控制收敛定理的推论) 计算得到. 当 $0 \leqslant r < \rho$ 且 $(r,\theta) \to (\rho,\alpha)$ 时, $\psi(r,\theta) \to \varphi(\alpha)$ 的论断可以像方程 (11.1.4) 后所讨论的那样利用 Poisson 核的三条性质 (并注意到 $\varphi(\alpha)$ 在 $[0,2\pi]$ 上一致连续且以 2π 为周期的周期函数) 而给予证明. □

我们已经说过, 调和分析与复分析有着密切的联系. 下面我们将说明, Poisson 积分公式是可以由 Cauchy 积分公式推得的. 在圆周上的 Cauchy 积分公式是: 在包含闭圆盘 $|z-z_0| \leqslant \rho$ 的一个开集上全纯的函数 f, 当 $|z-z_0| < \rho$ 时有以下表式,

$$f(z) = \frac{1}{2\pi \mathrm{i}} \int_{|\zeta - z_0| = \rho} \frac{f(\zeta)}{\zeta - z} d\zeta. \tag{12.7.14}$$

记

$$z^* = z_0 + \frac{\rho^2}{\overline{z} - \overline{z}_0}.$$

显然, z^* 在闭圆盘 $|z-z_0| \leqslant \rho$ 之外, 因而函数 $\dfrac{f(\zeta)}{\zeta - z^*}$ 在包含圆盘 $|z-z_0| \leqslant \rho$ 的一个开集上解析. 由 Cauchy 定理,

$$0 = \frac{1}{2\pi \mathrm{i}} \int_{|\zeta - z_0| = \rho} \frac{f(\zeta)}{\zeta - z^*} d\zeta. \tag{12.7.15}$$

从 (12.7.14) 中减去 (12.7.15) 后得到

$$\begin{aligned} f(z) =& \frac{1}{2\pi \mathrm{i}} \int_{|\zeta - z_0| = \rho} f(\zeta) \left(\frac{1}{\zeta - z} - \frac{1}{\zeta - z^*} \right) d\zeta \\ =& \frac{1}{2\pi} \int_0^{2\pi} f(z_0 + \rho \mathrm{e}^{\mathrm{i}\alpha}) \left(\frac{\rho}{\rho - r\mathrm{e}^{\mathrm{i}(\theta-\alpha)}} + \frac{r\mathrm{e}^{\mathrm{i}(\alpha-\theta)}}{\rho - r\mathrm{e}^{\mathrm{i}(\alpha-\theta)}} \right) d\alpha \\ =& \frac{1}{2\pi} \int_0^{2\pi} f(z_0 + \rho \mathrm{e}^{\mathrm{i}\alpha}) \frac{\rho^2 - r^2}{\rho^2 + r^2 - 2\rho r \cos(\theta - \alpha)} d\alpha. \end{aligned}$$

只要把上式的实部单独写出, 便得到 (12.7.11). 这里清楚地显示了复分析与调和分析之间的紧密联系.

由 (12.7.11) 和 (12.7.12), 我们有

$$
\begin{aligned}
f(z) =& \mathrm{i}\beta_0 + \frac{1}{2\pi}\int_0^{2\pi} u(\rho,\alpha)\frac{\rho^2 - r^2 + \mathrm{i}\big(2\rho r\sin(\theta-\alpha)\big)}{\rho^2 + r^2 - 2\rho r\cos(\theta-\alpha)}d\alpha \\
=& \mathrm{i}\beta_0 + \frac{1}{2\pi}\int_0^{2\pi} u(\rho,\alpha)\frac{\rho e^{\mathrm{i}\alpha} + (z-z_0)}{\rho e^{\mathrm{i}\alpha} - (z-z_0)}d\alpha. \qquad (12.7.16)
\end{aligned}
$$

这个公式称为 **Schwarz公式**, 它将一个全纯函数在圆盘内的值通过它的实部在该圆盘的圆周上的值表示出来.

作为公式 (12.7.11) 在 $r = 0$ 时的特例, 我们有以下的**平均值公式**

$$
\begin{aligned}
u(x_0, y_0) =& \frac{1}{2\pi}\int_0^{2\pi} u(\rho,\alpha)d\alpha \\
=& \frac{1}{2\pi}\int_0^{2\pi} u(x_0 + \rho\cos\alpha, y_0 + \rho\sin\alpha)d\alpha.
\end{aligned}
$$

这就是说, 调和函数在圆盘中心的值等于它在圆周上的值的平均值.

在许多物理和连续介质力学的问题中常遇到如下的问题: $G \subset \mathbf{C} = \mathbf{R}^2$ 是个具有光滑边界的有界区域. 在 ∂G 上给了一个实值的连续函数 φ. 我们要寻求一个在 $\overline{G}$ 上连续且在 G 内调和的函数 $u(x,y)$, 使得它在 ∂G 上的限制恰等于 φ.

这个问题称为 **Laplace方程**

$$
\frac{\partial^2 u}{\partial x^2} + \frac{\partial^2 u}{\partial y^2} = 0
$$

在区域 G 上满足边条件

$$
u\big|_{\partial G} = \varphi
$$

的 **Dirichlet边值问题**.

最简单情形的 Dirichlet 边值问题是这样的: 假设 G 是个开圆盘 $\{z \in \mathbf{C} : |z - z_0| < R\}$, 则 $\partial G = \{z \in \mathbf{C} : |z - z_0| = R\} = \{z = z_0 + Re^{\mathrm{i}\alpha} : 0 \leqslant \alpha \leqslant 2\pi\}$, $\varphi = \varphi(\alpha)$ 是闭区间 $[0, 2\pi]$ 上的连续函数, 且 $\varphi(0) = \varphi(2\pi)$.

记 $z = z_0 + re^{\mathrm{i}\alpha}$, 其中 $0 \leqslant r < R$. 令

$$
u(r,\theta) = \frac{1}{2\pi}\int_0^{2\pi} \varphi(\alpha)\frac{R^2 - r^2}{R^2 + r^2 - 2Rr\cos(\theta-\alpha)}d\alpha, \quad r < R.
$$

由命题 12.7.2, u 是 Laplace 方程在 G 上的 Dirichlet 边值问题的解. 这个解是通过边值 φ 的 Fourier 级数的 Poisson 求和获得的. 这又一次说明了 Fourier 级数, Laplace 方程的 Dirichlet 边值问题及复分析之间的联系.

以上只得到了圆上的 Laplace 方程的 Dirichlet 边值问题的解. 这个解是用 Poisson 积分具体地表示出来的. 从这里开始, 数学的发展分为两个方向：一方面继续探索比圆更复杂的各种特殊的区域 (椭圆, 三维或 n 维的球, 椭球, 三维圆柱等) 的 Laplace 方程 (或其他方程) 的 Dirichlet 边值问题 (或其他边值问题) 的解的明显表达式. 这样引进了许多特殊函数与正交多项式等数学工具, 它们深受把数学作为探索和利用大自然规律的物理学家及工程师们欢迎. 有的工作干脆就是物理学家及工程师们自己完成的. 另一方面则是研究非常一般的区域上的 Laplace 方程的 Dirichlet 边值问题 (或其他方程的各种边值问题或初值问题) 的解的存在性和唯一性. 这时并不存在解的明显表达式, 只是证明了解在某个数学结构中逻辑上的存在性. 所用到的抽象方法刺激了 20 世纪像泛函分析这样的数学分支的发展. 这种发展常使数学以外的学者感到困惑. 据说, 纯粹数学与应用数学就是从这里开始分道扬镳的. 同学们将有幸看到 21 世纪这分道扬镳的一对会如何发展和演变. 愈走愈远? 还是殊途同归? 确切些说, 哪些部分将愈走愈远? 哪些部分则殊途同归? 能目睹人类对大自然规律探索过程的曲折发展应是一大乐趣.

§12.8　复平面上的 Γ 函数

我们在例 6.7.3 中是用以下的积分表达式引进 Γ 函数的：对于 $x>0$, Γ 函数在 x 处的值定义为

$$\Gamma(x)=\int_0^\infty t^{x-1}\mathrm{e}^{-t}dt.$$

当时只对正实数 x 给出了 Γ 函数的值. 事实上, 对于满足条件 $\Re z>0$ 的 $z\in\mathbf{C}$, 下式右端的积分

$$\Gamma(z)=\int_0^\infty t^{z-1}\mathrm{e}^{-t}dt$$

也收敛. 因此, 也可以通过这个公式将 Γ 函数的定义域扩充到复平面的右半开平面 $\{z \in \mathbf{C} : \Re z > 0\}$ 上. 不难看出, 如此扩充了定义域后的 Γ 函数在复平面的右半开平面 $\{z \in \mathbf{C} : \Re z > 0\}$ 上是全纯的. 这个全纯函数的定义域还可扩大, 但已不能用以上的积分来表示了, 因为这个积分在左半开平面 $\{z \in \mathbf{C} : \Re z < 0\}$ 上便发散了. 但是, 在第一册第 6 章 §6.9 的练习 6.9.1 的 (ii) 中还有一个 **Γ函数的Euler-Gauss表示式**:

$$\Gamma(z) = \lim_{n\to\infty} \frac{n^z n!}{z(z+1)\cdots(z+n)}.$$

下面我们要证明: 上式右端的极限当 $z \notin \{0, -1, -2, \cdots, -n, \cdots\}$ 时存在且有限. 上式自然就成为 Γ 函数在 (除了非正整数点外的) 复平面上的定义的一个很好的候选者. 在正式引进 Γ 函数在复平面上定义之前先介绍几个关于无穷乘积的命题 (关于无穷乘积的知识请参看本节后面的练习 12.8.8).

命题 12.8.1 以下的无穷乘积

$$z\mathrm{e}^{\gamma z} \prod_{n=1}^{\infty} \left[\left(1 + \frac{z}{n}\right)\mathrm{e}^{-\frac{z}{n}}\right]$$

对一切 $z \in \mathbf{C}$ 收敛, 且代表一个 $\mathbf{C}$ 上的整函数 (在整个复平面 $\mathbf{C}$ 上的全纯函数称为整函数), 其中常数 γ 是由下式定义的 (参看第一册第 6 章 §6.3 的练习 6.3.3 的 (ii) 和 §6.9 的练习 6.9.11 的 (xi)):

$$\gamma = \lim_{j\to\infty} \left[\sum_{i=1}^{j} \frac{1}{i} - \ln j\right] = 0.5772157\cdots.$$

而且这个整函数的零点全体是如下的集合: $\{0, -1, -2, \cdots, -n, \cdots\}$.

证 给定了 $z \in \mathbf{C}$, 选一个 $N \in \mathbf{N}$ 使得 $|z| \leqslant N/2$, 则对于任何 $n > N$, 有

$$\begin{aligned}\left|\ln\left(1 + \frac{z}{n}\right) - \frac{z}{n}\right| &= \left|-\frac{1}{2}\frac{z^2}{n^2} + \frac{1}{3}\frac{z^3}{n^3} - \cdots\right| \\ &\leqslant \frac{|z|^2}{2n^2}\left[1 + \left|\frac{z}{n}\right| + \left|\frac{z^2}{n^2}\right| + \cdots\right] \\ &\leqslant \frac{N^2}{n^2}\frac{|z|^2}{N^2}\frac{1}{2}\left[1 + \frac{1}{2} + \frac{1}{2^2} + \cdots\right] \leqslant \frac{1}{4}\frac{N^2}{n^2}.\end{aligned}$$

由 Weierstrass 优势级数判别法 (定理 4.4.3) 可知, 级数

$$\sum_{n=N+1}^{\infty}\left[\ln\left(1+\frac{z}{n}\right)-\frac{z}{n}\right]$$

在 $\{z\in\mathbf{C}:|z|\leqslant N/2\}$ 上一致地绝对收敛, 故该级数在 $\{z\in\mathbf{C}:|z|\leqslant N/2\}$ 上代表一个全纯函数. 它的指数函数

$$\prod_{n=N+1}^{\infty}\left[\left(1+\frac{z}{n}\right)\mathrm{e}^{-\frac{z}{n}}\right]$$

在 $\{z\in\mathbf{C}:|z|\leqslant N/2\}$ 上代表一个全纯函数. 所以,

$$z\mathrm{e}^{\gamma z}\prod_{n=1}^{\infty}\left[\left(1+\frac{z}{n}\right)\mathrm{e}^{-\frac{z}{n}}\right]$$

在 $\{z\in\mathbf{C}:|z|\leqslant N/2\}$ 上代表一个全纯函数. 由于 N 的任意性, 这个无穷乘积在整个复平面上是个整函数.

又因指数函数 $\mathrm{e}^z=\mathrm{e}^x\cdot\mathrm{e}^{\mathrm{i}y}$ 在复平面上是无零点的, 因此

$$\prod_{n=N+1}^{\infty}\left[\left(1+\frac{z}{n}\right)\mathrm{e}^{-\frac{z}{n}}\right]$$

在 $\{z\in\mathbf{C}:|z|\leqslant N/2\}$ 上无零点. 故

$$\begin{aligned}&z\mathrm{e}^{\gamma z}\prod_{n=1}^{\infty}\left[\left(1+\frac{z}{n}\right)\mathrm{e}^{-\frac{z}{n}}\right]\\&\quad=z\mathrm{e}^{\gamma z}\prod_{n=1}^{N}\left[\left(1+\frac{z}{n}\right)\mathrm{e}^{-\frac{z}{n}}\right]\cdot\prod_{n=N+1}^{\infty}\left[\left(1+\frac{z}{n}\right)\mathrm{e}^{-\frac{z}{n}}\right]\end{aligned}$$

在 $\{z\in\mathbf{C}:|z|\leqslant N/2\}$ 上的零点全体是 $\{0,-1,-2,\cdots,-[N/2]\}$. 由此证得: 上式所代表的整函数的零点全体是 $\{0,-1,-2,\cdots,-n,\cdots\}$. □

命题 12.8.2　对于一切 $z\in\mathbf{C}$, 我们有

$$\left\{z\mathrm{e}^{\gamma z}\prod_{n=1}^{\infty}\left[\left(1+\frac{z}{n}\right)\mathrm{e}^{-\frac{z}{n}}\right]\right\}^{-1}=\frac{1}{z}\prod_{n=1}^{\infty}\left[\left(1+\frac{1}{n}\right)^{z}\left(1+\frac{z}{n}\right)^{-1}\right].$$

证 先计算左端的无穷乘积, 我们有

$$
\begin{aligned}
& z\mathrm{e}^{\gamma z}\prod_{n=1}^{\infty}\left[\left(1+\frac{z}{n}\right)\mathrm{e}^{-\frac{z}{n}}\right] \\
&= z\left[\lim_{j\to\infty}\mathrm{e}^{\left(1+\frac{1}{2}+\cdots+\frac{1}{j}-\ln j\right)z}\right]\left[\lim_{j\to\infty}\prod_{n=1}^{j}\left\{\left(1+\frac{z}{n}\right)\mathrm{e}^{-\frac{z}{n}}\right\}\right] \\
&= z\lim_{j\to\infty}\left[\mathrm{e}^{\left(1+\frac{1}{2}+\cdots+\frac{1}{j}-\ln j\right)z}\prod_{n=1}^{j}\left\{\left(1+\frac{z}{n}\right)\mathrm{e}^{-\frac{z}{n}}\right\}\right] \\
&= z\lim_{j\to\infty}\left[j^{-z}\prod_{n=1}^{j}\left(1+\frac{z}{n}\right)\right] \\
&= z\lim_{j\to\infty}\left[\prod_{n=1}^{j-1}\left(1+\frac{1}{n}\right)^{-z}\prod_{n=1}^{j}\left(1+\frac{z}{n}\right)\right] \\
&= z\lim_{j\to\infty}\left[\prod_{n=1}^{j}\left\{\left(1+\frac{z}{n}\right)\left(1+\frac{1}{n}\right)^{-z}\right\}\left(1+\frac{1}{j}\right)^{z}\right].
\end{aligned}
$$

求两端的倒数并注意 $\lim\limits_{j\to\infty}\left(1+\frac{1}{j}\right)^{z}=1$ 便得命题所要的结论. □

命题 12.8.3 对于一切 $z\in\mathbf{C}$, 我们有

$$
\lim_{n\to\infty}\frac{n^{z}n!}{z(z+1)\cdots(z+n)}=\frac{1}{z}\prod_{n=1}^{\infty}\left[\left(1+\frac{1}{n}\right)^{z}\left(1+\frac{z}{n}\right)^{-1}\right].
$$

证 上式右端无穷乘积的部分积可改写成如下形式:

$$
\begin{aligned}
\frac{1}{z}\prod_{n=1}^{k}\left[\left(1+\frac{1}{n}\right)^{z}\left(1+\frac{z}{n}\right)^{-1}\right] &= \frac{1}{z}(k+1)^{z}\prod_{n=1}^{k}\left(1+\frac{z}{n}\right)^{-1} \\
&= \frac{(k+1)^{z}k!}{z(z+1)\cdots(z+k)}=\frac{k^{z}k!}{z(z+1)\cdots(z+k)}\frac{(k+1)^{z}}{k^{z}},
\end{aligned}
$$

注意到 $\lim\limits_{k\to\infty}\frac{(k+1)^{z}}{k^{z}}=1$, 命题所要的结论证得. □

现在我们可以在复平面上给出 Γ 函数的定义了.

定义 12.8.1 当复数 $z\notin\{0,-1,-2,\cdots,-n,\cdots\}$ 时, 复平面上的 **Γ函数**在 z 处的值定义为

$$
\Gamma(z)=\lim_{n\to\infty}\frac{n^{z}n!}{z(z+1)\cdots(z+n)}. \tag{12.8.1}
$$

将命题 12.8.1, 命题 12.8.2 和命题 12.8.3 结合起来, 我们得到如下的定理:

定理 12.8.1 函数 $1/\Gamma(z)$ 在复平面 $\mathbf{C}$ 上是整函数, 且

$$\frac{1}{\Gamma(z)} = z\mathrm{e}^{\gamma z}\prod_{n=1}^{\infty}\left[\left(1+\frac{z}{n}\right)\mathrm{e}^{-\frac{z}{n}}\right]. \tag{12.8.2}$$

注 Weierstrass 就是通过公式 (12.8.2) 引进 Γ 函数的.

推论 12.8.1 $\Gamma(z)$ 在复平面 $\mathbf{C}$ 上是亚纯函数. 它的奇点全体是 $\{0,-1,-2,\cdots,-n,\cdots\}$, 且奇点都是一阶极点.

证 根据命题 12.4.1 得到. □

由于 Γ 函数是整个复平面 $\mathbf{C}$ 上的亚纯函数, 它是以前只在正的实半轴上定义的 Γ 函数的 (唯一确定的) 解析延拓. 以前证明了许多 (对只在正的实半轴上定义的 Γ 函数适用的) 公式. 只要公式两端都可以解析延拓成整个复平面上定义的亚纯函数, 这些公式对于现在已经在整个复平面上定义的亚纯函数 Γ 也成立. 这是因为公式两端都是半纯函数, 且在正实半轴上两端相等, 因此在奇点以外它们都相等, 且两端的奇点性质应是一样的.

例如, 以下三个公式 (递推公式, 倍元公式和余元公式) 在复平面上除孤立的奇点外都成立:

$$\forall z \in \mathbf{C}\setminus(\mathbf{Z}\setminus\mathbf{N})\Big(\Gamma(z+1) = z\Gamma(z)\Big);$$

$$\forall z \in \mathbf{C}\setminus[(\mathbf{Z}\setminus\mathbf{N})/2]\left(\Gamma(z)\Gamma\left(z+\frac{1}{2}\right) = \frac{\sqrt{\pi}}{2^{2z-1}}\Gamma(2z)\right);$$

$$\forall z \in \mathbf{C}\setminus\mathbf{Z}\left(\Gamma(z)\Gamma(1-z) = \frac{\pi}{\sin\pi z}\right),$$

其中 $(\mathbf{Z}\setminus\mathbf{N})/2 = \{z/2 : z \in \mathbf{Z}\setminus\mathbf{N}\}$.

我们已经指出, 因为积分

$$\int_0^{\infty} t^{z-1}\mathrm{e}^{-t}dt$$

在复平面的左半平面 $\{z \in \mathbf{C} : \Re z < 0\}$ 上发散, 所以 Γ 函数在复平面的左半平面 $\{z \in \mathbf{C} : \Re z < 0\}$ 上的值不能用这个积分表示. 但是在定

义 11.7.4 中曾给出了 Hadamard 关于发散积分的有限部分的概念 (参看第 11 章 §11.7 的练习 11.7.5 到练习 11.7.13, 特别是练习 11.7.5 的 (i)), 它很可能会帮助我们解决在复平面的左半平面 $\{z \in \mathbf{C} : \Re z < 0\}$ 上的 Γ 函数值的积分表示问题. 应该指出, Cauchy 早在 1827 年 (远在 Hadamard 诞生前) 得到的以下结果便回答了这个问题.

命题 12.8.4 若 $z \notin \mathbf{Z}$, 我们有

$$\Gamma(z) = \begin{cases} \displaystyle\int_0^\infty t^{z-1}\mathrm{e}^{-t}dt, & \text{若 } \Re z > 0, \\ \displaystyle\mathrm{Pf.}\int_0^\infty t^{z-1}\mathrm{e}^{-t}dt, & \text{若 } \Re z \text{不是小于或等于零的整数}, \end{cases}$$

其中

$$\mathrm{Pf.}\int_0^\infty t^{z-1}\mathrm{e}^{-t}dt = \int_0^\infty t^{z-1}\left(\mathrm{e}^{-t} - 1 + t - \frac{t^2}{2!} + \cdots + (-1)^{k+1}\frac{t^k}{k!}\right)dt,$$

上式右端的 k 是满足不等式 $-k > \Re z > -k-1$ 的整数, 而 "Pf." 表示发散积分的 Hadamard 有限部分.

注 我们愿意说明关于 Γ 函数的发散积分有限部分的公式如下. 被积函数 $t^{z-1}\mathrm{e}^{-t}$ 在区间 $(0, \infty)$ 上是局部可积的. 不难看出: 当 $\Re z$ 不是小于或等于零的整数时, 我们有

$$\begin{aligned}\int_\varepsilon^\infty t^{z-1}\mathrm{e}^{-t}dt &= \int_\varepsilon^\infty t^{z-1}\left(\mathrm{e}^{-t} - 1 + t - \frac{t^2}{2!} + \cdots + (-1)^{k+1}\frac{t^k}{k!}\right)dt \\ &\quad + \int_\varepsilon^\infty t^{z-1}\left(1 - t + \frac{t^2}{2!} - \cdots + (-1)^k\frac{t^k}{k!}\right)dt \\ &= \int_\varepsilon^\infty t^{z-1}\left(\mathrm{e}^{-t} - 1 + t - \frac{t^2}{2!} + \cdots + (-1)^{k+1}\frac{t^k}{k!}\right)dt \\ &\quad - \left(\frac{\varepsilon^z}{z} - \frac{\varepsilon^{z+1}}{z+1} + \frac{\varepsilon^{z+2}}{2!(z+2)} - \cdots + (-1)^k\frac{\varepsilon^{z+k}}{k!(z+k)}\right),\end{aligned}$$

其中 k 是满足不等式 $-k > \Re z > -k-1$ 的整数. 不难看出, 右端第一个积分是收敛的. 由发散积分的 Hadamard 有限部分的定义, 便得到公式:

$$\mathrm{Pf.}\int_0^\infty t^{z-1}\mathrm{e}^{-t}dt = \int_0^\infty t^{z-1}\left(\mathrm{e}^{-t} - 1 + t - \frac{t^2}{2!} + \cdots + (-1)^{k+1}\frac{t^k}{k!}\right)dt.$$

证　设

$$\Gamma_2(z)=\begin{cases}\displaystyle\int_0^{\infty} t^{z-1}\mathrm{e}^{-t}dt, & 若\Re z>0,\\ \displaystyle\mathrm{Pf.}\int_0^{\infty} t^{z-1}\mathrm{e}^{-t}dt, & 若\Re z<0且\Re z不是小于或等于零的整数.\end{cases}$$

当 $\Re z>0$ 时, 显然 $\Gamma_2(z)=\Gamma(z)$. 以下讨论 $\Re z<0$ 且 $\Re z$ 不是小于或等于零的整数的情形. 令 k 是满足不等式 $-k>\Re z>-k-1$ 的整数. 通过分部积分我们得到

$$\begin{aligned}\Gamma_2(z)&=\int_0^{\infty} t^{z-1}\left(\mathrm{e}^{-t}-1+t-\frac{t^2}{2!}+\cdots+(-1)^{k+1}\frac{t^k}{k!}\right)dt.\\ &=\left[\frac{t^z}{z}\left(\mathrm{e}^{-t}-1+t-\frac{t^2}{2!}+\cdots+(-1)^{k+1}\frac{t^k}{k!}\right)\right]_0^{\infty}\\ &\quad+\frac{1}{z}\int_0^{\infty} t^{z}\left(\mathrm{e}^{-t}-1+t-\frac{t^2}{2!}+\cdots+(-1)^{k}\frac{t^{k-1}}{(k-1)!}\right)dt.\end{aligned}$$

因 $\Re z+k<0<\Re z+k+1$, 等式右端第一项 (方括弧中的项) 等于零. 所以有

$$\Gamma_2(z)=\frac{1}{z}\Gamma_2(z+1).$$

当 $\Re z<0<\Re z+1$ 时, 我们有

$$z\Gamma(z)=\Gamma(z+1)=\Gamma_2(z+1)=z\Gamma_2(z).$$

因而, 当 $\Re z<0<\Re z+1$ 时, 我们有

$$\Gamma(z)=\Gamma_2(z).$$

反复使用这个办法, 我们得到: 对于任何满足条件 $\Re z<-1$ 且 $\Re z$ 不是零或负整数的 z, 有

$$\Gamma(z)=\Gamma_2(z)=\int_0^{\infty} t^{z-1}\left(\mathrm{e}^{-t}-1+t-\frac{t^2}{2!}+\cdots+(-1)^{k+1}\frac{t^k}{k!}\right)dt.\quad\square$$

注　因为 Γ 函数在复平面上的值是它在正实半轴上的值的解析延拓. Γ 函数在正实半轴上的定义中出现的积分对于左半复平面上的

z 便成为发散积分, 这个发散积分的 Hadamard 有限部分可以定义如下：积分对应于使积分收敛的参数 z 的值是个 z 的函数, 这个 z 的函数的解析延拓便是发散积分的 Hadamard 有限部分. 这个事实对于一般的发散积分的 Hadamard 有限部分在一定的条件下也是适用的. 本讲义不去讨论它的细节了. 同学们可参考介绍广义函数的有关书籍, 例如 [35].

命题 12.8.4 中 Γ 函数的积分表示式中的被积函数形式随着 z 变化而变化. 下面我们要推导另一种 Γ 函数的积分表示式, 它的被积函数的形式不随 z 变化而变化. 为此考虑以下的回路积分

$$\int_D (-t)^{z-1}\mathrm{e}^{-t}dt,$$

其中 D 是从正实数 ρ 出发沿着正半实数轴到达 $\delta<\rho$, 然后沿着以数 0 为圆心、δ 为半径的圆周逆时针方向转一周回到 δ, 最后沿着正半实数轴到达 $\rho>\delta$ 的回路 (参看图 12.8.1). 在 D 上, $-\pi\leqslant\arg(-t)\leqslant\pi$. 由于 $(-t)^{z-1}$ 在以 D 为边界的圆盘内非全纯 (事实上是多值函数), 故积分非零. 为了使多值函数 $(-t)^{z-1}$ 所取的值确定, 我们作如下约定：在 t 的复平面上沿着正的实半轴切一刀, 在切了这一刀后的复平面上我们要求函数 $(-t)^{z-1}$ 满足如下条件：

$$(-t)^{z-1}=\mathrm{e}^{(z-1)\ln(-t)},\quad \text{当 } t \text{ 取负实数值时}, \ln(-t)\text{取实数值}.$$

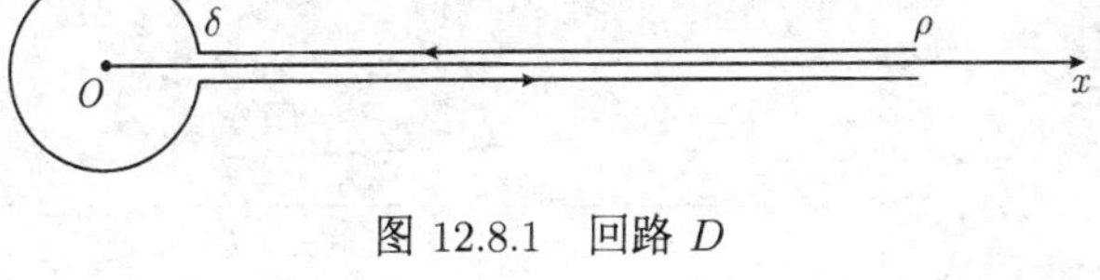

图 12.8.1 回路 D

换言之, $t=|t|\mathrm{e}^{\mathrm{i}\theta}(0<\theta<2\pi)$ 时, $-t=|t|\mathrm{e}^{\mathrm{i}\vartheta}(-\pi<\vartheta<\pi)$, 其中, $\vartheta=\theta-\pi$. 所以, $\ln(-t)=\ln|t|+\mathrm{i}\vartheta$. 由 Cauchy 定理, 这个沿 D 的积分等于沿以下三条路线的积分之和：(1) 从 ρ 到 δ 的直线段, 其中 $0<\delta<\rho$; (2) 从正实数 δ 出发沿着以数 0 为圆心、δ 为半径的圆周逆时针方向转一周回到 δ 的回路; (3) 从 δ 到 ρ 的直线段. 在这三条路

上, 我们有

$$(-t)^{z-1}=\begin{cases}\mathrm{e}^{-\mathrm{i}\pi(z-1)}t^{z-1}, & \text{当 } t \text{ 在第一条路上时: } \arg(-t)=-\pi,\\ \delta^{z-1}\mathrm{e}^{\mathrm{i}\vartheta(z-1)}, & \text{当 } t \text{ 在第二条路上时: } -t=\mathrm{e}^{\mathrm{i}\vartheta}\delta,\\ \mathrm{e}^{\mathrm{i}\pi(z-1)}t^{z-1} & \text{当 } t \text{ 在第三条路上时: } \arg(-t)=\pi.\end{cases}$$

值得强调的是, 上式及以下的讨论中我们总是约定: 当 $a>0$ 时, $a^z=\mathrm{e}^{z\ln a}$, 其中 $\ln a$ 就是取实数值的 $\ln a$ 的分支. 所以 D 上的曲线积分是

$$\begin{aligned}\int_D(-t)^{z-1}\mathrm{e}^{-t}dt&=\int_\rho^\delta \mathrm{e}^{-\mathrm{i}\pi(z-1)}t^{z-1}\mathrm{e}^{-t}dt\\&\quad+\int_{-\pi}^{\pi}(\delta\mathrm{e}^{\mathrm{i}\vartheta})^{z-1}\mathrm{e}^{\delta(\cos\vartheta+\mathrm{i}\sin\vartheta)}\delta\mathrm{e}^{\mathrm{i}\vartheta}\mathrm{i}d\vartheta+\int_\delta^\rho \mathrm{e}^{\mathrm{i}\pi(z-1)}t^{z-1}\mathrm{e}^{-t}dt\\&=-2\mathrm{i}\sin(\pi z)\int_\delta^\rho t^{z-1}\mathrm{e}^{-t}dt+\mathrm{i}\delta^z\int_{-\pi}^{\pi}\mathrm{e}^{\mathrm{i}z\vartheta+\delta(\cos\vartheta+\mathrm{i}\sin\vartheta)}d\vartheta.\end{aligned}$$

今设 $\Re z>0$. 让 $\delta\to 0$, 上式右端第二项趋于零, 我们得到

$$\int_D(-t)^{z-1}\mathrm{e}^{-t}dt=-2\mathrm{i}\sin(\pi z)\int_0^\rho t^{z-1}\mathrm{e}^{-t}dt.$$

再让 $\rho\to\infty$, 我们有

$$\int_C(-t)^{z-1}\mathrm{e}^{-t}dt=-2\mathrm{i}\sin(\pi z)\int_0^\infty t^{z-1}\mathrm{e}^{-t}dt,$$

其中 C 是 D 的极限路线 (如图 12.8.2 所示). 因而当 $\Re z>0$ 且 $z\notin\mathbf{Z}$ 时, 有

$$\Gamma(z)=-\frac{1}{2\mathrm{i}\sin\pi z}\int_C(-t)^{z-1}\mathrm{e}^{-t}dt.$$

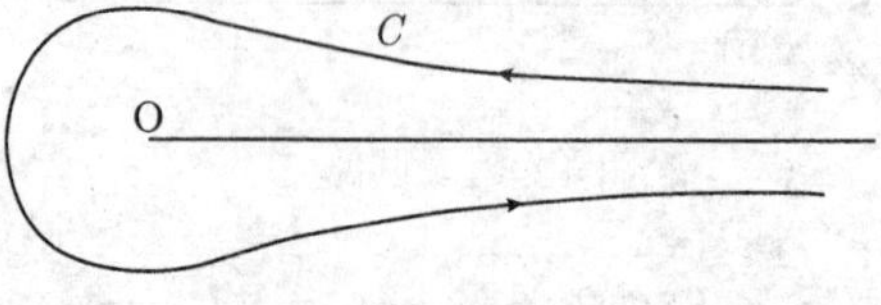

图 12.8.2 回路 C

由于右端积分的道路 C 不经过点 0 又不与正实半轴相交, 它对于任何 z 都收敛, 且代表一个全纯函数. 所以上述公式对于任何 $z\notin\mathbf{Z}$ 都成立. 我们证得了以下的定理:

定理 12.8.2(Γ 函数的 Hankel 积分表示) 对于任何 $z \notin \mathbf{Z}$, 以下等式成立:

$$\Gamma(z) = -\frac{1}{2\mathrm{i}\sin \pi z}\int_C (-t)^{z-1}\mathrm{e}^{-t}dt.$$

推论 12.8.2 对于任何 $z \notin \mathbf{Z}$, 以下等式成立:

$$\frac{1}{\Gamma(z)} = \frac{\mathrm{i}}{2\pi}\int_C (-t)^{-z}\mathrm{e}^{-t}dt.$$

证 在 Γ 函数的 Hankel 积分表示

$$\Gamma(z) = -\frac{1}{2\mathrm{i}\sin \pi z}\int_C (-t)^{z-1}\mathrm{e}^{-t}dt$$

中让 z 用 $1-z$ 代入后得到

$$\Gamma(1-z) = -\frac{1}{2\mathrm{i}\sin \pi z}\int_C (-t)^{-z}\mathrm{e}^{-t}dt.$$

将 $\Gamma(1-z)$ 的这个表式代入 Γ 函数的余元公式

$$\Gamma(z)\Gamma(1-z) = \frac{\pi}{\sin \pi z}$$

后, 我们有

$$-\Gamma(z)\frac{1}{2\mathrm{i}\sin \pi z}\int_C (-t)^{-z}\mathrm{e}^{-t}dt = \frac{\pi}{\sin \pi z}.$$

稍加整理便得推论中要证的等式. □

练　　习

12.8.1 (i) 试证: 当 $\Re z > 0, \Re w > 0$ 时, 积分

$$\mathrm{B}(z,w) = \int_0^1 t^{z-1}(1-t)^{w-1}dt$$

收敛, 且 $\mathrm{B}(z,w)$ 是 §6.9 附加习题 6.9.3 中的 B 函数的 (二元) 解析延拓 (二元解析函数定义为当一个自变量固定时, 对另一个自变量解析的函数);

(ii) 试证: 当 $\Re z > 0$, $\Re w > 0$ 时, $\mathrm{B}(z,w) = \mathrm{B}(w,z)$;

(iii) 试证: 当 $\Re z > 0$, $\Re w > 0$ 时,

$$\mathrm{B}(z,w) = \frac{\Gamma(z)\Gamma(w)}{\Gamma(z+w)};$$

(iv) 试证: $\mathrm{B}(z,w)$ 可解析延拓至所有满足条件 $z, w \notin \{0,-1,-2,\cdots\}$ 的 $(z,w) \in \mathbf{C}^2$;

(v) 试证：对于一切满足条件 $z, w \notin \{0, -1, -2, \cdots\}$ 的 $(z, w) \in \mathbf{C}^2$, 有

$$\mathrm{B}(z, w) = 2\int_0^{\pi/2} (\sin\theta)^{2z-1}(\cos\theta)^{2w-1} d\theta.$$

利用古希腊数学家 **Eratosthenes的筛法**, 原则上可以构造一个任意大的素数表. **Gauss** 在仔细查看素数表后提出了以下的 "**素数定理**":

$$\pi(n) \sim \frac{n}{\ln n},$$

其中 $\pi(n)$ 表示不大于 n 的素数的个数.

Gauss 是在 14 岁的时候 (1791 年) 将素数定理的上述公式写在他常用的素数表的边上. 但是他未能给出素数定理的证明. 1896 年 (在 Gauss 提出这个素数定理 105 年后) 法国数学家 **J.Hadamard** 和比利时数学家 **de la Vallee Poussin** 相互独立地证明了

$$\lim_{n\to\infty} \frac{\pi(n)}{n/\ln n} = 1.$$

虽然这个定理的条件和结论都没有涉及复数, Hadamard 和 de la Vallee Poussin 在完成这个光辉定理的证明时却都以复分析为工具. 为此 Hadamard 说: "解决一个实数域问题的捷径往往是要穿过复数域的". 穿过复数域的道路虽说是捷径却仍然十分曲折. 寻觅这条十分曲折的捷径是需要决心和恒心的. 以下 16 个练习题是介绍 Riemann ζ 函数的定义及其初等性质并阐明如何利用 Riemann ζ 函数去证明素数定理. 选择这个课题作为习题是因为这个证明包含了许多复分析知识 (特别是留数定理) 的应用, 而素数定理又是纯粹数学中十分有趣的一个结果, 它几乎已是任何以数学为职业的人所应有的常识. 下面我们将介绍素数定理经过后人 (特别是**D.J.Newman**[29]) 简化了的一个证明, 这个证明所用的数学都是初等的, 即只用到本讲义中介绍过的数学知识. 在提示的指引下, 每一步推演应该都是不难的, 但把这许多步联系在一起的证明路线图的设计就不是件容易的事了. 不过, 应该指出的是, 这个证明路线图的获得也非一朝一夕之功, Hadamard 和 de la Vallee Poussin 也是在前人 (特别是 Chebyshev 和 Sylvester) 的工作基础上往前推进的.

12.8.2 对于 $\Re z > 1$, Riemann 的 **ζ函数**定义为

$$\zeta(z) = \sum_{n=1}^{\infty} \frac{1}{n^z} = \sum_{n=1}^{\infty} \mathrm{e}^{-z\ln n}.$$

(i) 试证：上式右端的级数在 $K = \{z \in \mathbf{C} : \Re z > 1\}$ 的任何紧子集上是一致收敛的, 因而 ζ 在 $\{z \in \mathbf{C} : \Re z > 1\}$ 上全纯.

(ii) 记 $\mathcal{P} = \{2, 3, 5, 7, 11, \cdots\} =$ 为全体素数按大小顺序排成的序列. 试证：对于 $\Re z > 1$, 无穷乘积 $\prod\limits_{p\in\mathcal{P}} (1 - 1/p^z)$ 收敛.

(iii) 记 $\mathcal{P} = \{2, 3, 5, 7, 11, \cdots\} = \{p_1, p_2, \cdots, p_N, \cdots\}$ 为全体素数按大小顺序排成的序列. 试证：对于满足条件 $\Re z > 1$ 的 z, 有

$$\frac{1}{\zeta(z)} = \prod_{p\in\mathcal{P}}\left(1 - \frac{1}{p^z}\right).$$

特别, 在 $K = \{z \in \mathbf{C} : \Re z > 1\}$ 内 ζ 无零点.

注 上式称为 **ζ函数的Euler无穷乘积表示式**.

(iv) 试证：对于任何 $z \in K = \{z \in \mathbf{C} : \Re z > 1\}$ 和任何 $m \in \mathbf{N}$, 我们有

$$\sum_{n=1}^{m}\frac{1}{n^z} = \int_1^m \frac{dx}{x^z} + \frac{1}{2}\left(1 + \frac{1}{m^z}\right) - \sum_{j=1}^{l}\frac{B_{2j}}{2j}\binom{z+2j-2}{2j-1}x^{-z-2j+1}\Bigg|_1^m$$
$$-\binom{z+2l}{2l+1}\int_1^m \widetilde{B}_{2l+1}(x)x^{-(z+2l+1)}dx,$$

其中 B_{2j} 是 Bernoulli 数, $\widetilde{B}_{2l+1}(x) = B_{2l+1}(x - [x])$, $B_{2l+1}(\cdot)$ 是 Bernoulli 多项式, 而**推广了的二项系数**定义如下：

$$\binom{z+2j-2}{2j-1} = \frac{(z+2j-2)(z+2j-3)\cdots z}{(2j-1)!},$$

它是 z 的整函数.

(v) 在 $K = \{z \in \mathbf{C} : \Re z > 1\}$ 内 Riemann ζ 函数作为 (在 $K = \{z \in \mathbf{C} : \Re z > 1\}$ 内) 收敛的级数 $\sum\limits_{n=1}^{\infty}\frac{1}{n^z}$, 试证：对于任何自然数 l 和任何满足条件 $\Re z > 1$ 的 z, 我们有以下的 Riemann ζ 函数的展开式：

$$\zeta(z) \equiv \sum_{n=1}^{\infty}\frac{1}{n^z} = \frac{1}{2} + \frac{1}{z-1} + \sum_{j=1}^{l}\frac{B_{2j}}{2j}\binom{z+2j-2}{2j-1} - \binom{z+2l}{2l+1}F_l(z),$$

其中

$$F_l(z) = \int_1^{\infty}\widetilde{B}_{2l+1}(x)x^{-(z+2l+1)}dx.$$

(vi) 记 $K_l = \{z \in \mathbf{C} : \Re z > -2l\}$. 试证：$F_l : K_l \to \mathbf{C}$ 有定义且在 K_l 上解析.

(vii) 定义函数 $G_l : K_l \to \mathbf{C}$ 如下：

$$G_l(z) = \sum_{j=1}^{l}\frac{B_{2j}}{2j}\begin{pmatrix} z+2j-2 \\ 2j-1 \end{pmatrix} - \begin{pmatrix} z+2l \\ 2l+1 \end{pmatrix}F_l(z).$$

试证：对于 $k > l$, G_k 是 G_l 的解析延拓.

(viii) 定义在 $\{z \in \mathbf{C} : \Re z > 1\}$ 上的 Riemann ζ 函数

$$\zeta(z) = \sum_{n=1}^{\infty}\frac{1}{n^z} = \sum_{n=1}^{\infty}\mathrm{e}^{-z\ln n}$$

可以解析延拓至 $\mathbf{C}\setminus\{1\}$, 而且 1 是 ζ 函数的简单 (一阶) 极点, ζ 函数在 1 处的留数为 1. 换言之, 函数 $\zeta(z) - \frac{1}{z-1}$ 是整函数.

我们在练习 12.8.2 中用 Euler-Maclaurin 公式得到了函数 $\zeta(z)-\dfrac{1}{z-1}$ 是整函数的结果. 练习 12.8.3, 12.8.4 和 12.8.5 中将给出这个结果的一个未用 Euler-Maclaurin 公式的证明, 这个证明是在引进了 Hankel 函数后, 通过一系列初等的但并非平凡的计算而完成的.

12.8.3 本题要给出 ζ 函数的一个积分表达式.

(i) 试证: 对于 $\Re z>1$,

$$j^{-z}=\frac{1}{\Gamma(z)}\int_0^\infty t^{z-1}\mathrm{e}^{-jt}dt.$$

(ii) 试证: 对于 $\Re z>1$, 我们有以下的 **ζ函数积分表达式**:

$$\zeta(z)=\frac{1}{\Gamma(z)}\int_0^\infty \frac{t^{z-1}\mathrm{e}^{-t}}{1-\mathrm{e}^{-t}}dt.$$

12.8.4 在练习 12.8.3 的 (ii) 中得到的 ζ 函数积分表达式的启发下, 我们愿意引进 Hankel 函数如下: 在集合 $\mathbf{C}\setminus\{w\in\mathbf{C}:\Im w=0,\Re w\geqslant 0\}$ 上定义 (单值解析) 函数

$$u(w)=\frac{(-w)^{z-1}\mathrm{e}^{-w}}{1-\mathrm{e}^{-w}},$$

我们约定: 式中右端的 $(-w)^{z-1}=\mathrm{e}^{(z-1)[\ln|w|+\mathrm{i}\arg(-w)]}$, 其中 $-\pi<\arg(-w)<\pi$. 应该强调的是: u 不只依赖于 w, 还依赖于 z. 对于任何 $0<\varepsilon\neq 2k\pi$(注意: $2k\pi\mathrm{i}$ 是 u 的奇点), **Hankel函数**定义为

$$H_\varepsilon(z)=\int_{C_\varepsilon}u(w)dw,$$

对于 $0<\delta<\varepsilon$, 积分回路 C_ε 是如下定义的 **Hankel回路** (在 Γ 函数的 Hankel 积分表示中曾遇见过它, 参看定理 12.8.2 及该定理前的一段讨论中的图 12.8.1): $C_\varepsilon=C_\varepsilon(\delta)=L_1\cup D\cup L_2$, 其中 $L_1=\{w\in\mathbf{C}:\Im w=\delta,\tilde{\varepsilon}\leqslant\Re w<\infty\}$ 和 $L_2=\{w\in\mathbf{C}:\Im w=-\delta,\tilde{\varepsilon}\leqslant\Re w<\infty\}$ 是两条 $\mathbf{C}$ 上的半直线, $\tilde{\varepsilon}=\sqrt{\varepsilon^2-\delta^3}$, 而 D 是个以 0 为圆心 ε 为半径右边开个小口使之与上述两条半直线正好接上的右端有一个小缺口的圆周 (即挖掉右端的一段小弧后的圆周):

$$D=\{\varepsilon\mathrm{e}^{\mathrm{i}\theta}:\arcsin(\delta/\varepsilon)\leqslant\theta\leqslant 2\pi-\arcsin(\delta/\varepsilon)\}.$$

Hankel 回路的定向是逆时针方向.

(i) 对于 $0<\delta<\varepsilon$ 和一切 $z\in\mathbf{C}$, 试证: Hankel 函数 $H_\varepsilon(z)$ 存在并是 $\mathbf{C}$ 上的整函数, 而且 Hankel 函数 $H_\varepsilon(z)$ 的值不依赖于满足条件 $0<\delta<\varepsilon$ 的 δ 的选取.

(ii) 设 $0<\varepsilon_1<\varepsilon_2<2\pi$. 试证: $H_{\varepsilon_1}(z)=H_{\varepsilon_2}(z)$, 换言之, Hankel 函数 $H_\varepsilon(z)$ 当 $\varepsilon\in(0,2\pi)$ 时是个不依赖于 ε 的整函数, 有时这个不依赖于 $\varepsilon\in(0,2\pi)$ 的 Hankel 函数简记做 $H(z)=H_\varepsilon(z)(0<\varepsilon<2\pi)$.

(iii) 试证:

$$H_\varepsilon(z)=\mathrm{I}+\mathrm{II}+\mathrm{III},$$

其中

$$\mathrm{I} = \int_{\infty}^{\tilde{\varepsilon}} \frac{\mathrm{e}^{(z-1)\cdot\ln(-(t+\mathrm{i}\delta))}\mathrm{e}^{-(t+\mathrm{i}\delta)}}{1-\mathrm{e}^{-(t+\mathrm{i}\delta)}} dt,$$

$$\mathrm{II} = \int_{\tilde{\varepsilon}}^{\infty} \frac{\mathrm{e}^{(z-1)\cdot\ln(-(t-\mathrm{i}\delta))}\mathrm{e}^{-(t-\mathrm{i}\delta)}}{1-\mathrm{e}^{-(t-\mathrm{i}\delta)}} dt$$

和

$$\mathrm{III} = \int_{\tilde{\delta}}^{2\pi-\tilde{\delta}} \frac{(-\varepsilon\mathrm{e}^{\mathrm{i}\theta})^{z-1}\mathrm{e}^{-\varepsilon\mathrm{e}^{\mathrm{i}\theta}}}{1-\mathrm{e}^{-\varepsilon\mathrm{e}^{\mathrm{i}\theta}}} \mathrm{i}\varepsilon\mathrm{e}^{\mathrm{i}\theta} d\theta,$$

其中 $\tilde{\delta} = \arcsin(\delta/\varepsilon)$.

(iv) 试证：不论 θ 取什么值，当 ε 充分小时，我们有

$$|1-\mathrm{e}^{-\varepsilon\mathrm{e}^{\mathrm{i}\theta}}| \geqslant \varepsilon/2.$$

(v) 试证：当 $\Re z > 1$ 时，有

$$\lim_{\varepsilon\to 0} \mathrm{III} = 0.$$

(vi) 试证：

$$\mathrm{I}+\mathrm{II} = \int_{\infty}^{\tilde{\varepsilon}} \frac{\mathrm{e}^{(z-1)[\ln\sqrt{t^2+\delta^2}+\mathrm{i}(-\pi+\delta_1(t))]}\mathrm{e}^{-t-\mathrm{i}\delta}}{1-\mathrm{e}^{-t-\mathrm{i}\delta}} dt + \int_{\tilde{\varepsilon}}^{\infty} \frac{\mathrm{e}^{(z-1)[\ln\sqrt{t^2+\delta^2}+\mathrm{i}(\pi-\delta_1(t))]}\mathrm{e}^{-t+\mathrm{i}\delta}}{1-\mathrm{e}^{-t+\mathrm{i}\delta}} dt,$$

其中 $\delta_1(t)$ 满足以下等式和不等式：

$$\tan\delta_1(t) = \delta/t, \quad 0 < \delta_1(t) < \pi/2.$$

(vii) 试证：当 $\Re z > 1$ 而 $0 < \varepsilon < 2\pi$ 时，我们有以下 **ζ函数与Hankel函数之间的关系**(请与定理 12.8.2 中 Γ 函数的 Hankel 积分表示相比较)：

$$\zeta(z) = \frac{-H_\varepsilon(z)}{2\mathrm{i}\sin(\pi z)\Gamma(z)} = \frac{-H(z)}{2\mathrm{i}\sin(\pi z)\Gamma(z)}.$$

(viii) 试证：(vii) 中的公式给出了 $\zeta(z)$ 在 $\mathbf{C}\setminus\mathbf{Z}$ 上的一个解析延拓.

(ix) 试证：$\zeta(z)$ 在 $\{z\in\mathbf{C} : \Re z > 1\}$ 上解析.

(x) 试证：$\{z = 0, -1, -2, \cdots\}$ 是 $\zeta(z)$ 的可去奇点.

(xi) 试证：$\zeta(z)$ 可以解析延拓到 $\mathbf{C}\setminus\{1\}$ 上.

12.8.5 本题将讨论 $\zeta(z)$ 在 $z=1$ 附近的状态. 下面将沿用练习 12.8.4 中的记号.

(i) 试证：当 $z=1$ 时，$\mathrm{I}+\mathrm{II}=0$.

(ii) 试证：当 $z=1$ 时，

$$\mathrm{III} = \int_0^{2\pi} \frac{\mathrm{i}\varepsilon\mathrm{e}^{\mathrm{i}\theta}}{(1+\varepsilon\mathrm{e}^{\mathrm{i}\theta}+R)-1} d\theta,$$

其中

$$R = R(\varepsilon,\theta) = \frac{\varepsilon^2 e^{2i\theta}}{2!} + \frac{\varepsilon^3 e^{3i\theta}}{3!} + \cdots.$$

(iii) 试证：$|R| \leqslant \mathrm{const.}\varepsilon^2$.

(iv) 试证：当 $z=1$ 时，$\lim\limits_{\varepsilon\to 0+} \mathrm{III} = 2\pi i$.

(v) 试证：$\lim\limits_{z\to 1}(z-1)\zeta(z) = 1$.

(vi) 试证：1 是 $\zeta(z)$ 唯一的一个奇点，它是一阶极点，而且 $\zeta(z)$ 在 1 处的留数是 1. 换言之，函数 $\zeta(z) - \dfrac{1}{z-1}$ 是整函数.

注　避开了 Euler-Maclaurin 求和公式，我们用了三个练习完成了用 Euler-Maclaurin 求和公式只要一个练习便可完成的工作：证明了$\zeta(z) - \dfrac{1}{z-1}$ 是整函数. 但是，我们引进的 Hankel 函数对 ζ 函数的进一步研究仍有用.

12.8.6　本练习将介绍关于 ζ 函数的零点的一些基本知识. 我们假设：本练习中出现的 $\varepsilon \in (0, 2\pi)$.

(i) 试证：

$$\lim_{w\to \pm 2k\pi i}(w \mp 2k\pi i)\cdot \frac{(-w)^{z-1}e^{-w}}{1-e^{-w}} = e^{\mp i(z-1)\pi/2}\cdot (2k\pi)^{z-1},$$

换言之，函数 $u(w) = \dfrac{(-w)^{z-1}e^{-w}}{1-e^{-w}}$ 在 $w = \pm 2k\pi i\ (k=1,2,3,\cdots)$ 处的留数是

$$e^{\mp i(z-1)\pi/2}\cdot (2k\pi)^{z-1}.$$

(ii) 试证：$H_{(2n+1)\pi}(z) - H_\varepsilon(z) = 4\pi\cos\left(\dfrac{\pi}{2}(z-1)\right)\cdot \sum\limits_{k=1}^{n}(2k\pi)^{z-1}$.

(iii) 当 $\Re z < 0$ 时，试证：$\lim\limits_{n\to\infty} H_{(2n+1)\pi}(z) = 0$.

(iv) 当 $\Re z < 0$ 时，试证：

$$-H_\varepsilon(z) = 4\pi i(2\pi)^{z-1}\sin\left(\frac{\pi z}{2}\right)\zeta(1-z).$$

(v) 试证：对一切 $z\in \mathbf{C}$，以下关于 ζ 函数的 **Riemann函数方程**成立：

$$\zeta(1-z) = 2\zeta(z)\Gamma(z)\cos\left(\frac{\pi z}{2}\right)\cdot (2\pi)^{-z}.$$

(vi) 试证：ζ 函数在长条 $\{z\in\mathbf{C} : 0\leqslant \Re z\leqslant 1\}$ 外的零点只有负偶数：$\{-2,-4,-6,\cdots\}$.

注　长条 $\{z\in\mathbf{C} : 0\leqslant \Re z\leqslant 1\}$ 被称为 ζ 函数的**临界长条**. 在下面的习题中我们将证明：在临界长条的边界 $\{z\in\mathbf{C} : \Re z\in\{0,1\}\}$ 上 ζ 函数无零点. 英国数学家 Hardy 曾证明：在临界长条的内部 $\{z\in\mathbf{C} : 0<\Re z<1\}$$\zeta$ 函数有无限多个零点. 事实上，Hardy 证明了：ζ 函数在直线 $\{z\in\mathbf{C}; \Re z = 1/2\}$ 上的

零点有无限多个. 有名的关于 ζ 函数的 **Riemann假设** 是: ζ 函数在临界长条 $\{z \in \mathbf{C} : 0 \leqslant \Re z \leqslant 1\}$ 内的零点都在直线 $\{z \in \mathbf{C}; \Re z = 1/2\}$ 上. 一般认为, 很有可能 Riemann 假设是正确的. 假若它被证明是正确的, 将使我们对素数的分布有 (比素数定理) 更为深刻的理解. 这是至今尚未解决的数学问题中最有趣的问题之一. 作为数学分析教材的本讲义不可能去讨论这个著名的数学难题. 我们将满足于给出以下命题的证明: 在临界长条的边界 $\{z \in \mathbf{C} : \Re z \in \{0, 1\}\}$ 上 ζ 函数无零点. 利用这个结果已经可以得到著名的素数定理了. 18 世纪的 Euler 就已经注意到了 ζ 函数与素数之间的联系 (参看本节练习 12.8.2 的 (iii)), 下面我们将更深入地发掘这个联系, 最后的目标是获得素数定理的证明.

12.8.7 今后我们以 $\mathcal{P}$ 表示全体素数构成的集合. 定义函数 $\Lambda : \mathbf{N} \to \mathbf{R}$ 如下:

$$\Lambda(m) = \begin{cases} \ln p, & \text{若 } m = p^k, p \in \mathcal{P}, k \in \mathbf{N}, \\ 0, & \text{其他的 } m. \end{cases}$$

(i) 试证: 对于任何满足条件 $\Re z > 1$ 的 z, 有

$$\frac{-\zeta'(z)}{\zeta(z)} = \sum_{p \in \mathcal{P}} \frac{(\ln p)\mathrm{e}^{-z \ln p}}{1 - \mathrm{e}^{-z \ln p}}.$$

(ii) 试证: 对于任何满足条件 $\Re z > 1$ 的 z, 有

$$\frac{-\zeta'(z)}{\zeta(z)} = \sum_{n \geqslant 2} \Lambda(n)\mathrm{e}^{-z \ln n}.$$

(iii) 假设 Φ 是一个在点 $P \in \mathbf{R}$ 的一个邻域中不恒等于零的全纯函数, 且 $\Phi(P) = 0$. 试证: 对于一切充分接近 P 而大于 P 的 $z \in \mathbf{R}$, 必有

$$\Re\left(\frac{\Phi'(z)}{\Phi(z)}\right) > 0.$$

下面我们将用反证法证明以下命题: 在临界长条的边界 $\{z \in \mathbf{C} : \Re z \in \{0, 1\}\}$ 上 ζ 函数无零点.

(iv) 对于任何 $t_0 \neq 0$, 令 $\Phi(z) = \zeta^3(z) \cdot \zeta^4(z + \mathrm{i}t_0) \cdot \zeta(z + 2\mathrm{i}t_0)$. 试证: 在 $\zeta(1 + \mathrm{i}t_0) = 0$ 的假设下, 必有

$$\exists \varepsilon_0 > 0 \forall\, x \in (1, 1 + \varepsilon_0) \left(\Re\left(\frac{\Phi'(x)}{\Phi(x)}\right) > 0 \right).$$

(v) 试证: 对于任何实数 $x > 1$, 我们有

$$\Re\left(\frac{\Phi'(x)}{\Phi(x)}\right) \leqslant 0.$$

(vi) 试证: 在临界长条的边界 $\{z \in \mathbf{C} : \Re z \in \{0, 1\}\}$ 上 ζ 函数无零点.

注　结论 (vi) 的证得是素数定理证明过程中重要的一步. 构造 (iv) 中给出的辅助函数 Φ 是这个证明的关键. 为了解决一个具体的数学问题而构造一个合适的辅助函数的方法比平面几何中构筑一条合适的辅助线更使人难于捉摸, 因为可供选择的辅助函数的自由度远比辅助线大. 完成这样的构造需要长时间知识的积累和屡败屡战地尝试各种可能方案的毅力. 毕竟成功只青睐具有非凡毅力的人.

下面我们将利用 ζ 函数这个工具去证明素数定理. 为此, 我们先补充一些关于无穷乘积的知识.

若 $p_1, p_2, \cdots, p_n, \cdots$ 是一个给定的数列, 则符号 $\prod\limits_{n=1}^{\infty} p_n$ 称为**无穷乘积**. 数列

$$P_1 = p_1, P_2 = p_1 \cdot p_2, \cdots, P_n = p_1 \cdot p_2 \cdots p_n, \cdots$$

称为部分乘积. 若 $\lim\limits_{n\to\infty} P_n$ 有有限的或无限的 (但有确定的正号或负号) 值 P, 则称它为**无穷乘积的值**, 记为

$$P = \lim_{n\to\infty} P_n = \prod_{n=1}^{\infty} p_n.$$

若无穷乘积的值 P 是个非零的有限值, 则称无穷乘积收敛, 不然称为发散.

12.8.8　(i) 试证: 无穷乘积 $\prod\limits_{n=1}^{\infty} p_n$ 收敛的充分必要条件是级数 $\sum\limits_{n=1}^{\infty} \ln p_n$ 收敛, 其中 $\ln p_n$(当 n 充分大时) 表示对数函数 Ln 在 $\{z \in \mathbf{C} : z \notin (-\infty, 0]\}$ 上的一个在实轴上取实数值的连续分支在 p_n 处的值.

(ii) 假设 $\{a_n\}$ 是这样一个数列, 当 n 充分大时, a_n 将永远是正的或永远是负的. 试证: 无穷乘积 $\prod\limits_{n=1}^{\infty}(1 + a_n)$ 收敛的充分必要条件是级数 $\sum\limits_{n=1}^{\infty} a_n$ 收敛.

12.8.9　本练习的目的是证明以下结论: $\sum\limits_{p\in\mathcal{P}} \dfrac{1}{p} = \infty$, 其中 $\mathcal{P}$ 表示全体素数构成的集合. 显然, 这个结论比熟知的结论 $\sum\limits_{n=1}^{\infty} \dfrac{1}{n} = \infty$ 要强.

(i) 试证: 当 $1 < x_1 < x_2$ 时, $\zeta(x_1) > \zeta(x_2)$.

(ii) 试证: $\lim\limits_{x\to 1+0} \zeta(x) = \infty$.

下面我们用反证法证明本题所要证明的结论.

(iii) 假设 $\sum\limits_{p\in\mathcal{P}} \dfrac{1}{p} < \infty$, 试证: $\prod\limits_{p\in\mathcal{P}} \left(1 - \dfrac{1}{p}\right)$ 收敛于一个有限的正数.

(iv) 假设 $\sum\limits_{p\in\mathcal{P}} \dfrac{1}{p} < \infty$, 试证:

$$\lim_{x\to 1+0} \frac{1}{\zeta(x)} \geqslant \prod_{p\in\mathcal{P}} \left(1 - \frac{1}{p}\right) > 0.$$

(v) 试证: $\sum_{p\in\mathcal{P}}\frac{1}{p}=\infty$.

(vi) 试证: $\mathcal{P}$ 是无限集合.

注 命题 "$\mathcal{P}$ 是无限集合"(练习 12.8.9 的 (vi)) 的初等证明是这样的: 假设 $\mathcal{P}$ 是有限集合, $\mathcal{P}=\{p_1,p_2,\cdots,p_n\}$, 则数 $N=p_1p_2\cdots p_n+1$ 不可能以任何 p_j 为其因子. 这与任何整数均可分解成素数的乘积相矛盾. 我们的 (vi) 是 (v) 的推论, 而 (v) 比 (vi) 含有关于素数分布更丰富的信息.

为了对素数定理发动最后的攻击作准备, 我们愿意重温一个已经介绍过的函数并引进一个新函数:

$$\pi(x)=\text{小于或等于}x\text{的素数的个数}=\sum_{\substack{p\in\mathcal{P}\\ p\leqslant x}}1,$$

$$\vartheta(x)=\sum_{\substack{p\in\mathcal{P}\\ p\leqslant x}}\ln p.$$

12.8.10 设 $x\geqslant 1$.

(i) 试证: $\vartheta(x)\leqslant\pi(x)\ln x$.

(ii) 对于任何 $0<\varepsilon<1$, 试证:

$$\vartheta(x)\geqslant(1-\varepsilon)[\pi(x)-\pi(x^{1-\varepsilon})]\ln x.$$

(iii) 对于任何 $0<\varepsilon<1$, 试证:

$$\lim_{x\to\infty}\frac{\pi(x^{1-\varepsilon})\ln x}{x}=0.$$

(iv) 试证: 当 $x\to\infty$ 时,

$$\vartheta(x)\sim x,\quad \text{当且仅当}\quad \pi(x)\sim x/\ln x.$$

注 练习 12.8.10 的 (iv) 告诉我们, 为了证明素数定理, 只需证明: 当 $x\to\infty$ 时, $\vartheta(x)\sim x$.

12.8.11 (i) 假设有 $\lambda>1$ 和 $x_j\in\mathbf{R}$, 使得 $\lim_{j\to\infty}x_j=\infty$, 且

$$\vartheta(x_j)\geqslant\lambda x_j,$$

试证:

$$\int_{x_j}^{\lambda x_j}\frac{\vartheta(t)-t}{t^2}dt\geqslant\int_1^{\lambda}\frac{\lambda-t}{t^2}dt>0.$$

(ii) 假设有 $0<\lambda<1$ 和 $x_j\in\mathbf{R}$, 使得 $\lim_{j\to\infty}x_j=\infty$, 且

$$\vartheta(x_j)\leqslant\lambda x_j,$$

试证:

$$\int_{\lambda x_j}^{x_j}\frac{\vartheta(t)-t}{t^2}dt\leqslant\int_{\lambda}^{1}\frac{\lambda-t}{t^2}dt<0.$$

(iii) 若反常积分

$$\int_1^\infty \frac{\vartheta(t)-t}{t^2}dt = \lim_{x\to\infty}\int_1^x \frac{\vartheta(t)-t}{t^2}dt$$

存在且有限, 则 $\vartheta(x)\sim x$.

注 练习 12.8.11 的 (iii) 告诉我们, 为了证明素数定理, 只需证明: 反常积分

$$\int_1^\infty \frac{\vartheta(t)-t}{t^2}dt = \lim_{x\to\infty}\int_1^x \frac{\vartheta(t)-t}{t^2}dt$$

存在且有限.

12.8.12 (i) 试证: 若 $p\in\mathcal{P}\cap(N,2N)$, $N\in\mathbf{N}$, 则 p 是自然数

$$\binom{2N}{N}=\frac{(2N)!}{(N!)^2}$$

的因子.

(ii) 试证: $\vartheta(2N)-\vartheta(N)\leqslant 2N\ln 2$.

(iii) 试证: $\forall k\in\mathbf{N}\cap[2,\infty)\Big(\vartheta(2^k)\leqslant 2^{k+1}\ln 2\Big)$.

(iv) 试证: $\forall x\geqslant 2\Big(\vartheta(x)\leqslant(4\ln 2)x\Big)$.

(v) 试证: $\vartheta(x)=O(x)$.

12.8.13 再引进一个函数 $\Phi:\{z\in\mathbf{C}:\Re z>1\}\to\mathbf{C}$, 它定义如下:

$$\Phi(z)=\sum_{p\in\mathcal{P}}(\ln p)p^{-z}.$$

(i) 试证: 关于函数 Φ 的定义中等式右端的级数在 $\{z\in\mathbf{C}:\Re z>1\}$ 的任何紧子集上一致收敛.

(ii) 试证: 在 $\{z\in\mathbf{C}:\Re z>1\}$ 上, 有

$$-\frac{\zeta'(z)}{\zeta(z)}=\sum_{p\in\mathcal{P}}\frac{\ln p}{p^z(p^z-1)}+\Phi(z).$$

(iii) 试证: 在 $\{z\in\mathbf{C}:\Re z>1/2\}$ 的任何紧子集上以下级数一致收敛:

$$\sum_{p\in\mathcal{P}}\frac{\ln p}{p^z(p^z-1)}.$$

因此, $\Phi(z)$ 可以延拓成 $\{z\in\mathbf{C}:\Re z>1/2\}$ 上的亚纯函数. 为了方便, 延拓后的函数仍记做 Φ. Φ 在 $\{z\in\mathbf{C}:\Re z>1/2\}$ 上的可能的极点是 $\zeta(z)$ 在 $\{z\in\mathbf{C}:\Re z>1/2\}$ 上的零点及点 1.

(iv) 试证: $\Phi(z)-1/(z-1)$ 在 1 的一个邻域中全纯.

(v) 试证: 在 $\{z\in\mathbf{C}:\Re z>1\}$ 上, 有

$$\Phi(z)=z\int_0^\infty \mathrm{e}^{-zt}\vartheta(\mathrm{e}^t)dt.$$

12.8.14 对于 $t\geqslant 0$, 记 $f(t)=\vartheta(\mathrm{e}^t)\mathrm{e}^{-t}-1$.

(i) 试证：f 在 $[0,\infty)$ 上局部可积且有界.

(ii) 试证：

$$\int_1^{\infty}\frac{\vartheta(x)-x}{x^2}dx=\int_0^{\infty}f(t)dt.$$

(iii) 试证：当 $\Re z>0$ 时，

$$\frac{1}{z+1}\Phi(z+1)=\int_0^{\infty}\mathrm{e}^{-zt}f(t)dt+\frac{1}{z}.$$

(iv) 试证：$\int_0^{\infty}\mathrm{e}^{-zt}f(t)dt$ 可以延拓成 $\{z\in\mathbf{C}:\Re z\geqslant 0\}$ 的一个邻域上的全纯函数.

12.8.15 设 $\Re z>0$，$T>0$，而 $f(t)=\vartheta(\mathrm{e}^t)\mathrm{e}^{-t}-1$，它是 $[0,\infty)$ 上局部可积的有界函数. 记

$$g(z)=\int_0^{\infty}f(t)\mathrm{e}^{-zt}dt,\quad g_T(z)=\int_0^{T}f(t)\mathrm{e}^{-zt}dt.$$

(i) 试证：$g_T(z)$ 是整函数.

(ii) 由练习 12.8.14 的 (iv) 对于任何 $R>0$ 和只要 $\delta>0$ 充分小，便有 $g(z)$ 在区域

$$U=\{z\in\mathbf{C}:|z|\leqslant R,\Re z\geqslant-\delta\}$$

的一个邻域中全纯. 本题以下部分总是假设 $R>0$ 和 $\delta>0$ 充分小使得以上要求得以满足. 记 $C=\partial U=\{z\in\mathbf{C}:|z|=R,\Re z\geqslant-\delta\}\cup\{z\in\mathbf{C}:|z|\leqslant R,\Re z=-\delta\}$. 试证：

$$g(0)-g_T(0)=\frac{1}{2\pi\mathrm{i}}\int_C[g(z)-g_T(z)]\mathrm{e}^{zT}\left(1+\frac{z^2}{R^2}\right)\frac{dz}{z}.$$

(iii) 试证：当 $z\in C$ 且 $\Re z>0$ 时，有

$$|g(z)-g_T(z)|\leqslant\max_{t\geqslant 0}|f(t)|\frac{\mathrm{e}^{-\Re zT}}{\Re z}.$$

(iv) 试证：当 $z\in C$ 且 $\Re z>0$ 时，有

$$\left|\mathrm{e}^{zT}\left(1+\frac{z^2}{R^2}\right)\frac{1}{z}\right|=\mathrm{e}^{\Re zT}\cdot\frac{2\Re z}{R^2}.$$

(v) 试证：

$$\left|\frac{1}{2\pi\mathrm{i}}\int_{C_+}[g(z)-g_T(z)]\mathrm{e}^{zT}\left(1+\frac{z^2}{R^2}\right)\frac{dz}{z}\right|\leqslant\frac{2\pi B}{R},$$

其中 $B=\max_{t\geqslant 0}|f(t)|$，$C_+=C\cap\{z\in\mathbf{C}:\Re z>0\}$.

(vi) 记 $C_-=C\cap\{z\in\mathbf{C}:\Re z<0\}$ 和 $C'_-=\{z\in\mathbf{C}:|z|=R,\Re z<0\}$. 试证：

$$\frac{1}{2\pi\mathrm{i}}\int_{C_-}g_T(z)\mathrm{e}^{zT}\left(1+\frac{z^2}{R^2}\right)\frac{dz}{z}=\frac{1}{2\pi\mathrm{i}}\int_{C'_-}g_T(z)\mathrm{e}^{zT}\left(1+\frac{z^2}{R^2}\right)\frac{dz}{z}.$$

(vii) 试证：当 $\Re z<0$ 时，有

$$|g_T(z)| \leqslant \frac{B_1 e^{-\Re z T}}{|\Re z|},$$

其中 $B_1=\sup\limits_{t\in\mathbf{R}}|f(t)|$.

(viii) 试证：当 $\Re z<0$ 时，有

$$\frac{1}{2\pi i}\int_{C'_-} g_T(z)e^{zT}\left(1+\frac{z^2}{R^2}\right)\frac{dz}{z} \leqslant \frac{2\pi B_1}{R}.$$

(ix) 试证：当 $\Re z<0$ 时，有

$$\lim_{T\to\infty}\left[\frac{1}{2\pi i}\int_{C_-} g(z)e^{zT}\left(1+\frac{z^2}{R^2}\right)\frac{dz}{z}\right]=0.$$

(x) 试证：$\limsup\limits_{T\to\infty}|g(0)-g_T(0)| \leqslant 2\pi B/R$.

(xi) 设 $f(t)$ 是 $[0,\infty)$ 上有界的局部可积函数，且函数

$$g(z)=\int_0^\infty f(t)e^{-zt}dt, \quad \Re z>0$$

可以延拓成 $\{z\in\mathbf{C}:\Re z\geqslant 0\}$ 的一个邻域上的全纯函数. 试证：以下的反常积分收敛且

$$\int_0^\infty f(t)dt=g(0).$$

注　(xi) 称为**积分定理**.

(xii) 试证**素数定理**：当 $x\to\infty$ 时，$\pi(x)\sim x/\ln x$.

注 1　经过艰苦的长途跋涉我们终于完成了素数定理的证明. 要学习和消化这个证明的整体需要同学反复的细心琢磨，这既是对复分析知识的复习，也是面对一个复杂问题时建立应有的信心和耐心的锻炼. 著名的匈牙利数学家及数学教育家**G.Pólya**在他的《如何解题》一书中关于解题过程的分析也许对于同学有所帮助，特别是结合素数定理的证明去学习它更会有所收获. 为此，我们将它译在下面，供同学们参考.

(一)　理解问题

1.1　什么是未知的？什么是已知的？什么是条件？

1.2　条件有可能满足吗？条件足以确定未知量或未知的结论吗？条件不充分吗？条件有多余吗？条件之间或条件与结论之间有矛盾吗？

1.3　画一张图，引进适当的符号.

1.4　将条件的各部分区分开，你能写下它们吗？

(二)　制定计划

2.1　你曾经见过这个问题吗？曾经见过形式稍异的同一个问题吗？

2.2 你曾经见过一个与它相关的问题吗？曾经见过一个可能有用的定理吗？

2.3 注意那未知量或未知结论！请回忆一下，有没有一个熟悉的问题有同样的或相似的未知量或未知结论？

2.4 这里有一个已经解决了的问题与你的问题相关，你能用上它吗？你能用上它的方法吗？你能用上它的结论吗？为了用上它，需要引进什么辅助元素吗？

2.5 你能重述这个问题吗？能用另外的方式再重述这个问题吗？回到定义上去考虑.

2.6 假若你不能解决面临的问题，能解决一个与它相关的问题吗？能设想一个比较容易着手的与它相关的问题吗？一个更一般的问题？一个更特殊的问题？能解决问题的一部分吗？保留一部分条件，放弃剩余部分，未知量或未知结论将在怎样的程度上被确定？它将如何变化？从已知条件出发能得到什么有用的结论？你能想象一个得到未知结论的合适的条件吗？你能改变条件，或改变结论，或改变两者，以使新的条件与结论更靠近吗？

2.7 你用了所有的条件吗？你考虑了问题中述及的全部实质性的概念吗？

(三) 实施计划

3.1 实施你的解题计划，检验你的每一步. 能清楚地看出每一步的正确吗？能证明每一步的正确吗？

(四) 回顾

4.1 你能检验所得的结果吗？你能检验推理吗？

4.2 你能用别的方法得出这个结果吗？能一眼就看出这个结果吗？

4.3 能把这个方法或所得的结果用以解决其他问题吗？

Pólya 关于解题过程的分析是对解题的一般分析. 面对一个具体的问题，为了按照 Pólya 的解题方案顺利展开你的工作 (特别是步骤 **2.1, 2.2, 2.3** 和 **2.4**)，你必须先掌握与这个问题相关的数学知识并熟悉使用这些知识的各种途径. 因此，学习并消化足够多的数学及与数学相关学科的知识并通过完成练习题而获得使用这些知识的技巧是同学本科学习阶段的主要任务，它对同学今后学术工作发展的影响是怎样估计也不会过分的.

注 2 本讲义一再向同学强调数学与探索大自然规律的事业之间有着不应被忽视的联系. 当然，这丝毫不意味着我们想把纯粹数学与应用数学对立起来. **David Hilbert** 的学生 **Richard Courant** 说过："我一辈子都在努力为**应用数学**寻觅一个定义，但是始终没有找到合适的答案". 事实上，Courant 一辈子努力的失败正说明了，应用数学与纯粹数学之间很难找出一条明确的界线. 也许根本就不存在这一条界线，因为应用数学与纯粹数学之间存在着千丝万缕的联系和无处不在的相互渗透，这种联系和渗透正在而且还将以很难预见的方式继续发展.

我们在上面一系列 (共 14 个) 练习中介绍了 Riemannζ 函数的定义及其简单性质, 并利用 Riemannζ 函数给出了素数定理的一个证明. 这是本讲义介绍的唯一的一个可以称为数学难题的问题. 希望这些练习能让同学多多少少品味到纯粹数学研究的运作模式中拐弯抹角的特色. 有人特别喜爱这种特色 (几乎所有的人都不喜欢枯燥乏味的单调, 但并非每个人都酷爱难以捉摸的拐弯抹角), 也有不少人对这种特色望而却步. 但是, 极大多数人 (包括不从事科学研究的人) 会为某个大自然秘密通过实验, 观察和不那么拐弯抹角的 (但也决非平凡的) 逻辑推演被揭露而兴奋不已. 无论如何, 希望讲义中安排的这一系列练习能帮助同学在根据自己的爱好和特长以确定研究方向时减少些盲目性. 虽然, 应用数学与纯粹数学之间很难找出一条明确的界线. 但是, 不同的数学家对数学与数学应用之间关系的观点分歧却是的确存在, 且常常是十分尖锐的. 被同时代的同行誉为 "纯数学家中的最纯者" 的著名英国数学家 **G.H.Hardy** 在 1940 年出版的、影响颇大的 (至今已重印超过 20 次)《一个数学家的辩说 (A Mathematician's Apology)》[19] 中将数学分成真正的数学与平凡的数学两类. 他认为: 前者都是无用的, 但有着很高的美学鉴赏价值; 而有用的数学都是平凡而暗淡无光的. 他又说: "*我深信, 真正的数学世界* (mathematical reality, *直译应为 '数学现实'*) *是在我们生活的世界之外的, 我们的工作是发现或观察并思考这个真正的数学世界. 我们证明的定理, 被冠冕堂皇地称之为我们的创造, 只是这些观察和思考所得的纪录*". 然而, 大概由于有着很高的美学鉴赏价值, 相对论和量子力学被 Hardy 归入真正的数学这一类. 为了与他的总的哲学保持一致, Hardy 断言: "*它们 (相对论和量子力学) 是与数论一样地无用的*". Hardy 的 "辩说" 中有许多晦涩难懂的哲理, 譬如说, 为何断定 Schrödinger 方程是与 Fermat 大定理或 Goldbach 猜想一样地无用? 同样难于理解的是: 如此成功地描述了绕着原子核运动的电子运动规律, 电磁现象及宇宙运动和变化规律的量子力学及相对论难道不是在对我们生活的世界中的现象 (例如对原子光谱和天文现象) 的观察和思考的结果, 而只是对我们生活的世界之外的 '数学世界' 观察和思考的结果呢? 法国数学家, **Bourbaki** 学派的创始人之一, **Dieudonné** 在谈到数学与它的应用时说, "...... *即使关起门来研究数学, 二百年内我们的问题也做不完.* " 应该说, 他们这种将数学与其他科学隔离开来的 '数学孤立主义' 的态度与 **Newton, Euler, Lagrange, Laplace, Gauss, Cauchy, Riemann, Poincaré, Hilbert, H.Weyl, John von Neumann** 和 **Kolmogorov** 等对 17 世纪、18 世纪、19 世纪及 20 世纪早期的数学发展做出了重要贡献的, 受人尊敬的前辈数学家们的态度是截然不同的. 这些前辈数学家们既重视数学内部的逻辑联系 (我猜想, 这就是 Hardy 所说的在我们生活的世界之外的 "数学世界", 或至少是它的重要的一部分) 对数学发展的重要意义, 也从不忘记数学的应用 (这就是对 Hardy 所说的我们生活在其中的世界的规律的探索) 对数学新思想诞生的重要性. 到了 20 世纪, 数学已成为一个内容极为丰富的, 庞大的, 而且正在以惊人的速度变得更加丰富和庞大的知识库. 现今全面掌控这个知识库及它与其他科学之间让人眼花缭乱的关系全景已成为任何人都无法完成的巨大任务. 所以, 每个人不得不在自己圈定的一小块土地上辛勤耕耘. 在这样的背景下, 数学孤立主义应运而生. 这是 20 世纪数学研究中出现的新潮流. 它当然也会深刻地影响到当今数学教学的取向. 虽然在数学孤立主义的潮流下也取得了许多值得称道的成绩, 包括 Hardy 和 Bourbaki 学派做出的贡献, 但是对这种潮流对长远数学发展的消极影响深感忧虑的也大有人在. 前不久逝世的俄罗斯数学家, Fields 奖得主, Kolmogorov 的学生 **V.I.Arnold** 在他的《偏微分方程讲义》序言中的以下这段话也许是这种忧虑的最直言不讳的, 虽然有些激烈的表白:

"…… 物理原理及物理概念, 如能量, 变分原理, Huygens 原理, Lagrange 函数, Legendre 变换, Hamilton 函数, 特征值与特征函数, 基本解等在许多重要的数学物理问题中精彩地相互交织在一起. …… 在我看来, 熟悉这些内容对于每个数学家都是绝对必要的. 公理化的学院派, 除了代数学家的 '抽象的无聊' (abstract nonsense) 外, 不知道也不想知道任何应用. 在他们的影响下, 许多西方大学已经并继续将这些内容排除在大学课程之外. 我认为, 这样的做法是数学及数学教学 Bourbaki 化的极为危险的结果. 在 **Hardy** 和 **Bourbaki** 精神教育下培养出来的 '超纯' 数学家的这种做法是对数学与数学教学不负责任的, 最终会导致自我毁灭的进攻. 努力摧毁这种无意义的学院派的伪科学是社会 (包括数学界) 理应作出的自然且正当的反应."

在众说纷纭的环境中, 对于一个立志从事数学研究的同学来说, 选择未来的研究方向的确是一件难事, 而它又是决定一个人学术命运的, 不得不面临的严肃的大事. 这需要同学在积累了更多的数学与其他科学知识的基础上, 对各种不同的, 有时是尖锐地对立的观点有了深刻的理解, 经过深思熟虑的全面考量后由自己做出决断. 毕竟每个同学的学术命运都掌握在自己的手中.

12.8.16 (i) 对于自然数 $m < n$, 试证以下的 Plana 公式:

$$\sum_{k=m}^{n} \phi(k) = \frac{\phi(m)+\phi(n)}{2} + \int_m^n \phi(x)dx$$
$$- \mathrm{i}\int_0^{\infty} \frac{\phi(n+\mathrm{i}y)-\phi(n+\mathrm{i}y)-\phi(n-\mathrm{i}y)+\phi(m-\mathrm{i}y)}{\mathrm{e}^{2\pi y}-1} dy,$$

其中 $\phi(x+\mathrm{i}y)$ 在 $m \leqslant x \leqslant n$ 上是有界解析函数.

(ii) 试证:

$$\sum_{k=0}^{\infty} \phi(k) = \frac{\phi(0)}{2} + \int_0^{\infty} \phi(x)dx + \mathrm{i}\int_0^{\infty} \frac{\phi(\mathrm{i}y)-\phi(-\mathrm{i}y)}{\mathrm{e}^{2\pi y}-1} dy,$$

其中 $\phi(x+\mathrm{i}y)$ 在 $0 \leqslant x$ 上是有界解析函数, 且 $\forall y \geqslant 0 \Big(\lim\limits_{n\to\infty} \phi(n \pm \mathrm{i}y) = 0 \Big)$ 对于 $y \in [0,\infty)$ 是一致的.

(iii) Hurwitzζ 函数定义为

$$\zeta(x,s)=\sum_{n=0}^{\infty}\frac{1}{(n+x)^s}\quad(x>0).$$

试证以下的 Hermite 公式

$$\zeta(x,s)=\frac{x^{-s}}{2}+\frac{x^{1-s}}{s-1}+2\int_0^{\infty}\frac{(x^2+t^2)^{-s/2}\sin(s\arctan t/x)}{\mathrm{e}^{2\pi t}-1}dt.$$

(iv) 试证：

$$\zeta(x,2)=\frac{1}{2x^2}+\frac{1}{x}+\int_0^{\infty}\frac{4xtdt}{(x^2+t^2)^2(\mathrm{e}^{2\pi t}-1)}.$$

*§12.9　补充教材：复分析的一些补充知识

本补充教材将要介绍复分析的一些重要知识. 它们有的是复分析理论方面的, 有的则是复分析应用方面的. 学习这些知识也是应用已学的复分析知识的训练. 复分析内容极为丰富, 学习这样一个数学分支并能灵活地应用它解决具体问题绝非易事. 同学们有时间的话, 应尽可能地学习本补充教材及其他复分析参考书中的材料.

12.9.1　函数全纯的充分条件及 Dixon 定理

定理 12.2.2 告诉我们：在开集 U 上复连续可微函数必在 U 上全纯. 下面我们将证明以下命题：在开集 U 上复可微函数必在 U 上全纯. 为此, 我们先证明以下引理 (请参看练习 12.2.3 的 (i) 及该练习的提示)：

引理 12.9.1　假设 f 是在开集 $U\subset\mathbf{C}$ 上的复可微函数, $Q\subset U$ 是个闭长方形, 则

$$\int_{\partial Q}fdz=0.$$

证　将 Q 分解为四个全等的长方形 $Q'_j(j=1,\cdots,4)$. Q_1 表示这四个长方形中使得

$$\left|\int_{\partial Q_1}fdz\right|=\max_{1\leqslant j\leqslant 4}\left|\int_{\partial Q'_j}fdz\right|$$

的那个长方形. 我们有

$$\left|\int_{\partial Q}fdz\right|=\left|\sum_{1\leqslant j\leqslant 4}\int_{\partial Q'_j}fdz\right|\leqslant 4\left|\int_{\partial Q_1}fdz\right|.$$

反复施行如上方法, 我们将得到一列相似的长方形 $Q_0=Q,Q_1,Q_2,\cdots$, 使得 $Q_{k+1}\subset Q_k$, $\mathrm{diam}Q_k=2^{-k}\mathrm{diam}Q_0$ 且

$$\left|\int_{\partial Q}fdz\right|\leqslant 4^k\left|\int_{\partial Q_k}fdz\right|.$$

易见, $\bigcap\limits_{k=0}^{\infty} Q_k$ 是个单点集. 记 $\{\zeta\} = \bigcap\limits_{k=0}^{\infty} Q_k$. 因 f 在 ζ 处可微, 故对于任何 $z \in U$,

$$f(z) = f(\zeta) + (z-\zeta)f'(\zeta) + \varepsilon(z)(z-\zeta).$$

其中 $\varepsilon(z)$ 是在 U 上连续的函数, 且 $\varepsilon(\zeta) = 0$.

因多项式在 ∂Q_k 上的积分等于零, 故

$$\begin{aligned}
\left|\int_{\partial Q_k} f dz\right| &= \left|\int_{\partial Q_k} \varepsilon(z)(z-\zeta)dz\right| \\
&\leqslant L(\partial Q_k) \sup_{z\in\partial Q_k} |\varepsilon(z)(z-\zeta)| \\
&\leqslant L(\partial Q_k)\text{diam}Q_k \sup_{z\in\partial Q_k} |\varepsilon(z)| \\
&\leqslant 4^{-k} L(\partial Q_0)\text{diam}Q_0 \sup_{z\in\partial Q_k} |\varepsilon(z)|,
\end{aligned}$$

其中 $L(\partial Q_k)$ 表示 ∂Q_k 的周长. 因 $\lim\limits_{k\to\infty} \sup\limits_{z\in\partial Q_k} |\varepsilon(z)| = \varepsilon(\zeta) = 0$, 故

$$\left|\int_{\partial Q} f dz\right| \leqslant \lim_{k\to\infty} 4^k \left|\int_{\partial Q_k} f dz\right| = 0. \qquad \square$$

下面我们可以证明前面提到的函数全纯的形式上较弱的充分条件了.

定理 12.9.1 函数 $f: U \to \mathbf{C}$ 在开集 U 上全纯, 当且仅当 f 在 U 上复可微.

证 '仅当' 部分早已知道. 下面证明 '当' 部分: 假设 f 在 U 上复可微, $\zeta \in U$. 选一个闭长方形 Q, 使得 $\zeta \in Q \setminus \partial Q \subset U$, 且

$$\forall z \in Q \left(\left|\frac{f(z)-f(\zeta)}{z-\zeta} - f'(\zeta)\right| < 1\right).$$

将长方形 Q 分解成九个 (并不全等的) 长方形: $Q_1, Q_2, \cdots, Q_9$, 且 $\zeta \in Q_1 \setminus \partial Q_1$. 注意到函数 $F(z) = \dfrac{f(z)-f(\zeta)}{z-\zeta}$ 在每个 $Q_j (j \geqslant 2)$ 上全纯, 由引理 12.9.1, 我们有

$$\begin{aligned}
\left|\int_{\partial Q} F(z)dz\right| &= \left|\sum_{j=1}^{9} \int_{\partial Q_j} F(z)dz\right| \\
&= \left|\int_{\partial Q_1} F(z)dz\right| \leqslant L(\partial Q_1)[1 + |f'(\zeta)|].
\end{aligned}$$

我们完全可以在分解长方形 Q 时让 $L(\partial Q_1)$ 小于给定的任何正数, 故

$$\int_{\partial Q} F(z)dz = 0.$$

换言之,

$$\int_{\partial Q} \frac{f(z)}{z-\zeta}dz = \int_{\partial Q} \frac{f(\zeta)}{z-\zeta}dz = 2\pi\mathrm{i}f(\zeta).$$

因 $\int_{\partial Q}\frac{f(z)}{z-\zeta}dz$, 作为 ζ 的函数, 在 $Q\setminus\partial Q$ 上全纯, 故 f 在 $Q\setminus\partial Q$ 上全纯. □

下面我们要介绍 **Dixon定理**, 有时也称为 (**推广形式的**)**Cauchy定理**. 首先我们先介绍几个概念, 以便使下面的叙述更为确切.

定义 12.9.1　映射 $\gamma:[a,b]\to\mathbf{C}$ 称为一条**道路**, 假若 γ' 在 $[a,b]$ 上存在且连续. 有限条道路构成的序列 $(\gamma_1,\cdots,\gamma_s)$ 称为一个**链**. 链 $(\gamma_1,\cdots,\gamma_s)$ 称为一个**闭链**, 假若 $(\gamma_1,\cdots,\gamma_s)$ 的起点列 $(z_1,\cdots,z_s)$ 恰是它的终点列 $(w_1,\cdots,w_s)$ 的一个排列. 闭链有时也称为**圈**. 设 $D\subset\mathbf{C}$ 是个区域, 而每个 $\gamma_j\subset D\ (j=1,\cdots,s)$, 则称 Γ 是 D 中的一个圈.

现在我们可以叙述并证明 Dixon 定理了.

定理 12.9.2(Dixon)　设 $D\subset\mathbf{C}$ 是一个区域, Γ 是 D 中的一个圈, 则以下三条关于 Γ 的命题是等价的:

(i) 对于任何在 D 上全纯的函数 f, 有

$$\int_\Gamma f(z)dz=0;$$

(ii) 对于任何 $w\notin D$, 有

$$n(w,\Gamma)=0;$$

(iii) 对于任何在 D 上全纯的函数 f 和任何 $w\in D\setminus\Gamma$, 有

$$\int_\Gamma\frac{f(z)}{z-w}dz=2\pi\mathrm{i}f(w)n(w,\Gamma).$$

证　(i)$\Longrightarrow$(ii): 对于任何 $w\notin D$, 函数 $f=\dfrac{1}{z-w}$ 在 D 上全纯, 故

$$n(w,\Gamma)=\frac{1}{2\pi\mathrm{i}}\int_\Gamma\frac{1}{z-w}dz=0.$$

(ii) $\Longrightarrow$(iii)(这是 Dixon 所作的贡献): 在 $D\times D$ 上定义函数:

$$g(\zeta,z)=\begin{cases}\dfrac{f(\zeta)-f(z)}{\zeta-z}, & \text{若}\zeta\neq z,\\ f'(z), & \text{若}\zeta=z.\end{cases}$$

(iii) 中要证明的等式可改写成

$$\int_\Gamma g(\zeta,w)d\zeta=0.$$

为了证明上式, 我们分成四步走:

(a) 证明 $g(\zeta,z)$ 在 $D\times D$ 上连续;

(b) 证明函数 $h(z)=\int_\Gamma g(\zeta,z)d\zeta$ 在 D 上全纯;

(c) 证明函数 $h(z)$ 可以延拓成复平面上的整函数;

(d) 证明延拓后的 $h(z)$ 满足等式: $\lim\limits_{z\to\infty}h(z)=0$.

(a) $g(\zeta,z)$ 在 $\{(\zeta,z)\in D\times D:\zeta\neq z\}$ 上连续是显然的. $g(\zeta,z)$ 在 $\{(z,z)\in D\times D:z\in D\}$ 上的连续性证明如下: 为了书写方便, 我们假设 $0\in D$, 且只证明 $g(\zeta,z)$ 在 $(0,0)$ 处连续. 函数 f 在 0 处的 Taylor 展开写成

$$f(z)=\sum_{n=0}^{\infty}c_nz^n,\quad |z|<R,$$

其中 $R>0$. 设 $0<r<R$, 则在 $\mathbf{B}^2(0,r)\times\mathbf{B}^2(0,r)$ 上, 我们有

$$f(\zeta)-f(z)=\sum_{n=0}^{\infty}c_n(\zeta^n-z^n)=(\zeta-z)\sum_{n=1}^{\infty}c_n\Big(\zeta^{n-1}+\zeta^{n-2}z+\cdots+z^{n-1}\Big).$$

注意到 $g(0,0)=f'(0)=c_1$, 有

$$|g(\zeta,z)-g(0,0)|=\left|\sum_{n=2}^{\infty}c_n\Big(\zeta^{n-1}+\zeta^{n-2}z+\cdots+z^{n-1}\Big)\right|\leqslant\sum_{n=2}^{\infty}n|c_n|r^{n-1}.$$

右端的幂级数 (自变量为 r) 的收敛半径大于零, 且当 $r\to 0$ 时, 该幂级数收敛于零. 故 g 在 $(0,0)$ 处连续.

(b) 根据 h 的定义, 有

$$h(z)=\int_{\Gamma}g(\zeta,z)d\zeta=\int_{I}g(\Gamma(t),z)\Gamma'(t)dt.$$

这里, 圈 Γ 由映射 $\Gamma:I\to\mathbf{C}$ 刻画, 其中的映射 Γ 是连续且逐段光滑的, I 是有限个闭区间之并. 由 (a), $g(\Gamma(t),z)$ 在 $I\times D$ 上连续, 对于固定的 t, $g(\Gamma(t),z)$ 关于 z 全纯. 根据推论 12.3.6, $h(z)$ 在 D 上全纯.

(c) 记

$$K=[\Gamma]\cup\{w\in\mathbf{C}:n(w,\Gamma)\neq 0\}.$$

因为 $[\Gamma]$ 有界, 当 $|w|$ 充分大时, $n(w,\Gamma)=0$. 故 K 紧. 根据 (ii) 的条件, $K\subset D$. 因 D 开, $D\neq K$, 故开集 $U=D\cap\{w\in\mathbf{C}:n(w,\Gamma)=0\}\neq\emptyset$. 设 $z\in U$, 当然 $z\notin[\Gamma]$, 故可以写下以下的等式:

$$\begin{aligned}h(z)&=\int_{\Gamma}\frac{f(\zeta)-f(z)}{\zeta-z}d\zeta=\int_{\Gamma}\frac{f(\zeta)}{\zeta-z}d\zeta-f(z)\int_{\Gamma}\frac{1}{\zeta-z}d\zeta\\&=\int_{\Gamma}\frac{f(\zeta)}{\zeta-z}d\zeta-2\pi\mathrm{i}f(z)n(z,\Gamma)=\int_{\Gamma}\frac{f(\zeta)}{\zeta-z}d\zeta.\end{aligned}$$

最后一个等式成立的理由是: $z\in U\Longrightarrow n(z,\Gamma)=0$. 由 (b), 上式左端的 $h(z)$ 在 D 上全纯. 而右端的积分对 $z\notin[\Gamma]$ 有意义且全纯. 特别当 $n(z,\Gamma)=0$ 时有意义且全纯. 这样我们得到了一个在 $D\cup\{z\in\mathbf{C}:n(z,\Gamma)=0\}$ 上的全纯函数, 它在 D 上等于 h, 而在 $\{z\in\mathbf{C}:n(z,\Gamma)=0\}$ 上等于上式右端那个积分. 因 $D\supset\mathbf{C}\setminus\{z\in\mathbf{C}:n(z,\Gamma)=0\}$, 故 $D\cup\{z\in\mathbf{C}:n(z,\Gamma)=0\}=\mathbf{C}$. 函数 h 可以解析延拓至整个复平面.

(d) 因 $[\Gamma]$ 有界, 有 $R\in\mathbf{R}$, 使得 $[\Gamma]\subset\mathbf{B}^2(0,R)$. 若 $z\notin\mathbf{B}^2(0,R)$, 则 $\forall\zeta\in[\Gamma]\Big(|\zeta-z|>|z|-R\Big)$. 因此,

$$|h(z)|=\left|\int_\Gamma\frac{f(\zeta)}{\zeta-z}d\zeta\right|\leqslant\frac{\sup_{\zeta\in[\Gamma]}|f(\zeta)|l(\Gamma)}{|z|-R},$$

其中 $l(\Gamma)$ 表示 Γ 的长度. 由此得到 (d) 的结论.

由此, 根据 Liouville 定理, $h(z)\equiv 0$.(ii)$\Longrightarrow$(iii) 证毕.

(iii)$\Longrightarrow$(i). 若 (iii)中条件对一切全纯函数 f 成立, 则对于 $g(z)=f(z)(z-w)$ 也成立. 因 $f(z)=\dfrac{g(z)}{z-w}$, 且 $g(w)=0$. 故$\displaystyle\int_\Gamma f(z)dz=0$. □

在应用中, Dixon 定理常以如下形式出现.

推论 12.9.1　假设 Γ 及 Σ 是区域 $D\subset\mathbf{C}$ 中的两个圈, 且

$$\forall w\notin D\Big(n(w,\Gamma)=n(w,\Sigma)\Big),$$

则对于 D 上任何全纯函数 f, 我们有

$$\int_\Gamma f(z)dz=\int_\Sigma f(z)dz.$$

下面的几个小节要介绍复分析与平面拓扑的关系.

12.9.2　Riemann 映射定理

首先我们介绍一个理论上有趣的问题, 即所谓的 Riemann 映射定理. 为此先介绍一个概念和关于这个概念的一个定理.

定义 12.9.2　设 $D\subset\overline{\mathbf{C}}$ 是个区域, $\mathcal{F}$ 是 D 上的一族全纯函数. 我们称 $\mathcal{F}$ 是个正规族, 假若 $\mathcal{F}$ 中的任何全纯函数构成的序列必有一个子列, 它在 D 的任何紧子集上都是一致收敛的.

下面的定理给出了全纯函数族是正规族的一个充分条件.

定理 12.9.3(Montel 定理)　设 $D\subset\overline{\mathbf{C}}$ 是个区域, $\mathcal{F}$ 是 D 上的一族全纯函数. 假若 $\mathcal{F}$ 在 D 上一致有界, 即

$$\exists M\in\mathbf{R}\forall f\in\mathcal{F}\forall z\in D\Big(|f(z)|\leqslant M\Big),\tag{12.9.1}$$

则 $\mathcal{F}$ 是正规族.

证　设 $z\in D$, 且 $z\neq\infty$. 选 $r>0$, 使得 $\overline{\mathbf{B}^2(z,r)}\subset D$. 我们有

$$\forall w\in\mathbf{B}^2(z,r)\left(f'(w)=\frac{1}{2\pi\mathrm{i}}\int_{\mathbf{S}^1(z,r)}\frac{f(\zeta)}{(\zeta-w)^2}d\zeta\right).$$

因此, 我们有

$$\forall w\in\mathbf{B}^2(z,r/2)\left(|f'(w)|\leqslant\frac{1}{2\pi}\left(\frac{2}{r}\right)^2M\cdot 2\pi r=\frac{4M}{r}\right).$$

故

$$\forall w \in \mathbf{B}^2(z,r/2)\forall w' \in \mathbf{B}^2(z,r/2)\left(|f(w)-f(w')| = \left|\int_{w'}^{w} f'(\zeta)d\zeta\right| \leqslant \frac{4M}{r}|w-w'|\right).$$

由此, $\mathcal{F}$ 在 $\mathbf{B}^2(z,r/2)$ 上等度连续. 若 $z=\infty$, 利用坐标 $\tilde{z}=1/z$ 便知, $\mathcal{F}$ 在 ∞ 的一个邻域上等度连续. 由 Arzelá-Ascoli 定理 (第二册的定理 7.6.4), $\mathcal{F}$ 在 D 的任何紧集上是全有界的, 故 $\mathcal{F}$ 是正规族. □

在着手证明 Riemann 映射定理前, 我们还需要对练习 12.2.5 中介绍的线性分式映射的概念作进一步的讨论. 首先引进下面这个定理:

定理 12.9.4 (i) 设 $f:\mathbf{B}^2(a,r)\to\mathbf{B}^2(a,r)$ 是全纯的双射, 且 f^{-1} 也是全纯的, 则 f 是个线性分式映射.

(ii) 设 $f:\mathbf{H}\to\mathbf{H}$ 是全纯的双射 (其中 $\mathbf{H}=\{z\in\mathbf{C}:\Im z>0\}$), 且 f^{-1} 也是全纯的, 则 f 是个线性分式映射.

证 (i) 不妨设 $a=0$ 和 $r=1$. $f:\mathbf{B}^2(0,1)\to\mathbf{B}^2(0,1)$ 是全纯的双射, 且 f^{-1} 也是全纯的, 又设 $a=f(0)\in\mathbf{B}^2(0,1)$. 令

$$\phi_a(z)=\frac{z-a}{-\bar{a}z+1}.$$

由练习 12.2.5 的 (xii), $\phi_a\in\mathrm{Aut}(\mathbf{B}^2(0,1))$, 且 $\phi_a(a)=0$. 现在我们只需证明 $g=\phi_a\circ f$ 是个线性分式映射就够了. 因 $g(0)=0$, 且 $z\in\mathbf{B}^2(0,1)\Longrightarrow|g(z)|<1$, 由 Schwarz 引理 (练习 12.4.1 的 (vi) 和 (viii)), 我们有

$$|g'(0)|\leqslant 1, \tag{12.9.2}$$

其中等式成立, 当且仅当有 $\theta\in\mathbf{R}$, 使得 $g(z)=\mathrm{e}^{\mathrm{i}\theta}z$. 故 g 是线性分式映射. 再对 g^{-1} 用 Schwarz 引理, 有

$$|(g^{-1})'(0)|=\left|\frac{1}{g'(0)}\right|\leqslant 1.$$

与不等式 (12.9.2) 相结合, $|g'(0)|=1$. 因此, $g(z)=\mathrm{e}^{\mathrm{i}\theta}z$.

(ii) 设 $f:\mathbf{H}\to\mathbf{H}$ 是全纯的双射, 且 f^{-1} 也是全纯的. 令

$$\psi(z)=\frac{z-\mathrm{i}}{z+\mathrm{i}}.$$

根据练习 12.2.5 的 (xiv), $\psi:\mathbf{H}\to\mathbf{B}^2(0,1)$ 是全纯双射, 且 ψ^{-1} 也全纯. $\psi\circ f\circ\psi^{-1}:\mathbf{B}^2(0,1)\to\mathbf{B}^2(0,1)$ 是全纯双射, 且它的逆映射也全纯. 由 (i), 它是线性分式映射, 故 f 是线性分式映射. □

再引进一个 Riemann 映射定理的证明中所需要的引理:

引理 12.9.2 对于任何 $a\in\mathbf{B}^2(0,1)$, 有唯一的一个 $f\in\mathrm{Aut}(\mathbf{B}^2(0,1))$, 使得

$$f(0)=a, \quad 而 \quad f'(0)>0.$$

证 令 (参看练习 12.2.5 的 (xii))

$$f(z) = \phi_{-a}(z) = \frac{z+a}{\overline{a}z+1}.$$

有 $f \in \mathrm{Aut}(\mathbf{B}^2(0,1))$, 且 $f(0)=a$. 易见,

$$f'(0) = 1-|a|^2 > 0.$$

引理结论中的存在性已获证. 设 $g \in \mathrm{Aut}(\mathbf{B}^2(0,1))$ 满足引理结论中的条件, 则 $g^{-1}\circ f \in \mathrm{Aut}(\mathbf{B}^2(0,1))$, 且

$$g^{-1}\circ f(0) = 0, \quad (g^{-1}\circ f)'(0) > 0.$$

由练习 12.2.5 的 (xii), 有

$$g^{-1}\circ f(z) = \mathrm{e}^{\mathrm{i}\theta}\frac{z-a}{-\overline{a}z+1}, \quad \theta \in \mathbf{R}.$$

因 $g^{-1}\circ f(0)=0$, 有 $g^{-1}\circ f(z) = \mathrm{e}^{\mathrm{i}\theta}z$. 又因 $(g^{-1}\circ f)'(0)>0$, 有 $g^{-1}\circ f(z)=z$, 换言之, $g=f$. □

现在我们可以讨论本节的主要问题了.

定理 12.9.5(Riemann 映射定理) 设 $D\subset\overline{\mathbf{C}}$ 是单连通区域, 且它的边界 ∂D 至少有两个不同的点. 则对于任何 $a\in D$, 存在唯一的一个全纯双射 $f: D\to\mathbf{B}^2(0,1)$, 使得

$$f(a)=0,$$

而且, 当 $a\neq\infty$ 时, $f'(a)>0$; 当 $a=\infty$ 时, $\dfrac{df\circ\tilde{z}}{d\tilde{z}}(0)>0$, 其中 $\tilde{z}=1/z$.

证 首先证明: 我们可以将无界的 D 换成有界的 D. 理由如下: 取不同的两个点 $b_1, b_2\in\partial D$. 不妨设 $b_1\in\mathbf{C}$. 令

$$\phi_1(z) = \frac{z-b_1}{-\frac{z}{b_2}+1},$$

当 $b_2=\infty$ 时, 我们约定: 上式右端的 $\dfrac{z}{b_2}=0$. 这个线性分式映射将 D 全纯双射地映成 $\phi_1(D)\subset\mathbf{C}\setminus\{0\}$. 因此, 可以假定 $D\subset\mathbf{C}\setminus\{0\}$. 因 D 单连通, 根据定理 12.4.9 的 (ii), 在 D 上可以取 $\sqrt{z}$ 的一个分支 $\phi_2(z)$. 由例 12.5.1, 映射 $\phi_2: D\to\phi_2(D)$ 是全纯双射, 且

$$\phi_1(D)\cap(\phi_2(D))=\emptyset.$$

因此, $\phi_2(D)\subset\mathbf{C}$ 有外点 (即余集的内点)$b_3\in\mathbf{C}$. 令

$$\phi_3(z) = \frac{1}{z-b_3},$$

则映射 $\phi_3\circ\phi_2: D\to\phi_3\circ\phi_2(D)$ 是全纯双射, 而且 $\phi_3\circ\phi_2(D)$ 是有界的. 因此, 假设 D 是有界区域并不失去一般性.

设 $\mathcal{F}$ 是 D 上满足以下条件的单叶全纯函数全体构成的函数族：

$$f(a)=0, \quad f'(a)=1.$$

显然，$z-a\in\mathcal{F}$. 故 $\mathcal{F}\neq\emptyset$. 记

$$|f|_\infty=\sup_{z\in D}|f(z)|, \quad f\in\mathcal{F},$$

$$\rho=\inf_{f\in\mathcal{F}}|f|_\infty.$$

易见，

$$\rho\leqslant\max_{z\in\partial D}|z-a|<\infty.$$

在 $\mathcal{F}$ 中选一列函数 $\{f_n\}_{n=1}^\infty$, 使得

$$\rho=\lim_{n\to\infty}|f_n|_\infty.$$

不妨设 $\forall n\in\mathbf{N}\Big(|f_n|_\infty<\rho+1\Big)$. 由 Montel 定理，$\{f_n\}_{n=1}^\infty$ 有子列，它在 D 的任何紧子集上一致收敛. 为了记号不要太累赘，我们把这个子列仍记做 $\{f_n\}_{n=1}^\infty$, 并记

$$f_0=\lim_{n\to\infty}f_n.$$

易见，$f_0(a)=0$. 由推论 12.3.5, $f_0'(a)=\lim_{n\to\infty}f_n'(a)=1$. 故 f_0 非常数. 由练习 12.4.5, f_0 是单叶函数. 所以，$f_0\in\mathcal{F}$, 故 $\rho\leqslant|f_0|_\infty$. 另一方面，$|f_0|_\infty\leqslant\lim_{n\to\infty}|f_n|_\infty=\rho$, 所以，$\rho=|f_0|_\infty$. 我们将证明：

$$f_0(D)=\mathbf{B}^2(0,\rho). \tag{12.9.3}$$

由最大模原理 (推论 12.3.1), $f_0(D)\subset\mathbf{B}^2(0,\rho)$. 假若 $f_0(D)\neq\mathbf{B}^2(0,\rho)$, 取一个 $c\in\partial(f_0(D))\cap\mathbf{B}^2(0,\rho)$, 并令

$$\phi_4(w)=\frac{\rho(w-c)}{-\bar{c}w+\rho^2}.$$

映射 $\phi_4:\mathbf{B}^2(0,\rho)\to\mathbf{B}^2(0,1)$ 是全纯双射，且 $\phi_4(c)=0$. 因 D 单连通，可在 D 上取 $\sqrt{\phi_4\circ f_0(z)}$ 的一个分支，又令

$$\phi_5=\rho\sqrt{\phi_4\circ f_0(z)}\in\mathbf{B}^2(0,\rho), \quad z\in D.$$

易见，ϕ_5 是单叶函数，且 $\phi_5(a)=\sqrt{-\rho c}$. 再令

$$\phi_6=\frac{\rho^2\Big(\phi_5(z)-\phi_5(a)\Big)}{-\overline{\phi_5(a)}\phi_5(z)+\rho^2}\in\mathbf{B}^2(0,\rho), \quad z\in D.$$

ϕ_6 也是单叶函数，且

$$\phi_6(a)=0, \quad |\phi|_\infty\leqslant\rho, \quad \phi_6'(a)=\frac{\rho+|c|}{2\sqrt{-\rho c}}.$$

因 $0<|c|<\rho$, 所以 $|\phi_6'(a)|>1$. 最后令

$$\phi_7=\frac{1}{|\phi_6'(a)|}\phi_6(z),\quad z\in D.$$

我们有 $\phi_7\in\mathcal{F}$, 且

$$|\phi_7|_\infty\leqslant\frac{\rho}{|\phi_6'(a)|}<\rho.$$

这与 ρ 的定义矛盾. (12.9.3) 获证. Riemann 映射定理中的存在部分证毕.

为了证明唯一性, 假设有一个全纯双射 $g:D\to\mathbf{B}^2(0,1)$, 使得 $g(a)=0$, 且 $g'(0)>0$, 则 $f\circ g^{-1}\in\mathrm{Aut}\Big(\mathbf{B}^2(0,1)\Big)$, $f\circ g^{-1}(0)=0$, 而 $g(a)=0$, $g'(0)>0$. 根据引理 12.9.2, $f\circ g^{-1}(z)=z$, 换言之, $f=g$. □

在 Riemann 映射定理的证明过程中, 定理的假设 "$D\subset\overline{\mathbf{C}}$ 是单连通区域" 只在两处用到: 一处是: "因 D 单连通, 根据定理 12.4.9 的 (ii), 在 D 上可以取 $\sqrt{z}$ 的一个分支 $\phi_2(z)$". 另一处是: "因 D 单连通, 可在 D 上取 $\sqrt{\phi_4\circ f_0(z)}$ 的一个分支". 这两处 "单连通" 的假设都只用作 "恒不等于零全纯函数开方根的分支存在" 的理由. 而 "恒不等于零全纯函数开方根的分支存在" 事实上等价于 "恒不等于零全纯函数辐角的分支存在", 或等价于 "恒不等于零全纯函数对数的分支存在". 因此, 定理 12.9.5 可改述如下:

定理 12.9.5′ 设 $D\subset\overline{\mathbf{C}}$ 是单连通区域, 它的边界 ∂D 至少有两个不同的点, 且满足如下条件: 对于任何在 D 上恒不等于零的全纯函数 $f(z)$, D 上一定有 $\mathrm{Ln}f$ 的一个分支. 在以上条件下, 我们有以下结论: 对于任何 $a\in D$, 存在唯一的一个全纯双射 $f:D\to\mathbf{B}^2(0,1)$, 使得

$$f(a)=0,$$

而且, 当 $a\neq\infty$ 时, $f'(a)>0$; 当 $a=\infty$ 时, $\dfrac{df\circ\tilde{z}}{d\tilde{z}}(0)>0$, 其中 $\tilde{z}=1/z$.

根据上面的讨论, 我们有以下关于平面上单连通区域的拓扑刻画.

定理 12.9.6 设区域 $D\subset\mathbf{C}$, 则以下五个命题中任何一个成立时, 另外四个都成立:

(i) D 同胚于 $\mathbf{B}^2(0,1)$;

(ii) D 单连通;

(iii) 对于任何圈 $\Gamma\subset D$ 和任何 $w\in\mathbf{C}\setminus D$, 有 $n(w,\Gamma)=0$;

(iv) $\overline{\mathbf{C}}\setminus D$ 连通;

(v) 对于任何在 D 上恒不等于零的全纯函数 $f(z)$, D 上一定有 $\mathrm{Ln}f$ 的一个分支.

证 证明的路线图是:(i)⟹(ii)⟹(iii)⟹(iv)⟹(v) ⟹(i).

(i) ⟹(ii) $\mathbf{B}^2(0,1)$ 是 $\mathbf{C}$ 中的凸集, 因而是单连通的. 而单连通是拓扑性质, 在同胚映射下是不变的, 因而 D 单连通.

(ii)$\Longrightarrow$(iii) 按定义 12.1.4, 单连通的 D 中任何封闭曲线都同伦于一个点. 圈 $\Gamma \subset \mathbf{C}$ 应同伦于某个值域为一个点的映射 $\gamma : \gamma(I) = \{\mathbf{c}\}$, 其中 $\mathbf{c}$ 是 D 中一个点. 又 Γ 同伦于 γ, 根据练习 12.4.3(xi), $n(w, \Gamma) = n(w, \gamma) = 0$.

(iii)$\Longrightarrow$(iv) 用反证法. 假设 $\overline{\mathbf{C}} \setminus D$ 不连通, 则 $\overline{\mathbf{C}}$ 中的闭集 $\overline{\mathbf{C}} \setminus D = E_1 \cup E_2$, 其中 E_1 和 E_2 应是两个互不相交非空的 $\overline{\mathbf{C}} \setminus D$ 中的 (相对) 闭集. 因 $\overline{\mathbf{C}} \setminus D$ 是 $\overline{\mathbf{C}}$ 中的闭集, 故 E_1 和 E_2 也是 $\overline{\mathbf{C}}$ 中两个互不相交的非空闭集. 为了叙述明确起见, 假设 $\infty \in E_2$.E_1 应是 $\mathbf{C}$ 中的有界闭集, 因而是紧集. $E_2 \setminus \{\infty\}$ 是 $\mathbf{C}$ 的闭集. 故

$$\varepsilon = \operatorname{dist}(E_1, E_2 \setminus \{\infty\}) > 0.$$

利用平行于实轴和虚轴的直线将复平面 $\mathbf{C}$ 划分成许多全等的边长为 $\varepsilon/4$ 的闭正方形之并, 这些正方形是两两无公共的内点的. 这些正方形中与 E_1 相交的记做 Q_i $(i \in A)$. Q_i 与 E_2 是不相交的. 这些 Q_i $(i \in A)$ 共有限个. ∂Q_i 表示 Q_i 的有定向的边界, 它的定向是逆时针的正定向. 我们总能选择复平面 $\mathbf{C}$ 的这样的划分, 使得某个 $w \in E_1$ 是某个 Q_k 的内点. 这样, 我们有

$$\sum_{i \in A} n(w, \partial Q_i) = n(w, \partial Q_k) = 1.$$

每个 ∂Q_i 由四根直线段 γ_{ij} 构成. 若某个直线段 γ_{ij} 与 E_1 相交, 则它将方向相反的形式出现在另一个 Q_l 的边界的直线段中. 在 $\sum\limits_{i \in A} n(w, \partial Q_i)$ 中, 这样的直线段的贡献因两次出现相互抵消而等于零. 因此, $\sum\limits_{i \in A} n(w, \partial Q_i)$ 事实上等于 $\sum\limits_{ij \in B} n(w, \partial \gamma_{ij})$, 其中 B 表示所有与 E_1 不相交的 γ_{ij} 指标 (ij) 的全体. 这些 (有定向的) 直线段 $\{\gamma_{ij}, (ij) \in B\}$ 的全体构成一个圈, 这个圈记做 Γ. 显然, $[\Gamma] \cap E_2 = \emptyset$. 事实上, Γ 是 $D = \overline{\mathbf{C}} \setminus (E_1 \cup E_2)$ 中的圈. 故

$$n(w, \Gamma) = \sum_{i \in A} n(w, \partial Q_i) = 1.$$

这与 (iii) 矛盾.

(iv)$\Longrightarrow$(v) 设 $\Gamma \subset D$ 是个圈, $w \in \mathbf{C} \setminus \Gamma$. $n(w, \Gamma)$ 有意义, 且在 $\mathbf{C} \setminus \Gamma$ 上, 作为 w 的函数的 $n(w, \Gamma)$ 是取非负整数值的连续函数. 由此, $n(w, \Gamma)$ 在 $\mathbf{C} \setminus D$ 上是取非负整数值的连续函数. 又因 $\lim\limits_{w \to \infty} n(w, \Gamma) = 0$, 若定义 $n(\infty, \Gamma) = 0$, 则 $n(w, \Gamma)$ 在 $\overline{\mathbf{C}} \setminus D$ 上是取非负整数值的连续函数. 因 $\overline{\mathbf{C}} \setminus D$ 连通, $n(w, \Gamma)$ 在 $\overline{\mathbf{C}} \setminus D$ 上恒等于零. 由 Dixon 定理, 对于任何圈 $\Gamma \subset D$ 和任何 D 上全纯的函数 g, 有

$$\int_\Gamma g(z) dz = 0.$$

今设 f 在 D 上是恒不等于零的全纯函数. 令 $g = f/f'$, 则 g 在 D 上全纯. 任选 $z_0 \in D$, 公式

$$F(z) = \int_{z_0}^{z} \frac{f'(z)}{f(z)} dz$$

定义了 D 上的一个连续函数, 上式右端是沿任何 D 中连接 z_0 和 z 的链所作的积分, 它的值与选取的链无关. 易见,

$$F'(z) = \frac{f'(z)}{f(z)}.$$

因此, 在 D 中有

$$\frac{d}{dz}\Big[f(z)\exp(-F(z))\Big] = 0.$$

故 (注意: $F(z_0) = 0$)

$$f(z) = f(z_0)\exp(F(z)).$$

选 $L \in \mathrm{Ln}\, f(z_0)$, 则 $L + F(z)$ 是 $\mathrm{Ln} f(z)$ 在 D 上的一个分支.

(v)$\Longrightarrow$(i)　若 $D = \mathbf{C}$, 则映射

$$\phi(z) = \frac{z}{1+|z|}$$

是 $\mathbf{C}$ 与 $\mathbf{B}^2(0,1)$ 之间的同胚. 若 $D \subset \mathbf{C}$ 且 $D \neq \mathbf{C}$, 则 $\infty \in \overline{\mathbf{C}} \setminus D$. 若 ∞ 是 D 在 $\overline{\mathbf{C}}$ 中的边界点, 因 D 在 $\mathbf{C}$ 中也有边界点, 故 D 在 $\overline{\mathbf{C}}$ 中至少有两个边界点. 由 Riemann 映射定理, D 与 $\mathbf{B}^2(0,1)$ 同胚. 若 ∞ 不是 D 在 $\overline{\mathbf{C}}$ 中的边界点, 则 D 是 $\mathbf{C}$ 中的有界开集. 不难证明, D 在 $\overline{\mathbf{C}}$ 中至少有两个边界点. D 与 $\mathbf{B}^2(0,1)$ 同胚. □

定理 12.9.7　$\overline{\mathbf{C}}$ 中任何单连通区域 D 必与以下三个区域之一有全纯双射: $\overline{\mathbf{C}}$, $\mathbf{C}$ 或 $\mathbf{B}^2(0,1)$. 而这三个区域中任两个之间不可能有全纯双射.

证　若 $\partial D = \emptyset$, 则 $D = \overline{\mathbf{C}}$. 若 ∂D 只有一个点, 通过一个线性分式映射, 这个点变成了 ∞. 因此, D 与 $\mathbf{C}$ 之间有全纯双射. 若 ∂D 至少有两个点, 根据 Riemann 映射定理, D 与 $\mathbf{B}^2(0,1)$ 之间有全纯双射. □

定理 12.9.8　设 K 是 $\overline{\mathbf{C}}$ 中的连通紧集, 则 $\overline{\mathbf{C}} \setminus K$ 的任何连通成分都是单连通的.

证　设 D 是 $\overline{\mathbf{C}} \setminus K$ 的一个连通成分. 因 K 闭, D 必开, 故 D 是 $\overline{\mathbf{C}}$ 中的区域. 可以假设 $\infty \in K$(不然通过一个 $\overline{\mathbf{C}}$ 到自身的同胚实现它). $K = \emptyset$ 时结论显然成立.

若 $D = \overline{\mathbf{C}} \setminus K$, 由定理 12.9.6 的 (iv), D 单连通.

若 $D \neq \overline{\mathbf{C}} \setminus K$, 假设若 $\overline{\mathbf{C}} \setminus K$ 的连通成分为 D 及 $D_\alpha(\alpha \in A)$. 考虑任何连续函数 $f: K \cup \left(\bigcup\limits_{\alpha \in A} D_\alpha\right) \to \mathbf{Z}$. 在连通集 K 上 f 应取常数, 记为 k. 同理, 在连通集 D_α 上 f 应取常数, 记为 k_α. 易见, $\partial D_\alpha \subset K$. 故 $\overline{D_\alpha} \cap K \neq \emptyset$, 设 $\zeta \in \overline{D_\alpha} \cap K \neq \emptyset$, 则

$$k_\alpha = \lim_{z\to\zeta, z\in D_\alpha} f(z) = f(\zeta) = k.$$

故 f 在 $K \cup \left(\bigcup\limits_{\alpha \in A} D_\alpha\right)$ 上等于常数. 这说明 $K \cup \left(\bigcup\limits_{\alpha \in A} D_\alpha\right) = \overline{\mathbf{C}} \setminus D$ 连通. 再由定理 12.9.6 的 (iv), D 单连通. □

12.9.3 辐角函数的分支

本小节将讨论辐角函数分支的存在问题.

命题 12.9.1 设 A 和 B 是复平面上的两个开集, 或两个闭集. 又设 $A\cap B$ 是连通的. 若 $f: A\cup B\to \mathbf{C}\setminus\{0\}$ 是连续的, 且 $\mathrm{Arg}f$ 在 A 上有分支 θ_A, $\mathrm{Arg}f$ 在 B 上有分支 θ_B, 则 $\mathrm{Arg}f$ 在 $A\cup B$ 上有分支 θ.

证 若 $A\cap B=\emptyset$, 下式定义的 θ 满足命题的要求:

$$\theta(z)=\begin{cases}\theta_A(z), & 若 z\in A,\\ \theta_B(z), & 若 z\in B.\end{cases}\tag{12.9.4}$$

今设 $A\cap B\neq\emptyset$. 选一个 $\zeta\in A\cap B$, 对 θ_B 适当地调节 2π 的一个整数倍, 可以假设 $\theta_A(\zeta)=\theta_B(\zeta)$. 因 $A\cap B$ 连通, $\forall z\in A\cap B\Big(\theta_A(z)=\theta_B(z)\Big)$. 我们用方程 (12.9.4) 定义 θ 仍然合法. 下面我们要证明: 如此定义的 θ 在 $A\cup B$ 上连续. 任选 $w\in A\cup B$, 为明确起见, 设 $w\in A$. 若 A 和 B 均开, 则在 w 的某邻域中 $\theta=\theta_A$, 故 θ 在 w 处连续. 若 A 和 B 均闭, 则 $w\notin B$ 或 $w\in A\cap B$. 当 $w\notin B$ 时, 在 w 的某邻域中 $\theta=\theta_A$, 故 θ 在 w 处连续. 当 $w\in A\cap B$ 时, θ_A 与 θ_B 在 w 处均连续, 以 (12.9.4) 定义的 θ 在 w 处连续. 因此, 无论何种情形, θ 在 w 处一定连续. □

定理 12.9.9(Eilenberg) (i) 设紧集 $E\subset\mathbf{C}$ 和 $z_0\in\mathbf{C}\setminus E$, 则 $\mathrm{Arg}(z-z_0)$ 在 E 上有分支的充分必要条件是: z_0 与 ∞ 处于 $\overline{\mathbf{C}}\setminus E$ 的同一个连通成分中.

(ii) 设紧集 $E\subset\overline{\mathbf{C}}$ 和 $z_1,\ z_2\in\mathbf{C}\setminus E$, 则函数

$$\mathrm{Arg}\left(\frac{z-z_1}{z-z_2}\right)$$

在 E 上有分支的充分必要条件是: z_1 与 z_2 处于 $\overline{\mathbf{C}}\setminus E$ 的同一个连通成分中.

证 (i) 不妨设 $z_0=0$. 假设 0 与 ∞ 处于 $\overline{\mathbf{C}}\setminus E$ 的同一个连通成分 D 中. 因 E 紧, D 必开. 又 D 连通, 故有连续映射 $\gamma:[a,b]\to D$, 使得 $\gamma(a)=0,\quad \gamma(b)=\infty$.

因 $[\gamma]$ 在 $\overline{\mathbf{C}}$ 中紧且连通, 根据定理 12.9.8, 有

$$\overline{\mathbf{C}}\setminus[\gamma]=\bigcup_{\alpha\in A}D_\alpha,$$

其中 $\{D_\alpha,\ \alpha\in A\}$ 是一族两两互不相交的单连通区域. 因 D_α 单连通, 且 $D_\alpha\cap\{0,\infty\}=\emptyset$, 根据定理 12.9.6 的 (v), $\mathrm{Arg}z$ 在 D_α 上有一个分支 θ_α. 在 $\bigcup\limits_{\alpha\in A}D_\alpha$ 上定义函数 θ, 使得

$$\forall\alpha\in A\forall z\in D_\alpha\Big(\theta(z)=\theta_\alpha(z)\Big).$$

易见, θ 是 $\mathrm{Arg}z$ 在 $\bigcup\limits_{\alpha\in A}D_\alpha$ 上的一个分支. 因

$$E\subset\overline{\mathbf{C}}\setminus D\subset\overline{\mathbf{C}}\setminus[\gamma]=\bigcup_{\alpha\in A}D_\alpha,$$

故 $\mathrm{Arg}z$ 在 E 上有一个分支. 条件的充分性证毕.

我们将用反证法证明条件的必要性. 假设 $\operatorname{Arg} z$ 在 E 上有一个分支 θ, 而 0 与 ∞ 处于 $\overline{\mathbf{C}}\setminus E$ 的两个不同的连通成分中. D 表示 $\overline{\mathbf{C}}\setminus E$ 的含有 0 的连通成分, 当然 $\infty\notin D$, 因此 D 在 $\mathbf{C}$ 中有界. 紧集 E 当然也是 $\mathbf{C}$ 的有界子集. 利用 Tietz 延拓定理 (参看第二册第 7 章 §7.6 的练习 7.6.7), 可以将 θ 延拓成 $\theta: E\cup D\to\mathbf{R}$. 这个延拓后的 θ 在 $D\cup E$ 上连续, 而在 E 上取值不变: $\theta(z)\in \operatorname{Arg} z$.

定义映射 $f:\mathbf{C}\to\mathbf{C}\setminus\{0\}$ 如下:

$$f(z)=\begin{cases} z/|z|, & 若 z\in\mathbf{C}\setminus(E\cup D),\\ z/|z|=[\exp(\mathrm{i}\theta(z))], & 若 z\in E,\\ \exp(\mathrm{i}\theta(z)), & 若 z\in D.\end{cases}$$

不难证明 (请同学补出证明的细节): f 在 $\mathbf{C}$ 上连续. 因 f 恒不等于零, 根据推论 12.4.4, $\operatorname{Arg} f$ 在 $\mathbf{C}$ 上有一个分支 θ_0. 选一个充分大的正数 r, 使得 $E\cup D\subset\mathbf{B}^2(0,r)$. 因为 z 与 $f(z)$ 在 $z\in\mathbf{S}^1(0,r)$ 时有着同样的辐角. 故 θ_0 在 $\mathbf{S}^1(0,r)$ 上确是 $\operatorname{Arg} z$ 的一个分支, 这是不可能的 (参看练习 12.4.3 的 (iv)). (i) 证毕.

(ii) 它可通过以下线性分式映射化成 (i)(请同学补出细节):

$$m(z)=\frac{z-z_1}{z-z_2}.$$ □

定义 12.9.3　映射 $\gamma:[a,b]\to\overline{\mathbf{C}}$ 称为一条 (Riemann 球面上的) 简单曲线, 假若 γ 是 $[a,b]$ 到 $\gamma([a,b])$ 的一个同胚.

定理 12.9.10　设映射 $\gamma:[a,b]\to\overline{\mathbf{C}}$ 是一条 (Riemann 球面上的) 简单曲线, 则 $\overline{\mathbf{C}}\setminus[\gamma]$ 是单连通区域.

证　先证明 $\overline{\mathbf{C}}\setminus[\gamma]$ 连通. 不妨设 $\infty\in[\gamma]$. 因 $[\gamma]$ 同胚于 $[a,b]$, $[\gamma]$ 单连通. 根据推论 12.4.4, 对于任何连续映射 $f:[\gamma]\to\mathbf{C}\setminus\{0\}$, 在 $[\gamma]$ 上有 $\operatorname{Arg} f$ 的一个分支. 特别, 对于 $\overline{\mathbf{C}}\setminus[\gamma]$ 上的任何两个不同的点 z_1 和 z_2, 函数

$$\operatorname{Arg}\left(\frac{z-z_1}{z-z_2}\right)$$

在 $[\gamma]$ 上有一个分支. 根据定理 12.9.9 的 (ii), z_1 和 z_2 属于 $\overline{\mathbf{C}}\setminus[\gamma]$ 的同一个连通成分. 故 $\overline{\mathbf{C}}\setminus[\gamma]$ 连通.

因 $[\gamma]$ 紧且 $\infty\in[\gamma]$, 由定理 12.9.8, $\overline{\mathbf{C}}\setminus[\gamma]$ 单连通. □

将命题 12.9.1 及定理 12.9.9 结合起来, 我们有

定理 12.9.11(Janiszewski)　设 A 和 B 是 $\overline{\mathbf{C}}$ 的两个紧集, 且 $A\cap B$ 连通. 若 z_1 与 z_2 属于 $\overline{\mathbf{C}}\setminus A$ 的同一个连通成分, 也属于 $\overline{\mathbf{C}}\setminus B$ 的同一个连通成分, 则它们属于 $\overline{\mathbf{C}}\setminus(A\cup B)$ 的同一个连通成分.

证　利用一个线性分式变换, 我们可以假设 $z_1=0$ 及 $z_2=\infty$. 利用定理 12.9.9, 在 A 上有 $\operatorname{Arg} z$ 的一个分支 θ_A, 且在 B 上有 $\operatorname{Arg} z$ 的一个分支 θ_B. 利用命题 12.9.1, 在 $A\cup B$ 上有 $\operatorname{Arg} z$ 的一个分支 θ. 再利用定理 12.9.9, z_1 及 z_2 属于 $\overline{\mathbf{C}}\setminus(A\cup B)$ 的同一个连通成分. □

12.9.4 复分析与 Jordan 曲线定理

在第二册 §7.10 中我们用初等方法讨论了 Jordan 曲线定理. 现在我们将利用复分析这个工具重新讨论 Jordan 曲线定理, 并补充 §7.10 中 Jordan 曲线定理的表述中未述及的一些内容. 我们愿意复述 Jordan 曲线的定义如下: Jordan 曲线是与圆周同胚的平面闭曲线. 确切地说, Jordan 曲线是这样一个连续映射: $\gamma:[a,b]\to\mathbf{C}$, 它具有如下性质: $\gamma(t)=\gamma(t')$ 当且仅当 $t=t'$, 或 $t=a$ 且 $t'=b$, 或 $t'=a$ 且 $t=b$. 易见, 让 $a=0$, $b=1$ 并不失去一般性. 为了方便, 可以假设 $\gamma:\mathbf{R}\to\mathbf{C}$, 且 $\gamma(t)=\gamma(t+n)$ 对一切自然数 n 和一切实数 t 成立. 也可以用映射 $\gamma:[s,s+1]\to\mathbf{C}$ 代替原来的映射 $\gamma:[0,1]\to\mathbf{C}$ 而不失一般性.

定理 12.9.12(Jordan) 设 $\gamma:[0,1]\to\mathbf{C}$ 是 Jordan 曲线. 则我们有以下四条结论:

(i) $\overline{\mathbf{C}}\setminus[\gamma]$ 恰有两个连通成分;

(ii) $\overline{\mathbf{C}}\setminus[\gamma]$ 的每个连通成分都是单连通区域;

(iii) $\overline{\mathbf{C}}\setminus[\gamma]$ 的每个连通成分的 (拓扑) 边界都是 $[\gamma]$;

(iv) 将 $\overline{\mathbf{C}}\setminus[\gamma]$ 的两个连通成分记做 D_0 与 D_1, 且 $\infty\in D_0$, 则

$$n(w,\gamma)=\begin{cases}\pm1, & \text{若 } w\in D_1,\\ 0, & \text{若 } w\in D_0, w\neq\infty.\end{cases}$$

注 在 §7.10 中讨论的 Jordan 曲线定理只包含上述的结论 (i), 另外三条结论均未述及. 以下的证明并未用到 §7.10 中的 Jordan 曲线定理, 也就是说, 我们将重新证明结论 (i).

证 因 $[\gamma]$ 是连通的紧集, 由定理 12.9.8, 结论 (ii) 证得.

因 $[\gamma]$ 是 $\mathbf{C}$ 的紧子集, $\overline{\mathbf{C}}\setminus[\gamma]$ 的连通成分中有一个含有 ∞, 将它记为 D_0. 这时 $D_0\setminus\{\infty\}$ 是 $\mathbf{C}$ 的一个无界子区域, 因而对一切 $w\in D_0\setminus\{\infty\}$, 有 $n(w,\gamma)=0$. 我们证明了结论 (iv) 的一半.

下面我们要证明: $\overline{\mathbf{C}}\setminus[\gamma]$ 至少有两个连通成分. 这个结论在同胚映射下不变. 通过一个线性分式变换, 不妨假设 0 与 ∞ 在 $[\gamma]$ 上. 由于 γ 的周期性, 不妨假设 $\gamma(0)=0$, 而 $\gamma(c)=\infty$, 其中 $0<c<1$. 记 $\gamma_1=\gamma|_{[0,c]}$, $\gamma_2=\gamma|_{[c,1]}$, 则 γ_1 及 γ_2 是两条将 0 与 ∞ 连接起来的简单曲线 (即与 $[0,1]$ 同胚的曲线). 根据定理 12.9.10, $\overline{\mathbf{C}}\setminus[\gamma_1]$ 和 $\overline{\mathbf{C}}\setminus[\gamma_2]$ 都是 $\mathbf{C}$ 的单连通子区域. 由定理 12.9.6, $\operatorname{Arg} z$ 在 $\overline{\mathbf{C}}\setminus[\gamma_1]$ 和 $\overline{\mathbf{C}}\setminus[\gamma_2]$ 上都有分支. 因

$$(\overline{\mathbf{C}}\setminus[\gamma_1])\cap(\overline{\mathbf{C}}\setminus[\gamma_2])=\overline{\mathbf{C}}\setminus[\gamma],$$

根据命题 12.9.1, 假若 $\overline{\mathbf{C}}\setminus[\gamma]$ 连通, 则在 $\overline{\mathbf{C}}\setminus[\gamma_1]\cup\overline{\mathbf{C}}\setminus[\gamma_2]$ 上有 $\operatorname{Arg} z$ 的分支. 但

$$\overline{\mathbf{C}}\setminus[\gamma_1]\cup\overline{\mathbf{C}}\setminus[\gamma_2]=\mathbf{C}\setminus\{0\},$$

而根据练习 12.4.3 的 (iv), $\operatorname{Arg} z$ 在 $\mathbf{C}\setminus\{0\}$ 上是无分支的. 这个矛盾告诉我们, $\overline{\mathbf{C}}\setminus[\gamma]$ 是不连通的. 换言之, $\overline{\mathbf{C}}\setminus[\gamma]$ 至少有两个连通成分. 这就证明了结论 (i) 的一半.

在下面的讨论中, 为了方便, 我们不再假定 $\gamma(0)=0$.

暂且不去解决结论 (i) 的另一半, 而去解决结论 (iii) 的证明. 设 D 和 D' 是 $\overline{\mathbf{C}}\setminus[\gamma]$ 的两个连通成分. 显然, $\partial D\subset[\gamma]$. 假若 $\partial D\neq[\gamma].\partial D$ 是 $[\gamma]$ 的紧子集. 利用 γ 的周期性, 可以假设有个 $c\in(0,1)$, 使得 $\partial D\subset\gamma([0,c])$. 记 $\gamma_3=\gamma|_{[0,c]}\cdot\gamma_3$ 是条简单曲线. 根据定理 12.9.10, $\overline{\mathbf{C}}\setminus[\gamma_3]$ 是 (单连通) 区域. 故 D 的任何点与 D' 的任何点都可由 $\overline{\mathbf{C}}\setminus[\gamma_3]$ 中的一条曲线连接起来. 但这样的曲线不与 $\partial D\subset[\gamma_3]$ 相交, 这条曲线将完全在 D 中, 故 $D'\subset D$, 换言之, $D=D'$. 这与已经得到的 $\overline{\mathbf{C}}\setminus[\gamma]$ 至少有两个连通成分的结论矛盾. 这个矛盾导致以下结论: $\partial D=[\gamma]$. (iii) 证得.

现在可以证明 (i) 的尚未证明的另一半了, 即证明: $\overline{\mathbf{C}}\setminus[\gamma]$ 恰有两个连通成分. 已经证明, $\overline{\mathbf{C}}\setminus[\gamma]$ 至少有两个连通成分. 设 D_1 是一个 $\overline{\mathbf{C}}\setminus[\gamma]$ 的不含有 ∞ 的连通成分. 由第二册 §7.8 的命题 7.8.4 的 (i), D_1 应是不含有 ∞ 的 (关于 $\overline{\mathbf{C}}\setminus[\gamma]$ 相对拓扑的) 闭集, 注意到 $[\gamma]$ 是紧集, ∞ 有一个开邻域 U, 使得

$$U\cap[\gamma]=\emptyset,\ \text{且}\ U\cap\Big(\overline{\mathbf{C}}\setminus[\gamma]\Big)\cap D_1=\emptyset.$$

因此, $U\cap D_1=\emptyset$. 换言之, D_1 有界. 设 $D_\alpha\,(\alpha\in A)$ 是 $\overline{\mathbf{C}}\setminus[\gamma]$ 的其他连通成分, D_0 是其中之一. 任选 $z^*\in D_1$, 设 (z_1,z_2) 是含有 z^* 的最大的 D_1 中的水平开线段 (假定 $\Re z_1<\Re z_2$, 参看图 12.9.1). 定义映射 σ 如下:

$$\sigma(t)=z^*+t,\quad -t_1<t<t_2,$$

其中 $z_1=z^*-t_1$, $z_2=z^*+t_2$. 注意到 $z_1\in[\gamma]$, $z_2\in[\gamma]$, 且 $[\sigma]=[z_1,z_2]$. 利用映射 γ 的周期性, 我们可以假设: $z_1=\gamma(0)$, $z_2=\gamma(c)$, 其中 $0<c<1$. 记 $\gamma_1=\gamma|_{[0,c]}$, $\gamma_2=\gamma|_{[c,1]}$. 易见, γ_1 是一条以 z_1 为起点和 z_2 为终点的简单曲线, 而 γ_2 是一条以 z_2 为起点和 z_1 为终点的简单曲线. 设 $w\in\bigcup\limits_{\alpha\in A}D_\alpha$. 根据已经证明了的 (iii), 对于每个 $\alpha\in A$,

$$D_\alpha\subset D_\alpha\cup\Big([\gamma_2]\setminus\{z_1,z_2\}\Big)\subset\overline{D_\alpha}.$$

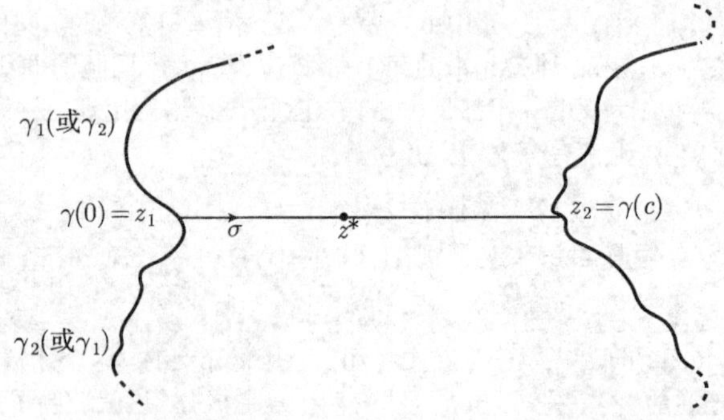

图　12-9-1

由第二册 §7.8 的命题 7.8.3, 可以证明 (请同学补出证明的细节):

$$\forall\alpha\in A\Big(D_\alpha\cup([\gamma_2]\setminus\{z_1,z_2\})\text{连通}\Big).$$

再由第二册 §7.8 的命题 7.8.2, 集合

$$\bigcup_{\alpha\in A}\left(D_\alpha\cup\Big([\gamma_2]\setminus\{z_1,z_2\}\Big)\right)$$

是连通的, 且

$$\{w,\infty\}\subset D_\alpha\cup([\gamma_2]\setminus\{z_1,z_2\})\quad \text{和}\quad (D_\alpha\cup([\gamma_2]\setminus\{z_1,z_2\}))\cap\Big([\sigma]\cup[\gamma_1]\Big)=\emptyset.$$

故 ∞ 和 w 属于 $\overline{\mathbf{C}}\setminus([\sigma]\cup[\gamma_1])$ 的同一个连通成分. 同理, ∞ 和 w 属于 $\overline{\mathbf{C}}\setminus([\sigma]\cup[\gamma_2])$ 的同一个连通成分. 根据 Janiszewski 定理 (定理 12.9.11), ∞ 和 w 属于 $\overline{\mathbf{C}}\setminus([\sigma]\cup[\gamma])$ 的同一个连通成分. 因此, ∞ 和 w 属于 $\overline{\mathbf{C}}\setminus[\gamma]$ 的同一个连通成分. 故 $w\in D_0$, 所以, $D_0=\bigcup\limits_{\alpha\in A}D_\alpha$, 换言之, $\overline{\mathbf{C}}\setminus[\gamma]$ 只有两个连通成分: D_0 与 D_1.

现在已证明了 (i), (ii) 和 (iii) 和半个 (iv). 下面要证明仅剩的半个 (iv): $\forall w\in D_1\Big(n(w,\gamma)=\pm1$.

γ_1, γ_2, z^* 和 σ 的涵义仍和前面讨论的一样. 选一个充分小的 $r>0$, 使得 $\overline{\mathbf{B}^2(z^*,r)}\subset D_1$. 记 $\sigma_1=\sigma|_{[-t_1,-r]}$, $\sigma_2=\sigma|_{[-r,r]}$, $\sigma_3=\sigma|_{[r,t_2]}$, 又令

$$\tau(t)=z^*+r\mathrm{e}^{\mathrm{i}\,t},\quad 0\leqslant t\leqslant\pi.$$

最后, 记 (参看图 12.9.2)

$$\zeta_1=z^*+\frac{\mathrm{i}r}{2},\quad \zeta_2=z^*-\frac{\mathrm{i}r}{2}.$$

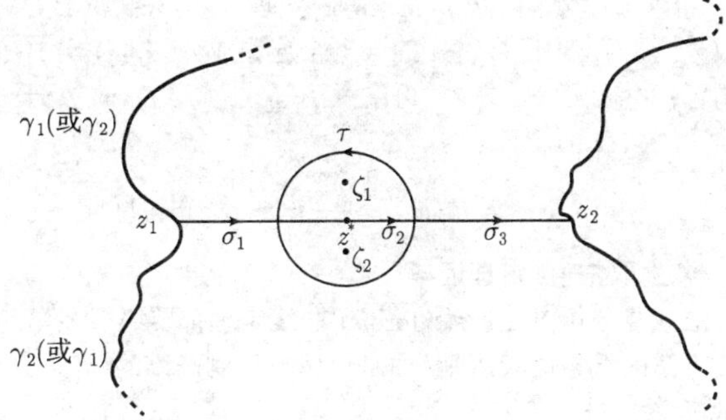

图 12-9-2

再引进以下三个圈:

$$\Sigma_1=(\gamma_2,\sigma),\quad \Sigma_2=(\gamma_2,\sigma_1,\tau^-,\sigma_3),\quad \Sigma_3=(\sigma_2,\tau),$$

其中 τ^- 是 τ 的反向. 对于任何不在以上三个圈上的 w, 有等式:

$$n(w,\Sigma_1)=n(w,\Sigma_2)+n(w,\Sigma_3).$$

不难检验以下等式:

$$n(\zeta_1,\Sigma_3)=1,\qquad n(\zeta_2,\Sigma_3)=0.$$

又因线段 $[\zeta_1,\zeta_2]$ 与 Σ_2 不相交, 有

$$n(\zeta_1,\Sigma_2)=n(\zeta_2,\Sigma_2).$$

利用以上这些等式, 我们得到以下的关系式:

$$n(\zeta_1,\Sigma_1)-n(\zeta_2,\Sigma_1)=1. \tag{12.9.5}$$

这个关系式告诉我们 ζ_1 与 ζ_2 不可能处于 $\overline{\mathbf{C}}\setminus\Sigma_1$ 的同一个连通成分中, 换言之, ζ_1 和 ζ_2 分处于 Jordan 曲线 Σ_1 的内部与外部. 我们用 w_1 表示处于 Jordan 曲线 Σ_1 的内部的那个 $\{\zeta_1,\zeta_2\}$ 中的点, w_2 表示处于 Jordan 曲线 Σ_1 的外部的那个 $\{\zeta_1,\zeta_2\}$ 中的点. 这时, $n(w_2,\Sigma_1)=0$. 由等式 (12.9.5), 有

$$|n(w_1,\Sigma_1)|=1. \tag{12.9.6}$$

再引进一个圈 $\Sigma_4=(\gamma_1,\sigma^-)$. 和前面的讨论相仿, 我们可以获得以下的关系式:

$$n(\zeta_1,\Sigma_4)-n(\zeta_2,\Sigma_4)=-1. \tag{12.9.7}$$

由此, w_1 与 w_2 将分处于 Jordan 曲线 Σ_4 之内与之外.

我们将证明 w_2 处于 Σ_4 之内. 若 w_2 处于 Σ_4 之外. 则 w_2 既处于 Σ_4 之外, 又处于 Σ_1 之外, 换言之, w_2 与 ∞ 既属于 $\overline{\mathbf{C}}\setminus[\Sigma_1]$ 的同一个连通成分, 又属于 $\overline{\mathbf{C}}\setminus[\Sigma_4]$ 的同一个连通成分. 根据 Janiszewski 定理, w_2 与 ∞ 属于 $\overline{\mathbf{C}}\setminus([\gamma]\cup[\sigma])$ 的同一个连通成分, 因而, 属于 $\overline{\mathbf{C}}\setminus[\gamma]$ 的同一个连通成分. 但 $w_2\in\overline{\mathbf{B}^2(z^*,r)}\subset D_1$. 这个矛盾证明了: w_2 处于 Σ_4 之内. 再注意到等式 (12.9.7), w_1 处于 Σ_4 之外. 故 $n(w_1,\Sigma_4)=0$. 再由 (12.9.6),

$$|n(w_1,\gamma)|=|n(w_1,\Sigma_1)+n(w_1,\Sigma_4)|=1.$$

因 $n(w,\gamma)$ 在 D_1 上取常值. 定理证毕. □

用初等方法或复分析方法证明 Jordan 曲线定理都要绕很多弯. 用代数拓扑或微分拓扑的方法的线索比较清晰. 而且可以推广到高维的情形, 但这已超出本讲义的范围了.

定理 12.9.13(Brouwer)　设 D 是复平面 $\mathbf{C}$ 上的一个区域, $f:D\to\mathbf{C}$ 是个连续单射, 则 $f(D)$ 是 $\mathbf{C}$ 的一个区域, 且 $f:D\to f(D)$ 是个同胚.

证　作为连通集在连续映射下的像, $f(D)$ 是连通的. 对于任何 $w\in D$, 有 $r>0$, 使得 $\overline{\mathbf{B}(w,r)}\subset D$, 记 $\gamma(t)=w+r\mathrm{e}^{\mathrm{i}t}$, $0\leqslant t\leqslant 2\pi$. 因 $\overline{\mathbf{B}(w,r)}$ 是紧集, 映

射 $f|_{\overline{\mathbf{B}(w,r)}}: \overline{\mathbf{B}(w,r)} \to f(\overline{\mathbf{B}(w,r)})$ 是同胚 (参看第二册 §7.6 的推论 7.6.4). 因此, $f\circ\gamma$ 是 Jordan 曲线, 它的内部记做 Δ. 设 $\zeta\in\Delta$, 则

$$n(0, f\circ\gamma-\zeta) = n(\zeta, f\circ\gamma) = \pm 1.$$

根据 §12.4 的练习 12.4.3(xi) 的结论, 有 $z\in\mathbf{B}(w,r)$, 使得 $f(z)=\zeta$. 换言之, $\Delta\subset f(\mathbf{B}(w,r))$. 因 $f(\mathbf{B}(w,r))$ 连通, 且与 $[f\circ\gamma]$ 不相交, 故 $f(\mathbf{B}(w,r))$ 必包含在 $\overline{\mathbf{C}}\setminus[f\circ\gamma]$ 的一个连通成分中. 所以 $\Delta=f(\mathbf{B}(w,r))$. 因而有 $\varepsilon>0$, 使得

$$\mathbf{B}(f(w),\varepsilon)\subset\Delta\subset f(D).$$

这样就证明了 $f(D)$ 开, 所以, $f(D)$ 是区域.

又因映射 $f|_{\overline{\mathbf{B}(w,r)}}: \overline{\mathbf{B}(w,r)} \to f(\overline{\mathbf{B}(w,r)})$ 是同胚, $f^{-1}:\Delta\to\mathbf{B}(w,r)$ 连续, 因而 f^{-1} 在 $f(w)$ 处连续, f^{-1} 在 $f(D)$ 上连续. □

定理 12.9.14 设 $\gamma:[0,1]\to\mathbf{C}$ 是 Jordan 曲线, D 是 γ 的内部, $\zeta\in[\gamma]$, 则对于任何 $\varepsilon>0$, 有一个 $\delta>0$, 使得以下命题成立: $D\cap\mathbf{B}(\zeta,\delta)$ 中的任何两个点 z 和 w 都可通过 $D\cap\mathbf{B}(\zeta,\varepsilon)$ 中的一条由有限个直线段构成的折线 σ 连接起来.

证 可以假设 $\varepsilon>0$ 足够小, 使得 $[\gamma]\setminus\mathbf{B}(\zeta,\varepsilon)\neq\emptyset$, 选择 $[0,1]$ 的一个紧子区间, 使得 γ 在该子区间上的限制 γ^* 有以下性质: $\zeta\in[\gamma^*]\subset\mathbf{B}(\zeta,\varepsilon)$, 且 ζ 非 $[\gamma^*]$ 之端点. 记

$$E=[\gamma]\setminus[\gamma^*],\quad \delta=\mathrm{dist}(\zeta,E),\quad Q=\mathbf{S}(\zeta,\varepsilon).$$

因 $E\supset[\gamma]\setminus\mathbf{B}(\zeta,\varepsilon)$, 有 $0<\delta<\varepsilon$. 又易见,

$$E\cap[\gamma]=E,\quad E\cup[\gamma]=[\gamma],\quad Q\cap[\gamma]\subset E.$$

还有

$$\begin{aligned}E=&E\cap[\gamma]\subset(E\cup Q)\cap[\gamma]=(E\cap[\gamma])\cup(Q\cap[\gamma])\\=&E\cup(Q\cap[\gamma])\subset E\cup E=E.\end{aligned}$$

设 z 和 w 是 $D\cap\mathbf{B}(\zeta,\delta)$ 中的任何两个点. σ 表示 $\mathbf{B}(\zeta,\delta)$ 中连接这两个点得直线段, 因 $\delta=\mathrm{dist}(\zeta,E)<\varepsilon$, $(E\cup Q)\cap[\sigma]=\emptyset$. 故 z 和 w 属于 $\overline{\mathbf{C}}\setminus(E\cup Q)$ 的同一个连通成分. 又 z 和 w 属于 $\overline{\mathbf{C}}\setminus[\gamma]$ 的同一个连通成分 D. 注意到已经得到的结果 $(E\cup Q)\cap[\gamma]=E$, E 作为 $[0,1]$ 的一个弧段的连续映射下的像是连通集. 根据 Janiszewski 定理, z 和 w 属于 $\overline{\mathbf{C}}\setminus([\gamma]\cup E\cup Q)=\overline{\mathbf{C}}\setminus([\gamma]\cup Q)$ 的同一个连通成分, 记做 D^*. 故 $D^*\cap[\gamma]=\emptyset$ 和 $D^*\cap Q=\emptyset$. 因此, $D^*\subset D$ 和 $D^*\subset\mathbf{B}(\zeta,\varepsilon)$. 所以我们有 $D^*\subset D\cap\mathbf{B}(\zeta,\varepsilon)$. 因 D^* 是区域, z 和 w 可以通过 D^* 中的一条由有限个直线段构成的折线 σ 连接起来, 这条曲线当然在 $D\cap\mathbf{B}(\zeta,\varepsilon)$ 中. □

定理 12.9.15 设 $\gamma:[0,1]\to\mathbf{C}$ 是 Jordan 曲线, D 是 γ 的内部, $\zeta_i\in[\gamma]$ $(i=1,2)$, 且 $\zeta_1\neq\zeta_2$. 又设 $\sigma\subset D\cup\{\zeta_1,\zeta_2\}$ 是连接 ζ_1 和 ζ_2 的一条简单曲线, 则 $D\setminus[\sigma]=D_1\cup D_2$, 其中 $D_i(i=1,2)$ 是两个互不相交的非空区域. $D_i(i=1,2)$ 的确切刻画如下: 设 $\zeta_1=\gamma(0)$, $\zeta_2=\gamma(c)$, 其中 $0<c<1$. 记

$$\gamma_1=\gamma|_{[0,c]},\quad \gamma_2=\gamma|_{[c,1]}.$$

定义两个圈 Γ_1 和 Γ_2 如下:

$$\Gamma_1 = (\gamma_1, \sigma^-), \quad \Gamma_2 = (\gamma_2, \sigma),$$

其中 σ^- 表示与 σ 载体相同但方向相反的定向曲线, 则 D_i 是 Jordan 曲线 Γ_i 的内部.

证　显然, 定理中刻画的两个圈 Γ_1 和 Γ_2 可以看成两条 Jordan 曲线, 且

$$n(z,\gamma) = n(z,\Gamma_1) + n(z,\Gamma_2). \tag{12.9.8}$$

因 $[\Gamma_1] \subset [\gamma] \cup D$, γ 的外部与 $[\Gamma_1]$ 不相交. 然而, γ 的外部与 Γ_1 的外部 (在 ∞ 附近) 必相交. 作为连通集的 γ 的外部应是 Γ_1 外部的子集. 对称地, γ 的外部也应是 Γ_2 外部的子集. 因此, 我们有

$$\forall z \in \mathbf{C} \setminus ([\gamma] \cup [\sigma]) \Big(n(z,\gamma) = 0 \Longrightarrow n(z,\Gamma_1) = n(z,\Gamma_2) = 0 \Big).$$

根据 (12.9.8), 上式可以加强成以下形式:

$$\forall z \in \mathbf{C} \setminus ([\gamma] \cup [\sigma]) \Big(n(z,\gamma) = 0 \Longleftrightarrow n(z,\Gamma_1) = n(z,\Gamma_2) = 0 \Big). \tag{12.9.9}$$

按定理所述, D_j 为 Jordan 曲线 Γ_j 的内部. 若 $z \in D \setminus [\sigma]$, 则 $n(z,\gamma) \neq 0$. 由 (12.9.9), $z \in D_1 \cup D_2$. 反之, 若 $z \in D_1 \cup D_2$, 由 (12.9.9), $n(z,\gamma) \neq 0$, 即 $z \in D$. 因此,

$$D \setminus [\sigma] = D_1 \cup D_2.$$

若 $z \in D_1 \cap D_2$, 则等式 (12.9.8) 中的三项皆非零. 它们应为 ± 1. 而这使得等式 (12.9.8) 不可能成立. 因此, $D_1 \cap D_2 = \emptyset$. □

12.9.5　Jordan 区域的共形映射

下面我们要介绍共形映射理论中的一个重要定理, 它的证明要用到已经讨论过的平面拓扑的知识.

定理 12.9.16　设 $\gamma : [0,1] \to \mathbf{C}$ 和 $\Gamma : [0,1] \to \mathbf{C}$ 是两条 Jordan 曲线, D 和 Δ 分别是 γ 和 Γ 的内部, 而 f 是 D 到 Δ 上的单叶解析函数, 则 f 可以延拓成一个 $D \cup [\gamma]$ 到 $\Delta \cup [\Gamma]$ 上的同胚.

注意到 Jordan 定理的如下结论: $\overline{D} = D \cup [\gamma]$ 和 $\overline{\Delta} = \Delta \cup [\Gamma]$, 定理 12.9.16 的证明便化成 (表面看来似乎比定理 12.9.16 简单, 事实上它正包含了定理 12.9.16 证明的几乎全部难点的) 下述命题:

命题 12.9.2　设 $\gamma : [0,1] \to \mathbf{C}$ 和 $\Gamma : [0,1] \to \mathbf{C}$ 是两条 Jordan 曲线, D 和 Δ 分别是 γ 和 Γ 的内部, 而 f 是 D 到 Δ 上的单叶解析函数, 则

$$\forall \zeta \in \gamma \left(\lim_{\substack{z \to \zeta \\ z \in D}} f(z) \text{ 存在} \right).$$

命题 12.9.2 的证明比较麻烦, 我们将它推迟到本小节的最后去完成. 先假定命题 12.9.2 是成立的, 我们利用命题 12.9.2 去完成

定理 12.9.16 的证明 在命题 12.9.2 成立的假设下, 因 $\gamma=\partial D$, f 在 γ 上的值可以如下定义: 对于任何 $\zeta\in\gamma$,

$$f(\zeta)=\lim_{\substack{z\to\zeta\\ z\in D}} f(z).$$

设 $\zeta\in\gamma$, $\{z_n: n\in\mathbf{N}\}\subset\overline{D}$, 且

$$\zeta=\lim_{n\to\infty} z_n.$$

构作序列 $\{z_n': n\in\mathbf{N}\}$ 如下: 若 $z_n\in D$, 令 $z_n'=z_n$; 若 $z_n\in\overline{D}\setminus D$, 选一个 $z_n'\in D$ 满足以下条件:

$$|z_n-z_n'|<\frac{1}{n},\quad |f(z_n)-f(z_n')|<\frac{1}{n}.$$

易见, $\lim\limits_{n\to\infty} z_n'=\zeta$, 且

$$\lim_{n\to\infty} f(z_n')=\lim_{n\to\infty} f(z_n)=f(\zeta).$$

这就证明了 f 在 $\overline{D}$ 上连续.

$f(\overline{D})$ 是紧集, 且 $f(\overline{D})\supset f(D)=\Delta$. 因此, $f(\overline{D})\supset\overline{\Delta}$. 另一方面, 按 f 的定义,

$$f(\overline{D})\subset\overline{f(D)}=\overline{\Delta}.$$

由此, $f(\overline{D})=\overline{\Delta}$. 我们已经证明了 f 可以 (唯一地) 连续延拓成 $\overline{D}\to\overline{\Delta}$ 的满射. 记 $g=f^{-1}|_{\Delta}$, 则 g 也可以 (唯一地) 连续延拓成 $\overline{\Delta}\to\overline{D}$ 的满射. 下面我们要证明: $g:\overline{\Delta}\to\overline{D}$ 是 $f:\overline{D}\to\overline{\Delta}$ 的逆映射. 设 $z\in\overline{D}$, 有序列 $\{z_n: n\in\mathbf{N}\}\subset D$, 使得 $\lim\limits_{n\to\infty} z_n=z$. 显然, $\{f(z_n): n\in\mathbf{N}\}\subset\Delta$, $g(f(z_n))=z_n$, $\lim\limits_{n\to\infty} f(z_n)=f(z)$. 故

$$g(f(z))=\lim_{n\to\infty} g(f(z_n))=\lim_{n\to\infty} z_n=z.$$

这就证明了: 在 $\overline{\Delta}$ 上, $g=f^{-1}.f:\overline{D}\to\overline{\Delta}$ 是同胚. □

现在我们回过来去完成命题 12.9.2 的证明.

命题 12.9.2 的证明 用反证法. 假若

$$\exists\zeta\in\gamma\left(\lim_{\substack{z\to\zeta\\ z\in D}} f(z)\ \text{不存在}\right),$$

则 D 中有两个序列 $\{z_n\}$ 和 $\{w_n\}$, 使得

$$\lim_{n\to\infty} z_n=\lim_{n\to\infty} w_n=\zeta,\quad \lim_{n\to\infty} f(z_n)=\alpha,\quad \lim_{n\to\infty} f(w_n)=\beta,\quad \alpha\neq\beta.$$

显然, $\{\alpha,\beta\}\subset\overline{\Delta}$. 我们要进一步证明: $\{\alpha,\beta\}\subset[\Gamma]$. 假若 $\alpha\in\Delta$, 则 f^{-1} 在 α 处连续, $f^{-1}(\alpha)\in D$, 且

$$\zeta=\lim_{n\to\infty} z_n=\lim_{n\to\infty} f^{-1}(f(z_n))=f^{-1}(\alpha)\in D.$$

这个矛盾证明了 $\{\alpha,\beta\}\subset[\Gamma]$.

假设 Γ 定义在 $[0,1]$ 上, $\Gamma(0)=\alpha$, $\Gamma(c)=\beta$, $0<c<1$. 根据定理 12.9.14, 有数 c_1 与 c_2, 使得

$$0<c_1<c<c_2<1,\quad \text{记}\quad \xi_i^*=\Gamma(c_i)\quad (i=1,2),$$

且在 $D\cup\{\xi_1^*,\xi_2^*\}$ 中存在一条由有限根直线段构成的简单折线 τ 将 ξ_1^* 和 ξ_2^* 连接起来. 记

$$\tilde{\Gamma}_1=\Gamma|_{[0,c]},\quad \tilde{\Gamma}_2=\Gamma|_{[c,1]}.$$

$\Gamma_i(i=1,2)$ 是 Γ 上的两段弧: $\tilde{\Gamma}_1$ 是 α 到 β 的弧, 而 $\tilde{\Gamma}_2$ 是 β 到 α 的弧. 易见, $\xi_i^*\in[\tilde{\Gamma}_i]$, $i=1,2$.

选取一个足够小的正数 r, 使得以下三个条件得以满足:

(a) 四个圆盘 $\mathbf{B}(\alpha,2r)$, $\mathbf{B}(\beta,2r)$, $\mathbf{B}(\xi_1^*,2r)$, $\mathbf{B}(\xi_2^*,2r)$ 两两互不相交;

(b) 两个圆盘 $\mathbf{B}(\alpha,2r)$ 和 $\mathbf{B}(\beta,2r)$ 均与 $[\tau]$ 不相交;

(c) $\mathbf{B}(\xi*_1,2r)\cap[\tilde{\Gamma}_2]=\emptyset$, $\mathbf{B}(\xi*_2,2r)\cap[\tilde{\Gamma}_1]=\emptyset$.

记区域 Δ_{12} 和 Δ_{21}, 它们分别是 Jordan 曲线 Γ_{12} 和 Γ_{21} 的内部, 其中 Γ_{12} 表示 Γ 上通过 β 由 ξ_1^* 到 ξ_2^* 的弧接着由 ξ_2^* 到 ξ_1^* 的折线 τ^- 构成的圈, 而 Γ_{12} 表示由 ξ_1^* 到 ξ_2^* 的折线 τ 接着 Γ 上通过 α 由 ξ_2^* 到 ξ_1^* 的弧接着构成的圈. 根据定理 12.9.15,

$$\Delta\setminus[\tau]=\Delta_{12}\cup\Delta_{21},\quad \Delta_{12}\cap\Delta_{21}=\emptyset.$$

因 $\alpha\notin[\Gamma_{12}]$, 且对于任何 $t>0, \mathbf{B}(\alpha,t)\cap(\Gamma\text{的外部})\neq\emptyset$, 因而, 对于任何 $t>0$, $\mathbf{B}(\alpha,t)\cap(\Gamma_{12}\text{的外部})\neq\emptyset$. 故 α 属于 Γ_{12}的外部. 因此, 我们证明了: 当 n 充分大时, $f(z_n)$ 属于 Γ_{12}的外部, 故当 n 充分大时, $f(z_n)$ 属于 Δ_{21}. 对 $f(w_n)$ 可作同样的推理. 所以, 当 n 充分大时 (参看图 12.9.3),

$$f(z_n)\in\Delta_{21},\quad f(w_n)\in\Delta_{12}. \tag{12.9.10}$$

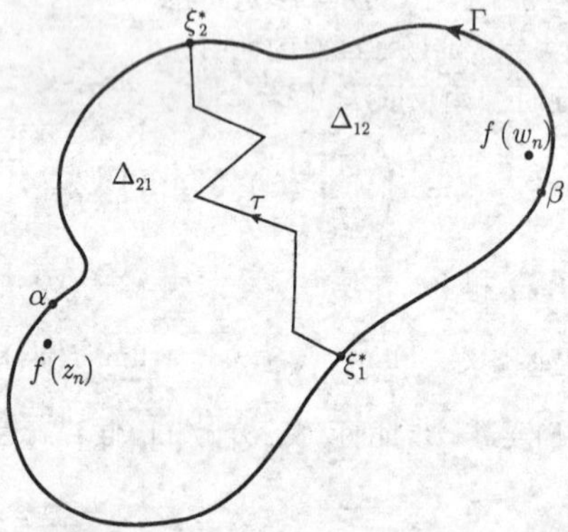

图　12-9-3

根据定理 12.9.14, 有一串在 D 中连接 z_n 和 w_n 的简单曲线 σ_n, 使得

$$\lim_{n\to\infty} \varepsilon_n = \lim_{n\to\infty} \sup\{|z-\zeta| : z \in [\sigma_n]\} = 0.$$

为了以后书写方便, 不妨假设 $\zeta = 0$. 因而, 上式可简化成

$$\lim_{n\to\infty} \varepsilon_n = \lim_{n\to\infty} \sup\{|z| : z \in [\sigma_n]\} = 0. \tag{12.9.11}$$

记 $\Sigma_n = [f\circ\sigma_n]$, 它是一串在 Δ 中连接 $f(z_n)$ 与 $f(w_n)$ 的曲线. 利用 $f\circ\sigma_n$ 的一致连续性, 可以将 Σ_n 换成一根折线且使公式 (12.9.11) 依然成立. 我们以后假设 Σ_n 是一根简单折线, 且在 Σ_n 上, $|f^{-1}| \leqslant \varepsilon_n$.

根据 (12.9.10), Σ_n 与 τ 必相交. 由 (12.9.11), Σ_n 与 τ 必相交. 因为 $n\to\infty$ 时曲线 σ_n 一致地趋于 $0(=\zeta)$, 所以 Σ_n 与 τ 的交点最后将非常接近 ξ_1^* 或 ξ_2^* 中的一个. 最后这个论断的证明如下：在 $[\tau]\setminus\{\xi_1^*,\xi_2^*\}$ 上选择 ξ_1 和 ξ_2, 使得 $|\xi_j-\xi_j^*|<r$, $j=1,2$, 其中 r 是满足前面谈到的条件 (a), (b) 和 (c) 的正数. τ_0 表示 τ 上连接 ξ_1 和 ξ_2 的那段弧. 因 $[\tau_0]$ 是 Δ 中的紧集, $f^{-1}([\tau_0])$ 是 Δ 中的紧集, $f^{-1}([\tau_0])$ 与 $\gamma=\partial D$ 之间的距离大于零. 当 n 充分大时, $[\sigma_n]$ 与 $0(=\zeta)\in\gamma$ 的距离可以任意小. 故有 $n_0\in\mathbf{N}$, 使当 $n\geqslant n_0$ 时, $[\sigma_n]\cap f^{-1}([\tau_0])=\emptyset$. 因而, 当 $n\geqslant n_0$ 时, $[\Sigma_n]\cap[\tau_0]=f([\sigma_n])\cap f(f^{-1}([\tau_0]))=f([\sigma_n]\cap f^{-1}([\tau_0]))=\emptyset$. 以上推演的最后第二个等式用到了 f 是单射这个事实.

不妨假设 Σ_n 与 τ 的交点都在 ξ_2^* 附近出现. 不然, 可以通过选子列或在交换指标 1 与 2 达到. 这样, f^{-1} 在 ξ_2 处解析, 且在 (ξ_2 附近穿过的曲线)Σ_n 上 $|f^{-1}|\leqslant\varepsilon_n$. 下面我们要证明：$f^{-1}(\xi_2)=0$, 而这与 $f^{-1}(\xi_2)\in D$ 及 $0(=\zeta)\in\partial D$ 相矛盾.

记 α_n 为 $[\Gamma]$ 上离 $f(z_n)$ 最近的点, 而 β_n 为 $[\Gamma]$ 上离 $f(w_n)$ 最近的点. α_n 与 β_n 的存在是由 Γ 的紧性与距离的连续性保证的. 记 $\Sigma_n^*=[\alpha,f(z_n)]\cup\Sigma_n\cup[f(w_n),\beta_n]$. 可以假定 Σ_n^* 是条 Δ 中的简单折线. 根据定理 12.9.15, $\Delta\setminus[\Sigma_n^*]=\Delta_n\cup\Delta_n'$, 其中 Δ_n 与 Δ_n' 是两个非空区域. 当 n 充分大时, Σ_n 与 $[\tau_0]$ 不相交, $[\alpha,f(z_n)]\subset\mathbf{B}^2(\alpha,2r)$, $[f(w_n),\beta]\subset\mathbf{B}^2(\beta,2r)$, 根据 (b), Σ_n^* 与 $[\tau_0]$ 不相交. $[\tau_0]$ 是 $\Delta_n\cup\Delta_n'$ 中的连通集, 故 ξ_1 与 ξ_2 或同属于 Δ_n, 或同属于 Δ_n'. 为明确起见, 假设 ξ_1 与 ξ_2 同属于 Δ_n(参看图 12.9.4).

Δ_n 的边界是由 $[\Sigma_n^*]$ 及 $[\Gamma]\setminus\{\alpha_n,\beta_n\}$ 的一个连通成分构成的. 因

$$|\alpha_n-\alpha|\leqslant|\alpha_n-f(z_n)|+|f(z_n)-\alpha|\leqslant 2|f(z_n)-\alpha|,$$

我们有 $\lim\limits_{n\to\infty}\alpha_n=\alpha$. 同理, $\lim\limits_{n\to\infty}\beta_n=\beta$. 记 Γ_n 是 Γ 上的这样一段弧, 它和 Σ_n^* 一起构成了 Δ_n 的边界, 这个边界是条 Jordan 曲线. 易见, ξ_1^* 和 ξ_2^* 中有一个不属于 Γ_n (为了明确起见, 我们假定 $\xi_2^*\notin[\Gamma_n]$) , 且当 n 充分大时,

$$[\Gamma_n]\subset[\tilde{\Gamma_1}]\cup\mathbf{B}^2(\alpha,2r)\cup\mathbf{B}^2(\beta,2r).$$

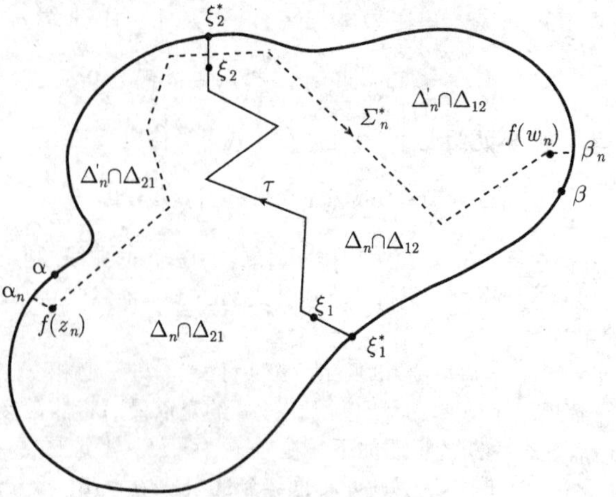

图　12-9-4

因 $\xi_2^* \notin [\Gamma_n]$, $\xi_2^* \notin \Delta_n$. 再注意到

$$[\alpha_n, f(z_n)] \subset \mathbf{B}^2(\alpha, 2r) \quad 和 \quad [\beta_n, f(w_n)] \subset \mathbf{B}^2(\beta, 2r),$$

我们有

$$\partial \Delta_n \cap \mathbf{B}^2(\xi_2^*, 2r) \subset \Big([\Sigma_n^*] \cup \Gamma_n\Big) \cap \mathbf{B}^2(\xi_2^*, 2r) \subset [\Sigma_n^*] \cap \mathbf{B}^2(\xi_2^*, 2r) \subset [\Sigma_n].$$

总结之, 我们得到了以下结论 (参看图 12.9.5):

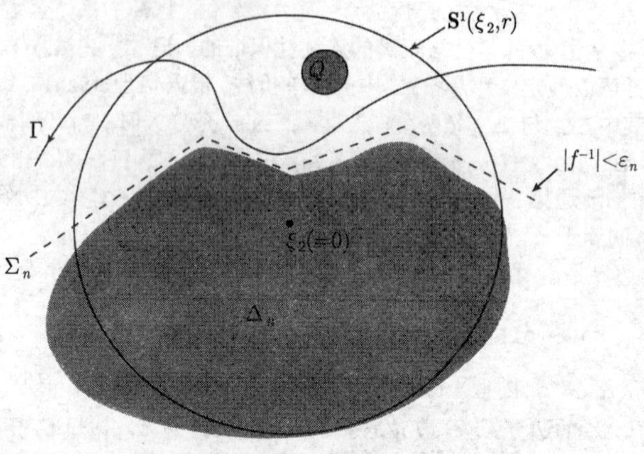

图　12-9-5

(i) $\xi_2 \in \Delta_n$;

(ii) $\mathbf{B}^2(\xi_2,r)$ 包含一个正半径的圆盘 Q, 使得 Q 在 Jordan 曲线 Γ 之外, 因此,

$$\forall n\in\mathbf{N}\Big(Q\cap\Delta_n=\emptyset\Big);$$

(iii) $\forall n\in\mathbf{N}\Big(\partial\Delta_n\cap\mathbf{B}^2(\xi_2,r)\subset[\Sigma_n]\Big)$;

(iv) $\forall n\in\mathbf{N}\forall w\in[\Sigma_n]\Big(|f^{-1}(w)|\leqslant\varepsilon_n\Big)$.

有一个 $k\in\mathbf{N}$, 使得 (ii) 中圆盘 Q 相对于 ξ_2 张成的角度不小于 $2\pi/k$. 记 Δ_n^p 是由 Δ_n 绕着 ξ_2 旋转 $2p\pi/k$ 角后的像, 则

$$\xi_2\in\Delta_n^0\cap\Delta_n^1\cap\cdots\cap\Delta_n^{k-1},$$

式中右端是个开集. 由集合的拓扑边界的定义出发, 不难证明:

$$\partial\Big(\Delta_n^0\cap\Delta_n^1\cap\cdots\cap\Delta_n^{k-1}\Big)\subset\bigcup_{j=0}^{k-1}\partial\Delta_j^*.$$

开集 $\Delta_n^0\cap\Delta_n^1\cap\cdots\cap\Delta_n^{k-1}$ 的含有 ξ_2 的连通成分记做 Δ^*. 按集合的拓扑边界和连通成分的定义, 易见,

$$\partial\Delta^*\subset\partial\Big(\Delta_n^0\cap\Delta_n^1\cap\cdots\cap\Delta_n^{k-1}\Big).$$

将这个包含关系与前面的包含关系结合起来, 有

$$\partial\Delta^*\subset\bigcup_{j=0}^{k-1}\partial\Delta_j^*.$$

因为圆盘 Q 及其绕着 ξ_2 旋转 k 次所得的像将 ξ_2 与圆周 $\mathbf{S}^1(\xi_2,r)$ 隔离开了, 故

$$\xi_2\in\overline{\Delta^*}\subset\mathbf{B}^2(\xi_2,r).$$

注意到前面总结得到的 (iii), 我们有

$$\partial\Delta^*\subset\bigcup_{j=0}^{k-1}\Big[\partial\Delta_j^*\cap\mathbf{B}^2(\xi_2,r)\Big]\subset\bigcup_{j=0}^{k-1}[\Sigma_n^j],$$

其中 $[\Sigma_n^j]$ 表示 $[\Sigma_n]$ 绕着 ξ_2 旋转 $2j\pi/k$ 角后的像. 为了书写方便, 不妨假设 $\xi_2=0$ 并记 $\omega=\exp(2\pi\mathrm{i}k)$. 函数

$$h(z)=f^{-1}(z)f^{-1}(\omega z)\cdots f^{-1}(\omega^{k-1}z)$$

在 Δ^* 中解析, 且在 $\overline{\Delta^*}$ 中连续. 在 $\partial\Delta^*$ 的任一点上 (注意: 这一点必属于 $\bigcup_{j=0}^{k-1}[\Sigma_n^j]$), $|h(z)|$ 的 k 个因子中有一个不大于 ε_n, 而另外 $(k-1)$ 个不超过 $M=\sup|f^{-1}|$. 由最大模原理,

$$|f^{-1}(0)|=|h(0)|\leqslant M^{k-1}\varepsilon_n.$$

因 Q 不依赖于 n, k 也不依赖于 n. 让 $n\to\infty$, 上式告诉我们 $f^{-1}(0)=0$. 回到原来的记法, $f^{-1}(\xi_2)=\zeta$. 但 $f^{-1}(\xi_2)\in D$, 而 $\zeta\in\partial D$. 这个矛盾证明了命题 12.9.2.

□

12.9.6　Schwarz-Christoffel 映射

给了 n 个实数构成的递增列:

$$a_1 < a_2 < \cdots < a_n \quad (n \geqslant 3)$$

和 n 个满足以下条件的实数 $\{\mu_1, \cdots, \mu_n\}$:

$$\forall h \in \{1, \cdots, n\}\Big(0 < \mu_h < 1\Big), \quad \sum_{h=1}^{n} \mu_h = 2. \tag{12.9.12}$$

对于 $h \in \{1, \cdots, n\}$, 定义幂函数 $(z-a_h)^{\mu_h}$ 如下: 对于任何 $z \in \mathbf{R}$且$z < a_h$, 令

$$(z-a_h)^{\mu_h} = |z-a_h|^{\mu_h} \mathrm{e}^{\mathrm{i}\mu_h \pi},$$

然后将 $(z-a_h)^{\mu_h}$ 解析延拓至 $\mathbf{C} \setminus \{z \in \mathbf{C} : \Re z = a_h, \Im z \leqslant 0\}$ 上. 事实上, 这个解析延拓所得的函数 (仍记做 $(z-a_h)^{\mu_h}$) 是如下定义的: 对于任何 $z \in \mathbf{C} \setminus \{z \in \mathbf{C} : \Re z = a_h, \Im z \leqslant 0\}$, 有表达式:

$$z = a_h + |z-a_h| \mathrm{e}^{\mathrm{i}\theta}, \quad -\pi/2 < \theta < 3\pi/2,$$

则

$$(z-a_h)^{\mu_h} = |z-a_h|^{\mu_h} \mathrm{e}^{\mathrm{i}\mu_h \theta}.$$

下面我们要研究在

$$D_0 = \mathbf{C} \setminus \bigcup_{h=1}^{n} \{z \in \mathbf{C} : \Re z = a_h, \Im z \leqslant 0\}$$

(参看图 12.9.6) 上有定义的解析函数

$$f(z) = (z-a_1)^{\mu_1}(z-a_2)^{\mu_2} \cdots (z-a_n)^{\mu_n}.$$

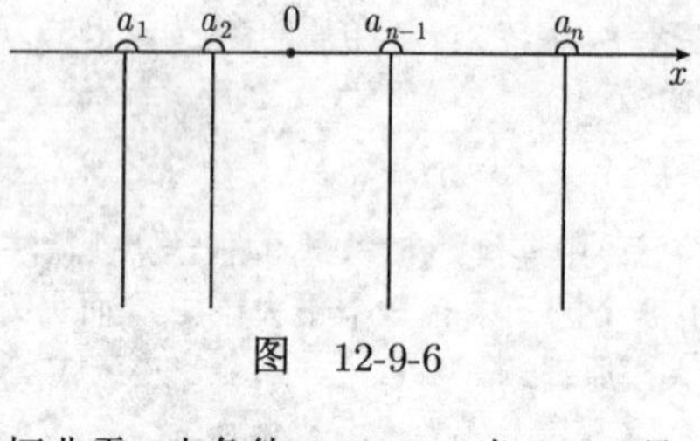

图　12-9-6

易见, $f(z)$ 在 D_0 上恒非零. 由条件 (12.9.12), 当 $z \in \mathbf{R}$且$z < a_1$ 时, $f(z) \in \mathbf{R}$, 且 $f(z) > 0$. 当 z 沿着实数轴由左向右移动而越过 (函数无定义的) 点 a_h 时, $f(z)$ 的辐角有一个跳跃, 增幅为 $-\mu_h \pi$. 注意到条件 (12.9.12), 当实数 $z > a_n$ 时, $f(z) \in \mathbf{R}$, 且 $f(z) > 0$.

为了书写方便, 假定 $a_1 > 0$(不然, 通过一个平移便可使这个条件得以满足). 引进 D_0 上定义的函数 F: 对于任何 $z \in D_0$,

$$F(z) = \int_0^z \frac{du}{f(u)} = \int_0^z \frac{du}{(u-a_1)^{\mu_1}(u-a_2)^{\mu_2}\cdots(u-a_n)^{\mu_n}}, \tag{12.9.13}$$

其中积分 $\int_0^z$ 表示沿着 D_0 中的任何连接 0 与 z 的 (光滑) 道路的积分. 可以证明: $F(z)$ 在区域 D_0 上有意义且解析. 因 $f(z)$ 在 D_0 上恒非零且解析, 只需证明 D_0 单连通就够了. 假设 γ 是 D_0 中的一条连续曲线: $\gamma : [0,1] \to D_0$. 对于 $s \in [0,1]$, 令

$$\varphi(x+\mathrm{i}y, s) = \begin{cases} x+\mathrm{i}y+\mathrm{i}s, & \text{若} y \geqslant 0, \\ x+\mathrm{i}(1-s)y+\mathrm{i}s, & \text{若} y \leqslant 0, \end{cases}$$

则映射 $(t,s) \to \varphi(\gamma((t),s)$ 是 γ 到半平面 $D = \{z \in \mathbf{C} : \Im z > 0\}$ 中一条连续曲线 $t \mapsto \varphi(\gamma((t),1)$ 在 D_0 中的同伦. 又因 D 是单连通的, 故 D_0 单连通. 这个在 D_0 上的解析映射 $F(z)$(12.9.13) 称为 **Schwarz-Christoffel映射**. 下面的定理给出这个 Schwarz-Christoffel 映射的几何涵义.

为了以后讨论的方便, 我们愿意先介绍一个平面几何的结果:

引理 12.9.3 平面上一个多边形的各顶点的内角都小于 π, 则该多边形是凸多边形.

证 假若该多边形非凸, 则平面上一定有一个闭直线段 $[a,b]$, 使得对应的开直线段 (a,b) 完全在多边形之外, 而 a 和 b 在多边形的边界上, 则这个直线段与多边形周边的一部分将构成一个 k 边形, 使得这个 k 边形的内部完全在原多边形的外部. 这个 k 边形有 $k-2$ 个与开直线段 (a,b) 不粘边的内角, 它们与原多边形的对应内角之和恰为 2π. 因多边形的各顶点的内角都小于 π, 故 k 边形有 $k-2$ 个大于 π 的内角. 所以, 它的内角和大于 $(k-2)\pi$. 而这是不可能的. □

定理 12.9.17 在条件 (12.9.12) 下, 映射 $F(z)$(12.9.13) 是一个将半平面 D 映到一个凸集 P 上的共形映射, 它还是半平面 D 到 P 的一个双射, 其中 P 的边界是个开的 n 边形, 它的 n 个角是 $(1-\mu_h)\pi$ $(1 \leqslant h \leqslant n)$.

证 由条件 (12.9.12), 以下的 $(n+1)$ 个反常积分都是收敛的:

$$\int_{a_n}^{\infty} \frac{dx}{|f(x)|}, \quad \int_{-\infty}^{a_1} \frac{dx}{|f(x)|}, \quad \int_{a_{h-1}}^{a_h} \frac{dx}{|f(x)|} \quad (2 \leqslant h \leqslant n).$$

对于 $\nu \in (0,1)$, Γ_ν 表示由圆心在原点, 半径为 $1/\nu$ 的复平面上的上半圆周, $\gamma_\nu^h(h = 1,\cdots,n)$ 表示 n 个圆心在 a_h, 半径为 ν 的复平面上的上半圆周. 由 Γ_ν, $\gamma_\nu^h(h = 1,\cdots,n)$ 以及实轴上的 $(n+1)$ 个闭区间构成的 (逆时针方向的) 闭曲线记做 G_ν(参看图 12.9.7). 由 Cauchy 积分定理,

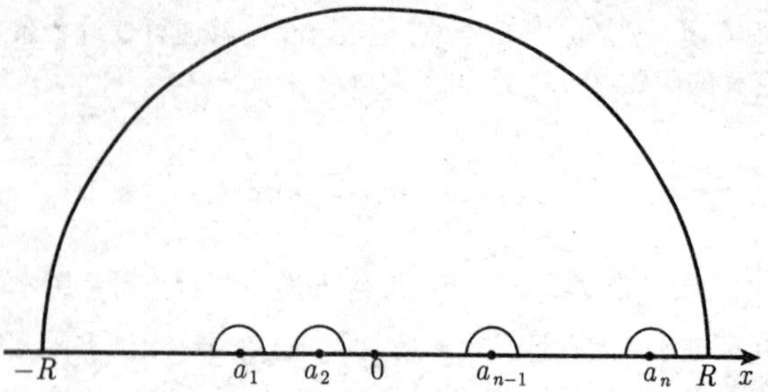

图 12-9-7

$$\int_{G_\nu}\frac{dz}{f(z)}=0.$$

另一方面, 对于 $h=1,\cdots,n$, 易见

$$\lim_{\nu\to 0}\int_{\Gamma_\nu}\frac{|dz|}{|f(z)|}=\lim_{\nu\to 0}\int_{\gamma_\nu^h}\frac{|dz|}{|f(z)|}=\lim_{\nu\to 0}\int_{-\infty}^{-1/\nu}\frac{|dz|}{|f(z)|}=\lim_{\nu\to 0}\int_{1/\nu}^{\infty}\frac{|dz|}{|f(z)|}=0.$$

由此, 我们得到

$$\int_{-\infty}^{\infty}\frac{dz}{f(z)}=\lim_{\nu\to 0}\int_{G_\nu}\frac{dz}{f(z)}=0.$$

顺便指出, 当 $x<0$ 时,

$$\int_0^x\frac{dz}{f(z)}=\int_0^\infty\frac{dz}{f(z)}+\int_{-\infty}^x\frac{dz}{f(z)}.$$

设 $a_h\leqslant x\leqslant a_{h+1}$ $(h=0,\cdots,n)$(我们约定: $a_0=-\infty$, $a_{n+1}=\infty$), 注意到条件 (12.9.12) 中的第二条, 我们有

$$\begin{aligned}F(x)&=\int_0^x\frac{du}{f(u)}=\int_0^x\frac{du}{|u-a_1|^{\mu_1}|u-a_2|^{\mu_2}\cdots|u-a_n|^{\mu_n}\mathrm{e}^{\mathrm{i}(\mu_{h+1}+\cdots+\mu_n)\pi}}\\&=\int_0^{a_1}\frac{du}{|u-a_1|^{\mu_1}|u-a_2|^{\mu_2}\cdots|u-a_n|^{\mu_n}\mathrm{e}^{\mathrm{i}(\mu_1+\cdots+\mu_n)\pi}}\\&\quad+\sum_{j=1}^{h-1}\int_{a_j}^{a_{j+1}}\frac{du}{|u-a_1|^{\mu_1}|u-a_2|^{\mu_2}\cdots|u-a_n|^{\mu_n}\mathrm{e}^{\mathrm{i}(\mu_{j+1}+\cdots+\mu_n)\pi}}\\&\quad+\int_{a_h}^x\frac{du}{|u-a_1|^{\mu_1}|u-a_2|^{\mu_2}\cdots|u-a_n|^{\mu_n}\mathrm{e}^{\mathrm{i}(\mu_{h+1}+\cdots+\mu_n)\pi}}\\&=\int_0^{a_1}\frac{du}{|u-a_1|^{\mu_1}|u-a_2|^{\mu_2}\cdots|u-a_n|^{\mu_n}}\end{aligned}$$

$$
\begin{aligned}
&+\sum_{j=1}^{h-1} \mathrm{e}^{\mathrm{i}(\mu_1+\cdots+\mu_j)\pi}\int_{a_j}^{a_{j+1}}\frac{du}{|u-a_1|^{\mu_1}|u-a_2|^{\mu_2}\cdots|u-a_n|^{\mu_n}}\\
&+\mathrm{e}^{\mathrm{i}(\mu_1+\cdots+\mu_h)\pi}\int_{a_h}^{x}\frac{du}{|u-a_1|^{\mu_1}|u-a_2|^{\mu_2}\cdots|u-a_n|^{\mu_n}}\\
=&\int_0^{a_1}\frac{du}{|u-a_1|^{\mu_1}|u-a_2|^{\mu_2}\cdots|u-a_n|^{\mu_n}}\\
&+\sum_{j=1}^{h-1}\Big(\cos(\mu_1+\cdots+\mu_j)\pi+\mathrm{i}\sin(\mu_1+\cdots+\mu_j)\pi\Big)\\
&\times\int_{a_j}^{a_{j+1}}\frac{du}{|u-a_1|^{\mu_1}|u-a_2|^{\mu_2}\cdots|u-a_n|^{\mu_n}}\\
&+\Big(\cos(\mu_1+\cdots+\mu_h)\pi+\mathrm{i}\sin(\mu_1+\cdots+\mu_h)\pi\Big)\\
&\times\int_{a_h}^{x}\frac{du}{|u-a_1|^{\mu_1}|u-a_2|^{\mu_2}\cdots|u-a_n|^{\mu_n}}.
\end{aligned}
$$

因 $\displaystyle\int_{a_h}^{x}\frac{du}{|u-a_1|^{\mu_1}|u-a_2|^{\mu_2}\cdots|u-a_n|^{\mu_n}}$ 是个非负实数, 而 $\cos(\mu_1+\cdots+\mu_h)\pi+\mathrm{i}\sin(\mu_1+\cdots+\mu_h)\pi$ 是一个不依赖于 x 的复数. 故映射 $\mathbf{R}\ni x\mapsto\displaystyle\int_0^x\frac{dz}{f(z)}\in\mathbf{C}$ 的像是个封闭曲线. 由引理 12.9.3, 这个封闭曲线是个凸多边形 P 的周边 ∂P. 它的顶点依次为 $c_h=F(a_h)(h=1,\cdots,n)$. 对应于顶点 $c_h=F(a_h)$ 的外角是 $\mu_h\pi$. 换言之, 对应于顶点 $c_h=F(a_h)$ 的内角是 $(1-\mu_h)\pi$. 根据线积分的换元公式:

$$
\frac{1}{2\pi\mathrm{i}}\int_{\mathbf{R}}\frac{F'(w)dw}{F(w)-a}=\frac{1}{2\pi\mathrm{i}}\int_{\partial P}\frac{dz}{z-a}
$$

和辐角原理, 映射 F 将上半平面映入凸多边形 P 的内部, 且 $F:D\to P$ 是个双射. □

命题 12.9.3 对于任何 $h\in\{1,\cdots,n\}$, 有

$$
\Im F(a_h)=\sum_{j=1}^{h-1}\sin(\mu_1+\cdots+\mu_j)\pi\int_{a_j}^{a_{j+1}}\frac{du}{|u-a_1|^{\mu_1}|u-a_2|^{\mu_2}\cdots|u-a_n|^{\mu_n}}\geqslant 0.
$$

证 根据定理 12.9.17 证明的最后得到的关于 $F(x)$ 的表达式, 有

$$
\Im F(a_h)=\sum_{j=1}^{h-1}\sin(\mu_1+\cdots+\mu_j)\pi\int_{a_j}^{a_{j+1}}\frac{du}{|u-a_1|^{\mu_1}|u-a_2|^{\mu_2}\cdots|u-a_n|^{\mu_n}}.
$$

假若命题的结论不真, 有 $k\in\{1,\cdots,n\}$, 使得

$$
\begin{aligned}
\Im F(a_k)=&\sum_{j=1}^{k-1}\sin(\mu_1+\cdots+\mu_j)\pi\int_{a_j}^{a_{j+1}}\frac{du}{|u-a_1|^{\mu_1}|u-a_2|^{\mu_2}\cdots|u-a_n|^{\mu_n}}\\
=&\min_{h\in\{1,\cdots,n\}}\Im F(a_h)<0.
\end{aligned}
$$

因为对于任何 $j = 1, \cdots, n-1$,

$$\int_{a_j}^{a_{j+1}} \frac{du}{|u-a_1|^{\mu_1}|u-a_2|^{\mu_2}\cdots|u-a_n|^{\mu_n}} \geqslant 0,$$

故

$$\sin(\mu_1 + \cdots + \mu_{k-1})\pi < 0, \text{ 而 } \sin(\mu_1 + \cdots + \mu_k)\pi > 0.$$

所以, $1 < \mu_1 + \cdots + \mu_{k-1} < 2$, 而 $\mu_1 + \cdots + \mu_k > 2$. 这是不可能的. □

12.9.7　Schwarz 对称原理

下面这条称为 Schwarz 对称原理的定理是很有用的.

定理 12.9.18(Schwarz 对称原理)　设 P 是复平面 $\mathbf{C}$ 的一个半平面, $L = \partial P$, 开集 $D \subset P$. 又设 $\partial D \supset S$, 其中 S 是 L 上的一个开直线段, 或开半直线. 设连续映射 $f: D \cup S \to \mathbf{C}$ 在 D 上解析, 且 $f(S) \subset L'$, 其中 L' 是根直线. 记 σ 及 σ' 分别为相对于 L 及 L' 的对称映射. 在以上条件下, 有一个全纯映射 $g: U = D \cup S \cup \sigma(D) \to \mathbf{C}$, 使得

$$g|_{D\cup S} = f,$$

且

$$\forall z \in D\Big(g(\sigma(z)) = \sigma'(g(z))\Big).$$

证　定义映射 $g: U = D \cup S \cup \sigma(D) \to \mathbf{C}$ 如下:

$$g(z) = \begin{cases} f(z), & \text{若} z \in D \cup S, \\ \sigma'(f(\sigma(z))), & \text{若} z \in \sigma(D). \end{cases}$$

易见,

$$g|_{D\cup S} = f,$$

且

$$\forall z \in D\Big(g(\sigma(z)) = \sigma'(g(z))\Big).$$

g 在 $D \cup S \cup \sigma(D)$ 上的连续性是显然的. 剩下要证明的是 g 在 $D \cup S \cup \sigma(D)$ 上的全纯性. 根据 Morera 定理 (推论 12.3.7), 只需证明: 对于任何满足条件 $\overline{\Delta} \subset D \cup S \cup \sigma(D)$ 的三角形 Δ, 必有

$$\int_{\Delta} g(z)dz = 0.$$

当 $\Delta \subset D$ 或 $\Delta \subset \sigma(D)$ 时, 上式显然成立. 今设 $\Delta \cap S \neq \emptyset$, 则 Δ 可以看做两个多边形 Π_1 和 Π_2 的代数和, Π_j 是由 Δ 的一部分及 S 上的一个线段 S_j 构成的, S_1 和 S_2 恰是同一个线段, 但方向相反. 很容易证明:

$$\int_{\Pi_j} g(z)dz = 0 \quad (j = 1, 2).$$

因此,

$$\int_{\Delta} g(z)dz = \int_{\Pi_1} g(z)dz + \int_{\Pi_2} g(z)dz = 0.$$ □

12.9.8 Jacobi 椭圆函数

在第一册的 §6.12 中研究单摆的运动时引进了椭圆 (正弦) 函数 $\operatorname{sn} t$. 本小节将要研究这个椭圆 (正弦) 函数 $\operatorname{sn} z$ 在复平面上解析延拓后 (仍记做 $\operatorname{sn} z$) 的状态.

第一册的 §6.12 的公式 (6.12.13) 是这样的:

$$t=\int_0^{\operatorname{sn} t}\frac{dx}{\sqrt{(1-x^2)(1-k^2x^2)}}, \tag{6.12.13$'$}$$

其中 $k\in[0,1]$. 换言之, 椭圆 (正弦) 函数 $\operatorname{sn} z$ 是函数 $z=F(w)$ 的反函数, 其中

$$z=F(w)=\int_0^w\frac{du}{\sqrt{(1-u^2)(1-k^2u^2)}}. \tag{12.9.14}$$

当 $k=0$ 或 $k=1$ 时, $F(w)$ 均可由初等函数表示出来. 我们在以下讨论中总假定 $0<k<1$. 上式右端恰是 $n=4$, $\mu_h=1/2$ 时的一个 Schwarz-Christoffel 映射. 右端积分号下的被积函数是 $\mathbf{C}$ 上的双值函数. 为了确定它, 本节将永远假定: 在 $u=0$ 时, 它等于 1. 并要求上述积分道路是在 $\mathbf{C}\setminus L$ 内, 其中 L 是一根或二根直线段或半直线, L 的选择随问题而变. 不难看出, $F(w)$ 在 $\overline{\mathbf{C}}$ 上有定义, 且在 $\mathbf{C}\setminus\{-1/k,-1,1,1/k\}$ 上全纯, 它的导数是

$$F'(w)=\frac{1}{\sqrt{(1-w^2)(1-k^2w^2)}}.$$

下面我们要研究这个 Schwarz-Christoffel 映射 $w\to F(w)$ 的逆映射 $z\to\operatorname{sn} z$ 的性质. 复平面的开上半平面记为 $D=\{w\in\mathbf{C}:\Im w>0\}$, D 在映射 F 下的像 $R_0=F(D)$ 是个开长方形 (参看图 12.9.8). 它的四个顶点是 $-K,K,K+\mathrm{i}K',-K+\mathrm{i}K'$, 其中 K, K' 是如下定义的两个正实数:

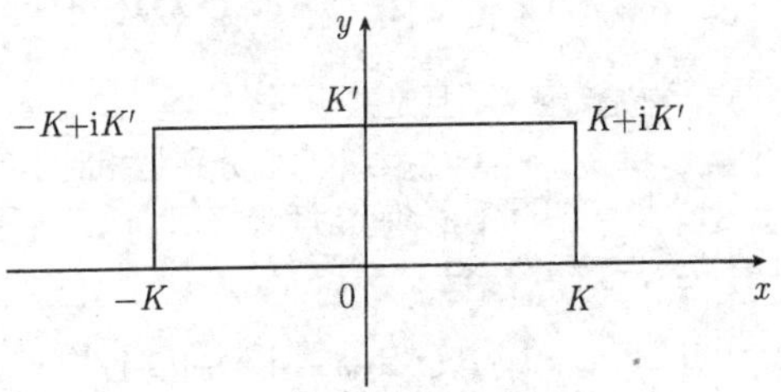

图 12-9-8

$$K=\int_0^1\frac{du}{\sqrt{(1-u^2)(1-k^2u^2)}},\quad K'=\int_1^{1/k}\frac{du}{\sqrt{(u^2-1)(1-k^2u^2)}}. \tag{12.9.15}$$

椭圆 (正弦) 映射 $z\to\operatorname{sn} z$ 是开长方形 $R_0=F(D)$ 到 D 的共形映射. 当 $w=\mathrm{i}t$ 取纯虚数值时, 等式 (12.9.14) 变成

$$F(\mathrm{i}t)=\mathrm{i}\int_0^t\frac{du}{\sqrt{(1+u^2)(1+k^2u^2)}}.$$

换言之, F 将虚轴映到虚轴上. 相对于半直线 $\{w \in \mathbf{C} : \Re w = 0, \Im w > 0\}$ 使用 Schwarz 对称原理 (定理 12.9.18), 我们有

$$\forall z \in R_0\Big(\mathrm{sn}\ (-\overline{z}) = -\overline{\mathrm{sn}\ z}\Big). \tag{12.9.16}$$

我们先 (不加证明地) 复述两个以前讨论一般的 Schwarz-Christoffel 映射时已经遇到过, 以后还要经常用到的结果:

引理 12.9.4　记 $A_r = \{w \in \mathbf{C} : |w| = r, \Im w > 0\}$, 则

$$\lim_{r\to\infty}\int_{A_r}\frac{dw}{\sqrt{(w^2-1)(k^2w^2-1)}} = 0.$$

引理 12.9.5　设 $|u| = 1$, 则

$$\lim_{r\to\infty}\int_0^{ru}\frac{dw}{\sqrt{(w^2-1)(k^2w^2-1)}} = \lim_{r\to\infty}\int_0^{r}\frac{dw}{\sqrt{(w^2-1)(k^2w^2-1)}}.$$

下面我们将把开长方形 $R_0 = F(D)$ 上定义的椭圆 (正弦) 函数 $z \to \mathrm{sn}\ z$ 解析延拓至复平面上, 由此得到一个复平面上的一个亚纯函数 sn. 这就是本小节的主要结果:

定理 12.9.19　解析延拓后的椭圆 (正弦) 函数 sn 是在复平面 $\mathbf{C}$ 上的一个满足以下条件的亚纯函数: 对于任何非奇点 $z \in \mathbf{C}$, 有

$$\mathrm{sn}(z+4K) = \mathrm{sn}\ z, \quad \mathrm{sn}\,(z+2\mathrm{i}K') = \mathrm{sn}\, z. \tag{12.9.17}$$

换言之, 它是以 $4K$ 和 $2\mathrm{i}K'$ 为周期的双周期函数. sn 的全体奇点构成的集合是

$$\{2mK + \mathrm{i}(2n+1)K' : (m,n) \in \mathbf{Z}^2\},$$

这些奇点都是单极点. 它是奇函数, 且是共轭函数.

证　记 $\sigma_1 : z \mapsto \overline{z}$ 和 $\sigma_2 : z \mapsto 2K - \overline{z}$, 它们分别是相对于实轴 $\{z : \Im z = 0\}$ 和平行于虚轴的直线 $\{z : \Re z = K\}$ 的两个对称映射. 易见, $\sigma_1\sigma_2 = \sigma_2\sigma_1$ 是相对于点 K 的对称映射: $z \mapsto 2K - z$. 记

$$D_1 \coloneqq \mathbf{C} \setminus \{w \in \mathbf{C} : \Im w = 0, |\Re w| > 1\}.$$

设 F_1 表示 F 在 D_1 上的解析延拓. 将相对于实轴上的开区间 $(-1,1)$ 的 Schwarz 对称原理 (定理 12.9.18) 用到函数 F 上便得到: F_1 在 D_1 上是单射, 而 $F_1(D_1)$ 是开长方形 (参看图 12.9.9)

$$R_1 = \{z \in \mathbf{C} : |\Re z| < K,\ |\Im z| < K'\}.$$

又记

$$D_2 = \mathbf{C} \setminus \Big(\{w \in \mathbf{C} : \Im w = 0, \Re w \leqslant 1\} \cup \{w \in \mathbf{C} : \Im w = 0, \Re w \geqslant 1/k\}\Big),$$

并设 F_2 表示 F 在 D_2 上的解析延拓. 将相对于实轴上的开区间 $(1,1/k)$ 的 Schwarz 对称原理 (定理 12.9.18) 用到函数 F 上便得到: F_2 在 D_2 上是单射, 而 $F_2(D_2)$ 是开长方形 (参看图 12.9.9)

$$R_2=\{z\in\mathbf{C}:-K<\Re z<3K,\ 0<\Im z<K'\}.$$

这样, sn 可延拓成 $R_1\cup R_2$ 上的解析函数. 根据 Schwarz 对称原理, 对于任何 $z\in R_0$, 有

$$\operatorname{sn}\overline{z}=\overline{\operatorname{sn}z},\quad \operatorname{sn}(2K-\overline{z})=\overline{\operatorname{sn}z}. \tag{12.9.18}$$

对于利用 Schwarz 对称原理解析延拓后在 $R_1\cup R_2$ 上定义的 $\operatorname{sn}z$, 还可再用 Schwarz 对称原理分别相对于以下两条直线段

$$\{z\in\mathbf{C}:\Im z=0,|\Re z|<K\}\text{ 和 }\{z\in\mathbf{C}:\Re z=K,0<\Im z<K'\}$$

作两次解析延拓以得到下述结果. 以 R 表示如下的开长方形 (参看图 12.9.9):

$$R=\{z\in\mathbf{C}:-K<\Re z<3K,-K'<\Im z<K'\},$$

则我们在

$$R\setminus\{z\in R:\Im z=0,K\leqslant\Re z<3K\}\text{ 和 }R\setminus\{z\in R:\Re z=K,-K'<\Im z\leqslant 0\}$$

上分别得到 sn 的两个解析延拓. 由于 $\sigma_1\sigma_2=\sigma_2\sigma_1$, 这两个解析延拓在 R_0 相对于点 K 的对称映射的像 $\sigma_1\sigma_2(R_0)$ 上是相等的. 因此, 在 $R\setminus\{K\}$ 上定义了一个解析函数 $\operatorname{sn}z$, 它满足方程 (12.9.18), 由此得到

$$\forall z\in R\setminus\{K\}\Big(\operatorname{sn}(2K-z)=\operatorname{sn}z\Big). \tag{12.9.19}$$

另一方面, 根据 $F(w)$ 的定义和引理 12.9.5, 我们有以下结果:

$$\forall\varepsilon>0\exists r>0\forall w\in D\Big(|w|>r\Longrightarrow|F(w)-\mathrm{i}K'|\leqslant\varepsilon\Big).$$

假若上述 $\varepsilon\in(0,\sqrt{K^2+(K')^2}/2)$, 便有 $|z-K|<\varepsilon\Longrightarrow|z-\mathrm{i}K'|>\varepsilon$. 由此可知,

$$\forall z\in R\Big(|z-K|<\varepsilon\Longrightarrow|\operatorname{sn}z|\leqslant r\Big).$$

因此, 如上解析延拓所得的定义在 $R\setminus\{K\}$ 上的 sn 具有如下性质: 当 $0<|z-K|\leqslant\varepsilon$ 时, $|\operatorname{sn}z|\leqslant r$. 根据可去奇点原理 (定理 12.4.1), sn 是在 R 上的全纯函数. 它当然满足方程 (12.9.18) 与 (12.9.19). 再根据方程 (12.9.16) 与 (12.9.18), 我们有

$$\forall z\in R_1\Big(\operatorname{sn}(z+2K)=\operatorname{sn}(-z)=-\operatorname{sn}z\Big). \tag{12.9.20}$$

利用 Schwarz 对称原理, 我们得到 F 在连通开集

$$D_3=\mathbf{C}\setminus\{w\in\mathbf{C}:\Im w=0,|\Re w|\leqslant 1/k\}$$

上的解析延拓 F_3. F_3 是 D_3 上的单射. 因半直线 $\{w \in \mathbf{C} : \Im w = 0, \Re w > 1/k\}$ 与半直线 $\{w \in \mathbf{C} : \Im w = 0, \Re w < -1/k\}$ 之并在映射 F 下的像应为 $\{w \in \mathbf{C} : \Im w = K', 0 < |\Re z| < K\}$, 故 $F_3(D_3) = R_3 \setminus \{\mathrm{i}K'\}$, 其中 R_3 是如下的长方形:

$$\begin{aligned} R_3 =& \{z \in \mathbf{C} : |\Re z| < K, 0 < \Im z < 2K'\} \\ =& R_0 \cup \sigma_3(R_0) \cup \{z \in \mathbf{C} : |\Re z| < K, \Im z = 0\}, \end{aligned}$$

其中 σ_3 表示相对于直线 $\{w \in \mathbf{C} : \Im w = K'\}$ 的对称映射: $\sigma_3 : z \mapsto 2\mathrm{i}K' + \overline{z}$.

根据以上讨论, sn 可以解析延拓至 $R_3 \setminus \{\mathrm{i}K'\}$ 上, 且

$$\forall z \in R_0 \Big(\mathrm{sn}\,(2\mathrm{i}K' + \overline{z}) = \overline{\mathrm{sn}\, z}\Big). \tag{12.9.21}$$

这样, 我们在 $(R_1 \cup R_3) \setminus \{\mathrm{i}K'\}$ 上定义了 sn. 由方程 (12.9.18) 和 (12.9.21) 我们有

$$\forall z \in \sigma_1(R_0) \Big(\mathrm{sn}\,(2\mathrm{i}K' + z) = \mathrm{sn}\, z\Big). \tag{12.9.22}$$

sn 的解析延拓的最后一步是通过以下公式将 sn 定义为复平面 $\mathbf{C}$ 上的亚纯函数:

$$\forall z \in R_1 \forall (m,n) \in \mathbf{Z}^2 \Big(\mathrm{sn}\,(z + 2mK + 2\mathrm{i}nK') = (-1)^m \mathrm{sn}\, z\Big). \tag{12.9.23}$$

这样, sn 在以下的集合上有定义:

$$\bigcap_{(m,n)\in \mathbf{Z}^2} \{z \in \mathbf{C} : \Re z \neq (2m+1)K,\ \Im z \neq (2n+1)K'\}.$$

又因为 sn 在 R 上有解析延拓并满足方程 (12.9.20), 因此它在直线段

$$\{z \in \mathbf{C} : \Re z = K, -K' < \Im z < K'\}$$

的每个点处解析. 这样, 我们已经将 sn 连续延拓至以下集合上:

$$\bigcup_{m\in\mathbf{Z}} \{z \in \mathbf{C} : \Re z = (2m+1)K\} \setminus \bigcup_{n\in\mathbf{Z}} \{z \in \mathbf{C} : \Im z = (2n+1)K'\}.$$

又因 sn 在 $(R_1 \cup R_3) \setminus \{\mathrm{i}K'\}$ 上有解析延拓, 且在 $\sigma_1(R_0)$ 上满足方程 (12.9.22), 故 sn 在以下集合上解析:

$$\bigcup_{n\in\mathbf{Z}} \{z \in \mathbf{C} : \Im z = (2n+1)K'\} \setminus \bigcup_{m\in\mathbf{Z}} \{z \in \mathbf{C} : \Re z = m\}.$$

不难证明, 对于任何 $(m,n) \in \mathbf{Z}^2$, sn 在点 $(2m+1)K + \mathrm{i}(2n+1)K'$ 的一个邻域中有界. 根据可去奇点原理, sn 在以下集合的点处解析:

$$\mathbf{C} \setminus \{z = 2mK + \mathrm{i}(2n+1)K' : (m,n) \in \mathbf{Z}^2\}.$$

最后我们要证明: 每个点 $2mK + \mathrm{i}(2n+1)K'$ 都是单极点. 考虑到 (12.9.23), 我们只需证明: $\mathrm{i}K'$ 是单极点. 首先, $F(\infty) = F(-\infty) = \mathrm{i}K'$, 故 $\mathrm{i}K'$ 是 sn 的奇点.

为了证明 $\mathrm{i}K'$ 是单极点, 只需证明 $|(z-\mathrm{i}K')\operatorname{sn} z|$ 当 $z\to \mathrm{i}K'$ 时有界. 记 $w=\operatorname{sn} z$, 注意到:

$$z=F(w)=\int_0^w \frac{du}{\sqrt{(1-u^2)(1-k^2u^2)}}$$

和

$$\begin{aligned}&\int_0^\infty \frac{du}{\sqrt{(1-u^2)(1-k^2u^2)}}\\ &=\int_0^1 \frac{du}{\sqrt{(1-u^2)(1-k^2u^2)}}+\int_1^{1/k} \frac{du}{\sqrt{(1-u^2)(1-k^2u^2)}}\\ &\quad+\int_{1/k}^\infty \frac{du}{\sqrt{(1-u^2)(1-k^2u^2)}}\\ &=\mathrm{i}K',\end{aligned}$$

我们有

$$|(z-\mathrm{i}K')\operatorname{sn} z|=\left|w\int_w^\infty \frac{du}{\sqrt{(1-u^2)(1-k^2u^2)}}\right|. \tag{12.9.24}$$

而右端表示式可以作如下估计: 只要 $w>\sqrt{2}/k$, 有

$$(t^2-w^{-2})(k^2t^2-w^{-2})\geqslant (t^2-k^2/2)(k^2t^2-k^2/2)\geqslant k^2(t^2-1/2)^2,$$

故

$$\begin{aligned}\left|w\int_w^\infty \frac{du}{\sqrt{(1-u^2)(1-k^2u^2)}}\right|&=\left|w^2\int_1^\infty \frac{dt}{\sqrt{(1-t^2w^2)(1-k^2t^2w^2)}}\right|\\ &=\left|\int_1^\infty \frac{dt}{\sqrt{(t^2-w^{-2})(k^2t^2-w^{-2})}}\right|\leqslant\left|\int_1^\infty \frac{dt}{k(t^2-1/2)}\right|<\infty.\end{aligned}$$

总结之, $\operatorname{sn} z$ 是通过 (12.9.23) 定义的 $\mathbf{C}$ 上的亚纯函数. 它具有双周期:

$$\operatorname{sn}(z+4mK+2\mathrm{i}nK')=\operatorname{sn} z. \tag{12.9.25}$$

由 (12.9.16) 及 (12.9.18), sn 还是奇函数:

$$\operatorname{sn}(-z)=-\operatorname{sn} z,$$

而且, 当自变量取共轭数时, 函数值也改取共轭数:

$$\operatorname{sn}(\overline{z})=\overline{\operatorname{sn} z}.$$

□

注 1 关于映射 sn 的性质我们愿作以下的补充说明, 它的证明基本上都可以从定理 12.9.19 证明过程中找到. 开长方形 $R=\{z\in\mathbf{C}:-K<\Re z<3K,-K'<\Im z<K'\}$ 称为 sn 的周期基本长方形 (参看图 12.9.9). 记

$$R_1'=\{z\in\mathbf{C}:-K<\Re z\leqslant K,-K'<\Im z\leqslant K'\}\setminus\{\mathrm{i}K'\}.$$

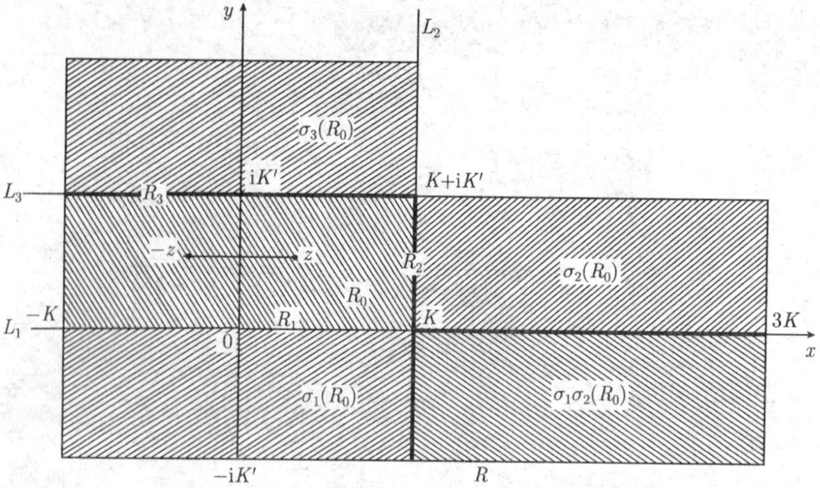

图 12-9-9

根据定理 12.9.19 证明中的讨论, $\operatorname{sn}|_{R_1'}: R_1' \to \mathbf{C}$ 是双射. 因此对于任何 $w_0 \in \mathbf{C}\setminus\{-1/k, -1, 1, 1/k\}$, 方程

$$\operatorname{sn} z = w_0$$

在 $R_1' \cup (R_1' + 2K)$ 中恰有两个单根. 方程

$$\operatorname{sn} z = 1$$

在 $\mathbf{C}$ 上有无穷多个二重根, 它们构成以下集合:

$$\{K + 4mK + 2\mathrm{i}nK' : (n, m) \in \mathbf{Z}^2\}.$$

这是因为 (记 $w = \operatorname{sn} z$)

$$(\operatorname{sn} z)' = \frac{1}{F'(w)} = \sqrt{(1-w^2)(1-k^2w^2)}.$$

同理, 方程

$$\operatorname{sn} z = \frac{1}{k}$$

在 $\mathbf{C}$ 上有无穷多个二重根, 它们构成以下集合:

$$\{K + \mathrm{i}K' + 4mK + 2\mathrm{i}nK' : (n, m) \in \mathbf{Z}^2\}.$$

方程

$$\operatorname{sn} z = -1$$

和方程

$$\operatorname{sn} z = -\frac{1}{k}$$

的根的状况可以通过 $\operatorname{sn}(-z) = -\operatorname{sn} z$ 得到. 顺便指出, $(\operatorname{sn} z)'$ 的根构成以下集合:

$$\{(2m+1)K + \mathrm{i}nK' : (m,n) \in \mathbf{Z}^2\}.$$

注 2 根据注 1 所述, 亚纯函数

$$1 - \operatorname{sn}^2 z \quad 和 \quad 1 - k^2\operatorname{sn}^2 z$$

的极点都是二重的, 零点也都是二重的. 因此, 有以下条件确定的 $\mathbf{C}$ 上的两个亚纯函数:

$$\operatorname{cn}^2 z = 1 - \operatorname{sn}^2 z, \quad \operatorname{cn} 0 = 1,$$

$$\operatorname{dn}^2 z = 1 - k^2\operatorname{sn}^2 z, \quad \operatorname{dn} 0 = 1.$$

这三个函数 sn, cn, dn 通称为 **Jacobi椭圆函数**. 它们都是以 $4K$ 与 $2\mathrm{i}K'$ 为主周期的双周期函数, 并有同样的 (单) 极点. 易见, 在 R_0 上 $\operatorname{sn} z$ 满足以下的微分方程:

$$w'^2 = (1-w^2)(1-k^2w^2).$$

通过解析延拓, 对于 sn 的非极点 $z \in \mathbf{C}$ 处, 我们有

$$\left(\frac{d}{dz}\operatorname{sn} z\right)^2 = \operatorname{cn}^2 z \operatorname{dn}^2 z.$$

又易见, $(\operatorname{sn} z)'|_{z=0} = 1$. 故

$$\frac{d}{dz}\operatorname{sn} z = \operatorname{cn} z \operatorname{dn} z.$$

注 3 一般的椭圆函数定义为双周期的亚纯函数. 由于代数及数论研究的需要, 它们的内容十分丰富. 不过, 本讲义不涉及这个领域了.

12.9.9 Bessel 函数

以下的二阶线性常微分方程称为 **Bessel方程**:

$$\frac{d^2w}{dz^2} + \frac{1}{z}\frac{dw}{dz} + \left(1 - \frac{\lambda^2}{z^2}\right)w = 0, \tag{12.9.26}$$

其中常数 $\lambda \in \mathbf{C}$ 称为 Bessel 方程的指标 (有的文献称它为阶). Bessel 方程是在柱坐标下求解 Laplace 方程时遇到的、十分有用的方程. 在练习 11.2.7 中为了探讨球对称多元函数的 Fourier 变换表达式时已经遇到过它的一个特殊情形, 它称为第一类 Bessel 函数. 本补充教材的目的是想用很小的篇幅简略地介绍 Bessel 方程的一些数学及其应用中经常会遇到的特解, 它们是 Hankel 函数、Bessel 函数和 Neumann 函数.

指标为 λ 的 **Hankel函数**, 又称**第三类Bessel函数**, 是指以下两个函数:

$$\mathrm{H}^1_\lambda(z) = -\frac{1}{\pi}\int_{L_1} \mathrm{e}^{-\mathrm{i}z\sin\zeta + \mathrm{i}\lambda\zeta}d\zeta \tag{12.9.27}$$

和

$$H_\lambda^2(z) = -\frac{1}{\pi}\int_{L_2} e^{-iz\sin\zeta + i\lambda\zeta} d\zeta, \tag{12.9.28}$$

其中 L_1, L_2 如下图 (图 12.9.10) 所示, 换言之, 它们分别由三个 (有定向的) 直线段构成:

$$L_1 = (-i\infty, 0] \cup [0, -\pi] \cup [-\pi, -\pi + i\infty), \quad L_2 = (\pi + i\infty, \pi] \cup [\pi, 0] \cup [0, -i\infty).$$

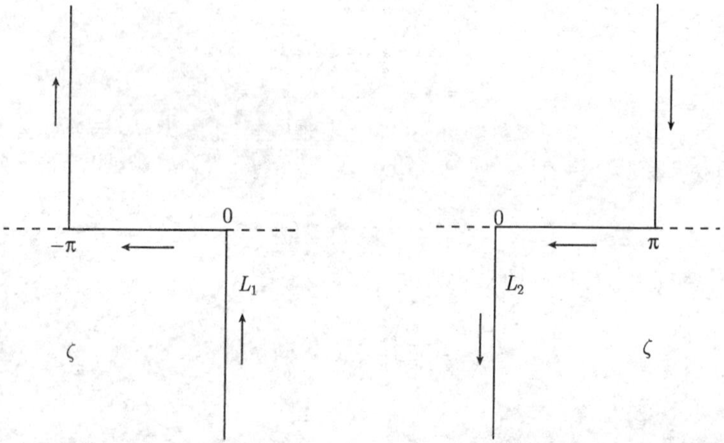

图 12-9-10

记 $\zeta = \xi + i\eta$, $z = x + iy$, $\lambda = a + ib$, 其中 ξ, η, x, y, a 和 b 都是实数. $\xi = 0$ 时, $\sin\zeta = i\,\mathrm{sh}\,\eta$, 当 $\eta \to -\infty$ 时, 我们有

$$\Re(-iz\sin\zeta + i\lambda\zeta) = -\frac{x}{2}\left(e^{-\eta} - e^{\eta}\right) - a\eta \sim -\frac{1}{2}xe^{-\eta}. \tag{12.9.29}$$

而当 $\xi = -\pi$, $\eta \to \infty$ 且 $\Re z > 0$ 时, 有

$$\Re(-iz\sin\zeta + i\lambda\zeta) = \frac{x}{2}\left(e^{-\eta} - e^{\eta}\right) - a\eta + b\pi \sim -\frac{1}{2}xe^{\eta}. \tag{12.9.30}$$

由此可知, 方程 (12.9.27) 和 (12.9.28) 右端的两个积分存在, 即两个 Hankel 函数有意义. 估计 (12.9.29) 与 (12.9.30) 还可以保证方程 (12.9.27) 和 (12.9.28) 右端的两个积分在积分号下对 z 求一次和二次导数是合法的. 为了证明第一个 Hankel 函数 $H_\lambda^1(z)$ 满足 Bessel 方程 (12.9.26), 我们引进以下记法: $F(z,\zeta) = e^{-iz\sin\zeta}$, $v(\zeta) = e^{i\lambda\zeta}$. 对方程 (12.9.27) 施行积分号下求导的运算便知, 为了证明第一个 Hankel 函数 $H_\lambda^1(z)$ 满足 Bessel 方程 (12.9.26) 只需证明以下方程成立:

$$\int_{L_1} e^{-iz\sin\zeta}(z^2\cos^2\zeta - iz\sin\zeta - \lambda^2)v(\zeta)d\zeta = 0.$$

这个方程也可写成

$$\int_{L_1}\left(\frac{\partial^2 F}{\partial\zeta^2}+\lambda^2 F(z,\zeta)\right)v(\zeta)d\zeta=0. \tag{12.9.31}$$

注意到

$$\frac{\partial}{\partial\zeta}\left(Fv'-v\frac{\partial F}{\partial\zeta}\right)=Fv''-v\frac{\partial^2 F}{\partial\zeta^2},$$

方程 (12.9.29) 可以写成

$$\int_{\mathrm{L}_1}F(z,\zeta)(v''(\zeta)+\lambda^2 v(\zeta))d\zeta+\left(\frac{\partial F}{\partial\zeta}v(\zeta)-F(z,\zeta)v'(\zeta)\right)\bigg|_{L_1}=0.$$

不难看出, $v''(\zeta)+\lambda^2 v(\zeta)=0$, 故上式左端第一项等于零. 上式左端第二项之等于零可以通过估计 (12.9.29) 和 (12.9.30) 获得. 所以, 第一个 Hankel 函数 $\mathrm{H}^1_\lambda(z)$ 在半平面 $\Re z>0$ 上满足 Bessel 方程 (12.9.26). 第二个 Hankel 函数 $\mathrm{H}^2_\lambda(z)$ 在半平面 $\Re z>0$ 上之满足 Bessel 方程 (12.9.26) 可同样获得.

下面我们要讨论如上定义的两个 Hankel 函数的解析延拓. 设 $-\pi<\xi_0<\pi$, 而 $L(\xi_0)$ 是由三根直线段构成的线路 (如图 12.9.11):

$$L(\xi_0)=(\xi_0-\mathrm{i}\infty,\xi_0]\cup[\xi_0,-\pi-\xi_0]\cup[-\pi-\xi_0,-\pi-\xi_0+\mathrm{i}\infty).$$

$L(\xi_0)$ 是和 L_1 相似的线路, 但是它的平行于虚轴的两条半直线分别与实轴交于 ξ_0 与 $-\xi_0-\pi$. 当 $\xi=\xi_0$ 时, 有

$$\Re(-\mathrm{i}z\sin\zeta+\mathrm{i}\lambda\zeta)=x\cos\xi_0\mathrm{sh}\ \eta+y\sin\xi_0\mathrm{ch}\ \eta-b\xi_0-a\eta.$$

因而, 当

$$x\cos\xi_0-y\sin\xi_0>0 \tag{12.9.32}$$

且 $\eta\to-\infty$ 时, 有常数 $c>0$, 使得

$$\Re(-\mathrm{i}z\sin\zeta+\mathrm{i}\lambda\zeta)\sim-c\,\mathrm{e}^{-\eta}.$$

同理, 若条件 (12.9.32) 成立, 当 $\xi=-\pi-\xi_0$ 且 $\eta\to\infty$ 时, 有常数 $c'>0$, 使得

$$\Re(-\mathrm{i}z\sin\zeta+\mathrm{i}\lambda\zeta)\sim-c'\,\mathrm{e}^{\eta}.$$

和证明第一个 Hankel 函数 $\mathrm{H}^1_\lambda(z)$ 在半平面 $\Re z>0$ 上满足 Bessel 方程 (12.9.26) 的方法相似的方法可用于证明函数

$$-\frac{1}{\pi}\int_{L(\xi_0)}\mathrm{e}^{-\mathrm{i}z\sin\zeta+\mathrm{i}\lambda\zeta}d\zeta \tag{12.9.33}$$

在半平面 (12.9.32) 上是 Bessel 方程 (12.9.26) 的解. 当 $-\pi<\xi_0<\pi$ 时, 半平面 $\Re z>0$ 和半平面 (12.9.32) 之交 (图 12.9.12) 非空. 注意到以下事实: 设 $\zeta=-\mathrm{i}\gamma+t$, 有

$$\Re(-\mathrm{i}z\sin\zeta+\mathrm{i}\lambda\zeta)=\mathrm{e}^{\gamma}\left(\frac{x\cos t+y\sin t}{2}\right)+\mathrm{e}^{-\gamma}\left(\frac{-x\cos t+y\sin t}{2}\right)-bt-ay.$$

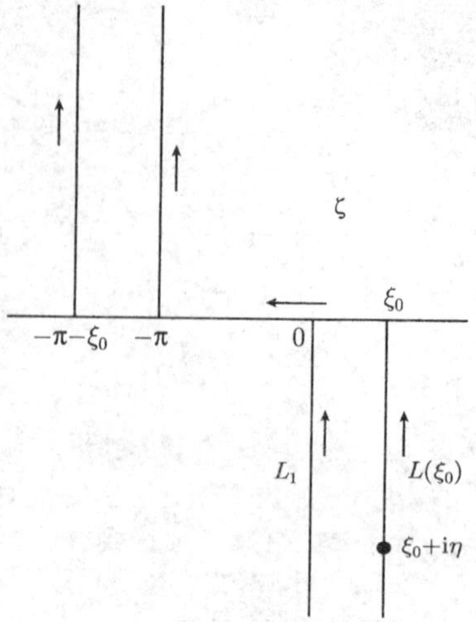

图 12-9-11

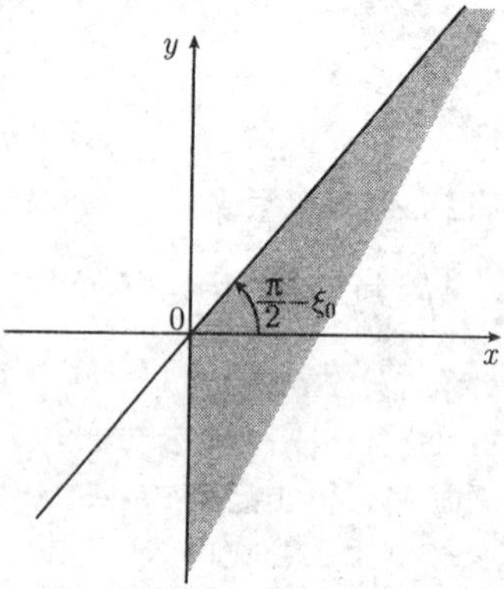

图 12-9-12

又若 $t \in [-\pi-\xi_0, -\pi]$(或 $t \in [-\pi, -\pi-\xi_0]$) 时有 $x\cos t + y\sin t < 0$, 则 $\gamma \to \infty$ 时, 有常数 $c > 0$, 使得 $\gamma \to \infty$ 时, 以下估计成立:

$$\int_{-\pi-\xi_0}^{-\pi} \exp\Big(\Re(-\mathrm{i}z\sin(i\gamma+t)+\mathrm{i}\lambda(\mathrm{i}\gamma+t))\Big)dt \leqslant \exp(-c\,\mathrm{e}^{\gamma}).$$

由此可知, 第一个 Hankel 函数 $\mathrm{H}_\lambda^1(z)$ 和函数

$$-\frac{1}{\pi}\int_{\mathrm{L}(\xi_0)} \mathrm{e}^{-\mathrm{i}z\sin\zeta+\mathrm{i}\lambda\zeta}d\zeta$$

在半平面 $\Re z > 0$ 和半平面 (12.9.32) 之非空交上相等, 换言之, 第一个 Hankel 函数 $\mathrm{H}_\lambda^1(z)$ 可解析延拓至半平面 $\Re z > 0$ 和半平面 (12.9.32) 之并上. 分别让 $\xi_0 = \pi/2$ 及 $\xi_0 = -\pi/2$, 我们得到结论: 第一个 Hankel 函数 $\mathrm{H}_\lambda^1(z)$ 可解析延拓至挖掉负实半轴后的复平面 $\mathbf{C}\setminus\{z = x + \mathrm{i}y : x < 0, y = 0\}$ 上. 让 $\xi_0 = -\frac{\pi}{2}$, 我们得到: 只要 $\Im z > 0$, 有

$$\mathrm{H}_\lambda^1(z) = \frac{\mathrm{e}^{-(\mathrm{i}\lambda\pi)/2}}{\pi\mathrm{i}}\int_{-\infty}^{\infty} \mathrm{e}^{\mathrm{i}z\mathrm{ch}x-\lambda x}dx. \tag{12.9.34}$$

让 $z = \mathrm{i}t$, $t > 0$ 代入上式, 有

$$\mathrm{H}_\lambda^1(\mathrm{i}t) = \frac{\mathrm{e}^{-(\mathrm{i}\lambda\pi)/2}}{\pi\mathrm{i}}\int_{-\infty}^{\infty} \mathrm{e}^{-t\mathrm{ch}x-\lambda x}dx. \tag{12.9.35}$$

根据积分的 Laplace 渐近公式 (参看第一册第 6 章 §6.9 的附加题 6.9.18(vi)), 我们有: $t \to \infty$ 时, 以下渐近公式成立:

$$\mathrm{H}_\lambda^1(\mathrm{i}t) \sim \frac{\mathrm{e}^{-(\mathrm{i}\lambda\pi)/2}}{\pi\mathrm{i}}\sqrt{\frac{2\pi}{t}}\mathrm{e}^{-t}. \tag{12.9.36}$$

注意到以下简单的演算

$$\mathrm{H}_{\lambda}^{1}(z)=\frac{\mathrm{e}^{-(\mathrm{i}\lambda\pi)/2}}{\pi\mathrm{i}}\int_{-\infty}^{\infty}\mathrm{e}^{\mathrm{i}z\mathrm{ch}x-\lambda x}dx=\mathrm{e}^{-(\mathrm{i}\lambda\pi)}\frac{\mathrm{e}^{-(\mathrm{i}(-\lambda)\pi)/2}}{\pi\mathrm{i}}(-1)\int_{\infty}^{-\infty}\mathrm{e}^{\mathrm{i}z\mathrm{ch}y+\lambda y}dy,$$

我们有

$$\mathrm{H}_{-\lambda}^{1}(z)=\mathrm{e}^{\mathrm{i}\lambda\pi}\mathrm{H}_{\lambda}^{1}(z). \tag{12.9.37}$$

同理可得

$$\mathrm{H}_{-\lambda}^{2}(z)=\mathrm{e}^{-\mathrm{i}\lambda\pi}\mathrm{H}_{\lambda}^{2}(z). \tag{12.9.38}$$

假若 $\lambda\in\mathbf{R}$ 和 $z\in\mathbf{R}$, 则

$$\overline{\mathrm{H}_{\lambda}^{1}(z)}=-\frac{1}{\pi}\int_{L_1'}\mathrm{e}^{\mathrm{i}z\sin\zeta-\mathrm{i}\lambda\zeta}d\zeta,$$

其中 L_1' 表示 L_1 在映射 $\zeta\to\overline{\zeta}$ 下的像. 又记 L_2 为 L_1' 在映射 $\zeta\to-\zeta$ 下的像, 有

$$\overline{\mathrm{H}_{\lambda}^{1}(z)}=-\frac{1}{\pi}\int_{L_2}\mathrm{e}^{-\mathrm{i}z\sin\zeta+\mathrm{i}\lambda\zeta}d\zeta,$$

换言之, 当 $\lambda\in\mathbf{R}$ 和 $z\in\mathbf{R}$ 时, 有

$$\overline{\mathrm{H}_{\lambda}^{1}(z)}=\mathrm{H}_{\lambda}^{2}(z),\quad \overline{\mathrm{H}_{\lambda}^{2}(z)}=\mathrm{H}_{\lambda}^{1}(z). \tag{12.9.39}$$

在 Bessel 方程 (12.9.26) 中换元: $w=v/\sqrt{z}$, 有

$$v''+\left(1+\frac{1-4\lambda^2}{z^2}\right)v=0. \tag{12.9.40}$$

若 $\lambda=1/2$, 方程 (12.9.40) 成为 $v''+v=0$. 这个方程的通解是 $v=C_1\mathrm{e}^{\mathrm{i}z}+C_2\mathrm{e}^{-\mathrm{i}z}$. 因而,

$$w(z)=\frac{1}{\sqrt{z}}\Big(C_1\mathrm{e}^{\mathrm{i}z}+C_2\mathrm{e}^{-\mathrm{i}z}\Big).$$

以 $z=\mathrm{i}t$ 代入上式, 让 $t\to\infty$, 与方程 (12.9.36) 相比较, 立即得到

$$\mathrm{H}_{1/2}^{1}(z)=-\mathrm{i}\sqrt{\frac{2}{\pi}}z^{-1/2}\mathrm{e}^{\mathrm{i}z}. \tag{12.9.41}$$

同理, 有

$$\mathrm{H}_{1/2}^{2}(z)=\mathrm{i}\sqrt{\frac{2}{\pi}}z^{-1/2}\mathrm{e}^{-\mathrm{i}z}. \tag{12.9.42}$$

Hankel 函数 (第三类 Bessel 函数) 介绍到此为止. 下面分别介绍 **Bessel函数**(**第一类Bessel函数**) 和 **Neumann函数**(**第二类Bessel函数**) 如下:

指标为 $\lambda\in\mathbf{C}$ 的 Bessel 函数 (第一类 Bessel 函数) 定义为

$$J_{\lambda}(z)=\frac{1}{2}\Big(\mathrm{H}_{\lambda}^{1}(z)+\mathrm{H}_{\lambda}^{2}(z)\Big), \tag{12.9.43}$$

而指标为 $\lambda\in\mathbf{C}$ 的 Neumann 函数 (第二类 Bessel 函数) 定义为

$$\mathrm{N}_{\lambda}(z)=\frac{1}{2\mathrm{i}}\Big(\mathrm{H}_{\lambda}^{1}(z)-\mathrm{H}_{\lambda}^{2}(z)\Big). \tag{12.9.44}$$

这两类函数在 $\mathbf{C}\setminus\{\mathrm{i}x : x\leqslant 0\}$ 上解析. 对于固定的 λ, 这两个函数构成 Bessel 方程的一组基本解. 由 (12.9.27) 与 (12.9.28), 有

$$J_\lambda(z) = -\frac{1}{2\pi}\int_L \mathrm{e}^{-\mathrm{i}\sin\zeta+\mathrm{i}\lambda\zeta}d\zeta, \tag{12.9.45}$$

其中 $L = (\pi+\mathrm{i}\infty,\pi]\cup[\pi,-\pi]\cup[-\pi,-\pi+\mathrm{i}\infty)$ 是由三条直线段构成的 (如图 12.9.13 所示). C 表示 L 在映射 $\zeta\mapsto \mathrm{e}^{-\mathrm{i}\zeta}$ 下的像：$C=(-\infty,-1]\cup\{\mathrm{e}^{\mathrm{i}\theta} : -\pi\leqslant\theta\leqslant\pi\}\cup[-1,-\infty)$(如图 12.9.14 所示), 有

$$J_\lambda(z) = \frac{1}{2\pi\mathrm{i}}\int_C \exp\left(\frac{1}{2}z\left(u-\frac{1}{u}\right)\right)u^{-\lambda-1}du. \tag{12.9.46}$$

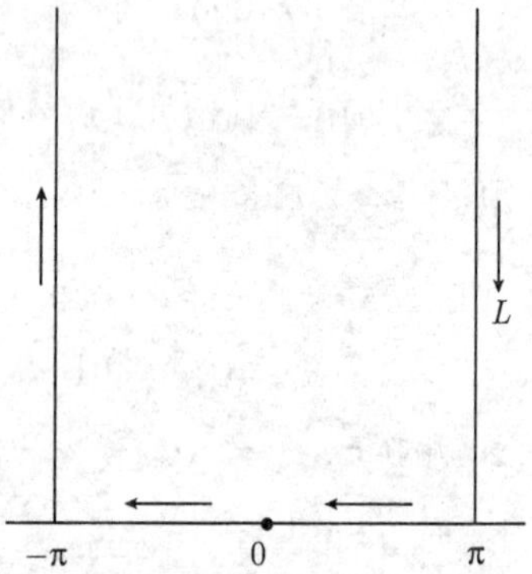

图　12-9-13

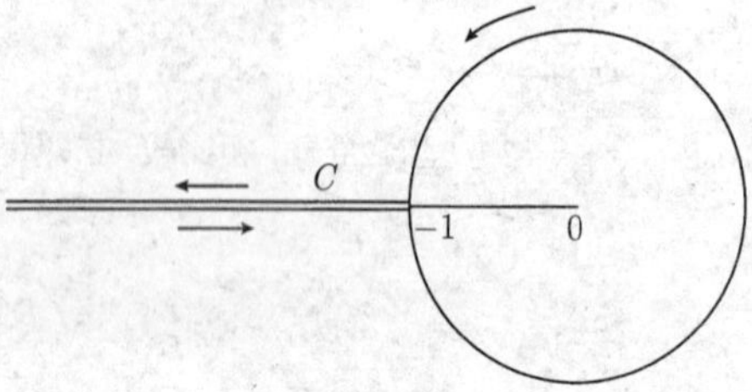

图　12-9-14

由 Cauchy 定理, (12.9.46) 右端积分的积分路线 C 换成一个相似比大于零的相似变换后的像是不改变积分值的. 若 $z>0$, 作换元 $zu=2v$, 有

$$J_\lambda(z) = \frac{1}{2\pi\mathrm{i}}\left(\frac{z}{2}\right)^\lambda\int_C \exp\left(v-\frac{z^2}{4v}\right)v^{-\lambda-1}dv. \tag{12.9.47}$$

因为 $\exp\left(-\dfrac{z^2}{4v}\right)$ 在 C 上有界, (12.9.47) 右端的积分对于任何 $z\in\mathbf{C}$ 都有定义, 它定义了一个整函数. 又这个整函数在正实半轴上与 $\left(\dfrac{2}{z}\right)^\lambda J_\lambda(z)$ 相等, 由解析

延拓原理, 这个整函数在 $\mathbf{C}\setminus\{\mathrm{i}x : x\leqslant 0\}$ 上与 $\left(\frac{2}{z}\right)^{\lambda} J_\lambda(z)$ 相等. 换言之, 公式 (12.9.47) 在 $\mathbf{C}\setminus\{\mathrm{i}x : x\leqslant 0\}$ 上给出了 $J_\lambda(z)$ 的值, 而且 $\left(\frac{2}{z}\right)^{\lambda} J_\lambda(z)$ 可延拓成整个复平面 $\mathbf{C}$ 上的整函数. 对于任何 $z\in\mathbf{C}$, 我们有

$$\exp\left(-\frac{z^2}{4v}\right)=\sum_{n=0}^{\infty}\frac{(-z^2)}{2^{2n}n!v^n}. \tag{12.9.48}$$

易证: 将此级数代入 (12.9.47) 右端的积分施行逐项求积分是合法的. 因此, 有

$$J_\lambda(z)=\left(\frac{z}{2}\right)^{\lambda}\sum_{n=0}^{\infty}\frac{(-z^2)^n}{2^{2n}n!\Gamma(n+\lambda+1)}. \tag{12.9.49}$$

这里我们用了推论 12.8.2(它是 Γ 函数的 Hankel 积分表示的推论).

对 (12.9.49) 右端的幂级数求导, 并利用 Γ 函数的公式 $\Gamma(z+1)=z\Gamma(z)$, 对于任何自然数 k, 我们有

$$\left(\frac{1}{z}\frac{d}{dz}\right)^{k}\left(\frac{J_\lambda(z)}{z^\lambda}\right)=(-1)^k\frac{J_{\lambda+k}(z)}{z^{\lambda+k}}. \tag{12.9.50}$$

特别,

$$J_\lambda'(z)=\frac{\lambda}{z}J_\lambda(z)-J_{\lambda+1}(z).$$

利用以下容易检验的 Γ 函数的公式:

$$\frac{1}{(n+1)!\Gamma(n+\lambda+n+1)}-\frac{1}{n!\Gamma(n+\lambda+n+2)}=\frac{\lambda}{(n+1)!\Gamma(n+\lambda+n+2)},$$

我们有以下递推公式

$$J_{\lambda-1}(z)+J_{\lambda+1}(z)=\frac{2\lambda}{z}J_\lambda(z). \tag{12.9.51}$$

由 (12.9.37) 和 (12.9.38), 有

$$J_{-\lambda}(z)=\cos\lambda\pi J_\lambda(z)-\sin\lambda\pi \mathrm{N}_\lambda(z). \tag{12.9.52}$$

由此可知, 当 λ 非整数时, J_λ 和 $J_{-\lambda}$ 构成 Bessel 方程的解的一个基本组. 而当 $\lambda=p$ 是整数时,

$$J_{-p}(z)=(-1)^pJ_p(z). \tag{12.9.53}$$

由 (12.9.41) 和 (12.9.42), 有

$$J_{1/2}(z)=\sqrt{\frac{2}{\pi}}z^{-1/2}\sin z,\quad \mathrm{N}_{1/2}(z)=-\sqrt{\frac{2}{\pi}}z^{-1/2}\cos z. \tag{12.9.54}$$

注意到 (12.9.51) 和 (12.9.52), 对于任何自然数 k, $J_{k+\frac{1}{2}}(z)$ 和 $\mathrm{N}_{k+\frac{1}{2}}(z)$ 具有以下形式:

$$P\left(\frac{1}{z}\right)J_{1/2}(z)+P\left(\frac{1}{z}\right)\mathrm{N}_{1/2}(z),$$

其中 P 和 Q 是两个次数不超过 k 的多项式.

当 $\lambda = n$ 是非负整数时, 由于 $\sin\zeta$ 和 $\mathrm{e}^{in\zeta}$ 的周期性, (12.9.45) 右端的积分在平行于虚轴上的两根半直线上的积分值正好互相抵消, 因而

$$J_n(z) = \frac{1}{2\pi}\int_{-\pi}^{\pi} \mathrm{e}^{\mathrm{i}z\sin t}\mathrm{e}^{-\mathrm{i}nt}dt. \tag{12.9.55}$$

换言之, $J_n(z)$ 恰是周期整函数 $\mathrm{e}^{\mathrm{i}z\sin t}$ 的 Fourier 级数的系数. 故对于任何 $z \in \mathbf{C}$, $t \in \mathbf{R}$, 有

$$\mathrm{e}^{\mathrm{i}z\sin t} = \sum_{n=-\infty}^{\infty} J_n(z)\mathrm{e}^{\mathrm{i}nt}. \tag{12.9.56}$$

将上式的虚部与实部分开写出,

$$\sin(z\sin t) = 2\sum_{n=0}^{\infty} J_{2n-1}(z)\sin(2n+1)t, \tag{12.9.57}$$

$$\cos(z\sin t) = J_0(z) + 2\sum_{n=1}^{\infty} J_{2n}(z)\cos 2nt. \tag{12.9.58}$$

由 (12.9.49) 可知, $J_n(z)$ 当 $z \in \mathbf{R}$ 时取实值. 故对于一切 $z \in \mathbf{C}$, 有

$$J_n(z) = \frac{1}{\pi}\int_0^{\pi} \cos(nt - z\sin t)dt. \tag{12.9.59}$$

本讲义对 Bessel 函数的介绍到此结束. 应该指出, 这只是简略地介绍了三类 Bessel 函数的定义. Bessel 函数理论的内容极其丰富. Bessel 函数理论的经典著作 [43] 有 800 页之巨.

进一步阅读的参考文献

以下文献中的有关章节可以作为复分析理论进一步学习的参考:

[1] 是一本经典的关于复分析的研究生教材. 愿意认真学习复分析的同学在学完了本章后可以从这本书开始进入复分析的扎实的学习.

[2] 的第八章第 **5** 和第 **6** 两节以不大的篇幅介绍了复分析的基础理论. 内容与本讲义相近.

[4] 的第二十章以不大的篇幅介绍了复分析的基础理论. 内容与本讲义相近.

[5] 是复分析的一本入门书, 特别强调复分析与平面拓扑的关系.

[9] 相当详细地介绍了复分析理论及其应用, 特别偏重于计算方面.

[10] 的第九章以不大的篇幅介绍了复分析的基础理论. 内容与本讲义相近.

[15] 将复分析与调和分析结合起来讲. 对于椭圆函数及其应用和代数函数的 Riemann 曲面作了十分简练的介绍.

[17] 是一本关于复分析的研究生教材. 本章习题中关于 Riemann ζ 函数和素数定理的内容均参考了这本书. 读完讲义的本章后, 愿意认真学习复分析的同学便可阅读这本书.

[19] 是英国数学家 G.H.Hardy 阐明他对数学看法的小册子. 已超过 20 次印刷, 影响很大.

[26] 是 60 多年前出版的一本内容丰富的解析函数论教材, 虽然有些内容在这 60 多年中已有新的进展, 但本书仍有参考价值.

[28] 有 Riemann 曲面的较详细的介绍.

[33] 的第十章到第二十章对复分析作了相当丰富的介绍.

[31] 是关于复分析非常好的研究生教材.

[32] 是关于复分析非常好的研究生教材, 它是上一本书的续篇, 内容更专门一些.

[37] 是一本较易读的介绍 Riemann 曲面理论的书.

[39] 是本很好的介绍复分析的本科生教材.

[43] 是 Bessel 理论的经典专著.

[44] 是一本介绍变换理论的教材. 特别含有 Laplace 变换, Riemannζ 函数, 素数定理等内容的简明介绍.

第 13 章　欧氏空间中的微分流形

在 §8.7 中讨论过 $\mathbf{R}^n$ 上的一次微分形式及其在 (光滑) 曲线上的线积分, 在那里我们还得到了曲线上的线积分的 Newton-Leibniz 公式. 在 §10.8 中又讨论了 $\mathbf{R}^2$ 和 $\mathbf{R}^3$ 上的二次微分形式及其在平面的区域与 (光滑) 曲面上的面积分, 还用直观的方法建立了平面上的 Green 公式并写出了三维空间的曲面上的 Stokes 公式. 在第 10 章的练习中讨论了 n 维空间的 Gauss 散度定理. 在第 12 章中还用复平面上的微分形式定义了全纯函数并建立了它的理论. 本讲义的结尾 (包括 13,14,15 和 16 这四章) 将对 §8.7, §10.8 和第 12 章中涉及的微分形式的概念和理论作一个逻辑上严谨的介绍, 并推导出一般的 Stokes 公式. 它是直线和曲线上的 Newton-Leibniz 公式, 平面上的 Green 公式, 三维空间的曲面上的 Stokes 公式和 n 维空间的 Gauss 散度定理的统一与推广的形式. 这样就对本讲义的的主题 —— 微分, 积分及它们之间的联系 —— 作一个最后的总结. 这就是本讲义要介绍的微积分.

本章将先介绍欧氏空间中微分流形的概念, 它是二维欧氏空间中曲线与三维和更高维欧氏空间中曲线和曲面概念的推广.

§13.1　欧氏空间中微分流形的定义

让我们重温一下在第 8 章中已经用过的以下的记号: $\mathbf{R}^n$ 表示 n 维欧氏空间,$\mathbf{x} = (x_1, \cdots, x_n)$ 表示 n 维欧氏空间 $\mathbf{R}^n$ 中的点, 这是我们习惯了的用法. 应该强调的是, 同样的记号 $\mathbf{x}$ 也用来表示 $\mathbf{R}^n$ 到 $\mathbf{R}^n$ 的恒等映射:$\mathbf{x} : \mathbf{a} \mapsto \mathbf{a}$, 或者说,$\mathbf{x}(\mathbf{a}) = \mathbf{a}$, 这是我们不大习惯但必须尽快习惯的用法.$x_j$ 表示点 $\mathbf{x}$ 的第 j 个分量. 同时 x_j 也表示 $\mathbf{R}^n$ 到 $\mathbf{R}$ 的如下的映射 $x_j : \mathbf{a} = (a_1, \cdots, a_n) \mapsto a_j$ $(j = 1, \cdots, n)$, 或者说,$x_j(\mathbf{a}) = a_j$, 这又是一个我们不大习惯但必须尽快习惯的用法. 同一个记号 $\mathbf{x}$(或 x_j) 既表示点 (或点的分量) 又表示映射, 似乎很容易混淆. 但和上下文连在一起看, 并无混淆的危险. 正相反的是, 它却给我们带来了很大

的方便.

定义 13.1.1 设 $A \subset \mathbf{R}^k$. 映射 $\mathbf{f}: A \to \mathbf{R}^n$ 称为 C^r**类**的, 若对于任何点 $\mathbf{p} \in A$, 有一个点 $\mathbf{p}$ 在 $\mathbf{R}^k$ 中的开邻域 U 和 C^r 类的 $U \to \mathbf{R}^n$ 的映射 $\mathbf{F}$, 使得 $\forall \mathbf{q} \in U \cap A(\mathbf{F}(\mathbf{q}) = \mathbf{f}(\mathbf{q}))$;$\mathbf{f}$ 称为**光滑**的, 假若它是 C^∞ 类的. 映射 $\mathbf{f}: A \to B$ 称为**微分同胚**, 假若 $\mathbf{f}$ 是双射, 而且 $\mathbf{f}$ 与 $\mathbf{f}^{-1}$ 都是光滑的.

注 1 应该强调的是: 定义在 $\mathbf{R}^n$ 的子集 A 上的映射是 C^r 类的, 当且仅当它在 A 的每一点处都可 (局部地) 延拓为一个含有该点的 $\mathbf{R}^n$ 的开集上的 C^r 类的映射. 若 A 本身是开集, 则如此定义的 C^r 类映射和以前定义的 C^r 类映射完全相同.

注 2 应该注意的是, 一个 C^r 类映射 $\mathbf{f}$ 在点 $\mathbf{p}$ 的开邻域内的 C^r 类延拓 $\mathbf{F}$ 并不是唯一确定的. 因此, 若把 C^r 类映射 $\mathbf{f}$ 在点 $\mathbf{p}$ 的微分 $d\mathbf{f}$ 定义为它的延拓 $\mathbf{F}$ 在点 $\mathbf{p}$ 的微分, 则映射 $\mathbf{f}$ 在点 $\mathbf{p}$ 的微分 $d\mathbf{f}$ 也并不是唯一确定的. 所以这样的定义是不恰当的. 当点 $\mathbf{p}$ 是 A 的内点时,C^r 类映射 $\mathbf{f}$ 在点 $\mathbf{p}$ 的微分 $d\mathbf{f}$ 是唯一确定的. 若 A 包含在 A 的内核的闭包中, 在 A 上的 C^1 类映射 $\mathbf{f}$ 的微分 $d\mathbf{f}$ 通常定义为它在 A 的内点的微分的连续延拓 (假若这样的连续延拓存在的话), 则这样定义的微分在 A 上也是唯一确定的. 特别, 当 A 是 $\mathbf{R}_+^k = \{\mathbf{u} = (u_1, \cdots, u_{k-1}, u_k) \in \mathbf{R}^k : u_k \geqslant 0\}$ 中的 (相对) 开集时, 定义在 A 上的 C^1 类映射 $\mathbf{f}$ 的微分 $d\mathbf{f}$ 总是用上法定义, 假若它存在, 它在 A 上是唯一确定的.

注 3 由于两个 C^r 类映射的延拓的复合是两个 C^r 类映射的复合的一个延拓, 从定义 13.1.1 不难看出, 两个 C^r 类映射的复合也是 C^r 类的. 确切些说, 若 $A \subset \mathbf{R}^k$,$B \subset \mathbf{R}^l$,$\mathbf{f}: A \to B$ 和 $\mathbf{g}: B \to \mathbf{R}^m$ 都是 C^r 类的, 则 $\mathbf{g} \circ \mathbf{f}: A \to \mathbf{R}^m$ 也是 C^r 类的.

为了讨论的方便, 集合 $\mathbf{R}_+^k = \{\mathbf{u} = (u_1, \cdots, u_{k-1}, u_k) \in \mathbf{R}^k : u_k \geqslant 0\}$ 将被称为为 $\mathbf{R}^k$ 的上半空间.

下面我们要引进本章最重要的概念: 欧氏空间中的微分流形. 由于本讲义并不讨论更一般的流形, 以后谈及的微分流形 (或简称流形) 就是指的欧氏空间中的微分流形. 它是近代数学 —— 作为一种语言 —— 中的一个重要词汇.

定义 13.1.2 设 $k \in \mathbf{N}$, 集合 $M \subset \mathbf{R}^n$, 点 $\mathbf{p} \in M$. 映射 $\boldsymbol{\alpha}: V_{\boldsymbol{\alpha}} \to M$ 和它的定义域 $V_{\boldsymbol{\alpha}}$ 组成的二元对 $(\boldsymbol{\alpha}, V_{\boldsymbol{\alpha}})$ 称为 $\mathbf{p}$ 点处的一个 k 维的**坐标图卡**, 简称**图卡**(参看图 13.1.1), 假若它满足以下三个条件:

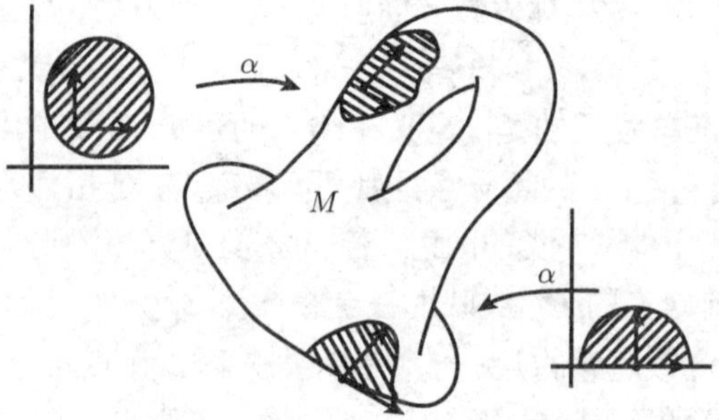

图 13.1.1

(1) 当 $k > 1$ 时, 映射 $\boldsymbol{\alpha}$ 的定义域 $V_{\boldsymbol{\alpha}}$ 是 $\mathbf{R}^k$ 或 $\mathbf{R}^k_+$ 中的开集 (注意:$\mathbf{R}^k_+$ 中的开集是指 $\mathbf{R}^k_+$ 中关于 $\mathbf{R}^k$ 的拓扑的相对拓扑中的开集, 即 $\mathbf{R}^k$ 的某开集与 $\mathbf{R}^k_+$ 之交);

当 $k = 1$ 时, 映射 $\boldsymbol{\alpha}$ 的定义域 $V_{\boldsymbol{\alpha}}$ 是 $\mathbf{R}$ 或 $\mathbf{R}_+$ 或 $\mathbf{R}_- = (-\infty, 0]$ 中的开集 (注意:$\mathbf{R}_+$ 或 $\mathbf{R}_-$ 中的开集是指 $\mathbf{R}_+$ 或 $\mathbf{R}_-$ 中关于 $\mathbf{R}$ 的拓扑的相对拓扑中的开集, 即 $\mathbf{R}$ 的某开集与 $\mathbf{R}_+$ 或 $\mathbf{R}_-$ 之交).

(2) $\boldsymbol{\alpha}$ 是 $V_{\boldsymbol{\alpha}} \to \mathbf{R}^n$ 的光滑映射. 在任何点 $\mathbf{t} \in V_{\boldsymbol{\alpha}}$ 处, 它的微分的矩阵 $\boldsymbol{\alpha}'(\mathbf{t})$ 的秩等于定义域 $V_{\boldsymbol{\alpha}}$ 所在欧氏空间的维数 k. 有时, 我们把对应的矩阵 $\boldsymbol{\alpha}'(\mathbf{t})$ 的秩等于定义域 $V_{\boldsymbol{\alpha}}$ 所在欧氏空间的维数 k 的微分 $d\boldsymbol{\alpha}_{\mathbf{t}}$ 称为非奇异的微分.

(3) $\boldsymbol{\alpha}$ 是 $V_{\boldsymbol{\alpha}}$ 上的单射, 它的像 $U_{\boldsymbol{\alpha}} = \boldsymbol{\alpha}(V_{\boldsymbol{\alpha}})$ 是 M 中含有点 $\mathbf{p}$ 的开集 (注意:M 中的开集是指 M 的关于 $\mathbf{R}^n$ 拓扑的相对拓扑中的开集, 换言之, 它是 $\mathbf{R}^n$ 的某开集与 M 之交).

若 M 的每一点处都有 k 维的坐标图卡, 集合 $M \subset \mathbf{R}^n$ 称为 $\mathbf{R}^n$ 中的一个 k **维微分流形**(简称 k-**流形**).

鉴于流形概念的重要性, 我们愿意给出以下七条注释:

注 1 在定义域的任何点处有非奇异的微分的光滑映射称为一个**浸入**(immersion). 条件 (2) 可改述为: $\boldsymbol{\alpha}$ 是 $V_{\boldsymbol{\alpha}} \to \mathbf{R}^n$ 的一个浸入.

注 2 在定义的条件 (1) 中,"当 $k>1$ 时, 映射 $\boldsymbol{\alpha}$ 的定义域 $V_{\boldsymbol{\alpha}}$ 是 $\mathbf{R}^k$ 或 $\mathbf{R}^k_+$ 中的开集" 这句话也可以改为 "当 $k>1$ 时, 映射 $\boldsymbol{\alpha}$ 的定义域 $V_{\boldsymbol{\alpha}}$ 是 $\mathbf{R}^k$ 或 $\mathbf{R}^k_-$ 中的开集" 或 "当 $k>1$ 时, 映射 $\boldsymbol{\alpha}$ 的定义域 $V_{\boldsymbol{\alpha}}$ 是 $\mathbf{R}^k$ 或 $\mathbf{R}^k_+$ 或 $\mathbf{R}^k_-$ 中的开集". 但是, 为了将来便于给出流形定向的定义, 本讲义在下面的讨论中就明确地采用 (1) 中的限制.

注 3 若将定义 13.1.2 的条件 (2) 中的 "光滑映射" 换成 "C^r 类映射", 我们便得到 C^r 类流形的定义.C^0 类流形称为拓扑流形. 本讲义不讨论拓扑流形, 即除非作出相反的申明, 以后的讨论总假定 $r\geqslant 1$. 为了方便, 以后的讨论都是对 C^∞ 类流形进行的, 虽然极大多数的讨论都适用于 C^r 类流形.

注 4 定义 13.1.2 中的映射 $\boldsymbol{\alpha}$ 与它的定义域 $V_{\boldsymbol{\alpha}}$ 组成的二元对 $(\boldsymbol{\alpha}, V_{\boldsymbol{\alpha}})$ 称为流形 M 在 $\mathbf{p}$ 点的 (局部) 坐标图卡. 我们还约定: 映射 $\boldsymbol{\alpha}$ 称为流形 M 在 $\mathbf{p}$ 点的一个 **(局部)坐标**.$V_{\boldsymbol{\alpha}}$ 在映射 $\boldsymbol{\alpha}$ 下的像 $U_{\boldsymbol{\alpha}}=\boldsymbol{\alpha}(V_{\boldsymbol{\alpha}})$ 称为流形 M 在 $\mathbf{p}$ 点的一个**坐标片**. 若 $\mathbf{q}\in U_{\boldsymbol{\alpha}}$, 显然,$(\boldsymbol{\alpha}, V_{\boldsymbol{\alpha}})$ 也是流形 M 在 $\mathbf{q}$ 点的 (局部) 坐标图卡, 换言之,$U_{\boldsymbol{\alpha}}$ 也是流形 M 在 $\mathbf{q}$ 点的坐标片. 由此, 坐标片的任何开子集也是坐标片, 或者说,(局部) 坐标图卡 $(\boldsymbol{\alpha}, V_{\boldsymbol{\alpha}})$ 在它的定义域 $V_{\boldsymbol{\alpha}}$ 换成定义域的某开子集 $W_{\boldsymbol{\alpha}}$ 时, 得到的二元对 $(\boldsymbol{\alpha}, W_{\boldsymbol{\alpha}})$ 也是 $\boldsymbol{\alpha}(W_{\boldsymbol{\alpha}})$ 中点的 (局部) 坐标图卡. 特别,$\mathbf{R}^n$ 中的 k- 流形的任何 (关于该 k- 流形的相对拓扑的) 开子集仍是 $\mathbf{R}^n$ 中的 k- 流形.

注 5 由第二册 §8.8 的练习 8.8.1 的 (i),$\mathbf{R}^n$ 中的超曲面是 $\mathbf{R}^n$ 中的 $(n-1)$ 维流形. 在 §8.8,§9.7 和 §10.9 的有关练习中讨论过的超曲面的知识是我们理解流形概念时非常有用的背景材料.

注 6 欲使条件 (2) 成立, 必须 $k\leqslant n$. 故 $\mathbf{R}^n$ 中流形的维数不超过 n.

注 7 $\boldsymbol{\alpha}$ 是 $V_{\boldsymbol{\alpha}}\to M$ 的映射, 可是, 在 $V_{\boldsymbol{\alpha}}$ 中 $\boldsymbol{\alpha}$ 又扮演足标的角色.$\boldsymbol{\alpha}$ 的这种双重身份在以后的讨论中还会经常出现.

以上给出了正数维的流形的定义. 零维流形定义如下:

定义 13.1.3 $\mathbf{R}^n$ 中的**零维流形**是每个点都是孤立点的 $\mathbf{R}^n$ 中的子集.

引理 13.1.1 设 $\mathbf{p}$ 是 $\mathbf{R}^n$ 中 k- 流形 M 上任意的点,$\boldsymbol{\alpha}$ 是 k- 流

形 M 在 $\mathbf{p}$ 点处的一个局部坐标, 则必有一个含有点 $\mathbf{p}$ 的 $\mathbf{R}^n$ 中开集 $\widetilde{U}$ 和微分同胚 $\mathbf{F}:\widetilde{U}\to\widetilde{V}=\mathbf{F}(\widetilde{U})\subset\mathbf{R}^n$, 使得 $\widetilde{U}\cap M\subset U_{\boldsymbol{\alpha}}=\boldsymbol{\alpha}(V_{\boldsymbol{\alpha}})$, 且

$$\mathbf{q}\in\widetilde{U}\cap M\Longleftrightarrow\mathbf{F}(\mathbf{q})=(u_1,\cdots,u_k,0,\cdots,0)=\big(\boldsymbol{\alpha}^{-1}(\mathbf{q}),\mathbf{0}\big),$$

其中等号右端表示式中的 $\mathbf{0}$ 是个 $n-k$ 维零向量. 换言之, 若记 $\mathbf{F}=(F_1,\cdots,F_n)$, 则

$$\widetilde{U}\cap M=\big\{\mathbf{q}\in\widetilde{U}:\forall j\in\{k+1,\cdots,n\}\big(F_j(\mathbf{q})=0\big)\big\},$$

且

$$\forall\mathbf{q}\in\widetilde{U}\cap M\Big(\big((F_1(\mathbf{q}),\cdots,F_k(\mathbf{q}))\in V_{\boldsymbol{\alpha}}\big)\wedge\big(\boldsymbol{\alpha}\big(F_1(\mathbf{q}),\cdots,F_k(\mathbf{q})\big)=\mathbf{q}\big)\Big).$$

注　记 p_k 为 $\mathbf{R}^n=\mathbf{R}^k\times\mathbf{R}^{n-k}$ 沿着 $\mathbf{R}^{n-k}$ 到 $\mathbf{R}^k$ 上的投影, 而 p_{n-k} 为 $\mathbf{R}^n=\mathbf{R}^k\times\mathbf{R}^{n-k}$ 沿着 $\mathbf{R}^k$ 到 $\mathbf{R}^{n-k}$ 上的投影. 本引理最后所叙述的关于映射 $\mathbf{F}$ 的两条性质可以改述如下:

$$\big(p_{n-k}\circ\mathbf{F}\big)^{-1}(\mathbf{0})=\widetilde{U}\cap M,\quad p_k\circ\mathbf{F}|_{\widetilde{U}\cap M}=\boldsymbol{\alpha}^{-1}|_{\widetilde{U}\cap M}.$$

证　设 $(\boldsymbol{\alpha},V_{\boldsymbol{\alpha}})$ 是 $\mathbf{R}^n$ 中的 k- 流形 M 上的非边界点 $\mathbf{p}$ 处的一个坐标图卡, 记 $U_{\boldsymbol{\alpha}}\equiv\boldsymbol{\alpha}(V_{\boldsymbol{\alpha}}),\mathbf{t}=(t_1,\cdots,t_k)\in V_{\boldsymbol{\alpha}}$, 使得 $\mathbf{p}=\boldsymbol{\alpha}(\mathbf{t})\in U_{\boldsymbol{\alpha}}$. 因 $\boldsymbol{\alpha}'(\mathbf{t})$ 的秩等于 k, 故 $d\boldsymbol{\alpha}_{\mathbf{t}}\mathbf{e}_1,\cdots,d\boldsymbol{\alpha}_{\mathbf{t}}\mathbf{e}_k$ 线性无关, 其中 $\mathbf{e}_1,\cdots,\mathbf{e}_k$ 是 $\mathbf{R}^k$ 中的标准基向量. 故 $\mathbf{R}^n$ 中有 $n-k$ 个向量 $\mathbf{v}_{k+1},\cdots,\mathbf{v}_n$, 使得以下 n 个向量

$$d\boldsymbol{\alpha}_{\mathbf{t}}\mathbf{e}_1,\cdots,d\boldsymbol{\alpha}_{\mathbf{t}}\mathbf{e}_k,\mathbf{v}_{k+1},\cdots,\mathbf{v}_n$$

构成 $\mathbf{R}^n$ 中的一组基.

我们的目的是证明满足引理要求的映射 $\mathbf{F}$ 存在. 为此, 我们给出 $\mathbf{F}$ 的 (局部的) 逆映射 $\mathbf{G}$ 的定义. 为了以后讨论方便, 引进以下的记号. 记 $\mathbf{f}_1,\cdots,\mathbf{f}_k$ 是 $V_{\boldsymbol{\alpha}}$ 所在的空间 $\mathbf{R}^k$ 中的标准基:$\mathbf{f}_j=\mathbf{e}_j$ $(j=1,\cdots,k)$, 而 $\mathbf{f}_{k+1},\cdots,\mathbf{f}_n$ 是空间 $\mathbf{R}^{n-k}$ 中的标准基, 这样,$\mathbf{f}_1,\cdots,\mathbf{f}_n$ 恰构成 $V_{\boldsymbol{\alpha}}\times\mathbf{R}^{n-k}$ 所在空间 $\mathbf{R}^n$ 中的一组基向量. 定义映射 $\mathbf{G}:V_{\boldsymbol{\alpha}}\times\mathbf{R}^{n-k}\to\mathbf{R}^n=$

$\mathbf{R}^k \times \mathbf{R}^{n-k}$ 如下:

$$\begin{aligned}\mathbf{G}(t_1,\cdots,t_n) &= \mathbf{G}\Big(\sum_{j=1}^{n} t_j \mathbf{f}_j\Big) \\ &= \boldsymbol{\alpha}\Big(\sum_{j=1}^{k} t_j \mathbf{f}_j\Big) + \sum_{j=k+1}^{n} t_j \mathbf{v}_j \\ &= \boldsymbol{\alpha}(t_1,\cdots,t_k) + \sum_{j=k+1}^{n} t_j \mathbf{v}_j,\end{aligned}$$

易见,$\mathbf{G}$ 光滑且对于任何 $(t_1,\cdots,t_k)\in V_{\boldsymbol{\alpha}}$, 有

$$\mathbf{G}(t_1,\cdots,t_k,0,\cdots,0) = \boldsymbol{\alpha}(t_1,\cdots,t_k)\in M. \tag{13.1.1}$$

另一方面, 不难看出,

$$d\mathbf{G}_{\widetilde{\mathbf{t}}}\mathbf{f}_j = \begin{cases} d\boldsymbol{\alpha}_{\mathbf{t}}\mathbf{e}_j, & 若\ 1\leqslant j\leqslant k, \\ \mathbf{v}_j, & 若\ k+1\leqslant j\leqslant n, \end{cases}$$

其中 $\mathbf{t} = (t_1,\cdots,t_k)\in V_{\boldsymbol{\alpha}}$, 而 $\widetilde{\mathbf{t}}\in V_{\boldsymbol{\alpha}}\times\mathbf{R}^{n-k}$ 是满足以下条件的任何一个向量: 它沿着 $\mathbf{R}^{n-k}$ 到 $V_{\boldsymbol{\alpha}}$ 上的投影恰是 $\mathbf{t}$. 换言之, $\widetilde{\mathbf{t}} = (t_1,\cdots,t_k,t_{k+1},\cdots,t_n)\in V_{\boldsymbol{\alpha}}\times\mathbf{R}^{n-k}$, 其中 $(t_{k+1},\cdots,t_n)$ 是任意的 $(n-k)$ 维向量. 特别, 当 $\widetilde{\mathbf{t}} = (t_1,\cdots,t_k,0,\cdots,0)$ 时, 关于 $d\mathbf{G}_{\widetilde{\mathbf{t}}}\mathbf{f}_j$ 的以上表达式成立. 对于任何 $\mathbf{t}\in V_{\boldsymbol{\alpha}}, d\boldsymbol{\alpha}_{\mathbf{t}}\mathbf{e}_1,\cdots,d\boldsymbol{\alpha}_{\mathbf{t}}\mathbf{e}_k,\mathbf{v}_{k+1},\cdots,\mathbf{v}_n$ 是 $\mathbf{R}^n$ 中的一个线性无关向量组, 故线性映射 $d\mathbf{G}_{(t_1,\cdots,t_k,0,\cdots,0)}$ 是可逆的. 又因 G 光滑, 点 $(t_1,\cdots,t_k,0,\cdots,0)$ 有个在 $\mathbf{R}^n$ 中的开邻域 $\widetilde{W}$, 使得对一切 $(u_1,\cdots,u_n)\in\widetilde{W}$ 线性映射 $d\mathbf{G}_{(u_1,\cdots,u_n)}$ 是可逆的. 根据定理 8.5.1′ 后的注, 映射 $\mathbf{G}$ 把 $\widetilde{W}$ 的开集映成 $\mathbf{R}^n$ 的开集, 且在 $(t_1,\cdots,t_k,0,\cdots,0)$ 的一个开邻域 $W\subset\widetilde{W}$ 上是开的单射 (即, 将开集映成开集的单射), 因而映射 $\mathbf{G}$ 是 W 到 $\mathbf{G}(W)$ 的同胚. 根据等式 (13.1.1), 在 $\mathbf{G}(W)\cap M$ 上, 我们有

$$\boldsymbol{\alpha}^{-1}\big|_{\mathbf{G}(W)\cap M} = p_k\circ\mathbf{G}^{-1}\big|_{\mathbf{G}(W)\cap M},$$

其中 p_k 表示 $\mathbf{R}^n = \mathbf{R}^k\times\mathbf{R}^{n-k}$ 沿着 $\mathbf{R}^{n-k}$ 到 $\mathbf{R}^k$ 上的投影. 故 $\boldsymbol{\alpha}^{-1}$ 在 $\mathbf{G}(W)\cap M$ 上连续, 换言之, $\boldsymbol{\alpha}$ 把 $V_\alpha\cap W$ 中的开集映成 $\mathbf{G}(W)\cap M$

中的开集. 因此, 对于任何一个 $\mathbf{R}^k$ 中含有点 $\mathbf{t}=(t_1,\cdots,t_k)$ 的非空有界开集 $\widetilde{V}_{\boldsymbol{\alpha}}\subset V_{\boldsymbol{\alpha}}$ 和 $\varepsilon>0$, 只要满足以下条件: $\overline{\widetilde{U}_{\boldsymbol{\alpha}}}\equiv\overline{\boldsymbol{\alpha}(\widetilde{V}_{\boldsymbol{\alpha}})}\subset U_{\boldsymbol{\alpha}}$ 和 $\widetilde{V}_{\boldsymbol{\alpha}}\times(-\varepsilon,\varepsilon)^{n-k}\subset W$, 我们便有以下结论: $\boldsymbol{\alpha}(\widetilde{V}_{\boldsymbol{\alpha}})$ 在 $\mathbf{G}(W)\cap M$ 中开, 因而 $\boldsymbol{\alpha}(\widetilde{V}_{\boldsymbol{\alpha}})$ 在 M 中也开. 故有 $\mathbf{R}^n$ 中的开集 O, 使得 $\boldsymbol{\alpha}(\widetilde{V}_{\boldsymbol{\alpha}})=M\cap O$. 考虑到 $\overline{\widetilde{V}_{\boldsymbol{\alpha}}}$ 紧及 $\mathbf{G}$ 连续, 因而对于任何 $a,b\in\mathbf{R}$,$\mathbf{G}$ 在 $\overline{\widetilde{V}_{\boldsymbol{\alpha}}}\times[a,b]^{n-k}$ 上一致连续. 所以, 对于充分小的 $\varepsilon>0$, 便有 $\mathbf{G}(\widetilde{V}_{\boldsymbol{\alpha}}\times(-\varepsilon,\varepsilon)^{n-k})\subset O$. 对于这样的 $\varepsilon>0$, 便有以下结论: 对于任何 $(u_1,\cdots,u_n)\in\widetilde{V}_{\boldsymbol{\alpha}}\times(-\varepsilon,\varepsilon)^{n-k}$, 必有

$$\mathbf{G}(u_1,\cdots,u_n)\in M\Longleftrightarrow\mathbf{G}(u_1,\cdots,u_n)\in M\cap O=\boldsymbol{\alpha}(\widetilde{V}_{\boldsymbol{\alpha}}).$$

由于 G 在 W 上是单射, 故对于任何 $(u_1,\cdots,u_n)\in\widetilde{V}_{\boldsymbol{\alpha}}\times(-\varepsilon,\varepsilon)^{n-k}\subset W$, 必有

$$\mathbf{G}(u_1,\cdots,u_n)\in M\Longleftrightarrow u_{k+1}=\cdots=u_n=0.\tag{13.1.2}$$

再根据反函数定理 (定理 8.5.1), 点 $(\mathbf{t},\mathbf{0})=(t_1,\cdots,t_k,0,\cdots,0)$ 有一个在 $\mathbf{R}^n$ 中的开邻域 $\widetilde{V}\subset\widetilde{V}_{\boldsymbol{\alpha}}\times(-\varepsilon,\varepsilon)^{n-k}$, 使得映射 $\mathbf{G}$ 在 $\widetilde{V}$ 上的限制 $\mathbf{G}|_{\widetilde{V}}:\widetilde{V}\to\widetilde{U}$ 是微分同胚, 其中 $\widetilde{U}=\mathbf{G}(\widetilde{V})$ 是 $\mathbf{R}^n$ 中的一个开集. 记 $\mathbf{F}=\left(\mathbf{G}|_{\widetilde{V}}\right)^{-1}:\widetilde{U}\to\widetilde{V}$,$\mathbf{F}$ 当然是微分同胚. 若 $\mathbf{q}\in\widetilde{U}\cap M$, 便有

$$\mathbf{q}\in\mathbf{G}(\widetilde{V})\cap M\subset\mathbf{G}(\widetilde{V}_{\boldsymbol{\alpha}}\times(-\varepsilon,\varepsilon)^{n-k})\cap M.$$

根据等式 (13.1.1) 和 (13.1.2), 有 $(u_1,\cdots,u_k,0,\cdots,0)\in\widetilde{V}$, 使得 $\mathbf{q}=\mathbf{G}(u_1,\cdots,u_k,0,\cdots,0)=\boldsymbol{\alpha}(u_1,\cdots,u_k)$, 故 $\mathbf{F}(\mathbf{q})=(u_1,\cdots,u_k,0,\cdots,0)$ $=(\boldsymbol{\alpha}^{-1}(\mathbf{q}),\mathbf{0})$. 这就证明了 $\mathbf{F}$ 具有引理要求的性质的一半. 反之, 若 $\mathbf{F}(\mathbf{q})=(u_1,\cdots,u_k,0,\cdots,0)$, 则 $\mathbf{q}=\mathbf{G}(u_1,\cdots,u_k,0,\cdots,0)=\boldsymbol{\alpha}(u_1,\cdots,u_k)\in\widetilde{U}\cap M$. 这就证明了 $\mathbf{F}$ 具有引理要求的全部性质.

当 $(\boldsymbol{\alpha},V_{\boldsymbol{\alpha}})$ 是 $\mathbf{R}^n$ 中的 k- 流形 M 上的边界点 $\mathbf{p}$ 处的一个坐标图卡时,$V_{\boldsymbol{\alpha}}\subset\mathbf{R}^k_+$. 按定义 13.1.1, 映射 $\boldsymbol{\alpha}$ 可以光滑地延拓成定义在 $N_{\tilde{\boldsymbol{\alpha}}}$ 上的映射 $\tilde{\boldsymbol{\alpha}}$, 其中 $N_{\tilde{\boldsymbol{\alpha}}}$ 是 $\mathbf{R}^k$ 中的开集. 这就把问题化成前面已经讨论过的非边界点处的问题了. □

注 1　在本引理的证明过程中, 我们构造成了光滑映射 $\mathbf{G}$, 它将点 $(t_1,\cdots,t_k,0,\cdots,0)$ 某个在 $\mathbf{R}^n$ 中的开邻域 $\widetilde{W}$ 的开集映成 $\mathbf{R}^n$ 的开

集, 且在 $(t_1,\cdots,t_k,0,\cdots,0)$ 的一个开邻域 $W\subset\widetilde{W}$ 上是开的单射. 而这个映射 $\mathbf{G}$ 是 $V_{\boldsymbol{\alpha}}\times\{\mathbf{0}\}$ 上定义的 $\boldsymbol{\alpha}$ 的延拓. 也就是说, 浸入 $\boldsymbol{\alpha}$ 可以局部地延拓成 $\mathbf{R}^n$ 到自身的一个局部微分同胚.

注 2 本引理是第二册 §8.8 的附加习题 8.8.1 的 (i),(vii) 和 (vii) 的注 1 中讨论的问题的推广. 请同学比较这里与那里讨论的异同.

推论 13.1.1 若 $(\boldsymbol{\alpha},V_{\boldsymbol{\alpha}})$ 是 $\mathbf{R}^n$ 中的流形 M 上的一个点 $\mathbf{p}$ 处的坐标图卡, 则 $\boldsymbol{\alpha}^{-1}$ 在 $U_{\boldsymbol{\alpha}}=\boldsymbol{\alpha}(V_{\boldsymbol{\alpha}})$ 上 (按定义 13.1.1 的意义) 是光滑的.

证 仍用引理 13.1.1 的符号, 接着引理 13.1.1 的证明.$\boldsymbol{\alpha}^{-1}$ 在 $\widetilde{U}\cap M$ 上等于在 $\widetilde{U}$ 上有定义的光滑映射 $\mathbf{F}=(F_1,\cdots,F_k)$ 在 $\widetilde{U}\cap M$ 上的限制. 按光滑映射的定义 (定义 13.1.1),$\boldsymbol{\alpha}^{-1}$ 在 $\widetilde{U}\cap M$ 上光滑, 换言之,$\boldsymbol{\alpha}^{-1}$ 在 $U_{\boldsymbol{\alpha}}$ 的每点处光滑, 所以 $\boldsymbol{\alpha}^{-1}$ 在 $U_{\boldsymbol{\alpha}}$ 上光滑. □

推论 13.1.2 设 M 是 $\mathbf{R}^n$ 中的 k- 流形. 映射 $\mathbf{f}:M\to\mathbf{R}^m$ 在 M 上光滑的充分必要条件是: 对于每个 M 的坐标图卡 $(\boldsymbol{\alpha},V_{\boldsymbol{\alpha}})$, $\mathbf{f}\circ\boldsymbol{\alpha}$ 在 $V_{\boldsymbol{\alpha}}$ 上光滑.

证 若映射 $\mathbf{f}:M\to\mathbf{R}^m$ 在 M 上光滑, 按定义 13.1.1, 对于每个点 $\mathbf{p}\in M$, 有一个点 $\mathbf{p}$ 在 $\mathbf{R}^n$ 中的邻域 $\widetilde{U}$ 和一个光滑映射 $\mathbf{F}:\widetilde{U}\to\mathbf{R}^m$, 使得

$$\forall\mathbf{q}\in M\cap\widetilde{U}\big(\mathbf{F}(\mathbf{q})=\mathbf{f}(\mathbf{q})\big).$$

设 $(\boldsymbol{\alpha},V_{\boldsymbol{\alpha}})$ 是流形 M 的一个坐标图卡, 而 $\mathbf{t}\in V_{\boldsymbol{\alpha}}$. 记 $\mathbf{p}=\boldsymbol{\alpha}(\mathbf{t})$, 因 $\boldsymbol{\alpha}(V_{\boldsymbol{\alpha}})=U_{\boldsymbol{\alpha}}\subset M$, 故在 $\mathbf{t}$ 的一个邻域内,$\mathbf{f}\circ\boldsymbol{\alpha}=\mathbf{F}\circ\boldsymbol{\alpha}$. 所以 $\mathbf{f}\circ\boldsymbol{\alpha}$ 在 $V_{\boldsymbol{\alpha}}$ 的任一点处光滑. 反之, 若 $\mathbf{f}\circ\boldsymbol{\alpha}$ 在 $V_{\boldsymbol{\alpha}}$ 的任一点处光滑, 由推论 13.1.1,$\boldsymbol{\alpha}^{-1}$ 在 $U_{\boldsymbol{\alpha}}$ 上光滑, 按定义 13.1.1 后的注 3,$\mathbf{f}=(\mathbf{f}\circ\boldsymbol{\alpha})\circ\boldsymbol{\alpha}^{-1}$ 在 $U_{\boldsymbol{\alpha}}$ 上光滑. □

定义 13.1.4 设 M 是个流形,$(\boldsymbol{\alpha},V_{\boldsymbol{\alpha}})$ 和 $(\boldsymbol{\beta},V_{\boldsymbol{\beta}})$ 是 M 上的两个坐标图卡, 且 $U_{\boldsymbol{\alpha}}\cap U_{\boldsymbol{\beta}}\neq\emptyset$,$U_{\boldsymbol{\alpha}}=\boldsymbol{\alpha}(V_{\boldsymbol{\alpha}})$,$U_{\boldsymbol{\beta}}=\boldsymbol{\beta}(V_{\boldsymbol{\beta}})$. 记 $V_{\boldsymbol{\alpha\beta}}=\boldsymbol{\beta}^{-1}(U_{\boldsymbol{\alpha}}\cap U_{\boldsymbol{\beta}})$, **转移函数**$\boldsymbol{\varphi}_{\boldsymbol{\alpha\beta}}:V_{\boldsymbol{\alpha\beta}}\to V_{\boldsymbol{\beta\alpha}}=\boldsymbol{\alpha}^{-1}(U_{\boldsymbol{\alpha}}\cap U_{\boldsymbol{\beta}})$ 定义为 $\boldsymbol{\varphi}_{\boldsymbol{\alpha\beta}}=\boldsymbol{\alpha}^{-1}\circ\boldsymbol{\beta}$(见图 13.1.2).

命题 13.1.1 定义 13.1.4 中的 $V_{\boldsymbol{\alpha\beta}}$ 是 $\mathbf{R}^k$ 或 $\mathbf{R}^k_+$ 中的开集, 映射 $\boldsymbol{\varphi}_{\boldsymbol{\alpha\beta}}:V_{\boldsymbol{\alpha\beta}}\to V_{\boldsymbol{\beta\alpha}}$ 是 $V_{\boldsymbol{\alpha\beta}}$ 与 $V_{\boldsymbol{\beta\alpha}}$ 之间的微分同胚 (见图 13.1.2).

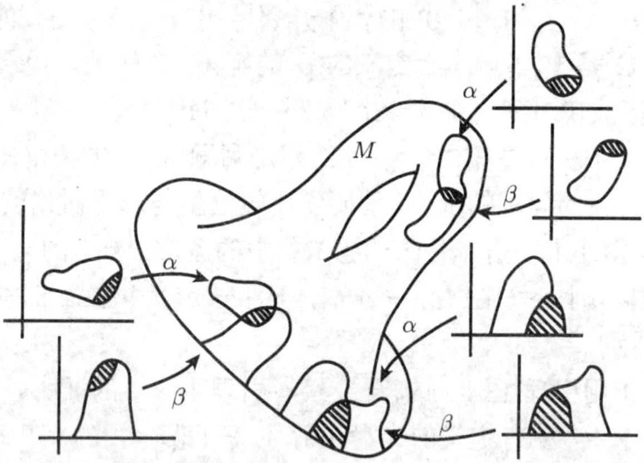

图　13.1.2

证　因 $U_{\boldsymbol{\alpha}}\cap U_{\boldsymbol{\beta}}$ 是 M 的开集,$\boldsymbol{\beta}$ 是连续映射, 故第一个论断成立. 由锁链法则, $\boldsymbol{\varphi}_{\boldsymbol{\alpha\beta}}$ 光滑. 因它具有光滑逆映射 $\boldsymbol{\varphi}_{\boldsymbol{\alpha\beta}}^{-1}=\boldsymbol{\varphi}_{\boldsymbol{\beta\alpha}}$, 第二个论断也成立. □

推论 13.1.3　设 M 是 $\mathbf{R}^n$ 中的 k- 流形. 映射 $\mathbf{f}:M\to\mathbf{R}^m$ 在 M 上光滑的充分必要条件是: 有一个 M 的坐标图卡组 $\{(\boldsymbol{\alpha},V_{\boldsymbol{\alpha}}):\boldsymbol{\alpha}\in I\}$, 对于这组中的任何坐标图卡 $(\boldsymbol{\alpha},V_{\boldsymbol{\alpha}})$, 都有 $\mathbf{f}\circ\boldsymbol{\alpha}$ 在 $V_{\boldsymbol{\alpha}}$ 上光滑, 且对应于这个坐标图卡组的坐标片组能覆盖住 M: $M\subset\bigcup\limits_{\boldsymbol{\alpha}\in I}\boldsymbol{\alpha}(V_\alpha)=\bigcup\limits_{\boldsymbol{\alpha}\in I}U_\alpha$.

证　注意到等式 $\boldsymbol{\beta}=\boldsymbol{\alpha}\circ\boldsymbol{\varphi}_{\boldsymbol{\alpha\beta}}$, 推论 13.1.3 便是推论 13.1.2 和命题 13.1.1 的推论. □

注　由推论 13.1.3, 在讨论微分流形在微分同胚下不变的性质时, 无需对该流形的所有的坐标片进行讨论, 只须对一组覆盖住该流形的坐标片检验不变性就够了.

定义 13.1.5　设 M 是 $\mathbf{R}^n$ 中的一个 k- 流形. 点 $\mathbf{p}$ 称为在 M 的边界上的点, 若 $\mathbf{p}\in M$, 且有一个 M 的坐标图卡 $(\boldsymbol{\alpha},V_{\boldsymbol{\alpha}})$, 使得 $V_{\boldsymbol{\alpha}}\subset\mathbf{R}_+^k$, 而 $\mathbf{p}=\boldsymbol{\alpha}(\mathbf{u})$, 其中 $\mathbf{u}=(u_1,\cdots,u_{k-1},0)$.$M$ 的所有边界点组成的集合称为 M 的**(流形) 边界**, 记做 ∂M.$\partial M=\emptyset$ 时,M 称为**无边(界) 流形**, 而 $\partial M\neq\emptyset$ 时,M 称为**带边 (界) 流形**.

注　流形 M 的 (流形) 边界与流形 M 的 (拓扑意义下的) 边界并非相同 (虽然它们常用同一个记号 ∂M 来表示, 但从上下文应可分辨这个符号的涵义). 流形 M 的 (流形) 边界是由流形 M 的自身确定的. 而流形 M 的 (拓扑意义下的) 边界, 确切些说, 流形 M 在某个欧氏空间中 (拓扑意义下) 的边界依赖于流形嵌入其中的欧氏空间的选取. 例如, 闭单位圆盘看做平面的子集时的拓扑边界是单位圆周, 若这个闭单位圆盘看做某三维空间的子集时, 它的拓扑边界就是它自身了. 但闭单位圆盘看做 2- 流形时的 (流形) 边界永远是单位圆周, 不论它被看成是哪个欧氏空间中的子集.

命题 13.1.2 设 M 是 $\mathbf{R}^n$ 中的一个流形, 而 $\mathbf{p}\in\partial M$, 若 $(\boldsymbol{\beta},V_{\boldsymbol{\beta}})$ 是在点 $\mathbf{p}$ 处的一个坐标图卡, 则 $V_{\boldsymbol{\beta}}\subset\mathbf{R}^k_+$ 且 $x_k(\boldsymbol{\beta}^{-1}(\mathbf{p}))=0$.

证 设 $\mathbf{p}=\boldsymbol{\alpha}(\mathbf{u})=\boldsymbol{\beta}(\mathbf{t})$, 其中 $\boldsymbol{\alpha}$ 和 $\mathbf{u}$ 是定义 13.1.5 中的 $\boldsymbol{\alpha}$ 和 $\mathbf{u}$, 换言之, $V_{\boldsymbol{\alpha}}\subset\mathbf{R}^n_+$, 且 $\mathbf{u}=(u_1,\cdots,u_{k-1},0)$. 假若 $\mathbf{t}$ 是 $V_{\boldsymbol{\beta}}$ 的 (相对于 $\mathbf{R}^k$ 的) 内点. 我们知道,$\mathbf{u}=\boldsymbol{\varphi}_{\boldsymbol{\alpha\beta}}(\mathbf{t})$, 由反函数定理, 有一个 $\mathbf{t}$ 在 $\mathbf{R}^k$ 中的开邻域 N, 使得 $\boldsymbol{\varphi}_{\boldsymbol{\alpha\beta}}(N)$ 是含有点 $\mathbf{u}$ 的 $\mathbf{R}^k$ 中的开集. 故 $\mathbf{u}$ 是 $V_{\boldsymbol{\alpha}}$(相对于 $\mathbf{R}^k$) 的内点, 它与 ∂M 的定义相悖. □

命题 13.1.3 若 M 是 $\mathbf{R}^n$ 中带边界的 k- 流形. 设 $\mathbf{p}\in\partial M$,$(\boldsymbol{\alpha},V_{\boldsymbol{\alpha}})$ 是 M 在点 $\mathbf{p}$ 处的坐标图卡. 按 ∂M 的定义,$V_{\boldsymbol{\alpha}}\subset\mathbf{R}^k_+$, 且 $x_k(\boldsymbol{\alpha}^{-1}(\mathbf{p}))=0$. 记

$$V_{\hat{\boldsymbol{\alpha}}}=\{\mathbf{u}\in\mathbf{R}^{k-1}:(\mathbf{u},0)\in V_{\boldsymbol{\alpha}}\},$$

则 $V_{\hat{\boldsymbol{\alpha}}}$ 是 $\mathbf{R}^{k-1}$ 中的开集; 定义映射 $\hat{\boldsymbol{\alpha}}:V_{\hat{\boldsymbol{\alpha}}}\to\partial M$ 如下:

$$\hat{\boldsymbol{\alpha}}(\mathbf{u})=\boldsymbol{\alpha}(\mathbf{u},0).$$

则 $(\hat{\boldsymbol{\alpha}},V_{\hat{\boldsymbol{\alpha}}})$ 满足 ∂M 的坐标图卡所应该满足的三个条件. 当 $(\boldsymbol{\alpha},V_{\boldsymbol{\alpha}})$ 跑遍边界 ∂M 的所有的点 $\mathbf{p}$ 的坐标图卡时得到的 ∂M 的坐标图卡 $(\hat{\boldsymbol{\alpha}},V_{\hat{\boldsymbol{\alpha}}})$ 全体构成的坐标图卡组将覆盖 ∂M, 换言之, ∂M(在这一组坐标图卡下) 是个 $\mathbf{R}^n$ 中的 $(k-1)$- 流形.

证 记 $\tilde{\mathbf{R}}^{k-1}=\{(\mathbf{u},0)\in\mathbf{R}^k:\mathbf{u}\in\mathbf{R}^{k-1}\}$, 则嵌入映射 $i:\mathbf{u}\mapsto(\mathbf{u},0)$ 是 $\mathbf{R}^{k-1}$ 到 $\tilde{\mathbf{R}}^{k-1}$ 的微分同胚. 再注意到 $V_{\hat{\boldsymbol{\alpha}}}=i^{-1}(V_{\boldsymbol{\alpha}}\cap\tilde{\mathbf{R}}^{k-1})$, 命题 13.1.3 的证明便可完成, 细节留给同学了. □

命题 13.1.4 对于任何 $\mathbf{R}^n$ 中的 k- 流形 M,$\partial(\partial M)=\emptyset$.

证 按命题 13.1.3,$V_{\hat{\boldsymbol{\alpha}}}=\{\mathbf{u}\in\mathbf{R}^{k-1}:(\mathbf{u},0)\in V_{\boldsymbol{\alpha}}\}$ 是 $\mathbf{R}^{k-1}$ 的开集, 由定义 13.1.5,∂M 无边界点. □

例 13.1.1　任何 $\mathbf{R}^n$ 中的非空开集 U 都是个 n 维流形. 一个坐标图卡 (id_U, U) 的坐标片就把 U 覆盖了. 非空开集 U 是个无边界的 n 维流形. 应注意的是, 作为流形的 U 的边界 $\partial U = \emptyset$, 但作为 $\mathbf{R}^n$ 中的非空开集 U 在 $\mathbf{R}^n$ 中的 (拓扑意义下的) 边界是非空的 (除非 $U = \mathbf{R}^n$). 半空间 $\mathbf{R}^n_+$ 是个有边界的 n 维流形. 它也是被一个坐标图卡 $(\mathrm{id}_{\mathbf{R}^n_+}, \mathbf{R}^n_+)$ 的坐标片覆盖的. 这时,$\partial\mathbf{R}^n_+$ 与半空间 $\mathbf{R}^n_+$ 在 $\mathbf{R}^n$ 中的拓扑边界一致. 若 U 是个与 $\partial\mathbf{R}^n_+$ 相交的 $\mathbf{R}^n$ 中的开集, 则 $U\cap\mathbf{R}^n_+$ 是个有边界的 n 维流形. 它也是被一个坐标图卡 $(\mathrm{id}_{U\cap\mathbf{R}^n_+}, U\cap\mathbf{R}^n_+)$ 的坐标片覆盖的. 这个流形的拓扑边界与流形边界相同的充分必要条件是 $U\supset\mathbf{R}^n_+$.

例 13.1.2　设 V 是 $\mathbf{R}^k$ 中的开集,$\mathbf{f}: V\to\mathbf{R}^{n-k}$ 是光滑映射, 则映射的图像

$$\{(\mathbf{t}, \mathbf{f}(\mathbf{t}))\in\mathbf{R}^n : \mathbf{t}\in V\}$$

是 $\mathbf{R}^n$ 中的一个 k- 流形. 这个流形被如下的一个坐标图卡 $(\boldsymbol{\alpha}, V)$ 的坐标片覆盖, 其中 $\boldsymbol{\alpha}$ 定义如下: 对于每个 $\mathbf{t}\in V$,

$$\boldsymbol{\alpha}(\mathbf{t}) = (\mathbf{t}, \mathbf{f}(\mathbf{t})).$$

例如,$M = \{(t, \sin(1/t)) : t\neq 0\}$ 是 $\mathbf{R}^2$ 中的一维流形. 它是非连通的, 无边界的. 有趣的是 M 在 $\mathbf{R}^2$ 中的闭包不是流形 (请同学补出最后这句话的证明细节).

注　由练习 13.1.2 的 (i) 可证: 任何流形可局部地看成某光滑映射的图像. 请参考第二册第 8 章 §8.5 的练习 8.5.2 的 (ix) 的注 1.

例 13.1.3　**闭单位球**$\mathbf{B}^n = \{\mathbf{x}\in\mathbf{R}^n : |\mathbf{x}|\leqslant 1\}$ 是 $\mathbf{R}^n$ 中的一个有边界的 n 维流形. 这个有边界的 n 维流形无法用一个坐标片盖住. 首先, 它有一个盖住它的所有内点的坐标片 U_0, 对应的坐标图卡是 $(\boldsymbol{\alpha}_0, V_0)$, 其中

$$V_0 = U_0 = \{\mathbf{x}\in\mathbf{R}^n : |\mathbf{x}| < 1\},\qquad \boldsymbol{\alpha}_0 = \mathrm{id}_{V_0}.$$

构造盖住它的边界 (即单位球面) 的坐标片组所对应的坐标图卡组的方法有许多选择. 当然, 为了盖住边界, 局部坐标的定义域都应是 $\mathbf{R}^n_+$

中的开集. 下面是可供选择的一种方法. 为了表述方便, 引进一个自变量为 $\mathbf{u}=(u_1,\cdots,u_n)$ 的函数

$$g:\mathbf{R}^n\to\mathbf{R},\ g(\mathbf{u})=(1-u_n)-\sum_{j=1}^{n-1}u_j^2$$

和一个集合

$$V=\{\mathbf{u}:g(\mathbf{u})>0,\ u_n\geqslant 0\}.$$

V 是 $\mathbf{R}_+^n$ 中的一个开集 (这是因为 g 连续). 令 $2n$ 个局部坐标的定义域为

$$V_1=\cdots=V_{2n}=V,$$

而定义在 V 上的 $2n$ 个局部坐标为

$$\begin{gathered}\boldsymbol{\alpha}_1(\mathbf{u})=(\sqrt{g(\mathbf{u})},u_1,\cdots,u_{n-1}),\\ \boldsymbol{\alpha}_2(\mathbf{u})=(-\sqrt{g(\mathbf{u})},u_1,\cdots,u_{n-1}),\\ \boldsymbol{\alpha}_3(\mathbf{u})=(u_1,\sqrt{g(\mathbf{u})},\cdots,u_{n-1}),\\ \boldsymbol{\alpha}_4(\mathbf{u})=(u_1,-\sqrt{g(\mathbf{u})},\cdots,u_{n-1}),\\ \cdots\cdots\cdots\cdots\cdots\\ \boldsymbol{\alpha}_{2n-1}(\mathbf{u})=(u_1,\cdots,u_{n-1},\sqrt{g(\mathbf{u})}),\\ \boldsymbol{\alpha}_{2n}(\mathbf{u})=(u_1,\cdots,u_{n-1},-\sqrt{g(\mathbf{u})}).\end{gathered}$$

易见, 对于任何 $j\in\{1,2,\cdots,2n\}$, 有 $|\boldsymbol{\alpha}_j(\mathbf{u})|_{\mathbf{R}^n}^2=\sum\limits_{i=1}^{n-1}u_i^2+g(\mathbf{u})=1-u_n$, 故

$$\boldsymbol{\alpha}_j(V)\subset\mathbf{B}^n=\{\mathbf{w}\in\mathbf{R}^n:|\mathbf{w}|\leqslant 1\},$$

且

$$\boldsymbol{\alpha}_j(V\cap\{\mathbf{u}:u_n=0\})\subset\mathbf{S}^{n-1}=\{\mathbf{w}\in\mathbf{R}^n:|\mathbf{w}|=1\}.$$

显然, 每个 $\boldsymbol{\alpha}_j$ 都是单射 (请同学补出证明的细节). 事实上, 我们还可证明 $\boldsymbol{\alpha}_j$ 的导数 $\boldsymbol{\alpha}_j'$ 是可逆矩阵. 记 $\boldsymbol{\alpha}_{2n}=(f_1,\cdots,f_n)$. 我们只需讨论 $\boldsymbol{\alpha}_{2n}'$ 的可逆性, 因为其他的 $\boldsymbol{\alpha}_j$ 是通过 $\boldsymbol{\alpha}_{2n}=(f_1,\cdots,f_n)$ 经由它的

n 个分量 $f_1,\cdots,f_n$ 的一个适当的置换或再与某个分量 f_k 的反射的复合而得到的. 易见

$$\frac{\partial f_k}{\partial u_j}=\begin{cases}\delta_{jk}, & 若\ 1\leqslant j\leqslant n, 1\leqslant k\leqslant n-1,\\ 1/(2\sqrt{g(\mathbf{u})}), & 若\ j=n, k=n,\\ u_j/\sqrt{g(\mathbf{u})}, & 若\ 1\leqslant j\leqslant n-1, k=n.\end{cases}$$

故在 V 上 $\det(\boldsymbol{\alpha}'_{2n})=1/(2\sqrt{g(\mathbf{u})})\neq 0$. 由反函数定理,$\boldsymbol{\alpha}_{2n}$ 是 (局部的) 开映射,$(\boldsymbol{\alpha}_{2n},V_{2n})$ 是闭单位球 $\mathbf{B}^n$ 的一个坐标图卡. 通过 $\boldsymbol{\alpha}_{2n}$ 经由它的 n 个分量 $f_1,\cdots,f_n$ 的一个适当的置换或再与某个分量 f_k 的反射的复合, 我们得到以下结论：对于每个 j,$(\boldsymbol{\alpha}_j,V_j)$ 都是闭单位球 $\mathbf{B}^n$ 的一个坐标图卡. 若 $|\mathbf{w}|_{\mathbf{R}^n}=1$, 则必有某个 j, 使得 $w_j\neq 0$. 构筑 $\mathbf{u}=(u_1,\cdots,u_n)\in V_{2j-1}\cap\{\mathbf{u}:u_n=0\}$ 如下:

$$u_k=\begin{cases}w_k, & 若\ 1\leqslant k\leqslant j-1,\\ w_{k+1}, & 若\ j\leqslant k\leqslant n-1,\\ 0, & 若\ k=n.\end{cases}$$

因为 $w_j=\pm\sqrt{1-\sum\limits_{k\neq j}w_k^2}$, 对应于 $\pm$ 的选取, 我们有

$$\mathbf{w}=\boldsymbol{\alpha}_{2j-1}(\mathbf{u})\in\boldsymbol{\alpha}_{2j-1}(V_{2j-1}\cap\{\mathbf{u}:u_n=0\})$$

或

$$\mathbf{w}=\boldsymbol{\alpha}_{2j}(\mathbf{u})\in\boldsymbol{\alpha}_{2j}(V_{2j}\cap\{\mathbf{u}:u_n=0\}).$$

不难看出,$\bigcup\limits_{k=1}^{2n}\boldsymbol{\alpha}_k(V_k)\supset\mathbf{S}^{n-1}$. 这就证明了 $\mathbf{B}^n$ 是个带边的 n 维流形, 且 $\partial\mathbf{B}^n=\mathbf{S}^{n-1}$, 即, 流形 $\mathbf{B}^n$ 的边界与 $\mathbf{B}^n$ 在 $\mathbf{R}^n$ 中的拓扑边界一致.

注　我们有许多构作闭球的坐标图卡的办法, 使得相应的坐标片覆盖住闭球. 我们在上例中用的方法可以被推广到 n 维欧氏空间 $\mathbf{R}^n$ 中的一般的闭的 n 维流形上去 (参看定理 13.2.1).

例 13.1.4　考虑 $\mathbf{R}^3$ 中的旋转半径与高度均等于 1 的**闭圆柱面**:

$$M=\{\mathbf{u}=(u_1,u_2,u_3)\in\mathbf{R}^3:u_1^2+u_2^2=1,0\leqslant u_3\leqslant 1\},$$

它是 $\mathbf{R}^3$ 中的二维带边流形, 或称带边曲面. 事实上, 它是旋转半径与高度均等于 1 的圆柱面. 它也是以点 $(1,0,1/2)$ 为中点, 长度为 1 的, 平行于 u_3 轴的直线段绕着 u_3 轴旋转一周而得的轨迹. 易见, 它可被四个坐标图卡 $\{(\boldsymbol{\alpha}_j, V_j), j=1,\cdots,4\}$ 的四块坐标片覆盖. 这四个坐标图卡是

$$V_1 = (0,(3\pi)/2)\times[0,2/3), \qquad \boldsymbol{\alpha}_1(\theta,z) = (\cos\theta,\sin\theta,z);$$

$$V_2 = (\pi,(5\pi)/2)\times[0,2/3), \qquad \boldsymbol{\alpha}_2(\theta,z) = (\cos\theta,\sin\theta,z);$$

$$V_3 = (0,(3\pi)/2)\times[0,2/3), \qquad \boldsymbol{\alpha}_3(\theta,z) = (\cos\theta,\sin\theta,1-z);$$

$$V_4 = (\pi,(5\pi)/2)\times[0,2/3), \qquad \boldsymbol{\alpha}_4(\theta,z) = (\cos\theta,\sin\theta,1-z).$$

为了检验 $(\boldsymbol{\alpha}_1, V_1)$ 是坐标图卡, 我们需要考虑以下矩阵的秩:

$$\boldsymbol{\alpha}_1'(\theta,z) = \begin{bmatrix} -\sin\theta & 0 \\ \cos\theta & 0 \\ 0 & 1 \end{bmatrix}$$

易见, 它的秩恒等于 2. 同理, 矩阵 $\boldsymbol{\alpha}_i'(\theta,z)$, $i=2,3,4$ 的秩也恒等于 2.

流形 M 的边界 ∂M 是两个圆周 $\{(u_1,u_2,u_3): u_3=0, u_1^2+u_2^2=1\}$ 和 $\{(u_1,u_2,u_3): u_3=1, u_1^2+u_2^2=1\}$. 应注意的是, 这两个圆周并非 M 在 $\mathbf{R}^3$ 中的拓扑边界, 后者应为 M.

例 13.1.5 设 $0<a<b$, 映射 $\mathbf{f}: \mathbf{R}^2 \to \mathbf{R}^3$ 定义如下:

$$\mathbf{f}(s,t) = \begin{bmatrix} (b+a\cos t)\cos s \\ (b+a\cos t)\sin s \\ a\sin t \end{bmatrix},$$

映射 $\mathbf{f}$ 的像是一个 $\mathbf{R}^3$ 中无边界的 2- 维流形. 事实上, 它就是我们在第 7 章的例 7.4.5 中介绍过的**环面**(救生圈). 同学们可以看出, 它就是 xz 平面上的圆周 $\{(b+a\cos t, 0, a\sin t): 0\leqslant t<2\pi\}$ 绕着 z 轴旋转一周的轨迹. 让 $V=(k,l)\times(u,v)$, 其中 $\max(l-k, v-u)\leqslant 2\pi$, 则 $(\mathbf{f}|_V, V)$ 便是环面的一个坐标图卡. 让 (k,l,u,v) 取 $(0,2\pi,0,2\pi)$,$(-\pi,\pi,-\pi,\pi)$ 和 $(-\pi/2, 3\pi/2, -\pi/2, 3\pi/2)$, 对应的三个坐标图卡的坐标片便把环面

覆盖住了. 为了检验 $(\mathbf{f}|_V, V)$ 是坐标图卡, 我们需要考虑以下矩阵的秩:

$$\mathbf{f}|_V'(s,t) = \begin{bmatrix} -(b+a\cos t)\sin s & -a\sin t\cos s \\ (b+a\cos t)\cos s & -a\sin t\sin s \\ 0 & a\cos t \end{bmatrix}.$$

易见, 它的秩恒等于 2.

例 13.1.6 设 $0<a<b$, 映射 $\mathbf{g}:\mathbf{R}^2\to\mathbf{R}^3$ 定义如下:

$$\mathbf{g}(s,t) = \begin{bmatrix} (b+t\sin(s/2))\cos s \\ (b+t\sin(s/2))\sin s \\ t\cos(s/2) \end{bmatrix},$$

我们先证明:$\mathbf{g}$ 在 $[0,2\pi)\times[-a,a]$ 上是单射. 易见,

$$\mathbf{g}(0,t) = \begin{pmatrix} b \\ 0 \\ t \end{pmatrix}, \quad -a\leqslant t\leqslant a.$$

这是一根以 $(b,0,0)$ 为中点并平行于 z 轴的长度为 $2a$ 的直线段. 当 s 由 0 增至 2π 时, 这个直线段在同时作两个旋转: 第一个旋转是直线段的中点在绕着 z 轴作匀速圆周运动. 第二个旋转是直线段在由 z 轴及直线段中点所确定的平面上进行的, 直线段绕着 (运动中的) 直线段中点作匀速旋转, 且第二个旋转的角速度恰等于第一个旋转的角速度之半. 作这种双重旋转的这根直线段的轨迹构成 $\mathbf{R}^3$ 中的一个曲面 M. 由这个解释,$\mathbf{g}$ 在 $[0,2\pi)\times[-a,a]$ 上显然是单射 (请同学从 $\mathbf{g}(s,t)$ 的定义出发严格证明它).

若允许 s 跑遍 $\mathbf{R}$, 因 $\mathbf{g}(s,t)=\mathbf{g}(s+2\pi,-t)$, 故 $\mathbf{g}(\{s\}\times[-a,a]) = \mathbf{g}(\{s+2\pi\}\times[-a,a])$. 应注意的是, 虽然直线段 $\{s\}\times[-a,a]$ 和 $\{s+2\pi\}\times[-a,a]$ 被 $\mathbf{g}$ 映成同一个直线段:$\mathbf{g}(\{s\}\times[-a,a]) = \mathbf{g}(\{s+2\pi\}\times[-a,a])$, 但当 t 在 $[-a,a]$ 上由 $-a$ 增至 a 时, 因 $\mathbf{g}(s,t)=\mathbf{g}(s+2\pi,-t)$, 映射 $\mathbf{g}(s,\cdot)$ 和映射 $\mathbf{g}(s+2\pi,\cdot)$ 的像点在该直线段上的变化方向是正好相反的. 如此定义的 $\mathbf{R}^3$ 中的 2- 流形 M 就是我们在第 7 章的例 7.4.6 中介绍过的 **Möbius带**. 令

$$V_{(k,l)} = (k,l) \times [0,(3a)/2), \text{其中 } 0 < l-k \leqslant 2\pi.$$

映射 $\boldsymbol{\alpha}_{(k,l)} : V_{(k,l)} \to M$ 定义为

$$\boldsymbol{\alpha}_{(k,l)}(s,t) = \mathbf{g}(s, t-a).$$

易见 $(\boldsymbol{\alpha}_{(k,l)}, V_{(k,l)})$ 是 M 的一个坐标图卡.

又令

$$U_{(k,l)} = (k,l) \times [0,(3a)/2), \text{其中 } 0 < l-k \leqslant 2\pi.$$

映射 $\boldsymbol{\beta}_{(k,l)} : U_{(k,l)} \to M$ 定义为

$$\boldsymbol{\beta}_{(k,l)}(s,t) = \mathbf{g}(s, a-t).$$

易见 $(\boldsymbol{\beta}_{(k,l)}, U_{(k,l)})$ 也是 M 的一个坐标图卡.

同学可以自行证明: 以下四个坐标图卡

$$(\boldsymbol{\alpha}_{(0,(3\pi)/2)}, V_{(0,(3\pi)/2)}), \qquad (\boldsymbol{\alpha}_{(\pi,(5\pi)/2)}, V_{(\pi,(5\pi)/2)})$$

和

$$(\boldsymbol{\beta}_{(0,(3\pi)/2)}, U_{(0,(3\pi)/2)}), \qquad (\boldsymbol{\beta}_{(\pi,(5\pi)/2)}, U_{(\pi,(5\pi)/2)})$$

的坐标片已把 Möbius 带 M 盖住了. 为了检验 $(\boldsymbol{\alpha}_{(0,(3\pi)/2)}, V_{(0,(3\pi)/2)})$ 是坐标图卡, 我们还需要考虑以下矩阵的秩:

$$\begin{aligned}
&\boldsymbol{\alpha}'_{(0,(3\pi)/2)}(s,t) \\
&\quad = \begin{bmatrix} -(b+t\sin(s/2))\sin s + (t/2)\cos(s/2)\cos s & \sin(s/2)\cos s \\ (b+t\sin(s/2))\cos s + (t/2)\cos(s/2)\sin s & \sin(s/2)\sin s \\ -(t/2)\sin(s/2) & \cos(s/2) \end{bmatrix}.
\end{aligned}$$

在 $s = 2n\pi$ 时, 上述矩阵成为

$$\boldsymbol{\alpha}'_{(0,(3\pi)/2)}(s,t) = \begin{bmatrix} (t/2)(-1)^n & 0 \\ 0 & 0 \\ 0 & (-1)^n \end{bmatrix}.$$

它的秩恒等于 2.

在 $s\neq 2n\pi$ 时, 矩阵 $\boldsymbol{\alpha}'_{(0,(3\pi)/2)}(s,t)$ 通过一次列的初等变换 (第二列的 $-\dfrac{t\cos(s/2)}{\sin(s/2)}$ 倍加到第一列上) 便变为

$$\boldsymbol{\alpha}'_{(0,(3\pi)/2)}(s,t)=\begin{bmatrix}-(b+t\sin(s/2))\sin s & \sin(s/2)\cos s\\ (b+t\sin(s/2))\cos s & \sin(s/2)\sin s\\ -\dfrac{t}{2\sin(s/2)} & \cos(s/2)\end{bmatrix}.$$

注意到

$$\begin{vmatrix}-(b+t\sin(s/2))\sin s & \sin(s/2)\cos s\\ (b+t\sin(s/2))\cos s & \sin(s/2)\sin s\end{vmatrix}$$
$$=-\big(b+t\sin(s/2)\big)\sin(s/2)\neq 0,$$

在 $s\neq 2n\pi$ 时, 矩阵 $\boldsymbol{\alpha}'_{(0,(3\pi)/2)}(s,t)$ 的秩也恒等于 2. 另外三个图卡处理相仿.

我们在第 7 章的例 7.4.7 中还介绍了 **Klein 瓶**. 它是四维欧氏空间中的一个二维流形. 用什么坐标图卡使得对应的坐标片能盖住 Klein 瓶的问题请同学自己去讨论了.

例 13.1.7　设 $\mathbf{f}:\mathbf{R}\to\mathbf{R}^2$ 定义如下:$\mathbf{f}(u)=(u^2,u^3)$. 值得注意的是,$\mathbf{f}$ 是光滑的单射, 但映射 $\mathbf{f}$ 的像 $M=\mathbf{f}(\mathbf{R})$ 并非流形. 这是因为无坐标片可以盖住 $M=\mathbf{f}(\mathbf{R})$ 在 $(0,0)$ 点的一个邻域. 假设 $(\boldsymbol{\alpha},V)$ 是 $(0,0)$ 点处的一个坐标图卡, $\boldsymbol{\alpha}(t)=(g(t),h(t))$ 且 $\boldsymbol{\alpha}(0)=(g(0),h(0))=(0,0)$. 因 $(g,h)\in M$,$g^3=h^2$, 故 $g\geqslant 0$. 又 $g(0)=0$, 且 $g\geqslant 0$, 所以 $g'(0)=0$. 再因 $2h(t)h'(t)=3g^2(t)g'(t)$, 有 $2h'(t)=\pm 3g^{1/2}(t)g'(t)$. 所以,$h'(0)=0$. 由此,$\boldsymbol{\alpha}'(0)=(0,0)$.$(\boldsymbol{\alpha},V)$ 非坐标图卡, M 非流形.

例 13.1.8　映射 $\mathbf{f}:\mathbf{R}\to\mathbf{R}^2$ 定义如下:

$$\mathbf{f}(t)=\begin{bmatrix}\dfrac{t(1+t^2)}{1+t^4}\\ \dfrac{t(1-t^2)}{1+t^4}\end{bmatrix}.$$

映射 $\mathbf{f}$ 的像称为**双纽线**. 双纽线上的对应于参数 t 的点的极坐标计算

如下: 为了明确起见, 我们约定 θ 的变化范围:$-\pi/2 \leqslant \theta < 3\pi/2$.

$$\begin{cases} r = \sqrt{(2t^2)/(1+t^4)}, \\ \cos\theta = \pm\dfrac{1+t^2}{\sqrt{2(1+t^4)}}, \\ \sin\theta = \pm\dfrac{1-t^2}{\sqrt{2(1+t^4)}}. \end{cases}$$

由此,$|\cos\theta| \geqslant |\sin\theta|$. 可以把 θ 限制在以下范围内:$-\pi/4 \leqslant \theta \leqslant \pi/4$ 或 $3\pi/4 \leqslant \theta \leqslant 5\pi/4$. 故双纽线的极坐标方程是

$$r^2 = \cos^2\theta - \sin^2\theta = \cos 2\theta, \quad 其中\theta \in [-\pi/4, \pi/4] \cup [3\pi/4, 5\pi/4].$$

在点 $(0,0) \in \mathbf{R}^2$ 的任何小邻域内, 双纽线是由两根垂直相交于点 $(0,0)$ 的曲线 (确切些说, 这两根曲线在点 $(0,0)$ 处的切线互相垂直) 组成的. 由此, 双纽线在点 $(0,0)$ 处无坐标图卡, 理由如下:假若 $(\boldsymbol{\alpha}, (-1,1))$ 是双纽线在点 $(0,0)$ 处的一个坐标图卡, 且 $\boldsymbol{\alpha}(0) = (0,0)$. 选取充分小的 $\varepsilon > 0$, 使得 $\{(-1,0),(1,0)\} \cap \boldsymbol{\alpha}\big((-\varepsilon,\varepsilon)\big) = \emptyset$, 则 $\boldsymbol{\alpha} : (-\varepsilon,\varepsilon) \to \boldsymbol{\alpha}\big((-\varepsilon,\varepsilon)\big)$ 不可能是同胚, 因为 $(-\varepsilon,\varepsilon) \setminus \{0\}$ 只有两个连通成分, 而 $\boldsymbol{\alpha}\big((-\varepsilon,\varepsilon)\big) \setminus \{(0,0)\}$ 至少有四个连通成分. 故双纽线非流形. 若把坐标原点挖掉, 剩下的部分是个非连通的流形. 讨论的细节留给同学了.

例 13.1.9 $SO(3)$ 表示 $\mathbf{R}^3$ 中所有旋转组成的集合, 换言之, 它是所有行列式大于零的 3×3 正交矩阵组成的集合. 全体 3×3 的矩阵构成的集合与 $\mathbf{R}^9$ 之间有一个自然的双射. 我们常把全体 3×3 的矩阵构成的集合与 $\mathbf{R}^9$ 看成是同一个东西. 通过上述双射, 把 $\mathbf{R}^9$ 上的普通拓扑移植到全体 3×3 的矩阵构成的集合上. 因而, 作为全体 3×3 的矩阵构成的集合的子集的 $SO(3)$ 是 $\mathbf{R}^9$ 的拓扑子空间. 下面我们要证明 $SO(3)$ 是 $\mathbf{R}^9$ 中的 3- 流形.$\mathbf{R}^3$ 上的旋转g_0 把直角坐标轴 OX, OY 和 OZ 构成的三条互相垂直的半直线分别映到三条互相垂直的半直线 OX', OY' 和 OZ' 上. 我们假设 OZ 和 OZ' 之间的夹角不等于 π 的整数倍, 换言之,OZ 和 OZ' 不共线. 易见, 在旋转 g_0 的一个充分小邻域内的任何旋转 g 也把 OZ 映到一个与OZ 不共线的半

直线 OZ' 上. 我们想用三个参数去刻画 g_0 的一个充分小邻域内的旋转 g. 假设旋转 g 把直角坐标轴 OX,OY 和 OZ 构成的三条半直线分别映到三条互相垂直的半直线 OX',OY' 和 OZ' 上. 用 (L) 表示平面 OXY 与平面 $OX'Y'$(它是平面 OXY 在 g 映射下的像) 之交线.(因 OZ 和 OZ' 之间的夹角不等于 π 的整数倍, 平面 OXY 与平面 $OX'Y'$ 不共面,(L) 是唯一确定的.) 把 OX 与 (L) 之间的夹角记为 φ_1. 夹角是多值的, 不同的值之间相差一个 π 的整数倍. 我们约定:$0 \leqslant \varphi_1 < \pi$. 应注意的是, 这个限制使得 φ_1 唯一确定, 又使原先理解为直线的 (L) 可以被理解成满足这个限制的唯一确定的平面OXY 上的半直线: 在平面 OXY 上半直线 OX 转向半直线 (L) 经过的角恰为满足条件 $0 \leqslant \varphi_1 < \pi$ 的 φ_1(平面 OXY 上的角的定向以 OX 经 $\pi/2$ 转向 OY 为正向). 又记 φ_2 为半直线 (L) 与半直线 OX' 之间的夹角 (角的定向是平面 $OX'Y'$ 上的定向: 以 OX' 经 $\pi/2$ 转向 OY' 为正向). 这次我们约定:$0 \leqslant \varphi_2 < 2\pi$. 最后我们把 OZ 与 OZ' 之间的夹角记为 θ, 它应满足不等式:$0 < \theta < 2\pi$(当 OX 以 OZ 为旋转轴转至 (L) 时, OY 转到 OY'',OZ 与 OZ' 之间的夹角在平面 $OY''Z$ 上, θ 的值是由平面 $OY''Z$ 上的定向确定的). 这三个角称为旋转 g 的 (关于给定的坐标系 $OXYZ$ 的) 三个 **Euler角**, 它们是 Euler 在研究刚体运动的力学时发现的. 同学务必将它们弄清楚, 因为它们在数学, 力学与物理中经常被用到, 且已被推广到 n 维欧氏空间的旋转上去了 (参看练习 13.1.1). 满足限制 $(0 \leqslant \varphi_1 < \pi, 0 \leqslant \varphi_2 < 2\pi, 0 < \theta < 2\pi)$ 的三个 Euler 角被 OZ 和 OZ' 不共线的旋转 $g = g(\varphi_1, \theta, \varphi_2)$ 完全确定. 反之,OZ 和 OZ' 不共线的旋转 $g = g(\varphi_1, \theta, \varphi_2)$ 也完全被这三个 Euler 角所确定. 这是因为 OZ 和 OZ' 不共线的旋转 g可以看成以下三个旋转 g_{φ_1}, g_θ 和 g_{φ_2} 的复合 (三个矩阵的乘积):$g(\varphi_1, \theta, \varphi_2) = g_{\varphi_2} g_\theta g_{\varphi_1}$, 其中 g_{φ_1} 是绕着 OZ 轴转 φ_1 角, 这样 OX 轴落在 (L) 半直线上 (图 13.1.3(a)). 应注意的是,OZ 和 OZ' 均与 (L) 半直线垂直. g_θ 是绕着已经落在 (L) 半直线上的 OX 轴转 θ 角, 使得 OZ 轴落在 OZ' 轴上 (图 13.1.3(b)), 最后,g_{φ_2} 是绕着落在 OZ' 轴上的 OZ 轴转 φ_2 角, 使得已经落在 (L) 直线上的 OX 轴落在 OX' 轴上. 因落在 OZ' 轴

上的 OZ 轴相对于这最后的旋转不动, OX 和 OZ 分别落在 OX' 和 OZ' 上,OY 轴经这最后的旋转后必落在 OY' 轴上 (图 13.1.3(c)). 这三个旋转的复合恰是 g. 用矩阵表示, 我们有 $g(\varphi_1,\theta,\varphi_2)=g_{\varphi_2}g_\theta g_{\varphi_1}$, 其中

$$g_{\varphi_1}=\begin{bmatrix}\cos\varphi_1 & -\sin\varphi_1 & 0\\ \sin\varphi_1 & \cos\varphi_1 & 0\\ 0 & 0 & 1\end{bmatrix},\quad g_\theta=\begin{bmatrix}1 & 0 & 0\\ 0 & \cos\theta & -\sin\theta\\ 0 & \sin\theta & \cos\theta\end{bmatrix},$$

$$g_{\varphi_2}=\begin{bmatrix}\cos\varphi_2 & -\sin\varphi_2 & 0\\ \sin\varphi_2 & \cos\varphi_2 & 0\\ 0 & 0 & 1\end{bmatrix}.$$

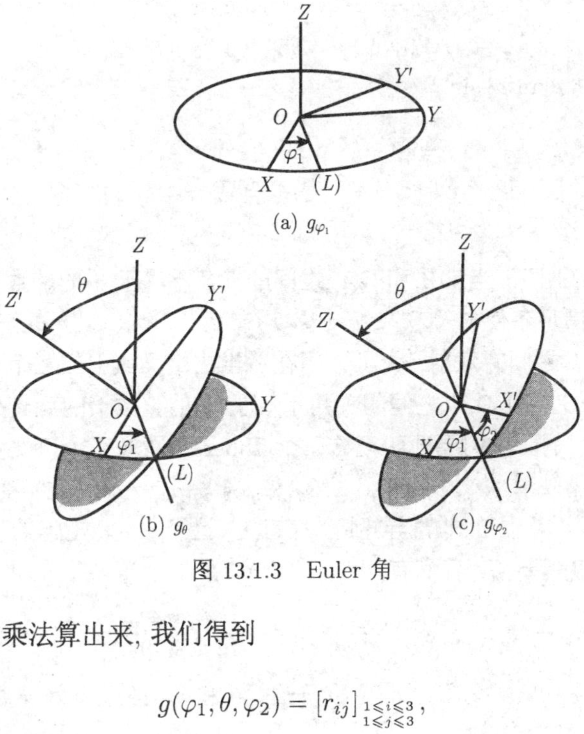

图 13.1.3 Euler 角

将矩阵的乘法算出来, 我们得到

$$g(\varphi_1,\theta,\varphi_2)=[r_{ij}]_{\substack{1\leqslant i\leqslant 3\\ 1\leqslant j\leqslant 3}},$$

其中

$$r_{ij}=\begin{cases}\cos\varphi_1\cos\varphi_2-\cos\theta\sin\varphi_1\sin\varphi_2, & \text{当 } i=j=1\text{时},\\ -\cos\varphi_1\sin\varphi_2-\cos\theta\sin\varphi_1\cos\varphi_2, & \text{当 } i=1,j=2\text{时},\\ \sin\varphi_1\sin\theta, & \text{当 } i=1,j=3\text{时},\\ \sin\varphi_1\cos\varphi_2+\cos\theta\cos\varphi_1\sin\varphi_2, & \text{当 } i=2,j=1\text{时},\\ -\sin\varphi_1\sin\varphi_2+\cos\theta\cos\varphi_1\cos\varphi_2, & \text{当 } i=j=2\text{时},\\ -\cos\varphi_1\sin\theta, & \text{当 } i=2,j=3\text{时},\\ \sin\varphi_2\sin\theta, & \text{当 } i=3,j=1\text{时},\\ \cos\varphi_2\sin\theta, & \text{当 } i=3,j=2\text{时},\\ \cos\theta, & \text{当 } i=j=3\text{时},\end{cases}$$

或写成 3×3 矩阵的形式:

$$\begin{aligned}g(\varphi_1,\theta,\varphi_2)&=g_{\varphi_2}g_\theta g_{\varphi_1}\\&=\begin{bmatrix}\cos\varphi_1\cos\varphi_2-\cos\theta\sin\varphi_1\sin\varphi_2 & -\cos\varphi_1\sin\varphi_2-\cos\theta\sin\varphi_1\cos\varphi_2 & \sin\varphi_1\sin\theta\\ \sin\varphi_1\cos\varphi_2+\cos\theta\cos\varphi_1\sin\varphi_2 & -\sin\varphi_1\sin\varphi_2+\cos\theta\cos\varphi_1\cos\varphi_2 & -\cos\varphi_1\sin\theta\\ \sin\varphi_2\sin\theta & \cos\varphi_2\sin\theta & \cos\theta\end{bmatrix}.\end{aligned}$$

我们已经证明了: 当 OZ 和 OZ' 之间的夹角不等于 π 的整数倍时的旋转与它的满足条件 $0\leqslant\varphi_1<\pi$, $0\leqslant\varphi_2<2\pi$, $0<\theta<2\pi$ 的三个 Euler 角 $\varphi_1,\varphi_2,\theta$ 之间有双射. 为了证明在适当的定义域上的三个 Euler 角恰构成使 OZ 和 OZ' 之间的夹角不等于 π 的整数倍的旋转处的一个坐标图卡. 下面我们要证明把这三个 Euler 角看做三个自变量的取值于 $\mathbf{R}^9$ 中的映射 $(\varphi_1,\varphi_2,\theta)\mapsto g(\varphi_1,\theta,\varphi_2)=g_{\varphi_2}g_\theta g_{\varphi_1}$ 是个浸入, 即它的导数是个 9×3 的非奇异矩阵, 换言之, 这个 9×3 矩阵的秩等于 3.

经过初等计算, 我们有

$$\frac{\partial g_{\varphi_1}}{\partial\varphi_1}=g_{\varphi_1+\pi/2},\quad \frac{\partial g_{\varphi_2}}{\partial\varphi_2}=g_{\varphi_2+\pi/2},\quad \frac{\partial g_\theta}{\partial\theta}=g_{\theta+\pi/2},$$

故旋转 $g(\varphi_1,\theta,\varphi_2)=g_{\varphi_2}g_\theta g_{\varphi_1}$ 关于 φ_1,θ 和 φ_2 的三个偏导数分别是:

$$\frac{\partial g}{\partial\varphi_1}=g_{\varphi_2}g_\theta g_{\varphi_1+\pi/2},\quad \frac{\partial g}{\partial\varphi_2}=g_{\varphi_2+\pi/2}g_\theta g_{\varphi_1},\quad \frac{\partial g}{\partial\theta}=g_{\varphi_2}g_{\theta+\pi/2}g_{\varphi_1}.$$

上述 $g(\varphi_1,\theta,\varphi_2)=g_{\varphi_2}g_\theta g_{\varphi_1}$ 的三个偏导数 (它们都是 3×3 矩阵, 因此可以看作三个 $\mathbf{R}^9$ 中的元素, 正好相当于映射 $(\varphi_1,\theta,\varphi_2)\mapsto g(\varphi_1,\theta,\varphi_2)$ 的 Jacobi 矩阵的三个列向量) 是不可能线性相关的. 假若真有 $(a,b,c)\neq(0,0,0)$, 使得

$$a\frac{\partial g}{\partial\varphi_1}+b\frac{\partial g}{\partial\varphi_2}+c\frac{\partial g}{\partial\theta}=\mathbf{O},$$

其中 $\mathbf{O}$ 表示 3×3 的零矩阵. 将前面算得的 g 的三个偏导数代入上式, 我们得到

$$ag_{\varphi_2}g_\theta g_{\varphi_1+\pi/2}+bg_{\varphi_2+\pi/2}g_\theta g_{\varphi_1}+cg_{\varphi_2}g_{\theta+\pi/2}g_{\varphi_1}=\mathbf{O}.$$

旋转 $g_{\varphi_2+\pi/2}g_\theta g_{\varphi_1}$ 和 $g_{\varphi_2}g_{\theta+\pi/2}g_{\varphi_1}$ 所对应的交线 (L) 是同一条 (半) 直线 (因这两个半直线 (L) 都是 OX 绕着 OZ 轴转了 φ_1 角后的像). 设旋转 $g_{\varphi_2+\pi/2}g_\theta g_{\varphi_1}$ 和 $g_{\varphi_2}g_{\theta+\pi/2}g_{\varphi_1}$ 把 OZ 轴绕着 (L) 分别转到 OZ' 和 OZ''. 则 OZ,OZ' 和 OZ'' 都垂直于 (L), 因而共面. 因此, 线性映射 $bg_{\varphi_2+\pi/2}g_\theta g_{\varphi_1}+cg_{\varphi_2}g_{\theta+\pi/2}g_{\varphi_1}$ 将把 OZ 绕着 (L) 转到 OZ' 和 OZ'' 确定的平面上. 旋转 $g_{\varphi_2}g_\theta g_{\varphi_1+\pi/2}$ 所对应的交线 (L') 与 (L) 垂直 (因它比前两个旋转绕着 z 轴多转了 $\pi/2$ 角). 因而,(L') 在 OZ,OZ' 和 OZ'' 所在的公共平面上. 假若旋转 $g_{\varphi_2}g_\theta g_{\varphi_1+\pi/2}$ 与线性映射 $bg_{\varphi_2+\pi/2}g_\theta g_{\varphi_1}+cg_{\varphi_2}g_{\theta+\pi/2}g_{\varphi_1}$ 成比例,$g_{\varphi_2}g_\theta g_{\varphi_1+\pi/2}$ 将把 OZ 轴绕着 (L') 再转到 OZ' 和 OZ'' 所在的平面上. 因为 (L'),OZ,OZ' 和 OZ'' 共面, 这只当所转的角度是 $\theta=0$ 或 $\theta=\pi$ 时才有可能, 换言之, $g_{\varphi_2}g_\theta g_{\varphi_1+\pi/2}$ 或把 OZ 映到自身, 或把 OZ 映到与 OZ 反向的半直线上. 因此, OXY 平面与 $OX'Y'$ 平面是同一平面. 这对于在 OZ 与 OZ' 不共线的旋转 g_0 的一个充分小的邻域内的任何旋转 g 都是不可能的. 这就证明了在 OZ 与 OZ' 不共线的旋转 g_0 的一个充分小的邻域内, 三个 Euler 角和它们适当的定义域正好是一个坐标图卡. 对于任何给定的 (使 OZ 与 OZ' 未必不共线的)$h\in SO(3)$, 任选一个使得 OZ 与 OZ' 不共线的旋转 g, 则如下定义的映射 $\boldsymbol{\omega}:SO(3)\to SO(3)$,

$$\boldsymbol{\omega}(f)=h\circ g^{-1}\circ f$$

把 g 在 $SO(3)$ 中的小邻域微分同胚地映成 h 在 $SO(3)$ 中的一个小邻域. 这样很容易通过 g 处的坐标图卡构筑出 h 处的坐标图卡. 我们完

成了 $SO(3)$ 是 $\mathbf{R}^9$ 中的 3- 流形的证明.

注　$SO(3)$ 称为三维欧氏空间 $\mathbf{R}^3$ 上的**旋转群**. 一个既有群的结构又有微分流形结构的集合, 假若它的群运算 $g \mapsto gh$ 及 $g \mapsto g^{-1}$ 都是微分同胚, 它便称为**李群**. 德国数学家 **Sophus Lie** 在研究常微分方程时首先引进这个概念的. $SO(3)$ 是最常用的李群之一, 它在量子力学中很有用.

练　习

13.1.1　$SO(n)$ 表示 n 维 Euclid 空间中的旋转 (行列式等于 1 的正交矩阵) 全体组成的集合. $g_{jk}(\alpha)$ 表示平面 X_jX_k 上绕原点作 α 角的旋转, 而 $X_l\,(j \neq l \neq k)$ 轴保持不动, X_j 正半轴到 X_k 正半轴 (转 $\pi/2$ 角) 的旋转视为正旋转. 为了方便,$g_{k+1,k}(\alpha)$ 简记做 $g_k(\alpha)$. 具体地说,$g_k(\alpha)$ 是使得 $(x_1, \cdots, x_n) \mapsto (x'_1, \cdots, x'_n)$ 的旋转, 其中

$$\begin{cases} x'_k = x_k \cos\alpha + x_{k+1} \sin\alpha, \\ x'_{k+1} = -x_k \sin\alpha + x_{k+1} \cos\alpha, \end{cases}$$

而 $x'_l = x_l\,(l = 1, \cdots, k-1, k+2, \cdots, n)$.

今任给 $g \in SO(n)$.

(i) 假设单位向量 $g\mathbf{e}_n$ 与 n 个坐标向量均不正交, 它的 n 维球坐标表示是

$$\begin{cases} (g\mathbf{e}_n)_1 = \sin\theta^{n-1}_{n-1} \sin\theta^{n-1}_{n-2} \cdots \sin\theta^{n-1}_2 \sin\theta^{n-1}_1, \\ (g\mathbf{e}_n)_2 = \sin\theta^{n-1}_{n-1} \sin\theta^{n-1}_{n-2} \cdots \sin\theta^{n-1}_2 \cos\theta^{n-1}_1, \\ \cdots\cdots\cdots\cdots\cdots\cdots\cdots\cdots\cdots\cdots\cdots \\ (g\mathbf{e}_n)_{n-1} = \sin\theta^{n-1}_{n-1} \cos\theta^{n-1}_{n-2}, \\ (g\mathbf{e}_n)_n = \cos\theta^{n-1}_{n-1}, \end{cases} \tag{13.1.3}$$

其中 $0 \leqslant \theta^{n-1}_j \leqslant \pi\,(j = 2, \cdots, n-1)$, $0 \leqslant \theta^{n-1}_1 < 2\pi$.(注意:$\theta^{n-1}_j$ 并非 θ_j 的 $n-1$ 次幂, 这里的 $n-1$ 只是个上指标.) 令

$$g^{(n-1)} = g_1(\theta^{n-1}_1) \cdots g_{n-1}(\theta^{n-1}_{n-1}),$$

试证: $[g^{(n-1)}]^{-1} g\mathbf{e}_n = \mathbf{e}_n$. 因此, $[g^{(n-1)}]^{-1} g$ 在由 $\mathbf{e}_2, \cdots, \mathbf{e}_n$ 所张成的 $n-1$ 维欧氏空间上的限制是个 $n-1$ 维欧氏空间上的旋转.

注　假若单位向量 $g\mathbf{e}_n$ 与 n 个坐标向量均不正交, 则 $0 < \theta^{n-1}_j < \pi\,(j = 2, \cdots, n-1)$, $0 < \theta^{n-1}_1 < 2\pi, \theta^{n-1}_1 \notin \{\pi/2, \pi, 3\pi/2\}$, 且这些 $\theta^{n-1}_j\,(j = 1, 2, \cdots, n-1)$ 被 g 唯一确定. 若单位向量 $g\mathbf{e}_n$ 与 n 个坐标向量之一正交时, 则这些 $\theta^{n-1}_j\,(j = 1, 2, \cdots, n-1)$ 不能被 g 唯一确定.

(ii) 试证: 我们有 $\Theta = (\theta^1_1, \theta^2_1, \theta^2_2, \cdots, \theta^k_1, \cdots, \theta^k_k, \cdots, \theta^{n-1}_1, \cdots, \theta^{n-1}_{n-1})$, 使得 $0 \leqslant \theta^k_j \leqslant \pi\,(j = 2, \cdots, k)$, $0 \leqslant \theta^k_1 < 2\pi\,(k = 1, \cdots, n-1.)$ 且 $g \in SO(n)$ 有以下表示:

$$g = g^{(n-1)} \cdots g^{(1)}, \tag{13.1.4}$$

其中

$$g^{(k)} = g_1(\theta_1^k)\cdots g_k(\theta_k^k), \tag{13.1.5}$$

因此,$g = g(\Theta)$, 其中 $\Theta = (\theta_1^1, \theta_1^2, \theta_2^2, \cdots, \theta_1^k, \cdots, \theta_k^k, \cdots, \theta_1^{n-1}, \cdots, \theta_{n-1}^{n-1})$.$SO(n)$ 构成一个由 $n(n-1)/2$ 个参数刻画的李群.

注 1 给了一个 $g \in SO(n)$, 由 (i) 和 (ii) 的方法构造所得的 $n(n-1)/2$ 个角度 $\theta_j^k(1 \leqslant j \leqslant k \leqslant n)$ 是 **n维旋转g的**一组 **Euler角**. 当坐标轴及其顺序确定后, 构造方法是唯一确定的. 应该指出的是, 这并不是说 g 的 Euler 角被 g 唯一确定. 参看 (i) 后的注.

注 2 假设单位向量 $g\mathbf{e}_n$ 与 n 个坐标向量均不正交, 则 $0 < \theta_j^{n-1} < \pi (j = 2, \cdots, n-1)$, $0 < \theta_1^{n-1} < 2\pi, \theta_1^{n-1} \notin \{\pi/2, \pi, 3\pi/2\}$, 且这些 θ_j^{n-1} $(j = 1, 2, \cdots, n-1)$ 被 g 唯一确定. 同样可以讨论其他的 Euler 角被 g 唯一确定的条件. 那些不能唯一确定全部 Euler 角的 g 只构成 Euler 角所在欧氏空间中的一个 Lebesgue 零测度集. 在讨论积分问题时, 这个零测度集可以忽略不计. 为了建立 $SO(n)$ 的微分结构, 可以先对一个能唯一确定所有的 Euler 角的某个 $g \in SO(n)$ 的邻域内局部地讨论. 然后利用 $SO(n)$ 的群结构将这个微分结构扩展至整个 $SO(n)$.

13.1.2 设 M 是 $\mathbf{R}^n$ 中的一个 k- 流形. 试证:

(i) 对于任何 $\mathbf{p} \in M$, 在 $\mathbf{R}^n$ 中有一组基向量 $\mathbf{e}_1, \cdots, \mathbf{e}_n$,$\mathbf{p}$(在 $\mathbf{R}^n$ 中) 的一个开邻域 U 和光滑映射 $\boldsymbol{\varphi}: U \cap N_1 \to N_2$, 使得

$$U \cap M = \left\{\mathbf{x} + \boldsymbol{\varphi}(\mathbf{x}) : \mathbf{x} \in U \cap N_1\right\},$$

其中 N_1 是由 $\mathbf{e}_1, \cdots, \mathbf{e}_k$ 所张成的 $\mathbf{R}^n$ 的线性子空间, 而 N_2 是由 $\mathbf{e}_{k+1}, \cdots, \mathbf{e}_n$ 所张成的 $\mathbf{R}^n$ 的线性子空间;

(ii) 利用 (i) 给出引理 13.1.1 的另一个证明;

(iii) 利用第二册 §8.5 的练习 8.5.2 的 (vi) 证明推论 13.1.1.

§13.2 构筑流形的两个方法

本节要介绍两个常见的构筑流形的方法. 先介绍一个构筑带边流形的方法.

定理 13.2.1 设 Ω 是 $\mathbf{R}^n$ 中的非空开集,φ 是定义在 Ω 上的光滑实值函数. 记 $M = \{\mathbf{p} \in \Omega : \varphi(\mathbf{p}) \geqslant 0\}$ 和 $\Gamma = \{\mathbf{p} \in \Omega : \varphi(\mathbf{p}) = 0\}$. 假若 $M \neq \emptyset \neq \Gamma$, 又对一切 $\mathbf{p} \in \Gamma$,$d\varphi_{\mathbf{p}} \neq \mathbf{0}$, 则 M 是 n 维流形且 $\partial M = \Gamma$. 特别,Γ 是 $\mathbf{R}^n$ 中的无边界的 $(n-1)$ 维流形.

证 以下证明的思路与例 13.1.3 相同. 记 $U_0=\{\mathbf{p}\in\Omega:\varphi(\mathbf{p})>0\}$, 则 U_0 是 $\mathbf{R}^n$ 中的开集.(id_{U_0}, U_0) 是 M 的一个坐标图卡. 由此, 顺便得

到$\partial M\cap U_0=\emptyset$, 换言之,$\partial M\subset\Gamma$. 设 $\mathbf{p}\in\Gamma$. 因 $d\varphi_{\mathbf{p}}\neq\mathbf{0}$, 有某个 $k\in\mathbf{N}$, $1\leqslant k\leqslant n$, 使得 $D_k\varphi(\mathbf{p})\equiv\dfrac{\partial\varphi}{\partial p_k}(\mathbf{p})\neq 0$. 不妨假设 $k=n$. 记 $\mathbf{F}(\mathbf{u})=(u_1,\cdots,u_{n-1},\varphi(\mathbf{u}))$, 则 $\mathbf{F}:\Omega\to\mathbf{R}^n$ 是光滑的. 又因线性映射 $d\mathbf{F}_{\mathbf{p}}$ 的行列式 $D_n\varphi(\mathbf{p})\neq 0$, 由反函数定理,$\mathbf{p}$ 在 $\mathbf{R}^n$ 中有个开邻域 $\widetilde{U}$,$\mathbf{F}$ 把 $\widetilde{U}$ 微分同胚地映到 $\mathbf{R}^n$ 的一个开集 $\widetilde{V}$. 记 $U=M\cap\widetilde{U}$, 则 $\mathbf{F}(U)\equiv V=\widetilde{V}\cap\mathbf{R}^n_+$. 故 $(\mathbf{F}^{-1},V)$ 是 M 在点 $\mathbf{p}$ 处的一个坐标图卡 (确切些说, 这里的 $\mathbf{F}^{-1}$ 应为 $\mathbf{F}^{-1}|_V$). 所以,M 的每一点都有坐标图卡,M 是流形. 因 $\mathbf{p}\in\Gamma$,$x_n(\mathbf{F}(\mathbf{p}))=0$, 故 $\mathbf{p}\in\partial M$, 换言之,$\Gamma\subset\partial M$. 结合以前的结果,$\Gamma=\partial M$. 由命题 13.1.3 和命题 13.1.4, Γ 自身是 $\mathbf{R}^n$ 中的无边界的 $(n-1)$ 维流形. □

注 请同学把上述证明与第二册第 8 章 §8.8 的练习 8.8.1 的 (i) 的提示相比较.

再介绍构筑无边流形的一个方法.

定理 13.2.2 设 Ω 是 $\mathbf{R}^n$ 中的非空开集,$\mathbf{f}$ 是 $\Omega\to\mathbf{R}^{n-k}$ 的光滑映射, 而 $M=\{\mathbf{p}\in\Omega:\mathbf{f}(\mathbf{p})=\mathbf{0}\}$. 若 $\mathbf{f}'$ 在 M 的任何点的秩都是 $(n-k)$, 则 M 是无边界的 k 维流形; 反之, 任何 $\mathbf{R}^n$ 中的无边界的 k- 维流形 M 局部地可用上述方法给出, 换言之, 对于任何点 $\mathbf{q}\in M$, 有 $\mathbf{q}$ 在 $\mathbf{R}^n$ 中的一个开邻域 Ω 和光滑映射 $\mathbf{f}:\Omega\to\mathbf{R}^{n-k}$, 使得 $M\cap\Omega=\{\mathbf{p}\in\Omega:\mathbf{f}(\mathbf{p})=\mathbf{0}\}$.

证 设 $\mathbf{p}\in M$. 按定理假设,$d\mathbf{f}_{\mathbf{p}}:\mathbf{R}^n\to\mathbf{R}^{n-k}$ 是满射. 不妨设 $d\mathbf{f}_{\mathbf{p}}$ 把 $\mathbf{e}_{k+1},\cdots,\mathbf{e}_n$ 映成 $\mathbf{R}^{n-k}$ 的一组基, 换言之, 矩阵 $\mathbf{f}'(\mathbf{p})$ 的最右边的 $(n-k)$ 个列向量线性无关. 由隐函数定理, 有点 $\mathbf{p}$ 在 $\mathbf{R}^n$ 中的开邻域 U 和 $\mathbf{R}^k$ 中的开集 V, 与光滑映射 $\mathbf{g}:V\to\mathbf{R}^{n-k}$, 使得 $M\cap U=\{(\mathbf{u},\mathbf{g}(\mathbf{u})):\mathbf{u}\in V\}$. 记 $\boldsymbol{\alpha}(\mathbf{u})=(\mathbf{u},\mathbf{g}(\mathbf{u}))$, 则 $(\boldsymbol{\alpha},V)$ 是 M 在 $\mathbf{p}$ 点的一个坐标图卡. 定理的前半部分证毕. 后半部分是引理 13.1.1 的推论. □

注 请同学把上述证明与第二册第 8 章 §8.8 的练习 8.8.1 的 (vi) 与 (vii) 相比较.

练 习

13.2.1 设 M 和 N 是 $\mathbf{R}^n$ 中的维数分别为 k 和 l 的无边界的流形, 且 $k+l>$

n. 又设 $\mathbf{p} \in M \cap N$. 假若 $\dim[\mathbf{T_p}(M) \cap \mathbf{T_p}(N)] = k+l-n$,$M$ 与 N 称为在点 $\mathbf{p}$ 处是**横截相交**(**intersect transversally**) 的. 试证: 若 M 和 N 在 $M \cap N$ 的任何点处都是横截相交的, 则 $M \cap N$ 是个 $k+l-n$ 维流形.

13.2.2 设旋转 $g \in SO(n)$ 具有形式:

$$g = \begin{bmatrix} a_1^1 & a_2^1 & \cdots & a_n^1 \\ a_1^2 & a_2^2 & \cdots & a_n^2 \\ \vdots & \vdots & & \vdots \\ a_1^n & a_2^n & \cdots & a_n^n \end{bmatrix},$$

显然,$SO(n)$ 是 $\mathbf{R}^{n^2}$ 中满足以下 $n(n+1)/2$ 个条件的元素 $(a_1^1, \cdots, a_n^1, \cdots, a_1^n, \cdots, a_n^n) \in \mathbf{R}^{n^2}$ 构成的子集:

$$\Phi_k \equiv \sum_{j=1}^{n} (a_j^k)^2 - 1 = 0 \qquad (k = 1, \cdots, n), \tag{13.2.1}$$

$$\Psi_{kl} \equiv \sum_{j=1}^{n} a_j^k a_j^l = 0 \qquad (1 \leqslant k < l \leqslant n), \tag{13.2.2}$$

如上定义的 $\Phi_k (k = 1, \cdots, n), \Psi_{kl} \, (1 \leqslant k < l \leqslant n)$ 是 $n(n+1)/2$ 个以元素 $a_j^i \; (1 \leqslant i, j \leqslant n)$ 为自变量的函数. 记有 n^2 个自变量, 取值于 $n(n+1)/2$ 维向量空间的函数

$$\begin{aligned} &\mathbf{f}(a_1^1, \cdots, a_n^n) \\ &= \Big(\Phi_1(a_1^1, \cdots, a_n^n), \cdots, \Phi_n(a_1^1, \cdots, a_n^n), \Psi_{12}(a_1^1, \cdots, a_n^n), \cdots, \Psi_{n-1,n}(a_1^1, \cdots, a_n^n)\Big). \end{aligned}$$

试证:

(i) 在 $n(n+1)/2$ 个方程构成的方程组 (13.2.1) 和 (13.2.2) 中抛弃了任何一个方程后得到的方程组必有一个不满足原方程组的解.

(ii) $\mathbf{f}'$ 在 $SO(n)$ 上是满秩的, 换言之, 它的秩在 $SO(n)$ 上恒等于 $n(n+1)/2$.

(iii) $SO(n)$ 是维数等于 $n(n-1)/2$ 的无边界的紧流形.

(iv) 除了一个 Lebesgue 零测度集外, Euler 角可以看成 $SO(n)$ 的局部坐标.

§13.3 切 空 间

光滑曲线在它的任何点处的切线和光滑曲面在它的任何点处的切面这样的概念在直观上是很容易理解的. 在第二册第 8 章 §8.8 的练习 8.8.1 中也曾经讨论过 n 维欧氏空间中的超曲面的切面的概念. 因为流形是三维空间曲线与曲面及 n 维空间中的超曲面概念的推广, 我们

应该把切线与切面的概念推广到一般的流形上去. 下面要引进的切空间的概念就是这样的推广.

定义 13.3.1 设 M 是 $\mathbf{R}^n$ 中的 k- 流形, $\mathbf{p} \in M.(\boldsymbol{\alpha}, V)$ 是 M 在 $\mathbf{p}$ 点处的一个坐标图卡, $\boldsymbol{\alpha}(\mathbf{t}) = \mathbf{p}.M$ 在 $\mathbf{p}$ 点处的**切空间**定义为线性映射 $d\boldsymbol{\alpha}_{\mathbf{t}}$ 的像 $d\boldsymbol{\alpha}_{\mathbf{t}}(\mathbf{R}^k)$, 记做 $\mathbf{T}_{\mathbf{p}}(M).\mathbf{T}_{\mathbf{p}}(M)(\subset \mathbf{T}_{\mathbf{p}}(\mathbf{R}^n) = \mathbf{R}^n)$ 中的元素称为 M 在点 $\mathbf{p}$ 处的**切向量**.

注 请同学把上述定义与第二册 §8.8 的练习 8.8.1 的 (i),(ii) 与 (iii) 中介绍的超曲面的切空间相比较. 下面的讨论并不依赖于第二册 §8.8 的练习 8.8.1 的结果, 但后者是以下讨论的一个重要的背景材料.

为了说明以上定义的合理性, 先应证明如此定义的切空间不依赖于坐标图卡 $(\boldsymbol{\alpha}, V)$ 的选择: 设 $(\boldsymbol{\beta}, U)$ 是 M 在 $\mathbf{p}$ 点处的另一个坐标图卡, 则 $\boldsymbol{\alpha}(V) \cap \boldsymbol{\beta}(U) \neq \emptyset$, 而在 $V_{\boldsymbol{\alpha\beta}}$ 上 $\boldsymbol{\beta} = \boldsymbol{\alpha} \circ \boldsymbol{\varphi}_{\boldsymbol{\alpha\beta}}$, 其中转移函数 $\boldsymbol{\varphi}_{\boldsymbol{\alpha\beta}}$ 是点 $\mathbf{u} = \beta^{-1}(\mathbf{p})$ 的开邻域 $V_{\boldsymbol{\alpha\beta}}$ 到点 $\mathbf{v} = \alpha^{-1}(\mathbf{p})$ 的开邻域 $V_{\boldsymbol{\beta\alpha}}$ 的微分同胚 (参看定义 13.1.4 和命题 13.1.1). 把 $\mathbf{R}^k$ 映到 $\mathbf{R}^k$ 的映射 $(d\boldsymbol{\varphi}_{\boldsymbol{\alpha\beta}})_{\mathbf{u}}$ 是线性双射,$d\boldsymbol{\alpha}_{\mathbf{v}}$ 和 $d\boldsymbol{\beta}_{\mathbf{u}} = d\boldsymbol{\alpha}_{\mathbf{v}} \circ (d\boldsymbol{\varphi}_{\boldsymbol{\alpha\beta}})_{\mathbf{u}}$ 的值域相同. 故切空间不依赖于坐标图卡 $(\boldsymbol{\alpha}, V)$ 的选择.

按定义 13.3.1, 切空间 $\mathbf{T}_{\mathbf{p}}(M)$ 是 $\mathbf{R}^n$ 中的线性子空间. 但是, 几何直观告诉我们, 作为切线与切面的概念的推广, 切空间理解为 $\mathbf{R}^n$ 中的仿射子空间 $\mathbf{p} + \mathbf{T}_{\mathbf{p}}(M)$ 也许更合适. 仿射子空间 $\mathbf{p} + \mathbf{T}_{\mathbf{p}}(M)$ 是 $\mathbf{T}_{\mathbf{p}}(M)$ 把原点移到点 $\mathbf{p}$ 后的结果. 为了不使符号过分累赘, 我们采用定义 13.3.1 的方式来定义切空间 $\mathbf{T}_{\mathbf{p}}(M)$. 但应该注意的是, 当 $\mathbf{p} \neq \mathbf{q}$ 时,$\mathbf{T}_{\mathbf{p}}(M)$ 与 $\mathbf{T}_{\mathbf{q}}(M)$ 是不一样的, 即使, 它们作为 $\mathbf{R}^n$ 中的线性子空间是相同的. 有的书上, 为了强调这一点, 切空间定义为 $\mathbf{T}_{\mathbf{p}}(M) = (\mathbf{p}, d\boldsymbol{\alpha}_{\mathbf{t}}(\mathbf{R}^k))$, 本讲义在下面还要引进的切丛概念是带有这样的意图的, 为了方便, 我们仍采用定义 13.3.1 中的关于切向量及切空间的定义方式.

由于切空间概念的重要性, 我们愿意把切空间概念用向量的分量的语言重述一遍:

设在 $\mathbf{R}^n$ 中的 k- 流形 M 在点 $\mathbf{p} \in M$ 处的一个坐标图卡是 $(\boldsymbol{\alpha}, V_{\boldsymbol{\alpha}})$. 具体写出来, 映射 $\boldsymbol{\alpha}$ 是

$$\mathbf{p} = \begin{bmatrix} p_1 \\ p_2 \\ \vdots \\ p_n \end{bmatrix} = \boldsymbol{\alpha}(\mathbf{t}) = \begin{bmatrix} p_1(t_1, \cdots, t_k) \\ p_2(t_1, \cdots, t_k) \\ \vdots \\ p_n(t_1, \cdots, t_k) \end{bmatrix}. \tag{13.3.1}$$

$\boldsymbol{\alpha}$ 的 Jacobi 矩阵是

$$\boldsymbol{\alpha}'(\mathbf{t}) = \begin{bmatrix} \dfrac{\partial p_1}{\partial t_1} & \dfrac{\partial p_1}{\partial t_2} & \cdots & \dfrac{\partial p_1}{\partial t_k} \\ \dfrac{\partial p_2}{\partial t_1} & \dfrac{\partial p_2}{\partial t_2} & \cdots & \dfrac{\partial p_2}{\partial t_k} \\ \vdots & \vdots & & \vdots \\ \dfrac{\partial p_n}{\partial t_1} & \dfrac{\partial p_n}{\partial t_2} & \cdots & \dfrac{\partial p_n}{\partial t_k} \end{bmatrix}.$$

$\boldsymbol{\alpha}'(\mathbf{t})\mathbf{e}_j$ 恰是上述 Jacobi 矩阵的第 j 个列向量.Jacobi 矩阵的 k 个列向量正好张成流形 M 在 $\mathbf{p}$ 点的切空间.

定义 13.3.2 设 M 是 $\mathbf{R}^n$ 中的 k- 流形,$\mathbf{p} \in M$. 向量 $\boldsymbol{\nu} \in \mathbf{R}^n$ 称为流形 M 在点 $\mathbf{p}$ 处的一个**法向量**, 假若对于任何 $\boldsymbol{\tau} \in \mathbf{T}_{\mathbf{p}}(M)$, 有 $(\boldsymbol{\nu}, \boldsymbol{\tau})_{\mathbf{R}^n} = 0$, 其中 $(\cdot, \cdot)_{\mathbf{R}^n}$ 表示欧氏空间 $\mathbf{R}^n$ 中的内积. 流形 M 在点 $\mathbf{p}$ 处的法向量全体构成一个 $\mathbf{R}^n$ 中的一个 $n-k$ 维线性子空间, 称为 M 在点 $\mathbf{p}$ 处的**法空间**.

定义 13.3.3 设 M 是 $\mathbf{R}^n$ 中的 k- 流形.M 的**切丛**定义为如下的集合:

$$\mathbf{T}(M) = \{(\mathbf{p}, \mathbf{h}) : \mathbf{p} \in M, \mathbf{h} \in \mathbf{T}_{\mathbf{p}}(M)\}.$$

命题 13.3.1. 切丛 $\mathbf{T}(M)$ 是 $\mathbf{R}^{2n}$ 中的一个 $(2k)$ 维流形.

证 不难看出 $\mathbf{T}(M) \subset \mathbf{R}^{2n}$. 下面我们要证明 $\mathbf{T}(M)$ 是 $\mathbf{R}^{2n}$ 中的一个 $(2k)$ 维流形: 设 $(\mathbf{p}, \mathbf{h}) \in \mathbf{T}(M)$, 而 $(\boldsymbol{\alpha}, V_{\boldsymbol{\alpha}})$ 是 M 在点 $\mathbf{p}$ 处的一个坐标图卡, 且 $\boldsymbol{\alpha}(\mathbf{t}) = \mathbf{p}$. 易见,$(\boldsymbol{\beta}, V_{\boldsymbol{\alpha}} \times \mathbf{R}^k)$ 是 $\mathbf{T}(M)$ 在点 $(\mathbf{p}, \mathbf{h})$ 处的一个坐标图卡, 其中映射 $\boldsymbol{\beta}$ 定义如下:

$$\boldsymbol{\beta}(\mathbf{u}, \mathbf{v}) = \big(\boldsymbol{\alpha}(\mathbf{u}), d\boldsymbol{\alpha}_{\mathbf{u}}(\mathbf{v})\big).$$

□

由于 $d\boldsymbol{\alpha}_{\mathbf{u}} = [d\boldsymbol{\alpha}_{\mathbf{u}} \circ d\boldsymbol{\alpha}_{\mathbf{t}}^{-1}] \circ d\boldsymbol{\alpha}_{\mathbf{t}}$. 当 $\mathbf{t}$ 固定时,$d\boldsymbol{\alpha}_{\mathbf{u}} \circ d\boldsymbol{\alpha}_{\mathbf{t}}^{-1}$ 和它的逆映射是关于 $\mathbf{u}$ 光滑的线性映射. 故映射

$$\big(\boldsymbol{\alpha}(\mathbf{u}), d\boldsymbol{\alpha}_{\mathbf{u}}(\mathbf{v})\big) \mapsto \big(\boldsymbol{\alpha}(\mathbf{u}), d\boldsymbol{\alpha}_{\mathbf{t}}(\mathbf{v})\big)$$

是微分同胚. 因此, 切丛 $\mathbf{T}(M)$ 局部地微分同胚于 $U_\alpha \times \mathbf{R}^k$. 但是, 局部地微分同胚一般并不蕴涵整体微分同胚.(例如,Möbius 带局部地微分同胚于圆柱面, 但两者并不微分同胚.) 一般来说, 切丛 $\mathbf{T}(M)$ 未必 (整体地) 微分同胚于 $M \times \mathbf{R}^k$. 具有性质 $X(\mathbf{p}) \in \mathbf{T}_{\mathbf{p}}(M)$ 的映射 $X: M \to \mathbf{T}(M)$ 称为 M 上的一个向量场, 它的连续性和光滑性是由 $X: M \to \mathbf{R}^{2n}$ 的连续性和光滑性来定义的. 给定了一个向量场 $X(\mathbf{p})$ 和 $\mathbf{p}_0 \in M$, 欲求一条 M 上的曲线:$\boldsymbol{\gamma}: (a, b) \to M$, 使得

$$\frac{d\boldsymbol{\gamma}}{dt}(t) = X\big(\boldsymbol{\gamma}(t)\big), \qquad \boldsymbol{\gamma}(t_0) = \mathbf{p}_0.$$

这是流形上的常微分方程理论中的初值问题, 也称 Cauchy 问题. 它属于常微分方程课程的范围, 本讲义不去讨论它了.

下面的命题给出切向量的另一个刻画, 它不是通过坐标图卡给出的, 也许它在几何上更为直观.

命题 13.3.2　设 M 是 $\mathbf{R}^n$ 中的 k- 流形,$k \geqslant 1$,$\mathbf{p} \in M \setminus \partial M$, 则 $\mathbf{h} \in \mathbf{R}^n$ 是流形 M 在点 $\mathbf{p}$ 处的一个切向量, 当且仅当有 $\varepsilon > 0$ 和一个光滑映射 $\boldsymbol{\gamma}: (-\varepsilon, \varepsilon) \to M$, 使得 $\boldsymbol{\gamma}(0) = \mathbf{p}$ 且 $\boldsymbol{\gamma}'(0) = \mathbf{h}$.

证　先证 “仅当” 部分: 设 $(\boldsymbol{\alpha}, V_{\boldsymbol{\alpha}})$ 是 M 在 $\mathbf{p}$ 点处的一个坐标图卡,$\mathbf{p} = \boldsymbol{\alpha}(\mathbf{t})$, 则任何 $\mathbf{h} \in \mathbf{T}_{\mathbf{p}}(M)$ 可表成 $\mathbf{h} = \boldsymbol{\alpha}'(\mathbf{t})\mathbf{k}$, 其中 $\mathbf{k} \in \mathbf{R}^k$. 令 $\boldsymbol{\gamma}(s) = \boldsymbol{\alpha}(\mathbf{t} + s\mathbf{k})$, 当 $|s|$ 充分小时如上定义的 $\boldsymbol{\gamma}$ 有意义, 由锁链法则,$\boldsymbol{\gamma}'(0) = \boldsymbol{\alpha}'(\mathbf{t})\mathbf{k} = \mathbf{h}$.

再证 “当” 部分: 设 $(\boldsymbol{\alpha}, V_{\boldsymbol{\alpha}})$ 是 M 在 $\mathbf{p}$ 点处的一个坐标图卡,$\boldsymbol{\gamma}: (-\varepsilon, \varepsilon) \to M$ 是光滑的, 且 $\boldsymbol{\gamma}(0) = \mathbf{p}$. 只须让 ε 取得足够小, 便可假设,$\boldsymbol{\gamma}: (-\varepsilon, \varepsilon) \to U_{\boldsymbol{\alpha}} = \boldsymbol{\alpha}(V_{\boldsymbol{\alpha}})$. 令

$$\boldsymbol{\Gamma} = \boldsymbol{\alpha}^{-1} \circ \boldsymbol{\gamma}: (-\varepsilon, \varepsilon) \to V_{\boldsymbol{\alpha}} \subset \mathbf{R}^k.$$

因 $\boldsymbol{\gamma} = \boldsymbol{\alpha} \circ \boldsymbol{\Gamma}$, 我们有 $\boldsymbol{\gamma}'(0) = \boldsymbol{\alpha}'(\mathbf{t})\boldsymbol{\Gamma}'(0) \in \boldsymbol{\alpha}'(\mathbf{t})\mathbf{R}^k = \mathbf{T}_{\mathbf{p}}(M)$.　□

注 1 命题 13.3.2 告诉我们,M 在点 $\mathbf{p}$ 处的切空间是由 M 上的过 $\mathbf{p}$ 点的所有的光滑曲线在 $\mathbf{p}$ 点的切线组成的. 这是流形 M 在点 $\mathbf{p}$ 处的切空间的几何涵义. 由此可知, 若 M 和 N 是 $\mathbf{R}^n$ 中的两个流形, 且 $\mathbf{p}\in M\subset N$, 则 $\mathbf{T_p}(M)\subset\mathbf{T_p}(N)$. 特别,$\mathbf{T_p}(M)\subset\mathbf{T_p}(\mathbf{R}^n)=\mathbf{R}^n$.

注 2 请同学把上述命题与 §8.8 的练习 8.8.1 的 (ii) 与 (iii) 相比较.

引理 13.3.1 设 M 是 $\mathbf{R}^n$ 中的一个 k- 流形,$\mathbf{p}\in M$,$\mathbf{F}:U\to\mathbf{R}^m$ 是光滑映射, 其中 U 是 $\mathbf{p}$ 点在 $\mathbf{R}^n$ 中的邻域. 若在 $U\cap M$ 上 $\mathbf{F}=\mathbf{0}$, 则对一切 $\mathbf{h}\in\mathbf{T_p}(M)$, 我们有 $d\mathbf{F_p}(\mathbf{h})=\mathbf{0}$.

证 设 $(\boldsymbol{\alpha},V_{\boldsymbol{\alpha}})$ 是 M 在 $\mathbf{p}$ 点处的一个坐标图卡,$\boldsymbol{\alpha}(\mathbf{t})=\mathbf{p}$, 且 $\boldsymbol{\alpha}(V_{\boldsymbol{\alpha}})\subset U$(因 $\boldsymbol{\alpha}$ 连续, 最后一个条件可以通过缩小 $V_{\boldsymbol{\alpha}}$ 而得到满足), 则对于任何 $\mathbf{s}\in V_{\boldsymbol{\alpha}}$, 有 $\mathbf{F}\circ\boldsymbol{\alpha}(\mathbf{s})=\mathbf{0}$. 由锁链法则, 对于任何 $\mathbf{s}\in V_{\boldsymbol{\alpha}}$ 和任何 $\mathbf{g}\in\mathbf{R}^k$,$d\mathbf{F}_{\boldsymbol{\alpha}(\mathbf{s})}\circ d\boldsymbol{\alpha}_{\mathbf{s}}(\mathbf{g})=\mathbf{0}$. 因 $\{d\boldsymbol{\alpha}_{\mathbf{s}}(\mathbf{g}):\mathbf{g}\in\mathbf{R}^k\}=\mathbf{T}_{\boldsymbol{\alpha}(\mathbf{s})}(M)$, 只要让 $\mathbf{s}=\mathbf{t}$, 便得引理的结论. □

命题 13.3.3 设 M 是 $\mathbf{R}^n$ 中的 k- 流形,$k\geqslant 1$,$\mathbf{f}:M\to\mathbf{R}^m$ 是光滑映射, 则对于每一点 $\mathbf{p}\in M$, 有唯一的一个线性映射 $d\mathbf{f_p}\in\mathcal{L}(\mathbf{T_p}(M),\mathbf{R}^m)$ 使得以下命题成立: 对一切 $\mathbf{h}\in\mathbf{T_p}(M)$ 和一切定义在点 $\mathbf{p}$(在 $\mathbf{R}^n$ 中的) 某邻域 U 上且满足以下条件

$$\forall\mathbf{q}\in M\cap U(\mathbf{F}(\mathbf{q})=\mathbf{f}(\mathbf{q}))$$

的光滑映射 $\mathbf{F}:U\to\mathbf{R}^m$, 必有 $d\mathbf{f_p}(\mathbf{h})=d\mathbf{F_p}(\mathbf{h})$.

证 若 $\mathbf{F}$ 和 $\mathbf{G}$ 是两个定义在 $\mathbf{p}$ 的邻域 U 上的光滑映射, 且 $\forall\mathbf{q}\in M\cap U(\mathbf{F}(\mathbf{q})=\mathbf{G}(\mathbf{q})=\mathbf{f}(\mathbf{q}))$. 把引理 13.3.1 用到 $\mathbf{F}-\mathbf{G}$ 上, 便有

$$\forall\mathbf{h}\in\mathbf{T_p}(M)(d\mathbf{F_p}(\mathbf{h})=d\mathbf{G_p}(\mathbf{h})).$$

因给定了光滑映射 $\mathbf{f}:M\to\mathbf{R}^m$, 必有定义在点 $\mathbf{p}$ (在 $\mathbf{R}^n$ 中的) 某邻域 U 上的光滑映射 $\mathbf{F}:U\to\mathbf{R}^n$, 使得

$$\forall\mathbf{q}\in M\cap U(\mathbf{F}(\mathbf{q})=\mathbf{f}(\mathbf{q})).$$

令 $d\mathbf{f_p}=d\mathbf{F_p}|_{\mathbf{T_p}(M)}$, 这个 $d\mathbf{f_p}$ 便是命题所要求的唯一的线性映射. □

注 命题 13.3.3 中唯一确定的线性映射 $d\mathbf{f_p}\in\mathcal{L}(\mathbf{T_p}(M),\mathbf{R}^m)$ 称为光滑映射 $\mathbf{f}:M\to\mathbf{R}^m$ 在点 $\mathbf{p}$ 处的**微分**, 也称**切映射**.

命题 13.3.4 设 M 是 $\mathbf{R}^n$ 中的 k- 流形,N 是 $\mathbf{R}^m$ 中的 j- 流形. 若 $\mathbf{f}: M \to \mathbf{R}^m$ 是光滑映射, 且 $\mathbf{f}(M) \subset N$, 则对于每一点 $\mathbf{p} \in M$, 有

$$d\mathbf{f}_{\mathbf{p}}(\mathbf{T}_{\mathbf{p}}(M)) \subset \mathbf{T}_{\mathbf{f}(\mathbf{p})}(N).$$

证 按定义 13.1.1, 有 $\mathbf{p}$ 在 $\mathbf{R}^n$ 中的邻域 U 和光滑映射 $\mathbf{g}: U \to \mathbf{R}^m$, 使得

$$\forall \mathbf{q} \in U \cap M \big(\mathbf{g}(\mathbf{q}) = \mathbf{f}(\mathbf{q})\big).$$

设 $\mathbf{h} \in \mathbf{T}_{\mathbf{p}}(M)$ 和 $(\boldsymbol{\alpha}, V_{\boldsymbol{\alpha}})$ 是 M 在 $\mathbf{p}$ 点处的一个坐标图卡, 且 $\boldsymbol{\alpha}(\mathbf{t}) = \mathbf{p}$, 必有 $\mathbf{k} \in \mathbf{R}^k$, 使得

$$\mathbf{h} = d\boldsymbol{\alpha}_{\mathbf{t}}(\mathbf{k}).$$

由命题 13.3.3,

$$d\mathbf{f}_{\mathbf{p}}(\mathbf{h}) = d\mathbf{g}_{\mathbf{p}}(\mathbf{h}) = d\mathbf{g}_{\mathbf{p}} \circ d\boldsymbol{\alpha}_{\mathbf{t}}(\mathbf{k}) = d(\mathbf{g} \circ \boldsymbol{\alpha})_{\mathbf{t}}(\mathbf{k}).$$

设 $(\boldsymbol{\beta}, U_{\boldsymbol{\beta}})$ 是流形 N 在 $\mathbf{f}(\mathbf{p})$ 点处的一个坐标图卡, 不妨设 $\mathbf{f} \circ \boldsymbol{\alpha}(V_{\boldsymbol{\alpha}}) \subset \boldsymbol{\beta}(U_{\boldsymbol{\beta}})$ (只要适当缩小 $V_{\boldsymbol{\alpha}}$ 便可做到), 令

$$\boldsymbol{\Gamma} = \boldsymbol{\beta}^{-1} \circ \mathbf{g} \circ \boldsymbol{\alpha} : V_{\boldsymbol{\alpha}} \to U_{\boldsymbol{\beta}},$$

则 $\mathbf{g} \circ \boldsymbol{\alpha} = \boldsymbol{\beta} \circ \boldsymbol{\Gamma}$, 且 $\boldsymbol{\beta} \circ \boldsymbol{\Gamma}(\mathbf{t}) = \mathbf{g} \circ \boldsymbol{\alpha}(\mathbf{t}) = \mathbf{g}(\mathbf{p}) = \mathbf{f}(\mathbf{p})$. 故

$$d\mathbf{f}_{\mathbf{p}}(\mathbf{h}) = d(\mathbf{g} \circ \boldsymbol{\alpha})_{\mathbf{t}}(\mathbf{k}) = d\boldsymbol{\beta}_{\boldsymbol{\Gamma}(\mathbf{t})}\big(d\boldsymbol{\Gamma}_{\mathbf{t}}(\mathbf{k})\big) \in \mathbf{T}_{\mathbf{f}(\mathbf{p})}(N). \qquad \square$$

注 命题 13.3.4 中唯一确定的线性映射 $d\mathbf{f}_{\mathbf{p}} \in \mathcal{L}(\mathbf{T}_{\mathbf{p}}(M), \mathbf{T}_{\mathbf{f}(\mathbf{p})}(N))$ 称为流形 M 到流形 N 的光滑映射 $\mathbf{f}: M \to N$ 在点 $\mathbf{p}$ 处的**微分**, 也称**切映射**. 命题 13.3.4 告诉我们: 流形 M 到流形 N 的光滑映射的微分把 M 的切向量映成 N 的切向量, 换言之, 微分把 M 的切空间映入 N 的切空间.

下面的命题给出了流形到流形的映射 $\mathbf{f}$ 的微分 $d\mathbf{f}_{\mathbf{p}}$ 的几何涵义.

命题 13.3.5 设 M 是 $\mathbf{R}^n$ 中的 k- 流形,$k \geqslant 1$,N 是 $\mathbf{R}^m$ 中的 j- 流形,$\mathbf{p} \in M \setminus \partial M$,$\varepsilon > 0$ 和一个光滑映射 $\boldsymbol{\gamma}: (-\varepsilon, \varepsilon) \to M$,$\boldsymbol{\gamma}(0) = \mathbf{p}$ 而 $\boldsymbol{\gamma}'(0) = \mathbf{h} \in \mathbf{T}_{\mathbf{p}}(M)$. 又设 $\mathbf{f}: M \to \mathbf{R}^m$ 是光滑映射, 且 $\mathbf{f}(M) \subset N$, 则 $\mathbf{f} \circ \boldsymbol{\gamma}: (-\varepsilon, \varepsilon) \to N$, 且

$$d\mathbf{f}_{\mathbf{p}}(\mathbf{h}) = (\mathbf{f} \circ \boldsymbol{\gamma})'(0).$$

证 按定义 13.1.1, 有 $\mathbf{p}$ 在 $\mathbf{R}^n$ 中的邻域 U 和光滑映射 $\mathbf{g}: U \to \mathbf{R}^m$, 使得

$$\forall \mathbf{q} \in U \cap M\big(\mathbf{g}(\mathbf{q}) = \mathbf{f}(\mathbf{q})\big),$$

则 $\mathbf{f} \circ \boldsymbol{\gamma} = \mathbf{g} \circ \boldsymbol{\gamma}$. 故

$$(\mathbf{f} \circ \boldsymbol{\gamma})'(0) = (\mathbf{g} \circ \boldsymbol{\gamma})'(0) = \mathbf{g}'_{\boldsymbol{\gamma}(0)}\big(\boldsymbol{\gamma}'(0)\big) = \mathbf{f}'_{\boldsymbol{\gamma}(0)}\big(\boldsymbol{\gamma}'(0)\big) = d\mathbf{f}_{\mathbf{p}}(\mathbf{h}). \qquad \square$$

注 命题 13.3.5 的证明并未用到命题 13.3.4. 不难看出, 命题 13.3.4 也是命题 13.3.5 的直接推论.

命题 13.3.6 设 Ω 是 $\mathbf{R}^n$ 中的一个开集, 而 $\mathbf{F}$ 是 $\Omega \to \mathbf{R}^{n-k}$ 的一个光滑映射. 若 $\mathbf{F}'$ 在 $M = \{\mathbf{p} \in \Omega : \mathbf{F}(\mathbf{p}) = \mathbf{0}\}$ 的每一点的秩都是 $n-k$, 根据定理 13.2.2,M 是个 k- 流形. 这时,M 在 $\mathbf{p}$ 点的切空间是

$$\mathbf{T}_{\mathbf{p}}(M) = \{\mathbf{h} \in \mathbf{R}^n : d\mathbf{F}_{\mathbf{p}}(\mathbf{h}) = \mathbf{0}\}.$$

证 如定理 13.2.2 的证明所述, 有点 $\mathbf{p}$ 在 $\mathbf{R}^n$ 中的开邻域 U 和 $\mathbf{R}^k$ 中的开集 V, 与光滑映射 $\mathbf{g}: V \to \mathbf{R}^{n-k}$, 使得 $M \cap U = \{(\mathbf{u}, \mathbf{g}(\mathbf{u})) : \mathbf{u} \in V\}$, 换言之, 对一切 $\mathbf{u} \in V$,$\mathbf{F}(\mathbf{u}, \mathbf{g}(\mathbf{u})) = \mathbf{0}$. 记 $\boldsymbol{\alpha}(\mathbf{u}) = (\mathbf{u}, \mathbf{g}(\mathbf{u}))$, 则 $(\boldsymbol{\alpha}, V)$ 是 M 在 $\mathbf{p}$ 点的一个坐标图卡. 我们有:$\mathbf{T}_{\mathbf{p}}(M)$ 中的向量就是具有以下形式的向量:

$$d\boldsymbol{\alpha}_{\mathbf{p}}(\mathbf{k}) = \big(\mathbf{k}, d\mathbf{g}_{\mathbf{t}}(\mathbf{k})\big),$$

其中 $\mathbf{k} \in \mathbf{R}^k$ 和 $(\mathbf{t}, \mathbf{g}(\mathbf{t})) = \mathbf{p}$. 另一方面, 由于对一切 $\mathbf{u} \in V$,$\mathbf{F}(\mathbf{u}, \mathbf{g}(\mathbf{u})) = \mathbf{F}(\boldsymbol{\alpha}(\mathbf{u})) = \mathbf{0}$, 故对于一切 $\mathbf{k} \in \mathbf{R}^k$, 有

$$d\mathbf{F}_{\mathbf{p}}(\mathbf{k}, d\mathbf{g}_{\mathbf{t}}(\mathbf{k})) = \mathbf{0},$$

所以

$$d\mathbf{F}_{\mathbf{p}}(d\boldsymbol{\alpha}_{\mathbf{p}}(\mathbf{k})) = \mathbf{0}.$$

这就证明了

$$\mathbf{T}_{\mathbf{p}}(M) \subset \{\mathbf{h} \in \mathbf{R}^n : \mathbf{F}'(\mathbf{p})(\mathbf{h}) = \mathbf{0}\}.$$

由于上式左右两端的线性空间的维数相等, 两端的线性空间必须相等. 命题 13.3.6 的关于切空间的刻画证毕. $\square$

注 1　命题 13.3.6 也可由命题 13.3.5 直接推得 (请同学补出证明的细节).

注 2　由于许多流形是通过定理 13.2.2 的方式确定的, 我们愿意用坐标分量的语言把定理 13.2.2 与命题 13.3.6 复述如下: 设 $\mathbf{p}_0 \in \mathbf{R}^n$,$U$ 是点 $\mathbf{p}_0$ 的一个邻域,$M \subset \mathbf{R}^n$.$\mathbf{p} = (p_1, \cdots, p_n) \in M \cap U$, 当且仅当 $\mathbf{p} = (p_1, \cdots, p_n) \in U$ 满足以下方程组:

$$\begin{cases} F_1(p_1, p_2, \cdots, p_n) = 0, \\ F_2(p_1, p_2, \cdots, p_n) = 0, \\ \cdots\cdots\cdots\cdots\cdots\cdots \\ F_{n-k}(p_1, p_2, \cdots, p_n) = 0, \end{cases} \tag{13.3.2}$$

其中 $\mathbf{F} = (F_1,\cdots,F_{n-k})$ 是个光滑的 $(n-k)$ 维的向量值函数, 且 $\mathbf{F} = (F_1,\cdots,F_{n-k})$ 关于 $\mathbf{p} = (p_1,\cdots,p_n)$ 的导数 (Jacobi 矩阵)

$$\frac{\partial(F_1, \cdots, F_{n-k})}{\partial(p_1, \cdots\cdots, p_n)} = \begin{bmatrix} \dfrac{\partial F_1}{\partial p_1} & \dfrac{\partial F_1}{\partial p_2} & \cdots & \dfrac{\partial F_1}{\partial p_n} \\ \dfrac{\partial F_2}{\partial p_1} & \dfrac{\partial F_2}{\partial p_2} & \cdots & \dfrac{\partial F_2}{\partial p_n} \\ \vdots & \vdots & & \vdots \\ \dfrac{\partial F_{n-k}}{\partial p_1} & \dfrac{\partial F_{n-k}}{\partial p_2} & \cdots & \dfrac{\partial F_{n-k}}{\partial p_n} \end{bmatrix}$$

在 $\mathbf{p}_0$ 点的邻域 U 内的秩恒等于 $n-k$. 由隐函数定理, 在点 $\mathbf{p}$ 的一个邻域中,M 中的点的坐标 $(p_1, \cdots, p_n)$ 中有 k 个坐标, 使得其他的 $n-k$ 个坐标可以表成它们的光滑函数. 不妨假设这 k 个坐标是 $p_1, \cdots, p_k$, 我们有

$$\begin{cases} p_1 = p_1, \\ \cdots\cdots \\ p_k = p_k, \\ p_{k+1} = p_{k+1}(p_1, \cdots, p_k), \\ \cdots\cdots \\ p_n = p_n(p_1, \cdots, p_k), \end{cases}$$

其中 $p_{k+1} = p_{k+1}(p_1, \cdots, p_k), \cdots, p_n = p_n(p_1, \cdots, p_k)$ 是 $(n-k)$ 个函数独立的函数. 这是方程 (13.3.1) 的特殊形式, 所以 M 是个 k- 流形.

将 (13.3.1) 代入 (13.3.2), 便得 (关于变量 $\mathbf{t}$ 的) 恒等式:

$$\begin{cases} F_1\big(p_1(t_1,\cdots,t_k),p_2(t_1,\cdots,t_k),\cdots,p_n(t_1,\cdots,t_k)\big)\equiv 0,\\ F_2\big(p_1(t_1,\cdots,t_k),p_2(t_1,\cdots,t_k),\cdots,p_n(t_1,\cdots,t_k)\big)\equiv 0,\\ \cdots\cdots\cdots\cdots\cdots\cdots\cdots\cdots\cdots\cdots\cdots\cdots\cdots\cdots\cdots\cdots\\ F_{n-k}\big(p_1(t_1,\cdots,t_k),p_2(t_1,\cdots,t_k),\cdots,p_n(t_1,\cdots,t_k)\big)\equiv 0. \end{cases} \tag{13.3.3}$$

因此, 我们有

$$\begin{bmatrix} \dfrac{\partial F_1}{\partial p_1} & \dfrac{\partial F_1}{\partial p_2} & \cdots & \dfrac{\partial F_1}{\partial p_n}\\ \dfrac{\partial F_2}{\partial p_1} & \dfrac{\partial F_2}{\partial p_2} & \cdots & \dfrac{\partial F_2}{\partial p_n}\\ \vdots & \vdots & & \vdots\\ \dfrac{\partial F_{n-k}}{\partial p_1} & \dfrac{\partial F_{n-k}}{\partial p_2} & \cdots & \dfrac{\partial F_{n-k}}{\partial p_n} \end{bmatrix} \begin{bmatrix} \dfrac{\partial p_1}{\partial t_1} & \dfrac{\partial p_1}{\partial t_2} & \cdots & \dfrac{\partial p_1}{\partial t_k}\\ \dfrac{\partial p_2}{\partial t_1} & \dfrac{\partial p_2}{\partial t_2} & \cdots & \dfrac{\partial p_2}{\partial t_k}\\ \vdots & \vdots & & \vdots\\ \dfrac{\partial p_n}{\partial t_1} & \dfrac{\partial p_n}{\partial t_2} & \cdots & \dfrac{\partial p_n}{\partial t_k} \end{bmatrix} \equiv \mathbf{O}.$$

上式左端第一个矩阵的秩等于 $n-k$, 而左端第二个矩阵的 k 个列向量构成流形 M 在点 $\mathbf{p}=\boldsymbol{\alpha}(\mathbf{t})$ 处的切空间的一组基. 故向量 $\mathbf{h}=(h_1,\cdots,h_n)$ 是 M 在点 $\mathbf{p}=\boldsymbol{\alpha}(\mathbf{t})$ 处的切向量, 当且仅当它满足方程组:

$$\begin{bmatrix} \dfrac{\partial F_1}{\partial p_1} & \dfrac{\partial F_1}{\partial p_2} & \cdots & \dfrac{\partial F_1}{\partial p_n}\\ \dfrac{\partial F_2}{\partial p_1} & \dfrac{\partial F_2}{\partial p_2} & \cdots & \dfrac{\partial F_2}{\partial p_n}\\ \vdots & \vdots & & \vdots\\ \dfrac{\partial F_{n-k}}{\partial p_1} & \dfrac{\partial F_{n-k}}{\partial p_2} & \cdots & \dfrac{\partial F_{n-k}}{\partial p_n} \end{bmatrix} \begin{bmatrix} h_1\\ h_2\\ \vdots\\ h_n \end{bmatrix} = \mathbf{0}.$$

由此可知, 左端矩阵的每个行向量是垂直于所有切向量的, 这 $(n-k)$ 个行向量是线性无关的. 由线性代数知识知道, 任何垂直于一切切向量的向量必是左端矩阵的 $(n-k)$ 个行向量的线性组合. 垂直于所有切向量的向量是法向量. 故任何法向量必是左端矩阵的 $(n-k)$ 个线性无关的行向量的线性组合, 故法空间的维数为 $(n-k)$.

注 3 传统的数学分析教材介绍切向量和法向量时用的便是注 2 中用分量表示的方程的语言. 我们希望同学既懂得注 2 中传统的语言,

也懂得不用坐标分量的微分流形的语言, 而且还熟悉这两种语言之间的对应关系.

引理 13.3.2 设 $\mathbf{p}$ 是 $\mathbf{R}^n$ 中 k- 流形 M 上任意的点,$\boldsymbol{\alpha}$ 是 k- 流形 M 在 $\mathbf{p}$ 点处的一个局部坐标, 则必有一个含有点 $\mathbf{t}=\boldsymbol{\alpha}^{-1}(\mathbf{p})$ 的 $\mathbf{R}^k$ 中的开集 V, 使得

$$\forall \mathbf{s}\in V\big(\mathbf{s}-\mathbf{t}\neq\mathbf{0}\Longrightarrow \boldsymbol{\alpha}(\mathbf{s})-\boldsymbol{\alpha}(\mathbf{t})\text{不是 } k\text{- 流形 } M \text{ 在点}\mathbf{p}\text{处的法向量}\big).$$

证 设 $(\boldsymbol{\alpha},V_{\boldsymbol{\alpha}})$ 是 $\mathbf{R}^n$ 中的 k- 流形 M 上的点 $\mathbf{p}$ 处的一个坐标图卡.M 在 $\mathbf{p}$ 点处的**切空间**$\mathbf{T}_{\mathbf{p}}(M)=d\boldsymbol{\alpha}_{\mathbf{t}}(\mathbf{R}^k)$. 由 Taylor 展开, 当 $|\mathbf{s}-\mathbf{t}|$ 充分小时, 有

$$\boldsymbol{\alpha}(\mathbf{s})-\boldsymbol{\alpha}(\mathbf{t})=d\boldsymbol{\alpha}_{\mathbf{t}}(\mathbf{s}-\mathbf{t})+\mathbf{o}(|\mathbf{s}-\mathbf{t}|).$$

若 $\boldsymbol{\alpha}(\mathbf{s})-\boldsymbol{\alpha}(\mathbf{t})$ 是 k- 流形 M 在点 $\mathbf{p}$ 处的法向量, 则

$$0=(\boldsymbol{\alpha}(\mathbf{s})-\boldsymbol{\alpha}(\mathbf{t}),d\boldsymbol{\alpha}_{\mathbf{t}}(\mathbf{s}-\mathbf{t}))=|d\boldsymbol{\alpha}_{\mathbf{t}}(\mathbf{s}-\mathbf{t})|^2+o(d\boldsymbol{\alpha}_{\mathbf{t}}(\mathbf{s}-\mathbf{t})\cdot|\mathbf{s}-\mathbf{t}|).$$

注意到 $d\boldsymbol{\alpha}_{\mathbf{t}}$ 的非奇异性, 上式不可能成立. □

注 1 由引理 13.1.1 的证明可见, $\boldsymbol{\alpha}$ 是 $V_{\boldsymbol{\alpha}}$ 与 $U_{\boldsymbol{\alpha}}$ 之间的微分同胚.

注 2 请同学参看第二册 §8.8 的练习 8.8.1 的 (vi) 和 (vii), 并比较它们的证明与本定理的证明之间的相同和不相同之处. 在第二册 §8.8 的练习 8.8.1 的 (vi) 和 (vii) 中引进了保法坐标图卡的概念, 它可以看做当 $k=n-1$ 时构造的 $\widetilde{\Psi}$ 与 $V\times\mathbf{R}$ 分别可以扮演我们这里的 $\mathbf{F}$ 与 $\widetilde{U}$ 的角色. 应该指出的是, 我们这里的 $\mathbf{F}$ 与 $\widetilde{U}$ 并没有保法的特点. 当然, 第二册 §8.8 的练习 8.8.1 的 (vi) 和 (vii) 的方法是可以推广到 $k<n-1$ 的情形上去的, 换言之, 对于一般 $k\leqslant n$ 的情形也可构作某种意义下的保法图卡.

练 习

13.3.1 (i) 考虑三维空间 $\mathbf{R}^3$ 中以下的一维流形 (**螺旋线**) 在点 (x,y,z) 处的的切空间:

$$\begin{cases} x=a\cos t,\\ y=a\sin t,\\ z=ct.\end{cases}$$

(ii) 考虑三维空间 $\mathbf{R}^3$ 中以下的二维流形 (**椭球面**) 在点 (x,y,z) 处的切空间:

$$\frac{x^2}{a^2}+\frac{y^2}{b^2}+\frac{z^2}{c^2}=1.$$

(iii) 考虑三维空间 $\mathbf{R}^3$ 中以下的二维流形 (**圆锥面**) 在点 (x,y,z) 处的切空间:

$$\frac{x^2}{a^2}+\frac{y^2}{b^2}-\frac{z^2}{c^2}=0,\qquad x^2+y^2+z^2\neq 0.$$

(iv) 考虑三维空间 $\mathbf{R}^3$ 中以下的二维流形 (**螺旋面**) 在点 (x,y,z) 处的切空间:

$$\begin{cases} x=u\cos v,\\ y=u\sin v,\\ z=cv \end{cases}\qquad (u\neq 0).$$

(v) 考虑三维空间 $\mathbf{R}^3$ 中以下的一维流形 (**Viviani曲线**) 在点 (x,y,z) 处的切空间:

$$\begin{cases} x^2+y^2+z^2=R^2,\\ x^2+y^2=Rx \end{cases}\qquad (x\neq R).$$

13.3.2 本练习将继续练习 13.1.1 的讨论. 为了方便, 我们愿意复述练习 13.1.1 中引进的概念和结果. $SO(n)$ 表示 n 维 Euclid 空间中的旋转 (行列式等于 1 的正交矩阵) 全体组成的集合. $g_{jk}(\alpha)$ 表示平面 X_jX_k 上绕原点作 α 角的旋转,X_j 正半轴到 X_k 正半轴 (转 $\pi/2$ 角) 的旋转视为正旋转. 为了方便,$g_{k+1,k}(\alpha)$ 简记做 $g_k(\alpha)$. 具体地说,$g_k(\alpha)$ 是使得 $(x_1,\cdots,x_n)\mapsto(x_1',\cdots,x_n')$ 的旋转, 其中

$$\begin{cases} x_k'=x_k\cos\alpha+x_{k+1}\sin\alpha,\\ x_{k+1}'=-x_k\sin\alpha+x_{k+1}\cos\alpha, \end{cases}$$

而 $x_l'=x_l\,(l=1,\cdots,k-1,k+2,\cdots,n)$.

对于任给的 $g\in SO(n)$. 我们有 $n(n-1)/2$ 个 Euler 角 $\Theta=(\theta_1^1,\theta_1^2,\theta_2^2,\cdots,\theta_1^k,\cdots,\theta_k^k,\cdots,\theta_1^{n-1},\cdots,\theta_{n-1}^{n-1})$, 使得 $0\leqslant\theta_j^k\leqslant\pi\,(j=2,\cdots,k)$, $0\leqslant\theta_1^k<2\pi\,(k=1,\cdots,n-1.)$ 且 $g\in SO(n)$ 有以下表示:

$$g=g^{(n-1)}\cdots g^{(1)},$$

其中

$$g^{(k)}=g_1(\theta_1^k)\cdots g_k(\theta_k^k),$$

因此,$g=g(\Theta)$, 其中 $\Theta=(\theta_1^1,\theta_1^2,\theta_2^2,\cdots,\theta_1^k,\cdots,\theta_k^k,\cdots,\theta_1^{n-1},\cdots,\theta_{n-1}^{n-1})$.$SO(n)$ 构成一个由 $n(n-1)/2$ 个参数表示的李群.

(i) 试证: $SO(n)$ 每一点的切空间的维数恰等于 $n(n-1)/2$.

(ii) 试证: 矩阵 T 是 $SO(n)$ 在单位矩阵 I 处的切向量, 当且仅当 $T=-T^t$, 其中 T^t 表示 T 的转置.

(iii) 以 M_n 表示 $n\times n$ 实矩阵之全体,M_n 上的拓扑是由如下的条件确定的:自然双射 $M_n\to\mathbf{R}^{n^2}$ 是个同胚. 定义映射 $\exp: M_n\to M_n$ 如下:

$$\exp T=\sum_{j=0}^{\infty}\frac{T^j}{j!}.$$

试证:exp 是 M_n 的零矩阵的某邻域到 M_n 的单位矩阵的某邻域之间的微分同胚.

(iv) 矩阵 T 满足等式 $T=-T^t$ 的充分必要条件是:$\exp T\in SO(n)$.

(v) 以 $A(n)$ 表示满足条件 $T=-T^t$ 的 $n\times n$ 的矩阵的全体. 试证:$A(n)$ 是个 $n(n-1)/2$ 维线性空间.

(vi) 试证; 映射 $T\mapsto\exp T$ 是 $A(n)$ 中零矩阵的某个小邻域到 $SO(n)$ 中单位矩阵的某个小邻域的微分同胚.

§13.4　定　　向

我们在第 6 章及第 8 章讨论区间上或曲线段上的 1- 形式的积分时, 曾指出区间或曲线段的定向将会影响 (微分形式的) 积分的值. 在第 10 章讨论平面的某区域上的 2- 形式的积分时, 也注意到区域的定向会影响 (微分形式的) 积分的值, 正因为这个原因, 在介绍 2- 形式的积分之前, 我们不得不讨论平行四边形定向的概念, 它是 2- 流形定向概念引进前不可缺少的准备. 为了今后讨论 k- 形式在 $\mathbf{R}^n$ 中的 k- 流形上的积分作准备, 本节要介绍 $\mathbf{R}^n$ 中的 k- 流形的定向这个重要的概念, 它将是以前依靠直观讨论过的 1- 流形和平面区域定向概念的推广. 我们先从线性空间的定向这个概念开始.

定义 13.4.1　若

$$(\mathbf{v}_1,\cdots,\mathbf{v}_k)\quad 和\quad (\mathbf{w}_1,\cdots,\mathbf{w}_k)$$

是 k 维实线性空间 V 的两组 (有序的) 基, 它们之间的联系是

$$\mathbf{w}_j=\sum_{i=1}^{k}a_j^i\mathbf{v}_i.$$

这两组带有顺序的 (简称为有序的) 基 $(\mathbf{v}_1,\cdots,\mathbf{v}_k)$ 和 $(\mathbf{w}_1,\cdots,\mathbf{w}_k)$ 称为具有**相同定向**的, 简称为**同向**的, 假若 $\det(a_j^i)>0$. 不然称它们为有**相反定向**的, 简称为**反向**的.

易见,"具有相同的定向" 是全体 (有序的) 基之间的一个等价关系, 它把全体 (有序的) 基分成两个等价类. 每一个等价类称为 V 的一个**定**

向. 一个**定向的线性空间**是指一个线性空间和它上面的一个定向 (即, 一个有序基的等价类) 构成的二元组.

定义 13.4.2 设 $(\mathbf{v}_1, \cdots, \mathbf{v}_k)$ 和 $(\mathbf{w}_1, \cdots, \mathbf{w}_k)$ 是实线性空间 V 的两组 (有序的) 基. 若存在一组连续地依赖于参数 $t \in [0,1]$ 的 (有序的) 基 $(\mathbf{f}_1(t), \cdots, \mathbf{f}_k(t))$, 使得 $\mathbf{f}_j(0) = \mathbf{v}_j$ $(1 \leqslant j \leqslant k)$ 和 $\mathbf{f}_j(1) = \mathbf{w}_j$ $(1 \leqslant j \leqslant k)$, 则称有序基 $(\mathbf{w}_1, \cdots, \mathbf{w}_k)$ 是有序基 $(\mathbf{v}_1, \cdots, \mathbf{v}_k)$ 的**形变**.

命题 13.4.1 若有序基 $(\mathbf{w}_1, \cdots, \mathbf{w}_k)$ 是有序基 $(\mathbf{v}_1, \cdots, \mathbf{v}_k)$ 的形变, 则有序基 $(\mathbf{w}_1, \cdots, \mathbf{w}_k)$ 和有序基 $(\mathbf{v}_1, \cdots, \mathbf{v}_k)$ 有相同的定向.

证 设 $(\mathbf{f}_1(t), \cdots, \mathbf{f}_k(t))$ 是使得 $\mathbf{f}_j(0) = \mathbf{v}_j$ $(1 \leqslant j \leqslant k)$ 和 $\mathbf{f}_j(1) = \mathbf{w}_j$ $(1 \leqslant j \leqslant k)$ 的一组连续地依赖于参数 $t \in [0,1]$ 的 (有序的) 基. 它和基 $(\mathbf{v}_1, \cdots, \mathbf{v}_k)$ 的关系是

$$\mathbf{f}_j(t) = \sum_{i=1}^{k} a_{ji}(t)\mathbf{v}_i.$$

则矩阵 $(a_{ji})(t)$ 和它的行列式 $\Delta(t) = \det(a_{ji})(t)$ 具有如下两条性质:

(i) $(a_{ji})(0) = I$, 因而 $\Delta(0) = 1$;

(ii) $\forall t \in [0,1](\Delta(t) \neq 0)$.

因 $\Delta(t)$ 在 $[0,1]$ 上连续, 由一元连续函数的介值定理,$\Delta(t)$ 在 $[0,1]$ 上不变号, 故 $\Delta(1) > 0$. 又

$$\mathbf{w}_j = \mathbf{f}_j(1) = \sum_{i=1}^{k} a_{ji}(1)\mathbf{v}_i,$$

所以, 基 $(\mathbf{w}_1, \cdots, \mathbf{w}_k)$ 和基 $(\mathbf{v}_1, \cdots, \mathbf{v}_k)$ 的定向相同. □

设 $V = \mathbf{R}^k$, 含有标准基 $(\mathbf{e}_1, \cdots, \mathbf{e}_k)$ 的定向称为**普通定向**(或称**标准定向**), 这里

$$\mathbf{e}_j = (\delta_{j1}, \cdots, \delta_{jk}), \qquad \text{其中 } \delta_{ji} = \begin{cases} 1 & \text{若} j = i, \\ 0 & \text{若} j \neq i. \end{cases}$$

属于普通定向 (标准定向) 的基常称为正定向的基. 当 $k = 3$ 时, 也称它确定了**右手坐标系**. 若 V 是 $\mathbf{R}^k$ 的子空间,V 不存在普通定向的基的概念.

引进了线性空间的定向概念后, 下面我们可以讨论流形的定向概念了. 为此, 先定义流形的切空间上的定向概念.

定义 13.4.3　设 M 是 $\mathbf{R}^n$ 中的一个 k- 流形,$(\boldsymbol{\alpha}, V_{\boldsymbol{\alpha}})$ 是 M 的一个坐标图卡,$\mathbf{p} \in \boldsymbol{\alpha}(V_{\boldsymbol{\alpha}})$,$\mathbf{e}_1, \cdots, \mathbf{e}_k$ 表示 $V_{\boldsymbol{\alpha}}$ 所在的线性空间 $\mathbf{R}^k$ 中的标准基. 切空间 $\mathbf{T}_{\mathbf{p}}(M)$ 中含有 (有序的) 基 $\big(\boldsymbol{\alpha}'(\mathrm{t})\mathbf{e}_1, \cdots, \boldsymbol{\alpha}'(\mathrm{t})\mathbf{e}_k\big)$ 的定向称为**由坐标图卡$(\boldsymbol{\alpha}, V_{\boldsymbol{\alpha}})$确定的切空间$\mathbf{T}_{\mathbf{p}}(M)$上的定向**.

注　由以上定义可见, 在 $V_{\boldsymbol{\alpha}}$ 所在的空间 $\mathbf{R}^k$ 上已经给定了普通定向. 由坐标图卡 $(\boldsymbol{\alpha}, V_{\boldsymbol{\alpha}})$ 确定的 $\mathbf{T}_{\mathbf{p}}(M)$ 中的定向是和这个给定了的 $V_{\boldsymbol{\alpha}}$ 所在的空间 $\mathbf{R}^k$ 上的普通定向及映射 $\boldsymbol{\alpha}$ 密切相关的. 若 $V_{\boldsymbol{\alpha}}$ 所在的空间 $\mathbf{R}^k$ 上的普通定向发生了改变 (这可以通过改变基向量的顺序来实现), 由坐标图卡 $(\boldsymbol{\alpha}, V_{\boldsymbol{\alpha}})$ 确定的 $\mathbf{T}_{\mathbf{p}}(M)$ 中的定向也会随之改变.

现在我们开始讨论流形上的定向.

定义 13.4.4　当 $k \geqslant 1$ 时,k- 流形 M 称为**可定向的**, 假若存在一组 M 的坐标图卡 $\{(\boldsymbol{\alpha}, V_{\boldsymbol{\alpha}}) : \boldsymbol{\alpha} \in \mathcal{C}\}$, 使得

(1) $\bigcup\limits_{\boldsymbol{\alpha} \in \mathcal{C}} U_{\boldsymbol{\alpha}} = M$, 其中 $U_{\boldsymbol{\alpha}} = \boldsymbol{\alpha}(V_{\boldsymbol{\alpha}})$;

(2) 若 $\boldsymbol{\alpha}$, $\boldsymbol{\beta} \in \mathcal{C}$, 且 $U_{\boldsymbol{\alpha}} \cap U_{\boldsymbol{\beta}} \neq \emptyset$, 则

$$\forall \mathbf{p} \in U_{\boldsymbol{\alpha}} \cap U_{\boldsymbol{\beta}} \big((\boldsymbol{\alpha}, V_{\boldsymbol{\alpha}})\text{和}(\boldsymbol{\beta}, V_{\boldsymbol{\beta}})\text{在}\mathbf{T}_{\mathbf{p}}(M)\text{上所确定的定向相同}\big).$$

可定向的流形M的一个定向是指一组坐标图卡 $\{(\boldsymbol{\alpha}, V_{\alpha}) : \boldsymbol{\alpha} \in \mathcal{C}\}$, 它满足条件 (1) 和 (2) 以及条件

(3) 若 $(\boldsymbol{\beta}, V_{\boldsymbol{\beta}})$ 是可定向的流形 M 的一个坐标图卡, 且对于任何坐标图卡 $(\boldsymbol{\alpha}, V_{\boldsymbol{\alpha}})$, $\boldsymbol{\alpha} \in \mathcal{C}$, 以及对于任何 $\mathbf{p} \in U_{\boldsymbol{\alpha}} \cap U_{\boldsymbol{\beta}} = \boldsymbol{\alpha}(V_{\boldsymbol{\alpha}}) \cap \boldsymbol{\beta}(V_{\boldsymbol{\beta}})$, 两个坐标图卡 $(\boldsymbol{\alpha}, V_{\boldsymbol{\alpha}})$ 和 $(\boldsymbol{\beta}, V_{\boldsymbol{\beta}})$ 在切空间 $\mathbf{T}_{\mathbf{p}}(M)$ 上确定的定向是相同的, 则 $(\boldsymbol{\beta}, V_{\boldsymbol{\beta}}) \in \mathcal{C}$.

换言之,M 上的一个定向 $\{(\boldsymbol{\alpha}, V_{\alpha}) : \boldsymbol{\alpha} \in \mathcal{C}\}$ 是满足条件 (1) 和 (2) 的极大坐标图卡组. 一个可定向的流形 M 和它上的一个定向构成的二元组称为一个**定向流形**.

注　以上定义中的 $\mathcal{C}$ 表示一个指标集.$\mathcal{C}$ 中的元素 $\boldsymbol{\alpha}$ 一方面它扮演指标的角色, 另一方面又扮演 $V_{\boldsymbol{\alpha}}$ 到 M 的映射的角色.

我们已经定义了正数维流形的定向的概念. 当 M 是零维流形时, 即 M 是一些孤立点组成的点集时, M 上的定向定义为一个定义在 M 上的取值于集合 $\{-1, 1\}$ 的函数.

下面的引理给出了一个流形可定向的不用切空间语言描述的刻画. 为了方便同学理解以下的引理, 我们愿意重温一下上面用到的在定义 13.1.4 中引进的几个符号: $U_{\boldsymbol{\alpha}} = \boldsymbol{\alpha}(V_{\boldsymbol{\alpha}})$, $V_{\boldsymbol{\alpha\beta}} = \boldsymbol{\beta}^{-1}(U_{\boldsymbol{\alpha}} \cap U_{\boldsymbol{\beta}})$, $\boldsymbol{\varphi}_{\boldsymbol{\alpha\beta}} : V_{\boldsymbol{\alpha\beta}} \to V_{\boldsymbol{\beta\alpha}}$ 定义为 $\boldsymbol{\varphi}_{\boldsymbol{\alpha\beta}} = \boldsymbol{\alpha}^{-1} \circ \boldsymbol{\beta}$. 而 (下面证明中要用到的)$\det\boldsymbol{\varphi}'_{\boldsymbol{\alpha\beta}}(\mathbf{u})$ 的值及符号是依赖于 $V_{\boldsymbol{\alpha}}$ 与 $V_{\boldsymbol{\beta}}$ 中 (有序) 标准基的选取的.

引理 13.4.1 流形 M 是可定向的, 当且仅当 M 上有一组坐标图卡 $\{(\boldsymbol{\alpha}, V_{\boldsymbol{\alpha}}) : \boldsymbol{\alpha} \in \mathcal{C}\}$, 使得

(1) $\forall \mathbf{p} \in M \exists \boldsymbol{\alpha} \in \mathcal{C}(\mathbf{p} \in U_{\boldsymbol{\alpha}})$;

(2) $\forall \boldsymbol{\alpha}, \boldsymbol{\beta} \in \mathcal{C} \forall \mathbf{p} \in V_{\boldsymbol{\alpha\beta}}(\det\boldsymbol{\varphi}'_{\boldsymbol{\alpha\beta}}(\mathbf{p}) > 0)$, 其中 $\boldsymbol{\varphi}_{\boldsymbol{\alpha\beta}}$ 是转移函数.

证 设 $(\boldsymbol{\alpha}, V_{\boldsymbol{\alpha}})$ 和 $(\boldsymbol{\beta}, W_{\boldsymbol{\beta}})$ 是 $\mathcal{C}$ 中两个坐标图卡,$\mathbf{p} = \boldsymbol{\alpha}(\mathbf{t}) = \boldsymbol{\beta}(\mathbf{u})$, 则由坐标图卡 $(\boldsymbol{\alpha}, V_{\boldsymbol{\alpha}})$ 确定的 $\mathbf{T}_{\mathbf{p}}(M)$ 上的定向是基 $(\boldsymbol{\alpha}'(\mathbf{t})\mathbf{e}_1, \cdots, \boldsymbol{\alpha}'(\mathbf{t})\mathbf{e}_k)$ 的定向, 其中 $(\mathbf{e}_1, \cdots, \mathbf{e}_k)$ 是 $\mathbf{R}^k$ 的一组正定向基. 在 $\mathbf{u}$ 的一个邻域中,$\boldsymbol{\beta} = \boldsymbol{\alpha} \circ \boldsymbol{\varphi}_{\boldsymbol{\alpha\beta}}$, 由锁链法则,$(\boldsymbol{\alpha}, V_{\boldsymbol{\alpha}})$ 和 $(\boldsymbol{\beta}, W_{\boldsymbol{\beta}})$ 在 $\mathbf{p}$ 点确定同样的定向, 当且仅当 $\det\boldsymbol{\varphi}'_{\boldsymbol{\alpha\beta}}(\mathbf{u}) > 0$. 比较引理中的条件 (1) 和 (2) 与定义 13.4.4 中的条件, 引理得证. □

推论 13.4.1 设 $\{(\boldsymbol{\alpha}, V_{\alpha}) : \boldsymbol{\alpha} \in \mathcal{C}\}$ 是满足定义 13.4.4 中条件 (1), (2) 和 (3) 的可定向的流形 M 的定向. 若 $(\boldsymbol{\beta}, V_{\boldsymbol{\beta}})$ 是 M 的一个坐标图卡, 其中 $V_{\boldsymbol{\beta}}$ 连通, 且有一个 $\boldsymbol{\alpha} \in \mathcal{C}$ 和一个点 $\mathbf{p} \in \boldsymbol{\alpha}(V_{\boldsymbol{\alpha}}) \cap \boldsymbol{\beta}(V_{\boldsymbol{\beta}}) = U_{\boldsymbol{\alpha}} \cap U_{\boldsymbol{\beta}}$, 使得两个坐标图卡 $(\boldsymbol{\alpha}, V_{\boldsymbol{\alpha}})$ 和 $(\boldsymbol{\beta}, V_{\boldsymbol{\beta}})$ 在切空间 $\mathbf{T}_{\mathbf{p}}(M)$ 上确定的定向是相同的, 则 $(\boldsymbol{\beta}, V_{\boldsymbol{\beta}}) \in \{(\boldsymbol{\delta}, V_{\delta}) : \boldsymbol{\delta} \in \mathcal{C}\}$, 换言之, 对于任何坐标图卡 $(\boldsymbol{\gamma}, V_{\boldsymbol{\gamma}})$, $\boldsymbol{\gamma} \in \mathcal{C}$, 以及对于任何 $\mathbf{q} \in U_{\boldsymbol{\gamma}} \cap U_{\boldsymbol{\beta}} = \boldsymbol{\gamma}(V_{\boldsymbol{\gamma}}) \cap \boldsymbol{\beta}(V_{\boldsymbol{\beta}})$, 两个坐标图卡 $(\boldsymbol{\gamma}, V_{\boldsymbol{\gamma}})$ 和 $(\boldsymbol{\beta}, V_{\boldsymbol{\beta}})$ 在切空间 $\mathbf{T}_{\mathbf{q}}(M)$ 上确定的定向是相同的.

证 先证明如下命题: 假若 $(\boldsymbol{\beta}, V_{\boldsymbol{\beta}})$ 是 M 的一个坐标图卡, 且有一个 $\boldsymbol{\alpha} \in \mathcal{C}$ 和一个点 $\mathbf{p} \in \boldsymbol{\alpha}(V_{\boldsymbol{\alpha}}) \cap \boldsymbol{\beta}(V_{\boldsymbol{\beta}}) = U_{\boldsymbol{\alpha}} \cap U_{\boldsymbol{\beta}}$, 使得两个坐标图卡 $(\boldsymbol{\alpha}, V_{\boldsymbol{\alpha}})$ 和 $(\boldsymbol{\beta}, V_{\boldsymbol{\beta}})$ 在切空间 $\mathbf{T}_{\mathbf{p}}(M)$ 上确定的定向是相同的, 则对于任何坐标图卡 $(\boldsymbol{\gamma}, V_{\boldsymbol{\gamma}})$, $\boldsymbol{\gamma} \in \mathcal{C}$, 只要 $\mathbf{p} \in U_{\boldsymbol{\gamma}} = \boldsymbol{\gamma}(V_{\boldsymbol{\gamma}})$, 两个坐标图卡 $(\boldsymbol{\gamma}, V_{\boldsymbol{\gamma}})$ 和 $(\boldsymbol{\beta}, V_{\boldsymbol{\beta}})$ 在切空间 $\mathbf{T}_{\mathbf{p}}(M)$ 上确定的定向是相同的. 假设 $\boldsymbol{\beta}(\mathbf{t}) = \mathbf{p}$, 则 $\boldsymbol{\varphi}_{\boldsymbol{\gamma\alpha}} \circ \boldsymbol{\varphi}_{\boldsymbol{\alpha\beta}}(\mathbf{t}) = \boldsymbol{\varphi}_{\boldsymbol{\gamma\beta}}(\mathbf{t})$. 因 $\det\boldsymbol{\varphi}'_{\boldsymbol{\alpha\beta}}(\mathbf{t}) > 0$, 根据锁链法则, $\det\boldsymbol{\varphi}'_{\boldsymbol{\gamma\beta}}(\mathbf{t})$ 和 $\det\boldsymbol{\varphi}'_{\boldsymbol{\gamma\alpha}}(\boldsymbol{\varphi}_{\boldsymbol{\alpha\beta}}(\mathbf{t}))$ 同号. 又因 $\boldsymbol{\alpha}$ 与 $\boldsymbol{\gamma}$ 同属于 $\mathcal{C}$, 故 $\det\boldsymbol{\varphi}'_{\boldsymbol{\gamma\alpha}}(\boldsymbol{\varphi}_{\boldsymbol{\alpha\beta}}(\mathbf{t})) > 0$. 所以, $\det\boldsymbol{\varphi}'_{\boldsymbol{\gamma\beta}}(\mathbf{t}) > 0$. 这就证明了: 坐标图卡

(γ, V_γ) 和 (β, V_β) 在切空间 $\mathbf{T}_\mathbf{p}(M)$ 上确定的定向是相同的.

记 $\mathcal{P} = \{\mathbf{q} = \beta(\mathbf{t}) \in U_\beta : \exists\gamma \in \mathcal{C}(\mathbf{q} \in U_\gamma \text{ 且 } \det\varphi'_{\gamma\beta}(\mathbf{t}) > 0)\}$. 由于 $\det\varphi'_{\gamma\beta}(\mathbf{t})$ 是连续函数, $\mathcal{P}$ 是 U_β 上的开集.

根据本推论证明开始时证明的命题, 我们有

$$\forall\mathbf{q} = \beta(\mathbf{t}) \in \mathcal{P}\forall\delta \in \mathcal{C}\big(\mathbf{q} \in U_\delta \Longrightarrow \det\varphi'_{\delta\beta}(\mathbf{t}) > 0\big). \tag{13.4.1}$$

因 $\det\varphi'_{\delta\beta}(\mathbf{t}) \neq 0$, 有

$$\forall\mathbf{q} = \beta(\mathbf{t}) \in U_\beta \setminus \mathcal{P}\exists\delta \in \mathcal{C}\big(\mathbf{q} \in U_\delta \Longrightarrow \det\varphi'_{\delta\beta}(\mathbf{t}) < 0\big).$$

也因 $\det\varphi'_{\gamma\beta}(\mathbf{t})$ 是连续函数, $U_\beta \setminus \mathcal{P}$ 是 U_β 上的开集.

因 $\mathbf{p} \in \mathcal{P}$, 故 $\mathcal{P} \neq \emptyset$, 而 $U_\beta = \beta(V_\beta)$ 是连通集, 所以, $\mathcal{P} = U_\beta$. 根据 (13.4.1), 推论的结论成立. □

推论 13.4.2 我们可以用以下等价的方式给出定向流形的定义: k-流形 M 称为定向的, 假若对于每个 $\mathbf{p} \in M$, 切空间 $\mathbf{T}_\mathbf{p}(M)$ 上给了一个定向 $\mathcal{O}_\mathbf{p}$, 且有一个坐标图卡 (α, V_α), 使得对应的坐标片 $U_\alpha \ni \mathbf{p}$, 又对于任何 $\mathbf{q} \in U_\alpha$, 坐标图卡 (α, V_α) 在 $\mathbf{q}$ 处的切空间 $\mathbf{T}_\mathbf{q}(M)$ 上产生的定向 (即由 $\alpha'(\mathbf{e}_1), \cdots, \alpha'(\mathbf{e}_k)$ 确定的定向) 恰与切空间 $\mathbf{T}_\mathbf{q}(M)$ 上给的定向 $\mathcal{O}_\mathbf{q}$ 一致. 流形 M 及满足以上条件的切空间族 $\{\mathbf{T}_\mathbf{p}(M)\}$ 上给定的一个定向族 $\{\mathcal{O}_\mathbf{p}\}$ 称为一个**定向流形**. 顺便指出, 我们可以要求每个坐标图卡 (α, V_α) 中的 V_α 是连通开集而不失一般性.

证 推论 13.4.1 的推论. □

命题 13.4.2 若 M 是可定向 k- 流形, 则 M 至少有两个定向. 若 M 是连通的,M 的定向只有两个.

证 设 $\mathcal{O} = \{(\alpha, V_\alpha)\}$ 是可定向 k- 流形 M 的一组坐标图卡, 它满足定义 13.4.4 中的条件 (1) 和 (2). 设 M 的坐标图卡 (λ, W) 具有如下性质: 若它的坐标片与 $\mathcal{O}$ 中的一个坐标图卡 (α, V_α) 的坐标片相交, 则在两个坐标片之交的任何点 $\mathbf{p} = \lambda(\mathbf{s}) = \alpha(\mathbf{t}) \in \lambda(W) \cap \alpha(V_\alpha)$ 处的切空间上两个坐标图卡确定同样的定向, 换言之, $\big(d\lambda_\mathbf{s}(\mathbf{e}_1), \cdots, d\lambda_\mathbf{s}(\mathbf{e}_k)\big)$ 与 $\big(d\alpha_\mathbf{t}(\mathbf{e}_1), \cdots, d\alpha_\mathbf{t}(\mathbf{e}_k)\big)$ 在 $\mathbf{T}_\mathbf{p}(M)$ 上确定同样的定向. 所有这样的坐标图卡构成的集合是 $\mathcal{O}$ 的扩张, 它是满足定义 13.4.4 中的条件 (1),(2) 和 (3) 的坐标图卡组. 为了不使记号过于累赘, 以下我们干脆假定:$\mathcal{O}$ 满足定义 13.4.4 中的条件 (1),(2) 和 (3). 按照流形的定向的定义, 可

定向流形上至少有一个定向. 设 $(\boldsymbol{\alpha}, V_{\boldsymbol{\alpha}})$ 是一个 M 上的坐标图卡, 其中 $V_{\boldsymbol{\alpha}}$ 是 $\mathbf{R}^k$ 或 $\mathbf{R}^k_+$ 的原点 $\mathbf{0}$ 的一个开邻域. 令

$$\widetilde{V}_{\widetilde{\boldsymbol{\alpha}}} = \{\mathbf{t} = (t_1, t_2, \cdots, t_k) : (-t_1, t_2, \cdots, t_k) \in V_{\boldsymbol{\alpha}}\}$$

和

$$\widetilde{\boldsymbol{\alpha}}(t_1, t_2 \cdots, t_k) = \boldsymbol{\alpha}(-t_1, t_2, \cdots, t_k).$$

(值得注意的是, 在这里我们用到了定义 13.1.2 的条件 (1) 中关于 $k=1$ 的情形的特殊处理!) 易见, 坐标图卡 $(\boldsymbol{\alpha}, V_{\boldsymbol{\alpha}})$ 和 $(\widetilde{\boldsymbol{\alpha}}, \widetilde{V}_{\widetilde{\boldsymbol{\alpha}}})$ 的坐标片相同:$\widetilde{U}_{\widetilde{\boldsymbol{\alpha}}} = U_{\boldsymbol{\alpha}}$ 且在这共同的坐标片的每一点的切空间上, 坐标图卡 $(\boldsymbol{\alpha}, V_{\boldsymbol{\alpha}})$ 和 $(\widetilde{\boldsymbol{\alpha}}, \widetilde{V}_{\widetilde{\boldsymbol{\alpha}}})$ 所确定的定向恰恰相反. 不难证明, $\widetilde{\mathcal{O}} = \{(\widetilde{\boldsymbol{\alpha}}, \widetilde{V}_{\widetilde{\boldsymbol{\alpha}}}) : (\boldsymbol{\alpha}, V_{\boldsymbol{\alpha}}) \in \mathcal{O}\}$ 是 M 上满足定义 13.4.4 中的条件 (1),(2) 和 (3) 的一个坐标图卡组, 它确定了一个与 $\mathcal{O}$ 不同的定向, 称为 $\mathcal{O}$ 的反定向. 这就证明了 M 上至少有两个定向.

假若 M 连通,$\mathcal{O}$ 和 $\mathcal{O}'$ 是 M 上的两个定向. 对于任何 $(\boldsymbol{\alpha}, V_{\boldsymbol{\alpha}}) \in \mathcal{O}$ 和 $(\boldsymbol{\beta}, V_{\boldsymbol{\beta}}) \in \mathcal{O}'$, 以及 $\mathbf{p} = \boldsymbol{\alpha}(\mathbf{t}) = \boldsymbol{\beta}(\mathbf{u}) \in \boldsymbol{\alpha}(V_\alpha) \cap \boldsymbol{\beta}(V_\beta)$, 令 $\varepsilon_{\boldsymbol{\alpha\beta}}(\mathbf{p}) = \operatorname{sgn} \det \boldsymbol{\varphi}'_{\boldsymbol{\alpha\beta}}(\mathbf{u})$. 易见,$\varepsilon_{\boldsymbol{\alpha\beta}}(\mathbf{p})$ 在 $U_{\boldsymbol{\alpha}} \cap U_{\boldsymbol{\beta}}$ 上是连续函数. 若 $(\boldsymbol{\gamma}, V_{\boldsymbol{\gamma}}) \in \mathcal{O}$ 和 $(\boldsymbol{\delta}, V_{\boldsymbol{\delta}}) \in \mathcal{O}'$ 是 $\mathbf{p}$ 点处的两个坐标图卡, 以及 $\mathbf{p} = \boldsymbol{\gamma}(\mathbf{s}) = \boldsymbol{\delta}(\mathbf{v}) \in \boldsymbol{\gamma}(V_\gamma) \cap \boldsymbol{\delta}(V_\delta)$. 因 $\boldsymbol{\varphi}_{\boldsymbol{\gamma\delta}}(\mathbf{v}) = \boldsymbol{\varphi}_{\boldsymbol{\gamma\alpha}} \circ \boldsymbol{\varphi}_{\boldsymbol{\alpha\beta}} \circ \boldsymbol{\varphi}_{\boldsymbol{\beta\delta}}(\mathbf{v})$(请同学自行证明). 根据锁链法则, 我们有 $\varepsilon_{\boldsymbol{\alpha\beta}}(\mathbf{p}) = \varepsilon_{\boldsymbol{\gamma\delta}}(\mathbf{p})$, 即 $\varepsilon_{\boldsymbol{\alpha\beta}}(\mathbf{p})$ 只依赖于 $\mathbf{p}$, 而不依赖于坐标图卡 $(\boldsymbol{\alpha}, V_{\boldsymbol{\alpha}}) \in \mathcal{O}$ 和 $(\boldsymbol{\beta}, V_{\boldsymbol{\beta}}) \in \mathcal{O}'$ 的选择. 故可在整个 M 上定义一个函数 $\varepsilon(\mathbf{p}) = \varepsilon_{\boldsymbol{\alpha\beta}}(\mathbf{p})$, 其中 $(\boldsymbol{\alpha}, V_{\boldsymbol{\alpha}}) \in \mathcal{O}$ 和 $(\boldsymbol{\beta}, V_{\boldsymbol{\beta}}) \in \mathcal{O}'$, 且它们的坐标片都含有 $\mathbf{p}$. 函数 $\varepsilon(\mathbf{p})$ 在 M 上连续, 值域为 $\{1, -1\}$. 今 M 连通,ε 在 M 上或恒等于 1, 或恒等于 -1. 因此,$\mathcal{O}' = \mathcal{O}$ 或 $\mathcal{O}' = \widetilde{\mathcal{O}}$. □

引理 13.4.2 若流形 M 可定向, 则 ∂M 亦然.

证 一维流形的边界是零维流形, 后者必可定向. 今设 M 是 k-流形,$k > 1$. 证明的思路与命题 13.1.2 及命题 13.1.3 的证明思路相仿. 设 $\mathbf{p} \in \partial M$,$(\boldsymbol{\alpha}, V_{\boldsymbol{\alpha}})$ 是流形 M 在点 $\mathbf{p}$ 处的坐标图卡. 令

$$\hat{V}_{\boldsymbol{\alpha}} = \{\mathbf{u} = (u_1, \cdots, u_{k-1}) : (\mathbf{u}, 0) = (u_1, \cdots, u_{k-1}, 0) \in V_{\boldsymbol{\alpha}}\},$$

$$\hat{\boldsymbol{\alpha}}(\mathbf{u}) = \boldsymbol{\alpha}(\mathbf{u}, 0).$$

设 $(\boldsymbol{\beta}, V_{\boldsymbol{\beta}})$ 是流形 M 在点 $\mathbf{p}$ 处的坐标图卡, 则 $V_{\boldsymbol{\alpha\beta}}$ 和 $V_{\boldsymbol{\beta\alpha}}$ 都是 $\mathbf{R}^k_+$ 的开集. 因此, 我们有 $\forall \mathbf{t} \in V_{\boldsymbol{\alpha\beta}} (x_k(\boldsymbol{\varphi}_{\boldsymbol{\alpha\beta}}(\mathbf{t})) \geqslant 0)$, 且 $x_k(\boldsymbol{\varphi}_{\boldsymbol{\alpha\beta}}(\mathbf{t})) = 0$ 当且仅当 $t_k = 0$(参看命题 13.1.2). 故

$$\mathbf{t} \in V_{\boldsymbol{\alpha\beta}} \text{ 且 } t_k = 0 \Longrightarrow \frac{\partial x_k(\boldsymbol{\varphi}_{\boldsymbol{\alpha\beta}})}{\partial t_k}(\mathbf{t}) \geqslant 0,$$

而

$$\mathbf{t} \in V_{\boldsymbol{\alpha\beta}},\ t_k = 0,\ 1 \leqslant i \leqslant k-1 \Longrightarrow \frac{\partial x_k(\boldsymbol{\varphi}_{\boldsymbol{\alpha\beta}})}{\partial t_i}(\mathbf{t}) = 0.$$

这就是说, 映射 $\boldsymbol{\varphi}_{\boldsymbol{\alpha\beta}}$ 在 $\mathbf{t} \in V_{\boldsymbol{\alpha\beta}}$ 且 $t_k = 0$ 处的 Jacobi 矩阵的最后一行除了最后一个元素外全为零. 因此

$$\det \boldsymbol{\varphi}'_{\boldsymbol{\alpha\beta}}(\mathbf{u}, 0) = \det \boldsymbol{\varphi}'_{\hat{\boldsymbol{\alpha}}\hat{\boldsymbol{\beta}}}(\mathbf{u}) \cdot \frac{\partial x_k(\boldsymbol{\varphi}_{\boldsymbol{\alpha\beta}})}{\partial t_k}(\mathbf{t}, 0),$$

故 $\hat{\boldsymbol{\alpha}}$ 和 $\hat{\boldsymbol{\beta}}$ 在切空间 $\mathbf{T_p}(\partial M)$ 上产生同样的定向, 当且仅当 $\boldsymbol{\alpha}$ 和 $\boldsymbol{\beta}$ 在切空间 $\mathbf{T_p}(M)$ 上产生同样的定向. □

关于可定向流形边界的正定向约定　设 M 是个定向 k- 流形,$\mathcal{O}$ 是它的定向. ∂M 上的正定向 $\hat{\mathcal{O}}$ 是如下定义的定向: (下面使用命题 13.4.2 和引理 13.4.2 的符号,$(\boldsymbol{\alpha}, V_{\boldsymbol{\alpha}})$ 表示 M 的在点 $\mathbf{p} \in \partial M$ 处的坐标图卡.)

(1) 当 k 是偶数时,$(\boldsymbol{\alpha}, V_{\boldsymbol{\alpha}}) \in \mathcal{O} \Longrightarrow (\hat{\boldsymbol{\alpha}}, \hat{V}_{\hat{\boldsymbol{\alpha}}}) \in \hat{\mathcal{O}}$;

(2) 当 k 是奇数且非 1 时,$(\boldsymbol{\alpha}, V_{\boldsymbol{\alpha}}) \in \mathcal{O} \Longrightarrow (\widetilde{\hat{\boldsymbol{\alpha}}}, \widetilde{\hat{V}}_{\widetilde{\hat{\boldsymbol{\alpha}}}}) \in \hat{\mathcal{O}}$;

(3) 当 $k = 1$ 时,$(\boldsymbol{\alpha}, V_{\boldsymbol{\alpha}}) \in \mathcal{O}$ 且 $V_{\boldsymbol{\alpha}} \subset (-\infty, 0] \Longrightarrow \mathbf{p} \in \partial M$ 的 (定向) 值 =1;$(\boldsymbol{\alpha}, V_{\boldsymbol{\alpha}}) \in \mathcal{O}$ 且 $V_{\boldsymbol{\alpha}} \subset [0, \infty) \Longrightarrow \mathbf{p} \in \partial M$ 的 (定向) 值 $= -1$.

注　这个约定使得可定向流形的正定向及其边界的正定向之间有了一个匹配关系. 这个约定的匹配形式初看起来有点古怪, 在讨论了命题 13.4.5 及 Stokes 公式的证明后, 便会明白作出如此匹配约定的缘由.

命题 13.4.3　若 M 是 $\mathbf{R}^n$ 中的 n- 流形, 则 M 是可定向的.

证　$\mathbf{R}^n$ 中的 n- 流形 M 是 $\mathbf{R}^n$ 中的开集, 或夹在某开集与它的的闭包之间的集, 且 M 每个 (在 $\mathbf{R}^n$ 中的拓扑) 边界点的邻域是不可能与 $\mathbf{R}^n_+$ 的内点的邻域微分同胚的 (这是反函数定理的推论, 请同学补出证明的细节). 故 M 的每个 (在 $\mathbf{R}^n$ 中的拓扑) 边界点必有一个邻域与 $\mathbf{R}^n_+$ 的边界点的一个邻域之间微分同胚. 在 $\mathbf{p} \in M$ 是 M 的内点的情形, 恒等映射在点 $\mathbf{p}$(在 $\mathbf{R}^n$ 中的) 一个充分小的开邻域上的限制和这个充分小的开邻域组成的二元组构成 $\mathbf{p}$ 点的一个坐标图卡. 当 $\mathbf{p}$ 点在 M 的 (流形) 边界上时, 我们取坐标图卡 $(\boldsymbol{\alpha}, V_{\boldsymbol{\alpha}})$, 其中 $V_{\boldsymbol{\alpha}}$ 是

$\mathbf{R}^n_+$ 的边界点的一个邻域而 $\boldsymbol{\alpha}$ 是对应的微分同胚, 并使得 $\det \boldsymbol{\alpha}' > 0$ (这可以通过对 $\mathbf{R}^n_+$ 的有序标准基的适当重排而获得). 这样得到的坐标图卡组的坐标片全体覆盖 M, 且任两个坐标图卡在坐标片的公共部分的转移函数的 Jacobi 行列式大于零. 它们便可确定 M 上的一个定向. □

注 命题 13.4.3 的证明中确定的定向常称为 n- 流形 M 的标准定向.

一般来说,$k < n$ 时的 $\mathbf{R}^n$ 中的 k- 流形不一定可定向. 在习题中将要求证明:Möbius 带是不可定向的. 下面的命题将阐明 $\mathbf{R}^n$ 中的 $(n-1)$- 流形 (又称超曲面) 可定向的充分必要条件. 为了讨论它, 我们愿意回忆一下法向量的概念.

M 在点 $\mathbf{p} \in M$ 处的一个法向量是一个与 $\mathbf{p}$ 点处的切空间 $\mathbf{T_p}(M)$ 垂直的向量.M 上的连续的单位法向量场 $\boldsymbol{\nu}(\mathbf{p})$ 是 $M \to \mathbf{R}^n$ 的连续映射:$M \ni \mathbf{p} \mapsto \boldsymbol{\nu}(\mathbf{p}) \in \mathbf{R}^n$, 其中 $\boldsymbol{\nu}(\mathbf{p})$ 是 M 在点 $\mathbf{p} \in M$ 处的一个单位法向量. 请同学参看 §8.8 的练习 8.8.1, 特别是该题的 (vi) 与 (vii).

命题 13.4.4 设 $n \geqslant 2$. 若 M 是 $\mathbf{R}^n$ 中的可定向 $(n-1)$- 流形 (或称可定向超曲面), 则 M 的定向和 M 上的连续的单位法向量场 $\boldsymbol{\nu}(\mathbf{p})$ 之间有个一一对应, 使得 $(\boldsymbol{\nu}(\mathbf{p}), \boldsymbol{\alpha}'(\mathbf{t})\mathbf{e}_1, \cdots, \alpha'(\mathbf{t})\mathbf{e}_{n-1})$ 构成 $\mathbf{R}^n$ 中的一个正定向的 (即与 $\mathbf{R}^n$ 中的标准基向量组同定向的) 线性无关向量组, 其中 $(\boldsymbol{\alpha}, V_{\boldsymbol{\alpha}})$ 是 M 在 $\mathbf{p} = \boldsymbol{\alpha}(\mathbf{t})$ 点处的一个坐标图卡, 而 $(\mathbf{e}_1, \cdots, \mathbf{e}_{n-1})$ 是 $V_{\boldsymbol{\alpha}}$ 所在的空间 $\mathbf{R}^{n-1}$ 中的标准基向量组, 它确定的定向是 $V_{\boldsymbol{\alpha}}$ 所在的空间 $\mathbf{R}^{n-1}$ 中 (标准基向量组确定的) 的正定向.

证 设 $(\boldsymbol{\alpha}, V_{\boldsymbol{\alpha}})$ 是 $\mathbf{R}^n$ 中的 $(n-1)$- 流形 M 的一个坐标图卡,$\mathbf{p} = \boldsymbol{\alpha}(\mathbf{t}) \in U_{\boldsymbol{\alpha}} = \boldsymbol{\alpha}(V_{\boldsymbol{\alpha}})$, $(\mathbf{e}_1, \cdots, \mathbf{e}_{n-1})$ 是 $V_{\boldsymbol{\alpha}}$ 所在的空间 $\mathbf{R}^{n-1}$ 中的标准基向量组. 则 $(\boldsymbol{\alpha}'(\mathbf{t})\mathbf{e}_1, \cdots, \boldsymbol{\alpha}'(\mathbf{t})\mathbf{e}_{n-1})$ 是 $(n-1)$ 个线性无关的 n 维向量. 把这 $(n-1)$ 个线性无关的 n 维向量记为列向量:

$$\boldsymbol{\alpha}'(\mathbf{t})\mathbf{e}_j = \begin{bmatrix} a_{1j} \\ a_{2j} \\ \vdots \\ a_{nj} \end{bmatrix}, \qquad j = 1, 2, \cdots, n-1.$$

以这 $(n-1)$ 个列向量为列构作一个 $n \times (n-1)$ 的矩阵:

$$A=\begin{bmatrix} a_{11} & a_{12} & \cdots & a_{1,n-1} \\ a_{21} & a_{22} & \cdots & a_{2,n-1} \\ \vdots & \vdots & & \vdots \\ a_{n1} & a_{n2} & \cdots & a_{n,n-1} \end{bmatrix},$$

它的秩等于 $n-1$, 换言之, 至少有一个 $(n-1)$ 阶子式非零.A 共有 n 个 $(n-1)$ 阶子式:

$$A_j=\begin{bmatrix} a_{11} & a_{12} & \cdots & a_{1,n-1} \\ \vdots & \vdots & & \vdots \\ a_{j-1,1} & a_{j-1,2} & \cdots & a_{j-1,,n-1} \\ a_{j+1,1} & a_{j+1,2} & \cdots & a_{j+1,,n-1} \\ \vdots & \vdots & & \vdots \\ a_{n1} & a_{n2} & \cdots & a_{n,n-1} \end{bmatrix}.$$

令 $s_j=(-1)^{j+1}\det A_j$, 因至少有一个 s_j 非零,$\sum\limits_{j=1}^{n} s_j^2\neq 0$. 故以下的列向量有意义:

$$\boldsymbol{\nu}(\mathbf{p})=\frac{1}{\sqrt{\sum\limits_{j=1}^{n} s_j^2}}\begin{bmatrix} s_1 \\ s_2 \\ \vdots \\ s_n \end{bmatrix}.$$

$\boldsymbol{\nu}(\mathbf{p})$ 是一个单位向量, 它在 $U_{\boldsymbol{\alpha}}$ 上相对于 $\mathbf{p}$ 是连续的. 对于任何 $j\in\{1,\cdots,n-1\}$, 我们有

$$\begin{vmatrix} a_{11} & a_{12} & \cdots & a_{1,n-1} & a_{1j} \\ a_{21} & a_{22} & \cdots & a_{2,n-1} & a_{2j} \\ \vdots & \vdots & & \vdots & \vdots \\ a_{n1} & a_{n2} & \cdots & a_{n,n-1} & a_{nj} \end{vmatrix}=0.$$

由行列式按一列展开的定理,$\boldsymbol{\nu}(\mathbf{p})$ 与矩阵 A 的 $(n-1)$ 个列向量正交, 换言之,$\boldsymbol{\nu}(\mathbf{p})$ 是流形 M 的一个单位法向量. 因此以下的 n 个向量构成

一个线性无关的向量组 (请同学补出理由):

$$(\boldsymbol{\nu}(\mathbf{p}), \boldsymbol{\alpha}'(\mathbf{t})\mathbf{e}_1, \cdots, \alpha'(\mathbf{t})\mathbf{e}_{n-1}).$$

再根据行列式按一列展开的定理, 以上 n 个列向量 (按如上所示的顺序) 构成矩阵的行列式应为 $\sqrt{\sum_{j=1}^{n} s_j^2}$. 因而这个行列式大于零. 所以这个向量组确定的定向与 $\mathbf{R}^n$ 中的标准正定向相同. 若 $(\boldsymbol{\beta}, V_{\boldsymbol{\beta}})$ 和 $(\boldsymbol{\alpha}, V_{\boldsymbol{\alpha}})$ 是 $\mathbf{p}$ 点的给出切空间 $\mathbf{T}_{\mathbf{p}}(M)$ 上同样定向的两个坐标图卡. 记

$$\boldsymbol{\beta}'(\mathbf{t})\mathbf{e}_j = \begin{bmatrix} b_{1j} \\ b_{2j} \\ \vdots \\ b_{nj} \end{bmatrix}, \qquad j = 1, 2, \cdots, n-1$$

及

$$B = \begin{bmatrix} b_{11} & b_{12} & \cdots & b_{1,n-1} \\ b_{21} & b_{22} & \cdots & b_{2,n-1} \\ \vdots & \vdots & & \vdots \\ b_{n1} & b_{n2} & \cdots & b_{n,n-1} \end{bmatrix},$$

因 $(\boldsymbol{\beta}, V_{\boldsymbol{\beta}})$ 和 $(\boldsymbol{\alpha}, V_{\boldsymbol{\alpha}})$ 是 $\mathbf{p}$ 点的给出切空间 $\mathbf{T}_{\mathbf{p}}(M)$ 上同样定向, 有一个行列式取正值的 $(n-1) \times (n-1)$ 的矩阵 $K = (k_{ij})_{\substack{1 \leqslant i \leqslant n-1 \\ 1 \leqslant j \leqslant n-1}}$, 使得矩阵 A 与矩阵 B 之间有关系:$A = BK$. 记

$$B_j = \begin{bmatrix} b_{11} & b_{12} & \cdots & b_{1,n-1} \\ \vdots & \vdots & & \vdots \\ b_{j-1,1} & b_{j-1,2} & \cdots & b_{j-1,,n-1} \\ b_{j+1,1} & b_{j+1,2} & \cdots & b_{j+1,,n-1} \\ \vdots & \vdots & & \vdots \\ b_{n1} & b_{n2} & \cdots & b_{n,n-1} \end{bmatrix},$$

则 A_j 与 B_j 之间也有关系:$A_j = B_j K$. 它们的行列式之间有以下关系:

$$\det A_j = \det B_j \cdot \det K, \quad 且 \quad \det K > 0.$$

从构作向量 $\boldsymbol{\nu}(\mathbf{p})$ 的公式可知: 由坐标图卡 $(\boldsymbol{\beta}, V_{\boldsymbol{\beta}})$ 出发得到的单位法向量就是由坐标图卡 $(\boldsymbol{\alpha}, V_{\boldsymbol{\alpha}})$ 出发得到的单位法向量 $\boldsymbol{\nu}(\mathbf{p})$. 若 $\mathcal{O}$ 是 M 的一个定向, 从 $\mathcal{O}$ 的任何坐标图卡 $(\boldsymbol{\alpha}, V_{\boldsymbol{\alpha}})$ 出发得到的单位法向量 $\boldsymbol{\nu}(\mathbf{p})$ 将构成一个在 M 上定义的连续的单位法向量场 $\boldsymbol{\nu}(\mathbf{p})$. 反之, 若 M 上有一个连续的单位法向量场 $\boldsymbol{\nu}(\mathbf{p})$, 记 $\mathcal{O}$ 是所有满足以下条件的坐标图卡 $(\boldsymbol{\alpha}, V_{\boldsymbol{\alpha}})$ 构成的集合:

$$\forall \mathbf{t} \in V_{\boldsymbol{\alpha}} \Big(\big(\boldsymbol{\nu}(\boldsymbol{\alpha}(\mathbf{t}))\big), \boldsymbol{\alpha}'(\mathbf{t})\mathbf{e}_1, \cdots, \boldsymbol{\alpha}'(\mathbf{t})\mathbf{e}_{n-1})\text{确定的恰是}\mathbf{R}^n\text{中的标准定向}\Big).$$

根据前面讨论中关于由坐标图卡 $(\boldsymbol{\alpha}, V_{\boldsymbol{\alpha}})$ 出发得到的单位法向量 $\boldsymbol{\nu}(\mathbf{p})$ 的公式我们得到: 若 $(\boldsymbol{\beta}, V_{\boldsymbol{\beta}})$ 和 $(\boldsymbol{\alpha}, V_{\boldsymbol{\alpha}})$ 皆满足上述条件, 则它们在切空间 $\mathbf{T}_{\mathbf{p}}(M)$ 上确定同样的定向. 因此, $\mathcal{O}$ 的确是 M 的一个定向. □

命题 13.4.5　设 $n \geqslant 2$. 若 M 是 $\mathbf{R}^n$ 中的一个 n 维流形,M 上的定向是标准定向, 则 ∂M 上的对应于 M 上标准定向的正定向所对应的单位法向量关于 M 是向外的.

证　设 $\mathbf{p}_0 \in \partial M$, 按命题 13.4.3 的证明中的讨论,$M$ 在 $\mathbf{p}_0$ 点处的标准定向的坐标图卡 $(\boldsymbol{\alpha}, V_{\boldsymbol{\alpha}})$ 中的 $V_{\boldsymbol{\alpha}} \subset \mathbf{R}^n_+$, 且

$$\mathbf{p}_0 = \boldsymbol{\alpha}(\mathbf{t}_0), \quad \mathbf{t}_0 = (t_1, \cdots, t_{n-1}, 0), \quad \det \boldsymbol{\alpha}'(\mathbf{t}_0) > 0.$$

设 $\mathbf{e}_1, \cdots, \mathbf{e}_n$ 是 $\mathbf{R}^n$ 的标准基. 因 $\det \boldsymbol{\alpha}'(\mathbf{t}_0) > 0$,$M$ 在 $\mathbf{p}_0$ 点处的标准定向是由 $\boldsymbol{\alpha}'(\mathbf{t}_0)\mathbf{e}_1, \cdots, \boldsymbol{\alpha}'(\mathbf{t}_0)\mathbf{e}_n$ 确定的. 另一方面, $\boldsymbol{\alpha}'(\mathbf{t}_0)\mathbf{e}_1, \cdots, \boldsymbol{\alpha}'(\mathbf{t}_0)\mathbf{e}_{n-1}$ 构成 ∂M 在点 $\mathbf{p}_0$ 处的切空间的一组基, 因 $V_{\boldsymbol{\alpha}} \subset \mathbf{R}^n_+$,$\boldsymbol{\alpha}'(\mathbf{t}_0)\mathbf{e}_n$ 是指向 M 内部的一个向量. 确切的理由如下:$\mathbf{e}_n$ 是 $\mathbf{R}^n_+$ 在 $\mathbf{t}_0$ 处的单位内法向量. 当正数 ε 充分小时,$\boldsymbol{\alpha}(\mathbf{t}_0 + \varepsilon\mathbf{e}_n) \in M$, 向量 $\boldsymbol{\alpha}(\mathbf{t}_0 + \varepsilon\mathbf{e}_n) - \boldsymbol{\alpha}(\mathbf{t}_0)$ 是由边界点 $\boldsymbol{\alpha}(\mathbf{t}_0)$ 指向 M 内部的. 因为

$$\boldsymbol{\alpha}'(\mathbf{t}_0)\mathbf{e}_n = \lim_{\varepsilon \to 0+} \frac{\boldsymbol{\alpha}(\mathbf{t}_0 + \varepsilon\mathbf{e}_n) - \boldsymbol{\alpha}(\mathbf{t}_0)}{\varepsilon},$$

$\boldsymbol{\alpha}'(\mathbf{t}_0)\mathbf{e}_n$ 是不可能指向 M 外部的. 又因 $\boldsymbol{\alpha}'(\mathbf{t}_0)$ 是非奇异的,$\boldsymbol{\alpha}'(\mathbf{t}_0)\mathbf{e}_n$ 不可能表示成 $\boldsymbol{\alpha}'(\mathbf{t}_0)\mathbf{e}_1, \cdots, \boldsymbol{\alpha}'(\mathbf{t}_0)\mathbf{e}_{n-1}$ 的线性组合, 所以它不可能是 ∂M 的切向量, 换言之, 它必是指向 M 内部的. 按照**关于可定向流形的边界的正定向的约定**, 当 n 为偶数时,$\boldsymbol{\alpha}'(\mathbf{t}_0)\mathbf{e}_1, \cdots, \boldsymbol{\alpha}'(\mathbf{t}_0)\mathbf{e}_{n-1}$ 确定 ∂M 的正定向; 当 n 为奇数时,$\boldsymbol{\alpha}'(\mathbf{t}_0)\mathbf{e}_1, \cdots, \boldsymbol{\alpha}'(\mathbf{t}_0)\mathbf{e}_{n-1}$ 确定 ∂M 的反定向.

设 $\boldsymbol{\nu}(\mathbf{p}_0)$ 是 ∂M 在 $\mathbf{p}_0$ 点处的指向 M 外部的法向量, 因 $\boldsymbol{\alpha}'(\mathbf{t}_0)\mathbf{e}_n$ 是在 $\mathbf{p}_0 \in \partial M$ 点处的指向 M 内部的向量, 所以, 以 $\boldsymbol{\alpha}'(\mathbf{t}_0)\mathbf{e}_1, \cdots, \boldsymbol{\alpha}'(\mathbf{t}_0)\mathbf{e}_{n-1}, \boldsymbol{\alpha}'(\mathbf{t}_0)\mathbf{e}_n$ 为列向量的行列式与以 $\boldsymbol{\alpha}'(\mathbf{t}_0)\mathbf{e}_1, \cdots, \boldsymbol{\alpha}'(\mathbf{t}_0)\mathbf{e}_{n-1}, \boldsymbol{\nu}(\mathbf{p}_0)$ 为列向量的行列式的符号相反. 已知前者为正号, 故以 $\boldsymbol{\alpha}'(\mathbf{t}_0)\mathbf{e}_1, \cdots, \boldsymbol{\alpha}'(\mathbf{t}_0)\mathbf{e}_{n-1}, \boldsymbol{\nu}(\mathbf{p}_0)$为列向量的行列式是负的. 因此, 以$\boldsymbol{\nu}(\mathbf{p}_0), \boldsymbol{\alpha}'(\mathbf{t}_0)\mathbf{e}_1, \cdots, \boldsymbol{\alpha}'(\mathbf{t}_0)\mathbf{e}_{n-1}$ 为列向量的行列式的符号是 $(-1)^n$. 现在我们可以将所得结果总结如下:

(i) 当 n 为偶数时, 以 $\boldsymbol{\nu}(\mathbf{p}_0), \boldsymbol{\alpha}'(\mathbf{t}_0)\mathbf{e}_1, \cdots, \boldsymbol{\alpha}'(\mathbf{t}_0)\mathbf{e}_{n-1}$ 为列向量的行列式的符号是 $(+)$. 这恰是 $\boldsymbol{\alpha}'(\mathbf{t}_0)\mathbf{e}_1, \cdots, \boldsymbol{\alpha}'(\mathbf{t}_0)\mathbf{e}_{n-1}, \boldsymbol{\alpha}'(\mathbf{t}_0)\mathbf{e}_n$ 为列向量的行列式的符号, 换言之,$\boldsymbol{\nu}(\mathbf{p}_0), \boldsymbol{\alpha}'(\mathbf{t}_0)\mathbf{e}_1, \cdots, \boldsymbol{\alpha}'(\mathbf{t}_0)\mathbf{e}_{n-1}$ 确定的定向恰是 M 在 $\mathbf{p}_0$ 处的正定向.

(ii) 当 n 为奇数时, 以 $\boldsymbol{\nu}(\mathbf{p}_0), \boldsymbol{\alpha}'(\mathbf{t}_0)\mathbf{e}_1, \cdots, \boldsymbol{\alpha}'(\mathbf{t}_0)\mathbf{e}_{n-1}$ 为列向量的行列式的符号是 $(-)$. 这恰与 $\boldsymbol{\alpha}'(\mathbf{t}_0)\mathbf{e}_1, \cdots, \boldsymbol{\alpha}'(\mathbf{t}_0)\mathbf{e}_{n-1}, \boldsymbol{\alpha}'(\mathbf{t}_0)\mathbf{e}_n$ 为列向量的行列式的符号相反, 换言之,$\boldsymbol{\nu}(\mathbf{p}_0), \boldsymbol{\alpha}'(\mathbf{t}_0)\mathbf{e}_1, \cdots, \boldsymbol{\alpha}'(\mathbf{t}_0)\mathbf{e}_{n-1}$ 确定的定向恰是 M 在 $\mathbf{p}_0$ 处的反定向. 一个等价的表述是:$\boldsymbol{\nu}(\mathbf{p}_0), \widetilde{\boldsymbol{\alpha}}'(\mathbf{t}_0)\mathbf{e}_1, \cdots, \widetilde{\boldsymbol{\alpha}}'(\mathbf{t}_0)\mathbf{e}_{n-1}$ 确定的定向恰是 M 在 $\mathbf{p}_0$ 处的正定向 (注意:$\widetilde{\boldsymbol{\alpha}}(t_1, t_2, \cdots, t_n) = \boldsymbol{\alpha}(-t_1, t_2, \cdots, t_n)$).

由以上总结中的结论, 再根据**关于可定向流形的边界的正定向的约定**和命题 13.4.4, 命题 13.4.5 得证. □

注 ∂M 在 $\mathbf{p}_0$ 点处的指向 M 外部的法向量的几何涵义是简单明了的, 而**关于可定向流形边界的正定向约定**初看上去是有点古怪的. 其实, 这个有点古怪的约定的背景 (在 $k = n$ 时) 就是那个简单明了的 M 的外法向量的几何涵义. 等到我们证明了 Stokes 定理后, 这个有点古怪的**关于可定向流形边界的正定向约定**的合理性就更清楚了.

练 习

13.4.1 试证: Möbius 带是不可定向的.

13.4.2 设 $0 < a < b$, 映射 $\mathbf{g} : \mathbf{R}^2 \to \mathbf{R}^4$ 定义如下:

$$\mathbf{g}(s,t) = \begin{bmatrix} (b + a\cos t)\cos s \\ (b + a\cos t)\sin s \\ a\sin t \sin(s/2) \\ a\sin t\cos(s/2) \end{bmatrix},$$

映射 $\mathbf{g}$ 的像 K 称为 **Klein 瓶**, 它是 $\mathbf{R}^4$ 中的 2 维流形. 试证:Klein 瓶是不可定向的.

13.4.3 设 M 是 $\mathbf{R}^n$ 中的一个定向的 1- 流形.(事实上, 任何 1- 流形都是可定向的, 本讲义不去证明它了.) 试证:M 上有一个连续的单位切向量场 $\mathbf{t}$, 且任何连续的单位切向量场 $\mathbf{t}$ 确定一个 M 的定向.

§13.5 约束条件下的极值问题

我们考虑一个很简单的极值问题: 周长为 $2p$ 的面积最大的长方形是什么样的长方形? 问题的数学表述是这样的:

求满足约束条件 $x+y=p$ 的极值问题 $f(x,y)=xy=\max$ 的解..

这个问题是一个满足某约束条件下的极值问题. 对于我们面临的问题, 可以用约束条件方程的解 $y=p-x$ 代入目标函数, 把原问题化为一个无约束条件的一元函数 $f(x,p-x)=xp-x^2$ 的极值问题, 然后对后者求解. 但有时约束条件的方程不易解开, 我们不得不另辟途径.

一般的约束条件下的极值问题是这样表述的: 寻找实值函数

$$y=f(\mathbf{x})\equiv f(x_1,\cdots,x_n) \tag{13.5.1}$$

在满足以下**约束条件**下的极值:

$$\begin{cases} F_1(x_1,\cdots,x_n) &= 0, \\ F_2(x_1,\cdots,x_n) &= 0, \\ \cdots\cdots\cdots\cdots\cdots & \cdots \\ F_m(x_1,\cdots,x_n) &= 0. \end{cases} \tag{13.5.2}$$

函数 f 常称为约束条件下极值问题的**目标函数**. 我们假定函数 $f, F_1, F_2,\cdots,F_m$ 均光滑,$m\leqslant n$, 且函数 $F_1,F_2,\cdots,F_m$ 的 Jacobi 矩阵的秩在所考虑的区域内恒等于 m. 这时, 方程组 (13.5.2) 确定了一个 $(n-m)$ 维的流形 M. 点 $\mathbf{x}_0\in M$ 称为**函数f在M上的局部极值点**, 或称 **f在M上的限制$f|_M$的局部极值点**, 假若有点 $\mathbf{x}_0$ 在 M 上的一个邻域 U, 使得 $\forall\mathbf{x}\in U\big(f(\mathbf{x})\geqslant f(\mathbf{x}_0)\big)$(这时 $\mathbf{x}_0$ 称为**局部极小点**), 或 $\forall\mathbf{x}\in U\big(f(\mathbf{x})\leqslant f(\mathbf{x}_0)\big)$(这时 $\mathbf{x}_0$ 称为**局部极大点**). 寻求函数 f 在 M

上的局部极值点的问题称为**约束条件下的极值问题**, 简称**条件极值问题**. 以下定理给出条件极值问题的解所必须满足的一个条件.

定理 13.5.1 设 $D \subset \mathbf{R}^n$ 是 $\mathbf{R}^n$ 中的开集,$f : D \to \mathbf{R}$ 是光滑映射,$M \subset D$ 是个流形,$\mathbf{x}_0 \in M$ 不是 f 的**临界点**, 即 $f'(\mathbf{x}_0) \neq \mathbf{0}$, 而 N 是过 $\mathbf{x}_0$ 点的 f 的**等高流形**:

$$N = \{\mathbf{x} \in D : f(\mathbf{x}) = f(\mathbf{x}_0)\},$$

则 $\mathbf{x}_0$ 是 $f|_M$ 的局部极值点的必要条件是

$$\mathbf{T}_{\mathbf{x}_0}(M) \subset \mathbf{T}_{\mathbf{x}_0}(N). \tag{13.5.3}$$

证 设 $\mathbf{h} \in \mathbf{T}_{\mathbf{x}_0}(M)$, 则有一个光滑映射 $\gamma : (-\varepsilon, \varepsilon) \to M$, 使得 $\boldsymbol{\gamma}(0) = \mathbf{x}_0$, 而且

$$\boldsymbol{\gamma}'(0) = \mathbf{h}.$$

若 $\mathbf{x}_0$ 是 $f|_M$ 的极值, 则一元函数 $f\big(\boldsymbol{\gamma}(t)\big)$ 在 $t = 0$ 处达到极值. 由一元函数达到极值的必要条件, 有

$$df_{\mathbf{x}_0}\big(\boldsymbol{\gamma}'(0)\big) = df_{\mathbf{x}_0}(\mathbf{h}) = 0.$$

由命题 13.3.6,$\mathbf{T}_{\mathbf{x}_0}(N) = \{\mathbf{h} : df_{\mathbf{x}_0}(\mathbf{h}) = 0\}$. 包含关系 (13.5.3) 得证. □

注 1 若 $\mathbf{x}_0$ 是 f 的临界点, 则 $\mathbf{x}_0$ 很可能是 $f|_M$ 的极值点. 譬如说, 假若 $\mathbf{x}_0$ 是 f 的 (无约束条件的) 极值点 (这时 $\mathbf{x}_0$ 必是 f 的临界点),$\mathbf{x}_0$ 便一定是 $f|_M$ 的 (条件) 极值点 (请同学自行阐明理由).

注 2 若流形 M 在 $\mathbf{x}_0$ 的一个邻域内是由方程组 (13.5.2) 确定的, 则由命题 13.3.6 及其后的注 2, 切空间 $\mathbf{T}_{\mathbf{x}_0}(M)$ 是由满足以下方程组的全体向量 $\mathbf{h} = (h_1, \cdots, h_n)$ 组成的:

$$\begin{bmatrix} \dfrac{\partial F_1}{\partial x_1}(\mathbf{x}_0) & \dfrac{\partial F_1}{\partial x_2}(\mathbf{x}_0) & \cdots & \dfrac{\partial F_1}{\partial x_n}(\mathbf{x}_0) \\ \dfrac{\partial F_2}{\partial x_1}(\mathbf{x}_0) & \dfrac{\partial F_2}{\partial x_2}(\mathbf{x}_0) & \cdots & \dfrac{\partial F_2}{\partial x_n}(\mathbf{x}_0) \\ \vdots & \vdots & & \vdots \\ \dfrac{\partial F_m}{\partial x_1}(\mathbf{x}_0) & \dfrac{\partial F_m}{\partial x_2}(\mathbf{x}_0) & \cdots & \dfrac{\partial F_m}{\partial x_n}(\mathbf{x}_0) \end{bmatrix} \begin{bmatrix} h_1 \\ h_2 \\ \vdots \\ h_n \end{bmatrix} = \mathbf{0}. \tag{13.5.4}$$

另一方面, 切空间 $\mathbf{T}_{\mathbf{x}_0}(N)$ 则是由以下的方程确定的向量 $\mathbf{h}=(h_1,\cdots,h_n)$ 组成的:

$$\frac{\partial f}{\partial x_1}(\mathbf{x}_0)h_1+\frac{\partial f}{\partial x_2}(\mathbf{x}_0)h_2+\cdots+\frac{\partial f}{\partial x_n}(\mathbf{x}_0)h_n=0. \tag{13.5.5}$$

包含关系 (13.5.3) 意味着 (13.5.4) 的解必是 (13.5.5) 的解. 由线性代数知识,(13.5.4) 的解必是 (13.5.5) 的解等价于 (13.5.5) 的 $1\times n$ 的系数矩阵 (事实上是一个行向量) 必是 (13.5.4) 的系数矩阵的 (m 个) 行向量的线性组合, 换言之, 存在实数组 $\lambda_1,\cdots,\lambda_m$, 使得

$$\mathrm{grad}f(\mathbf{x}_0)=\sum_{i=1}^{m}\lambda_i\mathrm{grad}F_i(\mathbf{x}_0). \tag{13.5.6}$$

所以, 约束条件下的极值问题的解必须满足约束条件 (13.5.2) 和必要条件 (13,5,6) 组成的联立方程组. 为了更简洁地把这两个条件写出来, 引进函数:

$$L(\mathbf{x},\boldsymbol{\lambda})=f(\mathbf{x})-\sum_{i=1}^{m}\lambda_iF_i(\mathbf{x}). \tag{13.5.7}$$

L 是 $(n+m)$ 个自变量 $x_1,\cdots,x_n,\lambda_1,\cdots,\lambda_m$ 的函数. 联立方程组 (13.5.2) 和 (13,5,6) 恰可表示为

$$\begin{cases}\dfrac{\partial L}{\partial x_j}(\mathbf{x},\boldsymbol{\lambda})=\dfrac{\partial f}{\partial x_j}(\mathbf{x})-\displaystyle\sum_{i=1}^{m}\lambda_i\dfrac{\partial F_i}{\partial x_j}(\mathbf{x})=0 & (j=1,\cdots,n),\\ \dfrac{\partial L}{\partial \lambda_i}(\mathbf{x},\lambda)=-F_i(\mathbf{x})=0 & (i=1,\cdots,m).\end{cases} \tag{13.5.8}$$

将以上结果总结如下:L 是原目标函数与约束条件的函数的线性组合之差, 这个线性组合的系数 $\lambda_1,\cdots,\lambda_m$ 看成 L 的一部分自变量, 它们常称为 **Lagrange乘子**, 作为自变量 $x_1,\cdots,x_n,\lambda_1,\cdots,\lambda_m$ 的函数 L 称为 **Lagrange函数**. 约束条件下的极值问题的必要条件的寻求 (形式地) 化为求 Lagrange 函数 L 的临界点. 这个方法称为 **Lagrange乘子法**.

练　习

13.5.1　设 A 是个实对称 $n\times n$ 矩阵, 映射 $G:\mathbf{R}^n\to\mathbf{R}$ 定义为

$$G(\mathbf{t}) = \langle A\mathbf{t}, \mathbf{t}\rangle,$$

其中 $\langle\cdot,\cdot\rangle$ 表示 Euclid 空间 $\mathbf{R}^n$ 中的内积.

(i) $g: \mathbf{S}^{n-1} \to \mathbf{R}$ 是 G 在 $\mathbf{S}^{n-1} = \{\mathbf{x} \in \mathbf{R}^n : \langle\mathbf{x},\mathbf{x}\rangle = 1\}$ 上的限制. 试证:g 在 $\mathbf{S}^{n-1}$ 上必达到极大值与极小值. 且若 g 在点 $\mathbf{x} \in \mathbf{S}^{n-1}$ 处达到极大 (或极小), 则 $\mathbf{t}$ 是 A 的一个特征向量.

(ii) 设 $\mathbf{x}_1, \cdots, \mathbf{x}_j$ 是 A 的特征向量, 试证:

$$\Big\{\mathbf{t} \in \mathbf{R}^n : \forall i \in \{1,\cdots,j\}\Big(\langle\mathbf{t},\mathbf{x}_i\rangle = 0\Big)\Big\}$$

是 A 的不变子空间.

(iii) 试证: A 有 n 个互相正交的特征向量.

13.5.2 $n \times n$ 实矩阵的行列式是 n^2 个实自变量的函数, 记做

$$\Phi = \Phi(a_{11},\cdots,a_{ij},\cdots,a_{nn}) = \det\begin{bmatrix} a_{11} & \cdots & a_{1j} & \cdots & a_{1n} \\ \vdots & & \vdots & & \vdots \\ a_{i1} & \cdots & a_{ij} & \cdots & a_{in} \\ \vdots & & \vdots & & \vdots \\ a_{n1} & \cdots & a_{nj} & \cdots & a_{nn} \end{bmatrix}.$$

(i) 试证;

$$\frac{\partial\Phi}{\partial a_{ij}} = A_{ij} \qquad (i,j = 1,\cdots,n),$$

其中 A_{ij} 是行列式 Φ 对应于第 i 行第 j 列元素 a_{ij} 的代数余子式:

$$A_{ij} = (-1)^{i+j}\det\begin{bmatrix} a_{11} & \cdots & a_{1,j-1} & a_{1,j+1} & \cdots & a_{1n} \\ \vdots & & \vdots & \vdots & & \vdots \\ a_{i-1,1} & \cdots & a_{i-1,j-1} & a_{i-1,j+1} & \cdots & a_{i-1,n} \\ a_{i+1,1} & \cdots & a_{i+1,j-1} & a_{i+1,j+1} & \cdots & a_{i+1,n} \\ \vdots & & \vdots & \vdots & & \vdots \\ a_{n1} & \cdots & a_{n,j-1} & a_{n,j+1} & \cdots & a_{nn} \end{bmatrix}.$$

(ii) 试证: 使函数 Φ^2 在约束条件

$$\sum_{i=1}^n a_{ij}^2 = 1 \qquad (j = 1,\cdots,n)$$

下达到极大值的 n^2 个自变量 $a_{11},\cdots,a_{ij},\cdots,a_{nn}$ 和 n 个未知数 $\lambda_1,\cdots,\lambda_n$ 应满足方程组:

$$\sum_{i=1}^n a_{ij}^2 = 1 \qquad (j = 1,\cdots,n)$$

和

$$\Phi \cdot A_{ij} - \lambda_j a_{ij} = 0 \qquad (i, j = 1, \cdots, n).$$

(iii) 试证: 满足 (ii) 中所述方程组的 $a_{11}, \cdots, a_{ij}, \cdots, a_{nn}$ 和 $\lambda_1, \cdots, \lambda_n$ 应满足条件

$$\Phi = 0 \qquad \text{或} \qquad \lambda_j = \Phi^2 \qquad (j = 1, \cdots, n).$$

(iv) 试证: 在 $\Phi \neq 0$ 时, 满足 (ii) 中所述方程组的 $a_{11}, \cdots, a_{ij}, \cdots, a_{nn}$ 和 $\lambda_1, \cdots, \lambda_n$ 使矩阵

$$\begin{bmatrix} a_{11} & \cdots & a_{1j} & \cdots & a_{1n} \\ \vdots & & \vdots & & \vdots \\ a_{i1} & \cdots & a_{ij} & \cdots & a_{in} \\ \vdots & & \vdots & & \vdots \\ a_{n1} & \cdots & a_{nj} & \cdots & a_{nn} \end{bmatrix}$$

是个正交矩阵.

(v) 试证: (ii) 中条件极值问题的解 $(a_{11}, \cdots, a_{ij}, \cdots, a_{nn})$ 必满足条件

$$\Phi = 0 \qquad \text{或} \qquad \Phi^2 = 1.$$

(vi) 对于任何 $n \times n$ 的实矩阵

$$A = \begin{bmatrix} a_{11} & \cdots & a_{1j} & \cdots & a_{1n} \\ \vdots & & \vdots & & \vdots \\ a_{i1} & \cdots & a_{ij} & \cdots & a_{in} \\ \vdots & & \vdots & & \vdots \\ a_{n1} & \cdots & a_{nj} & \cdots & a_{nn} \end{bmatrix},$$

我们有以下的 **Hadamard不等式**:

$$|\det A| \leqslant \prod_{j=1}^{n} \sqrt{\sum_{i=1}^{n} a_{ij}^2}.$$

13.5.3 假设 V 是 $\mathbf{R}^n$ 中的一个超曲面 ($(n-1)$- 流形), 映射 $V \ni \mathbf{p} \mapsto \boldsymbol{\nu}(\mathbf{p})$ 是 V 上的点 $\mathbf{p}$ 到 V 在点 $\mathbf{p}$ 处的单位外法向量的光滑映射 (这就是说,V 是可定向的). 又设 $I \subset \mathbf{R}$ 是个开区间, 光滑映射 $\boldsymbol{\gamma}: I \to V$ 称为 V 上的一条**测地线**, 假若加速度 $\boldsymbol{\gamma}''(t) \in \mathbf{R}^n$ 满足条件 $\forall t \in I\Big(\boldsymbol{\gamma}''(t) \perp \mathbf{T}_{\boldsymbol{\gamma}(t)}(V)\Big)$, 换言之, 有 $\lambda(t) \in \mathbf{R}$ 使得

$$\forall t \in I\Big(\boldsymbol{\gamma}''(t) = \lambda(t)(\boldsymbol{\nu} \circ \boldsymbol{\gamma})(t)\Big).$$

(i) 假设 $V = \mathbf{S}^{n-1} = \{\mathbf{p} \in \mathbf{R}^n : |\mathbf{p}| = 1\}$, 且 $\forall t \in I\Big(\boldsymbol{\gamma}(t) \in \mathbf{S}^{n-1}\Big)$, 试证:

$$\forall t \in I\Big(\boldsymbol{\gamma}'(t) \perp \boldsymbol{\gamma}(t)\Big).$$

(ii) 假设 $V = \mathbf{S}^{n-1} = \{\mathbf{p} \in \mathbf{R}^n : |\mathbf{p}| = 1\}$, 且光滑映射 $\boldsymbol{\gamma} : I \to V$ 是 $\mathbf{S}^{n-1}$ 上的一条测地线, 试证:

$$(\boldsymbol{\gamma}''(t), \boldsymbol{\gamma}''(t)) = \Big((\boldsymbol{\gamma}'(t), \boldsymbol{\gamma}'(t))\Big)^2.$$

(iii) 假设 $V = \mathbf{S}^{n-1} = \{\mathbf{p} \in \mathbf{R}^n : |\mathbf{p}| = 1\}$, 且光滑映射 $\boldsymbol{\gamma} : I \to V$ 是 $\mathbf{S}^{n-1}$ 上的一条测地线, 试证:

$$\left(\frac{d}{dt}\right)(\boldsymbol{\gamma}''(t), \boldsymbol{\gamma}''(t)) = 0.$$

(iv) 假设 $V = \mathbf{S}^{n-1} = \{\mathbf{p} \in \mathbf{R}^n : |\mathbf{p}| = 1\}$, 且光滑映射 $\boldsymbol{\gamma} : I \to V$ 是 $\mathbf{S}^{n-1}$ 上的一条测地线, 试证: 有 $a \in \mathbf{R}$ 和 $\mathbf{v}_1$, $\mathbf{v}_2 \in \mathbf{R}^n$ 使得 $|\mathbf{v}_1 = |\mathbf{v}_2| = 1, \mathbf{v}_1 \perp \mathbf{v}_2$ 且

$$\boldsymbol{\gamma}(t) = \cos at\mathbf{v}_1 + \sin at\mathbf{v}_2.$$

假若 $a \neq 0$, 则 γ 是 $\mathbf{S}^{n-1}$ 上的一个大圆.

(v) 假设 V 是 $\mathbf{R}^n$ 中的一个一般的可定向的超曲面, 光滑映射 $\boldsymbol{\gamma} : I \to V$ 是 V 上的一条测地线, 试证:

$$\forall t \in I\Big(\boldsymbol{\gamma}''(t) + \Big(\boldsymbol{\gamma}'(t), (D\boldsymbol{\nu}) \circ \boldsymbol{\gamma}(t) \cdot \boldsymbol{\gamma}'(t)\Big)(\boldsymbol{\nu} \circ \boldsymbol{\gamma}(t)) = 0\Big),$$

(vi) 试证:(v) 中的方程等价于以下的二阶常微分方程组:

$$\gamma_i''(t) + \sum_{1 \leqslant j,k \leqslant n} \Big((\nu_i, D_j\nu_k) \circ \boldsymbol{\gamma}(t)\Big)\gamma_j'(t)\gamma_k'(t) = 0 \qquad (1 \leqslant i \leqslant n).$$

(vii) 试证:(vi) 中的二阶常微分方程组等价于以下的一阶常微分方程组:

$$\begin{cases} \psi_i'(t) + \displaystyle\sum_{1 \leqslant j,k \leqslant n} \Big((\nu_i, D_j\nu_k) \circ \boldsymbol{\gamma}(t)\Big)\psi_j(t)\psi_k(t) = 0 & (1 \leqslant i \leqslant n), \\ \gamma_i'(t) = \psi_i(t) & (1 \leqslant i \leqslant n). \end{cases}$$

(viii) 试证: 对于任何 $\mathbf{p} \in V$ 和任何 $\mathbf{v} \in \mathbf{T_p}(V)$, 有一个 $\varepsilon > 0$ 和一条测地线 $\boldsymbol{\gamma} : I = (-\varepsilon, \varepsilon) \to V$ 使得 $\boldsymbol{\gamma}(0) = \mathbf{p}$ 且 $\boldsymbol{\gamma}'(0) = \mathbf{v}$.

进一步阅读的参考文献

以下文献中的有关章节可以作为微分流形理论进一步学习的参考:

[2] 的第十一章第 1 节介绍了流形的基本概念.

[7] 的第十一章介绍了流形的基本概念.

[11] 的第四章介绍了流形的基本概念.

[16] 的第三卷的第二章和第三章非常简练地介绍了流形, 重线性代数和微分形式的基本概念.

[18] 的第一章介绍了流形的基本概念.

[20] 的第二十四章非常简练地介绍了流形, 重线性代数和微分形式的基本概念.

[25] 的第九章介绍了流形的基本概念.

[27] 的第八章介绍了流形的基本概念.

[28] 的第十四章介绍了流形, 重线性代数和微分形式的基本概念. 内容相当丰富.

[30] 的第五章第 **9,10** 节非常简练地介绍了流形和微分形式的基本概念.

[36] 的第五章介绍了流形和微分形式的基本概念.

[45] 的第十五章介绍了流形和微分形式的基本概念.

第 14 章　重线性代数

在线性代数的基础上, 本章将扼要地介绍重线性代数, 目的是为下一章介绍微分形式的运算作准备. 重线性代数的理论是德国数学家 **Hermann Grassmann** 在研究高维几何时建立起来的, 并于 1844 年发表在一本小册子 *Ausdehnungslehre* 中. Grassmann 同时代重要的德国数学家中, 也许除了 Möbius 外, 都忽视了这一重要的理论. Grassmann 终生是位中学数学教师, 未曾取得一个大学的教职. 但他是位多才多艺的人, 对古印度语造诣很高, 生活颇怡然自得. 到了 20 世纪的 20 年代 (距 Grassmann 发表他的小册子已过了近八十年), 现在被公认为 20 世纪几何学大师的法国数学家 **Elie Cartan** 把他自己的微分形式理论 (我们在讲义的前几章中曾接触过特殊情形的微分形式) 建立在 **Grassmann 重线性代数**的框架上, 这时数学界还没有注意到 Grassmann 重线性代数的重要性. 直到 E.Cartan 的工作被 Hilbert 的学生德国数学家 **Hermann Weyl** 利用和发展, 这才引起了世界数学界的注意.E.Cartan 和 H.Weyl 的工作不仅在数学中, 甚至在理论物理中, 也是基本的工具. 从此 Grassmann 的重线性代数理论的重要性得到了当今数学界与物理学界的普遍承认, 它自然地成为大学本科生教材所不得不介绍的内容. 本章将介绍本讲义以后的章节所需要的 Grassmann 重线性代数的知识.

在本章中 V 永远表示一个实数域上的有限维的线性空间.

§14.1　向量与张量

定义 14.1.1　V' 表示 V 上的所有的线性泛函的全体: $V' = \mathcal{L}(V, \mathbf{R})$.$V'$ 也是个线性空间, 常称为 V 的**对偶空间**, 或称为 V 的**共轭空间**.V' 中的元素常称为**协向量**.

注　这里有些概念在第 10 章 §7 的第 4 小节中出现过. 应注意的是, 有限维 Euclid 空间上的任何线性泛函都是连续的. 为了和第 10 章

第 7 节中出现过的概念的记号相协调, 我们把 V 的对偶空间记做 V'. 许多书上, 特别是代数书上,V 的对偶空间常记做 V^*.

当 $V = \mathbf{R}^n$ 时, 我们常把 V 中的元素理解成列向量 ($n \times 1$ 矩阵).$\mathbf{e}_j$ 表示第 j 个标准基向量, 即, 第 j 位分量为 1 而其他分量为 0 的列向量. 设 $\boldsymbol{\alpha} \in V'$, 记 $a_j = \boldsymbol{\alpha}(\mathbf{e}_j)$. 又设 $\mathbf{x} = \sum_{j=1}^{n} x^j \mathbf{e}_j$, 我们有 $\boldsymbol{\alpha}(\mathbf{x}) = \sum_{j=1}^{n} x^j \boldsymbol{\alpha}(\mathbf{e}_j) = \sum_{j=1}^{n} a_j x^j$. 若记 $\mathbf{a} = (a_1, \cdots, a_n)$ 为一个行向量, 则 $\boldsymbol{\alpha}(\mathbf{x}) = \mathbf{a}\mathbf{x}$, 右端为 $1 \times n$ 矩阵 $\mathbf{a}$ 与 $n \times 1$ 矩阵 $\mathbf{x}$ 的乘积. 记 $\tilde{\mathbf{e}}^k$ 为第 k 位分量为 1 而其他分量为 0 的行向量. 易见,$\tilde{\mathbf{e}}^1, \cdots, \tilde{\mathbf{e}}^n$ 构成了 V' 一组基, 且 $\tilde{\mathbf{e}}^k(\mathbf{e}_j) = \delta_j^k$, 其中 δ_j^k 是 **Kronecker 符号**(或称 **Kronecker $\boldsymbol{\delta}$**):

$$\delta_j^k = \begin{cases} 1, & \text{若 } j = k, \\ 0, & \text{若 } j \neq k. \end{cases}$$

注 到第 13 章为止, 为了不与变量的幂发生混淆, 我们尽量避免把变量的指标用上标表示. 从本章开始, 为了遵从文献中的习惯用法, 我们对张量的指标用上标与下标来表示.

定理 14.1.1 若 $(\mathbf{u}_1, \cdots, \mathbf{u}_n)$ 是 V 的一组基, 则 V 的对偶空间 V' 有唯一的一组基 $(\tilde{\mathbf{u}}^1, \cdots, \tilde{\mathbf{u}}^n)$, 使得

$$\tilde{\mathbf{u}}^j(\mathbf{u}_k) = \delta_k^j.$$

满足这样条件的 V' 的基 $(\tilde{\mathbf{u}}^1, \cdots, \tilde{\mathbf{u}}^n)$ 称为 V 的基 $(\mathbf{u}_1, \cdots, \mathbf{u}_n)$ 的**对偶基**.

证 V' 的元素 $\tilde{\mathbf{u}}^1, \cdots, \tilde{\mathbf{u}}^n$ 定义如下:

$$\tilde{\mathbf{u}}^k\left(\sum_{j=1}^{n} x^j \mathbf{u}_j\right) = x^k, \quad k = 1, \cdots, n.$$

因对于任何 λ, $\mu \in \mathbf{R}$,

$$\begin{aligned} \tilde{\mathbf{u}}^k\left(\lambda \sum_{j=1}^{n} x^j \mathbf{u}_j + \mu \sum_{j=1}^{n} y^j \mathbf{u}_j\right) &= \tilde{\mathbf{u}}^k\left(\sum_{j=1}^{n} (\lambda x^j + \mu y^j) \mathbf{u}_j\right) \\ &= \lambda x^k + \mu y^k = \lambda \tilde{\mathbf{u}}^k\left(\sum_{j=1}^{n} x^j \mathbf{u}_j\right) + \mu \tilde{\mathbf{u}}^k\left(\sum_{j=1}^{n} y^j \mathbf{u}_j\right), \end{aligned}$$

故 $\tilde{\mathbf{u}}^k \in V'$, 且 $\tilde{\mathbf{u}}^k(\mathbf{u}_j) = \delta^k_j$. 若 $\sum\limits_{j=1}^n a_j \tilde{\mathbf{u}}^j = \mathbf{0}$, 则 $\forall k\left(\left(\sum\limits_{j=1}^n a_j \tilde{\mathbf{u}}^j\right)(\mathbf{u}_k) = 0\right)$. 因为 $\left(\sum\limits_{j=1}^n a_j \tilde{\mathbf{u}}^j\right)(\mathbf{u}_k) = \sum\limits_{j=1}^n a_j \delta^j_k = a_k$, 所以对一切 k,$a_k = 0$. 我们证明了:$\tilde{\mathbf{u}}^1, \cdots, \tilde{\mathbf{u}}^n$ 是线性无关的. 今设 $\boldsymbol{\alpha} \in V'$, 记 $a_j = \boldsymbol{\alpha}(\mathbf{u}_j)$, 注意到

$$\boldsymbol{\alpha}\left(\sum_{j=1}^n x^j \mathbf{u}_j\right) = \sum_{j=1}^n x^j \boldsymbol{\alpha}(\mathbf{u}_j) = \sum_{j=1}^n a_j x^j = \sum_{j=1}^n \left(a_j \tilde{\mathbf{u}}^j \sum_{i=1}^n x^i \mathbf{u}_i\right),$$

故

$$\boldsymbol{\alpha} = \sum_{j=1}^n a_j \tilde{\mathbf{u}}^j.$$

我们证明了:$(\tilde{\mathbf{u}}^1, \cdots, \tilde{\mathbf{u}}^n)$ 是 V' 的一组基. □

推论 14.1.1 有限维线性空间 V 与它的对偶空间 V' 的维数相等.

证 这是定理 14.1.1 的推论. □

推论 14.1.2 设 V 是有限维线性空间, 对于任何 $\mathbf{x} \in V$, 只要 $\mathbf{x} \neq \mathbf{0}$, 必有 $\boldsymbol{\alpha} \in V'$, 使得 $\boldsymbol{\alpha}(\mathbf{x}) \neq 0$.

证 对于 $\mathbf{x} \neq \mathbf{0}$, 必可构造一组 V 的基 $(\mathbf{u}_1, \cdots, \mathbf{u}_n)$, 使得 $\mathbf{u}_1 = \mathbf{x}$. 基 $(\mathbf{u}_1, \cdots, \mathbf{u}_n)$ 有对偶基 $(\tilde{\mathbf{u}}^1, \cdots, \tilde{\mathbf{u}}^n)$. $\boldsymbol{\alpha} = \tilde{u}^1$ 满足推论的要求. □

命题 14.1.1 有限维线性空间 V 和它的**双对偶**$V'' = (V')'$ 之间有一个**自然同构**, 即一个不依赖于 V 的基向量选择的同构.

证 构造映射 $\mathbf{f}: V \to V''$ 如下:

$$\forall \mathbf{x} \in V \forall \boldsymbol{\alpha} \in V' \big(\mathbf{f}(\mathbf{x})(\boldsymbol{\alpha}) = \boldsymbol{\alpha}(\mathbf{x})\big).$$

易见, 对于任何 $\lambda, \mu \in \mathbf{R}$ 和任何 $\boldsymbol{\alpha}, \boldsymbol{\beta} \in V'$,

$$\begin{aligned}\mathbf{f}(\mathbf{x})(\lambda\boldsymbol{\alpha} + \mu\boldsymbol{\beta}) =&(\lambda\boldsymbol{\alpha} + \mu\boldsymbol{\beta})(\mathbf{x}) = \lambda\boldsymbol{\alpha}(\mathbf{x}) + \mu\boldsymbol{\beta}(\mathbf{x})\\ =&\lambda\mathbf{f}(\mathbf{x})(\boldsymbol{\alpha}) + \mu\mathbf{f}(\mathbf{x})(\boldsymbol{\beta}).\end{aligned}$$

所以,$\mathbf{f}(\mathbf{x}) \in V''$. 又对于任何 $\lambda, \mu \in \mathbf{R}$,

$$\begin{aligned}\mathbf{f}(\lambda\mathbf{x} + \mu\mathbf{y})(\boldsymbol{\alpha}) =&\boldsymbol{\alpha}(\lambda\mathbf{x} + \mu\mathbf{y})\\ =&\lambda\boldsymbol{\alpha}(\mathbf{x}) + \mu\boldsymbol{\alpha}(\mathbf{y}) = \lambda\mathbf{f}(\mathbf{x})(\boldsymbol{\alpha}) + \mu\mathbf{f}(\mathbf{y})(\boldsymbol{\alpha}),\end{aligned}$$

故

$$\mathbf{f}(\lambda\mathbf{x}+\mu\mathbf{y})=\lambda\mathbf{f}(\mathbf{x})+\mu\mathbf{f}(\mathbf{y}),$$

$\mathbf{f}:V\to V''$ 是线性映射. 由推论 14.1.2,$\mathbf{f}:V\to V''$ 是单射. 由推论 14.1.1,V 与 V'' 的维数相等, 所以, $\mathbf{f}:V\to V''$ 是满射. 故 $\mathbf{f}:V\to V''$ 是不依赖于基的选择的同构. □

推论 14.1.3 若 $(\boldsymbol{\alpha}^1,\cdots,\boldsymbol{\alpha}^n)$ 是 V' 的一组基, 则 V 有一组基 $(\mathbf{u}_1,\cdots,\mathbf{u}_n)$, 使得 $\boldsymbol{\alpha}^j(\mathbf{u}_k)=\delta^j_k$, 换言之,$(\boldsymbol{\alpha}^1,\cdots,\boldsymbol{\alpha}^n)$ 是 $(\mathbf{u}_1,\cdots,\mathbf{u}_n)$ 的对偶基:$\boldsymbol{\alpha}^j=\tilde{\mathbf{u}}^j$.

证 这是定理 14.1.1 和命题 14.1.1 的推论.

定义 14.1.2 设 $r\in\mathbf{N}$.V 上的 r**阶协变张量**是一个满足以下条件的映射 $\boldsymbol{\alpha}:V^r\to\mathbf{R}$: 当任何 $(r-1)$ 个自变量固定时, 它是剩下的那个自变量的线性映射.V 上所有 r 阶协变张量的集合记做 $\mathcal{T}^r$, 若在讨论中有多个线性空间需要区别时, 则记做 $\mathcal{T}^r(V')$.

注 r 阶协变张量事实上就是 V 上的 r- 重线性泛函 (参看第 8 章 §8.9 的 8.9.1 小节).

定义 14.1.2 中要求的条件是, 对于任何 $j\in\mathbf{N}$,$1\leqslant j\leqslant r$, 任何 $\lambda,\mu\in\mathbf{R}$ 以及任何向量 $\mathbf{v}_1,\cdots,\mathbf{v}_j,\mathbf{v}'_j,\cdots,\mathbf{v}_r$, 有

$$\begin{aligned}&\boldsymbol{\alpha}(\mathbf{v}_1,\cdots,\lambda\mathbf{v}_j+\mu\mathbf{v}'_j,\cdots,\mathbf{v}_r)\\&\qquad=\lambda\boldsymbol{\alpha}(\mathbf{v}_1,\cdots,\mathbf{v}_j,\cdots,\mathbf{v}_r)+\mu\boldsymbol{\alpha}(\mathbf{v}_1,\cdots,\mathbf{v}'_j,\cdots,\mathbf{v}_r).\end{aligned}$$

$\mathcal{T}^r$ 上相对于函数相加以及数乘函数的运算定义的线性运算构成一个线性空间.

一阶协变张量就是 V' 中的元素. 二阶协变张量是 $V\times V$ 上的双线性函数. 内积便是满足以下条件的 $\boldsymbol{\gamma}\in\mathcal{T}^2$:

$$\begin{gathered}\forall\mathbf{x},\mathbf{y}\in V\big(\boldsymbol{\gamma}(\mathbf{x},\mathbf{y})=\boldsymbol{\gamma}(\mathbf{y},\mathbf{x})\big);\\\forall\mathbf{x}\in V\big(\boldsymbol{\gamma}(\mathbf{x},\mathbf{x})\geqslant 0\big);\\\boldsymbol{\gamma}(\mathbf{x},\mathbf{x})=0\Longleftrightarrow\mathbf{x}=\mathbf{0}.\end{gathered}$$

在一般的张量分析书中还有逆变张量的概念, 但本讲义不述及它. 为了叙述简便, 本讲义中将把协变张量简称为**张量**. 下面我们要引进 “张量乘积”(简称 “张量积”) 的概念.

定义 14.1.3 设 $\boldsymbol{\alpha}\in\mathcal{T}^r$ 和 $\boldsymbol{\beta}\in\mathcal{T}^s$, 则 $\boldsymbol{\alpha}$ 和 $\boldsymbol{\beta}$ 的**张量积**是一个通过下式定义的张量 $\boldsymbol{\alpha}\otimes\boldsymbol{\beta}\in\mathcal{T}^{r+s}$:

$$\boldsymbol{\alpha}\otimes\boldsymbol{\beta}(\mathbf{v}_1,\cdots,\mathbf{v}_{r+s})=\boldsymbol{\alpha}(\mathbf{v}_1,\cdots,\mathbf{v}_r)\boldsymbol{\beta}(\mathbf{v}_{r+1},\cdots,\mathbf{v}_{r+s}).$$

易见, 以上定义的 $\boldsymbol{\alpha}\otimes\boldsymbol{\beta}\in\mathcal{T}^{r+s}$. 又不难看出, 张量乘积满足结合律: $(\boldsymbol{\alpha}\otimes\boldsymbol{\beta})\otimes\boldsymbol{\gamma}=\boldsymbol{\alpha}\otimes(\boldsymbol{\beta}\otimes\boldsymbol{\gamma})$, 但不满足交换律: 一般来说, $\boldsymbol{\alpha}\otimes\boldsymbol{\beta}$ 未必等于 $\boldsymbol{\beta}\otimes\boldsymbol{\alpha}$.

定理 14.1.2 若 $(\mathbf{u}_1,\cdots,\mathbf{u}_n)$ 是 V 的一组基,$(\tilde{\mathbf{u}}^1,\cdots,\tilde{\mathbf{u}}^n)$ 是它在 V' 的对偶基, 则集合

$$\{\tilde{\mathbf{u}}^{j_1}\otimes\cdots\otimes\tilde{\mathbf{u}}^{j_r}:1\leqslant j_1\leqslant n,\cdots,1\leqslant j_r\leqslant n\} \tag{14.1.1}$$

是 $\mathcal{T}^r$ 的一组基. 特别,$\mathcal{T}^r$ 的维数是 n^r.

证 由张量积的定义, 易见

$$\tilde{\mathbf{u}}^{j_1}\otimes\cdots\otimes\tilde{\mathbf{u}}^{j_r}(\mathbf{u}_{k_1},\cdots,\mathbf{u}_{k_r})=\delta^{j_1\cdots j_r}_{k_1\cdots k_r},$$

其中**重 (指标)Kronecker符号**$\delta^{j_1\cdots j_r}_{k_1\cdots k_r}$ 定义为

$$\delta^{j_1\cdots j_r}_{k_1\cdots k_r}=\delta^{j_1}_{k_1}\cdots\delta^{j_r}_{k_r}=\begin{cases}1, & 若(j_1,\cdots,j_r)=(k_1,\cdots,k_r)\\ 0, & 若(j_1,\cdots,j_r)\neq(k_1,\cdots,k_r).\end{cases}$$

若 $c_{j_1\cdots j_r}$ 是一组使下式成立的数:

$$\sum_{j_1\cdots j_r}c_{j_1\cdots j_r}\tilde{\mathbf{u}}^{j_1}\otimes\cdots\otimes\tilde{\mathbf{u}}^{j_r}=\mathbf{0},$$

其中 $\displaystyle\sum_{j_1\cdots j_r}=\sum_{j_1=1}^{n}\cdots\sum_{j_r=1}^{n}$, 则

$$c_{k_1\cdots k_r}=\sum_{j_1\cdots j_r}c_{j_1\cdots j_r}\tilde{\mathbf{u}}^{j_1}\otimes\cdots\otimes\tilde{\mathbf{u}}^{j_r}(\mathbf{u}_{k_1},\cdots,\mathbf{u}_{k_r})=\mathbf{0},$$

对一切重指标 $(k_1,\cdots,k_r)$ 均成立. 所以向量组 (14.1.1) 是线性无关的.

设 $\boldsymbol{\alpha}\in\mathcal{T}^r$, 对于任何重指标 $j_1\cdots j_r$, 记

$$a_{j_1\cdots j_r}=\boldsymbol{\alpha}(\mathbf{u}_{j_1},\cdots,\mathbf{u}_{j_r}).$$

对于任何 r 个向量 $\mathbf{v}_1,\cdots,\mathbf{v}_r\in V$ 和任何 $j=1,\cdots,r$, 有表示式 $\mathbf{v}_j=\sum\limits_{k=1}^{n}v_j^k\mathbf{u}_k$, 其中 $v_j^k=\tilde{\mathbf{u}}^k(\mathbf{v}_j)$, 由 $\boldsymbol{\alpha}$ 的重线性的性质, 有

$$\begin{aligned}\boldsymbol{\alpha}(\mathbf{v}_1,\cdots,\mathbf{v}_r)&=\sum_{(j_1,\cdots,j_r)}v_1^{j_1}\cdots v_r^{j_r}\alpha(\mathbf{u}_{j_1},\cdots,\mathbf{u}_{j_r})\\&=\sum_{(j_1,\cdots,j_r)}a_{j_1\cdots j_r}\tilde{\mathbf{u}}^{j_1}\otimes\cdots\otimes\tilde{\mathbf{u}}^{j_r}(\mathbf{v}_1,\cdots,\mathbf{v}_r),\end{aligned}$$

故 $\boldsymbol{\alpha}=\sum\limits_{(j_1,\cdots,j_r)}a_{j_1\cdots j_r}\tilde{\mathbf{u}}^{j_1}\otimes\cdots\otimes\tilde{\mathbf{u}}^{j_r}$.(14.1.1) 张成了 $\mathcal{T}^r$. □

为了方便, 我们约定, 数量称为零阶张量 (或称标量). 零阶张量空间 $\mathcal{T}^0$ 的维数是 $n^0=1$. 零阶张量与一个张量的张量积理解为通常的数乘张量.

练　　习

14.1.1 以下三个映射:$\mathbf{R}^4\times\mathbf{R}^4\to\mathbf{R}$ 中, 谁是张量? 谁不是?

(i) $\boldsymbol{\alpha}(\mathbf{x},\mathbf{y})=x^1y^1+x^2y^3+x^4y^4$;

(ii) $\boldsymbol{\alpha}(\mathbf{x},\mathbf{y})=(\mathbf{x}\cdot\mathbf{y})^2$;

(iii) $\boldsymbol{\alpha}(\mathbf{x},\mathbf{y})=x^1+x^2+x^3y^3+x^4y^4$.

14.1.2 r 阶张量 $\boldsymbol{\alpha}$ 称为对称的, 假若对于任何 $\sigma\in S_r$ 有 ${}^\sigma\boldsymbol{\alpha}=\boldsymbol{\alpha}$, 其中 S_r 表示 r 个元素的全体置换构成的置换群, ${}^\sigma\boldsymbol{\alpha}$ 定义为: ${}^\sigma\boldsymbol{\alpha}(\mathbf{v}_1,\mathbf{v}_2,\cdots,\mathbf{v}_r)=\boldsymbol{\alpha}(\mathbf{v}_{\sigma(1)},\cdots,\mathbf{v}_{\sigma(r)}),\mathbf{v}_1,\mathbf{v}_2,\cdots,\mathbf{v}_r\in V$. 试证: 全体 r 阶对称张量构成 $\mathcal{T}^r$ 的一个线性子空间. 问: 这个子空间的维数 =?

§14.2 交 替 张 量

本章的目的是为下一章讨论微分形式作准备. 而微分形式是一种特殊的张量, 称为交替张量. 本节将专门讨论它.

定义 14.2.1 $\boldsymbol{\alpha}\in\mathcal{T}^r$ 称为**交替张量**, 若它具有如下性质: 只要有两个不同的指标 $j\neq k$, 使得 $\mathbf{v}_j=\mathbf{v}_k$ 时, 必有 $\boldsymbol{\alpha}(\mathbf{v}_1,\cdots,\mathbf{v}_r)=0$.

所有 r 阶交替张量组成的集合记做 $\Lambda^r(V')$, 或简记做 Λ^r. 显然,$\Lambda^r(V')$ 相对于函数加法和数乘函数的运算来说, 构成一个线性空间.

任何零阶张量 (数量) 或一阶张量 (向量) 均为交替的. 若 $\boldsymbol{\alpha},\boldsymbol{\beta}$ 是一阶张量, 则 $\boldsymbol{\alpha}\otimes\boldsymbol{\beta}-\boldsymbol{\beta}\otimes\boldsymbol{\alpha}$ 也是交替的.

命题 14.2.1 $\alpha \in T^r$ 是交替的, 当且仅当对于任何 $1 \leqslant j < k \leqslant r$ 和任何 $\mathbf{v}_1, \cdots, \mathbf{v}_r \in V$, 必有

$$\begin{aligned}&\boldsymbol{\alpha}(\mathbf{v}_1, \cdots, \mathbf{v}_{j-1}, \mathbf{v}_k, \mathbf{v}_{j+1}, \cdots, \mathbf{v}_{k-1}, \mathbf{v}_j, \mathbf{v}_{k+1}, \cdots, \mathbf{v}_r)\\&\quad = -\boldsymbol{\alpha}(\mathbf{v}_1, \cdots, \mathbf{v}_{j-1}, \mathbf{v}_j, \mathbf{v}_{j+1}, \cdots, \mathbf{v}_{k-1}, \mathbf{v}_k, \mathbf{v}_{k+1}, \cdots, \mathbf{v}_r).\end{aligned}$$

证 "当" 的部分是显然的. 下面证明 "仅当". 为了书写方便, 假设 $r = 2$. 它已包含了一般 r 情形的证明思想. 利用 $\boldsymbol{\alpha}$ 的双线性性及交替性, 有

$$\boldsymbol{\alpha}(\mathbf{v}, \mathbf{w}) = \boldsymbol{\alpha}(\mathbf{v}, \mathbf{v}) + \boldsymbol{\alpha}(\mathbf{v}, \mathbf{w}) = \boldsymbol{\alpha}(\mathbf{v}, \mathbf{v} + \mathbf{w})$$

和

$$\boldsymbol{\alpha}(\mathbf{w}, \mathbf{v}) = \boldsymbol{\alpha}(\mathbf{w}, \mathbf{v}) + \boldsymbol{\alpha}(\mathbf{w}, \mathbf{w}) = \boldsymbol{\alpha}(\mathbf{w}, \mathbf{v} + \mathbf{w}),$$

故

$$\boldsymbol{\alpha}(\mathbf{v}, \mathbf{w}) + \boldsymbol{\alpha}(\mathbf{w}, \mathbf{v}) = \boldsymbol{\alpha}(\mathbf{v} + \mathbf{w}, \mathbf{v} + \mathbf{w}) = 0,$$

所以 $\boldsymbol{\alpha}(\mathbf{v}, \mathbf{w}) = -\boldsymbol{\alpha}(\mathbf{w}, \mathbf{v})$. □

命题 14.2.2 若 $\boldsymbol{\alpha} \in \Lambda^r$, 而 $\mathbf{v}_1, \cdots, \mathbf{v}_r \in V$ 是线性相关的, 则 $\boldsymbol{\alpha}(\mathbf{v}_1, \cdots, \mathbf{v}_r) = 0$.

证 因 $\mathbf{v}_1, \cdots, \mathbf{v}_r$ 是线性相关的, 则有一个向量, 不妨设为 $\mathbf{v}_1$, 是其他向量的线性组合:

$$\mathbf{v}_1 = \sum_{j=2}^{r} c^j \mathbf{v}_j,$$

故

$$\boldsymbol{\alpha}(\mathbf{v}_1, \cdots, \mathbf{v}_r) = \sum_{j=2}^{r} c^j \boldsymbol{\alpha}(\mathbf{v}_j, \mathbf{v}_2, \cdots, \mathbf{v}_r) = 0. \qquad \square$$

推论 14.2.1 若 $r > n$, 则 $\Lambda^r = \{\mathbf{0}\}$.

证 当 $r > n$ 时,V 中任何 r 个向量必线性相关. 推论 14.2.1 是命题 14.2.2 的推论. □

为了下面讨论的方便, 我们愿意重温一下高等代数中学过的关于置换群 S_r 的知识.S_r 表示 $\{1, 2, \cdots, r\}$ 到自身的双射的全体.S_r 相对于映射的乘积 (或称复合) 够成一个群.S_r 的元素的个数是 $r!$. 置换 $\sigma \in S_r$ 的符号定义为

$$\varepsilon(\sigma)=\prod_{j<k}\operatorname{sgn}\big(\sigma(k)-\sigma(j)\big),$$

其中**符号函数** sgn 定义为

$$\operatorname{sgn}(x)=\begin{cases}1, & 若x>0,\\ -1, & 若x<0,\\ 0, & 若x=0.\end{cases}$$

当 $\varepsilon(\sigma)=-1$ 时,σ 称为**奇置换**; 而 $\varepsilon(\sigma)=1$ 时,σ 称为**偶置换**. 不难看出, 对于任何置换 $\sigma\in S_r$, $\varepsilon(\sigma)\neq 0$, 换言之, 置换非偶必奇. 又不难证明: $\varepsilon(\sigma\tau)=\varepsilon(\sigma)\varepsilon(\tau)$. $\tau\in S_r$ 称为**对换**, 若有 $i,j\in\{1,\cdots,r\}$, 使得 $i\neq j$, 且

$$\tau(k)=\begin{cases}j, & 若k=i,\\ i, & 若k=j,\\ k, & 若j\neq k\neq i.\end{cases}$$

易见, 对换 τ 都是奇置换:$\varepsilon(\tau)=-1$. 另外, 任何置换 $\sigma\in S_r$ 可以写成有限个对换的乘积:$\sigma=\tau_1\cdots\tau_k$, 其中 $\tau_j\ (j=1,\cdots,k)$ 是对换. 若 $\sigma=\tau_1\cdots\tau_k$, 其中每个 $\tau_j\ (j=1,\cdots,k)$ 都是对换, 则 $\varepsilon(\sigma)=(-1)^k$.

定义 14.2.2　设 $\boldsymbol{\alpha}$ 是个 r 阶张量,$\sigma\in S_r$.r 阶张量 ${}^{\sigma}\boldsymbol{\alpha}$ 定义如下: 对于一切 $\mathbf{v}_1,\cdots,\mathbf{v}_r\in V$,

$${}^{\sigma}\boldsymbol{\alpha}(\mathbf{v}_1,\cdots,\mathbf{v}_r)=\boldsymbol{\alpha}(\mathbf{v}_{\sigma(1)},\cdots,\mathbf{v}_{\sigma(r)}).$$

命题 14.2.3　对于任何 $\sigma\in S_r$, 映射 $\boldsymbol{\alpha}\mapsto {}^{\sigma}\boldsymbol{\alpha}$ 是 T^r 到自身的线性映射, 且对于任何 $\sigma,\tau\in S_r$, ${}^{\sigma\tau}\boldsymbol{\alpha}={}^{\sigma}({}^{\tau}\boldsymbol{\alpha})$.

证　命题 14.2.3 的前半部分是显然的. 后半部分证明如下: 定义 14.2.2 告诉我们:

$${}^{\tau}\boldsymbol{\alpha}(\mathbf{v}_1,\cdots,\mathbf{v}_r)=\boldsymbol{\alpha}(\mathbf{v}_{\tau(1)},\cdots,\mathbf{v}_{\tau(r)}),$$

故

$$\begin{aligned}{}^{\sigma}({}^{\tau}\boldsymbol{\alpha})(\mathbf{v}_1,\cdots,\mathbf{v}_r)&={}^{\tau}\boldsymbol{\alpha}(\mathbf{v}_{\sigma(1)},\cdots,\mathbf{v}_{\sigma(r)})\\&=\boldsymbol{\alpha}(\mathbf{v}_{\sigma\tau(1)},\cdots,\mathbf{v}_{\sigma\tau(r)})={}^{\sigma\tau}\boldsymbol{\alpha}(\mathbf{v}_1,\cdots,\mathbf{v}_r).\end{aligned}$$

所以,${}^{\sigma}({}^{\tau}\boldsymbol{\alpha})={}^{\sigma\tau}\boldsymbol{\alpha}$.　□

命题 14.2.4 若 $\boldsymbol{\alpha} \in \Lambda^r$ 和 $\sigma \in S_r$, 则 ${}^{\sigma}\boldsymbol{\alpha} = \varepsilon(\sigma)\boldsymbol{\alpha}$.

证 由命题 14.2.1, 对于任何对换 τ, 有 ${}^{\tau}\boldsymbol{\alpha} = \varepsilon(\tau)\boldsymbol{\alpha} = -\boldsymbol{\alpha}$. 又因任何置换 $\sigma \in S_r$ 可以写成有限个对换的乘积:$\sigma = \tau_1 \cdots \tau_k$, $\varepsilon(\sigma) = (-1)^k$, 故

$$ {}^{\sigma}\boldsymbol{\alpha} = {}^{\tau_1 \cdots \tau_k}\boldsymbol{\alpha} = (-1)^k \boldsymbol{\alpha} = \varepsilon(\sigma)\boldsymbol{\alpha}. \qquad \square $$

下面我们要引进一个作用在张量上的重要的算子, 称为交替化算子, 记做 A.

定义 14.2.3 设 $\boldsymbol{\alpha}$ 是个 r 阶张量, 我们定义

$$ \mathsf{A}\boldsymbol{\alpha} = \sum_{\sigma \in S_r} \varepsilon(\sigma)\ {}^{\sigma}\boldsymbol{\alpha}, $$

其中的 $\mathsf{A}\boldsymbol{\alpha}$ 称为 $\boldsymbol{\alpha}$ 的**交替化**,A 称为**交替化算子**.

例 14.2.1 设

$$ \mathbf{v} = (v_1, v_2, \cdots, v_n), \qquad \mathbf{w} = (w_1, w_2, \cdots, w_n), $$

$\tilde{\mathbf{e}}^1, \tilde{\mathbf{e}}^2, \cdots, \tilde{\mathbf{e}}^n$ 是 $\mathbf{e}^1, \mathbf{e}^2, \cdots, \mathbf{e}^n$ 的对偶基,$j, k \in \{1, \cdots, n\}$, 则

$$ \begin{aligned} \mathsf{A}\big(\tilde{\mathbf{e}}^j \otimes \tilde{\mathbf{e}}^k\big)(\mathbf{v}, \mathbf{w}) &= \big(\tilde{\mathbf{e}}^j \otimes \tilde{\mathbf{e}}^k\big)(\mathbf{v}, \mathbf{w}) - \big(\tilde{\mathbf{e}}^j \otimes \tilde{\mathbf{e}}^k\big)(\mathbf{w}, \mathbf{v}) \\ &= v^j w^k - v^k w^j = \begin{vmatrix} v_j & v_k \\ w_j & w_k \end{vmatrix}. \end{aligned} $$

例 14.2.2 设

$$ \mathbf{u} = (u_1, u_2, \cdots, u_n), \quad \mathbf{v} = (v_1, v_2, \cdots, v_n), \quad \mathbf{w} = (w_1, w_2, \cdots, w_n), $$

$\tilde{\mathbf{e}}^1, \tilde{\mathbf{e}}^2, \cdots, \tilde{\mathbf{e}}^n$ 是 $\mathbf{e}^1, \mathbf{e}^2, \cdots, \mathbf{e}^n$ 的对偶基,$j, k, l \in \{1, \cdots, n\}$, 则

$$ \begin{aligned} &\mathsf{A}\big(\tilde{\mathbf{e}}^j \otimes \tilde{\mathbf{e}}^k \otimes \tilde{\mathbf{e}}^l\big)(\mathbf{u}, \mathbf{v}, \mathbf{w}) \\ &\quad = u^j v^k w^l + u^k v^l w^j + u^l v^j w^k - u^k v^j w^l - u^j v^l w^k - u^l v^k w^j \end{aligned} $$

$$ = \begin{vmatrix} u_j & u_k & u_l \\ v_j & v_k & v_l \\ w_j & w_k & w_l \end{vmatrix}. $$

我们发现, 上述两个例的右端的表达式分别是二阶和三阶行列式. 将来我们要得到交替化算子与行列式之间的更为一般的结果.

命题 14.2.5　若 $\boldsymbol{\alpha} \in \mathcal{T}^r$ 和 $\tau \in S_r$, 则我们有

(1) ${}^{\tau}\big(\mathsf{A}\boldsymbol{\alpha}\big) = \varepsilon(\tau)\mathsf{A}\boldsymbol{\alpha}$;

(2) $\mathsf{A}\boldsymbol{\alpha}$ 是交替张量;

(3) 当 $\boldsymbol{\alpha}$ 是交替张量时, 必有 $\mathsf{A}\boldsymbol{\alpha} = r!\boldsymbol{\alpha}$;

(4) $\mathsf{A}^{\tau}\boldsymbol{\alpha} = \varepsilon(\tau)\mathsf{A}\boldsymbol{\alpha}$.

证　四个结论分别证明如下:

(1) 的证明:

$$
\begin{aligned}
{}^{\tau}(\mathsf{A}\boldsymbol{\alpha}) =& {}^{\tau}\left(\sum_{\sigma\in S_r}\varepsilon(\sigma)\ {}^{\sigma}\boldsymbol{\alpha}\right) = \sum_{\sigma\in S_r}\varepsilon(\sigma)\ {}^{\tau\sigma}\boldsymbol{\alpha} = \sum_{\sigma\in S_r}\varepsilon(\tau)\ \varepsilon(\tau\sigma)^{\tau\sigma}\boldsymbol{\alpha}\\
=&\varepsilon(\tau)\sum_{\sigma\in S_r}\varepsilon(\tau\sigma)^{\tau\sigma}\boldsymbol{\alpha} = \varepsilon(\tau)\sum_{\rho\in S_r}\varepsilon(\rho)^{\rho}\boldsymbol{\alpha} = \varepsilon(\tau)\mathsf{A}\boldsymbol{\alpha}.
\end{aligned}
$$

(2) 是 (1) 的推论.

(3) 的证明: 若 $\boldsymbol{\alpha}$ 交替, 由命题 14.2.4, 有 ${}^{\sigma}\boldsymbol{\alpha} = \varepsilon(\sigma)\boldsymbol{\alpha}$. 由定义 14.2.3,

$$
\mathsf{A}\boldsymbol{\alpha} = \sum_{\sigma\in S_r}\varepsilon(\sigma)^{\sigma}\boldsymbol{\alpha} = \sum_{\sigma\in S_r}\varepsilon(\sigma)\varepsilon(\sigma)\boldsymbol{\alpha} = \sum_{\sigma\in S_r}\boldsymbol{\alpha} = r!\boldsymbol{\alpha}.
$$

(4) 的证明:

$$
\begin{aligned}
\mathsf{A}\ {}^{\tau}\boldsymbol{\alpha} =& \sum_{\sigma\in S_r}\varepsilon(\sigma)^{\sigma}({}^{\tau}\boldsymbol{\alpha}) = \sum_{\sigma\in S_r}\varepsilon(\sigma)^{\sigma\tau}\boldsymbol{\alpha}\\
=&\varepsilon(\tau)\sum_{\sigma\in S_r}\varepsilon(\sigma\tau)^{\sigma\tau}\boldsymbol{\alpha} = \varepsilon(\tau)\sum_{\rho\in S_r}\varepsilon(\rho)^{\rho}\boldsymbol{\alpha} = \varepsilon(\tau)\mathsf{A}\boldsymbol{\alpha}.
\end{aligned}
$$
□

我们要引进以下记法: 设 $I = (i_1, \cdots, i_r)$, 其中 $i_j \in \{1, 2, \cdots, n\}$, $j = 1, \cdots, r$, 则 r 称为 I 的长度, 记做 $|I| = r$.I 称为递增的, 若 $i_1 < i_2 < \cdots < i_r$.

定义 14.2.4　设 $(\mathbf{u}_1, \cdots, \mathbf{u}_n)$ 是 V 的一组基,$(\tilde{\mathbf{u}}^1, \cdots, \tilde{\mathbf{u}}^n)$ 是它的对偶基.$(\tilde{\mathbf{u}}^{i_1}, \cdots, \tilde{\mathbf{u}}^{i_r})$ 是对偶基中的一部分向量, 其中 $i_1 < i_2 < \cdots < i_r$. 我们引进以下的记法:$I = (i_1, \cdots, i_r)$ 和

$$
\tilde{\mathbf{u}}^I = \mathsf{A}(\tilde{\mathbf{u}}^{i_1} \otimes \cdots \otimes \tilde{\mathbf{u}}^{i_r}) = \sum_{\sigma\in S_r}\varepsilon(\sigma)^{\sigma}\big(\tilde{\mathbf{u}}^{i_1} \otimes \cdots \otimes \tilde{\mathbf{u}}^{i_r}\big).
$$

有了以上的记法后, 我们可以得到 $\Lambda^r(V')$ 的一组基的如下表示.

命题 14.2.6 设 $(\mathbf{u}_1,\cdots,\mathbf{u}_n)$ 是 V 的一组基, 则集合

$$\mathcal{B}=\{\tilde{\mathbf{u}}^I:|I|=r,I\text{递增}\} \tag{14.2.1}$$

构成 $\Lambda^r(V')$ 的一组基.

证 设 $I=(i_1,\cdots,i_r)$ 和 $J=(j_1,\cdots,j_r)$ 是两个长度为 r 的由 $\{1,2,\cdots,n\}$ 中的数构成的序列, 则

$$\begin{aligned}\tilde{\mathbf{u}}^I(\mathbf{u}_{j_1},\cdots,\mathbf{u}_{j_r})&=\mathsf{A}(\tilde{\mathbf{u}}^{i_1}\otimes\cdots\otimes\tilde{\mathbf{u}}^{i_r})(\mathbf{u}_{j_1},\cdots,\mathbf{u}_{j_r})\\&=\sum_{\sigma\in S_r}\varepsilon(\sigma)\tilde{\mathbf{u}}^{i_1}\otimes\cdots\otimes\tilde{\mathbf{u}}^{i_r}(\mathbf{u}_{j_{\sigma(1)}},\cdots,\mathbf{u}_{j_{\sigma(r)}})=\varepsilon^I_J,\end{aligned}$$

其中 ε^I_J 称为**重 (指标)Kronecker ε**, 它的定义是

$$\varepsilon^I_J=\begin{cases}\varepsilon(\sigma), & \text{若}J=\sigma(I),\\0, & \text{若}J\text{非}I\text{之重排}.\end{cases}$$

特别, 对于任何两个由 $\{1,\cdots,n\}$ 中的 r 个两两不相等的数构成的递增的数列 $I=(i_1,\cdots,i_r)$ 和 $J=(j_1,\cdots,j_r)$, 则

$$\tilde{\mathbf{u}}^I(\mathbf{u}_{j_1},\cdots,\mathbf{u}_{j_r})=\delta^I_J,$$

其中 δ^I_J 是重 Kronecker delta:

$$\delta^I_J=\delta^{i_1}_{j_1}\cdots\delta^{i_r}_{j_r}.$$

今设数列 I 和 J 是由 $\{1,\cdots,n\}$ 中的 r 个递增的数构成的, 则

$$\tilde{\mathbf{u}}^I(\mathbf{u}_{j_1},\cdots,\mathbf{u}_{j_r})=\begin{cases}1, & \text{若}I=J,\\0, & \text{若}I\neq J.\end{cases}$$

由此,

$$\sum_{I\in\mathcal{B}}c_I\tilde{\mathbf{u}}^I(\mathbf{u}_{j_1},\cdots,\mathbf{u}_{j_r})=c_J.$$

所以, $\sum\limits_{I\in\mathcal{B}}c_I\tilde{\mathbf{u}}^I=\mathbf{0}$ 将导致所有的系数 $c_J=0$, 故 $\mathcal{B}$ 是一组线性无关的向量.

设 $\boldsymbol{\alpha} \in \Lambda^r$, 由定理 14.1.2,

$$\boldsymbol{\alpha} = \sum_{1 \leqslant j_1 \leqslant n, \cdots, 1 \leqslant j_r \leqslant n} c_{j_1 \cdots j_r} \tilde{\mathbf{u}}^{j_1} \otimes \cdots \otimes \tilde{\mathbf{u}}^{j_r}.$$

由命题 14.2.5 的 (4), 我们有

$$\mathsf{A}(\tilde{\mathbf{u}}^{j_1} \otimes \cdots \otimes \tilde{\mathbf{u}}^{j_r}) = \varepsilon(\sigma)\mathsf{A}(\tilde{\mathbf{u}}^{j_{\sigma(1)}} \otimes \cdots \otimes \tilde{\mathbf{u}}^{j_{\sigma(r)}}).$$

特别, 当至少有两个 $k, l \in \{1, \cdots, r\}$, 使得 $k \neq l$ 且 $j_k = j_l$ 时, 我们有

$$\mathsf{A}(\tilde{\mathbf{u}}^{j_1} \otimes \cdots \otimes \tilde{\mathbf{u}}^{j_r}) = \mathbf{0}.$$

故

$$\begin{aligned}
r!\boldsymbol{\alpha} =& \mathsf{A}\boldsymbol{\alpha} = \mathsf{A}\left(\sum_{1 \leqslant j_1 \leqslant n, \cdots, 1 \leqslant j_r \leqslant n} c_{j_1 \cdots j_r} \tilde{\mathbf{u}}^{j_1} \otimes \cdots \otimes \tilde{\mathbf{u}}^{j_r}\right) \\
&= \sum_{1 \leqslant j_1 \leqslant n, \cdots, 1 \leqslant j_r \leqslant n} c_{j_1 \cdots j_r} \mathsf{A}\big(\tilde{\mathbf{u}}^{j_1} \otimes \cdots \otimes \tilde{\mathbf{u}}^{j_r}\big) \\
&= \sum_{j_1 < \cdots < j_r} \left(\sum_{\sigma \in S_r} \varepsilon(\sigma) c_{j_{\sigma(1)} \cdots j_{\sigma(r)}}\right) \mathsf{A}\big(\tilde{\mathbf{u}}^{j_1} \otimes \cdots \otimes \tilde{\mathbf{u}}^{j_r}\big) \\
&= \sum_{j_1 < \cdots < j_r} d_{j_1 \cdots j_r} \mathsf{A}\big(\tilde{\mathbf{u}}^{j_1} \otimes \cdots \otimes \tilde{\mathbf{u}}^{j_r}\big),
\end{aligned}$$

其中, 对于任何 $j_1 < \cdots < j_r$,

$$d_{j_1 \cdots j_r} = \sum_{\sigma \in S_r} \varepsilon(\sigma) c_{j_{\sigma(1)} \cdots j_{\sigma(r)}}.$$

这就证明了 $\mathcal{B}$ 构成了 $\Lambda^r(V')$ 的一组基. □

推论 14.2.2　对于 $r = 0, \cdots, n$, 线性空间 $\Lambda^r(V')$ 的维数是 $\begin{pmatrix} n \\ r \end{pmatrix}$. 特别,$\Lambda^n$ 的维数是 1.

证　命题 14.2.6 的直接推论. □

练　习

14.2.1　设 $\mathbf{R}^4$ 上的三阶张量 $\boldsymbol{\alpha}$:

$$\boldsymbol{\alpha}(\mathbf{x}, \mathbf{y}, \mathbf{z}) = x^2 y^2 z^4 + x^3 y^1 z^2.$$

试求出 $\mathsf{A}\boldsymbol{\alpha}$, 并将它表示成 Λ^3 中的标准基 $\tilde{\mathrm{e}}^I, |I|=3$ 的线性组合.

14.2.2 试证: 每个 (协变) 张量 $\boldsymbol{\alpha}$ 可以写成 $\boldsymbol{\alpha}=\boldsymbol{\beta}+\boldsymbol{\gamma}$, 其中 $\boldsymbol{\beta}$ 是交替张量, 而 $\mathsf{A}\boldsymbol{\gamma}=\mathbf{0}$.

§14.3 外　　积

Grassmann 引进了交替张量使 $\Lambda^r(V')$ 成为线性空间. 但是两个交替张量的张量积未必是交替张量. Grassmann 又引进一个乘积运算, 称为外积, 它是 $\Lambda^r(V')\times\Lambda^s(V')$ 到 $\Lambda^{r+s}(V')$ 的映射, 换言之, 两个交替张量的外积仍是交替张量.Grassmann 的外积定义如下:

定义 14.3.1 设 $\boldsymbol{\alpha}\in\Lambda^r$ 和 $\boldsymbol{\beta}\in\Lambda^s$, 定义 $\boldsymbol{\alpha}$ 和 $\boldsymbol{\beta}$ 的**外积**(或称**楔积**, 英语为 **wedge product**) 如下:

$$\boldsymbol{\alpha}\wedge\boldsymbol{\beta}=\mathsf{A}\left(\frac{\boldsymbol{\alpha}}{r!}\otimes\frac{\boldsymbol{\beta}}{s!}\right).$$

当 $r=0$ 或 $s=0$ 时,$\boldsymbol{\alpha}\wedge\boldsymbol{\beta}$ 就是通常的数乘张量.

命题 14.3.1 若 $\boldsymbol{\alpha}\in\mathcal{T}^r$ 使得 $\mathsf{A}\boldsymbol{\alpha}=\mathbf{0}$, 则对于任何 $\boldsymbol{\beta}\in\mathcal{T}^s$, 有

$$\mathsf{A}(\boldsymbol{\alpha}\otimes\boldsymbol{\beta})=\mathsf{A}(\boldsymbol{\beta}\otimes\boldsymbol{\alpha})=\mathbf{0}.$$

证 $T=\big\{\tau\in S_{r+s}:\forall j\in\{r+1,\cdots,r+s\}(\tau(j)=j)\big\}$ 是 S_{r+s} 的一个子群, 且如下定义的映射 $T\ni\tau\mapsto\tau'\in S_r$ 是 T 到 S_r 的一个同构:

$$\forall j\in\{1,\cdots,r\}\big(\tau'(j)=\tau(j)\big).$$

显然,

$$\forall\tau\in T\big({}^{\tau}(\boldsymbol{\alpha}\otimes\boldsymbol{\beta})={}^{\tau'}\boldsymbol{\alpha}\otimes\boldsymbol{\beta}\big).$$

T 的左陪集将 S_{r+s} 分解为互不相交的集合之并, 或者说, 以下的等价关系

$$\sigma\sim\tau\Longleftrightarrow\sigma^{-1}\tau\in T$$

将 S_{r+s} 分解为互不相交的集合之并: S_{r+s} 中有 $p=(r+s)!/r!$ 个元素 $\sigma_j\,(j=1,\cdots,p=(r+s)!/r!)$, 使得

$$S_{r+s}=\bigcup_{j=1}^{p}\sigma_jT,\quad 且\quad\forall j\neq k(\sigma_jT\cap\sigma_kT=\emptyset).$$

由此我们得到

$$\begin{aligned}\mathsf{A}(\boldsymbol{\alpha}\otimes\boldsymbol{\beta}) &= \sum_{\sigma\in S_{r+s}}\varepsilon(\sigma)^{\sigma}(\boldsymbol{\alpha}\otimes\boldsymbol{\beta}) = \sum_{j=1}^{p}\sum_{\tau\in T}\varepsilon(\sigma_j\tau)^{\sigma_j\tau}(\boldsymbol{\alpha}\otimes\boldsymbol{\beta})\\ &= \sum_{j=1}^{p}\varepsilon(\sigma_j)\sum_{\tau\in T}\varepsilon(\tau)^{\sigma_j\tau}(\boldsymbol{\alpha}\otimes\boldsymbol{\beta}) = \sum_{j=1}^{p}\varepsilon(\sigma_j)^{\sigma_j}\left(\sum_{\tau\in T}\varepsilon(\tau)^{\tau}(\boldsymbol{\alpha}\otimes\boldsymbol{\beta})\right)\\ &= \sum_{j=1}^{p}\varepsilon(\sigma_j)^{\sigma_j}\left(\left[\sum_{\tau'\in S_r}\varepsilon(\tau')^{\tau'}\boldsymbol{\alpha}\right]\otimes\boldsymbol{\beta}\right) = \sum_{j=1}^{p}\varepsilon(\sigma_j)^{\sigma_j}\big([\mathsf{A}\boldsymbol{\alpha}]\otimes\boldsymbol{\beta}\big) = \mathbf{0}.\end{aligned}$$

为了证明 $\mathsf{A}(\boldsymbol{\beta}\otimes\boldsymbol{\alpha})=\mathbf{0}$, 定义 $\sigma\in S_{r+s}$ 如下:

$$\sigma(j)=\begin{cases} j+r, & 若 1\leqslant j\leqslant s,\\ j-s, & 若 s+1\leqslant j\leqslant r+s.\end{cases}$$

易见,$\boldsymbol{\beta}\otimes\boldsymbol{\alpha}={}^{\sigma}(\boldsymbol{\alpha}\otimes\boldsymbol{\beta})$. 利用命题 14.2.5 的 (4), 由 $\mathsf{A}(\boldsymbol{\alpha}\otimes\boldsymbol{\beta})=\mathbf{0}$ 可推出 $\mathsf{A}(\boldsymbol{\beta}\otimes\boldsymbol{\alpha})=\mathbf{0}$. □

推论 14.3.1　设 $\boldsymbol{\alpha},\boldsymbol{\alpha}'\in\mathcal{T}^r$, $\boldsymbol{\beta}\in\mathcal{T}^s$, 且 $\mathsf{A}\boldsymbol{\alpha}=\mathsf{A}\boldsymbol{\alpha}'$, 则有

$$\mathsf{A}(\boldsymbol{\alpha}\otimes\boldsymbol{\beta})=\mathsf{A}(\boldsymbol{\alpha}'\otimes\boldsymbol{\beta})\quad 和\quad \mathsf{A}(\boldsymbol{\beta}\otimes\boldsymbol{\alpha})=\mathsf{A}(\boldsymbol{\beta}\otimes\boldsymbol{\alpha}').$$

证　只证第一个等式, 第二个等式证明相仿. 由假设, 有 $\mathsf{A}(\boldsymbol{\alpha}-\boldsymbol{\alpha}')=\mathbf{0}$. 故

$$\mathsf{A}(\boldsymbol{\alpha}\otimes\boldsymbol{\beta})-\mathsf{A}(\boldsymbol{\alpha}'\otimes\boldsymbol{\beta})=\mathsf{A}\big((\boldsymbol{\alpha}-\boldsymbol{\alpha}')\otimes\boldsymbol{\beta}\big)=\mathbf{0}.$$ □

下面这条定理是 Grassmann 代数的主要定理, 它虽然简单, 但十分有用.

定理 14.3.1　外积是结合的:

$$\forall\boldsymbol{\alpha}\in\Lambda^r\forall\boldsymbol{\beta}\in\Lambda^s\forall\boldsymbol{\gamma}\in\Lambda^t\left((\boldsymbol{\alpha}\wedge\boldsymbol{\beta})\wedge\boldsymbol{\gamma}=\boldsymbol{\alpha}\wedge(\boldsymbol{\beta}\wedge\boldsymbol{\gamma})=\frac{1}{r!s!t!}\mathsf{A}(\boldsymbol{\alpha}\otimes\boldsymbol{\beta}\otimes\boldsymbol{\gamma})\right).\tag{14.3.1}$$

证　因 $\boldsymbol{\alpha}\wedge\boldsymbol{\beta}\in\Lambda^{r+s}$, 有

$$\mathsf{A}\frac{\boldsymbol{\alpha}\wedge\boldsymbol{\beta}}{(r+s)!}=\boldsymbol{\alpha}\wedge\boldsymbol{\beta}=\mathsf{A}\frac{\boldsymbol{\alpha}\otimes\boldsymbol{\beta}}{r!s!}.$$

由推论 14.3.1, 有

$$
\begin{aligned}
(\boldsymbol{\alpha}\wedge\boldsymbol{\beta})\wedge\boldsymbol{\gamma} &= \mathsf{A}\left(\frac{\boldsymbol{\alpha}\wedge\boldsymbol{\beta}}{(r+s)!}\otimes\frac{\boldsymbol{\gamma}}{t!}\right)\\
&= \mathsf{A}\left(\frac{\boldsymbol{\alpha}\otimes\boldsymbol{\beta}}{r!s!}\otimes\frac{\boldsymbol{\gamma}}{t!}\right).
\end{aligned}
$$

相仿地, 有

$$
\boldsymbol{\alpha}\wedge(\boldsymbol{\beta}\wedge\boldsymbol{\gamma}) = \mathsf{A}\left(\frac{\boldsymbol{\alpha}}{r!}\otimes\frac{\boldsymbol{\beta}\otimes\boldsymbol{\gamma}}{s!t!}\right).
$$

因张量积满足结合律, 定理证毕. □

推论 14.3.2 设 $\boldsymbol{\alpha}^j\in\Lambda^{r_j}$, $j=1,\cdots,k$, 则

$$
\boldsymbol{\alpha}^1\wedge\cdots\wedge\boldsymbol{\alpha}^k = \frac{1}{r_1!\cdots r_k!}\mathsf{A}(\boldsymbol{\alpha}^1\otimes\cdots\otimes\boldsymbol{\alpha}^k). \tag{14.3.2}
$$

特别,

$$
\tilde{\mathbf{u}}^{i_1}\wedge\cdots\wedge\tilde{\mathbf{u}}^{i_r} = \mathsf{A}(\tilde{\mathbf{u}}^{i_1}\otimes\cdots\otimes\tilde{\mathbf{u}}^{i_r}) = \tilde{\mathbf{u}}^I. \tag{14.3.3}
$$

证 公式 (14.3.2) 是从公式 (14.3.1) 出发经过数学归纳法得到的. 公式 (14.3.3) 是公式 (14.3.2) 的特例. □

外积是通过交替化算子定义的, 由例 14.2.1 和例 14.2.2 看出, 交替化算子与行列式有密切联系. 由于平行四边形的面积和平行六面体的体积是通过行列式表示的. 可以想象, 外积具有极重要的几何涵义. 这一点在下一章中将有更确切的阐明. 为了研究某个几何问题, 利用外积这样的代数运算把它化成代数问题, 这是 Descartes 利用坐标把几何问题化成代数问题的思想的发展. 这正是 Grassmann 伟大的贡献. 外积具有结合律, 这使得作外积运算非常方便. 我们当然要问: 外积是否具有交换律? 答案是否定的, 但是却有个替代交换律的规律 (有时称为反交换律):

命题 14.3.2 设 $\boldsymbol{\alpha}\in\Lambda^r$, $\boldsymbol{\beta}\in\Lambda^s$, 则 $\boldsymbol{\alpha}\wedge\boldsymbol{\beta}=(-1)^{rs}\boldsymbol{\beta}\wedge\boldsymbol{\alpha}$.

证 定义 $\sigma\in S_{r+s}$ 如下:

$$
\sigma(j)=\begin{cases} j+r, & 若 1\leqslant j\leqslant s,\\ j-s, & 若 s+1\leqslant j\leqslant r+s.\end{cases}
$$

易见,$\boldsymbol{\beta}\otimes\boldsymbol{\alpha}={}^{\sigma}(\boldsymbol{\alpha}\otimes\boldsymbol{\beta})$. 不难证明 $\varepsilon(\sigma)=(-1)^{rs}$. 由命题 14.2.5 的 (4) 得到 $\boldsymbol{\beta}\wedge\boldsymbol{\alpha}=\varepsilon(\sigma)\boldsymbol{\alpha}\wedge\boldsymbol{\beta}=(-1)^{rs}\boldsymbol{\alpha}\wedge\boldsymbol{\beta}$. □

命题 14.3.3　V' 中的有限子集 $\{\boldsymbol{\alpha}^1,\cdots,\boldsymbol{\alpha}^r\}$ 是线性无关的, 当且仅当

$$\boldsymbol{\alpha}^1\wedge\cdots\wedge\boldsymbol{\alpha}^r\neq\mathbf{0}.$$

证　若 $\{\boldsymbol{\alpha}^1,\cdots,\boldsymbol{\alpha}^r\}$ 是线性相关的, 则这 r 个 $\boldsymbol{\alpha}$ 中必有一个可被另外 $r-1$ 个 $\boldsymbol{\alpha}$ 线性表示. 不妨设

$$\boldsymbol{\alpha}^1=\sum_{j=2}^{r}c_j\boldsymbol{\alpha}^j,$$

则

$$\boldsymbol{\alpha}^1\wedge\cdots\wedge\boldsymbol{\alpha}^r=\sum_{j=2}^{r}c_j\boldsymbol{\alpha}^j\wedge\boldsymbol{\alpha}^2\wedge\cdots\wedge\boldsymbol{\alpha}^r=\mathbf{0}.$$

反之, 若 $\{\boldsymbol{\alpha}^1,\cdots,\boldsymbol{\alpha}^r\}$ 是线性无关的, 则它们可扩张成 V' 的一组基. 在 V 中有基 $\mathbf{v}_1,\cdots,\mathbf{v}_n$, 使得 $\boldsymbol{\alpha}^j=\tilde{\mathbf{v}}^j\,(j=1,\cdots,r)$. 由此,

$$\boldsymbol{\alpha}^1\wedge\cdots\wedge\boldsymbol{\alpha}^r(\mathbf{v}_1,\cdots,\mathbf{v}_r)=1.$$

故 $\boldsymbol{\alpha}^1\wedge\cdots\wedge\boldsymbol{\alpha}^r\neq\mathbf{0}$. □

例 14.3.1　设 $V=\mathbf{R}^3$, 则 $\Lambda^1=V'$ 是个 3 维线性空间, 可以与 $\mathbf{R}^3$ 等同. 但为了便于把 $\boldsymbol{\alpha}\in V'$ 在 $\mathbf{v}\in V$ 上的值 $\boldsymbol{\alpha}(\mathbf{v})$ 看做矩阵的乘积 $\boldsymbol{\alpha}\mathbf{v}$,$\Lambda^1=V'$ 中的向量 $\boldsymbol{\alpha}$ 常看做行向量. 设 $\Lambda^1=V'$ 的标准基是 $\tilde{\mathbf{e}}^1,\tilde{\mathbf{e}}^2,\tilde{\mathbf{e}}^3$, 则 $\boldsymbol{\eta}^1=\tilde{\mathbf{e}}^2\wedge\tilde{\mathbf{e}}^3,\boldsymbol{\eta}^2=\tilde{\mathbf{e}}^3\wedge\tilde{\mathbf{e}}^1,\boldsymbol{\eta}^3=\tilde{\mathbf{e}}^1\wedge\tilde{\mathbf{e}}^2$ 是 Λ^2 的一组基. 又设 $\tilde{\mathbf{u}}=\sum_{j=1}^{3}u_j\tilde{\mathbf{e}}^j,\tilde{\mathbf{v}}=\sum_{j=1}^{3}v_j\tilde{\mathbf{e}}^j,\tilde{\mathbf{w}}=\sum_{j=1}^{3}w_j\tilde{\mathbf{e}}^j\in\Lambda^1$, 则不难检验以下公式:

$$\tilde{\mathbf{v}}\wedge\tilde{\mathbf{w}}=\begin{vmatrix}v_2 & v_3\\ w_2 & w_3\end{vmatrix}\boldsymbol{\eta}^1+\begin{vmatrix}v_3 & v_1\\ w_3 & w_1\end{vmatrix}\boldsymbol{\eta}^2+\begin{vmatrix}v_1 & v_2\\ w_1 & w_2\end{vmatrix}\boldsymbol{\eta}^3$$

和

$$\tilde{\mathbf{u}}\wedge\tilde{\mathbf{v}}\wedge\tilde{\mathbf{w}}=\begin{vmatrix}u_1 & u_2 & u_3\\ v_1 & v_2 & v_3\\ w_1 & w_2 & w_3\end{vmatrix}\tilde{\mathbf{e}}^{123},$$

其中 $\tilde{\mathbf{e}}^{123}=\tilde{\mathbf{e}}^1\wedge\tilde{\mathbf{e}}^2\wedge\tilde{\mathbf{e}}^3$. 我们发现, 两个行向量的外积与它们的叉乘有一个一一对应关系, 而三个行向量的外积与它们的混合积也有一个一一对应关系. 叉乘和混合积这两个在解析几何课程介绍过的有明显几何涵义的向量运算都是外积运算的特例. 这说明 Grassmann 的外积运算是三维空间中的叉乘和混合积这两个概念在高维空间的推广, 它也应有深刻的几何涵义.. Grassmann 也正是为了研究高维几何才引进 Grassmann 代数的.

练　习

14.3.1　若 $\boldsymbol{\alpha}\in\Lambda^1$, 试证:$\boldsymbol{\alpha}\wedge\boldsymbol{\alpha}=\mathbf{0}$. 试构造一个 $\boldsymbol{\alpha}\in\Lambda^2$, 使得 $\boldsymbol{\alpha}\wedge\boldsymbol{\alpha}\neq\mathbf{0}$.

§14.4 坐标变换

本节要讨论在坐标变换下张量的变换公式. 为此, 我们先引进伴随映射的概念.

定义 14.4.1　设 W 和 V 是两个有限维的线性空间,$A:W\to V$ 是线性映射.A 的**伴随映射**A^* 是由下式定义的 $\mathcal{T}^r(V')\to\mathcal{T}^r(W')$ 的线性映射: 对于任何 $\boldsymbol{\alpha}\in\mathcal{T}^r(V')$ 和任何 $\mathbf{w}_1,\cdots,\mathbf{w}_r\in W$,

$$(A^*\boldsymbol{\alpha})(\mathbf{w}_1,\cdots,\mathbf{w}_r)=\boldsymbol{\alpha}(A\mathbf{w}_1,\cdots,A\mathbf{w}_r).$$

设 $\mathbf{x}_1,\cdots,\mathbf{x}_n$ 和 $\mathbf{y}_1,\cdots,\mathbf{y}_m$ 分别为 V 和 W 的基, 且

$$A\mathbf{y}_j=\sum_{k=1}^n a_j^k\mathbf{x}_k,\qquad j=1,\cdots,m. \tag{14.4.1}$$

我们现在要计算出线性映射 $A^*:\mathcal{T}^r(V')\to\mathcal{T}^r(W')$ 在由 $\mathbf{x}_1,\cdots,\mathbf{x}_n$ 和 $\mathbf{y}_1,\cdots,\mathbf{y}_m$ 分别在张量空间 $\mathcal{T}^r(V')$ 和 $\mathcal{T}^r(W')$ 上诱导出来的基下的矩阵. 为此, 我们愿意重温一下高等代数中已经讨论过的 $r=1$ 的情形. 设 $\alpha\in V'$ 和 $c_k=\boldsymbol{\alpha}(\mathbf{x}_k)$, 这时 $\boldsymbol{\alpha}=\sum\limits_{k=1}^n c_k\tilde{\mathbf{x}}^k$. 设 $A^*\boldsymbol{\alpha}=\sum\limits_{j=1}^m d_j\tilde{\mathbf{y}}^j$. 我

们要求出 d_j 通过 c_k 表示的表达方式. 设 $\mathbf{w}=\sum_{j=1}^{m} w^j \mathbf{y}_j \in W$, 我们有

$$\begin{aligned}(A^*\boldsymbol{\alpha})(\mathbf{w}) &= \boldsymbol{\alpha}(A\mathbf{w}) = \sum_{j=1}^{m} w^j \boldsymbol{\alpha}(A\mathbf{y}_j) \\ &= \sum_{j=1}^{m} w^j \boldsymbol{\alpha}\left(\sum_{k=1}^{n} a_j^k \mathbf{x}_k\right) = \sum_{j=1}^{m}\sum_{k=1}^{n} a_j^k c_k w^j \\ &= \sum_{j=1}^{m}\sum_{k=1}^{n} a_j^k c_k \tilde{\mathbf{y}}^j(\mathbf{w}).\end{aligned}$$

换言之,

$$d_j = \sum_{k=1}^{n} a_j^k c_k, \quad j=1,\cdots,m. \tag{14.4.2}$$

我们注意到, 方程 (14.4.1) 和 (14.4.2) 的系数矩阵完全一样. 但前者是 V 的向量基到 W 的向量基之间的变换矩阵, 而后者是 V 的对偶空间 V' 中的向量分量到 W 的对偶空间 W' 中的向量分量之间的变换矩阵.

一般的 r 的情形的讨论和 $r=1$ 时完全一样, 不过表达式略显累赘. 设 α 是 r 阶张量:

$$\boldsymbol{\alpha} = \sum_{i_1,\cdots,i_r} c_{i_1,\cdots,i_r} \tilde{\mathbf{x}}^{i_1} \otimes \cdots \otimes \tilde{\mathbf{x}}^{i_r}.$$

又设

$$A^*\boldsymbol{\alpha} = \sum_{k_1,\cdots,k_r} d_{k_1,\cdots,k_r} \tilde{\mathbf{y}}^{k_1} \otimes \cdots \otimes \tilde{\mathbf{y}}^{k_r}. \tag{14.4.3}$$

下面要求出 $d_{j_1,\cdots,j_r}$ 由 $c_{i_1,\cdots,i_r}$ 表示的表达式. 为此, 令 W 中的 r 个元素为

$$\mathbf{w}_j = \sum_{k=1}^{m} w_j^k \mathbf{y}_k, \qquad j=1,\cdots,r.$$

我们有

$$A\mathbf{w}_j = \sum_{k=1}^{m} w_j^k A\mathbf{y}_k = \sum_{i=1}^{n}\sum_{k=1}^{m} w_j^k a_k^i \mathbf{x}_i,$$

故

$$\begin{aligned}\boldsymbol{\alpha}(A\mathbf{w}_1,\cdots,A\mathbf{w}_r) =&\boldsymbol{\alpha}\left(\sum_{i_1=1}^{n}\sum_{k_1=1}^{m} w_1^{k_1}a_{k_1}^{i_1}\mathbf{x}_{i_1},\cdots,\sum_{i_r=1}^{n}\sum_{k_r=1}^{m} w_r^{k_r}a_{k_r}^{i_r}\mathbf{x}_{i_r}\right)\\ =&\sum_{k_1,\cdots,k_r}\sum_{i_1,\cdots,i_r} w_1^{k_1}\cdots w_r^{k_r}a_{k_1}^{i_1}\cdots a_{k_r}^{i_r}\boldsymbol{\alpha}(\mathbf{x}_{i_1},\cdots,\mathbf{x}_{i_r})\\ =&\sum_{k_1,\cdots,k_r}\sum_{i_1,\cdots,i_r} w_1^{k_1}\cdots w_r^{k_r}a_{k_1}^{i_1}\cdots a_{k_r}^{i_r}c_{i_1\cdots i_r},\end{aligned}$$

换言之,

$$A^*\boldsymbol{\alpha} == \sum_{k_1,\cdots,k_r}\sum_{i_1,\cdots,i_r} a_{k_1}^{i_1}\cdots a_{k_r}^{i_r}c_{i_1\cdots i_r}\tilde{\mathbf{y}}^{k_1}\otimes\cdots\otimes\tilde{\mathbf{y}}^{k_r}.$$

和方程 (14.4.3) 比较, 便得

$$d_{k_1\cdots k_r} = \sum_{i_1,\cdots,i_r} a_{k_1}^{i_1}\cdots a_{k_r}^{i_r}c_{i_1\cdots i_r}. \tag{14.4.4}$$

注 在传统的教科书上, 张量被定义为这样一组量 $(c_{i_1\cdots i_r})$, 在线性映射下, 它是按照公式 (14.4.4) 进行变换的.Einstein 为了把他的广义相对论用数学的语言确切地表述出来, 花了七年时间学习 **Riemann几何**和 **Ricci 与 Levi-Civita 的张量分析**. 他学的张量分析中的张量就是这个按公式 (14.4.4) 进行变换的一组量. 这个公式中出现很累赘的求和号.Einstein, 为了方便, 作了以下约定 (常称为 **Einstein约定**): 若在一单项式中某指标在上标和下标中同时出现, 关于这个指标取的全部值的求和号将省略. 在 Einstein 约定下, 公式 (14.4.4) 可写为

$$d_{k_1\cdots k_r} = a_{k_1}^{i_1}\cdots a_{k_r}^{i_r}c_{i_1\cdots i_r}.$$

Einstein 约定在物理文献中经常使用. 按照绝大多数数学文献的习惯, 本讲义将不使用这个 Einstein 约定.

上面讨论的是在线性变换下张量的变换公式. 因为我们感兴趣的微分形式是交替张量, 我们必须讨论在线性变换下交替张量的变换公式. 设 $\boldsymbol{\alpha}\in\Lambda^r(V')$, 若 $\mathbf{x}_j\,(j=1,\cdots,n)$ 是 V 的一组基, 我们知道,$\Lambda^r(V')$ 的一组基是由 $\tilde{\mathbf{x}}^I$ 所组成的, 其中 I 跑遍所有的长度为 r 的递增指标列. 交替张量 $\boldsymbol{\alpha}$ 相对于上述那组基的展开是

$$\boldsymbol{\alpha} = \sum_{\text{递增的}I} c_I\tilde{\mathbf{x}}^I,\quad A^*\boldsymbol{\alpha} = \sum_{\text{递增的}J} d_J\tilde{\mathbf{y}}^J. \tag{14.4.5}$$

现在我们想要求出 d_J 被 c_I 线性表示的系数. 首先注意到

$$
\begin{aligned}
&\big(A^*(\mathsf{A}(\tilde{\mathbf{x}}^{i_1}\otimes\cdots\otimes\tilde{\mathbf{x}}^{i_r}))\big)(\mathbf{w}_1,\cdots,\mathbf{w}_r)\\
&\quad=\big(\mathsf{A}(\tilde{\mathbf{x}}^{i_1}\otimes\cdots\otimes\tilde{\mathbf{x}}^{i_r})\big)(A\mathbf{w}_1,\cdots,A\mathbf{w}_r)\\
&\quad=\left(\sum_{\sigma\in S_r}\varepsilon(\sigma)^{\sigma}(\tilde{\mathbf{x}}^{i_1}\otimes\cdots\otimes\tilde{\mathbf{x}}^{i_r})\right)(A\mathbf{w}_1,\cdots,A\mathbf{w}_r)\\
&\quad=\left(\sum_{\sigma\in S_r}\varepsilon(\sigma)(\tilde{\mathbf{x}}^{i_1}\otimes\cdots\otimes\tilde{\mathbf{x}}^{i_r})\right)(A\mathbf{w}_{\sigma(1)},\cdots,A\mathbf{w}_{\sigma(r)})\\
&\quad=\left(\sum_{\sigma\in S_r}\varepsilon(\sigma)A^*(\tilde{\mathbf{x}}^{i_1}\otimes\cdots\otimes\tilde{\mathbf{x}}^{i_r})\right)(\mathbf{w}_{\sigma(1)},\cdots,\mathbf{w}_{\sigma(r)})\\
&\quad=\left(\sum_{\sigma\in S_r}\varepsilon(\sigma)^{\sigma}\big(A^*(\tilde{\mathbf{x}}^{i_1}\otimes\cdots\otimes\tilde{\mathbf{x}}^{i_r})\big)\right)(\mathbf{w}_1,\cdots,\mathbf{w}_r)\\
&\quad=\mathsf{A}\big(A^*(\tilde{\mathbf{x}}^{i_1}\otimes\cdots\otimes\tilde{\mathbf{x}}^{i_r})\big)(\mathbf{w}_1,\cdots,\mathbf{w}_r),
\end{aligned}
$$

因此

$$
A^*\big(\mathsf{A}(\tilde{\mathbf{x}}^{i_1}\otimes\cdots\otimes\tilde{\mathbf{x}}^{i_r})\big)=\mathsf{A}\big(A^*(\tilde{\mathbf{x}}^{i_1}\otimes\cdots\otimes\tilde{\mathbf{x}}^{i_r})\big).
$$

所以

$$
\begin{aligned}
A^*\tilde{\mathbf{x}}^I&=A^*\big(\mathsf{A}(\tilde{\mathbf{x}}^{i_1}\otimes\cdots\otimes\tilde{\mathbf{x}}^{i_r})\big)\\
&=\mathsf{A}\big(A^*(\tilde{\mathbf{x}}^{i_1}\otimes\cdots\otimes\tilde{\mathbf{x}}^{i_r})\big)\\
&=\mathsf{A}\left(\sum_{j_1,\cdots,j_r}a^{i_1}_{j_1}\cdots a^{i_r}_{j_r}\tilde{\mathbf{y}}^{j_1}\otimes\cdots\otimes\tilde{\mathbf{y}}^{j_r}\right)\\
&=\sum_{j_1,\cdots,j_r}a^{i_1}_{j_1}\cdots a^{i_r}_{j_r}\mathsf{A}\big(\tilde{\mathbf{y}}^{j_1}\otimes\cdots\otimes\tilde{\mathbf{y}}^{j_r}\big)\\
&=\sum_{j_1,\cdots,j_r}a^{i_1}_{j_1}\cdots a^{i_r}_{j_r}\tilde{\mathbf{y}}^{j_1}\wedge\cdots\wedge\tilde{\mathbf{y}}^{j_r}\\
&=\sum_{\text{递增的}J}\sum_{\sigma\in S_r}\varepsilon(\sigma)a^{i_1}_{j_{\sigma(1)}}\cdots a^{i_r}_{j_{\sigma(r)}}\tilde{\mathbf{y}}^{j_1}\wedge\cdots\wedge\tilde{\mathbf{y}}^{j_r}\\
&=\sum_{\text{递增的}J}\begin{vmatrix}a^{i_1}_{j_1}&\cdots&a^{i_1}_{j_r}\\ \vdots&&\vdots\\ a^{i_r}_{j_1}&\cdots&a^{i_r}_{j_r}\end{vmatrix}\tilde{\mathbf{y}}^{j_1}\wedge\cdots\wedge\tilde{\mathbf{y}}^{j_r},
\end{aligned}
\tag{14.4.6}
$$

其中倒数第二个等号的理由是: 当 $j_1,\cdots,j_r$ 中有重复的指标时,

$$\tilde{\mathbf{y}}^{j_1}\wedge\cdots\wedge\tilde{\mathbf{y}}^{j_r}=\mathbf{0}.$$

而任何无重复指标的 $j_1,\cdots,j_r$ 都可由相应的递增指标经由适当的置换获得. 而最后一个等号的根据是行列式的定义.

对 (14.4.5) 的第一个等式 $\boldsymbol{\alpha}=\sum\limits_{\text{递增的}I}c_I\tilde{\mathbf{x}}^I$ 两端作用 A^*, 把公式 (14.4.6) 代入所得结果的右端, 我们得到以下结果:

$$\begin{aligned}A^*\boldsymbol{\alpha}&=\sum_{\text{递增的}I}c_IA^*\tilde{\mathbf{x}}^I\\&=\sum_{\text{递增的}J}\sum_{\text{递增的}I}c_I\begin{vmatrix}a^{i_1}_{j_1}&\cdots&a^{i_1}_{j_r}\\\vdots&&\vdots\\a^{i_r}_{j_1}&\cdots&a^{i_r}_{j_r}\end{vmatrix}\tilde{\mathbf{y}}^{j_1}\wedge\cdots\wedge\tilde{\mathbf{y}}^{j_r}.\end{aligned}\tag{14.4.7}$$

比较方程 (14.4.5) 和 (14.4.7), 我们得到了交替张量在 A^* 作用下系数之间的联系公式:

$$d_J=\sum_{\text{递增的}I}c_I\begin{vmatrix}a^{i_1}_{j_1}&\cdots&a^{i_1}_{j_r}\\\vdots&&\vdots\\a^{i_r}_{j_1}&\cdots&a^{i_r}_{j_r}\end{vmatrix}.\tag{14.4.8}$$

当 $V=W$ 时, 以上的公式 (14.4.4) 和 (14.4.8) 分别给出了坐标变换下张量和交替张量的分量的变换公式.

当 $m=n=r,\ \ V=W$ 时,$\Lambda^n(V')$ 是一维线性空间, 作用伴随映射 A^* 相当于乘于行列式 $\det(a^i_j)$. 我们甚至可以用这个事实作为行列式的定义: 线性映射 A 的行列式 $\det(a^i_j)$ 就是 $\Lambda^n(V')$ 上的伴随映射 A^*, 后者作为一维空间到一维空间的线性映射只相当于一个数.

进一步阅读的参考文献

以下文献中的有关章节可以作为重线性代数理论进一步学习的参考:

[2] 的第十一章第 **2** 节介绍了重线性代数.

[7] 的第十二章介绍了重线性代数.

[16] 的第三卷的第二章第 **1** 节非常简练地介绍了重线性代数.

[18] 的第四章第 **2** 节介绍了重线性代数.

[20] 的第二十四章第 **211** 节介绍了重线性代数.

[25] 的第七章介绍了重线性代数.

[27] 的第二章介绍了重线性代数.

[28] 的第十四章第 **1** 节介绍了重线性代数.

[45] 的第十五章第 **1** 节介绍了重线性代数.

第 15 章　微分形式

在本讲义的第 5 章, 第 8 章及第 10 章中曾介绍了欧氏空间中的零次微分形式, 一次微分形式和二次微分形式以及它们的外微分和一次微分形式的线积分与二次微分形式的面积分. 在本讲义的第 12 章中, 我们利用微分形式的语言介绍了复平面上全纯函数的概念. 现在我们已经介绍了流形和张量的一般概念, 可以认真介绍法国数学家 E.Cartan 引进的微分形式的一般概念了, 它在几何, 分析和物理的研究中已是不可缺少的工具. 我们先从 $\mathbf{R}^n$ 上的张量场与微分形式的研究开始, 然后再进入 $\mathbf{R}^n$ 中流形上的张量场与微分形式的研究.

§15.1　$\mathbf{R}^n$ 上的张量场与微分形式

下面将给出微分形式的一般定义, 它是第 5 章, 第 8 章, 第 10 章及第 12 章中介绍过并操作过的微分形式概念的抽象. 同学务必复习第 5 章, 第 8 章, 第 10 章及第 12 章中内容, 以使这个抽象变成十分具体而完全可理解的东西.

定义 15.1.1　设 U 是 $\mathbf{R}^n$ 中的开集,U 上的**向量场**定义为 U 到 $\mathbf{R}^n$ 的一个映射;U 上的 r**阶张量场**定义为 U 到 $\mathcal{T}^r(\mathbf{R}^{n\prime})$ 的一个映射.U 上的 r**次微分形式**(简称为 r-**形式**) 是 U 到 $\Lambda^r(\mathbf{R}^{n\prime})$ 的映射 ω; 换言之, 是这样一个 r 阶张量场, 它在每一点的值都是交替张量.

U 上的 r 次微分形式 ω 是映射 $\omega: U \ni \mathbf{p} \mapsto \omega_{\mathbf{p}} \in \Lambda^r(\mathbf{R}^{n\prime})$, 其中 $\omega_{\mathbf{p}}$ 是 $\mathbf{R}^n$ 上交替的 r- 线性函数.U 上的 0 阶张量场是 U 上的 0 次微分形式, 事实上它是 U 上的实值函数. U 上的一阶张量场是 U 上的一次微分形式, 事实上它是 U 上的取值于 $(\mathbf{R}^n)'$ 向量值函数: $\omega: \mathbf{p} \mapsto \omega_{\mathbf{p}}$, 其中 $\omega_{\mathbf{p}}$ 是 $\mathbf{R}^n$ 上的一个线性函数, 它常常看成一个行向量.

定义 15.1.2　设 ω 是 $\mathbf{R}^n$ 中的开集 U 上的 r 阶张量场.ω 称为 C^k**类的**, 若对于任何 $\mathbf{v}_1, \cdots, \mathbf{v}_r \in \mathbf{R}^n$, 实值函数 $\mathbf{p} \mapsto \omega_{\mathbf{p}}(\mathbf{v}_1, \cdots, \mathbf{v}_r)$ 是 U 上的 C^k 类函数.

我们愿意重温一下 $\mathbf{R}^n$ 上的坐标函数 x^j 的涵义:$x^j(a_1,\cdots,a_n)=a_j, j=1,\cdots,n$. 设 $f:U\to\mathbf{R}$ 是可微的实值函数, 则对于每个 $\mathbf{p}\in U$,$df_{\mathbf{p}}$ 是 $\mathbf{R}^n\to\mathbf{R}$ 的线性函数:

$$df_{\mathbf{p}}(\mathbf{h})=df_{\mathbf{p}}(h^1,\cdots,h^n)=\sum_{j=1}^n\frac{\partial f}{\partial p_j}(\mathbf{p})h^j.$$

df 是 U 上的 1- 形式. 若 f 是 C^k 类的,df 是 C^{k-1} 类的. 特别, 当 $f=x^j$ 时, 我们有

$$dx^j_{\mathbf{p}}(h^1,\cdots,h^n)=h^j,$$

换言之, $dx^j_{\mathbf{p}}$ 是个不依赖于 $\mathbf{p}$ 的 (相对于 $\mathbf{p}$ 取常值的) 线性函数:$dx^j_{\mathbf{p}}=\tilde{\mathbf{e}}^j$, 其中 $\tilde{\mathbf{e}}^j$ 是 $\mathbf{R}^n$ 中标准基 $\mathbf{e}_1,\cdots,\mathbf{e}_n$ 的对偶基中第 j 个元素. 因 $dx^j_{\mathbf{p}}$ 不依赖于 $\mathbf{p}$, 可简记做 $dx^j=dx^j_{\mathbf{p}}.dx^1,\cdots,dx^n$ 是 $\Lambda^1(R^{n'})$ 中的一组基. 任何 U 上的 1- 形式 $\boldsymbol{\omega}$ 可写成 $\boldsymbol{\omega}_{\mathbf{p}}=\sum_{j=1}^n f_j(\mathbf{p})dx^j$, 其中 f_j 是 U 上的实值函数. 第 14 章的命题 14.2.6 告诉我们, 交替张量 $\{\tilde{\mathbf{e}}^I: I\text{是递增的}r\text{重指标}\}$ 构成 $\Lambda^r(\mathbf{R}^{n\prime})$ 的一组基. 故 U 上的 r- 形式 $\boldsymbol{\omega}$ 可唯一地表示成以下形式:

$$\boldsymbol{\omega}=\sum_{\text{递增的}I}a_I d\mathbf{x}^I,$$

其中 a_I 是 U 上的实值函数, 而 $dx^I=d\mathbf{x}^{i_1}\wedge\cdots\wedge dx^{i_r}$. 易见,$\boldsymbol{\omega}$ 是 C^k 类的, 当且仅当 a_I 是 C^k 类的. 若 $f:U\to\mathbf{R}$ 是光滑的, 换言之, 是 C^∞ 类的, 则 f 的**外微分(简称微分)**

$$df=\sum_{j=1}^n\frac{\partial f}{\partial x^j}dx^j$$

是 U 上的光滑的 1- 形式.

为了方便, 我们以后讨论的 r- 形式都假定为光滑的, 虽然许多结论对于 C^k 类形式也成立. U 上的光滑的 r- 形式全体记做 $\Omega^r(U)$.

练 习

15.1.1 问:$\mathbf{R}^n$ 上满足条件 $dx^1\wedge df=\mathbf{0}$ 的光滑函数 f 是怎样的函数?

15.1.2 给定了 $\mathbf{R}^n$ 的开子集 U 上的光滑函数 g. 问:$\mathbf{R}^n$ 的开子集 U 上的满足以下条件 $df\wedge dg=\mathbf{0}$ 的光滑函数 f 是怎样的函数?

§15.2 外微分算子

r- 形式是定义在开集 $U \subset \mathbf{R}^n$ 上而取值于 $\Lambda^r(\mathbf{R}^{n\prime})$ 的映射.$\Lambda^r(\mathbf{R}^{n\prime})$ 上的线性运算与外积自然可以用以下方式搬到 $\Omega^r(U)$ 上:

$$(f\boldsymbol{\omega})_{\mathbf{p}} = f(\mathbf{p})\boldsymbol{\omega}_{\mathbf{p}}, \quad (\boldsymbol{\omega}+\boldsymbol{\eta})_{\mathbf{p}} = \boldsymbol{\omega}_{\mathbf{p}} + \boldsymbol{\eta}_{\mathbf{p}}, \quad (\boldsymbol{\omega}\wedge\boldsymbol{\eta})_{\mathbf{p}} = \boldsymbol{\omega}_{\mathbf{p}} \wedge \boldsymbol{\eta}_{\mathbf{p}}.$$

下面我们要把 §10.8 中 $\Omega^0(U) \to \Omega^1(U)$ 和 $\Omega^1(U) \to \Omega^2(U)$ 的通过几何直观引进的外微分映射 $d: f \mapsto df$ 和 $d: \boldsymbol{\omega} \mapsto d\boldsymbol{\omega}$ 用形式的方法推广到一般的微分形式上, 这正是 20 世纪几何学大师 E. Cartan 的重要贡献.

定义 15.2.1 设 $\boldsymbol{\omega} = \sum\limits_{\text{递增的}I} a_I d\mathbf{x}^I$ 是 U 上的光滑的 r- 形式, $\boldsymbol{\omega}$ 的**外微分**$d\boldsymbol{\omega}$ 定义为如下的 $(r+1)$- 形式:

$$d\boldsymbol{\omega} = \sum_{\text{递增的}I} (da_I) \wedge d\mathbf{x}^I.$$

注 根据公式 (14.4.7), 如此定义的 $d\boldsymbol{\omega}$ 与坐标基向量的选择无关.

命题 15.2.1 外微分算子 d 具有以下性质:

(1) d 是 $\Omega^r(U) \to \Omega^{r+1}(U)$ 的线性映射;

(2) 若 $\boldsymbol{\omega} \in \Omega^r(U)$ 和 $\boldsymbol{\eta} \in \Omega^s(U)$, 则

$$d(\boldsymbol{\omega} \wedge \boldsymbol{\eta}) = d\boldsymbol{\omega} \wedge \boldsymbol{\eta} + (-1)^r \boldsymbol{\omega} \wedge d\boldsymbol{\eta};$$

(3) 对任何 $\boldsymbol{\omega} \in \Omega^r(U)$, 有 $d(d\boldsymbol{\omega}) = \mathbf{0}$.

证 (1) 是显然的.

(2) 先证明 $r = s = 0$ 的情形. 设 a 和 b 是 U 上的光滑函数, 我们有

$$\begin{aligned} d(ab) &= \sum_{j=1}^n \frac{\partial(ab)}{\partial x^j} dx^j \\ &= \sum_{j=1}^n \left(b\frac{\partial a}{\partial x^j} + a\frac{\partial b}{\partial x^j}\right) dx^j = b\sum_{j=1}^n \frac{\partial a}{\partial x^j} dx^j + a\sum_{j=1}^n \frac{\partial b}{\partial x^j} dx^j \\ &= bda + adb = b \wedge da + a \wedge db. \end{aligned}$$

当 $r=s=0$ 时,(2) 已证得. 今设

$$\boldsymbol{\omega}=\sum_{\text{递增的}I} a_I d\mathbf{x}^I \in \Omega^r(U), \qquad \boldsymbol{\eta}=\sum_{\text{递增的}J} b_J d\mathbf{x}^J \in \Omega^s(U),$$

利用 d 的线性性质, 定理 14.3.1, 命题 14.3.2 和外积的分配律, 我们有

$$\begin{aligned} d(\boldsymbol{\omega}\wedge\boldsymbol{\eta}) &= d\left(\left(\sum_{\text{递增的}I} a_I d\mathbf{x}^I\right)\wedge\left(\sum_{\text{递增的}J} b_J d\mathbf{x}^J\right)\right)\\ &= \sum_{\text{递增的}I}\ \sum_{\text{递增的}J} d\big(a_I b_J d\mathbf{x}^I\wedge d\mathbf{x}^J\big). \end{aligned} \tag{15.2.1}$$

对于每对 I 和 J, 利用定理 14.3.1, 命题 14.3.2 和外积的分配律, 我们有

$$\begin{aligned} d\big(a_I b_J d\mathbf{x}^I\wedge d\mathbf{x}^J\big) &= d(a_I b_J)\wedge d\mathbf{x}^I\wedge d\mathbf{x}^J\\ &= (b_J da_I + a_I db_J)\wedge d\mathbf{x}^I\wedge d\mathbf{x}^J\\ &= b_J da_I\wedge d\mathbf{x}^I\wedge d\mathbf{x}^J + a_I db_J\wedge d\mathbf{x}^I\wedge d\mathbf{x}^J\\ &= (da_I\wedge d\mathbf{x}^I)\wedge(b_J d\mathbf{x}^J) + (-1)^r(a_I d\mathbf{x}^I)\wedge(db_J\wedge d\mathbf{x}^J). \end{aligned}$$

将以上结果代入方程 (15.2.1), 便有

$$d(\boldsymbol{\omega}\wedge\boldsymbol{\eta}) = d\boldsymbol{\omega}\wedge\boldsymbol{\eta} + (-1)^r\boldsymbol{\omega}\wedge d\boldsymbol{\eta}.$$

(2) 证毕.

(3) $r=0$ 时的 (3) 只是混合偏导数不依赖于求导次序这个命题的推论. 事实上, 在第 10 章的 §10.8 中,$n=2$ 时, 方程 (10.8.10)) 的推导便只是用了一下混合偏导数不依赖于求导次序这个命题. 对于一般的 n, 推导也相仿:

$$\begin{aligned} d(df) &= d\left(\sum_{k=1}^n \frac{\partial f}{\partial x^k}dx^k\right) = \sum_{k=1}^n d\left(\frac{\partial f}{\partial x^k}\right)\wedge dx^k\\ &= \sum_{k=1}^n\left(\sum_{j=1}^n \frac{\partial^2 f}{\partial x^j\partial x^k}\right)dx^j\wedge dx^k\\ &= \sum_{j<k}\left(\frac{\partial^2 f}{\partial x^j\partial x^k} - \frac{\partial^2 f}{\partial x^k\partial x^j}\right)dx^j\wedge dx^k = 0. \end{aligned}$$

下面证明 $r \geqslant 1$ 的情形: 由 (2),

$$d(da_I \wedge d\mathbf{x}^I) = d(da_I) \wedge d\mathbf{x}^I + (-1)da_I \wedge d(d\mathbf{x}^I).$$

由 $r = 0$ 时的 (3),$d(da_I) = \mathbf{0}$. 由 d 的定义,$d(d\mathbf{x}^I) = \mathbf{0}$. 故对于任何光滑的 $\boldsymbol{\omega}$,$d(d\boldsymbol{\omega}) = \mathbf{0}$. □

练　　习

15.2.1 求以下微分形式的外微分:

(i) $x^1dx^1 + x^2dx^2 + \cdots + x^ndx^n$;

(ii) $x^2dx^1 - x^1dx^2$;

(iii) $xdy \wedge dz + ydz \wedge dx + zdx \wedge dy$;

(iv) $f(x, y)dx$.

§15.3 外微分算子与经典场论中的三个微分算子

19 世纪末, 美国应用数学家 **J.W.Gibbs** 引进了**向量分析**的理论, 也常称这套理论为**(经典) 场论**. 它被物理学家, 力学家和工程师们广泛使用. 我们在第 10 章中曾接触过的梯度算子和散度算子便是 (经典) 场论中的两个重要的微分算子. 本节想用微分形式和外微分算子的语言来阐述 (经典) 场论中的三个算子: 梯度算子, 散度算子和 (以前未曾谋面的) 旋度算子的涵义. 站在微分形式理论的高度去观察, (经典) 场论中的这三个算子的引进才显得非常自然.

$\Lambda^0(\mathbf{R}^{n'})$ 和 $\Lambda^n(\mathbf{R}^{n'})$ 是一维空间, 每个 U 上的 0- 形式和 n- 形式被一个 U 上的实值函数所刻画.$\Lambda^1(\mathbf{R}^{n'})$ 和 $\Lambda^{n-1}(\mathbf{R}^{n'})$ 是 n 维空间,U 上的 1- 形式或 $(n-1)$- 形式均被 U 上的一个向量场所刻画. 这样, 经典场论中的数量场和 0- 形式或 n- 形式相对应, 而经典场论中的向量场和 1- 形式或 $(n-1)$- 形式相对应. 现在我们要介绍传统的微积分书上定义的, 在物理和连续介质力学中经常用到的, 经典场论 (也称向量分析) 中的梯度、散度和旋度这三个微分算子是和某三个 $\Omega^r(U)$ 上的外微分算子 d 之间的对应关系. 利用这种对应关系, 经典场论就成为微分形式理论的一部分. 传统的微积分书上的经典场论已无必要专门辟一章来讨论了.

定义 15.3.1 记 $\omega_0 = dx^1 \wedge \cdots \wedge dx^n$. 对于任何 $j \in \{1, \cdots, n\}$, 令

$$\boldsymbol{\eta}^j = (-1)^{j-1} dx^1 \wedge \cdots \wedge dx^{j-1} \wedge dx^{j+1} \wedge \cdots \wedge dx^n.$$

易见,

$$dx^j \wedge \boldsymbol{\eta}^k = \begin{cases} \mathbf{0}, & \text{若} k \neq j, \\ \boldsymbol{\omega}_0, & \text{若} k = j. \end{cases}$$

每个 $\boldsymbol{\omega} \in \Omega^n(U)$ 可以唯一地写成 $\boldsymbol{\omega} = g\boldsymbol{\omega}_0$, 其中 g 是个 U 上的光滑函数. 引进映射 $\Phi : \Omega^n(U) \to \Omega^0(U)$ 如下:

$$\Phi(\boldsymbol{\omega}) = \Phi(g\boldsymbol{\omega}_0) = g.$$

每个 $\boldsymbol{\omega} \in \Omega^1(U)$ 可以唯一地写成 $\boldsymbol{\omega} = \sum_{j=1}^n g_j dx^j$, 其中 g_j 是个 U 上的光滑函数. 今定义 $\Omega^1(U)$ 到 U 上的光滑向量场 $\Omega^1(U)$ 的映射 Φ 如下:

$$\Phi(\boldsymbol{\omega}) = \Phi\left(\sum_{j=1}^n g_j dx^j\right) = (g_1, \cdots, g_n).$$

每个 $\boldsymbol{\omega} \in \Omega^{n-1}(U)$ 可以唯一地写成 $\boldsymbol{\omega} = \sum_{j=1}^n g_j \boldsymbol{\eta}^j$, 其中 g_j 是个 U 上的光滑函数. 今定义 $\Omega^{n-1}(U)$ 到 U 上的光滑向量场 $\Omega^1(U)$ 的映射 Φ 如下:

$$\Phi(\boldsymbol{\omega}) = \Phi\left(\sum_{j=1}^n g_j \boldsymbol{\eta}^j\right) = (g_1, \cdots, g_n).$$

为了对称起见, 还定义映射 $\Phi : \Omega^0(U) \to \Omega^0(U)$ 为 $\Phi = \mathrm{id}$, 换言之, 对于 U 上的光滑函数 $g, \Phi(g) = g$.

值得注意的是, 我们将四个不同的对应关系用同一个符号 Φ 表示. 只要注意上下文, 这并不会引起混乱, 反而更强调了微分形式理论与经典场论之间的联系. 在经典场论中, 函数 g 的**梯度**是这样定义的 (参看第 8 章 §8.8 的练习 8.8.1):

$$\mathrm{grad}\, g = \left(\frac{\partial g}{\partial x^1}, \cdots, \frac{\partial g}{\partial x^n}\right),$$

故对于光滑函数 g, 有

$$\Phi(dg) = \text{grad } g = \text{grad } \Phi(g).$$

换言之, 在 Φ 这个对应关系下, 梯度对应于零形式的外微分,

向量场 $\mathbf{g} = (g_1, \cdots, g_n)$ 的**散度**是这样定义的 (参看第 10 章 §10.9 的练习 10.9.4):

$$\text{div } \mathbf{g} = \sum_{j=1}^{n} \frac{\partial g_j}{\partial x^j}.$$

故对于光滑 $(n-1)$- 形式 $\boldsymbol{\omega} = \sum_{j=1}^{n} g_j \boldsymbol{\eta}^j$, 有

$$d\boldsymbol{\omega} = \sum_{j=1}^{n} d\left(g_j \boldsymbol{\eta}^j\right) = \sum_{j=1}^{n}\left(\sum_{k=1}^{n} \frac{\partial g_j}{\partial x^k} dx^k \wedge \boldsymbol{\eta}^j\right) = \left(\sum_{j=1}^{n} \frac{\partial g_j}{\partial x^j}\right)\boldsymbol{\omega}_0.$$

所以我们得到

$$\Phi(d\boldsymbol{\omega}) = \text{div } \Phi(\boldsymbol{\omega}).$$

换言之, 在 Φ 这个对应关系下, 散度对应于 $(n-1)$- 形式的外微分.

当 $n = 3$ 时, 外微分算子 $d : \Omega^1(U) \to \Omega^2(U)$ 正好和经典场论的旋度对应. 设 $\boldsymbol{\omega} = \sum_{k=1}^{3} g_k dx^k$, 则

$$\begin{aligned}
d\boldsymbol{\omega} &= \sum_{k=1}^{3}\left(\sum_{j=1}^{3} \frac{\partial g_k}{\partial x^j} dx^j\right) \wedge dx^k = \sum_{j<k}\left(\frac{\partial g_k}{\partial x^j} - \frac{\partial g_j}{\partial x^k}\right) dx^j \wedge dx^k \\
&= \left(\frac{\partial g_3}{\partial x^2} - \frac{\partial g_2}{\partial x^3}\right) dx^2 \wedge dx^3 + \left(\frac{\partial g_3}{\partial x^1} - \frac{\partial g_1}{\partial x^3}\right) dx^1 \wedge dx^3 \\
&\quad + \left(\frac{\partial g_2}{\partial x^1} - \frac{\partial g_1}{\partial x^2}\right) dx^1 \wedge dx^2 \\
&= \left(\frac{\partial g_3}{\partial x^2} - \frac{\partial g_2}{\partial x^3}\right)\boldsymbol{\eta}^1 + \left(\frac{\partial g_1}{\partial x^3} - \frac{\partial g_3}{\partial x^1}\right)\boldsymbol{\eta}^2 + \left(\frac{\partial g_2}{\partial x^1} - \frac{\partial g_1}{\partial x^2}\right)\boldsymbol{\eta}^3.
\end{aligned}$$

三维空间 $\mathbf{R}^3$ 中的经典场论中向量场 $\mathbf{g} = (g_1, \cdots, g_3)$ 的**旋度**定义为以下形式的向量场:

$$\text{curl } \mathbf{g} = \text{rot } \mathbf{g} = \left(\frac{\partial g_3}{\partial x^2} - \frac{\partial g_2}{\partial x^3}, \frac{\partial g_1}{\partial x^3} - \frac{\partial g_3}{\partial x^1}, \frac{\partial g_2}{\partial x^1} - \frac{\partial g_1}{\partial x^2}\right),$$

故

$$\Phi(d\boldsymbol{\omega}) = \text{curl } \Phi(\boldsymbol{\omega}).$$

换言之, 三维空间 $\mathbf{R}^3$ 中的旋度对应于 1- 形式的外微分.

梯度, 散度和旋度这三个微分算子是 Gibbs 从物理和力学的研究中总结出来的.E.Cartan 用外微分算子十分精彩地把它们统一起来了, 这是 Galileo 的**大自然这部巨著是用数学的语言写成的**这一深刻论断的又一次胜利..

在经典场论中由微分算子组成的形式向量 ∇ (读作 "nabla" 或 "del") 定义为

$$\nabla = \left(\frac{\partial}{\partial x^1}, \frac{\partial}{\partial x^2}, \frac{\partial}{\partial x^3}\right),$$

利用它, 梯度, 散度和旋度算子可以表成如下形式:

$$\text{grad } g = \nabla\, g, \qquad \text{div } \mathbf{g} = \nabla \cdot \mathbf{g}, \qquad \text{curl } \mathbf{g} = \nabla \times \mathbf{g},$$

其中 "$\cdot$" 和 "$\times$" 分别表示形式的点乘和三维空间形式的叉乘. 通常的三维空间向量的叉乘与它所对应的 1- 形式的外积之间的关系是这样的 (同学可自行检验):

$$\mathbf{g} \times \mathbf{h} = \Phi\big(\Phi^{-1}(\mathbf{g}) \wedge \Phi^{-1}(\mathbf{h})\big),$$

其中,$\Phi^{-1}(\mathbf{g})$ 和 $\Phi^{-1}(\mathbf{h})$ 都表示 1- 形式.

§15.4 回 拉

在 §8.7 和 §10.8 中我们曾讨论过 1- 形式与 2- 形式的回拉的概念. 现在我们要把它推广到一般的微分形式上.

定义 15.4.1 设 V 是 $\mathbf{R}^m$ 中的开集,U 是 $\mathbf{R}^n$ 中的开集, 而 $\mathbf{f}: V \to U$ 是光滑映射, 则映射 $\mathbf{f}$ 诱导出一个映射 $\mathbf{f}^*: \Omega^r(U) \to \Omega^r(V)$, 它是如下定义的: 对于任何 $\mathbf{v}_1, \cdots, \mathbf{v}_r \in \mathbf{R}^m$ 和任何 $\omega \in \Omega^r(U)$,

$$(\mathbf{f}^*\boldsymbol{\omega})_{\mathbf{p}}(\mathbf{v}_1, \cdots, \mathbf{v}_r) = \boldsymbol{\omega}_{\mathbf{f}(\mathbf{p})}(\mathbf{f}'(\mathbf{p})\mathbf{v}_1, \cdots, \mathbf{f}'(\mathbf{p})\mathbf{v}_r).$$

换言之, 映射 $\mathbf{f}^*$ 作用在 $\omega \in \Omega^r(U)$ 上后得到的微分形式 $(\mathbf{f}^*\omega)_{\mathbf{p}}$ 在点 $\mathbf{p} \in V$ 处的值 (这个值是个 r 阶张量) 等于线性映射 $\mathbf{f}'(\mathbf{p})$ 的伴随映射

$[\mathbf{f}'(\mathbf{p})]^*:\Lambda^r(\mathbf{R}^{n\prime})\to\Lambda^r(\mathbf{R}^{m\prime})$ 作用在 $\boldsymbol{\omega}_{\mathbf{f}(\mathbf{p})}$ 上的值 (这个值是个 r 阶张量):

$$(\mathbf{f}^*\boldsymbol{\omega})_{\mathbf{p}}=[\mathbf{f}'(\mathbf{p})]^*(\boldsymbol{\omega}_{\mathbf{f}(\mathbf{p})}), \tag{15.4.1}$$

其中左端的 $\mathbf{f}^*$ 称为 $\mathbf{f}$ 的**回拉(pullback)映射**, 简称**回拉**, 右端的 $[\mathbf{f}'(\mathbf{p})]^*$ 则是线性映射 $\mathbf{f}'(\mathbf{p})$ 的伴随映射.

注 1 $\mathbf{f}:V\to U$, 而 $\mathbf{f}^*:\Omega^r(U)\to\Omega^r(V)$, 两者方向正好相反, 回拉之名源于此. 应注意的是, 微分形式 $\mathbf{f}^*\boldsymbol{\omega}$ 也常称为微分形式 $\boldsymbol{\omega}$ 在映射 $\mathbf{f}$ 下的**回拉**(参看定义 8.7.3 和公式 (10.8.17) 和 (10.8.21)).

注 2 由以上定义,$\boldsymbol{\omega}$ 的回拉在点 $\mathbf{p}$ 处的值 $(\mathbf{f}^*\boldsymbol{\omega})_{\mathbf{p}}$ 只依赖于 $\boldsymbol{\omega}$ 在 $\mathbf{f}(V)$ 上的值, 与 $\boldsymbol{\omega}$ 在 $U\setminus\mathbf{f}(V)$ 上的值无关; 而且 $(\mathbf{f}^*\boldsymbol{\omega})_{\mathbf{p}}$ 只依赖于 $\boldsymbol{\omega}$ 在 $\mathbf{f}(\mathbf{p})$ 的值 (它本身是个张量) 在 $\big(\mathbf{f}'(\mathbf{p})(\mathbf{R}^m)\big)^r$ 上的限制, 其中 $\big(\mathbf{f}'(\mathbf{p})(\mathbf{R}^m)\big)^r$ 表示 r 个 $\mathbf{f}'(\mathbf{p})(\mathbf{R}^m)$ 的笛卡儿积.

我们愿意重温一下以下的向量值函数的导数看做 Jacobi 矩阵的公式:

$$\mathbf{f}'(\mathbf{p})=\begin{bmatrix}\dfrac{\partial f^1}{\partial p^1}(\mathbf{p}) & \cdots & \dfrac{\partial f^1}{\partial p^n}(\mathbf{p})\\ \vdots & & \vdots\\ \dfrac{\partial f^n}{\partial p^1}(\mathbf{p}) & \cdots & \dfrac{\partial f^n}{\partial p^n}(\mathbf{p})\end{bmatrix}.$$

下面我们想要获得回拉 $\mathbf{f}^*$ 的坐标表示公式.

设 $I=(i_1,\cdots,i_r)$, 其中 $i_1<\cdots<i_r$. 由公式 (14.4.5) 和公式 (15.4.1), 我们有

$$\begin{aligned}(\mathbf{f}^*d\mathbf{x}^I)_{\mathbf{x}}&=[\mathbf{f}'(\mathbf{x})]^*(d\mathbf{x}^I)=[\mathbf{f}'(\mathbf{x})]^*(dx^{i_1}\wedge\cdots\wedge dx^{i_r})\\ &=\sum_{\text{递增的}J}\begin{vmatrix}\dfrac{\partial f^{i_1}}{\partial x^{j_1}}(\mathbf{x}) & \cdots & \dfrac{\partial f^{i_1}}{\partial x^{j_r}}(\mathbf{x})\\ \vdots & & \vdots\\ \dfrac{\partial f^{i_r}}{\partial x^{j_1}}(\mathbf{x}) & \cdots & \dfrac{\partial f^{i_r}}{\partial x^{j_r}}(\mathbf{x})\end{vmatrix}dx^{j_1}\wedge\cdots\wedge dx^{j_r}\\ &=df^{i_1}\wedge\cdots\wedge df^{i_r},\end{aligned}$$

其中最后一个等号可以如下获得:

$$\begin{aligned} df^{i_1}\wedge\cdots\wedge df^{i_r} &= \left(\sum_{j=1}^{n}\frac{\partial f^{i_1}}{\partial x^j}dx^j\right)\wedge\cdots\wedge\left(\sum_{j=1}^{n}\frac{\partial f^{i_r}}{\partial x^j}dx^j\right)\\ &=\sum_{j_1=1}^{n}\cdots\sum_{j_r=1}^{n}\frac{\partial f^{i_1}}{\partial x^{j_1}}\cdots\frac{\partial f^{i_r}}{\partial x^{j_r}}dx^{j_1}\wedge\cdots\wedge dx^{j_r}\\ &=\sum_{\text{递增的}J}\begin{vmatrix}\dfrac{\partial f^{i_1}}{\partial x^{j_1}}(\mathbf{x}) & \cdots & \dfrac{\partial f^{i_1}}{\partial x^{j_r}}(\mathbf{x})\\ \vdots & & \vdots\\ \dfrac{\partial f^{i_r}}{\partial x^{j_1}}(\mathbf{x}) & \cdots & \dfrac{\partial f^{i_r}}{\partial x^{j_r}}(\mathbf{x})\end{vmatrix}dx^{j_1}\wedge\cdots\wedge dx^{j_r}.\end{aligned}$$

由此我们得到

$$\mathbf{f}^*\Big(\sum_{\text{递增的}I}c_I d\mathbf{x}^I\Big)=\sum_{\text{递增的}I}(c_I\circ\mathbf{f})d\mathbf{f}^I, \tag{15.4.2}$$

其中 $I=(i_1,\cdots,i_r)$ 时,$df^I=df^{i_1}\wedge\cdots\wedge df^{i_r}$. 公式 (15.4.2) 称为**回拉的代入原理: 为了计算 (15.4.2) 的左边圆括弧内的表达式的回拉, 只须将圆括弧内的表达式中的 $\mathbf{x}$ 换成 $\mathbf{f}$ 就行了**. 在 §8.7 的 8.7.1 小节和 §10.8 的 10.8.3 小节中介绍 (特殊情形的) 回拉时, 就是以这个代入原理作为回拉的定义的, 我们这里用更抽象的方法定义回拉, 然后证明了这个代入原理是回拉的抽象定义的推论. 实际计算回拉时, 通常还是用这个代入原理.

若 $n=m=r$, 则 $df^i=\sum_{j=1}^{n}\frac{\partial f^i}{\partial x^j}dx^j$, 故

$$df^1\wedge\cdots\wedge df^n=\begin{vmatrix}\dfrac{\partial f^1}{\partial x^1} & \cdots & \dfrac{\partial f^1}{\partial x^n}\\ \vdots & & \vdots\\ \dfrac{\partial f^n}{\partial x^1} & \cdots & \dfrac{\partial f^n}{\partial x^n}\end{vmatrix}dx^1\wedge\cdots\wedge dx^n. \tag{15.4.3}$$

对于任何 $\boldsymbol{\omega}\in\Lambda^n\big((\mathbf{R}^n)'\big)$, 我们有以下常用的公式:

$$\mathbf{f}^*(\boldsymbol{\omega})=J_{\mathbf{f}}\cdot\,\boldsymbol{\omega}\circ\mathbf{f},$$

其中右端的 $J_{\mathbf{f}}$ 表示映射 $\mathbf{f}$ 的 Jacobi 行列式, 而 $\boldsymbol{\omega}\circ\mathbf{f}$ 的涵义是由下式定义的:

$$\boldsymbol{\omega}\circ\mathbf{f}(\mathbf{x})=\boldsymbol{\omega}_{\mathbf{f}(\mathbf{x})}.$$

命题 15.4.1 映射 $\mathbf{f}^*$ 是线性的, 且具有以下性质:

(1) $\forall\boldsymbol{\omega}\in\Omega^r(U)\forall\boldsymbol{\eta}\in\Omega^s(U)\big(\mathbf{f}^*(\boldsymbol{\omega}\wedge\boldsymbol{\eta})=\mathbf{f}^*(\omega)\wedge(\mathbf{f}^*\eta)\big)$;

(2) $\forall\boldsymbol{\omega}\in\Omega^r(U)\big(\mathbf{f}^*(d\boldsymbol{\omega})=d(\mathbf{f}^*\boldsymbol{\omega})\big)$.

证 若 $A:V\to W$ 是向量空间之间的线性映射,A 的伴随映射 $A^*:\mathcal{T}^r(W)\to\mathcal{T}^r(V)$ 是张量空间之间的线性映射, 且它保持张量积不变, 因而也保持交替张量的外积不变. 由公式 (15.4.1):$(\mathbf{f}^*\boldsymbol{\omega})_{\mathbf{p}}=[\mathbf{f}'(\mathbf{p})]^*(\boldsymbol{\omega}_{\mathbf{f}(\mathbf{p})})$, 作为 $\mathbf{f}'(\mathbf{p})$ 的伴随映射的 $\mathbf{f}^*$ 也是线性的, 且保持外积不变,(1) 得证. 为了证明 (2), 先注意: 当 $\boldsymbol{\omega}$ 是 0- 形式时 (2) 就是通常的锁链法则. 又由命题 15.2.1 的 (3), 有 $d(df^{i_1}\wedge\cdots\wedge df^{i_r})=\mathbf{0}$. 再用公式 (15.4.2), 假设 $\boldsymbol{\omega}=c^Id\mathbf{x}^I$, 我们有

$$\begin{aligned}d(\mathbf{f}^*\boldsymbol{\omega})=&d(c^I\circ\mathbf{f})\wedge(d\mathbf{f})^I+c^I\circ\mathbf{f}\wedge d(d\mathbf{f})^I\\=&d(c^I\circ\mathbf{f})\wedge(d\mathbf{f})^I=\mathbf{f}^*(d\boldsymbol{\omega}).\end{aligned}$$

(2) 得证. □

注 由本命题的 (2), 我们又一次得到定义 15.2.1 之后的注中提到的结论: 定义 15.2.1 中定义的外微分算子不依赖于坐标的选择.

命题 15.4.2 设 $\mathbf{f}:V\to U$ 和 $\mathbf{g}:W\to V$ 是两个光滑映射, 其中 U,V 和 W 分别是 $\mathbf{R}^n,\mathbf{R}^m$ 和 $\mathbf{R}^l$ 中的开集, 则 $(\mathbf{f}\circ\mathbf{g})^*=\mathbf{g}^*\circ\mathbf{f}^*$.

证 这是回拉定义的直接推论. □

推论 15.4.1 设 $\mathbf{f}:V\to U$ 是个微分同胚, 其中 V 和 U 是 $\mathbf{R}^n$ 中的开集, 则 $(f^{-1})^*=(f^*)^{-1}$.

证 这是命题 15.4.2 的直接推论. □

§15.5 Poincaré 引理

定义 15.5.1 设 $\omega\in\Omega^r(U)$. 若 $d\boldsymbol{\omega}=\mathbf{0}$, 则称 ω 为**闭形式**. 若有 $\boldsymbol{\eta}\in\Omega^{r-1}(U)$ 使得 $\boldsymbol{\omega}=d\boldsymbol{\eta}$, 则称 $\boldsymbol{\omega}$ 为**恰当形式**.

命题 15.5.1 全体闭的 r- 形式, 记做 $\Omega_c^r(U)$, 构成 $\Omega^r(U)$ 的一个线性子空间. 全体恰当的 r- 形式构成 $\Omega_c^r(U)$ 的一个线性子空间:

$$\Omega_e^r(U) \equiv d\big(\Omega^{r-1}(U)\big) \subset \Omega_c^r(U)$$

证 命题的第一句话是命题 15.2.1 的 (1) 的推论. 第二句话是命题 15.2.1 的 (1) 和 (3) 的推论. □

商空间 $\Omega_c^r(U)/\Omega_e^r(U)$ 称为 U 的**上同调群**. 十分有趣的是, 这个上同调群的结构常能用来刻画 U 的某些拓扑性质. 它的研究属于微分拓扑的课题, 已超出本讲义的范围了. 下面只介绍它的一条最简单的也是最常用的定理, 通常称为 Poincaré 引理:

定理 15.5.1(Poincaré 引理) 设 U 是 $\mathbf{R}^n$ 中的一个具有如下性质的点集: 有一点 $\mathbf{x}_0 \in U$, 使得 $\forall \mathbf{x} \in U \forall t \in [0,1]\big(t\mathbf{x}+(1-t)\mathbf{x}_0 \in U\big)$(这样的点集 U 称为以 $\mathbf{x}_0$ 为中心的**星形集**. 易见, 凸集都是星形集). 又设 U 是开集. 则对于任何 $r \in \mathbf{N}$,U 上的每个闭 r- 形式必恰当. 换言之, 若 $\boldsymbol{\omega} \in \Omega^r(U)$ 且 $d\boldsymbol{\omega} = \mathbf{0}$, 则有 $\boldsymbol{\eta} \in \Omega^{r-1}(U)$, 使得 $\boldsymbol{\omega} = d\boldsymbol{\eta}$.

证 设开集 U 和点 $\mathbf{x}_0 \in U$ 如定理所述,$\boldsymbol{\omega} \in \Omega^r(U)$ 是闭形式. 记

$$\tilde{U} = \{(\mathbf{x}, t) \in \mathbf{R}^n \times \mathbf{R}_t : t\mathbf{x} + (1-t)\mathbf{x}_0 \in U\},$$

这里 $\mathbf{R}_t$ 表示变量用 t 表示的一维实线性空间. 因 U 是星形开集,$\tilde{U}$ 是 $\mathbf{R}^n \times \mathbf{R}_t$ 中的开集 (请同学补出证明的细节), 且 $\tilde{U} \supset U \times [0,1]$. 为了证明本定理, 我们构筑映射 $\mathcal{I} : \Omega^{r+1}(\tilde{U}) \to \Omega^r(\tilde{U})$ 如下. 每个 $\tilde{\boldsymbol{\omega}} \in \Omega^{r+1}(\tilde{U})$ 有唯一的如下形式的表示:

$$\tilde{\boldsymbol{\omega}} = \sum_{\substack{\text{递增的}I \\ |I|=r+1 \\ I\subset\{1,\cdots,n\}}} a_I d\mathbf{x}^I + \sum_{\substack{\text{递增的}J \\ |J|=r \\ J\subset\{1,\cdots,n\}}} b_J d\mathbf{x}^J \wedge dt, \tag{15.5.1}$$

其中 a_I 及 b_J 都是自变量为 $(x_1, \cdots, x_n, t)$ 的光滑函数. 今定义映射 $\mathcal{I}$ 如下:

$$\mathcal{I}\tilde{\boldsymbol{\omega}} = \sum_{\substack{\text{递增的}J \\ |J|=r \\ J\subset\{1,\cdots,n\}}} \left(\int_0^1 b_J(\cdot, t)dt\right) d\mathbf{x}^J. \tag{15.5.2}$$

因 $\tilde{U} \supset U \times [0,1]$, 以上圆括弧中的积分有意义, 且定义了 U 上的一个

光滑的函数, 故 $\mathcal{I}\tilde{\omega} \in \Omega^r(U)$. 对 (15.5.2) 求外微分, 有

$$\begin{aligned} d(\mathcal{I}\tilde{\omega}) &= \sum_{\substack{\text{递增的}J \\ |J|=r \\ J\subset\{1,\cdots,n\}}} \sum_{j=1}^{n} \left(\frac{\partial}{\partial x^j}\int_0^1 b_J(\cdot,t)dt\right) dx^j \wedge d\mathbf{x}^J \\ &= \sum_{\substack{\text{递增的}J \\ |J|=r \\ J\subset\{1,\cdots,n\}}} \sum_{j=1}^{n} \left(\int_0^1 \frac{\partial b_J}{\partial x^j}(\cdot,t)dt\right) dx^j \wedge d\mathbf{x}^J, \end{aligned} \tag{15.5.3}$$

这里我们注意到了 $\int_0^1 b_J(\cdot,t)dt$ 不依赖于 $t = x^{n+1}$, 而求积分与求微分顺序交换的合法性可参看第二册 §10.3 的练习 10.3.1 的 (iii).

另一方面, 若 $\tilde{\omega} \in \Omega^{r+1}(\tilde{U})$, 则

$$\begin{aligned} \mathcal{I}(d\tilde{\omega}) =& \mathcal{I}\left(\sum_{\substack{\text{递增的}I \\ |I|=r+1 \\ I\subset\{1,\cdots,n\}}} da_I \wedge dx^I + \sum_{\substack{\text{递增的}J \\ |J|=r \\ J\subset\{1,\cdots,n\}}} db_J \wedge d\mathbf{x}^J \wedge dt\right) \\ =& \mathcal{I}\left(\sum_{\substack{\text{递增的}I \\ |I|=r+1 \\ I\subset\{1,\cdots,n\}}} \frac{\partial a_I}{\partial t} dt \wedge d\mathbf{x}^I + \sum_{j=1}^{n} \sum_{\substack{\text{递增的}I \\ |I|=r+1 \\ I\subset\{1,\cdots,n\}}} \frac{\partial a_I}{\partial x^j} dx^j \wedge d\mathbf{x}^I \right. \\ &\left. + \sum_{j=1}^{n} \sum_{\substack{\text{递增的}J \\ |J|=r \\ J\subset\{1,\cdots,n\}}} \frac{\partial b_J}{\partial x^j} dx^j \wedge d\mathbf{x}^J \wedge dt\right) \\ =& (-1)^{r+1} \sum_{\substack{\text{递增的}I \\ |I|=r+1 \\ I\subset\{1,\cdots,n\}}} \left(\int_0^1 \frac{\partial a_I}{\partial t}(\cdot,t)dt\right) d\mathbf{x}^I \\ &+ \sum_{j=1}^{n} \sum_{\substack{\text{递增的}J \\ |J|=r \\ J\subset\{1,\cdots,n\}}} \left(\int_0^1 \frac{\partial b_J}{\partial x^j}(\cdot,t)dt\right) dx^j \wedge d\mathbf{x}^J \\ =& (-1)^{r+1} \sum_{\substack{\text{递增的}I \\ |I|=r+1 \\ I\subset\{1,\cdots,n\}}} [a_I(\cdot,1) - a_I(\cdot,0)] d\mathbf{x}^I + d(\mathcal{I}\tilde{\omega}), \end{aligned} \tag{15.5.4}$$

以上推导中, 除了用到算子 $\mathcal{I}$ 的定义外, 最后一个等号用到了微积分

基本定理和公式 (15.5.3). 今构造两个函数:

$$\mathbf{g}_i : U \to \tilde{U}, \quad \mathbf{g}_i(\mathbf{x}) = (\mathbf{x}, i),\ i = 0, 1.$$

我们看出, 坐标函数与 $\mathbf{g}_i$ 的复合是

$$x^j \circ \mathbf{g}_i = x^j(\mathbf{g}_i) = \begin{cases} x^j, & 若 j \in \{1, \cdots, n\}, \\ 0, & 若 j = n+1, i = 0, \\ 1, & 若 j = n+1, i = 1. \end{cases}$$

由此得到

$$\mathbf{g}_i^*(dx^j) = d\mathbf{g}_i^*(x^j) = d(x^j \circ \mathbf{g}_i) = \begin{cases} dx^j, & 若 j \in \{1, \cdots, n\}, \\ 0, & 若 j = n+1. \end{cases}$$

$$\mathbf{g}_i^* \tilde{\boldsymbol{\omega}} = \sum_{\substack{递增的 I \\ |I| = r+1 \\ I \subset \{1, \cdots, n\}}} (a_I \circ \mathbf{g}_i) d(\mathbf{x}^I \circ \mathbf{g}_i) = \sum_{\substack{递增的 I \\ |I| = r+1 \\ I \subset \{1, \cdots, n\}}} (a_I \circ \mathbf{g}_i) d\mathbf{x}^I.$$

这里我们对 (15.5.1) 中的 $\tilde{\omega}$ 用了回拉的代入原理. 我们可以把方程 (15.5.4) 改写成以下形式:

$$\mathcal{I}(d\tilde{\boldsymbol{\omega}}) = d(\mathcal{I}\tilde{\boldsymbol{\omega}}) + (-1)^{r+1}[\mathbf{g}_1^* \tilde{\boldsymbol{\omega}} - \mathbf{g}_0^* \tilde{\boldsymbol{\omega}}]. \tag{15.5.5}$$

构筑映射

$$\mathbf{F} : \tilde{U} \to U, \quad \mathbf{F}(\mathbf{x}, t) = t\mathbf{x} + (1-t)\mathbf{x}_0.$$

(注意映射 $\mathbf{F}$ 的几何意义: 它是一个把 $(n+1)$ 维 (实心) 柱映到 $(n+1)$ 维 (实心) 锥的光滑映射与一个 $(n+1)$ 维到 n 维的投影映射的复合, 其中把 $(n+1)$ 维 (实心) 柱映到 $(n+1)$ 维 (实心) 锥的光滑映射将 (实心) 柱的对应于 $t = 0$ 的柱底收缩到 (实心) 锥的顶点 $\mathbf{x}_0$.) 这个映射 $\mathbf{F}$ 的回拉 $\mathbf{F}^*$ 是 $\Omega^{r+1}(U) \to \Omega^{r+1}(\tilde{U})$ 的映射. 若 $\boldsymbol{\omega} \in \Omega^{r+1}(U)$ 是闭形式:$d\boldsymbol{\omega} = \mathbf{0}$, 记 $\tilde{\omega} = \mathbf{F}^*\boldsymbol{\omega}$ 和 $\boldsymbol{\eta} = (-1)^r \mathcal{I}\tilde{\omega}$. 由方程 (15.5.5), 我们有

$$d\boldsymbol{\eta} = (-1)^r \mathcal{I}(d\tilde{\boldsymbol{\omega}}) + \mathbf{g}_1^* \tilde{\boldsymbol{\omega}} - \mathbf{g}_0^* \tilde{\boldsymbol{\omega}}. \tag{15.5.6}$$

因 $d\tilde{\boldsymbol{\omega}} = d(\mathbf{F}^*\boldsymbol{\omega}) = \mathbf{F}^*(d\boldsymbol{\omega}) = \mathbf{0}$ 和 $\mathbf{g}_i^*\tilde{\omega} = \mathbf{g}_i^*\mathbf{F}^*\boldsymbol{\omega} = (\mathbf{F} \circ \mathbf{g}_i)^*\boldsymbol{\omega}$ 并注意到 $\mathbf{F} \circ \mathbf{g}_1 = \mathrm{id}_U$, 我们有 $\mathbf{g}_1^*\tilde{\omega} = \boldsymbol{\omega}$. 又 $\mathbf{F} \circ \mathbf{g}_0(\mathbf{x}) = \mathbf{x}_0$. 换言之,$\mathbf{F} \circ \mathbf{g}_0$ 是

常映射. 所以我们有 $\mathbf{g}_0^*\tilde{\boldsymbol{\omega}} = (\mathbf{F}\circ\mathbf{g}_0)^*\boldsymbol{\omega} = \mathbf{0}$(常映射的回拉等于零映射, 请同学补出这个命题的证明). 由方程 (15.5.6) 得到 $d\boldsymbol{\eta} = \boldsymbol{\omega}$. □

注 1 定理 15.5.1 是定理 12.7.2 的推广. 定理 15.5.1 的证明也是定理 12.7.2 的证明的推广. 希望同学把定理 15.5.1 的证明与定理 12.7.2 的证明对照着看, 这样更能理解定理 15.5.1 的证明中的抽象语言 (如映射 $\mathbf{F}$ 的回拉等) 的几何涵义, 由此逐渐领会怎样用微分形式的回拉来表示传统语言中的代入及换元等所表示的涵义..

注 2 在文献中定理 15.5.1 常被称为 Poincaré 引理. 但 Hans Samelson 在查阅了文献后于 2001 年指出 (参看文献 [34]), 意大利数学家 V.Volterra 比 H.Poincaré 更早发表了这个结果. 所以定理 15.5.1 应称为 **Volterra定理**. 本讲义仍沿用习惯称呼它为:"Poincaré 引理". 这个故事告诉我们, 一个数学结果, 特别是与很多数学问题或数学以外的问题有联系的结果, 被不同的数学家从不同的角度互相独立地发现的现象在数学史上是屡见不鲜的. 科学是探索大自然规律的人类共同的事业. 把科学看成是科学家们的智力竞技场的想法虽然相当普遍, 但毕竟是狭隘的.

练　　习

15.5.1 在 $\mathbf{R}^3$ 的开集 U 上, 试用微分形式的语言去证明:

(i) 对于任何 U 上的光滑函数 f, 有 $\text{curl grad} f = \mathbf{0}$;

(ii) 对于任何 $U \subset \mathbf{R}^3$ 上的光滑的向量场 $\mathbf{f} = (f_1, f_2, f_3)$, 有 $\text{div curl}\, \mathbf{f} = 0$;

(iii) 对于任何星形开集 $U \subset \mathbf{R}^3$ 上的光滑的向量场 $\mathbf{f} = (f_1, f_2, f_3)$, 只要 $\text{curl}\, \mathbf{f} = \mathbf{0}$, 便有 U 上的光滑函数 g, 使得 $\mathbf{f} = \text{grad}\, g$ 在 U 上成立;

(iv) 对于任何星形开集 $U \subset \mathbf{R}^3$ 上的光滑的向量场 $\mathbf{f} = (f_1, f_2, f_3)$, 只要 $\text{div}\, \mathbf{f} = 0$, 便有 U 上的光滑的向量场 $\mathbf{g}$, 使得 $\mathbf{f} = \text{curl}\, \mathbf{g}$ 在 U 上成立.

§15.6 流形上的张量场

到现在为止, 我们只讨论了欧氏空间 $\mathbf{R}^n$ 的开集 U 上的张量场和微分形式的理论. 本节要在流形上定义张量场和微分形式并讨论它们的理论. 先引进流形上的张量场和微分形式的定义.

定义 15.6.1 设 M 是 $\mathbf{R}^n$ 中的 k- 流形.M**上的**r**阶张量场**是一个映射 $\boldsymbol{\omega} : \mathbf{p} \mapsto \boldsymbol{\omega}_{\mathbf{p}} \in \mathcal{T}^r\big(\mathbf{T}'_{\mathbf{p}}(M)\big)$, 而 M**上的**r**次微分形式**是一个映射

$\boldsymbol{\omega}:\mathbf{p}\mapsto\boldsymbol{\omega}_{\mathbf{p}}\in\Lambda^r\big(\mathbf{T}'_{\mathbf{p}}(M)\big)$.

不难看出,M 上的 r 次微分形式是 M 上的 r 阶张量.

我们建立流形上的张量场和微分形式的理论所用的办法是: 通过坐标图卡将流形上的张量场或微分形式局部地回拉到 Euclid 空间上,利用 Euclid 空间上的张量场或微分形式的各种运算来定义和讨论流形上的张量场和微分形式的各种运算, 并建立它们的理论. 先引进流形上张量场的回拉的概念.

定义 15.6.2　设 M 是 $\mathbf{R}^m$ 中的 k- 流形,N 是 $\mathbf{R}^n$ 中的 j- 流形. 若 $\mathbf{f}:M\to\mathbf{R}^n$ 是光滑映射 (参看定义 13.1.1), 且 $\mathbf{f}(M)\subset N$.N 上的 r 阶张量场 $\boldsymbol{\omega}$ 在光滑映射 $\mathbf{f}$ 下的**回拉**, 记做 $\mathbf{f}^*\boldsymbol{\omega}$, 是由以下等式定义的 M 上 r 阶张量场: 对于任何 $\mathbf{v}_1,\cdots,\mathbf{v}_r\in\mathbf{T}_{\mathbf{p}}(M)$,

$$(\mathbf{f}^*\boldsymbol{\omega})_{\mathbf{p}}(\mathbf{v}_1,\cdots,\mathbf{v}_r)=\boldsymbol{\omega}_{\mathbf{f}(\mathbf{p})}(\mathbf{f}'(\mathbf{p})\mathbf{v}_1,\cdots,\mathbf{f}'(\mathbf{p})\mathbf{v}_r).$$

注 1　不难看出, 若 $\boldsymbol{\omega}$ 是 N 上的 r 次微分形式, 则 $\boldsymbol{\omega}$ 在光滑映射 $\mathbf{f}$ 下的回拉 $\mathbf{f}^*\boldsymbol{\omega}$ 是 M 上 r 次微分形式.

注 2　正如定义 15.4.1 后注 2 中所述的那样,$\mathbf{f}^*\boldsymbol{\omega}$ 只依赖于 $\boldsymbol{\omega}$ 在 N 的子集 $\mathbf{f}(M)$ 上的值, 与 $\boldsymbol{\omega}$ 在 $N\setminus\mathbf{f}(M)$ 上的值无关; 而且只依赖于 $\boldsymbol{\omega}$ 在点 $\mathbf{f}(\mathbf{p})\in\mathbf{f}(M)$ 的值 (它本身是个张量) 在 $\big(\mathbf{T}_{\mathbf{f}(\mathbf{p})}(N)\big)^r$ 的线性子空间 $\big(\mathbf{f}'(\mathbf{p})(\mathbf{T}_{\mathbf{p}}(M))\big)^r$ 上的值, 与 $\boldsymbol{\omega}$ 在点 $\mathbf{f}(\mathbf{p})\in\mathbf{f}(M)$ 的值 (它本身是个张量) 在 $\big(\mathbf{T}_{\mathbf{f}(\mathbf{p})}(N)\big)^r\setminus\big(\mathbf{f}'(\mathbf{p})(\mathbf{T}_{\mathbf{p}}(M))\big)^r$ 上的值无关.

命题 15.6.1　设 L 是 $\mathbf{R}^l$ 中的 i- 流形,M 是 $\mathbf{R}^m$ 中的 j- 流形,N 是 $\mathbf{R}^n$ 中的 k- 流形. 又设 $\mathbf{f}:L\to\mathbf{R}^m$ 和 $\mathbf{g}:M\to\mathbf{R}^n$ 是两个光滑映射, 且 $\mathbf{f}(L)\subset M$ 及 $\mathbf{g}(M)\subset N$, 则 $(\mathbf{g}\circ\mathbf{f})^*=\mathbf{f}^*\circ\mathbf{g}^*$.

证　设 $\boldsymbol{\omega}_{\mathbf{g}\circ\mathbf{f}(\mathbf{p})}\in T^r(\mathbf{T}'_{\mathbf{g}\circ\mathbf{f}(\mathbf{p})}(N))$ 和 $\mathbf{v}_1,\cdots,\mathbf{v}_r\in\mathbf{T}_{\mathbf{g}\circ\mathbf{f}(\mathbf{p})}(N)$, 有

$$\begin{aligned}
&\big((\mathbf{g}\circ\mathbf{f})^*\boldsymbol{\omega}\big)_{\mathbf{p}}(\mathbf{v}_1,\cdots,\mathbf{v}_r)\\
&\quad=\boldsymbol{\omega}_{(\mathbf{g}\circ\mathbf{f})(\mathbf{p})}\big(\mathbf{g}'(\mathbf{f}(\mathbf{p}))\circ\mathbf{f}'(\mathbf{p})(\mathbf{v}_1),\cdots,\mathbf{g}'(\mathbf{f}(\mathbf{p}))\circ\mathbf{f}'(\mathbf{p})(\mathbf{v}_r)\big)\\
&\quad=(\mathbf{g}^*\boldsymbol{\omega})_{\mathbf{f}(\mathbf{p})}\big(\mathbf{f}'(\mathbf{p})(\mathbf{v}_1),\cdots,\mathbf{f}'(\mathbf{p})(\mathbf{v}_r)\big)\\
&\quad=\big(\mathbf{f}^*\circ\mathbf{g}^*(\omega)\big)_{\mathbf{p}}(\mathbf{v}_1,\cdots,\mathbf{v}_r).
\end{aligned}$$

故 $(\mathbf{g}\circ\mathbf{f})^*=\mathbf{f}^*\circ\mathbf{g}^*$.　□

定义 15.6.3 M 上的张量场 (或微分形式)ω 被称为**光滑的**, 假若对于 M 的任何坐标图卡 $(\boldsymbol{\alpha}, V_{\boldsymbol{\alpha}})$, $\boldsymbol{\omega}$ 相对于 $\boldsymbol{\alpha}$ 的回拉 $\boldsymbol{\alpha}^*(\omega)$ 在 $V_{\boldsymbol{\alpha}}$ 上是光滑的. M 上的全体光滑的 r- 形式构成的集合记做 $\Omega^r = \Omega^r(M)$.

显然,Ω^r 是线性空间. 当 $\boldsymbol{\omega} \in \Omega^r$ 且 $\boldsymbol{\eta} \in \Omega^s$ 时, $\boldsymbol{\omega} \wedge \boldsymbol{\eta} \in \Omega^{r+s}$.

命题 15.6.2 ω 是光滑的, 当且仅当对于任何 $\mathbf{p} \in M$, 有一个坐标图卡 $(\boldsymbol{\alpha}, V_{\boldsymbol{\alpha}})$, 使得 $\mathbf{p} \in \boldsymbol{\alpha}(V_{\boldsymbol{\alpha}}) = U_{\boldsymbol{\alpha}}$, 且回拉 $\boldsymbol{\alpha}^*(\omega)$ 是光滑的.

证 "仅当" 是显然的. 今证 "当" 如下: 设 (β, V_{β}) 是 M 的另一坐标图卡, 且 $\mathbf{p} \in U_{\boldsymbol{\beta}}$, 则在 $V_{\boldsymbol{\alpha\beta}}$ 上 $\boldsymbol{\beta} = \boldsymbol{\alpha} \circ \boldsymbol{\varphi}_{\boldsymbol{\alpha\beta}}$, 其中 $\boldsymbol{\varphi}_{\boldsymbol{\alpha\beta}}$ 是 $V_{\boldsymbol{\alpha\beta}}$ 到 $V_{\boldsymbol{\beta\alpha}}$ 上的微分同胚. 由此, $\boldsymbol{\beta}^* = \boldsymbol{\varphi}^*_{\boldsymbol{\alpha\beta}}\boldsymbol{\alpha}^*$, 故 $\boldsymbol{\beta}^*(\omega)$ 是光滑的, 当且仅当 $\boldsymbol{\alpha}^*(\omega)$ 是光滑的. □

注 按定义 15.6.3 和引理 13.1.1(请参看它的证明过程), 我们可以证明:$\mathbf{R}^n$ 中的 k- 流形 M 上张量场 (或微分形式)ω 是光滑的, 当且仅当任何点 $\mathbf{p} \in M$ 有一个 $\mathbf{R}^n$ 中的邻域 U 和一个 U 上的光滑的张量场 (或微分形式)$\widetilde{\omega}$, 使得对于任何 $\mathbf{q} \in M \cap U$,

$$\forall \mathbf{v}_j \in \mathbf{T}_{\mathbf{q}}(M)\,(j = 1, \cdots, k\big(\widetilde{\boldsymbol{\omega}}_{\mathbf{q}})(\mathbf{v}_1, \cdots, \mathbf{v}_k) = \boldsymbol{\omega}_{\mathbf{q}}(\mathbf{v}_1, \cdots, \mathbf{v}_k)\big).$$

再用单位分解定理, 也可以将上述结果整体化: 有一个 $\mathbf{R}^n$ 中的开集 $V \supset M$ 和一个 V 上的光滑的张量场 (或微分形式)$\widetilde{\omega}$, 使得对于任何 $\mathbf{q} \in M$,

$$\forall \mathbf{v}_j \in \mathbf{T}_{\mathbf{q}}(M),\ j = 1, \cdots, k\big(\widetilde{\boldsymbol{\omega}}_{\mathbf{q}}(\mathbf{v}_1, \cdots, \mathbf{v}_k) = \boldsymbol{\omega}_{\mathbf{q}}(\mathbf{v}_1, \cdots, \mathbf{v}_k)\big).$$

我们要引进作用在流形上微分形式的外微分算子. 办法仍然是通过坐标图卡把流形上的微分形式回拉成 $\mathbf{R}^k$ 的开集上的微分形式. 为此我们先作一些准备.

设 $(\boldsymbol{\alpha}, V_{\boldsymbol{\alpha}})$ 是流形 M 在点 $\mathbf{p} \in M$ 处的一个坐标图卡, 而 $\mathbf{y} = \boldsymbol{\alpha}^{-1}$, 故 $\mathbf{y} = (y^1, \cdots, y^k)$ 是 $U_{\boldsymbol{\alpha}} = \boldsymbol{\alpha}(V_{\boldsymbol{\alpha}})$ 到 $V_{\boldsymbol{\alpha}}$ 的一个光滑映射 (参看引理 13.1.1 的证明). $V_{\boldsymbol{\alpha}} \subset \mathbf{R}^k$ 中的一般的点记做 $\mathbf{t} = (t^1, \cdots, t^k)$. 应注意的是:$t^j$ 可以看做定义在 $V_{\boldsymbol{\alpha}}$ 上的一个坐标函数, 而 y^j 是定义在 $U_{\boldsymbol{\alpha}}$ 上的一个函数. 它们之间的关系是

$$\forall \mathbf{t} \in V_{\boldsymbol{\alpha}}\big(\boldsymbol{\alpha}^*(\mathbf{y})(\mathbf{t}) = \mathbf{y}(\boldsymbol{\alpha}(\mathbf{t})) = \mathbf{t}\big), \quad \forall \mathbf{p} \in U_{\boldsymbol{\alpha}}\big(\boldsymbol{\alpha}(\mathbf{y}(\mathbf{p})) = \mathbf{p}\big); \tag{15.6.1}$$

或用分量表示, 对于任何 $\mathbf{t}\in V_{\boldsymbol{\alpha}}$, 我们有

$$\boldsymbol{\alpha}^*(y^j)(\mathbf{t}) = y^j\big(\boldsymbol{\alpha}(\mathbf{t})\big) = t^j, \qquad j=1,\cdots,k. \tag{15.6.2}$$

故

$$\frac{\partial \boldsymbol{\alpha}^*(y^j)}{\partial t^i} = \delta_i^j, \qquad i,j=1,\cdots,k. \tag{15.6.3}$$

注　传统的数学分析书上没有引进回拉这个概念, 常把我们这里的 $\boldsymbol{\alpha}^*(y^j)(\mathbf{t})$ 直接写成 $y^j(\mathbf{t})$. 所以在传统的数学分析书上我们这里的公式 (15.6.3) 便被写成

$$\frac{\partial y^j}{\partial t^i} = \delta_i^j, \qquad i,j=1,\cdots,k. \tag{15.6.4}$$

因 $\mathbf{y}\circ\boldsymbol{\alpha} = \mathrm{id}_{V_{\boldsymbol{\alpha}}}$, 所以 $d\mathbf{y}\circ d\boldsymbol{\alpha} = \mathrm{id}_{\mathbf{R}^k}$, 因而,$dy^i(\boldsymbol{\alpha}'(\mathbf{t})\mathbf{e}_j) = \delta_j^i$ $(i,j=1,\cdots,k)$, 其中 $\mathbf{e}_j$ $(j=1,\cdots,k)$ 是 $V_{\boldsymbol{\alpha}}$ 所在的 $\mathbf{R}^k$ 中的标准基. 换言之,$dy_{\mathbf{p}}^1,\cdots,dy_{\mathbf{p}}^k$ 构成 ($\mathbf{T}_{\mathbf{p}}(M)$ 的对偶空间)$\mathbf{T}'_{\mathbf{p}}(M)$ 中的一组基, 它是 $\mathbf{T}_{\mathbf{p}}(M)$ 中的基 $\boldsymbol{\alpha}'(\mathbf{t})\mathbf{e}^1,\cdots,\boldsymbol{\alpha}'(\mathbf{t})\mathbf{e}^k$ 的对偶基, 其中 $\mathbf{p}=\boldsymbol{\alpha}(\mathbf{t})$. 由命题 14.2.6,$U_{\boldsymbol{\alpha}}$ 上的任何 r- 形式 $\boldsymbol{\omega}$ 具有以下形式:

$$\boldsymbol{\omega} = \sum_{\substack{\text{递增的}I\\|I|=r}} c_I d\mathbf{y}^I = \sum_{i_1<\cdots<i_r} c_{i_1,\cdots,i_r} dy^{i_1}\wedge\cdots\wedge dy^{i_r}, \tag{15.6.5}$$

其中 c_I 是 $U_{\boldsymbol{\alpha}}$ 上光滑的实值函数. 利用 $\boldsymbol{\alpha}$ 把上式回拉到 $V_{\boldsymbol{\alpha}}$ 上, 我们有等式:

$$\begin{aligned}\boldsymbol{\alpha}^*(\boldsymbol{\omega}) = &\sum_{\substack{\text{递增的}I\\|I|=r}} (c_I\circ\boldsymbol{\alpha})(\mathbf{t})\\ &\times\sum_{\substack{\text{递增的}J\\|J|=r}} \begin{vmatrix} \dfrac{\partial\boldsymbol{\alpha}^*(y^{i_1})}{\partial t^{j_1}} & \cdots & \dfrac{\partial\boldsymbol{\alpha}^*(y^{i_1})}{\partial t^{j_r}}\\ \vdots & & \vdots\\ \dfrac{\partial\boldsymbol{\alpha}^*(y^{i_r})}{\partial t^{j_1}} & \cdots & \dfrac{\partial\boldsymbol{\alpha}^*(y^{i_r})}{\partial t^{j_r}}\end{vmatrix} dt^{j_1}\wedge\cdots\wedge dt^{j_r}\\ = &\sum_{\substack{\text{递增的}I\\|I|=r}} (c_I\circ\boldsymbol{\alpha})(\mathbf{t}) dt^{i_1}\wedge\cdots\wedge dt^{i_r},\end{aligned} \tag{15.6.6}$$

这里我们用了 (15.6.3), 倒数第二行中的行列式只在 $i_1 = j_1, \cdots, i_r = j_r$ 时才等于 1, 其他情形都等于零 (注意: I 与 J 均递增).

故 ω 光滑, 当且仅当 c_I 光滑. 应注意的是,$\boldsymbol{\alpha}^*(\boldsymbol{\omega})$ 是 $\mathbf{R}^k$ 上的微分形式, 它的外微分概念已经在定义 15.2.1 中给出. 我们可以利用 $\boldsymbol{\alpha}^*(\omega)$ 的外微分去定义流形上的微分形式 ω 的外微分.

定义 15.6.4 流形M上的微分形式ω的外微分 在点 $\mathbf{p}$ 处的值定义为

$$d\boldsymbol{\omega}_{\mathbf{p}} = \mathbf{y}^*\big(d(\boldsymbol{\alpha}^*\boldsymbol{\omega})\big)_{\mathbf{p}}, \tag{15.6.7}$$

其中 $(\boldsymbol{\alpha}, V_{\boldsymbol{\alpha}})$ 是流形 M 在 $\mathbf{p}$ 点处的一个坐标图卡, 其中 $\mathbf{y}^*$ 表示映射 $\mathbf{y}$ 的回拉.

命题 15.6.3 由公式 (15.6.7) 定义的外微分 $d\omega$ 与坐标图卡 $(\boldsymbol{\alpha}, V_{\boldsymbol{\alpha}})$ 的选择无关.

证 设 $(\boldsymbol{\beta}, V_{\boldsymbol{\beta}})$ 是流形 M 在 $\mathbf{p}$ 点处的另一个坐标图卡. 利用命题 15.4.1 的 (2), 命题 15.4.2 和推论 15.4.1, 我们有

$$\begin{aligned}
d\boldsymbol{\omega}_{\mathbf{p}} =&\mathbf{y}^*\big(d(\boldsymbol{\alpha}^*\omega)\big)_{\mathbf{p}} = \mathbf{y}^*\big(d[\boldsymbol{\alpha}^*(\boldsymbol{\beta}^*)^{-1}\boldsymbol{\beta}^*\boldsymbol{\omega}]\big)_{\mathbf{p}}\\
=&\mathbf{y}^*\big(d[\boldsymbol{\alpha}^*(\boldsymbol{\beta}^{-1})^*\boldsymbol{\beta}^*\boldsymbol{\omega}]\big)_{\mathbf{p}} = \mathbf{y}^*\big(d[(\boldsymbol{\beta}^{-1}\circ\boldsymbol{\alpha})^*\boldsymbol{\beta}^*\boldsymbol{\omega}]\big)_{\mathbf{p}}\\
=&\mathbf{y}^*(\boldsymbol{\beta}^{-1}\circ\boldsymbol{\alpha})^*\big(d(\boldsymbol{\beta}^*\boldsymbol{\omega})\big)_{\mathbf{p}} = \mathbf{y}^*\boldsymbol{\alpha}^*(\boldsymbol{\beta}^{-1})^*\big(d(\boldsymbol{\beta}^*\boldsymbol{\omega})\big)_{\mathbf{p}}\\
=&(\boldsymbol{\beta}^{-1})^*\big(d(\boldsymbol{\beta}^*\boldsymbol{\omega})\big)_{\mathbf{p}}.
\end{aligned}$$

□

命题 15.6.4 给了流形上的 r- 形式

$$\boldsymbol{\omega} = \sum_{\substack{\text{递增的}I\\|I|=r}} c_I d\mathbf{y}^I, \tag{15.6.8}$$

则

$$d\boldsymbol{\omega} = \sum_{\substack{\text{递增的}I\\|I|=r}} dc_I \wedge d\mathbf{y}^I. \tag{15.6.9}$$

证 若 ω 是零次微分形式:$\boldsymbol{\omega} = c_I(\mathbf{p})$, 则

$$d\boldsymbol{\omega} = \mathbf{y}^*\big(d\boldsymbol{\alpha}^*(c_I(\mathbf{p}))\big) = \mathbf{y}^*\left(\sum_{j=1}^k \frac{\partial(c_I\circ\boldsymbol{\alpha}(\mathbf{t}))}{\partial t^j}dt^j\right) = \sum_{j=1}^k \frac{\partial c_I}{\partial y^j}dy^j = dc_I,$$

假若 $\boldsymbol{\omega}$ 是 (15.6.8) 中表示的 r- 次微分形式, 由 (15.6.6) 和 (15.6.7), 便有

$$\begin{aligned}d\boldsymbol{\omega} =&\mathbf{y}^*\left(d\sum_{\substack{\text{递增的}I\\|I|=r}}(c_I\circ\boldsymbol{\alpha})(\mathbf{t})dt^{i_1}\wedge\cdots\wedge dt^{i_r}\right)\\=&\mathbf{y}^*\left(\sum_{\substack{\text{递增的}I\\|I|=r}}\sum_{j=1}^k\frac{\partial(c_I\circ\boldsymbol{\alpha}(\mathbf{t}))}{\partial t^j}dt^j\wedge dt^{i_1}\wedge\cdots\wedge dt^{i_r}\right)\\=&\sum_{\substack{\text{递增的}I\\|I|=r}}\mathbf{y}^*\left(\sum_{j=1}^k\frac{\partial(c_I\circ\boldsymbol{\alpha}(\mathbf{t}))}{\partial t^j}dt^j\right)\wedge\mathbf{y}^*\left(dt^{i_1}\wedge\cdots\wedge dt^{i_r}\right),\end{aligned}$$

故我们有

$$d\boldsymbol{\omega}=\sum_{\text{递增的}I}dc_I\wedge d\mathbf{y}^I.\qquad\square$$

注 将公式 (15.6.9) 与定义 15.2.1 相比较, 流形上微分形式的外微分与欧氏空间的开集上的微分形式的外微分在公式的形式上是完全一样的.

推论 15.6.1 设

$$\boldsymbol{\omega}=\sum_{i_1<\cdots<i_r}c_{i_1,\cdots,i_r}(\mathbf{y})dy^{i_1}\wedge\cdots\wedge dy^{i_r},$$

则

$$d\boldsymbol{\omega}=\sum_{i_1<\cdots<i_{r+1}}\left[\sum_{j=1}^{r+1}(-1)^{j-1}\frac{\partial c_{i_1,\cdots,i_{j-1},i_{j+1},\cdots,i_{r+1}}}{\partial y^{i_j}}(\mathbf{y})\right]dy^{i_1}\wedge\cdots\wedge dy^{i_{r+1}}.$$

证 根据公式 (15.6.1), 我们有

$$\begin{aligned}d\boldsymbol{\omega}=&\sum_{\substack{\text{递增的}I\\|I|=r}}dc_I\wedge d\mathbf{y}^I=\sum_{i_1<\cdots<i_r}\sum_{j=1}^k\frac{\partial c_{i_1,\cdots,i_r}}{\partial y^j}(\mathbf{y})dy^j\wedge dy^{i_1}\wedge\cdots\wedge dy^{i_r}\\=&\sum_{i_1<\cdots<i_{r+1}}\left[\sum_{j=1}^{r+1}(-1)^{j-1}\frac{\partial c_{i_1,\cdots,i_{j-1},i_{j+1},\cdots,i_{r+1}}}{\partial y^{i_j}}(\mathbf{y})\right]dy^{i_1}\wedge\cdots\wedge dy^{i_{r+1}}.\end{aligned}$$

最后这个等式用到了以下命题: 若有 l 使得 $j = i_l$, 则

$$dy^j \wedge dy^{i_1} \wedge \cdots \wedge dy^{i_r} = \mathbf{0};$$

若有 l 使得 $i_l < j < i_{l+1}$, 则

$$\begin{aligned} &dy^j \wedge dy^{i_1} \wedge \cdots \wedge dy^{i_r} \\ &\quad = (-1)^l dy^{i_1} \wedge \cdots \wedge dy^{i_l} \wedge dy^j \wedge dy^{i_{l+1}} \wedge \cdots \wedge dy^{i_r}. \end{aligned}$$ □

流形上的微分形式具有以前在 $\mathbf{R}^n$ 的开集 U 上定义的微分形式的各种性质. 下面我们不加证明地叙述两条关于流形上的微分形式的命题. 它们的证明留给同学自己去完成.

命题 15.6.5 设 $\mathbf{f}: M \to N$ 是光滑映射, 则回拉映射 $\mathbf{f}^*$ 是线性的, 且具有以下性质:

(1) $\forall \boldsymbol{\omega} \in \Omega^r(N) \forall \boldsymbol{\eta} \in \Omega^s(N) \big(\mathbf{f}^*(\boldsymbol{\omega} \wedge \boldsymbol{\eta}) = \mathbf{f}^*(\boldsymbol{\omega}) \wedge (\mathbf{f}^* \boldsymbol{\eta})\big)$;

(2) $\forall \boldsymbol{\omega} \in \Omega^r(N) \big(\mathbf{f}^*(d\boldsymbol{\omega}) = d(\mathbf{f}^* \boldsymbol{\omega})\big)$.

命题 15.6.6 设 $\mathbf{f}: L \to M$ 和 $\mathbf{g}: M \to N$ 是两个光滑映射, 其中 L, M 和 N 分别是 l 维流形,m 维流形和 n 维流形, 则 $(\mathbf{f} \circ \mathbf{g})^* = \mathbf{g}^* \circ \mathbf{f}^*$.

推论 15.6.2 设 $\mathbf{f}: M \to N$ 是个微分同胚, 其中 M 和 N 分别是 $\mathbf{R}^m$ 和 $\mathbf{R}^n$ 中的 k- 流形, 则 $(f^{-1})^* = (f^*)^{-1}$.

证 这是命题 15.6.6 的直接推论. □

定义 15.6.5 流形 M 上的微分形式 $\boldsymbol{\omega}$ 称为**闭的**, 若 $d\boldsymbol{\omega} = \mathbf{0}$. 流形 M 上的 r- 形式 $\boldsymbol{\omega}$ 称为**恰当的**, 若有 M 上的 $(r-1)$- 形式 $\boldsymbol{\eta}$, 使得 $d\boldsymbol{\eta} = \boldsymbol{\omega}$.

以下的命题的证明也可以从 $\mathbf{R}^n$ 的开集上相应的命题出发通过适当的回拉完成. 证明的细节留给同学了.

命题 15.6.7 恰当的微分形式必闭.

流形 M 上的坐标片 $U_{\boldsymbol{\alpha}}$ 称为**星形的**, 假若与它对应的坐标图卡 $(\boldsymbol{\alpha}, V_{\boldsymbol{\alpha}})$ 中的 $V_{\boldsymbol{\alpha}}$ 是星形的.

以下的命题称为流形上的 Poincaré 引理, 它是 $\mathbf{R}^n$ 的开集上的 Poincaré 引理 (定理 15.5.1) 的推广. 它的证明是从 $\mathbf{R}^n$ 的开集上的 Poincaré 引理出发通过适当的回拉完成的. 我们只给出它的叙述, 证明的细节留给同学了.

命题 15.6.8(流形上的 Poincaré 引理)　在流形 M 上的星形坐标片 $U_{\boldsymbol{\alpha}}$ 上的闭的微分形式在星形坐标片 U 上必恰当.

练　习

15.6.1　设 $\boldsymbol{\omega}$ 和 $\boldsymbol{\eta}$ 都是闭形式, 试证:$\boldsymbol{\omega}\wedge\boldsymbol{\eta}$ 也闭; 设 $\boldsymbol{\omega}$ 闭, 而 $\boldsymbol{\eta}$ 恰当, 试证:$\boldsymbol{\omega}\wedge\boldsymbol{\eta}$ 恰当.

15.6.2　设 $\boldsymbol{\omega}\in\Omega^1(U)$. 又设在 U 上存在恒不等于零的光滑函数 f, 使得 1-形式 $f\omega$ 闭, 试证: $\boldsymbol{\omega}\wedge d\boldsymbol{\omega}=\mathbf{0}$.

注　满足以上条件的 f 称为 $\boldsymbol{\omega}$ 的一个积分因子.

15.6.3　试证: 在连通开集 $U\subset\mathbf{R}^n$ 上的闭的 0- 形式是个常值函数. 设 $\boldsymbol{\eta}$ 是个恰当的 1- 形式,$\mathbf{p}\in U$, 则存在唯一的一个函数 g, 使得 $dg=\boldsymbol{\eta}$ 且 $g(\mathbf{p})=0$.

15.6.4　设 $\boldsymbol{\varphi}=(\varphi_1,\cdots,\varphi_n):\mathbf{R}^n\to\mathbf{R}^n$ 是一个二次连续可微映射. $\boldsymbol{\varphi}$ 的 Jacobi 矩阵是

$$M=\begin{bmatrix} D_1\varphi_1 & D_2\varphi_1 & \cdots & D_n\varphi_1\\ D_1\varphi_2 & D_2\varphi_2 & \cdots & D_n\varphi_2\\ \vdots & \vdots & & \vdots\\ D_1\varphi_n & D_2\varphi_n & \cdots & D_n\varphi_n \end{bmatrix}.$$

记 m_{ij} 为 M 划去第 i 行和第 j 列后得到的 $(n-1)\times(n-1)$ 矩阵的行列式. 又记 $M_i=(-1)^{i+1}m_{1i}$.

(i) 记 $\boldsymbol{\omega}=d\varphi_2\wedge\cdots\wedge d\varphi_n$, 试证: $d\boldsymbol{\omega}=\mathbf{0}$.

(ii) 试证:

$$\sum_{i=1}^n\frac{\partial M_i}{\partial x_i}=0.$$

注　(ii) 中的等式就是第二册第 10 章 §10.6 的练习 10.6.15 的 (iii) 中的 **Kronecker**恒等式.

§15.7　$\mathbf{R}^n$ 的开集上微分形式的积分

定义 15.7.1　设 $\boldsymbol{\omega}$ 是 $\mathbf{R}^n$(或 $\mathbf{R}^n_+$) 中的开集 U 上的 n- 形式:

$$\boldsymbol{\omega}=g\boldsymbol{\omega}_0,$$

其中 g 是 U 上的 Lebesgue 可测函数, 而

$$\boldsymbol{\omega}_0=dx^1\wedge dx^2\wedge\cdots\wedge dx^n.$$

又设 A 是 U 的 Lebesgue 可测子集, 若 g 在 A 上是 Lebesgue 可积的, 则 n-**形式ω在A上的积分** 定义为

$$\int_A \boldsymbol{\omega} = \int_A g dx^1 \wedge dx^2 \wedge \cdots \wedge dx^n = \int_A g dm = \int_A \boldsymbol{\omega}(\mathbf{e}_1, \mathbf{e}_2 \cdots, \mathbf{e}_n) dm,$$

其中 m 是 $\mathbf{R}^n$ 上的 Lebesgue 测度.

引理 15.7.1 设 U 和 V 是 $\mathbf{R}^n$ 中的两个开集,$\boldsymbol{\varphi}: U \to V$ 是光滑双射, 且在 U 上 $\det \boldsymbol{\varphi}' > 0$, 则对于 V 上的连续的 n- 形式 $\boldsymbol{\omega}$, 和 U 的任何紧集 K, 我们有

$$\int_{\boldsymbol{\varphi}(K)} \boldsymbol{\omega} = \int_K \boldsymbol{\varphi}^* \boldsymbol{\omega}.$$

证 设 $(y^1, \cdots, y^n) = \boldsymbol{\varphi}(x^1, \cdots, x^n)$, 而 $\boldsymbol{\omega} = g dy^1 \wedge \cdots \wedge dy^n$, 由公式 (15.4.2) 与 (15.4.3), 有

$$\boldsymbol{\varphi}^* \boldsymbol{\omega} = (g \circ \boldsymbol{\varphi}) d\varphi^1 \wedge \cdots d\varphi^n = (g \circ \boldsymbol{\varphi})(\det \boldsymbol{\varphi}') dx^1 \wedge \cdots \wedge dx^n.$$

因此, 由定理 10.6.3, 便得引理的结论. □

注 微分形式的积分是通过函数的积分来定义的. 较之函数的积分, 它的优点就在于把换元公式用回拉简洁地表示出来了.

进一步阅读的参考文献

以下文献中的有关章节可以作为微分形式理论进一步学习的参考:

[2] 的第 11 章第 **3,4** 节介绍了微分形式, 第 **6** 节介绍了向量分析.

[7] 的第 13 章介绍微分形式.

[11] 的第 8 章第 **7,8,9,10,11** 节介绍了微分形式.

[16] 的第三卷的第 2 章介绍微分形式.

[18] 的第 4 章第 **3** 节介绍了微分形式.

[20] 的第 24 章第 **212,213** 节介绍了微分形式.

[25] 的第 9 章第 **7,8** 节介绍了微分形式.

[27] 的第 3 章和第 9 章介绍了微分形式, 并介绍了上同调的概念.

[28] 的第 14 章介绍了微分形式, 并介绍了上同调, 同调和调和形式等概念, 内容很丰富.

[30] 的第 5 章第 **9** 节介绍了微分形式.

[36] 的第 5 章第 **2** 节介绍了微分形式.

[45] 的第 15 章第 **3,4** 节介绍了微分形式和流形上微分形式的积分.

第 16 章　欧氏空间中的流形上的积分

本章要把 §15.7 中引进的 $\mathbf{R}^n$ 的开集上微分形式的积分推广到欧氏空间的流形上去. 用的办法仍然是通过坐标图卡中映射的回拉建立流形上微分形式局部的积分理论, 然后利用单位分解将流形上微分形式局部的积分拼成流形上微分形式整体的积分. 在 §8.7, §10.8 和第 12 章中曾分别讨论过欧氏空间上 1- 流形, 2- 流形和复平面的 1- 流形上微分形式的积分, 它们是本章内容的特例, 也构成本章内容的背景材料.

§16.1　流形的可定向与微分形式

我们先介绍一个简单的引理:

引理 16.1.1　k- 形式 $\boldsymbol{\omega}_{\mathbf{p}}$ 在 $\mathbf{T}_{\mathbf{p}}(M)$ 上的限制不是 $\Lambda^k(\mathbf{T}'_{\mathbf{p}}(M))$ 中的零元, 当且仅当 $\mathbf{v}_1,\cdots,\mathbf{v}_k$ 是 $\mathbf{T}_{\mathbf{p}}(M)$ 中 k 个线性无关向量时,

$$\boldsymbol{\omega}_{\mathbf{p}}(\mathbf{v}_1,\cdots,\mathbf{v}_k)\neq 0.$$

证　若 $\mathbf{e}_1,\cdots,\mathbf{e}_k$ 是 $\mathbf{T}_{\mathbf{p}}(M)$ 中的一组基, 设

$$\begin{bmatrix}\mathbf{v}_1\\ \vdots\\ \mathbf{v}_k\end{bmatrix}=\begin{bmatrix}t_1^1 & \cdots & t_1^k\\ \vdots & & \vdots\\ t_k^1 & \cdots & t_k^k\end{bmatrix}\begin{bmatrix}\mathbf{e}_1\\ \vdots\\ \mathbf{e}_k\end{bmatrix},$$

我们知道

$$\boldsymbol{\omega}_{\mathbf{p}}(\mathbf{v}_1,\cdots,\mathbf{v}_k)=\begin{vmatrix}t_1^1 & \cdots & t_1^k\\ \vdots & & \vdots\\ t_k^1 & \cdots & t_k^k\end{vmatrix}\boldsymbol{\omega}_{\mathbf{p}}(\mathbf{e}_1,\cdots,\mathbf{e}_k).$$

又因 $\mathbf{v}_1,\cdots,\mathbf{v}_k$ 是 $\mathbf{T}_{\mathbf{p}}(M)$ 中 k 个线性无关向量, 上式右端的行列式非零. 只要 $\boldsymbol{\omega}_{\mathbf{p}}(\mathbf{v}_1,\cdots,\mathbf{v}_k)\neq 0$ 对某一个由 k 个向量 $\mathbf{v}_1,\cdots,\mathbf{v}_k$ 构成

的线性无关向量组成立, 便对任何一个由 k 个向量 $\mathbf{w}_1, \cdots, \mathbf{w}_k$ 构成的线性无关向量组必有 $\boldsymbol{\omega}_{\mathbf{p}}(\mathbf{w}_1, \cdots, \mathbf{w}_k) \neq 0$. □

在展开流形上微分形式的积分理论的讨论之前, 我们先给出用微分形式的语言描述流形的可定向性的刻画.

命题 16.1.1 设 M 是 $\mathbf{R}^n$ 中的 k- 流形, 则 M 是可定向的, 当且仅当有一个在 M 上恒不等于零的 k- 形式. 确切些说, 当且仅当有一个包含 M 的 $\mathbf{R}^n$ 中的开集 W 和一个在 W 上的 k- 形式 $\boldsymbol{\omega}$, 使得对于任何 $\mathbf{p} \in M$, $\boldsymbol{\omega}_{\mathbf{p}}$ 在 $\mathbf{T}_{\mathbf{p}}(M)$ 上的限制不是 $\Lambda^k(\mathbf{T}'_{\mathbf{p}}(M))$ 中的零元素.

证 若有一个包含 M 的 $\mathbf{R}^n$ 中的开集 W 和一个在 W 上的 k- 形式 $\boldsymbol{\omega}$, 使得对于任何 $\mathbf{p} \in M$, $\boldsymbol{\omega}_{\mathbf{p}}$ 在 $\mathbf{T}_{\mathbf{p}}(M)$ 上的限制不是 $\Lambda^k(\mathbf{T}'_{\mathbf{p}}(M))$ 中的零元, 在 M 上定义一个定向 $\mathcal{O}$ 如下: 设 $(\boldsymbol{\alpha}, V_{\boldsymbol{\alpha}})$ 是 M 的一个坐标图卡, 若对于一切 $\boldsymbol{\alpha}(\mathbf{t}) = \mathbf{p} \in U_{\boldsymbol{\alpha}}$ 都有 $\boldsymbol{\omega}_{\mathbf{p}}(\boldsymbol{\alpha}'(\mathbf{t})\mathbf{e}_1, \cdots, \boldsymbol{\alpha}'(\mathbf{t})\mathbf{e}_k) > 0$, 我们便让 $(\boldsymbol{\alpha}, V_{\boldsymbol{\alpha}}) \in \mathcal{O}$. 现在我们要证明, 如此定义的 $\mathcal{O}$ 满足引理 13.4.1 中的条件 (1) 和 (2). 条件 (1) 显然得到满足. 今证条件 (2) 的满足. 设 $(\boldsymbol{\beta}, V_{\boldsymbol{\beta}}) \in \mathcal{O}$, 且 $\mathbf{q} \in U_{\boldsymbol{\alpha}} \cap U_{\boldsymbol{\beta}}$, $\boldsymbol{\alpha}(\mathbf{u}) = \mathbf{q} = \boldsymbol{\beta}(\mathbf{v})$, 则我们有

$$\det \boldsymbol{\varphi}'_{\boldsymbol{\alpha}\boldsymbol{\beta}}(\mathbf{v}) \cdot \boldsymbol{\omega}_{\mathbf{q}}(\boldsymbol{\alpha}'(\mathbf{u})\mathbf{e}_1, \cdots, \boldsymbol{\alpha}'(\mathbf{u})\mathbf{e}_k) = \boldsymbol{\omega}_{\mathbf{q}}(\boldsymbol{\beta}'(\mathbf{v})\mathbf{e}_1, \cdots, \boldsymbol{\beta}'(\mathbf{v})\mathbf{e}_k),$$

其中 $\boldsymbol{\varphi}_{\boldsymbol{\alpha}\boldsymbol{\beta}} = \boldsymbol{\alpha}^{-1} \circ \boldsymbol{\beta}$ 是转移函数. 因

$$\boldsymbol{\omega}_{\mathbf{q}}(\boldsymbol{\alpha}'(\mathbf{u})\mathbf{e}_1, \cdots, \boldsymbol{\alpha}'(\mathbf{u})\mathbf{e}_k) > 0 \text{ 且 } \boldsymbol{\omega}_{\mathbf{q}}(\boldsymbol{\beta}'(\mathbf{v})\mathbf{e}_1, \cdots, \boldsymbol{\beta}'(\mathbf{v})\mathbf{e}_k) > 0,$$

故 $\det \boldsymbol{\varphi}'_{\boldsymbol{\alpha}\boldsymbol{\beta}} > 0$. 条件 (2) 得到满足.

今设 $\mathcal{O}$ 是可定向流形 M 上的一个定向, 而 $\mathbf{p} \in M$, 又设 $(\boldsymbol{\alpha}, V_{\boldsymbol{\alpha}})$ 是 M 在 $\mathbf{p}$ 点的一个坐标图卡, $\boldsymbol{\alpha}(\mathbf{t}) = \mathbf{p}$, 则

$$\boldsymbol{\alpha}'(\mathbf{t})\mathbf{e}_1, \cdots, \boldsymbol{\alpha}'(\mathbf{t})\mathbf{e}_k$$

是 $\mathbf{R}^n$ 中的一个线性无关的向量组. 我们要证明: 至少有一个 $\boldsymbol{\omega}_{\mathbf{p}} \in \Lambda^k(\mathbf{R}^{n\prime})$, 使得

$$\boldsymbol{\omega}_{\mathbf{p}}(\boldsymbol{\alpha}'(\mathbf{t})\mathbf{e}_1, \cdots, \boldsymbol{\alpha}'(\mathbf{t})\mathbf{e}_k) = 1.$$

为此, 让线性无关的向量组

$$\boldsymbol{\alpha}'(\mathbf{t})\mathbf{e}_1, \ \cdots, \ \boldsymbol{\alpha}'(\mathbf{t})\mathbf{e}_k$$

扩张成 $\mathbf{R}^n$ 上的一组基

$$\boldsymbol{\alpha}'(\mathbf{t})\mathbf{e}_1,\ \cdots,\ \boldsymbol{\alpha}'(\mathbf{t})\mathbf{e}_k,\ \mathbf{v}_{k+1},\ \cdots,\ \mathbf{v}_n,$$

它的对偶基为

$$\tilde{\mathbf{v}}_1, \cdots, \tilde{\mathbf{v}}_n.$$

记 $\boldsymbol{\omega}_{\mathbf{p}} = \tilde{\mathbf{v}}_1 \wedge \cdots \wedge \tilde{\mathbf{v}}_k$, 则 $\boldsymbol{\omega}_{\mathbf{p}}$ 是 k- 形式, 且

$$\boldsymbol{\omega}_{\mathbf{p}}(\boldsymbol{\alpha}'(\mathbf{t})\mathbf{e}_1, \cdots, \boldsymbol{\alpha}'(\mathbf{t})\mathbf{e}_k) = \tilde{\mathbf{v}}_1 \wedge \cdots \wedge \tilde{\mathbf{v}}_k(\boldsymbol{\alpha}'(\mathbf{t})\mathbf{e}_1, \cdots, \boldsymbol{\alpha}'(\mathbf{t})\mathbf{e}_k) = 1.$$

因为 $\boldsymbol{\alpha}$ 和 $\boldsymbol{\alpha}^{-1}$ 都是光滑映射, 所以有 $\mathbf{t}$ 的邻域 $V_{\mathbf{p}} \subset V_{\boldsymbol{\alpha}}$, 使得对于任何 $\mathbf{u} \in V_{\mathbf{p}}$, 我们有 $\boldsymbol{\omega}_{\mathbf{p}}(\boldsymbol{\alpha}'(\mathbf{u})\mathbf{e}_1, \cdots, \boldsymbol{\alpha}'(\mathbf{u})\mathbf{e}_k) > 0$. 根据推论 13.1.1, 可选一个 $\mathbf{p}$ 在 $\mathbf{R}^n$ 中的邻域 $W_{\mathbf{p}}$, 使得 $\boldsymbol{\alpha}^{-1}$ 可光滑地延拓到 $W_{\mathbf{p}}$ 上 (为了不使记号太累赘, 这个延拓后得映射仍记做 $\boldsymbol{\alpha}^{-1}$), 且 $\boldsymbol{\alpha}^{-1}(W_{\mathbf{p}} \cap M) \subset V_{\mathbf{p}}$. 若 $\mathbf{q} \in W_{\mathbf{p}} \cap M$ 而 $(\boldsymbol{\beta}, V_{\boldsymbol{\beta}}) \in \mathcal{O}$ 是 $\mathbf{q}$ 点处的一个坐标图卡, $\boldsymbol{\beta}(\tilde{\mathbf{u}}) = \mathbf{q} = \boldsymbol{\alpha}(\mathbf{u})$, 则

$$\det \boldsymbol{\varphi}'_{\boldsymbol{\alpha}\beta}(\tilde{\mathbf{u}}) \cdot \boldsymbol{\omega}_{\mathbf{p}}(\boldsymbol{\alpha}'(\mathbf{u})\mathbf{e}_1, \cdots, \boldsymbol{\alpha}'(\mathbf{u})\mathbf{e}_k) = \boldsymbol{\omega}_{\mathbf{p}}(\boldsymbol{\beta}'(\tilde{\mathbf{u}})\mathbf{e}_1, \cdots, \boldsymbol{\beta}'(\tilde{\mathbf{u}})\mathbf{e}_k),$$

其中 $\boldsymbol{\varphi}_{\boldsymbol{\alpha}\beta}$ 是转移函数. 因 $(\boldsymbol{\beta}, V_{\boldsymbol{\beta}}) \in \mathcal{O}$, 所以 $\det \boldsymbol{\varphi}'_{\boldsymbol{\alpha}\beta}(\tilde{\mathbf{u}}) > 0$, 由此便得 $\boldsymbol{\omega}_{\mathbf{p}}(\boldsymbol{\beta}'(\tilde{\mathbf{u}})\mathbf{e}_1, \cdots, \beta'(\tilde{\mathbf{u}})\mathbf{e}_k) > 0$. 现在, 对于每点 $\mathbf{p} \in M$, 我们已经得到了一个定义在点 $\mathbf{p}$(在 $\mathbf{R}^n$ 中) 的邻域 $W_{\mathbf{p}}$ 上的 k- 形式 $\boldsymbol{\omega}_{\mathbf{p}}$. 下面我们将利用单位分解定理, 把上述局部定义的微分形式粘合成一个在 $W = \bigcup\limits_{\mathbf{p} \in M} W_{\mathbf{p}}$ 上 (整体地)定义的 k- 形式. 根据单位分解定理, 有一个从属于 $\{W_{\mathbf{p}} : \mathbf{p} \in M\}$ 的单位分解 $\{\phi_j : j \in \mathbf{N}\}$, 每个 ϕ_j 有一点 $\mathbf{p}(j) \in M$, 使得光滑函数 ϕ_j 在 $W_{\mathbf{p}(j)}$ 的一个紧子集之外恒等于零. 令

$$\boldsymbol{\omega}(\mathbf{q}) = \sum_{j=1}^{\infty} \phi_j(\mathbf{q}) \boldsymbol{\omega}_{\mathbf{p}(j)}.$$

在任何紧集上, 除有限个 j 外, $\boldsymbol{\omega}_{\mathbf{p}(j)}$ 恒等于零, 故 $\boldsymbol{\omega}$ 在 W 上光滑. 设 $\mathbf{q} \in M$, 而 $(\gamma, V_\gamma) \in \mathcal{O}$ 是 $\mathbf{q}$ 处的一个坐标图卡, $\gamma(\mathbf{u}) = \mathbf{q}$, 则对任何 $\mathbf{p} \in M$, 只要 $\mathbf{q} \in W_{\mathbf{p}}$, 便有 $\boldsymbol{\omega}_{\mathbf{p}}(\gamma'(\mathbf{u})\mathbf{e}_1, \cdots, \gamma'(\mathbf{u})\mathbf{e}_k) > 0$. 又因 $\phi_j(\mathbf{q}) \geqslant 0$ 和 $\sum\limits_j \phi_j \equiv 1$, 所以 $\boldsymbol{\omega}(\mathbf{q})(\gamma'(\mathbf{u})\mathbf{e}_1, \cdots, \gamma'(\mathbf{u})\mathbf{e}_k) > 0$. 从而 $\boldsymbol{\omega}$ 在任何 $\mathbf{T}_{\mathbf{q}}(M)$ 上恒不等于零. □

§16.2 流形上微分形式的积分

在定义 15.7.1 中, 我们定义了 $\mathbf{R}^k$(或 $\mathbf{R}^k_+$) 中的开集 V 上的 k- 形式的积分: 设 $\boldsymbol{\eta} = gdx^1 \wedge \cdots \wedge dx^k$,

$$\int_V \boldsymbol{\eta} = \int_V gdm,$$

其中 m 表示 $\mathbf{R}^k$ 上的 Lebesgue 测度. 为了引进 k 维流形上 k- 形式的积分, 我们先引进下述引理:

引理 16.2.1 设 M 是 $\mathbf{R}^n$ 中的 k- 维定向流形, 其中 $1 \leqslant k \leqslant n$. $\boldsymbol{\omega}$ 是 $\mathbf{R}^n$ 上的连续 k- 形式, 且 $\boldsymbol{\omega}$ 在紧集 K 以外恒等于零. $(\boldsymbol{\alpha}, V_{\boldsymbol{\alpha}})$ 和 $(\boldsymbol{\beta}, V_{\boldsymbol{\beta}})$ 是流形 M 的属于同一定向的两个坐标图卡, 且 $K \subset \tilde{U}_{\boldsymbol{\alpha}} \cap \tilde{U}_{\boldsymbol{\beta}}$, 其中, $\tilde{U}_{\boldsymbol{\alpha}}$ 与 $\tilde{U}_{\boldsymbol{\beta}}$ 是 $\mathbf{R}^n$ 中的开集, 且 $\tilde{U}_{\boldsymbol{\alpha}} \cap M = \boldsymbol{\alpha}(V_{\boldsymbol{\alpha}}) = U_{\boldsymbol{\alpha}}$, $\tilde{U}_{\boldsymbol{\beta}} \cap M = \boldsymbol{\beta}(V_{\boldsymbol{\beta}}) = U_{\boldsymbol{\beta}}$, 则

$$\int_{V_{\boldsymbol{\alpha}}} \boldsymbol{\alpha}^*(\boldsymbol{\omega}) = \int_{V_{\boldsymbol{\beta}}} \boldsymbol{\beta}^*(\boldsymbol{\omega}).$$

证 由假设, 上述两个积分都是有意义的. 注意到在定向流形 M 上 $\det\boldsymbol{\varphi}'_{\boldsymbol{\alpha}\beta} > 0$, 记 $V_{\boldsymbol{\alpha}\beta} = \boldsymbol{\beta}^{-1}(U_{\boldsymbol{\alpha}} \cap U_{\boldsymbol{\beta}})$, $V_{\boldsymbol{\beta}\alpha} = \boldsymbol{\alpha}^{-1}(U_{\boldsymbol{\alpha}} \cap U_{\boldsymbol{\beta}})$. 根据引理 15.7.1, 并注意到 $\boldsymbol{\beta}^*(\boldsymbol{\omega})$ 在 $V_{\boldsymbol{\alpha}\beta}$ 之外等于零及 $\boldsymbol{\alpha}^*(\boldsymbol{\omega})$ 在 $V_{\boldsymbol{\beta}\alpha}$ 之外等于零, 我们得到

$$\begin{aligned}\int_{V_{\boldsymbol{\beta}}} \boldsymbol{\beta}^*(\boldsymbol{\omega}) &= \int_{V_{\boldsymbol{\alpha\beta}}} \boldsymbol{\beta}^*(\boldsymbol{\omega}) = \int_{V_{\boldsymbol{\alpha\beta}}} (\boldsymbol{\alpha} \circ \boldsymbol{\varphi}_{\boldsymbol{\alpha\beta}})^*(\boldsymbol{\omega}) \\ &= \int_{V_{\boldsymbol{\alpha\beta}}} \boldsymbol{\varphi}^*_{\boldsymbol{\alpha\beta}}(\boldsymbol{\alpha}^*(\boldsymbol{\omega})) = \int_{V_{\boldsymbol{\beta\alpha}}} \boldsymbol{\alpha}^*(\boldsymbol{\omega}) = \int_{V_{\boldsymbol{\alpha}}} \boldsymbol{\alpha}^*(\boldsymbol{\omega}).\end{aligned}$$

□

注 只在最后第二个等号上用了 $\det \boldsymbol{\varphi}'_{\boldsymbol{\alpha\beta}} > 0$(参看引理 15.7.1 中的条件 “$\det \boldsymbol{\varphi}' > 0$”), 这是微分形式的积分只在定向流形上才有意义的根由所在.

有了上述引理, 现在可以逐步引进流形上微分形式的积分概念了.

定义 16.2.1 设 $1 \leqslant k \leqslant n$, M 是 $\mathbf{R}^n$ 中的 k 维定向流形, $(\boldsymbol{\alpha}, V_{\boldsymbol{\alpha}})$ 是 M 的一个坐标图卡. 若 $\boldsymbol{\omega}$ 是 $\mathbf{R}^n$ 上的一个连续 k- 形式,

它在 $\tilde{U}_{\boldsymbol{\alpha}}$ 的一个紧子集之外恒等于零, 其中 $\tilde{U}_{\boldsymbol{\alpha}}$ 是 $\mathbf{R}^n$ 中的开集, 且 $\tilde{U}_{\boldsymbol{\alpha}} \cap M = \boldsymbol{\alpha}(V_{\boldsymbol{\alpha}})$, 则我们定义 **$k$-形式$\boldsymbol{\omega}$在$k$ 维定向流形M上的积分**为

$$\int_M \boldsymbol{\omega} = \int_{V_{\boldsymbol{\alpha}}} \boldsymbol{\alpha}^*(\boldsymbol{\omega}).$$

注 1　由引理 16.2.1, 积分 $\int_M \boldsymbol{\omega}$ 的值不依赖于坐标图卡 $(\boldsymbol{\alpha}, V_{\boldsymbol{\alpha}})$ 的选择.

注 2　以前 (参看定义 8.6.1) 我们已经定义了连续函数的支集这个概念. 以后还会用到连续的微分形式的支集这个概念. 它的确切定义是: 连续的微分形式的支集是指具有如下性质的最小闭集: 在它之外连续的微分形式恒等于零.

我们将利用单位分解定理把流形上微分形式的积分概念定义 16.2.1 中 "$\boldsymbol{\omega}$ 在 $\tilde{U}_{\boldsymbol{\alpha}}$ 的一个紧子集之外恒等于零" 的条件除去, 这样就得到了流形上一般的微分形式积分的概念.

定义 16.2.2　设 $1 \leqslant k \leqslant n$, M 是 $\mathbf{R}^n$ 中的 k 维定向流形, 坐标图卡族 $\mathcal{O} = \{(\boldsymbol{\alpha}, V_{\boldsymbol{\alpha}}) : \boldsymbol{\alpha} \in \mathcal{C}\}$ 是它的定向, $\{\tilde{U}_{\boldsymbol{\alpha}} : \boldsymbol{\alpha} \in \mathcal{C}\}$ 是 $\mathbf{R}^n$ 中的一族开集, 且 $\tilde{U}_{\boldsymbol{\alpha}} \cap M = \boldsymbol{\alpha}(V_{\boldsymbol{\alpha}})$. 若 $\boldsymbol{\omega}$ 是 $\mathbf{R}^n$ 上的一个连续 k- 形式, 它在 $\mathbf{R}^n$ 的一个紧集之外恒等于零. 设 $\{\phi_j\}_{j=1}^{\infty}$ 是从属于 $\{\tilde{U}_{\boldsymbol{\alpha}} : \boldsymbol{\alpha} \in \mathcal{C}\}$ 的一个单位分解. 我们定义 **k-形式$\boldsymbol{\omega}$在k 维定向流形M上的积分**为

$$\int_M \boldsymbol{\omega} = \sum_j \int_M \phi_j \boldsymbol{\omega}.$$

注 1　因为 $\boldsymbol{\omega}$ 的支集是紧的, 上式右端的求和中只有有限项非零. 我们可以证明: 如此定义的微分形式的积分不依赖于单位分解的选择. 设 $\{\psi_k\}_{k=1}^{\infty}$ 是另一个从属于 $\{\tilde{U}_{\boldsymbol{\alpha}} : \boldsymbol{\alpha} \in \mathcal{C}\}$ 的单位分解, 则

$$\begin{aligned}\sum_j \int_M \phi_j \boldsymbol{\omega} &= \sum_j \int_M \left(\sum_k \psi_k\right) \phi_j \boldsymbol{\omega} \\ &= \sum_j \sum_k \int_M \psi_k \phi_j \boldsymbol{\omega} = \sum_k \int_M \sum_j (\phi_j \psi_k \boldsymbol{\omega}) \\ &= \sum_k \int_M \left(\sum_j \phi_j\right) \psi_k \boldsymbol{\omega} = \sum_k \int_M \psi_k \boldsymbol{\omega},\end{aligned}$$

以上推演过程中的求和号与求和号的交换及求和号与积分号的交换都是合理的, 因为所有的求和都是有限项的求和. 这样, 我们已证明了定义 16.2.2 是合理的定义.

注 2 如上定义的流形上微分形式的积分 $\int_M \boldsymbol{\omega}$ 只依赖于 $\boldsymbol{\omega}$ 在点 $\mathbf{p} \in M$ 上的值 (它本身是个张量) 在 $\mathbf{T_p}(M)$ 上的作用, 换言之, 若另有一个微分形式 $\boldsymbol{\eta}$, 使得

$$\forall \mathbf{p} \in M \forall \boldsymbol{\tau}_1, \cdots, \boldsymbol{\tau}_k \in \mathbf{T_p}(M)\big(\boldsymbol{\omega}(\mathbf{p})(\boldsymbol{\tau}_1, \cdots, \boldsymbol{\tau}_k) = \boldsymbol{\eta}(\mathbf{p})(\boldsymbol{\tau}_1, \cdots, \boldsymbol{\tau}_k)\big),$$

则

$$\int_M \boldsymbol{\omega} = \int_M \boldsymbol{\eta}.$$

原因是: 在上述条件下, 对于 M 的一切坐标图卡 $(\boldsymbol{\alpha}, V_{\boldsymbol{\alpha}})$, 有 $\boldsymbol{\alpha}^*(\boldsymbol{\omega}) = \boldsymbol{\alpha}^*(\boldsymbol{\eta})$. 综上所述, 虽然我们假设 $\boldsymbol{\omega}$ 定义在包含 M 的开集上, 但 $\boldsymbol{\omega}$ 在 M 上的积分与 $\boldsymbol{\omega}$ 在 M 外的值无关, 所以我们确实是定义了 M 上微分形式 $\boldsymbol{\omega}$ 的积分.

下面我们要建立微分形式积分的换元公式, 它也是引理 16.2.1 的推广.

定理 16.2.1(**流形上微分形式积分的换元公式**) 设 M 和 N 分别是 $\mathbf{R}^m$ 和 $\mathbf{R}^n$ 中的两个 k 维定向流形, $\mathbf{g}: M \to N$ 是微分同胚, 则对于任何 N 上光滑的具有紧支集的 k- 形式 $\boldsymbol{\omega}$, $\mathbf{g}^*\boldsymbol{\omega}$ 是 M 上光滑的具有紧支集的 k- 形式, 且

$$\int_N \boldsymbol{\omega} = \int_M \mathbf{g}^*\boldsymbol{\omega}.$$

证 设 $(\boldsymbol{\alpha}, V_{\boldsymbol{\alpha}})$ 是 N 的一个坐标图卡, 令 $\boldsymbol{\beta} = \mathbf{g}^{-1} \circ \boldsymbol{\alpha}$, 则 $(\boldsymbol{\beta}, V_{\boldsymbol{\alpha}})$ 是 M 的一个坐标图卡. 若 $\boldsymbol{\omega}$ 的支集是 $\boldsymbol{\alpha}(V_{\boldsymbol{\alpha}})$ 的一个紧子集, 则有

$$\int_N \boldsymbol{\omega} = \int_{V_{\boldsymbol{\alpha}}} \boldsymbol{\alpha}^*\boldsymbol{\omega} = \int_{V_{\boldsymbol{\alpha}}} (\mathbf{g} \circ \boldsymbol{\beta})^*\boldsymbol{\omega} = \int_{V_{\boldsymbol{\alpha}}} \boldsymbol{\beta}^*(\mathbf{g}^*\boldsymbol{\omega}) = \int_M \mathbf{g}^*\boldsymbol{\omega}.$$

若 $\boldsymbol{\omega}$ 的支集不是某个 $\boldsymbol{\alpha}(V_{\boldsymbol{\alpha}})$ 的紧子集, 按定义 16.2.2,

$$\int_N \boldsymbol{\omega} = \sum_j \int_N \phi_j \boldsymbol{\omega},$$

其中 $\{\phi_j\}_{j=1}^{\infty}$ 是从属于 $\{\tilde{U}_{\boldsymbol{\alpha}}:\boldsymbol{\alpha}\in\mathcal{C}\}$ 的一个单位分解, 而 $\tilde{U}_{\boldsymbol{\alpha}}$ 是 $\mathbf{R}^n$ 中的开集, 且 $\tilde{U}_{\boldsymbol{\alpha}}\cap N=\boldsymbol{\alpha}(V_{\boldsymbol{\alpha}})$. ϕ_j 的支集是某个 $\tilde{U}_{\boldsymbol{\alpha}_j}$ 的紧子集, 因而 $\phi_j\boldsymbol{\omega}$ 的支集也是这个 $\tilde{U}_{\boldsymbol{\alpha}_j}$ 的紧子集, 由先前所证,

$$\int_N \phi_j\boldsymbol{\omega}=\int_M \mathbf{g}^*(\phi_j\boldsymbol{\omega})=\int_M (\phi_j\circ\mathbf{g})\mathbf{g}^*\boldsymbol{\omega}.$$

由定义 13.1.1, 对于每个 N 的坐标图卡 $(\boldsymbol{\alpha}_j,V_{\boldsymbol{\alpha}_j})$, 只要 $V_{\boldsymbol{\alpha}_j}$ 充分小, 便有个光滑的映射 $\mathbf{G}_j:\tilde{W}_j\to\mathbf{R}^n$, 其中 $\tilde{W}_j$ 是 $\mathbf{R}^m$ 或 $\mathbf{R}^m_+$ 的开集, 使得

$$\tilde{W}_j\cap M=\mathbf{g}^{-1}(\boldsymbol{\alpha}_j(V_{\boldsymbol{\alpha}_j})),\ \text{且}\ \mathbf{G}_j|_{\mathbf{g}^{-1}(\boldsymbol{\alpha}_j(V_{\boldsymbol{\alpha}_j}))}=\mathbf{g}|_{\mathbf{g}^{-1}(\boldsymbol{\alpha}_j(V_{\boldsymbol{\alpha}_j}))}.$$

所以

$$\phi_j\circ\mathbf{G}_j|_{\mathbf{g}^{-1}(\boldsymbol{\alpha}_j(V_{\boldsymbol{\alpha}_j}))}=\phi_j\circ\mathbf{g}|_{\mathbf{g}^{-1}(\boldsymbol{\alpha}_j(V_{\boldsymbol{\alpha}_j}))}.$$

又因 ϕ_j 的支集是某个 $\tilde{U}_{\boldsymbol{\alpha}_j}$ 的紧子集, 而 $\tilde{U}_{\boldsymbol{\alpha}_j}\cap N=\boldsymbol{\alpha}_j(V_{\boldsymbol{\alpha}_j})$, 故 $\phi_j\circ\mathbf{G}_j$ 和 $\phi_j\circ\mathbf{g}$ 在 $\mathbf{g}^{-1}(\boldsymbol{\alpha}_j(V_{\boldsymbol{\alpha}_j}))$ 上的限制的支集都是 $\mathbf{g}^{-1}(\boldsymbol{\alpha}_j(V_{\boldsymbol{\alpha}_j}))$ 的紧子集, 而 $\phi_j\circ\mathbf{G}_j$ 的支集是 $\mathbf{G}_j^{-1}(\tilde{U}_{\boldsymbol{\alpha}_j})$ 的紧子集, 且 $\{\phi_j\circ\mathbf{G}_j\}_{j=1}^{\infty}$ 是从属于 $\{\mathbf{G}_j^{-1}(\tilde{U}_{\boldsymbol{\alpha}_j})\}_{j=1}^{\infty}$ 的一个单位分解, 故我们有

$$\int_N\boldsymbol{\omega}=\sum_j\int_N\phi_j\boldsymbol{\omega}=\sum_j\int_M(\phi_j\circ\mathbf{g})\mathbf{g}^*\boldsymbol{\omega}$$

$$=\sum_j\int_M(\phi_j\circ\mathbf{G}_j)\mathbf{g}^*\boldsymbol{\omega}=\int_M\mathbf{g}^*\boldsymbol{\omega}.\qquad\square$$

下面我们要建立流形上的 Stokes 公式, 它是一维的 Newton-Leibniz 公式 (参看 §6.3 与公式 (8.7.13) 或 (8.7.13)′), 二维的**Green 公式**(参看 10.8.5 小节) 和 n 维空间中的 Gauss 散度定理 (参看 §10.9 的练习 10.9.4) 在一般的流形上的推广. 为完成这个推广, 我们愿意重温一下零维和一维流形的定向及零维和一维流形上的微分形式的积分等概念 (参看 8.7.2 小节的讨论和定义 13.4.4). $\mathbf{R}^n$ 上的零维流形是 $\mathbf{R}^n$ 的子集 M, 它的任何点都不是 M 的极限点. M 的子集是紧的, 当且仅当它是有限集. 零维流形 M 的定向是指这样一个函数 $\varepsilon:M\to\{-1,1\}$. 若 g 是 M 上的一个紧支集的 0- 形式 (即 M 上的在有限个点外皆为零的函数), g 的积分定义为

$$\int_M g=\sum_j\varepsilon(\mathbf{p}_j)g(\mathbf{p}_j).$$

设 $\mathbf{f}:[a,b]\to\mathbf{R}^n$ 是光滑单射, 且对一切 $t\in[a,b]$, $\mathbf{f}'(t)\neq\mathbf{0}$, 则 $M=\mathbf{f}([a,b])$ 是个一维紧流形, 且 $\partial M=\{\mathbf{p},\mathbf{q}\}$, 其中 $\mathbf{p}=\mathbf{f}(a)$ 和 $\mathbf{q}=\mathbf{f}(b)$. M 上有两个图卡:$(\boldsymbol{\alpha},V_{\boldsymbol{\alpha}})$ 和 $(\boldsymbol{\beta},V_{\boldsymbol{\beta}})$, 其中

$$V_{\boldsymbol{\alpha}}=[0,b-a),\ \forall t\in V_{\boldsymbol{\alpha}}\big(\boldsymbol{\alpha}(t)=\mathbf{f}(a+t)\big);$$

$$V_{\boldsymbol{\beta}}=(a-b,0],\ \forall t\in V_{\boldsymbol{\beta}}\big(\boldsymbol{\beta}(t)=\mathbf{f}(b+t)\big).$$

容易检验, $\boldsymbol{\varphi}_{\boldsymbol{\alpha}\boldsymbol{\beta}}(t)=(b-a)+t,\ t\in V_{\boldsymbol{\beta}}$, 所以, $\boldsymbol{\varphi}'_{\boldsymbol{\alpha}\boldsymbol{\beta}}(t)=1,\ t\in V_{\boldsymbol{\beta}}$. 这两个坐标图卡在 M 上确定了一个定向. 由这个定向在边界 ∂M 上诱导出的定向是 $\varepsilon(\mathbf{q})=1,\varepsilon(\mathbf{p})=-1$. 若 g 是 M 上的光滑 0- 形式 (即光滑函数), 则

$$\begin{aligned}\int_M dg&=\int_{[a,b]}\mathbf{f}^*(dg)=\int_{[a,b]}d(\mathbf{f}^*g)=\int_{[a,b]}d(g\circ\mathbf{f})\\&=\int_a^b(g\circ\mathbf{f})'(t)dt=g\circ\mathbf{f}(b)-g\circ\mathbf{f}(a)=g(\mathbf{q})-g(\mathbf{p})=\int_{\partial M}g.\end{aligned}$$

这就是公式 (8.7.13)(或 (8, 7.13)$'$) 的重新证明. 事实上，它只是公式 (8.7.13)(或 (8, 7.13)$'$) 的原证明用回拉的语言作出的新叙述.

为了证明流形上的 Stokes 公式, 我们需要引进下述引理, 它实际上是 k 维线性空间 $\mathbf{R}^k$ 和 k 维半空间 $\mathbf{R}^k_+$ 上的 Stokes 公式的特例. 这个特例的证明完成后, 只要用单位分解及坐标图卡的回拉便可得到一般的 Stokes 公式了.

引理 16.2.2 若 $\boldsymbol{\eta}\in\Omega^{k-1}(\mathbf{R}^k)$ 的支集是 $\mathbf{R}^k$ 中的紧集, 则

$$\int_{\mathbf{R}^k}d\boldsymbol{\eta}=0.$$

若 $\boldsymbol{\eta}\in\Omega^{k-1}(\mathbf{R}^k_+)$ 的支集是 $\mathbf{R}^k_+$ 中的紧集, 则

$$\int_{\mathbf{R}^k_+}d\boldsymbol{\eta}=\int_{\partial\mathbf{R}^k_+}\boldsymbol{\eta}.$$

证 对于任何 $j\in\{1,\cdots,k\}$, 记

$$\boldsymbol{\eta}^j=(-1)^{j-1}dx^1\wedge\cdots\wedge dx^{j-1}\wedge dx^{j+1}\wedge\cdots\wedge dx^k.$$

在 $\mathbf{R}^k$ 或 $\mathbf{R}^k_+$ 的每一点, $\boldsymbol{\eta}^1,\cdots,\boldsymbol{\eta}^k$ 构成 $\Lambda^{k-1}\big((\mathbf{R}^k)'\big)$ 的一组基. 任何紧支集的 $\Omega^{k-1}(\mathbf{R}^k)$ 或 $\Omega^{k-1}(\mathbf{R}^k_+)$ 中的元素 $\boldsymbol{\eta}$ 均可写成

$$\boldsymbol{\eta}=\sum_{j=1}^k g_j\boldsymbol{\eta}^j,$$

其中, 对于每个 j, g_j 是个 $\mathbf{R}^k$ 或 $\mathbf{R}^k_+$ 上具有紧支集的光滑函数. 因

$$dx^i \wedge \boldsymbol{\eta}^j = \begin{cases} dx^1 \wedge \cdots \wedge dx^k, & 若 i = j, \\ \mathbf{0}, & 若 i \neq j, \end{cases}$$

我们有

$$d\boldsymbol{\eta} = \sum_{j=1}^{k} (D_j g_j) dx^1 \wedge \cdots \wedge dx^k.$$

所以, 对于任何紧支集的 $\boldsymbol{\eta} \in \Omega^{k-1}(\mathbf{R}^k) \cup \Omega^{k-1}(\mathbf{R}^k_+)$, 有

$$\int_{\mathbf{R}^k} d\boldsymbol{\eta} = \sum_{j=1}^{k} \int_{\mathbf{R}^k} (D_j g_j) dm = \int_{\mathbf{R}^k} \operatorname{div} \mathbf{g} \, dm,$$

其中 $\mathbf{g} = (g_1, \cdots, g_k)$.

若 $\boldsymbol{\eta} \in \Omega^{k-1}(\mathbf{R}^k)$ 是紧支集的, 由 Fubini-Tonelli 定理, 上式右端的积分可以写成累次积分. 又由 Newton-Leibniz 公式和以下事实: 对于任何 $\mathbf{u}, \mathbf{v}$, 只要 $|t|$ 充分大,

$$g_j(\mathbf{u}, t, \mathbf{v}) = 0,$$

其中 $\mathbf{u} = (u_1, \cdots, u_{j-1})$, $\mathbf{v} = (u_{j+1}, \cdots, u_k)$. 我们得到

$$\int_{-\infty}^{\infty} (D_j g_j)(\mathbf{u}, t, \mathbf{v}) dt = g_j(\mathbf{u}, \infty, \mathbf{v}) - g_j(\mathbf{u}, -\infty, \mathbf{v}) = 0, \ 1 \leqslant j \leqslant k.$$

由此, 我们有

$$\int_{\mathbf{R}^k} d\boldsymbol{\eta} = 0.$$

若 $\boldsymbol{\eta} \in \Omega^{k-1}(\mathbf{R}^k_+)$ 的支集是 $\mathbf{R}^k_+$ 上的紧集. 由 Fubini-Tonelli 定理, 有

$$\int_{\mathbf{R}^k_+} d\boldsymbol{\eta} = \int_0^{\infty} \left[\int_{-\infty}^{\infty} \cdots \int_{-\infty}^{\infty} \sum_{j=1}^{k} (D_j g_j)(\mathbf{u}) du_1 \cdots du_{k-1} \right] du_k.$$

当 $1 \leqslant j \leqslant k-1$ 时, 我们有

$$\int_{-\infty}^{\infty} D_j g_j(\mathbf{u}) du_j = 0.$$

再利用 Fubini-Tonelli 定理交换积分顺序, 我们有

$$\int_{\mathbf{R}_+^k} d\boldsymbol{\eta} = \int_{\mathbf{R}^{k-1}} \int_0^\infty (D_k g_k)(\mathbf{u}, t) dt m(d\mathbf{u})$$
$$= \int_{\mathbf{R}^{k-1}} [g_k(\mathbf{u}, \infty) - g_k(\mathbf{u}, 0)] m(d\mathbf{u})$$
$$= -\int_{\mathbf{R}^{k-1}} g_k(\mathbf{u}, 0) m(d\mathbf{u}).$$

注意到, 在 $\partial\mathbf{R}_+^k$ 上, 坐标函数 $x^k \equiv 0$, 故在 $\partial\mathbf{R}_+^k$ 上 $dx^k = 0$. 所以, 当 $1 \leqslant j \leqslant k-1$ 时, 在 $\partial\mathbf{R}_+^k$ 上 $\boldsymbol{\eta}^j = 0$. 由此, 我们有

$$\int_{\partial\mathbf{R}_+^k} \boldsymbol{\eta} = \sum_{j=1}^k \int_{\partial\mathbf{R}_+^k} g_j \boldsymbol{\eta}^j = \int_{\partial\mathbf{R}_+^k} g_k \boldsymbol{\eta}^k$$
$$= (-1)^{k-1} \int_{\partial\mathbf{R}_+^k} g_k dx^1 \wedge \cdots \wedge dx^{k-1}$$
$$= \pm(-1)^{k-1} \int_{\mathbf{R}^{k-1}} g_k(\mathbf{u}, 0) dm(\mathbf{u}),$$

其中右端表示式中 $\pm$ 的选取与 §13.4 中关于关于可定向流形边界的正定向约定有关, 按照这个约定: (1) 当 k 是偶数时, $(\boldsymbol{\alpha}, V_{\boldsymbol{\alpha}}) \in \mathcal{O} \Longrightarrow (\hat{\boldsymbol{\alpha}}, \hat{V}_{\hat{\boldsymbol{\alpha}}}) \in \hat{\mathcal{O}}$; (2) 当 k 是奇数时, $(\boldsymbol{\alpha}, V_{\boldsymbol{\alpha}}) \in \mathcal{O} \Longrightarrow (\widetilde{\hat{\boldsymbol{\alpha}}}, \widetilde{\hat{V}}_{\tilde{\hat{\boldsymbol{\alpha}}}}) \in \hat{\mathcal{O}}$. 所以当 k 为偶数时, 上式右端的正负号应取正号; 当 k 为奇数时, 上式右端的正负号应取负号. 由此我们得到如下结论: 不论 k 是奇还是偶, $\pm(-1)^{k-1} = -1$. 总结之, 我们有

$$\int_{\mathbf{R}_+^k} d\eta = \int_{\partial\mathbf{R}_+^k} \boldsymbol{\eta}.$$ □

注 引理 16.2.2 的证明中最后一段议论告诉我们:§13.4 中关于可定向流形边界的正定向约定之所以要对奇维数与偶维数流形分别作出有点古怪的规定, 真正的目的是为了使得 Stokes 公式有一个对奇维数与偶维数流形统一而简洁的表达式.

现在我们可以叙述并证明流形上一般的 Stokes 公式了.

定理 16.2.2(流形上的 Stokes 公式) 设 M 是 $\mathbf{R}^n$ 中的一个紧的 k 维可定向流形, $\boldsymbol{\omega}$ 是定义在一个包含 M 的开集上的光滑的 $(k-1)$-形式, 则

$$\int_M d\boldsymbol{\omega}=\int_{\partial M}\boldsymbol{\omega}.$$

若 $\partial M=\emptyset$, 则上式右端理解为 0.

证　设 $\{(\boldsymbol{\alpha},V_{\boldsymbol{\alpha}}):\boldsymbol{\alpha}\in\mathcal{O}\}$ 是 M 的定向, $\{\phi_j:j\in\mathbf{N}\}$ 是从属于 $\{\tilde{U}_{\boldsymbol{\alpha}}:\boldsymbol{\alpha}\in\mathcal{O}\}$ 的一组单位分解, 其中每个 $\tilde{U}_{\boldsymbol{\alpha}}$ 是 $\mathbf{R}^n$ 中的一个开集, 且 $\tilde{U}_{\boldsymbol{\alpha}}\cap M=\boldsymbol{\alpha}(V_{\boldsymbol{\alpha}})$. 因 $\boldsymbol{\omega}=\sum\limits_j\phi_j\boldsymbol{\omega}$, 我们有

$$\int_M d\boldsymbol{\omega}=\int_M d\Big(\sum_j\phi_j\boldsymbol{\omega}\Big)=\int_M\sum_j d(\phi_j\boldsymbol{\omega})=\sum_j\int_M d(\phi_j\boldsymbol{\omega}).$$

因为上式中的求和号都只是有限项求和, 所有的积分, 微分与求和的次序交换都是合法的. 另一方面, 由定义 16.2.2,

$$\int_{\partial M}\boldsymbol{\omega}=\sum_j\int_{\partial M}\phi_j\boldsymbol{\omega}.$$

假若我们能证明 $\displaystyle\int_M d(\phi_j\boldsymbol{\omega})=\int_{\partial M}\phi_j\boldsymbol{\omega}$, Stokes 公式便证得了. 换言之, 只须证明, Stokes 公式对于任何支集是某个 $\tilde{U}_{\boldsymbol{\alpha}}$ 的紧子集的 $\boldsymbol{\omega}$ 成立就够了, 其中 $\tilde{U}_{\boldsymbol{\alpha}}$ 是 $\mathbf{R}^n$ 的开集, 且 $\tilde{U}_{\boldsymbol{\alpha}}\cap M=U_{\boldsymbol{\alpha}}$. 设 $\boldsymbol{\eta}=\boldsymbol{\alpha}^*(\boldsymbol{\omega})$, 则 $\boldsymbol{\eta}$ 是 $V_{\boldsymbol{\alpha}}$ 上的一个光滑的 $(k-1)$- 形式, 它的支集是 $V_{\boldsymbol{\alpha}}$ 的一个紧子集, 且 $d\boldsymbol{\eta}=d(\boldsymbol{\alpha}^*\boldsymbol{\omega})=\boldsymbol{\alpha}^*(d\boldsymbol{\omega})$. 这样, 我们有

$$\int_M d\boldsymbol{\omega}=\int_{V_{\boldsymbol{\alpha}}}\boldsymbol{\alpha}^*(d\boldsymbol{\omega})=\begin{cases}\displaystyle\int_{\mathbf{R}^k}d\boldsymbol{\eta}, & \text{若}\boldsymbol{\eta}\in\Omega^{k-1}(\mathbf{R}^k),\\ \displaystyle\int_{\mathbf{R}^k_+}d\boldsymbol{\eta}, & \text{若}\boldsymbol{\eta}\in\Omega^{k-1}(\mathbf{R}^k_+).\end{cases}$$

同理, 把 $\boldsymbol{\eta}$ 在它的支集外定义为 0, $\boldsymbol{\eta}$ 看成 $\mathbf{R}^k$ 或 $\mathbf{R}^k_+$ 上的 $(k-1)$- 形式, 我们有

$$\int_{\partial M}\boldsymbol{\omega}=\begin{cases}0, & \text{若}\boldsymbol{\eta}\in\Omega^{k-1}(\mathbf{R}^k),\\ \displaystyle\int_{\partial\mathbf{R}^k_+}\boldsymbol{\eta}, & \text{若}\boldsymbol{\eta}\in\Omega^{k-1}(\mathbf{R}^k_+).\end{cases}$$

这就把流形上的 Stokes 公式的证明转移到 $\mathbf{R}^k_+$ 上去了, 而后者已由引理 16.2.2 证得. 故 Stokes 公式证毕. □

练　习

16.2.1 (i) 设 $M \subset \mathbf{R}^n$ 是一个流形，$\boldsymbol{\gamma}: [a,b] \to M \subset \mathbf{R}^n$ 是光滑单射, 且对于任何 $t \in [a,b]$, $\boldsymbol{\gamma}'(t) \neq \mathbf{0}$. 又设 $\boldsymbol{\gamma}(a) = \mathbf{p}$, $\boldsymbol{\gamma}(b) = \mathbf{q}$($\boldsymbol{\gamma}$ 常称为 M 上的光滑曲线). 若 M 上的 1- 形式 $\boldsymbol{\omega} = df$, 其中 f 是 M 上的光滑函数. 试证:

$$\int_{[a,b]} \boldsymbol{\gamma}^* \boldsymbol{\omega} = f(\mathbf{q}) - f(\mathbf{p}).$$

(ii) 设 $\boldsymbol{\gamma}: [a,b] \to M$ 是 M 上的光滑曲线, $\boldsymbol{\omega}$ 是 M 上的 1- 形式, $g: [a_1, b_1] \to [a,b]$ 是微分同胚, 且 $g(a_1) = a$, $g(b_1) = b$. 试证:

$$\int_{[a,b]} \boldsymbol{\gamma}^* \boldsymbol{\omega} = \int_{[a_1,b_1]} (\boldsymbol{\gamma} \circ g)^* \boldsymbol{\omega}.$$

16.2.2 (i) 映射 $\mathbf{h}: \mathbf{R} \to \mathbf{S}^1$ 定义为 $\mathbf{h}(\theta) = (\cos\theta, \sin\theta)$. 设 $\boldsymbol{\omega}$ 是 $\mathbf{S}^1$ 上的 1- 形式. 试证:

$$\int_{\mathbf{S}^1} \boldsymbol{\omega} = \int_0^{2\pi} \mathbf{h}^* \boldsymbol{\omega}.$$

(ii) 设 $\boldsymbol{\gamma}: \mathbf{S}^1 \to M$ 是一光滑映射, 其中 M 是一个流形, 而

$$\mathbf{S}^1 = \{(\cos\theta, \sin\theta) : 0 \leqslant \theta < 2\pi\}$$

是 $\mathbf{R}^2$ 中的以原点为圆心的单位圆周 ($\boldsymbol{\gamma}$ 常称为 M 上的封闭曲线). M 上的 1- 形式 $\boldsymbol{\omega}$ 在封闭曲线 $\boldsymbol{\gamma}$ 上的回路积分定义为

$$\oint \boldsymbol{\omega} = \int_{\mathbf{S}^1} \boldsymbol{\gamma}^* \boldsymbol{\omega}.$$

若 $M = \mathbf{R}^n$, 且

$$\boldsymbol{\omega} = \sum_{k=1}^n a_k(\mathbf{x}) dx^k, \qquad \boldsymbol{\gamma}(\cos\theta, \sin\theta) = \Big(c^1(\theta), \cdots, c^n(\theta)\Big),$$

试证:

$$\oint \boldsymbol{\omega} = \sum_{k=1}^n \int_{[0,2\pi]} a_k\Big(c^1(\theta), \cdots, c^n(\theta)\Big) \frac{dc^k}{d\theta} d\theta.$$

(iii) 假设流形 M 上的 1- 形式 $\boldsymbol{\omega}$ 是恰当的, 试证: 对于任何 M 上的封闭曲线 $\boldsymbol{\gamma}$, 有

$$\oint \boldsymbol{\omega} = 0.$$

16.2.3 设 M 是 $\mathbf{R}^3$ 中的定向的紧的 2- 流形, $\mathbf{g}$ 是定义在一个包含 M 的开集上的光滑向量场. 试证以下**经典的Stokes定理**:

$$\int_{\partial M} \mathbf{g} \cdot \mathbf{t} ds = \int_M (\mathrm{curl}\ \mathbf{g}) \cdot \boldsymbol{\nu} d\sigma,$$

其中 ds 表示 ∂M 上的一维体积元, $d\sigma$ 表示 M 上的二维体积元, $\mathbf{t}$ 和 $\boldsymbol{\nu}$ 分别表示 ∂M 上的标准的单位切向量和 M 的标准的单位法向量.

16.2.4 设 M 是 $\mathbf{R}^n$ 中的紧的 k- 流形. $\boldsymbol{\omega}$ 是 M 上的 $(k-1)$- 形式, 且 $d\boldsymbol{\omega}=\mathbf{0}$, 而 u 是 M 上的光滑函数, 且 u 在 ∂M 上恒等于零. 试证:

$$\int_M (du)\wedge\omega=0.$$

16.2.5 设 M 是 $\mathbf{R}^n$ 中的紧的 k- 流形. 又设 $\boldsymbol{\omega}\in\Omega^i(M)$ 和 $\boldsymbol{\eta}\in\Omega^j(M)$, 其中 $i+j+1=k$, 且 $\boldsymbol{\eta}$ 在 ∂M 上恒等于零. 试证:

$$\int_M \boldsymbol{\omega}\wedge d\boldsymbol{\eta}=(-1)^{i-1}\int_M d\boldsymbol{\omega}\wedge\boldsymbol{\eta}.$$

16.2.6 设 M 是例 13.1.6 中描述的 Möbius 带, 令

$$\boldsymbol{\omega}=\frac{xdy-ydx}{x^2+y^2},$$

易见, $\boldsymbol{\omega}$ 是在 (包含 M 的)$\mathbf{R}^3\setminus\{\mathbf{0}\}$ 上是光滑的 1- 形式. 试证: 在 $\mathbf{R}^3\setminus\{\mathbf{0}\}$ 上 $d\boldsymbol{\omega}=\mathbf{0}$, 且 $\displaystyle\int_{\partial M}\boldsymbol{\omega}=4\pi$. 这与 Stokes 公式是否矛盾?

§16.3 流形上函数的积分

本节要介绍流形上函数的积分. 在传统的数学分析书上, 曲线积分有**第一类型曲线积分**及**第二类型曲线积分**的区别, 曲面积分有**第一类型曲面积分**及**第二类型曲面积分**的区别. 本讲义已经介绍过的流形上微分形式的积分是传统的数学分析书上第二类型曲线积分与第二类型曲面积分的推广, 即将介绍的流形上函数的积分是传统的数学分析书上第一类型曲线积分与第一类型曲面积分的推广.

为了介绍流形上函数的积分, 我们先要引进 $\mathbf{R}^n$ 中的 k 维流形的 k 维体积的概念. 在 §10.9 的练习 10.9.1 中曾经讨论过 $\mathbf{R}^n$ 中的 $(n-1)$ 维流形 (或称超曲面) 的 $(n-1)$ 维体积 (或称超曲面的面积). 当时利用保法图卡局部地将超曲面延伸成一个薄薄的一小块, 然后以这小薄块的体积与厚度的商的极限定义为超曲面 (局部的) 面积. 不难把 §10.9 的练习 10.9.1 中的讨论超曲面的 $(n-1)$ 维体积方法推广以解决 k 维流形的 k 维体积问题 (留给同学自己思考). 但本章将用另一种方法得到 k 维流形的 k 维体积的计算. 当 $k=n-1$ 时, 它的结果恰与 §10.9 的练习 10.9.1 的结果相等, 虽然从表面上看, 现在用的方法与 §10.9 的练习 10.9.1 的方法似乎并不一样. 但我们将得到的 k 维流形的 k 维体积的计算公式, 在 $k=n-1$ 时和 §10.9 的练习 10.9.1 的结果相同, 换

言之, 这两种方法 (在并不苛刻的条件下) 事实上是等价的. 以下的讨论并不用到 §10.9 的练习 10.9.1 的结果. 但以 §10.9 的练习 10.9.1 的结果为背景, 把它们与这里的结果相比较将会帮助我们理解这里讨论的内容.

在本节以下的讨论中, n 和 k 总表示两个自然数, 且 $k \leqslant n$. 首先, 我们要讨论 $\mathbf{R}^n$ 中的 k 维线性子空间中的 k 维体积的概念. 设 $\mathbf{a}_1, \cdots, \mathbf{a}_k$ 是 $\mathbf{R}^n$ 中的 k 个向量. $\mathbf{a}_1, \cdots, \mathbf{a}_k$ 在一个 k 维线性子空间中. 考虑在这个 k 维线性子空间中的 (有时可能是退化的)k 维平行体 (又称盒子)

$$B(\mathbf{a}_1, \cdots, \mathbf{a}_k) = \left\{ \sum_{j=1}^{k} t_j \mathbf{a}_j : 0 \leqslant t_j \leqslant 1, j = 1, \cdots, k \right\},$$

我们试图探寻一个关于这个 (有时可能是退化的)k 维平行体的 k 维体积的公式, 并要求这个体积公式应满足下列两个 (十分合乎情理的) 条件:

(i) 若 $\mathbf{a}_1, \cdots, \mathbf{a}_k \in \{\mathbf{p} : \forall j > k \big(x^j(\mathbf{p}) = 0\big)\}$, 换言之,

$$\mathbf{a}_i = (a_i^1, \cdots, a_i^k, 0, \cdots, 0) \quad (i = 1, \cdots, k).$$

记

$$\tilde{\mathbf{a}}_i = (a_i^1, \cdots, a_i^k) \quad (i = 1, \cdots, k),$$

则由 $\mathbf{a}_1, \cdots, \mathbf{a}_k$ 所张成的 k 维平行体 $B(\mathbf{a}_1, \cdots, \mathbf{a}_k)$ 在 $\mathbf{R}^n$ 中的 k 维线性子空间中的 (有时可能是退化的)k 维体积应等于 $B(\tilde{\mathbf{a}}_1, \cdots, \tilde{\mathbf{a}}_k)$ 在 $\mathbf{R}^k$ 中的 k 维 Lebesgue 测度;

(ii) k 维平行体的 k 维体积相对于 (绕原点的) 旋转和 (相对于任何过原点的一个超平面的) 反射是不变的.

设 A 表示以 $\mathbf{a}_1, \cdots, \mathbf{a}_k$ 为列向量的 $n \times k$ 矩阵 $[\mathbf{a}_1, \cdots, \mathbf{a}_k]$. 下面的命题给出了满足上述两个要求的体积公式

命题 16.3.1 $\mathcal{M}_{n,k}$ 表示 $n \times k$(实) 矩阵之全体. 对于任何 $A \in \mathcal{M}_{n,k}$, 记 $V(A) = [\det(A^T A)]^{1/2}$, 其中 A^T 表示 A 的转置, 则 V 是 $\mathcal{M}_{n,k}$ 上满足以下条件的唯一的非负函数:

(1) 若

$$A=\begin{bmatrix} B \\ \mathbf{0} \end{bmatrix},$$

其中 $B\in\mathcal{M}_{k,k}$, 而 $\mathbf{0}$ 是 $(n-k)\times k$ 的零矩阵, 则 $V(A)=|\det B|$.

(2) 若 G 是一个 $n\times n$ 的正交矩阵, 则 $V(GA)=V(A)$.

证 先证明 $V(A)=[\det(A^TA)]^{1/2}$ 满足条件 (2): 因为

$$\forall \mathbf{x}\in\mathbf{R}^k\big((A^TA\mathbf{x},\mathbf{x})=(A\mathbf{x},A\mathbf{x})\geqslant 0\big),$$

A^TA 是非负定的, 故 $\det(A^TA)\geqslant 0$, $V(A)=[\det(A^TA)]^{1/2}$ 是非负实数.(顺便指出，当 $k=n$ 时, $V(A)^2=\det(A^TA)=(\det A)^2$, 此时, $V(A)=|\det A|$). 若 $G\in\mathcal{M}_{n,n}$ 是正交矩阵, 则 $G^TG=I$, 其中 I 表示 $n\times n$ 的单位矩阵. 由此, $\det[(GA)^T(GA)]=\det(A^TG^TGA)=\det(A^TA)$, 条件 (2) 得以满足.

再证明 $V(A)=[\det(A^TA)]^{1/2}$ 满足条件 (1): 若

$$A=\begin{bmatrix} B \\ \mathbf{0} \end{bmatrix},$$

则 $A^TA=B^TB$, $\det(A^TA)=\det(B^TB)=\det B^T\cdot\det B=(\det B)^2$, 条件 (1) 得以满足.

今设 $F:\mathcal{M}_{n,k}\to[0,\infty)$ 满足条件 (1) 和 (2), 而 $A\in\mathcal{M}_{n,k}$. 总可找到一个正交矩阵 G 把 A 的 k 个 n 维列向量映到 $\mathbf{R}^k\times\{\mathbf{0}\}$ 中, 换言之,

$$GA=\begin{bmatrix} B \\ \mathbf{0} \end{bmatrix},$$

所以, $F^2(A)=F^2(GA)=|\det B|^2=\det(B^TB)=\det(A^TG^TGA)=\det(A^TA)$. 唯一性得证. □

注 1 由于映射 $A\to GA$ 相当于将 A 的 k 个 n 维列向量作一个旋转 (或再作一个反射). 把 $\mathcal{M}_{n,k}$ 中的矩阵 A 与它的 k 个 n 维列向量组之间建立一一对应. 若把 $V(A)=[\det(A^TA)]^{1/2}$ 作为 A 的 k 个 n 维列向量所张成的 k 维平行体的 k 维体积, 并注意到推论 10.6.2 及单位正立方块的 Lebesgue 测度等于 1, 我们发现 $V(A)$ 满足的上述条件 (1) 和 (2) 恰相当于这 k 维平行体的 k 维体积 $V(A)$ 应满足的两个要求 (i) 和 (ii).

注 2 矩阵

$$A^TA=[(\mathbf{a}_i,\mathbf{a}_j)_{\mathbf{R}^n}]_{1\leqslant i,j\leqslant k}$$

的行列式称为矩阵 A 的 **Gram行列式**(参看第二册 §8.8 的练习 8.8.1 的 (vii)(a) 的注), 其中 $\mathbf{a}_i$ 表示 A 的第 i 列的列向量, $(\mathbf{a}_i,\mathbf{a}_j)_{\mathbf{R}^n}$ 表示 $\mathbf{a}_i$ 和 $\mathbf{a}_j$ 在欧氏空间 $\mathbf{R}^n$ 中的内积.

引理 16.3.1 设 $C\in\mathcal{M}_{k,k}$, $A\in\mathcal{M}_{n,k}$ 和 $B=AC$, 则 $V(B)=|\det C|V(A)$.

证 因

$$\begin{aligned}V^2(B)&=\det(B^TB)=\det\left((AC)^T(AC)\right)=\det\left(C^T(A^TA)C\right)\\&=(\det C)^2\det(A^TA)=(\det C)^2V^2(A),\end{aligned}$$

引理证毕. □

定义 16.3.1 设 $A\in\mathcal{M}_{n,k}$ 具有以下形状:

$$A=\begin{bmatrix}a_1^1&\cdots&a_m^1&\cdots&a_k^1\\\vdots&&\vdots&&\vdots\\a_1^j&\cdots&a_m^j&\cdots&a_k^j\\\vdots&&\vdots&&\vdots\\a_1^n&\cdots&a_m^n&\cdots&a_k^n\end{bmatrix}.$$

又设 $I=(i_1,\cdots,i_k)$, 其中 $1\leqslant i_1<\cdots<i_k\leqslant n$. 记

$$A^I=\begin{bmatrix}a_1^{i_1}&\cdots&a_m^{i_1}&\cdots&a_k^{i_1}\\\vdots&&\vdots&&\vdots\\a_1^{i_m}&\cdots&a_m^{i_m}&\cdots&a_k^{i_m}\\\vdots&&\vdots&&\vdots\\a_1^{i_k}&\cdots&a_m^{i_k}&\cdots&a_k^{i_k}\end{bmatrix}.$$

命题 16.3.2 由矩阵 $A\in\mathcal{M}_{n,k}$ 的 k 个 n 维列向量所张成的 ($\mathbf{R}^n$ 中的)k 维平行体的体积 $V(A)$ 满足以下公式:

$$V^2(A)=\sum_{\substack{I\text{递增}\\|I|=k}}\det\left[(A^I)^TA^I\right]=\sum_{\substack{I\text{递增}\\|I|=k}}(\det A^I)^2.$$

证　当 $k=1$ 和 $k=n$ 时，公式显然成立. 今设 $1<k<n$，又设 B 属于 $\mathcal{M}_{n,k}$，其中 $B=[\mathbf{b}_1,\cdots,\mathbf{b}_k]$. 对于命题中给定的 A，定义 $(\mathbf{R}^n)^k\to\mathbf{R}$ 的两个映射 F 和 H 如下:

$$F(\mathbf{b}_1,\cdots,\mathbf{b}_k)=F(B)=\det\,(B^TA),$$

$$H(\mathbf{b}_1,\cdots,\mathbf{b}_k)=H(B)=\sum_{\substack{I\text{递增}\\|I|=k}}\det\,[(B^I)^TA^I]$$

$$=\sum_{\substack{I\text{递增}\\|I|=k}}(\det\,B^I)(\det\,A^I).$$

显然，F 和 H 都是 k 阶张量. 设 $J=\{j_1,\cdots,j_k\}$，其中 $1\leqslant j_1<\cdots<j_k\leqslant n$. 又设 $\mathbf{b}_i=\mathbf{e}_{j_i}\,(i=1,\cdots,k)$，其中 $\mathbf{e}_{j_i}$ 表示第 j_i 个分量为 1 其余分量均为零的 n 维列向量. 记 B 为 $\mathcal{M}_{n,k}$ 中如下形状的矩阵:

$$B=[\mathbf{e}_{j_1},\cdots,\mathbf{e}_{j_i},\cdots,\mathbf{e}_{j_k}].$$

若 $I\neq J$，则 B^I 至少有一行的元素全为零，因而对于任何 $I\neq J$，$\det B^I=0$. 故

$$H(B)=\det\,[(B^J)^TA^J].$$

又对于如上所述的 B，有 $B^TA=(B^J)^TA^J$，故对于这样的 B，$F(B)=H(B)$. $F(B)$ 和 $H(B)$ 都是 B 的列向量的重线性函数，换言之，它们都是 B 的列向量的张量. 又 $\mathbf{e}_1,\cdots,\mathbf{e}_n$ 构成 n 维列向量空间的一组基. 所以我们有以下结论: 对一切 B，$F(B)=H(B)$. 特别，$F(A)=H(A)$，换言之，

$$V^2(A)=\sum_{\substack{I\text{递增}\\|I|=k}}(\det\,A^I)^2.$$ □

注　命题 16.3.2 推广了第二册 §10.9 练习 10.9.1(vii) 的结果. 这里的证明利用了 $F(B)$ 及 $H(B)$ 的张量的特性，相当巧妙.

定义 16.3.2　设 M 是 $\mathbf{R}^n$ 中的 k- 流形，$(\boldsymbol{\alpha},V_{\boldsymbol{\alpha}})$ 是 M 的一个坐标图卡. 又设 $\psi:M\to\mathbf{R}$ 是一个支集为坐标片 $U_{\boldsymbol{\alpha}}$ 中的一个紧子集的有界的或非负的 Borel 函数. 我们定义**函数ψ在流形M上的积分**为

$$\int_M\psi dV=\int_{U_{\boldsymbol{\alpha}}}\psi dV=\int_{V_{\boldsymbol{\alpha}}}\psi\big(\boldsymbol{\alpha}(\mathbf{t})\big)V\big(\boldsymbol{\alpha}'(\mathbf{t})\big)dm(\mathbf{t}).$$

注 1 这个定义的一个直观解释是这样的: 若 $(\boldsymbol{\alpha}, V_{\boldsymbol{\alpha}})$ 是 M 的一个坐标图卡, $V_{\boldsymbol{\alpha}}$ 中的 k 维盒子 (或称 k 维长方体)

$$\mathbf{Q}_{\boldsymbol{\alpha}} = \{\mathbf{t} : t_0^j \leqslant t^j \leqslant t_0^j + h^j\} = \mathbf{t}_0 + B(h^1\mathbf{e}_1, \cdots, h^k\mathbf{e}_k)$$

在映射 $\boldsymbol{\alpha}$ 下的像 $\boldsymbol{\alpha}(\mathbf{Q}_{\boldsymbol{\alpha}})$ 可以被过 $\alpha(\mathbf{t}_0)$ 处的流形 M 的切空间上以下的 k 维平行体

$$\boldsymbol{\alpha}(\mathbf{t}_0) + B\big(h^1\boldsymbol{\alpha}'(\mathbf{t}_0)\mathbf{e}_1, \cdots, h^k\boldsymbol{\alpha}'(\mathbf{t}_0)\mathbf{e}_k\big)$$

近似地替代. 直观告诉我们: 在不太苛刻的条件 (例如所有的 $\boldsymbol{\alpha}'(\mathbf{t})$ 等度连续的条件) 下, 当 $\max(h^1, \cdots, h^k)$ 充分小时, 替代用的 k 维平行体 $\boldsymbol{\alpha}(\mathbf{t}_0) + B\big(h^1\boldsymbol{\alpha}'(\mathbf{t}_0)\mathbf{e}_1, \cdots, h^k\boldsymbol{\alpha}'(\mathbf{t}_0)\mathbf{e}_k\big)$ 的 k 维体积与 (尚未定义的, 但直观上是存在的) $\boldsymbol{\alpha}(\mathbf{Q}_{\boldsymbol{\alpha}})$ 的 k 维体积之间的误差应该是比 $\max(h^1, \cdots, h^k)$ 更高阶的无穷小. 替代用的 k 维平行体的体积是

$$V\big(\boldsymbol{\alpha}(\mathbf{t}_0) + B(h^1\boldsymbol{\alpha}'(\mathbf{t}_0)\mathbf{e}_1, \cdots, h^k\boldsymbol{\alpha}'(\mathbf{t}_0)\mathbf{e}_k)\big) = h^1 \cdots h^k V\big(\boldsymbol{\alpha}'(\mathbf{t}_0)\big).$$

然后用类似于 Riemann 和的极限是 Riemann 积分的这样的思路就可以得到定义 16.3.2 的合理性. 以上直观解释的形式上更为严谨的叙述方式可以像 6.8.1 和 6.8.2 小节对弧长的定义那样给出. 这就留给同学自己去思考了.

注 2 这个定义的另一个直观的解释是这样的: 仿照第二册第 8 章 §8.8 练习 8.8.1 与第 10 章 §10.9 练习 10.9.1 的方法引进保法坐标图卡 (当然, 现在不只是一条法线, 而是一个 $(n-k)$ 维的法空间). 然后, 把以 k- 流形的每一点为球心, ε 为半径的在 $(n-k)$ 维的法空间的 $(n-k)$ 维球的并称为 k- 流形的 ε- 管. k- 流形的 k 维体积定义为法向扩大后的 ε- 管的体积的 "导数", 即 ε- 管的体积被 $\Omega_{n-k}\varepsilon^{n-k}$ 除所得的商在 $\varepsilon \to 0$ 时的极限, 其中 Ω_{n-k} 是 $(n-k)$ 维单位球的体积. 当然, 计算时要用到积分的换元公式和 Fubini-Tonelli 定理. 细节留给同学自己去思考了.

注 3 第二册第 8 章 §8.8 练习 8.8.1 与第 10 章 §10.9 练习 10.9.1 的方法及其推广必须在流形是嵌在一个有体积概念的高维流形中才有意义. 而本章所用的方法形式上似乎是没有这个限制的, 但是依靠坐标图卡及回拉把欧氏空间中的体积概念搬到流形上时也用到了流形在欧氏空间中这个假设.

注 4　$V(\boldsymbol{\alpha}'(\cdot))$ 是个 $V_{\boldsymbol{\alpha}}$ 上的正连续函数, 在 ψ 是一个支集为坐标片 $U_{\boldsymbol{\alpha}}$ 中的一个紧子集的有界的或非负的 Borel 函数时, 定义 16.3.2 中等式右端的积分有意义.

注 5　以上定义的函数 ψ 在流形 M 上的积分值不依赖于坐标图卡的选择, 这是引理 16.3.1 和 $\mathbf{R}^k$ 上积分的换元公式的推论.

定义 16.3.3　设 M 是 $\mathbf{R}^n$ 中的 k- 流形, $\psi: M \to \mathbf{R}$ 是一个非负的, 或具有紧支集且有界的 Borel 函数. 又设 $\{\phi_j\}_{j=1}^{\infty}$ 是从属于 M 的一组坐标片的单位分解. 我们定义**函数**ψ**在流形**M**上的积分**为

$$\int_M \psi dV = \sum_{j=1}^{\infty} \int_M \phi_j \psi dV.$$

注 1　当 ψ 是具有紧支集且有界的 Borel 函数时, 定义 16.3.3 中等式右端是有限项的和; 当 ψ 是非负的 Borel 函数时, 等式右端是正项级数的和. 无论那种情形, 等式右端是有意义的. 当然, ψ 是非负的 Borel 函数时, 它可能等于 ∞.

注 2　定义 16.3.3 中等式右端的值与单位分解的选择无关. 这可以用证明微分形式的积分定义的值与单位分解的选择无关的方法 (参看定义 16.2.2 之后的注 1) 去证明.

注 3　若让 ψ 等于 M 的某个 Borel 集 A 的指示函数:$\psi = \mathbf{1}_A$, 我们得到

$$V(A) = V_k(A) = \int_M \mathbf{1}_A dV,$$

这里 V_k 表示 A 作为 k- 维流形的子集的体积. 当上下文告诉我们, 维数 k 是不言自明的唯一的那个非负整数时, V_k 也常简记做 V. 定义在 M 的 Borel 集全体构成的 σ- 代数上的 V_k 是个测度, 函数在流形 M 上的积分就是函数在流形 M 上关于这个 σ- 代数上的测度 V_k 的积分. 它属于第 9 和第 10 章讨论过的积分的范畴. 因此, 第 9 和第 10 章讨论所得的结果都适用于函数在流形上的积分. 根据第二册 §10.9 的练习 10.9.1 的 (iii) 和 (vii), 同学不难检验: 当 M 是 1- 流形, A 是 M 中的一段弧时, $V(A)$ 恰是 A 的弧长; 当 M 是 $(n-1)$- 流形, A 是 M 中的一个边界逐段光滑的开集时, $V(A)$ 恰是 A 在 M 上的测度, 在第二册 §10.9 的练习 10.9.1 的 (v) 中曾用以下记法: $V(A) = m_M(A)$.

注 4 即使流形不可定向, 函数在流形上的积分仍是有意义的. 但微分形式在流形上的积分, 只在流形可定向时, 才有意义 (参看引理 16.2.1 之后的注).

引理 16.3.2 设 T 是 $\mathbf{R}^n$ 的 k 维线性子空间, $(\mathbf{u}_1,\cdots,\mathbf{u}_k)$ 是 T 的一组正交规范基. 若 $\boldsymbol{\omega}\in\Lambda^k(\mathbf{R}^{n\prime})$, $\mathbf{a}_1,\cdots,\mathbf{a}_k\in T$, 则我们有

$$\boldsymbol{\omega}(\mathbf{a}_1,\cdots,\mathbf{a}_k)=\pm V(\mathbf{a}_1,\cdots,\mathbf{a}_k)\boldsymbol{\omega}(\mathbf{u}_1,\cdots,\mathbf{u}_k).$$

当 $(\mathbf{a}_1,\cdots,\mathbf{a}_k)$ 是一组与 $(\mathbf{u}_1,\cdots,\mathbf{u}_k)$ 在 T 上同定向的基时, 上式右端的 $\pm$ 取 $(+)$ 号; 当 $(\mathbf{a}_1,\cdots,\mathbf{a}_k)$ 是一组与 $(\mathbf{u}_1,\cdots,\mathbf{u}_k)$ 在 T 上反定向的基时, 上式右端的 $\pm$ 取 $(-)$ 号. 当 $(\mathbf{a}_1,\cdots,\mathbf{a}_k)$ 线性相关时, 上式两端均为零, 这时 $\pm$ 的选取已无关紧要. 特别, 当 $(\mathbf{a}_1,\cdots,\mathbf{a}_k)$ 是一组正交规范基时,

$$\boldsymbol{\omega}(\mathbf{a}_1,\cdots,\mathbf{a}_k)=\pm\boldsymbol{\omega}(\mathbf{u}_1,\cdots,\mathbf{u}_k),$$

右端的 $\pm$ 的选取是这样的: 当 $(\mathbf{a}_1,\cdots,\mathbf{a}_k)$ 与 $(\mathbf{u}_1,\cdots,\mathbf{u}_k)$ 同定向时取 $(+)$ 号, 反定向时则取 $(-)$ 号.

证 设

$$\mathbf{a}_j=\sum_i b_j^i\mathbf{u}_i,\qquad j=1,\cdots,k,$$

我们有 (参看公式 (14.4.6) 的推导)

$$\begin{aligned}\boldsymbol{\omega}(\mathbf{a}_1,\cdots,\mathbf{a}_k)&=\sum b_1^{j_1}\cdots b_k^{j_k}\boldsymbol{\omega}(\mathbf{u}_{j_1},\cdots,\mathbf{u}_{j_k})\\&=\sum\varepsilon_{1\cdots k}^{j_1\cdots j_k}b_1^{j_1}\cdots b_k^{j_k}\boldsymbol{\omega}(\mathbf{u}_1,\cdots,\mathbf{u}_k)\\&=\det B\cdot\boldsymbol{\omega}(\mathbf{u}_1,\cdots,\mathbf{u}_k),\end{aligned}$$

其中矩阵 $B=(b_j^i)$, 而 $\varepsilon_{1\cdots k}^{j_1\cdots j_k}$ 是 Kronecker epsilon:

$$\varepsilon_{1\cdots k}^{j_1\cdots j_k}=\begin{cases}\varepsilon(\sigma), & \text{若有置换 }\sigma\text{ 使得 }\sigma(i)=j_i\,(i=1,\cdots,k),\\0, & \text{若无置换 }\sigma\text{ 使得 }\sigma(i)=j_i\,(i=1,\cdots,k).\end{cases}$$

设 O 是个正交矩阵, 使得 $O\mathbf{u}_j=\mathbf{e}_j\,(j=1,\cdots,k)$, 则

$$O\mathbf{a}_j=\sum_i b_j^iO\mathbf{u}_i=\sum_i b_j^i\mathbf{e}_i,\qquad j=1,\cdots,k.$$

由命题 16.3.1 的 (2) 和以上等式得到

$$(\det B)^2 = \det(B^T B) = V^2(O\mathbf{a}_1, \cdots, O\mathbf{a}_k) = V^2(\mathbf{a}_1, \cdots, \mathbf{a}_k).$$

故 $|\det B| = V(\mathbf{a}_1, \cdots, \mathbf{a}_k)$. 根据定向的定义 (参看定义 13.4.1), 若 $(\mathbf{a}_1, \cdots, \mathbf{a}_k)$ 是线性无关的向量组, 当 $(\mathbf{a}_1, \cdots, \mathbf{a}_k)$ 与 $(\mathbf{u}_1, \cdots, \mathbf{u}_k)$ 同定向时, $\det B > 0$; 当 $(\mathbf{a}_1, \cdots, \mathbf{a}_k)$ 与 $(\mathbf{u}_1, \cdots, \mathbf{u}_k)$ 反定向时, $\det B < 0$. 所以我们有

$$\det B = \begin{cases} V(\mathbf{a}_1, \cdots, \mathbf{a}_k), & \text{若}(\mathbf{a}_1, \cdots, \mathbf{a}_k)\text{与}(\mathbf{u}_1, \cdots, \mathbf{u}_k)\text{的定向相同}, \\ -V(\mathbf{a}_1, \cdots, \mathbf{a}_k), & \text{若}(\mathbf{a}_1, \cdots, \mathbf{a}_k)\text{与}(\mathbf{u}_1, \cdots, \mathbf{u}_k)\text{的定向相反}. \end{cases}$$

这就证明了

$$\boldsymbol{\omega}(\mathbf{a}_1, \cdots, \mathbf{a}_k) = \pm V(\mathbf{a}_1, \cdots, \mathbf{a}_k)\boldsymbol{\omega}(\mathbf{u}_1, \cdots, \mathbf{u}_k),$$

其中 $\pm$ 的选取恰如引理所述. 引理的最后关于 $(\mathbf{a}_1, \cdots, \mathbf{a}_k)$ 是一组正交规范基时的论断是上述结果的直接推论. □

引理 16.3.3 设 $(\boldsymbol{\alpha}, V_{\boldsymbol{\alpha}})$ 是定向流形 M 的一个坐标图卡, $\mathbf{p} = \boldsymbol{\alpha}(\mathbf{t})$, $\mathbf{t} \in V_{\alpha}$. 记 $(\mathbf{u}_1(\mathbf{p}), \cdots, \mathbf{u}_k(\mathbf{p}))$ 是由 $(\boldsymbol{\alpha}'(\mathbf{t})\mathbf{e}_1, \cdots, \boldsymbol{\alpha}'(\mathbf{t})\mathbf{e}_k)$ 通过 Gram-Schmidt 正交化方法获得的 $\mathbf{T}_{\mathbf{p}}(M)$ 中的一组与 $(\boldsymbol{\alpha}'(\mathbf{t})\mathbf{e}_1, \cdots, \boldsymbol{\alpha}'(\mathbf{t})\mathbf{e}_k)$ 同定向的正交规范基, 则对于每个 j, $\mathbf{u}_j(\mathbf{p})$ 是坐标片 $U_{\boldsymbol{\alpha}}$ 上的连续函数.

证 设 $\mathbf{T}_{\mathbf{p}}(M)$ 中线性无关的向量组

$$(\mathbf{u}_1(\mathbf{p}), \cdots, \mathbf{u}_j(\mathbf{p}), \mathbf{w}_{j+1}(\mathbf{p}), \cdots, \mathbf{w}_k(\mathbf{p}))$$

在 M 上是连续依赖于 $\mathbf{p}$ 的, 且 $(\mathbf{u}_1(\mathbf{p}), \cdots, \mathbf{u}_j(\mathbf{p}))$ 在 $\mathbf{T}_{\mathbf{p}}(M)$ 中是正交规范的.Gram-Schmidt 正交化方法将把 $\mathbf{w}_{j+1}(\mathbf{p})$ 换成如下的向量:

$$\mathbf{u}_{j+1}(\mathbf{p}) = \frac{\mathbf{w}_{j+1}(\mathbf{p}) - \sum_{l=1}^{j} \big(\mathbf{w}_{j+1}(\mathbf{p}), \mathbf{u}_l(\mathbf{p})\big)_{\mathbf{T}_{\mathbf{p}}(M)} \mathbf{u}_l(\mathbf{p})}{\Big|\mathbf{w}_{j+1}(\mathbf{p}) - \sum_{l=1}^{j} \big(\mathbf{w}_{j+1}(\mathbf{p}), \mathbf{u}_l(\mathbf{p})\big)_{\mathbf{T}_{\mathbf{p}}(M)} \mathbf{u}_l(\mathbf{p})\Big|_{\mathbf{T}_{\mathbf{p}}(M)}}.$$

易见, 如此得到的 $\mathbf{u}_{j+1}(\mathbf{p})$ 是连续依赖于 $\mathbf{p}$ 的. 故 Gram-Schmidt 正交化方法作用于一个连续地依赖于 $\mathbf{p}$ 的线性无关的向量组而得到的向量组仍应连续地依赖于 $\mathbf{p}$. 另一方面, $\mathbf{T}_{\mathbf{p}}(M)$ 中的基向量组 $(\mathbf{u}_1(\mathbf{p}), \cdots,$

$\mathbf{u}_j(\mathbf{p}), \mathbf{u}_{j+1}(\mathbf{p}), \mathbf{w}_{j+2}(\mathbf{p}), \cdots, \mathbf{w}_k(\mathbf{p}))$ 由 $\mathbf{T}_{\mathbf{p}}(M)$ 中的基向量组 $(\mathbf{u}_1(\mathbf{p}), \cdots, \mathbf{u}_j(\mathbf{p}), \mathbf{w}_{j+1}(\mathbf{p}), \cdots, \mathbf{w}_k(\mathbf{p}))$ 表示时系数行列式的值是 (请同学补出计算的细节)

$$\frac{1}{\left|\mathbf{w}_{j+1}(\mathbf{p}) - \sum_{l=1}^{j} \big(\mathbf{w}_{j+1}(\mathbf{p}), \mathbf{u}_l(\mathbf{p})\big)_{\mathbf{T}_{\mathbf{p}}(M)} \mathbf{u}_l(\mathbf{p})\right|_{\mathbf{T}_{\mathbf{p}}(M)}} > 0.$$

因此基向量组 $(\mathbf{u}_1(\mathbf{p}), \cdots, \mathbf{u}_j(\mathbf{p}), \mathbf{u}_{j+1}(\mathbf{p}), \mathbf{w}_{j+2}(\mathbf{p}), \cdots, \mathbf{w}_k(\mathbf{p}))$ 与基向量组 $(\mathbf{u}_1(\mathbf{p}), \cdots, \mathbf{u}_j(\mathbf{p}), \mathbf{w}_{j+1}(\mathbf{p}), \cdots, \mathbf{w}_k(\mathbf{p}))$ 确定 $\mathbf{T}_{\mathbf{p}}(M)$ 中的同一个定向.

这样我们归纳地证明了: 假若对于每个 j, $(\boldsymbol{\alpha}'(\mathbf{t})\mathbf{e}_j)$ 是连续地依赖于 $\mathbf{t}$ 的, 也就连续地依赖于 $\mathbf{p}$ 了. **Gram-Schmidt 正交化方法**作用于这个连续地依赖于 $\mathbf{p}$ 的线性无关向量组得到的向量组仍应连续地依赖于 $\mathbf{p}$ 的, 而且 Gram-Schmidt 正交化方法得到的正交规范基与原向量组构成的基在 $\mathbf{T}_{\mathbf{p}}(M)$ 上确定同样的定向. □

定义 16.3.4 设 M 是个 k 维定向流形, $(\mathbf{u}_1(\mathbf{p}), \cdots, \mathbf{u}_k(\mathbf{p}))$ 是 $\mathbf{T}_{\mathbf{p}}(M)$ 中的一组正定向的正交规范基, 其中 $\mathbf{p} \in U_{\boldsymbol{\alpha}}$, 且对于每个 $j \in \{1, \cdots, k\}$, $\mathbf{u}_j(\mathbf{p})$ 在坐标片 $U_{\boldsymbol{\alpha}}$ 上连续, 而 $\boldsymbol{\omega}$ 是 M 上的连续 k- 形式. 记

$$F_{\boldsymbol{\omega}}(\mathbf{p}) = \boldsymbol{\omega}(\mathbf{u}_1(\mathbf{p}), \cdots, \mathbf{u}_k(\mathbf{p})).$$

由引理 16.3.2, $\boldsymbol{\omega}(\mathbf{u}_1(\mathbf{p}), \cdots, \mathbf{u}_k(\mathbf{p}))$ 不依赖于正定向的正交规范基 $(\mathbf{u}_1(\mathbf{p}), \cdots, \mathbf{u}_k(\mathbf{p}))$ 的选择. 故在记号 $F_{\boldsymbol{\omega}}(\mathbf{p})$ 中 $(\mathbf{u}_1(\mathbf{p}), \cdots, \mathbf{u}_k(\mathbf{p}))$ 并未出现. 由引理 16.3.3, 正定向的正交规范基 $(\mathbf{u}_1(\mathbf{p}), \cdots, \mathbf{u}_k(\mathbf{p}))$ 可选择得连续依赖于 $\mathbf{p}$. 因而, $F_{\boldsymbol{\omega}}(\mathbf{p})$ 连续依赖于 $\mathbf{p}$. 我们有

命题 16.3.3 设 ω 是定向流形 M 上的连续 k- 形式, F_ω 如定义 16.3.4 所示, 则我们有如下的定向流形上微分形式的积分与定向流形上函数的积分之间的关系:

$$\int_M \boldsymbol{\omega} = \int_M F_{\boldsymbol{\omega}}(\mathbf{p}) dV.$$

证 设 $(\boldsymbol{\alpha}, V_{\boldsymbol{\alpha}})$ 是流形 M 的一个坐标图卡. 由引理 16.3.2, 有

$$\boldsymbol{\alpha}^* \boldsymbol{\omega}(\mathbf{e}_1, \cdots, \mathbf{e}_k) = \boldsymbol{\omega}_{\boldsymbol{\alpha}(\mathbf{t})}\big(\boldsymbol{\alpha}'(\mathbf{t})\mathbf{e}_1, \cdots, \boldsymbol{\alpha}'(\mathbf{t})\mathbf{e}_k\big) = V\big(\boldsymbol{\alpha}'(\mathbf{t})\big) F_{\boldsymbol{\omega}}\big(\boldsymbol{\alpha}(\mathbf{t})\big).$$

根据定义 16.2.1, 定义 16.2.2, 定义 16.3.2, 定义 16.3.3 和定义 16.3.4, 我们得到

$$\begin{aligned}\int_M \boldsymbol{\omega} &= \sum_j \int_M \phi_j \boldsymbol{\omega} = \sum_j \int_{V\boldsymbol{\alpha}_j} \boldsymbol{\alpha}_j^*(\phi_j \boldsymbol{\omega}) \\ &= \sum_j \int_{V\boldsymbol{\alpha}_j} \boldsymbol{\alpha}_j^*(\phi_j)\boldsymbol{\alpha}_j^*\boldsymbol{\omega}(\mathbf{e}_1, \cdots, \mathbf{e}_k)dm \\ &= \sum_j \int_{V\boldsymbol{\alpha}_j} \phi_j\big(\boldsymbol{\alpha}_j(\mathbf{t})\big)\boldsymbol{\omega}_{\boldsymbol{\alpha}(\mathbf{t})}\big(\boldsymbol{\alpha}_j'(\mathbf{t})\mathbf{e}_1, \cdots, \boldsymbol{\alpha}_j'(\mathbf{t})\mathbf{e}_k\big)dm \\ &= \sum_j \int_{V\boldsymbol{\alpha}_j} \phi_j\big(\boldsymbol{\alpha}_j(\mathbf{t})\big)V\big(\boldsymbol{\alpha}_j'(\mathbf{t})\big)F_{\boldsymbol{\omega}}\big(\boldsymbol{\alpha}_j(\mathbf{t})\big)dm \\ &= \sum_j \int_{U\boldsymbol{\alpha}_j} \phi_j F_{\boldsymbol{\omega}} dV = \int_M F_{\boldsymbol{\omega}} dV. \qquad \square\end{aligned}$$

命题 16.3.3 给出了微分形式在流形上的积分用函数在流形上的积分表示的公式. 这就是传统的微积分书上的第二类型曲面 (或曲线) 积分用第一类型曲面 (或曲线) 积分表示的公式的推广. 对下面两个十分有用的特殊情形, 命题 16.3.3 的公式中的 $F_{\boldsymbol{\omega}}$ 的表示式特别简单. 顺便指出, 传统的数学分析书中只考虑 $\mathbf{R}^3$ 中的曲线和曲面积分, 因而传统的数学分析只考虑了这两个特殊情形在 $\mathbf{R}^3$ 中的形式.

推论 16.3.1 若 M 是 $\mathbf{R}^n$ 中的定向 1- 流形, M 上的 1- 形式的一般表达式是 $\boldsymbol{\omega} = \sum\limits_{j=1}^n a_j dx^j$, 则 $dV = ds$ 恰是弧长的微元, 而

$$F_{\boldsymbol{\omega}} = \mathbf{a} \cdot \boldsymbol{\tau},$$

其中 $\mathbf{a} = (a_1, \cdots, a_n)$, 而 $\boldsymbol{\tau} = (\tau^1, \cdots, \tau^n)$ 表示 M 的沿正向的单位切向量. 故

$$\int_M \boldsymbol{\omega} = \int_M \mathbf{a} \cdot \boldsymbol{\tau} ds = \int_M \mathbf{a} \cdot d\mathbf{s},$$

其中 $d\mathbf{s} = \boldsymbol{\tau} ds$.

证 事实上只须证明: 当 M 是 1- 流形和 $\boldsymbol{\omega} = \sum\limits_{j=1}^n a_j dx^j$ 时, $F_{\boldsymbol{\omega}} = \mathbf{a} \cdot \boldsymbol{\tau}$. 设 $\boldsymbol{\tau}(\mathbf{p}) = \sum\limits_{i=1}^n \tau^i(\mathbf{p})\mathbf{e}_i$, 则

$$F_{\boldsymbol{\omega}}(\mathbf{p})=\boldsymbol{\omega}_{\mathbf{p}}(\boldsymbol{\tau}(\mathbf{p}))=\sum_{j=1}^{n}a_j(\mathbf{p})dx^j\left(\sum_{i=1}^{n}\tau^i(\mathbf{p})\mathbf{e}_i\right)$$
$$=\sum_{j=1}^{n}a_j(\mathbf{p})\left(\sum_{i=1}^{n}\tau^i(\mathbf{p})\delta_j^i\right)=\sum_{j=1}^{n}a_j(\mathbf{p})\tau^j(\mathbf{p})=\mathbf{a}\cdot\boldsymbol{\tau}. \qquad \square$$

注 可以证明 1- 流形必可定向，因此推论中的条件 ‘M 是 $\mathbf{R}^n$ 中的定向 1- 流形’ 可简化为 ‘M 是 $\mathbf{R}^n$ 中的 1- 流形’. 我们不去讨论这个细节了.

推论 16.3.2 若 M 是 $\mathbf{R}^n$ 中的定向 $(n-1)$- 流形 (超曲面), M 上的 $(n-1)$- 形式的一般表达式是 $\boldsymbol{\omega}=\sum\limits_{j=1}^{n}a_j(\mathbf{p})\boldsymbol{\eta}^j$, 其中

$$\boldsymbol{\eta}^j=(-1)^{j-1}dx^1\wedge\cdots\wedge\widehat{dx^j}\wedge\cdots\wedge dx^n,$$

则 dV 恰是超曲面的面积微元 (参看 §10.9 的练习 10.9.1 的 (vi) 和 (vii)), 而

$$\int_M\boldsymbol{\omega}=\int_M\mathbf{a}(\mathbf{p})\cdot\mathbf{n}_{\mathbf{p}}dV,$$

其中 $\mathbf{a}(\mathbf{p})=(a_1(\mathbf{p}),\cdots,a_n(\mathbf{p}))$, 而 $\mathbf{n}_{\mathbf{p}}$ 是超曲面在点 $\mathbf{p}$ 处的这样一个单位法向量 (参看命题 13.4.5), 它使得向量组 $(\mathbf{n}_{\mathbf{p}},\mathbf{u}_1,\cdots,\mathbf{u}_{n-1})$ 构成 $\mathbf{R}^n$ 中的一组正定向的正交规范基, 其中 $\mathbf{u}_1(\mathbf{p}),\cdots,\mathbf{u}_{n-1}(\mathbf{p})$ 表示切空间 $\mathbf{T}_{\mathbf{p}}(M)$ 的一组正定向的正交规范基.

注 1 推论 16.3.2 的表述中用了记号 $\widehat{\cdots}$, 它的涵义是这样的: 记号 $\widehat{\cdots}$ 出现在因子 $\widehat{dx^j}$ 上就表示该因子不出现在这个乘积中. 确切些说,

$$dx^1\wedge\cdots\wedge\widehat{dx^j}\wedge\cdots\wedge dx^n$$
$$=dx^1\wedge\cdots\wedge dx^{j-1}\wedge dx^{j+1}\wedge\cdots\wedge dx^n.$$

注 2 假若 $(\boldsymbol{\alpha},V_{\boldsymbol{\alpha}})$ 是流形 M 在点 $\mathbf{p}=\boldsymbol{\alpha}(\mathbf{t})$ 处的一个坐标图卡, 则 $(\mathbf{n}_{\mathbf{p}},\mathbf{u}_1,\cdots,\mathbf{u}_{n-1})$ 与 $(\mathbf{n}_{\mathbf{p}},\boldsymbol{\alpha}'(\mathbf{t})\mathbf{e}_1,\cdots,\boldsymbol{\alpha}'(\mathbf{t})\mathbf{e}_{n-1})$ 在 $\mathbf{R}^n$ 中同定向, 其中 $(\mathbf{e}_1,\cdots,\mathbf{e}_{n-1})$ 是 $\mathbf{R}^{n-1}$ 中的正定向的线性无关向量组.

注 3 假若推论 16.3.2 中的 $M=\partial G$, 其中 G 是 $\mathbf{R}^n$ 中的 n 维流形. 由命题 13.4.4 和命题 13.4.5, 单位法向量 $\mathbf{n}_{\mathbf{p}}$ 应是相对于 G 的单位外法向量.

证 事实上只须证明: 当 M 是定向的 $(n-1)$- 流形和 $\boldsymbol{\omega} = \sum\limits_{j=1}^{n} a_j(\mathbf{p})\boldsymbol{\eta}^j$ 时, $F_{\boldsymbol{\omega}} = \mathbf{a}(\mathbf{p}) \cdot \mathbf{n}_{\mathbf{p}}$. 设 $\mathbf{u}_1(\mathbf{p}), \cdots, \mathbf{u}_{n-1}(\mathbf{p})$ 表示切空间 $\mathbf{T}_{\mathbf{p}}(M)$ 的一组正定向的正交规范基. 记 $\mathbf{u}_j(\mathbf{p}) = \sum\limits_{k=1}^{n} u_j^k(\mathbf{p})\mathbf{e}_k$ $(j = 1, \cdots, n-1)$, 其中 $\mathbf{e}_k$ $(k = 1, \cdots, n)$ 是 $\mathbf{T}_{\mathbf{p}}(M)$ 所在的 $\mathbf{R}^n$ 中的标准基, 则

$$
\begin{aligned}
F_{\boldsymbol{\omega}} &= \boldsymbol{\omega}_{\mathbf{p}}\big(\mathbf{u}_1(\mathbf{p}), \cdots, \mathbf{u}_{n-1}(\mathbf{p})\big) \\
&= \sum_{j=1}^{n} a_j(\mathbf{p})\boldsymbol{\eta}^j\left(\sum_{k=1}^{n} u_1^k(\mathbf{p})\mathbf{e}_k, \cdots, \sum_{k=1}^{n} u_{n-1}^k(\mathbf{p})\mathbf{e}_k\right) \\
&= \sum_{j=1}^{n} a_j(\mathbf{p}) \sum_{k_1=1}^{n} \cdots \sum_{k_{n-1}=1}^{n} u_1^{k_1}(\mathbf{p}) \cdots u_{n-1}^{k_{n-1}}(\mathbf{p})\boldsymbol{\eta}^j\big(\mathbf{e}_{k_1}, \cdots, \mathbf{e}_{k_{n-1}}\big).
\end{aligned}
\tag{16.3.1}
$$

由 $\boldsymbol{\eta}^j$ 的定义, 可见

$$
\begin{aligned}
&\boldsymbol{\eta}^j\big(\mathbf{e}_{k_1}, \cdots, \mathbf{e}_{k_{n-1}}\big) \\
&= \begin{cases}
0, & \text{有}i \neq l\text{使得}k_i = k_l, \\
0, & \text{有}i \in \{1, \cdots, n-1\}\text{使得}k_i = j, \\
(-1)^{j-1}\varepsilon^{1\cdots(j-1)(j+1)\cdots n}_{k_1 k_2 \cdots k_{n-2} k_{n-1}}, & \text{所有的}k_i\text{互不相同, 且无一等于}j,
\end{cases}
\end{aligned}
\tag{16.3.2}
$$

其中 $\varepsilon^{1\cdots(j-1)(j+1)\cdots n}_{k_1 k_2 \cdots k_{n-2} k_{n-1}}$ 表示重 Kronecker epsilon(它在命题 14.2.6 的证明过程中曾出现过).

为了下面计算 F_{ω}, 我们先引进几个符号.

给了 $n \times (n-1)$ 的矩阵

$$
U = [\mathbf{u}_1, \mathbf{u}_2, \cdots, \mathbf{u}_{n-1}] = \begin{bmatrix}
u_1^1 & u_2^1 & \cdots & u_{n-1}^1 \\
u_1^2 & u_2^2 & \cdots & u_{n-1}^2 \\
\vdots & \vdots & & \vdots \\
u_1^n & u_2^n & \cdots & u_{n-1}^n
\end{bmatrix},
\tag{16.3.3}
$$

将上述 $n \times (n-1)$ 的矩阵 U 的第 i 行划去后得到的 n 个 $(n-1) \times (n-1)$(方的) 矩阵记做

$$U^{(i)}=\begin{bmatrix} u_1^1 & u_2^1 & \cdots & u_{n-1}^1 \\ \vdots & \vdots & & \vdots \\ u_1^{i-1} & u_2^{i-1} & \cdots & u_{n-1}^{i-1} \\ u_1^{i+1} & u_2^{i+1} & \cdots & u_{n-1}^{i+1} \\ \vdots & \vdots & & \vdots \\ u_1^n & u_2^n & \cdots & u_{n-1}^n \end{bmatrix},\quad i=1,\cdots,n. \tag{16.3.4}$$

按以前的记法 (参看定义 16.3.1), 这个 $U^{(i)}$ 应记做 U^I, 其中 I 表示以下的长度为 $(n-1)$ 的数列 $(1,\cdots,i-1,i+1,\cdots,n)$. 因 $\mathbf{u}_1(\mathbf{p}),\cdots,\mathbf{u}_{n-1}(\mathbf{p})$ 表示切空间 $\mathbf{T_p}(M)$ 的一组正定向的正交规范基, 它所张成的 $(n-1)$ 维的立方体的 $(n-1)$ 维体积应为 1. 由命题 16.3.2,

$$\sum_{i=1}^n \left(\det U^{(i)}\right)^2=1.$$

由等式 (16.3.2) 和 (16.3.4),

$$\begin{aligned}&\sum_{k_1=1}^n\cdots\sum_{k_{n-1}=1}^n u_1^{k_1}(\mathbf{p})\cdots u_{n-1}^{k_{n-1}}(\mathbf{p})\boldsymbol{\eta}^j\left(\mathbf{e}_{k_1},\cdots,\mathbf{e}_{k_{n-1}}\right)\\ &\quad=\sum_{k_1=1}^n\cdots\sum_{k_{n-1}=1}^n u_1^{k_1}(\mathbf{p})\cdots u_{n-1}^{k_{n-1}}(\mathbf{p})(-1)^{j-1}\varepsilon_{k_1k_2\cdots k_{n-2}k_{n-1}}^{1\cdots(j-1)(j+1)\cdots n}\\ &\quad=(-1)^{j-1}\det U^{(j)}.\end{aligned} \tag{16.3.5}$$

再由 (16.3.1),

$$F_{\boldsymbol{\omega}}=\sum_{j=1}^n a_j(\mathbf{p})(-1)^{j-1}\det U^{(j)}. \tag{16.3.6}$$

又由行列式展开定理,

$$\sum_{i=1}^n(-1)^{i-1}\det U^{(i)}u_j^i=0,\qquad j=1,\cdots,n-1.$$

令 $\mathbf{n_p}=\sum_{j=1}^n(-1)^{j-1}\det U^{(j)}\mathbf{e}_j$, 它是流形 M 在点 $\mathbf{p}$ 处的单位法向量. 因为

$$\det\begin{bmatrix} \det U^{(1)} & u_1^1 & u_2^1 & \cdots & u_{n-1}^1 \\ -\det U^{(2)} & u_1^2 & u_2^2 & \cdots & u_{n-1}^2 \\ \vdots & \vdots & \vdots & & \vdots \\ (-1)^{n-1}\det U^{(n)} & u_1^n & u_2^n & \cdots & u_{n-1}^n \end{bmatrix} = \sum_{i=1}^{n}\left(\det U^{(i)}\right)^2 = 1,$$

我们还有: 向量组 $(\mathbf{n_p}, \mathbf{u}_1, \cdots, \mathbf{u}_{n-1})$ 构成 $\mathbf{R}^n$ 中的一组正定向的正交规范基. 再由 (16.3.6),

$$F_{\boldsymbol{\omega}} = \sum_{j=1}^{n} a_j(\mathbf{p})(-1)^{j-1}\det U^{(j)} = \mathbf{a}(\mathbf{p})\cdot\mathbf{n_p}. \qquad \square$$

练　　习

16.3.1　试计算例 13.1.5 中的环面的面积等于

$$4\pi b(a+b)\int_{\pi/4}^{5\pi/4}\sqrt{1-\frac{4ab}{a+b}\sin^2 u\, du}.$$

16.3.2　设 $\mathbf{R}^n$ 中的 n 维的紧流形 M 是有界开集 D 的闭包, 且 $\Gamma = \partial M$ 是 $\mathbf{R}^n$ 中的一个紧的超曲面. 试计算 $\int_\Gamma \mathbf{x}\cdot\boldsymbol{\nu}d\boldsymbol{\sigma}$, 其中 $\boldsymbol{\nu}$ 表示 Γ 的单位外法向量, $d\boldsymbol{\sigma}$ 表示超曲面 Γ 的面积微元.

16.3.3　试寻求一个 $\mathbf{R}^2$ 中的面积为 π 的紧 2- 流形 M, 使得以下积分达到最大值:

$$\int_{\partial M} y^3dx + (3x - x^3)dy.$$

16.3.4　设 $U = \mathbf{R}^n\setminus\{\mathbf{0}\}$ 和 $\mathbf{S} = \mathbf{S}^{n-1}$ 是 $\mathbf{R}^n$ 中以原点为球心的单位球面.

(i) 试证: 若 $\boldsymbol{\omega}\in\Omega^{n-1}(U)$ 是恰当的, 则 $\int_{\mathbf{S}}\boldsymbol{\omega} = 0$;

(ii) 试构造一个在 U 上闭的 $\boldsymbol{\omega}\in\Omega^{n-1}(U)$, 使得 $\int_{\mathbf{S}}\boldsymbol{\omega}\neq 0$.

§16.4　Gauss 散度定理及它的应用

下面的定理常称为 **Gauss散度定理**, 我们在第二册 §10.9 练习 10.9.4 中从超曲面面积另外的定义出发曾经证明过它. 现在我们从超曲面面积新的定义出发, 利用已经建立的微分形式的 Stokes 公式 (定理 16.2.2), 重新证明它.

定理 16.4.1　设 M 是 $\mathbf{R}^n$ 中的紧的 n- 流形, $\mathbf{g}=(g_1,\cdots,g_n)$ 是 M 上的光滑的向量场, 则

$$\int_M \operatorname{div}\mathbf{g}dV=\int_{\partial M}\mathbf{g}\cdot\boldsymbol{\nu}dV, \tag{16.4.1}$$

其中 $\boldsymbol{\nu}$ 是 ∂M 上相对于 M 的单位外法向量.

证　对于 $j=1,\cdots,n$, 令

$$\boldsymbol{\eta}^j=(-1)^{j-1}dx^1\wedge\cdots\wedge\widehat{dx^j}\wedge\cdots\wedge dx^n,$$

其中记号 $\widehat{\cdots}$ 的涵义如推论 16.3.2 后的注 1 所述: 它出现在因子 $\widehat{dx^j}$ 上是表示该因子不出现在这个乘积中. 确切些说,

$$\begin{aligned}&dx^1\wedge\cdots\wedge\widehat{dx^j}\wedge\cdots\wedge dx^n\\&\quad=dx^1\wedge\cdots\wedge dx^{j-1}\wedge dx^{j+1}\wedge\cdots\wedge dx^n.\end{aligned}$$

又令

$$\boldsymbol{\omega}=\sum_{j=1}^n g_j\boldsymbol{\eta}^j.$$

$\boldsymbol{\omega}$ 是 M 上的光滑的 $(n-1)$- 形式, 且

$$\begin{aligned}d\boldsymbol{\omega}&=\sum_{j=1}^n dg_j\wedge\boldsymbol{\eta}^j=\sum_{j=1}^n\sum_{k=1}^n\frac{\partial g_j}{\partial x^k}dx^k\wedge\boldsymbol{\eta}^j\\&=\left(\sum_{j=1}^n\frac{\partial g_j}{\partial x^j}\right)dx^1\wedge\cdots\wedge dx^n\\&=(\operatorname{div}\mathbf{g})dx^1\wedge\cdots\wedge dx^n.\end{aligned}$$

因此

$$\int_M \operatorname{div}\mathbf{g}dV=\int_M d\boldsymbol{\omega}. \tag{16.4.2}$$

由推论 16.3.2 及其注 3,

$$\int_{\partial M}\boldsymbol{\omega}=\int_{\partial M}\mathbf{g}\cdot\boldsymbol{\nu}dV, \tag{16.4.3}$$

其中 $\boldsymbol{\nu}$ 是 ∂M 关于 M 的正定向的单位外法向量. 由 Stokes 公式: $\int_M d\boldsymbol{\omega}=\int_{\partial M}\boldsymbol{\omega}$, (16.4.3) 和 (16.4.2), 我们得到

$$\int_M \operatorname{div} \mathbf{g} dV = \int_{\partial M} \mathbf{g} \cdot \boldsymbol{\nu} dV. \qquad \square$$

以下引进的概念在第二册 §8.4 的练习 8.4.3 和 §10.9 的练习 10.9.7 中介绍过, 为了同学们方便, 复述如下:

定义 16.4.1　设 f 是 $\mathbf{R}^n$ 的一个开集上的 C^2 类函数. f 作用 Laplace 算子 (英语:Laplacian) 后的结果 Δf 定义为

$$\Delta f = \sum_{j=1}^{n} \frac{\partial^2 f}{\partial x_j^2} = \operatorname{div}\ \operatorname{grad} f = \nabla \cdot \nabla f,$$

其中 $\nabla \cdot \nabla$表示形式向量 $\nabla = \left(\frac{\partial}{\partial x_1}, \frac{\partial}{\partial x_2}, \frac{\partial}{\partial x_3}\right)$ 和自己的内积. f 称为在某区域 D 上的**调和函数**, 若在区域 D 上有 $\Delta f = 0$.

以下引进的定理 (**Green恒等式**) 在 §10.9 的练习 10.9.5 中介绍过, 为了同学们方便, 我们将它复述并给出证明.

定理 16.4.2　设 M 是 $\mathbf{R}^n$ 中的紧的 n- 流形, u 和 v 是在一个包含 M 的开集上的光滑函数. 又设 $\boldsymbol{\nu}$ 是 ∂M 上的单位外法向量场, 则

$$\int_{\partial M} v \frac{\partial u}{\partial \boldsymbol{\nu}} dV = \int_M (v\Delta u + \nabla v \cdot \nabla u) dV,$$

$$\int_{\partial M} \left(u \frac{\partial v}{\partial \boldsymbol{\nu}} - v \frac{\partial u}{\partial \boldsymbol{\nu}}\right) dV = \int_M (u\Delta v - v\Delta u) dV,$$

其中 $\partial u/\partial \boldsymbol{\nu} = \nabla u \cdot \boldsymbol{\nu}$ 称为 u 的外法向导数.

证　注意到 $\operatorname{div}(v\nabla u) = \nabla v \cdot \nabla u + v\Delta u$, 并将散度定理用到向量场 $v\nabla u$ 上, 便得第一个公式. 将 u 和 v 的位置交换后得另一公式, 把两个公式相减, 便得第二个公式. □

§16.5　调 和 函 数

本节中部分内容曾在第二册 §10.9 的习题中遇到过, 为了方便同学, 我们在这里简单地重复介绍. 本节中 M 永远表示 $\mathbf{R}^n$ 中一个紧的 n- 流形, 因此, M 的内核 $D = \operatorname{int} M = M^\circ$ 是有界非空开集, 而 $\Gamma = \partial M$ 是紧的 $(n-1)$- 流形. 我们要研究在 $\overline{D} = M$ 上光滑, 且在 D 上调和的函数.

引理 16.5.1 若 $\overline{D}=M$ 上光滑的函数 u 在 D 内调和, 则

$$\int_{\Gamma}\frac{\partial u}{\partial \boldsymbol{\nu}}dV=0,$$

其中 $\boldsymbol{\nu}$ 是 $\Gamma=\partial M$ 上的单位外法向量场

证 在定理 16.4.2 的第一个 Green 恒等式中让 $v=1$ 便得. □

下文中 $\overline{\mathbf{B}}^n$ 永远表示 $\mathbf{R}^n$ 中的以原点为球心的闭单位球, $\overline{\mathbf{B}}^n$ 的 n 维体积是 (参看第二册 §10.6 练习 10.6.1 的 (iv))

$$\Omega_n=V_n(\overline{\mathbf{B}}^n)=m_n(\overline{\mathbf{B}}^n)=\frac{\pi^{n/2}}{\Gamma\big((n/2)+1\big)}.$$

$\mathbf{S}^{n-1}$ 表示 $\mathbf{R}^n$ 中的以原点为球心的单位球面, $\mathbf{S}^{n-1}$ 的 $(n-1)$ 维体积是 (参看第二册 §10.6 练习 10.6.2 中的定义 10.6.1.)

$$\omega_{n-1}=V_{n-1}(\mathbf{S}^{n-1})=m_{n-1}(\mathbf{S}^{n-1})=\frac{n\pi^{n/2}}{\Gamma\big((n/2)+1\big)}.$$

$\overline{\mathbf{B}}^n(\mathbf{p},r)$ 表示 $\mathbf{R}^n$ 中的以 $\mathbf{p}$ 为球心, r 为半径的闭球, $\mathbf{S}^{n-1}(\mathbf{p},r)$ 表示它的边界. $\overline{\mathbf{B}}^n(\mathbf{0},r)$ 简记做 $\overline{\mathbf{B}}^n(r)$, $\mathbf{S}^{n-1}(\mathbf{0},r)$ 简记做 $\mathbf{S}^{n-1}(r)$. 显然, $V_n\big(\overline{\mathbf{B}}^n(\mathbf{p},r)\big)=r^n\Omega_n$, 而 $V_{n-1}\big(\mathbf{S}^{n-1}(\mathbf{p},r)\big)=r^{n-1}\omega_{n-1}$.

引理 16.5.2 对一切 $n\in\mathbf{N}$, $\omega_{n-1}=n\Omega_n$. 若 u 在一个包含闭球 $\overline{\mathbf{B}}^n(r)$ 的开集内是调和函数, 则

$$\frac{1}{V_{n-1}\big(\mathbf{S}^{n-1}(r)\big)}\int_{\mathbf{S}^{n-1}(r)}udV_{n-1}=\frac{1}{V_n\big(\overline{\mathbf{B}}^n(r)\big)}\int_{\overline{\mathbf{B}}^n(r)}udV_n.$$

证 令 $v(\mathbf{x})=|\mathbf{x}|^2$. 把它代入定理 16.4.2 的第二个 Green 恒等式并让 $M=\overline{\mathbf{B}}^n(r)$, 注意到 $\Delta v=2n$ 和 $\partial v/\partial\boldsymbol{\nu}=2r$, 其中 $\boldsymbol{\nu}$ 是 $\mathbf{S}^{n-1}(r)=\partial\overline{\mathbf{B}}^n(r)$ 的单位外法向量, 有

$$\int_{\mathbf{S}^{n-1}(r)}\left(2ru-r^2\frac{\partial u}{\partial\boldsymbol{\nu}}\right)dV_{n-1}=\int_{\overline{\mathbf{B}}^n(r)}(2nu-v\Delta u)dV_n,$$

考虑到 $\Delta u=0$ 和引理 16.5.1(注意:r^2 在 $\mathbf{S}^{n-1}(r)$ 上是常数), 得到

$$r\int_{\mathbf{S}^{n-1}(r)}udV_{n-1}=n\int_{\overline{\mathbf{B}}^n(r)}udV_n.$$

让 $u=1$ 和 $r=1$ 代入上式, 得到 $\omega_{n-1}=n\Omega_n$(这在第二册 §10.6 练习 10.6.2 中已用别的方法讨论过), 让上式两端同除于 $nV\big(\overline{\mathbf{B}}^n(r)\big)=n\Omega_nr^n$, 引理得证. □

下面的定理称为**调和函数的平均值定理**, 它在第二册 §10.9 的附加习题 10.9.7(ii) 中介绍过. $\mathbf{S}^{n-1}(r)$ 上的面积元 dV_{n-1} 常记做 $d\sigma$.

定理 16.5.1　若 u 是在开集 D 内的调和函数, $\mathbf{p}\in D$ 和 $r>0$, 且 $\overline{\mathbf{B}}^n(\mathbf{p},r)\subset D$, 则

$$u(\mathbf{p})=\frac{1}{\omega_{n-1}r^{n-1}}\int_{\mathbf{S}^{n-1}(\mathbf{p},r)}ud\sigma=\frac{1}{\Omega_n r^n}\int_{\overline{\mathbf{B}}^n(\mathbf{p},r)}udm.$$

证　不妨设 $\mathbf{p}=\mathbf{0}$. 先考虑 $n>2$ 的情形. 令 $v(\mathbf{x})=|\mathbf{x}|^{2-n}$. 不难证明, 对于一切 $\mathbf{x}\neq\mathbf{0}$, 有 $\Delta v(\mathbf{x})=0$(参看第二册 §8.4 的练习 8.4.8 的 (v)). 选取 $\varepsilon\in(0,r)$, 令 $M_\varepsilon=\overline{\mathbf{B}}^n(r)\setminus\operatorname{int}\overline{\mathbf{B}}^n(\varepsilon)$, 则 M_ε 是 $\mathbf{R}^n$ 中的 n 维流形, 且 $\partial M_\varepsilon=\mathbf{S}^{n-1}(r)\cup\mathbf{S}^{n-1}(\varepsilon)$(注意:$\mathbf{S}^{n-1}(r)$ 关于 M_ε 的外法向量是背离原点的, 而 $\mathbf{S}^{n-1}(\varepsilon)$ 关于 M_ε 的外法向量向着原点的). 利用定理 16.4.2 中的第二个 Green 恒等式, 注意到:u 和 v 在 M_ε 内皆调和, 我们得到

$$\int_{\partial M_\varepsilon}\left(u\frac{\partial v}{\partial\boldsymbol{\nu}}-v\frac{\partial u}{\partial\boldsymbol{\nu}}\right)d\sigma=0.$$

根据引理 16.5.1, 在 $0<t\leqslant r$ 时, 有

$$\int_{\mathbf{S}^{n-1}(t)}\frac{\partial u}{\partial\boldsymbol{\nu}}d\sigma=0,$$

又因 v 在 $\mathbf{S}^{n-1}(r)$ 和 $\mathbf{S}^{n-1}(\varepsilon)$ 上分别为两个常数, 故

$$\int_{\partial M_\varepsilon}v\frac{\partial u}{\partial\boldsymbol{\nu}}d\sigma=0.$$

在 $\mathbf{S}^{n-1}(r)$ 上的外法向量是 $\boldsymbol{\nu}=\mathbf{x}/|\mathbf{x}|$; 在 $\mathbf{S}^{n-1}(\varepsilon)$ 上的外法向量是 $\boldsymbol{\nu}=-\mathbf{x}/|\mathbf{x}|$. 所以, 在 $\mathbf{S}^{n-1}(r)$ 上 $\partial v/\partial\boldsymbol{\nu}=(2-n)r^{1-n}$, 而在 $\mathbf{S}^{n-1}(\varepsilon)$ 上 $\partial v/\partial\boldsymbol{\nu}=-(2-n)\varepsilon^{1-n}$. 因而, 对于任何 $\varepsilon\in(0,r)$, 有

$$r^{1-n}\int_{\mathbf{S}^{n-1}(r)}ud\sigma=\varepsilon^{1-n}\int_{\mathbf{S}^{n-1}(\varepsilon)}ud\sigma.$$

换言之, 对于任何 $\varepsilon\in(0,r)$,

$$\frac{1}{\omega_{n-1}r^{n-1}}\int_{\mathbf{S}^{n-1}(r)}ud\sigma=\frac{1}{\omega_{n-1}\varepsilon^{n-1}}\int_{\mathbf{S}^{n-1}(\varepsilon)}ud\sigma,$$

但

$$\left|\frac{1}{\omega_{n-1}\varepsilon^{n-1}}\int_{\mathbf{S}^{n-1}(\varepsilon)}ud\sigma-u(\mathbf{0})\right|=\left|\frac{1}{\omega_{n-1}\varepsilon^{n-1}}\int_{\mathbf{S}^{n-1}(\varepsilon)}(u-u(\mathbf{0}))d\sigma\right|$$

$$\leqslant \sup_{|\mathbf{x}|\leqslant\varepsilon} |u(\mathbf{x}) - u(\mathbf{0})|,$$

注意到 u 在 $\mathbf{0}$ 点处连续, 有

$$\lim_{\varepsilon\to 0} \frac{1}{\omega_{n-1}\varepsilon^{n-1}} \int_{\mathbf{S}^{n-1}(\varepsilon)} ud\sigma = u(\mathbf{0}).$$

这样我们得到了定理的第一个等式. 第二个等式由引理 16.5.2 得到. 这样, $n > 2$ 时的定理得证. $n = 2$ 时让 $v = \ln|\mathbf{x}|$, 通过完全同样的推演, 便可获得定理的证明 (请同学补出证明的细节). □

作为调和函数的平均值定理的推论, 我们介绍下面的**调和函数的极值原理**:

定理 16.5.2 若 u 是在连通开集 D 上的调和函数, 且 u 在某点 $\mathbf{p}\in D$ 达到极大值或极小值, 则 u 在 D 内是个常数.

证 不妨设 u 在点 $\mathbf{p}\in D$ 达到极小值 (不然, 把 u 换成 $-u$), 且 $u(\mathbf{p}) = 0$(不然, 把 u 换成 $u - u(\mathbf{p})$). 令 $V = \{\mathbf{q}\in D : u(\mathbf{q}) = 0\}$, 因 u 连续, V 在 D 中 (相对) 闭. 又若 $\mathbf{q}\in V$, 选 $\delta > 0$ 充分小, 使得 $\overline{\mathbf{B}}^n(\mathbf{q},\delta)\subset D$, 根据调和函数的平均值定理, 有

$$\int_{\overline{\mathbf{B}}^n(\mathbf{q},\delta)} udm = u(\mathbf{q}) = 0.$$

但在 $\overline{\mathbf{B}}^n(\mathbf{q},\delta)$ 内 $u\geqslant 0$, 故我们有, 在 $\overline{\mathbf{B}}^n(\mathbf{q},\delta)$ 内 $u = 0, a.e.(m)$. 因 u 连续, $\{\mathbf{t}\in\overline{\mathbf{B}}^n(\mathbf{q},\delta) : u(\mathbf{t}) > 0\}$ 是开集, 若它非空集, 它的 Lebesgue 测度必为正数. 故 $\{\mathbf{t}\in\overline{\mathbf{B}}^n(\mathbf{q},\delta) : u(\mathbf{t}) > 0\} = \emptyset$, 换言之, $\overline{\mathbf{B}}^n(\mathbf{q},\delta)\subset V$. 故 V 在 D 中既开又闭. 因 D 连通, 而 V 非空, 所以 $V = D$. □

调和函数的平均值定理的另一个重要的推论是下面的 **Liouville定理**:

定理 16.5.3 若 u 是在 $\mathbf{R}^n$ 上有界的调和函数, 则 u 在 $\mathbf{R}^n$ 内是个常数.

证 设 $\mathbf{p}\in\mathbf{R}^n$, 对于任何 $r > 0$, 由平均值定理, 我们有

$$\begin{aligned}
|u(\mathbf{p}) - u(\mathbf{0})| &= \frac{1}{\Omega_n r^n}\left|\int_{\overline{\mathbf{B}}^n(\mathbf{p},r)} udm - \int_{\overline{\mathbf{B}}^n(\mathbf{0},r)} udm\right| \\
&= \frac{1}{\Omega_n r^n}\left|\int_{\overline{\mathbf{B}}^n(\mathbf{p},r)\setminus\overline{\mathbf{B}}^n(\mathbf{0},r)} udm - \int_{\overline{\mathbf{B}}^n(\mathbf{0},r)\setminus\overline{\mathbf{B}}^n(\mathbf{p},r)} udm\right| \\
&\leqslant \frac{1}{\Omega_n r^n} 2C\lambda(r),
\end{aligned}$$

其中 $C = \sup_{\mathbf{x}\in\mathbf{R}^n} |u(\mathbf{x})|$, 而 $\lambda(r) = m(\overline{\mathbf{B}}^n(\mathbf{p}, r) \setminus \overline{\mathbf{B}}^n(\mathbf{0}, r)) = m(\overline{\mathbf{B}}^n(\mathbf{0}, r) \setminus \overline{\mathbf{B}}^n(\mathbf{p}, r))$. 对于任何 $r > \rho = |\mathbf{p}|$, 有 $\overline{\mathbf{B}}^n(\mathbf{0}, r) \supset \overline{\mathbf{B}}^n(\mathbf{p}, r-\rho)$, 故 $\lambda(r) \leqslant m(\overline{\mathbf{B}}^n(r)) - m(\overline{\mathbf{B}}^n(r-\rho)) = \Omega_n(r^n - (r-\rho)^n)$. 因此, 对于任何 $r > |\mathbf{p}|$,

$$|u(\mathbf{p}) - u(\mathbf{0})| \leqslant 2C\frac{r^n - (r-\rho)^n}{r^n} = 2C[1 - (1 - (\rho/r)^n)].$$

当 $r \to \infty$ 时, $2C[1 - (1 - (\rho/r)^n)] \to 0$. 所以, 对于任何 $\mathbf{p} \in \mathbf{R}^n$, 有

$$u(\mathbf{p}) = u(\mathbf{0}). \qquad \square$$

注 这个 Liouville 定理和复分析中的 Liouville 定理 (推论 12.3.3) 十分相似. 和复分析中一样 (参看推论 12.3.4), 由这里的 Liouville 定理也可以得到**代数基本定理**的证明: 若多项式 $p(z)$ 在复平面上无零点, 则 $1/p(z)$ 的实部与虚部在平面上是两个有界的 (二元) 调和函数. 因而, 它们都是常数. 故 $p(z)$ 在复平面上是常数, 即零次多项式.

下面的引理给出 M 上的光滑函数是调和函数的一个充分必要条件.

引理 16.5.3 若 u 是在 n 维紧流形 M 上的光滑函数, 则 u 是调和的, 当且仅当对于任何在 $\Gamma = \partial M$ 上恒等于零的 M 上的光滑函数 v, 必有

$$\int_M \nabla u \cdot \nabla v dV = \int_D \nabla u \cdot \nabla v dm = 0,$$

其中 D 是 n 维流形 M 的内核.

证 设 u 是调和函数, 而 v 是在 Γ 上恒等于零的光滑函数. 由定理 16.4.2 的第一个 Green 恒等式

$$\int_\Gamma v\frac{\partial u}{\partial \boldsymbol{\nu}} dV_{n-1} = \int_M (v\Delta u + \nabla v \cdot \nabla u) dV_n,$$

我们得到

$$\int_M \nabla v \cdot \nabla u dV_n = 0.$$

反之, 假设上式对于任何在 Γ 上恒等于零的 M 上的光滑函数 v 都成立. 则由第一个 Green 恒等式, 对于任何在 Γ 上恒等于零的 M 上的光滑函数 v,

$$\int_M v\Delta u dV_n = 0.$$

若 Δu 在 D 的某点处非零. 不妨设 Δu 在 D 的某点处取正值, 则它在 D 的一个开球子集 A 上恒大于零. 由引理 8.6.3, 有一个光滑函数 v, 它在 A 上恒大于零, 而 A 外恒等于零, 这就使得

$$\int_D v\Delta u dm > 0.$$

这个矛盾证明了: 在 D 上处处 $\Delta u = 0$. □

最后我们要利用这个引理来介绍所谓的 **Dirichlet原理**.

定理 16.5.4 设 f 是 $\Gamma = \partial M$ 上的光滑函数, 记 $\mathcal{F}$ 为 n 维紧流形 M 上所有的在 Γ 上等于 f 的光滑函数的集合. 若 $u \in \mathcal{F}$, 则 u 在 $D = \mathrm{int}(M)$ 上是调和的, 当且仅当 u 是函数类 $\mathcal{F}$ 中使得**Dirichlet 积分** $\int_M |\nabla u|^2 dm$ 达到最小值的函数:

$$\forall v \in \mathcal{F}\left(\int_M |\nabla u|^2 dm \leqslant \int_M |\nabla v|^2 dm\right).$$

证 设 $u, v \in \mathcal{F}$, 则 $w = v - u$ 在 Γ 上恒等于零. 我们有

$$\int_M |\nabla v|^2 dm = \int_M |\nabla(u+w)|^2 dm = \int_M (|\nabla u|^2 + |\nabla w|^2 + 2\nabla u \cdot \nabla w) dm.$$

由引理 16.5.3, 若 u 调和, 则右端最后一项消失, 故对于任何 $v \in \mathcal{F}$, 有

$$\int_M |\nabla v|^2 dm \geqslant \int_M |\nabla u|^2 dm.$$

反之, 假设以上不等式成立, 则对于任何在 Γ 上恒等于零的光滑的 w, 函数

$$F(t) = \int_M |\nabla(u + tw)|^2 dm$$

在 $t = 0$ 时达到极小, 故对于任何在 Γ 上恒等于零的光滑的 w, 有

$$\begin{aligned} F'(0) &= \left[\frac{d}{dt}\int_M (|\nabla u|^2 + t^2|\nabla w|^2 + 2t\nabla u \cdot \nabla w) dm\right]_{t=0} \\ &= 2\int_M \nabla u \cdot \nabla w dm = 0, \end{aligned}$$

其中第二个等号是由第二册 §10.3 练习 10.3.1 的 (iii) 保证的. 由引理 16.5.3, u 在 D 上调和. □

注 1　证明的后半段事实上就是变分法中的 Euler-Lagrange 方程的证明. 参看例 8.9.10 和例 8.9.11.

注 2　在 D 上调和的函数 $u \in \mathcal{F}$ 被称为满足边条件为 f 的下述 Laplace 方程的 Dirichlet 问题的解:

$$\begin{cases} \Delta u = 0, \\ u|_{\Gamma} = f. \end{cases}$$

这是偏微分方程理论中研究的最透彻的偏微分方程边值问题之一. 它也是在物理、力学和工程技术上有着广泛应用的偏微分方程边值问题.

注 3　定理 16.5.4 将 Laplace 方程的 Dirichlet 边值问题化成了一个变分问题. Riemann 在他的学位论文中利用了 Dirichlet 的结果并展开了将函数论、几何与物理等联系在一起的十分精彩的讨论, 许多数学家跟随 Riemann 的工作而工作. 不久, Weierstrass 指出:Riemann 的工作是建立在变分问题有解的假设上的, 而变分问题解的存在性是需要证明的, 且这个证明并不容易得到. 据 Riemann 说, 他的老师 Dirichlet 在课上说过, 他已经获得了一个证明, 但由于证明太长不便在课上介绍了. 一时给不出证明的 Riemann 在四十岁时因肺结核过早地逝世, 犹如一颗彗星刚刚耀眼地照亮了夜空便消逝得无影无踪了. 数十年后, Riemann 的学生 David Hilbert 才完成了这个变分问题解存在性的证明. 这个证明已包含了后来称为 Hilbert 空间方法的萌芽. 虽然我们在第 10 章中曾轻微地触及 Hilbert 空间的概念, 但总的来说, 它已不属于数学分析而是属于泛函分析在偏微分方程理论中应用的范畴了. 有兴趣的同学可参考 [13].

练　习

16.5.1　试寻求所有的具有以下形式的 $\mathbf{R}^n \setminus \{\mathbf{0}\}$ 上的调和函数:

$$f(\mathbf{x}) = g(|\mathbf{x}|),$$

其中 g 是 $(0, \infty)$ 上的光滑函数.

16.5.2　设 u 是 $\mathbf{R}^2$ 上的具有紧支集的光滑函数. 试证: 对于一切 $\mathbf{x} \in \mathbf{R}^2$, 有

$$u(\mathbf{x}) = \frac{1}{2\pi} \int_{\mathbf{R}^2} \Delta u(\mathbf{y}) \ln |\mathbf{x} - \mathbf{y}| dm(\mathbf{y}).$$

16.5.3 设 g 是 $\mathbf{R}^2$ 上的具有紧支集的光滑函数. 令

$$u(\mathbf{x}) = \frac{1}{2\pi}\int_{\mathbf{R}^2} g(\mathbf{y})\ln|\mathbf{x}-\mathbf{y}|dm(\mathbf{y}).$$

(i) 证明: u 在 $\mathbf{R}^2$ 上光滑;

(ii) 证明: $\Delta u = g$.

16.5.4 设 u 是 $\mathbf{R}^n$ 上具有紧支集的光滑函数, $n \geqslant 3$. 试证: 对于一切 $\mathbf{x}\in\mathbf{R}^n$, 有

$$u(\mathbf{x}) = c_n\int_{\mathbf{R}^n}\frac{\Delta u(\mathbf{y})}{|\mathbf{x}-\mathbf{y}|^{n-2}}dm(\mathbf{y}),$$

其中 $c_n = -1/[(n-2)\omega_{n-1}] = -\Gamma\Big((n-2)/2\Big)/[4(\pi)^{n/2}]$.

16.5.5 设 g 是 $\mathbf{R}^n$ 上具有紧支集的光滑函数, $n\geqslant 3$. 令

$$u(\mathbf{x}) = c_n\int_{\mathbf{R}^n}\frac{g(\mathbf{y})}{|\mathbf{x}-\mathbf{y}|^{n-2}}dm(\mathbf{y}),$$

其中 c_n 是练习 16.5.4 中的的常数.

(i) 证明: u 在 $\mathbf{R}^n$ 上光滑;

(ii) 证明: $\Delta u = g$.

注 练习 16.5.2，练习 16.5.3，练习 16.5.4 和练习 16.5.5 用广义函数语言的表述可参看 §11.7 的定理 11.7.13 和定理 11.7.14. 事实上，这是基本上同一个数学内容用不同的数学语言的表述方式.

§16.6 附加习题

16.6.1 假若 $\mathbf{R}^3$ 中流动的流体于时刻 t 在点 $\mathbf{x}$ 处的密度是 $\rho(\mathbf{x},t)$, 于时刻 t 在点 $\mathbf{x}$ 处的流速是 $\mathbf{v}(\mathbf{x},t)$. 设 V 是 $\mathbf{R}^3$ 中任意一个固定的开区域, $S=\partial V$ 是 $\mathbf{R}^3$ 中的一个固定的光滑封闭曲面. 假设以下等式中的积分号与微分号可交换，则 V 中流体质量的变化率是

$$\frac{\partial}{\partial t}\int_V \rho(\mathbf{x},t)m(d\mathbf{x}) = \int_V\frac{\partial\rho}{\partial t}m(d\mathbf{x}),$$

在单位时间内通过 $S=\partial V$ 流出的流体质量应为

$$\int_S \rho(\mathbf{x},t)\mathbf{v}\cdot\boldsymbol{\nu}d\sigma,$$

其中 $d\sigma$ 表示 S 的面积微元, $\boldsymbol{\nu}$ 表示 S 的单位外法向量. 则**质量守恒定律的数学表述**是

$$\int_V\frac{\partial\rho}{\partial t}(\mathbf{x},t)m(d\mathbf{x}) + \int_S\rho(\mathbf{x},t)\mathbf{v}(\mathbf{x},t)\cdot\nu d\sigma = 0.$$

试证: 以下所谓的**连续性方程**成立

$$\frac{\partial\rho}{\partial t}(\mathbf{x},t) + \operatorname{div}\Big(\rho(\mathbf{x},t)\mathbf{v}(\mathbf{x},t)\Big) = 0.$$

注　电荷守恒定律也有类似的连续性方程.

16.6.2　(i) 设 A 和 B 是 $\mathbf{R}^n$ 中的开集, $\overline{A}$ 和 $\overline{B}$ 是紧的, 且 ∂A 和 ∂B 是 $(n-1)$ 维流形. 又设 $\mathbf{g}:\overline{A}\to\mathbf{R}^n$ 是光滑映射, 且 $\mathbf{g}$ 在 ∂A 上的限制 $\mathbf{g}|_{\partial A}:\partial A\to\partial B$ 是保定向的微分同胚. 若 $f:\mathbf{R}^n\to\mathbf{R}$ 是光滑而可积的, 试证:

$$\int_B f=\int_A (f\circ\mathbf{g})\det\mathbf{g}'.$$

(ii) A, B 和 $\mathbf{g}$ 如 (i) 中所述. 而 $f:\mathbf{R}^n\to\mathbf{R}$ 是可积的, 则 (i) 的结论依然成立.

16.6.3　设 $U=\mathbf{R}^2\setminus\{\mathbf{0}\}$, 考虑 $\Omega^1(U)$ 中的两个元素:

$$\boldsymbol{\omega}=\frac{xdx+ydy}{x^2+y^2},\quad \boldsymbol{\eta}=\frac{xdy-ydx}{x^2+y^2}.$$

试证:$\boldsymbol{\omega}$ 和 $\boldsymbol{\eta}$ 皆闭, $\boldsymbol{\omega}$ 恰当, 但 $\boldsymbol{\eta}$ 不恰当. 试问: 这与 Poincaré 引理矛盾否?

16.6.4　在 $\mathbf{R}^3\setminus\{\mathbf{0}\}$ 上给了微分形式:

$$\boldsymbol{\omega}=\frac{x^1dx^2\wedge dx^3+x^2dx^3\wedge dx^1+x^3dx^1\wedge dx^2}{((x^1)^2+(x^2)^2+(x^3)^2)^{3/2}}.$$

(i) 问: 在 $\mathbf{R}^3\setminus\{\mathbf{0}\}$ 上 $d\boldsymbol{\omega}=$? 又问: 在 $\mathbf{R}^3\setminus\{\mathbf{0}\}$ 上 $\boldsymbol{\omega}$ 闭否?

(ii) 映射 $\mathbf{f}:[0,\infty)\times[-\pi,\pi)\times[-\pi/2,\pi/2]\to\mathbf{R}^3$ 定义如下:

$$\mathbf{f}(r,\theta,\phi)=(r\cos\theta\cos\phi,\quad r\sin\theta\cos\phi,\quad r\sin\phi),$$

其中 $0\leqslant r<\infty$, $-\pi\leqslant\theta<\pi$, $-\pi/2\leqslant\phi\leqslant\pi/2$. 问: 在 $[0,\infty)\times[-\pi,\pi)\times[-\pi/2,\pi/2]$ 上, $\mathbf{f}^*\boldsymbol{\omega}=$?

(iii) 问: $\displaystyle\int_{\mathbf{S}^2(\mathbf{0},\rho)}\boldsymbol{\omega}=$? 其中 $\mathbf{S}^2(\mathbf{0},\rho)$ 表示 $\mathbf{R}^3$ 中以原点为球心, ρ 为半径的二维球面 (以外法向量为正定向). 又问:$\boldsymbol{\omega}$ 在 $\mathbf{R}^3\setminus\{\mathbf{0}\}$ 上恰当否?

(iv) 设 M 是 $\mathbf{R}^3$ 中的紧的 3- 流形 (标准定向), 且 $\mathbf{0}\in\mathrm{int}M$. 问:$\displaystyle\int_{\partial M}\boldsymbol{\omega}=$?

(v) 设 M 是 $\mathbf{R}^3$ 中的紧的 3- 流形 (标准定向), 且 $\mathbf{0}\in M^C$. 问:$\displaystyle\int_{\partial M}\boldsymbol{\omega}=$?

(vi) 设

$$\boldsymbol{\omega}_{\mathbf{a}}=\frac{(x^1-a^1)dx^2\wedge dx^3+(x^2-a^2)dx^3\wedge dx^1+(x^3-a^3)dx^1\wedge dx^2}{\Big((x^1-a^1)^2+(x^2-a^2)^2+(x^3-a^3)^2\Big)^{3/2}}.$$

又设 M 是 $\mathbf{R}^3$ 中的紧的 3- 流形 (标准定向), 且 $\mathbf{a}\in\mathrm{int}M$. 问:$\displaystyle\int_{\partial M}\boldsymbol{\omega}_{\mathbf{a}}=$?

(vii) 设 M 是 $\mathbf{R}^3$ 中的紧的 3- 流形 (标准定向), 且 $\mathbf{a}\in M^C$. 问:$\displaystyle\int_{\partial M}\boldsymbol{\omega}_{\mathbf{a}}=$?

(viii) 设

$$\boldsymbol{\eta}=\sum_{j=1}^{n}e_j\boldsymbol{\omega}_{\mathbf{a}_j}+\sum_{j=n+1}^{m}e_j\boldsymbol{\omega}_{\mathbf{a}_j}.$$

又设 M 是 $\mathbf{R}^3$ 中的紧的 3- 流形 (标准定向), 且 $\forall j \leqslant n\Big(\mathbf{a}_j \in \mathrm{int}M\Big)$, 而 $\forall j > n\Big(\mathbf{a}_j \in M^C\Big)$. 问: $\int_{\partial M} \boldsymbol{\eta} =?$

注 本题揭示了静电学的 Coulomb 定律及 Gauss 定律之间的逻辑关系.

下面我们想把以前的讨论 (主要是 (i) 和 (ii)) 推广到 $\mathbf{R}^n$ 上去. 在 $\mathbf{R}^n \setminus \{\mathbf{0}\}$ 上, 对于 $j = 1, \cdots, n$, 令

$$\boldsymbol{\eta}^j = (-1)^{j-1} dx^1 \wedge \cdots \wedge \widehat{dx^j} \wedge \cdots \wedge dx^n,$$

又记

$$\boldsymbol{\omega} = \frac{\sum\limits_{j=1}^{n} x^j \boldsymbol{\eta}^j}{(\sum\limits_{j=1}^{n} (x^j)^2)^{n/2}}.$$

(ix) 问: 在 $\mathbf{R}^n \setminus \{\mathbf{0}\}$ 上 $d\boldsymbol{\omega} =?$ 又问: 在 $\mathbf{R}^n \setminus \{\mathbf{0}\}$ 上 $\boldsymbol{\omega}$ 闭否?

(x) 设映射 $\Phi : [0, \infty) \times ([0, \pi])^{n-2} \times [0, 2\pi) \to \mathbf{R}^n$ 定义如下:

$$(x^1, \cdots, x^n) = \Phi(r, \varphi_1, \cdots, \varphi_{n-1}),$$

其中

$$\begin{cases} x^1 = \Phi_1(r, \varphi_1, \cdots, \varphi_{n-1}) = r \cos \varphi_1, \\ x^2 = \Phi_2(r, \varphi_1, \cdots, \varphi_{n-1}) = r \sin \varphi_1 \cos \varphi_2, \\ \cdots\cdots\cdots\cdots\cdots\cdots \\ x^{n-1} = \Phi_{n-1}(r, \varphi_1, \cdots, \varphi_{n-1}) = r \sin \varphi_1 \sin \varphi_2 \cdots \sin \varphi_{n-2} \cos \varphi_{n-1}, \\ x^n = \Phi_n(r, \varphi_1, \cdots, \varphi_{n-1}) = r \sin \varphi_1 \sin \varphi_2 \cdots \sin \varphi_{n-2} \sin \varphi_{n-1}, \end{cases}$$

问: 在 $[0, \infty) \times ([0, \pi])^{n-2} \times [0, 2\pi)$ 上, $\Phi^* \boldsymbol{\omega} =?$

注 $\boldsymbol{\omega}$ 称为 **$\mathbf{R}^n$ 上的立体角 $(n-1)$-形式**.

16.6.5 设 A 和 B 是 $\mathbf{R}^n$ 中的两个开集, 它们的闭包是紧流形.(∂A 和 ∂B 分别是 A 和 B 的拓扑边界也是流形边界, 它们的 Lebesgue 测度都为零). 又设光滑映射 $\mathbf{g} : \overline{A} \to \mathbf{R}^n$, 而 $\mathbf{g}|_{\partial A} : \partial A \to \partial B$ 是保定向的微分同胚 ($\overline{A}$ 和 $\overline{B}$ 上有 $\mathbf{R}^n$ 中的标准定向, ∂A 和 ∂B 上有诱导定向), $f : \mathbf{R}^n \to \mathbf{R}$ 是光滑且可积的.

(i) 试证: 以下的 n- 形式是闭的:

$$\boldsymbol{\omega} = f dx^1 \wedge dx^2 \wedge \cdots \wedge dx^n.$$

(ii) 试证:(i) 中的 n- 形式是恰当的: 有 $(n-1)$- 形式 $\boldsymbol{\eta}$, 使得 $\boldsymbol{\omega} = d\boldsymbol{\eta}$.

(iii) 试证:

$$\int_B f dm = \int_{\partial B} \boldsymbol{\eta}.$$

(iv) 试证:

$$\int_{\partial B} \boldsymbol{\eta} = \int_A \mathbf{g}^* \boldsymbol{\omega}.$$

(v) 试证:

$$\int_A \mathbf{g}^*\boldsymbol{\omega} = \int_A (f\circ\mathbf{g})\det\mathbf{g}' dm.$$

(vi) 试证:

$$\int_B f dm = \int_A (f\circ\mathbf{g})\det\mathbf{g}' dm.$$

(vii) 试证:$m(\overline{B}\setminus\mathbf{g}(\overline{A}))=0$.

(viii) 试证: 不存在光滑映射 $\mathbf{g}:\overline{A}\to\partial A$, 使得 $\mathbf{g}|_{\partial A}=\mathrm{id}_{\partial A}$.

(ix) 试证 **Brouwer不动点定理**: 光滑映射 $\mathbf{g}:\mathbf{B}^n\to\mathbf{B}^n$ 必有不动点, 其中 $\mathbf{B}^n$ 表示 $\mathbf{R}^n$ 中的以原点为球心的单位闭球.

(关于 (vii), (viii) 和 (ix) 的提示: 请参看 §10.7 练习 10.7.15 的 (viii), (ix) 和 (x).)

注　本练习的内容取自只有两页的短文 [3].(vi) 中阐明的多元换元公式的陈述及证明的思路是一元换元公式的陈述及证明的思路 (参看第一册 §6.4 的定理 6.4.4) 的直接推广. 第二册 §10.7 中的练习 10.7.15 和练习 10.7.16 中关于换元公式的证明属于 P.D.Lax, 它的思路与 L.Báez-Duarte 的十分接近，但未用微分形式的语言.

*§16.7　补充教材一: Maxwell 电磁理论初步介绍

本节将重温物理教科书上刻画电磁现象基本规律的 Maxwell 方程组的发现过程. 为了使同学能与物理教科书的内容相衔接, 在本节中先用经典向量分析的语言来表述. 在补充了一些重线性代数的概念后, 再用微分形式的语言漂亮地阐明 Maxwell 的电磁理论.

到了 17 和 18 世纪, 人们已经认识到电荷分为两类: 正电荷与负电荷. 同类电荷相斥, 异类电荷相吸. 实验告诉我们, 同类电荷相斥力的大小与它们之间的距离的平方成反比, 它的方向应是沿着连接两电荷的联线的排斥方向; 异类电荷相吸力的大小与它们之间的距离的平方也成反比, 它的方向则是沿着连接两电荷的联线的相吸方向. 这就是静电学中的 **Coulomb定律**. 在 **Charles Augustin Coulomb**(1736-1806) 之前, **Jean Bernoulli** 的儿子 **Daniel Bernoulli**(1700-1782) 和 **Henry Cavendish**(1731-1810) 也研究过类似的问题.

假若一个点电荷 e 置于坐标原点, 则在适当选取单位后, 所产生的**静电场**, 即一个定义在 $\mathbf{R}^3$ 上的向量值函数, 它在某点处的值等于置于该点处的单位电荷所受的由点电荷 e 产生的力, 可以写成

$$\mathbf{E} = \frac{e}{(x_1^2+x_2^2+x_3^2)^{3/2}}\begin{bmatrix} x_1 \\ x_2 \\ x_3 \end{bmatrix}. \tag{16.7.1}$$

物理学家常把这个公式写成

$$\mathbf{E} = -\nabla\phi = -\mathrm{grad}\ \phi, \tag{16.7.2}$$

其中

$$\phi = \frac{e}{\sqrt{x_1^2+x_2^2+x_3^2}}, \tag{16.7.3}$$

ϕ 称为点电荷的**静电位 (势)**.

假若一个点电荷 $e(y_1,y_2,y_3)$ 置于点 (y_1,y_2,y_3), 则它产生的静电场是

$$\mathbf{E}(x_1,x_2,x_3) = \frac{e(y_1,y_2,y_3)}{\Big((x_1-y_1)^2+(x_2-y_2)^2+(x_3-y_3)^2\Big)^{3/2}}\begin{bmatrix} x_1-y_1 \\ x_2-y_2 \\ x_3-y_3 \end{bmatrix}. \tag{16.7.4}$$

假若以电荷密度为 $\rho(y_1,y_2,y_3)$ 的电荷分布于三维欧氏空间 $\mathbf{R}^3$. 为了数学上的方便 (也与大多数实际情况相符合), 不妨假设 $\rho(y_1,y_2,y_3)$ 是一个具有紧支集的光滑函数. 由于电荷场产生的电场满足**叠加原理**, 这个连续分布的电荷场产生的电场应是

$$\begin{aligned}&\mathbf{E}(x_1,x_2,x_3)\\ &= \int_{\mathbf{R}^3}\frac{\rho(y_1,y_2,y_3)}{((x_1-y_1)^2+(x_2-y_2)^2+(x_3-y_3)^2)^{3/2}}\begin{bmatrix} x_1-y_1 \\ x_2-y_2 \\ x_3-y_3 \end{bmatrix}dy_1dy_2dy_3.\end{aligned} \tag{16.7.5}$$

同样, 静电位对电荷依赖也满足**叠加原理**, 故连续分布的电荷场产生的**静电位 (势)**应是

$$\phi(x_1,x_2,x_3) = \int_{\mathbf{R}^3}\frac{\rho(y_1,y_2,y_3)}{((x_1-y_1)^2+(x_2-y_2)^2+(x_3-y_3)^2)^{1/2}}dy_1dy_2dy_3. \tag{16.7.6}$$

根据 §16.5 练习 16.5.5 的结果, 我们有

$$\Delta\phi(x_1,x_2,x_3) = -4\pi\rho(x_1,x_2,x_3). \tag{16.7.7}$$

因为

$$\Delta\phi(x_1,x_2,x_3) = \nabla\cdot(\nabla\phi)(x_1,x_2,x_3) = -\nabla\cdot\mathbf{E}(x_1,x_2,x_3) = -\mathrm{div}\,\mathbf{E}(x_1,x_2,x_3), \tag{16.7.8}$$

综合方程 (16.7.7) 和 (16.7.8), 我们得到关于**电场的Gauss定律**, 它是我们得到的电磁场必须遵守的第一个定律:

$$\frac{1}{4\pi}\,\mathrm{div}\mathbf{E} = \frac{1}{4\pi}\,\nabla\cdot\mathbf{E} = \rho. \tag{16.7.9}$$

由 Gauss 散度定理 (定理 16.4.1), 方程 (16.7.9) 的一个等价的表述是: 对于任何区域 $M \subset \mathbf{R}^3$, 有

$$\frac{1}{4\pi}\int_{\partial M}\mathbf{E}\cdot\nu d\sigma = \int_M \rho dV. \tag{16.7.10}$$

这个方程称为 **Gauss定律的积分形式**.

1820 年 7 月, **Hans Christian Oersted** 宣布, 当一个电流在一根磁针附近通过时, 电流会使磁针转动. 这告诉我们电现象与磁现象是有某种联系的. 这一消息迅速传遍欧洲. 不久, **Dominique Francois Jean Arago** 和 **Humphry Davy** 宣布, 当电流通过缠绕在一根软铁棒上的线圈时, 软铁棒会被磁化. 很快, **Jean Baptiste Biot** 和 **Félix Savart** 宣布, 一个恒稳电流通过一根直线形的导线时, 所产生的磁场的磁力线是在垂直于导线的平面上, 圆心在导线与平面交点处的一族圆周, 它的强度与该圆周的半径成反比.1820 年 9 月, 在 Oersted 宣布他的发现两个月后, **André Marie Ampére** 在法兰西科学院所作的一系列讲演中, 分析并阐述了稳恒电流和由稳恒电流产生的磁场之间的数学关系, Ampére 所说的稳恒电流是指每一点处的电流密度都与时间无关的电流. 下面的表述虽和 Ampére 最初的表述形式并不一样, 但它阐明了稳恒电流与它所产生的磁场的基本关系. 假若在 $\mathbf{y}$ 处通过的电流是 $\mathbf{J} = (J_1, J_2, J_3) = q\mathbf{v} = (qv_1, qv_2, qv_3)$($q$ 表示电荷, $\mathbf{v}$ 表示电荷运动的速度), 则这个电流产生的磁场在 $\mathbf{x}$ 处的值是

$$\begin{aligned}\mathbf{B}(\mathbf{x}) &= \frac{\alpha}{|(\mathbf{x}-\mathbf{y}|^3}\mathbf{J}\times(\mathbf{x}-\mathbf{y}) \\ &= \frac{\alpha}{|\mathbf{x}-\mathbf{y}|^3}\begin{bmatrix} J_2(\mathbf{y})(x_3-y_3) - J_3(\mathbf{y})(x_2-y_2) \\ J_3(\mathbf{y})(x_1-y_1) - J_1(\mathbf{y})(x_3-y_3) \\ J_1(\mathbf{y})(x_2-y_2) - J_2(\mathbf{y})(x_1-y_1)\end{bmatrix},\end{aligned} \tag{16.7.11}$$

其中 $\mathbf{x} = (x_1, x_2, x_3)$, $\mathbf{y} = (y_1, y_2, y_3)$, 而 α 是一个正的常数.

假若有分布于整个空间的稳恒电流, 电流分布密度是

$$\mathbf{j}(\mathbf{y}) = (j_1(\mathbf{y}), j_2(\mathbf{y}), j_3(\mathbf{y})),$$

由于稳恒电流产生磁场也满足叠加原理, 这个分布于整个空间的稳恒电流所产生的磁场应是

$$\begin{aligned}\mathbf{B}(\mathbf{x}) &= \int_{\mathbf{R}^3}\frac{\alpha}{|\mathbf{x}-\mathbf{y}|^3}\mathbf{j}(\mathbf{y})\times(\mathbf{x}-\mathbf{y})m(d\mathbf{y}) \\ &= \int_{\mathbf{R}^3}\frac{\alpha}{|\mathbf{x}-\mathbf{y}|^3}\begin{bmatrix} j_2(\mathbf{y})(x_3-y_3) - j_3(\mathbf{y})(x_2-y_2) \\ j_3(\mathbf{y})(x_1-y_1) - j_1(\mathbf{y})(x_3-y_3) \\ j_1(\mathbf{y})(x_2-y_2) - j_2(\mathbf{y})(x_1-y_1)\end{bmatrix} m(d\mathbf{y}).\end{aligned} \tag{16.7.12}$$

假若有分布于 x_3 轴上稳恒电流, 它的分布 (线) 密度是

$$\mathbf{i}(x_3) = (0, 0, i),$$

按稳恒电流产生磁场的叠加原理, 它所产生的磁场是

$$\mathbf{B}(\mathbf{x}) = i\alpha R \int_{-\infty}^{\infty} \frac{dx_3}{(R^2 + x_3^2)^{3/2}} = \frac{2i\alpha}{R},$$

这里 $R = \sqrt{x_1^2 + x_2^2}$. 这恰与 Biot-Savart 所宣布的实验结果吻合.

由公式 (16.7.12), 易得以下的 $\mathbf{B}(\mathbf{x})$ 表示式:

$$\mathbf{B}(\mathbf{x}) = \alpha \text{ curl} \int_{\mathbf{R}^3} \frac{\mathbf{j}(\mathbf{y})}{|\mathbf{x}-\mathbf{y}|} m(d\mathbf{y}). \tag{16.7.13}$$

由于三维空间中任何向量场的旋度的散度必等于零 (这可通过直接计算或通过 §15.3 中外微分算子与经典场论中三个微分算子之间的对应关系及 $d^2 = 0$ 得到, 请同学补出证明的细节), 我们得到关于电磁场必须遵守的第二个定律:

$$\text{div } \mathbf{B} = 0. \tag{16.7.14}$$

由定理 16.4.1(Gauss 散度定理) 可得到上述定律的等价的表述: 对于任何开区域 $G \subset \mathbf{R}^3$, 有

$$\int_{\partial G} \mathbf{B} \cdot \nu d\sigma = \int_G \text{div}\, \mathbf{B}\, m(d\mathbf{x}) = 0. \tag{16.7.15}$$

这就是物理书上说的 "**磁场无源定律**"(即, 磁力线或从无穷远来到无穷远去, 或是封闭曲线) 的数学表述, 它是我们得到的**磁场无源定律的积分形式**.

由公式 (16.7.13), 我们还可得到 $\mathbf{B}(\mathbf{x})$ 满足的以下方程:

$$\begin{aligned}
\text{curl } \mathbf{B}(\mathbf{x}) &= \alpha \text{ curl curl} \int_{\mathbf{R}^3} \frac{\mathbf{j}(\mathbf{y})}{|\mathbf{x}-\mathbf{y}|} m(d\mathbf{y}) \\
&= \alpha \text{ (grad div} - \Delta) \int_{\mathbf{R}^3} \frac{\mathbf{j}(\mathbf{y})}{|\mathbf{x}-\mathbf{y}|} m(d\mathbf{y}) \\
&= \alpha \left[\text{grad} \int_{\mathbf{R}^3} \mathbf{j}(\mathbf{y}) \cdot \text{grad} \left(\frac{1}{|\mathbf{x}-\mathbf{y}|} \right) m(d\mathbf{y}) \right. \\
&\quad \left. - \int_{\mathbf{R}^3} \mathbf{j}(\mathbf{y}) \Delta \left(\frac{1}{|\mathbf{x}-\mathbf{y}|} \right) m(d\mathbf{y}) \right].
\end{aligned} \tag{16.7.16}$$

应该指出, 上式中的微分算子 curl, grad, div, Δ 都是关于自变量 $\mathbf{x}$ 的微分算子. 下文中关于 $\mathbf{y}$ 的微分算子将在右下角注明 $\mathbf{y}$. 我们有

$$\text{grad} \left(\frac{1}{|\mathbf{x}-\mathbf{y}|} \right) = -\text{grad}_{\mathbf{y}} \left(\frac{1}{|\mathbf{x}-\mathbf{y}|} \right).$$

公式 (16.7.16) 右端方括弧中的第一项应为

$$\begin{aligned}
&\text{grad} \int_{\mathbf{R}^3} \mathbf{j}(\mathbf{y}) \cdot \text{grad} \left(\frac{1}{|\mathbf{x}-\mathbf{y}|} \right) m(d\mathbf{y}) \\
&= -\text{grad} \int_{\mathbf{R}^3} \mathbf{j}(\mathbf{y}) \cdot \text{grad}_{\mathbf{y}} \left(\frac{1}{|\mathbf{x}-\mathbf{y}|} \right) m(d\mathbf{y}) \\
&= \text{grad} \int_{\mathbf{R}^3} \Big(\text{div}_{\mathbf{y}} \mathbf{j}(\mathbf{y}) \Big) \frac{1}{|\mathbf{x}-\mathbf{y}|} m(d\mathbf{y}),
\end{aligned} \tag{16.7.17}$$

在最后一步推演中用了分部积分公式及 $\dfrac{1}{|\mathbf{x}-\mathbf{y}|}$ 在 $|\mathbf{y}|\to\infty$ 时趋于零而电流密度 $\mathbf{j}(\mathbf{y})$ 有界的事实. 又由 §16.5 的练习 16.5.4, 公式 (16.7.16) 右端方括弧中的第二项应为

$$-\int_{\mathbf{R}^3}\mathbf{j}(\mathbf{y})\Delta\left(\frac{1}{|\mathbf{x}-\mathbf{y}|}\right)m(d\mathbf{y})=4\pi\mathbf{j}(\mathbf{x}). \tag{16.7.18}$$

把 (16.7.16), (16.7.17) 和 (16.7.18) 结合起来, 得到

$$\operatorname{curl}\mathbf{B}(\mathbf{x})=\alpha\left[\operatorname{grad}\int_{\mathbf{R}^3}\Big(\operatorname{div}_{\mathbf{y}}\mathbf{j}(\mathbf{y})\Big)\frac{1}{|\mathbf{x}-\mathbf{y}|}m(d\mathbf{y})+4\pi\mathbf{j}(\mathbf{x})\right]. \tag{16.7.19}$$

§16.6 附加习题 16.6.1 的注所述的**连续性方程**(它的物理涵义是电荷守恒) 是

$$\frac{\partial\rho}{\partial t}(\mathbf{x},t)+\operatorname{div}\Big(\rho(\mathbf{x},t)\mathbf{v}(\mathbf{x},t)\Big)=0. \tag{16.7.20}$$

当电流稳恒时, $\dfrac{\partial\rho}{\partial t}(\mathbf{x},t)=0$, 我们得到以下关于**稳恒电流的连续性方程**:

$$\operatorname{div}\mathbf{j}=\operatorname{div}\Big(\rho(\mathbf{x},t)\mathbf{v}(\mathbf{x},t)\Big)=0. \tag*{(16.7.20)$'$}$$

把它代入公式 (16.7.19), 稳恒电流产生的磁场应满足方程

$$\operatorname{curl}\mathbf{B}(\mathbf{x})=\alpha\ 4\pi\mathbf{j}(\mathbf{x}). \tag{16.7.21}$$

方程 (16.7.21) 称为 **Ampére定律**, 它是我们得到的电磁现象的第三个定律.

设 S 是一个曲面, 则由方程 (16.7.21) 得到

$$\int_S\operatorname{curl}\mathbf{B}(\mathbf{x})\cdot\boldsymbol{\nu}\,d\sigma=4\alpha\ \pi\int_S\mathbf{j}(\mathbf{x})\cdot\boldsymbol{\nu}\,d\sigma.$$

根据经典的 Stokes 公式 (参看 §16.2 的练习 16.2.3), 我们得到以下的 Ampére 定律的积分形式:

$$\int_{\partial S}\mathbf{B}(\mathbf{x})\cdot\,d\lambda=4\alpha\ \pi\int_S\mathbf{j}(\mathbf{x})\cdot\boldsymbol{\nu}\,d\sigma. \tag{16.7.22}$$

1820 年 **Oersted** 发现了电流产生磁场后, 英国物理学家 **Michael Faraday** 试图研究磁场的变化会不会产生电场. 从 1822 年开始, 作了大量实验, 经历了许多失败, Faraday 在 1831 年终于取得了重大突破. 他发现了: (1) 当磁铁与线圈发生相对运动时, 线圈中出现了电流. (2) 当一个线圈中的电流发生变化时, 附近的其他线圈中出现了电流. 线圈中出现电流表明线圈处于一个由磁场的变化而产生的电场中. Faraday 发现的现象被称为 **Faraday电磁感应**.Faraday 还总结出了电磁感应的数学刻画.

设 S 是 $\mathbf{R}^3$ 中的一个曲面, ∂S 是它的边界, $\boldsymbol{\nu}=\boldsymbol{\nu}(\mathbf{x})$ 是曲面 S 在点 $\mathbf{x}\in S$ 处的单位法向量. 又设 $\mathbf{B}=\mathbf{B}(\mathbf{x},t)$ 是在包含 S 的一个区域中的磁场, 这个磁场在 S 上的**磁通量**定义为

$$F(t)=\int_S\mathbf{B}(\mathbf{x},t)\cdot\boldsymbol{\nu}(\mathbf{x})d\sigma. \tag{16.7.23}$$

以 $\mathbf{E}=\mathbf{E}(\mathbf{x},t)$ 表示由磁场的变化而产生的电场, 这个电场在 ∂S 上的**电动势**定义为

$$\mathsf{E}(t)=\int_{\partial S}\mathbf{E}(\mathbf{x},t)d\lambda. \tag{16.7.24}$$

Faraday 通过对实验数据的分析, 总结出的电磁感应规律的数学表述是

$$\mathsf{E}=-\alpha\frac{dF}{dt}, \tag{16.7.25}$$

其中 α 恰是公式 (16.7.11) 中的常数, 换言之, Ampére 定律中的常数. 方程 (16.7.25) 称为 **Faraday电磁感应定律**. 这是我们得到的电磁场必须遵守的第四个定律. 把 (16.7.23) 和 (16.7.24) 代入 (16.7.25), 得到 **Faraday电磁感应定律的积分形式**:

$$\int_{\partial S}\mathbf{E}(\mathbf{x},t)d\lambda=-\alpha\frac{d}{dt}\int_S\mathbf{B}(\mathbf{x},t)\cdot\boldsymbol{\nu}(\mathbf{x})d\sigma. \tag{16.7.26}$$

利用经典的 Stokes 公式, 我们有

$$\int_S \operatorname{curl}\mathbf{E}(\mathbf{x},t)\cdot\nu(\mathbf{x})d\sigma=-\alpha\int_S\frac{\partial\mathbf{B}}{\partial t}(\mathbf{x},t)\cdot\boldsymbol{\nu}(\mathbf{x})d\sigma. \tag{16.7.27}$$

由 S 的任意性, 得到

$$\operatorname{curl}\mathbf{E}(\mathbf{x},t)=-\alpha\frac{\partial\mathbf{B}}{\partial t}(\mathbf{x},t). \tag{16.7.28}$$

这是 **Faraday电磁感应定律的微分形式**.

我们得到的关于电磁现象四条规律的微分形式是:

Coulomb定律:

$$\frac{1}{4\pi}\operatorname{div}\mathbf{E}=\frac{1}{4\pi}\nabla\cdot\mathbf{E}=\rho, \tag*{(16.7.9)$'$}$$

磁场无源 (或称无自由磁荷):

$$\operatorname{div}\mathbf{B}=0. \tag*{(16.7.14)$'$}$$

Ampére定律:

$$\operatorname{curl}\mathbf{B}(\mathbf{x})=\alpha\, 4\pi\mathbf{j}(\mathbf{x}). \tag*{(16.7.21)$'$}$$

Faraday感应定律:

$$\operatorname{curl}\mathbf{E}(\mathbf{x},t)=-\alpha\frac{\partial\mathbf{B}}{\partial t}(\mathbf{x},t). \tag*{(16.7.28)$'$}$$

1865 年, **James Clerk Maxwell** 注意到, 这四个方程中, 除了 Faraday 感应定律外, 都是根据不随时间变化 (稳恒) 的场中实验数据总结得到的. 用以上形式的四个方程去刻画随时间变化的场是不妥的. 事实上, 由 Ampére 定律立即得到以下方程

$$\operatorname{div}\mathbf{j}(\mathbf{x})=0.$$

而这个方程只适用于稳恒电流.Maxwell 大胆地引进了位移电流的概念. 他把电场变化率的 $\frac{1}{4\pi}$ 倍 $\frac{1}{4\pi}\frac{\partial\mathbf{E}}{\partial t}(\mathbf{x})$ 称为**位移电流**. Maxwell, 并认为: 随时间变化的电

流产生磁场时, 位移电流也和电流一样产生磁场, 换言之, 对于随时间变化的电流产生磁场来说, Ampére 定律应修改成如下形式:

$$\text{curl } \mathbf{B}(\mathbf{x}) = \alpha\ 4\pi\mathbf{j}(\mathbf{x}) + \alpha\frac{\partial \mathbf{E}}{\partial t}(\mathbf{x}). \tag{16.7.21$''$}$$

它的积分形式是

$$\int_{\partial S} \mathbf{B}(\mathbf{x}) \cdot d\lambda = \alpha \int_S \left(4\pi\mathbf{j}(\mathbf{x}) + \frac{\partial \mathbf{E}}{\partial t}(\mathbf{x})\right) \cdot \nu\, d\sigma. \tag{16.7.22$'$}$$

Maxwell 的另一个重要的假设是, 在真空中, 常数 $\alpha = 1/c$, 其中 c 是真空中的光速, 并认为光的传播即真空中电磁波的传播. 只要适当调节时间和长度的单位, 我们可以假设 $c = 1$, 即 $\alpha = 1$. 这样 Maxwell 得到了完全刻画电磁场变化规律的四条定律, 它们是:

Coulomb定律:

$$\frac{1}{4\pi}\,\text{div}\mathbf{E} = \frac{1}{4\pi}\,\nabla \cdot \mathbf{E} = \rho, \tag{16.7.29}$$

磁场无源 (或称无自由磁荷):

$$\text{div } \mathbf{B} = 0. \tag{16.7.30}$$

引进位移电流后推广了的Ampére定律:

$$\text{curl } \mathbf{B}(\mathbf{x}, t) = 4\pi\mathbf{j}(\mathbf{x}, t) + \frac{\partial \mathbf{E}}{\partial t}(\mathbf{x}, t). \tag{16.7.31}$$

Faraday感应定律:

$$\text{curl } \mathbf{E}(\mathbf{x}, t) = -\frac{\partial \mathbf{B}}{\partial t}(\mathbf{x}, t). \tag{16.7.32}$$

方程 (16.7.29), (16.7.30), (16.7.31) 和 (16.7.32) 构成 (刻画电磁场变化的基本规律的)**Maxwell 方程组**. 由于 (16.7.31) 和 (16.7.32) 是向量方程. 故 Maxwell 方程组是由八个偏微分方程组成的.

*§16.8 补充教材二: Hodge 星算子 ⋆

为了将电磁理论用微分形式的语言简洁地表述出来, 我们需要引进 Hodge 星算子 ⋆ 这个概念.

定义 16.8.1 设 V 是个有限维 (实) 线性空间, V 上的一个非退化且对称的双线性函数 $\langle\cdot,\cdot\rangle$ 称为**标量积**, 换言之, 标量积是个映射

$$V \times V \ni (\mathbf{x}, \mathbf{y}) \mapsto \langle\mathbf{x}, \mathbf{y}\rangle \in \mathbf{R},$$

它具有以下性质:

(i) $\forall \mathbf{x}, \mathbf{y} \in V\Big(\langle\mathbf{x}, \mathbf{y}\rangle = \langle\mathbf{y}, \mathbf{x}\rangle\Big)$;

(ii) $\forall \lambda, \mu \in \mathbf{R} \forall \mathbf{x}, \mathbf{y}, \mathbf{z} \in V\Big(\langle\lambda\mathbf{x} + \mu\mathbf{y}, \mathbf{z}\rangle = \lambda\langle\mathbf{x}, \mathbf{z}\rangle + \mu\langle\mathbf{y}, \mathbf{z}\rangle\Big)$;

(iii) $\forall \mathbf{x} \in V\left(\left(\forall \mathbf{y} \in V(\langle \mathbf{x}, \mathbf{y} \rangle = 0)\right) \Longrightarrow \mathbf{x} = \mathbf{0}\right)$.

注 本讲义把非退化且对称的双线性函数称为标量积. 在线性代数中, 通常说的标量积是指正定的双线性函数. 我们之所以允许标量积可以是非正定的是因为电磁理论 (以及狭义相对论) 需要考虑非正定的 (但非退化而对称的) 双线性函数. 本讲义把正定的标量积称为内积 (或点乘). 为了区别于内积的记号 $(\cdot,\cdot)$, 一般的标量积用记号 $\langle\cdot,\cdot\rangle$ 表示.

例如, $\mathbf{R}^n$ 上以下的 **Euclid标量积**是正定的: 设 $\mathbf{x} = (x_1, \cdots, x_n), \mathbf{y} = (y_1, \cdots, y_n)$,

$$\langle \mathbf{x}, \mathbf{y} \rangle = \sum_{j=1}^{n} x_j y_j.$$

当然它是非退化且对称的.

又如, 如下的 **Minkowski空间$\mathbf{R}^4$** 上的 **Lorentz标量积**是非正定的, 但却是对称且非退化的: 设 $\mathbf{v}_1 = (t_1, x_1, y_1, z_1), \mathbf{v}_2 = (t_2, x_2, y_2, z_2) \in \mathbf{R}^4$,

$$\langle \mathbf{v}_1, \mathbf{v}_2 \rangle = t_1 t_2 - x_1 x_2 - y_1 y_2 - z_1 z_2.$$

这个 Lorentz 标量积在电磁理论和狭义相对论中扮演着重要的角色.

以上两个标量积是我们感兴趣的标量积的主要的模型.

若线性空间 V 上给了一个标量积, 则它将在对偶空间 V' 上诱导出一个标量积. 事实上, V 上的标量积将按以下方式诱导出一个映射 $L: V \to V'$

$$\forall \mathbf{v}, \mathbf{w} \in V\Big(L(\mathbf{v})(\mathbf{w}) = \langle \mathbf{v}, \mathbf{w} \rangle\Big),$$

其中 $L(\mathbf{v}) \in V'$. 作为线性代数的一个初等的习题, 同学们可以证明: 标量积的非退化性保证了 L 的可逆性. 现在我们可以用下式定义**V' 上由 V 上的标量积诱导出的标量积**:

$$\forall \alpha, \beta \in V'\Big(\langle \alpha, \beta \rangle_{V'} = \langle L^{-1}\alpha, L^{-1}\beta \rangle_V\Big).$$

若线性空间 V 上给了一个正定的标量积, $\{\mathbf{e}_1, \cdots, \mathbf{e}_n\}$ 是 V 相对于这个正定的标量积的一组正交规范基, 而 $\{\tilde{\mathbf{e}}^1, \cdots, \tilde{\mathbf{e}}^n\}$ 是它的对偶基. 不难检验

$$L(\mathbf{e}_i) = \tilde{\mathbf{e}}^i, \qquad i = 1, \cdots, n.$$

故 $\{\tilde{\mathbf{e}}^1, \cdots, \tilde{\mathbf{e}}^n\}$ 是一组正交规范基.

若线性空间 V 上给了一个非退化 (但不一定正定) 的标量积, $\{\mathbf{e}_1, \cdots, \mathbf{e}_n\}$ 是 V 相对于这个标量积的一组正交基, 且 $\langle \mathbf{e}_i, \mathbf{e}_i \rangle = \pm 1$, 则它的对偶基 $\{\tilde{\mathbf{e}}^1, \cdots, \tilde{\mathbf{e}}^n\}$ 是 V' 中的正交基, 且

$$\langle \tilde{\mathbf{e}}^i, \tilde{\mathbf{e}}^i \rangle_{V'} = \langle \mathbf{e}_i, \mathbf{e}_i \rangle_V.$$

Euclid 空间 $\mathbf{R}^n$ 上的 1- 形式 $dx^1, \cdots, dx^n$ 构成 $(\mathbf{R}^n)'$ 的一组正交规范基, 且有

$$\langle dx^i, dx^j \rangle = \begin{cases} 1, & 若\ i = j, \\ 0, & 若\ i \neq j. \end{cases}$$

设 $\boldsymbol{\omega} = A_x dx + A_y dy + A_z dz$ 和 $\boldsymbol{\tau} = B_x dx + B_y dy + B_z dz$ 是 $\mathbf{R}^3$ 上的两个 1- 形式, 则

$$\langle \boldsymbol{\omega}, \boldsymbol{\tau} \rangle = A_x B_x + A_y B_y + A_z B_z.$$

四维 Minkowski 空间 $\mathbf{R}^4$ 上的 1- 形式 dt, dx, dy, dz 构成 $(\mathbf{R}^4)'$ 的一组正交基, 且不难看出,

$$\langle dt, dt \rangle = 1, \quad \langle dx, dx \rangle = \langle dy, dy \rangle = \langle dz, dz \rangle = -1.$$

设 $\boldsymbol{\omega} = A_t dt + A_x dx + A_y dy + A_z dz$ 和 $\boldsymbol{\tau} = B_t dt + B_x dx + B_y dy + B_z dz$ 是 Minkowski 空间 $\mathbf{R}^4$ 上的两个 1- 形式, 则

$$\langle \boldsymbol{\omega}, \boldsymbol{\tau} \rangle = A_t B_t - A_x B_x - A_y B_y - A_z B_z.$$

我们已经有了 1- 形式之间的标量积, 下面我们要引进 k- 形式之间的标量积:

定义 16.8.2 在 $\mathbf{\Lambda}^k(\mathbf{V}')$**上的标量积**用以下公式定义:

$$\langle \boldsymbol{\alpha}^1 \wedge \cdots \wedge \boldsymbol{\alpha}^k, \boldsymbol{\gamma}^1 \wedge \cdots \wedge \boldsymbol{\gamma}^k \rangle = \det \begin{bmatrix} \langle \boldsymbol{\alpha}^1, \boldsymbol{\gamma}^1 \rangle & \cdots & \langle \boldsymbol{\alpha}^1, \boldsymbol{\gamma}^k \rangle \\ \vdots & & \vdots \\ \langle \boldsymbol{\alpha}^k, \boldsymbol{\gamma}^1 \rangle & \cdots & \langle \boldsymbol{\alpha}^k, \boldsymbol{\gamma}^k \rangle \end{bmatrix}. \tag{16.8.1}$$

我们知道, $\Lambda^k(V')$ 中的任何元素均可表示成 k 个 1- 形式的外积的线性组合. 因此, 利用上式及标量积的双线性性, 我们便可得到 $\Lambda^k(V')$ 中的任何两个元素的标量积. 但是 $\Lambda^k(V')$ 中的元素表示成 k 个 1- 形式的外积的线性组合的表达方式可以有很多种. 因此, 我们必须证明: 用以上公式给出的值不依赖于表达方式的选择. 本讲义不想去讨论这个结论的证明了. 假若引进 **Clifford代数**, 并通过它来定义 $\Lambda^k(V')$, 这是很容易做到的. 有兴趣的读者可以参看文献 [4].

我们用公式 (16.8.1) 考虑如下 2- 形式的标量积:

$$\langle \boldsymbol{\omega}^1 \wedge \boldsymbol{\omega}^2, \boldsymbol{\tau}^1 \wedge \boldsymbol{\tau}^2 \rangle = \langle \boldsymbol{\omega}^1, \boldsymbol{\tau}^1 \rangle \langle \boldsymbol{\omega}^2, \boldsymbol{\tau}^2 \rangle - \langle \boldsymbol{\omega}^1, \boldsymbol{\tau}^2 \rangle \langle \boldsymbol{\omega}^2, \boldsymbol{\tau}^1 \rangle.$$

在 Euclid 空间 $\mathbf{R}^3$ 上, 有

$$\langle dx \wedge dy, dx \wedge dy \rangle = \langle dx \wedge dz, dx \wedge dz \rangle = \langle dz \wedge dy, dz \wedge dy \rangle = 1.$$

在给了 Lorentz 标量积的 Minkowski 空间 $\mathbf{R}^4$ 上, 有

$$\langle dt \wedge dx, dt \wedge dx \rangle = \langle dt \wedge dy, dt \wedge dy \rangle = \langle dt \wedge dz, dt \wedge dz \rangle = -1,$$

而

$$\langle dx\wedge dy, dx\wedge dy\rangle = \langle dx\wedge dz, dx\wedge dz\rangle = \langle dz\wedge dy, dz\wedge dy\rangle = 1.$$

在 Euclid 空间 $\mathbf{R}^3$ 上, 给了球坐标:

$$r=\sqrt{x^2+y^2+z^2},\qquad \theta=\arctan\Big(\sqrt{x^2+y^2}\Big/z\Big),\qquad \phi=\arctan(y/x).$$

我们有

$$\begin{aligned} dr &= \sin\theta\cos\phi dx+\sin\theta\sin\phi dy+\cos\theta dz,\\ d\theta &= \frac{1}{r}\Big(\cos\theta\cos\phi dx+\cos\theta\sin\phi dy-\sin\theta dz\Big),\\ d\phi &= \frac{1}{r\sin\theta}\Big(-\sin\phi dx+\cos\phi dy\Big). \end{aligned}$$

由此得到:dr, $d\theta$, $d\phi$ 是 V' 中的两两正交的三个元素, 且

$$\langle dr, dr\rangle = 1,\qquad \langle d\theta, d\theta\rangle = 1/r^2,\qquad \langle d\phi, d\phi\rangle = 1/(r^2\sin^2\theta).$$

因此, $dr\wedge d\theta$, $dr\wedge d\phi$, $d\theta\wedge d\phi$ 是 $\Lambda^2(\mathbf{R}^3)$ 中的一组正交基, 且

$$\begin{aligned} \langle dr\wedge d\theta, dr\wedge d\theta\rangle &= 1/r^2,\\ \langle dr\wedge d\phi, dr\wedge d\phi\rangle &= 1\Big/(r^2\sin^2\theta),\\ \langle d\theta\wedge d\phi, d\theta\wedge d\phi\rangle &= 1\Big/(r^4\sin^2\theta). \end{aligned}$$

最后, 还有

$$\langle dr\wedge d\theta\wedge d\phi, dr\wedge d\theta\wedge d\phi\rangle = 1\Big/(r^4\sin^2\theta).$$

以上的结果也可用以下的看法更方便地得到: 三个 1- 形式

$$dr,\ rd\theta,\ r\sin\theta d\phi$$

构成 $\Lambda^1\Big((\mathbf{R}^3)'\Big)$ 中的一组正交规范基. 对于它们的运算, 我们可以像对待正交规范基 dx, dy, dz 一样地处理. 任何其他的 1- 形式都可表示成这三个正交规范 1- 形式的线性组合. 故任何两个 1- 形式的标量积可以把它们写成这三个正交规范 1- 形式的线性组合后算得.

设 V 是一个具有非退化标量积的 n 维线性空间. $\{\mathbf{e}_1,\cdots,\mathbf{e}_n\}$ 是 V 的一组正交基, 而且 $\langle\mathbf{e}_i,\mathbf{e}_i\rangle=\pm1$. 又设 $\{\mathbf{f}_1,\cdots,\mathbf{f}_n\}$ 也是 V 的一组正交基, 而且 $\langle\mathbf{f}_i,\mathbf{f}_i\rangle=\pm1$, 则这两组基可以通过一个矩阵 B 进行转换, 且 $\det B=\pm1$. 在 V 上给了一个定向, V 上的任何一组正交基, 它使得基中向量自己与自己的标量积的绝对值为 1 的, 必确定一个 (正的或反的) 定向. 适当调节某个基向量的方向便得到一组使得 $\langle\mathbf{e}_i,\mathbf{e}_i\rangle=\pm1$ 的确定正定向的正交基 $\{\mathbf{e}_1,\cdots,\mathbf{e}_n\}$, 因而, 确定了唯一的一个元素 $\mathbf{e}_1\wedge\cdots\wedge\mathbf{e}_n\in\Lambda^n(V')$, 我们把这个元素记为 $\boldsymbol{\sigma}$. 在具有非退化标量积的定向的 n 维线性空间上 $\boldsymbol{\sigma}$ 是唯一确定的. 若 $V=\mathbf{R}^n$ 是 n 维 Euclid 空间, 则标准正定向对应的 n- 形式

$$\boldsymbol{\sigma}=dx^1\wedge dx^2\wedge\cdots\wedge dx^n.$$

若 $V=\mathbf{R}^4$ 是 4 维 Minkowski 空间, 则标准正定向对应的 4- 形式

$$\boldsymbol{\sigma}=dt\wedge dx\wedge dy\wedge dz.$$

应注意的是: 当 V 是 n 维 Euclid 空间时, 我们有 $\langle\boldsymbol{\sigma},\boldsymbol{\sigma}\rangle=1$, 而当 V 是 4- 维 Minkowski 空间时, 我们有 $\langle\boldsymbol{\sigma},\boldsymbol{\sigma}\rangle=-1$. 现在我们可以引进本节的主要概念了.

定义 16.8.3　映射 $\star:\Lambda^k(V')\to\Lambda^{n-k}(V')$ 称为 **Hodge星算子**, 假若它满足以下条件:

$$\forall\boldsymbol{\lambda}\in\Lambda^k(V')\forall\boldsymbol{\omega}\in\Lambda^{n-k}(V')\Big(\boldsymbol{\lambda}\wedge\boldsymbol{\omega}=\langle\star\boldsymbol{\lambda},\boldsymbol{\omega}\rangle\boldsymbol{\sigma}\Big).\tag{16.8.2}$$

注 1　应注意的是,

$$\forall\boldsymbol{\lambda}\in\Lambda^k(V')\forall\boldsymbol{\omega}\in\Lambda^{n-k}(V')\Big(\boldsymbol{\lambda}\wedge\boldsymbol{\omega}\in\Lambda^n(V')\Big),$$

$\Lambda^n(V')$ 是一维线性空间, $\boldsymbol{\sigma}$ 是它的一个基向量. 故给定了 $\boldsymbol{\lambda}\in\Lambda^k(V')$, 有 $f(\boldsymbol{\omega})\in\mathbf{R}$, 使得

$$\boldsymbol{\lambda}\wedge\boldsymbol{\omega}=f(\boldsymbol{\omega})\boldsymbol{\sigma}.$$

显然, 映射 $\boldsymbol{\omega}\mapsto f(\boldsymbol{\omega})\in\mathbf{R}$ 是线性的. 因标量积是非退化的, 必有唯一的一个元素 $\star\boldsymbol{\lambda}\in\Lambda^{n-k}(V')$, 使得 (16.8.2) 成立.

注 2　在计算 $\star\boldsymbol{\lambda}$ 时, 我们只须检验 (16.8.2) 对 $\Lambda^{n-k}(V')$ 中的一组基向量中的 $\boldsymbol{\omega}$ 成立就已足够. 由定义 16.8.2,

$$\begin{aligned}&\langle dx^{i_1}\wedge\cdots\wedge dx^{i_k},dx^{j_1}\wedge\cdots\wedge dx^{j_{n-k}}\rangle\\&=\begin{cases}0, & 若\ \{j_1,\cdots,j_{n-k}\}\cap\{i_1,\cdots,i_n\}\neq\emptyset,\\ \pm\boldsymbol{\sigma}, & 若\ \{j_1,\cdots,j_{n-k}\}\cap\{i_1,\cdots,i_n\}=\emptyset.\end{cases}\end{aligned}$$

对于 $\boldsymbol{\lambda}=dx^{i_1}\wedge\cdots\wedge dx^{i_k}$, 为了确定 $\star\boldsymbol{\lambda}$, 只须检验 (16.8.2) 对 $\Lambda^{n-k}(V')$ 中的元素 $\boldsymbol{\omega}=dx^{j_1}\wedge\cdots\wedge dx^{j_{n-k}}$ 成立就已足够, 其中指标集 $\{j_1,\cdots,j_{n-k}\}$ 恰是 $\{i_1,\cdots,i_k\}$ 在 $\{1,\cdots,n\}$ 中的余集. 若 $\boldsymbol{\lambda}=dx^{i_1}\wedge\cdots\wedge dx^{i_k}$, $\boldsymbol{\omega}=dx^{j_1}\wedge\cdots\wedge dx^{j_{n-k}}$, 且指标集 $\{j_1,\cdots,j_{n-k}\}$ 恰是 $\{i_1,\cdots,i_k\}$ 在 $\{1,\cdots,n\}$ 中的余集. 必有 $\star\boldsymbol{\lambda}=\pm\boldsymbol{\omega}$. 这时 $\boldsymbol{\lambda}\wedge\boldsymbol{\omega}=\langle\star\boldsymbol{\lambda},\boldsymbol{\omega}\rangle\sigma=\langle\pm\boldsymbol{\omega},\boldsymbol{\omega}\rangle\boldsymbol{\sigma}$. 因此, 正负号的确定才是确定 $\star\boldsymbol{\lambda}$ 的关键.

注 3　当 $k=0$ 或 $k=n$ 时, 我们应补充说明一下 (16.8.2) 的涵义. $\Lambda^0((\mathbf{R}^n)')$ 的基元素记做 1, 它与自己的标量积是 $\langle 1,1\rangle=1$, 与任何 $\boldsymbol{\omega}\in\Lambda^k(\mathbf{R}^n)$ 的楔积是 $1\wedge\boldsymbol{\omega}=\boldsymbol{\omega}\wedge 1=\boldsymbol{\omega}$. 若 $\boldsymbol{\lambda}=\boldsymbol{\sigma}$, 我们只须检验 (16.8.2) 对于 $\boldsymbol{\omega}=1$ 成立, 即

$$\boldsymbol{\sigma}\wedge 1=\langle\star\boldsymbol{\sigma},1\rangle\boldsymbol{\sigma}.$$

因此, $\star\boldsymbol{\sigma}=1$. 若 $\boldsymbol{\lambda}=1$, 我们只须检验 (16.8.2) 对于 $\boldsymbol{\omega}=\boldsymbol{\sigma}$ 成立, 即

$$1\wedge\boldsymbol{\sigma}=\langle\star 1,\boldsymbol{\sigma}\rangle\boldsymbol{\sigma}.$$

因此, $\star 1=\langle\sigma,\sigma\rangle\boldsymbol{\sigma}$. 在 Euclid 空间中, 我们有

$$\star\boldsymbol{\sigma}=1,\qquad\star 1=\boldsymbol{\sigma}.$$

在 Minkowski 空间中, 我们有

$$\star\boldsymbol{\sigma} = 1, \qquad \star 1 = -\boldsymbol{\sigma}.$$

下面我们要计算最简单的情形, 也是本讲义实际上要用的情形的星算子形式.

例 16.8.1 设 $V = \mathbf{R}^2$ 是二维 Euclid 空间, dx, dy 是 $\Lambda^1(V')$ 中的基, 易见, $\langle dx, dx\rangle = 1, \langle dy, dy\rangle = 1$, 而 $\boldsymbol{\sigma} = dx \wedge dy$. 所以

$$\star(dx \wedge dy) = 1;$$

$$dx \wedge dy = \langle \star dx, dy\rangle\boldsymbol{\sigma} \Longrightarrow \star dx = dy;$$
$$dy \wedge dx = \langle \star dy, dx\rangle\boldsymbol{\sigma} \Longrightarrow \star dy = -dx;$$
$$\langle\boldsymbol{\sigma}, \boldsymbol{\sigma}\rangle = 1 \Longrightarrow \star 1 = dx \wedge dy.$$

例 16.8.2 设 $V = \mathbf{R}^3$ 是三维 Euclid 空间, dx, dy, dz 是 $\Lambda^1(V')$ 中的基. 又 $\langle dx, dx\rangle = 1, \langle dy, dy\rangle = 1, \langle dz, dz\rangle = 1$, 而 $\boldsymbol{\sigma} = dx \wedge dy \wedge dz$. 所以

$$\star(dx \wedge dy \wedge dz) = 1;$$

$$(dx \wedge dy) \wedge dz = \langle \star(dx \wedge dy), dz\rangle\boldsymbol{\sigma} \Longrightarrow \star(dx \wedge dy) = dz;$$
$$(dx \wedge dz) \wedge dy = \langle \star(dx \wedge dz), dy\rangle\boldsymbol{\sigma} \Longrightarrow \star(dx \wedge dz) = -dy;$$
$$(dy \wedge dz) \wedge dx = \langle \star(dy \wedge dz), dx\rangle\boldsymbol{\sigma} \Longrightarrow \star(dy \wedge dz) = dx;$$
$$dx \wedge (dy \wedge dz) = \langle \star dx, dy \wedge dz\rangle\boldsymbol{\sigma} \Longrightarrow \star dx = dy \wedge dz;$$
$$dy \wedge (dx \wedge dz) = \langle \star dy, dx \wedge dz\rangle\boldsymbol{\sigma} \Longrightarrow \star dy = -dx \wedge dz;$$
$$dz \wedge (dx \wedge dy) = \langle \star dz, dx \wedge dy\rangle\boldsymbol{\sigma} \Longrightarrow \star dz = dx \wedge dy;$$
$$\star 1 = dx \wedge dy \wedge dz.$$

例 16.8.3 设 $V = \mathbf{R}^4$ 是四维 Minkowski 空间, dt, dx, dy, dz 是 $\Lambda^1(V')$ 中的基, 容易看出, $\langle dt, dt\rangle = 1, \langle dx, dx\rangle = -1, \langle dy, dy\rangle = -1, \langle dz, dz\rangle = -1$, $\sigma = dt \wedge dx \wedge dy \wedge dz$. 所以, 我们有

$$\star(dt \wedge dx \wedge dy \wedge dz) = 1;$$

$$(dt \wedge dx \wedge dy) \wedge dz = \langle \star(dt \wedge dx \wedge dy), dz\rangle\boldsymbol{\sigma} \Longrightarrow \star(dt \wedge dx \wedge dy) = -dz;$$
$$(dt \wedge dx \wedge dz) \wedge dy = \langle \star(dt \wedge dx \wedge dz), dy\rangle\boldsymbol{\sigma} \Longrightarrow \star(dt \wedge dx \wedge dz) = dy;$$
$$(dt \wedge dy \wedge dz) \wedge dx = \langle \star(dt \wedge dy \wedge dz), dx\rangle\boldsymbol{\sigma} \Rightarrow \star(dt \wedge dy \wedge dz) = -dx;$$
$$(dx \wedge dy \wedge dz) \wedge dt = \langle \star(dx \wedge dy \wedge dz), dt\rangle\boldsymbol{\sigma} \Longrightarrow \star(dx \wedge dy \wedge dz) = -dt;$$
$$(dt \wedge dx) \wedge (dy \wedge dz) = \langle \star(dt \wedge dx), dy \wedge dz\rangle\boldsymbol{\sigma} \Longrightarrow \star(dt \wedge dx) = dy \wedge dz;$$
$$(dt \wedge dy) \wedge (dx \wedge dz) = \langle \star(dt \wedge dy), dx \wedge dz\rangle\boldsymbol{\sigma} \Longrightarrow \star(dt \wedge dy) = -dx \wedge dz;$$

$$(dt \wedge dz) \wedge (dx \wedge dy) = \langle \star(dt \wedge dz), dx \wedge dy \rangle \boldsymbol{\sigma} \Longrightarrow \star(dt \wedge dz) = dx \wedge dy;$$

$$(dx \wedge dy) \wedge (dt \wedge dz) = \langle \star(dx \wedge dy), dt \wedge dz \rangle \boldsymbol{\sigma} \Longrightarrow \star(dx \wedge dy) = -dt \wedge dz;$$

$$(dx \wedge dz) \wedge (dt \wedge dy) = \langle \star(dx \wedge dz), dt \wedge dy \rangle \boldsymbol{\sigma} \Longrightarrow \star(dx \wedge dz) = dt \wedge dy;$$

$$(dy \wedge dz) \wedge (dt \wedge dx) = \langle \star(dy \wedge dz), dt \wedge dx \rangle \boldsymbol{\sigma} \Longrightarrow \star(dy \wedge dz) = -dt \wedge dx;$$

$$dt \wedge (dx \wedge dy \wedge dz) = \langle \star dt, dx \wedge dy \wedge dz \rangle \boldsymbol{\sigma} \Longrightarrow \star dt = -dx \wedge dy \wedge dz;$$

$$dx \wedge (dt \wedge dy \wedge dz) = \langle \star dx, dt \wedge dy \wedge dz \rangle \boldsymbol{\sigma} \Longrightarrow \star dx = -dt \wedge dy \wedge dz;$$

$$dy \wedge (dt \wedge dx \wedge dz) = \langle \star dy, dt \wedge dx \wedge dz \rangle \boldsymbol{\sigma} \Longrightarrow \star dy = dt \wedge dx \wedge dz;$$

$$dz \wedge (dt \wedge dx \wedge dy) = \langle \star dz, dt \wedge dx \wedge dy \rangle \boldsymbol{\sigma} \Longrightarrow \star dz = -dt \wedge dx \wedge dy;$$

$$\star 1 = -dt \wedge dx \wedge dy \wedge dz.$$

*§16.9 补充教材三: Maxwell 电磁理论的微分形式表示

在 §15.3 中我们已经认识到向量分析中的三个常用的微分算子 (梯度, 散度和旋度) 与微分形式的外微分之间有某种对应关系, 这就启发我们用微分形式的语言改写原来用向量分析的语言表述的电磁理论中的数学方程. 为此我们分别引进对应于电场和磁场的微分形式如下: **对应于电场**$\mathbf{E} = (E_1, E_2, E_3)$**的微分形式是以下的 1- 形式**:

$$\mathcal{E} = E_1 dx + E_2 dy + E_3 dz, \tag{16.9.1}$$

在微分形式表示的 Maxwell 电磁理论中这个 1- 形式也称**电场**. 而**对应于磁场**$\mathbf{B} = (B_1, B_2, B_3)$**微分形式是以下的 2- 形式**:

$$\mathcal{B} = B_1 dy \wedge dz + B_2 dz \wedge dx + B_3 dx \wedge dy, \tag{16.9.2}$$

在微分形式表示的 Maxwell 电磁理论中这个 2- 形式也称**磁场**.

在 §16.7 中介绍过的 Faraday 感应定律 (注意: 为了使下面的方程形式尽可能地简单, 我们选取这样的单位, 使得 $\alpha = 1/c = 1$) 是: 对于三维空间中的任何二维曲面 S,

$$\int_{\partial S} \mathbf{E}(\mathbf{x}, t) dl = -\frac{d}{dt} \int_S \mathbf{B}(\mathbf{x}, t) \cdot \nu(\mathbf{x}) d\sigma.$$

在用微分形式表示的 Maxwell 电磁理论中, Faraday 感应定律可以用微分形式的语言写成

$$\int_{\partial S} \mathcal{E} = -\frac{d}{dt} \int_S \mathcal{B}. \tag{16.9.3}$$

假若对上式左右两端关于 t 在 $[a,b]$ 上求积分, 利用 Newton-Leibniz 公式, 便有 Faraday 感应定律的如下表达方式:

$$\int_{\{b\} \times S} \mathcal{B} - \int_{\{a\} \times S} \mathcal{B} + \int_{[a,b] \times \partial S} dt \wedge \mathcal{E} = 0. \tag{16.9.4}$$

在 Minkowski 空间 $\mathbf{R}^4$ 上定义一个 2- 形式

$$\mathcal{F} = \mathcal{B} + dt \wedge \mathcal{E}, \tag{16.9.5}$$

Minkowski 空间 $\mathbf{R}^4$ 上的这个 2- 形式称为**电磁场**, 现在电场与磁场由 Minkowski 空间 $\mathbf{R}^4$ 上单一的 2- 形式表示出来了. $C = [a,b] \times S$ 表示 Minkowski 空间 $\mathbf{R}^4$ 中的平行于 t 轴的以二维曲面 S 为底的三维柱, 则

$$\partial C = \partial[a,b] \times S + [a,b] \times \partial S = \{b\} \times S - \{a\} \times S + [a,b] \times \partial S. \tag{16.9.6}$$

以上等式右端的各项前面写上的 $\pm$ 是为表示定向而写的. 这个 $\pm$ 在作下面的积分计算时是有用的. 关于定向流形乘积的定向问题在下面的注 1 和注 2 中将作简略说明. 因 $\mathcal{B}$ 是一个不含有 dt 的 2- 形式, 三维柱的边界的 $[a,b] \times \partial S$ 部分是个二维流形, 它上面的非零 2- 形式应具有如下形式:$dt \wedge (adx + bdy + cdz)$, 在 $[a,b] \times \partial S$ 上 $dx \wedge dy = dx \wedge dy = dx \wedge dy = 0$, 故 $\mathcal{B}$ 在 3 维柱的边界的 $[a,b] \times \partial S$ 部分上恒等于零:

$$\int_{[a,b]\times\partial S} \mathcal{B} = 0. \tag{16.9.7}$$

同理, $dt \wedge \mathcal{E}$ 在三维柱的边界的 $\{b\} \times S - \{a\} \times S$ 部分上恒等于零:

$$\int_{\{b\}\times S} dt \wedge \mathcal{E} - \int_{\{a\}\times S} dt \wedge \mathcal{E} = 0. \tag{16.9.8}$$

由 (16.9.5), (16.9.6), (16.9.7) 和 (16.9.8),

$$\int_{\partial C} \mathcal{F} = \int_{\{b\}\times S} \mathcal{B} - \int_{\{a\}\times S} \mathcal{B} + \int_{[a,b]\times\partial S} dt \wedge \mathcal{E}. \tag{16.9.9}$$

故 Faraday 感应定律 (16.7.23) 可以漂亮地写成以下简洁的形式:

$$\int_{\partial C} \mathcal{F} = 0, \tag{16.9.10}$$

其中 $C = [a,b] \times S$, S 是三维物理空间 $\mathbf{R}^3$ 中任意的二维曲面. 另一方面, 根据磁场无源的数学表示式 (16.7.15)(或 (16.7.30)), 对于任何 $t_0 \in \mathbf{R}$, 四维空间 $\mathbf{R}^4$ 中的三维区域 $C = t_0 \times C_1$, 其中 C_1 是物理空间 $\mathbf{R}^3$ 中的区域, 我们有

$$\int_{\partial C} \mathcal{B} = 0. \tag{16.9.11}$$

因在 ∂C 上 $t = \text{const.}$, 故在 ∂C 上 $dt = \mathbf{0}$. 所以, 在 ∂C 上 $\mathcal{F} = \mathcal{B}$. 磁场无源的数学表示式 (16.9.11) 也可以通过微分形式 $\mathcal{F}$ 表示成:

$$\int_{\partial C} \mathcal{F} = 0. \tag{16.9.12}$$

应注意的是: 虽然 (16.9.10) 和 (16.9.12) 在形式上完全一样. 但 (16.9.10) 中的 $C = [a,b] \times S$, S 是三维物理空间 $\mathbf{R}^3$ 中任意的二维曲面, 而 (16.9.12) 中的 C 是在 $t = \text{const.}$ 的三维物理空间中的三维区域. 因此它们的物理内容 (Faraday 感

应定律和磁场无源) 是不同的. 这两个不同的物理内容却以形式完全一样的积分等式表示出来, 只不过三维积分区域在 Minkowski 四维空间中的形式不一样. 这不能不承认大自然与数学之间有着出人意料的联系. 由 (16.9.10) 和 (16.9.12), 我们得到以下结论: 对于 Minkowski 四维空间中的任何三根棱平行于四个坐标轴中的三根轴的三维立方体 C, 我们有 $\int_{\partial C}\mathcal{F}=0$. 由 Stokes 公式,

$$\int_C d\mathcal{F}=0, \tag{16.9.13}$$

其中 C 是 Minkowski 四维空间中的三根棱平行于四个坐标轴中三根轴的任何三维立方体. 因为 $d\mathcal{F}$ 是光滑的, 这就足以保证以下方程式的成立:

$$d\mathcal{F}=\mathbf{0}, \tag{16.9.14}$$

这里的 d 是 Minkowski 四维空间中的外微分.

注 1　同学可以自行证明: 设 M 和 N 是两个紧流形, 则 $\partial(M\times N)=\partial M\times N+M\times\partial N$. 应注意的是:$\partial(M\times N)=\partial M\times N+M\times\partial N$ 常常不是定义 13.1.2 和定义 13.1.3 意义下的流形. 这常常被理解成由流形构成的复形 (complex). 直观上看, 由 Stokes 公式得到方程 (16.9.13) 是可以接受的. 但正确地说, 由方程 (16.9.12) 推得方程 (16.9.13) 是根据复形上的 Stokes 公式的. 若 M 和 N 都是定向流形, $M\times N$ 的定向定义为 $\mathbf{T}_{(\mathbf{p},\mathbf{q})}(M\times N)=\mathbf{T}_{\mathbf{p}}(M)\times\mathbf{T}_{\mathbf{q}}(N)$ 中的基 $(\mathbf{e}_1,\cdots,\mathbf{e}_k,\mathbf{f}_1,\cdots,\mathbf{f}_l)$ 确定的定向, 其中 $(\mathbf{e}_1,\cdots,\mathbf{e}_k)$ 和 $(\mathbf{f}_1,\cdots,\mathbf{f}_l)$ 分别确定 $\mathbf{T}_{\mathbf{p}}(M)$ 和 $\mathbf{T}_{\mathbf{q}}(N)$ 中的定向. 由此, 比较好理解方程 (16.9.6). 我们这本只介绍数学分析基本知识的讲义不准备进入复形理论的讨论了. 同学完全可以借助直观去理解以上的证明. 有兴趣了解复形理论的同学可参看 [4], 那里有简明扼要且较直观的介绍.

注 2　前面曾指出, Faraday 感应定律和磁场无源可以用积分区域不同而形式完全一样的积分等式表示出来. 现在我们发现, Faraday 感应定律和磁场无源这两个初看上去毫无关系的两条物理定律在 Minkowski 四维空间中竟被精彩地统一在同一个用外微分表示的方程 (16.9.14) 中.**大自然这部巨著确是用数学的语言写成的**.

引进了位移电流后, Maxwell 推广的 Ampére 定律 (16.7.22)$'$(或 (16.7.31)) 可写成 (注意, $\alpha=1/c=1$):

$$\int_{\partial S}\star\mathcal{B}=\int_S\left(4\pi\star\mathcal{J}+\frac{\partial\star\mathcal{E}}{\partial t}\right), \tag{16.9.15}$$

其中, $\star$ 是 Euclid 空间 $\mathbf{R}^3$ 上的 Hodge 星算子, 而 $\mathcal{J}$**是表示电流的Euclid空间$\mathbf{R}^3$中的1-形式**:

$$\mathcal{J}=j_1dx+j_2dy+j_3dz. \tag{16.9.16}$$

考虑 Minkowski 四维空间中的三维柱形 $C=[a,b]\times S$, 并引进 Minkowski 四维空间上的 2- 形式:

$$\mathcal{G} = \star\mathcal{E} - dt \wedge \star\mathcal{B}, \tag{16.9.17}$$

其中 Hodge 星算子 $\star$ 仍是指 Euclid 空间 $\mathbf{R}^3$ 中的 Hodge 星算子.

对方程 (16.9.15) 两端关于 t 在 $[a, b]$ 上求积分, 我们得到

$$\int_{[a,b]\times\partial S} dt \wedge \star\mathcal{B} = 4\pi \int_{[a,b]\times S} dt \wedge \star\mathcal{J} + \int_{\{b\}\times S} \star\mathcal{E} - \int_{\{a\}\times S} \star\mathcal{E}.$$

对于三维柱形 $C = [a, b] \times S$, 我们有 $\partial C = [a, b] \times \partial S + \{b\} \times S - \{a\} \times S$. 注意到 $dt \wedge \star\mathcal{B}$ 在 $\{a\} \times S$ 和 $\{b\} \times S$ 上的积分等于零及 $\star\mathcal{E}$ 在 $[a, b] \times \partial S$ 上的积分等于零, 我们得到

$$\int_{\partial C} \mathcal{G} = -4\pi \int_C dt \wedge \star\mathcal{J}, \tag{16.9.18}$$

这是 Maxwell 推广的 Ampére 定律的微分形式的表达形式.

下面我们要考虑 Coulomb 定律的微分形式的表达形式. 假设 C 是 Minkowski 四维空间 $\mathbf{R}^4$ 中如下的三维区域

$$C \subset \{(t, x, y, z) : t = \text{const.}\},$$

由 Coulomb 定律的数学表达式 (16.7.10)(或 (16.7.29)), 我们有

$$\int_{\partial C} \mathcal{G} = 4\pi \int_C \rho dx \wedge dy \wedge dz. \tag{16.9.19}$$

在 **Minkowski四维空间上引进 3- 形式**, 称为电荷电流形式:

$$\mathcal{R} = \rho dx \wedge dy \wedge dz - dt \wedge \star\mathcal{J}, \tag{16.9.20}$$

综合 (16.9.18) 和 (16.9.19) 便有以下结论: 对于任何所有的棱都平行于 Minkowski 四维空间中的某三根坐标轴的三维立方体 C, 有

$$\int_{\partial C} \mathcal{G} = 4\pi \int_C \mathcal{R}. \tag{16.9.21}$$

由 Stokes 公式, 我们有

$$d\mathcal{G} = 4\pi\mathcal{R}. \tag{16.9.22}$$

这个微分形式的方程把初看起来毫无关系的 Coulomb 定律和 Maxwell 推广了的 Ampére 定律统一起来了. 由此,

$$d\mathcal{R} = \mathbf{0}. \tag{16.9.23}$$

由 (16.9, 5) 和 (16.9.17), 我们有

$$\mathcal{F} = B_1 dy \wedge dz + B_2 dz \wedge dx + B_3 dx \wedge dy + E_1 dt \wedge dx + E_2 dt \wedge dy + E_3 dt \wedge dz \tag{16.9.24}$$

和

$$\mathcal{G} = E_1 dy \wedge dz + E_2 dz \wedge dx + E_3 dx \wedge dy - B_1 dt \wedge dx - B_2 dt \wedge dy - B_3 dt \wedge dz. \tag{16.9.25}$$

因此, $\mathcal{G}$ 和 $\mathcal{F}$ 是以下面的方式联系在一起的:

$$\mathcal{G} = \star\mathcal{F}. \tag{16.9.26}$$

应注意的是: 不同于以前的那些 $\star$, 上式中的 $\star$ 表示四维 Minkowski 空间上的星算子. 故方程 (16.9.14) 和 (16.9.22), 即 **Maxwell方程组的微分形式表达方式**, 可以漂亮地写成以下简洁的形式:

$$\begin{cases} d\mathcal{F} = \mathbf{0}, \\ d \star \mathcal{F} = 4\pi\mathcal{R}. \end{cases} \tag{16.9.27}$$

二次微分形式 $\mathcal{F}$(16.9.24) 是由六个系数确定的, 这六个系数恰是传统的物理书上刻画电磁场的六个函数. 假若把方程组 (16.9.27) 中的两个三次微分形式 $d\mathcal{F}$ 及 $d\star\mathcal{F}$ 的八个系数的八个等式写出来, 我们得到如下八个偏微分方程, 它们正是 Maxwell 在 1865 年发表电磁理论的经典论文中的方程组, 后人称它们为 **Maxwell方程组**:

$$\begin{cases} \dfrac{\partial B_1}{\partial x} + \dfrac{\partial B_2}{\partial y} + \dfrac{\partial B_3}{\partial z} = 0, \\ \dfrac{\partial B_2}{\partial t} - \dfrac{\partial E_3}{\partial x} + \dfrac{\partial E_1}{\partial z} = 0, \\ \dfrac{\partial B_1}{\partial t} - \dfrac{\partial E_2}{\partial z} + \dfrac{\partial E_3}{\partial y} = 0, \\ \dfrac{\partial B_3}{\partial t} - \dfrac{\partial E_1}{\partial y} + \dfrac{\partial E_2}{\partial x} = 0, \\ \dfrac{\partial E_1}{\partial x} + \dfrac{\partial E_2}{\partial y} + \dfrac{\partial E_3}{\partial z} = \rho, \\ \dfrac{\partial E_2}{\partial t} + \dfrac{\partial B_3}{\partial x} - \dfrac{\partial B_1}{\partial z} = -j_2, \\ \dfrac{\partial E_1}{\partial t} + \dfrac{\partial B_2}{\partial z} - \dfrac{\partial B_3}{\partial y} = -j_1, \\ \dfrac{\partial E_3}{\partial t} + \dfrac{\partial B_1}{\partial y} - \dfrac{\partial B_2}{\partial x} = -j_3. \end{cases} \tag{16.9.27$'$}$$

到 19 世纪末, 美国应用数学家 J.W. Gibbs 发明了向量分析, Maxwell 方程组才写成了 (16.7.29), (16.7.30), (16.7.31) 和 (16.7.32) 的形式.20 世纪初, 张量分析已为人们熟悉, Maxwell 方程组写成了以下形式:

$${}^*F^{\beta\alpha}_{,\alpha} = 0, \quad F^{\beta\alpha}_{,\alpha} = j^\beta. \tag{16.9.27$''$}$$

到了 20 世纪中叶, 利用 Grassmann 代数和 E.Cartan 的外微分算子等数学语言, Maxwell 方程组才漂亮地写成了十分简洁的微分形式的方程组 (16.9.27). 它清晰地展示了电磁现象的本质, 也启发人类探索其他物理场规律的数学表达式. 这里, 我们不得不为伟大的意大利科学家 Galileo 的那句至理名言所折服: **大自然这部巨著是用数学的语言写成的.** 也许更加符合事实但不那么浪漫的说法是: 数学中经得住历史考验的部分是从大自然提供的丰富而深刻的素材中总结提炼后抽象出来的.

方程组 (16.9.27) 中的第一个方程表明, $\mathcal{F}$ 在四维 Minkowski 空间上是闭形式. 若方程在一个凸集 (甚或单连通集) 上成立, 由 Poincaré 引理, $\mathcal{F}$ 在四维 Minkowski 空间这个凸集上是恰当形式, 换言之, 有一个在四维 Minkowski 空间这个凸集上的 1- 形式 $\mathcal{A}$, 使得

$$\mathcal{F} = d\mathcal{A}. \tag{16.9.28}$$

1- 形式 $\mathcal{A}$ 称为电磁场 $\mathcal{F}$ 的**电磁位 (势)**. 若 $\mathcal{A}$ 满足 (16.9.28), 则对于任何函数 (0- 形式)f, $\mathcal{A}+df$ 也满足 (16.9.28). 选择 f 使得 (注意: 若不作相反的申明, 以下的 Hodge 星算子都是指四维 Minkowski 空间上的 Hodge 星算子!)

$$d\star\mathcal{A} + d\star df = \mathbf{0}, \tag{16.9.29}$$

换言之,

$$d\star\mathcal{A} - \left(\frac{\partial^2 f}{\partial t^2} - \frac{\partial^2 f}{\partial x^2} - \frac{\partial^2 f}{\partial y^2} - \frac{\partial^2 f}{\partial z^2}\right) dt\wedge dx\wedge dy\wedge dz = \mathbf{0}. \tag{16.9.30}$$

为了使得电磁位所满足的方程形式尽可能地简洁, 以后我们永远假设: 选择 f 使得 (16.9.29) 成立, 然后以满足方程 (16.9.29) 的 $\mathcal{A}+df$ 替代 $\mathcal{A}$(注意: 作此替代后, 方程 (16.9.28) 依然成立). 换言之, 我们以后考虑的电磁位 $\mathcal{A}$ 都是满足以下条件的:

$$d\star\mathcal{A} = \mathbf{0}. \tag{16.9.31}$$

等式 (16.9.31) 称为电磁位 $\mathcal{A}$ 应满足的**规范条件**. 以后我们总假设电磁位 $\mathcal{A}$ 是满足这个规范条件的.

把 (16.9.28) 代入 (16.9.27) 的第二个方程, 我们有

$$d\star d\mathcal{A} = 4\pi\mathcal{R},$$

或可写成

$$\star^{-1} d\star d\mathcal{A} = 4\pi\star^{-1}\mathcal{R}.$$

不难验证以下的算子等式

$$\star^{-1} d\star d = \Box,$$

其中 **d'Alembert波算子**$\Box$ 定义为

$$\Box = -\frac{\partial^2}{\partial t^2} + \frac{\partial^2}{\partial x^2} + \frac{\partial^2}{\partial y^2} + \frac{\partial^2}{\partial z^2}. \tag{16.9.32}$$

总结之, 电磁位 $\mathcal{A}$ 应满足的方程组是:

$$\begin{cases} d\mathcal{A} = \mathcal{F}, \\ d\star\mathcal{A} = \mathbf{0}, \\ \Box\mathcal{A} = 4\pi\star^{-1}\mathcal{R}. \end{cases} \tag{16.9.33}$$

我们愿意指出, 方程 (16.9.29)(或 (16.9.30)) 及 (16.9.33) 的最后一个方程称为**非齐次波方程**, 在偏微分方程的课中将讨论它的解的存在性问题以及它的解的性质. 我们已经看到, Maxwell 方程组和波方程有着密切的联系. 下面只对最简单的波方程介绍它的性质.

我们试着讨论最简单的齐次波方程的解的性质. 假定电磁位 $\mathcal{A}$ 与 y 和 z 无关, 且电磁场处于真空中, 即, 既无电荷也无电流:$\mathcal{R} = \mathbf{0}$. 波方程变成以下形式 (在 §11.7 最后的注中曾遇见过它):

$$\frac{\partial^2 u}{\partial t^2} - \frac{\partial^2 u}{\partial x^2} = 0. \tag{16.9.34}$$

把自变量 t 和 x 换成新的自变量 $p = x + t$ 和 $q = x - t$. 方程 (16.9.34) 变成

$$\frac{\partial^2 u}{\partial p \partial q} = 0. \tag{16.9.35}$$

它的一般解具有形式:

$$u = u_1(p) + u_2(q). \tag{16.9.36}$$

故方程 (16.9.34) 的一般解具有形式 (常称为 **d'Alembert解**):

$$u = u_1(x + t) + u_2(x - t). \tag{16.9.37}$$

易见, $u_1(x + t)$ 代表一个速度为 1 的向左移动的波, 而 $u_2(x - t)$ 代表一个速度为 1 的向右移动的波. 故方程 (16.9.34) 的一般解是两个相反方向的速度为 1 的行波的叠加. 假设这个波的初始位置及初始速度分别是

$$u(x, 0) = u_0(x) \tag{16.9.38}$$

和

$$\frac{\partial u}{\partial t}(x, 0) = v_0(x), \tag{16.9.39}$$

利用 d'Alembert 解的形式 (16.9.37) 不难证明: 方程 (16.9.34) 的初始位置及初始速度分别满足方程 (16.9.38) 和 (16.9.39) 的解是

$$u(x, t) = \frac{1}{2}\left(u_0(x + t) + u_0(x - t) + \int_{x-t}^{x+t} v_0(s) ds \right). \tag{16.9.40}$$

事实上, (16.9.40) 中的 $u(x, t)$ 具有 (16.9.37) 的形状, 它又满足初始条件 (16.9.38) 和 (16.9.39).

我们已经证明了, 满足初始条件 (16.9.38) 和 (16.9.39) 的方程 (16.9.34) 的解的存在与唯一. 而且, 初始条件有一个微小的变动导致解的变动也是微小的. 这称为方程 (16.9.34) 的初值问题是适定的. 我们又从公式 (16.9.40) 看出, u 在 (x_0, t_0) 处的值只依赖于 $t = 0$ 时的 u 和 $\dfrac{\partial u}{\partial t}$ 在区间 $[x_0 - t_0, x_0 + t_0]$ 上的值. 换言之, 在 $(x_0, 0)$ 处的 u 和 $\dfrac{\partial u}{\partial t}$ 的值只影响时空的如下的锥内的 u 的值:

$$\{(x, t) : |x - x_0| \leqslant |t|\}.$$

方程 (16.9.34) 的解的这个性质称为**因果原理**. 三维空间的齐次波方程的解也有因果原理, 同学们将在偏微分方程的课程中遇到它.

进一步阅读的参考文献

以下文献中的有关章节可以作为微分流形理论进一步学习的参考:

[2] 的第十二章介绍了流形上的积分.

[4] 十分直观地介绍微分形式及其积分, 但内容丰富. 特别是第十九章介绍 Maxwell 方程组的微分形式表述的可读性很高.

[6] 十分直观地介绍微分形式及其积分, 但最后介绍 Maxwell 电磁理论和 Einstein 狭义相对论的微分形式表述的可读性很高.

[7] 的第十二章介绍了流形上的积分.

[11] 的第八章介绍了流形上的积分.

[13] 中有 Dirichlet 原理的介绍.

[14] 的第八章 §5 有椭圆积分的介绍.

[16] 的第三卷的第二章和第三章介绍微分形式, 第四章介绍向量分析, 第五章介绍 Maxwell 电磁理论的微分形式表述.

[18] 的第四章介绍了流形上的积分, 包括 Gauss-Bonnet 公式.

[20] 的第二十四章介绍了流形上的积分.

[25] 的第十章和第十一章介绍了流形上的积分. 第十三章介绍了经典力学的微分形式的表述, 可读性很高.

[27] 的第十章介绍了流形上的积分.

[28] 的第十四章介绍了微分形式, 并介绍了上同调, 同调和调和形式等概念, 内容很丰富.

[30] 的第五章第 **9, 10, 11** 节介绍了流形上的积分.

[41] 的第二十四和二十五章有电磁理论的简单扼要的介绍.

[45] 的第十五章第 **3, 4** 节介绍了微分形式和流形上微分形式的积分.

附录A 结 束 语

生于 16 世纪卒于 17 世纪的伟大的意大利科学家 **Galilei Galileo** 说过:

"大自然这部巨著是用数学的语言写成的."

17 世纪前半叶的法国科学家 **Blaise Pascal** 也说过:

"与大自然提供的素材的广度与深度相比, 人类的想象力常显得那样苍白."

Galilei Galileo 和 Blaise Pascal 都指出了大自然所提供的素材是促使数学发展的不可忽视的源泉. 科学发展史已经证实了, 未来的科学发展历程还将继续证实文艺复兴时期的科学先驱者们这些凝聚了深邃智慧的论断.

伟大的英国科学家 **Isaac Newton** 把从 1664 年开始的二十余年内积累起来的研究成果于 1687 年发表在他的经典著作《自然哲学的数学原理》中, 这部具有里程碑意义的科学巨著显示了在理解和预测大自然规律过程中数学所扮演的不可或缺的角色, 它开启了人类用数学语言描绘大自然规律的伟大事业. 约二百年后, 1865 年, 伟大的英国物理学家 **James Clerk Maxwell** 发表了他的电磁理论. 在用数学发掘大自然规律的伟大事业历史上, Maxwell 恰站在一个分水岭处. 电磁理论中的 Maxwell 方程组把这个伟大事业推向了一个新的高度. 然而, 当时有的物理学家认为, Maxwell 电磁理论并非物理, Maxwell 方程组只是一堆数学符号. 但是, 从他的方程组出发, Maxwell 预言了电磁波的存在. 在 Maxwell 发表他的电磁理论 22 年后, 1887 年, **Heinrich Rudolf Hertz** 第一次在实验中测得了电磁波, 令人兴奋地证实了 Maxwell 预言的完全正确.8 年后, 1895 年, **Alexander S. Popov** 和 **Guglielmo Marconi** 互相独立地发明了用电磁波进行远程传递信息的技术. 这对人类社会生活方式的影响的深远作怎样的估计都不会过分的. 这时人们才认识到，Maxwell 方程组确是一堆数学符号，但是，它是一堆深刻地反映了电磁现象物理规律的数学符号. 不少科学家曾认为 Maxwell 已经解决了物理学的最后一个大问题. 然而, 历史告诉我们, Maxwell 工作的意义却远远超出了刻画电磁现象基本规律的 Maxwell 方程组的发现. 在理论上, 沿着 Maxwell 开辟的方向, 1905 年 **Albert Einstein** 利用数学工具对现实世界中时间和空间的概念及它们之间的联系提供了一个全新的图景, 彻底颠覆了长久以来人们认为不容置疑的时空概念. 这个发现揭开了 20 世纪物理学革命的序幕.1915 年的广义相对论和 1925 年的量子力学的建立将这场革命推向了波澜壮阔的新高潮. 至今这场革命仍在继续发展, 它深刻地改变着人类对大自然的理解.

1972 年, 美国物理学家 **Freeman Dyson** 在美国数学学会的年会上应邀作了题为《错失的机遇》的 Josiah Willard Gibbs 讲演 (Josiah Willard Gibbs 讲演是每次美国数学学会的年会上最受人注目的讲演, 它总是邀请在数学或数学以外某领域有卓越贡献的学者展望他所熟悉领域未来可能的发展). 他在讲演中阐述了科学史上许多抓住了的和错失了的机遇. 今译出下面这一段, 供同学们在今后选择数学研究方向时参考:

> "在 1687 年 **Newton** 发表他的引力动力学的定律以后, 18 世纪的数学家抓住了这些定律, 并把它们发展成为分析动力学这个深刻的数学理论. 通过 **Euler, Lagrange** 和 **Hamilton** 的工作, **Newton** 的方程组得到了精辟的分析和理解. 在对 **Newton** 物理的深入探讨中, 新的纯数学分支诞生了. 为了研究力学的极值原理, **Lagrange** 提炼出了变分法. 在 **Euler** 关于测地运动的工作发表五十年后, **Gauss** 的微分几何诞生了. 动力学的 **Hamilton-Jacobi** 表述导致 **Sophus Lie** 建立了 **Lie** 群理论.**Newton** 物理给纯数学的最后一个礼物是 **Poincaré** 对运动轨道定性理论的研究催生了近代拓扑学.
>
> "遗憾的是 19 世纪的数学家错失了 1865 年 **Maxwell** 给他们提供的机遇. 假若能像 **Euler** 对待 **Newton** 力学方程组那样专心致志地研究 **Maxwell** 方程组的话, 他们也许在 19

世纪就已经发现了狭义相对论, 拓扑群及其线性表示理论, 或者还有双曲型微分方程组及泛函分析的很大一部分. 只要深入研究由 Maxwell 方程组可能引出的数学概念, 相当一部分 20 世纪的物理学和数学也许已经在 19 世纪诞生了."

Freeman Dyson 关于数学与物理在各自发展过程中相互影响的论述至今仍然值得重视. 除了引力场的量子化这个被称为世纪的难题外, 在更接近地球上人类生活的物质结构和物质运动规律的量子物理和统计物理中也有着许多不平凡的数学问题, 例如, 针对一个具体问题的渐近分析 (一个积分的估计或一个微分方程解的近似计算) 中技巧和格式的探索犹如艺术品的设计一样变化万千. 这样的研究正在日新月异地发展中, 但似乎仍处于收集标本的起步阶段. 通过未来长期的努力, 它也许会积累和提炼成很有价值的数学知识. 当然, 这些问题已经远远超出我们这本只介绍数学分析基本知识的讲义范围了. 这个辽阔的未开垦的处女地只好留给有志于利用数学发掘大自然规律的同学自己去开拓了.

进一步阅读的参考文献

[6] 的书后的附录 A 中有 Freeman Dyson 在美国数学学会的年会上应邀所作的题为 "错失的机遇" 的 Josiah Willard Gibbs 讲演的部分摘录.

[12] Freeman Dyson 在美国数学学会的年会上应邀所作的题为 "错失的机遇" 的 Josiah Willard Gibbs 讲演全文发表于此.

附录B　部分练习及附加习题的提示

第 11 章

11.1.1　(i) 利用以下恒等式:

$$\sum_{m=-j}^{j} \mathrm{e}^{2\pi \mathrm{i} my} = \frac{\mathrm{e}^{\pi\mathrm{i}(-2j)y} - \mathrm{e}^{\pi\mathrm{i}(2j+2)y}}{1-\mathrm{e}^{2\pi\mathrm{i}y}} = \frac{\mathrm{e}^{\pi\mathrm{i}(-2j-1)y} - \mathrm{e}^{\pi\mathrm{i}(2j+1)y}}{\mathrm{e}^{-\pi\mathrm{i}y}-\mathrm{e}^{\pi\mathrm{i}y}}.$$

(ii) 直接计算便得.

(iii) 由 (ii),

$$\begin{aligned}
&\sum_{m=-j}^{j} \int_0^1 \psi(y)\mathrm{e}^{-2\pi\mathrm{i}my}dy\mathrm{e}^{2\pi\mathrm{i}mx} - \frac{\psi(x-0)+\psi(x+0)}{2}\\
&= \int_0^{1/2} \varphi_x(y)\frac{2\sin(\pi(2j+1)y)}{\sin(\pi y)}dy\\
&= \int_0^{1/2}\left[\frac{\psi(x+y)+\psi(x-y)}{2} - \frac{\psi(x-0)+\psi(x+0)}{2}\right]\frac{2\sin(\pi(2j+1)y)}{\sin(\pi y)}dy.
\end{aligned}$$

11.1.2　(i) 对于任何 $\delta \in (0,1/2)$, 我们有以下等式:

$$\begin{aligned}
&\int_0^{1/2} \varphi_x(y)\frac{2\sin\Big(\pi(2j+1)y\Big)}{\sin\Big(\pi y\Big)}dy\\
&\quad= \int_0^{\delta} 2\sin\Big(\pi(2j+1)y\Big)\frac{\varphi_x(y)}{y}\frac{y}{\sin(\pi y)}dy\\
&\quad\quad+ \int_\delta^{1/2} \varphi_x(y)\frac{2\sin\Big(\pi(2j+1)y\Big)}{\sin(\pi y)}dy.
\end{aligned}$$

对等式右端第二个积分直接用 Riemann-Lebesgue 引理来估计. 等式右端第一个积分则用 Dini 条件及 Riemann-Lebesgue 引理来估计.

(ii) 满足 Hölder 条件的 ψ 必满足 Dini 条件且连续.

(iii) 对于任何 $\delta \in (0,h)$, 要证明的等式左端的积分可写成:

$$\begin{aligned}
&\int_0^h g(t)\frac{\sin pt}{t}dt\\
&\quad= g(+0)\int_0^h \frac{\sin pt}{t}dt + \int_0^\delta [g(t)-g(0+)]\frac{\sin pt}{t}dt\\
&\quad\quad+ \int_\delta^h [g(t)-g(0+)]\frac{\sin pt}{t}dt.
\end{aligned}$$

然后如下估计等式右端三个积分:

(1) $\lim_{p\to\infty}\int_0^h \frac{\sin pt}{t}dt = \frac{\pi}{2}$.

(2) 利用 Bonnet 公式 (第一册 §6.9 练习 6.2.1 的 (vii)), 有 $\eta\in[0,\delta]$ 使得

$$\left|\int_0^\delta [g(t)-g(0+)]\frac{\sin pt}{t}dt\right| = [g(\delta)-g(0+)]\left|\int_\eta^\delta \frac{\sin pt}{t}dt\right|$$

$$\leqslant [g(\delta)-g(0+)]\cdot \sup_{0<\alpha<\beta<\infty}\left|\int_\alpha^\beta \frac{\sin t}{t}dt\right|.$$

(3) $\lim_{p\to\infty}\int_\delta^h [g(t)-g(0+)]\frac{\sin pt}{t}dt = 0$.

(iv) 利用 (4).

(v) 参看 (i) 的提示, 并注意到

$$\int_0^\delta \varphi_x(y)\frac{2\sin\Big(\pi(2j+1)y\Big)}{\sin\Big(\pi y\Big)}dy = \int_0^\delta \left[\varphi_x(y)\frac{y}{\sin(\pi y)}\right]\frac{2\sin\Big(\pi(2j+1)y\Big)}{y}dy.$$

右端方括弧中的函数是有界变差函数, 可以分解成两个单调不减函数之差, 再用 (iii).

(vi)　(v) 的推论.

11.1.3　(i) 在 $(0,2\pi)$ 上求函数 $\frac{\pi-x}{2}$ 的 Fourier 级数.

(ii) 在 (i) 的公式中把 x 换成 $2x$, 或在区间 $(0,\pi)$ 上求函数 $\frac{\pi}{4}-\frac{x}{2}$ 的 Fourier 级数.

(iii) 将 (i) 的公式的左右两端减去 (ii) 的公式的左右两端, 或在区间 $(-\pi,\pi)$ 上求函数

$$f(x)=\begin{cases}-\pi/4, & 当\ -\pi<x<0时,\\ 0, & 当\ x=0时,\\ \pi/4, & 当\ 0<x<\pi时\end{cases}$$

的 Fourier 级数.

(iv) 以 $x=\pi/2$ 代入 (iii) 中的公式.

(v) 以 $x=\pi/6$ 代入 (iii) 中的公式.

(vi) 以 $x=\pi/3$ 代入 (iii) 中的公式.

(vii) 将 (iii) 中公式的左右两端的 2 倍减去 (i) 中公式的左右两端得到所证等式在区间 $(0,\pi)$ 上成立, 在点 0 处等式显然成立, 再注意到等式两端均为奇函数, 等式在区间 $(-\pi,\pi)$ 上成立. 或在区间 $(-\pi,\pi)$ 上求函数 $f(x)=x$ 的 Fourier 级数以证明等式.

(viii) 利用 (ii), 或在区间 $(0,1)$ 上求函数 $f(x)=x-[x]=x$ 的 Fourier 级数.

(ix) 在区间 $(-\pi,\pi)$ 上求函数 $f(x)=x^2$ 的 Fourier 级数.

(x) $x=\pi$ 代入 (ix) 的等式.

(xi) $x=0$ 代入 (ix) 的等式.

(xii) 在区间 $[-\pi,\pi]$ 上求函数 $f(x)=\cos ax$ 的 Fourier 级数.

(xiii) 在区间 $(-\pi,\pi)$ 上求函数 $f(x)=\sin ax$ 的 Fourier 级数.

(xiv) $x=0$ 代入 (xii) 的等式.

(xv) 利用 (i) 证明 $n=1$ 时的等式. 然后再用归纳原理去证明对于一般的 n 以上等式也成立. 这时要用到第一册 §5.8 的练习 5.8.3 的 (ii), (iii) 和 (v) 并利用分部积分法求出 $B_{n+1}(x-[x])$ 与它的导数 $B'_{n+1}(x-[x])$ 的 Fourier 系数之间的关系.

(xvi) 利用 (xv).

11.1.4 (i) 以 D_j 表示 Dirichlet 核 (参看练习 11.1.1 的 (i)). 试证下式:

$$\frac{1}{J+1}\sum_{j=0}^{J}D_j(z)=\frac{1}{J+1}\sum_{j=0}^{J}\frac{\sin\pi(2j+1)z}{\sin\pi z}=\frac{1}{J+1}\left(\frac{\sin\pi(J+1)z}{\sin\pi z}\right)^2.$$

(ii) 显然.　(iii) 显然.　(iv) 显然.　(v) 参看定理 11.1.1 的证明.

(vi) 引进函数 $\psi_1(x)=\mathbf{1}_{[0,1]}\psi(x)$, 则所证等式可改写成

$$\lim_{J\to\infty}\left|\psi_1-F_J*\psi_1\right|_{L^p([0,1];\mathbf{C})}=0.$$

利用 (ii), (iii) 和 (iv) 及第二册 §10.7 的练习 10.7.9 的 (iii).

(vii) 完全平行.

11.1.5 (i) 作一次分部积分即得.

(ii) 由第一册 §10.7 例 10.7.1 知道, $\{\mathrm{e}^{2\pi inx}\}_{n\in\mathbf{Z}}$ 构成 $L^2([0,1],m,\mathbf{C})$ 上的一组正交规范基. 再由定理 10.7.12 最后的等式得到.

11.1.6 (i) 由第一册第 6 章的公式 (6.8.11) 得到.

(ii) 由第二册 §8.7 的练习 8.7.2 得到.

(iii) 由简单计算获得.　(iv) 由简单计算获得.

(v) 由 (iv) 及练习 11.1.5 的 (ii).　(vi) 由 (v) 及练习 11.1.5 的 (ii).

(vii) 由 (vi) 得到.

11.2.1 (i) 用 Beppo Levi 单调收敛定理.

(ii) 用 (i).

(iii) 因 $\sum_j f(j)=u(0)$.

(iv) Poisson 求和公式告诉我们: 对于任何整数 a 和 b, 只要 $a < b$, 我们有

$$\begin{aligned}\frac{1}{2}[f(a)+f(b)]+\sum_{k=a+1}^{b-1} f(k) &= \lim_{N\to\infty}\sum_{|n|\leqslant N}\int_a^b f(t)\mathrm{e}^{-2\pi i n t}dt \\ &= \int_a^b f(t)dt + 2\sum_{n=1}^{\infty}\int_a^b f(t)\cos 2\pi n t dt \\ &= \int_a^b f(t)dt - 2\sum_{n=1}^{\infty}\int_a^b f'(t)\frac{\sin 2\pi n t}{2n\pi}dt.\end{aligned}$$

再用 §11.1 的练习 11.1.3 的 (viii) 和 Lebesgue 控制收敛定理.

11.2.2　(i) 求 $f(x)$ 的 Fourier 变换:

$$\begin{aligned}\hat{f}(\xi) &= \int_{-1}^{0}(1+x)\mathrm{e}^{-2\pi i x\xi}dx + \int_0^1 (1-x)\mathrm{e}^{-2\pi i x\xi}dx \\ &= -\frac{1}{2\pi i\xi}\left[\int_{-1}^{0}(1+x)d\mathrm{e}^{-2\pi i x\xi} + \int_0^1 (1-x)d\mathrm{e}^{-2\pi i x\xi}\right] \\ &= -\frac{1}{2\pi i\xi}\left[(1+x)\mathrm{e}^{-2\pi i x\xi}\Big|_{-1}^{0} - \int_{-1}^{0}\mathrm{e}^{-2\pi i x\xi}dx + (1-x)\mathrm{e}^{-2\pi i x\xi}\Big|_0^1\right. \\ &\quad \left. + \int_0^1 \mathrm{e}^{-2\pi i x\xi}dx\right] \\ &= \frac{2-2\cos 2\pi\xi}{4\pi^2\xi^2} = \frac{\sin^2\pi\xi}{\pi^2\xi^2}.\end{aligned}$$

(ii) 由 (i), 定理 11.2.1 的 (ii) 及定理 11.2.1 后的注 1 推得.

11.2.3　(i) 求 $f(x)$ 的 Fourier 变换:

$$\begin{aligned}\hat{f}(\xi) &= \int_{-\pi}^{\pi}\sin x\mathrm{e}^{-2\pi i\xi x}dx = \frac{1}{2}\int_{-\pi}^{\pi}\sin x\sin 2\pi\xi x dx \\ &= -\int_{-\pi}^{\pi}\Big[\cos(1+2\pi\xi)x - \cos(1-2\pi\xi)x\Big]dx \\ &= -\frac{2\sin 2\pi^2\xi}{1-4\pi^2\xi^2}.\end{aligned}$$

(ii) 由 (i), 定理 11.2.1 的 (ii) 及定理 11.2.1 后的注 1.

11.2.4　(i) 求 $f(x)$ 的 Fourier 变换:

$$\begin{aligned}\hat{f}(\xi) &= -\int_{\pi}^{0}\cos x\mathrm{e}^{-2\pi i x\xi}dx + \int_0^{\pi}\cos x\mathrm{e}^{-2\pi i x\xi}dx \\ &= -\frac{1}{2}\int_{\pi}^{0}\left[\mathrm{e}^{ix(1-2\pi\xi)} + \mathrm{e}^{ix(-1-2\pi\xi)}dx\right. \\ &\quad + \frac{1}{2}\int_{\pi}^{0}\left[\mathrm{e}^{ix(1-2\pi\xi)} + \mathrm{e}^{ix(-1-2\pi\xi)}dx\right. \\ &= \frac{8\pi\xi}{i(4\pi^2\xi^2-1)}\cos\pi^2\xi.\end{aligned}$$

(ii) 由 (i) 及 Fourier 逆变换的公式得到.

11.2.5　$\hat{f}(\xi)=\int_{-1}^{1}\mathrm{e}^{-2\pi\mathrm{i}x\xi}dx=\frac{\mathrm{e}^{2\pi\mathrm{i}\xi}-\mathrm{e}^{-2\pi\mathrm{i}\xi}}{2\pi\mathrm{i}\xi}=\frac{\sin 2\pi\xi}{\pi\xi}.$

11.2.6　
$$\begin{aligned}\hat{f}(\xi)&=\int_{-\infty}^{\infty}\mathrm{e}^{-2\pi\mathrm{i}\xi x}\mathrm{e}^{-|x|}dx\\&=\int_{-\infty}^{0}\mathrm{e}^{(-2\pi\mathrm{i}\xi+1)x}dx+\int_{0}^{\infty}\mathrm{e}^{(-2\pi\mathrm{i}\xi-1)x}dx=\frac{2}{1+4\pi^2\xi^2}.\end{aligned}$$

11.2.7　(i)
$$\begin{aligned}J_{\frac{1}{2}}(z)&=\frac{(z/2)^{1/2}}{\Gamma(1)\Gamma(1/2)}\int_0^\pi \mathrm{e}^{-\mathrm{i}z\cos\phi}\sin\phi d\phi\\&=-(z/2\pi)^{1/2}\int_0^\pi \mathrm{e}^{-\mathrm{i}z\cos\phi}d\cos\phi=\sqrt{\frac{2}{\pi z}}\sin z.\end{aligned}$$

(ii) 用 (i) 和归纳原理，证明如下：
$$\begin{aligned}J_{n+\frac{3}{2}}(z)=&\frac{(z/2)^{n+\frac{3}{2}}}{\Gamma(n+2)\Gamma(1/2)}\int_0^\pi \mathrm{e}^{-\mathrm{i}z\cos\phi}\sin^{2n+3}\phi d\phi\\=&-\frac{(z/2)^{n+\frac{3}{2}}}{\mathrm{i}z(n+1)\Gamma(n+1)\Gamma(1/2)}\int_0^\pi \sin^{2n+2}\phi d\mathrm{e}^{-\mathrm{i}z\cos\phi}\\=&\frac{(z/2)^{n+\frac{1}{2}}}{\mathrm{i}\Gamma(n+1)\Gamma(1/2)}\int_0^\pi \sin^{2n+1}\phi\mathrm{e}^{-\mathrm{i}z\cos\phi}\cos\phi d\phi\\=&-\frac{(z/2)^{n+\frac{1}{2}}}{\Gamma(n+1)\Gamma(1/2)}\frac{d}{dz}\int_0^\pi \sin^{2n+1}\phi\mathrm{e}^{-\mathrm{i}z\cos\phi}\cos\phi d\phi\\=&\left(n+\frac{1}{2}\right)\frac{1}{z}J_{n+\frac{1}{2}}(z)-\frac{d}{dz}J_{n+\frac{1}{2}}(z)\\=&\left(n+\frac{1}{2}\right)\frac{1}{z}(-1)^n z^{n+\frac{1}{2}}\left(\frac{1}{z}\frac{d}{dz}\right)^n\sqrt{\frac{2}{\pi}}\frac{\sin z}{z}\\&-\frac{d}{dz}\left[(-1)^n z^{n+\frac{1}{2}}\left(\frac{1}{z}\frac{d}{dz}\right)^n\sqrt{\frac{2}{\pi}}\frac{\sin z}{z}\right]\\=&(-1)^{n+1}z^{n+\frac{3}{2}}\left(\frac{1}{z}\frac{d}{dz}\right)^{n+1}\sqrt{\frac{2}{\pi}}\frac{\sin z}{z}.\end{aligned}$$

(iii) 把直角坐标换成球坐标 (参看 §8.5 的练习 8.5.3) 得到:
$$\begin{aligned}\hat{f}(\boldsymbol{\xi})=&\int_{\mathbf{R}^n}f(\mathbf{x})\mathrm{e}^{-2\pi\mathrm{i}\mathbf{x}\cdot\boldsymbol{\xi}}m(d\mathbf{x})=\int_{\mathbf{R}^n}g(|\mathbf{x}|)\mathrm{e}^{-2\pi\mathrm{i}\mathbf{x}\cdot\boldsymbol{\xi}}m(d\mathbf{x})\\=&2\pi\int_0^\infty drr^{n-1}g(r)\int_0^\pi d\varphi_1\sin^{n-2}\varphi_1\mathrm{e}^{-2\pi\mathrm{i}|\boldsymbol{\xi}|r\cos\varphi_1}\\&\times\int_0^\pi\cdots\int_0^\pi\sin^{n-3}\varphi_2\cdots\sin\varphi_{n-2}d\varphi_2\cdots d\varphi_{n-2}\\=&\frac{2\pi}{|\boldsymbol{\xi}|^{(n-2)/2}}\int_0^\infty drr^{n/2}g(r)J_{\frac{n-2}{2}}(2\pi|\boldsymbol{\xi}|r)\end{aligned}$$

(iv) $\hat{g}(\boldsymbol{\xi}) = \int_{\mathbf{R}^n} f(U\mathbf{x})\mathrm{e}^{-2\pi\mathrm{i}\boldsymbol{\xi}\cdot\mathbf{x}}d\mathbf{x} = \int_{\mathbf{R}^n} f(U\mathbf{x})\mathrm{e}^{-2\pi\mathrm{i}U\boldsymbol{\xi}\cdot U\mathbf{x}}d(U\mathbf{x}) = \hat{f}(U\boldsymbol{\xi})$.

11.2.8 (i) 参看 §11.1 的练习 11.1.1.

(ii) 参看 §11.1 的练习 11.1.2.

(iii) 参看 §11.1 的练习 11.1.4.

11.4.1 (i) 设 U 是 $L^2(\mathbf{R})$ 上的酉映射. 记

$$e_\xi(x) = \begin{cases} 1, & \text{当}0 \leqslant x \leqslant \xi\text{时}, \\ -1, & \text{当}0 > x \geqslant \xi\text{时}, \\ 0, & \text{当}|\xi| > |x|\text{时}. \end{cases}$$

令

$$H(\xi, x) = (Ue_\xi)(x) \quad \text{和} \quad K(\xi, x) = (U^{-1}e_\xi)(x).$$

若 $g = Uf$, 因 U 是酉映射，有

$$(g, e_\xi) = (Uf, e_\xi) = (f, U^{-1}e_\xi), \ (f, e_\xi) = (U^{-1}g, e_\xi) = (g, Ue_\xi).$$

这两个等式恰是 (11.4.6) 中的两个等式. 将 $f = U^{-1}e_\eta$ 代入上式，注意：这时 $g = Uf = e_\xi$，便得到 (a), (b), (c) 三条件.

反之，设 $K(\xi, x)$ 及 $H(\xi, x)$ 满足 (a), (b), (c) 三条件. 因 $e_\xi(x)$ 生成的闭线性子空间就是 $L^2(\mathbf{R})$, 为了定义两个线性映射 U 和 V, 只需定义 U 和 V 在所有形如 $e_\xi(x)$ 的函数上的值如下：

$$(Ue_\xi)(x) = H(\xi, x), \quad (Ve_\xi)(x) = K(\xi, x).$$

由 (a), (b), (c) 三条件，有

$$(Ve_\xi, Ve_\eta) = (e_\xi, e_\eta), \quad (Ue_\xi, Ue_\eta) = (e_\xi, e_\eta), \quad (Ve_\xi, e_\eta) = (e_\xi, Ue_\eta).$$

将 U 和 V 线性连续延拓后，便知：U 和 V 是酉映射，且 $V = U^{-1}$.

(ii) (i) 的推论.

(iii) (iii) 的前半部分的结论是 (ii) 的推论. 为了证明 (ii) 中条件 (b) 成立，要用到以下公式：

$$\begin{aligned}\int_{-\infty}^{\infty} \frac{\sin^2 x}{x^2}dx = 2\int_0^{\infty} \frac{\sin^2 x}{x^2}dx &= -2\int_0^{\infty} \sin^2 x dx^{-1} \\ &= -2\left[\frac{\sin^2 x}{x}\bigg|_0^{\infty} - \int_0^{\infty} \frac{2\sin x\cos x}{x}dx\right] \\ &= 2\int_0^{\infty} \frac{\sin u}{u}du = \pi.\end{aligned}$$

(iii) 的后半部分的结论证明如下：记 $f_\omega(x) = f(x)\mathbf{1}_{[-\omega,\omega]}(x)f(x)$, g_ω 是 f_ω 的 Fourier 变换：

$$\begin{aligned}g_\omega(x) &= \lim_{h\to 0}\int_{-\omega}^{\omega} \frac{\mathrm{e}^{-2\pi\mathrm{i}(x+h)y} - \mathrm{e}^{-2\pi\mathrm{i}xy}}{-2\pi\mathrm{i}y}f(y) \\ &= \lim_{h\to 0}\int_{-\omega}^{\omega} \frac{\sin\pi hy}{\pi hy}\mathrm{e}^{-\pi\mathrm{i}hy}\mathrm{e}^{-2\pi\mathrm{i}xy}f(y)dy \\ &= \int_{-\omega}^{\omega} \mathrm{e}^{-2\pi\mathrm{i}xy}f(y)dy = \int_{-\infty}^{\infty} \mathrm{e}^{-2\pi\mathrm{i}xy}f_\omega(y)dy,\end{aligned}$$

其中最后一行的第一个等号用了 Lebesgue 控制收敛定理. 因 $\lim\limits_{\omega\to\infty}|f-f_\omega|_2=0$, 而 Fourier 变换是酉变换，所以 $\lim\limits_{\omega\to\infty}|g-g_\omega|_2=0$. 由此得到 (iii) 的后半部分的结论.

(iv) 请同学自行设计.

11.5.1　(i) 注意到以下事实结论就显然了：在 $n-1$ 个球放完后，右边还有 $(n+k-1)-(\alpha_1+\cdots+\alpha_{n-1}+n-1)=\alpha_n$ 个盒子.

(ii) 由 (i) 推得.

11.6.1　(i) 是局部紧度量空间.　　(ii) 不是局部紧度量空间.

(iii) 是局部紧度量空间.

11.6.2　这由以下不等式推出：

$$\begin{aligned}|c_nd_n-c_md_m|_l&=|c_nd_n-c_nd_m+c_nd_m-c_md_m|_l\\&\leqslant|c_n(d_n-d_m)|_l+|(c_n-c_m)d_m|_l\\&=l\Big(|c_n(d_n-d_m)|\Big)+l\Big(|(c_n-c_m)d_m|\Big)\\&\leqslant L\Big[l\Big(|d_n-d_m|\Big)+l\Big(|c_n-c_m|\Big)\Big]\\&=L\Big[|d_n-d_m|_l+|c_n-c_m|_l\Big].\end{aligned}$$

11.6.3　假若 $f=[\{\gamma_n\}]$ 和 $g=[\{\delta_n\}]$, 即

$$\lim_{n\to\infty}|c_n-\gamma_n|_l=\lim_{n\to\infty}|d_n-\delta_n|_l=0,$$

且假设 $f=[\{\gamma_n\}]$ 和 $g=[\{\delta_n\}$ 均一致有界. 不难证明以下不等式：

$$\begin{aligned}|c_nd_n-\gamma_n\delta_n|_l&=|c_nd_n-c_n\delta_n+c_n\delta_n-\gamma_n\delta_n|_l\\&=|c_n(d_n-\delta_n)+(c_n-\gamma_n)\delta_n|_l\leqslant l\Big(|c_n(d_n-\delta_n)|\Big)+l\Big(|(c_n-\gamma_n)\delta_n|\Big)\\&\leqslant L\Big[|d_n-\delta_n|_l+|c_n-\gamma_n|_l\Big],\end{aligned}$$

其中 $L=\sup\limits_{x,n}\Big(|c_n(x)|,|\delta_n(x)|\Big)$. 由此便知：$[\{c_nd_n\}]=[\{\gamma_n\delta_n\}]$.

11.6.4　不妨假设 $\forall n\forall x\Big(c_n(x)\geqslant0,\ d_n(x)\geqslant0\Big)$ 且 $[\{c_n\}]$ 和 $[\{d_n\}]$ 均一致有界, 由此立即得到 $fg\geqslant0$.

11.6.5　这是 Beppo Levi 关于单调列的收敛定理 (定理 11.6.2) 的特例.

11.6.6　记 $d=\inf\limits_{x\in O_1,y\notin O_2}\rho(x,y)$, 显然 $d>0$. 令 $f(x)=\inf\limits_{y\in O_1}\rho(x,y)$, 则 f 连续，且

$$\forall x\in O_1\Big(f(x)=0\Big),\quad\forall x\in O_2\Big(f(x)\geqslant d\Big).$$

不难证明以下定义的函数 g 满足条件 (i), (ii) 和 (iii):

$$g(x)=\min\left(1,\max\left[0,1-\frac{f(x)}{d}\right]\right).$$

11.6.7　(i) 对于每个点 $x\in K$, 有一个闭包为紧集的 x 的开邻域 U_x. 因 K 紧，有有限个点 $x_j\in K(j=1,\cdots,J)$, 使得

$$K \subset \bigcup_{j=1}^{J} U_{x_j}.$$

根据练习 11.6.6 的结果，有连续函数 f, 使得

(a) $\forall x \in K\Big(f(x) = 1\Big)$;

(b) $0 \leqslant f(x) \leqslant 1$;

(c) $\text{supp } g \subset \bigcup\limits_{j=1}^{J} U_{x_j}$.

因 $\overline{\bigcup\limits_{j=1}^{J} U_{x_j}}$ 紧，所以 $f \in C_0(M)$. 这个 f 满足要求.

(ii) 将 $\overline{G}$ 看做 (i) 中的 K, 便有 (i) 中的函数 f, 则 $\forall c \in \mathcal{A}(G)\Big(c \leqslant f\Big)$. 由此得到

$$V(G) = \sup_{c \in \mathcal{A}(G)} l(c) \leqslant l(f) < \infty.$$

11.6.8　设 $\{c_n\}$ 是度量空间 (M, ρ) 中的 Cauchy 列，则对于任何 $j \in \mathbf{N}$, 必有 $n_j \in \mathbf{N}$, 使得 $n_j < n_{j+1}$，且

$$\forall n \geqslant n_j \forall m \geqslant n_j \Big(\rho(c_n, c_m) < j^{-4}\Big).$$

易见，$\{c_{n_j}\}$ 是速敛列.

11.6.9　设 M 是局部紧度量空间.

(i) $\overline{S}$ 紧，必有开集 $G \supset \overline{S}$, 且 $\overline{G}$ 紧 (参看练习 11.6.7 的 (i) 的证明的提示). 由练习 11.6.7 的 (ii) 便知，$\mu^*(S) \leqslant V(G) < \infty$.

(ii) (i) 的推论.

11.6.10　设 M 是局部紧度量空间，l 是 $C_0(M)$ 上的一个正线性泛函. 设 $\{c_{n_k}\}$ 和 $\{c_{m_k}\}$ 是 $C_0(M)$ 关于 l- 范数的 Cauchy 列 $\{c_n\}$ 的两个速敛子列. 可以证明: $\{c_{n_k}\}$ 和 $\{c_{m_k}\}$ 有子列 $\{c_{n_{k_l}}\}$ 和 $\{c_{m_{k_l}}\}$, 使得 $\{d_j\}$ 是速敛列，其中

$$d_j = \begin{cases} c_{n_{k_l}}, & 若 j = 2l - 1, \\ d_{n_{k_l}}, & 若 j = 2l. \end{cases}$$

由定理 11.6.8, 序列 $\{c_{n_{k_l}}\}$, $\{c_{m_{k_l}}\}$ 和 $\{d_j\}$ 均几乎处处收敛. 因此，$\lim\limits_{k\to\infty} c_{n_k}(x) = \lim\limits_{k\to\infty} c_{m_k}(x)$, a.e..

11.6.11　(a) 欧氏空间 $\mathbf{R}^n$ 是 σ- 紧空间.

(b) 赋予离散度量后的 $\mathbf{R}$ 不是 σ- 紧空间.

11.6.12　(i) 充分性显然. 假设 M 是局部紧度量空间: $M = \bigcup\limits_{n=1}^{\infty} K_n$, 其中 K_n $(n = 1, 2. \cdots)$ 是有限个或可数个紧集. 每个点 $x \in K_n$ 有闭包为紧的开邻域 U_x. 因 K_n 紧，有有限个点 $x_j \in K_n$, $j = 1, \cdots, l$, 使得

$$K_n \subset \bigcup_{j=1}^{l} U_{x_j}.$$

记 $O_n = \bigcup_{j=1}^{l} U_{x_j}$. O_n 开，且 $\overline{O}_n$ 紧. 又 $M = \bigcup_{n=1}^{\infty} K_n = \bigcup_{n=1}^{\infty} O_n$.

(ii) 若将 (i) 中的 O_n 换成 $H_n = O_1 \cup O_2 \cup \cdots \cup O_n$, 则 $\{H_n\}$ 满足条件 (a) 和 (c). 为了构造满足条件 (a), (b) 和 (c) 的 $\{G_n\}$, 再用 (i) 中所用的方法和数学归纳原理便可以了.

11.6.13 设 $f, g \in \mathcal{L}^1$, 且 $f \leqslant g$，换言之，$g - f \geqslant 0$. 后者成立的充分必要条件是 $g - f$ 的实现应几乎处处非负. 设 $\{d_n\}$ 与 $\{c_n\}$ 分别是对应于 g 与 f 的速敛列，$\lim\limits_{n\to\infty} d_n(x) = g(x)$ 与 $\lim\limits_{n\to\infty} c_n(x) = f(x)$ 几乎处处存在，它们分别是 g 和 f 的实现. 而 $\lim\limits_{n\to\infty} [d_n(x) - c_n(x)] = g(x) - f(x)$ 是 $g - f$ 的实现. 故 $g - f \geqslant 0$ 的充分必要条件是 $g(x) \geqslant f(x)$, *a.e.*.

11.6.14 设 $l = l_1 - l_2$, 其中 l_1 和 l_2 均为正线性泛函. 由 l^+ 的定义，

$$l^+(f) = \sup_{\substack{0\leqslant g\leqslant f\\ g\in C_0(M)}} l(g) = \sup_{\substack{0\leqslant g\leqslant f\\ g\in C_0(M)}} \Big[l_1(g) - l_2(g)\Big] \leqslant \sup_{\substack{0\leqslant g\leqslant f\\ g\in C_0(M)}} l_1(g).$$

因此，$l^+ \leqslant l_1$. 另一方面，$l^- = l^+ - l \leqslant l_1 - l = l_2$.

11.6.15 (i) 对一切 $0 \leqslant f \in C_0$, 有 $|l|(f) = l^+(f) + l^-(f) = 2 \sup\limits_{\substack{0\leqslant g\leqslant f\\ g\in C_0(M)}} l(g) - l(f)$

$= \sup\limits_{\substack{0\leqslant g\leqslant f\\ g\in C_0(M)}} l(2g - f)$. 注意到以下简单的命题：$|2g - f| \leqslant f$ 且任何满足不等式 $|h| \leqslant f$ 的 h 必可写成 $h = 2g - f$, 其中 $0 \leqslant g \leqslant f$, (i) 证得.

(ii) 由 (i) 得到.

11.7.1 设 $f \in L^1_{\text{loc}}$, 线性泛函 l_f 定义如下: 对于任何 $u \in C_0^\infty$,

$$l_f(u) = \int u f m(d\mathbf{x}).$$

易见，$|l_f(u)| \leqslant \int_{\text{supp}\, u} f m(d\mathbf{x}) \sup\limits_{\mathbf{x}\in\mathbf{R}^n} |u(\mathbf{x})|$. 由定理 11.7.1 及其后的注，$l_f$ 是广义函数.

11.7.2 Dirac δ 函数定义为如下的广义函数: 对于任何 $u \in C_0^\infty$,

$$\delta(u) = u(\mathbf{0}).$$

易见，$|\delta(u)| \leqslant \sup\limits_{\mathbf{x}\in\mathbf{R}^n} |u(\mathbf{x})|$. 由定理 11.7.1 及其后的注，$\delta$ 是广义函数.

11.7.3 设 $\varphi \in C_0(\mathbf{R})$, 则

$$\begin{aligned}
(\theta', \varphi) &= -(\theta, \varphi') = -\sum_{\nu=-\infty}^{\infty} \int_{x_{\nu-1}}^{x_\nu} \theta(t)\cdot\varphi'(t)dt \\
&= -\sum_{\nu=-\infty}^{\infty} \Big[\theta(t)\cdot\varphi(t)\Big]_{t=x_{\nu-1}+0}^{t=x_\nu-0} + \sum_{\nu=-\infty}^{\infty} \int_{x_{\nu-1}}^{x_\nu} \theta'(t)\cdot\varphi(t)dt \\
&= \left(\sum_\nu \theta_\nu\delta_\nu, \varphi\right) + \Big([\theta'], \varphi\Big),
\end{aligned}$$

其中 $\delta_\nu(x)=\delta(x-x_\nu)$.

利用归纳法可以得到 $\theta^{(p)}$ 的如下表达式:

$$\theta^{(p)}=[\theta^{(p)}]+\sum_{j=0}^{p}\sum_{\nu=-\infty}^{\infty}\theta_\nu^{(p-j)}\delta_\nu^{(j)}.$$

11.7.4 (i) 利用平面上的 Green 公式 (参看第二册 §10.8 公式 (10.8.26)).

(ii) 利用平面上的 Green 恒等式.

(iii) 利用 $\mathbf{R}^3$ 上的 Stokes 公式 (参看第二册 §10.8 公式 (10.8.26) 之后的公式).

11.7.5 (i) 将积分区间 $(0,\infty)$ 拆成两段:$(0,\infty)=(0,1)\cup[1,\infty)$, 然后对区间 $(0,1)$ 上的积分中的函数 u 使用在 0 点处的 Taylor 展开公式, 我们有函数 $\xi=\xi(x)\in(\varepsilon,x)$, 使得

$$\begin{aligned}\int_\varepsilon^\infty x^z u(x)m(dx)&=\int_\varepsilon^1 x^z u(x)m(dx)+\int_1^\infty x^z u(x)m(dx)\\&=\int_\varepsilon^1 x^z\left[u(0)+u'(0)x+\cdots+\frac{u^{(k)}(0)}{k!}x^k+\frac{u^{(k+1)}(\xi)}{(k+1)!}x^{k+1}\right]m(dx)\\&\quad+\int_1^\infty x^z u(x)m(dx)\\&=u(0)\frac{1}{z+1}+u'(0)\frac{1}{z+2}+\cdots+\frac{u^{(k)}(0)}{k!}\frac{1}{z+k+1}\\&\quad-\left[u(0)\frac{\varepsilon^{z+1}}{z+1}+u'(0)\frac{\varepsilon^{z+2}}{z+2}+\cdots+\frac{u^{(k)}(0)}{k!}\frac{\varepsilon^{z+k+1}}{z+k+1}\right]\\&\quad+\int_\varepsilon^1\frac{u^{(k+1)}(\xi)}{(k+1)!}x^{z+k+1}m(dx)+\int_1^\infty x^z u(x)m(dx).\end{aligned}$$

这样我们得到了泛函 $\mathrm{Pf}.x^z1_{(0,\infty)}$ 定义中表达式的另一表示方式:

$$\begin{aligned}&\lim_{\varepsilon\to0+}\left[\int_\varepsilon^\infty x^z u(x)m(dx)+u(0)\frac{\varepsilon^{z+1}}{z+1}+u'(0)\frac{\varepsilon^{z+2}}{z+2}+\cdots+\frac{u^{(k)}(0)}{k!}\frac{\varepsilon^{z+k+1}}{z+k+1}\right]\\&=u(0)\frac{1}{z+1}+u'(0)\frac{1}{z+2}+\cdots+\frac{u^{(k)}(0)}{k!}\frac{1}{z+k+1}\\&\quad+\lim_{\varepsilon\to0+}\int_\varepsilon^1\frac{u^{(k+1)}(\xi)}{(k+1)!}x^{z+k+1}m(dx)+\int_1^\infty x^z u(x)m(dx).\end{aligned}$$

由于 $u^{(k+1)}(\xi)$ 有界, 极限 $\lim\limits_{\varepsilon\to0+}\int_\varepsilon^1\frac{u^{(k+1)}(\xi)}{(k+1)!}x^{z+k+1}m(dx)$ 存在, 由此可得, 泛函 $\mathrm{Pf}.x^z\mathbf{1}_{(0,\infty)}$ 在 C_0^∞ 上有定义且在 C_0^∞ 上连续.

(ii) 这是因为当整数 $j>k$ 时,

$$\lim_{\varepsilon\to0+}\frac{u^{(j)}(0)}{j!}\frac{\varepsilon^{z+j+1}}{z+j+1}=0.$$

11.7.6 由例 11.7.7 中引进的平移算子作用在广义函数上的定义，对于任何 $u \in C_0^\infty$，我们有

$$\begin{aligned}\left(u, \frac{\mathbf{T}_{-\lambda\mathbf{e}_i} l - l}{\lambda}\right) &= \frac{1}{\lambda}\left[\left(u, \mathbf{T}_{-\lambda\mathbf{e}_i} l\right) - \left(u, l\right)\right] \\ &= \frac{1}{\lambda}\left[\left(\mathbf{T}_{\lambda\mathbf{e}_i} u, l\right) - \left(u, l\right)\right] = \left(\frac{1}{\lambda}\left[\mathbf{T}_{\lambda\mathbf{e}_i} u - u\right], l\right) \\ &= -\left(\frac{1}{\lambda}\left[u(\mathbf{x}) - u(\mathbf{x} - \lambda\mathbf{e}_i)\right], l\right) = -\left(D_i u(\mathbf{x} - \theta\lambda\mathbf{e}_i), l\right),\end{aligned}$$

其中 $0 < \theta < 1$. 最后一步的推演用了 Lagrange 中值定理. 当 $\lambda \in [-1, 1]$ 时，$D_i u(\mathbf{x} - \theta\lambda\mathbf{e}_i)$ 的支集是在一个固定的紧集中，且 $\frac{1}{\lambda}\left[u(\mathbf{x}) - u(\mathbf{x} - \lambda\mathbf{e}_i)\right]$ 及其各阶导数在这个固定的紧集上一致地收敛于 $D_i u$ 及其对应的导数. 由此我们得到

$$(u, D_i l) = -(D_i u, l) = \lim_{\lambda \to 0}\left(u, \frac{\mathbf{T}_{-\lambda\mathbf{e}_i} l - l}{\lambda}\right).$$

11.7.7 对于 $u \in C_0^\infty$，

$$\begin{aligned}\left(u, \frac{d\ln|x|}{dx}\right) &= (-u', \ln|x|) = -\int_{-\infty}^{\infty} u'(x)\ln|x| m(dx) \\ &= -\lim_{\varepsilon \to 0+}\left[\int_{-\infty}^{-\varepsilon} u'(x)\ln|x| m(dx) + \int_{\varepsilon}^{\infty} u'(x)\ln|x| m(dx)\right] \\ &= -\lim_{\varepsilon \to 0+}\left[\Big(u(-\varepsilon) - u(\varepsilon)\Big)\ln\varepsilon - \int_{-\infty}^{-\varepsilon} u(x)\frac{1}{x} m(dx) - \int_{\varepsilon}^{\infty} u(x)\frac{1}{x} m(dx)\right] \\ &= \left(u, \mathrm{PV}\frac{1}{x}\right).\end{aligned}$$

最后一步推演中用到了以下事实：$\left|\Big(u(-\varepsilon) - u(\varepsilon)\Big)\ln\varepsilon\right| = O(|\varepsilon\ln\varepsilon|) = o(1)$.

11.7.8 $(u, \delta^{(l)}) = (-1)^l u^{(l)}(0)$.

11.7.9 由 Hadamard 有限部分的定义，我们有 (其中 k 是充分大的整数)

$$\begin{aligned}\left(u, \frac{d}{dx}\left[\mathrm{Pf.}(x^z \mathbf{1}_{(0,\infty)})\right]\right) &= -\Big(u', \mathrm{Pf.}x^z \mathbf{1}_{(0,\infty)}\Big) \\ &= -\lim_{\varepsilon \to 0+}\left[\int_{\varepsilon}^{\infty} x^z u'(x) m(dx) + u'(0)\frac{\varepsilon^{z+1}}{z+1} + u''(0)\frac{\varepsilon^{z+2}}{z+2} + \cdots\right. \\ &\quad \left. + \frac{u^{(k+1)}(0)}{k!}\frac{\varepsilon^{z+k+1}}{z+k+1}\right]\end{aligned}$$

$$= -\lim_{\varepsilon\to 0+}\bigg[-\varepsilon^z u(\varepsilon) - z\int_\varepsilon^\infty x^{z-1}u(x)m(dx)$$
$$+u'(0)\frac{\varepsilon^{z+1}}{z+1}+u''(0)\frac{\varepsilon^{z+2}}{z+2}+\cdots+\frac{u^{(k+1)}(0)}{k!}\frac{\varepsilon^{z+k+1}}{z+k+1}\bigg]$$
$$= -\lim_{\varepsilon\to 0+}\bigg[-\varepsilon^z\bigg(u(0)+\frac{u'(0)}{1!}\varepsilon+\cdots+\frac{u^{(k+1)}(0)}{(k+1)!}\varepsilon^{k+1}+\frac{u^{(k+2)}(\xi)}{(k+2)!}\varepsilon^{k+2}\bigg)$$
$$-z\int_\varepsilon^\infty x^{z-1}u(x)m(dx)+u'(0)\frac{\varepsilon^{z+1}}{z+1}+u''(0)\frac{\varepsilon^{z+2}}{z+2}+\cdots+\frac{u^{(k+1)}(0)}{k!}\frac{\varepsilon^{z+k+1}}{z+k+1}\bigg]$$
$$= \lim_{\varepsilon\to 0+}\bigg[z\int_\varepsilon^\infty x^{z-1}u(x)m(dx)$$
$$+\varepsilon^z u(0)+z\frac{u'(0)}{1!}\frac{\varepsilon^{z+1}}{z+1}+\cdots+z\frac{u^{(k+1)}}{(k+1)!}\frac{\varepsilon^{z+k+1}}{z+k+1}+\frac{u^{(k+2)}(\xi)}{(k+2)!}\varepsilon^{z+k+2}\bigg]$$
$$= z\lim_{\varepsilon\to 0+}\bigg[\int_\varepsilon^\infty x^{z-1}u(x)m(dx)+u(0)\frac{\varepsilon^z}{z}+\frac{u'(0)}{1!}\frac{\varepsilon^{z+1}}{z+1}+\cdots+\frac{u^{(k+1)}}{(k+1)!}\frac{\varepsilon^{z+k+1}}{z+k+1}\bigg]$$
$$= \Big(u, \mathrm{Pf.}(zx^{z-1}\mathbf{1}_{(0,\infty)})\Big).$$

11.7.10　(i) 对于任何 $u\in C_0^\infty(\mathbf{R})$, 注意到约定 $\frac{\varepsilon}{0}=\ln\varepsilon$, 我们有

$$\bigg(u, \frac{d}{dx}\mathrm{Pf.}\bigg[\frac{1}{x^l}\mathbf{1}_{(0,\infty)}\bigg]\bigg) = -\bigg(\frac{du}{dx}, \mathrm{Pf.}\frac{1}{x^l}\mathbf{1}_{(0,\infty)}\bigg)$$
$$= \lim_{\varepsilon\to 0+}\bigg[-\int_\varepsilon^\infty x^{-l}u'(x)m(dx)+u'(0)\frac{\varepsilon^{-l+1}}{l-1}+\frac{u''(0)}{1!}\frac{\varepsilon^{-l+2}}{l-2}+\cdots+\frac{u^{(l)}(0)}{(l-1)!}\ln\varepsilon\bigg].$$

另一方面，我们有

$$\bigg(u, \mathrm{Pf.}\frac{-l}{x^{l+1}}\mathbf{1}_{(0,\infty)}\bigg)$$
$$= l\lim_{\varepsilon\to 0+}\bigg[-\int_\varepsilon^\infty x^{-l-1}u(x)m(dx)+u(0)\frac{\varepsilon^{-l}}{l}+\frac{u'(0)}{1!}\frac{\varepsilon^{-l+1}}{l-1}+\cdots+\frac{u^{(l)}(0)}{l!}\ln\varepsilon\bigg]$$
$$= l\lim_{\varepsilon\to 0+}\bigg[-\frac{\varepsilon^{-l}}{l}u(\varepsilon)-\frac{1}{l}\int_\varepsilon^\infty x^{-l}u'(x)m(dx)$$
$$+u(0)\frac{\varepsilon^{-l}}{l}+\frac{u'(0)}{1!}\frac{\varepsilon^{-l+1}}{l-1}+\cdots+\frac{u^{(l)}(0)}{l!}\ln\varepsilon\bigg]$$
$$= l\lim_{\varepsilon\to 0+}\bigg[-\frac{\varepsilon^{-l}}{l}\bigg(u(0)+\frac{u'(0)}{1!}\varepsilon+\cdots+\frac{u^{(l)}(0)}{l!}\varepsilon^l+O(\varepsilon^{l+1})\bigg)$$
$$-\frac{1}{l}\int_\varepsilon^\infty x^{-l}u'(x)m(dx)+u(0)\frac{\varepsilon^{-l}}{l}+\frac{u'(0)}{1!}\frac{\varepsilon^{-l+1}}{l-1}+\cdots+\frac{u^{(l)}(0)}{l!}\ln\varepsilon\bigg]$$

$$= \lim_{\varepsilon\to 0+}\left[-\int_{\varepsilon}^{\infty} x^{-l}u'(x)m(dx)+\sum_{k=1}^{l-1}\frac{\varepsilon^{k-l}}{l-k}\frac{u^{(k)}(0)}{(k-1)!}+\frac{u^{(l)}(0)}{(l-1)!}\ln\varepsilon-\frac{u^{(l)}(0)}{l!}\right].$$

将上述两个等式结合起来，便得

$$\frac{d}{dx}\left[\mathrm{Pf.}\left(\frac{1}{x^l}\mathbf{1}_{(0,\infty)}\right)\right]=\mathrm{Pf.}\left(\frac{-l}{x^{l+1}}\mathbf{1}_{(0,\infty)}\right)+(-1)^l\frac{\delta^{(l)}}{l!}.$$

(ii) 答案如下：

$$\frac{d}{dx}\left[\mathrm{Pf.}\frac{1}{x^l}\mathbf{1}_{(-\infty,0)}\right]=\mathrm{Pf.}\frac{-l}{x^{l+1}}\mathbf{1}_{(-\infty,0)}-(-1)^l\frac{\delta^{(l)}}{l!}.$$

证明思路同 (i).

(iii) 将 (i) 和 (ii) 的结果加起来，有

$$\frac{d}{dx}\mathrm{Pf.}\left(\frac{1}{x^l}\right)=\frac{d}{dx}\mathrm{Pf.}\left(\frac{1}{x^l}\mathbf{1}_{(0,\infty)}\right)+\frac{d}{dx}\mathrm{Pf.}\left(\frac{1}{x^l}\mathbf{1}_{(-\infty,0)}\right)=\mathrm{Pf.}\left(\frac{-l}{x^{l+1}}\right).$$

11.7.11　(i) 利用第二册 §10.9 的练习 10.9.5 的 (ii) 中的第二个恒等式.

(ii) 由 (i) 得到.　(iii) 直接计算得到.　(iv) 显然.

(v) 由 (ii) 和 (iv) 得到.　(vi) 由 (v) 得到.

(vii) 利用第二册 §10.9 的练习 10.9.5 的 (v) 的结果.

(viii) 利用第二册 §10.9 的练习 10.9.5 的 (vi) 的结果.

(ix) 利用第二册 §10.9 的练习 10.9.5 的 (vii) 的结果.

(x) 利用数学归纳法.

(xi) 当 $m+n$ 不是非正偶数时，因为

$$\begin{aligned}
\int_{r\geqslant\varepsilon} r^m u(\mathbf{x})m(d\mathbf{x}) &= \int_{\varepsilon}^{\infty} r^m\left(\int_{\mathbf{S}^{n-1}(\mathbf{0},r)}u(\mathbf{x})d\sigma\right)dr\\
&=\omega_{n-1}\int_{\varepsilon}^{\infty} r^{m+n-1}\frac{1}{\omega_{n-1}r^{n-1}}\left(\int_{\mathbf{S}^{n-1}(\mathbf{0},r)}u(\mathbf{x})d\sigma\right)dr\\
&=\omega_{n-1}\int_{\varepsilon}^{\infty} r^{m+n-1}\left[\Gamma(n/2)\sum_{k=0}^{[-(m+n)/2]}\left(\frac{r}{2}\right)^{2k}\frac{\Delta^k u(\mathbf{0})}{k!\Gamma\big(k+(n/2)\big)}\right.\\
&\quad\left.+\int_{\mathbf{B}^n(\mathbf{0},r)}v_{[-(m+n)/2]}(|\mathbf{x}|,r)\Delta^{[-(m+n)/2]+1}u(\mathbf{x})m(d\mathbf{x})\right]dr\\
&=-\omega_{n-1}\sum_{k=0}^{[-(m+n)/2]}\frac{\varepsilon^{m+n+2k}}{m+n+2k}\left[\Gamma(n/2)\left(\frac{1}{2}\right)^{2k}\frac{\Delta^k u(\mathbf{0})}{k!\Gamma\big(k+(n/2)\big)}\right]
\end{aligned}$$

$$+\,\omega_{n-1}\int_{\varepsilon}^{\infty} r^{m+n-1}\int_{\mathbf{B}^n(\mathbf{0},r)} v_{[-(m+n)/2]}(|\mathbf{x}|,r)\Delta^{[-(m+n)/2]+1}u(\mathbf{x})m(d\mathbf{x})dr$$

$$=-\sum_{k=0}^{[-(m+n)/2]} H_k\Delta^k u(\mathbf{0})\frac{\varepsilon^{m+n+2k}}{m+n+2k}$$

$$+\,\omega_{n-1}\int_{\varepsilon}^{\infty} r^{m+n-1}\int_{\mathbf{B}^n(\mathbf{0},r)} v_{[-(m+n)/2]}(|\mathbf{x}|,r)\Delta^{[-(m+n)/2]+1}u(\mathbf{x})m(d\mathbf{x})dr,$$

其中

$$H_k=\frac{\pi^{n/2}}{2^{2k-1}k!\Gamma\Big(n/2+k\Big)}.$$

利用 (x) 的结果，对于 $0<\varepsilon_1<\varepsilon_2$, 我们有

$$\left|\omega_{n-1}\int_{\varepsilon_1}^{\varepsilon_2} r^{m+n-1}\int_{\mathbf{B}^n(\mathbf{0},r)} v_{[-(m+n)/2]}(|\mathbf{x}|,r)\Delta^{[-(m+n)/2]+1}u(\mathbf{x})m(d\mathbf{x})dr\right|$$

$$\leqslant \omega_{n-1}\int_{\varepsilon_1}^{\varepsilon_2} r^{m+n-1}\int_0^r C_{[-(m+n)/2]}r^{2[-(m+n)/2]}|\mathbf{x}|^{2-n}|\mathbf{x}|^{n-1}\omega_{n-1}Km(d|\mathbf{x}|)dr,$$

其中 $K=\sup\limits_{\mathbf{x}\in\mathbf{R}^n}|\Delta^{[-(m+n)/2]+1}u(\mathbf{x})|$. 对右端稍加整理，便有

$$\left|\omega_{n-1}\int_{\varepsilon_1}^{\varepsilon_2} r^{m+n-1}\int_{\mathbf{B}^n(\mathbf{0},r)} v_{[-(m+n)/2]}(|\mathbf{x}|,r)\Delta^{[-(m+n)/2]+1}u(\mathbf{x})m(d\mathbf{x})dr\right|$$

$$\leqslant K_1\sup_{\mathbf{x}\in\mathbf{R}^n}|\Delta^{[-(m+n)/2]+1}u(\mathbf{x})|\int_{\varepsilon_1}^{\varepsilon_2} r^{\lambda-1}dr$$

$$=K_1\frac{\varepsilon_2^{\lambda}-\varepsilon_1^{\lambda}}{\lambda}\sup_{\mathbf{x}\in\mathbf{R}^n}|\Delta^{[-(m+n)/2]+1}u(\mathbf{x})|,$$

其中 K_1 是个只依赖 m 和 n(不依赖于 ε_1, ε_2 和函数 u) 的常数，而 $\lambda=m+n+2[-(m+n)/2]+2>0$. 由以上估计，以下映射：

$$u\mapsto\omega_{n-1}\int_{\varepsilon}^{\infty} r^{m+n-1}\int_{\mathbf{B}^n(\mathbf{0},r)} v_{[-(m+n)/2]}(|\mathbf{x}|,r)\Delta^{[-(m+n)/2]+1}u(\mathbf{x})m(d\mathbf{x})dr$$

是在 C_0^∞ 上的连续线性泛函. 还是由以上估计，以下极限相对于 C_0^∞ 的开集 $\{u\in C_0^\infty:\ \sup\limits_{\mathbf{x}\in\mathbf{R}^n}|\Delta^{[-(m+n)/2]+1}u(\mathbf{x})|\leqslant K_2\}$ 是一致收敛的：

$$\lim_{\varepsilon\to 0}\omega_{n-1}\int_{\varepsilon}^{\infty} r^{m+n-1}\int_{\mathbf{B}^n(\mathbf{0},r)} v_{[-(m+n)/2]}(|\mathbf{x}|,r)\Delta^{[-(m+n)/2]+1}u(\mathbf{x})m(d\mathbf{x})dr,$$

所以，这个极限是在 C_0^∞ 上的连续线性泛函，换言之，如下定义的发散积分的有限部分是个广义函数:

$$\Big(u,\mathrm{Pf}.r^m\Big)=\mathrm{Pf}.\int_{\mathbf{R^n}} r^m u(\mathbf{x})m(d\mathbf{x})$$

$$=\lim_{\varepsilon\to 0+}\left[\int_{r\geqslant\varepsilon} r^m u(\mathbf{x})m(d\mathbf{x})+\sum_{k=0}^{[-(m+n)/2]} H_k\Delta^k u(\mathbf{0})\frac{\varepsilon^{m+n+2k}}{m+n+2k}\right].$$

当 $m+n$ 是非正偶数时, $\frac{\varepsilon^0}{0}$ 换为 $\ln\varepsilon$ 后的讨论请同学自行完成.

11.7.12 当 m 是非正偶数的复数时, 利用 Green 恒等式, 有

$$\begin{aligned}
&\Big(u, \Delta\Big(\mathrm{Pf}.r^m\Big)\Big) = \Big(\Delta u, \mathrm{Pf}.r^m\Big)\\
&= \lim_{\varepsilon\to 0+}\left[\int_{r\geqslant\varepsilon} r^m \Delta u(\mathbf{x})m(d\mathbf{x}) + \sum_{k=0}^{[-(m+n)/2]} H_k\Delta^{k+1}u(\mathbf{0})\frac{\varepsilon^{m+n+2k}}{m+n+2k}\right]\\
&= \lim_{\varepsilon\to 0+}\left[\int_{r\geqslant\varepsilon} \Delta r^m\cdot u(\mathbf{x})m(d\mathbf{x}) + \int_{\mathbf{S}^{n-1}(\mathbf{0},\varepsilon)}\frac{\partial r^m}{\partial r}u(\mathbf{x})d\sigma - \int_{\mathbf{S}^{n-1}(\mathbf{0},\varepsilon)}\frac{\partial u}{\partial \mathbf{n}}r^m d\sigma\right.\\
&\quad\left. + \sum_{k=0}^{[-(m+n)/2]} H_k\Delta^{k+1}u(\mathbf{0})\frac{\varepsilon^{m+n+2k}}{m+n+2k}\right]\\
&= \lim_{\varepsilon\to 0+}\left[m(m+n-2)\int_{r\geqslant\varepsilon} r^{m-2}\cdot u(\mathbf{x})m(d\mathbf{x}) + m\int_{\mathbf{S}^{n-1}(\mathbf{0},\varepsilon)} r^{m-1}u(\mathbf{x})d\sigma\right.\\
&\quad\left. - \int_{\mathbf{S}^{n-1}(\mathbf{0},\varepsilon)}\frac{\partial u}{\partial \mathbf{n}}r^m d\sigma + \sum_{k=0}^{[-(m+n)/2]} H_k\Delta^{k+1}u(\mathbf{0})\frac{\varepsilon^{m+n+2k}}{m+n+2k}\right].
\end{aligned}$$

这里用了第二册 §8.4 的练习 8.4.3 的 (ii). 利用 n 维 Pizetti 公式 (练习 11.7.11 的 (ix)), 我们有

$$\begin{aligned}
&m\int_{\mathbf{S}^{n-1}(\mathbf{0},\varepsilon)} r^{m-1}u(\mathbf{x})d\sigma\\
&\quad = m\omega_{n-1}\varepsilon^{n+m-2}\left[\Gamma\left(\frac{n}{2}\right)\sum_{\nu=0}^{[-(m+n)/2]+1}\left(\frac{\varepsilon}{2}\right)^{2\nu}\frac{\Delta^\nu u(\mathbf{0})}{\nu!\Gamma\Big(\nu+(n/2)\Big)}\right.\\
&\quad\quad\left. + \int_{\mathbf{B}^n(\mathbf{0},\varepsilon)} v_{[-(m+n)/2]+1}(|\mathbf{x}|,\varepsilon)\Delta^{[-(m+n)/2]+2}u(\mathbf{x})m(d\mathbf{x})\right].
\end{aligned}$$

再利用 n 维 Pizetti 公式 (练习 11.7.11 的 (ix)) 并注意第一个 Green 恒等式, 我们有

$$\begin{aligned}
&-\int_{\mathbf{S}^{n-1}(\mathbf{0},\varepsilon)}\frac{\partial u}{\partial \mathbf{n}}r^m d\sigma = -\varepsilon^m\int_{\mathbf{S}^{n-1}(\mathbf{0},\varepsilon)}\frac{\partial u}{\partial \mathbf{n}}d\sigma = -\varepsilon^m\int_{\mathbf{B}^n(\mathbf{0},\varepsilon)}\Delta u m(d\mathbf{x})\\
&\quad = -\varepsilon^m\int_0^\varepsilon d\rho\int_{\mathbf{S}^{n-1}(\mathbf{0},\rho)}\Delta u d\sigma\\
&\quad = -\varepsilon^m\omega_{n-1}\Gamma\left(\frac{n}{2}\right)\sum_{\nu=0}^{[-(m+n)/2]}\left(\frac{1}{2}\right)^{2\nu}\frac{\Delta^{\nu+1}u(\mathbf{0})}{\nu!\Gamma\Big(\nu+(n/2)\Big)}\frac{\varepsilon^{n+2\nu}}{n+2\nu}\\
&\quad\quad - \varepsilon^m\omega_{n-1}\int_0^\varepsilon d\rho\rho^{n-1}\int_{\mathbf{B}^n(\mathbf{0},\rho)} v_{[-(m+n)/2]}(|\mathbf{x}|,\rho)\Delta^{[-(m+n)/2]+2}u(\mathbf{x})m(d\mathbf{x}).
\end{aligned}$$

由此得到

$$
\begin{aligned}
&m\int_{\mathbf{S}^{n-1}(\mathbf{0},\varepsilon)} r^{m-1}u(\mathbf{x})d\sigma-\int_{\mathbf{S}^{n-1}(\mathbf{0},\varepsilon)}\frac{\partial u}{\partial \mathbf{n}}r^m d\sigma\\
&\quad+\sum_{k=0}^{[-(m+n)/2]} H_k\Delta^{k+1}u(\mathbf{0})\frac{\varepsilon^{m+n+2k}}{m+n+2k}\\
&\quad=m\omega_{n-1}\varepsilon^{n+m-2}\left[u(\mathbf{0})+\Gamma\left(\frac{n}{2}\right)\sum_{\nu=0}^{[-(m+n)/2]}\left(\frac{\varepsilon}{2}\right)^{2\nu+2}\frac{\Delta^{\nu+1}u(\mathbf{0})}{(\nu+1)!\Gamma\Big(\nu+(n/2)+1\Big)}\right.\\
&\quad\left.+\int_{\mathbf{B}^n(\mathbf{0},\varepsilon)} v_{[-(m+n)/2]+1}(|\mathbf{x}|,\varepsilon)\Delta^{[-(m+n)/2]+2}u(\mathbf{x})m(d\mathbf{x})\right]\\
&\quad-\varepsilon^m\omega_{n-1}\Gamma\left(\frac{n}{2}\right)\sum_{\nu=0}^{[-(m+n)/2]}\left(\frac{1}{2}\right)^{2\nu}\frac{\Delta^{\nu+1}u(\mathbf{0})}{\nu!\Gamma\Big(\nu+(n/2)\Big)}\frac{\varepsilon^{n+2\nu}}{n+2\nu}\\
&\quad-\varepsilon^m\omega_{n-1}\int_0^\varepsilon d\rho\rho^{n-1}\int_{\mathbf{B}^n(\mathbf{0},\rho)} v_{[-(m+n)/2]}(|\mathbf{x}|,\rho)\Delta^{[-(m+n)/2]+2}u(\mathbf{x})m(d\mathbf{x})\\
&\quad+\sum_{k=0}^{[-(m+n)/2]}\frac{\omega_{n-1}\Gamma\Big(n/2\Big)}{2^{2k}k!\Gamma\Big((n/2)+k\Big)}\Delta^{k+1}u(\mathbf{0})\frac{\varepsilon^{m+n+2k}}{m+n+2k}.
\end{aligned}
$$

初等的 (但必须细心地进行的) 计算告诉我们:

$$
\begin{aligned}
&m\omega_{n-1}\varepsilon^{n+m-2}\left[u(\mathbf{0})+\Gamma\left(\frac{n}{2}\right)\sum_{\nu=0}^{[-(m+n)/2]}\left(\frac{\varepsilon}{2}\right)^{2\nu+2}\frac{\Delta^{\nu+1}u(\mathbf{0})}{(\nu+1)!\Gamma\Big(\nu+(n/2)+1\Big)}\right]\\
&\quad-\varepsilon^m\omega_{n-1}\Gamma\left(\frac{n}{2}\right)\sum_{\nu=0}^{[-(m+n)/2]}\left(\frac{1}{2}\right)^{2\nu}\frac{\Delta^{\nu+1}u(\mathbf{0})}{\nu!\Gamma\Big(\nu+(n/2)\Big)}\frac{\varepsilon^{n+2\nu}}{n+2\nu}\\
&\quad+\sum_{k=0}^{[-(m+n)/2]}\frac{\omega_{n-1}\Gamma\Big(n/2\Big)}{2^{2k}k!\Gamma\Big((n/2)+k\Big)}\Delta^{k+1}u(\mathbf{0})\frac{\varepsilon^{m+n+2k}}{m+n+2k}.\\
&\quad=\omega_{n-1}\left[m\varepsilon^{n+m-2}u(\mathbf{0})\right.\\
&\quad\left.+m(m+n-2)\Gamma\left(\frac{n}{2}\right)\sum_{\nu=0}^{[-(m+n)/2]}\frac{\varepsilon^{m+n+2\nu}}{m+n+2\nu}\frac{\Delta^{\nu+1}u(\mathbf{0})}{2^{2\nu+2}(\nu+1)!\Gamma\Big((n/2)+\nu+1\Big)}\right]\\
&\quad=\omega_{n-1}m(m+n-2)\sum_{\nu=0}^{[-(m-2+n)/2]}\frac{\varepsilon^{(m-2)+n+2\nu}}{(m-2)+n+2\nu}H_\nu\Delta^\nu u(\mathbf{0}).
\end{aligned}
$$

将以上所得总结起来, 我们得到

$$
\begin{aligned}
\Big(u,\Delta\Big(\mathrm{Pf}.r^m\Big)\Big)=\lim_{\varepsilon\to 0+}&\left[m(m+n-2)\int_{r\geqslant\varepsilon} r^{m-2}\cdot u(\mathbf{x})m(d\mathbf{x})\right.\\
&+m\int_{\mathbf{S}^{n-1}(\mathbf{0},\varepsilon)} r^{m-1}u(\mathbf{x})d\sigma
\end{aligned}
$$

$$-\int_{\mathbf{S}^{n-1}(\mathbf{0},\varepsilon)}\frac{\partial u}{\partial \mathbf{n}}r^m d\sigma+\sum_{k=0}^{[-(m+n)/2]}H_k\Delta^{k+1}u(\mathbf{0})\frac{\varepsilon^{m+n+2k}}{m+n+2k}\Bigg]$$

$$=\lim_{\varepsilon\to 0+}\Bigg[m(m+n-2)\int_{r\geqslant\varepsilon}r^{m-2}\cdot u(\mathbf{x})m(d\mathbf{x})$$

$$+\omega_{n-1}m(m+n-2)\sum_{\nu=0}^{[-(m-2+n)/2]}\frac{\varepsilon^{(m-2)+n+2\nu}}{(m-2)+n+2\nu}H_\nu\Delta^\nu u(\mathbf{0})$$

$$+m\omega_{n-1}\varepsilon^{n+m-2}\int_{\mathbf{B}^n(\mathbf{0},\varepsilon)}v_{[-(m+n)/2]+1}(|\mathbf{x}|,\varepsilon)\Delta^{[-(m+n)/2]+2}u(\mathbf{x})m(d\mathbf{x})$$

$$-\varepsilon^m\omega_{n-1}\int_0^\varepsilon d\rho\rho^{n-1}\int_{\mathbf{B}^n(\mathbf{0},\rho)}v_{[-(m+n)/2]}(|\mathbf{x}|,\rho)\Delta^{[-(m+n)/2]+2}u(\mathbf{x})m(d\mathbf{x})\Bigg].$$

利用练习 11.7.11 的 (x), 可以证明:

$$\lim_{\varepsilon\to 0+}\Bigg[m\omega_{n-1}\varepsilon^{n+m-2}\int_{\mathbf{B}^n(\mathbf{0},\varepsilon)}v_{[-(m+n)/2]+1}(|\mathbf{x}|,\varepsilon)\Delta^{[-(m+n)/2]+2}u(\mathbf{x})m(d\mathbf{x})$$

$$-\varepsilon^m\omega_{n-1}\int_0^\varepsilon d\rho\rho^{n-1}\int_{\mathbf{B}^n(\mathbf{0},\rho)}v_{[-(m+n)/2]}(|\mathbf{x}|,\rho)\Delta^{[-(m+n)/2]+2}u(\mathbf{x})m(d\mathbf{x})\Bigg]$$

$$=0.$$

由此我们证明了：当 m 是非正整数的复数时, 有

$$\Delta\Big(\mathrm{Pf}.r^m\Big)=m(m+n-2)\mathrm{Pf}.r^{m-2}.$$

11.7.13 证明思路同练习 11.7.12，具体计算留给同学自行完成了.

11.7.14 (i) 利用命题 11.7.2.

(ii) $\mathrm{supp}\ l_1\otimes\mathrm{supp}\ l_2\cap\mathrm{supp}\Big(u(\mathbf{x}_1+\mathbf{x}_2)\Big)$ 在 $\mathbf{R}^n_{\mathbf{x}_1}$ 上的投影包含在紧集 $\mathrm{supp}\ l_1$ 中. 而 $\mathrm{supp}\ l_1\otimes\mathrm{supp}\ l_2\cap\mathrm{supp}\Big(u(\mathbf{x}_1+\mathbf{x}_2)\Big)$ 在 $\mathbf{R}^n_{\mathbf{x}_2}$ 上的投影包含在紧集 $\mathrm{supp}\ u-\mathrm{supp}\ l_1$ 中.

(iii) 由第二册 §8.6 的推论 8.6.1，有函数

$$v(\mathbf{x}_1,\mathbf{x}_2)=v_1(\mathbf{x}_1)v_2(\mathbf{x}_2)\in(C_0^\infty)(\mathbf{R}^{2n}),$$

且 v_1 在 $\mathrm{supp}\ l_1$ 上恒等于 1, 而 v_2 在 $\mathrm{supp}\ u-\mathrm{supp}\ l_1$ 上恒等于 1. 由定义，

$$\begin{aligned}\Big(u(\mathbf{x}_1+\mathbf{x}_2),\,l_1\otimes l_2\Big)_{\mathbf{R}^{2n}}&=\Big(u(\mathbf{x}_1+\mathbf{x}_2)v_1(\mathbf{x}_1)v_2(\mathbf{x}_2),\,l_1\otimes l_2\Big)_{\mathbf{R}^{2n}}\\&=\bigg(\Big(u(\mathbf{x}_1+\mathbf{x}_2)v_1(\mathbf{x}_1),l_1\Big)_{\mathbf{x}_1}v_2(\mathbf{x}_2),\,l_2\bigg)_{\mathbf{R}^{2n}}\\&=\bigg(\Big(u(\mathbf{x}_1+\mathbf{x}_2),l_1\Big)_{\mathbf{x}_1}v_2(\mathbf{x}_2),\,l_2\bigg)_{\mathbf{R}^{2n}}\\&=\bigg(\Big(u(\mathbf{x}_1+\mathbf{x}_2),l_1\Big)_{\mathbf{x}_1},\,l_2\bigg)_{\mathbf{R}^{2n}}.\end{aligned}$$

这最后一步的推演用到了这样的事实: 在 $\operatorname{supp}\Big(u(\mathbf{x}_1+\mathbf{x}_2),l_1\Big)_{\mathbf{x}_1}$ 上恒等于 1, 后者是 v_2 定义中要求的. 由此立即得到

$$(u,l_1*l_2)_{\mathbf{R}^n}=\Big(u(\mathbf{y}),(l_1(\mathbf{y}-\mathbf{x}),l_2)_{\mathbf{x}}\Big)_{\mathbf{y}}=\Big((u(\mathbf{y}),l_1(\mathbf{y}-\mathbf{x}))_{\mathbf{y}},l_2\Big)_{\mathbf{x}}$$
$$=\left(\Big(u(\mathbf{x}_1+\mathbf{x}_2),l_1\Big)_{\mathbf{x}_1},l_2\right)_{\mathbf{R}^{2n}}=\Big(u(\mathbf{x}_1+\mathbf{x}_2),\,l_1\otimes l_2\Big)_{\mathbf{R}^{2n}}.$$

11.7.15　根据命题 11.7.1, 只需证明: 开集 $\{\mathbf{x}\in\mathbf{R}^n: f(\mathbf{x})\neq 0\}$ 中的任何点 $\mathbf{x}$ 都有开邻域 $U_{\mathbf{x}}$, 使得广义函数 l 在开集 $U_{\mathbf{x}}$ 上等于零. 只要选取 $U_{\mathbf{x}}=\mathbf{B}(\mathbf{x},\varepsilon)$, 其中 ε 是个充分小的正数，使得 f 在 $\mathbf{B}(\mathbf{x},\varepsilon)$ 上恒大于零 (或恒小于零)，则有 $g\in C^\infty$ 使得

$$\forall \mathbf{x}\in\mathbf{B}(\mathbf{x},\varepsilon)\left(g(\mathbf{x})=\frac{1}{f(\mathbf{x})}\right).$$

由此，

$$\forall u\in C_0^\infty\Big(\operatorname{supp} u\subset\mathbf{B}(\mathbf{x},\varepsilon)\Longrightarrow l(u)=l(gfu)=g(fl)(u)=0\Big).$$

11.7.16　(i) 设 $u\in(C_0^\infty)'$, 且 $\operatorname{supp} u\subset\Big(\operatorname{supp} l\Big)^C$. 因为 $\operatorname{supp} D_j u\subset\Big(\operatorname{supp} l\Big)^C$, 故

$$(u,D_j l)=-(D_j u,l)=0.$$

因此，$\operatorname{supp} D_j l\subset\operatorname{supp} l$. 特别, δ 函数的各阶导数的支集皆是 $\{\mathbf{0}\}$.

(ii) (i) 的推论.

(iii) 让 $l=\delta'\in C_0^\infty(\mathbf{R})$, 任选一个 $f\in C_0^\infty(\mathbf{R})$ 且 $f(0)=0$ 而 $f'(0)\neq 0$.

11.7.17　(i) $\delta*l=l$.　　(ii) $D^{\boldsymbol\alpha}\delta*l=D^{\boldsymbol\alpha}l$.　　(iii) 设 $u\in C_0^\infty(\mathbf{R})$, 则

$$\left(u,\mathrm{PV}\frac{1}{x}*l\right)=\left(\mathrm{PV}\int_{\mathbf{R}}\frac{u(x+y)}{x}dx,l\right)_y.$$

11.7.18　设 $u\in C_0^\infty$, 则

$$(u,D_j(b*m))=-(D_j u,b*m)=-\Big((D_j u)(\mathbf{x}+\mathbf{y}),b(\mathbf{x})\cdot m(\mathbf{y})\Big)$$
$$=-\left(\frac{\partial}{\partial x_j}[u(\mathbf{x}+\mathbf{y})],b(\mathbf{x})\cdot m(\mathbf{y})\right)=\Big(u(\mathbf{x}+\mathbf{y}),D_j b(\mathbf{x})\cdot m(\mathbf{y})\Big)$$
$$=\Big(u,(D_j b)*m\Big).$$

故 $D_j(b*m)=(D_j b)*m$. 同理，$D_j(b*m)=b*(D_j m)$. 引理 11.7.13 的结论当然成立.

11.7.19　设 $u\in C_0^\infty$，且 $\operatorname{supp} u\cap\{\mathbf{x}\in\mathbf{R}^m:\operatorname{dist}(\mathbf{x},\operatorname{supp} m)\leqslant r\}=\emptyset$. 因 $\operatorname{supp} u$ 是紧集，$\operatorname{dist}(\operatorname{supp} u,\operatorname{supp} m)>r$. 由第二册 §8.6 的推论 8.6.1，可以构造一个 $v\in C^\infty$, 使得以下条件得以满足:

$$v(\mathbf{y})=\begin{cases}1, & \text{当 } \mathbf{y}\in\operatorname{supp} m,\\ 0, & \text{当 } \operatorname{dist}(\mathbf{y},\operatorname{supp} m)\geqslant\operatorname{dist}(\operatorname{supp} u,\operatorname{supp} m)-r,\end{cases}$$

其中 $\mathrm{dist}(\mathrm{supp}\, u, \mathrm{supp}\, m) - r$ 是个正数. 我们有

$$(u, b * m) = \Big(u(\mathbf{x}+\mathbf{y}), b(\mathbf{x}) \cdot m(\mathbf{y})\Big) = \bigg(\Big(u(\mathbf{x}+\mathbf{y})v(\mathbf{y}), m(\mathbf{y})\Big), b(\mathbf{x})\bigg).$$

对于任何 $\mathbf{x} \in \mathrm{supp}\, b$, 有 $|\mathbf{x}| < r$. 对于这样的 $\mathbf{x}$, 假若 $u(\mathbf{x}+\mathbf{y})v(\mathbf{y}) \neq 0$, 则必有 $\mathrm{dist}(\mathbf{y}, \mathrm{supp}\, m) < \mathrm{dist}(\mathrm{supp}\, u, \mathrm{supp}\, m) - r$, 因而, $\mathrm{dist}(\mathbf{x}+\mathbf{y}, \mathrm{supp}\, m) < \mathrm{dist}(\mathrm{supp}\, u, \mathrm{supp}\, m)$. 根据关于 u 的假设, $u(\mathbf{x}+\mathbf{y}) = 0$. 这与 $u(\mathbf{x}+\mathbf{y})v(\mathbf{y}) \neq 0$ 的假设矛盾. 这个矛盾证明了以下事实: 只要 $\mathbf{x} \in \mathrm{supp}\, b$, 必有 $u(\mathbf{x}+\mathbf{y})v(\mathbf{y}) = 0$. 换言之,

$$(u, b * m) = \bigg(\Big(u(\mathbf{x}+\mathbf{y})v(\mathbf{y}), m(\mathbf{y})\Big), b(\mathbf{x})\bigg) = 0.$$

特别, 引理 11.7.14 的结论成立.

11.7.20 (i) 定义距离 $d(u, v)$ 的级数有以下的收敛级数作为优势级数:

$$\sum_{b \in \mathbf{N} \cup \{0\}, \boldsymbol{\alpha} \in J} \frac{1}{2^{b+|\boldsymbol{\alpha}|}}.$$

因此定义距离 $d(u, v)$ 的级数是收敛级数. 以下的结果是初等计算的推论, 它的证明留给同学了:

$$x \geqslant 0,\ y \geqslant 0 \Longrightarrow \frac{x}{1+x} + \frac{y}{1+y} \geqslant \frac{x+y}{1+x+y}.$$

由此, 距离 $d(u, v)$ 满足度量空间的三角形不等式;

(ii) 函数列 $u_n \in \mathcal{S}$ 在 $\mathcal{S}$ 中按定义 11.7.11 的意义下趋于 $u \in \mathcal{S}$ 的充分必要条件是:

$$\forall b \in \mathbf{N} \cup \{0\} \forall \boldsymbol{\alpha} \in J \left(\lim_{n \to \infty} |u_n - u|_{b, \boldsymbol{\alpha}} = 0 \right).$$

另一方面, 利用 Lebesgue 控制收敛定理, 以上条件也是函数列 $u_n \in \mathcal{S}$ 在距离 $d(\cdot, \cdot)$ 意义下趋于 $u \in \mathcal{S}$ 的充分必要条件.

(iii) 由 (ii) 的提示易得.　(iv) 由 (ii) 的提示易得.

11.7.21 显然, $C_0^\infty \subset \mathcal{S}$, 且嵌入映射 $i: C_0^\infty \to \mathcal{S}$ 是连续的. 因此, 缓增广义函数 $l \in \mathcal{S}'$ 在 C_0^∞ 上的限制是 C_0^∞ 上的连续线性泛函. 又 C_0^∞ 在 $\mathcal{S}$ 中稠密, 故不同的缓增广义函数 $l \in \mathcal{S}'$ 在 C_0^∞ 上的限制是 C_0^∞ 上不同的连续线性泛函. 映射 $\mathcal{S}' \to (C_0^\infty)'$ 是单射.

11.7.22 显然, $C^\infty \supset \mathcal{S}$, 且嵌入映射 $i: \mathcal{S} \to C^\infty$ 是连续的. 因此, 紧支集的广义函数 $l \in (C^\infty)'$ 在 $\mathcal{S}$ 上的限制是 $\mathcal{S}$ 上的连续线性泛函. 又 $\mathcal{S}$ 在 C^∞ 中稠密, 故不同的紧支集的广义函数 $l \in (C^\infty)'$ 在 $\mathcal{S}$ 上的限制是 $\mathcal{S}$ 上不同的连续线性泛函.

11.7.23 设 $u \in \mathcal{S}$, 则 u 在 $\mathbf{R}^n$ 上有界, 且

$$\lim_{|\mathbf{x}| \to \infty} |\mathbf{x}|^{m+n+1} u(\mathbf{x}) = 0.$$

因此，$\exists K>0\Big(|\mathbf{x}|>K \Longrightarrow |\mathbf{x}|^{m+n+1}|u(\mathbf{x})|\leqslant 1 \wedge |v(\mathbf{x})|\leqslant |\mathbf{x}|^m\Big)$. 我们有

$$\begin{aligned}&\int_{\mathbf{R}^n}|u(\mathbf{x})v(\mathbf{x})|m(d\mathbf{x})\\&\quad=\int_{|\mathbf{x}|\leqslant K}|u(\mathbf{x})v(\mathbf{x})|m(d\mathbf{x})+\int_{|\mathbf{x}|>K}|u(\mathbf{x})v(\mathbf{x})|m(d\mathbf{x})\\&\quad\leqslant \sup_{|\mathbf{x}|\leqslant K}|u(\mathbf{x})|\int_{|\mathbf{x}|\leqslant K}|v(\mathbf{x})|m(d\mathbf{x})\\&\qquad+\sup_{|\mathbf{x}|>K}|\mathbf{x}|^{m+n+1}|u(\mathbf{x})|\int_{|\mathbf{x}|>K}\frac{|v(\mathbf{x})|}{|\mathbf{x}|^{m+n+1}}m(d\mathbf{x}).\end{aligned}$$

由以上不等式可知，$\displaystyle\int_{\mathbf{R}^n}|u(\mathbf{x})v(\mathbf{x})|m(d\mathbf{x})<\infty$, 且如下的映射

$$\mathcal{S}\ni u\mapsto \int_{\mathbf{R}^n}|u(\mathbf{x})v(\mathbf{x})|m(d\mathbf{x})\in\mathbf{C}$$

是连续线性映射.

11.7.24　利用引理 11.2.3, 引理 11.2.4, 引理 11.4.1 和命题 11.2.1 去证明定理 11.7.8 的 (i), (ii) 和 (v).(iii) 和 (iv) 的证明由 Fourier 变换的定义出发可得.

11.7.25　利用定理 11.7.8.

11.7.26　(i) 显然.　　(ii) 模仿定理 11.7.2 的证明.　　(iii) 利用 (i) 和 (ii).

11.7.27　(i) 设 $u(\boldsymbol{\xi})\in C_0^\infty(\mathbf{R}^n)$, 则

$$(u,\mathcal{F}l)=(\mathcal{F}u,l)=\left(\int_{\mathbf{R}^n}u(\boldsymbol{\xi})\mathrm{e}^{-2\pi\mathrm{i}(\boldsymbol{\xi},\mathbf{x})}m(d\boldsymbol{\xi}),l(\mathbf{x})\right).$$

注意到以下事实：l 及 u 的支集都是紧集，$u(\boldsymbol{\xi})\mathrm{e}^{-2\pi\mathrm{i}(\boldsymbol{\xi},\mathbf{x})}$ 及其关于 $\mathbf{x}$ 的各阶导数都是连续的，我们有

$$C_0^\infty\text{-}\lim\sum_k u(\boldsymbol{k})\mathrm{e}^{-2\pi\mathrm{i}(\boldsymbol{\xi}_k,\mathbf{x})}\Delta_k=\int_{\mathbf{R}^n}u(\boldsymbol{\xi})\mathrm{e}^{-2\pi\mathrm{i}(\boldsymbol{\xi},\mathbf{x})}m(d\boldsymbol{\xi}),$$

其中左端的和式是右端积分的 Riemann 和. 由此便得到

$$\left(\int_{\mathbf{R}^n}u(\boldsymbol{\xi})\mathrm{e}^{-2\pi\mathrm{i}(\boldsymbol{\xi},\mathbf{x})}m(d\boldsymbol{\xi}),l(\mathbf{x})\right)=\int_{\mathbf{R}^n}u(\boldsymbol{\xi})\Big(\mathrm{e}^{-2\pi\mathrm{i}(\boldsymbol{\xi},\mathbf{x})},l(\mathbf{x})\Big)m(d\boldsymbol{\xi}).$$

所以，$\mathcal{F}l=\Big(\mathrm{e}^{-2\pi\mathrm{i}(\boldsymbol{\xi},\mathbf{x})},l(\mathbf{x})\Big)$. 再注意到

$$\exp(-2\pi\mathrm{i}(\boldsymbol{\xi},\mathbf{x}))=C^\infty\text{-}\lim_{k\to\infty}\sum_{j=0}^{k}\frac{(-2\pi\mathrm{i})^j}{j!}\Big((\boldsymbol{\xi},\mathbf{x})^j,$$

我们得到

$$\mathcal{F}l=\Big(\exp(-2\pi\mathrm{i}(\boldsymbol{\xi},\mathbf{x})),l\Big)_{\mathbf{x}}=\sum_{j=0}^{\infty}\frac{(-2\pi\mathrm{i})^j}{j!}\Big((\boldsymbol{\xi},\mathbf{x})^j,\ l\Big)_{\mathbf{x}},$$

其中右端的级数对一切 $\boldsymbol{\xi} \in \mathbf{C}^n$ 收敛. 它是一个在整个 $\mathbf{C}^n$ 上收敛的幂级数表示的函数, 即 $\mathbf{C}^n$ 上的整函数.

(ii) $\mathcal{F}\delta = \left(\mathrm{e}^{-2\pi\mathrm{i}(\boldsymbol{\xi},\mathbf{x})}, \delta(\mathbf{x})\right) = 1.$ (iii) $\mathcal{F}\dfrac{\partial\delta}{\partial x_k} = -2\pi\mathrm{i}\xi_k.$

(iv) $\mathcal{F}\delta_{(\mathbf{h})} = \mathrm{e}^{-2\pi\mathrm{i}(\boldsymbol{\xi},\mathbf{h})}.$

11.7.28 对于 $0 < \lambda < a$, 构造 $\mathbf{R}^m$ 上定义的函数 $d_\lambda(\mathbf{x})$ 如下:

$$d_\lambda(\mathbf{x}) = \begin{cases} 1/(2\lambda), & \text{当 } \left||\mathbf{x}| - a\right| < \lambda, \\ 0, & \text{当 } \left||\mathbf{x}| - a\right| \geqslant \lambda. \end{cases}$$

不难证明:

$$\mathcal{S}'\text{-}\lim_{\lambda\to 0} d_\lambda = \delta(|\mathbf{x}| - a).$$

由 §11.2 的练习 11.2.7(iii) 的 Bochner 公式, 我们有

$$\mathcal{F}d_\lambda(\boldsymbol{\xi}) = \frac{2\pi}{|\boldsymbol{\xi}|^{\frac{1}{2}(m-2)}} \frac{1}{2\lambda} \int_{|a-\lambda}^{a+\lambda} r^{n/2} J_{\frac{m-2}{2}}(2\pi|\boldsymbol{\xi}|r)dr.$$

在上式中, 让 $\lambda \to 0$, 便有

$$\Big(\mathcal{F}\delta(|\mathbf{x}| - a)\Big)(\boldsymbol{\xi}) = \frac{2\pi}{|\boldsymbol{\xi}|^{\frac{1}{2}(m-2)}} a^{n/2} J_{\frac{m-2}{2}}(2\pi|\boldsymbol{\xi}|a).$$

11.7.29 这是因为

$$\left(\mathbf{x}^{\boldsymbol{\beta}}, \sum_{|\boldsymbol{\alpha}|\leqslant N} c_{\boldsymbol{\alpha}} D^{\boldsymbol{\alpha}}\delta\right) = (-1)^{|\boldsymbol{\beta}|} c_{\boldsymbol{\beta}}.$$

第 12 章

12.1.1 复自变量的幂级数可以看成二元实自变量的幂级数:

$$\begin{aligned} f(z) &= \sum_{n=0}^{\infty} a_n (x + \mathrm{i}y)^n = \sum_{n=0}^{\infty} a_n \sum_{k=0}^{n} \binom{n}{k} \mathrm{i}^{n-k} x^k y^{n-k} \\ &= \sum_{k=0}^{\infty} x^k \sum_{m=0}^{\infty} a_{m+k} \binom{m+k}{k} (\mathrm{i}y)^m \\ &= \sum_{m=0}^{\infty} (\mathrm{i}y)^m \sum_{k=0}^{\infty} a_{m+k} \binom{m+k}{k} x^k. \end{aligned}$$

然后将这个二元实自变量的幂级数对 x 和 y 分别求导 (利用一元实自变量的幂级数形式求导在收敛圆内的合理性可以证明以下形式计算的合理性), 我们得到以下两个等式:

$$\frac{\partial f}{\partial x} = \sum_{k=1}^{\infty} x^{k-1} \sum_{m=0}^{\infty} a_{m+k} \frac{(m+k)!}{m!(k-1)!} (\mathrm{i}y)^m$$

和

$$-\mathrm{i}\frac{\partial f}{\partial y} = \sum_{m=1}^{\infty} y^{m-1} \sum_{k=0}^{\infty} a_{m+k} \frac{(m+k)!}{k!(m-1)!} \mathrm{i}^{m-1} x^k$$
$$= \sum_{m=0}^{\infty} y^{m} \sum_{k=1}^{\infty} a_{m+k} \frac{(m+k)!}{(k-1)!m!} \mathrm{i}^{m} x^{k-1}$$
$$= \sum_{k=1}^{\infty} x^{k-1} \sum_{m=0}^{\infty} a_{m+k} \frac{(m+k)!}{m!(k-1)!} (\mathrm{i}y)^{m}.$$

故

$$\frac{\partial f}{\partial z} = \frac{1}{2}\left(\frac{\partial f}{\partial x} - \mathrm{i}\frac{\partial f}{\partial y}\right)$$
$$= \sum_{k=1}^{\infty} x^{k-1} \sum_{m=0}^{\infty} (m+k) a_{m+k} \frac{(m+k-1)!}{m!(k-1)!} (\mathrm{i}y)^{m}$$
$$= a_1 + 2a_2 z + \cdots + n a_n z^{n-1} + \cdots.$$

类似地，可以证明 $\dfrac{\partial f}{\partial \bar{z}} = 0$.

12.1.2　直接计算便得.

12.1.3　命题 12.1.3 的前半部分通过直接计算获得. 最后的结论是因为

$$d(Adz) = \frac{\partial A}{\partial \bar{z}} d\bar{z} \wedge dz.$$

12.1.4　假设 $\psi : [T_0, T_1] \to [S_0, S_1]$ 是连续映射，且 $\psi(T_0) = S_0$, $\psi(T_1) = S_1$. 映射 $\Psi : [T_0, T_1] \times [0,1] \to [S_0, S_1]$ 定义如下：

$$\Psi(t,s) = s\left[(t - T_0)\frac{S_1 - S_0}{T_1 - T_0} + S_0\right] + (1-s)\psi(t).$$

易见，Ψ 是 ψ 与映射 $t \mapsto (t - T_0)\dfrac{S_1 - S_0}{T_1 - T_0} + S_0$ 之间的同伦. 若 $\phi_1 = \phi_2 \circ \psi$，令 $\Phi = \phi_2 \circ \Psi$. 易见，Φ 是连续的，且以下等式成立：

$$\Phi(t,0) = \phi_1(t), \quad 且 \quad \Phi(t,1) = \phi_2\left((t - T_0)\frac{S_1 - S_0}{T_1 - T_0} + S_0\right).$$

让 $\omega : [0,1] \times [0,1] \to [T_0, T_1] \times [0,1]$ 表示以下映射：

$$\omega(t,s) = \Big(T_0 + t(T_1 - T_0), s\Big).$$

显然，映射 $\Omega = \Phi \circ \omega = \phi_2 \circ \Psi \circ \omega$ 满足定义 12.1.3 中同伦 Φ 所应满足的条件.

12.1.5　设 $\phi : [0,1] \to D$ 是连续映射. 令 $\Phi : [0,1] \times [0,1] \to D$ 表示如下映射：

$$\Phi(t,s) = z_0 + s(\phi(t) - z_0).$$

易见，Φ 是 ϕ 与常映射 $c(t) \equiv z_0$ 之间 (在 D 中) 的一个同伦.

12.1.6　假设连续映射 $\Phi : [0,1] \times [0,1] \to D$ 满足以下两个条件：

(1) $\forall s \in [0,1]\Big(\Phi(0,s) = \Phi_1(0) = \Phi_1'(0)\Big)$, $\forall s \in [0,1]\Big(\Phi(1,s) = \Phi_1(1) = \Phi_1'(1)\Big)$;

(2) $\forall t \in [0,1]\Big(\Phi(t,0) = \Phi_1(t)\Big)$, $\forall t \in [0,1]\Big(\Phi(t,1) = \Phi_1'(t)\Big)$,

其中 $\Phi_1(t) = \phi_1(T_0 + t(T_1 - T_0))$ 和 $\Phi_1'(t) = \phi_1'(T_0' + t(T_1' - T_0'))$.

又假设连续映射 $\Psi : [0,1] \times [0,1] \to D$ 满足以下两个条件:

(1) $\forall s \in [0,1]\Big(\Psi(0,s) = \Phi_2(0) = \Phi_2'(0)\Big)$, $\forall s \in [0,1]\Big(\Psi(1,s) = \Phi_2(1) = \Phi_2'(1)\Big)$;

(2) $\forall t \in [0,1]\Big(\Psi(t,0) = \Phi_2(t)\Big)$, $\forall t \in [0,1]\Big(\Psi(t,1) = \Phi_2'(t)\Big)$,

其中 $\Phi_2(t) = \phi_2(S_0 + t(S_1 - S_0))$ 和 $\Phi_2'(t) = \phi_2'(S_0' + t(S_1' - S_0'))$.

令映射 $\Omega : [0,1] \times [0,1] \to D$ 定义如下:

$$\Omega(t,s) = \begin{cases} \Phi(t,2s), & \text{当 } 0 \leqslant s \leqslant 1/2 \text{ 时}, \\ \Psi(t,2s-1), & \text{当 } 1/2 \leqslant s \leqslant 1 \text{ 时}. \end{cases}$$

易见, Ω 是 Φ_3 和 Φ_3' 之间的一个同伦, 其中 Φ_3 和 Φ_3' 通过定义 12.1.3 中的办法分别由 ϕ_3 和 ϕ_3' 得到.

12.1.7 构作映射 $\Phi : [0,1] \times [0,1] \to D$ 如下:

$$\Phi(t,s) = \begin{cases} \phi\Big(T_0 + 2(T_1 - T_0)st\Big), & \text{若 } 0 \leqslant s \leqslant 1,\ 0 \leqslant t \leqslant 1/2, \\ \phi\Big(T_0 + 2(T_1 - T_0)s(1-t)\Big), & \text{若 } 0 \leqslant s \leqslant 1,\ 1/2 < t \leqslant 1. \end{cases}$$

易见, Φ 是所求的同伦.

12.1.8 利用 $[T_0, T_1]$ 及 $\phi([T_0, T_1])$ 的紧性.

12.1.9 利用练习 12.1.8 的结果.

12.1.10 利用 $[0,1] \times [0,1]$ 及 $\Phi([0,1] \times [0,1])$ 的紧性.

12.1.11 利用练习 12.1.10 的结果.

12.1.12 利用练习 12.1.11 的结果.

12.2.1 (i) (a), (b), (c) 和 (d) 均可用 Cauchy-Riemann 方程去检验.

(ii) 有. 因 $S = \{z \in \mathbf{C} : |z| = 1, z \neq 1\}$ 中的每个 z 均可写成 $z = \mathrm{e}^{\mathrm{i}\theta}$, 其中 $0 < \theta < 2\pi$. $f(z) = \theta$ 满足要求.

(iii) 没有. 因 $\mathrm{e}^{\mathrm{i}\theta} = \mathrm{e}^{\mathrm{i}\theta_1} \iff (\theta - \theta_1)/2\pi \in \mathbf{Z}$. 所以, 给定了 $z_0 \in \mathbf{S}^1$ 及 $f(z_0)$, 在 $S = \{z \in \mathbf{C} : |z| = 1, |z - z_0| < 1\}$ 上满足要求的 $f(z)$ 是唯一确定的. 通过有限个半径为 1 的圆盘就可盖住 $S = \{z \in \mathbf{C} : |z| = 1, z \neq 1\}$. 所以, 在 $S = \{z \in \mathbf{C} : |z| = 1, z \neq 1\}$ 上 f 的值也被 $f(z_0)$ 唯一确定. 很容易构造一个在 $S = \{z \in \mathbf{C} : |z| = 1, z \neq 1\}$ 上的连续的 $f(z)$, 但在 $z = 1$ 处无法连续接上.

(iv) 由 (iii), 没有. (v) 由 (ii), 有. (vi) 由 (iii), 没有.

(vii) 由 (iv), 没有. (viii) 参看 (ii) 和 (iii) 的提示. (ix) 参看 (ii) 和 (iii) 的提示.

12.2.2 (i) 按指数函数的定义, 设 $z = x + \mathrm{i}y$, 则

$$\exp z = \exp x \cdot \exp \mathrm{i}y = \exp x(\cos y + \mathrm{i}\sin y), \quad x, y \in \mathbf{R}.$$

因此，$\exp x = |\exp z|$, $y = \arg(\exp z)$. 因 $\exp x > 0$, 故 $\exp z \neq 0$. 又因 $\exp z$ 的辐角 $\arg(\exp z)$ 有无穷多个值，它们中任意两个之差是 2π 的整数倍. 所以，指数函数的反函数 (即对数函数 $\ln\zeta$) 的定义域是 $\mathbf{C}\setminus\{0\}$，且它是多值函数，同一个自变量对应于无穷多个值，任两个值之差是 $2\pi\mathrm{i}$ 的整数倍.

(ii) 由 (i), 在任何 $\zeta \neq 0$ 的一个充分小的邻域，例如 $\mathbf{B}^2(\zeta, |\zeta|)$ 中有一个光滑的单值的对数函数.

(iii) 在整个 $\mathbf{C}\setminus\{0\}$ 上并不存在一个光滑的单值的对数函数. 这是因为当 ζ 绕着 0 逆时针地转一圈回到原来出发地时，$\arg\zeta$ 就要增加一个 2π, 因而光滑的对数函数 $\ln\zeta = \ln|\zeta| + \mathrm{i}\arg\zeta$ 就不可能回到它原来那个值上，而必须是原来的值增加个 $2\pi\mathrm{i}$.

(iv) 设 $z = r\mathrm{e}^{\mathrm{i}t}$, $\zeta = \rho\mathrm{e}^{\mathrm{i}\theta}$. 因 $z = \zeta^n = \rho^n\mathrm{e}^{\mathrm{i}n\theta}$, 所以

$$\rho = r^{1/n}, \qquad \theta = \frac{t}{n} + \frac{2m\pi}{n}, \quad m = 0, 1, \cdots, n-1,$$

其中 $r^{1/n}$ 表示正数 r 的 n 次方根 (正实数根)，它是唯一确定的. 而 $\theta = \arg\zeta$ 共 n 个. 由 (ii), 在任何 $\zeta \neq 0$ 的一个充分小的邻域中有一个光滑的单值的函数 $z^{1/n}$, 而在整个 $\mathbf{C}\setminus\{0\}$ 上并不存在一个光滑的单值的 n 次方根函数. 这是因为当 z 绕着 0 逆时针地转一圈回到原来出发地时，$\arg\zeta$ 就要增加一个 $(2\pi)/n$, 因而光滑的 n 次方根函数 $z^{1/n} = |z|^{1/n}\mathrm{e}^{\mathrm{i}(\arg\zeta)}$ 就不可能回到它原来那个值上，而必须回到原来那个值与 $\mathrm{e}^{2\pi\mathrm{i}/n}$ 的乘积上. $\zeta = z^{1/n}$ 对 $z \neq 0$ 有 n 个值.

(v) (a) 作为 $z \in \mathbf{C}$ 的函数 z^α，$\alpha \in \mathbf{Z}$ 时是单值函数. $\alpha \notin \mathbf{Z}$ 时是多值函数. $\alpha \in \mathbf{Q}\setminus\mathbf{Z}$ 时是有限多个值的多值函数. $\alpha \notin \mathbf{Q}$ 时是无限多个值的多值函数.

(b) 相等.

12.2.3 (i) 让 Δ^1 是 $\Delta_1, \cdots, \Delta_4$ 中满足以下条件的一个:

$$\left|\int_{\Delta^1} f(z)dz\right| = \max_{1\leqslant j\leqslant 4}\left|\int_{\Delta_j} f(z)dz\right|,$$

并注意以下事实:

$$\left|\int_{\Delta} f(z)dz\right| = \left|\sum_{j=1}^4 \int_{\Delta_j} f(z)dz\right|.$$

(ii) 利用 (i) 和归纳法.

(iii) 根据 (复) 可微的定义.

(iv) 选 $n \in \mathbf{N}$, 使得 $\mathrm{diam}(K^n) = d/2^n < \delta$, 注意到

$$\int_{\Delta^n} dz = \int_{\Delta^n} zdz = 0,$$

有

$$\left|\int_{\Delta^n} f(z)dz\right| = \left|\int_{\Delta^n}\Big(f(z) - f(z_0) - f'(z_0)(z - z_0)\Big)dz\right|$$
$$\leqslant \frac{\varepsilon}{dl}\int_{\Delta^n} |z - z_0|dz \leqslant \frac{\varepsilon}{4^n}.$$

再注意 (ii) 的 (b).

12.2.4 通过初等计算得到.

12.2.5 (i) 两个线性分式映射

$$f(z) = \frac{az+b}{cz+d} \quad 和 \quad \phi(z) = \frac{\alpha z+\beta}{\gamma z+\delta}$$

表示同一个映射，当且仅当

$$a\gamma z^2 + (a\delta + b\gamma)z + b\delta = \alpha c z^2 + (\alpha d + \beta c)z + \beta d.$$

后者成立的充分必要条件是以下三个等式同时成立：

$$a\gamma = \alpha c, \quad a\delta + b\gamma = \alpha d + \beta c, \quad b\delta = \beta d.$$

根据第一及第三等式，记

$$k = a : \alpha = c : \gamma, \quad k_1 = b : \beta = d : \delta.$$

将这两个等式代入等式 $a\delta + b\gamma = \alpha d + \beta c$, 注意到 $\alpha\delta - \beta\gamma \neq 0$, 便有 $k = k_1$, 因此，

$$a : \alpha = c : \gamma = b : \beta = d : \delta.$$

(ii) 初等计算的推论.

(iii) 初等计算的推论.

(iv) 每个$\begin{pmatrix} a & b \\ c & d \end{pmatrix} \in SL(2, \mathbf{C})$ 有线性分式映射 $z \mapsto \dfrac{az+b}{cz+d}$ 与之对应. 若两个 $\begin{pmatrix} a & b \\ c & d \end{pmatrix}, \begin{pmatrix} a' & b' \\ c' & d' \end{pmatrix} \in SL(2, \mathbf{C})$对应于同一个线性分式映射, 根据 (i), 有一个 $k \in \mathbf{C}$, 使得

$$\begin{pmatrix} a & b \\ c & d \end{pmatrix} = k \begin{pmatrix} a' & b' \\ c' & d' \end{pmatrix}.$$

因

$$1 = \begin{vmatrix} a & b \\ c & d \end{vmatrix} = k^2 \begin{vmatrix} a' & b' \\ c' & d' \end{vmatrix} = k^2,$$

故 $k = \pm 1$.

另一方面，给了一个线性分式映射 $z \mapsto \dfrac{az+b}{cz+d}$，则这个线性分式映射也可写成 $z \mapsto \dfrac{a'z+b'}{c'z+d'}$，其中

$$\begin{pmatrix} a' & b' \\ c' & d' \end{pmatrix} = \begin{vmatrix} a & b \\ c & d \end{vmatrix}^{-1/2} \begin{pmatrix} a & b \\ c & d \end{pmatrix}.$$

等式右端的 $\begin{vmatrix} a & b \\ c & d \end{vmatrix}^{-1/2}$ 有两个值，任取一个即可. 易见，

$$\begin{vmatrix} a' & b' \\ c' & d' \end{vmatrix} = 1.$$

换言之，$\begin{pmatrix} a' & b' \\ c' & d' \end{pmatrix} \in SL(2, \mathbf{C})$.

(v) 不失一般性，可假设 $z_1, z_2, z_3, w_1, w_2, w_3$ 均属于 $\mathbf{C}$. 不然，通过适当的线性分式映射可做到这一点. 方程组

$$w_i = \frac{az_i + b}{cz_i + d}, \quad i = 1, 2, 3$$

等价于方程组

$$az_i + b - cz_i w_i - dw_i = 0, \quad i = 1, 2, 3.$$

后者是关于四个未知量 a, b, c, d 的三个线性方程构成的齐次方程组. 为了证明这个齐次方程组的解空间是一维的，只需证明：这个齐次方程组的系数矩阵的秩等于 3. 这一点可通过以下的 (两个) 初等变换完成：

$$\begin{pmatrix} z_1 & 1 & -z_1 w_1 & -w_1 \\ z_2 & 1 & -z_2 w_2 & -w_2 \\ z_3 & 1 & -z_3 w_3 & -w_3 \end{pmatrix} \longrightarrow \begin{pmatrix} z_1 & 1 & 0 & 0 \\ z_2 & 1 & -z_2(w_2 - w_1) & -(w_2 - w_1) \\ z_3 & 1 & -z_3(w_3 - w_1) & -(w_3 - w_1) \end{pmatrix}.$$

右边的矩阵的右边三列构成的行列式是

$$\begin{vmatrix} 1 & 0 & 0 \\ 1 & -z_2(w_2 - w_1) & -(w_2 - w_1) \\ 1 & -z_3(w_3 - w_1) & -(w_3 - w_1) \end{vmatrix} = (w_2 - w_1)(w_3 - w_1)(z_2 - z_3) \neq 0.$$

上述齐次线性方程组的解 (a, b, c, d) 不可能使得 $c = d = 0$, 若如此，有 $az_i + b = 0,\ i = 1, 2, 3$. 因 z_1, z_2, z_3 互不相同，便有 $a = b = 0$. 另外，也不可能使得 $\begin{vmatrix} a & b \\ c & d \end{vmatrix} = 0$. 若如此，则

$$w_i = \frac{az_i + b}{cz_i + d} = \text{const}, \quad i = 1, 2, 3,$$

这与 w_1, w_2, w_3 互不相同矛盾.

(vi) 显然.

(vii) 记 $z = x + \mathrm{i}y,\ z_1 = x_1 + \mathrm{i}y_1,\ z_2 = x_2 + \mathrm{i}y_2$. 易见，

$$\left|\frac{z - z_1}{z - z_2}\right| = k \Longrightarrow |z - z_1|^2 = k^2 |z - z_2|^2.$$

右端的等式可以写成

$$(1-k^2)(x^2+y^2)-2(xx_1-yy_1-k^2xx_2+k^2yy_2)+x_1^2+y_1^2-k^2(x_2^2+y_2^2)=0.$$

假设 $0<k<1$. 通过配方法，有

$$\begin{aligned}&\left[\sqrt{1-k^2}x-\frac{x_1-k^2x_2}{\sqrt{1-k^2}}\right]^2+\left[\sqrt{1-k^2}y+\frac{y_1-k^2y_2}{\sqrt{1-k^2}}\right]^2\\&=-x_1^2-y_1^2+k^2(x_2^2+y_2^2)+\frac{(x_1-k^2x_2)^2}{1-k^2}+\frac{(y_1-k^2y_2)^2}{1-k^2}\\&=\frac{k^2}{1-k^2}\Big[(x_1-x_2)^2+(y_1-y_2)^2\Big]>0.\end{aligned}$$

这是个圆周的方程. $k>1$ 时，同样的方法可得所要的结论. $k=1$ 时，将得到两点连线的垂直等分线.

给定了一个圆周，在这圆周的任选的直径的延长线上选两个点，一个在圆内，另一个在圆外靠近第一个点的那一边，并使得这两点到所选定的直径两端点的比相等. 然后选择这个相等的比值为 k 便可得到给定的圆周.

(viii) 初等计算的推论.

(ix) 参考 (vii) 的提示的最后一段.

(x) 和 (xi) 均为初等计算的推论.

(xii) 根据 (xi).

(xiii) 由 (xii), 经过初等计算得到.

(xiv) 初等计算的推论.

(xv) 由 (xiv) 得到.

(xvi) (a), (b), (c), 显然.

12.2.6 设 D 是 $\mathbf{C}$ 上的一个区域，f 是 D 上的全纯函数. 又设 $z\in\mathbf{B}^2(a,r)\subset D$. C_z 表示由以下的映射的轨迹确定的曲线：

$$\phi:[0,1]\ni t\mapsto a+t(z-a)\in\mathbf{B}^2(a,r),$$

则以下公式定义的函数 F 是 f 的一个原函数：

$$F(z)=\int_{C_z}f(\zeta)d\zeta.$$

证明如下: 任给 $z_0\in\mathbf{B}^2(a,r)$，h 是绝对值充分小的复数，使得 $z_0+h\in\mathbf{B}^2(a,r)$，则顶点为 a,z_0,z_0+h 的三角形是 $\mathbf{B}^2(a,r)$ 的子集. Γ_h 表示由 z_0 到 z_0+h 的直线段. 由 Cauchy 积分定理，我们有

$$F(z_0+h)-F(z_0)=\int_{C_{z_0+h}}f(\zeta)d\zeta-\int_{C_{z_0}}f(\zeta)d\zeta=\int_{\Gamma_h}f(\zeta)d\zeta.$$

故

$$\left|\frac{F(z_0+h)-F(z_0)}{h}-f(z_0)\right|=\left|\frac{1}{h}\int_{\Gamma_h}f(\zeta)d\zeta-f(z_0)\right|$$

$$= \left| \frac{1}{h}\int_{\Gamma_h} [f(\zeta) - f(z_0)]d\zeta \right| \leqslant \sup_{\zeta\in\Gamma_h} |f(\zeta) - f(z_0)|.$$

右端当 $h\to 0$ 时趋于零. 这就证明了 $F'(z_0) = f(z_0)$.

12.2.7 (i) 构作第三个分划 $T_0 = t_0^{(3)} < t_1^{(3)} < \cdots < t_{n^{(3)}}^{(3)} = T_1$，使得它比第一和第二分划更精细; 然后证明:

$$\int_{C^{(1)}} f(z)dz = \int_{C^{(3)}} f(z)dz \quad 和 \quad \int_{C^{(2)}} f(z)dz = \int_{C^{(3)}} f(z)dz.$$

为了实现后者，只需利用多边形上的 Cauchy 积分定理就可以了.

(ii) 在一条曲线上的积分等于在代替这条曲线的折线上的积分当分划愈来愈精细时的极限. 再注意到 (i) 及 §12.1 的练习 12.1.8 便得到所需结论.

12.2.8 不妨设 $T_0^{(1)} = T_0^{(2)} = 0$, $T_1^{(1)} = T_1^{(2)} = 1$. 又设 $\Phi: [0,1]\times[0,1]\to D$ 是 ϕ_1 和 ϕ_2 之间的一个同伦. 由 §12.1 的练习 12.1.10，存在一个 $\delta > 0$, 区间 $[0,1]$ 的一个分划 $0 = t_0^{(3)} < t_1^{(3)} < \cdots < t_n^{(3)} = 1$ 和 $n^{(3)}$ 个圆盘 $\mathbf{B}^2(\zeta_j, r_j)\subset D$, $j = 1,2,\cdots,n^{(3)}$, 使得 $\Phi([t_{j-1}^{(3)}, t_j^{(3)}]\times[0,\delta])\subset \mathbf{B}^2(\zeta_j,r_j)$. 设分划 $0 = t_0 < t_1 < \cdots < t_n = 1$ 是比三个分划 $0 = t_0^{(i)} < t_1^{(i)} < \cdots < t_n^{(i)} = 1 (i = 1,2,3)$ 更为精细的分划. 适当地将圆盘 $\mathbf{B}^2(\zeta_j,r_j)$ 重新给以号码 j(有的圆盘可能重复出现多次), 便得到 n 个圆盘 $\mathbf{B}^2(\zeta_j,r_j) (j = 1,2,\cdots,n)$, 使得 $\Phi([t_{j-1},t_j]\times[0,\delta])\subset \mathbf{B}^2(\zeta_j,r_j), j = 1,2,\cdots,n$. Γ_j 表示连接 $\Phi(t_j,0), \Phi(t_j,\delta), \Phi(t_{j+1},\delta), \Phi(t_{j+1},0)$ 和 $\Phi(t_j,0)$(按如上顺序) 得到的封闭折线. 由 Cauchy 积分定理，有

$$\int_{\Gamma_j} f(z)dz = 0.$$

注意到以下事实: 连接 $\Phi(t_j,0)$ 和 $\Phi(t_j,\delta)$ 的直线段在 Γ_{j-1} 和 Γ_j 以相反的方向的形式出现两次，故

$$\int_{C_\delta} f(z)dz - \int_{C_0} f(z)dz = \sum_{j=0}^{n-1} f(z)dz = 0,$$

其中 C_δ 表示连接 $\Phi(t_0,\delta), \Phi(t_1,\delta), \cdots, \Phi(t_n,\delta)$ 的折线，C_0 的涵义雷同. 利用以上结果及 $[0,1]$ 的紧性，立即得到

$$\int_{C^{(1)}} f(z)dz = \int_{C^{(2)}} f(z)dz.$$

12.2.9 12.2.7 的 (ii) 及 12.2.8 的推论.

12.2.10 12.2.9 的推论.

12.3.1 利用定理 12.3.3 中关于 $f^{(n)}(z)$ 的公式及推论 12.3.3(Liouville 定理) 的证明思路.

12.3.2 (i) 由 (a), f 在 $[a,b]$ 上连续且单调递增. 注意到命题 4.3.1，$t = f^{-1}(u^\rho + f(a)) = \varphi(u)$ 在 $[0,B]$ 上是单调递增的连续函数. 根据反函数定理 (定理 8.5.1)，$t = \varphi(u)$ 在 $(0,B)$ 上是无穷次连续可微. 通过计算可以证明: $\varphi(u)$ 在 $(0,B)$ 上的各阶导数可连续地延拓至 $[0,B]$. 由第一册 §5.5 的练习 5.5.3，$\varphi(u)$ 在 $[0,B]$ 上无穷次连续可微.

(ii) 经过简单计算便得. (iii) 显然.

(iv) 用数学归纳法和 Fubini 定理. (v) 直接计算便得.

(vi) 作适当换元, 有

$$\int_u^{u+\infty e^{i\pi/2\rho}} (z-u)^n z^{\lambda-1} e^{ixz^\rho} dz$$
$$= \int_0^\infty (te^{i\pi/2\rho})^n (u+te^{i\pi/2\rho})^{\lambda-1} e^{ix(u+te^{i\pi/2\rho})^\rho} e^{i\pi/2\rho} dt,$$

以及 (注意 $\lambda \leqslant 1,\ t \geqslant 0$ 和 $u \geqslant 0$)

$$|u+te^{i\pi/2\rho}|^{\lambda-1} \leqslant u^{\lambda-1}.$$

当 $u=0$ 时, 我们要利用以下等式:

$$\int_0^{\infty e^{i\pi/2\rho}} z^{n+\lambda-1} e^{ixz^\rho} dz = \int_0^\infty t^{n+\lambda-1} e^{i\pi(n+\lambda-1)/2\rho} e^{ixt^\rho e^{i\pi/2}} e^{i\pi/2\rho} dt$$
$$= e^{i\pi(n+\lambda)/2\rho} \int_0^\infty t^{n+\lambda-1} e^{-xt^\rho} dt = e^{i\pi(n+\lambda)/2\rho} \frac{x^{-(n+\lambda)/\rho}}{\rho} \Gamma\left(\frac{n+\lambda}{\rho}\right).$$

(vii) 用第一册 §6.4 练习 6.4.2(i) 中的 Darboux 关于分部积分公式的推广.

(viii) 用等式 (12.3.4) 和 (12.3.3).

(ix) 作分部积分.

(x) 利用 (ix) 及 (vi) 的公式 $(12.3.10)_2$.

(xi) 设法证明:

$$|R_N^{(1)}(x)| \leqslant \frac{1}{N!\rho}\left[\Gamma\left(\frac{N+\lambda}{\rho}\right)|h^{(N)}(0)|x^{-(N+\lambda)/\rho}\right.$$
$$\left.+\Gamma\left(\frac{N+1}{\rho}\right)x^{-(N+1)/\rho}\int_0^\infty u^{\lambda-1}|h^{N+1}(u)|du\right].$$

(xii) 作换元 $u^\rho = v$.

(xiii) 用第一册 §6.4 练习 6.4.2(i) 中的 Darboux 关于分部积分公式的推广.

(xiv) 用 Riemann-Lebesgue 引理 (等式 (11.2.1)).

(xv) 将公式 (12.3.6), (12.3.11), (12.3.17) 结合起来, 又将公式 (12.3.3), (12.3.4), (12.3.18) 结合起来.

(xvi) 和 (xv) 类似地推导.

(xvii) (xv) 与 (xvi) 的特殊情形.

(xviii) (xv) 与 (xvi) 的特例.

12.3.3 利用练习 12.2.3 中的 Goursat 定理及推论 12.3.7(Morera 定理).

12.3.4 (i) 参看第二册第 7 章 §7.5 中定理 7.5.4 的证明的开始部分.

(ii) 易见，$|z-z_0|=\rho<R_1 \Longrightarrow |u_1(z)-u_0(z)|<2mM\rho$ 和 $|z-z_0|=\rho<R_1 \Longrightarrow |v_1(z)-v_0(z)|<2mM\rho$. 由此可得: 当 $|z-z_0|=\rho<R_1$ 时，有

$$|u_2(z)-u_1(z)| \leqslant \int_0^\rho [|a||u_1-u_0|+|b||v_1-v_0|]d\rho < 2^2mM^2\int_0^\rho \rho d\rho = \frac{m(2M\rho)^2}{2!}$$

和

$$|v_2(z)-v_1(z)| \leqslant \int_0^\rho [|a||u_1-u_0|+|b||v_1-v_0|]d\rho < 2^2mM^2\int_0^\rho \rho d\rho = \frac{m(2M\rho)^2}{2!}.$$

所要证明的关于 $|u_n(z)-u_{n-1}(z)|$ 和 $|v_n(z)-v_{n-1}(z)|$ 的估计可归纳地获得.

注　这里的估计要比第二册第 7 章 §7.5 定理 7.5.4 的好，它是 Picard 原始的证明方法的结论.

(iii) 注意到级数 $\sum \frac{m(2M\rho)^n}{n!}$ 的收敛性和 (ii) 的不等式，便得 $\{u_n(z)\}$ 和 $\{v_n(z)\}$ 在圆盘 $|z-z_0|\leqslant R_1$ 上的一致收敛性. 根据推论 12.3.5, 可得 $\{u_n(z)\}$ 的极限 $u(z)$ 和 $\{v_n(z)\}$ 的极限 $v(z)$ 在圆盘 $|z-z_0|<R_1$ 内的解析性. $u(z)$ 和 $v(z)$ 满足积分方程是由一致收敛性保证的.

(iv) 唯一性的证明与第二册第 7 章 §7.5 中定理 7.5.4 的证明中的一样，其他的结论易得.

(v) 由 (iv) 得到.

(vi) 由微分方程解的定义得到.

(vii) 由 (v) 和 (vi) 得到.

(viii) 由 (iv) 和 (vi) 得到.

12.3.5　(i) 将幂级数 (12.3.6) 代入 Legendre 方程 (12.3.5)，有

$$\sum_{j=0}^{\infty}\Big((j+1)(j+2)a_{j+2}-j(j-1)a_j-2ja_j+\nu(\nu+1)a_j\Big)x^j=0.$$

由此，对于任何非负整数 j, 有

$$(j+1)(j+2)a_{j+2}=\Big(j(j+1)-\nu(\nu+1)\Big)a_j.$$

注意到

$$j(j+1)-\nu(\nu+1)=(j-\nu)(j+1+\nu),$$

(i) 中两个等式得证.

(ii) 和 (iii)　由 (i) 得.

(iv) 由练习 12.3.4 的 (viii) 得到.

(v) 和 (vi) 由　(12.3.27) 和 (12.3.28) 得到.

(vii) 和 (viii)　由 (v) 和 (vi), 当 ν 是非负整数时，Legendre 方程的解构成的二维线性空间中的全体多项式构成一维线性子空间，注意到第一册第 6 章 §6.4 的练习 6.4.6 的 (iv), 便得 (vii) 和 (viii) 的结论.

12.4.1 (i) 记 $\gamma = \{z \in \mathbf{C} : |z| = r\}$, 其中 $0 < r < R$. 由 f 的 Taylor 展开 (注意: $f(0) = 0$):

$$f(z) = zf'(0) + \frac{z^2}{2!}f''(0) + \cdots + \frac{z^{n-1}}{(n-1)!}f^{(n-1)}(0) + z^n \frac{1}{2\pi \mathrm{i}}\int_\gamma \frac{f(\xi)}{\xi^n(\xi - z)}d\xi,$$

我们有 (对 $z = 0$ 及 $z \neq 0$ 的两种情形分别考虑)

$$\varphi(z) = f'(0) + \frac{z}{2!}f''(0) + \cdots + \frac{z^{n-2}}{(n-1)!}f^{(n-1)}(0) + z^{n-1}\frac{1}{2\pi \mathrm{i}}\int_\gamma \frac{f(\xi)}{\xi^n(\xi - z)}d\xi.$$

由此得到 φ 在 D 上全纯.

(ii) 记 $\gamma = \{z \in \mathbf{C} : |z| = r\}$, 其中 $0 < r < R$, 有

$$\forall \zeta \in \gamma \left(|\varphi(\zeta)| = \frac{|f(\zeta)|}{r} \leqslant \frac{M}{r} \right).$$

(iii) 由 (ii) 及最大模原理得到.

(iv) 由 (iii) 得到.　(v) 由 (iv) 得到.　(vi) 由 (iv) 得到.

(vii) 由最大模原理得到.　(viii) 由最大模原理得到.

12.4.2 若 $\overline{f(\mathbf{C})} \neq \overline{\mathbf{C}}$. 设 $\infty \notin \overline{f(\mathbf{C})}$, 则 f 有界, 由 Liouville 定理, f 应为常数, 与假设矛盾. 设 $z_0 \in \mathbf{C} \setminus \overline{f(\mathbf{C})}$, 则 $\dfrac{1}{f(z) - z_0}$ 是有界的整函数, 又导致矛盾.

12.4.3 (i) 因 $[\gamma]$ 是紧集.　(ii) 因 γ 在 $[a, b]$ 上一致连续.

(iii) 利用 (ii) 及练习 12.2.1 的 (viii).　(iv) 参看练习 12.2.1 的 (iii).

(v) 显然.

(vi) 因 $\mathrm{Arg}\Big((\alpha\gamma(z)+\beta)-(\alpha w+\beta)\Big) = \mathrm{Arg}\Big(\alpha(\gamma(z)-w)\Big) = \mathrm{Arg}\alpha+\mathrm{Arg}(\gamma(z)-w)$, 故 $n(g(w), g\circ\gamma) = n(w, \gamma)$.

(vii) 与 (vi) 相似, 通过简单计算即得.

(viii) 与 (vi) 相似, 通过简单计算即得.

(ix) 与 (vi) 相似, 通过简单计算即得.

(x) $\arg(\sigma(t) - w) = \arg\Big((\sigma(t) - \gamma(t)) + (\gamma(t) - w)\Big)$. 因 $|\gamma(t) - \sigma(t)| < |\gamma(t) - w|$, 故 $|\arg(\sigma(t) - w) - \arg(\gamma(t) - w)| < \pi/2$. 注意到两条曲线均为封闭曲线, $n(w, \gamma)$ 与 $n(w, \sigma)$ 均为整数, 故 $n(w, \gamma) = n(w, \sigma)$.

(xi) 设 C_1 与 C_2 之间的同伦是连续映射 $h : [0, 1] \times [0, 1] \to \mathbf{C} \setminus \{a\}$, 使得

$$h(t, s) = \begin{cases} C_1(t), & 若 s = 0, \\ C_2(t), & 若 s = 1. \end{cases}$$

因 h 是在 $[0, 1] \times [0, 1]$ 上一致连续的, 有 $[0, 1]$ 的分划: $0 = s_0 < s_1 < \cdots < s_n = 1$, 使得

$$\forall j \in \{1, \cdots, n\} \forall t \in [0, 1] \Big(|h(t, s_j) - h(t, s_{j-1})| < |h(t, s_j) - a| \Big).$$

利用 (x) 的结论便得 (xi) 所要的结论.

(xii) z 和 w 属于 $\mathbf{C}\setminus[\gamma]$ 的同一个连通成分，因复平面上的连通开集必道路连通，有连续映射 $\alpha:[0,1]\to\mathbf{C}\setminus[\gamma]$ 使得 $\alpha(0)=z,\ \alpha(1)=w$. $[0,1]\times[0,1]\to\mathbf{C}\setminus\{0\}$ 的连续映射 $(t,s)\mapsto\gamma(t)-\alpha(s)$ 是连续映射 $t\mapsto\gamma(t)-z$ 与 $t\mapsto\gamma(t)-w$ 之间在 $\mathbf{C}\setminus\{0\}$ 上的同伦. 由此得到 $n(w,\gamma)=n(z,\gamma)$.

(xiii) 因 $[\gamma]$ 有界，当 w 充分大时，$\arg(w-z)$ 当 $z\in\gamma$ 时的变化不会超过 $\pi/2$. 故 $n(w,\gamma)=0$.

(xiv) 利用公式 $\dfrac{d\zeta}{\zeta-a}=d\ln(\zeta-a)$ 和曲线积分的 Newton-Leibniz 公式 (参看第二册 §8.7 的公式 (8.7.13)).

(xv)
$$\frac{1}{2\pi\mathrm{i}}\int_C\frac{f(\zeta)}{\zeta-z}d\zeta=\frac{1}{2\pi\mathrm{i}}\int_C\frac{f(z)}{\zeta-z}d\zeta+\frac{1}{2\pi\mathrm{i}}\int_C\frac{f(\zeta)-f(z)}{\zeta-z}d\zeta$$
$$=\frac{f(z)}{2\pi\mathrm{i}}\int_C\frac{1}{\zeta-z}d\zeta=n(z,C)f(z).$$

12.4.4 若 f 在 D 上非恒等于零，但有 $\zeta\in D$ 使得 $f(\zeta)=0$. 必有 $r>0$, 使得 $\mathbf{B}^2(\zeta,r)\subset D$, 且 $\forall z\in\mathbf{S}^1(\zeta,r)\Big(|f(z)|\geqslant\varepsilon>0\Big)$. 一定有一个 $n\in\mathbf{N}$, 使得 $\forall z\in\mathbf{S}^1(\zeta,r)\Big(|f(z)-f_n(z)|<\varepsilon\Big)$. 由 Rouché 定理，$f$ 与 f_n 在 $\mathbf{B}^2(\zeta,r)$ 内有同样多的零点. 这是个矛盾.

12.4.5 设 f 在 D 上非常数. 又设有 $z_i\in D(i=1,2)$, $z_1\neq z_2$, 且 $f(z_1)=f(z_2)$. 构筑一个边界逐段光滑的区域 $D_1\subset D$, 使得 $\{z_1,z_2\}\subset D_1$，且在 ∂D_1 上 f 恒不等于 $f(z_1)$. 用 Rouché 定理可得如下结论: 对于充分大的 n，$f(z)-f(z_1)$ 与 $f_n(z)-f(z_1)$ 在 D_1 中有同样多的零点. 这个矛盾证明了我们要的结论.

12.5.1 (i) 用留数计算以零点为圆心的上半圆周及实轴上的一个直线段构成的回路 C 上的积分 $\displaystyle\int_C\frac{dx}{(x+b)^2+a^2}$.

(ii) $\displaystyle\int_0^\infty\frac{x^2dx}{x^6+1}=\frac{1}{6}\int_{-\infty}^\infty\frac{dy}{y^2+1}$. 右端的积分是 (i) 的特例. 当然也可以用留数直接计算积分 $\displaystyle\int_0^\infty\frac{x^2dx}{x^6+1}=\frac{1}{2}\int_{-\infty}^\infty\frac{x^2dx}{x^6+1}$.

(iii) 用留数计算以零点为圆心的上半圆周及实轴上的一个直线段构成的回路 C 上的积分 $\displaystyle\int_0^\infty\frac{dx}{x^4+4a^4}$.

(iv) 用例 12.5.2 的办法计算.

(v) 用例 12.5.2 的办法计算.

(vi) 设 $z=\mathrm{e}^{\mathrm{i}\theta}$, 因而 $\sin\theta=\dfrac{1}{2\mathrm{i}}(z-z^{-1})$. 再用例 12.5.2 的办法计算.

(vii) 设 $z=\mathrm{e}^{\mathrm{i}\theta}$. 再用例 12.5.2 的办法计算.

12.5.2 (i) 设

$$f(z)=\frac{a_{-2}}{(z-a)^2}+\frac{a_{-1}}{z-1}+\sum_{n=0}^\infty a_n(z-a)^n,$$

则

$$\frac{d}{dz}[(z-a)^2 f(z)] = \frac{d}{dz}\left[a_{-2} + a_{-1}(z-a) + \sum_{n=0}^{\infty} a_n (z-a)^{n+2}\right]$$
$$= a_{-1} + \sum_{n=0}^{\infty}(n+2)a_n(z-a)^{n+1}.$$

故

$$\mathrm{res}_a(f) = \lim_{z\to a}\frac{d}{dz}[(z-a)^2 f(z)].$$

(ii) 不妨设 $\Re a > 0$, 则

$$\frac{d}{dz}\frac{(z-a\mathrm{i})^2}{z^2+a^2} = \frac{-2}{(z+a\mathrm{i})^3}.$$

故

$$\mathrm{res}_{a\mathrm{i}}\left(\frac{1}{(x^2+a^2)^2}\right) = \frac{1}{4a^3\mathrm{i}}.$$

因此，

$$\int_{-\infty}^{\infty}\frac{dx}{(x^2+a^2)^2} = \frac{\pi}{2a^3}.$$

$\Re a < 0$ 的情形可类似地讨论.

(iii) 仿照 (i).

(iv) 仿照 (ii), 利用 (iii).

12.5.3 (i) $f(-x) = \frac{\sqrt{2}}{2}x^{1/4}(1+\mathrm{i})$ 和 $\lim\limits_{\varepsilon\to 0+} f(x-\mathrm{i}\varepsilon) = x^{1/4}\mathrm{i}$.

(ii) 在回路 $C = C_1 \cup L_1 \cup C_2 \cup L_2$ 上求积分, 其中 C_1 表示以原点为中心 $2R$ 为边长的正方形周边挖除点集 $\{R+\mathrm{i}y : |y| < \varepsilon\}$ 后的道路, 它的正定向是逆时针方向;C_2 表示以原点为中心 $2r$ 为边长的正方形周边挖除点集 $\{r+\mathrm{i}y : |y| < \varepsilon\}$ 后的道路, 它的正定向是顺时针方向;L_1 表示直线段 $\{x-\mathrm{i}\varepsilon : x\in[r,R]\}$, 它的正定向是由右向左;$L_2$ 表示直线段 $\{x+\mathrm{i}\varepsilon : x\in[r,R]\}$, 它的正定向是由左向右. 然后利用 (i) 的结果求 $r\to 0, R\to\infty$ 时积分的极限.

12.5.4 (i) 和 (ii) 在回路 $C = C_1 \cup L_1 \cup C_2 \cup L_2$ 上求积分, 其中, C_1 表示以原点为圆心 R 为半径的挖掉右端一个小段后的圆周, 它的正定向是逆时针方向;C_2 表示以原点为圆心 r 为半径的挖掉右端一个小段后的圆周, 它的正定向是顺时针方向;L_1 表示在 X 轴稍下处的直线段 $\{x : x\in[R,r]\}$, 它的正定向是由右向左;L_2 表示在 X 轴稍上处的直线段 $\{x : x\in[R,r]\}$, 它的正定向是由左向右. 然后让 $R\to\infty$, $r\to 0$ 求上述回路积分的极限.

12.5.5 (i) 用练习 12.5.4(i) 和 (ii) 提示中的回路 $C = C_1\cup L_1\cup C_2\cup L_2$ 上计算回路积分:

$$\int_C f(z)\ln z dz = \int_{C_1} f(z)\ln z dz + \int_{L_1} f(z)\ln z dz$$
$$+ \int_{C_2} f(z)\ln z dz + \int_{L_2} f(z)\ln z dz.$$

注意到以下三个不难验证的等式:

$$\lim_{R\to\infty}\int_{C_1} f(z)\ln z dz = 0, \quad \lim_{r\to 0}\int_{C_2} f(z)\ln z dz = 0$$

和

$$\lim_{\substack{R\to\infty\\ r\to 0}}\left[\int_{L_1} f(z)\ln z dz + \int_{L_2} f(z)\ln z dz\right] = -2\pi\mathrm{i}\int_0^\infty f(x)dx.$$

根据 Cauchy 留数定理 (定理 12.3.1), 当 R 充分大而 r 充分小时，有

$$\int_C f(z)\ln z dz = 2\pi\mathrm{i}\sum \mathrm{res}(f(z)\ln z).$$

故

$$\int_0^\infty f(x)dx = -\sum \mathrm{res}(f(z)\ln z).$$

(ii) (i) 的推论.

(iii) 用练习 12.5.4(i) 和 (ii) 提示中的回路 $C = C_1\cup L_1\cup C_2\cup L_2$ 上计算回路积分:

$$\int_C f(z)(\ln z)^2 dz = \int_{C_1} f(z)(\ln z)^2 dz + \int_{L_1} f(z)(\ln z)^2 dz + \int_{C_2} f(z)(\ln z)^2 dz + \int_{L_2} f(z)(\ln z)^2 dz.$$

注意到以下三个不难验证的等式:

$$\lim_{R\to\infty}\int_{C_1} f(z)(\ln z)^2 dz = 0, \quad \lim_{r\to 0}\int_{C_2} f(z)(\ln z)^2 dz = 0$$

和

$$\lim_{\substack{R\to\infty\\ r\to 0}}\left[\int_{L_1} f(z)(\ln z)^2 dz + \int_{L_2} f(z)(\ln z)^2 dz\right] = -4\pi\mathrm{i}\int_0^\infty f(x)\ln x dx + 4\pi^2\int_0^\infty f(x)dx.$$

根据 Cauchy 留数定理 (定理 12.3.1), 当 R 充分大而 r 充分小时，有

$$\int_C f(z)(\ln z)^2 dz = 2\pi\mathrm{i}\sum \mathrm{res}\Big(f(z)(\ln z)^2\Big).$$

由此并注意到 (i) 的结果，我们得到

$$\int_0^\infty f(x)\ln x dx = -\frac{1}{2}\sum \mathrm{res}\Big(f(z)(\ln z)^2\Big) + \mathrm{i}\pi\sum \mathrm{res}(f(z)\ln z).$$

(iv) (iii) 的推论.

12.6.1 (i) 利用以下等式:

$$\int_b^R \mathrm{e}^{-st}d\alpha(t) = \int_b^R \exp[-(s-s_0)t]d\beta(t),$$

再作分部积分.

(ii) 利用 (i), 然后让式中的 $R\to\infty$.

12.6.2　(i), (ii), (iii) 和 (iv): 利用练习 12.6.1 去证明 (i) 和 (ii).

12.6.3　由定义 12.6.2，有

$$\int_{-\infty}^{\infty}\mathrm{e}^{-st}d\alpha(t)=\int_{0}^{\infty}\mathrm{e}^{-st}d\alpha(t)+\int_{0}^{\infty}\mathrm{e}^{st}d[-\alpha(-t)].$$

12.6.4　(i) 对于一切 $R\in\mathbf{R}_+$,

$$\int_0^R\mathrm{e}^{-st}d\alpha(t)=\alpha(R)\mathrm{e}^{-sR}+s\int_0^R\mathrm{e}^{-st}\alpha(t)dt.$$

(ii) 对于一切 $t\in[0,\infty)$, 记

$$\beta(t)=\int_0^t\mathrm{e}^{-\alpha u}d\alpha(u).$$

我们有

$$\alpha(t)=\int_0^t d\alpha(u)=\int_0^t\mathrm{e}^{\alpha u}d\beta(u)=\beta(t)\mathrm{e}^{\alpha t}-\alpha\int_0^t\beta(u)\mathrm{e}^{\alpha u}du.$$

(iii) 利用 (i) 和 (ii).

(iv) 由定义 12.6.2，有

$$\int_{-\infty}^{\infty}\mathrm{e}^{-st}d\alpha(t)=\int_{0}^{\infty}\mathrm{e}^{-st}d\alpha(t)+\int_{0}^{\infty}\mathrm{e}^{st}d[-\alpha(-t)].$$

12.6.5　利用练习 12.6.4 的 (ii), 并用分部积分法.

12.6.6　利用练习 12.6.5 的结果和 Fubini-Tonelli 定理，

$$\begin{aligned}\frac{1}{2\pi\mathrm{i}}\int_{a-\mathrm{i}R}^{a+\mathrm{i}R}f(s)\frac{\mathrm{e}^{st}}{s}ds&=\frac{1}{2\pi\mathrm{i}}\int_{a-\mathrm{i}R}^{a+\mathrm{i}R}\left(\int_0^\infty\mathrm{e}^{-su}\alpha(u)du\right)\mathrm{e}^{st}ds\\&=\frac{1}{2\pi\mathrm{i}}\int_0^\infty\left(\int_{a-\mathrm{i}R}^{a+\mathrm{i}R}\mathrm{e}^{s(t-u)}ds\right)\alpha(u)du.\end{aligned}$$

12.6.7　参看第 11 章 §11.1 的练习 11.1.2 的 (iii).

12.6.8　由下式得到:

$$\begin{aligned}&\lim_{R\to\infty}\int_{-\infty}^{\infty}\alpha(t)\frac{\sin R(x_0-t)}{x_0-t}dt\\&=\lim_{R\to\infty}\left[\int_{x_0}^{\infty}\alpha(t)\frac{\sin R(x_0-t)}{x_0-t}dt+\int_{-\infty}^{x_0}\alpha(t)\frac{\sin R(x_0-t)}{x_0-t}dt\right]\\&=\lim_{R\to\infty}\left[\int_{-\infty}^{0}\alpha(x_0-s)\frac{\sin Rs}{s}ds+\int_0^\infty\alpha(x_0-s)\frac{\sin Rs}{s}ds\right]\\&=\frac{\alpha(x_0+)+\alpha(x_0-)}{2}.\end{aligned}$$

12.6.9　利用练习 12.6.6 及练习 12.6.8 的结果.

12.6.10 利用练习 12.6.1 的 (i).

12.6.11 根据练习 12.6.10 的结果，积分

$$f(s)=\int_{-\infty}^{\infty}\mathrm{e}^{-st}\phi(t)dt$$

在 $\{s=a+\mathrm{i}y:R\leqslant y\leqslant R\}$ 上一致收敛，所以我们有

$$\begin{aligned}\frac{1}{2\pi\mathrm{i}}\int_{a-\mathrm{i}R}^{a+\mathrm{i}R}f(s)\exp st_0ds&=\frac{1}{2\pi\mathrm{i}}\int_{-\infty}^{\infty}\left(\phi(u)\int_{a-\mathrm{i}R}^{a+\mathrm{i}R}\exp s(t_0-u)ds\right)du\\&=\frac{1}{\pi}\int_{-\infty}^{\infty}\phi(u)\exp a(t_0-u)\frac{\sin R(t_0-u)}{t_0-u}du.\end{aligned}$$

然后再用练习 12.6.8 的结果.

12.6.12 请同学用第一册第 6 章的知识自行证明.

12.6.13 (i) 作分部积分. (ii) 两次使用 (i) 的结果. (iii) 三次使用 (i) 的结果.

12.6.14 (i) 求所给常微分方程两端的 Laplace 变换，利用练习 12.6.13(i) 的结果，有

$$-y(0)+s\int_0^{\infty}\mathrm{e}^{-st}y(t)dt-\int_0^{\infty}\mathrm{e}^{-st}y(t)dt=-2\int_0^{\infty}\mathrm{e}^{-st}dt.$$

利用所给的初条件得到

$$-1+(s-1)Y(s)=-2\frac{1}{s}.$$

故

$$Y(s)=\frac{s-2}{s(s-1)}=\frac{2}{s}-\frac{1}{s-1}.$$

利用练习 12.6.12 的 (ii), 便有 $y(t)=2-\mathrm{e}^t$.

(ii) 求所给常微分方程两端的 Laplace 变换，利用练习 12.6.13(ii) 的结果并注意到初条件以及练习 12.6.12 的 (iii)，有

$$(s^2+1)\int_0^{\infty}\mathrm{e}^{-st}y(t)dt=\frac{1}{1+s^2}.$$

故得到

$$Y(s)=\frac{1}{(s^2+1)^2},$$

利用练习 12.6.12 的 (viii), 便有 $y(t)=\frac{1}{2}(\sin t-t\cos t)$.

(iii) 求所给常微分方程两端的 Laplace 变换，利用练习 12.6.13(i) 和 (iii) 的结果并注意到初条件以及练习 12.6.12 的 (iii) 和 (iv)，有

$$-3-s^2+s(1+s^2)\int_0^{\infty}\mathrm{e}^{-st}y(t)dt=2\frac{-1+s}{1+s^2}.$$

利用有理函数的部分分式分解的表示, 便有

$$Y(s)=\frac{2s}{(s^2+1)^2}+\frac{2}{(s^2+1)^2}+\frac{1}{s},$$

再由 12.6.12 的 (vii) 和 (viii), 便有 $y(t) = t\sin t + \sin t - t\cos t + 1$.

(iv) 求所给常微分方程两端的 Laplace 变换，利用练习 12.6.13(i) 和 (ii) 的结果并注意到初条件以及练习 12.6.12 的 (iii) 和 (iv)，有

$$-A + (s^2 + s)\int_0^\infty \mathrm{e}^{-st}y(t)dt = \frac{-1+s}{1+s^2}.$$

利用有理函数的部分分式分解的表示, 便有

$$Y(s) = \frac{1}{s^2+1} + \frac{A-1}{s} + \frac{1-A}{s+1},$$

再由 12.6.12 的 (ii) 和 (iii), 便有 $y(t) = \sin t + A - 1 + (1-A)\mathrm{e}^{-t}$.

(v) 利用 (iv) 的结果，适当调节常数 A 使得 $y(\pi) = 0$.

12.8.1 (i) 由等式 $|t^{z-1}(1-t)^{w-1}| = t^{\Re(z-1)}(1-t)^{\Re(w-1)}$ 得到以上积分在所示区域内的收敛性及如上所示积分 $\mathrm{B}(z,w)$ 在所示区域内的解析性. 因此它是 §6.9 附加习题 6.9.3 中 B 函数的 (二元) 解析延拓.

(ii) 显然. (iii) 等式左右两端在所示区域内均解析.

(iv) 由 (iii) 得到. (v) 换元使得.

12.8.2 (i) 因为 $|n^z| = n^{\Re z}$.

(ii) 注意到 $\prod\limits_{\substack{p\in\mathcal{P}\\ p\leqslant P}}\left(1-\frac{1}{p^z}\right) = \sum\nolimits'_{p_j\leqslant P}(-1)^n\frac{1}{(p_1\cdots p_n)^z}$, 其中 $\sum\nolimits'_{p_j\leqslant P}$ 是对所有可能的有限个 (记为 n, n 取遍所有的自然数) 不大于 P 的互不相同的素数组 $\{p_1,\cdots,p_n\}$ 求和. 再设法证明级数

$$\lim_{P\to\infty}\sum_{p_j\leqslant P}{}'(-1)^n 1/(p_1\cdots p_n)^z$$

的绝对收敛性: 因为级数 $\sum\limits_{j=1}^{\infty} j^{-\Re z}$ 是控制 (每项取绝对值后的) 上述级数的优势级数.

假若利用下面的练习 12.8.8 的 (ii)(它的证明并未用到它前面的练习)，可以更简便地获得这里要得到的结论.

(iii) 用数学归纳法证明

$$\left(1-\frac{1}{(p_N)^z}\right)\left(1-\frac{1}{(p_N-1)^z}\right)\cdots\left(1-\frac{1}{2^z}\right)\zeta(z)$$
$$= 1 + \sum_{\text{不被前}N\text{个素数}p_1,\cdots,p_N\text{除尽的自然数}k}\frac{1}{k^z},$$

右端的求和号‘$\sum\limits_{\text{不被前}N\text{个素数}p_1,\cdots,p_N\text{除尽的自然数}k}$’表示对所有的不含有 $p_1,\cdots,p_N$ 中任何数为因子的自然数 k 求和. 然后再注意到以下事实:

$$\lim_{N\to\infty}\sum_{\text{不被前}N\text{个素数}p_1,\cdots,p_N\text{除尽的自然数}k}\frac{1}{k^z} = 0.$$

(iv) 用 Euler-Maclaurin 求和公式 (第一册 §6.9 练习 6.9.11 的 (ii)).

(v) 用 (iv) 及第一册 §6.9 练习 6.9.11 的 (iii).

(vi) 利用第一册 §6.9 练习 6.9.11 的 (iii) 去证明 F_l 在 K_l 上复可微.

(vii) 由 (v), 在 $K=\{z\in\mathbf{C}:\Re z>1\}$ 上,

$$G_k(z)=G_l(z)=\sum_{n=1}^{\infty}\frac{1}{n^z}-\frac{1}{2}-\frac{1}{z-1}.$$

(viii) 用 (v) 和 (vii)).

12.8.3 (i) 利用换元 $jt=r$ 可以证明:

$$j^{-z}\Gamma(z)=j^{-z}\int_0^{\infty}\tau^{z-1}\mathrm{e}^{-\tau}d\tau=\int_0^{\infty}t^{z-1}\mathrm{e}^{-jt}dt.$$

(ii) 利用 (i) 和 Lebesgue 控制收敛定理可以证明: 对于 $\Re z>1$, 我们有以下的 **ζ函数积分表达式**:

$$\zeta(z)=\sum_{j=1}^{\infty}j^{-z}=\frac{1}{\Gamma(z)}\int_0^{\infty}\frac{t^{z-1}\mathrm{e}^{-t}}{1-\mathrm{e}^{-t}}dt.$$

12.8.4 (i) 用 Cauchy 定理 (定理 12.1.1) 并对函数 $u(w)$ 在 Hankel 回路的无穷远处作出适当的估计. 用 Lebesgue 控制收敛定理证明 Hankel 函数在复平面上的复可微性.

(ii) 用 Cauchy 定理 (定理 12.1.1).

(iii) 按 Hankel 函数的定义.

(iv) 用初等数学可以证明以下不等式:$|1-\mathrm{e}^{-\varepsilon\mathrm{e}^{\mathrm{i}\theta}}|\geqslant|1-\mathrm{e}^{-\varepsilon}|$.

(v) 利用 (iv) 便有以下不等式:

$$|\mathrm{III}|\leqslant 2\pi\max_{\theta}\frac{|(-\varepsilon\mathrm{e}^{\mathrm{i}\theta})^{z-1}||\mathrm{e}^{-\varepsilon\mathrm{e}^{\mathrm{i}\theta}}|}{\varepsilon/2}\cdot\varepsilon\leqslant 4\pi\varepsilon^{\Re z-1}\mathrm{e}^{-\theta\Im z}\mathrm{e}^{\varepsilon}.$$

由此可得 $\lim\limits_{\varepsilon\to 0}\mathrm{III}=0$.

(vi) 按 I 及 II 的定义.

(vii) 根据本练习的 (vi) 和 Lebesgue 控制收敛定理，有

$$\begin{aligned}\mathrm{I}+\mathrm{II}&=\lim_{\delta\to 0+}\left[\int_{\infty}^{\tilde\varepsilon}\frac{\mathrm{e}^{(z-1)[\ln\sqrt{t^2+\delta^2}+\mathrm{i}(-\pi+\delta_1(t))]}\mathrm{e}^{-t-\mathrm{i}\delta}}{1-\mathrm{e}^{-t-\mathrm{i}\delta}}dt\right.\\&\qquad\left.+\int_{\tilde\varepsilon}^{\infty}\frac{\mathrm{e}^{(z-1)[\ln\sqrt{t^2+\delta^2}+\mathrm{i}(\pi-\delta_1(t))]}\mathrm{e}^{-t+\mathrm{i}\delta}}{1-\mathrm{e}^{-t+\mathrm{i}\delta}}dt\right]\\&=\int_{\infty}^{\tilde\varepsilon}\frac{\mathrm{e}^{(z-1)[\ln t-\mathrm{i}\pi]}\mathrm{e}^{-t}}{1-\mathrm{e}^{-t}}dt+\int_{\tilde\varepsilon}^{\infty}\frac{\mathrm{e}^{(z-1)[\ln t+\mathrm{i}\pi]}\mathrm{e}^{-t}}{1-\mathrm{e}^{-t}}dt\\&=-\left(\mathrm{e}^{\mathrm{i}\pi z}-\mathrm{e}^{-\mathrm{i}\pi z}\right)\int_{\tilde\varepsilon}^{\infty}\frac{t^{z-1}\mathrm{e}^{-t}}{1-\mathrm{e}^{-t}}dt.\end{aligned}$$

让 $\varepsilon\to 0$, 根据 ζ 函数的积分表达式 (练习 12.8.2 的 (ii))，有

$$H(z)=\lim_{\varepsilon\to 0+}H_{\varepsilon}(z)=\lim_{\varepsilon\to 0}\Big[\mathrm{I}+\mathrm{II}\Big]=-2\mathrm{i}\sin(\pi z)\Gamma(z)\zeta(z).$$

(viii) 利用 ζ 函数与 Hankel 函数之间的关系及定理 12.8.1.

(ix) 根据练习 12.8.2 的 (i).

(x) 利用 (vii) 的结果及推论 12.8.1.

(xi) 根据 (viii), (ix) 及 (x).

12.8.5 (i) 由练习 12.8.4 的 (vi) 和 (vii) 的提示,

$$\mathrm{I}+\mathrm{II}=\int_{\infty}^{\tilde{\varepsilon}}\frac{\mathrm{e}^{(z-1)[\ln\sqrt{t^2+\delta^2}+\mathrm{i}(-\pi+\delta_1(t))]}\mathrm{e}^{-t-\mathrm{i}\delta}}{1-\mathrm{e}^{-t-\mathrm{i}\delta}}dt+\int_{\tilde{\varepsilon}}^{\infty}\frac{\mathrm{e}^{(z-1)[\ln\sqrt{t^2+\delta^2}+\mathrm{i}(\pi-\delta_1(t))]}\mathrm{e}^{-t+\mathrm{i}\delta}}{1-\mathrm{e}^{-t+\mathrm{i}\delta}}dt,$$

当 $\delta\to 0+$ 时, $\mathrm{I}+\mathrm{II}$ 的极限等于

$$-(\mathrm{e}^{\mathrm{i}\pi z}-\mathrm{e}^{-\mathrm{i}\pi z})\int_{\tilde{\varepsilon}}^{\infty}\frac{t^{z-1}\mathrm{e}^{-t}}{1-\mathrm{e}^{-t}}dt.$$

(ii) $\displaystyle\int_0^{2\pi}\frac{1\cdot\mathrm{e}^{-\varepsilon\mathrm{e}^{\mathrm{i}\theta}}}{1-\mathrm{e}^{-\varepsilon\mathrm{e}^{\mathrm{i}\theta}}}\mathrm{i}\varepsilon\mathrm{e}^{\mathrm{i}\theta}d\theta=\int_0^{2\pi}\frac{\mathrm{i}\varepsilon\mathrm{e}^{\mathrm{i}\theta}}{\mathrm{e}^{\varepsilon\mathrm{e}^{\mathrm{i}\theta}}-1}d\theta.$

(iii) $\displaystyle|R|\leqslant\varepsilon^2\sum_{j=2}^{\infty}\Big(1/j!\Big).$

(iv) 利用 (ii), (iii) 和 Lebesgue 控制收敛定理.

(v) 利用 (i), (ii) 和 ζ 函数与 Hankel 函数的关系,

$$\lim_{z\to 1}(z-1)\zeta(z)=\lim_{z\to 1}\frac{-H_\varepsilon(z)}{\Gamma(z)}\cdot\frac{z-1}{2\mathrm{i}\sin(\pi z)}.$$

(vi) 利用练习 12.8.4 的 (xi) 和本练习的 (v).

12.8.6 (i) 通过简单计算有

$$\frac{w-2k\pi\mathrm{i}}{1-\mathrm{e}^{-w}}=\frac{w-2k\pi\mathrm{i}}{1-\mathrm{e}^{-(w-2k\pi\mathrm{i})}}=\left[\frac{1-\mathrm{e}^{-(w-2k\pi\mathrm{i})}}{w-2k\pi\mathrm{i}}\right]^{-1}=\left[\sum_{j=1}^{\infty}\frac{(2k\pi\mathrm{i}-w)^{j-1}}{j!}\right]^{-1}.$$

由此可证明:

$$\lim_{w\to 2k\pi\mathrm{i}}(w-2k\pi\mathrm{i})\cdot\frac{(-w)^{z-1}\mathrm{e}^{-w}}{1-\mathrm{e}^{-w}}=\mathrm{e}^{-\mathrm{i}(z-1)\pi/2}\cdot(2k\pi)^{z-1}.$$

同理可得

$$\lim_{w\to -2k\pi\mathrm{i}}(w+2k\pi\mathrm{i})\cdot\frac{(-w)^{z-1}\mathrm{e}^{-w}}{1-\mathrm{e}^{-w}}=\mathrm{e}^{\mathrm{i}(z-1)\pi/2}\cdot(2k\pi)^{z-1}.$$

(ii) $H_{(2n+1)\pi}(z)-H_\varepsilon(z)=2\pi\mathrm{i}\cdot(R_{\varepsilon,n}$中 $u(w)=\dfrac{(-w)^{z-1}\mathrm{e}^{-w}}{1-\mathrm{e}^{-w}}$ 的留数之和),
其中 $R_{\varepsilon,n}=\{z\in\mathbf{C}:\varepsilon<|z|<(2n+1)\pi\}\setminus\{z\in\mathbf{C}:\varepsilon<\Re z<(2n+1)\pi,\ |\Im z|\leqslant\delta\}$.

(iii) 利用不等式

$$|u(w)|\leqslant\frac{|w|^{\Re z-1}\cdot\mathrm{e}^{-\Re w}}{|1-\mathrm{e}^{-w}|},$$

并注意到: 在 $\varepsilon=(2n+1)\pi(n=1,2,\cdots)$ 的 Hankel 回路上有不依赖于 n 的常数 K, 使得

$$\frac{\mathrm{e}^{-\Re w}}{|1-\mathrm{e}^{-w}|}\leqslant K.$$

(iv) 利用本练习的 (ii) 和 (iii).

(v) 利用练习 12.8.4 的 (vii)(ζ 函数与 Hankel 函数之间的关系) 和本练习的 (iv).

(vi) 利用练习 12.8.2 的 (iii)(ζ 函数的 Euler 无穷乘积表示) 和本练习的 (v).

12.8.7 (i) 利用积分号下求导的定理 (第二册 §10.3 的练习 10.3.1 的 (iii)) 对 ζ 函数的 Euler 无穷乘积公式 (本节练习 12.8.2 的 (iii)) 的两边求对数后再求导.

(ii) 用 (i) 及以下推演:

$$\frac{-\zeta'(z)}{\zeta(z)}=\sum_{p\in\mathcal{P}}\ln p\sum_{k=1}^{\infty}(\mathrm{e}^{-z\ln p})^k=\sum_{k=1}^{\infty}\sum_{p\in\mathcal{P}}\ln p(\mathrm{e}^{-z\ln p})^k=\sum_{n\geqslant 2}\Lambda(n)\mathrm{e}^{-z\ln n}.$$

(iii) 设 $\Phi(z)=\alpha(z-P)^k+\cdots\quad(k\geqslant 1)$, 则

$$\Re\left(\frac{\Phi'(z)}{\Phi(z)}\right)=\Re\Big(k(z-P)^{-1}+\cdots\Big).$$

(iv) 在 $\zeta(1+\mathrm{i}t_0)=0$ 的假设下，$\zeta^4(z+\mathrm{i}t_0)$ 在 $z=1$ 有 4 阶零点，而 $\zeta^3(z)$ 在 $z=1$ 只有 3 阶极点，故 $z=1$ 是 Φ 的零点, 且 Φ 在 $z=1$ 的任何小邻域中不恒等于零. 然后用 (iii).

(v) 根据 Φ 的定义及 (ii)，设法证明以下等式:

$$\begin{aligned}\Re\left(\frac{\Phi'(x)}{\Phi(x)}\right)&=\Re\left(\frac{3\zeta'(x)}{\zeta(x)}+\frac{4\zeta'(x+\mathrm{i}t_0)}{\zeta(x+\mathrm{i}t_0)}+\frac{\zeta'(x+2\mathrm{i}t_0)}{\zeta(x+2\mathrm{i}t_0)}\right)\\&=-2\sum_{n\geqslant 2}\Lambda(n)\mathrm{e}^{-x\ln n}(\cos(t_0\ln n)+1)^2.\end{aligned}$$

(vi) 作为临界长条的右边界 $\{z\in\mathbf{C}:\Re z=1\}$ 上 ζ 函数有零点的推论的 (iv) 与 (v) 的结论相矛盾. 然后再用 ζ 函数的 Riemann 函数方程 (练习 12.8.6 的 (v)) 证明临界长条的左边界 $\{z\in\mathbf{C}:\Re z=0\}$ 上 ζ 函数也无零点.

12.8.8 (i) 这是因为指数函数 exp 是 $\mathbf{C}$ 到自身的连续映射. 而对于任何非零复数 z_0, 对数函数 Ln 在 $\{z\in\mathbf{C}:z\notin(-\infty,0]\}$ 上有连续的在正实轴上取实数值的分支.

(ii) 无穷乘积 $\prod\limits_{n=1}^{\infty}(1+a_n)$ 与级数 $\sum\limits_{n=1}^{\infty}a_n$ 中有一个收敛时便有 $\lim\limits_{n\to\infty}a_n=0$. 当 $\lim\limits_{n\to\infty}a_n=0$ 时，我们有

$$\lim_{n\to\infty}\frac{\ln(1+a_n)}{a_n}=1.$$

再利用 (i) 和第一册 §3.3 的练习 3.3.1.

12.8.9 (i) 由 $\zeta(x)=\sum_{n=1}^{\infty}\frac{1}{n^x}$ 得到.

(ii) 由 (i), $\lim_{x\to 1+0}\sum_{n=1}^{\infty}\frac{1}{n^x}$ 存在 (可能为 ∞). 若 $\lim_{x\to 1+0}\sum_{n=1}^{\infty}\frac{1}{n^x}=A<\infty$, 则对于任何 $N\in\mathbf{N}$, 有

$$\sum_{n=1}^{N}\frac{1}{n}=\lim_{x\to 1+0}\sum_{n=1}^{N}\frac{1}{n^x}\leqslant\lim_{x\to 1+0}\sum_{n=1}^{\infty}\frac{1}{n^x}=A<\infty.$$

而这与第一册 §3.3 的例 3.3.2 的结果矛盾.

(iii) 利用练习 12.8.8 的 (ii).

(iv) 利用 ζ 函数的 Euler 无穷乘积表示式 (练习 12.8.2 的 (iii)) 和练习 12.8.8 的 (ii).

(v) 利用 (ii) 和 (iv).

(vi) 利用 (v).

12.8.10 (i) 因 $p\leqslant x\Longrightarrow \ln p\leqslant\ln x$, 我们有以下不等式:

$$\vartheta(x)=\sum_{\substack{p\in\mathcal{P}\\ p\leqslant x}}\ln p\leqslant\ln x\sum_{\substack{p\in\mathcal{P}\\ p\leqslant x}}1=\pi(x)\ln x.$$

(ii) 通过以下这串不等式:

$$\begin{aligned}\vartheta(x)&=\sum_{\substack{p\in\mathcal{P}\\ p\leqslant x}}\ln p\geqslant\sum_{\substack{p\in\mathcal{P}\\ x^{1-\varepsilon}<p\leqslant x}}\ln p\geqslant\sum_{\substack{p\in\mathcal{P}\\ x^{1-\varepsilon}<p\leqslant x}}\ln\left(x^{(1-\varepsilon)}\right)\\&=(1-\varepsilon)\sum_{\substack{p\in\mathcal{P}\\ x^{1-\varepsilon}<p\leqslant x}}\ln x=(1-\varepsilon)[\pi(x)-\pi(x^{1-\varepsilon})]\ln x.\end{aligned}$$

(iii) 利用 $\pi(x^{1-\varepsilon})\leqslant x^{1-\varepsilon}$.

(iv) 利用 (i), (ii) 和 (iii).

12.8.11 (i) 作适当的换元:

$$\int_{x_j}^{\lambda x_j}\frac{\lambda x_j-t}{t^2}dt=\int_1^{\lambda}\frac{\lambda-t}{t^2}dt>0.$$

(ii) 作适当的换元:

$$\int_{\lambda x_j}^{x_j}\frac{\lambda x_j-t}{t^2}dt=\int_{\lambda}^{1}\frac{\lambda-t}{t^2}dt<0.$$

(iii) 若反常积分

$$\int_1^{\infty}\frac{\vartheta(t)-t}{t^2}dt=\lim_{x\to\infty}\int_1^{x}\frac{\vartheta(t)-t}{t^2}dt$$

存在且有限, 则对于一切 $\lambda > 1$, 有

$$\lim_{j\to\infty}\int_{x_j}^{\lambda x_j}\frac{\vartheta(t)-t}{t^2}dt=0,$$

而对于一切 $\lambda\in(0,1)$, 有

$$\lim_{j\to\infty}\int_{\lambda x_j}^{x_j}\frac{\vartheta(t)-t}{t^2}dt=0.$$

这样的结论加上 (i) 和 (ii) 的结论将导致 $\vartheta(x)\sim x$.

12.8.12 (i) 当 $p\in\mathcal{P}\cap(N,2N)$ 时, p 是 $(2N)!$ 的因子, 但非 $N!$ 的因子.

(ii) 由 (i), 有

$$\binom{2N}{N}\geqslant \mathrm{e}^{\vartheta(2N)-\vartheta(N)}.$$

另一方面, 由二项式定理, 有

$$(1+1)^{2N}=\sum_{k=0}^{2N}\binom{2N}{k}\geqslant\binom{2N}{N}.$$

(iii) 利用 (ii) 及等式: $\vartheta(2^k)=\vartheta(2)+\sum\limits_{j=2}^{k}\Big(\vartheta(2^j)-\vartheta(2^{j-1})\Big)$.

(iv) 利用 (iii). (v) (iv) 的推论.

12.8.13 (i) 利用以下两个容易检验的结论:

(1) 对于任何 $\varepsilon>0$, 只要 p 充分大, 便有

$$|(\ln p)p^{-z}|\leqslant|p^{-z+\varepsilon}|=p^{-\Re(z-\varepsilon)}.$$

(2) 对一切满足条件 $\Re z>1$ 的 z, 级数 $\sum\limits_{p\in\mathcal{P}}p^{-\Re z}$ 收敛.

(ii) 利用练习 12.8.7 的 (i).

(iii) 第一个结论的证明和 (i) 的证明相仿. 第二个结论是以下两点事实的推论: (1)(ii) 的结论和 (2)ζ 函数的奇点只有 1 这一个点 (参看练习 12.8.2 的 (viii) 或练习 12.8.5 的 (vi)).

(iv) 由练习 12.8.2 的 (viii) 或练习 12.8.5 的 (vi), $-\zeta'(z)/\zeta(z)$ 在点 1 处有一阶极点, 且留数为 1.

(v) 作一个适当的换元, 有

$$z\int_0^\infty \mathrm{e}^{-zt}\vartheta(\mathrm{e}^t)dt=z\int_1^\infty\frac{\vartheta(x)}{x^{z+1}}dx=z\sum_{p\in\mathcal{P}}\int_p^\infty\frac{\ln p}{x^{z+1}}dx=\sum_{p\in\mathcal{P}}(\ln p)p^{-z}=\Phi(z).$$

12.8.14 (i) 用练习 12.8.12 的 (v).

(ii) 作换元 $x=\mathrm{e}^t$.

(iii) 利用练习 12.8.13 的 (v) 并注意以下关系式:

$$\frac{1}{z+1}(z+1)\int_0^\infty \mathrm{e}^{-(z+1)t}\vartheta(\mathrm{e}^t)dt=\int_0^\infty \mathrm{e}^{-zt}f(t)dt+\int_0^\infty \mathrm{e}^{-zt}dt.$$

(iv) 由练习 12.8.13 的 (iv), $-1/z+\Phi(z+1)/(z+1)$ 在 0 的一个邻域内全纯. 又根据练习 12.8.7 的 (vi), $\zeta(z+1)$ 在复平面的闭右半平面 $\{z\in\mathbf{C}:\Re z\geqslant 0\}$ 上无零点, 因此在复平面的闭右半平面 $\{z\in\mathbf{C}:\Re z\geqslant 0\}$ 的一个邻域内无零点. 注意到练习 12.8.13 的 (iii), $-1/z+\Phi(z+1)/(z+1)$ 可以延拓成 $\{z\in\mathbf{C}:\Re z\geqslant 0\}$ 的一个邻域内的全纯函数. 再用本题的 (iii).

12.8.15 (i) 用 Cauchy-Morera 定理或用 Lebesgue 控制收敛定理证明 $g_T(z)$ 复可微.

(ii) 用 Cauchy 积分公式 (定理 12.3.2).

(iii) 当 $z\in C$ 且 $\Re z>0$ 时, 有

$$\left|\int_T^\infty f(t)\mathrm{e}^{-zt}dt\right|\leqslant\max_{t\geqslant 0}|f(t)|\int_T^\infty|\mathrm{e}^{-zt}|dt.$$

(iv) 当 $z\in C$ 且 $\Re z>0$ 时, 有

$$\begin{aligned}\mathrm{e}^{\Re z\cdot T}\cdot\left|\frac{R^2+z^2}{R^2}\cdot\frac{1}{z}\right|&=\mathrm{e}^{\Re z\cdot T}\cdot\frac{1}{R}\cdot\left|\frac{R^2+(\Re z)^2-(\Im z)^2+2\mathrm{i}\Re z\cdot\Im z}{R^2}\right|\\&=\mathrm{e}^{\Re z\cdot T}\cdot\frac{1}{R^3}\cdot\Big([R^2+(\Re z)^2-(\Im z)^2]^2+4(\Re z)^2(\Im z)^2\Big)^{1/2}\\&=\mathrm{e}^{\Re z\cdot T}\cdot\frac{1}{R^3}\cdot\Big(4(\Re z)^4+4(\Re z)^2(\Im z)^2\Big)^{1/2}=\mathrm{e}^{\Re z\cdot T}\cdot\frac{2\Re z}{R^2}.\end{aligned}$$

(v) 利用 (iii) 和 (iv).

(vi) 用 Cauchy 定理并注意 g_T 是整函数.

(vii) 当 $\Re z<0$ 时, 有

$$\left|\int_0^T f(t)\mathrm{e}^{-zt}dt\right|\leqslant B_1\int_{-\infty}^T|\mathrm{e}^{-zt}|dt=B_1\int_{-\infty}^T|\mathrm{e}^{-\Re zt}|dt.$$

(viii) 用 (v) 所用的方法. 具体地说, 用到 (iv) 中的恒等式和 (vii) 的结果.

(ix) $g(z)\cdot(1+z^2/R^2)/z$ 与 T 无关. 当 $T\to\infty$ 时, e^{zT} 在半平面 $\{z\in\mathbf{C}:\Re z<0\}$ 的任何紧子集上一致收敛于零. 也可直接用 Lebesgue 控制收敛定理.

(x) 利用 (ii), (v), (vi), (viii) 和 (ix).

(xi) 用 (x) 并注意到 R 的任意性.

(xii) 用练习 12.8.10 的 (iii), 练习 12.8.11 的 (iii), 练习 12.8.14 的 (ii) 和本练习的 (xi).

12.8.16 (i) 计算回路积分 $\displaystyle\int_C\frac{\Phi(z)}{e^{-2\pi iz}-1}dz$, 其中 C 是以 $k,k+1,k+1+L\mathrm{i}$ 和 $k+L\mathrm{i}$ 为顶点的长方形. 然后让 $L\to\infty$. 又让 C 中的 i 换成 $-\mathrm{i}$ 再做以上计算. 将以上两次计算结果加起来.

(ii) (i) 的推论.　(iii) (ii) 的推论.　(iv) (iii) 的推论.

第 13 章

13.1.1 (i) 先证明 $[g_k(\alpha)]^{-1}=g_k(-\alpha)$. 然后证明:

$$\begin{cases}(g_1(-\theta_1^{n-1})g\mathbf{e}_n)_1=0,\\ (g_1(-\theta_1^{n-1})g\mathbf{e}_n)_2=\sin\theta_{n-1}^{n-1}\cdots\sin\theta_3^{n-1}\sin\theta_2^{n-1},\\ (g_1(-\theta_1^{n-1})g\mathbf{e}_n)_3=\sin\theta_{n-1}^{n-1}\cdots\sin\theta_3^{n-1}\cos\theta_2^{n-1},\\ \cdots\cdots\cdots\cdots\cdots\cdots\cdots\cdots\\ (g_1(-\theta_1^{n-1})g\mathbf{e}_n)_{n-1}=\sin\theta_{n-1}^{n-1}\cos\theta_{n-2}^{n-1},\\ (g_1(-\theta_1^{n-1})g\mathbf{e}_n)_n=\cos\theta_{n-1}^{n-1}.\end{cases}$$

利用归纳法便可证明:$[g^{(n-1)}]^{-1}g\mathbf{e}_n=\mathbf{e}_n$. 因此，$[g^{(n-1)}]^{-1}g$ 在由 $\mathbf{e}_2,\cdots,\mathbf{e}_n$ 所张成的 $n-1$ 维欧氏空间上的限制是个 $n-1$ 维欧氏空间上的旋转.

(ii) 设单位向量 $[g^{(n-1)}]^{-1}g\mathbf{e}_n$ 在由 $\mathbf{e}_2,\cdots,\mathbf{e}_n$ 所张成的 $n-1$ 维欧氏空间上的 $n-1$ 维球坐标表示是

$$\begin{cases}([g^{(n-1)}]^{-1}g\mathbf{e}_n)_1=\sin\theta_{n-2}^{n-2}\cdots\sin\theta_2^{n-2}\sin\theta_1^{n-2},\\ ([g^{(n-1)}]^{-1}g\mathbf{e}_n)_2=\sin\theta_{n-2}^{n-2}\cdots\sin\theta_2^{n-2}\cos\theta_1^{n-2},\\ \cdots\cdots\cdots\cdots\cdots\cdots\cdots\cdots\\ ([g^{(n-1)}]^{-1}g\mathbf{e}_n)_{n-2}=\sin\theta_{n-2}^{n-2}\cos\theta_{n-3}^{n-2},\\ ([g^{(n-1)}]^{-1}g\mathbf{e}_n)_{n-1}=\cos\theta_{n-2}^{n-2},\end{cases}$$

其中 $0\leqslant\theta_j^{n-2}\leqslant\pi\,(j=2,\cdots,n-2)$, $0\leqslant\theta_1^{n-2}<2\pi$. 令

$$g^{(n-2)}=g_1(\theta_1^{n-2})\cdots g_{n-2}(\theta_{n-2}^{n-2}),$$

一般的结论可归纳地证明.

13.1.2 (i) 利用第二册 §8.5 的练习 8.5.2 的 (ix).

(ii) 每个点 $\mathbf{z}\in\mathbf{R}^n$ 可唯一地表示成 $\mathbf{x}+\mathbf{y}$, $\mathbf{x}\in N_1$, $\mathbf{y}\in N_2$. 设 $\mathbf{F}(\mathbf{x}+\mathbf{y})=\varphi(\mathbf{x})-\mathbf{y}$.

(iii) 请同学自行完成.

13.2.1 利用定理 13.2.2. 设 $\mathbf{p}_0\in M\cap N$, 则 $\mathbf{p}_0$ 在 $\mathbf{R}^n$ 有开邻域 Ω, 光滑映射 $\mathbf{f}:\Omega\to\mathbf{R}^{n-k}$ 和光滑映射 $\mathbf{g}:\Omega\to\mathbf{R}^{n-l}$, 使得

$$M\cap\Omega=\{\mathbf{p}\in\Omega:\mathbf{f}(\mathbf{p})=\mathbf{0}\}\ \text{ 和 }\ N\cap\Omega=\{\mathbf{p}\in\Omega:\mathbf{g}(\mathbf{p})=\mathbf{0}\}.$$

定义映射 $\mathbf{F}:\Omega\to\mathbf{R}^{2n-k-l}$ 如下:

$$\mathbf{F}(\mathbf{p})=\begin{pmatrix}\mathbf{f}(\mathbf{p})\\ \mathbf{g}(\mathbf{p})\end{pmatrix}.$$

由此，有 $M\cap N\cap\Omega=\{\mathbf{p}\in\Omega:\mathbf{F}(\mathbf{p})=\mathbf{0}$. 易见,

$$\mathbf{F}'(\mathbf{p})=\begin{pmatrix}\mathbf{f}'(\mathbf{p})\\ \mathbf{g}'(\mathbf{p})\end{pmatrix}.$$

注意到

$$\mathbf{T_p}(M) = \{\mathbf{v} \in \mathbf{R}^n : \mathbf{f}'(\mathbf{p})[\mathbf{v}] = \mathbf{0}\}, \quad \mathbf{T_p}(N) = \{\mathbf{v} \in \mathbf{R}^n : \mathbf{g}'(\mathbf{p})[\mathbf{v}] = \mathbf{0}\},$$

$$\mathbf{T_p}(M \cap N) = \{\mathbf{v} \in \mathbf{R}^n : \mathbf{F}'(\mathbf{p})[\mathbf{v}] = \mathbf{0}\} = \mathbf{T_p}(M) \cap \mathbf{T_p}(N).$$

由给定的条件 $\dim[\mathbf{T_p}(M) \cap \mathbf{T_p}(N)] = k+l-n$ 可知，$\mathbf{F}'(\mathbf{p})$ 的秩应为 $n-(k+l-n) = 2n-k-l$. 由定理 13.2.2，$M \cap N$ 是个 $k+l-n$ 维流形.

13.2.2 (i) 矩阵 g 的第 k 个行向量乘以 2，其他行向量不变将满足除了方程组 (13.2.1) 中的 $\Phi_k = 0$ 外方程组 (13.2.1) 和 (13.2.2) 中所有的方程. 矩阵 g 的第 k 个行向量换成第 l 个行向量，其他行向量不变将满足除了方程组 (13.2.1) 中的 $\Psi_{kl} = 0$ 外方程组 (13.2.1) 和 (13.2.2) 中所有的方程.

(ii) (i) 的推论.

(iii) (ii) 及定理 13.2.2 的推论.

(iv) (iii) 的推论.

13.3.1 (i) 所给的螺旋线 $\mathcal{S}$ 过点 $(x,y,z) = (a\cos t, a\sin t, ct)$ 处的一个切向量应是 $(-a\sin t, a\cos t, c) = (-y, x, c)$. 故在点 $\mathbf{p} = (x,y,z) = (a\cos t, a\sin t, ct)$ 处的切空间是 $\mathbf{T_p}(\mathcal{S}) = \{(-uy, ux, uc) : u \in \mathbf{R}\}$.

(ii) 根据命题 13.3.6 后的注 2，所给的椭球面在点 (x,y,z) 处的切空间是由以下方程确定的向量 $\mathbf{v} = (h,j,k)$ 全体构成的 $\mathbf{R}^3$ 中的平面:

$$\frac{xh}{a^2} + \frac{yj}{b^2} + \frac{zk}{c^2} = 0.$$

(iii) 所给三维空间 $\mathbf{R}^3$ 中的圆锥面在点 $(x,y,z) \neq (0,0,0)$ 处的切空间是由以下方程确定的向量 $\mathbf{v} = (h,j,k)$ 全体构成的 $\mathbf{R}^3$ 中的平面:

$$\frac{xh}{a^2} + \frac{yj}{b^2} - \frac{zk}{c^2} = 0.$$

(iv) 所给三维空间 $\mathbf{R}^3$ 中的螺旋面 $\mathcal{S}^2$ 在点 $\mathbf{p} = (x,y,z)$ 处的切空间是由以下两个向量张成的平面: $(\cos v, \sin v, 0)$ 和 $(-u\sin v, u\cos v, c)$. 故

$$\mathbf{T_p}(\mathcal{S}^2) = \{(s\cos v - tu\sin v, s\sin v + tu\cos v, ct) : (s,t) \in \mathbf{R}^2\}.$$

(v) 根据命题 13.3.6 后的注 2，所给的 Viviani 曲线在点 (x,y,z) 处的切空间是由以下方程组确定的向量 $\mathbf{v} = (h,j,k)$ 全体构成的 $\mathbf{R}^3$ 中的直线:

$$\begin{cases} xh + yj + zk = 0, \\ (2x - R)h + 2yj = 0. \end{cases}$$

13.3.2 (i) 练习 13.2.2 的 (iii) 的推论.

(ii) 设矩阵 T 是 $SO(n)$ 在单位矩阵 I 处的切向量，$g(\lambda)$ 是 $SO(n)$ 上的一条光滑曲线，$g(0) = I$，且

$$T = \lim_{\lambda \to 0} \frac{g(\lambda) - I}{\lambda}.$$

由此，有

$$T^t = \lim_{\lambda\to 0}\frac{g(\lambda)^t - I}{\lambda} = \lim_{\lambda\to 0}\frac{g(\lambda)^{-1} - I}{\lambda}$$
$$= \lim_{\lambda\to 0}\left[g(\lambda)^{-1}\frac{I - g(\lambda)}{\lambda}\right] = -T.$$

(iii) 用反函数定理.

(iv) 这是因为

$$(\exp T)^{-1} = \exp(-T) = \exp(T^t) = \Big(\exp T\Big)^t.$$

(v) $A(n)$ 中的矩阵

$$\begin{pmatrix} a_{11} & a_{12} & \cdots & a_{1n} \\ a_{21} & a_{22} & \cdots & a_{2n} \\ \vdots & \vdots & & \vdots \\ a_{n1} & a_{n2} & \cdots & a_{nn} \end{pmatrix}$$

被 $n(n-1)/2$ 个数 $a_{ij}(1 \leqslant i < j \leqslant n)$ 所唯一确定. 而这 $n(n-1)/2$ 个数 $a_{ij}(1 \leqslant i < j \leqslant n)$ 是可以自由选择的.

(vi)　(ii), (iii), (iv) 和 (v) 的推论.

13.4.1　映射 $\mathbf{g} : \mathbf{R}\times(-a,a) \to \mathbf{R}^3$ 定义如下:

$$\mathbf{g}(s,t) = \begin{bmatrix} (b + t\sin(s/2))\cos s \\ (b + t\sin(s/2))\sin s \\ t\cos(s/2) \end{bmatrix}.$$

设 $V_1 = (0, 3\pi/2)\times(-a,a)$ 和 $V_2 = (\pi, 5\pi/2)\times(-a,a)$, 则两个坐标图卡 $(\mathbf{g}_{V_1}, V_1)$ 和 $(\mathbf{g}_{V_2}, V_2)$ 对应的坐标片 U_1 和 U_2 覆盖 Möbius 带 M，且它们的交有两个连通成分:

$$U_1 \cap U_2 = \mathbf{g}_{V_1}\Big((\pi, 3\pi/2)\times(-a,a)\Big) \cup \mathbf{g}_{V_1}\Big((0, \pi/2)\times(-a,a)\Big).$$

对应于坐标片 $\mathbf{g}_{V_1}\Big((\pi, 3\pi/2)\times(-a,a)\Big)$，我们记 $\mathbf{g}_1(s,t) = \mathbf{g}_{V_1}(s,t)$, $\mathbf{g}_2(s,t) = \mathbf{g}_{V_2}(s,t)$, 它们都是 $(\pi, 3\pi/2)\times(-a,a) \to \mathbf{R}^3$ 的映射:

$$\mathbf{g}_1(s,t) = \mathbf{g}_2(s,t) = \begin{bmatrix} (b + t\sin(s/2))\cos s \\ (b + t\sin(s/2))\sin s \\ t\cos(s/2) \end{bmatrix}.$$

而对应于坐标片 $\mathbf{g}_{V_1}\Big((0, \pi/2)\times(-a,a)\Big)$, 把 $\mathbf{g}_{V_1}$ 及 $\mathbf{g}_{V_2}$ 都看成 $\Big((0, \pi/2)\times(-a,a)\Big) \to \mathbf{R}^3$ 的映射, 记 $\mathbf{g}_3(s,t) = \mathbf{g}_{V_1}(s,t)$, $\mathbf{g}_4(s,t) = \mathbf{g}_{V_2}(s,t)$, 我们有

$$\mathbf{g}_3(s,t) = \begin{bmatrix} (b + t\sin(s/2))\cos s \\ (b + t\sin(s/2))\sin s \\ t\cos(s/2) \end{bmatrix}$$

和

$$\mathbf{g}_4(s,t)=\begin{bmatrix}(b-t\sin(s/2))\cos s\\(b-t\sin(s/2))\sin s\\-t\cos(s/2)\end{bmatrix}.$$

对应于坐标片 $\mathbf{g}_{V_1}\Big((\pi,3\pi/2)\times(-a,a)\Big)$ 的 $\mathbf{g}_1$ 与 $\mathbf{g}_2$ 的转移函数和对应于坐标片 $\mathbf{g}_{V_1}\Big((0,\pi/2)\times(-a,a)\Big)$ 的 $\mathbf{g}_3$ 与 $\mathbf{g}_4$ 的转移函数分别是

$$\boldsymbol{\varphi}_{\mathbf{g}_1\mathbf{g}_2}(s,t)=(s,t)\text{ 和 }\ \boldsymbol{\varphi}_{\mathbf{g}_3\mathbf{g}_4}(s,t)=(s,-t).$$

故 $\det\boldsymbol{\varphi}'_{\mathbf{g}_1\mathbf{g}_2}=1$, $\det\boldsymbol{\varphi}'_{\mathbf{g}_3\mathbf{g}_4}=-1$. 若 Möbius 带 M 可定向，根据引理 13.4.1，则 Möbius 带 M 上有一组坐标图卡 $\{(\boldsymbol{\alpha},V_{\boldsymbol{\alpha}}):\boldsymbol{\alpha}\in\mathcal{C}\}$, 使得 $M\subset\bigcup\limits_{\boldsymbol{\alpha}\in\mathcal{C}}U_{\boldsymbol{\alpha}}$, 且 $\forall\boldsymbol{\alpha},\boldsymbol{\beta}\in\mathcal{C}\forall\mathbf{p}\in V_{\boldsymbol{\alpha}\beta}(\det\boldsymbol{\varphi}'_{\boldsymbol{\alpha}\beta}(\mathbf{p})>0)$, 而 M 的每一点 $\mathbf{p}$ 处的切空间上的定向恰为任何覆盖点 $\mathbf{p}$ 的坐标片 U_α 对应的坐标图卡 $(\boldsymbol{\alpha},V_{\boldsymbol{\alpha}})$ 在点 $\mathbf{p}$ 处的切空间上产生的定向. 根据前边的讨论，$\mathbf{g}_{V_1}$ 和 $\mathbf{g}_{V_2}$ 在 $\mathbf{g}_{V_1}\Big((\pi,3\pi/2)\times(-a,a)\Big)$ 的每一点的切空间上产生的定向一致，为了明确起见，不妨假设 $\mathbf{g}_{V_1}$ 和 $\mathbf{g}_{V_2}$ 在 $U_{\boldsymbol{\alpha}_1}\cap\mathbf{g}_{V_1}\Big((\pi,3\pi/2)\times(-a,a)\Big)$ 的每一点的切空间上产生的相同定向恰是被假设为可定向的 Möbius 带的定向. 根据推论 13.4.1，$\mathbf{g}_{V_1}$ 在 $\mathbf{g}_{V_1}\Big((0,3\pi/2)\times(-a,a)\Big)$ 的每一点的切空间上产生的定向恰是被假设为可定向的 Möbius 带的定向. 而 $\mathbf{g}_{V_2}$ 在 $\mathbf{g}_{V_1}\Big((\pi,5\pi/2)\times(-a,a)\Big)$ 的每一点的切空间上产生的定向恰是被假设为可定向的 Möbius 带的定向. 但是根据前边的讨论，$\mathbf{g}_{V_1}$ 和 $\mathbf{g}_{V_2}$ 在 $\mathbf{g}_{V_1}\Big((0,\pi/2)\times(-a,a)\Big)$ 的每一点的切空间上产生的定向是相反的，这个矛盾证明了 Möbius 带是不可定向的.

13.4.2 记 $V_1=(0,3\pi/2)\times(-\pi,\pi)$ 和 $V_2=(\pi,5\pi/2)\times(-\pi,\pi)$, 则两个坐标图卡 $(\mathbf{g}_{V_1},V_1)$ 和 $(\mathbf{g}_{V_2},V_2)$ 对应的坐标片 U_1 和 U_2 之交有两个连通成分:

$$U_1\cap U_2=\mathbf{g}_{V_1}\Big((\pi,3\pi/2)\times(-a,a)\Big)\cup\mathbf{g}_{V_1}\Big((0,\pi/2)\times(-a,a)\Big).$$

对应于这两个连通成分上的 $\mathbf{g}_{V_1}$ 和 $\mathbf{g}_{V_2}$ 的转移函数的导数的行列式正好反号. 然后仿照练习 13.4.1 提示的路线请同学自行完成证明.

13.4.3 定向的 1- 流形 M 有一组坐标片覆盖 M 并确定 M 定向的坐标图卡 $\{(\boldsymbol{\alpha},V_{\boldsymbol{\alpha}}):\boldsymbol{\alpha}\in\mathcal{C}\}$. 由这组坐标图卡确定的 M 每一点的切空间的确定其定向的单位坐标向量构成 M 上有一个连续的单位切向量场 $\mathbf{t}$. 反之，由推论 13.4.2，任何连续的单位切向量场 $\mathbf{t}$ 确定一个 M 的定向.

13.5.1 (i) 第一个结论是由 $\mathbf{S}^{n-1}$ 的紧性及 g 的连续性得到的. 第二个结论由 Lagrange 乘子法求解约束条件下的极值问题得到的.

(ii) 利用 A 的对称性.

(iii) 用 (i) 和 (ii).

13.5.2 (i) 利用行列式按一列展开公式: $\Phi=\sum\limits_{i=1}^n a_{ij}A_{ij}, j=1,\cdots,n$.

(ii) 利用 Lagrange 乘子法: 目标函数是 Φ^2, 约束条件为 $\sum\limits_{i=1}^n a_{ij}^2-1=0, j=1,2,\cdots,n$.

(iii) 对 (ii) 中第二个方程组的方程两端乘以 a_{ij}, 然后对 i 求和.

(iv) 以 $\lambda_j = \Phi^2$ 代入 (ii) 中第二个方程组的方程, 再对 (ii) 中第二个方程组的方程两端乘以 a_{ik}, 然后对 i 求和.

(v) 正交矩阵 A 满足矩阵方程 $AA^T = I$, 其中 I 表示单位矩阵.

(vi) 注意到行列式是列向量的重线性函数, 然后利用 (v).

13.5.3 (i) 因 $\forall t \in I\Big((\boldsymbol{\gamma}(t), \boldsymbol{\gamma}(t)) = 1\Big)$，故

$$\forall t \in I\Big((\boldsymbol{\gamma}'(t), \boldsymbol{\gamma}(t)) = 0\Big),$$

换言之,

$$\forall t \in I\Big(\boldsymbol{\gamma}'(t) \perp \boldsymbol{\gamma}(t)\Big).$$

(ii) 因 $\boldsymbol{\gamma}''(t) = \lambda(t)(\boldsymbol{\nu} \circ \boldsymbol{\gamma})(t) = \lambda(t)\boldsymbol{\gamma}(t)$. 又因 (i), $(\boldsymbol{\gamma}'(t), \boldsymbol{\gamma}'(t)) = -(\boldsymbol{\gamma}''(t), \boldsymbol{\gamma}(t))$. 故 $\lambda(t) = \Big(\boldsymbol{\gamma}''(t), \boldsymbol{\gamma}(t)\Big) = -\Big(\boldsymbol{\gamma}'(t), \boldsymbol{\gamma}'(t)\Big)$. 所以我们有 $\forall t \in I\Big(\boldsymbol{\gamma}''(t) = -(\boldsymbol{\gamma}'(t), \boldsymbol{\gamma}'(t))\boldsymbol{\gamma}(t)\Big)$. 由此便得

$$(\boldsymbol{\gamma}''(t), \boldsymbol{\gamma}''(t)) = \Big((\boldsymbol{\gamma}'(t), \boldsymbol{\gamma}'(t))\Big)^2.$$

(iii) 设法证明:

$$\forall t \in I\Big((\boldsymbol{\gamma}'''(t), \boldsymbol{\gamma}''(t)) = 2(\boldsymbol{\gamma}'(t), \boldsymbol{\gamma}'(t)) \cdot (\boldsymbol{\gamma}''(t), \boldsymbol{\gamma}'(t))\Big).$$

(iv) 由 (ii) 和 (iii), $|\boldsymbol{\gamma}''(t)| = \text{const.}$, $|\boldsymbol{\gamma}'(t)| = \text{const.}$. 再由 (ii) 的提示，$\boldsymbol{\gamma}''(t) = -(\boldsymbol{\gamma}'(t), \boldsymbol{\gamma}'(t))\boldsymbol{\gamma}(t)$. 故有 $a \in \mathbf{R}$ 和 $\mathbf{v}_1$, $\mathbf{v}_2 \in \mathbf{R}^n$ 使得 $|\mathbf{v}_1| = |\mathbf{v}_2| = 1$, $\mathbf{v}_1 \perp \mathbf{v}_2$ 且

$$\boldsymbol{\gamma}(t) = \cos at\mathbf{v}_1 + \sin at\mathbf{v}_2.$$

显然，$a \neq 0$ 时 γ 是 $\mathbf{S}^{n-1}$ 上的一个大圆.

(v) 设法证明:

$$\forall t \in I\Big(\lambda(t) = \Big(\boldsymbol{\gamma}''(t), (\boldsymbol{\nu} \circ \boldsymbol{\gamma}(t))\Big) = -\Big(\boldsymbol{\gamma}'(t), (D\boldsymbol{\nu}) \circ \boldsymbol{\gamma}(t) \cdot \boldsymbol{\gamma}'(t)\Big)(\boldsymbol{\nu} \circ \boldsymbol{\gamma}(t))\Big).$$

(vi) 显然.

(vii) 显然.

(viii) 利用第二册 §7.5 练习 7.5.8.

第 14 章

14.1.1 (i) 是; (ii) 不是; (iii) 不是.

14.1.2 这个子空间的维数 $=n$ 个东西中取 r 个的可重复排列的个数. 后者相当于在 n 个盒子中放置 r 个完全相同的球的放置方法的个数. 若把 n 个盒子一个挨一个地由左向右排, 等于是在 X 轴上放上 $(n-1)$ 个分点把 X 轴分成 n 个区间 (最左及最右的区间是无限区间). 然后把 r 个点洒在 X 轴上, 使得无一点洒在 $(n-1)$ 个分点上. 每一个盒子中洒得的点数相同的洒法称为是相同的洒法. 这类洒法的个数应等于 $n+r-1$ 个取 r 个的组合数 $=\dfrac{(n+r-1)!}{r!(n-1)!}$.

14.2.1　$\mathsf{A}\boldsymbol{\alpha} = x^3y^1z^2 + y^3z^1x^2 + z^3x^1y^2 - y^3x^1z^2 - z^3y^1x^2 - x^3z^1y^2 = \mathsf{A}\tilde{\mathbf{e}}^I$, 其中 $I = (1, 2, 3)$.

14.2.2　让

$$\boldsymbol{\beta} = \frac{1}{r!}\mathsf{A}\alpha, \quad \boldsymbol{\gamma} = \boldsymbol{\alpha} - \frac{1}{r!}\mathsf{A}\alpha,$$

便有 $\boldsymbol{\alpha} = \boldsymbol{\beta} + \boldsymbol{\gamma}$, 其中 $\boldsymbol{\beta}$ 是交替张量, 而 $\mathsf{A}\boldsymbol{\gamma} = \mathbf{0}$.

14.3.1　参看命题 14.3.2.

第 15 章

15.1.1　$dx^1 \wedge df = \mathbf{0} \Longleftrightarrow \forall i \neq 1\left(\dfrac{\partial f}{\partial x^i} = 0\right)$.

15.1.2　$df \wedge dg = \mathbf{0} \Longleftrightarrow \forall i < j\left(\dfrac{\partial f}{\partial x^i}\dfrac{\partial g}{\partial x^j} = \dfrac{\partial f}{\partial x^j}\dfrac{\partial g}{\partial x^i}\right)$.

15.2.1　(i) $d(x^1dx^1 + x^2dx^2 + \cdots + x^ndx^n) = 0$.

(ii) $d(x^2dx^1 - x^1dx^2) = 2dx^2 \wedge dx^1$.

(iii) $d(xdy \wedge dz + ydz \wedge dx + zdx \wedge dy) = 3dx \wedge dy \wedge dz$.

(iv) $d(f(x, y)dx) = \dfrac{\partial f}{dy}dy \wedge dx$.

15.5.1　(i) 利用 §15.3 定义的映射 Φ 和 $d^2 = 0$: $\text{curl grad}f = \text{curl}\ \Phi(df) = \Phi(d^2f) = \mathbf{0}$.

(ii) 利用 §15.3 定义的映射 Φ 和 $d^2 = 0$: 记 $\boldsymbol{\omega} = \sum_{k=1}^{3} f_k dx^k$, 则 $\mathbf{f} = \Phi(\boldsymbol{\omega})$, 所以,

$$\text{div curl } \mathbf{f} = \text{div curl } \Phi(\boldsymbol{\omega}) = \text{div } \Phi(d\boldsymbol{\omega}) = \Phi(d^2\boldsymbol{\omega}) = 0.$$

(iii) 利用 §15.3 中定义的映射 Φ 和 Poincaré 引理：记 $\boldsymbol{\omega} = \sum_{k=1}^{3} f_k dx^k$, 则 $\mathbf{f} = \Phi(\boldsymbol{\omega})$, 所以,

$$\mathbf{0} = \text{curl } \mathbf{f} = \text{curl } \Phi(\boldsymbol{\omega}) = \Phi(d\boldsymbol{\omega}).$$

故 $d\boldsymbol{\omega} = \mathbf{0}$. 由 Poincaré 引理，有 U 上的光滑函数 g, 使得 $\boldsymbol{\omega} = dg$. 因此，$\mathbf{f} = \Phi(\boldsymbol{\omega}) = \Phi(dg) = \text{grad } g$.

(iv) 利用 §15.3 中定义的映射 Φ 和 Poincaré 引理：记 $\boldsymbol{\omega} = \sum_{k=1}^{3} f_k \boldsymbol{\eta}^k$, 则 $\mathbf{f} = \Phi(\boldsymbol{\omega})$, 所以,

$$0 = \text{div } \mathbf{f} = \text{div } \Phi(\boldsymbol{\omega}) = \Phi(d\boldsymbol{\omega}).$$

故 $d\boldsymbol{\omega} = \mathbf{0}$. 由 Poincaré 引理，有 U 上的 1- 形式 $\boldsymbol{\xi} = \sum_{k=1}^{3} g_k dx^k$, 使得 $\boldsymbol{\omega} = d\boldsymbol{\xi}$. 故 $\mathbf{f} = \Phi(\boldsymbol{\omega}) = \Phi(d\boldsymbol{\xi}) = \text{curl } \mathbf{g}$ 在 U 上成立，其中，$\mathbf{g} = \Phi(\boldsymbol{\xi}) = (g_1, g_2, g_3)$.

15.6.1 设 $\boldsymbol{\omega}$ 和 $\boldsymbol{\eta}$ 分别是闭的 r- 形式和闭的 s- 形式，由命题 15.2.1 的 (2),

$$d(\boldsymbol{\omega} \wedge \boldsymbol{\eta}) = d\boldsymbol{\omega} \wedge \boldsymbol{\eta} + (-1)^r \boldsymbol{\omega} \wedge d\boldsymbol{\eta} = \mathbf{0}.$$

设 $\boldsymbol{\omega}$ 和 $\boldsymbol{\eta}$ 分别是闭的 r- 形式和恰当的 s- 形式：$\boldsymbol{\eta} = d\boldsymbol{\xi}$, 则

$$\boldsymbol{\omega} \wedge \boldsymbol{\eta} = \boldsymbol{\omega} \wedge d\boldsymbol{\xi} = (-1)^r d\Big(\boldsymbol{\omega} \wedge \boldsymbol{\xi}\Big).$$

15.6.2 设 f 是个在 U 上恒不等于零的光滑函数, 且 $f\boldsymbol{\omega}$ 闭, 故

$$\mathbf{0} = d(f\boldsymbol{\omega}) = (df) \wedge \boldsymbol{\omega} + fd\boldsymbol{\omega}.$$

由此，

$$\mathbf{0} = \boldsymbol{\omega} \wedge \Big((df) \wedge \boldsymbol{\omega} + fd\boldsymbol{\omega}\Big) = f\boldsymbol{\omega} \wedge d\boldsymbol{\omega}.$$

15.6.3 设 f 是连通开集 $U \subset \mathbf{R}^n$ 上的闭的 0- 形式，$\mathbf{p} \in U$. 有 $\varepsilon > 0$, 使得 $\mathbf{B}(\mathbf{p}, \varepsilon) \subset U$. 因

$$\forall \mathbf{q} \in \mathbf{B}(\mathbf{p}, \varepsilon) \forall i \in \{1, \cdots, n\} \left(\frac{\partial f}{\partial x^i}(\mathbf{q}) = 0 \right),$$

故在 $\mathbf{B}(\mathbf{p}, \varepsilon)$ 上，f 恒等于常数 $f(\mathbf{p})$. 集合

$$G = \Big\{ \mathbf{q} \in U : f(\mathbf{q}) = f(\mathbf{p}) \Big\}$$

是开集. 易见，G 也是 U 中的闭集. $\mathbf{p} \in G$. 因 U 连通，$G = U$, 换言之，f 在连通开集 $U \subset \mathbf{R}^n$ 上是个常值函数.

设 $\boldsymbol{\eta}$ 是个恰当的 1- 形式, 则存在一个函数 g_1, 使得 $dg_1 = \boldsymbol{\eta}$. 令 $g(\mathbf{q}) = g_1(\mathbf{q}) - g_1(\mathbf{p})$. 它满足条件：$dg = \boldsymbol{\eta}$ 且 $g(\mathbf{p}) = 0$. 满足这个条件的 g 的唯一性是前段讨论结果的推论.

15.6.4 (i) 根据命题 15.2.1 的 (2)，

$$\begin{aligned} d\boldsymbol{\omega} = d\Big(d\varphi_2 \wedge \cdots \wedge d\varphi_n\Big) &= d^2\varphi_2 \wedge \varphi_3 \wedge \cdots \wedge d\varphi_n - d\varphi_2 \wedge d\Big(d\varphi_3 \wedge \cdots \wedge d\varphi_n\Big) \\ &= -d\varphi_2 \wedge d\Big(d\varphi_3 \wedge \cdots \wedge d\varphi_n\Big). \end{aligned}$$

利用数学归纳法，$d\boldsymbol{\omega} = \mathbf{0}$.

(ii) 易见

$$\begin{aligned} \boldsymbol{\omega} = d\varphi_2 \wedge \cdots \wedge d\varphi_n &= \left(\sum_{j=1}^n \frac{\partial \varphi_2}{\partial x^j} dx^j \right) \wedge \cdots \wedge \left(\sum_{j=1}^n \frac{\partial \varphi_n}{\partial x^j} dx^j \right) \\ &= \sum_{j_2=1}^n \cdots \sum_{j_n=1}^n \frac{\partial \varphi_2}{\partial x^{j_2}} \cdots \frac{\partial \varphi_n}{\partial x^{j_n}} dx^{j_2} \wedge \cdots \wedge dx^{j_n} \end{aligned}$$

$$= \sum_{j_2<\cdots<j_n} \begin{vmatrix} \frac{\partial \varphi_2}{\partial x^{j_2}} & \cdots & \frac{\partial \varphi_2}{\partial x^{j_n}} \\ \vdots & & \vdots \\ \frac{\partial \varphi_n}{\partial x^{j_2}} & \cdots & \frac{\partial \varphi_n}{\partial x^{j_n}} \end{vmatrix} dx^{j_2} \wedge \cdots \wedge dx^{j_n}$$

$$= \sum_{i=1}^n m_{1i} dx^1 \wedge \cdots \wedge \widehat{dx^i} \wedge \cdots \wedge dx^n.$$

利用 (i), 有

$$\mathbf{0} = d\boldsymbol{\omega} = \left(\sum_{i=1}^n \frac{\partial M_i}{\partial x_i} \right) dx^1 \wedge \cdots \wedge dx^n.$$

故

$$\sum_{i=1}^n \frac{\partial M_i}{\partial x_i} = 0.$$

第 16 章

16.2.1 (i) $\boldsymbol{\gamma}([a,b])$ 是 $\mathbf{R}^n$ 中的一个 1- 流形. $\boldsymbol{\gamma}:[a,b]\to\boldsymbol{\gamma}([a,b])$ 是微分同胚. 对于任何 $t\in[a,b]$, 有 $\boldsymbol{\gamma}^*\boldsymbol{\omega}(t) = \boldsymbol{\gamma}^* df(t) = d\Big(f(\boldsymbol{\gamma}(t))\Big) = df\Big(\boldsymbol{\gamma}(t)\Big)\boldsymbol{\gamma}'(t)dt$. 所以,

$$\int_{[a,b]} \boldsymbol{\gamma}^*\boldsymbol{\omega} = \int_{[a,b]} df\Big(\boldsymbol{\gamma}(t)\Big)\boldsymbol{\gamma}'(t)dt = f(\mathbf{q}) - f(\mathbf{p}).$$

(ii) 根据流形上微分形式积分的换元公式 (定理 16.2.1),

$$\int_{[a,b]} \boldsymbol{\gamma}^*\boldsymbol{\omega} = \int_{g([a_1,b_1])} \boldsymbol{\gamma}^*\boldsymbol{\omega} = \int_{[a_1,b_1]} g^*\Big(\boldsymbol{\gamma}^*\boldsymbol{\omega}\Big) = \int_{[a_1,b_1]} (\boldsymbol{\gamma}\circ g)^*\boldsymbol{\omega}.$$

16.2.2 (i) 记映射 $\mathbf{h}:\mathbf{R}\to\mathbf{S}^1$ 为 $\mathbf{h}(\theta)=(\cos\theta,\sin\theta)$, 有 $\mathbf{h}(\mathbf{R}) = \mathbf{h}([0,2\pi))$, 所以

$$\oint \boldsymbol{\omega} = \int_{\mathbf{h}([0,2\pi))} \sum_{k=1}^n a_k(c^1(\theta),\cdots,c^n(\theta))dc^k(\theta)$$

$$= \int_{[0,2\pi)} \mathbf{h}^*\left(\sum_{k=1}^n a_k(c^1(\theta),\cdots,c^n(\theta))dc^k(\theta) \right)$$

$$= \int_{[0,2\pi)} \sum_{k=1}^n a_k(c^1(\theta),\cdots,c^n(\theta)) \frac{\partial c^k(\theta)}{\partial\theta} d\theta.$$

注 应该指出, 我们这里用到了第二册 §10.6 定理 10.6.3′ 中的想法.

(ii)

$$\oint \boldsymbol{\omega} = \int_{\mathbf{S}^1} \boldsymbol{\gamma}^*\boldsymbol{\omega} = \int_{\mathbf{S}^1} \boldsymbol{\gamma}^*\left(\sum_{k=1}^n a_k(\mathbf{x})dx^k \right)$$

$$= \int_{\mathbf{S}^1} \sum_{k=1}^n a_k(c^1(\theta),\cdots,c^n(\theta))dc^k(\theta).$$

记映射 $\mathbf{g}:[0,2\pi)\to\mathbf{S}^1$ 为 $\mathbf{g}(\theta)=(\cos\theta,\sin\theta)$, 由 (i),

$$\oint\boldsymbol{\omega}=\int_{\mathbf{g}([0,2\pi))}\sum_{k=1}^{n}a_k(c^1(\theta),\cdots,c^n(\theta))dc^k(\theta)$$
$$=\int_{[0,2\pi)}\sum_{k=1}^{n}a_k(c^1(\theta),\cdots,c^n(\theta))\frac{\partial c^k(\theta)}{\partial\theta}d\theta.$$

(iii) $\boldsymbol{\omega}$ 是恰当的, 有 M 上的光滑函数 f, 使得 $\boldsymbol{\omega}=df$. 因 $\partial\gamma=\emptyset$, 故

$$\oint_{\gamma}\boldsymbol{\omega}=\oint_{\gamma}df=\int_{\partial\gamma}f=0.$$

16.2.3　记 $\boldsymbol{\omega}=g_1dx^1+g_2dx^2+g_3dx^3$, 利用 §15.3 中定义的 Φ，有 $\Phi(\boldsymbol{\omega})=\mathbf{g}$, $\Phi(d\boldsymbol{\omega})=\text{curl }\Phi(\boldsymbol{\omega})$. 由流形上的 Stokes 公式 (定理 16.2.2):

$$\int_M d\boldsymbol{\omega}=\int_{\partial M}\boldsymbol{\omega},$$

及推论 16.3.1 和推论 16.3.2:

$$\int_{\partial M}\boldsymbol{\omega}=\int_{\partial M}\mathbf{g}\cdot\mathbf{t}ds\ \text{ 和 }\ \int_M d\boldsymbol{\omega}=\int_M(\text{curl }\mathbf{g})\cdot\boldsymbol{\nu}d\sigma,$$

其中 ds 表示 ∂M 上的一维体积元 (即弧长微元), $d\sigma$ 表示 M 上的二维体积元 (即曲面面积元), $\mathbf{t}$ 和 $\boldsymbol{\nu}$ 分别表示 ∂M 上的标准的单位切向量和 M 的标准的单位法向量. 把这两个表示式代入流形上的 Stokes 公式，便有以下**经典的Stokes定理**:

$$\int_{\partial M}\mathbf{g}\cdot\mathbf{t}ds=\int_M(\text{curl }\mathbf{g})\cdot\boldsymbol{\nu}d\sigma.$$

16.2.4　因 $d(u\wedge\boldsymbol{\omega})=(du)\wedge\boldsymbol{\omega}$, 故

$$\int_M(du)\wedge\boldsymbol{\omega}=\int_M d(u\wedge\boldsymbol{\omega})=\int_{\partial M}u\wedge\boldsymbol{\omega}=0.$$

16.2.5　因 $d\Big(\boldsymbol{\omega}\wedge\boldsymbol{\eta}\Big)=d\boldsymbol{\omega}\wedge\boldsymbol{\eta}+(-1)^i\boldsymbol{\omega}\wedge d\boldsymbol{\eta}$, 注意到 $\boldsymbol{\eta}$ 在 ∂M 上恒等于零，有

$$\int_M d\boldsymbol{\omega}\wedge\boldsymbol{\eta}+(-1)^i\int_M\boldsymbol{\omega}\wedge d\boldsymbol{\eta}=\int_{\partial M}\boldsymbol{\omega}\wedge\boldsymbol{\eta}=0.$$

所以,

$$\int_M\boldsymbol{\omega}\wedge d\boldsymbol{\eta}=(-1)^{i-1}\int_M d\boldsymbol{\omega}\wedge\boldsymbol{\eta}.$$

16.2.6　易见

$$d\boldsymbol{\omega}=d\left(\frac{xdy-ydx}{x^2+y^2}\right)$$
$$=\left(\frac{1}{x^2+y^2}-\frac{2x^2}{(x^2+y^2)^2}+\frac{1}{x^2+y^2}-\frac{2y^2}{(x^2+y^2)^2}\right)dx\wedge dy$$
$$=\mathbf{0}.$$

另一方面, 因为 ∂M 的参数表示是

$$\mathbf{g}(s,a)=\begin{bmatrix}(b+a\sin(s/2))\cos s\\(b+a\sin(s/2))\sin s\\a\cos(s/2)\end{bmatrix},$$

故在 ∂M 上

$$xdy-ydx=\left(b+a\sin\frac{s}{2}\right)^2ds=(x^2+y^2)ds.$$

所以,

$$\int_{\partial M}\boldsymbol{\omega}=\int_0^{4\pi}ds=4\pi.$$

因 Möbius 带不可定向，流形上微分形式的 Stokes 公式不适用.

16.3.1　设 $0<a<b$, 映射 $\boldsymbol{\alpha}:\mathbf{R}^2\to\mathbf{R}^3$ 定义如下:

$$\boldsymbol{\alpha}(s,t)=\begin{bmatrix}(b+a\cos t)\cos s\\(b+a\cos t)\sin s\\a\sin t\end{bmatrix},$$

环面便是这个映射的像. 这个映射的导数是

$$\boldsymbol{\alpha}'(s,t)=\begin{bmatrix}-(b+a\cos t)\sin s & (b-a\sin t)\cos s\\(b+a\cos t)\cos s & (b-a\sin t)\sin s\\0 & a\cos t\end{bmatrix}.$$

由命题 16.3.2，

$$\begin{aligned}V(\boldsymbol{\alpha}'(s,t))^2=&\begin{vmatrix}(b+a\cos t)\cos s & (b-a\sin t)\sin s\\0 & a\cos t\end{vmatrix}^2\\&+\begin{vmatrix}-(b+a\cos t)\sin s & (b-a\sin t)\cos s\\0 & a\cos t\end{vmatrix}^2\\&+\begin{vmatrix}-(b+a\cos t)\sin s & (b-a\sin t)\cos s\\(b+a\cos t)\cos s & (b-a\sin t)\sin s\end{vmatrix}^2\\=&(a\cos t+b)^2(a^2+b^2-2ab\sin t).\end{aligned}$$

因此，环面的面积应为

$$\begin{aligned}A=&2\pi\int_0^{2\pi}(a\cos t+b)\sqrt{a^2+b^2-2ab\sin t}dt\\=&2\pi\int_0^{2\pi}(-2b)^{-1}\sqrt{a^2+b^2-2ab\sin t}d(a^2+b^2-2ab\sin t)\\&+2\pi\int_0^{2\pi}b\sqrt{a^2+b^2-2ab\sin t}dt\end{aligned}$$

$$=2\pi b\int_0^{2\pi}\sqrt{a^2+b^2-4ab\sin(t/2)\cos(t/2)dt}$$

$$=2\pi b\int_0^{2\pi}\sqrt{a^2+b^2-4ab\sin[(t/2+\pi/4)-\pi/4]\cos[(t/2+\pi/4)-\pi/4]dt}$$

$$=2\pi b\int_0^{2\pi}\sqrt{a^2+b^2-2ab\Big(\sin^2(t/2+\pi/4)-\cos^2(t/2+\pi/4)\Big)dt}$$

$$=2\pi b\int_0^{2\pi}\sqrt{(a+b)^2-4ab\sin^2(t/2+\pi/4)dt}$$

$$=4\pi b(a+b)\int_{\pi/4}^{5\pi/4}\sqrt{1-\frac{4ab}{a+b}\sin^2 u\,du},$$

右端的积分是 Legendre 意义下的第二类型椭圆积分.

注　为了研究如下形状的不定积分:

$$\int R(x,\sqrt{ax^3+bx^2+cx+d})dx\quad 和\quad \int R(x,\sqrt{ax^4+bx^3+cx^2+dx+e})dx,$$

通过适当的变换, 可归结为以下三种类型的积分:

$$\int\frac{dz}{\sqrt{(1-z^2)(1-k^2z^2)}},\ \int\frac{z^2dz}{\sqrt{(1-z^2)(1-k^2z^2)}},$$
$$\int\frac{dz}{(1+hz^2)\sqrt{(1-z^2)(1-k^2z^2)}},$$

其中 $0<k<1$.Legendre 分别称它们为第一, 第二, 第三类型椭圆积分. 同学不难看出, 以上第一类型椭圆积分与 Jacobi 椭圆函数之间有密切联系. 若作换元 $z=\sin\varphi$, Legendre 发现, 以上三种类型的椭圆积分的计算可归结为以下三种积分的计算:

$$\int\frac{d\varphi}{\sqrt{1-k^2\sin^2\varphi}},\ \int\sqrt{1-k^2\sin^2\varphi}d\varphi,\ \int\frac{d\varphi}{(1+h\sin^2\varphi)\sqrt{1-k^2\sin^2\varphi}}.$$

它们分别称为 Legendre 形式下的第一, 第二和第三类型的椭圆积分. 细节请参看 [14].

16.3.3　由 Stokes 公式,

$$\int_{\partial M}y^3dx+(3x-x^3)dy=3\int_M\Big(1-x^2-y^2\Big)dx\wedge dy.$$

故 $\mathbf{R}^2$ 中的面积为 π 的紧 2- 流形 M, 使得以下积分达到最大值的是球心在原点的单位圆:

$$\int_{\partial M}y^3dx+(3x-x^3)dy.$$

16.3.4　(i) 由 $\omega\in\Omega^{n-1}(U)$ 是恰当的, 有 $\boldsymbol{\eta}\in\Omega^{n-2}(U)$ 使得 $\boldsymbol{\omega}=d\boldsymbol{\eta}$, 故

$$\int_{\mathbf{S}}\omega=\int_{\mathbf{S}}d\eta=\int_{\partial\mathbf{S}}\eta=0.$$

(ii) 记 $\boldsymbol{\eta}^j=(-1)^{j-1}dx^1\wedge\cdots\wedge\widehat{dx^j}\wedge\cdots\wedge dx^n$, $\boldsymbol{\sigma}=dx^1\wedge\cdots\wedge dx^n$. 在 $\mathbf{R}^n\setminus\{\mathbf{0}\}$ 上，令

$$\boldsymbol{\omega}=\sum_{j=1}^n\frac{x^j}{\left(\sum\limits_{k=1}^n(x^k)^2\right)^{n/2}}\boldsymbol{\eta}^j,$$

则在 $\mathbf{R}^n\setminus\{\mathbf{0}\}$ 上，有

$$d\boldsymbol{\omega}=\sum_{j=1}^n\left(\frac{1}{\left(\sum\limits_{k=1}^n(x^k)^2\right)^{n/2}}-n\frac{(x^j)^2}{\left(\sum\limits_{k=1}^n(x^k)^2\right)^{n/2+1}}\right)\boldsymbol{\sigma}=\mathbf{0},$$

$\boldsymbol{\omega}$ 在 $\mathbf{R}^n\setminus\{\mathbf{0}\}$ 上是闭的 $(n-1)$- 形式. 但根据推论 16.3.2，

$$\int_{\mathbf{S}}\boldsymbol{\omega}=\int_{\mathbf{S}}\frac{\mathbf{x}}{|\mathbf{x}|^n}\cdot\mathbf{x}dV=\omega_{n-1}=\frac{n\pi^{n/2}}{\Gamma\Big((n/2)+1\Big)}.$$

16.5.1　设 $f(\mathbf{x})=g(|\mathbf{x}|)$, 则

$$\text{grad } f=g'(|\mathbf{x}|)\frac{\mathbf{x}}{|\mathbf{x}|},\quad \Delta f=\text{div grad } f=g''(|\mathbf{x}|)+g'(|\mathbf{x}|)\frac{n-1}{|\mathbf{x}|}.$$

因此，

$$\Delta f=0\Longleftrightarrow g''(|\mathbf{x}|)+g'(|\mathbf{x}|)\frac{n-1}{|\mathbf{x}|}=0.$$

记 $h(u)=g'(u)$, $u=|\mathbf{x}|$, 上式右端可写成

$$h'(u)+h(u)\frac{n-1}{u}=0.$$

记 $h(u)=\mathrm{e}^{k(u)}$, 有 $k'(u)+\dfrac{n-1}{u}=0$. 故 $k(u)=(1-n)\ln u+C_0$. 因此，$h(u)=C\dfrac{1}{u^{n-1}}$. 所以，$g(u)=\dfrac{C_1}{u^{n-2}}+C_2$, 其中 C_1 和 C_2 是两个任意常数. 另一方面，任何以上形式的函数 g 是 $\mathbf{R}^n\setminus\{\mathbf{0}\}$ 上的调和函数 (参看第二册 §8.4 中练习 8.4.8 的 (v)).

16.5.2　对于二维紧流形 $M=\{\mathbf{y}:\delta\leqslant|\mathbf{y}-\mathbf{x}|\leqslant R\}$ 作用 Green 公式, 其中 R 充分大, $\delta>0$, 并让 $\delta\to0$.

16.5.3　(i) 易见

$$u(\mathbf{x})=\frac{1}{2\pi}\int_{\mathbf{R}^2}g(\mathbf{y})\ln|\mathbf{x}-\mathbf{y}|dm(\mathbf{y})=\frac{1}{2\pi}\int_{\mathbf{R}^2}g(\mathbf{x}-\mathbf{y})\ln|\mathbf{y}|dm(\mathbf{y}).$$

利用 Lebesgue 控制收敛定理证明右端的积分在积分号下 (关于 $\mathbf{x}$) 求导合理.

(ii) 由 (i) 和练习 16.5.2，

$$\begin{aligned}\Delta u(\mathbf{x})&=\Delta\frac{1}{2\pi}\int_{\mathbf{R}^2}g(\mathbf{y})\ln|\mathbf{x}-\mathbf{y}|dm(\mathbf{y})=\Delta\frac{1}{2\pi}\int_{\mathbf{R}^2}g(\mathbf{x}-\mathbf{y})\ln|\mathbf{y}|dm(\mathbf{y})\\&=\frac{1}{2\pi}\int_{\mathbf{R}^2}\Delta g(\mathbf{x}-\mathbf{y})\ln|\mathbf{y}|dm(\mathbf{y})=\frac{1}{2\pi}\int_{\mathbf{R}^2}\Delta g(\mathbf{y})\ln|\mathbf{x}-\mathbf{y}|dm(\mathbf{y})\\&=g(\mathbf{x}).\end{aligned}$$

16.5.4　对于 n 维紧流形 $M=\{\mathbf{y}:\delta\leqslant|\mathbf{y}-\mathbf{x}|\leqslant R\}$ 作用 Green 公式, 其中 R 充分大, $\delta>0$, 并让 $\delta\to 0$.

16.5.5　(i) 利用 Lebesgue 控制收敛定理证明积分号下求导合理. 细节参看练习 16.5.3 的 (i) 的提示.

(ii) 仿照练习 16.5.3 的 (ii) 的提示.

16.6.1　利用 Gauss 散度定理.

16.6.2　(i) 设 $\boldsymbol{\omega}=fdx_1\wedge dx_2\wedge\cdots\wedge dx_n$, 根据 Poincaré 引理，有 $(n-1)$-形式 $\boldsymbol{\eta}$, 使得 $\boldsymbol{\omega}=d\boldsymbol{\eta}$. 由 Stokes 公式和回拉的性质, 可证

$$\int_B f=\int_{\partial B}\eta=\int_A \mathbf{g}^*(\boldsymbol{\omega}).$$

(ii) 利用第二册 §10.5 的引理 10.5.2.

16.6.3　$\boldsymbol{\omega}$ 与 $\boldsymbol{\eta}$ 的闭性由以下计算得到:

$$d\boldsymbol{\omega}=d\frac{xdx+ydy}{x^2+y^2}=\frac{2xydx\wedge dy-2xydx\wedge dy}{(x^2+y^2)^2}=0.$$

$$\begin{aligned}d\boldsymbol{\eta}=d\frac{xdy-ydx}{x^2+y^2}&=\frac{dx\wedge dy-dy\wedge dx}{x^2+y^2}-\frac{2x^2dx\wedge dy-2y^2dy\wedge dx}{(x^2+y^2)^2}\\&=\frac{2dx\wedge dy}{x^2+y^2}-\frac{2(x^2+y^2)dx\wedge dy}{(x^2+y^2)^2}=0.\end{aligned}$$

令 $\theta=\arctan(y/x)$, $r=\sqrt{x^2+y^2}$. 我们有

$$\boldsymbol{\omega}=\frac{xdx+ydy}{x^2+y^2}=\frac{1}{2}\frac{d(x^2+y^2)}{x^2+y^2}=d\ln r.$$

故 $\boldsymbol{\omega}$ 恰当. 又

$$d\theta=\frac{\frac{1}{x}dy-\frac{y}{x^2}dx}{1+\frac{y^2}{x^2}}=\frac{xdy-ydx}{x^2+y^2}.$$

似乎 $\boldsymbol{\eta}$ 也恰当. 但应注意: θ 在 $\mathbf{R}^2\setminus\{\mathbf{0}\}$ 上并非单值函数. 事实上，在以原点为圆心的单位圆周上就不可能单值. 又易见,

$$\int_{\mathbf{S}^1}\frac{xdy-ydx}{x^2+y^2}=\int_{\mathbf{S}^1}d\theta=2\pi.$$

这个等式说明 $\boldsymbol{\eta}$ 非恰当 (参看练习 16.3.4).

16.6.4　(i) 在 $\mathbf{R}^3\setminus\{\mathbf{0}\}$ 上

$$\begin{aligned}d\boldsymbol{\omega}=&d\frac{x^1dx^2\wedge dx^3+x^2dx^3\wedge dx^1+x^3dx^1\wedge dx^2}{((x^1)^2+(x^2)^2+(x^3)^2)^{3/2}}\\=&\frac{3dx^1\wedge dx^2\wedge dx^3}{((x^1)^2+(x^2)^2+(x^3)^2)^{3/2}}\\&-\frac{3}{2}\cdot\frac{2\Big((x^1)^2+(x^2)^2+(x^3)^2\Big)dx^1\wedge dx^2\wedge dx^3}{\Big((x^1)^2+(x^2)^2+(x^3)^2\Big)^{5/2}}\\=&\mathbf{0}.\end{aligned}$$

在 $\mathbf{R}^3\setminus\{\mathbf{0}\}$ 上 $\boldsymbol{\omega}$ 闭.

(ii) 简单的计算告诉我们：

$$\mathbf{f}^*dx^1 = \cos\theta\cos\phi dr - r\sin\theta\cos\phi d\theta - r\cos\theta\sin\phi d\phi,$$

$$\mathbf{f}^*dx^2 = \sin\theta\cos\phi dr + r\cos\theta\cos\phi d\theta - r\sin\theta\sin\phi d\phi,$$

$$\mathbf{f}^*dx^3 = \sin\phi dr + r\cos\phi d\phi.$$

$$\begin{aligned}\mathbf{f}^*(dx^2\wedge dx^3) =& r\sin\theta dr\wedge d\phi + r^2\cos\theta\cos^2\phi d\theta\wedge d\phi\\ &+ r\cos\theta\cos\phi\sin\phi d\theta\wedge dr.\end{aligned}$$

$$\begin{aligned}\mathbf{f}^*(dx^3\wedge dx^1) =& -r\cos\theta dr\wedge d\phi + r^2\sin\theta\cos^2\phi d\theta\wedge d\phi\\ &+ r\sin\theta\cos\phi\sin\phi d\theta\wedge dr.\end{aligned}$$

$$\mathbf{f}^*(dx^1\wedge dx^2) = r\cos^2\phi dr\wedge d\theta + r^2\cos\phi\sin\phi d\theta\wedge d\phi.$$

故

$$\begin{aligned}\mathbf{f}^*\boldsymbol{\omega} =& \mathbf{f}^*\left(\frac{x^1dx^2\wedge dx^3 + x^2dx^3\wedge dx^1 + x^3dx^1\wedge dx^2}{((x^1)^2+(x^2)^2+(x^3)^2)^{3/2}}\right)\\ =& \frac{1}{r^3}\Big[r\cos\theta\cos\phi(r\sin\theta dr\wedge d\phi + r^2\cos\theta\cos^2\phi d\theta\wedge d\phi\\ &+ r\cos\theta\cos\phi\sin\phi d\theta\wedge dr)\\ &+ r\sin\theta\cos\phi(-r\cos\theta dr\wedge d\phi + r^2\sin\theta\cos^2\phi d\theta\wedge d\phi\\ &+ r\sin\theta\cos\phi\sin\phi d\theta\wedge dr)\\ &+ r\sin\phi(r\cos^2\phi dr\wedge d\theta + r^2\cos\phi\sin\phi d\theta\wedge d\phi)\Big]\\ =& \cos\phi d\theta\wedge d\phi.\end{aligned}$$

(iii) 由 (ii) 的结果，有

$$\int_{\mathbf{S}^2(\mathbf{0},\rho)}\boldsymbol{\omega} = \int_{-\pi/2}^{\pi/2}d\phi\int_{-\pi}^{\pi}d\theta\mathbf{f}^*\boldsymbol{\omega} = \int_{-\pi/2}^{\pi/2}d\phi\cos\phi\int_{-\pi}^{\pi}d\theta = 4\pi.$$

$\boldsymbol{\omega}$ 在 $\mathbf{R}^3\setminus\{0\}$ 上非恰当. 不然，$\boldsymbol{\omega} = d\boldsymbol{\eta}$, 因而

$$\int_{\mathbf{S}^2(\mathbf{0},\rho)}\boldsymbol{\omega} = \int_{\mathbf{S}^2(\mathbf{0},\rho)}d\boldsymbol{\eta} = \int_{\partial\mathbf{S}^2(\mathbf{0},\rho)}\boldsymbol{\eta} = 0.$$

这与刚才算得的结果矛盾.

(iv) 选一个充分小的 $\varepsilon>0$, 使得 $\mathbf{B}^3(\mathbf{0},\varepsilon)\subset M$. 记 $N = M\setminus\mathbf{B}^3(\mathbf{0},\varepsilon)$, 易见，$\partial N = \partial M - \mathbf{S}^2(\mathbf{0},\varepsilon)$($-\mathbf{S}^2(\mathbf{0},\varepsilon)$ 表示流形 $\mathbf{S}^2(\mathbf{0},\varepsilon)$ 上赋予与常规定向相反的定向后的流形). 所以，

$$0 = \int_N d\boldsymbol{\omega} = \int_{\partial N}\boldsymbol{\omega} = \int_{\partial M}\boldsymbol{\omega} - \int_{\mathbf{S}^2(\mathbf{0},\varepsilon)}\boldsymbol{\omega}.$$

故

$$\int_{\partial M} \boldsymbol{\omega} = \int_{\mathbf{S}^2(\mathbf{0},\varepsilon)} \boldsymbol{\omega} = 4\pi.$$

(v)　与 (iv) 的推理一样 (甚或更简单些)，有

$$\int_{\partial M} \boldsymbol{\omega} = 0.$$

(vi)　和 (iv) 一样，有

$$\int_{\partial M} \boldsymbol{\omega}_{\mathbf{a}} = 4\pi.$$

(vii)　和 (v) 一样，有

$$\int_{\partial M} \boldsymbol{\omega}_{\mathbf{a}} = 0.$$

(viii)　利用 (vi) 和 (vii), 有

$$\int_{\partial M} \boldsymbol{\eta}_{\mathbf{a}} = 4\pi \sum_{j=1}^{n} e_j.$$

(ix)　和 (i) 一样地证明：在 $\mathbf{R}^n \setminus \{\mathbf{0}\}$ 上 $d\boldsymbol{\omega} = \mathbf{0}$. 故在 $\mathbf{R}^n \setminus \{\mathbf{0}\}$ 上 $\boldsymbol{\omega}$ 是闭的.

(x)　假若用 (i) 中的办法直接计算，将会相当麻烦. 我们用以下办法证明它：易见，

$$\begin{cases} r = \Phi^*\Big[\sqrt{\sum\limits_{j=1}^{n} x_j^2}\Big], \\ \varphi_{n-1} = \Phi^*\Big[\arctan \dfrac{x^n}{x^{n-1}}\Big], \\ \cdots\cdots\cdots \\ \varphi_j = \Phi^*\Big[\arctan \dfrac{\sqrt{(x^n)^2 + \cdots + (x^{j+1})^2}}{x^j}\Big], \\ \cdots\cdots\cdots \\ \varphi_1 = \Phi^*\Big[\arctan \dfrac{\sqrt{(x^n)^2 + (x^{n-1})^2 + \cdots + (x^2)^2}}{x^1}\Big]. \end{cases}$$

因此，对于 $j = 1, \cdots, n-1$, 有

$$\begin{aligned} d\varphi_j =& \Phi^*\left[\frac{1}{1 + \frac{(x^n)^2 + \cdots + (x^{j+1})^2}{(x^j)^2}}\left(\frac{\sum\limits_{k=j+1}^{n} x^k dx^k}{x^j\sqrt{(x^n)^2 + \cdots + (x^{j+1})^2}}\right.\right. \\ &\left.\left. - \frac{\sqrt{(x^n)^2 + \cdots + (x^{j+1})^2}}{(x^j)^2} dx^j\right)\right] \\ =& \Phi^*\left[\frac{1}{(x^n)^2 + \cdots + (x^j)^2}\left(\frac{x^j \sum\limits_{k=j+1}^{n} x^k dx^k}{\sqrt{(x^n)^2 + \cdots + (x^{j+1})^2}}\right.\right. \end{aligned}$$

$$-\sqrt{(x^n)^2+\cdots+(x^{j+1})^2}dx^j\Big)\Bigg]$$

$$=\Phi^*\left[\frac{x^j\sum\limits_{k=j+1}^{n}x^k dx^k-\Big((x^n)^2+\cdots+(x^{j+1})^2\Big)dx^j}{\Big((x^n)^2+\cdots+(x^j)^2\Big)\sqrt{(x^n)^2+\cdots+(x^{j+1})^2}}\right].$$

记 $\boldsymbol{\gamma}=\sum\limits_{j=1}^{n}x^j\boldsymbol{\eta}^j$, 则

$$\boldsymbol{\omega}=\frac{\boldsymbol{\gamma}}{\Big(\sum\limits_{k=1}^{n}(x^k)^2\Big)^{n/2}},$$

且对于 $j=1,\cdots,n-1$, 有

$$\begin{aligned}&d\varphi_j\wedge\Phi^*\boldsymbol{\gamma}\\&=\Phi^*\left(\left[\frac{x^j\sum\limits_{k=j+1}^{n}x^k dx^k-\Big((x^n)^2+\cdots+(x^{j+1})^2\Big)dx^j}{\Big((x^n)^2+\cdots+(x^j)^2\Big)\sqrt{(x^n)^2+\cdots+(x^{j+1})^2}}\right]\wedge\sum_{l=1}^{n}x^l\boldsymbol{\eta}^l\right)\\&=\Phi^*\left(\left[\frac{x^j\sum\limits_{k=j+1}^{n}(x^k)^2-x^j\Big((x^n)^2+\cdots+(x^{j+1})^2\Big)}{\Big((x^n)^2+\cdots+(x^j)^2\Big)\sqrt{(x^n)^2+\cdots+(x^{j+1})^2}}\right]dx^1\wedge\cdots\wedge dx^n\right)\\&=\mathbf{0}.\end{aligned}$$

记

$$\boldsymbol{\xi}=d\varphi_1\wedge d\varphi_2\wedge\cdots\wedge d\varphi_{n-1},$$

$$\boldsymbol{\zeta}^j=dr\wedge d\varphi_1\wedge\cdots\wedge\widehat{d\varphi_j}\wedge\cdots\wedge d\varphi_{n-1}\quad(j=1,\cdots,n-1).$$

作为 $(n-1)$- 形式, $\Phi^*\boldsymbol{\gamma}$ 具有以下形式:

$$\Phi^*\boldsymbol{\gamma}=a\boldsymbol{\xi}+\sum_{j=1}^{n-1}b_j\boldsymbol{\zeta}^j,$$

其中系数 a, b_j 均为 r, φ_j 的光滑函数. 因对于 $j=1,\cdots,n-1$, $d\varphi_j\wedge\Phi^*\boldsymbol{\gamma}=\mathbf{0}$, 有

$$\Phi^*\boldsymbol{\gamma}=a\boldsymbol{\xi}.$$

又因

$$dr=\Phi^*d\sqrt{\sum_{j=1}^{n}(x^j)^2}=\Phi^*\frac{\sum\limits_{j=1}^{n}x^j dx^j}{\sqrt{\sum\limits_{j=1}^{n}(x^j)^2}},$$

我们得到

$$
\begin{aligned}
adr\wedge\boldsymbol{\xi}&=\Phi^*\left(\frac{\sum\limits_{j=1}^n x^j dx^j}{\sqrt{\sum\limits_{j=1}^n (x^j)^2}}\wedge\boldsymbol{\gamma}\right)\\
&=\Phi^*\left(\frac{\sum\limits_{j=1}^n x^j dx^j}{\sqrt{\sum\limits_{j=1}^n (x^j)^2}}\wedge\sum_{l=1}^n x^l\boldsymbol{\eta}^l\right)=\Phi^*\left(\sqrt{\sum_{j=1}^n (x^j)^2}dx^1\wedge\cdots\wedge dx^n\right)\\
&=r\cdot r^{n-1}\sin^{n-2}\varphi_1\sin^{n-3}\varphi_2\cdots\sin\varphi_{n-2}dr\wedge d\varphi_1\wedge\cdots\wedge d\varphi_{n-1}.
\end{aligned}
$$

这里我们用了公式 (15.4.3) 和第二册 §8.5 的练习 8.5.3 的 (iv). 由此得到

$$
\Phi^*\boldsymbol{\gamma}=a\boldsymbol{\xi}=r^n\sin^{n-2}\varphi_1\sin^{n-3}\varphi_2\cdots\sin\varphi_{n-2}d\varphi_1\wedge\cdots\wedge d\varphi_{n-1},
$$

因而,

$$
\begin{aligned}
\Phi^*\boldsymbol{\omega}&=\Phi^*\frac{\boldsymbol{\gamma}}{\left(\sum\limits_{k=1}^n (x^k)^2\right)^{n/2}}\\
&=\sin^{n-2}\varphi_1\sin^{n-3}\varphi_2\cdots\sin\varphi_{n-2}d\varphi_1\wedge\cdots\wedge d\varphi_{n-1}.
\end{aligned}
$$

16.6.5 (i) $\mathbf{R}^n$ 上的的 n- 形式都是闭的.

(ii) 用 Poincaré 引理.

(iii) 用 Stokes 公式.

(iv) 用换元公式及 Stokes 公式:

$$
\int_{\partial B}\boldsymbol{\eta}=\int_{\partial A}\mathbf{g}^*\boldsymbol{\eta}=\int_A\mathbf{g}^*d\boldsymbol{\eta}=\int_A\mathbf{g}^*\boldsymbol{\omega}.
$$

(v) 用定义 15.7.1 和公式 (15.4.3).

(vi) 利用 (iii), (iv) 和 (v) 可以证明以上换元公式在 f 光滑且可积的条件下成立. 由此, 立即可得到 f 可积的条件下的换元公式.

(vii) 根据 (vi),

$$
\int_B \mathbf{1}_{\overline{B}\setminus\,\mathbf{g}(\overline{A})}dm=\int_A \mathbf{1}_{\overline{B}\setminus\,\mathbf{g}(\overline{A})}\det\mathbf{g}'dm.
$$

等式左端等于 $m(\overline{B}\setminus\mathbf{g}(\overline{A}))$, 右端等于零, 故 $m(\overline{B}\setminus\mathbf{g}(\overline{A}))=0$.

(viii) 让 $A=B$, 利用 (vii).

(ix) 参看第二册 §10.7 练习 10.7.15 的 (viii), (ix) 和 (x) 的提示.

参 考 文 献

[1] L.Ahlfors (1979), *Complex Analysis*, 3rd Edition, McGraw-Hill, New York.(这是复分析的经典教科书.)

[2] H.Amann und J.Escher (1998-2001), *Analysis* I II III, Birkhäuser, Basel.(本书是两位作者分别在瑞士的苏黎世大学和德国的卡塞尔大学讲授数学分析用的教材的基础上写成的, 选材丰富而全面, 是十分好的教材和参考书.)

[3] L.Báez-Duarte (1993), Brouwer's Fixed-Point Theorem and a Generalization of the Formula for Change of Variablws in Multiple Integrals. *Jour. of Math. Anal. and Appl.* **177**, 412-414.

[4] P.Bamberg and S.Sternberg (1991), *A Course in Mathematics for Students of Physics* I II, Cambridge University Press, New York.(本书对线性代数和多元微积分, 包括微分形式, 作了初等而详细的介绍. 它的特色是详细地介绍了多元微积分在物理和几何上的应用. 用微分形式的语言介绍了电磁理论和热力学, 并直观地介绍了拓扑学: 包括上同调, 下同调及 de Rham 定理. 虽然本书是为 Harvard 大学学物理的学生写的讲义, 但对于学数学的学生也有很大的参考价值.)

[5] A.F.Beardon (1979), *Complex Analysis, The Argument Principle in Analysis and Topology*, John Wiley and Sons, New York.(本书是复分析的一本入门书, 特别强调复分析与平面拓扑的关系.)

[6] D.M.Bressoud (1991), *Second Year Calculus, From Celestial Mechanics to Special Relativity*, Springer- Verlag, New York.(本书的数学内容是从向量分析到微分形式的初等介绍. 它的特色是详细介绍了上述数学理论与 Newton 的天体力学, Maxwell 的电磁理论和 Einstein 的狭义相对论的不可分割的联系.)

[7] A.Browder (1996), *Mathematical Analysis, An Introduction*, Springer-Verlag, New York.(本书选材恰当, 是作者在 Brown 大学的讲授数学分析的讲义, 是一本很好的数学分析教材.)

[8] D.L.Cohn (1980), *Measure Theory*, Birkhäuser, Boston.(这是一本测度论的标准教材.)

[9] J.Dieudonné (1968), *Calcul Infinitésimal*, Hermann, Paris.(本书介绍作者在他巨大的专著 “分析论述” 中未述及的分析中关于计算和应用方面的内容.)

[10] J.Dieudonné (1968), *Foundations of Modern Analysis*, Academic Press, New York.(本书介绍分析的基础知识, 它是作者巨大的的专著 “分析论述” 中的第一册.)

[11] J.J.Duistermaat and J.A.C.Kolk (2004), *Multidimensional Real Analysis* I II, Cambridge University Press, New York.(本书对多元微积分, 包括流形与微分形式, 作了很好的介绍. 它的习题十分精彩, 述及物理, 微分几何, 李群, 偏微分方程, 概率论等多方面的内容.)

[12] F.Dyson (1972), Missed Opportunities. *Bull. Amer. Math. Soc.* **78**, 635-652.(这是美国物理学家 Freeman Dyson 在美国数学学会的年会上应邀所作的题为 “错失的机遇” 的 Josiah Willard Gibbs 讲演全文.)

[13] L.C.Evans (2002), *Partial Differential Equations*, American Mathematical Society, Providence, Rhode Island.(这是一本很好的关于偏微分方程理论的研究生教材.)

[14] 菲赫金哥尔茨 (杨弢亮等译)(2006), *微积分学教程* I II III, 高等教育出版社, 北京.(本书作者菲赫金哥尔茨是上个世纪中叶在列宁格勒大学教数学分析的教授. 这是作者在上个世纪 40 年代写的微积分. 由于选材丰富, 六十年来一直保持它的具有重要参考价值的地位. 当然, 从今天的角度来看, 有些内容的写法显得老了一些.)

[15] R.Godement (2000, 2001, 2002, 2004), *Analyse Mathématique* I II III IV, Springer Verlag, Berlin.(本书是作者在巴黎第七大学数十年讲授数学分析经验的结晶. 它力图回答热爱数学 (而不是把数学学习只当作进入上层社会的阶梯) 的年轻读者两个问题: 数学分析是什么? 数学分析是怎样变成这样的? 内容丰富，语言生动，是本难得的好书. 特别适用于将来准备攻读纯数学 (如代数几何或代数数论) 的同学学习. 前两卷已有英文译本.)

[16] H.Grauert, I.Lieb und W.Fischer (1976 -1977), *Differential- und Integralrechnung* I II III, Spriger-Verlag, Berlin.(本书是作者们于 20 世纪

60 年代在 Göttingen 大学教微积分的讲义, 他们已经讲 Lebesgue 积分和微分形式了. 选材恰当, 写作简练, 可读性高.)

[17] R.E.Greene and S.G.Krantz (1999), *Function Theory of one Complex Variable*, 2nd Edition, American Mathematical Society, Providence, Rhode Island.(这是一本在不大的篇幅内介绍复分析基础知识的书.)

[18] V.Guillemin and A.Pollack (1974), *Differential Topology*, Prentice-Hall.Inc., New Jersey.(这本书在微积分的基础上, 简单扼要地介绍了微分拓扑的基本知识, 包括微分流形的基本知识.)

[19] G.H.Hardy (1940), *A Mathematician's Apology*, Cambridge University Press, London.

[20] H.Heuser (1980), *Lehrbuch der Analysis* I II, B.G.Teubner, Stuttgart.(本书是作者们在当时的西德的大学中教授数学分析的教材, 选材丰富且全面, 是很好的教材和参考书.)

[21] S.G.Krantz (1999), *A Panorama of Harmonic Analysis*, The Mathematical Association of America, Washington, DC.(这是一本在不大的篇幅内介绍 Fourier 分析, 并包括一些 Fourier 分析的近代内容的书.)

[22] P.D.Lax (2002), *Functional Analysis*, Wiley-Interscience, New York.(这是一本介绍泛函分析及其应用的研究生教材, 书的最后有一个附录介绍 Riesz-Kakutani 表示定理, 另一个附录介绍广义函数及其应用.)

[23] J.M.Lee (2002), *Introduction to Smooth Manifolds*, Spriger-Verlag, Berlin.(这是一本全面介绍流形基础知识的研究生教材.)

[24] E.H.Lieb and M. Loss (2001), *Analysis*, 2nd Edition, American Mathematical Society, Providence, Rhode Island.(这本分析教材是作者们给物理学家和从事自然科学研究的工作者介绍近代分析而写的. 他们避开了一般泛函分析, 而对具体的空间讨论, 介绍了为理解近代量子力学所需的最有用的分析工具.)

[25] L.H.Loomis and S.Sternberg (1968), *Advanced Calculus*. Addison-Wesley Publishing Co. Reading, Massachusetts.(这是作者们在 Harvard 大学给优秀生讲微积分用的教材.)

[26] 马尔库舍维奇 (1957)(黄正中等译自 1950 年出版的俄语原著), **解析函数论**, 高等教育出版社, 北京. (这是一本内容翔实的解析函数论经典教材,

虽然内容老了一些.)

[27] I.Madsen and J. Tornehave (1997), *From Calculus to Cohomology, De Rham cohomology and characteristc classes*, Cambridge University Press, New York.(这是作者们在 Aarhus 大学讲授微分拓扑的讲义的基础上写成的书, 包括同调理论的初步及其在示性类上的应用. 本书只假定读者具有微积分和线性代数的知识, 只在最后部分要求读者有一些曲面理论的知识.)

[28] K.Maurin (1980), *Analysis*, Part I: Elements; Part II: Integration, Distributions, Holomorphic Functions, Tensor and Harmonic Analysis. D.Reidel Publishing Company, Dordrecht. PWN-Polish Scientific Publishers. (这本分析教材是作者在波兰华沙大学教授数学分析用的讲义, 内容极为丰富.)

[29] D.J.Newman (1980), Simple Analytic Proof of the Prime Number Theorem. *Amer. Math. Monthly*, **87**, 693-696.

[30] C.C.Pugh (2001), *Real Mathematical Analysis*, Springer- Verlag, New York.(本书是作者在伯克利加利福尼亚大学教学用的讲义, 选材恰当, 是一本很好的数学分析教材.)

[31] R.Remmert (1991), *Theory of Complex Functions*, translated from German by R.B.Burckel, Springer-Verlag, New York.(本书是复分析的非常好的研究生教材.)

[32] R.Remmert (1998), *Classical Topics in Complex Function Theory*, translated from German by R.B.Burckel, Springer-Verlag, New York.(本书是上一本书的续篇，是复分析的非常好的研究生教材.)

[33] W.Rudin (1987), *Real and Complex Analysis*, 3rd Edition, McGraw-Hill, New York.(这是实分析和复分析的一本经典教科书.)

[34] H.Samelson (2001), Differential Forms, the Early Days; or the Stories of Deahna's Theorem and of Volterra's Theorem. *Amer. Math. Monthly.* **108**, 522-530.

[35] L.Schwartz (1950-1951), *Theorie des Distributions*, I, II, Hermann et Cie, Paris.(这是广义函数论的经典著作, 最近已有高等教育出版社出版的中文译本.)

[36] I.M.Singer and J.A.Thorpe (1967), *Lecture Notes on Elementary*

Topology and Geometry, Scott, Freeman and Company. Glenview, Illinois.(本书对点集拓扑, 基本群, 单纯复形, 流形, 单纯同调, de Rham 定理等作了一个十分简单扼要的介绍.)

[37] G.Springer (1957), *Introduction to Riemann Surfaces*, Addison-Wesley Publishing Co., Reading, Massachusetts, USA.(本书简要地介绍了 Riemann 曲面的基本概念和理论.)

[38] E.M.Stein and R.Shakarchi (2003), *Fourier Analysis, An Introduction*, Princeton University Press, Princeton and Oxford.(这是 Princeton 大学本科生分析教材系列中的一本，在美国被许多大学使用.)

[39] E.M.Stein and R.Shakarchi (2003), *Complex Analysis*, Princeton University Press, Princeton and Oxford.(这是 Princeton 大学本科生分析教材系列中的一本，在美国被许多大学使用.)

[40] D.W.Stroock (1999), *A Concise Introduction to the Theory of Integration*, 3rd Edition, Birkhäuser, Boston.(本书把多元微积分和积分论放在一起讲, 是作者在 MIT 的讲义. 特别, 它为学习概率论作好了准备.)

[41] H.Triebel (1982), *Analysis und Mathematische Physik*, Carl Hanser Verlag, Münich , Wien.(这是作者在前民主德国 Friedrich-Schiller 大学一个长达十学期的分析与数学物理课程的教学内容的轮廓. 内容丰富.)

[42] N.J.Vilenkin (1968), *Special Functions and the Theory of Group Representations*, vol.22, Translations of Math. Monographs, Amer. Math. Soc., Providence.(这是一本讨论特殊函数与群表示理论之间关系的专著，有关于球调和函数的较详细的介绍.)

[43] G.N.Watson (1944), *Theory of Bessel Functions*, Cambridge University Press, London.(这是 Bessel 函数的经典著作.)

[44] D.V.Widder (1971), *An Introduction to Transform Theory*, Academic Press, New York. (这是一本介绍变换理论的教材. 特别含有 Laplace 变换，Riemannζ 函数，素数定理等内容的简明介绍.)

[45] V.A.Zorich (2004), *Mathematical Analysis*, Springer- Verlag, New York.(本书是作者于 20 世纪 70 年代在莫斯科大学教数学分析的讲义的英译本, 内容丰富, 习题牵涉面很广, 是十分好的教材.)

关于以上所列参考文献的说明

由于学时的限制, 数学分析的许多重要方面本讲义只能轻微地触及, 甚或完全忽略了. 上面列举的是一些与数学分析有关的, 也许对同学们进一步学习数学分析时有用的文献, 仅供有兴趣的同学参考. 我们只限于列举难度比较接近本讲义的文献. 所有关于某个课题 (例如, Fourier 分析) 的专著均未列入, 因此, 所列文献远不是完全的.

名词索引

M

N

O

P

Q

R

S